PRODROME

DE LA

1039

FLORE CORSE

COMPRENANT LES RÉSULTATS BOTANIQUES

DE SIX VOYAGES EXÉCUTÉS EN CORSE SOUS LES AUSPICES DE

M. ÉMILE BURNAT

PAR

JOHN BRIQUET

Docteur ès sciences naturelles

Directeur du Conservatoire et du Jardin botaniques de Genève

Tome I

Préface. Renseignements préliminaires. Bibliographie.

Catalogue critique des plantes vasculaires de la Corse :

Hymenophyllaceae — Lauraceae

AVEC 6 VIGNETTES

GENÈVE, BALE, LYON

GEORG & Cᵒ, LIBRAIRES-ÉDITEURS

Octobre 1910

PRODROME

DE LA

FLORE CORSE

*L'impression du présent volume, commencée en février 1909,
a été achevée en septembre 1910.*

GENÈVE — IMPRIMERIE REGGIANI ET RENAUD

PRODROME

DE LA

FLORE CORSE

COMPRENANT LES RÉSULTATS BOTANIQUES

DE SIX VOYAGES EXÉCUTÉS EN CORSE SOUS LES AUSPICES DE

M. ÉMILE BURNAT

PAR

JOHN BRIQUET

Docteur ès sciences naturelles

Directeur du Conservatoire et du Jardin botaniques de Genève

Tome I

Préface. Renseignements préliminaires. Bibliographie.

Catalogue critique des plantes vasculaires de la Corse :

Hymenophyllaceae — Lauraceae

AVEC 6 VIGNETTES

GENÈVE & BALE

GEORG & Cie, LIBRAIRES-ÉDITEURS

LYON

Même Maison, Passage Hôtel-Dieu

Octobre 1910

A MONSIEUR

EMILE BURNAT

DOCTEUR ÈS SCIENCES NATURELLES ET EN PHILOSOPHIE

HONORIS CAUSA

DES UNIVERSITÉS DE LAUSANNE ET ZURICH

HOMMAGE DE RESPECTUEUSE AFFECTION ET DE

PROFONDE RECONNAISSANCE

PRÉFACE

L'archipel tyrrhénien[1], qui jalonne à l'ouest les côtes de l'Italie entre les 38me et 44me degrés de latitude N., a de tout temps éveillé l'attention des botanistes, et très nombreux sont les travaux auxquels il a donné lieu. Malheureusement, la multiplicité même de ces travaux rend une vue d'ensemble sur la flore de l'archipel extrêmement difficile. Aussi a-t-on senti à diverses reprises la nécessité d'en faire la synthèse, synthèse dont l'utilité pratique est évidente, et dont l'intérêt théorique a été développé dans les mémoires de M. Forsyth Major relatifs à l'histoire des flores et des faunes tyrrhéniennes[2]. L'état de ces travaux de synthèse laisse cependant beaucoup à désirer.

En ce qui concerne la Sardaigne, la plus grande île méditerranéenne après la Sicile, M. W. Barbey en a donné, en 1883, un catalogue floristique[3]. Mais l'énumération a dû se baser princi-

---

[1] Le terme *tyrrhénien* est pris ici dans son sens strict. Nous considérons comme appartenant à l'archipel tyrrhénien : la Sardaigne (et petites îles annexes), la Corse (et petites îles annexes) et les îles toscanes, dont les principales sont Gorgone, Capraia, Elbe, Pianosa, Montecristo, Giglio, le Monte Argentario (maintenant réuni au continent par une plaine alluviale) et Giannutri. Nous en excluons l'archipel pontinien, les îles napolitaines, ainsi que la Sicile et îles voisines, et à plus forte raison les Baléares. Les arguments à l'appui de cette exclusion seront développés à loisir dans la partie géobotanique de cet ouvrage.

[2] Forsyth Major. Die Tyrrhenis. Studien über geographische Verbreitung von Thieren und Pflanzen im Mittelmeergebiet. (*Kosmos* VII, p. 1-17 et p. 81-106. Leipzig 1883); Ancora la Tyrrhenis. (*Atti soc. tosc. sc. nat.*, proc.-verb. IV, p. 13-21. Firenze 1883).

[3] W. Barbey. Florae sardoae compendium. Catalogue raisonné des végétaux observés dans l'île de Sardaigne. Lausanne 1885.

palement sur la flore de Moris [1], qui est bien ancienne et restée
inachevée. D'autre part, il n'entrait pas dans le plan de l'auteur,
de donner la distribution géographique complète des espèces à
l'intérieur de l'île. Il en résulte que cet utile ouvrage, dont la
consultation est indispensable, constitue plutôt une contribution
à la botanique sarde qu'un inventaire synthétique. Les suites
à la flore de Moris que M. Martelli a commencées paraissent
être restées en souffrance [2]. Depuis lors, la Sardaigne a fait
l'objet de nombreux mémoires et articles qui étendent considérablement nos connaissances, mais principalement au point de
vue floristique. Ce n'est que tout récemment qu'un travail géobotanique d'ensemble, dû à M. Herzog [3], est venu combler dans
une certaine mesure une grave lacune. Mais là encore, une utilisation insuffisante de la littérature botanique tyrrhénienne, en
particulier de celle relative à la Corse et même de celle relative à
la Sardaigne, n'a pu être remplacée par les recherches personnelles sur le terrain auxquelles s'est livré l'explorateur zélé qu'est
M. Herzog. Le travail méritoire de ce dernier auteur aurait sans
doute conclu différemment sur bien des points, s'il avait été précédé d'un inventaire floristique complet et critique. Au total, la
Sardaigne est encore à l'heure actuelle l'île tyrrhénienne de beaucoup la moins connue et dans laquelle il reste le plus à faire.

La situation est très différente pour le groupe des petites îles
tyrrhéniennes qui s'échelonnent de Gorgone à Giannutri. M. Sommier a publié sur ces îles, au cours de ces dernières années, une
série de travaux remarquables. Le plus important à consulter est
sans aucun doute celui de 1903 qui donne une synthèse floristique de l'archipel toscan [4]; il a été supplémenté par les récentes

[1] J. H. Moris. Flora sardoa. Vol. I, 1837; II, 1840-43; III, 1858-59.
[2] U. Martelli. Monocotyledones sardoae, sive ad floram sardoam J. H.
Moris continuatio. Fasc. I, 1896; II, 1901; III, 1904.
[3] Th. Herzog. Ueber die Vegetationsverhältnisse Sardiniens. (*Engler's
Botanische Jahrbücher* XXIV, p. 341-436, et une carte. Leipzig 1909).
[4] S. Sommier. La flora dell'arcipelago toscano. Firenze 1903. (Extrait du
Nuov. giorn. bot. it., nuov. ser. IX, n. 3 et X, n. 2, juin 1902 et avril 1903).

belles monographies des îles de Pianosa et de Giglio[1]. Nous mentionnons ici une fois pour toutes que, sauf avis contraire, tous nos renseignements relatifs aux îles toscanes sont puisés dans les mémoires précités de l'excellent botaniste de Florence.

Nous arrivons maintenant à la Corse. Cette île, la troisième de la Méditerranée au point de vue des dimensions et sans aucun doute la plus variée et la plus belle dans ses divers aspects, a aussi été la plus étudiée. En effet, nos connaissances botaniques sur la Corse ont déjà fait l'objet deux fois de synthèses floristiques sérieuses au cours du siècle dernier, d'abord par Salis en 1833-34[2], puis par Marsilly en 1872[3]. D'autre part, la géobotanique corse a fait l'objet coup sur coup de deux études spéciales: la nôtre[4] sur les montagnes de la Corse, en 1901, et celle de M. Rikli[5] traitant plus spécialement des étages inférieurs, en 1903, sans compter des notes complémentaires survenues depuis lors, et dues à MM. Maire, Lutz et d'autres encore.

Notre mémoire de 1901 relatait les principaux résultats d'un voyage en Corse que nous eûmes le plaisir de faire, en compagnie de M. Emile Burnat et de M. F. Cavillier, en juillet 1900. Nous donnions alors les premiers renseignements sur les formations végétales orophiles de la Corse et abordions le problème difficile des origines de cette flore. A ce moment, nous ne songions guère que nous serions appelé à reprendre, sur une base beaucoup plus large, l'étude de la flore corse et à présenter d'une façon synthétique, une dizaine d'années plus tard, le

---

[1] S. Sommier. La flora dell'isola di Pianosa nel mar tirreno. Firenze 1910. (Extrait du *Nuov. giorn. bot. it.* nuov. ser. XVI, n. 4, oct. 1909 et XVII, n. 1, janv. 1910). L'isola del Giglio. Torino 1910.

[2] U. A. v. Salis-Marschlins. Aufzählung der in Korsika und zunächst in der Umgebung von Bastia von mir bemerkten Cotyledonar-Pflanzen, etc. (*Flora* XVI et XVII. Regensburg 1833 et 1834).

[3] L. J. A. de Commines de Marsilly. Catalogue des plantes vasculaires indigènes ou généralement cultivées en Corse. Paris 1872.

[4] J. Briquet. Recherches sur la flore des montagnes de la Corse et ses origines. Genève 1901. (Extrait de l'*Ann. du Cons. et Jard. bot. de Genève* V).

[5] M. Rikli. Botanische Reisestudien auf einer Frühlingsfahrt durch Korsika. Zürich 1903.

tableau des connaissances botaniques accumulées à son sujet dans la suite des temps.

Les circonstances qui nous ont conduit à entreprendre ce travail sont les suivantes. Tout d'abord, si notre mémoire de 1901 a reçu, en ce qui concerne l'étude des formations, l'approbation générale des botanistes, malgré ses imperfections, certaines des théories développées par nous relativement aux origines de la flore orophile corse se sont heurtées aux idées couramment admises et ont provoqué de l'opposition. Plusieurs des objections qui nous ont été présentées méritaient un sérieux examen. Elles étaient faites en tous cas pour nous engager à reprendre l'examen des questions litigieuses à fond. D'autre part, nous ne tardâmes pas à nous rendre compte du danger qu'il y a à isoler l'étude de la flore orophile de celle des régions inférieures. L'insularité ancienne d'éléments empruntés à toutes les formations et à tous les étages d'altitude, l'enchevêtrement fréquent de formations appartenant dans leurs apparences typiques à des étages différents rend évidente la nécessité absolue d'une étude d'ensemble, car l'analyse de la flore des étages inférieurs peut jeter de la lumière sur tel problème que soulève celle des étages supérieurs et vice-versa. Mais pour cela, il fallait exécuter de nouveaux voyages destinés à nous faire faire connaissance avec la flore corse d'une extrémité de l'île à l'autre et à toutes les altitudes. Il fallait en outre soumettre à une digestion complète les documents réunis par nos prédécesseurs.

L'exécution de ce dernier travail — sur l'étendue duquel nous nous sommes fait, au début de nos recherches, de grandes illusions — répond pour la botanique méditerranéenne à un besoin urgent. En effet, la bibliographie botanique corse est devenue si étendue, et en même temps si disséminée, qu'elle constitue un instrument de travail fort peu pratique. Déjà Marsilly, dans son classique et d'ailleurs précieux *Catalogue* de 1872, avait ignoré le travail capital de Salis son prédécesseur, ainsi que les nombreux documents réunis par Bertoloni, et bien d'autres encore, dont il

n'a eu une connaissance fragmentaire que par le canal insuffisant
de la *Flore de France* de Grenier et Godron. Il en est résulté que
les mêmes espèces ont été signalées plusieurs fois de suite comme
nouvelles pour la Corse par tous les auteurs (nous-même y compris!) qui, depuis l'époque de Salis, se sont occupés de la flore
de l'île, et que d'autre part on a perdu un temps précieux à
dépouiller à nouveau des localités explorées depuis longtemps
pour y « découvrir » des faits déjà connus, alors que tant d'autres
points de la Corse sont encore à peu près vierges d'investiga-
tion. Au moment où nous avons entrepris notre *Prodrome*, aucun
botaniste n'était en état de donner avec quelque précision l'inventaire de ce qui, en fait de plantes, a été trouvé en Corse, et encore
moins d'en indiquer la distribution horizontale et verticale à l'intérieur de l'île. Or, une étude géobotanique qui vise à une description fidèle des formations, de leur écologie, de leur genèse,
de leurs rapports réciproques, et qui n'est pas basée sur un
inventaire complet et critique des éléments floristiques compo-
sant ces formations, une semblable étude peut avoir l'intérêt
d'une esquisse, mais manque de base solide. Elle devient infail-
liblement la source d'erreurs d'autant plus difficiles à extirper
qu'elles passent facilement dans les traités généraux. De même,
des spéculations sur l'importance relative des éléments géographiques, sur leur composition, leur parenté et leur origine, sont
vouées à des résultats très insuffisants, sinon complètement erro-
nés, lorsqu'elles n'ont pas pour base, elles aussi, un inventaire
floristique complet et critique. On peut admettre provisoirement
la légitimité des descriptions géobotaniques improvisées sur des
documents incomplets ou insuffisants, et accepter sous bénéfice
d'inventaire des spéculations relatives aux questions d'histoire et
d'origine, lorsqu'il s'agit de régions du globe quasi inconnues :
il faut à tout un commencement. Mais on a actuellement le droit
de se montrer tout autrement exigeant en ce qui concerne les
flores du domaine méditerranéen. Si ces flores sont loin d'être
aussi connues que celles du centre ou du nord de l'Europe, elles

le sont maintenant assez pour que l'on ne puisse les attaquer sans une digestion préalable complète des documents existants. Plus nous avons avancé dans notre travail, plus nous nous sommes rendu compte de l'extrême importance de la préparation floristique et systématique, plus aussi nous avons compris qu'une géobotanique sérieuse de la Corse est impossible sans elle.

Si précieux que soient les résultats obtenus au cours de voyages et par l'étude de la littérature du sujet, on ne peut ni tout voir soi-même, ni vérifier toutes les assertions des auteurs. Aussi est-il indispensable de disposer d'un vaste matériel d'herbier. Seule l'étude de ce dernier permettra d'asseoir la critique sur des bases solides en complétant les informations recueillies par les voies ci-dessus mentionnées. A ce point de vue, un travail de revision de la flore corse ne pouvait nulle part être entrepris dans des conditions plus favorables qu'à Genève. Le Conservatoire botanique de Genève abrite en effet la collection sans aucun doute la plus vaste de documents botaniques relatifs à la Corse qui ait été réunie jusqu'ici. L'Herbier Delessert fournit presque au complet les anciens exsiccata de Thomas, Salzmann, Sieber, Requien, Soleirol, Bourgeau, Kralik et la dernière série de Reverchon (1885), sans compter d'innombrables échantillons de Forestier, Maire, de Pouzolz, Moquin-Tandon, Kesselmeyer, Audibert, etc. L'Herbier Burnat renferme au complet les exsiccata de Mabille et de Debeaux, les premières séries distribuées par Reverchon (en particulier celles de 1878 et 1879), et de nombreux échantillons de Jordan, Foucaud, Simon, Mandon, Huon, Bernoulli, Levier, Bicknell, André, Autheman, etc. Enfin, les herbiers Boissier et de Candolle fournissent aussi leur contingent de documents importants.

Nous n'aurions cependant, malgré l'abondance des documents mis à notre disposition, pu songer à exécuter un travail d'ensemble sur la flore corse, si M. EMILE BURNAT, auquel la botanique méditerranéenne est redevable de tant de belles recherches, ne nous avait mis à même de l'entreprendre, ne nous avait accordé son appui matériel et moral, ne nous avait enfin constamment prodigué les conseils tirés de sa grande expérience et des encouragements de tout genre. C'est sous ses auspices qu'ont été accomplis les six voyages corses dont les résultats sont consignés dans cet ouvrage, c'est lui qui s'est chargé de tous les frais nécessités par sa publication et qui a poussé l'intérêt à notre travail jusqu'à en revoir toutes les épreuves avant le tirage définitif, avec le concours de M. Cavillier. Aussi n'est-ce pas sans émotion que nous avons écrit le nom de M. Emile Burnat en tête de notre livre. Si ce dernier contribue à faire progresser nos connaissances, ouvre quelques horizons nouveaux, provoque des recherches ultérieures plus approfondies, en un mot, s'il est destiné à occuper une place utile dans la littérature botanique, c'est en première ligne à ce savant désintéressé qu'on le devra. Qu'il veuille bien accepter ici, encore une fois, l'hommage de notre respectueuse affection et de notre profonde reconnaissance!

Nous ne pouvons séparer du nom de M. Burnat ceux de nos chers amis M. le commandant A. Saint-Yves et M. Fr. Cavillier, conservateur de l'Herbier Burnat. Sauf au cours de la courte campagne de 1908, MM. Saint-Yves et Cavillier ont participé à toutes nos recherches sur le terrain, ont partagé les fatigues et les joies de la vie sous la tente et des sauvages escalades, ont collaboré à notre travail avec le désintéressement et le zèle les plus complets. Puissent-ils, en parcourant les résultats de notre œuvre commune, avoir plaisir à se remémorer les heures heureuses que nous avons vécues ensemble en Corse.

Nous avons eu le privilège d'être accompagnés dans nos voyages par M. Emile Abrezol, préparateur de M. Burnat (en 1904 et 1906), et par M. Jean Lascaud, préparateur de M. le commandant Saint-Yves (1907 et 1910). C'est grâce à ces actifs et modestes collaborateurs que les botanistes ont pu se livrer en toute liberté à leur travail, dégagés de tout souci quant à la subsistance et au campement, ainsi qu'à la dessiccation et à la préparation des plantes. M. Burnat a en outre chargé M. Abrezol de l'établissement d'index relatifs aux plantes corses mentionnées dans le *Bulletin de la Société botanique de France*, le *Flora italica* de Bertoloni, et quelques autres mémoires. Ces index qui ont été ensuite complétés au Conservatoire botanique de Genève nous ont rendu les plus grands services. Enfin, pendant une partie de la campagne de 1906, au cours de laquelle nous avons fait un grand nombre d'ascensions de hautes cimes, M. Burnat avait adjoint à notre compagnie un grimpeur de premier ordre, Jean Plent, guide médaillé de 1re classe à Saint-Martin-Vésubie (Alpes maritimes). Le concours de Jean Plent nous a été précieux dans de nombreuses occasions [en particulier dans les ascensions de la Cima della Statoja, l'exploration des arêtes du Capo Ladroncello, la descente directe du Monte Cinto par la paroi N. (« route » nouvelle), l'exploration des massifs du Traunato, du Capo al Chiostro, du Paglia Orba, etc., etc.].

En Corse même, nous avons rencontré partout l'accueil le plus bienveillant et l'appui le plus efficace, en particulier de la part de l'Administration des Ponts et Chaussées et de celle des Eaux et Forêts. Nous devons spécialement mentionner, avec l'expression de nos sentiments de vive reconnaissance, les noms de M. l'ingénieur Berthot ; de M. Moniot, conservateur des eaux et forêts ; de M. Henri Colin, inspecteur des eaux et forêts ; de M. Strasser-Ensté, propriétaire du domaine de Carosaccia ; de M. Alias, inspecteur des contributions ; de M. le Dr Feydel, à Saint-Florent, dont les soins médicaux ont permis en 1907 de poursuivre un voyage qui sans lui aurait été bien compromis ; ainsi que les brigadiers et gardes-forestiers d'Aitone, Marmano, Tartagine et Bonifatto, les gardes-forestiers communaux d'Asco et de Petreto. — M. Charles Ferton, chef d'escadron d'artillerie en retraite, entomologiste universellement connu, commandait encore la place de Bonifacio lors de notre voyage de 1907. En cette occasion, comme dans d'autres, il a mis à notre service sa parfaite connaissance non seulement des environs de Bonifacio, mais de la Corse entière, et de la littérature scientifique qui s'y rapporte, et nous a fait bénéficier de l'hospitalité la plus gracieuse. — Enfin, nous avons contracté envers M. René Rotgès, inspecteur des eaux et forêts à Sartène, une lourde dette de reconnaissance. Ce botaniste trop modeste a eu l'occasion, pendant des années, d'étudier à fond les forêts et les maquis de la Corse. Nous avons puisé dans nos entretiens avec lui et dans sa correspondance une foule de renseignements et d'idées suggestives ; il nous a communiqué un catalogue manuscrit complet de son herbier ; enfin, il a facilité de toute manière nos recherches sur le terrain en mettant à notre disposition son personnel forestier subordonné. Puisse-t-il voir dans l'emploi que nous avons fait des documents si libéralement communiqués l'expression de notre cordiale gratitude.

Nous avons bénéficié, sur le continent, de l'obligeant concours de nombreux confrères auxquels nous nous sentons pressé d'exprimer collectivement, au début de cette publication, nos plus sincères remercîments. M. Arvet-Touvet (Gières, Isère) a annoté tous nos *Hieracium*. M. W. Barbey, propriétaire de l'Herbier Boissier (Genève), et son conservateur M. G. Beauverd ont mis à notre disposition les richesses accumulées dans l'herbier et la bibliothèque dont ils ont la garde. M. le prof. G. Beck (Prague) a annoté plusieurs de nos *Orobanche*. M. W. Becker (Hedersleben, Saxe) nous a aimablement donné son avis sur nos *Viola*. M. le Dr Béguinot (Padoue) a obligeamment annoté nos *Romulea*. M. le Dr W. Bernoulli (Bâle) nous a soumis des échantillons provenant de ses voyages en Corse et communiqué une carte hypsométrique inédite de l'île. M. R. Buser, conservateur de l'Herbier de Candolle (Genève), a annoté nos *Alchemilla*. M. le Dr Chabert (Chambéry) nous a souvent généreusement communiqué des originaux provenant de ses importantes herborisations en Corse. M. le Dr Christ (Bâle) a annoté toutes nos Fougères et une partie de nos *Carex*. M. l'abbé H. Coste (Saint-Paul-des-Fonts, Aveyron) nous a libéralement envoyé pour étude plusieurs des plantes critiques trouvées en Corse par lui et par M. l'abbé Soulié. M. Cuny (Sainte-Colombe, Rhône) nous a libéralement communiqué des originaux de l'Herbier Boullu dont il est propriétaire. M. le Dʳ Casimir de Candolle (Genève) a mis à notre disposition le classique Herbier de Candolle et les trésors de sa vaste bibliothèque. M. René de Litardière (Mazières-en-Gâtines, Deux-Sèvres) nous a communiqué avec la plus parfaite amabilité divers originaux provenant de ses belles herborisations en Corse. Nous avons eu aussi recours à l'obligeance de son père M. le Dʳ Ch. de Litardière. M. le professeur Ch. Flahault (Montpellier) a repondu avec son obligeance habituelle à diverses demandes de renseignements bibliographiques. M. Julien Foucaud (Rochefort, † 1904) nous a communiqué plusieurs plantes critiques provenant de ses voyages en Corse. M. Georges Gardy, directeur de la Bibliothèque publique et universitaire de Genève, nous a procuré la communication de plusieurs rares publications relatives à la Corse. M. le Dʳ X. Gillot (Autun) nous a libéralement envoyé pour étude des échantillons de diverses espèces critiques provenant de ses herborisations corses. Il en est de même pour Mᵐᵉ H. Gysperger (Mulhouse). M. le professeur Hackel (Attersee, Autriche), l'agrostographe universellement estimé, nous a rendu l'inappréciable service d'annoter toutes nos Graminées. M. le Dʳ de Handel-Mazzetti (Vienne, Autriche) a annoté nos *Taraxacum*. M. Firmin Jaquet (Châtel-Sᵗ-Denis, Fribourg, Suisse) nous a soumis diverses plantes récoltées par lui en Corse. M. le professeur Dʳ Jost (Strasbourg) nous a envoyé des documents bibliographiques. M. le professeur Dʳ R. Keller (Winterthur) nous a donné son appréciation sur plusieurs de nos *Rosa*. Nous avons eu recours à plusieurs reprises à l'obligeance de M. le professeur Dʳ Lecomte, du Museum de Paris, et de ses collaborateurs M. le Dʳ Ed. Bonnet et M. Jeanpert ; nous n'avons pu que nous louer, dans ces occasions comme dans tant d'autres, de l'esprit libéral avec lequel les précieuses collections du Museum sont mises à la disposition des chercheurs. Notre excellent ami M. le professeur Dʳ M. Rikli, conservateur du Musée botanique de l'Ecole polytechnique fédérale à Zurich, nous a souvent envoyé en communication les précieux originaux de Salis conservés dans les herbiers dont il a la garde. M. Rikli qui, ainsi que son beau-père le botaniste bâlois Dr Bernoulli, a fait jadis d'importantes recherches botaniques en Corse, a toujours répondu avec la plus parfaite bonne grâce à nos demandes de renseignements souvent répétées. M. le professeur Dr C. Schrœter (Zurich) nous a obligeamment fourni divers renseignements biographiques relatifs à Salis. M. Sudre (Toulouse) a annoté plusieurs de nos *Rubu*s. M. le Dr Thellung (Zurich) nous a envoyé des notes manuscrites touchant la flore des environs d'Ajaccio. Enfin, M. le professeur Dr R. de Wettstein (Vienne, Autriche) nous a obligeamment communiqué des documents bibliographiques.

*   *   *

Nous aimerions pouvoir espérer que les résultats obtenus correspondent aux encouragements reçus de toute part et à la bienveillance que nous ont témoignée tant de confrères. Nous sommes, hélas, le premier à nous rendre compte des déficits que présente notre travail, déficits qui proviennent sans doute en partie de l'auteur lui-même, mais en partie aussi de l'exploration encore imparfaite de la Corse. Nous nous consolons en pensant que c'est là le sort de la plupart des œuvres scientifiques : d'autres viendront et feront mieux, parce que notre travail malgré ses imperfections aura facilité leur tâche. Il faut savoir se résigner à jouer le rôle modeste d'échelon dans l'échelle que graviront nos successeurs.

Genève, 25 septembre 1910.

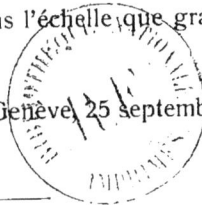

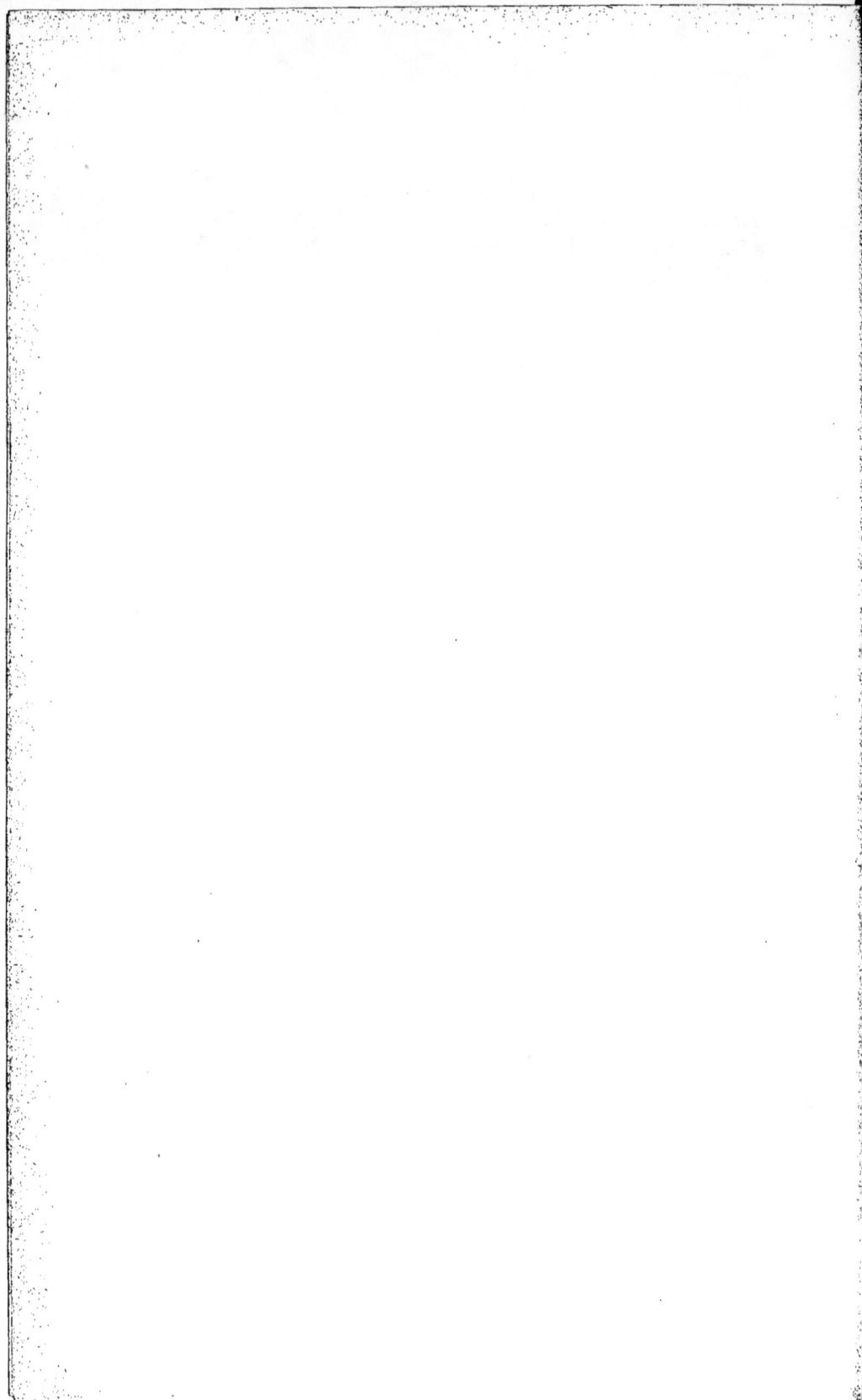

RENSEIGNEMENTS PRÉLIMINAIRES

***

Division des matières. — Conformément aux considérations développées dans la préface, nous commençons l'exposé de la botanique corse par un *Catalogue critique des plantes vasculaires*. Le tome I va des Hyménophyllacées aux Lauracées. Nous espérons consacrer le tome II à la fin des Archichlamydées et à la première moitié des Métachlamydées (Gamopétales). Le tome III contiendra la fin des Métachlamydées, l'index général, une géobotanique de la Corse, une histoire de la botanique corse et un index géographique.

L'ordre systématique adopté est celui de M. Engler, tel qu'il est développé dans les *Natürliche Pflanzenfamilien* et suivi dans le *Pflanzenreich* de cet auteur ; l'emploi de cet ordre systématique se généralise de plus en plus, tant aux Etats-Unis qu'en Europe, et répond mieux que tout autre à l'état actuel de la science.

Nous avons dû laisser de côté, dans le *Catalogue*, tout ce qui concerne les Cryptogames non vasculaires, auxquelles il ne nous a pas été possible de consacrer un temps suffisant dans nos recherches sur le terrain, et sur lesquelles l'état des connaissances est en général encore très fragmentaire. Le lecteur trouvera dans la bibliographie des renseignements sur ce qui a été publié à ce sujet jusqu'à présent (voy. en particulier les nos 95, 107, 111 et 121.)

Degrés de valeur systématique. — L'échelle des degrés à adopter pour exprimer la valeur des unités systématiques que l'observation conduit à relever, a une importance toute particulière pour une flore comme celle de la Corse, où tant de types continentaux sont représentés par des formes insulaires particulières. Renvoyant le lecteur à nos notes antérieures[1] pour le détail de nos vues en cette matière, nous nous bornons ici aux renseignements suivants.

D'une façon générale, nous avons donné une valeur *spécifique*, à l'intérieur des genres, aux groupes nettement caractérisés morphologiquement et clairement circonscrits les uns par rapport aux autres à l'époque actuelle. La présence de hiatus, non comblés par des formes de transition (autres que celles dues à l'hybridité), nous sert de « directive » lorsqu'il s'agit de séparer les *espèces* les unes des autres. — A l'intérieur des espèces, nous distinguons, s'il y a lieu, des *variétés* qui ont toujours la valeur de *races*. Les variétés ou races sont de « petites espèces », moins nettement caractérisables morphologiquement que les espèces, ayant d'ailleurs souvent leur aire de distribution particulière, mais reliées les unes avec les autres par des formes de transition. — Les *sous-espèces* sont des groupes intermédiaires entre les espèces et les variétés ou races ; tantôt elles sont basées sur une race particulièrement saillante, tantôt elles servent à grouper des races affines, comme on réunit les espèces voisines en sous-genres dans un genre. L'emploi éventuel de *sous-variétés* et de *formes*[2] permet de tenir compte du polymorphisme qui peut se produire à l'intérieur des variétés. — Quant aux modifications dues à l'influence momentanée du milieu, non héréditaires, ou simplement individuelles, nous estimons que leur intérêt est essentiellement biologique, et qu'il est préférable de les exclure d'une nomenclature systématique.

Cette échelle de degrés hiérarchiques est selon nous largement suffisante pour donner une bonne idée de l'importance relative des groupes. Aller plus loin nous paraît compliquer inutilement l'exposé des faits. Si l'on voulait exprimer plus en détail la valeur relative des groupes à partir de l'espèce, il faudrait non pas trois degrés, mais un nombre souvent beaucoup plus grand, lequel varierait d'ailleurs énormément selon l'appréciation des auteurs.

Certains genres (par ex. *Rosa, Rubus, Hieracium*) ne présentent pas à l'époque actuelle, au moins dans certaines sections, des groupes spécifiques définissables d'après la méthode indiquée ci-dessus. Ces genres,

---

[1] Voy. en particulier : Briquet. Observations critiques sur les conceptions actuelles de l'espèce végétale au point de vue systématique. Genève 1899. 36 p. in-8°. (Extrait de Burnat *Flore des Alpes maritimes* t. III).

[2] Les *formes* correspondent à ce que les *Lois de la nomenclature* de 1867 appelaient *variations* ou *sous-variations*.

ou fragments de genres, sont plutôt constitués par des races en nombre parfois immense, toutes plus ou moins reliées par des formes de transition[1]. Dans ces cas exceptionnels, nous groupons les races en sous-espèces et en espèces, par analogie avec les groupes habituels ainsi désignés.

Le degré de valeur attribué aux unités systématiques dont il vient d'être question exprimera les faits avec d'autant plus de fidélité que les matériaux d'étude et de comparaison auront été plus abondants. Mais il s'en faut de beaucoup que ces conditions soient toujours réalisées. Et lorsqu'elles ne le sont pas, on peut se tromper sur la valeur systématique d'un groupe. Nos successeurs voudront bien se rappeler cette importante réserve lorsque, entourés de documents plus nombreux et plus précis, ils corrigeront la « cote » donnée dans cet ouvrage à une unité donnée. Certaines d'entre elles devront peut-être avoir un rang hiérarchique plus élevé, d'autres ont probablement été surestimées : les valeurs que nous avons adoptées n'expriment — abstraction faite de l'équation personnelle de l'auteur qui joue toujours son rôle — que l'état actuel de nos connaissances.

Nomenclature botanique. — Les degrés hiérarchiques admis ci-dessus ont le grand avantage, non seulement de coïncider avec les usages généralement adoptés par la plupart des grands maîtres de la systématique, mais encore d'être parfaitement d'accord avec les *Règles internationales de la nomenclature*[2]. Ceci nous amène à nous exprimer très brièvement au sujet de ces dernières. La nomenclature botanique est pour nous une affaire de pure convention, qui ne doit être confondue ni avec l'histoire, ni avec la philologie. C'est un simple instrument d'entente internationale. Suivre en matière de nomenclature des principes et des règles personnelles, c'est ouvrir la porte à toutes les confusions. Quelles qu'eussent été nos préférences sur certains points, nous nous sommes donc attaché à suivre les *Règles* adoptées par le Congrès international de botanique de Vienne (1905) dans leur lettre et dans leur esprit. Les discordances que la critique pourra peut-

---

[1] Voy. Alph. de Candolle. Nouvelles remarques sur la nomenclature botanique, p. 11. Genève 1883.

[2] Règles internationales de la nomenclature botanique adoptées par le Congrès international botanique de Vienne 1905 et publiées au nom de la Commission de rédaction du Congrès par J. Briquet, rapporteur général. Jena, 1906. G. Fischer édit. 99 p. in-8°. — Les décisions complémentaires prises au Congrès de Bruxelles en mai 1910 ne modifient en rien les formes de nomenclature que nous avons suivies.

être relever entre les *Règles* et l'application que nous en avons faite proviendront donc, nous tenons à le déclarer une fois pour toutes, d'erreurs involontaires de notre part, erreurs que nous tiendrons à corriger toutes les fois qu'elles nous seront signalées.

Quelques points seulement exigeront des explications.

La généralisation graduelle du procédé qui consiste à intercaler, lorsque cela est nécessaire, la sous-espèce comme groupe intermédiaire entre l'espèce et la variété, entraîne quelques difficultés d'application. Certains auteurs ont en effet déclaré reconnaître à divers groupes une valeur subspécifique, mais sans employer la forme de nomenclature correspondant à cette conception. L'exemple le plus saillant est fourni par Nyman, dans son *Conspectus florae europaeae.* Nyman met en évidence les sous-espèces par un procédé typographique ; doit-on le considérer comme auteur de groupes subspécifiques, et citer par exemple : *Cerastium arvense* subsp. *hirsutum* Nym. *Consp.* 108 (1878) = *C. hirsutum* Ten. ? Nous ne le pensons pas. Tout d'abord Nyman emploie la nomenclature binaire pour ses sous-espèces. Ce procédé est contraire aux *Règles de la nomenclature,* mais il ne suffirait pas à lui seul pour faire rejeter les combinaisons de noms créées ; il suffit de les corriger, ce que nous avons pratiqué dans d'autres cas analogues. Mais ce qui est plus grave, c'est que l'auteur néglige ceux de ses prédécesseurs qui ont établi des sous-espèces et ne cite jamais les combinaisons de noms faites par ces derniers. Ainsi le *Saxifraga bryoides* L. est considéré par Nyman (*Consp.* 274) comme une sous-espèce du *S. aspera* L. Or, cette sous-espèce aurait dû être attribuée à Gaudin : *S. aspera* subsp. *bryoides* Gaud. [*Fl. helv.* III, 110 (1828)] [1]. Nyman a procédé de la même manière pour les variétés et les sous-variétés ; il envisage (*Consp.* 9) le *Ranunculus platanifolius* L. comme une variété du *R. aconitifolius* L., mais il ne mentionne pas l'existence de la combinaison des noms correcte et bien antérieure : *R. aconitifolius* var. *platanifolius* DC. [*Syst.*

---

[1] Bien que l'on rencontre çà et là des exemples de sous-espèces dans les écrits d'auteurs plus anciens, c'est certainement Gaudin qui le premier en a fait un emploi systématique. Gaudin a en même temps introduit le procédé typographique qui consiste à numéroter les sous-espèces avec les chiffres romains, tandis que les chiffres arabes restaient réservés aux espèces et les chiffres grecs aux variétés. Ainsi, Gaudin (*Fl. helv.* I, 237) admettait six sous-espèces en Suisse pour le *Poa nemoralis* L. : « Stirps summopere variabilis, in nonnullas *subspecies* dilabitur, quas seorsim describere juvat ». Ces sous-espèces peuvent être à leur tour différenciées en variétés : *Poa nemoralis* II subsp. *coarctata* β var. *schoenosperma.* On a souvent à tort cité comme variétés les sous-espèces de Gaudin : cet auteur ingénieux faisait très nettement la distinction entre les deux degrés hiérarchiques.

I, 241 (1818)]. C'est par milliers que se chiffreraient les corrections à faire subir à la nomenclature de l'auteur du *Conspectus* si l'on devait le considérer comme ayant établi des sous-espèces, variétés et sous-variétés. En réalité Nyman a borné son ambition à donner la liste des noms binominaux se rapportant à la flore européenne, en indiquant sommairement quel rang hiérarchique devrait selon lui leur être attribué, mais sans adopter la nomenclature correspondante et en ignorant totalement, comme sortant du plan de son ouvrage, celle de ses prédécesseurs. Conformément à ces conclusions, on ne nous verra jamais citer Nyman comme auteur de subdvision d'espèces, sauf dans les rares cas où une nomenclature correcte a été employée par lui. Nous avons agi de même pour d'autres auteurs dans tous les cas analogues, heureusement assez rares.

Les hybrides ont été traitées suivant les formes de nomenclature déterminées par les *Règles de la nomenclature* : elles sont pourvues d'un nom et d'une formule. Divers botanistes ont une tendance à confondre la formule avec le nom, et à trouver ce dernier inutile. Il vaut la peine de répéter qu'en l'absence d'une vérification expérimentale, un nom a l'avantage d'être utilisé par tout le monde, tandis que la formule exprime une interprétation souvent encore théorique, qui pourra n'être pas partagée par tous. Une considération au moins aussi décisive est celle-ci. Si l'on assimile les formules à des noms, une formule erronée mais jouissant de la priorité devrait indéfiniment être appliquée à une hybride à laquelle elle ne convient pas ! Bien plus, l'hybride correspondant réellement à la dite formule, ne pourrait plus être désignée par elle, le « nom » ayant déjà été utilisé antérieurement et jouissant de la priorité ! — Conformément aux *Règles* (art. 34), nous n'avons jamais donné qu'un nom binaire aux groupes hybrides polymorphes ou collectifs, groupant les diverses formes, lorsque cela était nécessaire, à la façon des sous-espèces et des variétés dans les espèces.

Quant au mode de citation des auteurs qui suivent des systèmes de nomenclature particuliers, nous nous sommes efforcé d'adapter leur nomenclature à celle des *Règles internationales,* toutes les fois que cela était possible sans s'écarter de la vérité.

Bibliographie systématique. — Nous avons réduit l'appareil des citations systématiques au strict nécessaire, afin de ne pas augmenter

les dimensions de notre ouvrage. Les principes qui nous ont guidé
sont les suivants. Nous avons donné pour chaque espèce la citation
princeps se rapportant au nom d'espèce ou de subdivision d'espèce
adopté. Il a fallu y ajouter les citations nécessaires à la justification de
la nomenclature adoptée. Il va cependant sans dire qu'en ce qui concerne les noms et combinaisons de noms se rapportant à des plantes
spéciales à la Corse, nous avons cherché autant que possible à être
complet. — L'usage, que nous avons suivi, de donner les dates des
citations se généralise tous les jours davantage, et cet usage répond
à un besoin urgent, car il permet seul au lecteur de faire lui-même
la critique de la nomenclature adoptée sans grande perte de temps ;
il donne en même temps un aperçu chronologique de l'histoire systématique du groupe considéré. — Enfin, nous avons renvoyé chaque
fois à un certain nombre de flores, ou éventuellement à des monographies, renfermant une description détaillée. Ces renvois sont destinés à remplacer des descriptions, que nous avons jugé inutile de
donner toutes les fois qu'il s'agissait de groupes connus et dépourvus
d'ambiguité.

Exsiccata. — Nous avons cité tous les exsiccata corses dont nous
avons pu étudier personnellement les échantillons. Le lecteur trouvera
une liste de ces exsiccata annexée à la bibliographie. Les nos d'exsiccata
étrangers à la Corse n'ont été mentionnés que lorsque la clarté de l'exposé l'exigeait.

Stations et formations. — Tout ce qui concerne les stations et les
formations a été renvoyé à la partie géobotanique. Dans notre *Catalogue*, la rubrique « Habitat » renferme quelques brèves indications
destinées à orienter le botaniste sur le terrain. Nous avons poursuivi
par l'emploi de termes tels que : maquis, garigues, dunes, forêts,
rochers, etc., un but purement pratique, sans préoccupation théorique quelconque. Tantôt c'est la formation qui est visée (p. ex. châtai-
gneraie), tantôt la station (p. ex. rochers, sables maritimes). D'ailleurs,
la distinction absolue que nous nous plaisons à établir entre la *station*
(substratum) et la *formation* (superstratum) est, bien qu'indispensable,
souvent très superficielle : une forêt compacte, une tourbière du type
des *sagnes*, constituent à la fois une formation et une station. Nous

avons évité, dans le *Catalogue*, l'emploi de termes exigeant des explications spéciales [1].

En ce qui concerne les appétences géiques, nous n'avons désigné une espèce comme *calcifuge* que lorsque cette désignation nous paraissait utile, attendu que la plus grande partie de la Corse est occupée par des terrains siliceux. En revanche, nous avons toujours noté avec soin les espèces *calcicoles* et *halophiles,* parce que ces renseignements sont importants non seulement au point de vue géobotanique, mais aussi au point de vue pratique de la recherche des espèces sur le terrain.

Distribution verticale. — Les études poursuivies sur la Corse depuis dix ans ont quelque peu modifié les divisions que nous avions jadis adoptées quant à la distribution verticale. Il est plus conforme à la pratique générale — et cela est de première importance lorsqu'il s'agit d'établir des comparaisons avec d'autres flores — de faire commencer l'étage alpin avec la limite supérieure des forêts. Cette limite doit être fixée à 1800 mètres. La zone contestée peut sans doute s'élever plus rarement à 1900 mètres, ou s'abaisser au-dessous de 1800 mètres sous l'action de causes locales (abstraction faites de la déforestation !), mais la moyenne est bien à 1800 mètres. Il reste donc à répartir en étages les 1800 mètres potentiellement accessibles à la silve. Le procédé le plus pratique, résultant de nombreuses comparaisons, consiste dans la distinction de trois étages. — L'étage inférieur va du bord de la mer à

---

[1] Les seules exceptions sont les suivantes. — *Vernaies.* C'est la formation que nous avons étudiée en 1901 sous le nom d'aulnaies. M. Chodat [in *Bull. herb. Boiss.* sér. 2, II, 966 (1902)] a proposé le terme *vernaie* (vernée) pour éviter des confusions avec les *aulnaies.* Ces dernières sont une forme de ripisilve (« Auenwald »), tandis que les vernaies constituent seules en Corse la brousse alpine à feuilles caduques. — *Pozzines.* C'est la formation que nous avons décrite en 1901 sous le nom de pelouses alpines. Ce dernier terme est trop vague et prête à confusion, en Corse et ailleurs, avec des formations à écologie différente. Les pozzines sont des tourbières acides, mais planes, sur sous-sol imperméable (boue glaciaire), à feutre tourbeux imbibé d'eau et essentiellement formé par les organes souterrains de Graminées, Cypéracées et Joncacées naines, à sphagnum formant seulement des taches et manquant souvent (« Hochmooranflüge »). Les localités alpines où la tourbière est trouée de mares profondes sont désignées par les habitants sous le nom de *pozzi* (puits) ; nous avons tiré de ce dernier terme le mot *pozzine* par contraction : *pozz*[*i* formation alp]*ine.* Mais il va sans dire que les pozzines se trouvent aussi en l'absence de pozzi. — Nous employons le terme *garigue* dans le sens que lui ont de tout temps donné les botanistes provençaux. Il comprend les formations végétant sur terrains arides, rocailleux ou rocheux, dépourvues d'arbres, à arbustes nains ou en peuplements discontinus ; les éléments constitutifs des garigues ont (abstraction faite des espèces annuelles le plus souvent éphémères) une écologie à caractères d'héliophilie et de xérothermisme extrêmes. Nos garigues correspondent donc aux « Felsenheiden » de M. Rikli. — Les expressions d'*ubac* (exposition au nord ou nord-est, côté de l'ombre) et d'*adret* (exposition au sud ou sud-ouest, côté du soleil) ont été vulgarisées par M. Flahault.

600 mètres : il est caractérisé par la présence du chêne-liège ; les garigues et les maquis y présentent leurs associations les plus thermophiles. L'étage suivant s'élève de 600 à 1200 mètres : il correspond au développement maximal du chêne-vert, aux forêts de *Pinus Pinaster* ; les garigues prennent une allure montagnarde caractérisée par l'abondance des arbrisseaux nains épineux de forme mamillaire ; les maquis deviennent plus uniformes. De 1200 à 1800 mètres, les garigues s'enrichissent de junipéraies et de berbéridaies ; les chênes-verts deviennent rares, et disparaissent vers 1400 mètres ; ils sont remplacés par des forêts de pins laricios, et sur des territoires plus restreints, par le hêtre. Renvoyant à la partie géobotanique pour des détails plus circonstanciés, on peut résumer la division en étages comme suit :

> Etage inférieur :   1-600 mètres.
> »   montagnard : 600-1200   »
> »   subalpin :   1200-1800   »
> »   alpin :   1800-2710   »

Distribution horizontale. — Cette distribution est généralement indiquée dans le *Catalogue,* en allant du nord au sud (du Cap Corse à Bonifacio). Il ne saurait être question, dans l'état actuel imparfait de l'exploration botanique de la Corse, d'exprimer par des chiffres, dérivés de méthodes graphiques, la fréquence des espèces à l'intérieur de l'île. Il faut se résoudre à exprimer la fréquence relative par l'énumération des localités dans lesquelles les espèces ont été relevées. Toutes les fois que nos observations personnelles, jointes à celles de nos prédécesseurs, permettent d'affirmer une distribution générale (partout où les conditions de milieu sont réalisées), nous avons réduit la diagnose de distribution à une simple indication générale. Dans les cas douteux, nous avons préféré donner la liste des localités, plutôt que d'avancer une affirmation de distribution générale inexacte. Il est hors de doute que les données actuelles seront dans beaucoup de cas considérablement amplifiées par la suite. Les expressions *rare, fréquent, commun, répandu, disséminé, abondant*, etc., forcément un peu vagues, ont donc une valeur toute relative.

Les renseignements suivants s'appliquent au groupement des montagnes de la Corse en *massifs,* massifs que nous énumérons ici, parce qu'il en est fait un fréquent usage dans le texte. Nous distinguons :

1º le massif du *Cap Corse* (du Cap Corse au col de S. Stefano ; point culminant : Monte Stello, 1305 m.) ; 2º le massif de *Tende* (du col de S. Stefano au désert des Agriates ; point culminant : Monte Asto, 1533 m.) ; 3º le massif du *S. Pietro* (entre le Golo, le col d'Ominanda, le Tavignano et la côte ; point culminant : Monte S. Pietro, 1766 m.) ; 4º le massif du *Cinto* (entre le Golo, la Balagne, la côte occidentale et le col de Vergio ; point culminant : Monte Cinto, 2710 m.) ; 5º le massif du *Rotondo* (du col de Vergio au col de Vizzavona, entre le Tavignano, le Golo et la côte occidentale ; point culminant : Monte Rotondo, 2625 m.) ; 6º le massif du *Renoso* (du col de Vizzavona au col de Verde, au S.-E. le cours du Taravo ; point culminant : Monte Renoso, 2357 m.) ; 7º le massif de l'*Incudine* (entre la vallée du Taravo et la côte orientale du col de Verde au col de Bavella ; point culminant : Monte Incudine, 2136 m.) ; viennent ensuite les massifs méridionaux de *Bavella*, de l'*Ospedale* et de *Cagna*.

Nomenclature topographique ; cartes. — Nous avons d'une façon générale suivi la nomenclature topographique de la Carte de l'Etat-Major français au 1/80000ᵉ, complétée par celle du service vicinal du Ministère de l'Intérieur au 1/100000ᵉ. Un certain nombre de noms de localités ou de régions sont passés dans l'usage sans avoir été relevés sur ces cartes. On les trouvera soit dans l'index publié par Marsilly en annexe de son catalogue [1], soit dans les bons guides relatifs à la Corse, par exemple celui de Joanne [2]. Les localités dont les noms sont relevés dans la littérature botanique et dont nous n'avons pas réussi à trouver l'emplacement sont indiquées entre guillemets. Nous donnerons nous-même dans le dernier volume de cet ouvrage un index géographique rendu très nécessaire pour une bonne utilisation de notre travail par nos successeurs.

Les cartes à consulter pour l'étude de la Corse sont les suivantes :

Carte de France de l'Etat-Major au 1/80000ᵉ. Feuilles : 259 (Luri) ; 260 (Calvi) ; 261 (Bastia) ; 262 (Vico) ; 263 (Corté) ; 264 (Ajaccio) ; 265 (Bastelica) ; 266 (Porto Pollo) ; 267 (Sartène).

La même au 1/200000ᵉ. Feuilles : 79 (Luri) ; 80 (Bastia) ; 81 (Ajaccio).

---

[1] L'*Index des localités citées dans le Catalogue et dans la Flore de France* occupe les pages 177-200 du *Catalogue* de Marsilly.

[2] P. Joanne. La Corse. Paris 1909. 20, LXX et 261 p. in-8, 9 cartes, 3 plans et 24 profils de route.

Nouvelle carte de France dressée par le service vicinal par ordre du Ministre de l'Intérieur au 1/100000ᵉ. Feuilles XXXI/37 (Luri), 38 (Bastia), 39 (Vescovato), 40 (Aleria), 41 (Sari di Porto-Vecchio), 42 (Conca); XXII/38 (Calenzana), 39 (Corté), 40 (Bocognano), 41 (Zicavo), 42 (Sartène), 43 (Bonifacio); XXIX/38 (Calvi), 39 (Evisa), 40 (Vico); 41 (Ajaccio), 42 (Serra di Ferro).

Carte géologique générale de la France au 1/320000ᵉ. Feuille 33 (Corse).

Carte géologique détaillée de la France au 1/80000ᵉ. Cette carte est en voie d'exécution. Nous avons vu les feuilles suivantes : 259 (Luri), 261 (Bastia), 262 (Vico), 264 (Ajaccio).

Voyages. — Les voyages suivants ont été exécutés en Corse sous les auspices de M. Emile Burnat. Nous en résumons très sommairement l'itinéraire : ils feront l'objet d'un récit plus détaillé dans le troisième volume de cet ouvrage à propos de l'histoire de la botanique corse.

1º Du 11 au 26 juillet 1900 (MM. E. Burnat, J. Briquet, Fr. Cavillier). Exploration de la Serra di Pigno. — De Corté à Calacuccia par le col d'Ominanda et le défilé de Santa Regina; ascension du Monte Cinto (2710 m.) par le versant de Calacuccia (M. Briquet); de Corté à Ajaccio et excursion à la Parata. — Vallée de la Restonica et ascension du Monte Rotondo (2625 m.) (MM. Briquet et Cavillier). — De Vivario par le col de Sorba à Ghisoni; ascension du Monte Renoso (2357 m.) par le versant E. (M. Briquet). — Les plantes récoltées forment une collection numérotée dont les doubles ont été distribués. Les principaux résultats de ce voyage ont été publiés en 1901; nous les avons par conséquent fondus avec les autres documents que nous fournissaient la bibliographie et les herbiers.

2º Du 19 mai au 16 juin 1904 (MM. E. Burnat, Jean Burnat, Fr. Cavillier et E. Abrezol). De Bastia à Corté avec exploration de la montagne de Caporalino (versant d'Omessa) et à Ajaccio avec excursion à Bocognano et à Pozzo di Borgo; d'Ajaccio à Appietto et Calcatoggio, puis par Cargèse, Piana et Evisa au col de Vergio; retour à Ajaccio par le col de Sevi, Vico et Sagone; excursion à la Parata; d'Ajaccio à Vizzavona, excursions à Ghisoni par la montagne et au col de Sorba, à Bocognano; à Pentica, ascensions du Monte d'Oro (2391 m.) et de la Pointe de Grado (1589 m.) (M. Cavillier); retour à Bastia et excursion à Biguglia, à Olmeta par le défilé de Lancone et le col de S. Stefano avec retour par Oletta et le col de Teghime. — Les résultats de ce voyage ont fait l'objet d'une publication en 1905; mêmes observations que pour le précédent.

3º Du 3 juillet au 13 août 1906 (MM. E. Burnat, A. Saint-Yves, Fr. Cavillier, E. Abrezol). — Cap Corse : de Bastia à Rogliano; de Rogliano par le col de la Serra à Centuri, Pino et par le col de Stᵉ-Lucie à Luri;

de Luri à la Tour de Sénèque et au Monte Rotto ; retour à Bastia. — Environs de Calvi : de Novella à Palasca par le col de S. Colombano ; de Calvi à Bonifatto par le vallon de Rio Ficarella, puis ascension de la Mufrella (2148 m.) par la bergerie de Spasimata. (MM. Briquet, Saint-Yves et Cavillier). — Env. d'Omessa : d'Omessa à Tralonca ; cime de la chapelle de S. Angelo (1184 m.) par la Bocca al Pruno et la Cima al Cucco (1104 m.) (M. Briquet). — Excursion dans le Sud (MM. Briquet et Cavillier) : d'Ajaccio par le col de St Georges, Ste Marie-Siché, le col de Granacce, et les bains de Guitara à Zicavo ; ascension du Monte Incudine (2136 m.) par la chapelle de S. Pietro et les bergeries d'Aluccia ; de Zicavo à la maison forestière de Marmano par le col de Verde ; du col de Verde par le col de Tavoria aux pointes de Monte (1814 m.) et Bocca d'Oro (1934 m.) ; du col de Verde par le col de Tisina aux pozzi de Sgreccia, de là par le col Bocca della Calle (1948 m.), le col de la Cagnone (1988 m.) et le vallon de Cappiajola (M. Briquet), et en contournant tout le massif du Renoso (M. Cavillier) à Vizzavona. — Exploration du bassin d'Asco (MM. Briquet, Saint-Yves et Cavillier) : de Ponte alla Leccia par Moltifao et Asco à la résinerie de la forêt d'Asco, bivouac sous la tente du 24 au 31 juillet ; ascension de la Cima della Statoja (2304 m.) par les bergeries d'Intrate et le col de Tula, descente par le col de l'Ondella et le vallon de Violine (M. Briquet) ; ascension du Monte Corona (2143 m.), ensuite col de Petrella, Capo Ladroncello (2144 m.) et arêtes jusqu'au col d'Avartoli, descente sur les bergeries de Violine (MM. Briquet et Cavillier) ; du camp à la bergerie de Manica, col de Manica (sous la cote 2309) traversée des névés jusque sous la cime du capo Largina (env. 2500m.), par les arêtes au sommet du Monte Cinto (2710 m.), descente directe par le versant N. sur le col de Manica, puis sur le cirque de Stranciacone et les bergeries de Stagno (MM. Briquet et Cavillier) ; par Asco à la bergerie de Pinnera, puis au col de Bocca Valle Bonna, et arêtes jusqu'au Monte Traunato (2130 m.), descente directe par la gorge de Terrigola sur Castiglione, et de là par le col d'Ominanda à Corté (M. Briquet). — Exploration du bassin de la haute Restonica : . de Corté aux bergeries de Grotello, bivouac sous la tente du 3 au 6 août ; ascension du Capo al Chiostro (2291 m.) (M. Briquet) ; montée aux lacs de Melo et de Capitello et ascension de la Punta de Porte (2317 m.) avec descente par le col de Bocca Soglia ; ascension du Monte Rotondo (2625 m.) par les lacs Cavaccioli et Scapuccioli, descente par les bergeries de Spisciè sur Corté (MM. Saint-Yves et Cavillier). — Excursions dans le Niolo : de Calacuccia aux bergeries d'Urcula, ascension du Capo Bianco (2554 m.), traversée de l'arête jusqu'au Capo al Berdato (2586 m.) et descente par le col de Teri Corscia et Lozzi sur Calacuccia (M. Briquet) ; de Calacuccia à la bergerie de Prugnoli dans le vallon de Calasima, montée au col de Foggiale, ascension du Paglia Orba (2523 m.), descente par le vallon de Tula et le haut Golo sur Calacuccia (MM. Briquet et Cavillier). — Outre ces excursions, nous devons signaler les explorations de M. Burnat aux env. de Vizzavona, de Grotello et de Corté, une excursion au col de Tripoli par le vallon de Verghello avec retour par le vallon de Manganello (MM. Burnat et Saint-Yves, accompagnés de Mme Gysperger), les ascensions de MM. Cavillier, Saint-Yves et Abrezol au Monte d'Oro.

la certitude. Nous avons en général, dans les cas restant douteux, préféré ne pas exclure jusqu'à plus ample informé. D'ailleurs les espèces exclues figurent à leur place, en petits caractères, avec les motifs à l'appui de leur exclusion.

Signes divers ; abréviations. — Les caractères de durée ou de dimensions des végétaux énumérés ont été régulièrement indiqués au moyen des signes habituels (①, ②, ♃, ♄ et ♄). Nous avons généralement désigné les espèces ou subdivisions d'espèces signalées en Corse avant la publication du *Catalogue* de Marsilly, mais omises par cet auteur, au moyen du signe † ; celles découvertes après l'époque de Marsilly, par le signe ††. Le signe ! après un nom de collecteur ou d'exsiccata signifie que nous avons vu un échantillon original. — Des abréviations telles que *fl.* pour : « fleurit en » ou « en fleurs », *fr.* pour « fructifie en » ou « en fruits », et d'autres encore ont à peine besoin d'explication spéciale. Celles se rapportant à la bibliographie botanique et aux exsiccata corses seront énumérées dans l'article suivant.

BIBLIOGRAPHIE BOTANIQUE CORSE

La bibliographie botanique corse que nous donnons ci-dessous diffère à divers points de vue de celles de nos deux prédécesseurs MM. Bonnet et Rikli. La plus complète, celle de M. le Dr Bonnet (n° 14), englobe plusieurs monographies ou revisions de groupes, dans lesquelles une espèce corse nouvelle est accidentellement décrite. Nous avons dû éliminer ces ouvrages de notre liste, parce que cette dernière aurait pris des dimensions énormes. L'index des noms qui terminera notre ouvrage renverra plus utilement aux endroits où les dites espèces ou formes sont mentionnées, que ne pourrait le faire une énumération de titres de mémoires ou d'articles. D'autre part, la liste de M. Rikli (n° 135, p. 122-125), moins complète que celle de M. Bonnet, renferme un grand nombre d'indications d'ouvrages et d'articles traitant de la Corse aux points de vue géographique, topographique, géologique et même « touristique ». On comprend l'intérêt qu'une semblable liste possède pour le cercle élargi de lecteurs auquel s'adressait notre confrère de Zurich. Mais nous avons renoncé à le suivre dans cette voie afin de conserver à notre bibliographie un caractère exclusivement botanique, et éviter qu'elle ne prenne des proportions énormes sans que que nous puissions d'ailleurs nous flatter de la rendre complète.

Nous nous sommes limité aux ouvrages, mémoires et articles consacrés exclusivement ou en partie notable à la flore et à la végétation de la Corse, ou traitant spécialement de représentants de cette flore. Malgré cela nous arrivons au total respectable de 158 ouvrages, mémoires ou articles.

1. **Allioni Carlo**. Felicis Valle Taurinensis florula Corsicae. (*Mélanges de philosophie et de mathématique de la société royale de Turin* pour les années 1760-1761, p. 204-218. Turin. In-4°). — Valle *Fl. Cors.* [1]

Contrairement à ce qu'assure Allioni dans sa courte introduction à l'énumération d'un fascicule de plantes récoltées par Félix Valle, ces plantes ne proviennent pas des env. de St-Florent, mais du nord de l'Italie, au moins en grande partie. Cela résulte à l'évidence de la forte proportion d'espèces indiquées en Corse par Valle et qui sont parfaitement étrangères à la flore de l'ile.

---

[1] Les abréviations qui suivent les titres sont celles qui ont été généralement employées dans le *Catalogue* pour éviter des indications détaillées trop souvent répétées.

2. **Anguillara Luigi**. Semplici, liquali in piu Pareri a, diversi nobili huomini scritti apaiono. Nuovamente da *M. Giovanni Marinello* mandati in luce. Vinegia, typ. Valgrisi, 1561. In-8º. 304 p., ind.

Les quelques indications de cet ouvrage se rapportant à la Corse présentent à peine un intérèt historique.

3. **Arcangeli Giovanni**. Compendio della flora italiana, ossia manuale per la determinazione delle piante che trovansi selvatiche od inselvatiche nell'Italia e nelle isole adiacenti. Torino 1878. In-8º. — Ed. 2, ibid. 1882. 889 p. — Arc. *Comp. fl. it.*

4. **Ascherson Paul** et **Graebner Paul** (Ascherson seul jusqu'à la p. 160 du vol. I). Synopsis der mitteleuropäischen Flora. Leipzig 1896- (se continue). In-8º. — Asch. et Graebn. [Asch.] *Syn.*

I : Vorr. XI p., 23 déc. 1902 ; p. 1-80, 1 mai 1896 ; p. 81-160, 1 août 1896 ; p. 161-320, 15 juin 1897 ; p. 321-415, 27 août 1897 ; ind. 45 p., 23 déc. 1902. — II, Abt. 1 : Vorr. V p., 2 sept. 1902 ; p. 1-64, 5 avril 1898 ; p. 65-144, 24 janv. 1890 ; p. 145-304, 30 déc. 1899 ; p. 305-464, 22 mai 1900 ; p. 465-544, 7 août 1900 ; p. 545-704, 10 déc. 1901 ; p. 705-795, 4 nov. 1902 ; ind. 86 p., 4 févr. 1903. — II, Abt. 2 : Vorr. IV p., 4 juin 1904 ; p. 1-144, 31 déc. 1902 ; p. 145-224, 23 juin 1904 ; p. 225-384, 19 janv. 1904 ; p. 385-530, 26 juill. 1904 ; ind. 65 p., 2 sept. 1904. — III : Vorr. V p., 26 nov. 1907 ; p. 1-160, 25 juill. 1905 ; 'p. 161-320, 31 oct. 1905 ; p. 321-480, 15 mai 1906 ; p. 481-560, 20 nov. 1906 ; p. 561-720, 21 mai 1907 ; p. 721-800, 24 sept. 1907 ; p. 801-934, 24 déc. 1907 ; ind. 124 p., 11 août 1908. — IV (en cours de publication) : p. 1-80, 11 août 1908 ; p. 81-160, 30 mars 1909 ; p. 161-240, 26 oct. 1909 ; p. 241-320, 10 déc. 1909 ; p. 321-400, 2 août 1910. — VI, Abt. 1 : Vorr. V p., 19 nov. 1904 ; p. 1-80, 28 déc. 1900 ; p. 81-240, 19 nov. 1901 ; p. 241-400, 18 avril 1902 ; p. 401-560, 1 juill 1902 ; p. 561 640, 23 juin 1903 , p. 641-800, 2 sept. 1904 ; p. 801-895, 20 janv. 1905 ; ind. 101 p., 24 oct. 1905. — VI, Abt. 2 : Vorr. IV p., 12 févr. 1910 ; p. 1-160, 20 nov. 1906 ; p. 161-320, 21 mai 1907 ; p. 321-496, 24 sept. 1907 ; p. 497-688, 31 mars 1908 ; p. 689-768, 30 mars 1909 ; p. 769-848, 13 juill. 1909 ; p. 849-928, 26 oct. 1909 ; p. 929-1008, 31 déc. 1909 ; p. 1009-1093, 31 mars 1910 ; ind. p. 1-80, 11 août 1910.

Cet ouvrage ne traite la Corse que d'une façon très accessoire, mais il est d'une telle importance pour la connaissance de la flore d'Europe en général, et même de la flore méditerranéenne, que nous l'avons cité constamment dans la mesure où il a été publié jusqu'ici.

5. **Audigier Pierre**. [Sur la végétation des environs d'Ajaccio]. (*Bulletin de la société botanique de France* XLV p. 38. Paris 1898. In-8º). — Audigier in *Bull. soc. bot. Fr.*

6. Bertoloni Antonio. Flora italica, sistens plantas in Italia et insulis circumstantibus sponte nascentes. Bononiae 1833-54. X voll. in-8°. — Bert. *Fl. it.*

> I : 1833, 882 p.; II : 1835, 800 p.; III : 1837, 637 p.; IV : 1839, 800 p.; V : 1842, 654 p.; VI : 1844, 641 p.; VII : 1847, 644 p.; VIII : 1850, 560 p.; IX : 1853, 661 p.; X : 1854, 639 p., index generalis, effigies auctoris.
> Ouvrage capital pour la connaissance de la flore corse, et presque entièrement négligé par nos prédécesseurs, qui n'en ont connu les indications que par le dépouillement très incomplet fait par Grenier et Godron. Bertoloni a en particulier publié la presque totalité des récoltes corses de Bubani, Serafini, Soleirol et Requien.

7. — Flora italica cryptogama. Bononiae 1858-67. II voll. in-8°. — Bert. *Fl. it. crypt.*

> I : 1858, 662 p.; II : 1862-67, 328 p.
> Les Cryptogames vasculaires sont contenues dans le 1er volume.

8. Blanc Louis. [Sur la flore des environs d'Ajaccio]. (*Bulletin de la société botanique de Lyon*, 2me série, XI, p. 6-8. Lyon 1888. In-8°). — Blanc in *Bull. soc. bot. Lyon.*

9. Boccone Paolo. Museo di piante rare della Sicilia, Malta, Corsica, Italia, Piemonte e Germania. Venezia 1697. In-4°. 196 p., 131 tab. — Bocc. *Mus. di piant. rar.*

10. Bonavita J. M. Description des plantes qui croissent en Corse, et qui n'appartiennent pas à la flore de la France continentale, d'après la Flore de France de Grenier et Godron et le Catalogue des plantes vasculaires de M. de Marsilly. (*Bulletin de la société des sciences historiques et naturelles de la Corse*, t. I, ann. 1881-82. Bastia 1882, imp. et lib. Vve Ollagnier. In-8°).

> Ce mémoire est distribué dans le tome cité comme suit : p. 234-239, 256-62, 289-298, 331-337, 346-361, 445-452, 492-500, 515-529, 562-569, 620-632, 665-698. M. Rotgès a eu l'obligeance de nous en communiquer une copie. C'est une compilation sans valeur aucune, faite très superficiellement : une plante aussi vulgaire en France que le *Sherardia arvensis* L. est décrite parmi les spécialités corses. Nous mentionnons une fois pour toutes ce mémoire qui ne sera pas cité au cours de notre ouvrage.

11. Bonnet Edmond. Notes sur quelques plantes du midi de la France. (*Bulletin de la société botanique de la France* XXV, 205-210. Paris 1878. In-8°). — Bonnet in *Bull. soc. bot. Fr.*

12. — Observations sur quelques plantes de France. (Magnier *Scrinia florae selectae*, fasc. I, p. 42-47. St-Quentin 1882. In-8°, autographié). — Bonnet in Magnier *Scrinia*.

13. — Lettre au président de la Société botanique italienne. (*Bullettino della società botanica italiana*, ann. 1893, p. 449 et 450. Firenze 1893. In-8°).

14. — Essai d'une bio-bibliographie botanique de la Corse. Paris 1901. 16 p. in-8°. (Extrait des *Comptes rendus de l'association française pour l'avancement des sciences, congrès d'Ajaccio* 1901, p. 497-512). — Bonnet *Bio-bibliogr. Cors.*

15. **Boreau Alexandre.** Notices sur les plantes recueillies en Corse par M. E. Revelière, avec des observations sur les espèces litigieuses ou nouvelles. Angers 1857-59. III fasc. in-8°. (Extrait des *Mémoires de la société académique d'Angers* I, IV et VI). — Bor. *Not.*

    I : 1857, 10 p.; II : 1858, 10 p.; III : 1859, 8 p.

16. — *Potentilla Salisii.* (*Ibidem* XIV, p. 19 et tab. Angers 1862. In-8°. — Bor. in *Mém. soc. acad. Ang.*

17. **Boullu Etienne** (abbé). Rapport sur l'herborisation faite à l'étang de Biguglia le 30 mai 1877. (*Bulletin de la société botanique de France* XXIV, sess. extr. LXII-LXXI. Paris 1877. In-8°). — Boullu in *Bull. soc. bot. Fr.*

18. — Compte rendu des herborisation d'Ajaccio. (*Ibidem* XXIV, sess. extr. LXXXVII-C. Paris 1877. In 8°). — Même abrév.

19. — [Deux espèces nouvelles de Corse : *Scilla corsica* et *Carex minima*]. (*Annales de la société botanique de Lyon* V, p. 88 et 89. Lyon 1878. In-8°). — Boullu in *Ann. soc. bot. Lyon.*

20. — Liste de quelques plantes récoltées aux îles Sanguinaires. (*Bulletin de la société botanique de France* XXVI, p. 81 et 82. Paris 1879. In-8°). — Boullu in *Bull. soc. bot. Fr.*

21. — Herborisations en Corse de MM. Foucaud et Simon. (*Annales de de la société botanique de Lyon* XXIV, p. 63-76. Lyon 1899. In-8°). — Boullu in *Ann. soc. bot. Lyon.*

Dans ce mémoire, l'auteur reproduit la liste des plantes publiées en 1899 par MM. Foucaud et Simon et y intercale les espèces non vues par ces auteurs en les désignant d'un astérisque et en citant des localités.

22. **Boyer Henri.** Contribution à l'étude de la flore de l'extrême Sud Corse ou territoire de Bonifacio. Montpellier 1906. 71 p. in-8°. — Boy. *Fl. Sud Corse.*

Mémoire insuffisamment documenté, renfermant quelques indications originales, malheureusement parfois douteuses, mêlées à des erreurs évidentes.

23. **Bras A.** Lettre sur une herborisation à Saint-Florent. (*Bulletin de la société botanique de France* XXIV, sess. extr. p. LXXII. Paris 1877. In-8°). — Bras in *Bull. soc. bot. Fr.*

24. **Briquet John.** Recherches sur la flore des montagnes de la Corse et ses origines. Genève, juin 1901. In-8°. 108 p., 3 pl. (Extrait de l'*Annuaire du Conservatoire et du Jardin botaniques de Genève* V, p. 12-119). — Briq. *Rech. Corse.*

25. — Spicilegium corsicum, ou catalogue des plantes récoltées en Corse du 19 mai au 16 juin 1904 par M. Emile Burnat. Genève, 31 déc. 1905. 78 p. et 7 fig. dans le texte, in-8°. (Extrait de l'*Annuaire du Conservatoire et du Jardin botaniques de Genève* IX, p. 106-183). — Briq. *Spic.*

26. — Sur quelques points de l'histoire écologique des maquis. (*Archives des sciences physiques et naturelles* CXIV, 4ᵉ période, XXVIII, p. 488 et 489. Genève 1909. In-8°).

27. **Burmann Nicolas Laurent.** Felicis Valle medici Taurinensis Flora Corsicae ex ipsis schedis collecta a Carolo Allionio aucta ex scriptis Dn. Jaussin et publicum in usum communicata. (*Nova acta physico-medica academiae naturae curiosorum*, IV, Appendix p. 205-254. Norimbergae 1770. In-4°). — Burm. *Fl. Cors.*

Cette compilation bien faite des données de Valle et Jaussin cumule les erreurs de ces deux auteurs, tout en renfermant un certain nombre de données exactes. C'est la plus ancienne flore de la Corse. Les œuvres de Valle et de Jaussin étant rarissimes, nous avons trouvé pratique de les citer d'après le *Flora Corsicae* de Burmann, que l'on trouve dans la plupart des grandes bibliothèques.

28. **Burnouf Charles.** Plantes trouvées aux environs de Corté et qui ne figurent pas dans le catalogue de M. de Marsilly. (*Bulletin de la société botanique de France* XXIV, sess. extr. p. XXX et XXXI. Paris 1877. In-8º). — Burnouf in *Bull. soc. bot. Fr.*

29. — Rapport sur l'herborisation faite au Monte Rotondo le 7 juin 1877. (*Ibidem* p. LXXXIV-LXXXVII). — Même abrév.

30. **Camus Fernand.** Notes sur les récoltes bryologiques de M. P. Mabille en Corse. (*Revue bryologique* XXII, p. 65-74. Paris 1895. In-8º.

31. — Note préliminaire sur un voyage botanique en Corse. (*Ibidem* XXIX p. 17-26. Paris 1902. In-8º).

32. — Muscinées recueillies en Corse en mai et juin 1901. (*Bulletin de la société botanique de France* XLVIII, sess. extr. p. CLI-CLXXIV. Paris, sept. 1903. In-8º).

33. **Candolle Augustin Pyramus de**. Flore française, ou descriptions succinctes de toutes les plantes qui croissent naturellement en France, etc. Paris 1805-1815. V voll. in-8º. — DC. *Fl. fr.*

I : 1805, XVI, 224 et 338 p., 11 tab. ; II : 1805, 11 et 600 p., carte botan. ; III : 1805, 731 p. ; IV : 1805, 944 p. ; V : 1815, 10 et 662 p. Renferme quelques indications originales relatives à la Corse dues principalement aux documents communiqués par Noisette.

34. **Cardini Ignazio.** « Mariana auf der Insel Corsica... 1562.»

Voy. au sujet de cet ouvrage relatif à l'histoire naturelle de la Corse, dont tous les exemplaires ont été détruits par les moines après la fuite de son auteur accusé d'hérésie · Pritzel *Thes. litt. bot.* ed. 2, 26 et Bonnet *Bio-bibl. Cors.* 2.

35. **Celakowsky Ladislav.** *Narthecium Reverchoni* sp. nov. (*Oesterreichische botanische Zeitschrift* XXXVII, 154-156. Wien 1887. In-8º). — Celak. in *Oest. bot. Zeitsch.*

36. **Cesati, Passerini** et **Gibelli.** Compendio della flora italiana. Milano 1867-1894. 906 p. in 4º et CXXIII tab.

37. **Chabert Alfred.** Note sur les *Orchis provincialis* Balbis et *pauciflora* Ten. du Cap Corse. (*Bulletin de la société botanique de France* XXVIII, sess. extr. p. LIII-LV. Paris 1881. In-8º). — Chab. in *Bull. soc. bot. Fr.* XXVIII, sess. extr.

38. — Observations sur la flore montagneuse du Cap Corse. (*Ibidem* XXIX, sess. extr. p. L-LVII. Paris 1882. In-8°). — Même abrév.

39. — Contribution à la flore de France et de Corse. (*Ibidem* XXXIX, p. 66-69. Paris 1892. In-8°). — Même abrév. .

40. — Plantes nouvelles de France et d'Espagne. (*Bulletin de l'herbier Boissier*, 1re sér., III, p. 145-149. Genève 1895. In-8°). — Chab. in *Bull. herb. Boiss.*

41. — Deux Euphorbes nouvelles de France et d'Algérie. (Morot *Journal de botanique* XIV, p. 70-72. Paris 1900. In-8°). — Chab. in Morot *Journ. de bot.*

42. **Clavé J.** Etudes forestières. Les forêts de la Corse. (*Revue des Deux-Mondes* LI, p. 353-380. Paris, 15 mai 1864. In-8°).

43. **Cosson Ernest.** Notes sur quelques.plantes critiques, rares ou nouvelles. Paris 1849-52. In-8°. — Coss. *Not.*

> 1re série, I : 4 févr. 1849, p. 1-24 ; II : 15 déc. 1849, p. 25-48 ; III : juill. 1850, p. 49-92 ; 2me série : juin 1851, p. 93-140 ; 3me série : juill. 1852, p. 141-184.
> Le fascicule III de la 1re série est en majeure partie formé de notes relatives à des plantes corses, rédigées en collaboration avec L. Kralik.

44. — [Présence en Corse du *Juncus foliosus* Desf.]. (*Bulletin de la société botanique de France* XIII, p. 300. Paris 1866. In-8°). — Coss. in *Bull. soc. bot. Fr.*

45. **Coste Hippolyte** (abbé). Flore descriptive et illustrée de la France, de la Corse et des contrées limitrophes, avec une introduction sur la flore et la végétation de la France, accompagnée d'une carte coloriée par *Ch. Flahault.* Paris 1900-1906. III vol. avec 4354 fig. dans le texte, in-8°). — Coste *Fl. Fr.*

> I : introd. par *Ch. Flahault* p. 1-52 et 1 carte coloriée, 28 mars 1901 ; p. I-XXXVI, 21 nov. 1900 ; p. 1-128, 25 juin 1900 ; p. 129-240, 21 nov. 1900 ; 241-304, 28 mars 1901 ; 305-416, 6 juill. 1901. — II : p. 1-96, 23 déc. 1901 ; p. 97-224, 24 sept. 1902 ; p. 225-352, 17 janv. 1903 ; p. 353-448, 12 mai 1903 ; p. 449-627, 17 août 1903. — III : VIII et 2 p., 29 déc. 1906 ; p. 1-96, 20 févr. 1904 ; p. 97-208, 12 juill. 1904 ; p. 209-288, 11 mars 1905 ; p. 289-384, 22 juill. 1905 ; p. 385-464, 9 mars 1906 ; p. 465-592, 28 juill. 1906 ; p. 593-807, 29 déc. 1906.

La flore de M. Coste tient le milieu entre les ouvrages de pure vulgarisation et les flores dues à un travail original. Le soin avec lequel les clés et les descriptions ont en général été rédigées, ainsi que les nombreuses petites figures rendent cette œuvre fort utile. Nous l'avons régulièrement citée.

46. — Herborisations autour de la Ville d'Ajaccio les 21, 23 et 24 mai [1901]. (*Bulletin de la société botanique de France* XLVIII, sess. extr. p. CIII-CVII. Paris, sept. 1903. In-8°). — Coste in *Bull. soc. bot. Fr.*

47. — Plantes récoltées au port de Sagone le 26 mai [1901]. (*Ibidem* p. CXIII et CXIV). — Même abrév.

48. — Plantes récoltées aux environs de Vico les 26 et 27 mai [1901]. (*Ibidem* p. CXIX). — Même abrév.

49. — Plantes récoltées [dans la forêt d'Aitone et entre Aitone et Vico] le 27 mai [1901]. (*Ibidem* p. CXV). — Même abrév.

50. — Plantes récoltées le 29 mai [1901 à l'embouchure du Liamone et entre Sagone et Ajaccio]. (*Ibidem* p. CXV et CXVI). — Même abrév.

51. — Rapport sur l'herborisation du 22 mai [1901] à la montagne de Pozzo di Borgo. (*Ibidem* p. CVIII-CXIII). — Même abrév.

52. — Herborisations de M. l'abbé J. Soulié en Corse, du 24 juillet au 10 août [1901]. (*Ibidem* p. CXVI-CXXIV). — Même abrév.

53. **Debeaux Odon.** Algues marines des environs de Bastia. (*Mémoires de médecine militaire* XXIX, p. 528 et suiv., ann. 1873 et *Revue des sciences naturelles* II, p. 193 et suiv., p. 332 et suiv., ann. 1874).

54. — Notes sur plusieurs plantes nouvelles ou peu connues de la région méditerranéenne. Paris 1891-94. 118 p. in-8°. (Extrait de la *Revue de botanique, bulletin mensuel de la société française de botanique* ; 1re série : p. 237-287, ann. 1891 ; 2me série : p. 177-240, juin-déc. 1894). — Deb. *Not.*

55. **Doûmet-Adanson Napoléon.** Une semaine d'herborisation en Corse. (*Annales de la société d'horticulture et de botanique de l'Hérault* V, p. 112-126 et 179-226. Montpellier 1865. In-8°). — Doùmet in *Ann. Hér.*

56. — Sur les forêts de la Corse et la destruction déplorable des Laricio archi-séculaires qu'elles renferment. (*Bulletin de la société botanique de France* XIX, sess. extr. p. LXXX-LXXXIV. Paris 1872. In-8°.)

57. — Notice sur Romagnoli, et visite à ses collections léguées à la Ville d'Ajaccio. (*Ibidem* XXIV, sess. extr. p. CI-CIII. Paris 1877. In-8°). — Même abrév.

58. **Duby J. E.** Aug. Pyrami de Candolle Botanicon gallicum seu Synopsis plantarum in flora gallica descriptarum, editio secunda. Paris 1828-30. II voll. in-8°. — Dub. *Bot. gall.*

> I : 1828, XII p. et p. 1-544 ; II : 1830, II p. et p. 545-1068, clav. anal. p. I-LVIII.
> L'œuvre de Duby contient des notes originales basées principalement sur les récoltes de Soleirol.

59. **Engler Adolf.** Versuch einer Entwicklungsgeschichte der Pflanzenwelt, insbesondere der Florengebiete seit der Tertiärperiode. Leipzig 1879-1882. II voll. in-8°.

> I : 1879. Die extratropischen Gebiete der nördlichen Hemisphäre. 202 p. et 1 carte chromolith.; II : 1882. Die extratropischen Gebiete der südlichen Hemisphäre und die tropischen Gebiete. 385 p. et 1 carte chromolith.
> Les problèmes relatifs à la flore orophile de la Corse sont traités dans le vol. I, p. 104-108.

60. **Fée Antoine Laurent.** Une excursion en Corse pendant l'été de 1845. Strasbourg 1846. 88 p. in-16.

61. **Fiori Adriano** et **Paoletti Giulio.** Flora analitica d'Italia, ossia descrizione delle piante vasculari indigene inselvatichite e largamente coltivate in Italia, disposte per quadri analitici. Padova 1896-1908. IV voll. in-8°. — Fiori *Fl. anal. It.*

> I : p. 1-C (1908) ; p. 1-256 et carta delle reg. bot. (1896) ; p. 257-610 (1898). — II : p. 1-224, janv. 1900 ; p. 225-304, mars 1901 ; p. 305-493, juin 1902. — III : p. 1-272, mai 1903 ; p. 273-527, avril 1904. — IV : App. et ind. gén., p. 1-16, mars 1907 ; p. 17-192, mars 1908 ; p. 183-330, sept. 1908.
> L'œuvre de Fiori et Paoletti embrassant la Corse, nous en avons tenu compte lorsque la citation présentait quelque intérêt au point de vue de la botanique de l'île. Le concept spécifique des auteurs, à notre avis généralement beaucoup trop large (énumérant souvent comme variétés des types parfaitement tranchés et universellement reconnus), nous aurait obligé, en citant régulièrement cet

ouvrage, à augmenter notre synonymie dans un sens inutile pour le but que nous nous sommes proposé.

62. **Fliche Paul.** Notes sur la flore de la Corse. (*Bulletin de la société botanique de France* XXXVI, p. 356-370. Paris 1889. In-8°). — Fliche in *Bull. soc. bot. Fr.*

63. **Foucaud Julien.** *Papaver Simoni.* (*Bulletin de la société botanique rochelaise* XVIII, 23. La Rochelle 1897. In-8°). — Fouc. in *Bull. soc. bot. rochel.*

64. — [Notes sur les] *Spergularia rubra* Pers. var. *virescens* Fouc. et Mand., *Althaea officinalis* L. var. *corsica* Fouc. et Mand., *Crataegus monogyna* Jacq. var. *microphylla* Fouc. et Sim., *Teucrium Marum* L. var. *capitatum* Fouc. et Mand. et *Statice contortiramea* Mab. (*Bulletin de la société botanique rochelaise* XX, p. 23, 25, 32 et 33. La Rochelle 1899. In-8°). — Même abrév.

65. — [Notes sur les] *Bellium bellidioides* L. var. *nivale* Fouc., *Bellis Bernardi* Boiss. et Reut., *Santolina corsica* Jord. et Fourr., *Juncus acutus* L. var. *decompositus* Guss. (*Bulletin de la société botanique rochelaise* XXI, p. 36, 38 et 47. La Rochelle 1900. In-8°). — Même abrév.

66. — Recherches sur le *Trisetum Burnoufii* Req. (*Bulletin de la société botanique de France* XLVI, p. 292-269. Paris 1899. In-8°). — Fouc. in *Bull. soc. bot. Fr.*

67. — Recherches sur le *Trisetum Burnoufii* Req. (*Bulletin de l'herbier Boissier*, 1re sér., XII, p. 696-700. Genève, 30 sept. 1899. In-8°). — Fouc. in *Bull. herb. Boiss.*

68. — Recherches sur le *Trisetum Burnoufii* Req. (*Bulletin de la société botanique rochelaise* XXI, p. 22-18. La Rochelle 1900. In 8°). — Fouc. in *Bull. soc. bot. rochel.*

69. — *Biscutella Rotgesii* Fouc. (*Ibidem* XXIII, p. 27, tab. I. La Rochelle 1901. In-8°). — Même abrév.

70. — *Potentilla Mandoni* Fouc. (*Ibidem* XXIII, p. 30, tab. III. La Rochelle 1901. In-8°). — Même abrév.

71. — Additions à la flore de la Corse. (*Bulletin de la société botanique*

de France XLVII, p. 83-102, tab. I-V. Paris, 27 avril 1900. In-8°).
— Fouc. in *Bull. soc. bot. Fr.*

72. **Foucaud J.** et **Simon E.** Trois semaines d'herborisations en Corse. La Rochelle 1898. 180 p. et 3 pl. in-8°. — Fouc. et Sim. *Trois sem. herb. Corse.*

73. **Gillot Xavier.** Rapport sur l'herborisation faite par la société botanique de France à Erbalunga (Corse) le 29 mai 1877, et sur quelques autres herborisations aux environs de Bastia. (*Bulletin de la société botanique de France* XXIV, sess. extr. p. XXVIII-LXII. Paris 1877. In-8°). — Gillot in *Bull. soc. bot. Fr.*

74. — Rapport sur une excursion faite à Orezza et au Monte Santo-Pietro les 1er et 2 Juin 1877. (*Ibidem* XXIV, sess. extr. p. LXXII-LXXIII). — Même abrév.

75. — Liste des Cryptogames récoltées en Corse. (*Ibidem* XXV, p. 131. Paris 1878. In-8°).

76. — Liste des Muscinées récoltées en Corse pendant la session extra-ordinaire de la société botanique de France. (*Revue bryologique* V, p. 8-10. Paris 1878. In-8°).

77. — Souvenir d'un voyage botanique en Corse, de Corté à Ajaccio. Paris 1878. 7 p. in-8°. (Extrait de la *Feuille des jeunes naturalistes* IX, p. 58 et suiv., p. 71 et suiv.). — Gillot *Souv.*

78. — Notes sur quelques plantes nouvelles pour la flore de France. (*Bulletin de la Société botanique de France* XXX, sess. extr. p. XII-XVIII. Paris 1883. In-8°). — Gillot in *Bull. soc. bot. Fr.*

Ginestra Salvatore. — Pseudonyme. Voy. Gresalvi.

79. **Grenier** et **Godron.** Flore de France ou description des plantes qui croissent naturellement en France et en Corse. Paris 1847-1856. 3 voll. in 8°. — Gr. et Godr. *Fl. Fr.*

I : p. 1-330, nov. 1847 ; p. 331-766, déc. 1848. — II : 760 p., 1852. — III : p. 1-669, 1er déc. 1855 ; ind. p. 661-779, 1856.

L'œuvre classique de Grenier et Godron renferme, entre autres documents originaux, une série de renseignements inédits dûs à Bernard.

80. **Gresalvi Strataneo**. Storia naturale dell'isola di Corsica. Firenze 1774. In-8°.

> Consulter au sujet de ce travail l'article de M. Saccardo (n° 14)6.

81. **Grisebach August**. Die Vegetation der Erde nach ihrer klimatischen Anordnung. Ein Abriss der vergleichenden Geographie der Pflanzen. Leipzig 1872. 2 voll. in-8°.

> I : 603 p.; II : 636 p. et 1 carte en couleurs. — La Corse est traitée dans le vol. I, p. 352, 373 et 374. — L'œuvre de Grisebach a été traduite en français et annotée par P. Tchihatcheff (1878).

82. **Gysperger de Roulet H.** Herborisations en Corse (21 mai — 13 juin 1903). (Rouy *Revue de botanique systématique* II, p. 109-114 et 119-121. Paris 1er août et 1er sept. 1904. In-8°). — Gysperger in Rouy *Rev. bot. syst.*

83. **Hariot Paul**. Enumération des Champignons récoltés en Corse jusqu'à l'année 1901. (*Comptes rendus de l'association française pour l'avancement des sciences*. Congrès d'Ajaccio 1901, p. 448-457. Paris 1901. In-8°).

84. **Jaussin Louis Amand**. Mémoires historiques, militaires et politiques sur les principaux événements arrivés dans l'isle et le royaume de Corse depuis le commencement de l'année 1738 jusqu'à la fin de l'année 1741, avec l'histoire naturelle de ce païs-là. Lausanne 1749. 2 voll. in-12.

> Voy. sur cet ouvrage : Bonnet *Bio-bibliogr. Corse* 4. Le *Catalogue raisonné et rangé par ordre alphabétique en français et en latin de tous les arbres, arbrisseaux, plantes...* dont il est fait mention dans le *voyage de l'isle de Corse* occupe les p. 559 à 592 du tome II. Les indications de Jaussin, renfermant de nombreuses erreurs, ont été réunies à celles d'Allioni-Valle dans le *Flora Corsicae* de Burmann. C'est d'après ce dernier que nous les avons citées, n'ayant pu consulter nous-même le rare ouvrage de Jaussin. Selon M. Bonnet (l. c.), il en existe d'autres éditions, qui ne sont peut-être que des réimpressions, portant les dates de 1758-59 et 1769.

85. **Jordan Alexis**. Observations sur plusieurs plantes nouvelles, rares ou critiques de la France. Fragments 1-7. Paris 1846-49. In-8°. — Jord. *Obs.*

> I : mai 1846, 45 p., 5 pl.; II : juill. 1846, 39 p., 2 pl.; III : sept. 1846, 254 p., 12 pl.; IV : nov. 1846, 37 p., 2 pl.; V : févr. 1847, 77 p., 5 pl.; VI : avril 1847, 88 p., 2 pl.; VII : déc. 1849, 44 p.

86. — Pugillus plantarum novarum praesertim gallicarum. Parisiis 1852. 148 p. in-8°. — Jord. *Pug.*

87. — Diagnoses d'espèces nouvelles ou méconnues pour servir de matériaux à une flore réformée de la France et des contrées voisines. Paris 1864. 355 p. in-8°. — Jord. *Diagn.*

88. **Jordan Alexis** et **Fourreau Jules**. Breviarium plantarum novarum sive specierum in horto plerumque cultura recognitarum descriptio contracta ulterius amplianda. Parisiis 1866-68. 2 fasc. in 8°. — Jord. et Fourr. *Brev.*

> I : 1866, 62 p. ; II : 1868, 137 p.

89. — Icones ad floram Europae novo fundamento instaurandam spectantes. Parisiis 1866-1903. 3 voll. in-folio. — Jord. et Fourr. *Ic.*

> I : tab. I-CC ; p. 1-8, oct. 1866 ; p. 9-12, déc. 1866 ; p. 13-16, janv. 1867 ; p. 17-20, févr. 1867 ; p. 21-24, mars 1867 ; p. 25-28, avril 1867 ; p. 29-32, mai 1867 ; p. 33-36, juin 1867 ; p. 37-40, août 1867 ; p. 41-44, sept. 1867 ; p. 45-48, nov. 1867 ; p. 49-52, janv. 1868 ; p. 53-56, mars 1868 ; p. 57-60, mai 1868 ; p. 61-64, sept. 1868 ; p. 65-71, nov. 1868. — II : tab. CCI-CCCLV ; p. 1-8, janv. 1869 ; p. 9-12, mai 1869 ; p. 13-16, sept. 1869 ; p. 17-20, janv. 1879 ; p. 21-24, mars 1870 ; p. 25-40, mars 1903 ; p. 41-52, avril 1903. — III : tab. CCCLVI-D ; p. 1-36, avril 1903 ; p. 37-52, mai 1903.
>
> Jules Fourreau, mortellement blessé au combat de Nuits, le 13 décembre 1870, a succombé le 16 janvier 1871. Après une interruption de 33 ans, l'œuvre, continuée par Jordan seul à partir de la p. 25 du tome II (à partir de la planche CCLXXXI), a été publiée seulement après la mort de Jordan († 7 février 1897).
>
> Les ouvrages de Jordan et de Jordan et Fourreau renferment un grand nombre de documents relatifs à la flore corse, provenant soit du voyage de Jordan en 1840, soit de ses correspondants, en particulier de Revelière.

90. **Kornhuber A**. Ueber Korsika. (*Schriften des Vereins zur Verbreitung naturwissenschaftlicher Kenntnisse in Wien* XXIV, p. 54-152, avec 2 cartes dont 1 en couleurs. Wien 1884. In-8°). — Kornhuber *Ueber Korsika.*

> Le meilleur *résumé* de l'histoire physique et naturelle de la Corse publié jusqu'à aujourd'hui.

91. **Lardière**. Excursion botanique en Corse. (*Bulletin trimestriel de la société botanique de Lyon* XI, n° 2, juin-déc. 1893, p. 58-60. Lyon 1893. In-8°). — Lard. in *Bull. trim. soc. bot. Lyon.*

92. **Le Grand Antoine.** Quatrième notice sur quelques plantes critiques ou peu connues de France. (*Bulletin de l'association française de Botanique* II, p. 60-74. Le Mans 1899. In-8º). — Le Grand in *Bull. ass. fr. bot.*

93. — Contribution à la flore de la Corse. (*Bulletin de la société botanique de France* XXXVII, p. 17-21. Paris 1890. In-8º). — Le Grand in *Bull. soc. bot. Fr.*

94. **Levier Emile.** Tableau des espèces endémiques ou spéciales à la Corse et à la Sardaigne (dans Barbey *Florae sardoae compendium* p. 10-17. Lausanne 1885. In-4º).

95. **Liotard.** Contribution à l'étude des Algues de la Corse. (*Bulletin de la société des sciences historiques et naturelles de la Corse* IV, p. 601 et suiv. Bastia 1887. In-8º).

96. **Litardière René de.** Voyage botanique en Corse. Niort 1907. 26 p. in-8º. (Extrait du *Bulletin de la société botanique des Deux-Sèvres* XVIII, p. 125-150). — Lit. *Voy.* I.

97. — Voyage botanique en Corse (1907). Niort 1908. [Extrait du *Bulletin de la société régionale de botanique (anciennement société botanique des Deux-Sèvres)* XIX, p. 135-166]. — Lit. *Voy.* II.

98. — Voyage botanique en Corse (juillet-août 1908). [*Bulletin de l'académie internationale de géographie botanique* XVIII, p. 37-132 avril 1909) et p. 189-211 (juillet 1909). Paris 1909. In 8º]. — Lit. in *Bull. acad. géogr. bot.*

99. **Loiseleur-Deslonchamps J. L. A.** Flora gallica, seu enumeratio plantarum in Gallia sponte nascentium secundum Linnaeanum systema digestum addita familiarum naturalium synopsi. Lutetiae 1806-07. 2 voll. in-8º, VIII et 742 p., 21 tab. — Ed. 2. aucta et emendata Paris 1828. 2 voll. in-8º. — I : XXXIV et 407 p., 16 tab.; II : 306 p., 31 tab. — Lois. *Fl. gall.*

100. — Notice sur les plantes à ajouter à la flore de France (Flora gallica), avec quelques corrections et observations. Paris 1810. 172 p. 6 tab. in 8º. — Lois. *Not.*

101. — Nouvelle notice sur les plantes à ajouter à la flore de France

(Flora gallica). (Extrait des *Annales de la société linnéenne de Paris* VI. Paris 1827. 40 p. in-8°). — Lois. *Nouv. not.*

Les ouvrages de Loiseleur renferment une série d'indications originales relatives à la Corse, surtout dues aux explorations de Pouzolz, Robert et Soleirol.

102. **Lutz Louis**. Champignons récoltés en Corse pendant les mois de juin et juillet 1900. (*Bulletin de la société mycologique de France* XVI, p. 121 et 122. Paris 1901. In-8°).

103. — Additions à la flore de Corse. (*Bulletin de la société botanique de France* XLVIII, p. 49-58. Paris, juin 1901. In-8°). — Lutz in *Bull. soc. bot. Fr.*

104. — Considérations générales sur la flore de Corse. (*Ibidem* XLVIII, sess. extr. p. VII-XIII, 5 janv. 1902). — Même abrév.

105. — Rapports sur diverses herborisations de la société [botanique de France] au cours de la session de Corse. (*Ibidem* XLVIII, sess. extr. p. CXXIV-CXLIII, sept. 1903). — Même abrév.

Ce mémoire englobe diverses communications de M. N. Roux.

106. — Nouvelles additions à la flore de Corse. (*Ibidem* XLVIII, sess. extr. p. CXLVIII-CL). — Même abrév.

107. **Lutz Louis** et **Maire René**. Rapport sur les lichens récoltés en Corse pendant les excursions de la société botanique [de France] et hors session. (*Ibidem* XLVIII, sess. extr. p. XLXXV-CLXXVII).

108. **Mabille Paul**. Recherches sur les plantes de la Corse. 2 fasc. Paris 1867-69. In-8°. — Mab. *Rech.*

I : 1867, 34 p.; II : 1869, 47 p.

109. — Excursions botaniques en Corse. (*Feuille des jeunes naturalistes* VII, p. 109-112. Paris, 1er juill. 1877. In-8°). — Mab. in *Feuille jeun. nat.*

110. **Maire René**. Contribution à l'étude de la flore de la Corse. (*Bulletin de la société botanique de France* XLVIII, sess. extr. p. CXLVI-CXLVIII. Paris, sept. 1903. In-8°). — R. Maire in *Bull. soc. bot. Fr.*

111. — Prodrome d'une flore mycologique de la Corse (avec la collabo-

ration de MM. *P. Dumic* et *Louis Lutz*). (*Ibidem* XLVIII, sess. extr.
p. CLXXIX-CCXLVII).

Ce travail important donne la bibliographie des espèces endémiques en Corse ou décrites de Corse pour la première fois et disséminées dans divers travaux mycologiques de Duby, Léveillé,
Rolland, Maire et Saccardo.

112. — Remarques sur la flore de la Corse. [Rouy *Revue de botanique
systématique* II, p. 21-27 (1er mars 1904), p. 49-57 (1er mai 1904),
p. 65-73 (1er juin 1904). Paris 1904. In-8º]. — R. Maire in Rouy
Rev. bot. syst.

113. **Major Forsyth.** Die Tyrrhenis. Studien über geographische Verbreitung von Thieren und Pflanzen im westlichen Mittelmeergebiet. (*Kosmos* VII, p. 1-17 et p. 81-106. Leipzig 1883. In-8º).

114. — Ancora la Tyrrhenis. (*Atti della società toscana di scienze natu-
rali*, proc.-verb. IV, p. 13-21. Firenze 1883. In-8º)

115. **Marsilly L. J. A. de Commines de.** Catalogue des plantes vasculaires indigènes ou généralement cultivées en Corse, suivant l'ordre
adopté dans la Flore de France de MM. Grenier et Godron, avec
l'indication des époques de floraison. Avec le concours de MM. E.
Revelière et P. Mabille. Paris 1872. 203 p. in 8º. — Mars. *Cat.*

116. **Martin François.** Observations sur le Perce-neige rose. [*Bibliothèque physico-économique*, t. I, p. 344-348. Paris, an XIII (1804-5).
In-8º]. — Martin in *Bibl. phys.-écon.*

117. **Motelay L.** Un mot sur l'herbier de M. Burnouf de Corté. (*Bulletin de la société botanique de France* XXIV, sess. extr. p. LXXXIII.
Paris 1877. In-8º).

118. **Mouillefarine Edmond.** [Herborisations en Corse à la fin de
septembre 1863]. (*Bulletin de la société botanique de France* XIII,
p. 364. Paris 1866. In-8º). — Mouillefarine in *Bull. soc. bot. Fr.*

119. **Mutel A.** Flore française destinée aux herborisations, ou description des plantes croissant naturellement en France, ou cultivées
pour l'usage de l'homme et des animaux, etc. Paris 1833-38.
V voll. in 8º. — Mut. *Fl. fr.*

I : 1834, X et 524 p.; II : 1835, 452 p.; III : juill. 1836, 410 p.; IV :

mars 1837, 218, 2, 81 et 190 p.; V. : mai 1838; table générale et supplément final.

L'ouvrage de Mutel renferme diverses indications relatives à la Corse basées principalement sur les récoltes de Soleirol.

120. **Nassi Antonio.** Storia naturale della Coralina di Corsica (cum tab. color.). Milano 1843.

121. **Nylander W.** Circa Lichenes corsicanos adnotationes. (*Flora* LVI, p. 449-454. Regensburg 1878. In-8º).

122. **Olivier Ernest.** Documents sur l'histoire de la botanique en Corse. (*Bulletin de la société botanique de France* XXIV, sess. extr. p. VII-IX. Paris 1877. In-8º).

123. — La société botanique de France en Corse. Montluçon 1877. 14 p. in-8º. (Extrait des *Annales de la société d'horticulture de l'Allier*).

Résumé succinct ne contenant d'ailleurs rien de nouveau.

124. **Parlatore Filippo.** Flora italiana. Firenze 1848-1896. XI voll. in-8º. — Ouvrage continué par T. Caruel à partir du t. VI.

I : p. 1-96, 1848 ; p. 97-568, 1850. — II : p. 1-220, 1852 : p. 221-638, 1857. — III : p. 1-160, 1858 : p. 161-690, 1860. — IV : p. 1-288, 1868 : p. 289-623, 1869. — V : p. 1-320, 1873 ; p. 321-671, 1875. — VI : p. 1-336, sept. 1884 ; p. 337-656, août 1885 ; p. 657-971, juin 1886. — VII : 300 p., mars 1887. — VIII : p. 1-176, juill. 1888 ; p. 177-560, mars 1889 ; p. 561-773, oct. 1889. — IX : p. 1-232, mars 1890 ; p. 233-624, févr. 1892 : p. 625-1085 (févr. 1893). — X : 234 p., avril 1894. — XI : ind. gen. 31 p., avril 1896.

Les renseignements relatifs à la flore corse renfermés dans l'œuvre de Parlatore-Caruel sont très inégaux, tantôt détaillés, tantôt vagues. Ils renferment souvent des données originales dues à Requien.

125. — Etudes sur la géographie botanique de l'Italie. Paris 1877. 76 p. in-8º.

Diverses données *passim* relatives à la géobotanique de la Corse.

126. **Petit E.** Skildring af de plantegeografiska forhold paa Korsika sammt nogle tilfögelser till Korsikas flora. (*Meddelelser fra den botanisk forening i Kjöbenhavn 1885.* Copenhague 1885. In-8º).

127. — Addimenta Catalogi plantarum vascularium indigenarum edit. M. de Marsilly. (*Botanisk Tidsskrift* XIV, p. 244-248. Copenhague 1885. In-8º). — Petit in *Bot. Tidsskr.*

128. **Ratzel Fr**. Macchia und Wald in Korsika. (*Die Natur* ann. 1899, n. 1 et 3).

129. **Rendu Victor**. Lettre sur la découverte du *Pteroneurum græcum*. (*Annales des sciences naturelles*, Bot., 3ᵐᵉ sér., XIV, p. 379. Paris 1850. In-8°). — Rendu in *Ann. sc. nat.*

130. **Requien Esprit**. Observations sur quelques plantes rares ou nouvelles de la flore française. (*Annales des sciences naturelles* 1ʳᵉ sér., V, p. 381-387. Paris 1825. In-8°). — Req. in *Ann. sc. nat.*

131. — Catalogue des végétaux ligneux qui croissent naturellement en Corse ou qui y sont généralement cultivés. Ajaccio 1852, G. Marchi, imprimeur-libraire. In-8°. — Ed. 2 : Avignon 1858. Impr. de Fr. Seguin, rue Bouquerie n° 13. 20 p. in-8°. — Req. *Cat.*

  Cette brochure est fort rare. Nous n'avons vu (à la Bibliothèque de Candolle à Genève) et ne citons que la seconde édition, laquelle n'est d'ailleurs qu'une simple réimpression de la première. Nous ne savons pourquoi Marsilly (*Cat.* 3), suivi par M. Bonnet (*Bio-bibliogr. Corse* 8), a prétendu que la « rédaction » de ce travail « est due aux soins de l'administration des forêts après la mort de Requien, et a été faite avec des notes laissées par ce savant et des renseignements puisés à droite et à gauche ». Marsilly voit la preuve de son assertion dans le désordre qui règne dans l'énumération des espèces et dans la présence d'indications fantaisistes telles que celle du *Rhododendron ferrugineum*. Or le *Rhododendron ferrugineum* a été indiqué en Corse par Robiquet, et Requien le fait figurer dans une liste de plantes *à exclure* de la flore corse ? Quant au désordre en question, il n'est qu'apparent. Les espèces sont classées au point de vue forestier (arbres, arbrisseaux, sous-arbrisseaux, etc.) et à l'intérieur de ces groupes d'après le système de de Candolle (en commençant par les Monocotylées). Requien distinguait entre ses trouvailles personnelles, celles de Salis et celles de Serafini, et avait signé le manuscrit à Ajaccio le 3 février 1849. Nous avons anticipé sur l'histoire de la botanique corse que nous espérons donner dans notre tome III, en publiant dès maintenant les détails qui précèdent, parce que nous citerons souvent le *Catalogue* de Requien qui mérite d'être réhabilité.

132. **Robiquet F**. Recherches historiques et statistiques sur la Corse. Paris et Rennes 1835. Texte : 598 p. in-8° ; tableaux et planches : CXXI et 4 p.

  Le catalogue de la flore de la Corse donné par Robiquet (p. 47-64 et 586) contient tellement d'erreurs que nous avons dû renoncer à citer cet auteur ; il est d'ailleurs à peu près dépourvu d'indications de localités. Nous nous bornerons à donner à la fin du *Catalogue critique* une liste collective des espèces admises par Robiquet et qui sont étrangères à la flore de l'île.

133. **Rikli Martin.** Korsische Reisestudien. (*Siebenter Bericht der zürcherischen botanischen Gesellschaft* 1899-1901, p. 27-33 ; publié en appendice du *Bulletin de la société botanique suisse* XI. Berne 1901. In-8°).

134. — Reisebilder aus Korsika. Zofingen 1901. 19 p. in-8°. (Extrait des *Actes de la société helvétique des sciences naturelles*. 84ᵉ session. Zofingue 1901).

135. — Botanische Reisestudien auf einer Frühlingsfahrt durch Korsika. Zürich 1903. 140 p. et 29 fig. In 8°. — Rikli *Bot. Reisest. Kors.*

Travail consciencieux, plus important au point de vue géobotanique qu'au point de vue floristique, et que nous aurons souvent l'occasion de citer dans le tome III de cet ouvrage.

136. **Rocca Xavier.** Listes des plantes rares spontanées du midi de la France et de la Corse. Lyon 1841. In-8°.

Cité d'après Pritzel *Thes. litt. bot.* ed. 2 n. 7679). M. Bonnet (*Bio-bibliogr. Corse* 12) n'a trouvé cette publication ni à Paris, ni à Lyon. Nous l'avons en vain cherchée en Suisse et en Allemagne. M. Flahault nous écrit qu'elle ne se trouve pas non plus à Montpellier.

137. **Rolland L.** Excursions mycologiques dans le midi de la France et notamment en Corse, en octobre 1897. (*Bulletin de la société mycologique de France* XIV, p. 75-87, tab. IX. Paris 1898. In-8°).

138. **Roux Nisius.** [Plantes récoltées aux environs du Bonifacio]. (*Annales de la société botanique de Lyon* XX, comptes rendus des séances, p. 25. Lyon 1895. In-8°). — N. Roux in *Ann. soc. bot. Lyon.*

139. — [Plantes récoltées en Corse par M. Stefani]. (*Ibidem* p. 65). — Même abrév.

140. — Herborisations [en Corse] faites en dehors de la session [de la Société botanique de France en 1901]. (*Bulletin de la société bota-de France* XLVIII, sess. extr. p. CXLIII-CXLV. Paris, sept. 1903. In-8°). — N. Roux in *Bull. soc. bot. Fr.*

141. **Rouy Georges.** Notes sur la géographie botanique de l'Europe.

(*Bulletin de la société botanique de France* XXXIII, p. 501-505. Paris 1886. In-8°). — Rouy in *Bull. soc. bot. Fr.*

142. — Suites à la flore de France de Grenier et Godron, diagnoses des plantes signalées en France et en Corse depuis 1855. Fasc. I. Paris 1887. 194 p. in-8°. — Rouy *Suites.*

143. — Espèces nouvelles pour la flore française. (*Bulletin de la société botanique de France* XXXVIII, p. 262-266. Paris 1891. In-8°). — Rouy in *Bull. soc. bot. Fr.*

144. — Sur quelques plantes de Corse. (Rouy *Revue de botanique systématique* I, p. 131-141. Paris 1903. In-8°). — Rouy *Rev. bot. syst.*

145. **Rouy G.** et **Foucaud J.** Flore de France ou description des plantes qui croissent spontanément en France, en Corse et en Alsace-Lorraine. Paris 1893- (se continue). In-8. — Rouy et Fouc. [Rouy et Cam., Rouy] *Fl. Fr.*

> I (Rouy et Foucaud) : 1893, 264 p. ; II (Rouy et Foucaud) : 1895, 349 p. ; III (Rouy et Foucaud) : 1896, 382 p. ; IV (Rouy) : 1897, 313 p.; V (Rouy) : janv. 1899, 344 p.; VI (Rouy et Camus E. G.) : juin 1900, 489 p. ; VII (Rouy et Camus): nov. 1901, 440 p.; VIII (Rouy et Camus p. p.; Rouy p. p.) : avril 1903, 406 p. ; IX (Rouy) : mars 1905, 490 p. ; X (Rouy) : févr. 1908, 404 p. ; XI (Rouy) juill. 1909, 429 p.
> Cet ouvrage important renferme, indépendamment de la partie descriptive, un certain nombre d'indications inédites relatives à la Corse (par ex. Kralik et Burnouf parmi les anciens explorateurs) et, à partir du vol. XI, des notes tirées d'un voyage personnel de M. Rouy en Corse en 1908.

146. **Saccardo P. A.** Di un' operetta sulla flora della Corsica di autore pseudonimo e plagiario. (*Atti dell' istituto veneto* LXVII, 2, p. 717-721. Venezia 1908. In-8°).

147. **Sagorski Ernst.** Ueber eine in Korsika von Mitte Mai bis Mitte Juni gemachte Reise. (*Mitteilungen des thüringischen botanischen Vereins*, Neue Folge, XXVIII, p. 45-48. Weimar 1910. In-8°). — Sagorsk. in *Mitt. thür. bot. Ver.*

148. **Saint-Lager.** [Sur plusieurs plantes minuscules récoltées en Corse]. (*Annales de la société botanique de Lyon* XXVI, comptes rendus des séances, p. 27. Lyon 1901. In-8°).

149. **Salis-Marschlins Ulysses Adalbert von.** Aufzählung der in

Korsika und zunächst in der Umgebung von Bastia von mir bemerkten Cotyledonar-Pflanzen, nebst Angabe ihres Standortes, dessen ungefährer Höhe über dem Meere und dem mehr oder minder häufigen Vorkommen einer jeden. [*Flora* XVI, p. 448-461, 464-476 et 486-493 (1833), XVII, Beibl. II, p. 1-86 (1834). Regensburg. In-8°]. — Salis in *Flora*.

> Travail très important, insuffisamment dépouillé par Grenier et Godron et les floristes subséquents, inutilisé par Marsilly.

150. **Salzmann Ph.** Kurze Bemerkungen auf einer botanischen Exkursion nach Corsica, im Jahre 1820. (*Flora* IV, p. 102-112. Regensburg 1821. In-8°). — Salzm. in *Flora*.

151. **Sargnon J. M. Louis.** Compte rendu des herborisations de la société botanique de France, pendant la session tenue en Corse, mai-juin 1877. (*Annales de la société botanique de Lyon* VI, p. 54-91. Lyon 1879. In-8°). — Sargnon in *Ann. soc. bot. Lyon*.

> M. le Dr Bonnet (*Bio-bibliogr. Corse* 16) cite encore : « Sargnon, Observations sur quelques plantes de la Corse ; *Ann. soc. bot. Lyon* VI, p. 192 ». Nous avons cherché en vain cet article dans le dit volume.

152. **Shuttleworth R. J.** Enumération des plantes rares ou remarquables ainsi que des mollusques terrestres et d'eau douce de l'île de Corse. Berne 1872. 30 p. in-8°. (Extrait de l'édition française de *Southward ho! ou Notes sur l'île de Corse* par Thomasina Campbell. Ajaccio 1872). — Shuttl. *Enum.*

> Ce travail, attribué à tort à Th. Campbell par divers auteurs, est *entièrement* dû à Shuttleworth, botaniste d'origine anglaise fixé à Berne, bien connu par ses explorations en Provence.

153. **Trojani** (l'abbé). La forêt de Carozzica. Ajaccio 1895. 29 p. in-8°.

Valle. — Voy. Allioni.

154. **Vallot J.** Sur quelques plantes de la Corse. (*Bulletin de la société botanique de France* XXXIV, p. 131-137. Paris 1887. In-8°). — Vallot in *Bull. soc. bot. Fr.*

155. **Viviani Domenico.** Florae lybicae specimen, sive plantarum enumeratio Cyrenaicam, Pentapolim, Magnae Syrteos desertum et regionem Tripolitanam incolentium, quas ex siccis speciminibus

delineavit, descripsit et aere insculpi curavit. Genuae 1824. XII et 68 p., 27 tab., in-folio. — Viv. *Fl. lyb.*

Les pages 67 et 68 renferment un article intitulé : *Novarum specierum diagnosis, quae in altero florae italicae fragmento descriptione et icone illustratae comprehendentur, quibus plantarum italicarum minus cognitarum centuria accedit.* Cet article renferme la diagnose princeps de 13 espèces corses nouvelles, englobées très peu après dans le mémoire suivant.

156. — Florae corsicae specierum novarum vel minus cognitarum diagnosis quam in florae italicae fragmenti alterius prodromum exhibet. Genuae 1824. 16 p. in-4°. — Viv. *Fl. cors. diagn.*

157. — Appendix ad florae corsicae prodromum. Genuae 1825. 8 p. et 1 tab., in 4°. — Viv. *App. fl. cors. prodr.*

158. — Appendix altera ad florae corsicae prodromum. Genuae 1830. 8 p. et 2 tab., in-4°. — Viv. *App. alt. fl. cors. prodr.*

EXSICCATA

1. **Bourgeau Eugène.** Plantes de Corse. 1848. — Bourgeau ou Bourg. n.....

Environ trois centuries avec étiquettes autographiées et numérotées. Nous avons pu étudier une partie de cet exiccata dans la collection d'Europe de l'herbier Delessert.

2. **Burnat Emile.** Voyage botanique en Corse de Emile Burnat, John Briquet et François Cavillier. 11-26 juillet 1900. — Burn. ann. 1900, n.....

Cinq centuries avec étiquettes manuscrites et numérotées ; au complet dans l'herbier Burnat.

3. — Voyage botanique en Corse de Emile Burnat, Jean Burnat, François Cavillier et Emile Abrezol. 19 mai - 16 juin 1904. — Burn. ann. 1904, n.....

Six centuries avec étiquettes manuscrites et numérotées ; au complet dans l'herbier Burnat.

4. Debeaux Odon. Plantes de Corse. 1866-1869. — Debeaux ou Deb. ann....., sub :....

Nous avons étudié la riche série de l'exsiccata de Debeaux que renferme l'herbier Burnat. Il doit y avoir environ deux centuries avec étiquettes manuscrites généralement non numérotées.

5. Kralik Jean Louis. Plantes corses 1849. — Kralik ou Kral. n....., sub : ....

Huit centuries avec étiquettes autographiées et numérotées. Un certain nombre de parts ont en outre été distribuées hors série et sans numéros. Nous avons étudié l'exiccata de Kralik dans la collection d'Europe de l'herbier Delessert.

6. Mabille Paul. Herbarium corsicum. 1865-1868. — Mab. n.....

Quatre centuries avec étiquettes imprimées et numérotées. Nous avons étudié la série de l'herbier Burnat.

Alph. de Candolle (*Phytographie* p. 430) signale encore deux exsiccata : l'un attribué à Mabille et Debeaux, l'autre à Mabille et Revelière. Ces indications sont dues à des erreurs de correspondants qui ont confondu l'exsiccata de Mabille (n° 6 de notre liste) avec celui de Debeaux (n° 4), et avec des plantes provenant des récoltes (non publiées en exsiccata) de Revelière.

7. Requien Esprit. Plantes de Corse. 1847-1850. — Requien ou Req. sub :....

Environ cinq centuries avec étiquettes imprimées, mais non numérotées. Cet exiccata, qui ne forme qu'une petite partie des récoltes corses de Requien, existe dans la collection d'Europe de l'herbier Delessert où nous l'avons étudié.

8. Reverchon Elisée. Plantes corses. 1878 (env. de Serra di Scopamène), 1879 (env. de Bastelica), 1880 (divers), 1881 (divers), 1885 (env. d'Evisa). — Reverch. n..... ou Reverch. sub :....

Au total environ dix centuries pourvues généralement d'étiquettes imprimées et numérotées. Nous avons étudié dans l'herbier Burnat au complet les séries de 1878 et 1879 ; celles de 1880 et 1881 y sont plus fragmentaires ; la série de 1885 est à peu près au complet dans la collection d'Europe de l'herbier Delessert.

9. Salzmann Philipp. Plantes corses. 1820. — Salzmann ou Salzm. sub : ....

Exsiccata édité par Ziz à Mayence en 1821, pourvu d'étiquettes manuscrites non numérotées. Une série d'environ trois centuries se trouve dans la colllection d'Europe de l'herbier Delessert, où nous avons pu l'étudier.

10. Sieber Franz Wilhelm. Flora Corsicae exsiccata. 1825.— Sieber
ou Sieb. sub : ....

Sieber n'a jamais été personnellement en Corse. L'exsiccata ci-
dessus, édité en 1826, provient du voyage fait pour son compte par
Eisenlohr. Environ trois centuries (262 esp.) avec étiquettes imprimées, mais non numérotées.

11. Soleirol Joseph François. Plantes de Corse. — Soleirol ou
Sol. n.....

Les plantes corses de Soleirol constituent le plus vaste exsiccata
corse qui ait été mis en vente : il comporte probablement plus
de 3000 numéros pourvus d'étiquettes manuscrites et numérotées. Nous avons pu étudier la plus grande partie de ces plantes
dans la collection d'Europe de l'herbier Delessert. Une série
réduite comportant environ 300 espèces a été publiée par Soleirol
en 1825 avec des étiquettes imprimées (voy. Alph. de Candolle
Phytographie p. 451 et Bonnet *Bio-bibliogr. Corse* p. 9) : nous n'avons
pas cité cette série réduite qui manque au Conservatoire botanique
de Genève.

12. Thomas Philippe. Plantes de Corse. — Thomas sub : ....

Deux ou trois centuries avec étiquettes manuscrites sans numéros et généralement sans indication de localités. Cet exsiccata est
représenté presque au complet à l'herbier Delessert (surtout dans
la collection d'Europe) où nous l'avons étudié.

*   *
*

Des plantes corses se trouvent en outre disséminées dans quelques
exsiccata, que nous avons cités toutes les fois que nous avons pu en
voir des échantillons, et dont les principaux sont : Billot, Flora Galliae
et Germaniae exsiccata (Billot ou Bill. n.....) ; Dörfler, Herbarium europaeum normale (Dörfl. n.....) ; Magnier, Flora selecta exsiccata (Magn. fl.
select. n....) ; Société rochelaise (Soc. roch. n.....) ; et F. Schultz (F. Sch.),
Herbarium europaeum normale.

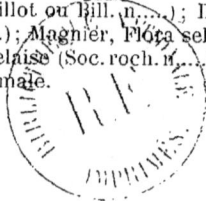

CATALOGUE CRITIQUE

DES

PLANTES VASCULAIRES

DE LA

CORSE

HYMENOPHYLLACEAE — LAURACEAE

PTERIDOPHYTA

HYMENOPHYLLACEAE

HYMENOPHYLLUM Sm.

1. **H. tunbridgense** Sm. et Sow. *Engl. Bot.* t. 162 (1794); Gr. et Godr. *Fl. Fr.* III, 642; Milde *Fil. Eur.* 12; Luerss. *Farnpfl.* 33; Asch. *Syn.* I, 6; Coste *Fl. Fr.* III, 677.

Hab. — Rochers moussus et humides. Calcifuge. Fr. mai-juin. ♃. « Corse » (Salle ex Gr. et Godr. l. c.).

Cette espèce n'a été retrouvée par aucun observateur : tous les auteurs se sont bornés à reproduire la vague indication donnée par Grenier et Godron. Mais comme il s'agit d'une plante peu apparente, croissant pêle-mêle avec des mousses et des hépatiques dont elle rappelle le port, il serait prématuré de l'exclure dès maintenant de la flore corse. Et cela d'autant plus que l'*H. tunbridgense* croît dans les Alpes apuanes et aux monts Pisans. — C'est une espèce à rechercher dans l'étage montagnard.

POLYPODIACEAE

ATHYRIUM Roth emend.

2. **A. Filix femina** Roth in Roem. *Arch.* II, 106 (1799) et *Tent. fl. germ.* III, 65 (1800); Luerss. *Farnpfl.* 133; Asch. *Syn.* I, 11; Christ *Farnkr. Schw.* 106; Coste *Fl. Fr.* III, 691 = *Polypodium Filix femina* L. *Sp.* ed. 1, 1090 (1753) = *Asplenium Filix femina* Bernh. in Schrad. *Neues Journ.* I, 2, 26 (1806); Gr. et Godr. *Fl. Fr.* III, 635.

Hab. — Rochers ombragés, bords des eaux, 500-2000 m. Fr. été-automne. ♃. Assez répandu du Cap Corse jusque dans le sud de l'île. — En Corse les quatre variétés (plutôt sous-variétés ?) suivantes :

†† α. Var. **dentatum** Milde *Fil. Eur.* 50 (1867); Luerss. *Farnpfl.* 138; Asch. *Syn.* I, 12; Christ *Farnkr. Schw.* 108 = *Asplenium Filix femina*

var. *dentata* Doell *Rhein. Fl.* 12 (1843). — Exsicc. Kralik sub : *A. Filix femina* ! ; Reverch. ann. 1878 sub : *Aspidium Filix femina* !

Hab. — Paraît moins fréquente que la var. suivante.

1906. — Résinerie de la forêt d'Asco, rochers humides, 950 m., 28 juill.! ; couloirs sur le versant E. du Monte d'Oro, 1900-2000 m., 9 août !

Fronde assez petite, bipinnatiséquée ; pinnules simplement dentées sur les bords, à sinus peu profonds.

†††β. Var. **bidentatum** Briq.=*Asplenium Filix femina* var. *bidentatum* Doell *Rhein. Fl.* 12 (1843) = *Aspidium Filix femina* var. *fissidens* Dóell *Fl. Bad.* 24 (1857) = *A. Filix femina* var. *fissidens* Milde *Fil. Eur.* 50 (1867) ; Luerss. *Farnpfl.* 139 ; Asch. *Syn.* I, 12 ; Christ *Farnkr. Schw.* 107. — Exsicc. Burn. ann. 1904, n. 623, 624 et 625 !

Hab. — De beaucoup la forme la plus répandue.

1906. — Rochers ombragés près de la maison forestière de Bonifalto, 550 m., 11 juill.!
1908. — Vallée inf. du Tavignano, pineraies, 900 m., 26 juin !

Fronde plus grande, ample, bipinnatiséquée ; pinnules doublement dentées sur les bords, à sinus profonds, atteignant presque la nervure médiane.

†† γ. Var. **molle** Heldr. et Sart. ex Christ ap. Briq. *Rech. Corse* 107 (1901). — Exsicc. Burn. ann. 1900, n. 350 !

Hab. — Jusqu'ici uniquement sur les rochers du Monte Renoso, versant E., 2000 m. (Briq. *Rech. Corse* 107 et exsicc. cit.).

Fronde allongée, relativement étroite, bipinnatiséquée ; pinnules courtes, arrondies, obtuses et profondément incisées-bidentées sur les bords et au sommet.

†† δ. Var. **multidentatum** Milde *Fil. Eur.* 50 (1867) ; Luerss. *Farnpfl.* 139 ; Asch. *Syn.* I, 12 ; Christ *Farnkr. Schw.* 108 = *Asplenium Filix femina* var. *multidentatum* Doell *Rhein. Fl.* 12 (1843).

Hab. — Signalée jusqu'ici seulement dans la forêt d'Aitone (Lit. *Voy.* II, 15).

Fronde très développée, très ample, tripinnatiséquée, à pinnules acuminées ; pinnules ultimes profondément incisées sur tout leur pourtour.

†† 3. **A. alpestre** Rylands (ex Moore *Ferns Gr. Brit. and Ir.* tab. VII (1857) in syn.) ap. Milde *Fil. Eur.* 53 (1867) ; Luerss. *Farnpfl.* 143 ; Asch. *Syn.* I, 13 ; Christ *Farnkr. Schw.* 111 ; Coste *Fl. Fr.* III, 690 = *Polypodium rhæticum* L. *Sp.* ed. 1, 1091 (1753) p. p. ; Vill. *Voy. bot.* 12

(1812); Bert. *Fl. it. crypt.* 1, 44 = *Aspidium alpestre* Hoppe *Bot. Taschenb.* 216 (1805) = *A. rhæticum* Dalla Torre *Anl. wiss. Beob. Alpenv.* II, 348 (1882).

Hab. — Antres des rochers de l'étage alpin, 1800-2400 m. Calcifuge. Fr. automne. ♃. Rare, jusqu'ici seulement dans les localités ci-dessous.

1906. — Arêtes entre le Capo Ladroncello et le col d'Avartoli, antres des rochers, 2000 m., 27 juill.!; cheminées sur le versant S. du Paglia Orba, 2300 m., 9 août!; Punta de Porte, fissures des rochers sur le versant du lac de Capitello, 2200 m., 4 août!; Monte d'Oro, rochers humides entre les bergeries de Tortetto et le sommet, 1800 m., 12 août!

Diffère de l'espèce précédente par les sores plus petits, d'abord réniformes, puis assez nettement arrondis, les indusies rudimentaires, les spores nettement réticulées.

CYSTOPTERIS Bernh.

4. **C. fragilis** Bernh. in Schrad. *Neu. Journ. Bot.* 1, 2, 26 (1806); Luerss. *Farnpfl.* 449; Asch. *Syn.* 1, 15 = *Polypodium fragile* L. *Sp.* ed. 1, 1091 (1753). — Deux sous-espèces.

I. Subsp. **fragilis** Milde *Höh. Sporenpfl.* 67 (1865) = *Cyathea fragilis* Sm. in *Mém. Acad. sc. Turin* X, 417 (1793); Bert. *Fl. it. crypt.* 1, 102 = *C. fragilis* Bernh., sensu stricto; Gr. et Godr. *Fl. Fr.* III, 633; Christ *Farnkr. Schw.* 155; Coste *Fl. Fr.* III, 690 = *C. fragilis* var. *genuina* Bernoulli *Gefässkr. Schw.* 42 (1857) = *C. fragilis* subsp. *genuina* Luerss. *Farnpfl.* 451 (1889) = *C. fragilis* subsp. *eu-fragilis* Asch. *Syn.* 1, 15 (1896).

Hab. — Murs, rochers, rocailles, à l'ombre ou au voisinage de l'eau, 1-2400 m. Fr. mai-automne, suivant l'altitude. ♃. Répandu du Cap Corse jusque dans le sud de l'île, plus abondant dans les étages subalpin et alpin.

Frondes fertiles à nervures aboutissant au sommet des dents des pinnules, celles-ci le plus souvent indivises. — En Corse, les variétés et sous-variétés suivantes:

†† α. Var. **lobulato-dentata** Koch *Syn.* ed. 2, 980 (1845); Milde *Fil. Eur.* 148 = *Polypodium dentatum* Dicks. *Pl. Crypt. Brit.* III, 1, tab. VII, fig. 1 (1793) = *Cyathea dentata* Sm. *Fl. brit.* III, 1141 (1804) = *C. fragilis* var. *dentata* Hook. *Sp. Fil.* 1, 198 (1846), emend. Luerss. *Farnpfl.* 455, fig. 155; Asch. *Syn.* 1, 16; Christ *Farnkr. Schw.* 157. — Exsicc : Burn. ann. 1900, n° 186 et 213!

Hab. — D'abord signalée dans la vallée de la Restonica (Briq. *Rech. Corse* 107 et exsicc. cit.), puis au M⁰ S. Pietro (Lit. *Voy.* II, 15), mais très répandue ainsi qu'il ressort des localités suivantes :

1906. — Rochers des arêtes entre le col Bocca Valle Bonna et le Monte Traunato, 2000 m., 31 juill.!; rochers frais sous les châtaigniers dans le vallon de Ficarella, en montant à Bonifatto, 150 m., 11 juill.!; rochers ombragés en face des bergeries de Grotello, sur la rive droite de la Restonica, 1600-1700 m., 3 août!: rochers frais de la Punta de Porte, versant du lac Capitello, 2300 m., 4 août!; rochers humides à Campo près Santa Maria Siché, 500 m., 17 juill.!

1907. — Rochers du Monte Asto, 1530 m., 15 mai!

1908. — Vallée inf. du Tavignano, rochers ombragés, 1200-1300 m., 28 juin!

Feuilles longues de 20-30 cm., pinnatipartites; pinnules simplement pinnatifides.

††β. var. **pinnatipartita** Koch *Syn.* ed. 2, 980 (1845) ; Asch. *Syn.* I, 16.

Hab. — Signalée d'abord au Monte Rotondo par Milde l. c. (subv. *anthriscifolia*!) et retrouvée par nous dans cette localité (*Rech. Corse* 107), puis indiquée (z¹ et z³) au M⁰ S. Pietro, dans la forêt d'Aitone et au col de Vergio (Lit. *Voy.* II, 15 et in *Bull. acad. géogr. bot.* XVIII, 98), cette variété paraît être aussi répandue que la précédente.

Feuilles atteignant jusqu'à 50 cm., bi-tripinnatiséquées. — On peut distinguer les deux sous-variétés suivantes :

α¹ subvar. **anthriscifolia** Koch *Syn.* éd. 2, 980 (1845 ; Asch. *Syn.* I. 16. = *Polypodium anthriscifolium* Hoffm. *Deutschl. Fl.* II, 9 (1795 = *C. fragilis* var. *anthriscifolia* Luerss. *Farnpfl.* 156 (1886); Christ *Farnkr. Schw.* 156. — Exsicc.: Burn. 1900, n. 233! et ann. 1904, n. 637!

1906. — Rochers du Capo Bianco, versant d'Urcula, 2300 m., 7 août!; col de Bocca Valle Bonna, rochers ombragés du versant N., 1600 m., 31 juill.!; rochers en montant de Bonifatto à la bergerie de Spasimata, 1900 m., et de la bergerie de Spasimata à la Cima di Mufrella, 1800 m., 12 juil.!: Paglia Orba, fissures des rochers du versant S., 2300 m., 9 août!; Mont Incudine, sommet du couloir du versant E., sur les rochers humides, 2100 m., 18 juill.!

1907. — Cime de la chapelle de San Angelo, rochers au N., 1100 m., 13 mai!; rochers frais entre la Fontaine de Padula et le col de Morello, 700-800 m., 13 mai!

1908. — Monte Padro, antres des rochers, 2300 m., 4 juill.!

Pinnules généralement ovées, ± obtuses, arrondies à la base.

α² subvar. **cynapiifolia** Koch *Syn.* ed. 2, 980 (1848); Asch. *Syn.* I, 16. = *Polypodium cynapiifolium* Hoffm. *Deutschl. Fl.* II, 9 (1795). = *C. fragilis* var. *cynapiifolia* Luerss. *Farnpfl.* 158 (1886); Christ *Farnkr. Schw.* 157.

1906. — Col de Bocca Valle Bonna, rochers ombragés du versant N., 1600 m., 31 juill.!

Pinnules ovées-oblongues, plus étroites, cunéiformes à la base.

† II. Subsp. **alpina** Milde *Höh. Sporenpfl.* 68 (1865); Luerss. *Farnpfl.* 463 = *C. alpina* Desv. in *Ann. soc. linn. Paris* VI, 264 (1827); Link *Hort. berol.* II, 130 (1833); Coste *Fl. Fr.* III, 689 = *C. regia* Presl *Tent. Pterid.* 93 (1836) = *C. fragilis* var. *regia* Bern. *Gefässkr. Schw.* 44 (1847) = *Cyathea alpina* Bert. *Fl. it. crypt.* I, 106 (1858) = *C. fragilis* subsp. *regia* Asch. *Syn.* I, 17 (1896); Christ *Farnkr. Schw.* 158.

Hab. — Fissures des rochers humides de l'étage alpin. Fr. août. 4 .Très rare. Signalé trop vaguement par Salis (in *Flora*, XVI, 471) « In montibus editioribus 5-6000' s. m. »; Monte Rotondo (Lit. in *Bull. acad. géogr. bot.* XVIII, 99); et localité ci-dessous.

1906. — Monte d'Oro, versant W.: rochers humides au bord du torrent qui aboutit au-dessus des bergeries de Tortetto, 1800-1900 m., 12 août!

Frondes fertiles, à nervures ultimes aboutissant dans les sinus des lobes émarginés ou découpés. — Nos échant. appartiennent à la sous-var. **vulgaris** Bernoulli [*Gefässkr. Schw.* 44 (1857) = *C. regia* var. *Fumariæformis* Koch *Syn.* éd. 2, 980 (1845) = *C. fragilis* subsp. *alpina* var. *regia* Milde *Höhere Sporenpfl.* 69 (1865) = *C. fragilis* subsp. *regia* var. *fumariiformis* Asch. *Syn.* I, 18 (1896)], à pinnules ovées-ovées-allongées souvent ± confluentes.

Nous avons en outre récolté sur les rochers près de la bergerie de Spasimata, au-dessus de Bonifatto, 1400 m., 12 juill. 1906, une grande et belle forme du *C. fragilis*, que M. Christ (in sched.) estime se rapprocher de la var. *canariensis* (Willd.) Milde (*Fil. Eur.* 152). Cette dernière est remarquable par ses frondes très développées, persistant pendant l'hiver, à pinnules amples, à indusies couvertes de petites glandes cylindriques unicellulaires; son aire embrasse, outre les Andes, la péninsule ibérique, les Açores, Madère, Ténériffe et l'Abyssinie. Nos échant. ont le port de la var. *canariensis*, mais la persistance des frondes est douteuse, et les glandes sur les indusies sont nulles ou rares. C'est une forme de transition. Il conviendra dans la suite de rechercher en Corse des éch. typiques de cette variété *canariensis*.

DRYOPTERIS Adans. emend.

La systématique de ce groupe de Fougères soulève des difficultés presque inextricables. M. Ascherson et M. Christ ont réuni les genres *Polystichum, Aspidium, Nephrodium, Phegopteris*, sous le nom d'*Aspidium*, en se basant sur le fait que des espèces fort voisines, parfois même les formes d'une même espèce, se présentent avec ou sans indusies (*Phegopteris*). Les caractères qui ont servi à distinguer les genres *Nephrodium* (*Lastrea*) et *Polystichum* des *Aspidium* n'ont pour ces auteurs qu'une valeur tout à fait subordonnée. A l'inverse des précédents, M. Diels [in Engl. et Prantl *Nat. Pflanzenfam*. I, 4, 166-194 (1899)] maintient les genres *Nephrodium* (incl. *Phegopteris*), *Aspidium* et *Polystichum*, en les circonscrivant d'ailleurs autrement que les auteurs primitifs. Sur ces difficultés d'ordre systématique viennent encore se greffer des difficultés de nomenclature. M. Christensen restitue au genre *Nephrodium* Rich. le nom plus ancien de *Dryopteris* Ad., lequel, d'après la diagnose donnée, devait primitivement embrasser un groupe plus vaste et inclure entre autres les groupes *Nephrodium*, *Aspidium*, et *Polystichum*, à l'exclusion des *Phegopteris* qui, pour Adanson, étaient des *Polypodium*. — Il est extrêmement difficile à l'auteur qui étudie une flore restreinte de se faire une opinion personnelle sérieusement motivée sur un problème dont les éléments sont distribués dans le monde entier. Le simple fait de l'existence d'espèces à caractères ambigus reliant deux genres, d'ailleurs parfaitement naturels et bien circonscrits, ne suffit pas à lui seul pour faire réunir ces deux genres. Mais ici il y a plus: le fait que la distinction des genres *Phegopteris*, *Nephrodium*, *Aspidium* et *Polystichum* rompt des affinités étroites et sépare des espèces fort voisines, donne à ces groupes un caractère artificiel qui nous engage à suivre l'exemple de MM. Ascherson et Christ et à réunir ces groupes en un seul genre. Le nom le plus ancien et en même temps le plus collectif que ce genre puisse porter est celui créé par Adanson, adopté ensuite dans le même sens que nous par O. Kuntze (*Rev. gen.* II, 808) et par MM. Schinz et Thellung (in *Bull. Herb. Boiss.*, 2e sér., VII, 393-395). Avec le système de M. Diels, la plupart des plantes européennes connues sous le nom d'*Aspidium*, doivent porter le nom de *Nephrodium*, ce qui est aussi gênant au point de vue de l'usage courant que l'adoption du nom le plus ancien.

†† 5. **D. Linnaeana** C. Christens. *Ind. Fil.* 275 (1905); Schinz et Kell. *Fl. Suisse*, éd. fr. I, 5 = *Polypodium Dryopteris* L. *Sp.* ed. 1, 1093 (1753); Coste *Fl. Fr.* III, 684 = *Nephrodium Dryopteris* Michx *Fl. bor.-am.* II, 270 (1803) = *Aspidium Dryopteris* Baumg. *En. Transs.* IV, 29 (1846); Asch. *Syn.* I, 21; Christ *Farnkr. Schw.* 150 = *Phegopteris Dryopteris* Fée *Gen. Fil.* 243 (1850) = *Polypodium Dryopteris* var. *genuinum* Gr. et Godr *Fl. Fr.* III, 628 (1856). — Exsicc. Reverch., ann. 1885, n. 466 !

Hab. — Rochers ombragés de l'étage subalpin. 1000-2150 m. Fr. juin-sept. ♃. Très rare. Punta Artica (Lit. in *Bull. acad. géogr. bot.* XVIII. 98); forêt d'Aitone (Requien, août 1847, in herb. Delessert !; Vallot in *Bull. soc. bot. Fr.* XXXIV, 133; Lit. *Voy.* II, 15); env. d'Evisa (Reverch. exsicc. cit.); col de Tavoria, 1600 m. (Rotgès in litt.); et localité ci-dessous.

1906. -- Rochers humides en montant du col de Vizzavona à la Pointe de Grado, 1400 m., 15 juill.!

†† 6. **D. Robertiana** C. Christens. *Ind. Fil.* 289 (1905) ; Schinz et Kell. *Fl. Suisse* éd. fr. 1, 5 = *Polypodium Robertianum* Hoffm. *Deutschl. Fl.* II, 20 (1795) ; Coste *Fl. Fr.* III, 684 = *Polypodium calcareum* Sm. *Fl. brit.* 1117 (1804) = *Aspidium calcareum* Baumg. *En. Transs.* IV, 29 (1846) = *Phegopteris calcarea* Fée *Gen. Fil.* 243 (1850) = *Polypodium Dryopteris* var. *calcareum* Gr. et Godr. *Fl. Fr.* III, 628 (1856) = *Phegopteris Robertiana* A. Br. in Asch. *Fl. Brand.* II, 198 (1859) ; Luerss. *Farnpfl.* 303 = *Nephrodium Robertianum* Prantl *Exkursionsfl. Bay.* 24 (1884) = *Aspidium Robertianum* Luerss. in Asch. *Syn.* I, 22 (1896) ; Christ *Farnkr. Schw.* 152 (1900).

Hab. — Signalé uniquement sur les murs du Fort de Vizzavona (Lit. in *Bull. acad. géogr. bot.* XVIII, 98).

La découverte faite par M. de Litardière est évidemment fort curieuse parce qu'il s'agit d'une localité qui a été souvent visitée. Cependant le *D. Robertiana* n'est pas un calcicole exclusif. On le trouve dans l'Europe centrale sur la molasse, le grès, les rochers volcaniques et même, bien que rarement, sur les terrains cristallins. Il y aura donc lieu désormais de rechercher cette fougère dans l'étage subalpin des massifs centraux.

7. **D. Phegopteris** C. Christens. *Ind. Fil.* 284 (1905) ; Schinz et Kell. *Fl. Suisse*, éd. fr. 1, 5 = *Polypodium Phegopteris* L. *Sp.* ed. 1, 1089 (1753) ; Gr. et Godr. *Fl. Fr.* III, 627 ; Coste *Fl. Fr.* III, 683 = *Aspidium Phegopteris* Baumg. *En. Transs.* IV, 28 (1846) ; Asch. *Syn.* I, 23 ; Christ *Farnkr. Schw.* 150 = *Phegopteris polypodioides* Fée *Gen. Fil.* 243 (1850) = *Nephrodium Phegopteris* Prantl *Excursionsfl. Bay.* 23 (1884).

Hab. — Rochers ombragés des étages montagnard et subalpin, 1000-1700 m. Fr. juill.-sept. ♃. Rare. Env. de Calvi (Soleirol ex Bert. *Fl. it. crypt.* I, 407) ; Monte Grosso (Lit. in *Bull. acad. géogr. bot.* XVIII, 98) ; forêt d'Aitone (Mars. *Cat.* 173) ; col de Vergio (Lit. *Voy.* II, 11) ; vallon de Taita (Lit. l. c.) ; forêt de Valdoniello (R. Maire in Rouy *Rev. bot. syst.* II, 72) ; Monte Rotondo (Mab. in Mars. *Cat.* 173) ; et localités ci-dessous.

1906. — Rochers humides en descendant du vallon de Terrigola sur Castiglione, 1400 m., 31 juill.! ; rochers en montant des bergeries de Grotello au lac Melo, 1700 m., 4 août!

8. **D. Thelypteris** A. Gray *Man.* ed. 1, 630 (1848) ; Maxon in *Proc. U. S. Nat. Mus.* XXIII, 638 ; C. Christens. *Ind. Fil.* 297 ; Schinz

et Thellung in *Bull. Herb. Boiss.* 2ᵉ sér. VII, 394 ; Schinz et Kell. *Fl.
Suisse*, éd. fr. I, 5 — *Acrostichum Thelypteris* L. *Sp.* ed. 1, 1071 (1753)
= *Polystichum Thelypteris* Roth in Roem. *Arch.* II, 106 (1799) et *Tent.
fl. germ.* III, 77 ; Gr. et Godr. *Fl. Fr.* III, 630 ; Coste *Fl. Fr.* III, 687 =
Aspidium Thelypteris Sw. in Schrad. *Journ. Bot.* ann. 1800, II, 40 (1801);
Asch. *Syn.* I, 24 ; Christ *Farnkr. Schw.* 149.

Hab. — Marais des étages inférieur et montagnard. Fr. juill.-sept.
♃. Jusqu'ici uniquement aux marais de Biguglia, où il abonde (Salis in
Flora XVI, 471 ; Mab. in Mars. *Cat.* 173 ; Boullu in *Bull. soc. bot. Fr.*
XXIV, sess. extr. LXIV) ; et à Venaco (Fouc. et Sim. *Trois sem. herb.
Corse* 165).

† 9. **D. Oreopteris** Maxon in *Proc. U. S. Nat. Mus.* XXIII, 638
(1901) = *Polypodium montanum* Vogl. *Diss. inaug. Giess.* ann. 1781 ;
non Lamk (1778) = *Polypodium Oreopteris* Ehrh. *Crypt.* n. 22. ex Willd.
Prodr. 292 (1787) = *Polystichum montanum* Roth in Roem. *Arch.* II,
106 (1799) et *Tent. fl. germ.* III, 74 (1800) = *Polystichum Oreopteris*
DC. *Fl. fr.* II, 563 (1805) ; Gr. et Godr. *Fl. Fr.* III, 634 ; Coste, *Fl. Fr.* III,
687 = *Aspidium montanum* Asch. *Fl. Brand.* III, 133 (1859) et *Syn.* I,
25 ; Christ *Farnkr. Schw.* 148 = *Nephrodium montanum* Bak. in Hook.
et Bak. *Syn. Fil.* 271 (1874) = *D. montana* O. Kuntze *Rev.* II, 810 (1891);
Schinz et Thell. in *Bull. Herb. Boiss.* 2ᵉ sér. VII, 394 : Schinz et Kell.
Fl. Suisse éd. fr. I, 5. — Exsicc. Requien sub : *Polystichum Oreopteris* !

Hab. — Forêts et rochers ombragés de l'étage subalpin, 1400-1800
m. Fr. juill.-sept. ♃. Rare. Haute vallée d'Asco près des bergeries de
Stagno (Req. in herb. Deless. ! et ap. R. Maire in Rouy *Rev. bot. syst.* II,
72) ; vallon de Taita (Lit. in *Bull. acad. géogr. bot.* XVIII, 98) ; Paglia
Orba, bords du torrent de Brignoli (Lit. l. c.) ; forêt d'Aitone (Lit. l. c.) ;
Monte d'Oro près des bergeries de Pozzatelli (Req. exsicc. cit. in herb.
Deless. ! et ap. Bert. *Fl. it. crypt.* I, 54 ; Lit. l. c.) ; et localité ci-dessous.

1906. — Le long des torrents près de la bergerie de Tula (sources du
Golo), 1800 m., 9 août !

La nomenclature adoptée pour cette espèce exige l'explication suivante.
Ehrhart a eu raison d'appeler *Polypodium Oreopteris* le *P. montanum*
Vogler, puisqu'il existait déjà alors un *P. montanum* Lamk, espèce valable
très différente. Ce n'est que plus tard, en 1806, lors de la création du
genre *Cystopteris* par Bernhardi, que le transfert du *P. montanum* Lamk
dans le genre *Cystopteris* [*C. montana* (Lamk) Link] put être envisagé.
On doit donc conserver au *D. Oreopteris* l'épithète spécifique qu'Ehrhart
lui a correctement donnée.

10. **D. Filix mas** Schott *Gen. Fil.* t. 9 (1834); O. Kuntze *Rev.* II, 810; Maxon in *Proc. U. S. Nat. Mus.* XXIII, 639; C. Christens. *Ind. Fil.* 264 ; Schinz et Thell. in *Bull. Herb. Boiss.* 2ᵉ sér. VII, 394; Schinz et Kell. *Fl. Suisse*, éd. fr. 1, 5 = *Polypodium Filix mas* L. *Sp.* ed. 1, 1090 (1753) = *Polystichum Filix mas* Roth in Roem. *Arch.* II, 106 (1799) et *Tent. fl. germ.* III, 82 ; Gr. et Godr. *Fl. Fr.* III, 631 ; Coste *Fl. Fr.* III, 687 = *Aspidium Filix mas* Sw. in Schrad. *Journ. Bot.* 1800, II, 38 (1801); Asch. *Syn.* I, 26; Christ *Farnkr. Schw.* 132.

Hab. — Forêts et rochers ombragés de l'étage subalpin, descendant rarement, mais s'élevant jusque dans l'étage alpin, 400-2600 m. Fr. juin-sept. suivant l'altitude. ♃. Assez répandu depuis les montagnes du Cap Corse jusqu'à celles du sud de l'île. Les variétés (α-γ sous-variétés?) suivantes sont représentées en Corse.

†† α. Var. **subintegra** Briq. = *Aspidium Filix mas* var. *subintegrum* Doell *Fl. Bad.* 27 (1857); Asch. *Syn.* I, 26; Christ *Farnkr. Schw.* 135 = *A. Filix mas* f. *genuinum* Milde in *Nov. Act. Leop. Car.* XXVI, II, 508 (1858) et *Fil. Eur.* 119; Asch. *Syn.* I, 26; Christ *Farnkr. Schw.* 135. — Exsicc. Burn. ann. 1904, n. 635 !

Hab. — Paraît végéter de préférence dans les étages inférieur et montagnard. Au-dessus de Calcatoggio (Briq. *Spic.* 5 et exsicc. cit.).

Le *D. Filix mas* a été signalé, sans indication spéciale de variété, dans les localités suivantes dont une partie se rapporte peut-être à la var. *subintegra*: montagnes du Cap Corse (Salis in *Flora* XVI, 471;! Mab. ap. Mars. *Cat.* 173; Gillot in *Bull. soc. bot. Fr.* XXIV, sess. extr. LVIII); Niolo (Soleirol ap. Bert. *Fl. it. crypt.* I, 57); Vico (Mars. *Cat.* 173); vallée de la Restonica (Fouc. et Sim. *Trois sem. herb. Corse* 165); forêt de Vizzavona (Lutz in *Bull. soc. bot. Fr.* XLVIII, sess. extr. CXXVI); Ghisoni (Rotgès in litt.).

La var. *subintegra* est caractérisée par des frondes à rachis très écailleux, à pinnules entières ou subentières sur les côtés, dentées au sommet qui est tronqué; indusies non glanduleuses.

†† β. Var. **crenata** Briq. — *Aspidium Filix mas* var. *crenatum* Milde in *Nov. Act. Leop. Car.* XXVI, II, 508 (1858) et *Fil. Eur.* 119; Asch. *Syn.* I, 27 ; Christ *Farnkr. Schw.* 132. — Exsicc. Burn. ann. 1904. n. 632 !

Hab. — S'élève en général plus haut que la variété précédente. Forêt d'Aïtone (Briq. *Spic.* 4 et exsicc. cit.); et localités ci-dessous.

1906. — Cima della Statoja, fissures des rochers à 2200 m., 26 juill.!; rochers ombragés près de la maison forestière de Bonifatto, 550 m., 11 juill.! (f. ad var. *subintegram* vergens); fissures des rochers sur le versant S. du Paglia Orba, 2300 m., 9 août!; rochers ombragés en face des bergeries de Grotello, sur la rive droite de la haute Restonica, 1400-1600 m., 3 août! (éch. en partie réduits, attribués par M. Christ à la var. *glandulosa*, mais la page inférieure des frondes et les indusies ne sont nullement glanduleuses!); Punta de Porte, couloir humide du côté du lac de Capitello, 2100 m., 4 août! (même observation que ci-dessus); Monte d'Oro, couloirs du versant E., 1900-2000 m., 9 août!; gorges humides en allant de Marmano à Vizzavona par le versant S. du massif du Renoso, 1100-1200 m., 21 juill.!

Frondes à pinnules dentées latéralement, incisées-dentées au sommet; indusies glabres.

†† γ. Var incisa Briq. = *Aspidium affine* Fisch. et Mey. in Hohenack. *En. Talysch* 10 (1838) — *A. caucasicum* A. Braun in *Flora* XXIV, 707 (1841) = *Lastrea Filix mas* var. *incisa* Moore *Phytol.* III, 137 (1848) = *Aspidium Filix mas* var. *incisum* Doell *Fl. Bad.* 27 (1857); Milde *Fil. Eur.* 120 = *A. Filix mas* var. *umbrosum* Milde in *Nov. Act. Leop. Car.* XXVI, II, 510 (1858) et *Höh. Sporenpfl.* 52 = *A. Filix mas* var. *affine* Asch. *Syn.* I, 27 (1896); Christ *Farnkr. Schw.* 133. — Exsicc. Burn. ann. 1904, n. 634!

Hab. — Comme la var. précédente; paraît rare. Forêt d'Aitone (Briq. *Spic.* 4 et exsicc. cit.).

Frondes généralement très grandes, à rachis faiblement écailleux, à pinnules très profondément incisées-pennées à la base, incisées sur les côtés. Indusies non glanduleuses. Sores en général petits et écartés les uns des autres.

† δ. Var. glandulosa Briq. = *Aspidium Filix mas* var. *glandulosum* Milde *Fil. Europ.* 123 (1867); Asch. *Syn.* I, 28.

Hab. — Comme la var. précédente; paraît assez rare. Forêt d'Aitone (Requien août 1847 in herb. Deless.! et ap. Milde l. c.; Lit. in *Bull. acad. géogr. bot.* XVIII, 98); Monte Grosso, vallon de Taita, lac du Capo Falo, lago Maggiore sous le Capo al Berdato et Monte d'Oro (Lit. l. c.); et localités ci-dessous.

1906. — Rochers sur la rive gauche de l'Asco près de la Résinerie de la forêt d'Asco, 1200 m., 20 juill.! (très typique); Monte Rotondo, rochers à 2600 m., 6 août! (moins caractérisé).

1908. — Monte Asto, creux des rochers, 1500 m., 1 juill.! (typique.

Plante en général grêle, peu élevée (13-30 cm.), à rachis peu densément écailleux, à pinnules dentées sur les côtés, ressemblant aux échant. réduits de la var. *crenata*, mais à frondes ± densément glanduleuses.

à la face inférieure et à indusies glanduleuses. — Cette plante remarquable a d'abord été découverte en Corse par Requien, puis retrouvée en Sardaigne, au Monte Gennargentu, par M. Ascherson (ap. Milde l. c.). Nos éch. du Monte Rotondo ont des glandes disséminées à la page inférieure des frondes et sur le rachis, mais les indusies sont églanduleuses : ils établissent le passage à la var. *crenata*. — D'autre part, la glandulosité rapproche certainement cette variété du *D. rigida*, dont elle diffère par les frondes non glanduleuses à la page supérieure, à pourtour oblong-lancéolé, bipinnatiséquées, peu rétrécies à la base.

11. D. rigida Underw. *Nat. Ferns* ed. 4, 116 (1893), non Asa Gray ; C. Christens. *Ind. Fil.* 289 ; Schinz et Thell. in *Bull. Herb. Boiss.* 2ᵉ sér., VII, 394 ; Schinz et Kell. *Fl. suisse*, éd. fr. I, 6. = *Polypodium rigidum* Hoffm. *Deutschl. Fl.* II, 6 (1795) = *Aspidium rigidum* Sw. in Schrad. *Journ. Bot.* ann. 1800, II, 37 (1801) ; Asch. *Syn.* I, 29 ; Christ *Farnkr. Schw.* 139 = *Polystichum rigidum* DC. *Fl. fr.* II, 560 (1805) ; Gr. et Godr. *Fl. Fr.* III, 632 ; Coste *Fl. Fr.* III, 688 = *Nephrodium rigidum* Desv. in *Ann. soc. linn. Par.* VI, 261 (1827).

Hab. — Rochers et vernaies des étages subalpin et alpin, descendant dans l'étage montagnard, 600-2400 m. Fr. juill.-sept. ♃. Assez rare, sous les deux variétés suivantes.

††α. Var. **meridionalis** Briq. — *A. rigidum* f. *meridionalis* Milde *Fil. Eur.* 127 (1867) = *A. rigidum* var. *meridionalis* Asch. *Syn.* I, 30 (1896) ; Christ *Foug. Alp. mar.* 24. — Exsicc. Burn. ann. 1900, n. 129 !

Hab. — Monte Cinto, 2000-2400 m. (Briq. *Rech. Corse* 107 et exsicc. cit.) ; col de Tavoria, 1600 m. (Rotgès in litt.) ; et localité ci-dessous.

1906. — Pointe de Monte, au-dessus du col de Verde, vernaies du versant W., 1600-1700 m., 20 juill. !

Frondes assez raides, non persistantes pendant l'hiver, à pinnules inférieures élargies à la base, petiolulées, à dents aiguës (non acuminées en pointe raide comme dans la var. **germanica** Briq. (= *A. rigidum* f. *germanicum* Milde l. c. = *A. rigidum* var. *germanicum* Christ l. c.).

β. Var. **australis** Briq. = *Aspidium distans* Viv. *App. ad fl. cors. prodr.* 8 (1825) ; Bert. *Fl. it. crypt.* I, 53 = *Aspidium rigidum* var. *australe* Ten. in *Atti Ist. Incor. Nap.* V, 144, tab. 2, fig. 4 B (1832) ; Milde *Fil. Eur.* 127 ; Luerss. *Farnpfl.* 411, fig. 150, b. c. ; Asch. *Syn.* I, 30 = *Nephrodium pallidum* Bory *Expéd. Morée* 287, tab. 36 (1832) = *Aspidium pallidum* Link *Sp. Fil.* 107 (1841) = *A. rigidum* subsp. *pallidum*

Christ *Foug. Alp. mar.* 24 (1900). — Exsicc. Burn. ann. 1904, n, 636 !

Hab. — Châtaigneraies près de Bocognano, 600 m. (Briq. *Spic.* 5 et exsicc. cit.) ; forêt d'Ospedale (Seraf. ap. Viv. l. c.) ; et localité ci-dessous.

1906 et 1907. — Cime de la Chapelle de S. Angelo, rochers et balmes, 1100-1180 m., calc., 15 juill. et 13 mai!

Frondes raides, persistant pendant l'hiver (!), relativement plus amples et plus longuement stipitées que dans la var. précédente, à pinnules inférieures plus nettement pétiolulées, à base plus cordiforme et plus incisée; sores souvent bisériés sur les divisions de 3e ordre; dents des pinnules non aristées. — L'*A. distans* Viv. a été identifié par Milde *(Fil. Eur.* 165) avec le *Woodsia ilvensis* R. Br., nous ne savons pour quelle raison. Cette synonymie est certainement erronée. Personne n'a encore signalé en Corse de représentant du genre *Woodsia* et l'auteur lui-même ne mentionne pas la Corse dans l'aire géographique des formes du genre *Woodsia* qu'il énumère.

12. D. spinulosa O. Kuntze *Rev.* II, 813 (1891) ; Maxon in *Proc. U. S. nat. Mus.* XXIII, 640; C. Christens. *Ind. Fil.* 293 ; Schinz et Thell. in *Bull. Herb. Boiss.* 2e sér. VII, 395 ; Schinz et Kell. *Fl. Suisse* éd. fr. 1, 6 = *Polypodium spinulosum* Müll. *Fl. Fridrichsd.* 193 (1767) = *Aspidium spinulosum* Sw. in Schrad. *Journ. Bot.* 1800, II, 38 (1801); Asch. *Syn.* 1, 32 = *Polystichum spinulosum* DC. *Fl. fr.* II, 561 (1805) emend. Koch *Syn.* ed. 2, 978 (1845); Gr. et Godr. *Fl. Fr.* III, 632 ; Coste *Fl. Fr.* III, 688.

Hab. — Forêts, rochers ombragés, surtout de l'étage subalpin, 600-2000 m. Fr. juin-sept. suivant l'altitude. ♃. Assez rare et disséminé du col de S. Stefano (à l'exclusion du Cap Corse) jusque et y compris les massifs centraux de l'île. Deux sous- espèces.

1. Subsp. **spinulosa** Briq. = *Aspidium spinulosum* Sw. l. c. sensu stricto; Sm. *Fl. brit.* 1124 (1804); DC. l. c. = *Nephrodium spinulosum* var. *genuinum* Roep. *Zur Fl. Meckl.* 1, 93 (1843) = *Polystichum spinulosum* var. *vulgare* Koch *Syn.* ed. 2, 979 (1845); Gr. et Godr. *Fl. Fr.* III, 632 = *Aspidium spinulosum* subsp. *spinulosum* Milde *Höh. Sporenpfl.* 53 (1865) = *A. spinulosum* subsp. *genuinum* Milde *Fil. Eur.* 132 (1867) ; Luerss. *Farnpfl.* 433 = *Aspidium spinulosum* subsp. *eu-spinulosum* Asch. *Syn.* 1, 32 (1896) = *Aspidium dilatatum* subsp. *spinulosum* Christ *Farnkr. Schw.* 144 (1900) = *D. spinulosa* subsp. *eu-spinulosa* Schinz et Kell. *Fl. Suisse*, éd. fr. 1, 6 (1909).

Hab. — Vallée du Bevinco (Mab. ap. Mars. *Cat.* 173); vallée de la

Restonica (Revel. ap. Mars. l. c.); Vico (Coste in *Bull. soc. bot. Fr.* XLVIII, sess. extr. CXIV); forêt de Vizzavona (Lit. *Voy.* I, 12); forêt de Marmano (Rotgès in litt.); Sartène (Petit in *Bot. Tidsskr.* XIV, 248).

Frondes glabres ou presque glabres; pétiole presque aussi long que le limbe; limbe oblong-allongé; paires inférieures de segments écartées, à pinnules inférieures plus longues que les suivantes.

† II. Subsp. **dilatata** C. Christens. *Ind. Fil.* 510 (1906, sub *Polypodio aristato*); Schinz et Thell. in *Bull. Herb. Boiss.* 2ᵉ sér. VII, 567; Schinz et Kell. *Fl. Suisse*, éd. fr. I, 6 = *Polypodium aristatum* Vill. *Hist. pl. Dauph.* III, 844 (1789), non Forst. = *Polypodium dilatatum* et *P. tanacetifolium* Hoffm. *Deutschl. Fl.* II; 7 et 8 (1795) = *Aspidium dilatatum* Sm. *Fl. brit.* 1125 (1804); Christ *Farnkr. Schw.* 141 = *Aspidium spinulosum* var. *dilatatum* Sw. *Syn. Fil.* 54 (1806) = *Polystichum dilatatum* DC. *Fl. fr.* V, 241 (1815) = *Polystichum spinulosum* var. *dilatatum* Koch *Syn.* ed. 2, 975 (1845); Gr. et Godr. *Fl. Fr.* III, 632 = *Nephrodium dilatatum* Desv. in *Ann. soc. linn. Paris* VI, 261 (1827) = *Nephrodium spinulosum* var. *dilatatum* Roep. *Zur Fl. Meckl.* I, 93 (1843) = *A. spinulosum* subsp. *dilatatum* Milde *Höh. Sporenpfl.* 57 (1865) et *Fil. Eur.* 136; Luerss. *Farnpfl.* 439; Asch. *Syn.* I, 33 = *D. spinulosa* var. *dilatata* Underw. *Nat. Ferns* ed. 4, 116 (1893); Maxon in *Proc. U. S. Nat. Mus.* XXIII, 640.

Hab. — Orezza (Soleirol ap. Bert. *Fl. it. crypt.* I, 60); forêt de Vizzavona (Lit. *Voy.* I, 12); Paglia Orba et Lac de Mins (Lit. in *Bull. acad. géogr. bot.* XVIII, 98); et localité ci-dessous.

1906. — Rochers au col de la Cagnone, 1950 m., 21 juill.!

Frondes pourvues de poils glanduleux jaunâtres, courts; pétiole notablement plus court que le limbe; limbe à pourtour ± triangulaire; paires inférieures de segments plus rapprochées, à pinnules inférieures plus courtes que les suivantes.

43. **D. Lonchitis** O. Kuntze *Rev.* II, 813 (1891); Schinz et Thell. in *Bull. Herb. Boiss.* 2ᵉ sér. VII, 395; Schinz et Kell. *Fl. Suisse*, éd. fr. I, 6 = *Polypodium Lonchitis* L. *Sp.* ed. 1, 1088 (1753) = *Aspidium Lonchitis* Sw. in Schrad. *Journ. Bot.* 1800, II, 30 (1801); Gr. et Godr. *Fl. Fr.* III, 630; Luerss. *Farnpfl.* 324; Asch. *Syn.* I, 36; Christ *Farnkr. Schw.* 114; Coste *Fl. Fr.* III, 685.

Hab. — Fissures des rochers de l'étage alpin, 2000-2500 m. Fr. août-sept. ♃. Rare. Capo Bianco, Bocca di Piana au pied du Capo al Berdato, Monte Cinto (Lit. in *Bull. acad. géogr. bot.* XVIII, 98) ; Monté Rotondo (Salis in *Flora* XVI, 471) ; Monte d'Oro (Soleirol ap. Bert. *Fl. it. crypt.* I, 50).

14. **D. aculeata** O. Kuntze *Rev.* II, 812 (1891) ; Schinz et Thell. in *Bull. Herb. Boiss.* 2ᵉ sér. VII, 395 ; Schinz et Kell. *Fl. Suisse* éd. fr. I, 6 = *Polypodium aculeatum* L. *Sp.* ed. 1, 1090 (1753) = *Aspidium aculeatum* Sw. emend. Doell *Rhein. Fl.* 20 (1843) ; Gr. et Godr. *Fl. Fr.* III, 630 ; Luerss. *Farnpfl.* 330 ; Asch. *Syn.* I, 37 ; Coste *Fl. Fr.* III, 685.

En Corse seulement la sous-espèce suivante :

Subsp. **aculeata** Briq. = *Aspidium aculeatum* Sw. in Schrad. *Journ. Bot.* ann. 1800, II, 37 (1801), sensu stricto ; Christ *Farnkr. Schw.* 121 = *Aspidium angulare* Kit. in Willd. *Sp. pl.* V. 257 (1810) = *Aspidium aculeatum* var. *angulare* A. Br. in Doell *Rhein. Fl.* 21 (1843) ; Gr. et Godr. *Fl. Fr.* III, 630 = *Aspidium aculeatum* var. *Swartzianum* Koch *Syn.* ed. 2, 976 (1845) = *Aspidium aculeatum* subsp. *aculeatum* Milde in *Nov. Act.* XXVI, 2, 501 (1858) et *Höh. Sporenpfl.* 66 (1865) = *Aspidium aculeatum* subsp. *angulare* Asch. *Syn.* I, 39 (1896) = *D. aculeata* subsp. *angularis* (« angulare ») Schinz et Kell. *Fl. Suisse* éd. fr. I, 7 (1909). — Exsicc. Reverch., ann. 1878, n. 112! ; Burn. ann. 1900, n. 4, 20, 194 et 195! et ann. 1904, n. 626, 627, 628, 629, 630 et 631 !

Hab. — Màquis, forêts, rochers ombragés, 100-1800 m. Fr. mai-sept. suivant l'altitude. ♃. Répandu du Cap Corse jusqu'aux montagnes du sud de l'île.

1906. -- Cap Corse : rochers de la Tour de Sénèque, 550 m., 8 juill. !
1907. — Cap Corse : châtaigneraies entre Spergane et Luri, 100 m., 26 avril ! — Cime de la Chapelle de S. Angelo, balmes de la falaise N., 1000 m., calc., 13 mai ! ; pineraie entre Vezzani et la Fontaine de Padula, 13 mai !
1908. — Vallée inf. du Tavignano, pineraies, 900 m., 26 juin ! (f. *hastulata*).

Se distingue de la sous-espèce **lobata** [« lobatum » Schinz et Kell. *Fl. Suisse*, éd. fr. I, 6 (1909) = *Aspidium aculeatum* subsp. *lobatum* Milde *Höh. Sporenpfl.* 63 (1865) ; Asch. *Syn.* I, 37 (1896) = *Aspidium lobatum* Sw. in Schrad. *Journ. Bot.* 1800, II, 37 (1801) ; Christ *Farnkr. Schw.* 115] par sa fronde à pourtour oblong-lancéolé, peu rétréci à la base, non luisante à la face supérieure, les pinnules divariquées, toutes ± pétiolulées et auriculées à la base, l'inférieure non ou à peine plus grande que la suivante, les dents brusquement aristées sur leur sommet $\pm$ obtus et les sores plus petits, rapprochés du sommet. — Parfois les segments inférieurs ont des pinnules pinnatifides à la base, la plus basale allongée-hastulée, c'est la forme *hastulata* [= *Aspidium hastulatum* Ten. in *Atti Ist. Incor. Nap.* V. 149, tab. IV, fig. 7 A, b. (1832) = *Aspidium aculeatum* var. *hastulatum* Kunze in *Flora* XXXI, 360 (1848); Luerss. *Farnpfl.* 349; Christ *Farnkr. Schw.* 122 = *Aspidium aculeatum* subsp. *aculeatum* var. *subtripinneatum* Milde *Höh. Sporenpfl.*, 66 (1865) = *A. aculeatum* subsp. *angulare* f. *hastulatum* Asch. *Syn.* I, 39 [1896]. Cette forme passe à celles dont les pinnules sont peu divisées, par des transitions insensibles.

BLECHNUM Linn. emend.

15. **B. Spicant** [1] With. *Arr. brit. pl.* ed. 3, III, 765 (1796); Gr. et Godr. *Fl. Fr.* III, 639; Luerss. *Farnpfl.* 113; Asch. *Syn.* I, 49; Coste *Fl. Fr.* III, 696 = *Osmunda Spicant* L. *Sp.* ed, 1. 1066 (1753) = *B. boreale* Sw. in Schrad. *Journ. Bot.* ann. 1800, II, 75 (1801) = *Lomaria Spicant* Desv. in *Mag. Ges. naturf. Fr. Berl.* V, 325 (1811). — Exsicc. Reverch. ann. 1878, n. 21 !, ann. 1885 n. 21 !

Hab. — Rochers ombragés, forêts rocailleuses, bords des torrents et berges humides, surtout des étages montagnard et subalpin, 200-1600 m. Calcifuge. Fr. juin-sept. suivant l'altitude. ♃. Disséminé et pas très fréquent (nullement « commun » ainsi que l'a dit Marsilly *Cat.* 174). Montagnes du Cap Corse (Salis in *Flora* XVI, 471); vallée du Fango près Barjiana (Lit. in *Bull. acad. géogr. bot.* XVIII, 97); forêt d'Aïtone (Reverch. ann. 1885, exsicc. cit.; Coste in *Bull. soc. bot.* Fr. XLVIII, sess. extr. CXXIX; Lit. *Voy.* II, 15); env. d'Evisa (Fliche in *Bull. soc. bot. Fr.* XXXVI, 370); vallée de Porto (Lutz in *Bull. soc. bot. Fr.* XLVIII, sess. extr. CXXXI); lac de Creno (R. Maire in Rouy *Rev. bot. syst.* II, 53); vallée de la Restonica (Fouc. et Sim. *Trois sem. herb. Corse* 166; Lit. in *Bull. acad. géogr. bot.* l. c.); Monte d'Oro (Soleirol ap. Bert. *Fl. crypt. it.* 1, 95); forêt de Vizzavona (Lutz in *Bull. soc. bot. Fr.* XLVIII, sess. extr. CXXVI); forêt de Marmano (Rotgès in litt.); env. de Bastelica (Reverch. ann. 1878 exsicc. cit.); Coscione (R. Maire in Rouy *Rev. bot. syst.* II, 27); et localités ci-dessous.

1906. — Rochers en montant à Bonifatto par le vallon de Ficarella, 500 m., 11 juill.!; source sur le versant N. du col de Granace, 700 m., 17 juill.!

[1] Smith (in *Mém. acad. roy. sc. Turin* vol. X, 1793) a bien parlé du genre *Blechnum*, mais n'a pas créé le nom binaire *Blechnum Spicant*, contrairement aux indications de Luerssen (*Farnpfl.* 11g).

1908. — Vallée de Tartaginé, bords des eaux en sous-bois, 900 m.,
4 juill.!

PHYLLITIS Hill.

16. **P. Scolopendrium** Newm. *Hist. brit. Ferns*, ed. 2, 10 (1844);
O. Kuntze *Rev.* II, 818; Britten et Rendle *List brit. seed-pl.* 39; C. Chris-
tens. *Ind. Fil.* 492; Schinz et Thell. in *Bull. Herb. Boiss.* 2ᵉ sér., VII, 395
= *Asplenium Scolopendrium* L. *Sp.* ed. 1, 1079 (1753) = *Scolopendrium
vulgare* Sm. in *Mém. Acad. roy. sc. Turin*, X, 421, fig. 2 (1793) [1]; Luerss.
Farnpfl. 118 = *S. officinarum* Sw. in Schrad. *Journ. Bot.* 1800, II, 61 (1801)
= *S. officinale* DC. *Fl. fr.* II, 552 (1805); Gr. et Godr. *Fl. Fr.* III, 638;
Coste *Fl. Fr.* III, 696 = *S. Scolopendrium* Asch. *Syn.* I, 50 (1896). —
Exsicc. Kralik n. 858 a!; Reverch. ann. 1879 sub: *S. officinale*!

Hab. — Châtaigneraies, rochers ombragés des étages inférieur, montagnard et subalpin, 50-1400 m. Fr. juin-sept. ♃. Disséminé (non pas
« commun » ainsi que le dit Mars. *Cat.* 174), plus rare sur le granit que sur
les terrains schisteux. Cap Corse, depuis l'étage inférieur (Salis in *Flora*
XVI, 471) jusqu'au Pigno (Doùmet in *Ann. soc. Hér.* V, 207); env. de
Corté (Kralik exsicc. cit.); Vico (Requien in h. Deless.!; Coste in *Bull.
soc. bot. Fr.* XLVIII, sess. extr. CXIV); Ghisoni (Rotgès in litt.); Serra
di Scopamène (Reverchon exsicc. cit.); et localité ci-dessous. Distribution exacte à établir.

1906 et 1907. — Cap Corse: descente du col de Santa Lucia sur Luri,
dans les lieux frais des châtaigneraies, 100-300 m., 7 juill. et 26 avril!

17. **P. Hemionitis** O. Kuntze *Rev.* II, 818 (1891); C. Christens. *Ind.
Fil.* 492 = *Scolopendrium Hemionitis* Lag., Garc. et Clemente in *An-
cienc. nat.* V. 549, tab. 4, f. 2 (1802); Gr. et Godr. *Fl. Fr.* III, 638; Luerss.
Farnpfl. 128; Asch. *Syn.* I, 52; Coste *Fl. Fr.* III, 696 = *S. sagittatum*
DC. *Fl. fr.* V, 238 (1815). — Exsicc. Kralik n. 858 b!; Mab. n. 198!;
Reverch. ann. 1880, n. 264!

Hab. — Rochers maritimes. Calcicole. Fr. pendant l'automne et l'hiver.
♃. Localisé à Bonifacio et Santa Manza (Soleirol ap. Duby *Bot. gall.*
540; Requien in h. Deless.!; récolté depuis lors par de nombreux botanistes).

[1] Voy.: *Il primo secolo della reale accademia delle scienze di Torino* 257. On peut aussi
citer ce volume comme tome V des *Mémoires de l'académie des sciences de Turin* (titre
français), lesquels ont succédé aux cinq volumes de la *Société de philosophie et mathématique
de Turin.*

On trouve parfois des échant. à fronde irrégulièrement incisée-lobée (Bonifacio leg. Req., Kralik in h. Deless.!). C'est là une forme purement individuelle ± monstrueuse: f. *lobatum* Haracie [in *Verh. zool.-bot. Ges. Wien* XLIII, 212, tab. III, fig. 2 (1893)]. Parfois les frondes de cette forme se trouvent isolées parmi des frondes normales d'un seul et même individu.

CETERACH Willd.

18. **C. officinarum** Willd. *Sp. pl.* V, 136 (1810); Gr. et Godr. *Fl. Fr.* III, 626; Luerss. *Farnpfl.* 287; Coste *Fl. Fr.* III, 681 = *Asplenium Ceterach* L. *Sp.* ed. 1, 1080 (1753); Asch. *Syn.* I, 52.

Hab. — Murs et rochers, 1-1500 m. Fr. toute l'année. ♃. Commun et répandu dans l'île entière.

ASPLENIUM Linn. emend.

19. **A. Trichomanes** L. *Sp.* ed. 1, 1080 (1753), excl. var. β; Huds. *Fl. angl.* ed. 1, 385 (1762); Gr. et Godr. *Fl. Fr.* III, 636; Luerss. *Farnpfl.* 184; Asch. *Syn.* I, 56; Coste *Fl. Fr.* III, 694. — Exsic. Reverch. ann. 1885, sub: *A. Trichomanes*!; Burn. ann. 1900, n. 189!

Hab. — Murs et rochers, 1-2500 m. Fr. mai-hiver. ♃. Commun et répandu dans l'île entière.

†† 20. **A. viride** Huds. *Fl. angl.* ed. 1, 385 (1762); Gr. et Godr. *Fl. Fr.* III, 639; Luerss. *Farnpfl.* 159; Asch. *Syn.* I, 59; Coste *Fl. Fr.* III, 695 = *A. Trichomanes* β L. *Sp.* ed. 1, 1080 (1753). — Deux variétés:

α. Var. **normale** Briq. = *A. viride* Asch. *Syn.* I, 58; Christ *Farnkr. Schw.* 89, sensu stricto.

Plante haute de 8-20 cm.; frondes pourvues de 10-30 rangées de segments, ceux-ci assez grands, ovés-elliptiques, assez rapprochés, mais ne se recouvrant pas par les bords. — Le type de l'*A. viride* a été signalé par Marsilly (*Cat.* 174) dans le groupe de basses montagnes qui sépare Ajaccio du cap de la Parata. L'abbé Boullu (in *Bull. soc. bot. Fr.* XXIV, sess. extr. C) a également signalé l'*A. viride* aux environs d'Ajaccio. Mais on sait que la liste donnée (l. c.) par l'abbé Boullu, rédigée d'après de « vieux souvenirs » et reproduisant en outre toutes les indications de Marsilly, renferme diverses erreurs. L'indication de l'*A. viride* var. *normale* aux env. immédiats d'Ajaccio est certainement erronée; c'est là une plante très calcicole (il n'y a pas de calcaire aux env. d'Ajaccio), que nous ne connaissons nulle part dans le domaine méditerranéen à d'aussi basses altitudes.

†† β. Var. **alpinum** Schleicher ap. Bernoulli *Gefässkrypt. Schw.* 16

(1857); Payot *Cat. Foug. Mont-Blanc* 42 ; Christ *Farnkr. Schw.* 90 =
A. viride Coste in *Bull. soc. bot. Fr.* XLVIII. sess. extr. CXXIV (1903).

Hab. — Rochers cristallins des plus hautes cimes. 2400-2700 m.;
jusqu'ici seulement au Monte Cinto (Soulié ap. Coste l. c.), au Monte
Rotondo (Lit. in *Bull. acad. géogr. bot.* XVIII, 97), et localité ci-dessous.

1906. — Capo al Berdato, rochers humides du versant E., 2400-2500
m., 7 août!

Plante naine, haute de 3-5 cm.; frondes souvent étalées, pourvues de
6-10 rangées de segments, ceux-ci petits ou médiocres, très serrés, se
recouvrant souvent par les bords. Race calcifuge, rare dans la chaîne
des Alpes continentales.

21. **A. marinum** L. *Sp.* ed. 1, 1081 (1753); Gr. et Godr. *Fl. Fr.*
III, 636 ; Milde *Fil. Eur.* 69 ; Coste *Fl. Fr.* III, 694. — Exsicc. Sieber
sub : *A. marinum* ! ; Requien sub : *A. marinum* ! ; Kralik nᵒ 858 ! ;
Reverchon ann. 1880, nᵒ 252 !

Hab. — Rochers maritimes. Fr. mai-hiver. ♃. Disséminé. Cap Sagro
(Mabille in *Feuille jeun. nat.* VII, 111); citadelle de Bastia (Mabille ap.
Mars. *Cat.* 174 et in *Feuill. jeun. nat.* l. c.; Sargnon in *Ann. soc. bot.*
Lyon VI, 72 ; Gillot in *Bull. soc. bot. Fr.* XXIV, sess. extr. LVII) et en-
virons (Gysperger in Rouy *Rev. bot. syst.* II, 112); îles de Pierres à l'Ile-
Rousse, surtout auprès de la fontaine au-dessous du Phare (Salis in
Flora XVI, 471 ; Mars. *Cat.* 174 ; Fouc. et Sim. *Trois sem. herb. Corse*
166 ; Lit. *Voy.* I, 2) ; Calvi (Mandon et Fouc. in *Bull. soc. bot. Fr.* XLVIII,
102 ; Lit. *Voy.* I, 26) ; La Trinité assez loin de la mer (Seraf. ap. Bert.
Fl. it. crypt. I, 67 ; Revel. in Mars. *Cat.* 174 ; Soulié ap. Coste in *Bull.*
soc. bot. Fr. XLVIII, sess. extr. CXXIV); Propriano (Petit in *Bot.*
Tidsskr. XIV, 248); grande île Lavezzi, côté sud (Salis l. c.; Requien
ap. Bert. l. c. et exsicc. cit.; Mars. l. c. : Kralik et Reverchon exsicc.
cit.). — L'indication de Corté donnée par Shuttl. (*Enum.* 23) est évidemment due à une erreur.

22. **A. lanceolatum** Huds. *Fl. angl.* ed. 1. 454 (1762); Gr. Godr.
Fl. Fr. III. 635 ; Luerss. *Farnpfl.* 204 ; Asch. *Syn.* I. 61 ; Coste *Fl. Fr.*
III, 694.

Hab. — Rochers de l'étage inférieur. 1-600 m. Fr. en automne. ♃.
— Sous les deux variétés suivantes.

†† α. Var. **typicum** Luerss. *Farnpfl.* 204 (1889); Asch. *Syn.* I. 61

= *A. lanceolatum* Huds. sensu stricto; Gr. Godr. l. c.; Milde *Höh. Sporenpfl.* 24 = *A. cuneatum* F. Sch. in *Flora* XXVII, 807 (1844), non Lamk = *A. Billotii* F. Sch. in *Flora* XXVIII, 735 (1845).

Hab. — Rochers du littoral et de l'intérieur. Plutôt rare. Erbalunga (Mab. in *Feuill. jeun. nat.* VII, 111); Marine de Porto (Lit. *Voy.* II, 18); île Mezzomare (Lutz in *Bull. soc. bot. Fr.* XLVIII, sess. extr. CXXXVIII); Ajaccio (Boullu in *Ann. soc. bot. Lyon* XXIV, 76); Sartène (Fliche in *Bull. soc. bot. Fr.* XXXVI, 369); et localité ci-dessous.

1907. — Rochers frais près de Pietralba, 480 m., 14 mai!

Pinnules dentées, à dents ± acuminées-aristées, les inférieures souvent même profondément incisées.

β. Var. **obovatum** Moore *Ind. Fil.* 140 (1859); Gr. et Godr. *Fl. Fr.* III, 636; Luerss. *Farnpfl.* 204; Asch. *Syn.* I, 61 = *A. obovatum* Viv. *Fl. lyb. spec.* (ad calcem) 68 (1824) et *Fl. cors. diagn.* 16; Salis in *Flora* XVI, 471 = *A. lanceolatum* subsp. *obovatum* Christ *Foug. Alp. mar.* 43 (1900). — Exsicc. Requien sub: *A. obovatum*!; Kralik n. 857!

Hab. — Rochers littoraux. Plus fréquent que le précédent. Env. de Bastia (Mab. in Mars. *Cat.* 174; Shuttl. *Enum.* 23; Debeaux *Not.* 52); Calvi (Soleirol ap. Bert. *Fl. it. crypt.* I, 77; Fouc. et Sim. *Trois sem. herb. Corse* 166; Ajaccio (Requien exsicc. cit.; Mars. *Cat.* 174; Boullu in *Bull. soc. bot. Fr.* XXIV, sess. extr. XCVIII); Port de Favone (Salis in *Flora* XVI, 471); Porto-Vecchio (Revel. ap. Mars. l. c.); Bonifacio (Salis l. c.; Revel. ap. Mars. l. c.); Iles Lavezzi (ex Gr. et Godr. l. c.); La Trinité assez loin de la mer (Seraf. ap. Viv. *Fl. cors. diagn.* I, 77; Requien in h. Deless.!; Soulié ap. Coste in *Bull. soc. bot. Fr.* XLVIII, sess. extr. CXXIV); et localité ci-dessous.

1907. — Rochers près de l'Ile Rousse, 29 avril!

Plante généralement plus réduite que dans la var. précédente, à pinnules ± crénelées-dentées. — Les formes intermédiaires entre les deux races de l'*A. lanceolatum* ne sont pas rares dans le bassin méditerranéen. M. de Litardière (in *Bull. acad. géogr. bot.* XVIII. 97) les signale pour la Corse: à la Tour de Porto, dans le vallon de Taïta, et au défilé de Santa Regina.

†† 23. **A. fontanum** Bernh. in Schrad. *Journ. Bot.* ann. 1799. I, 314; Luerss. *Farnpfl.* 199; Asch. *Syn.* I, 62; Christ *Farnkr. Schw.* 80 = *Polypodium fontanum* L. *Sp.* ed. 1. 1089 (1753) = *A. Halleri* DC.

Fl. fr. V, 214 (1815); Koch *Syn.* ed. 2, 982; Gr. et Godr. *Fl. Fr.* III, 635.

Représenté en Corse seulement par la sous-espèce suivante :

Subsp. **foresiacum** Christ *Foug. Alp. mar.* 14 (1900) = *A. Halleri* var. *foresiacum* Le Grand in *Bull. soc. bot. Fr.* XVI, 61 (1869) = *A. Halleri* var. *forisiense* Le Grand *Stat. bot. Forez* 252 (1873) = *A. fontanum* var. *macrophyllum* St-Lag. *Fl. bass. moy. Rhône* III, 963 (1889) et in Le Grand *Fl. Berry* éd. 2, 383 (1894) = *A. foresiense* Le Grand ap. Sudre *Notes qq. pl. crit. Tarn* 29, tab. 2 A (*Revue bot.*, janv. 1894) — *A. foresiacum* Christ *Farnkr. Schw.* 84 (1900); Le Grand in Rouy *Rev. bot. syst.* II, 105-108; Coste *Fl. Fr.* III, 693.

Hab. — Uniquement dans la localité ci-dessous.

1906. — Rochers frais en face de la résinerie de la forêt d'Asco, 1200 m., 29 juill.!

Diffère de la sous-espèce **eu-fontanum** Briq. (= *A. fontanum* Bernh. sensu stricto) par les frondes très développées, de pourtour ové-lancéolé : segments à pourtour ové-allongé, sensiblement plus grands, obtus, à divisions peu profondes, larges, obtuses, grossièrement mais superficiellement dentées. — Par son port, la sous-espèce *foresiacum* se rapproche de l'*A. lanceolatum*, dont elle diffère par les frondes à pourtour atténué à la base, le rachis vert plus étroit parcouru par une nervure médiane (non pas 2-3 parallèles), et les pinnules inférieures non lobées. — D'abord considérée comme localisée dans le centre de la France (Indre, Loire, Haute-Loire, Gard, Lozère, Hérault, Aveyron, Tarn, Cantal, Lot, Haute-Vienne et probablement Creuse et Allier), cette fougère a été ensuite signalée sur les terrains tertiaires silicieux de la Drôme et de l'Isère, puis dans les Pyrénées-Orientales, et enfin retrouvée en 1900 par le Dr Christ entre Sestri Levante et Levanto (Ligurie orientale). Son aire est encore étendue par la découverte que nous en avons faite en Corse. La sous-espèce *foresiacum* est nettement calcifuge, tandis que la sous-espèce *eu-fontanum* est calcicole. Cette dernière a été indiquée aux env. d'Ajaccio par M. L. Blanc (in *Bull. soc. bot. Lyon*, 2me sér., VI, 8) par suite d'une confusion évidente avec l'*A. lanceolatum* abondant dans ces parages.

24. A. septentrionale Hoffm. *Deutschl. Fl.* II, 12 (1795); Gr. et Godr. *Fl. Fr.* III, 637; Luerss. *Farnpfl.* 209; Asch. *Syn.* I, 63; Coste *Fl. Fr.* III, 695 = *Acrostichum septentrionale* L. *Sp.* ed. 1, 1068 (1753). — Exsicc. Burn. ann. 1900 n. 378 !

Hab. — Rochers des étages alpin et subalpin, descendant exceptionnellement dans l'étage montagneux, 800-2200 m. Fr. juin-août. ♃. Disséminé. Cimes du Cap Corse (Salis in *Flora* XVI, 474; Mab. ap. Mars. *Cat.* 174); entre Pietrosa et Casamaccioli (Fliche in *Bull. soc. bot. Fr.* XXXVI, 369); Monte Grosso (Soleirol ap. Bert. *Fl. it. crypt.* I, 65; Lit.

in *Bull. acad. géogr. bot.* XVIII, 97); col de Salto et Monte Cinto (Lit. l. c.); Calacuccia (Lit. *Voy.* II, 6); Cristinacce, 800 m. (Fliche l. c.); Vico (Mars. *Cat.* 174); Monte-Rotondo (Lit. in *Bull. acad. géogr. bot.* XVIII, 97); Monte d'Oro (Lutz in *Bull. soc. bot. Fr.* XLVIII, sess. extr. CXXVII); Venaco (Fouc. et Sim. *Trois sem. herb. Corse* 166); Vizzavona (Mars l. c.; Lit. *Voy.* I, 12); Monte Renoso (exsicc. cit.); forêt de Marmano (Rotgès in litt.); Bastelica (Revel. ap. Mars. l. c.); et localités ci-dessous.

1906. — Rochers en descendant du Monte Traunato sur le vallon de Terrigola, 1700 m., 31 juill.!; rochers près de la résinerie de la forêt d'Asco, 950 m., 28 juill.!; rochers au col de Verde, 1000 m., 19 juill.!

1908. — Monte Padro, rochers à 2200 m., 4 juill.!

25. **A. Ruta muraria** L. *Sp.* ed. 1, 1081 (1753); Gr. et Godr. *Fl. Fr.* III, 636; Luerss. *Farnpfl.* 218; Asch. *Syn.* 1, 68; Coste *Fl. Fr.* III, 693.

Hab. — Rochers des étages subalpin et alpin. Fr. juin-août. ♃. Très rare. Monte Padro (Salis in *Flora* XVI, 471); [montagnes de] Calvi (Soleirol ap. Bert. *Fl. it. crypt.* 1, 72); Fort de Vizzavona (Mars. *Cat.* 174; Lit. in *Bull. acad. géogr. bot.* XVIII, 97).

Selon M. de Litardière (l. c.), la plante de Vizzavona appartiendrait à la var. **Brunfelsii** Heufl. [in *Verh. zool.-bot. Ges. Wien* VI, 335 (1856); Luerss. *Farnpfl.* 222; Asch. *Syn.* I, 69; Christ *Farnkr. Schw.* 75] à frondes médiocres, ne dépassant généralement pas 6-10 cm., de pourtour ové-triangulaire, à pinnules sensiblement plus longues que larges, arrondies au sommet.

26. **A. Adiantum nigrum** L. *Sp.* ed. 1, 1081 (1753), emend. L. *Sp.* ed. 2, 1544 (1763); Gr. et Godr. *Fl. Fr.* III, 638; Luerss. *Farnpfl.* 260; Asch. *Syn.* 1, 70; Christ *Farnkr. Schw.* 68; Coste *Fl. Fr.* III, 692.

Hab. — Rocailles terreuses, creux terreux des rochers ombragés, 1-1500 m. Fr. mai-sept. suivant l'altitude. ♃. Répandu et abondant du Cap Corse jusque dans le sud de l'île. — En Corse les deux sous-espèces suivantes.

I. Subsp. **nigrum** Heufl. in *Verh. zool.-bot. Ges. Wien*, VI, 343 (1856); Milde *Höh. Sporenpfl.* 25 et *Fil. Eur.* 85; Luerss. *Farnpfl.* 270; Asch. *Syn.* 1, 73.

Hab. — Rare ou peu observé.

Segments de 1er ordre relativement droits; segments de dernier ordre
un peu étalés ou incurvés-ascendants à la base, ovés.

α. Var. **lancifolium** Heufl. l. c. 313 (1856); Milde op. cit. 26 et 85 ;
Luerss. *Farnpfl.* 270 ; Asch. l. c. 73 ; Christ *Farnkr. Schw.* 68 = *Phyl-
litis lanceolata* Moench *Meth. Suppl.* 316 (1802). — Exsicc. Burn. ann.
1904, n. 620 !

Hab. — Entre Oletta et le col de Teghime (Briq. *Spic.* 4 et exsicc. cit.);
à rechercher.

Fronde à pourtour assez étroitement lancéolé ou oblong-lancéolé, à
segments étroits.

β. Var. **argutum** Heufl. l. c. 314 (1856); Milde op. cit. 26 et 85 ;
Luerss. l. c. ; Asch. l. c. ; Christ l. c. et *Foug. Alp. mar.* 11 = *A. argutum* Kaulf. *Enum. Fil.* 176 (1824). — Exsicc. Burn. ann. 1904, n. 621 !

Hab. — Défilé de Lancone (Briq. *Spic.* 4 et exsicc. cit.) ; à rechercher.

Fronde à pourtour ové-lancéolé, à segments plus larges.

II. Subsp. **Onopteris** Heufl. in *Verh. zool.-bot. Ges. Wien* VI, 314
(1856); Milde *Höh. Sporenpfl.* 27 et *Fil. Eur.* 87 ; Luerss. *Farnpfl.* 281 ;
Asch. *Syn.* 1, 74 ; Christ *Foug. Alp. mar.* 12 et *Farnkr. Schw.* 72 =
A. Onopteris L. *Sp.* 1, 1081 (1753).

Segments de 1er ordre connivents; segments de dernier ordre incurvés-
ascendants à la base, allongés et étroits. — En Corse la variété suivante :

γ. var. **acutum** Heufl. l. c. 314 (1856), emend. Milde *Fil. Eur.* 87 ;
Luerss. *Farnpfl.* 281 ; Asch. l. c. 74 = *A. acutum* Bory in Willd. *Sp. pl.*
V, 347 (1810) = *A. Virgilii* Bory *Exp. Mor.* III, 289 (1832) = *A. Adiantum nigrum* var. *acutum* et var. *Virgilii* Heufl. l. c. 314 et 312 (1856) =
A. Adiantum nigrum var. *Serpentini* Gr. et Godr. *Fl. Fr.* III, 638 (1856),
non Koch (1845) = *A. Adiantum nigrum* var. *Virgilii* Milde *Höh.
Sporenpfl.* 27 (1865). — Exsicc. Requien sub : *A. Adiantum nigrum*
var. *Virgilii* !; Reverch. ann. 1885 sub : *A. Adiantum nigrum* ! ; Burn.
ann. 1900, n. 5 ! et ann. 1904 n. 622 !

Hab. — Très répandu et abondant.

1906. — Cap Corse: sources au col de Cappiaja, 300 m., 7 juill.!; mâquis entre les Marines de Luri et de Meria, 10 m.. 6 juill.!; rochers près
de la maison forestière de Bonifatto, 550 m., 11 juill.!; rochers humides
à Campo, 500 m., 17 juill.!

1907. — Chênaie de chênes verts entre Novella et le col San Colombano, 600 m., 19 avril!

1908. — Montagne de Pedana, rochers calc., 500 m., 30 juin!

Fronde et segments à pourtour acuminé; segments de dernier ordre acuminés-aristés, à dents acuminées-aristées. — M. Christ rapproche les échant. de la seconde des localités ci-dessus énumérées de la var. *esterellense* Christ (*Foug. Alp. mar.* 12). Mais nous ne pouvons voir dans ces échant. qu'une des innombrables petites formes individuelles de la var. *acutum*.

PTERIDIUM Scop.

27. P. aquilinum Kuhn in v. Decken *Reise* III, 3, 11 (1879); Luerss. *Farnpfl.* 100; Asch. *Syn.* 1, 82; Christ *Farnkr. Schw.* 54; C. Christens. *Ind. Fil.* 591 = *Pteris aquilina* L. *Sp.* ed. 1, 1075 (1753); Gr. et Godr. *Fl. Fr.* III, 639; Coste *Fl. Fr.* III, 697.

Hab. — Sous-bois, clairières des forêts et des màquis, 1–1500 m. Fr. août-oct. ♃. Abondamment répandu dans l'île entière.

Le «lusus» *crispum* (Christ *Farnkr. Schw.* 55) signalé sur les bords du Golo près Casamaccioli (Lit. in *Bull. acad. géogr. bot.* XVIII, 96) est une monstruosité à marges des frondes ondulées-crépues.

PTERIS Linn. emend.

28. P. cretica L. *Mant.* 1, 130 (1767); Gr. et Godr. *Fl. Fr.* III, 640; Luerss. *Farnpfl.* 94; Asch. *Syn.* 1, 85; Coste *Fl. Fr.* 697 = *P. oligophylla* Viv. in *Ann. bot.* II, 189 (1804). — Exsicc. Requien sub : *P. cretica*!; Kralik n. 859!; Mab. n. 84!; Soc. dauph. n. 5100!

Hab. — Berges des ruisseaux de l'étage inférieur. Fr. juin-sept. ♃. Presqu'entièrement localisé au Cap Corse. Côte orientale : gorges des vallées de Griggione et du Miomo (Debeaux ap. Mab. *Rech.* 1, 29); Castello sur Erbalunga (Salis in *Flora* XVI, 471, et après lui tous les botanistes qui ont visité cette localité classique, d'où cette fougère a été distribuée par Requien, Kralik, Mabille et Vallot); fontaine du village de Lucciana (Commerçon ap. Mars. *Cat.* 174), où M. Rotgès (in litt.) n'a pu la retrouver. Côte orientale : env. de Nonza (?) (Mab. *Rech.* 1, 29); fontaine de Farinole (Rotgès!). — Vallée d'Orezza (Soleirol ap. Bert. *Fl. it. crypt.* 1, 88), près de l'usine de Champlan (Rotgès!).

ALLOSORUS Bernh. emend.

Le genre *Allosorus* Bernh. [in Schrad. *Neu. Journ. Bot.* 1², 5, 36 (1806)] a une priorité incontestable sur le genre *Cryptogramma* R. Br. [ap. Richards. in Franklin *Narr. of a journ. polar sea* 767 (1823) et R. Br. *Miscell. bot. works* II, 525] et doit être maintenu. Prantl [in Engl. *Bot. Jahrb.* III. 413 (1882)] a déclaré que le nom créé par Bernhardi devait être annulé parce que cet auteur avait confondu dans son genre *Allosorus* des espèces d'affinités très différentes. Cette opinion a été admise sans difficulté par M. Luerssen (*Farnpfl.* 73) et a passé de là dans les ouvrages de Christ, Christensen, Diels et de divers floristes. Mais avec cette méthode, il faudrait annuler la plupart des autres noms génériques de fougères, en particulier des noms tels que *Polypodium* et *Asplenium*, ce que personne n'a encore osé proposer. — O. Kuntze [*Rev. gen.* II, 804 1891.] se basant sur l'application du nom *Allosorus* faite par Presl [in *Reliq. Haenk.* I, 58 (1830)] à diverses espèces aujourd'hui rattachées au genre *Pellaea*, a débaptisé tous les *Pellaea* en *Allosorus*! — Tous ces auteurs ont oublié que *dès 1813*, Röhling (*Deutschlands Flora* III, 7 et 31) a employé le nom d'*Allosorus* dans le sens limité qui nous est familier et qui doit être conservé. — La graphie *Allosorus* employée par Röhling et beaucoup d'auteurs est défectueuse et postérieure. De même R. Brown a écrit *Cryptogramma* et non pas *Cryptogramme*.

29. **A. crispus** Bernh. in Schrad. *Neues Journ.* I, 2, 36 (1806); Gr. et Godr. *Fl. Fr.* III, 641; Asch. *Syn.* I, 86; Christ *Farnkr. Schw.* 56; Coste *Fl. Fr.* III, 698 = *Osmunda crispa* L. *Sp. ed.* 1, 1067 (1753) = *Cryptogramma crispa* R. Br. in *Frankl. Journey* 767 (1823); Prantl in Engl. *Bot. Jahrb.* III, 413; Luerss. *Farnpfl.* 74; Christ *cong. Alp. mor.* 5. — Exsicc. Buru., ann. 1900, n. 373 !

Hab. — Rochers et clapiers de l'étage alpin, 1700-2500 m. Calcifuge. Fr. août-sept. ♃. Monte Cinto (Briq. *Rech. Corse* 108); Paglia Orba (Lit. in *Bull. acad. géogr. bot.* XVIII, 96); Punta Artica (Lit. l. c.); Monte Rotondo (Mars. *Cat.* 175; Briq. *Rech. Corse* 21 et exsicc. cit.); Monte d'Oro (Soleirol ap. Bert. *Fl. it. crypt.* I, 92; Mars. *Cat.* 175; Lit. l. c.); Monte Renoso (Revel. in Mars. *Cat.* 175; Lit. *Voy.* II, 33); et localités ci-dessous.

1906. — Couloirs humides des arêtes entre le Capo Ladroncello et le col d'Avartoli, 2000 m., 27 juill.!; rochers de la Cima di Mufrella, 1800-2000 m., 12 juill.!; éboulis en montant des bergeries de Manica au Monte Cinto, 2000 m., 29 juill.!; Paglia Orba, fissures des rochers du versant S., 2300 m., 9 août!; Capo al Chiostro, antres des rochers du versant Est, 2200 m., 3 août!; rochers en montant des bergeries de

Grotello au lac Melo, 1700-1800 m., 4 août!; rochers au col de la Caguone, 1950 m., 21 juill.!

L'*A. crispus* a été découvert en Corse par Robert (ap. Lois. *Fl. gall.* ed. 2, II, 361), mais a échappé aux explorateurs ultérieurs jusqu'à l'époque de Revelière et de Marsilly. Cette espèce est localisée dans les grands massifs du Cinto, du Rotondo, et du Renoso, et paraît manquer dans les chaînes plus méridionales.

ADIANTUM Linn.

30. **A. capillus Veneris** L. *Sp. ed.* 1, 1096 (1753); Gr. et Godr. *Fl. Fr.* III, 640; Luerss. *Farnpfl.* 80; Asch. *Syn.* I, 88; Coste *Fl. Fr.* III, 699. — Exsicc. Requien sub: *A. capillus Veneris* var. *incisa*!; Kralik n. 860!

Hab. — Rochers humides, bord des torrents, 1-1000 m. Fr. mai-août. ♃. Préfère les terrains schisteux et les calcaires, plus rare sur le granit. Très abondant sur tout le Cap Corse (Salis in *Flora* XVI, 474; Mab. in Mars. *Cat.* 175; et nombreux autres observateurs); entre Folelli et Orezza (Lit. in *Bull. acad. géogr. bot.* XVIII, 96); défilé de Santa Regina (Lit. l. c.); abonde aux env. de Corté (Mars. *Cat.* 175 et autres observateurs); Calanches de Piana (Lutz in *Bull. soc. bot. Fr.* XLVIII, sess. extr. CXXXII); Ghisoni (Lit. *Voy.* I, 15; Rolgès in litt.); rare aux env. d'Ajaccio : à l'une des sources adossée aux escarpements du Mont Lisa, et au pied des escarpements de la rive gauche du Liamone (Mars. *Cat.* 175); abondant aux env. de Bastelica, dans la forêt d'Ospedale et aux env. de Portovecchio (Revel. in Mars. *Cat.* 175); Sartène (Fliche in *Bull. soc. bot. Fr.* XXXVI, 370); env. de Bonifacio (Mars. l. c.; Kralik, exsicc. cit.); et localité ci-dessous.

1908. — Montagne de Pedana, balmes, 500 m., 30 juin!

Varie à segments subindivis, incisés ou partites. Ces modifications sont en partie influencées par le milieu (la forme à segments plus développés et profondément découpés de préférence dans les endroits très ombragés et très humides), en partie individuelles (différentes formes de segments souvent sur le même individu!). Nous ne pouvons donc pas envisager les *A. capillus Veneris* var. *incisum* Req., *A. trifidum* Willd. [ap. Bolle *Bonpl.* III, 121 (1855) = *A. capillus Veneris* var. *trifidum* Milde *Fil. Eur.* 30 (1867)] et l'*A. capillus Veneris* var *multifidum* Rey-Pailh. (*Foug. Fr.* 11; Fouc. in *Bull. soc. bot. Fr.* XLVII, 102) comme des variétés, mais comme de simples états.

CHEILANTHES Sw.

31. **C. fragrans** Webb et Berth. *Hist. nat. Can.* III, 452 (1849); Luerss. *Farnpfl.* 86; Asch. *Syn.* I, 89 = *Polypodium fragrans* L. *Mant.* II, 307 (1771), non L. *Sp.* ed. 2 (1762) = *C. odora* Sw. *Syn. Fil.* 127 (1806); Gr. et Godr. *Fl. Fr.* III, 641; Coste *Fl. Fr.* III, 699 = *Adiantum fragrans* DC. *Fl. fr.* II, 549 (1805); Viv. *Fragm.* 9, tab. 11, f. 2, 3 et 4. — Exsicc. Requien sub : *C. odora* ! ; Reverch. ann. 1885, n. 421 ! ; Burn. ann. 1900, n. 190 ! ann. 1904, n. 609 !

Hab. — Rochers, pentes rocailleuses des garrigues, 1-1000 m. Fr. mai-juill. ♃ . Répandu et assez commun du Cap Corse jusqu'à Bonifacio.

1906. — Rochers de la vallée du Rio de Ficarella en montant à Bonifatto, 200 m., 11 juill.!
1907. — Cap Corse : rochers au col de Santa Lucia, versant E., 350 m., 26 avril ! — Rochers près d'Ostriconi, 20 avril !

NOTHOLAENA [1] R. Br.

32. **N. Marantae** R. Br. *Prodr. fl. Nov.-Holl.* 146 (1810); Gr. et Godr. *Fl. Fr.* III, 626; Luerss. *Farnpfl.* 68; Asch. *Syn.* I, 91; Coste *Fl. Fr.* III, 681 = *Acrostichum Marantae* L. *Sp.* ed. 1, 1071 (1753) = *Ceterach Marantae* DC. *Fl. fr.* V, 243 (1815). — Exsicc. Debeaux ann. 1866 sub : *N. Marantae* ! ; Mabille n. 300 ! ; Reverchon ann. 1885, n. 455 !

Hab. — Rochers, surtout sur la serpentine et le porphyre, 1-1000 m. Fr. avril-mai. ♃ . Disséminé. Pointe du Cap Corse (Mab. in Mars. *Cat.* 172); env. de Bastia, principalement dans la vallée du Fango (Mab. ap. Mars. l. c. et exsicc. cit. ; Debeaux *Notes* 52 et exsicc. cit. ; Lardière in *Bull. soc. bot. Lyon* XI, 59; d'Olmette à Bastia (Billiet in *Bull. soc. bot. Fr.* XXIV, sess. extr. LXXI); vallée du Bevinco (Mab. in Mars. l. c. ; Sargnon in *Ann. soc. bot. Lyon* VI, 74); env. de Ponte alla Leccia (Mand. et Fouc. in *Bull. soc. bot. Fr.* XLVII, 102); env. de Corté (Mab. ap. Mars. l. c. ; Soulié ap. Coste in *Bull. soc. bot. Fr.* XLVIII, sess. extr. CXXIV; forêt d'Aitone (Reverch. exsicc. cit.); env. d'Ota (Lit. in *Bull. acad. géogr. bot.* XVIII, 96); Ghisoni (Rotgès ap. Fouc. l. c.); Chapelle des Grecs (de Parade ap. Salis in *Flora* XVI, 471); défilé de l'Inzecca (Gysperger in Rony *Rev. Bot. syst.* II, 120; Lit. *Voy.* I, 15).

[1] R. Brown (*Prodr. fl. Nov.-Holl.* 145) a écrit *Notholaena* et non pas *Notochlaena*.

33. **N. vellea** Desv. in *Journ. Bot.* 1, 93 (1813); Gr. et Godr. *Fl. Fr.* III, 627 = *Acrostichum velleum* Ait. *Hort. kew.* III, 457 (1789) = *Acrostichum lanuginosum* Desf. *Fl. atl.* II, 400, tab. 256 (1800) = *N. lanuginosa* Desv. in Poir. *Encycl. Suppl.* IV, 110 (1816); Coste *Fl. Fr.* III, 682. — Exsicc. Requien sub : *N. vellea* !

Hab. — Jusqu'ici uniquement à la montagne d'Ajaccio, sur les rochers du côté de la mer, principalement « à mi-côte du Cacalo » (Requien ap. Cosson *Not.* 69 et exsicc. cit. ; Mars. *Cat.* 173). Fr. mars-avril. ♃.

GYMNOGRAMME Desv. emend.

34. **G. leptophylla** Desv. in *Mag. Ges. naturf. Fr. Berlin* V, 305 (1811); Luerss. *Farnpfl.* 63; Asch. *Syn.* 1, 92 = *Polypodium leptophyllum* L. *Sp.* ed. 1, 1092 (1753) = *Grammitis leptophylla* Sw. *Syn. Fil.* 218 (1806); Gr. et Godr. *Fl. Fr.* III, 629; Coste *Fl. Fr.* III, 682. — Exsicc. Requien sub : *G. leptophylla* !; Kralik n. 856 ! ; Burn. ann. 1900, n. 67 !

Hab. — Rochers, pentes ombragées et humides, 1-1000 m. Fr. janv.-juill. suivant l'altitude et l'exposition. ①. Très répandu et abondant dans l'île entière.

1906. — Rochers humides à Campo, 500 m., 17 juill.!
1907. — Cap Corse: rochers humides à Marinca, 26 avril!; murs à Sainte Lucie, 45 m., 4 mai!

POLYPODIUM Linn. emend.

35. **P. vulgare** L. *Sp.* ed. 1, 1085 (1753); Gr. et Godr. *Fl. Fr.* III, 627 ; Luerss. *Farnpfl.* 53 ; Asch. *Syn.* 1, 94 ; Christ *Farnkr. Schw.* 47 ; Coste *Fl. Fr.* III, 683.

Hab. — Rochers, sous-bois rocailleux, 1-2400 m. Fr. juin-automne ou hiver. ♃. — En Corse les deux sous-espèces suivantes.

1. Subsp. **vulgare** Schinz et Keller *Fl. Schw.* éd. 2, 5 (1905) = *P. vulgare* var. *genuinum* Gr. et Godr. *Fl. Fr.* III, 627.

Hab. — Etages montagnard, subalpin et alpin, 700-2400 m. Moins fréquent que la sous-esp. suivante. Du Cap Corse jusqu'aux montagnes du sud de l'île.

Frondes ± persistantes pendant l'hiver; limbe à pourtour en général oblong-lancéolé, subitement acuminé au sommet. — Les formes ci-après mentionnées, reliées par tous les passages possibles, et auxquelles M. Christ donne le rang de variété, ont à peine cette valeur. Nous préférons la façon dont elles ont été envisagées par Milde en 1865.

a. f. *platylobum* Briq. = *P. vulgare* var. *platylobum* Christ *Farnkr. Schw.* 49 (1900).

1908. — Vallée inférieure du Tavignano, rochers, 800 m., 28 juin!

Fronde développée, à pourtour largement oblong, subitement et étroitement acuminé au sommet, à divisions peu nombreuses, les inférieures plus amples, généralement denticulées vers le sommet arrondi.

b. f. *commune* Milde *Höh. Sporenpfl.* 7 (1865) = *P. vulgare* var. *commune* Milde in *Nov. Act. Leop. Car.* XXVI, 2, 631 (1858); Asch. *Syn.* I, 94; Christ *Farnkr. Schw.* 47. — Exsicc. Reverchon ann. 1878 sub : *P. vulgare*!
Hab. — Signalé jusqu'ici dans les montagnes de Calvi (Soleirol ap. Bert. *Fl. it crypt.* 1, 43) et de Bastelica (Reverchon exsicc. cit.).

1906. — Capo Bianco, fissures des rochers du versant S., 2300 m., 7 août!; rochers près de la Résinerie de la forêt d'Asco, 950 m., 26 juill.!; fissures des rochers de la Pointe de Monte, 1800 m., 20 juill.!
1908. — Monte Asto, cheminées du versant N., 1500 m., 1 juill.!; Monte Padro, rochers, 2000 m., 4 juill. (échant. réduits)!; vallée inf. du Tavignano, rochers ombragés, 1200 m., 28 juill.! (échant. réduits).

Fronde développée, à divisions plus nombreuses, d'ampleur assez égale jusque sous le sommet, arrondies, brièvement aiguës ou acuminées, subentières ou denticulées vers le sommet. — Les échant. appauvris, ou réduits par l'altitude, constituent le *P. vulgare* var. *commune* subvar. *pygmaeum* Christ (*Farnkr. Schw.* 48).

c. f. *attenuatum* Milde *Höh. Sporenpfl.* 7 (1865) = *P. vulgare* var. *attenuatum* Milde in *Nov. Act. Leop. Car.* XXVI, 2, 631 (1858); Asch. *Syn.* I, 94; Christ *Farnkr. Schw.* 49. — Exsicc. Burnat ann. 1900, n. 253!
Hab. — Vallée de la Restonica en dessous de la bergerie de l'Imozzo (Briq. *Rech. Corse* 118 et exsicc. cit.).

Fronde développée, à divisions assez grandes, graduellement atténuées en un sommet aigu, ± denticulées ou dentées tout le long des marges.

II. Subsp. **serratum** Christ *Foug. Alp. mar.* 2 et *Farnkr. Schw.* 52 (1900) = *P. vulgare* γ (*P.*)*serratum* Willd. *Sp. pl.* V, 173 (1810), emend. Gr. et Godr. *Fl. Fr.* III, 627; Asch. *Syn.* I, 97.

Hab. — Etage inférieur jusqu'à 600 m. Répandu du Cap Corse à Bonifacio.

Frondes disparaissant souvent en automne (caractère biologique *très* inconstant); limbe à pourtour largement triangulaire, insensiblement acuminé. Nervures secondaires des divisions se bifurquant le plus souvent 3-4 fois. Sous-espèce méditerranéenne, à port en général plus robuste. On peut distinguer les formes suivantes:

d. f. *cambricum* Asch. *Syn.* 1, 98 (1896); Christ *Farnkr. Schw.* 53 = *P. cambricum* L. *Sp.* ed. 1, 1086 (1753) = *P. vulgare* var. (*P.*) *cambricum* Willd. *Sp. pl.* V, 173 (1810); Luerss. *Farnkr.* 60. p. p. = *P. australe* Fée *Gen. Fil.* I, 236 (1850) = *P. vulgare* var. *hibernicum* Moore *Handb. brit. ferns* éd. 2, 44 (1853) = *P. vulgare* var. *semilacerum* Wollaston in Moore *Ferns Gr. Brit. Nat. Pr.* 6, tab. II A (1855), non Link = *P. vulgare* f. *pinnatifidum* Milde *Höh. Sporenpfl.* 8 (1865), non *P. vulgare* var. *pinnatifidum* Wallr. (1831). — Exsicc. Requien sub: *P. vulgare*!; Kralik sub: *P. vulgare* var. *bipinnatifidum*!: Reverchon. ann. 1885, n. 462!

Hab. — Ajaccio (Requien ap. Bert. *Fl. it. crypt.* I, 43 et exsicc. cit.; Kralik exsicc. cit.); forêt d'Aitone (Reverchon exsicc. cit.); Ghisoni (Rotgès ap. Fouc. in *Bull. soc. bot. Fr.* XLVII, 102).

Divisions de la fronde en tout ou en partie ± incisées-lobées, souvent élargies et ± lobées au sommet. — Il est douteux que cette modification soit héréditaire: elle se montre inconstante sur les frondes issues d'un même rhizome.

e. f. *acutilobum* Salis in *Flora* XVI, 471 (1833) = *P. vulgare* var. *grandifrons* Lange *Pug.* 21 (1861). — Exsicc. Requien sub: *P. vulgare*!; Burnat ann. 1900, n. 7!

Hab. — Répandu et abondant dans l'île entière.

1907. — Cap Corse: rochers en montant de Pino au col de Santa Lucia, 300 m., 26 avril!; rochers de la cluse des Stretti, 30 m., calc., 23 avril! — Rochers de la montagne de Pedana, 500 m., calc., 14 mai! (frondes ayant en partie passé l'hiver!); montagne de Caporalino, 450-650 m., calc., 11 mai!; Pointe d'Aquella, rochers du sommet, 370 m., calc., 4 mai!; vieux murs entre le col d'Aresia et Porto-Vecchio, 50 m., 6 mai!; rochers à Santa Manza près de Bonifacio, 30 m., calc., 6 mai! (feuilles ayant passé l'hiver).

Divisions de la fronde larges, nettement dentées en scie, parfois même lobées, ± aiguës au sommet.

f. f. *caprinum* Christ *Farnkr. Schw.* 53 (1900); Briq. in Magnin *Arch. fl. jurass.* II, 42 (1904) = *P. vulgare* subsp. *serratum* var. *pumilum* Christ *Foug. Alp. mar.* 3 (1900), an et Haussm. ap. Luerss. *Farnpfl.* 58?

1907. — Cap Corse: rochers entre le col de San Rocco et Marinca, 26 avril!

Plante naine à fronde rabougrie: limbe ové-deltoïde, petit, à segments peu nombreux, 5-9, relativement larges, obtus ou subobtus au sommet.

OSMUNDACEAE

OSMUNDA L.

36. **O. regalis** L. *Sp.* ed. 1, 1065 (1753) ; Gr. et Godr. *Fl. Fr.* III, 625 ; Luerss. *Farnpfl.* 522 ; Asch. *Syn.* I, 100 ; Christ *Farnkr. Schw.* 167 ; Coste *Fl. Fr.* III, 680. — En Corse seulement la variété suivante :

Var. **Plumieri** Milde *Fil. Eur.* 176 (1867) ; Asch. *Syn.* I, 400 ; Christ *Farnkr. Schw.* 167 *O. Plumieri* Tausch in *Flora* XIX, 426 (1836). — Exsicc. Sieber sub ; *O. regalis* ! ; Reverch. ann. 1878 n. 98 ! ; Burn. ann. 1904. n. 638 !

Hab. — Bords des eaux, sous-bois humides, 1-1000 m. Calcifuge. Fr. juin-août. ⚄. Répandu dans l'île entière, du Cap Corse jusque dans le sud de l'île.

1906. — Rochers ombragés près de la maison forestière de Bonifatto, 550-700 m.. 11 juill. !

Diffère des formes du nord de l'Europe par les frondes à segments très allongés et à marges finement serrulées sur toute leur longueur.

OPHIOGLOSSACEAE

OPHIOGLOSSUM L.

†† 37. **O. vulgatum** L. *Sp.* ed. 1. 1062 (1753) ; Gr. et Godr. *Fl. Fr.* III, 625 ; Luerss. *Farnpfl.* 542 ; Asch. *Syn.* I, 102 ; Christ *Farnkr. Schw.* 168 ; Coste *Fl. Fr.* III, 678.

Hab. — Prairies maritimes marécageuses. Fr. mai-juin. ⚄. Très rare. Ghisonaccia, aux marais de Vignale, 30 mai 1900 (Rotgès ; indiqué par erreur à Ghisoni par Foucaud in *Bull. soc. bot. Fr.* XLVII. 102) ; et localité ci-dessous.

1907. — Gazons humides près de l'Etang de Diane, 10 m.. 1 mai !

38. **O. lusitanicum** L. *Sp.* ed. 1, 1063 (1753) ; Gr. et Godr. *Fl. Fr.* III, 625 ; Luerss. *Farnpfl.* 549 ; Asch. *Syn.* I, 103 ; Coste *Fl. Fr.* III, 678.

— Exsicc. Mab. n. 1!; Debeaux ann. 1867 sub : *O. lusitanicum*!; Reverch. ann. 1880 sub *O. lusitanicum*!

Hab. — Berges et pelouses sablonneuses, aussi dans les creux de rochers contenant du sable, dans l'étage inférieur. Fr. oct.-mars suivant l'altitude. ♃. Disséminé. Erbalunga (Mab. in *Feuill. jeun. nat.* VII, 111); Bastia, et montagnes voisines (Bubani ann. 1832! in herb. Burn.; Mab. *Rech.* I, 29; Debeaux exsicc. cit.); Biguglia (Mab. exsicc. cit.); Chapelle des Grecs (Boullu in *Bull. soc. bot. Fr.* XXIV, sess. extr. XC); Ajaccio (Salis in *Flora* XVI, 472; Mars. *Cat.* 172); Porto-Vecchio (Rev. in Bor. *Not.* II, 10); La Trinité (Reverch. exsicc. cit.); Bonifacio (Rotgès in litt.)

EQUISETACEAE

EQUISETUM Linn.

39. **E. maximum** Lamck. *Fl. fr.* I, 7 (1778); Duval-Jouve in *Bull. soc. bot. Fr.* VII, 640; Baker *Fern-Allies* 2; Asch. *Syn.* I, 126; Coste *Fl. Fr.* III, 712 = *E. fluviatile* Huds. *Fl. angl.* ed. 1, 384 (1762); Sm. *Fl. brit.* 1104 (1804); Bert. *Fl. it. crypt.* I, 9; non L. = *E. Telmateia* Ehrh. in *Hannov. Mag.* XVIII, 287 (1783) et *Beitr.* II, 159; Gr. et Godr. *Fl. Fr.* III, 643; Milde *Fil. Eur.* 218; Luerss. *Farnpfl.* 673.

Hab. — Fossés, berges humides de l'étage inférieur. Fr. mars-avril. ♃. Assez rare ou peu observé. Vallée du Miomo (Gillot in *Bull. soc. bot. Fr.* XXIV, sess. extr. XLVI); Bastia (Mab. ap. Mars. *Cat.* 175); Biguglia (Mab. ap. Mars. l. c.; Boullu in *Bull. soc. bot. Fr.* XXIV, sess. extr. LXIV; Rotgès in litt.); St-Florent (Mab. ap. Mars. l. c.); Calvi (Soleirol ex Bert. l. c.); Bonifacio (Revel. ap. Mars. l. c.).

†† 40. **E. arvense** L. *Sp.* ed. 1, 1061 (1753); Gr. et Godr. *Fl. Fr.* III, 643; Milde *Fil. Eur.* 215; Luerss. *Farnpfl.* 687; Baker *Fern-Allies* 2; Asch. *Syn.* I, 129; Coste *Fl. Fr.* III, 712.

Hab. — Fossés, berges humides de l'étage inférieur et de l'étage montagnard. Fr. mars-mai. ♃. Rare ou peu observé. Biguglia (Romagnoli ex Fouc. in *Bull. soc. bot. Fr.* XLVII, 101); fontaine de Puzzichello près de Ghisoni (Fauc. Mand. et Rotgès in *Bull. soc. bot. Fr.* l. c.); bord d'un ruisseau affluent du Strabbiaccio, un peu au-dessous de Porto-Vecchio (Fliche in *Bull. soc. bot. Fr.* XXXVI, 370); et localités ci-dessous.

1907 — Creux humides du vallon du Rio Stretto au-dessus de Francardo, 300-350 m., 14 mai!; fossés humides près de l'Etang de Diane, 10 m., 1 mai!

† 41. **E. palustre** L. *Sp.* ed. 1, 1061 (1753); Gr. et Godr. *Fl. Fr.* III, 644; Luerss. *Farnpfl.* 704; Baker *Fern-Allies* 3; Asch. *Syn.* I, 32; Coste *Fl. Fr.* III, 713.

Hab. — Prairies maritimes, fossés, berges des marais de l'étage inférieur. Fr. mars-mai. ♃. Commun dans la plaine de Bastia à Biguglia (Salis in *Flora* XVI, 472). Pas signalé ailleurs, mais probablement plus répandu, surtout le long de la côte orientale.

42. **E. ramosissimum** Desf. *Fl. atl.* II, 398 (1800); Milde *Fil. Eur.* 234; Luerss. *Farnpfl.* 731; Baker *Fern-Allies* 4; Asch. *Syn.* I, 439; Coste *Fl. Fr.* III, 714. — *E. ramosum* Schl. ap. DC. *Syn. pl. fl. Gall.* 118 (1806); Gr. et Godr. *Fl. Fr.* III, 645 = *E. multiforme* Vauch. *Monogr. Prêles* 51 (1922) p. p.

Hab. — Prairies maritimes, berges humides, fossés de l'étage inférieur. Fr. avril-juin. ♃. Peu observé, mais probablement répandu. Commun au Cap Corse (Mab. ex Mars. *Cat.* 175); Bastia (Shuttl. *Enum.* 23); entre Patrimonio et Farinole (Rotgès in litt.); Calvi (Fouc. et Sim. *Trois sem. herb. Corse* 166; Mand. et Fouc. in *Bull. soc. bot. Fr.* XLVII, 102); et localités ci-dessous.

1907. — Cap Corse: prairies maritimes près de la Marine d'Albo. 26 avril! — Creux humides du vallon du Rio Stretto au-dessus de Francardo, 300-350 m., 14 mai!; fossés humides près de l'étang de Diane, 10 m., 1 mai!

† 43. **E. hyemale** L. *Sp.* ed. 1, 1062 (1753); Gr. et Godr. *Fl. Fr.* III, 644; Luerss. *Farnpfl.* 743; Baker *Fern-Allies* 5; Asch. *Syn.* I, 144; Coste *Fl. Fr.* 713.

Hab. — Berges et talus humides de l'étage inférieur. Fr. mars-avril. ♃. Pas rare aux env. de Bastia (Salis in *Flora* XVI, 472). Pas signalé ailleurs, mais probablement plus répandu, surtout sur la côte orientale.

†† 44. **E. variegatum** Schleich. ex Web. et Mohr *Bot. Taschenb.* 60 et 447 (1807); Gr. et Godr. *Fl. Fr.* III, 646; Luerss. *Farnpfl.* 765; Baker *Fern-Allies* 6; Asch. *Syn.* I, 145; Coste *Fl. Fr.* III, 714 = *E. reptans* var. *variegatum* Wahlb. *Fl. lapp.* 298 (1812) — *E. tenue* Hoppe

in *Flora* II, 229 (1819, nomen) = *E. tenellum* Krok in Hartm. *Skand. Fl.* 12, Uppl. 25 (1889).

Hab. — Terrains sablonneux humides de l'étage inférieur. Fr. mars-avril. ♃. Signalé jusqu'ici uniquement à Fontinone (Petit in *Bot. Tidsskr.* XIV, 248). Probablement plus répandu et à rechercher.

M. Ascherson (l. c. 148) a dit que cette espèce manquait dans le domaine méditerranéen propre. Elle y est rare, il est vrai, mais sans manquer complètement: ainsi, dans les Alpes maritimes, on la trouve aux env. immédiats de Nice.

SELAGINELLACEAE

SELAGINELLA Beauv. emend.

45. **S. denticulata** Link *Fil. sp. hort. berol.* 159 (1841) emend.; Koch *Syn.* ed. 2, 971; Gr. et Godr. *Fl. Fr.* III, 656; Luerss. *Farnpfl.* 875; Baker *Fern-Allies* 37; Asch. et Graebn. *Syn.* I, 162; Coste *Fl. Fr.* III, 710 = *Lycopodium denticulatum* L. *Sp.* ed. 1, 1106 (1753). — Exsicc. Req. sub: *Lycopodium denticulatum* !; Kral. n. 862 !; Mab. n. 5 !; Deb. ann. 1868 sub *S. denticulata* !; Reverch. ann. 1885, n. 447 !; Soc. rochel. n. 4355 !; Burn. ann. 1904, n. 518 et 519 !

Hab. — Rochers, garigues, de préférence dans les endroits ombragés, 1-1500 m. Fr. déc.-avril suivant l'altitude. ♃. Répandu et abondant dans l'île entière.

1907. — Cap Corse: talus à Santa Maria près de Saint-Florent, 23 avril !

ISOETACEAE

ISOETES Linn.

46. **I. velata** A. Braun ap. Durieu *Expl. scient. Alg. Bot.* 19, tab. 37, fig. 1 (1848) et in *Monatsber. k. Akad. Wiss. Berlin*, phys.-math. Kl. Dec. 1863, 602 (1864); Mars. *Cat.* 176; Motelay et Vendryès *Mon. Isoet.* in *Mém. soc. linn. Bordeaux* XXXVI, 384, tab. XV, fig. 8 et 9 (1884); Baker *Fern-Allies* 130; Coste *Fl. Fr.* III, 705 = *I. adspersa* Bor. *Not.* II, 10

ε

(1858), non A. Braun. — Exsicc. Rabenhorst Crypt. vasc. Eur. n. 105!; Reverch. ann. 1880 n. 353! et ann. 1893 n. 353!; Soc. rochel. n. 1816!; Doerfl. herb. norm. n. 3695!; Soc. ét. fl. franco-helv. n. 573!

Hab. — Flaques d'eau, marais fangeux de l'étage inférieur. Fr. mai-juin. ♃. Localisé dans le sud de l'île. Porto-Vecchio (Revel. ap. Bor. *Not.* II, 10 et Rabenh. exsicc. cit.; Mars. *Cat.* 176; Stefani in Soc. roch. n. cit.); La Trinité (Reverch. exsicc. cit. ann. 1880); Bonifacio (Mars. l. c.; Reverch., etc.).

Sporanges ± recouverts par le velum (caractère plus marqué encore dans les *I. Duriaei* et *hystrix*); macrospores à faces latérales finement verruqueuses, à face basilaire grossièrement verruqueuse; microspores densément et brièvement spinuleuses.

Les *I. velata* et *I. setacea* sont les seules de la Corse qui appartiennent à la section *Palustres* A. Braun [ap. Gr. et Godr. *Fl. Fr.* III. 650 (1856) = *Amphibia* A. Braun in *Verh. bot. Ver. Brandenb.* III-IV. 304 (1862)], vivant immergées dans l'eau au moins pendant la plus grande partie de l'année.

I. adspersa A. Br. ap. Dur. *Expl. scient. Alg. Bot.* tab. 37, f. 3 (1847, sans descr.) et ap. Gr. et Godr. *Fl. Fr.* III. 651 (1856); Baker *Fern-Allies* 129; Asch. et Graebn. *Syn.* I. 169.

Cette espèce a été indiquée par Grenier et Godron (l. c.) comme provenant de « St-Raphaël en Corse », récoltée par Perreymond. Mais déjà Marsilly (*Cat.* 176) a signalé cette indication comme erronée. Il s'agit de St-Raphaël dans le département du Var, et la plante visée est une espèce critique: *I. adspersa* var. *Perreymondii* A. Br. (Voy. à ce sujet: Schoenefeld in *Bull. soc. bot. Fr.* XII, 261; Franchet in *Bull. soc. bot. Fr.* XXXI, 349; Hy in *Journ. Bot.* VIII, 95; Aschers. et Graebn. *Syn.* I, 170 et 171). L'*I. adspersa* n'a pas jusqu'à présent été rencontré en Corse; la plante indiquée sous ce nom à Porto-Vecchio par Boreau est l'*I. velata*, erreur qu'a corrigée le premier Alex. Braun (in Rabenhorst, Crypt. vasc. Eur. n. 105).

47. **I. setacea** Lamk *Enc. méth.* III. 314 (1789); Delile in *Mém. mus. hist. nat. Par.* XIV. 110 (1827); Gr. et Godr. *Fl. Fr.* III. 652; Motelay et Vendryès *Mon. Isoet.* in *Mém. soc. linn. Bordeaux* XXXVI, 376, tab. XI, fig. 1 et 2; Baker *Fern-Allies* 129; Coste *Fl. Fr.* III. 705.

Hab. — Marécages près de Porto-Vecchio (J. Gay ap. Gr. et Godr. l. c.).

Velum nul. Macrospores finement verruqueuses; microspores ailées.

Cette espèce n'a été revue par personne depuis qu'elle a été signalée aux env. de Porto-Vecchio en 1856 par J. Gay. Ce dernier auteur ayant été de son temps un des meilleurs connaisseurs du genre *Isoetes*, nous ne croyons pas devoir mettre en doute son indication, et cela d'autant moins que l'aire de l'*I. setacea* (midi de la France, Espagne, Grèce) la rend assez vraisemblable. C'est une plante à rechercher.

48. **I. Durieui** (« Duriei ») Bory in *Comptes rendus acad. sc. Paris* XVIII, 1166 (1844); Cosson *Not.* 70 (1850); A. Br. ap. Dur. *Expl. scient. Alg. Bot.* tab. 36, fig. 2; Gr. et Godr. *Fl. Fr.* III, 652; Motelay et Vendryès *Monogr. Isoet.* in *Mém. soc. linn. Bordeaux* XXXVI, 391, tab. XVII, fig. 6-8; Baker *Fern-Allies* 133; Asch. et Graebn. *Syn.* I, 172; Coste *Fl. Fr.* III, 706. — Exsicc. Mab. n. 200! ; Debeaux, ann. 1867 sub : *I. Duriaei*! ; Soc. dauph. n. 642 bis!; Reverch. ann. 1885, n. 439! ; Dörfler herb. norm. n. 3699!

Hab. — Prairies maritimes, terrains un peu marécageux, ou secs pendant l'été, mais où l'eau suinte en hiver, dans l'étage inférieur. Fr. nov.-juin. ♃. Disséminé; moins fréquent que l'espèce suivante. Griggione (Deb. *Not.* 118 et ap. Mab. exsicc. cit. et soc. dauph.); Biguglia (Boullu in *Bull. soc. bot. Fr.* XXIV, sess. extr. LXV); Calvi (Fouc. et Sim. *Trois sem. herb. Corse* 166); pont du Bevinco (Deb. *Not.* 118); Corté (Req. ex Cosson *Not.* 70); Evisa (Reverch. exsicc. cit.); Venaco (Fouc. et Sim. l. c.); Chapelle des Grecs (Fouc. et Sim. l. c.); Ajaccio (Req. in Bert. *Fl. it. crypt.*, I, 116; Mars. *Cat.* 176; Boullu in *Ann. soc. bot. Lyon* XXIV, 76; Coste in *Bull. soc. bot. Fr.* XLVIII, sess. extr. CVI); Porto-Vecchio (Rev. ap. Bor. *Not.* II, 10); Bonifacio (Reverch. ap. Dörfl. exsicc. cit.); et localité ci-dessous.

1907. — Prairie marécageuse entre Sainte-Lucie et Sainte-Trinité. 50 m. 7 mai!

Se distingue de l'espèce suivante, à laquelle elle ressemble énormément, et qui possède comme elle un velum complet, par ses macrospores à arêtes reliées par un réseau de trabécules saillants, laissant entre eux des fossettes profondes; les microspores sont pourvues de verrucosités peu marquées et peu nombreuses. — Il arrive souvent que le réseau trabéculaire se détache à la fin, laissant une surface presque lisse sur les champs latéraux de la macrospore. Il faut faire attention de ne pas confondre dans cet état les restes des trabécules, avec les verrues que présentent les macrospores de l'espèce suivante!

49. **I. hystrix** Dur. in *Comptes rendus acad. sc. Paris* XVIII, 1167 (1844); A. Braun ap. Dur. *Expl. scient. Alg. Bot.* tab. 36, fig. 2; Cosson *Not.* 70-73; Gr. et Godr. *Fl. Fr.* III, 652; Motelay et Vendryès *Monogr. Isoet.* in *Mém. soc. linn. Bordeaux* XXXVI, 400, tab. XVI. II. fig. 1-5;

Baker *Fern-Allies* 134; Asch. et Graebn. *Syn.* 1, 173; Coste *Fl. Fr.* III, 706. — Exsicc. Kralik n. 861!; Billot n. 892!; Rabenhorst Cr. vasc. Eur. n. 101! et 103 *a* et *b* !; Mab. n. 199!

Hab. — Comme l'espèce précédente, et croissant souvent en sa compagnie, mais paraît plus fréquent; répandu du Cap Corse jusqu'à Bonifacio.

1907. — Prairies humides à Cateraggio, 10 m., 1 mai!; prairies humides à Solenzara, 5 m., 3 mai!; prairies à Sainte-Lucie, 45 m., 4 mai!

Velum complet. Macrospores densément couvertes de verrues arrondies; microspores couvertes de très courts acicules. — On connaît l'histoire classique de la découverte de cette espèce dans le gésier d'une perdrix, suivie de sa trouvaille *in situ* en arrachant à la pioche un pied de *Serapias occultata*. Nous avons également trouvé en Corse l'*I. hystrix* en récoltant des *Serapias*, Orchidées auxquelles il est fréquemment associé. — En Corse les phyllopodes sont facilement caducs, pourvus au bord interne (ventral) d'une dent triangulaire très faible, la dent dorsale faisant défaut. C'est cette forme que Durieu (l. c.) a distinguée sous les noms de var. *scutellata* et de var. *subinerme* [in *Bull. soc. bot. Fr.* VIII, 164 et ap. A. Br. in *Sitzungsber. k. Akad. Berlin* 7 déc. 1863, 617 (1864)]. La forme à dents saillantes (Porto-Vecchio, leg. Revel.) paraît être moins fréquente.

PHANEROGAMAE

GYMNOSPERMAE

TAXACEAE

TAXUS L.

50. **T. baccata** L. *Sp. ed.* 1, 1040 (1853); Gr. et Godr. *Fl. Fr.* III, 459 ; Asch. et Graebn. *Syn.* I, 182 ; Coste *Fl. Fr.* III. 280 ; Pilger *Taxaceae* 110 (Engler *Pflanzenreich* IV, 5). — Exsicc. Reverch. ann. 1878, n. 142 !

Hab. — Forêts de l'étage subalpin, descendant çà et là dans l'étage montagnard et même dans l'étage inférieur, 30-1500 m. Avril-mai. 5. Disséminé. Col de Vergio (Lutz in *Bull. soc. bot. Fr.* XLVIII, sess. extr. CXXX) ; forêt d'Aitone (Lutz l. c. 56) ; « in monte *Terribile* » (Soleirol ap. Bert. *Fl. it.* X, 390, localité à nous inconnue) ; Monte d'Oro (Salis in *Flora* XVII, Beibl. II, 1) ; Bains de Guagno (Req. *Cat.* 5) ; bords du Prunelli en amont de Bastelica (Mars. *Cat.* 136 ; Reverch. exsicc. cit.); forêt de Lugo di Nazza (Rotgès ap. Fouc. in *Bull. soc. bot. Fr.* XLVII, 96, err. typ. « Mazzo ») ; forêt de Marghèse près de la maison forestière d'Ospedale (Rotgès in litt.) ; et localité ci-dessous.

1906. — Cap Corse : forêts près de Luri, 30-50 m., 6 juill. !

PINACEAE

ABIES Mill. emend.

51. **A. alba** Mill. *Gard. dict. ed.* 8, n. 1 (1768) ; Asch. et Graebn. *Syn.* I, 191 = *Pinus Picea* L. *Sp. ed.* 1, 1001 (1753); Gr. et Godr. *Fl. Fr.* III, 155 = *Pinus Abies* Du Roi *Obs. bot.* 39 (1771) = *Pinus pectinata* Lamk *Fl. fr.* II, 202 (1778) = *A. pectinata* DC. *Fl. fr.* III, 276 (1805) ; Coste *Fl. Fr.* III. 284 = *A. Picea* Bl. et Fing. *Comp. fl. germ.*

ed. 1, II, 541 (1825), non Mill. (1768). = *A. excelsa* Link in *Abh. Berl. Akad.* ann. 1827, 182. — Exsicc. Burn. ann. 1904, n. 579 !

Hab. — Étage subalpin du centre de l'île, descendant rarement dans l'étage montagnard, (900-)1500-1800 m. Mai. ♃. Distribué comme suit : A. *Massif du Cinto*. Représenté par pieds isolés sur les hauts flancs du Cinto, du côté de la forêt d'Asco (Rotgès) ; disséminé ou par petits groupes dans le haut vallon de Spasimata de 1500-1800 m. (Briq.).—B. *Massif du Monte Rotondo*. Très abondant dans la forêt d'Aïtone (Mars. *Cat.* 135 ; Briq. *Spic.* 110 et exsicc. cit.; R. Maire in Rouy *Rev. bot. syst.* II, 70), et descendant jusqu'à 900 m. env. (Rotgès) ; disséminé dans les hêtraies de la forêt de Valdoniello (Fliche in *Bull. soc. bot. Fr.* XXXVI, 368 ; Rotgès) ; pentes N. du Capo alla Moneta en face du col de Ciarnente, 1300-1800 m. (Briq.) ; Monte Rotondo versant W., isolé (Doûmet in *Ann. soc. Hér.* V, 198) et versant N., disséminé (Burnouf in *Bull. soc. bot. Fr.* XXIV, sess. extr. LXXXV) ; haute vallée du Liamone, assez abondant, 1300-1600 m. (Rotgès) ; sporadique dans les plus hautes forêts de Guagno et de Cruzzini (Rotgès) ; Monte d'Oro (Salis in *Flora* XVII, Beibl. II, 2) ; forêt de Vizzavona (R. Maire l. c.). — C. *Massif du Renoso*. Peuplements étendus dans le haut vallon de Cappiajola dominés par la Punta alla Vetta et la Punta de Trondettala, 1600-1800 m. (Briq.) ; versants E. du Monte Renoso (Briq. *Rech. Corse* 23) ; haut vallon de Marmano jusque sur les pentes du Monte Grosso en peuplements presque purs dans la partie supérieure (Briq., Rotgès) ; forêt de Puntaniella, massif presque pur (R. Maire l. c.) ; col de Verde (Mars. l. c.; Maire l. c.) ; pieds descendant jusqu'à la maison forestière de Marmano, 1000 m. (Rotgès) ; montagnes de Bastelica (Revelière in Mars. l. c.). — D. *Massif de l'Incudine*. Pentes tournées à l'W. entre le col de Tavoria et la pointe Bocca d'Oro, 1600-1800 m. (Briq., Rotgès), gagnant de là vers le N. jusqu'au Kyrié Eleïson au dessus de Ghisoni (Mars, l. c., Rotgès) ; partie supérieure de la forêt de Pietrapiana, 1300-1700 m., au dessous des Pointes de Campiglione et de Bronco [(Rotgès) ; de la Pointe Bocca d'Oro, le sapin se continue, lâchement représenté sur les deux versants E. et W., jusqu'au Monte Occhiato, à peu près à la hauteur de Zicavo ; reprend dans les bois de Tova sur le versant W. du Monte Malo (Rotgès) et forme des peuplements purs dans les couloirs froids au dessous des Pointes de Mufrareccia (forêt d'Arghia vera soprana), de Fornello, de Pargolo, 1500-1700 m., et dans les gorges de Calancha Murato de Velaco, 1300-1450 m., au sud du col de Bavella (Rotgès). — E. *Massif de Cagna*. Réapparaît une dernière fois au sud dans les monts de Cagna par pieds isolés et groupes sur les versants nord, 1100-1350 m. (Revelière in Mars. l. c.; R. Maire l. c.; Rotgès).

Par suite d'un lapsus, Linné a donné le nom de *Pinus Picea* au sapin blanc, tandis qu'il appelait l'épicéa *Pinus Abies*. Cette interversion a été le point de départ d'un imbroglio onomastique inextricable et la cause de nombreuses confusions entre les deux Conifères. M. Voss (in *Mitt. deutsch. dendrol. Gesellsch.* ann. 1907, 93) a proposé de reprendre pour le sapin blanc le nom d'*Abies Picea*, qui est conforme aux règles. Nous croyons cependant que la clarté exige l'abandon d'un terme qui sera toujours une source d'erreur (*Règl. nomencl.* art. 51, 4°): c'est aussi l'avis de MM. Ascherson et Graebner (*Syn.* I, 191 et in *Ber. deutsch. dendrolog. Gesellsch.* ann. 1908, 68).

PICEA Dietr.

P. excelsa Link in *Linnaea* XV, 517 (1841); Asch. et Graebn. *Syn.* I, 196 = *Pinus Abies* L. *Sp.* ed. 1, 1002 (1753); Gr. et Godr. *Fl. Fr.* III, 156 = *Abies Picea* Mill. *Gard. dict.* ed. 8, n. 3 (1768), non Bl. et Fingh. = *Pinus Picea* Du Roi *Obs. bot.* 37 (1771), non L. = *Pinus excelsa* Lamk *Fl. fr.* II, 202 (1778) = *Abies excelsa* DC. *Fl. fr.* III, 275 (1805); Coste *Fl. Fr.* III, 285 = *P. rubra* Dietr. *Fl. Berl.* 795 (1824), non Link = *P. vulgaris* Link in *Abh. Berl. Akad.* 1827, 180 (1830) = *P. Abies* Karst. *Deutschl. Fl.* 325 (1883).

L'épicéa est une essence absolument étrangère à la flore de la Corse, et qui n'a été indiquée (Vallot in *Bull. soc. bot. Fr.* XXXIV, 132; Briq. *Rech. Corse* 28 et ap. Flahault *Vég. Fr.* 45) que par suite de la confusion de nomenclature qui s'est produite entre l'*Abies alba* (*Pinus Picea* L.) et le *Picea excelsa* Link (*Pinus Picea* Du Roi). Voy. R. Maire in Rouy *Rev. bot. syst.* II, 70 et Briq. *Spic.* 5. Des confusions de cet ordre sont si fâcheuses qu'elles légitiment entièrement l'application de l'art. 51, 4° des *Règles de la nomenclature* et l'abandon du nom *P. Abies* Karst., lequel serait correct. Voy. à ce sujet la note annexée à l'espèce précédente.

LARIX Mill.

L. decidua Mill. *Gard. dict.* ed. 8, n. 1 (1768) = *Pinus Larix* L. *Sp.* ed. 1, 1001 (1753); Gr. et Godr. *Fl. Fr.* III, 156 = *L. europaea* DC. *Fl. fr.* III, 277 (1805); Coste *Fl. Fr.* III, 281 = *L. Larix* Karst. *Deutschl. Fl.* 326 (1883); Asch. et Graebn. *Syn.* I, 204. — Exsicc. Burn. ann. 1904, n. 581!

Le mélèze a été introduit par l'administration des forêts dans la forêt d'Aïtone. Cette tentative — que nous devons désapprouver à notre point

de vue de botaniste! — n'a eu qu'un succès médiocre. Les plantations
végètent péniblement. — Essence d'ailleurs tout à fait étrangère à la
Corse.

PINUS L. emend.

52. **P. nigra** Arnold *Reise nach Mariazell* 8 et tab. (1785) ; Asch.
et Graebn. *Syn.* I, 213; non Ait. (1789) = *P. maritima* Mill. *Gard.
dict.* ed 8, n. 7 (1768)? ; C. Koch *Dendrol.* II, 2 (1873) = *P. laricio*
Poir. *Encycl. méth.* V, 339 (1804) emend. Antoine *Conif.* 3 (1840) ;
Gr. et Godr. *Fl. Fr.* III, 153 ; Coste *Fl. Fr.* III, 287 ; Masters in *Journ.
linn. soc.* XXXV, 623.

En Corse la race suivante :

Var. **Poiretiana** Asch. et Graebn. *Syn.* I, 213 (1897) = *P. laricio*
Poir. l. c. sensu stricto (1804) = *P. maritima* Ait. *Hort. kew.* ed. 2, V,
315 (1813) ; non Lamk, nec Lamb. = *P. laricio* var. *Poiretiana* Ant.
Conif. 6 (1840) ; Endl. *Syn. Conif.* 178 ; Gr. et Godr. *Fl. Fr.* III, 153 ;
Masters in *Journ. linn. soc.* XXXV, 625. — Exsicc. Burn. ann. 1900,
n. 310 !

Hab. — Constitue de vastes forêts dans l'étage montagneux supérieur et subalpin du centre de l'île, 800-1800 m. Mai. 5. Distribué
comme suit : A. *Massif du Cinto*. En très petite quantité dans le haut
vallon de Ficarella, constituant en revanche de vastes forêts dans les
vallées de Melaja, de Tartagine, d'Asco, de Taita, de Calasima, de Tula,
ainsi que dans les hauts vallons dominés par les versants N. et N.-W.
du Paglia Orba. — B. *Massif du Rotondo*. Par les forêts d'Aitone et de
Valdoniello, le laricio gagne les massifs du Rotondo qu'il entoure
complètement. — C. *Massif du Renoso*. Même distribution. — D. *Massif
de l'Incudine*. Du Kyrié Eleïson à la Punta della Capella, en grandes
forêts, puis devient très clairsemé, et manque à l'Incudine ! ; reparaît
plus au sud dans le haut vallon d'Asinao, descendant au dessous du
col de Bavella jusqu'à environ 900 m. (Rotgès) ; plus au sud encore,
par groupes clairsemés et ne descendant pas au dessous de 1200 m.
entre les cols de Bavella et la Pointe de Velaco, enfin autour des sommets de Quercetello, Castelluccio, Monte Calvi, Punta del Diamante,
Punta de Vacca morta, ce dernier point marquant d'une façon à peu
près absolue la limite méridionale du laricio (Rotgès).

Diffère des autres races du *P. nigra* par la taille élevée (jusqu'à 50 m.), le port pyramidal, les rameaux annuels d'un brun clair, les aiguilles épaisses, fermes, étalées, les cônes atteignant jusqu'à 8 cm., à carène des apophyses moyenne et supérieure obtuse.

53. **P. Pinaster** Solander in Ait. *Hort. kew.* III, 367 (1789) ; Gr. et Godr. *Fl. Fr.* III, 154 ; Asch. et Graebn. *Syn.* I, 216 ; Coste *Fl. Fr.* III, 288 = *P. silvestris* β L. *Sp.* ed. 1, 1000 (1753) = *P. silvestris* Mill. *Gard. dict.* ed. 8, n. 1 (1768) = *P. maritima* Lamk *Fl. fr.* II, 201 (1778) ; Masters in *Journ. linn. soc.* XXXV, 621 ; vix Mill. (1768) ? = *P. laricio* Santi *Viagg. terz.* 60, t. 1 ; Savi *Fl. pis.* II, 353 (1798) ; non Poir. = *P. syrtica* Thore *Prom. Gasc.* 161 (1810). — Exsicc. Burn. ann. 1900, n. 311 !

Hab. — Forêts ; abondance maximale 400-900 m., descendant rarement au niveau de la mer, s'élevant d'autre part jusqu'à 1600 m. lorsqu'il n'y a pas concurrence de la part de l'espèce précédente. Mai. ♄. — Cap Corse : pieds et groupes isolés sur le versant E., plus rarement en groupes plus denses (vallée de Luri : Rotgès), très rare sur le versant W. (col de Santa Lucia). — Dans le reste de la Corse : au nord, depuis le désert des Agriates (par groupes) entre l'Aliso et l'Ostriconi (Rotgès), au sud jusqu'aux vallons dominés par la Cima della Cappella. Reparaît au S. de l'Incudine au col de la Vaccia pour former les bois de Tacca, 700-1350 m. (Rotgès) ; plus au sud encore, garnissant le haut bassin du Baracci, pour former les bois de Vallemala entre le Mont San Pietro, le col St-Eustache, les Pointes de Grilli, del Carbone, et le monte Piloso, où il est enserré par les forêts pures de chênes-verts (Rotgès). — Le *P. Pinaster* a d'ailleurs été planté sur divers points du littoral, en particulier aux environs de Calvi et d'Ajaccio.

Relativement à la nomenclature de cette espèce, nous partageons l'avis de MM. Ascherson et Graebner sur le rejet du nom spécifique *maritima*, de nature à perpétuer la confusion (voy. Asch. et Graebn. l. c.; Graebner in *Ber. deutsch. dendrol. Gesellsch.* ann. 1908, 68).

P. halepensis Mill. *Gard. dict.* ed. 8, n. 8 (1768); Gr. et Godr. *Fl. Fr.* III, 153; Asch. et Graebn. *Syn.* I, 217; Coste *Fl. Fr.* III, 288; Mast. in *Journ. linn. soc.* XXXV, 606.

Cultivé sur quelques points du littoral, et çà et là subspontané, en particulier aux environs d'Ajaccio (de Parade ap. Salis in *Flora* XVII,

Beibl. II, 2; Fliche in *Bull. soc. bot. Fr.* XXXVI, 368), d'ailleurs étranger à la Corse.

M. Masters ,in *Journ. linn. soc.* XXXV, 606, et M. Voss (in *Ber. deutsch. dendrol. Gesellsch.* ann. 1907, 91) estiment que le nom le plus ancien de cette espèce est le *Pinus hierosolymitana* Duhamel [*Traité arbr.* II, 125 (1755)]. Mais c'est à tort que l'on trouve dans divers ouvrages (en particulier dans l'*Index kewensis!*) la mention de ce nom binaire attribué à Duhamel. M. Graebner (in *Ber. deutsch. dendrol. Gesellsch.* ann. 1908, 68) a montré que Duhamel avait caractérisé le *P. halepensis* par une phrase, et n'appliquait pas encore la nomenclature binaire.

54. **P. Pinea** L. *Sp.* ed. 1, 1000 (1753) ; Gr. et Godr. *Fl. Fr.* III, 154; Asch. et Graebn. *Syn.* 1, 219 ; Coste *Fl. Fr.* III, 284 ; Masters in *Journ. linn. soc.* XXXV, 613.

Hab. — Coteaux littoraux de la côte orientale, 5-200 m. Mai. ♃. — Très localisé. Constitue le bois de Pinarello entre Ste-Lucie et Porto-Vecchio (Rotgès). Disséminé plus au sud entre Porto-Vecchio et Santa Manza, en particulier au bord du golfe de Santa Giulia (Req. *Cat.* 55 ; Revelière in Mars. *Cat.* 135 ; Briq.). Il n'y a selon nous (et Rotgès in litt.) aucun doute sur la spontanéité de cette essence dans le territoire ci-dessus indiqué (voir aussi Fliche in *Bull. soc. bot. Fr.* XXXVI, 368).— Cultivé en outre en divers points de l'île, en particulier à Ajaccio, puis à Bastia, Erbalunga, Rogliano, Calvi, etc.

P. silvestris L. *Sp.* ed. 1, 1000 (1753) p. p.; Gr. et Godr. *Fl. Fr.* III, 152; Asch. et Graebn. *Syn.* 1, 222; Coste *Fl. Fr.* III, 287; Masters in *Journ. linn. soc.* XXXV, 614.

Cette espèce a été indiquée de mémoire (avec le signe †) par Salis « in Corsica interiori » (in *Flora* XVII, Beibl. II, 1), et par Requien (*Cat.* 5) à Vivario ; elle figure aussi d'après Jaussin dans la liste de Burmann (*Fl. cors.* 239). Toutes ces indications sont erronées. Le pin silvestre ne fait pas partie de la flore forestière spontanée de la Corse.

CUPRESSUS L.

C. sempervirens L. *Sp.* ed. 1, 1002 (1753); Asch. et Graebn. *Syn.* 1, 237; Coste *Fl. Fr.* III, 283.

Cultivé, et parfois subspontané, dans l'étage inférieur de l'île entière, en particulier au voisinage des monuments funèbres.

C'est presque toujours la var. *pyramidalis* Nym. [*Consp.* 685 (1881); Asch. et Graebn. l. c. 237 = *C. pyramidalis* Targ.-Tozz. *Obs. bot.* 53

(1808-10' = *C. fastigiata* DC. *Fl fr.* V. 336 (1805)] qui est plantée autour des tombes et dans les jardins. La var. *horizontalis* Gord. [*Pinet.* 68 (1858 ; Asch. et Graebn. l. c. 237 = *C. horizontalis* Mill. *Gard. dict.* ed. 8. n. 2 (1768.], à rameaux étalés et non pas dressés, à couronne plus ample. est beaucoup plus rare [par ex. au Cap Corse, au-dessus d'Erbalunga (Salis in *Flora* XVII, Beibl. II. 1.].

JUNIPERUS L.

55. **J. communis** L. *Sp.* ed. 1. 1040 (1753) ; Asch. et Graebn. *Syn.* I. 243.

I. Subsp. eu-communis Briq. = *J. communis* L. sensu stricto; Gr. et Godr. *Fl. Fr.* III, 157; Coste *Fl. Fr.* III. 282.

Verticilles écartés (distants de 3-10 mm.). Feuilles droites, aciculées, dépassant rarement 1 mm. de diamètre vers la base, insensiblement atténuées en pointe épineuse, à section transversale triangulaire, à carène arrondie ou aplatie, à face ventrale plane ou faiblement concave. Fruits beaucoup plus courts que les feuilles.

Nous mentionnons ici cette sous-espèce pour mémoire parce que sa présence en Corse est plus que douteuse. Le *J. communis* a été indiqué par M. Fliche [in *Bull. soc. bot. France* XXXVI, 369 (1889)] dans la région basse des forêts d'Aitone et de Mello, et par M. Lutz (op. cit. XLVIII, sess. extr. CXXX (sept. 1903)] le long de la route de la forêt d'Aitone en montant vers le col de Vergio. Mais ce dernier observateur a soin d'ajouter qu'il s'agit d'une « *forme basse* ». Nous avons donné une attention spéciale, au printemps de 1907, aux genévriers du type *communis* dans l'étage montagnard, et n'avons pu y voir que la sous-espèce suivante, sous une forme dont il va être question plus loin. M. Rotgès nous écrit aussi n'avoir jamais observé la sous-esp. *eu-communis* en Corse.

II. Subsp. **nana** Briq. = *J. communis* var. *montana* Ait. *Hort. kew.* ed. 1, III, 414 (1789) = *J. nana* Willd. *Sp. pl.* IV, 854 (1806) = *J. alpina* Gray *Nat. arr. brit. pl.* II, 226 (1821) ; Gr. et Godr. *Fl. Fr.* III, 157 ; Coste *Fl. Fr.* III, 282 = *J. communis* var. *nana* Gaud. *Fl. helv.* VI, 301 (1830) ; Loud. *Arb. et fr. Brit.* 2486 (1838) ; Asch. et Graebn. *Syn.* I. 246 = *J. communis* var. *alpina* Salis in *Flora* XVII, Beibl. II, 1 (1834) — Exsicc. Reverch. ann. 1878 sub : *J. alpina* ! ; Soc. Roch. n. 3358 bis ! ; Burn. ann. 1900, n. 98 ! et ann. 1904, n. 582 !

Hab. — Non signalé sur les montagnes du Cap Corse [mais à rechercher p. ex. sur la cime du Stello (1305 m.)]. Abonde sur les cimes de la chaîne de Tende, p. ex. au Monte Grима Seta et au Monte Asto (Briq.) ; au sommet du Monte San Pietro (Salis in *Flora* XVII, Beibl. II, l ; Gillot in *Bull. Soc. bot. Fr.* XXIV, sess. extr. LXXX). Constitue dans tous les massifs centraux de l'île, sur les pentes rocailleuses, d'immenses junipéraies, de 1300-2200 m.; descendant accidentellement par places à 1000 m. et même 900 m., où il se rencontre avec le *J. Oxycedrus* subsp. *rufescens*. S'étend au sud jusqu'aux montagnes de Zonza. Juin-juill. ♄.

Verticilles serrés (distants de 1-4 mm.). Feuilles souvent ± incurvées, plus larges (larges de 1-2 mm.), brusquement rétrécies au sommet en une pointe courte et forte, à section transversale triangulaire, à carène ± canaliculée, à face ventrale concave. Fruits un peu plus gros, dépassant la moitié de la longueur de la feuille.

MM. Ascherson et Graebner attribuent au *J. nana* la valeur d'une simple race du *J. communis*, en se basant non seulement sur les formes douteuses qui existent incontestablement entre les deux groupes, mais encore sur des arguments géographiques : « Le maintien (du *J. nana*) comme sous-espèce ne nous a pas paru convenable, parce que cette forme ne présente aucune différence dans la distribution géographique par rapport au type ». Cette affirmation n'est cependant pas exacte. Il est vrai que dans les Pyrénées, dans les Alpes et dans le Caucase, le *J. communis* paraît bien occuper les régions inférieures, alors que le *J. nana* se localise sur les hauteurs. Mais il est déjà douteux qu'il en soit de même en Algérie : le *J. nana* est signalé sur les cimes du Djurdjura et celles très éloignées de l'Aurès, alors que le *J. communis* n'est indiqué avec précision que dans le premier de ces massifs (Debeaux *Fl. Kab. du Djurdj.* 413). En Orient, le *J. nana* est disséminé sur de vastes surfaces où le *J. communis* n'a pas été aperçu jusqu'à présent. En Corse, le *J. nana* constitue, à lui tout seul ou en mélange avec le *Berberis vulgaris* subsp. *aetnensis*, une des formations les plus caractéristiques des régions subalpine et alpine, et aussi (à un degré moindre) en Sardaigne. Or dans ces deux îles, la présence du *J. communis*, jusqu'à présent du moins, est nulle! L'aire du *J. nana* est donc beaucoup plus étendue que celle du *J. communis*.

Les caractères du *J. nana* ne peuvent pas être simplement attribués à l'action du milieu, car ce genévrier se maintient avec tous ses caractères lorsque par exception on le rencontre au-dessous de sa limite inférieure habituelle. Nous l'avons observé par exemple en 1907 et 1908 formant des junipéraies typiques sur le Monte Asto et le Monte Grima Seta de 1200 à 1530 m. (15 mai 1907, fr.!), d'où il se détache de nombreux pieds isolés dans les garigues du col de Tende, versant de Pietralba à 1000 m. (même date fr.!) en compagnie du *J. Oxycedrus* subsp. *rufescens*! Or dans cette localité, les pieds sont un peu moins couchés, à rameaux plus dressés, mais tous les caractères des feuilles et du fruit restent intacts. C'est là sans doute la forme que MM. Fliche et Lutz ont désignée à tort sous le nom de *J. communis*. M. Ascherson (l. c.) et M. Schroeter [*Pflanzenleben der Alpen* 92 (1904)] assurent que le *J. alpina* cultivé dans les jardins botaniques de Berlin et de Zurich tend à prendre les caractères du *J. communis*. Et M. Gas-

ton Bonnier [*Recherches expérimentales sur l'adaptation des plantes au
climat alpin (Ann. sc. nat. 7e sér. XX. ann. 1895)*] a même affirmé que le
J. communis cultivé dans la haute montagne acquiert au bout de peu
d'années tous les caractères du J. alpina. Mais ces affirmations ont
été formellement contredites par MM. Vidal et Offner [in Magnin *Arch.
fl. jurass.* 7e ann. 41-43 (1905)]. Ces auteurs ont constaté la présence
du J. communis mêlé au J. nana au Lautaret à 2200 m.; dans cette
localité, le J. communis « est rabougri, buissonnant, presque aussi
humble que le J. nana qui croît à côté de lui, mais il n'est changé
que dans son port: un rameau détaché, une feuille isolée permettent aisément de les distinguer ». Bien plus, les caractères anatomiques du
J. communis, cultivé dans la montagne, éloignent ce dernier du J. nana
plutôt qu'ils ne l'en rapprochent. D'autre part. M. Medwedew [*Bäume und
Sträucher des Kaukasus*, ed. 2, 56 (1907)] observe que dans les cas où les
entrenœuds sont anormalement allongés, les aiguilles conservent leur
morphologie propre. Nos observations personnelles sont conformes aux
précédentes.

On sait que M. de Wettstein [in *Sitzungsb. d. k. Akad. d. Wissensch.
Wien*, math.-naturw. Classe XCVI, 332 (1887)] a interprété le J. intermedia
Schur, comme une hybride des J. nana et communis, en se basant sur
l'anatomie de l'aiguille. Ses résultats ont été en partie contestés par
Erb [in *Ber. schw. bot. Gesellsch.* VII, 83-95 (1897)], ce dernier auteur
estimant qu'une distinction nette entre les J. communis, intermedia et
nana n'est pas possible sur la base de l'anatomie foliaire. Et effectivement, ces caractères sont bien variables chez l'un comme chez l'autre
des deux types (voy. à ce sujet Vidal et Offner l. c.) et nous paraissent
très accessoires relativement aux caractères extérieurs.

Nous ne pouvons nous soustraire à l'impression que dans bien des
cas, un examen superficiel aura fait confondre des formes réduites du
J. communis avec le J. nana. MM. Schroeter et Kirchner [*Lebensgeschichte
der Blütenpflanzen Mitteleuropas* I, 306 (1906)] ne semblent pas très
éloignés du même avis lorsqu'ils disent qu'on pourrait distinguer deux
sortes de genévriers nains: celui qui est un produit d'adaptation au
milieu et dont les caractères ne sont pas constants, et celui dont les
caractères sont fixés héréditairement.

Quoi qu'il en soit de la nature des formes intermédiaires entre les
J. communis et nana — qui manquent en Corse — nous croyons que
MM. Ascherson et Graebner ont estimé trop bas la valeur systématique
du J. nana, et que, à cause de la très grande constance de ses caractères
morphologiques, de sa distribution géographique différente de celle du
J. communis, et du rôle qu'il joue au point de vue formationnel, ce type
doit être considéré comme une sous-espèce. [1]

56. **J. Oxycedrus** L. *Sp.* ed. 1, 1038 (1753); Vis. *Fl. dalm.* 1,
202; Asch. et Graebn. *Syn.* 1, 247 ; Coste *Fl. Fr.* III, 282.— En Corse,
les deux sous-espèces suivantes :

[1] Opinion émise par M. Coste (l. c.), mais sans la forme de nomenclature correspondante.

I. Subsp. **rufescens** Deb. *Fl. Kab. Djurdj.* 411 (1894); Asch. et Graebn. *Syn.* I. 248 (1897) — *J. rufescens* Link in *Sitzungsb. Ges. Naturf. Berlin* ann. 1845 (*Voss. Zeitg.* n. 53, 4 mars 1845) et in *Flora* XXIX, 579 (1846) — *J. Oxycedrus* L. sensu stricto; Gr. et Godr. *Fl. Fr.* III, 158 — *J. Oxycedrus* v. *microcarpa* Neilr. *Veg. Croat.* 52 (1868) =*J. Oxycedrus* var. *rufescens* Gay in *Congrès assoc. franç. avanc. sc.*, ann. 1889, 501.

Hab. — Garigues et màquis, 1-1000 m. Mai. ♃. Répandu du Cap Corse jusqu'à Bonifacio, par places très abondant, ailleurs disséminé, au total assez fréquent.

1907. -- Garigues en montant de Pietralba au col de Tende, 1000 m., 15 mai fr.!; màquis à l'entrée du défilé de l'Inzecca, 200 m., 9 mai fr.! (par places en peuplements presque purs,; rochers au sommet de la Pointe de l'Aquella, 370 m., 4 mai (stérile)!

Feuilles des jeunes rameaux non fructifères, n'atteignant pas 2 cm. Fruit mûr d'un brun rougeàtre, un peu brillant, mesurant 6-8 mm. de diamètre.

†† II. Subsp. **macrocarpa** Asch. et Graebn. *Syn.* I. 249 (1897) = *J. macrocarpa* Sibth. et Sm. *Fl. grace. prodr.* II. 263 (1813); Willk. *Forsll. Fl.* ed. 2. 260 = *J. Oxycedrus* var. *macrocarpa* Neilr. *Veg. Croat.* 51 (1868).

Hab. — Signalé à l'entrée des gorges de l'Inzecca (Gysperger in Rouy *Rev. bot. syst.* II, 120), où nous n'avons vu que la sous-esp. précédente; abondant en revanche dans la localité ci-dessous.

1907. — Dunes d'Ostriconi, 20 avril fr.!

Feuilles des jeunes rameaux non fructifères atteignant 2-3 cm. Fruit couvert dans sa jeunesse d'une poussière cireuse glauque, à la maturité d'un brun rougeàtre foncé, mat, deux fois plus gros, mesurant 12-15 mm. de diamètre.

Les éch. corses appartiennent à la var. **globosa** Neilr. [in *Verb. zool.-bot. Ges. Wien* XIX, 780 (1869); Hochreut. in *Ann. Cons. et Jard. bot Génève* VII-VIII. 92 (1901) = *J. macrocarpa* Ten. *Fl. nap.* V. 282 (1836) = *J. Biasoletti* Link in *Sitzungsber. Ges. Naturf. Fr. Berlin* ann. 1845 (*Voss. Zeitg.* n. 53, 4 mars 1845) = *J. umbilicata* Gr. et Godr. *Fl. Fr.* III, 158 (1855 = *J. Oxycedrus* subsp. *macrocarpa* var. *umbilicata* Asch. *Syn.* 1, 249 (1897) à fruits globuleux, — ombiliqués à la base. La forme à fruits atténués à la base, plus ellipsoïdaux, bruns à reflets bleuàtres, n'a pas été signalée dans notre dition; c'est la var. Lobelii Briq. [= *J. Lobelii* Guss. *Fl. sic. syn.* II. 635 (1844 = *J. macrocarpa* Endl. *Syn. Conif.* 10 (1847 = *J. macrocarpa* var. *Lobelii* Parl. in DC. *Prodr.* XVI. 2. 477 (1868 = *J. Oxycedrus* (macrocarpa) var. ellipsoidea Neilr. l. c. (1869); Asch. et Graebn. *Syn.* I. 249]. — Une forme inter...

médiaire entre les deux sous-esp. du *J. Oxycedrus* a été distribuée par M. Reverchon (ann. 1885 sub: *J. Oxycedrus*) des rochers d'Evisa.

57. J. phœnicea L. *Sp.* ed. 1, 1040 (1753); Gr. et Godr. *Fl. Fr.* III, 159; Asch. et Graebn. *Syn.* I, 250; Coste *Fl. Fr.* III, 282 = *J. lycia* L. l. c. p. p.; Bor. *Not. pl. Cors.* I, 8 = *Sabina phœnicea* Antoine *Cupress. Gall.* 42, t. 57 (1857-60). — Exsicc. Burn. ann. 1900, n. 580!

Hab. — Rochers, mâquis et garigues de l'étage inférieur, 1-600 m. Mai. ♃. Assez répandu du Cap Corse jusqu'à Bonifacio, moins fréquent à l'intérieur que le long des côtes, où il constitue çà et là des peuplements purs.

1907. — Cap Corse: rochers et mâquis près de la Marine d'Albo, 26 avril fr.! — Mâquis entre Sainte-Lucie et Solenzara, 10 m., 7 mai fr.! (forme à certains endroits des phéniçaies presque pures).

Dans les hauts mâquis littoraux, la Sabine de Phénicie devient arborescente et atteint 4-6 m., parfois plus. Dans les garigues, surtout celles très exposées au libeccio, elle forme des arbustes couchés à rameaux longuement étalés sur le sol [f. *prostrata* = *J. phœnicea* var. *prostrata* Willk. *Suppl. prodr. fl. hisp.* 4 (1893)], ressemblant comme port au *J. Sabina* L., dont ils diffèrent complètement par les feuilles verticillées par trois (et non opposées), à parois charnues du fruit parcourues par des fibres ligneuses (dépourvues de fibres dans le *J. Sabina*). Cette forme purement stationelle perd ses caractères dans les endroits abrités; nous l'avons vue particulièrement fréquente aux environs de Bonifacio.

J. Sabina L. *Sp.* ed. 1, 1039 (1753); Gr. et Godr. *Fl. Fr.* III, 159; Asch. et Graebn. *Syn.* I, 251; Coste *Fl. Fr.* III, 283 = *J. foetida* Spach in *Ann. sc. nat.* 2e sér. XVI, 291 (1841, p. p. = *Sabina officinalis* Garcke *Fl. Deutschl.* ed. 4, 387 (1858).

Cette espèce a été indiquée jadis en Corse par Burmann (*Fl. cors.* 231) d'après Jaussin, et aux env. de Bonifacio par M. Boyer (*Fl. Sud Corse* 44, 49 et 64) par confusion avec les échant. rabougris et couchés du *J. phœnicea* dont il vient d'être question ci-dessus. Le *J. Sabina* est étranger à la flore de la Corse.

GNETACEAE

EPHEDRA L.

58. E. distachya L. *Sp.* ed. 1, 1040 (1753); Gr. et Godr. *Fl. Fr.* III, 460; Stapf *Art. Gall. Ephedra* 66; Asch. et Graebn. *Syn.* I, 259; Coste *Fl. Fr.* III, 279.

Hab. — Dunes littorales. Mars-juin. 5. Localisé sur la côte occidentale à Calvi (Soleirol ap. Bert. *Fl. it.* X, 393; Mars. *Cat.* 136) et Ile Rousse (Salis in *Flora* XVII, Beibl. II, 1 ; N. Roux in *Bull. soc. bot. Fr.* XLVIII, sess. extr. CXLV ; Gysperger in Rouy *Rev. bot. syst.* II, 112; Litard. *Voy.* II, 2) ; et localité ci-dessous.

1907. — Dunes d'Ostriconi, 20 avril fl.!

Plante dunique que M. Rikli (*Bot. Reisestud. Kors.* 64) a désignée à tort comme généralement répandue. La forme corse constitue la sous-var. **Linnaei** Stapf [l. c. 67 (1889); Asch. et Graebn. l. c. 260]: arbuste de 10-50 cm., érigé ou ascendant, à rameaux épais de 1-1.5 mm., à épis mâles et inflorescences femelles agglomérées peu nombreux.

ANGIOSPERMAE

Monocotyledones

TYPHACEAE

TYPHA L.

† 59. **T. latifolia** L. *Sp.* ed. 1, 971 (1753) ; Gr. et Godr. *Fl. Fr.* III, 333 ; Kronf. in *Verh. zool.-bot. Ges. Wien* XXXIX, 176 ; Asch. et Graebn. *Syn.* I, 271 ; Graebner *Typhac.* 8 (Engler *Pflanzenreich* IV, 8) ; Coste *Fl. Fr.* III, 437.

Hab.— Marais et bords des cours d'eau de l'étage inférieur, 0-500 m. Juin-août. ♃. Signalé en un nombre très restreint de points : Biguglia (Salis in *Flora* XVI, 487) ; bords du Rizzanèse près de Sartène (Lutz in *Bull. soc. bot. Fr.* XLVIII, 57) et de Propriano (N. Roux l. c. XLVIII, sess. extr. CXLII) ; Bonifacio (Boy. *Fl. Sud Corse* 66) ; probablement plus répandu.

Epis mâle et femelle contigus ou presque contigus. Fleurs femelles dépourvues de bractéoles, portées sur des pédicelles cylindriques beaucoup plus longs que larges (longs de 1,5-2 mm.). Stigmate obliquement lancéolé-lozangique, aussi long ou plus long que les poils. Grains de pollen agglomérés en tétrades.

60. **T. angustifolia** L. *Sp.* ed. 1, 971 (1753) ; Gr. et Godr. *Fl. Fr.* III, 334 ; Kronf. in *Verh. zool.-bot. Ges. Wien* XXXIX, 150 ; Asch. et Graebn. *Syn.* I, 275 ; Graebner *Typhac.* 11 (Engler *Pflanzenreich* IV, 8) ; Coste *Fl. Fr.* III, 437.

Hab.— Marais et bords des cours d'eau de l'étage inférieur, 0-400 m. Juin-Août. ♃ : « Régions basse et moyenne » (Mars. *Cat.* 153). Paraît cependant assez rare, encore que plus fréquent que l'espèce précédente. Marécages de La Renella près Bastia (Deb. *Notes* 113) ; Sagone (Litard. *Voy.* II, 26) ; Ajaccio (Lutz in *Bull. soc. bot. Fr.* XLVIII, 57) ; Campo di Loro (Boullu in *Bull. soc. bot. Fr.* XXIV, sess. extr. XCV) ; bords du Rizzanèse près de Sartène et de Propriano (Lutz in *Bull. soc.*

4

bot. Fr. XLVIII, 57 et sess. extr. CXLII) ; Bonifacio (Boy. *Fl. Sud Corse* 66) ; et localités ci-dessous.

1906. — Cap Corse : marécages entre les Marines de Sisco et de Luri, 10 m., 6 juill. fl.! — Bords du Tavignano entre Corté et Sermano, 350 m., 22 juill. fl.!

Epi mâle distant (de 3-6 cm.) de l'épi femelle. Fleurs femelles pourvues de bractéoles, portées sur des pédicelles très courts et très larges (hauts de 0,5 mm.). Stigmate linéaire, dépassant longuement les poils. Grains de pollen isolés.

M. Debeaux (l. c.) a signalé dans la première des localités citées un *T. angustifolia* var. *tenuispicata* Deb. [*Rech. fl. Pyr.-Or.* II, 245 (1880)] caractérisé par un port plus élevé, des épis femelles plus longs et plus étroits. Les variations portant sur ces caractères sont fréquentes et nous paraissent être d'ordre individuel.

SPARGANIACEAE

SPARGANIUM L.

61. **S. erectum** L. *Sp.* ed. 1, 971 (1753) excl. var. β ; Schinz et Kell. *Fl. Suisse* éd. fr. I, 26 = *S. ramosum* Huds. *Fl. angl.* ed. 2, 401 (1778) ; Gr. et Godr. *Fl. Fr.* III, 336 ; Asch. et Graebn. *Syn.* I, 280 (1897) ; Graebner *Spargan.* 13 (Engler *Pflanzenreich* IV, 10) ; Coste *Fl. Fr.* III, 439.

En Corse, seulement la sous-espèce suivante :

Subsp. **neglectum** Schinz et Thell. in Schinz et Keller *Fl. Suisse* éd. fr. I, 26 (1908) = *S. neglectum* Beeb. in *Journ. of Bot.* XXIII, 26, 193, tab. 285 (1885) = *S. erectum* var. *neglectum* Richt. *Pl. eur.* I, 10 (1890) = *S. ramosum* subsp. *neglectum* Asch. et Graebn. *Syn.* I, 280 (1897) ; Graebn. *Spargan.* 14.

Hab. — Marais et bords des cours d'eau de l'étage inférieur, 1-400 m. Juin-août. ♃. Assez rare et disséminé. Cap Corse aux marais de Sisco (Mandon et Fouc. in *Bull. soc. bot. Fr.* XLVII, 97) et à Biguglia (Salis in *Flora* XVI, 487 ; Mab. ap. Mars. *Cat.* 153) ; St-Florent (Mab. l. c.) ; Campo di Loro (Boullu in *Bull. soc. bot. Fr.* XXIV, sess. extr. XCIV) ; Bonifacio (Boy. *Fl. Sud Corse* 66) ; et localité ci-après :

1906. — Cap Corse : marécages près de la marine de Pietra Corbara, 5 m., 24 juill. fr.!

Caractérisé par le fruit volumineux (long de 7-10 mm., large de 3-4 mm.), obovoïde, à peine aplati sur les côtés, faiblement 3-6angu- leux à la base, pyramidal et insensiblement atténué au sommet, d'un jaune-paille à la maturité; noyaux n'atteignant pas le sommet du fruit couronné de parenchyme spongieux. — La sous-esp. **polyedrum** Schinz et Thell. [l. c. (1908) = *S. ramosum* subsp. *polyedrum* Asch. et Graebn. l. c. 283; Graebn. l. c. 13] est plus rare dans le bassin de la Méditerranée et manque dans les parties méridionales.

POTAMOGETONACEAE

ZOSTERA L. emend.

62. **Z. marina** L. *Sp.* ed. 1, 968 (1753) ; Gr. et Godr. *Fl. Fr.* III, 325 ; Asch. et Graebn. *Syn.* 1, 297 ; Asch. et Graebn. *Potam.* 28 (Engler *Pflanzenreich* IV, 11) ; Coste *Fl. Fr.* III, 427.

Hab. — Bancs sableux submergés du littoral jusqu'à 8-10 m. de profondeur ; disséminé. Juin-juillet. ♃. — Deux races :

α. Var. **genuina** Briq. = *Z. marina* L. et auct., sensu stricto.

Hab. — Golfe d'Ajaccio près Campo di Loro (Boullu in *Bull. soc. bot. Fr.* XXIV, sess. extr. XCIII).

Feuilles larges de 3-9 mm., à nervures latérales écartées de la marge foliaire.

β. Var. **angustifolia** Horn. *Fl. dan.* t. 1501 (1820) ; Gr. et Godr. *Fl. Fr.* III, 325 ; Asch. et Graebn. *Syn.* 1, 298 et *Potamog.* 29 = *Z. angusti- folia* Dur. *Not. pl. Gironde* 77 (1854), non Reichb.

Hab. — Golfe d'Ajaccio, à droite de la batterie de Maestrello (Mars. *Cat.* 152) ; golfe de Porto-Vecchio (Revelière ap. Mars. l. c.).

Feuilles larges de 1,5-2 mm., à nervures latérales très rapprochées des marges foliaires. — Cette plante exige de nouvelles études. Peut- être a-t-elle été simplement confondue avec la sous-var. *stenophylla* Asch. et Graebn. (l. c. = *Z. angustifolia* Reichb.) de la var. *genuina*. Cette dernière possède une nervation normale, mais les feuilles sont plus étroites, larges de 2-3 mm.

† 63. **Z. nana** Roth *En. pl. Germ.* 1, 8 (1827) ; Gr. et Godr. *Fl. Fr.* III, 325 ; Asch. et Graebn. *Syn.* 1, 298 et *Potamog.* 31 ; Coste *Fl. Fr.* III, 427 = *Z. pumila* Le Gall in *Congr. sc. Fr.* XVI, 149 (1849).

Hab. — Bancs sableux submergés du littoral, mais croissant moins profond. Juin-juillet. ♃. Saint-Florent (Soleirol ex Bert. *Fl. it.* X, 7 ; Fouc. et Sim. *Trois sem. herb. Corse* 161) ; Biguglia (Boullu in *Bull. soc. bot. Fr.* XXIV, sess. extr. LXV ; Sargnon in *Ann. soc. bot. Lyon* VI, 75) ; env. de Bonifacio (Boy. *Fl. Sud Corse* 65).

POSIDONIA Koenig

64. **P. oceanica** Del. *Fl. aeg. ill.* 30 (1813) ; Asch. et Graebn. *Syn.* I, 300 et *Potamog.* 38 (Engler *Pflanzenreich* IV, 11) = *Zostera oceanica* L. *Mant.* 1, 123 (1767) = *P. Caulini* Koen. in Koen. et Sims *Ann. Bot.* II, 96 (1806) ; Gr. et Godr. *Fl. Fr.* III, 323 ; Coste *Fl. Fr.* III, 428.

Hab. — Bancs rocailleux ou sableux submergés du littoral, jusqu'au delà de 20 mètres de profondeur. Avril-mai. ♃. Très abondant du Cap Corse jusqu'à Bonifacio, sur les côtes orientale et occidentale.

POTAMOGETON [1] L.

65. **P. natans** L. *Sp.* ed. 1, 126 (1753) ; Gr. et Godr. *Fl. Fr.* III, 312 ; Asch. et Graebn. *Syn.* I, 303 et *Potamog.* 42 (Engler *Pflanzenreich* IV, 11) ; Coste *Fl. Fr.* III, 423. — Exsicc. Kralik n. 1785 !

Hab. — Lacs, étangs et marais. 1-1750 m. Juill.-sept. ♃. Rare. Bastia (Mab. ap. Mars. *Cat.* 150) ; lac de Nino, 1743 m. (Kralik exsicc. cit. ; Req. ap. Parlat. *Fl. it.* III, 626 ; R. Maire in Rouy *Rev. bot. syst.* II, 52 et 72 ; Rotgès ; Lit. in *Bull. acad. géogr. bot.* XVIII, 100).

1908. — Lac de Nino et ruisseau affluent, 28 juin (nondum fl.)!

Varie à feuilles $\pm$ cordées à la base et presque rondes (f. *rotundifolium*) ou ovées-elliptiques (f. *vulgare*), ou encore arrondies à la base (non ou indistinctement cordées), allongées-oblongues et brièvement pétiolées (f. *ovalifolium*) ou très allongées et longuement pétiolées (f. *prolixum*). Ces formes ont été envisagées comme des variétés par MM. Ascherson et Graebn. (op. cit.): ce sont plutôt des variations individuelles ou locales. On trouve dans le lac Nino, et dans le ruisseau affluent, la forme *prolixum* très caractérisée, rappelant beaucoup par son port l'espèce suivante, et des formes intermédiaires (avec tous les passages) entre les f. *prolixum* et *vulgare*. M. R. Maire a désigné ces dernières (l. c.) sous le

---

[1] Le substantif γείτων est masculin ou féminin. Mais Linné (*Sp.* ed. 1, 126 et 127) a créé sous le nom de *Potamogeton* un vocable générique *neutre*. Les noms génériques pouvant être absolument arbitraires (*Règl. nomencl.* art. 24), il n'y a pas de raison pour modifier l'usage linnéen.

nom de *P. natans* forme *P. corsicus* Maire. Nous avons vu de nombreux échant. analogues ou identiques de France, de Suisse et d'Allemagne, et ne pensons pas qu'ils méritent d'être distingués par un nom spécial.

† 66. **P. fluitans** Roth *Tent. fl. germ.* I, 72 (1788) et II, 202 ; Gr. et Godr. *Fl. Fr.* III, 312 ; Asch. et Graebn. *Syn.* I, 306 et *Potamog.* 58 (Engler *Pflanzenreich* IV, 11) ; Coste *Fl. Fr.* III, 423 = *P. natans* var. *fluitans* Cham. *Adn.* 4 (1815) = *P. nodosum* Poir. *Encycl. méth. suppl.* IV, 535 (1816) = *P. petiolare* Presl *Delic. prag.* I, 151 (1822). — Exsicc. Sieber sub : *P. natans* !

Hab. — Lacs, étangs, ruisseaux, 1-500 m. Juill.-sept. ⚄ . Rare. Pont du Golo (Salis in *Flora* XVI, 493) ; Olmeto (Sieber exsicc. cit.) ; et localité ci-dessous :

1907. — Pont d'Arena près de Tallone, eaux tranquilles, 20 m., 1 mai (nondum fl.)!

Nos échant. à feuilles nageantes très longuement pétiolées et pourvues d'un limbe elliptique-oblong allongé, arrondi-atténué à la base, appartiennent à la var. *Billotii* Richt. [*Pl. europ.* I, 12 (1890); Asch. et Graebn. *Syn.* I, 308 et *Potamoget.* 59 (Engler *Pflanzenreich* IV, 11) = *P. Billotii* F. Sch. in *Arch. fl. Fr. et. All.* I, 61 (1842)]. Mais il est permis de se demander si la longueur des pétioles des feuilles nageantes n'est pas en rapport avec la profondeur de l'eau, et si des variations de cet ordre ne devraient pas plutôt être envisagées comme de simples formes biologiques en rapport direct avec le milieu et sans valeur systématique propre. Les échant. de Requien à pétioles plus courts, à limbe elliptique, appartiennent à la var. *typicum* Baagoe [in Asch. et Graebn. *Syn.* I, 308 (1897) et *Potamoget.* 59].

†† 67. **P. coloratum** Vahl ap. Hornem. *Fl. dan.* t. 1449 (1813), non herb. ; Cham. et Schlecht. in *Linnaea* II, 194 ; Bennett in *Journ. of Bot.* XXIX, 151 ; Asch. et Graebn. *Syn.* I, 310 et *Potamog.* 69 (Engler *Pflanzenreich* IV, 11) ; Coste *Fl. Fr.* III, 422 = *P. plantagineum* Ducros ap. Roem. et Schult. *Syst. veg.* III, 504 (1818) ; Gaud. *Fl. helv.* I, 471, tab. 3 ; Gr. et Godr. *Fl. Fr.* III, 315 = *P. Hornemanni* Koch *Syn.* ed. I, 674 (1837), non Mey. — Exsicc. Reverchon ann. 1885 sub : *P. plantagineum* !

Hab. — Eaux stagnantes de l'étage inférieur. Juin-sept. ⚄ . Très rare. Jusqu'ici uniquement aux marais de Sisco (Fouc. et Mand. *Trois sem. herb. Corse* 161) et à Ota (Reverchon exsicc. cit.).

†† 68. **P. alpinum** Balbis *Misc. bot.* 13 [*Mém. acad. sc. Turin* XII (1803-1804)]; Asch. et Graebn. *Syn.* I, 311 et *Potamog.* 70 (Engler *Pflanzenreich* IV, 11) ; Coste *Fl. Fr.* III, 422 = *P. serratum* Roth *Beitr.* II, 126 (1783), non alior. = *P. annulatum* Bell. in *Mém. acad. sc. Turin* XII, 447, t. I, fig. 2 (1803-1804) = *P. fluitans* Sm. *fl. brit.* 1391 (1804), non Roth = *P. semipellucidum* Koch et Ziz *Cat. pl. Pal.* 5, 18 (1814) = *P. rufescens* Schrad. in Cham. *Adnot. ad Kunth. Fl. berol.* 5 (1815) ; Cham. et Schlecht. in *Linnaea* II, 210 ; Gr. et Godr. *Fl. Fr.* III, 313 ; Bennett in *Journ. of Bot.* XXV, 372 et XXVII, 242 = *P. obscurum* DC. *Fl. fr.* V, 311 (1815) = *P. purpurascens* Seidl in Presl *Fl. cech.* 25 (1819) = *P. obtusum* Ducros ap. Gaud. *Fl. helv.* I, 488, tab. 4 (1828).

Hab. — Eaux courantes, jusqu'ici seulement dans l'étage inférieur et fort rare. Juin-sept. ♃. Campo di Loro, dans le Prunelli (Foucaud et Mand. *Trois sem. herb. Corse* 161).

†† 69. **P. gramineum** L. *Sp.* ed. 1, 127 (1753); Gr. et Godr. *Fl. Fr.* III, 314 ; Asch. et Graebn. *Syn.* I, 322 et *Potamog.* 84 (Engler *Pflanzenreich* IV, 11) ; Coste *Fl. Fr.* III, 421 = *P. heterophyllum* Schreb. *Spic. fl. lips.* 21 (1771) = *P. hybridum* Thuill. *Fl. Par.* éd. 2, 86 (1799) = *P. variifolium* Thore *Chl. Land.* 47 (1803) = *P. Proteus* Cham. et Schlecht. in *Linnaea* II, 202 (1827) p. p.

Hab. — Cours d'eau de l'étage inférieur. Juin-août. ♃. Signalé uniquement dans le Rizzanèse près de Propriano (Lutz in *Bull. soc. bot. Fr.* XLVIII, sess. extr. CXLII).

Nous n'avons pas vu la plante du Rizzanèse, mais d'après la désignation de M. Lutz « *P. graminifolius* », il s'agit probablement de la var. *graminifolium* Fries [*Nov. fl. suec.* ed. 2, 36 (1828); Asch. et Graebn. *Syn.* I, 322 et *Potamog.* 86 = *P. gramineum* var. *gramineum* Gr. et Godr. *Fl. Fr.* III, 314 (1856)], ± homoeophylle, à feuilles toutes submergées, linéaires-lancéolées.

† 70. **P. crispum** L. *Sp.* ed. 1, 126 (1753) ; Cham. et Schlecht. in *Linnaea* II, 186 (1827) ; Gr. et Godr. *Fl. Fr,* III, 316 ; Asch. et Graebn. *Syn.* I, 336 et *Potamog.* 97 (Engler *Pflanzenreich* IV, 11) ; Coste *Fl. Fr.* III, 420 = *P. serratum* Huds. *Fl. angl.* ed. 1, 61 (1762), non Scop. — Exsicc. Sieber sub : *P. crispum* !

Hab. — Eaux tranquilles ou peu courantes de l'étage inférieur. Juin-

août. ♃. Rare ou peu observé. Env. de Bastia (Salis in *Flora* XVI, 493);
Olmeto (Sieber exsicc. cit.).

†† 71. **P. mucronatum** Schrad. ap. Roem. et Schult. *Syst.* III,
517 (1818, nomen) et ap. Reichb. *Ic. fl. germ. et helv.* VII, 15 (1845) ;
Asch. et Graebn. *Syn.* I, 343 et *Potamog.* 11 (Engler *Pflanzenreich* IV, 11) ;
Coste *Fl. Fr.* III, 419 = *P. compressum* G. F. W. Mey. in *Fl. dan.* I, 203
(1765) ; Mert. et Koch *Deutschl. Fl.* I, 856 ; non L. (1753) emend. Fries
(1828) = *P. Friesii* Rupr. *Beitr. Pfl. russ. Reich.* IV, 43 (1845) = *P.
Oederi* Mey. *Fl. hanov. exc.* 536 (1819) = *P. major* Morong *Naiad. North
Am.* 41 (1893).

Hab. — Cours d'eau de l'étage inférieur. Juin-août. ♃. Rare. San
Severa, près Ponte alla Leccia (Mand. et Fouc. in *Bull. soc. bot. Fr.*
XLVII, 97) ; Campo di Loro dans la Gravona (Fouc. et Sim. *Trois sem.
herb. Corse* 161).

Espèce très voisine du *P. pusillum*, dont elle diffère par les tiges foliifères comprimées, les feuilles plus larges pourvues d'une nervation médiane évidente, à ligule fendue jusqu'à la base, les pédicelles épaissis au
sommet (et non pas filiformes).

72. **P. pusillum** L. *Sp. ed.* 1, 127 (1753) ; Gr. et Godr. *Fl. Fr.* III,
317 ; Bennett in *Journ. of Bot.* XXXIII, 375 ; Asch. et Graebn. *Syn.*
I, 344 et *Potamog.* 113 (Engler *Pflanzenreich* IV, 11) ; Coste *Fl. Fr.* III,
418. — Exsicc. Sieber sub : *P. graminifolium* ! ; Kralik n. 796 !

Hab. — Ruisseaux et étangs de l'étage inférieur. Juin-août. ♃. Dis-
séminé. Biguglia (Salis in *Flora* XVI, 493 ; Mars. *Cat.* 151 ; Boullu in
Bull. soc. bot. Fr. XXIV, sess. extr. LXV) ; St-Florent, Calvi (Mab. ap.
Mars. *Cat.* 151) ; Corté (Kralik exsicc. cit.) ; Campo di Loro (Bubani ex
Bert. *Fl. it.* II, 236 ; Mars. l. c. ; Boullu in *Bull. soc. bot. Fr.* XXIV,
sess. extr. XCIV) ; Olméto (Sieber exsicc. cit.) ; Porto-Vecchio (Rev. in
Mars. *Cat.* 151 sub : *P. Berchtoldi*) ; Bonifacio (Rev. in Bor. *Not.* I, 9,
idem).

La nervure médiane est tantôt unique, tantôt accompagnée de deux
fines nervures longitudinales à la base seulement ou sur toute sa longueur. Quand ce dernier caractère s'ajoute à des pédicelles beaucoup
plus longs que l'épi, on obtient la var. *Berchtoldi* Asch. et Graebn. [*Syn.*
I, 345 (1897) et *Potamog.* 115 = *P. Berchtoldi* Fieb. *Potam. Böhm.* 40
1838)] que Boreau (l. c.) a reconnue sur des échant. de Revelière pro-

venant de Porto-Vecchio et de Bonifacio. C'est là une forme insigni-
fiante qui n'a pas, selon nous, une valeur variétale.

73. **P. pectinatum** L. *Sp.* ed. 1, 127 (1753) ; Cham. et Schlecht. in
Linnaea II, 164 (1827) ; Gr. et Godr. *Fl. Fr.* III, 319 ; Asch. et Graebn.
Syn. I, 349 et *Potamog.* 121 (Engler *Pflanzenreich* IV, 11) ; Coste *Fl.
Fr.* III, 418.

Hab. — Etangs, fossés et cours d'eau de l'étage inférieur. Juillet-
août. ♃. Disséminé. Cap Corse (Salis in *Flora* XVI, 493 ; Mars. *Cat.*
151) ; Bastia, S¹-Florent (Mab. ap. Mars. l. c.) ; Biguglia (Boullu in *Bull.
soc. bot. Fr.* XXIV, sess. extr. LXV) ; Calvi (Soleirol ex Bert. *Fl. it.* II,
238) ; Porto-Vecchio (Mab. in Mars. l. c.) ; le Rizzanèse au Pont Génois
près Sartène (Lit. in *Bull. acad. géogr. bot.* XVIII, 100).

1906. — Cap Corse : estuaire d'un ruisseau près de la Marine de Luri,
½ m. s. m., 8 juill. fl. fr. !

RUPPIA L.

74. **R. maritima** L. *Sp.* ed. 1, 127 (1753) ; Asch. et Graebn.
Syn. I, 356 et *Potamog.* 142 (Engler *Pflanzenreich* IV, 11). — En
Corse les trois sous-espèces suivantes :

I. Subsp. **spiralis** Asch. et Graebn. *Syn.* I. 356 (1897) et *Potamog.*
142 = *R. maritima* L., sensu stricto ; Gr. et Godr. *Fl. Fr.* III, 324 ;
Coste *Fl. Fr.* III, 424 = *R. spiralis* (L. herb.) Dumort. *Fl. belg.* 164
(1827) = *R. maritima* var. *spiralis* Moris *Stirp. sard. el.* I, 43 (1827).
— Exsicc. Kralik n. 788 !

Hab. — Eaux saumâtres. Juin-sept. ♃. Disséminé. Cap Corse (Salis
in *Flora* XVI, 493) ; Bastia (Soleirol ex Bert. *Fl. it.* II, 240) ; Biguglia
(Boullu in *Bull. soc. bot. Fr.* XXIV, sess. extr. LXV) ; Porto-Vecchio
(Mars. *Cat.* 151) ; Bonifacio (Kralik exsicc. cit.).

Pédoncule très allongé, enroulé en spirale après la fécondation. Fleurs
protandriques. Anthères à loges oblongues. Gynopodes beaucoup plus
longs que les carpelles.

†† II. Subsp. **rostellata** Asch. et Graebn. *Syn.* I, 357 (1897) et *Potamog.* 144 = *R. rostellata* Koch in Reichb. *Pl. crit.* II, 66, tab. 174
fig. 306 (1824) ; Gr. et Godr. *Fl. Fr.* III, 324 ; Coste *Fl. Fr.* III, 424

$=$ *R. marina* var. *rostrata* Ag. *Phys. Sällsk. Arsber.* ann. 1823, 37 $=$
R. marina var. *minor* Mert. et Koch *Deutschl. Fl.* I, 861 (1823).

Hab. — Comme la précédente. Plus rare. Biguglia (Boullu in *Bull.
soc. bot. Fr.* XXIV, sess. extr. LXV) ; Saint-Florent (R. Maire l. c.
XLVIII, sess. extr. CXLVIII).

Plante plus grêle que la précédente. Pédoncule ne dépassant en général pas 3 cm., non enroulé en spirale après la fécondation. Fleurs
protogyniques. Anthères à sacs arrondis. Gynopodes beaucoup plus longs
que les carpelles.

III. Subsp. **brevirostris** Briq. $=$ *R. maritima* var. *brevirostris* Ag.
in *Phys. Sällsk. Arsber.* ann. 1823, 37 $=$ *R. maritima* var. *recta* Moris
Stirp. sard. et. I, 43 (1827) p. p. $=$ *R. brachypus* Gay in Coss. *Not.* I, 10
(1849) ; Gr. et Godr. *Fl. Fr.* III, 324 $=$ *R. rostellata* var. *brachypus* Marss.
Fl. von Neuvorpomm. 498 (1869) $=$ *R. maritima* var. *brachypus* Schleg.
in Hartm. *Handb. Skand. Fl.* 12, Uppl. 57 (1889) $=$ *R. maritima* subsp.
rostellata var. *brevirostris* Asch. et Graebn. *Syn.* I, 358 et *Potamog.* 145.

Hab. — Comme la précédente. Jusqu'ici seulement à Porto-Vecchio
(Revel. ex Boreau *Not.* I, 8 et Mars. *Cat.* 151).

CYMODOCEA Koen.

C. nodosa Asch. in *Sitz. Ges. Naturf. Fr. Berl.* ann. 1867, 4; Asch.
et Graebn. *Syn.* I, 359 et *Potamog.* 147 (Engler *Pflanzenreich* IV, 11) $=$
Zostera nodosa Ucria *Pl. ad Linn. op. add.* n. 30 (circ. 1790) $=$ *C. aequorea*
Koen. in Koen. et Sims *Ann. Bot.* II, 96 (1805); Coste *Fl. Fr.* III, 426 $=$
Zostera mediterranea DC. *Fl. fr.* III, 154 (1805) $=$ *Phucagrostis major*
(Cavol.) Willd. *Sp. pl.* IV, 649 (1806); Bornet in *Ann. sc. nat.* 5e sér.
I, 5, t. 1-11.

Nous mentionnons ici cette espèce, bien qu'elle n'ait pas encore été
signalée sur les côtes de la Corse, parce que sa large diffusion dans
la Méditerranée (côtes de la Provence et de l'Italie !) y rend sa présence
infiniment probable. Le *C. nodosa* rappelle, comme port, le *Z. marina*,
dont il se distingue à l'état stérile par un axe à zones cicatricielles
densément cerclées et des feuilles denticulées vers le sommet. Il croît
sur les fonds sableux submergés, mais atteint une profondeur moindre
que le *Z. marina* (env. 3 m.).

ZANNICHELLIA L.

75. **Z. palustris** L. *Sp.* ed. 1, 969 (1753) ; Asch. et Graebn. *Syn.*
I, 371 et *Potamog.* 153 (Engler *Pflanzenreich* IV, 11) $=$ *Z. palustris* et

Z. dentata Gr. et Godr. *Fl. Fr.* III, 320 (1856) = *Z. brachystemon* Gay in Reut. *Cat. gr. Genève* ann. 1854, 4 = *Z. macrostemon* Gay in Willk. et Lange *Prodr. fl. hisp.* I, 26 (1861).

On n'a jusqu'ici signalé en Corse que la race suivante :

Var. **pedicellata** Wahlb. et Rosen in *Nov. Act. Upsal.* VIII, 227 et 254 (1821) ; Asch. et Graebn. *Syn.* I, 363 et *Potamog.* 156 = *Z. palustris* var. *stipitata* Koch *Syn.* ed. 1, 679 (1837) = *Z. digyna* Gay in Bréb. *Fl. Norm.* éd. 2, 252 (1839) = *Z. pedicellata* Fries *Mant.* III, 133 (1842) ; Coste *Fl. Fr.* III, 425 = *Z. dentata* var. *pedicellata* Gr. et Godr. *Fl. Fr.* III, 321 (1856).

Hab. — Eaux saumâtres. Mai-juill. ♃. Porto-Vecchio (Revel. in Boreau *Not.* I, 8 et Mars. *Cat.* 151). A rechercher.

Diffère de la var. **genuina** Asch. et Graebn. (l. c.) par les carpelles pourvus d'un gynopode atteignant en général 1 mm., aussi longs ou un peu plus longs (non deux fois plus longs) que le style. La var. *genuina* préfère l'eau douce et pourrait être recherchée en Corse.

ALTHENIA Petit

A. **filiformis** F. Petit in *Ann. sc. obs.* I, 451 (1829); Gr. et Godr. *Fl. Fr.* III, 321 ; Asch. et Graebn. *Syn.* I, 365 et *Potamog.* 158 (Engler *Pflanzenreich* IV, 11) = *Alteinia setacea* Petit, *Belvalia australis* Delile et *Zanichellia vaginalis* Delile ap. Delile *Belv. austr.* (feuille volante!) ann. 1830 et in *Flora* XIII, 455 (1830) = *A. setacea* Kunth *Enum.* III, 126 (1841); Parl. *Fl. it.* III, 648.

Hab. — Eaux saumâtres. Mai-juill ♃. « Corse? (Herb. Req.). Un échantillon très complet contenu dans l'herbier donné par le docteur Montepagano n'avait pas d'indication de localité; il venait très probablement de Corse, et doit être recherché dans le sud de l'île. » (Mars. *Cat.* 151). — Cette recommandation de Marsilly mérite d'être suivie. L'*A. filiformis* venant sur les côtes de la Provence et du Napolitain, il est extrêmement probable qu'on le rencontrera en Corse: les lagunes et étangs maritimes de la côte orientale (Biguglia, Diane, Urbino, etc.) présentent toutes les conditions voulues pour cela. — L'*A. filiformis* présente en Provence deux sous-espèces:

I. Subsp. **eu-filiformis** Asch. et Graebn. *Syn.* I, 365 (1897) et *Potamog.* 159 = *A. filiformis* Pet. l. c.; Duv.-Jouv. in *Bull. soc. bot. Fr.* XIX, sess. extr. LXXXVI, tab. V, fig. 1, 3, 5 et 8; Sauvageau in *Ann. sc. nat.* 7e sér. XIII, 258, fig. 57; Herv. in *Bull. herb. Boiss.* III, App. I, 21; Coste *Fl. Fr.* III, 426. — Axe basilaire épigé, nettement écailleux. Feuilles planes du côté supérieur, dépourvues de stéréides. Carpelles nettement ailés.

II. Subsp. **Barrandonii** Asch. et Graebn. *Syn.* I, 366 (1897) et *Potamog.*
159 = *A. Barrandonii* Duv.-Jouv. l. c.; Sauvageau l. c. 260, fig. 58;
Hervier l. c.; Coste l. c. — Axe basilaire hypogé, dépourvu d'écailles
membraneuses. Feuilles cylindriques-sétacées, pourvues de faisceaux
de stéréides. Carpelles épaissis sur les angles, mais non ailés.

JUNCAGINACEAE [1]

TRIGLOCHIN [2] L.

76. **T. bulbosum** L. *Mant.* ll, 226 (1771) ; Micheli in DC. *Mon.
Phan.* III, 99 ; Buchenau in Engl. *Bot. Jahrb.* II, 502 ; Asch. et
Graebn. *Syn.* I, 378 ; Buchen. *Scheuchz.* 11 (Engler *Pflanzenreich* IV,
14) = *T. palutre* β L. *Sp.* ed. 1, 338 (1753) = *T. Barrelieri* Lois. *Fl.
gall.* ed. 2, I, 264 (1828) ; Gr. et Godr. *Fl. Fr.* III, 310 ; Coste *Fl. Fr.* III,
441. — Exsicc. Kralik n. 787 ! ; Mab. n. 398 ! ; Reverch. ann. 1880,
n. 246 !

Hab. — Prairies maritimes humides, bord des eaux saumâtres. Mars-
mai. ♃. Localisé dans le sud-est ; Ghisonaccia (Rotgès in litt.) ; Porto-
Vecchio (Salis in *Flora* XVI, 493 ; Mars. *Cat.* 150 ; Shuttl. *Enum.* 21 ;
Mab. exsicc. cit.) ; Santa-Manza (Reverchon exsicc. cit.; Revelière ex
Mars. l. c. ; Boy. *Fl. Sud Corse* 65).

77. **T. laxiflorum** Guss. *Ind. sem. hort. Boccadifalco*, ann. 1825 et
Fl. sic. prodr. I, 451 ; Lois. *Fl. gall.* ed. 2, I, 265 ; Micheli in DC. *Mon.
Phan.* III, 101 ; Asch. et Graebn. *Syn.* I, 379 ; Buchen. *Scheuchz.* 11
(Engler *Pflanzenreich* IV, 14) ; Coste *Fl. Fr.* III, 442 = *T. palustre* Desf.
Fl. atl. I, 322 (1798), non L. — Exsicc. Soleirol sub : *T. Barrelieri* ! ;
Mab. n. 399 ! ; Reverch. ann. 1880, n. 393 !

Hab. — Comme le précédent. Sept.-oct. ♃. Ile Rousse (Lit. in *Bull.
acad. géogr. bot.* XVIII, 100) ; Calvi (Soleirol exsicc. cit. et ap. Bert.
Fl. it. IV, 266) ; de la petite plaine de la Madrague à l'isthme de la
Parata (Mars. *Cat.* 150) ; Ajaccio (Mab. exsicc. cit.; Shuttl. *Enum.*

---

[1] Le nom de famille *Juncaginaceae* Lindl. [*Nat. syst.* ed. 2, 367 (1836) et *Veg. kingd.*
210 (1847)] a la priorité sur celui de *Scheuchzeriaceae* Ag. [*Theor. syst. pl.* 44 (1858)] ; il est
conforme aux *Règles de la nomencl.* (art. 21) et aurait dû être conservé par M. Buchenau
(*Scheuchz.* in Engl. *Pflanzenreich* IV, 14).

[2] Linné (*Sp.* ed. 1, 338 et 339) a créé sous le nom de *Triglochin* un vocable générique
neutre. Il n'y a aucune raison pour modifier l'usage linnéen.

21) ; Porto-Vecchio (Revel. ex Mars. l. c.) ; Santa Manza (Reverch. exsicc. cit.) ; Bonifacio (Revel. ex Bor. *Not.* I. 8 et Mars. l. c.).

Espèce d'abord découverte en Corse par Robert (ex Lois. l. c.), mais sans indication de localité. — MM. Ascherson et Graebner (l. c.) envisagent le *T. laxiflorum* comme un dérivé du *T. bulbosum* par dimorphisme saisonnier. M. Buchenau (l. c.) le qualifie de « petite espèce ». Il est certain que les *T. bulbosum* et *laxiflorum* sont très voisins : cette dernière espèce n'en est pas moins tout à fait distincte de la première, non seulement par la floraison autumnale et non pas vernale, mais encore par le port grêle, le racème pauciflore, les pédicelles plus courts que le fruit qui est apprimé-érigé, distinctement atténué au sommet.

ALISMATACEAE

ALISMA L. emend.

78. **A. Plantago aquatica**[1] L. *Sp.* ed. 1, 342 (1753) ; Asch. et Graebn. *Syn.* 1, 381 ; Schinz et Kell. *Fl. Suisse* éd. fr. 1, 31 = *A. Plantago* L. *Syst.* ed. 10, 993 (1759) ; Micheli in DC. *Mon. Phan.* III, 32 ; Buchen. *Alism.* 13 (Engler *Pflanzenreich* IV, 15) ; Coste *Fl. Fr.* III, 294. — Deux sous-espèces.

1. Subsp. **Michaletii** Asch. et Graebn. *Syn.* I, 383 (1897) = *A. major* S. F. Gray *Nat. arr. brit. pl.* 216 (1821) = *A. Plantago* Michalet in *Bull. soc. bot. Fr.* 1, 312 (1855) ; Gr. et Godr. *Fl. Fr.* III, 164 = *A. Plantago (aquatica)* var. *Michaletii* Buchen. *Alism.* 13 (Engler *Pflanzenreich* IV, 15, ann. 1903).

Hab. — Marécages, bords des cours d'eau de l'étage inférieur. Mai-juin. ♃. Environs de Bastia et Biguglia (Salis in *Flora* XVI, 493) ; St-Florent (Sargnon in *Ann. soc. bot. Lyon* VI, 70) ; Algojola (Gysperger in Rouy *Rev. bot. syst.* II, 113) ; Campo di Loro (Boullu in *Bull. soc. bot. Fr.* XXIV, sess. extr. XCV) ; Ghisonaccia (Rotgès in litt.) ; Casabianda (Lutz in *Bull. soc. bot. Fr.* XLVIII, 56) ; bords du Rizzanèse près de Propriano et de Sartène (Lutz l. c. et sess. extr. CXLII) ; Bonifacio (Boy. *Fl. Sud Corse* 64). — Probablement assez répandu (voy. Mars. *Cat.* 137).

---

[1] Le symbole ▽ usité par Linné doit être transcrit (*Règl. nom.* art. 26). L'erreur typographique qui a fait employer le symbole du feu △, au lieu de celui de l'eau ▽, dans l'éd. 1 du *Species*, a été corrigée dans l'édition 2.

1907. — Pont d'Arena près de Tallone, eaux tranquilles, 20 m., 1 mai, nondum fl.!

Feuilles à pétiole beaucoup plus long que le limbe. Inflorescence à rameaux étalés-ascendants. Carpelles disposés autour d'un champ médian libre. Styles dressés plus longs que l'ovaire. — Se présente sous deux formes: 1º f. *latifolium* Asch. et Graebn. [*Syn.* I, 383 (1897); Buchen. *Alism.* 13 = *A. Plantago* var. *latifolium* Kunth *Fl. ber.* II, 295 (1838); Gr. et Godr. *Fl. Fr.* III, 165)], à limbe largement ové-elliptique, subcordiforme ou arrondi à la base; et 2º f. *stenophyllum* Asch. et Graebn. [l. c.; Buchen. l. c. = *A. Plantago* var. *lanceolatum* Gr. et Godr. l. c.] à limbe elliptique-lancéolé, + rétréci à la base. C'est à cette dernière forme qu'appartiennent nos échant. de 1907.

II. Subsp. **arcuatum** Asch. et Graebn. *Syn.* I, 383 (1897) = *A. lanceolatum* With. *Nat. arr. br. pl.* ed. 3, II, 362 (1796) p. p.? = *A. arcuatum* Michalet in *Bull. soc. bot. Fr.* I, 312 (1854); Gr. et Godr. *Fl. Fr.* III, 165 = *A. Plantago (aquatica)* var. *arcuatum* Buchen. *Alism.* 13 (Engler *Pflanzenreich* IV, 15).

Hab. — Comme le précédent et peut-être confondu avec lui; à rechercher, la présence en Corse de cette sous-espèce étant très probable.

Feuilles toujours étroites, lancéolées (ou linéaires), atténuées à la base, brièvement pétiolées. Inflorescence à rameaux étalés, souvent recourbés à la fin. Carpelles contigus au centre. Style bien plus court que l'ovaire, recourbé en crochet vers l'extérieur.

ECHINODORUS Rich. emend.

79. **E. ranunculoides** Engelm. in Asch. *Fl. Brandenb.* I, 651 (1864); Micheli in DC. *Mon. Phan.* III, 46; Asch. et Graebn. *Syn.* I, 390; Buchen. *Alism.* 26 (Engler *Pflanzenreich* IV, 15) = *Alisma ranunculoides* L. *Sp.* ed. 1, 343 (1753); Gr. et Godr. *Fl. Fr.* III, 166; Coste *Fl. Fr.* III, 294 = *Baldellia ranunculoides* Parl. *Nuov. gen. Monocot.* 57 (1854).

Hab. — Marécages, fossés ou lieux temporairement inondés de l'étage inférieur. Mai-juin. ⚷. Disséminé et seulement sur le littoral. — Biguglia (Salis in *Flora* XVI, 493); Calvi (Soleirol ex Bert. *Fl. it.* IV, 282); Porto-Vecchio (Rev. ex Mars. *Cat.* 137); bains de Baracci (Lutz in *Bull. soc. bot. Fr.* XLVIII, 56); Bonifacio (Revel. ex Mars. l. c.).

Plante rappelant, comme port, l'*A. Plantago aquatica* subsp. *arcuatum*, mais facile à distinguer par l'inflorescence généralement réduite à une ombelle et les carpelles elliptiques, 4-5anguleux, disposés en capitule sphérique.

SAGITTARIA L.

S. sagittaefolia L. *Sp.* ed. 1, 994 (1753); Gr. et Godr. *Fl. Fr.* III, 167; Micheli in DC. *Mon. Phan.* III, 66; Buchen. *Alism.* 46 (Engler *Pflanzenreich* IV, 15); Coste *Fl. Fr.* III, 292.

Indiqué jadis en Corse d'après Valle (Burm. *Fl. Cors.* 243), sur des échant. provenant évidemment du continent. Espèce étrangère à l'île.

BUTOMACEAE

BUTOMUS L.

B. umbellatus L. *Sp.* ed. 1, 372 (1753); Gr. et Godr. *Fl. Fr.* III, 168; Micheli in DC. *Mon. Phan.* III, 85; Buchen. *Butom.* 6 (Engler *Pflanzen-reich* IV, 16); Coste *Fl. Fr.* III, 292.

Indiqué jadis en Corse d'après Valle (Burm. *Fl. Cors.* 215) sur des échant. provenant évidemment du continent. Espèce étrangère à l'île.

GRAMINEAE

ZEA Linn.

Z. Mays L. *Sp.* ed. 1, 971 (1753); Körn. et Wern. *Handb. Getr.* I, 330; Husnot *Gram.* 1; Asch. et Graebn. *Syn.* II, 57; Coste *Fl. Fr.* III, 530.

Cultivé en grand dans l'étage inférieur; parfois subspontané au voisinage des cultures.

IMPERATA Cyr.

80. **I. cylindrica** Beauv. *Ess. agr.* 165, t. 5 (1812); Gr. et Godr. *Fl. Fr.* III, 472; Asch. et Graebn. *Syn.* II, 36; Husnot *Gram.* 18 = *Lagurus cylindricus* L. *Syst.* ed. 10, 878 (1759) = *Saccharum cylindricum* Lam. *Encycl. méth.* 1, 594 (1783); Bert. *Fl. it.* 1, 332; Coste *Fl. Fr.* III, 559 = *I. arundinacea* Cyr. *Pl. rar. neap.* II, 26 (1788); Hack. in DC. *Mon. Phan.* VI, 92. — Exsicc. Mab. n. 41 !; Soc. Dauph. n. 1413 bis !

Hab. — Plages sablonneuses. Mai-juin. ⚥. Disséminé, mais abondant là où on le rencontre. Bastia à la Concia delle Pelli (Bubani ex

Bert. *Fl. it.* I, 852) ; Biguglia (Salis in *Flora* XVI, 75 et nombreux autres observateurs ; Mab. *Rech.* I, 28 et exsicc. cit.; Boullu in Soc. dauph. n. cit.) ; Calvi (Soleirol ex Bert. *Fl. it.* I, 333) ; d'Ajaccio à la Tour Parata (Mars. *Cat.* 161 et nombreux autres observateurs) ; Porto-Vecchio et Bonifacio (Revel. ap. Mars. l. c.).

ERIANTHUS Rich.

81. **E. Ravennae** Beauv. *Ess. agr.* 14 (1812) ; Gr. et Godr. *Fl. Fr.* III, 470 ; Hack. in DC. *Mon. Phan.* VI, 139 ; Asch. et Graebn. *Syn.* II, 34 ; Husnot *Gram.* 18 = *Andropogon Ravennae* L. *Sp.* ed. 2, 1481 (1763) = *Saccharum Ravennae* L. *Syst.* ed. 13, 88 (1774) ; Bert. *Fl. it.* I, 329 ; Coste *Fl. Fr.* III, 559.

Hab. — Plages sablonneuses. Août-sept. ♃ . Localisé à Biguglia (Mab. ap. Mars. *Cat.* 161 ; Boullu in *Bull. soc. bot. Fr.* XXIV, sess. extr. LXVI).

ANDROPOGON [1] L. emend.

††82. **A. distachyum** L. *Sp.* ed. 1, 1046 (1753); Gr. et Godr. *Fl. Fr.* III, 467 ; Hack. in DC. *Mon. Phàn.* VI, 461 ; Husnot *Gram.* 15 ; Asch. et Graebn. *Syn.* II, 42 ; Coste *Fl. Fr.* III, 557.

Hab. — Garigues de l'étage inférieur. Juin-sept. ♃ . Très rare. Cap Corse à Erbalunga (Fouc. et Sim. *Trois sem. herb. Corse* 163).

83. **A. Sorghum** Brot. *Fl. lus.* I, 88 (1804) ampl. ; Koern. et Wern. *Handb. Getreideb.* I, 294 ; Hackel in DC. *Mon. Phan.* VI, 500.

I. Subsp. **halepense** Hack. in DC. *Mon. Phan.* VI, 501 (1889) = *Holcus halepensis* L. *Sp.* ed. 1, 1047 (1753) = *A. arundinaceum* Scop. *Fl. carn.* ed. 2, II, 274 (1772) = *A. halepense* Brot. *Fl. lus.* I, 89 (1804) ; Asch. et Graebn. *Syn.* II, 46 = *Sorghum halepense* Pers. *Syn.* I, 101 (1805) ; Gr. et Godr. *Fl. Fr.* III, 470 ; Husnot *Gram.* 17 ; Coste *Fl. Fr.* III, 557. — Exsicc. Mab. n. 66 ! ; Debeaux ann. 1868 sub : *Sorghum alepense* !

Hab. — Moissons, vignobles, champs de l'étage inférieur. Juill.-sept. ♃ . Très répandu dans l'île entière ; espèce rudérale et ségétale.

Pédicelles presque aussi longs que les épillets mâles, atteignant env. 3-5 mm. — La variété **halepense** Hack. (l. c. 502) de cette sous-espèce,

---

[1] Linné a créé sous le nom d'*Andropogon* un vocable générique *neutre*.

à laquelle appartiennent les échant. corses, est la seule forme du polymorphe 'A. *Sorghum* qui soit spontanée ou naturalisée en Europe. On
trouve en Corse les sous-variétés **genuinum** Hack. (l. c. 502) à épillets
aristés, à arête ± pubescente et la sous-variété **leiostachyum** Hack. (l. c.)
à épillets aristés, à arête glabre (Mab. exsicc. cit.).

II. Subsp. **sativum** Hack. in DC. *Mon. Phan.* VI, 505 (1889) = *A.
Sorghum* Brot. l. c., sensu stricto; Asch. et Graebn. *Syn.* II, 47 = *Holcus
Sorghum* L. *Sp.* ed. 1, 1047 (1753) = *Sorghum vulgare* Pers. *Syn.* I, 101
(1805); Koch *Syn.* I, 101; Husnot *Gram.* 17; Coste *Fl. Fr.* III, 557.

Cultivé sous diverses formes dans l'étage inférieur. — Groupe polymorphe à pédicelles bien plus courts que les épillets mâles, atteignant
ou dépassant à peine 1 mm.

84. **A. hirtum** L. *Sp.* ed. 1, 1046 (1753) ; Gr. et Godr. *Fl. Fr.* III,
469; Hack. in DC. *Mon. Phan.* VI, 618 ; Asch. et Graebn. *Syn.* II, 52 ;
Coste *Fl. Fr.* III, 557 = *A. hirsutum* Husnot *Gram.* 15 (1896).

En Corse, jusqu'ici seulement la var. suivante :

Var. **genuinum** Hack. in DC. *Mon. Phan.* VI, 619 (1889). — Exsicc. Req.
sub : *A. hirtum*!; Kral. n. 829 ! ; Mab. n. 55 ! ; Burn. ann. 1900, n. 47!

Hab. — Garigues et rochers de l'étage inférieur. Juin-août. ⚥. Répandu et assez commun du Cap Corse jusqu'à Bonifacio.

1906. — Cap Corse: talus arides entre les Marines de Luri et de
Meria, 6 juill. fr.! (subv. *typicum*).

1907. — Vallée inférieure de la Solenzara, rochers des fours à chaux,
calc., 150-200 m., 3 mai fl.! (subvar. *pubescens*); rochers du vallon de
Canalli, 40 m., calc., 6 mai fl.! (subvar. *pubescens*).

Pédoncule commun de la panicule glabre ou pourvu de poils étalés
courts et non épaissis à la base. — On peut distinguer ici deux sous-
variétés reliées par des formes de transition:

α¹ subvar. **typicum** Asch. et Graebn. *Syn.* II, 53 (1899). — Feuilles
linéaires, larges de 2-3 mm., en général ± planes. Poils des axes de la
panicule et des épillets atteignant env. 1 mm.

α² subvar. **pubescens** Asch. et Graebn. l. c. = 'A. pubescens' Vis. in
Flora XII, Ergänzungsbl. I, 3 (1829) et *Fl. dalm.* I, 51, t. 2, fig. 2; Gr.
et Godr. *Fl. Fr.* III, 469 = *A. giganteum* Ten. *Fl. nap.* V, 285 (1835-36)
= *A. Solieri* Req. ex Gr. et Godr. l.c. (1856) = *A. hirtum* var. *longearistatum*
Willk. et Lange *Prodr. fl. hisp.* I, 47 (1861) = *A. hirtum* var. *pubescens*
Vis. in *Mem. ist. ven.* XVI, 46 (1872); Husnot *Gram.* 16. — Feuilles
subulées-enroulées, ne dépassant guère 1 mm. de largeur, serrées. Poils
des axes de la panicule et des épillets très courts (env. ¹/₂ mm!). —
Cette sous-var. paraît être plus fréquente sur les rochers calcaires.

AEGOPOGON Beauv. emend.

A. tenellus Trin. *Gram. Unifl.* 164 (1824) = *Cynosurus tenellus* Cav.
Hort. reg. mad. I, tab. 6, fig. 2 (date ?, antérieure à 1815) ex Lag.
Gen. et sp. nov. 4 (1816) = *A. geminiflorus* Kunth in Humb. et Bonpl.
Nov. gen. et sp. I, 133, tab. 43 (1815) = *A. uniselus* Roem. et Schult.
Syst. II, 805 (1817).

Espèce de l'Amérique tropicale distribuée jadis de Corse par Salzmann (sub: *Cynosurus tenellus!*) sans indication de localité; probablement une introduction passagère, cette Graminée n'ayant jamais
été aperçue depuis 1820.

PANICUM L. emend.

85. **P. sanguinale** L. *Sp.* ed. 1, 57 (1753); Gr. et Godr. *Fl. Fr.* III,
461 ; Asch. et Graebn. *Syn.* II, 64 = *Digitaria sanguinalis* Scop. *Fl.
carn.* ed. 2, 1, 52 (1772) ; Bert. *Fl. it.* 1, 414 ; Husnot *Gram.* 11 ; Coste
Fl. Fr. III, 552. — Exsicc. Reverch. ann. 1879 sub : *Paspalum sanguinale* Lamk !

Hab. — Friches, cultures, bords ombragés des chemins, dans les
étages inférieur et montagnard. Juin-sept. ①. Répandu çà et là dans
l'île entière.

On n'a signalé en Corse jusqu'à présent que la var. **vulgare** Doell
[*Rhein. Fl.* 126 (1843) = *P. sanguinale* var. *vulgare* Gr. et Godr. *Fl. Fr.*
III, 461 (1856)] caractérisée par la troisième glumelle (glumelle de la
fleur inférieure) non ciliée sur les nervures latérales, et à marges
pubescentes. La var. **ciliare** Trin. [*Sp. Gram. icon. ill.* f. XII, t. 144
(1829); Gr. et Godr. l. c. = *P. ciliare* Retz. *Obs.* IV, 16 (1786)] à troisième glumelle à nervures latérales rudes, n'a pas encore été observée, mais devra être recherchée.

86. **P. lineare** Krocker *Fl. siles.* 98 (1787), non L.; Asch. et Graebn.
Syn. II, 66 = *Digitaria filiformis* Koel. *Descr. Gram.* 26 (1801) ; Husnot
Gram. 11 ; Coste *Fl. Fr.* III, 552 = *Digitaria humifusa* Pers. *Syn.* 1, 85
(1805) = *Syntherisma glabrum* Schrad. *Fl. germ.* 1, 155, t. 3, f. 7 (1806)
= *P. glabrum* Gaud. *Agrost. helv.* 1, 224 (1811) et *Fl. helv.* 1, 155; Gr. et
Godr. *Fl. Fr.* III, 462.

Hab. — Comme l'espèce précédente. Juill.-oct. ①. Signalé seulement aux env. de Bastia par Mabille (ap. Mars. *Cat.* 160), mais probablement plus répandu ; à rechercher.

Le *P. lineare* L. *Sp.* ed. 2, 85 (1762) est basé sur une plante des Indes orientales (et non pas de l'Amérique du Nord comme l'indique à tort l'*Index kewensis* III, 415) décrite par Burmann [*Fl. ind.* 25 (1768)], ouvrage que Linné cite, bien qu'il ait paru 6 ans après le sien! La diagnose de Burmann (et de Linné) s'applique assez bien au *Cynodon Dactylon* L., ainsi que l'a avancé Kunth (*Enum.* I, 259). Selon ce dernier auteur, l'original de Burmann appartiendrait aussi au *Cynodon Dactylon*. En revanche la figure (tab. 10, fig. 2) est en complète contradiction avec la diagnose et représente un *Paspalum* (ce dont Kunth l. c., Hooker f. *Fl. Brit. Ind.* VII, 18, et quelques autres auteurs ne paraissent pas s'être aperçus)! En tout état de cause, le nom linnéen tombe dans la synonymie, et le nom de Krocker reprend ses droits à la priorité.

87. **P. Crus galli**[1] L. *Sp.* ed. 1, 56 (1753); Gr. et Godr. *Fl. Fr.* III, 460 ; Asch. et Graebn. *Syn.* II, 69 = *Echinochloa Crus galli* Roem. et Sch. *Syst.* II, 477 (1817) ; Husnot *Gram.* 10 ; Coste *Fl. Fr.* III, 551, — Exsicc. Reverch. ann. 1878 et 1879 sub : *P. Crus Galli* !

Hab. — Points humides des étages inférieur et montagnard, surtout au voisinage des lieux habités. Juin-sept. ①. Répandu çà et là dans l'île entière.

P. miliaceum L. *Sp.* ed. 1, 58 (1753); Gr. et Godr. *Fl. Fr.* III, 460; Asch. et Graebn. *Syn.* II, 70; Husnot *Gram.* 10 ; Coste *Fl. Fr.* III, 549.

Fréquemment cultivé et çà et là subspontané au voisinage des cultures.

88. **P. repens** L. *Sp.* ed. 2, 87 (1762) ; Gr. et Godr. *Fl. Fr.* III, 460; Asch. et Graebn. *Syn.* II, 72; Husnot *Gram.* 10 ; Coste *Fl. Fr.* III, 550. — Exsicc. Mab. n. 64! ; Deb. ann. 1867 et 1869, sub : *P. repens*!; Soc. dauph. n. 1883 !

Hab. — Sables du littoral. Juin-sept. ♃. Disséminé. Cap Corse (Mab. in Mars. *Cat.* 160) ; Bastia, à la Renella (Revel. in Bor. *Not.* II, 9 ; Deb. in Soc. dauph. cit.) ; Biguglia (Salis in *Flora* XVI, 475 ; Mab. *Rech.* I, 29 et exsicc. cit.; et nombreux autres observateurs) ; St-Florent (Mab. ap. Mars. l. c.) ; embouchure de la Gravona (Mars. l. c. ; Boullu in *Bull. soc. bot. Fr.* XXIV, sess. extr. XCIV) ; probablement plus répandu.

SETARIA Beauv.

89. **S. verticillata** Beauv. *Ess. agrost.* 51 (1812) ; Coste *Fl. Fr.*

---

[1] Une erreur typographique fait écrire par Linné *Crusgalli* en un mot.

III, 548 = *Panicum verticillatum* L. *Sp.* ed. 2, 82 (1762); Asch. et Graebn. *Syn*. II, 74.

Epillets disposés en une panicule spiciforme interrompue et comme formée de verticilles à la base. Bractées sétacées pourvues d'aiguillons dirigés en haut ou en bas. Glume inférieure atteignant à peu près le tiers des deux supérieures.

I. Subsp. **eu-verticillata** Briq. = *Setaria verticillata* Gr. et Godr. *Fl. Fr.* III, 458; Husnot *Gram.* 9. — Exsicc. Reverch. ann. 1879 sub : *Panicum verticillatum* !

Hab. — Cultures, friches, sables des étages supérieur et montagnard. Juin-sept. ④. Répandu et abondant dans l'île entière.

Bractées sétacées toutes munies de sétules dirigées en arrière (panicule rude lorsqu'on la passe entre les doigts de bas en haut). — Varie à arêtes courtes, de 2-3 mm.; subv. **breviseta** [= *Panicum verticillatum* subvar. *brevisetum* Asch. et Graebn. *Syn.* II, 75 (1899) = *Panicum verticillatum* var. *brevisetum* Godr. *Fl. Lorr.* III, 126 (1844); A. Braun *Ind. sem. hort. berol.* ann. 1871, 5], et à arêtes 3-5 fois plus longues que les épillets : subvar. **longiseta** (= *Panicum verticillatum* subvar. *brevisetum* Asch. et Graebn. l. c.).

II. Subsp. **ambigua** Briq. = *Panicum verticillatum* var. *ambiguum* Guss. *Fl. sic. prodr.* I, 80 (1827); Asch. et Graebn. *Syn.* II, 76 = *S. ambigua* Guss. *Fl. sic. syn.* 114 (1842); Gr. et Godr. *Fl. Fr.* III, 157; Husnot *Gram.* 7 = *Panicum verticillatum* var. *antrorsum* A. Br. l. c. 7 (1871) = *Panicum ambiguum* Hausskn. in *Oesterr. bot. Zeitschr.* XXV, 345 (1875) = *S. viridis* var. *ambigua* Coss. et Dur. *Expl. sc. Alg. Glum.* 36 (1854); Beck *Fl. Nieder-Öst.* 46 (1890) = *S. verticillata* var. *ambigua* Richt. *Pl. eur.* I, 28 (1890).

Hab. — Comme le précédent, mais rare ou peu observé. Plaine des Cannes près Ajaccio (Mars. *Cat.* 160 ; Boullu in *Bull. soc. bot. Fr.* XXIV, sess. extr. XCII).

Bractées sétacées courtes, toutes ou presque toutes munies de sétules dirigées en avant (panicule lisse lorsqu'on la passe entre les doigts de bas en haut). — Les formes intermédiaires, rares il est vrai, entre les sous-esp. I et II, décrites en détail dès 1871 par A. Braun ne permettent pas de séparer spécifiquement ces deux groupes.

90. **S. viridis** Beauv. *Ess. agrost.* 51 (1812) = *Panicum viride* L. *Syst.* ed. 10, 870 (1759).

Epillets disposés en une panicule spiciforme dense. Bractées sétacées plus nombreuses, pourvues de sétules dirigés en avant. Glume inférieure égalant environ le tiers des supérieures. — En Corse les sous-esp. suivantes :

I. Subsp. **eu-viridis** Briq. = *Panicum viride* L. sensu stricto = *S. viridis* Gr. et Godr. *Fl. Fr.* III, 457 ; Husnot *Gram.* 7 ; Coste *Fl. Fr.* III, 548 = *Panicum viride* subsp. *eu-viride* Asch. et Graebn. *Syn.* II, 76 (1899). — Exsicc. Reverch. ann. 1879 sub : *S. viridis* !

Hab. — Friches, cultures, terrains vagues ou sablonneux des étages inférieur et montagnard. Juin-sept. ①. Répandu et assez commun du Cap Corse jusqu'à Bonifacio.

Panicule étroitement ovoïde ou cylindrique, dense, non lobée. Bractées sétacées plus longues que les épillets. Glumes supérieures égales.

II. Subsp. **italica** Briq. = *Panicum italicum* L. *Sp.* ed. 1, 56 (1753) = *S. italica* Beauv. *Ess. agrost.* 51 (1812) ; Gr. et Godr. *Fl. Fr.* III, 458 ; Husnot *Gram.* 9 ; Coste *Fl. Fr.* III, 548 = *S. viridis* subsp. *italica* Asch. et Graebn. *Syn.* II, 77 (1899).

Parfois cultivée dans l'étage inférieur ; s'échappant facilement des cultures. — Plante plus robuste ; panicule plus largement ovée-oblongue, lobée : deuxième glume plus courte que la troisième.

91. **S. glauca** Beauv. *Ess. agrost.* 51 (1812) ; Gr. et Godr. *Fl. Fr.* I, 456 ; Husnot *Gram.* 9 ; Coste *Fl. Fr.* III, 548 = *Panicum glaucum* L. *Sp.* ed. 1, 56 (1753) ; Asch. et Graebn. *Syn.* II, 78.

Hab. — Friches, cultures, terrains sablonneux des étages inférieur et montagnard. Juin-sept. ①. Répandu et commun dans l'île entière.

Se distingue facilement des espèces précédentes par les glumelles ridées en travers (et non pas finement ponctuées) ; glume inférieure à peine plus courte que la deuxième, celle-ci atteignant à peu près la moitié de la troisième.

LEERSIA Sw.

92. **L. oryzoides** Sw. *Fl. Ind. occ.* I, 132 (1788) ; Gr. et Godr. *Fl. Fr.* III, 437 ; Husnot *Gram.* 2 ; Coste *Fl. Fr.* III, 531 = *Phalaris oryzoides* L. *Sp.* ed. 1, 55 (1753) = *Oryza clandestina* A. Br. in *Verh. bot. Ver. Brandenb.* II, 195 (1860) ; Asch. et Graebn. *Syn.* II, 13.

Hab. — Fossés humides, berges marécageuses, marais de l'étage
inférieur. Août-sept. ♃. Rare ou peu observé. Env. de Bastia (Mab.
ap. Mars. *Cat.* 158) ; Ajaccio (Mars. l. c. ; Boullu in *Bull. soc. bot. Fr.*
XXIV, sess. extr. C). — A rechercher dans les marais de la côte orientale.

PHALARIS L.

93. **P. coerulescens** Desf. *Fl. all.* I, 56 (1798) ; Gr. et Godr. *Fl.
Fr.* III, 440 ; Husnot *Gram.* 4 ; Asch. et Graebn. *Syn.* II, 16 ; Coste
Fl. Fr. III, 535 = *P. aquatica* L. *Cent.* 1, 4 (*Amoen. acad.* IV, 264,
ann. 1755) p. p. ? ; Bert. *Fl. it.* I, 341 = *P. bulbosa* Cav. *Ic.* 1, 46, tab.
64 (1791) ; Presl *Cyp. et Gram. sic.* 1, 26 (1820) et *Fl. sic.* 101 ; non L.

Hab. — Berges humides de l'étage inférieur. Avril-mai. ♃. Disséminé. Plaine de Bastia à Biguglia (Salis in *Flora* XVI, 475 ; Mab. ap.
Mars. *Cat.* 159) ; Corté (Sargnon in *Ann. soc. bot. Lyon* VI, 76) ;
Ajaccio (ex Gr. et Godr. l. c. ; Sargnon l. c. 89 ; Boullu in *Bull. soc.
bot. Fr.* XXIV, sess. extr. C. et in *Ann. soc. bot. Lyon* XXIV, 75) ; Bonifacio (Salis l. c. ; Scraf. ap. Bert. *Fl. it.* 1, 341 ; et nombreux autres
observateurs).

94. **P. bulbosa** L. *Cent.* 1, 4 (*Amoen. acad.* IV, 204, ann. 1755) ;
Ten. *Fl. nap.* III, 60 (1824-29) ; Hack. *Cat. rais. Gram. Portugal* 2
(1880) ; Asch. et Graebn. *Syn.* II, 17 ; non Cav. = *P. nodosa* L. *Syst.*
ed. 13, 88 (1774) ; Gr. et Godr. *Fl. Fr.* III, 44 ; Husnot *Gram.* 4 ;
Coste *Fl. Fr.* III, 635 = *P. tuberosa* L. *Mant.* II, 557 (1771) = *P. aquatica* L. herb. ex Parl. *Fl. it.* 1, 73 ; non Bert. — Exsicc. Soleirol
n. 4897 ! ; Mab. n. 191 !

Hab. — Cultures, friches, garigues de l'étage inférieur. Mai-juin.
♃. Assez répandu. Bastia (Mab. ap. Mars. *Cat.* 159) ; entre Castellare
et Folelli (Gillot in *Bull. soc. bot. Fr.* XXIV, sess. extr. LXXIII) ; bords
du Golo (Mab. ap. Mars. l. c.) ; Patrimonio (Rotgès in litt.) ; St-Florent (Mab. exsicc. cit. et ap. Mars. l. c.) ; Calvi (Soleirol exsicc. cit. et
ap. Bert. *Fl. it.* 1, 340) ; Corté (Fouc. et Sim. *Trois sem. herb. Corse*
163) ; Ghisoni au hameau de Rosse (Rotgès in litt.) ; Ajaccio (Bubani
ap. Bert. *Fl. it.* 1, 852 ; Boullu in *Bull. soc. bot. Fr.* XXIV, sess. extr.
C) ; Bonifacio (Req. ! ; Revel. in Mars. l. c. ; Boyer *Fl. Sud Corse* 66.)

95. **P. canariensis** L. *Sp.* ed. 1, 54 (1753); Gr. et Godr. *Fl. Fr.*
III, 438; Husnot *Gram.* 3; Asch. et Graebn. *Syn.* II, 19; Coste *Fl. Fr.*
III, 536. — Exsicc. Mab. n. 492 !

Hab. — Points humides de l'étage inférieur. Mai-juill. ①. Disséminé.
Bastia (Salis in *Flora* XVI, 475; Mab. exsicc. cit. et ap. Mars. *Cat.* 158);
entre Castellare et Folelli (Gillot in *Bull. soc. bot. Fr.* XXIV, sess. extr.
LXXIII); Calvi (Fouc. et Sim. *Trois sem. herb. Corse* 163); Ghisoni
(Rotgès in litt.); Ajaccio (Boullu in *Ann. soc. bot. Lyon* XXIV, 75);
Solenzara (Fouc. et Sim. l. c.); Bonifacio (Req.!).

Le caractère subspontané de cette plante, en dehors des îles Canaries,
a été généralement admis, mais sans preuves suffisantes, ainsi que l'a
montré M. Körnicke (in Körn. et Wern. *Handb. Getreideb.* I, 242). Nous
renvoyons le lecteur à l'excellent résumé de cette question qui a été
donné par MM. Ascherson et Graebner (l. c.).

96. **P. brachystachys** Link in Schrad. *Neu. Journ. Bot.* I, 3
(1806); Gr. et Godr. *Fl. Fr.* III, 438; Husnot *Gram.* 3; Asch. et Graebn.
Syn. II, 20; Coste *Fl. Fr.* III, 536 = *P. canariensis* Brot. *Fl. lus.* I, 96
(1804) = *P. quadrivalvis* Lag. *Gen. et sp. nov.* 3 (1816); Guss. *Fl. sic.*
I, 118 = *P. nitida* Presl *Cyp. et Gram. sic.* 26 (1820); Bert. *Fl. it.* I,
338.

Hab. — Friches, garigues de l'étage inférieur. Mai-juin. ①. Disséminé; paraît moins fréquent que l'esp. précédente. Bastia (Mab. ap.
Mars. *Cat.* 159); Ajaccio (Req.! et ap. Gr. et Godr. l. c.; Boullu in
Bull. soc. bot. Fr. XXIV, sess. extr. XCVI; Coste l. c. XLVIII, sess.
extr. CIX); Bonifacio (Req.! et ap. Gr. et Godr. l. c.).

Diffère essentiellement de l'espèce précédente par les glumes supérieures réduites à de minuscules écailles. Peut-être seulement une sous-
espèce ? L'habitat est cependant différent, et nous n'avons pas vu de
formes intermédiaires.

97. **P. minor** Retz. *Obs. bot.* III, 8 (1779-91); Gr. et Godr. *Fl. Fr.*
III, 439; Husnot *Gram.* 3; Asch. et Graebn. *Syn.* II, 20; Coste *Fl. Fr.*
III, 535 = *P. bulbosa* Desf. *Fl. atl.* I, 35 (1798), non L. = *P. aquatica*
Ait. *Hort. kew.* I, 56 (1789); DC. *Fl. fr.* V, 249; Lois. *Fl. gall.* I, 46;
Dub. *Bot. gall.* 507; non L. — Exsicc. Kralik n. 830 !

Hab. — Cultures, friches, garigues de l'étage inférieur. Mai-juin. ①.
Assez répandu. Rogliano (Revel. ap. Mars. *Cat.* 159); Bastia (Req. ap.

Bert. *Fl. it.* X, 450) ; entre Castellare et Folelli (Gillot in *Bull. soc. bot. Fr.* XXIV, sess. extr. LXXIII) ; St-Florent (Bubani ap. Bert. l. c. 852) ; Ajaccio (Req. ! et ap. Gr. et Godr. l. c. ; Boullu in *Bull. soc. bot. Fr.* XXIV, sess. extr. C et in *Ann. soc. bot. Lyon* XXIV, 75) ; côte orientale (Req. !) ; Bonifacio (Req. in Bert. *Fl. it.* X, 450 ; Boy. *Fl. Sud Corse* 66).

98. **P. paradoxa** L. *Sp.* ed. 2, 1665 (1762) ; Gr. et Godr. *Fl. Fr.* III, 440 ; Husnot *Gram.* 4 ; Asch. et Graebn. *Syn.* II, 21 ; Coste *Fl. Fr.* III, 536. — Exsicc. Salzmann sub : *P. paradoxa* !

Hab. — Moissons de l'étage inférieur. Avril-mai. ①. Rare. Rogliano (Revel. in Mars. *Cat.* 159) ; Ajaccio (Boullu in *Bull. soc. bot. Fr.* XXIV, sess. extr. C).

99. **P. arundinacea** L. *Sp.* ed. 1, 80 (1753) ; Gr. et Godr. *Fl. Fr.* III, 441 ; Asch. et Graebn. *Syn.* II, 23 ; Coste *Fl. Fr.* III, 534 = *Baldingera arundinacea* Dum. *Obs. Gram. Belg.* 130 (1823) ; Husnot *Gram.* 3.

En Corse la race suivante :

†† Var. **Rotgesii** Lit. in *Bull. acad. géogr. bot.* XVIII, 100 (1909, « proles ») = *Baldingera arundinacea* Dum. var. *Rotgesii* Husnot *Gram.* 87 (1899) = *Baldingera arundinacea* « form. stat. » *Rotgesii* Fouc. et Mand. in *Bull. soc. bot. Fr.* XLVII, 99 (1900) = *P. arundinacea* f. *macra* Hack. ap. Briq. *Rech. Corse* 103 (1900). — Exsicc. Reverch. ann. 1878, n. 148 ! ; Burn. ann. 1900, n. 433 et 449 !

Hab. — Berges des torrents de l'étage subalpin, descendant parfois jusque dans la partie sup. de l'étage montagnard, 800-1600 m. Massifs centraux de l'île ; disséminé. Montagnes de Corté (Kesselmeyer ann. 1867 !) ; forêt de Casamente au bord du torrent de Casso (Rotgès, Fouc. et Mand. in *Bull. soc. bot. Fr.* XLVII, 99) ; Monte Renoso (Mab. in Mars. *Cat.* 159 ; Reverch. exsicc. cit. ; Briq. *Rech. Corse* 103 et Burn. exsicc. cit. ; Lit. *Voy.* II, 30) ; Coscione (R. Maire in Rouy *Rev. bot. syst.* II, 23) ; Aullène (Revel. ap. Bor. *Not.* II, 9).

Plante d'un vert pâle, à panicule grêle, étroite, à rameaux très courts, spiciforme (6-8 × 1-1,3 cm.) ; glumelles lancéolées ± pubescentes.

Mme Gysperger a encore signalé le *Baldingera arundinacea* aux env. immédiats de Bastia (in Rouy *Rev. bot. syst.* II, 121). Nous ne connaissons pas en Corse le *P. arundinacea* dans l'étage inférieur ; peut-être s'agit-il d'une autre variété de cette espèce ? Point à vérifier.

ANTHOXANTHUM L.

100. **A. odoratum** L. *Sp.* ed. 1, 28 (1753) ; Gr. et Godr. *Fl. Fr.* III, 442; Asch. et Graebn. *Syn.* II, 24 ; Husnot *Gram.* 2 ; Coste *Fl. Fr.* III, 553.

Hab. — Rocailles, garigues, prairies maritimes, s'élevant jusque dans l'étage alpin ; polymorphe. Avril-juillet suivant l'altitude. ♃. Répandu. — En Corse les variétés et sous-variétés suivantes.

†† α. Var. **glabrescens** Celak. *Prodr. Fl. Böhm.* 39 (1867); Asch. et Graebn. *Syn.* II, 25.

Hab. — Forêts de l'étage subalpin, rochers et rocailles de l'étage alpin, 1300-2300 m. Assez répandu dans les massifs centraux. Monte Grosso (de Calvi) (Lit. in *Bull. acad. géogr. bot.* XVIII, 100) ; Monte Rotondo aux bergeries de Timozzo (Mars. *Cat.* 159) et au sommet (Fouc. in *Bull. soc. bot. Fr.* XLVII, 99) ; Monte d'Oro (Mars. l. c.; Lutz in *Bull. soc. bot. Fr.* XLVIII, sess. extr. CXXVII) ; Monte Renoso (Revel. ap. Mab. l. c.; Kralik exsicc. infra cit., subv. *montanum* ; Reverch. exsicc. infra cit., subv. *Marsillyanum* ; Fouc. in *Bull. soc. bot. Fr.* XLVII, 99, subv. *Foucaudii* ; Briq. *Rech. Corse* 103 et Burn. exsicc. infra cit., subv. *Foucaudii* ; Lit. *Voy.* II, 30, subv. *Foucaudii*) ; et localité ci-dessous.

1906. — Capo al Chiostro, rocailles du versant E., 3 août fl. fr.! (subv. *Marsillyanum*).

On peut distinguer trois sous-variétés très notables, ainsi caractérisées :

α¹ subvar. **Foucaudii** Briq. = *A. odoratum* var. *majus* Fouc. in *Bull. soc. bot. Fr.* XLVII, 99 (1900), non Hack. — Exsicc. Burn. ann. 1900, n. 442!

Chaumes peu élevés, robustes, souvent genouillés à la base. Feuilles larges (5-7 mm.), assez fermes, entièrement dépourvues de longs poils mous ainsi que les gaînes. Panicule à rameaux inférieurs plus longs, grosse, ovoïde (3-5 × 1,2-1,5 cm.), à arêtes relat. courtes. — Cette sous-variété que nous n'avons vue jusqu'ici que du Monte Renoso (1400-2300 m.), a été assimilée par Foucaud (l. c.) à l'*A. odoratum* var. *majus* Hack. [*Cat. rais. Gram. Port.* 8 (1880); Husnot *Gram.* 2; F. Sch. Herb. norm. nov. ser. n. 1678!; Kneucker Gram. exsicc. n. 618! = *A. amarum* Brot. *Phyt. Lus.* 11, t. 4 (1801) = *A. odoratum* var. *amarum* Richt. *Pl. eur.* I, 30 (1890)]. Mais la plante du Renoso est très différente de l'*A. odoratum* var. *majus*, race des basses régions du Portugal et du nord-ouest de l'Espagne absolument étrangère à la Corse. L'*A. odoratum* var. *majus* est plus voisin de la var. *villosum*, dont il possède les gaines velues;

il s'en distingue par son port très élevé, les feuilles à limbe très large (env. 1 cm.), pourvu de poils mous épars sur les deux faces, les inférieures à bords longuement ciliés, les panicules allongées à épillets brièvement pubescents, atteignant env. 1 cm. de longueur, etc.

α^2 subvar. **montanum** Asch. et Graebn. *Syn.* II, 25 (1898). — Exsicc. Kralik n. 843!

Chaumes allongés, grêles. Feuilles molles, à limbe et gaîne dépourvus de longs poils mous, larges de 2-4 mm. Panicule à rameaux courts et à peu près de même longueur, ce qui lui donne l'apparence d'un épi long de 4-7 $\times$ 0,6-0,9 cm. — Cette sous-variété se rencontre de préférence dans les forêts ou dans les endroits ombragés (par ex. au Monte Renoso : Kralik exsicc. cit.).

α^3 subvar. **Marsillyanum** Briq. — Exsicc. Reverch. ann. 1878 sub : *A. odoratum*!

Chaumes moins élevés, raides, souvent genouillés à la base. Feuilles raides, dures, glabres, presque piquantes sur le sec. Panicule à rameaux inférieurs plus longs, ce qui donne à l'inflorescence une apparence ovoïde (2-4 $\times$ 1,2-3 cm.), à arêtes de longueur très inégale, en général plus développées que dans α^2. — Forme des rochers et rocailles en dehors des forêts et au-dessus de leur limite supérieure, que Marsilly (*Cat.* 159) avait déjà sommairement caractérisée et indiquée au Monte d'Oro, au Monte Rotondo et, d'après Revelière, au Monte Renoso. Les échant. distribués par M. Reverchon sont moins typiques que les nôtres du Capo al Chiostro.

†† β. Var. **villosum** Lois. ex DC. *Fl. fr.* VI, 247 (1815) ; Husnot *Gram.* 2 = *A. odoratum* β Lois. *Not.* 7 (1810). — Exsicc. Reverch. ann. 1879 sub : *A. odoratum*! et ann. 1885 n. 403!

Hab. — Prairies maritimes, rocailles, garigues, 1-1000 m., parfois 1500 m. Paraît assez répandu. Env. de Bastia (Salis in *Flora* XVI, 474) ; Biguglia (Sargnon in *Ann. soc. bot. Lyon* VI, 65) ; env. d'Orezza (Gillot in *Bull. soc. bot. Fr.* XXIV, sess. extr. LXXV) ; forêt d'Aïtone (Lutz l. c. XLVIII, sess. extr. CXXIX ; Reverch. exsicc. cit. n. 403) ; Vizzavona (Lutz l. c. CXXVI) ; Vico (Mars. *Cat.* 159) ; env. d'Ajaccio (Coste in *Bull. soc. bot. Fr.* XLVIII, sess. extr. CX et CXII) ; Serra di Scopamène (Reverch. exsicc. cit. ann. 1879) ; et localités ci-dessous.

1907. — Rocailles du Monte Grima Seta, 1400-1500 m., 15 mai fl.! (subv. *corsicum*); garigues entre Novella et le col de S. Colombano, 500-600., 19 avril fl.! (subv. *corsicum*).

1908. — Vallée inf. du Tavignano, pineraies, 1400 m., 26 juin fl. fr.! (subv. *corsicum*).

Glumes inférieures munies, au moins le long des nervures et des marges, de longs poils mous.

C'est à tort que Reichenbach, Koch, Ascherson et Graebner et d'autres encore ont attribué le nom de cette variété à Loiseleur *Not.* 7. Loiseleur (1. c.) s'est borné à dire de son *A. odoratum* β : « A. glumis calycinis pubescentibus ». A. P. DC., en donnant à cette variété le nom de « β *villosum* Lois. », l'a caractérisée par des glumes et des feuilles velues. Enfin Reichenbach a encore ajouté [*Ic. fl. germ. et helv.* I, 45, tab. CVI, fig. 1725 (1834)] d'autres caractères, en particulier celui des gaînes velues, ce qui donne un groupe beaucoup plus étroit que celui visé primitivement par la diagnose de Loiseleur.

β¹ subvar. **corsicum** Briq., subv. nov. = *A. odoratum* var. *corsicum* Reverch. exsicc. cit. (1885, nomen solum). — Feuilles assez molles, à limbe ± parsemé de longs poils mous, large de 2-4 mm., fortement cilié vers la ligule, à gaîne très glabre. Panicule ovoïde assez dense (2-5 × 1,2-1,5 cm.), violacée ou d'un vert jaunâtre; arêtes très courtes ou presque nulles.

β² subvar. **pilosum** Briq. = *A. villosum* Dum. *Obs. Gram. Belg.* 129 (1823) = *A. odoratum* var. *villosum* Reichb. *Ic.* 1. c. (1834); Asch. et Graebn. *Syn.* II, 26 = *A. odoratum* var. *pilosum* Doell *Rhein. Fl.* 122 (1843) et *Fl. Bad.* 228 (1858). — Diffère de la précédente par ses feuilles caulinaires à gaînes mollement pubescentes et ses glumelles longuement aristées. — Pourra se retrouver en Corse; à rechercher.

101. **A. aristatum** Boiss. *Voy. Esp.* II, 638 (1845); Hackel *Cat. rais. Gram. Portugal* 9; Husnot *Gram.* 2; Asch. et Graebn. *Syn.* II, 28; Coste *Fl. Fr.* III, 533 = *A. odoratum* var. *laxiflorum* St Am. *Fl. agen.* 13 (1821) = *A. odoratum* var. *nanum* Lloyd *Fl. Loire-inf.* 293 (1844) = *A. Puelii* Lec. et Lam. *Cat. pl. plat. centr. France* 385 (1847); Gr. et Godr. *Fl. Fr.* III, 443.

Hab. — Garigues sablonneuses de l'étage inférieur. Assez rare ou peu observé, mais abondant lorsqu'on le trouve. Avril-mai. ①. Campo di Loro (Mars. *Cat.* 159; Boullu in *Bull. soc. bot Fr.* XXIV, sess. extr. XCIX); Porto-Vecchio (Revel. ap. Bor. *Not.* II, 9; Mars. 1. c.); et localité ci-dessous.

1907. — Garigues sablonneuses entre Alistro et Bravone, 10 m., 30 avril fl. fr.!

Diffère de l'espèce précédente par la taille réduite, la racine annuelle, les deux glumelles les plus inférieures acuminées, pourvues d'un mucron dépassant souvent 0,5 mm. (mutiques dans l'*A. odoratum*), les deux glumelles supérieures à arêtes dépassant de beaucoup les glumelles inférieures. — Voy. Hackel 1. c. au sujet des caractères qui ont fait jadis séparer (p. ex. par Grenier et Godron 1. c.) les *A. aristatum* et *Puelii*, lesquels ne permettent même pas de distinguer des sous-variétés.

STIPA L.

† 102. **S. Aristella** L. *Syst.* ed. 12, III, 229 (1768); Asch. et Graebn. *Syn.* II, 102 ; Coste *Fl. Fr.* III, 577 = *Agrostis bromoides* L. *Mant.* I, 30 (1767) = *Aristella bromoides* Bert. *Fl. it.* 1, 690 (1833); Gr. et Godr. *Fl. Fr.* III, 495 ; Husnot *Gram.* 28.

Hab. — Rochers et garigues de l'étage inférieur. Mai-juin. ♃. Très rare. Montagne de Caporalino (Sargnon in *Ann. soc. bot. Lyon* VI, 74) ; Corté (Mand. et Fouc. in *Bull. soc. bot. Fr.* XLVII, 99). — Signalé antérieurement, sans indication de localité, par Parlatore (*Fl. it* 1, 170).

103. **S. tortilis** Desf. *Fl. atl.* 1, 99, tab. 31 (1798); Gr. et Godr. *Fl. Fr.* III, 492 ; Asch. et Graebn. *Syn.* II, 111 ; Husnot *Gram.* 27 ; Coste *Fl. Fr.* III, 577. — Exsicc. Thomas sub : *S. tortilis* ! ; Soleirol n. 4814 ! ; Req. sub : *S. tortilis* ! ; Kralik n. 831 ! ; Mab. n. 195 ! ; Burn. ann. 1904, n. 489 !

Hab. — Rochers et garigues de l'étage inférieur. Avril-mai. ⊙. Répandu sans être très fréquent. Rogliano (Revel. ap. Mars. *Cat.* 163) ; Bastia (Bubani ap. Bert. *Fl. it.* 1, 689 ; Bamberger ann. 1856 ! ; Mab. exsicc. cit.) ; cluse des Stretti de St-Florent (Mab. ap. Mars. l. c.; Bras in *Bull. soc. bot. Fr.* XXIV, sess. extr. LXXII) ; Ostriconi (Salis in *Flora* XVI, 475) ; Calvi (Soleirol ap. Bert. *Fl. it.* 1, 689 et exsicc. cit.; Req. ap. Bert. l. c. X, 465 ; Fouc. et Sim. *Trois sem. herb. Corse* 163) ; Corté (Req.! et ap. Gr. et Godr. l. c.) ; Marine de Porto (Lit. *Voy.* II, 18); env. d'Appietto (Burn. exsicc. cit. et Briq. *Spic.* 6) ; d'Ajaccio jusque sur les îles Sanguinaires (Bubani ap. Bert. *Fl. it.* 1, 689 ; Req. exsicc. cit.; et nombreux autres observateurs) ; Bonifacio (Kralik exsicc. cit.; Revel. ap. Mars. l. c.) ; et localité ci-dessous.

1907. — Montagne de Pedana, rochers, calc., 500 m., 14 mai fr.!

ORYZOPSIS Mich.

104. **O. miliacea** Asch. et Schweinf. in *Mém. Inst. Eg.* II, 169 (1887, date du tiré à part) ; Asch. et Graebn. *Syn.* II, 96 = *Agrostis miliacea* L. *Sp.* ed. 1, 61 (1753) = *Milium arundinaceum* Sibth. et Sm. *Prodr. fl. graec.* I, 45 (1806) = *Milium multiflorum* Cav. *Demonstr.* 36 (1802) = *Piptatherum multiflorum* Beauv. *Ess. agrost.* 173 (1812);

Gr. et Godr. *Fl. Fr.* III, 497 ; Coste *Fl. Fr.* III,579 = *Milium Thomasii* Duby *Bot. gall.* I, 505 (1828) = *Piptatherum miliaceum* Coss. *Not. pl. crit.* 129 (1851); Husnot *Gram.* 29. — Exsicc. Soleirol n. 4861 ! ; Kralik n.836 et 836 a ! ; Bourg. n. 420 ! ; Deb. ann. 1867 sub : *Piptatherum miliaceum*, et ann. 1869 sub : *P. multiflorum* ! ; Reverch. ann. 1879 sub : *P. multiflorum* ! ; Burn. ann. 1900, n. 1 !

Hab. — Rochers et maquis des étages inférieur et montagnard. 1-800 m. Juin-sept. ♃. Répandu et très abondant dans l'île entière.

1906. —Cap Corse: talus herbeux entre Rogliano et le col de Cappiaja, 250 m., 7 juill. fr. !

1908. — Montagne de Pedana, rochers, calc., 500 m., 30 juin fr. !

Le *M. Thomasii* est basé sur des échant. à rameaux inférieurs de la panicule très nombreux ne portant qu'un épillet ou complètement stériles. Cette forme (± monstrueuse, mais pas très rare) n'a aucune valeur systématique puisqu'elle se rencontre avec la forme normale sur un seul et même individu, ce que Mabille avait déjà observé (*Rech.* I, 28); elle n'est d'ailleurs pas héréditaire (voy. à ce sujet Asch. et Graebn. l. c. 97) et ne doit pas être confondue avec l'espèce suivante. Celle-ci s'en distingue par les rameaux inférieurs de la panicule à ramuscules nuls ou très peu nombreux (jusqu'à 3, rarement 4), les épillets plus volumineux (longs de 4-9, au lieu de env. 3 mm.), la glume brièvement velue pendant l'anthèse au moins à la face inférieure (glabre dans l'*O. miliacea*), etc.

O. **paradoxa** Nutt. in *Journ. acad. Philad.* III, 125 (1823); Asch. et Graebn. *Syn.* II, 98 = *Agrostis paradoxa* L. *Sp.* ed. 1, 262 (1753) = *Milium paradoxum* L. *Sp.* ed. 2, 90 (1762) = *Piptatherum paradoxum* Beauv. *Ess. agrost.* 173 (1812); Gr. et Godr. *Fl. Fr.* III, 497; Husnot *Gram.* 29; Asch. et Graebn. *Syn.* II, 97; Coste *Fl. Fr.* III, 578.

Cette espèce a été signalée en Corse par M. Lutz (in *Bull. soc. bot. Fr.* XLVIII, sess. extr. CL), sans indication précise de localité, mais par suite d'une confusion évidente avec l'état *Thomasii* de l'espèce précédente. L'*O. paradoxa* n'a pas jusqu'à présent été authentiquement constaté dans l'île.

105. **O. coerulescens** Richt. *Pl. eur.* I, 34 (1890) ; Asch. et Graebn. *Syn.* II, 99 = *Milium coerulescens* Desf. *Fl. atl.* I, 66. tab. 12 (1798) = *Piptatherum coerulescens* Beauv. *Ess. agrost.* 173 (1812); Gr. et Godr. *Fl. Fr.* III, 496 ; Husnot *Gram.* 29 ; Asch. et Graebn. *Syn.* II, 99 ; Coste *Fl. Fr.* III, 578.

Hab. — Rochers et garigues de l'étage inférieur. Avril-mai. ♃. Localisé entre Ajaccio et la Tour Parata, en particulier aux env. de la

Chapelle des Grecs (Soleirol ap. Bert. *Fl. it.* I, 389 ; Mars. *Cat.* 163 ;
Sargnon in *Ann. soc. bot. Lyon* VI, 86 ; et nombreux autres observateurs).

MILIUM L. emend.

† 106. **M. effusum** L. *Sp.* ed. 1, 61 (1753) ; Gr. et Godr. *Fl. Fr.*
III, 498 ; Husnot *Gram.* 30 ; Asch. et Graebn. *Syn.* II, 92 ; Coste *Fl. Fr.*
III, 580. — Exsicc. Reverch. ann. 1885, n. 451 ! ; Soc. roch. n. 2025 bis !

Hab.— Forêts et vernaies des étages subalpin et alpin, 1000-1600 m.
Juin-juill. ♃ . Rare et localisé. Forêt de Perticato (« Pertuato », Soleirol
ap. Bert. *Fl. it.* I, 384 ; Req. ex Parl. *Fl. it.* I, 1551) ; forêt d'Aitone
(Reverch. exsicc. cit.) ; Monte Rotondo près de la bergerie de Timozzo
(Mand. et Fouc. in *Bull. soc. bot. Fr.* XLVII, 99) ; forêt de Marmano
(Rotgès in Soc. roch. cit.).

107. **M. vernale** Marsch.-Bieb. *Fl. taur.-cauc.* I, 53 (1808) ;
Guss. *Fl. sic. prodr.* I, 56 ; Asch. et Graebn. *Syn.* II, 94 ; Coste *Fl. Fr.*
III, 580 = *Agrostis vernalis* Poir. *Encycl. suppl.* I, 259 (1810).

Diffère de l'espèce précédente par la ligule aiguë (et non pas tronquée),
la panicule spiciforme ou ovoïde, bien moins ample, à rameaux rudes
au moins dans la partie supérieure, les épillets à glumes rudes. —
En Corse la race suivante :

Var. **scabrum** Richt. *Pl. eur.* I, 34 (1890) = *M. scabrum* Rich. in
Merlet *Herb. Maine-et-Loire* 131 (1809) ; Gr. et Godr. *Fl. Fr.* III, 498 ;
Husnot *Gram.* 30 = *M. confertum* Morett. *Fl. rom.* I, 52 (1822) ; Guss.
Fl. sic. prodr. suppl. I, 14 et *Syn. fl. sic.* I, 131 ; non L. f. (plante dou-
teuse), nec Mill. (quod = *M. effusum*). — Exsicc. Solcirol n. 25 !

Hab. — Maquis humides, forêts des étages montagnard et subalpin,
descendant plus rarement dans l'étage inférieur, 1-1500 m. Avril-mai.
☉. Peu fréquent. Ile Rousse (Soulié ex Coste in *Bull. soc. bot. Fr.*
XLVIII, sess. extr. CXXIII) ; Pointe de Lisa (Soleirol ap. Bert. *Fl. it.* I,
385 et exsicc. cit.) ; gorges du Fiume di Lava, au-dessus de la route
d'Ajaccio à Vico (Mars. *Cat.* 164) ; Coscione (ex Gr. et Godr. l. c. ;
Boullu in *Ann. soc. bot. Lyon* XXIV, 76) ; Isolaccio di Fiumorbo (Salis
in *Flora* XVI, 475).

Diffère de la var. **typicum** Fiori et Paol. (= *M. vernale* M.-B., sensu stricto), par la panicule à rameaux latéraux très courts, apprimés, d'apparence spiciforme. — On trouve sans doute des formes douteuses entre les deux races, mais au total la var. *scabrum* est assez caractérisée. Son aire est nettement occidentale, la Corse et la Sicile formant la limite orientale. Pour ces motifs, nous croyons qu'en réduisant ce groupe au rang de simple forme, MM. Ascherson et Graebner (l. c.) ont été un peu trop loin.

CRYPSIS Ait.

108. **C. aculeata** Ait. *Hort. kew.* ed. 1, 48 (1789) ; Gr. et Godr. *Fl. Fr.* III, 445 ; Husnot *Gram.* 5 ; Asch. *Syn.* II, 122 ; Coste *Fl. Fr.* III, 537 = *Schoenus aculeatus* L. *Sp.* ed. I. 42 (1753). — Exsicc. Mab. n. 288 !

Hab. — Marais saumâtres. Juill.-août. ①. Très rare. Marais de Barcaggio sous Ersa (Mab. exsicc. cit. et ap. Mars. *Cat.* 159) ; marais de Capo-di-Padule à Porto-Vecchio (Mab. ap. Mars. l. c.).

HELEOCHLOA Host

109. **H. schoenoides** Host *Gram. austr.* 1, 23 (1801) = *Phleum schoenoides* L. *Sp.* ed. 1, 60 (1753) = *Crypsis schoenoides* Lamk *Illustr.* I, 166, tab. 42 fig. 1 (1791) ; Gr. et Godr. *Fl. Fr.* III, 445 ; Husnot *Gram.* 5 ; Asch. *Syn.* II, 123 ; Coste *Fl. Fr.* III, 537.

Hab.— Marais de l'étage inférieur. Juill.-août. ①. Indiqué dubitativement par Revelière (in Mab. *Cat.* 159) aux marais de Capo-di-Padule, à Porto-Vecchio. La présence de cette espèce, fréquente sur le littoral de la Provence et de l'Italie, est quasi-certaine en Corse. A rechercher.

110. **H. alopecuroides** Host *Gram. austr.* I, 77 (1801) = *Crypsis alopecuroides* Schrad. *Fl. germ.* I, 167 (1806) ; Gr. et Godr. *Fl. Fr.* III, 444 ; Husnot *Gram.* 5 ; Asch. *Syn.* II, 124 ; Coste *Fl. Fr.* III, 538.

Hab. — Mares à périodes d'inondation hivernale de l'étage inférieur. Août-sept. ①. Rare. Aleria (ex Gr. et Godr. l. c.) ; grande île Lavezzi (Mars. *Cat.* 159). — A rechercher, malheureusement, comme pour les deux espèces précédentes, pendant la saison où sévit la fièvre paludéenne, ce qui explique le peu de renseignements que l'on ait au sujet de ces espèces.

PHLEUM L. emend.

111. P. pratense L. *Sp*. ed 1, 59 (1753) ; Gr. et Godr. *Fl. Fr*. III,
446; Coste *Fr. Fr.* III, 540 = *P. pratense* subsp. *vulgare* Asch. et Graebn.
Syn. II, 142; Coste *Fl. Fr.* III, 540. — En Corse, les deux races suivantes :

α. Var. **nodosum** Schreb. *Gräs*. I, 102 (1769) ; Gaud. *Fl. helv*. I, 161 ;
Gr. et Godr. *Fl. Fr*. III, 446 ; Husnot *Gram*. 7; Asch. et Graebn. *Syn*.
II, 142 = *P. nodosum* L. *Syst*. ed. 10, 871 (1759).

Hab. — Indiqué seulement aux env. de Bastelica par Revelière (in
Mars. *Cat*. 160), et à Ghisoni, au hameau de Rosse (Rotgès in litt.). A
rechercher dans l'étage montagnard, au voisinage des ruisseaux.

Chaume presque toujours épaissi à la base, en forme de bulbe, à
épaississement basilaire peu chevelu, épais de 1-4 mm., généralement
élevé (20-50 cm.). Epi long de 3-8 cm., large de 5-7 mm.

† β. Var. **brachystachyum** Salis in *Flora* XVI, 475 (1833) = *P. pratense* var. *abbreviatum* Boiss. *Voy. Esp*. II, 633 (1845) = *P. microstachyum* Nym. in *Bot. Not.* ann. 1851, 670, et *Syll. fl. eur*. 428 = *P.
pratense* var. *microstachyum* Hack. ap. Briq. *Rech. Corse* 103 (1901). —
Exsicc. Burn. ann. 1900 n. 352! et 1904 n. 477!

Hab. — Rocailles, gazons et pozzines, 1500-2700 m. Juin-août. ♃ .
Abondant dans les massifs centraux. Monte Padro (Salis in *Flora* XVI,
475) ; Monte Rotondo (Salis l. c. ; Lit. in *Bull. acad. géogr. bot*. XVIII,
100) ; Pointe de Grado (Briq. *Spic*. 6 et Burn. exsicc. ann. 1904) ;
Monte Renoso (Briq. *Rech. Corse* 103 et Burn. exsicc. ann. 1900 ; Lit.
Voy. II, 28) ; et localités ci-dessous.

1906. — Rocailles entre le Capo Ladroncello et le col d'Avartoli,
2000 m., 27 juill. fl.!; berges du Lago Maggiore au-dessous du Capo al
Berdato, 2300 m., 7 août fl.!; arêtes entre le Capo Largina et le Monte
Cinto, dans les cheminées humides, 2500-2700 m., 29 juill.!; rocailles
au sommet du Paglia Orba, 2525 m., 9 août fl.!; Capo al Chiostro,
gazons humides, 2100 m., 3 août fl.!; berges des ruisselets entre
les bergeries de Grotello et le lac Melo, 1600 m., 4 août fl.!; rocailles
au bord du lac Cavaccioli, et de là en montant au lac Scapuccioli,
2200-2400 m., 6 août fl. fr.!; gazons au col de la Cagnone, 1750 m.,
d'où il descend dans les hêtraies du vallon de Cappiajola, 1500 m.,
21 juill. fl.!; Pointe de Monte, vernaies du versant W., 1700 m., 20
juill. fl.!; berges d'une source sur le versant W. du Mont Incudine,
1700 m., 18 juill. fl.!

Cette remarquable race, spéciale à notre connaissance à l'étage alpin
de l'Espagne (Sierra Nevada) et de la Corse, avait déjà été parfaitement comprise par Salis, dont les observations étaient tombées dans
l'oubli. Elle se distingue par la ténuité de toutes ses parties, les
chaumes grêles, hauts de 5-20 cm., à rhizomes épaissis, mais non
bulbeux, rameux, chevelus-fibreux, les feuilles très étroites (0,5-2 mm.),
les épis beaucoup plus petits, courts, le plus souvent ovoïdes-ellip-
tiques, longs de 0,5-1,5 cm., larges de 4-5 mm. — Salis avait aussi
mentionné les variations qu'affecte cette race : « Pedale erectum in
udis Mᴵˢ Patro » et « Caespitosum, culmos plurimos humiles decumbentes
protrudens. Ad lacum supremum in Mᶜ Rotondo, circ. 7000' s. m. ». Les
échant. descendus jusque dans la région des forêts sont plus pâles,
à épis verts; ceux des stations ouvertes ont un épi violacé et rappellent
beaucoup comme port l'*Oreochloa pedemontana*.

112. **P. alpinum** L. *Sp.* ed. 1, 59 (1753); Gr. et Godr. *Fl. Fr.* III,
447; Husnot *Gram.* 7; Coste *Fl. Fr.* III, 540 = *P. pratense* subsp. *alpinum* Asch. et Graebn. *Syn.* II; 144.

Hab. — Rocailles et replats herbeux des rochers de l'étage alpin,
1800-2700 m. Juillet-août. ♃. Localisé et assez rare dans les massifs
centraux du Cinto, du Rotondo et du Renoso.

Cette espèce nous paraît suffisamment distincte de la précédente
par les feuilles presque lisses, les supérieures à gaines fortement en-
flées-ventrues, les glumes longuement aristées à arête aussi longue ou
presque aussi longue que la glume, l'épi plus gros et plus trapu. — En
Corse les deux variétés suivantes:

α. Var. **genuinum** Briq. = *P. alpinum* L. sensu stricto.

Hab. — Monte Grosso (de Calvi) (Soleirol ap. Bert. *Fl. it.* 1, 354);
Monte Cinto (Lit. in *Bull. acad. géogr. bot.* XVIII, 100); Capo Falo,
(Lit. l. c.); Paglia Orba (Lit. l. c.); Punta Artica (Lit. l. c.); Monte
Rotondo (Mars. *Cat.* 160; Soulié ex Coste in *Bull. soc. bot. Fr.* XLVIII,
sess. extr. CXXIII); Lit. l. c.); Monte Renoso (Revel. ap. Mars. l. c.;
Rotgès, Mand. et Fouc. in *Bull. soc. bot. Fr.* XLVII, 99; Lit. l. c,);
Monte Grosso (de Bastelica) (Mab. ap. Mars. l. c.).

Plante relat. élevée (15-40 cm.). Epis volumineux, ovoïdes ou ovoïdes-
cylindriques, mesurant env. 1-3 × 0,8-1 cm.; glumes à arête longue de
3-4 mm. — On peut distinguer les deux sous-var. suivantes, reliées par
des formes intermédiaires.

α¹ subvar. **typicum** Briq. = *P. alpinum* var. *typicum* Beck *Fl. Nieder-Öst.*
55 (1890). — Glumes et arêtes mollement ciliées-velues.

α² subvar. **commutatum** Asch. et Graebn. *Syn.* II, 145 (1899) = *P.*

Gaud. in *Alpina* III, 4 (1808) et *Agrost. helv.* I, 166. — Arêtes des glumes seulement rudes, non ciliées-velues.

β. Var. **parviceps** Briq., var. nov. — Exsicc. Burn. ann. 1900 n.411!

Hab. — Rocailles du Monte Cinto, 2700 m. (Briq. *Rech. Corse* 103 et exsicc. cit.).

Herba valde reducta, tantum 5-18 cm. alta, caule tenui, gracili. Spica ovoideo-cylindrica, parva, quam in var. praecedente bis minor, sect. long. tantum 5-15 × 3-5 mm.; glumarum aristae 1-2 mm. longae, glumae ipsae 1-2 mm. longae.

Cette remarquable petite race est l'équivalent du *P. pratense* var. *brachystachyum* et méritait d'être distinguée.

113. P. phleoides Simonk. *En. fl. Transs.* 563 (1886); Rendle et Britten *List brit. seed-plants* 354; Schinz et Thell. in *Bull. Herb. Boiss.* 2e sér.VII, 104; Schinz et Kell. *Fl. Suisse*, éd. fr. 1, 46 = *Phalaris phleoides* L. *Sp.* ed. 1, 55 (1753) = *P. Boehmeri* Wib. *Prim. fl. werth.* 125 (1799); Gr. et Godr. *Fl. Fr.* III, 446; Husnot *Gram.* 7; Asch. et Graebn. *Syn.* II, 147; Coste *Fl. Fr.* III, 540 = *P. phalaroides* Koeler *Gram.* 52 (1802).

Hab. — Friches et garigues de l'étage inférieur. Juin-juill. ♃. Rare. Calenzana (Soleirol ap. Bert. *Fl. it.* 1, 357); Bonifacio (Seraf. ap. Bert. l. c.). A rechercher.

114. P. paniculatum Huds. *Fl. angl.* ed. 1, 23 (1762); Asch. et Graebn. *Syn.* II, 152; Schinz et Kell. *Fl. Schw.* éd. 2, 1, 39; Hack. et Briq. in *Ann. Cons. et Jard. bot. Genève* X, 36 = *P. viride* All. *Fl. ped.* II, 232 (1785) = *Phalaris aspera* Retz. *Obs.* IV, 14 (1786) = *P. asperum* Jacq. *Coll. bot.* 1, 110 (1786); Gr. et Godr. *Fl. Fr.* III, 447; Husnot *Gram.* 7; Coste *Fl. Fr.* III, 539. — Exsicc. Sieber sub : *P. asperum*!

Hab. — Friches et garigues des étages inférieur et montagnard. s'élève parfois dans l'étage subalpin, 1-1400 m. Avril-juill. suivant l'altitude. ⊕. Rare ou peu observé. Caporalino (Mand. et Fouc. in *Bull. soc. bot. Fr.* XLVII, 99); Corté (Fouc. et Sim. *Trois sem. herb. Corse* 163); Monte d'Oro (Sieber exsicc. cit., forme réduite); Ajaccio (Req. ann. 1848!; Fouc. et Sim. l. c.).

P. **crypsoides** Hack. in *Bull. soc. bot. Fr.* XXXIX, 274 (1892); Rouy ibid. = *Phalaris crypsoides* Urv. *Enum. pl. Arch.* 7 (1822) = *Maillea Urvillei* Parl. *Pl. nov.* 31 (1842) = *Maillea crypsoides* Boiss. *Fl. or.* V, 479 (1884).

6

Cette espèce grecque et africaine (Raphti) a été indiquée en Corse par M. Husnot (*Gram.* 4), puis par M. Coste (*Fl. Fr.* III, 536), nous ignorons sur la foi de quels renseignements. A notre connaissance, le *P. crypsoides* n'a été aperçu en Corse par aucun observateur. — On trouve en Sardaigne, à Arena major, près de Santa Teresa Gallura (Reverch., Pl. de Sard. ann. 1881 n. 149! et Soc. dauph. n. 3915!) un *Phleum* critique dont M. Hackel a d'abord fait (in Barb. *Fl. sard. comp.* 66) un *Maillea Urvillei* var. *sardoa* Hack., puis (in *Bull. soc. bot. Fr.* XXXIX, 274) un *P. sardoum* Hack. La première de ces opinions — qui fait du *Phleum* sarde une race occidentale du *P. crypsoides* — est partagée par M. Rouy (*P. crypsoideum* var. *sardoum* Rouy ibid. 274). Peut-être est-ce par suite d'une confusion géographique, basée sur cette Graminée sarde, que le *Maillea crypsoides* a été indiqué en Corse?

ALOPECURUS L.

A. utriculatus Pers. *Syn.* I, 80 (1805); Gr. et Godr. *Fl. Fr.* III, 451; Husnot *Gram.* 6; Asch. et Graebn. *Syn.* II, 128; Coste *Fl. Fr.* III, 542 = *Phalaris utriculata* L. *Syst.* ed. 10, 461 (1759).

Espèce indiquée vaguement en Corse par Loiseleur (*Fl. gall.* ed. 2, I, 40) et qui, à notre connaissance, n'y a été rencontrée par aucun observateur.

† 115. **A. myosuroides** Huds. *Fl. angl.* ed. 1, 23 (1762, anni initio); Asch. et Graebn. *Syn.* II, 130; Schinz et Kell. *Fl. Schw.* éd. 2, I, 40; Hack. et Briq. in *Ann. Cons. et Jard. bot. Genève* X, 33; Rendle et Britten *List brit. seed-plants* 35 = *A. agrestis* L. *Sp.* ed. 2, 89 (1762, versus finem anni); Gr. et Godr. *Fl. Fr.* III, 450; Husnot *Gram.* 6; Coste *Fl. Fr.* III, 542.

Hab. — Friches, points humides de l'étage inférieur. Mai-juillet. ①. Rare ou peu observé. Vallée du Fango (Petit in *Bot. Tidsskr.* XIV, 248); Bastia (Salis in *Flora* XVI, 475; Romagnoli ex Deb. *Not.* 115); St-Florent (Petit l. c.); Calvi (Soleirol ex Bert. *Fl. it.* I, 371).

† 116. **A. pratensis** L. *Sp.* ed. 1, 60 (1753); Gr. et Godr. *Fl. Fr.* III, 450; Husnot *Gram.* 5; Asch. et Graebn. *Syn.* II, 131; Coste *Fl. Fr.* III, 542.

Hab. — Points humides de l'étage inférieur. Mai. ♃. Très rare. Girolata (Soleirol ap. Bert. *Fl. it.* I, 369). Probablement plus répandu et à rechercher.

117. **A. bulbosus** Gouan *Hort. monsp.* 37 (1762); L. *Sp.* ed. 2,

1665 (1763) ; Gr. et Godr. *Fl. Fr.* III, 451 ; Husnot *Gram.* 6 ; Asch. et
Graebn. *Syn.* II, 135 ; Coste *Fl. Fr.* III, 543. — Exsicc. Reverch. ann. 1879
sub : *A. bulbosus* !

Hab. — Prairies maritimes, fossés de l'étage inférieur, points humi-
des de l'étage montagnard. Mai-juill. ⚥. Disséminé. De Bastia (Mab.
ap. Mars. *Cat.* 160) à Biguglia (Salis in *Flora* XVI, 475) ; S¹-Florent
(Soleirol ex Bert. *Fl. it.* I, 373) ; Caniccia près de Ghisoni (Rotgès in
Bull. soc. bot. Fr. XLVII, 99) ; marais de Quenza (Reverch. exsicc. cit.);
Bonifacio (Revel. ap. Mars. l. c.) ; et localités ci-dessous.

1907. — Berges des fossés à Ghisonaccia, 10 m., 8 mai fl.! ; pré
humide à Solenzara, 5 m., 3 mai fl.!

SPOROBOLUS R. Br.

118. S. arenarius Duv.-Jouv. in *Bull. soc. bot. Fr.* XVI, 294
(1869) ; Asch. et Graebn. *Syn.* II, 169 ; Hack. et Briq. in *Ann. Cons.
et Jard. bot. Genève* X, 37 = *Agrostis arenaria* Gouan *Ill.* 3 (1773) =
Phalaris disticha Forsk. *Fl. aeg.-arab.* 17 (1775) = *Agrostis pungens*
Schreb. *Beschr. Gräs.* II, 46 (1779) = *Vilfa pungens* Beauv. *Ess.
agrost.* 182 (1812) = *S. pungens* Kunth *Rev. Gram.* I, 68 (1829) et
Enum. I, 210 ; Gr. et Godr. *Fl. Fr.* III, 488 ; Husnot *Gram.* 25 ; Coste
Fl. Fr. III, 572. — Exsicc. Sieber sub : *Agrostis pungens* ! ; Requien
sub : *Sporobolus pungens* ! ; Billot n. 2581 ! ; Deb. ann. 1868 et 1869
sub. : *S. pungens* !

Hab. — Sables maritimes. Juin-août ⚥. Assez commun de Bastia à
Bonifacio, sur les deux côtes, là où les conditions du milieu le permettent.

POLYPOGON ¹ Desf.

119. P. monspeliense Desf. *Fl. atl.* I, 67 (1798) ; Gr. et Godr.
Fl. Fr. III, 490 ; Husnot *Gram.* 26 ; Asch. et Graebn. *Syn.* II, 160 ;
Coste *Fl. Fr.* III, 575 = *Alopecurus monspeliensis* L. *Sp.* ed. 1, 61 (1753).
— Exsicc. Sieber sub : *P. monspeliensis* ! ; Req. sub : *P. monspeliensis* !

Hab. — Bords des eaux, points humides de l'étage inférieur. Mai-
juin. ①. Commun du Cap Corse jusqu'à Bonifacio.

---

¹ Desfontaines a créé un nom neutre, ce qui est, il est vrai, contraire à l'étymologie,
mais ne suffit pas pour motiver un changement.

120. P. maritimum Willd. in *Neue Schr. Ges. naturf. Fr. Berl.*
III, 442 (1801); Richt. *Pl. eur.* I, 41; Asch. et Graebn. *Syn.* II, 161.
Deux sous espèces :

I. Subsp. **maritimum** Brig. = *P. maritimum* Gr. et Godr. *Fl. Fr.*
III, 490 ; Coste *Fl. Fr.* III, 574 = *P. monspeliense* subsp. *maritimum*
Husnot *Gram.* 26 (1897). — Exsicc. Soleirol n. 40 ! et 4848 ! ; Req. sub :
P. maritimum ! ; Kralik n. 832 et 833 ! ; Mab. n. 24 !

Hab. — Points humides ou frais au voisinage de la mer. Mai-juin. ①.
Commun du Cap Corse à Bonifacio.

Panicule généralement non enveloppée par la gaîne supérieure; article
supérieur des pédicelles épaissi, aussi long que large et bien plus
court que l'article inférieur.

II. Subsp. **subspathaceum** Asch. et Graebn. *Syn.* II, 162 (1899)
= *P. subspathaceum* Req. in *Ann. sc. nat.* sér. 1, V, 386 (1825); Gr. et
Godr. *Fl. Fr.* III, 490 ; Husnot *Gram.* 26 ; Coste *Fl. Fr.* III, 574 =
P. maritimum var. *subspathaceum* Dub. *Bot. gall.* 508 (1828); Parl. *Fl.
it.* I, 200. — Exsicc. Req. sub : *P. subspathaceum* ! ; Kralik n. 833 *a* ! ;
Mab. n. 25 ! ; Soc. roch. n. 4810 !

Hab. — Comme la sous-esp. précédente, et presque aussi fréquent.
Cap Corse à Santa Severa (Fouc. et Sim. *Trois sem. herb. Corse* 163) ;
vallon du Fango (Doûmet in *Ann. Hér.* V, 214) ; St-Florent (Fouc. et
Sim. l. c.) ; Pietra-Moneta (Fouc. et Sim. l. c.) ; Ile Rousse (N. Roux in
Bull. soc. bot. Fr. XLVIII, sess. extr. CXLV) ; Ile Mezzomare (Boullu in
Bull. soc. bot. Fr. XXVI, 82 ; Lutz in *Bull. soc. bot. Fr.* XLVIII, sess.
extr. CXXXVII) ; fréquent aux env. d'Ajaccio, en particulier à la Chapelle des Grecs (Mab. *Rech.* I, 28 et exsicc. cit. ; Coste in Soc. roch.
cit.; et divers autres observateurs) ; Iles de Cavallo et de Lavezzi (Req.
in *Ann. sc. nat.* l. c., exsicc. cit. et ap. Gr. et Godr. l. c.; Kralik
exsicc. cit.) ; Bonifacio (Boy. *Fl. Sud Corse* 66) ; et localité ci-dessous.

1907. — Cap Corse : talus herbeux au col de Cappiaja près de Rogliano, 300 m., 7 juill. Ir. !

Panicule le plus souvent enveloppée à la base (au moins au début
de l'anthèse) par la gaîne très élargie de la feuille supérieure ; article
supérieur des pédicelles épaissi, le plus souvent trois fois plus long que
large, et plus long que l'article inférieur. — Grenier et Godron ont
déjà fait remarquer l'inconstance du caractère des gaînes enveloppantes.

MM. Ascherson et Graebner ont attiré l'attention sur la présence des poils écailleux des glumes qui existent également dans la sous-esp. *maritimum*. La hauteur d'insertion de l'arête varie quelque peu dans les deux groupes. La différence dans la hauteur de l'articulation du pédicelle paraît plus constante. En tenant compte de l'ensemble des caractères, le *P. subspathaceum* nous paraît avoir été estimé correctement en tant que sous-espèce par MM. Ascherson et Graebner.

AGROSTIS L. emend.

121. **A. verticillata** Vill. *Prosp.* 16 (1779) et *Hist. pl. Dauph.* II, .74; Gr. et Godr. *Fl. Fr.* III, 482; Husnot *Gram.* 22; Asch. et Graebn. *Syn.* II, 177; Coste *Fl. Fr.* III, 571.— Exsicc. Solcirol n. 4869!; Kral. n. 835 a!; Deb. ann. 1869, sub : *A. verticillata*!; Mab. n. 297!

Hab. — Lieux humides, berges des torrents, surtout des étages inférieur et montagnard, de 1-1000 m., s'élève pourtant exceptionnellement jusque dans l'étage alpin : grèves du lac Oriente du Rotondo, 2058 m. (Mab. exsicc. cit.). Juin-sept. suivant l'altitude. ♃. Très répandu dans l'île entière.

1906. — Montée d'Omessa au col de Bocca al Pruno, rochers le long du torrent, 300-600 m., 15 juill. fr.!

1908. — Vallée inférieure du Tavignano, sources, 5-700 m., 26 juin fl.!

122. **A. alba** L. *Sp.* ed. 1, 63 (1753); Huds. *Fl. angl.* ed. 1, 27; Gr. et Godr. *Fl. Fr.* III, 480; Husnot *Gram.* 22; Asch. et Graebn. *Syn.* II, 172; Coste *Fl. Fr.* III, 571. — En Corse, les variétés suivantes :

α. Var. **genuina** Godr. *Fl. Lorr.* III, 138 (1844); Gr. et Godr. *Fl. Fr.* III, 481; Asch. et Graebn. *Syn.* II, 174 (1899).— Exsicc. Reverch. ann. 1879, n. 200!; Burn. ann. 1900, n. 163!

Hab.— Bords des eaux, points humides (au moins d'une façon intermittente) des étages inférieur et montagnard, s'élève dans les stations plus sèches de l'étage subalpin, 1-1500 m. Juin-août suivant l'altitude. ♃. Disséminé. Rogliano (Revel. ap. Mars. *Cat.* 162); env. de Bastia (Salis in *Flora* XVI, 475; Mab. ap. Mars. l. c.; Shuttl. *Enum.* 22); Corté, à l'entrée de la vallée de la Restonica (Briq. *Rech. Corse* 16 et Burn. exsicc. cit.); forêt de Marmano (Rotgès in litt.); marais de Quenza (Reverch. exsicc. cit.); Ajaccio (Boullu in *Bull. soc. bot. Fr.* XXIV, sess. extr. XCII); et localités ci-dessous.

1906. — Berges des torrents en montant d'Omessa au col de Bocca al Pruno, 300 - 600 m., 15 juill. fr.!; lieux humides entre Tralonca et Santa Lucia di Mercurio, 700-800 m., 30 juill. fr.!; Pointe de Monte, junipéraies du versant W., 1500 m., 20 juill. (jeunes fl.)!

Plante basse ou élevée, mais ne dépassant guère 60 cm., à tige dressée; feuilles larges de 1-3 mm.; panicule haute de 5-10(-15) cm., pâle ou colorée. — On peut distinguer à l'intérieur de cette variété une sous-var. flavida Asch. et Graebn. (l. c.) à épillets pâles, et une sous-var. diffusa Asch. et Graebn. (l. c.) à épillets colorés, sans parler des variations dans le port.

β. Var. stolonifera Sm. *Engl. Fl.* 1, 93 (1829) p. p.; Mey. *Chl. hannov.* 655 (1836); Husnot *Gram.* 22 = *A. alba* var. *prorepens* Asch. et Graebn. *Syn.* II, 175 (1899).

Hab. — Rogliano (Revel. in Mars. *Cat.* 162).

Plante moins élevée, à tige couchée, souvent à nombreux ramuscules latéraux, radicante-rampante. Feuilles molles, planes, d'un vert tendre. Panicule ± contractée. — Revelière a assimilé cette forme à l'*A. alba* var. maritima Mey. [*Chl. hanov.* 656 (1836); Gr. et Godr. *Fl. Fr.* III, 481; Asch. et Graebn. *Syn.* II, 176)]. Mais cette dernière, fort voisine il est vrai, est une plante qui croît exclusivement dans les sables maritimes, et se distingue par ses feuilles glaucescentes, dures et très étroites. Elle pourrait être recherchée en Corse.

† 123. **A. castellana** Boiss. et Reut. *Diagn. pl. hisp.* 26 (1842); Hack. *Cat. rais. Gram. Port.* 14 et in *Allg. bot. Zeitschr.* VII, 10 (1901); Husnot *Gram.* 87; Coste *Fl. Fr.* III, 570.

M. Hackel a le premier montré (*Cat. rais. Gram. Port.* l. c.) que les *A. castellana* Boiss. et Reut. et *A. olivetorum* Gr. et Godr. représentent les deux races mutique et aristée du même type spécifique. Ultérieurement (1901), le même auteur a établi l'identité des *A. olivetorum* Gr. et Godr. et *byzantina* Boiss. M. Hackel rejette la réunion opérée par MM. Ascherson et Graebner des *A. castellana* et *olivetorum* avec l'*A. alba*, en faisant remarquer que ces auteurs font figurer deux fois la même plante d'abord sous le nom d'*A. alba* II b *olivetorum*, et ensuite sous le nom d'*A. byzantina*. — Après examen d'abondants matériaux de toute l'aire de l'espèce, nous ne pouvons qu'approuver M. Hackel. L'*A. castellana* se distingue très facilement de l'*A. alba* sous toutes ses formes par les feuilles basilaires très étroites, les suivantes enroulées-sétacées et très fines, la panicule plus grêle, à rameaux capillaires, à épillets plus longs, la glumelle inférieure env. trois fois plus courte que la supérieure, et le mode de végétation gazonnant. Le port rappelle beaucoup l'*A. canina* (ainsi que l'ont avancé Grenier et Godron, puis Boissier), lequel s'en distingue par les feuilles basilaires nettement sétacées-enroulées, l'absence de la glumelle supérieure, la glume inférieure plus grande que la supérieure, etc. L'*A. castellana* ne peut être confondu avec l'*A. vulgaris* dont les feuilles sont toutes planes, et la ligule tronquée, trois fois plus courte. — En Corse la variété suivante :

† Var. **mutica** Hack. *Cat. rais. Gram. Port.* 14 (1880) ; Husnot *Gram.* 87 = *A. byzantina* Boiss. *Diagn. pl. or.* sér. 1, XIII, 46 (1853), et *Fl. or.* V, 515 = *A. olivetorum* Gr. et Godr. *Fl. Fr.* III, 483 (1856) = *A. alba* var. *castellana* subvar. *olivetorum* Asch. et Graebn. *Syn.* II, 75 (1899) et *A. byzantina* Asch. et Graebn. l. c. 188 = *A. castellana* subsp. *byzantina* Hack. in *Allg. bot. Zeitschr.* ann. 1901, 10. — Exsicc. Mab. n. 404 ! ; Burn. ann 1900, n. 199 et 441 !

Hab.— Garigues, rocailles, rochers, forêts de l'étage montagnard et de l'étage subalpin, rarement plus haut, 600-1500 (-1941 m.). Juin-août. ♃. Répandu des montagnes du cap Corse jusqu'à celles de Bastelica. Cap Corse (Gysperger in Rouy *Rev. bot. syst.* II, 110) ; au Pigno (Mab. exsicc. cit.) ; Monte Grosso (de Calvi), 1941 m. (Lit. in *Bull. acad. géogr. bot.* XVIII, 101) ; base du Monte Cinto sur Lozzi (Lit. *Voy.* II, 8) ; col et Capo di Cocavera (Lit. in *Bull.* cit.) ; forêt de Valdoniello (Lit. in *Bull.* cit.) ; vallée de la Restonica (Briq. *Rech. Corse* 104 et Burn. exsicc. cit.) ; col de Manganello, versant S. (Lit. *Voy.* II, 25) ; hêtraies du Monte Renoso (Briq. l. c. et Burn. exsicc. cit.) ; et localités ci-dessous.

1906. — Rocailles de la Cima al Cucco, 1104 m., 15 juill. fr.! ; berges d'un torrent en descendant du vallon de Terrigola sur Castiglione, 1400 m., 31 juill. fr.! ; rocailles au bord du torrent près de la résinerie de la forêt d'Asco, rive droite, 950 m., 28 juill. fr.! ; rochers au bord du torrent en montant de Bonifatto à la bergerie de Spasimata, 1200 m., 12 juill. fr.! [« échant. correspondant très bien avec le type de Boissier » (Hack. in litt.)] ; lieux arides de la partie inf. du vallon de Manganello, 900-1000 m., 18 juill. fr.! ; rochers près des bergeries de Tortetto à l'extr. sup. du vallon de l'Anghione, 1300-1400 m., 12 août fr.! ; rochers sur le versant S. du col de Vizzavona, 900 m., 21 juill. fr.! [« Forme à glumelle supérieure plus courte que dans le type » (Hack. in litt.)].

On peut distinguer deux sous-variétés :

α¹ subvar. **typica** Briq. — Panicule à épillets tous mutiques. — C'est à cette sous-var. que se rapportent toutes les localités citées ci-dessus.

α² subvar. **mixta** Briq. = *A. castellana* var. *mixta* Hack. *Cat. rais. Gram. Port.* 14 (1880) ; Husnot *Gram.* 87. — Panicule à épillets dimorphes, les uns aristés, les autres mutiques. — Découverte dans la forêt de Bastelica par M. de Litardière (*Voy.* II, 34) le 17 juill. 1907 ! et retrouvée par nous dans la vallée de la Melaja, rocailles des pineraies, 900 m., le 5 juill. 1908 fl. fr. ! — Cette sous-var. est intéressante en ce qu'elle établit le passage à l'*A. castellana* var. **genuina** Hack., à épillets tous aristés, laquelle n'a pas encore été rencontrée en Corse.

† 124. **A. vulgaris** With. *Arr. brit. pl.* 132 (1776) ; Gr. et Godr. *Fl. Fr.* III, 482 ; Asch. et Graebn. *Syn.* II, 179 ; Husnot *Gram.* 22 ; Coste *Fl. Fr.* III, 570.

Hab. — Rocailles, clairières des maquis de l'étage montagnard, 600-1200 m. Juin-juill. ♃. Rare ou peu observé. Commun sur les sommités du cap Corse (Salis in *Flora* XVI, 475) ; S. Gavino di Carbini (Lutz in *Bull. soc. bot. Fr.* XLVIII, 57).

Bertoloni a encore indiqué l'*A. vulgaris* à Bonifacio d'après Bubani, aux env. de Bastia, Calvi et Orezza d'après Soleirol (*Fl. it.* I, 406) et aux env. d'Ajaccio d'après Requien (*Fl. it.* X, 453). Mais cet auteur confondait les *A. alba* et *vulgaris*, et il est probable que ces localités se rapportent plutôt à l'*A. alba* qu'à l'*A. vulgaris*.

† 125. **A. canina** L. *Sp.* ed. 1, 62 (1753) ; Gr. et Godr. *Fl. Fr.* III, 483 ; Asch. et Graebn. *Syn.* II, 183 ; Husnot *Gram.* 23 ; Coste *Fl. Fr.* III, 570.

Hab. — Forêts des étages montagnard et subalpin, 500-1500 m. Calcifuge. Juill.-août. ♃. Très rare, voy. les variétés ci-dessous.

† α. Var. **genuina** Gr. et Godr. *Fl. Fr.* III, 484 (1856) ; Asch. et Graebn. *Syn.* II, 184.

Hab. — (Montagnes de) Calvi (Soleirol ex Bert. *Fl. it.* I, 397) ; Prunelli di Fiumorbo (Mand. et Fouc. in *Bull. soc. bot. Fr.* XLVIII, 99).

Plante verte, à glumes longues d'env. 2 mm. ; glumelles pourvues d'une longue arête genouillée.

†† β. Var. **mutica** Gaud. *Fl. helv.* I, 182 (1828) ; Asch. et Graebn. *Syn.* II, 186 = *A. capillaris* All. *Fl. ped.* II, 233 (1785) = *A. canina* var. *Allionii* Richt. *Pl. eur.* I, 45 (1890). — Exsicc. Burn. ann. 1900, n. 231 !

Hab. — Montée du Pont du Dragon à la bergerie de Timozzo (Briq. *Rech. Corse* 104 et exsicc. cit.).

Comme la race précédente, mais à glumelles mutiques.

126. A. rupestris All. *Fl. ped.* II, 237 (1785) ; Gr. et Godr. *Fl. Fr.*
III, 485 ; Husnot *Gram.* 24 ; Asch. et Graebn. *Syn.* II, 189 ; Coste
Fl. Fr. III, 569 = *A. setacea* Vill. *Hist. pl. Dauph.* II, 76 (1787), non
Curt. = *A. alpìna* Willd. *Sp. pl.* I, 368 (1797) ; Dub. *Bot. gall.* I, 504 ;
Bert. *Fl. it.* I, 398 ; non Scop. — Exsicc. Mab. n. 297 ! ; Burn. ann. 1900
n. 126, 266 et 348 !

Hab. — Rochers et rocailles de l'étage alpin, plus rarement dans
l'étage subalpin, 1300-2700 m. Juill.-août. ♃. Répandu. Rare sur les
plus hautes cimes du cap Corse (Salis in *Flora* XVI, 475) ; Monte S.
Pietro (Salis l. c.) ; Monte Grosso (de Calvi) (Soleirol ex Bert. *Fl. it.*
I, 399 ; Lit. in *Bull. acad. géogr. bot.* XVIII, 101) ; Capo al Berdato
(Lit. l. c.) ; Monte Cinto (Briq. *Rech. Corse* 104 et Burn. n. 126) ;
Punta Artica (Lit. l. c.) ; Monte Rotondo (Mab. exsicc. cit. ; Mars. *Cat.*
162 ; Burn. exsicc. cit. 266 ; Soulié ap. Coste in *Bull. soc. bot. Fr.*
XLVII, sess. extr. CXXIII ; Lit. l. c.) ; Monte d'Oro (ex Gr. et Godr. l. c. ;
Mars. l. c.) ; Monte Renoso (Revel. ap. Mars. l. c. ; Briq. *Rech. Corse* 26
et Burn. n. 348) ; et localités ci-dessous.

1906. — Rochers du col de Bocca Valle Bonna, versant N., 1900 m.,
31 juill. fr.! ; Cima della Statoja, rochers à 2000-2300 m., 26 juill.
fl. fr.! ; rochers du Capo Bianco, 2500 m., 7 août fl. fr.! ; arêtes entre
le Capo Largina et le Monte Cinto, 2500-2700 m., 29 juill. fl. fr.! ;
rochers du Paglia Orba, versant du col de Toggiale, 2100 m., 9 août
fr.! ; rocailles au sommet du Capo al Chiostro, 2290 m., 3 août fl.! ;
rochers au bord du lac Melo, 1800 m., 4 août fl.! ; rochers au col
de la Cagnone, 1950 m., 21 juill. fl.!

127. A. pallida DC. *Fl. fr.* V, 251 (1815) ; Gr. et Godr. *Fl. Fr.* III,
486 ; Husnot *Gram.* 24 ; Asch. et Graebn. *Syn.* II, 194 ; Coste *Fl. Fr.*
III, 568 ; non With., nec Hoffm. = *A. spica venti* β Lois. *Fl. gall.* ed. 1,
I, 52 (1806) = *A. Mülleri* Presl *Bot. Bemerk.* 120 (1844) ; Aschers. in
Barb. *Fl. sard. comp.* 244. — Exsicc. Soleirol n. 69 ! ; Req. sub : *A. pallida* ! ; Mab. n. 405 ! ; Soc. dauph. n. 1885 ! ; Reverch. ann. 1879,
n. 199 !

Hab. — Points humides, mares ou ruisseaux desséchés de l'étage
inférieur, 1-700 m. Avril-mai. ☉. Disséminé. Biguglia (Mab. exsicc.
cit.) ; Sagone (N. Roux in *Bull. soc. bot. Fr.* XLVIII, sess. extr. CXXXV) ;
abondant aux env. d'Ajaccio (Salis in *Flora* XVI, 475 ; Req. exsicc. cit.
et ap. Bert. *Fl. it.* X, 452 ; Mars. *Cat.* 163 ; Boullu in *Bull. soc. bot. Fr.*
XXIV, sess. extr. XCVI et in Soc. dauph. cit. ; et nombreux autres

observateurs); marais de Quenza (Reverch. exsicc. cit.); Porto-Vecchio (Soleirol ap. Bert. *Fl. it.* I, 396 et exsicc. cit.; Revel. ap. Mars. l. c.); La Trinité (Revel. ap. Mars. l. c.); Bonifacio (Seraf. et Bubani ap. Bert. l. c.; Revel. ap. Mars. l. c.).

GASTRIDIUM Beauv.

128. **G. lendigerum** Gaud. *Fl. helv.* I, 176 (1828) ; Gr. et Godr. *Fl. Fr.* III, 488 ; Husnot *Gram.* 25 ; Asch. et Graebn. *Syn.* II, 165 ; Coste *Fl. Fr.* III, 573 = *Milium lendigerum* L. *Sp.* ed. 2, 91 (1762) = *Agrostis lendigera* DC. *Fl. fr.* III, 18 (1805). — Exsicc. Req. sub : *G. lendigerum* !

Hab. — Garigues, friches de l'étage inférieur, 1-700 m. Mai-juill. ④. Répandu et assez commun dans l'île entière.

1906. — Cap Corse : rocailles entre la Marine de Luri et Meria, 20 m., 6 juill. fl. !

CALAMAGROSTIS Adans.

129. **C. varia** Host *Gram. austr.* IV, 27, tab. 47 (1809); Husnot *Gram.* 20; Torges in *Mitth. thür. bot. Ver.*, Neue Folge, XI, 86 (1897); Asch. et Graebn. *Syn.* II, 208 ; Hack. et Briq. in *Ann. Cons. et Jard. bot. Genève* X, 44 = *Arundo varia* Schrad. *Fl. germ.* I, 216 (1806) = *C. silvatica* Host *Gram. austr.* IV, 28, t. 48 (1809) = *Arundo montana* Gaud. *Agrost. helv.* I, 91 (1811) et *Fl. helv.* I, 200 = *C. montana* et *C. acutiflora* DC. *Fl. fr.* V, 254 et 255 (1815), non alior. = *Deyeuxia varia* Kunth *Rev. Gram.* I, 76 (1829) et *Enum.* I, 242 = *C. montana* Coste *Fl. Fr.* III, 564 (1906) ; non Host.

En Corse seulement la race suivante :

Var. **corsica** Hack. in litt. = *C. montana* Gr. et Godr. *Fl. Fr.* III, 478 (1856) ; non Host (quae = *C. arundinacea* Roth) = *Deyeuxia montana* Shuttl. *Enum.* 22 (1872), non alior. = *C. arundinacea* var. *montana* Fiori et Paol. *Fl. anal. It.* I, 64 (1896). — Exsicc. Soleirol n. 116 ! ; Req. sub : *Arundo silvatica* ! ; Kral. n. 835 ! ; Mab. n. 194 ! ; Reverch. ann. 1878 n. 35 et 148 ! et ann. 1885 n. 35 !

Hab. — Rochers ombragés, berges des torrents de l'étage montagnard supérieur et de l'étage alpin des massifs centraux, 700-1600 m.

Juill.-août. ♃. Assez répandu. Monte Braga (localité à nous inconnue) (Soleirol ex Bert. *Fl. it.* I, 751 et exsicc. cit.) ; Montagnes de Nino (Reverch. exsicc. cit. ann. 1885) ; vallée de la Restonica (Shuttl. *Enum.* 22 ; Mab. exsicc. cit.) ; Monte Rotondo (Req. ap. Gr. et Godr. l. c. ; Boullu in *Ann. soc. bot. Lyon.* XXIV, 76) ; Monte d'Oro (Kralik exsicc. cit. et ap. Gr. et Godr. l. c. ; Guthnick !) ; env. de Ghisoni (Rotgès in litt.) ; bains de Guagno (Req. exsicc. cit. et ap. Gr. et Godr. l. c.) ; Bastelica (Revel. in Bor. *Not.* III, 7 ; Reverch. exsicc. cit. ann. 1878) ; et localités ci-dessous.

1906. — Pineraies de la forêt d'Asco, 950 m., 26 juill. fr.!; rocailles du torrent entre le Pont du Dragon et la bergerie de Grotello, 1000 m., 2 août fr.!; rochers en face des bergeries de Grotello, sur la rive droite de la haute Restonica, 1600 m., 3 août fl. fr.!; Monte d'Oro, versant E.: cascade du sentier Grimaldi, rochers frais, 1300 m., 8 août fr.!

Race endémique en Corse, différente du type par les épillets plus grands (longs de 5-6 mm.), et les poils du cal deux fois plus courts que la glume fertile.

† 130. **C. epigeios** Roth *Tent. fl. germ.* I, 34 (1788); Gr. et Godr. *Fl. Fr.* III, 475 ; Husnot *Gram.* 21 ; Asch. et Graebn. *Syn.* II, 214 ; Coste *Fl. Fr.* III, 564 = *Arundo epigeios* L. *Sp.* ed. 1, 81 (1753). — Exsicc. Reverch. ann. 1885 sub : *C. epigeios*!

Hab. — Berges des marais de l'étage inférieur. Juill.-août. ♃. Rare ou peu observé. Biguglia (Salis in *Flora* XVI, 475) ; Evisa (Reverch. exsicc. cit.) ; Bonifacio (Seraf. ap. Bert. *Fl. it.* 1, 744).

AMMOPHILA Host

131. **A. arenaria** Link *Hort. berol.* I, 195 (1827); Husnot *Gram.* 19 = *Arundo arenaria* L. *Sp.* ed. 1, 82 (1753); Coste *Fl. Fr.* III, 562 = *Calamagrostis arenaria* Roth *Tent. fl. germ.* I, 34 (1788); Asch. et Graebn. *Syn.* II, 221 = *Psamma litoralis* Beauv. *Ess. agrost.* 145 (1812) = *Psamma arenaria* Roem. et Sch. *Syst.* II, 845 (1817); Gr. et Godr. *Fl. Fr.* III, 480.

En Corse seulement la race méditerranéenne suivante :

Var. **arundinacea** Husnot *Gram.* 19 (1896) = *A. arundinacea* Host *Gram. austr.* IV, 24 et tab. 41, fig. 1 et 2 (1809) = *Psamma pallida* Presl *Cyp. et Gram. sic.* 24 (1820) = *Psamma australis* Mab. *Rech. pl.*

Corse I, 33 (1867) = *Calamagrostis arenaria* var. *australis* Asch. et Graebn. *Syn.* II, 221 (1899). — Exsicc. Mab. 295! ; Burn. ann. 1904, n. 490 !

Hab. — Sables maritimes. Mai-juill. ♃. Répandu et assez commun du Cap Corse à Bonifacio, sur les deux côtes, partout où les conditions de milieu sont réalisées.

Diffère de la var. **genuina** Briq. (côtes de l'Océan et de la Baltique) par les feuilles plus raides et plus piquantes, la panicule plus grêle et moins serrée, dépassant parfois 20 cm., les épillets généralement plus allongés, les glumes et glumelles plus acuminées, les poils du rachis des épillets très nombreux et très denses, atteignant presque la moitié de la longueur de la glumelle.

LAGURUS L.

132. **L. ovatus** L. *Sp.* ed. 1, 81 (1753) ; Gr. et Godr. *Fl. Fr.* III, 492 ; Husnot *Gram.* 27 ; Asch. et Graebn. *Syn.* II, 157 ; Coste *Fl. Fr.* III, 575. — Exsicc. Sieber sub : *L. ovatus* ! ; Req. sub : *L. ovatus* ! ; Kral. n. 834 ! ; Reverch. ann. 1879 sub : *L. ovatus* ! ; Burn. ann. 1904 n. 497 !

Hab. — Champs et friches, garigues sablonneuses ou rocailleuses de l'étage inférieur, 1-1000 m. Mai-juin. ①. Très commun et abondant du Cap Corse à Bonifacio, surtout sur le littoral, un peu moins abondant dans l'intérieur, où il est cependant fréquent.

1906. — Rocailles de la vallée du Tavignano, en amont de Corté, 800-900 m., 26 juill. fr.!

1907. — Garigues entre la station et le village de Pietralba, 400 m., 14 mai fl.! ; citadelle de Bonifacio, 50 m., 5 mai fl.!

HOLCUS L.

133. **H. lanatus** L. *Sp.* ed. 1, 1048 (1753) ; Gr. et Godr. *Fl. Fr.* III, 524 ; Husnot *Gram.* 35 ; Asch. et Graebn. *Syn.* 226 ; Coste *Fl. Fr.* III, 600 = *Avena lanata* Hoffm. *Deutschl. Fl.* éd. 2, I, 58 (1800). — Exsicc. Kral. n. 834a ! ; Reverch. ann. 1878 et 1879 sub : *H. lanatus* !

Hab. — Points humides, bords des ruisseaux des étages inférieur et montagnard, 1-1000 m. Avril-juill. suivant l'altitude. ♃. Assez fréquent. Env. de Bastia (Salis in *Flora* XVI, 474 ; Kral. exsicc. cit. ; Mab. in Mars. *Cat.* 165) ; Corté (Kesselmeyer ann. 1867) ; Ajaccio (Boullu in

Bull. soc. bot. Fr. XXIV, sess. extr. LXXXIX); Campo di Loro (Boullu l. c. XCIII); Bastelica (Reverch. exsicc. cit. ann. 1878); Serra di Scopamène (Reverch. exsicc. cit. ann. 1879); bords du Rizzanèse entre Propriano et Sartène (Lutz in *Bull. soc. bot. Fr.* XLVIII, sess. extr. CXLII); Bonifacio (Seraf. ex Bert. *Fl. it.* I, 478; Boy. *Fl. Sud Corse* 66); et localités ci-dessous.

1906. — Berges des torrents en montant d'Omessa au col de Bocca al Pruno, 300-600 m., 15 juill. fr.!

1907. — Cap Corse: prairies entre Luri et la Marine de Luri, 20 m., avril fl.!

1908. — Vallée inf. du Tavignano, bords des sources, 5-700 m., 26 juin fl.!

† 134. **H. mollis** L. *Syst.* ed. 10, 1305 (1759); Gr. et Godr. *Fl. Fr.* III, 524; Husnot *Gram.* 35; Asch. et Graebn. *Syn.* II, 228; Coste *Fl. Fr.* III, 600 = *Avena mollis* Hoffm. *Deutschl. Fl.* éd. 2, 1, 58 (1800).

Hab. — Points humides et ombragés des étages inférieur et montagnard. Juill.-août. ♃. Signalé jusqu'ici uniquement aux env. de Bastia (Salis in *Flora* XVI, 474) et à Bocognano («Bogomano») (Soleirol ex Bert *Fl. it.* I, 479). A rechercher.

AIRA L. emend.

135. **A. capillaris** Host *Gram. austr.* IV, 20, tab. 35 (1809); Duv.-Jouve in *Bull. soc. bot. Fr.* XXXII, tab. 1, f. 4; Husnot *Gram.* 32; Asch. et Graebn. *Syn.* II, 279; Coste *Fl. Fr.* III, 583 = *Avena capillaris* Mert. et Koch *Deutschl. Fl.* I, 573 (1823) = *A. elegans* Willd. ap. Gaud. *Agrost. helv.* 130 (1811); Gr. et Godr. *Fl. Fr.* III, 504 = *A. pulchella* Nocca et Balb. *Fl. tic.* I, 403 (1816).

Hab. — Garigues, clairières des maquis, châtaigneraies des étages inférieur et montagnard, 1-1000 m. Avril-juin. ①. Assez répandu.

Plante grêle; ligules longues de 2-3 mm.; panicule généralement aussi longue ou plus longue que large; épillets très petits, longs de 1-1,5 mm. env.; glumes obtuses-denticulées et apiculées au sommet; glumelle inférieure presque aussi longue que les glumes. — Sous les deux variétés suivantes:

z. Var. **genuina** Briq. = *A. elegans* var. *genuina* Gr. et Godr. *Fl. Fr.* III, 505 (1856). — Mab. n. 406 p. p.!

Hab.— Le Pigno sur Bastia (Salis in *Flora* XVI, 474 ; Mab. exsicc. cit. et ap. Mars. *Cat.* 164 ; Shuttl. *Enum.* 22) ; Venaco (Fouc. et Sim. *Trois sem. herb. Corse* 163) ; Vico (Salis l. c. ; Coste in *Bull. soc. bot. Fr.* XLVIII, sess. extr. CXIV) ; Ajaccio (Revel. ap. Mars. l. c. ; Boullu in *Bull. soc. bot. Fr.* XXIV, sess. extr. XCVI ; et autres observateurs) ; Porto-Vecchio (Revel. ap. Bor. *Not.* III, 7) ; M' Cagna (Req. !) ; Bonifacio (Seraf. ex Bert. *Fl. it.* 1, 458 ; Revel. ex Mars. l. c.).

Epillets à une seule fleur aristée.

Jordan a distingué un *A. corsica* Jord. [*Pug.* 143 (1852), non Tausch = *A. capillaris* var. *corsica* Arc. *Comp. fl. it.* ed. 1, 775 (1882) ; Husnot *Gram.* 33 ; Asch. et Graebn. *Syn.* II, 279] dont nous avons les originaux sous les yeux (Ajaccio, mai 1840!) et qui nous paraît absolument identique avec l'*A. capillaris* var. *genuina*. On lui attribue des épillets plus délicats, longs d'env. 1 mm. Or les épillets, sur les originaux de Jordan, atteignent tous ou dépassent même un peu 1,5 mm.! Ils n'offrent pas prise à la moindre distinction, même « subvariétale ».

β. Var. **ambigua** Asch. *Fl. Brandenb.* 1, 831 (1864) ; Husnot *Gram.* 33 ; Asch. et Graebn. *Syn.* II, 279 = *A. ambigua* De Not. in *Ann. sc. nat.* III, 2, 365 (1844) = *A. Notarisiana* Steud. *Syn. pl. glum.* 1, 221 (1855) = *A. elegans* var. *ambigua* Gr. et Godr. *Fl. Fr.* III, 505 (1856). — Exsicc. Mab. n. 406 p. p. ! ; Burn. ann. 1904 n. 494 !

Hab. — Bastia « alla Mattoniera » (Bubani ex Bert. *Fl. it.* 1, 458) ; le Pigno (Mab. exsicc. cit. ; Shuttl. *Enum.* 22) ; Bocognano (Burn. exsicc. cit.) ; Ajaccio (Req. ex Bert. *Fl. it.* X, 456).

Epillets à peu près de la grandeur de ceux de la var. α, mais à deux fleurs aristées.

136. **A. pulchella** Link *Hort. berol.* 1, 130 (1827) ; Asch. et Graebn. *Syn.* II, 280 ; non Nocca et Balbis (quae = *A. capillaris* Host) = *Avena pulchella* Beauv. *Ess. agrost.* 89 (1812) = *A. Tenorei* Guss. *Fl. sic. prodr.* 1, 62 (1827) ; Gr. et Godr. *Fl. Fr.* III, 504 ; Duv.-Jouv. in *Bull. soc. bot. Fr.* XXXII, tab. I, fig. 1 ; Husnot *Gram.* 32 ; Coste *Fl. Fr.* III, 583 = *A. pulchella* subsp. *Tenorei* Asch. et Graebn. *Syn.* II, 270 (1899).

Hab. — Garigues, clairières des maquis, châtaigneraies des étages inférieur et montagnard, 1-1000 m. Mai-juillet. ⊕. Répandu.

Diffère de l'espèce précédente par le port plus élevé, la ligule plus longue (pouvant atteindre jusqu'à 5 mm.), la panicule plus ample, les épillets plus gros, longs de 2 mm., les glumes à sommet obtus non apiculé, la glumelle inférieure d'un tiers plus courte que les glumes. — Deux variétés :

† α. Var. **mutica** Gr. et Godr. *Fl. Fr.* III, 504 (1856) = *Airopsis pulchella* Ten. *Fl. nap.* III, 26 (1824-29) = *A. Tenorei* Guss. l. c., sensu stricto (1827) = *A. inflexa* Lois. *Fl. gall.* ed. 2, 1, 56 (1828) = *Fiorinia pulchella* Parl. *Fl. it.* I, 233 (1848).

Hab. — Signalé seulement aux env. d'Ajaccio (Boullu in *Bull. soc. bot. Fr.* XXIV, sess. extr. C). A rechercher.

Fleurs de l'épillet toutes deux non aristées, à glumelle inférieure entière au sommet.

β. Var. **semiaristata** Gr. et Godr. *Fl. Fr.* III, 504 (1856) = *A. intermedia* Guss. *Prodr. fl. sic. suppl.* I, 16 (1832) ; Parl. *Fl. it.* I, 255 ; Jord. *Pug.* 146 ; Godr. *Not. fl. Montp.* 25 ; Duv.-Jouv. l. c. f. 3 = *A. corymbosa* Chaub. *Fl. Pélop.* 5 (1832-38) = *A. Tenorei* var. *intermedia* Richt. *Pl. eur.* I, 53 (1890) ; Husnot *Gram.* 32 = *A. pulchella* subsp. *Tenorei* var. *intermedia* Asch. et Graebn. *Syn.* II, 280 (1899). — Exsicc. Kral. n. 8426 ! ; Soc. rochel. n. 4506 !

Hab. — Cap Corse au Pigno et montagnes voisines (Mab. *Rech.* I, 28 ; Deb. exsicc. cit. ; Burn. exsicc. cit. ; Soc. roch. cit.) ; Erbalunga (Gillot in *Bull. soc. bot. Fr.* XXIV, sess. extr. L) ; Bastia (Kral. exsicc. cit.) ; Mab. l. c. ; Shuttl. *Enum.* 22) ; env. d'Orezza (Gillot l. c. LXXV) ; Corté (Mab. *Rech.* I, 28) ; bains de Guagno (Req. ! et ap. Gr. et Godr. l. c.) ; Ghisoni (Rotgès in litt.) ; Ajaccio (Mars. *Cat.* 154) ; Solenzara (Fouc. et Sim. *Trois sem. herb. Corse* 163) ; Ota (Reverch. exsicc. cit.) ; Porto-Vecchio (Revel. ap. Mars. l. c.) ; Bonifacio (Soleirol ex Bert. *Fl. it.* I, 458).

1906. — Pineraies du Rio de Ficarella en montant à Bonifatto, 400-500 m., 11 juill. fr.!

Une des fleurs de l'épillet aristée, à arête dépassant les glumes, insérée au tiers supérieur de la glumelle inférieure, celle-ci terminée par deux soies très courtes. — Les formes intermédiaires (peu fréquentes) entre les var. α et β ont été désignées par Grenier et Godron (l. c.) sous le nom d'*A. Tenorii* var. *mixta* [Ajaccio (Clément ap. Gr. et Godr. l. c. 504)].

†† 137. **A. provincialis** Jord. *Pug.* 142 (1852) ; Gr. et Godr. *Fl. Fr.* III, 505 ; Duv.-Jouv. l. c. f. 8 ; Husnot *Gram.* 32 ; Coste *Fl. Fr.* III, 583 = *A. pulchella* subsp. *provincialis* Asch. et Graebn. *Syn.* II, 281 (1899).

Hab. — Garigues des étages inférieur et montagnard, 1-800 m. Mai-juin. ①. Très rare ou peu observé. Mᵗ Fosco (Gillot in *Bull. soc. bot. Fr.* XXIV, sess. extr. LX) ; Sᵗ-Florent (Billiet l. c. LXX).

Port de l'espèce précédente, dont elle diffère par les épillets plus gros (« les plus gros du genre » Gr. et Godr. l. c.), longs d'env. 3 mm. et par les glumes aiguës ou subaiguës, finement denticulées aux bords; la glumelle inf. presque aussi longue que les glumes. — La fleur supérieure est mutique dans nos échant. de Provence, l'inférieure aristée, à arête insérée dans le quart inférieur du dos.

Les trois espèces *A. capillaris*, *pulchella* et *provincialis* sont éminemment voisines. La plus distincte des trois nous paraît être l'*A. provincialis*, Il nous semble impossible, si l'on réunit les *A. pulchella* (*Tenorei*) et *provincialis*, de maintenir comme espèce séparée l'*A. capillaris*, contrairement à l'opinion défendue par MM. Ascherson et Graebner (*Syn.* II, 281).

† 138. **A. caryophyllea** L. *Sp.* ed. 1, 66 (1753); Asch. et Graebn. *Syn.* II, 282.

Hab.— Garigues, rocailles, clairières des maquis, jusque dans l'étage subalpin, 1-1600 m. Avril-juill. suivant l'altitude. ①. Répandu.

Diffère des espèces précédentes par les pédicelles 1-2 fois plus longs que les épillets, çà et là seulement l'un ou l'autre pédicelle inférieur plus long (et non pas plusieurs fois plus longs); épillets longs d'env. 2,5-3 mm.; glumes brièvement acuminées; les deux fleurs à glumelles atteignant les $\frac{3}{4}$ des glumes, bidenticulées au sommet, pourvues dans le tiers inférieur d'une arête une fois aussi longue que les glumes — En Corse les deux variétés suivantes:

† ⸰. Var. **genuina** Briq. — *A. caryophyllea* Gr. et Godr. *Fl. Fr.* III, 505 ; Duv.-Jouv. l. c. f. 8 ; Husnot *Gram.* 33 ; Coste *Fl. Fr.* III, 584. — Exsicc. Req. sub : *A. caryophyllea*!; Reverch. ann. 1897 : sub *A. caryophyllea*!; Burn. ann. 1900, n. 140! et ann. 1904, n. 471!

Hab. — Bastia (Shuttl. *Enum.* 23); Calvi (Soleirol ex Bert. *Fl. it.* I, 456); Monte Cinto sur Lozzi (Briq. *Rech. Corse* 104 et Burn. exsicc. cit. 140; Lit. in *Bull. acad. géogr. bot.* XVIII, 101) ; forêt d'Aitone (Briq. *Spic.* 6 et Burn. exsicc. cit. 471); Venaco (Fouc. et Sim. *Trois sem. herb. Corse* 163) ; Ajaccio (Req. exsicc. cit. ; Coste in *Bull. soc. bot. Fr.* XLVIII, sess. extr. CV) ; Solenzara (Fouc. et Sim. l. c. 163) ; Serra di Scopamène (Reverch. exsicc. cit.) ; Porto-Vecchio (Revel. in Bor. *Not.* II, 9); et localités ci-dessous.

1906. — Junipéraies près des bergeries d'Aluccia, 1550 m., 18 juill. fr. ! ;

1907. — Garigues entre Novella et le col de San Colombano, 500-600 m., 19 avril fl. ! ; sables à l'embouchure de la Solenzara, 7 mai fl. !

Epillets atteignant env. 3 mm., oblongs, un peu distants les uns des autres. Port des petits échant. du *Deschampsia flexuosa*. On peut distinguer ici trois sous-variétés :

α¹ subvar. **typica** Asch. et Graebn. *Syn.* II, 282 (1899) = *A. Edouardi* Reut. in Huet Pl. Sic. ann. 1855 ! et ap. Nym. *Consp.* 813 (1883, nomen solum); Husnot *Gram.* 33 et 87. — Panicule pyramidale à branche la plus inférieure plus petite que les autres.

α² subvar. **divaricata** Asch. et Graebn. l. c. 282 (1899) = *A. divaricata* Pourr. in *Mém. ac. Toulouse* III, 307 (1788); Lois. *Nouv. not.* 6 (1827) et *Fl. gall.* ed. 2, 1, 58, tab. 23 = *A. patulipes* Jord. in Bor. *Fl. centre* éd. 1, 701 (1840) = *A. caryophyllea* var. *patulipes* Richt. *Pl. eur.* 1, 53 (1890) = *A. caryophyllea* var. *divaricata* Husnot *Gram.* 33 (1897). — Panicule plus ample, la branche inférieure aussi grosse ou plus grosse (mais non pas nécessairement plus longue), déjetant souvent latéralement la panicule.

α³ subvar. **plesiantha** Asch. et Graebn. l. c. 283 (1899) = *A. plesiantha* Jord. in Bor. *Fl. centre* éd. 1, 701 (1840) = *A. caryophyllea* var. *plesiantha* Richt. *Pl. eur.* 1, 53 (1890). — Panicule étroite, contractée, à rameaux ascendants-appliqués.

†† β. Var. **major** Gaud. *Fl. helv.* 1, 327 (1828) ! ; Hack. et Briq. in *Ann. Cons. et Jard. bot. Genève* X, 52 = *A. multiculmis* Gr. et Godr. *Fl. Fr.* III, 506 (1856) ; Duv.-Jouv. l. c. fig. 6 ; Husnot *Gram.* 33 ; Coste *Fl. Fr.* III, 584 = *A. caryophyllea* var. *multiculmis* Asch. et Graebn. *Syn.* II, 283 (1899).

Hab. — Beaucoup plus rare que la var. précédente, ou négligée. Vallée inférieure de Porto (Lutz in *Bull. soc. bot. Fr.* XLVIII, sess. extr. CXXXI).

Epillets souvent plus petits (2,5-3) et un peu plus enflés que dans la var. précédente, rapprochés-fasciculés. Plante souvent plus élevée que la précédente, à branche inférieure de la panicule plus grosse et semblant continuer le chaume. — On peut distinguer les deux sous-variétés suivantes :

β¹ subvar. **multiculmis** Briq. = *A. caryophyllea* var. *major* Gaud. l. c. sensu stricto = *A. multiculmis* Dumort. *Agrost. belg.* 121 (1823) = *A. aggregata* Reut. *Cat. Genève* éd. 2, 236 (1861), non Tim. = *A. caryophyllea* var. *multiculmis* Asch. et Graebn. l. c. sensu stricto. — Panicule à rameaux et ramuscules ascendants, de forme effilée.

β² subvar. **aggregata** Briq. = *A. aggregata* Timeroy ap. Jord. *Pug.* 114 (1852) = *A. caryophyllea* var. *multiculmis* subvar. *aggregata* Asch. et Graebn. l. c. (1899). — Panicule à rameaux divariqués.

139. **A. Cupaniana** Guss. *Fl. sic. syn.* I, 145 (1842) ; Gr. et Godr.
Fl. Fr. III, 505 ; Duv.-Jouve l. c. f. 5 ; Husnot *Gram.* 33 ; Asch. et Graebn.
Syn. II, 284 ; Coste *Fl. Fr.* III, 584 = *A. præcox* var. *divaricata* Salis
in *Flora* XVI, 474 (1833).

Hab. — Garigues, clairières des maquis, prairies maritimes sablonneuses de l'étage inférieur. Avril-juin. ①. Répandu.

Épillets rapprochés, fasciculés comme dans la var. β de l'espèce précédente, mais rameaux de la panicule plus rudes, épillets plus petits
(longs de env. 2 mm.), glumes plus larges et plus obtuses et surtout
glumelles plus courtes, atteignant les deux tiers des glumes, brièvement
bidenticulées. — Deux variétés.

α. Var. **genuina** Briq. = *A. Cupaniana* Guss. sensu stricto. — Exsicc.
Soleirol n. 4813 !

Hab. — Cap Corse (Req. !) ; Erbalunga (Gillot in *Bull. soc. bot. Fr.*
XXIV, sess. extr. L) ; vallée du Fango (Gillot l. c. LVII) ; Bastia (Salis
in *Flora* XVI, 474) ; Calvi (Soleirol exsicc. cit. et ap. Gr. et Godr. l. c.) ;
Corté (ex Gr. et Godr. l. c.) ; Solenzara (Fouc. et Sim. *Trois sem. herb.
Corse* 164) ; Sartène (ex Gr. et Godr. l. c.) ; Bonifacio (Req. ! ap. Gr. et
Godr. l. c. ; Boullu in *Ann. soc. bot. Lyon* XXIV, 76 ; Boy. *Fl. Sud Corse*
76) ; et localités ci-dessous.

1907. — Cap Corse : garigues entres Luri et la Marine de Luri, 30 m.,
27 avril fl. ! : garigues de la Marine d'Albo près Nonza, 26 avril fl. ! —
Garigues entre Novella et le col de San Colombano, 500-600 m., 19 avril
fl. ! : garigues entre Alistro et Bravone, 20 m., 30 avril fl. !

Une seule des fleurs de l'épillet aristée, à arète presque une fois aussi
longue que les glumes : l'autre fleur mutique.

†† β. Var. **biaristata** Parl. *Fl. it.* I, 262 (1848) ; Asch. et Graebn.
Syn. II, 284 = *A. Cupaniana* var. *incerta* Ces. Pass. et Gib. *Comp. fl. it.*
59 (1868).

Hab. — Plus rare ; jusqu'ici seulement les localités ci-dessous.

1907. — Clairières des maquis sablonneux entre Cateraggio et Tallone,
20 m., 1 mai fl. fr. ! : près humides à Solenzara, 5 m., 3 mai fl. fr. !

Les deux fleurs de l'épillet aristées, à arètes dépassant nettement les
glumes, l'une d'entre elles souvent un peu plus courte que l'autre.

140. **A. flexuosa** L. *Sp.* ed. 1, 65 (1753) ; Asch. et Graebn. *Syn.* II,
287 = *Avena flexuosa* Leers *Fl. herb.* 5 (1775) = *Deschampsia flexuosa*

Trin. in *Bull. acad. St-Petersb.* I, 66 (1836); Gr. et Godr. *Fl. Fr.* III,
308; Husnot *Gram.* 35; Coste *Fl. Fr.* III, 587 = *Avenella flexuosa* Parl.
Fl. it. I, 246 (1848).

Hab. — Pineraies, rochers et rocailles ombragés des étages montagnard sup., subalpin et alpin, 900-2600 m. Juin-août. ♃. Répandu
dans les massifs de Tende, du S. Pietro, du Cinto, du Rotondo, du
Renoso et de l'Incudine. — Deux variétés :

α. Var. **diffusa** Briq. = *Avena flexuosa* var. *diffusa* Neilr. *Fl. Nieder-
Öst.* 55 (1859) = *Deschampsia flexuosa* var. *typica* Beck *Fl. Nieder-Öst.*
68 (1890). — Exsicc. Reverch. ann. 1879 sub : *Deschampsia flexuosa*!;
Burn. ann. 1900 n. 225 et 332! et ann. 1904 n. 462!

Hab. — Mt S. Pietro (Salis in *Flora* XVI, 474); Monte Grosso (de
Calvi) (Soleirol ex Bert. *Fl. it.* I, 451); forêt de Valdoniello (Lit. in *Bull.
acad. géogr. bot.* XVIII, 101); vallée de la Restonica (Reymond 1867!;
Mand. et Fouc. in *Bull. soc. bot. Fr.* XLVII, 100); entre le pont du Dragon
et la bergerie de Timozzo (Briq. *Rech. Corse* 18 et Burn. exsicc. cit.
n. 225); Monte d'Oro (Briq. *Spic.* 6 et Burn. exsicc. cit. n. 462); Pointe
de Muro (Briq. *Rech. Corse* 104 et Burn. exsicc. cit. n. 322); Monte
Renoso (Revel. ap. Bor. *Not.* III, 7); montagnes de Bastelica et d'Aullène (Revel. ap. Bor. *Not.* III, 7); Coscione (Seraf. ex Bert. *Fl. it.* I,
451; Reverch. exsicc. cit.); et localités ci-dessous.

1906. — Rocailles en montant de la bergerie de Spasimata à la Cima di
Mufrella, 1800-2000 m., 12 juill. fl.! ; rochers près de la Résinerie de la
forêt d'Asco, rive droite, 950 m., 28 juill. fr.! : rochers du vallon de l'Anghione, 1300-1400 m., 12 août fr.! : pineraies au col de la Foce di Verde,
1300 m., 20 juill. fr.!

Panicule généralement plus ample et ouverte pendant l'anthèse (±
contractée avant et après). Epillets biflores. Fleurs médiocres, longues
de 3,5-5 mm. Varie dans la coloration des épillets, qui est tantôt vive
tantôt pâle. Cette dernière variation représente l'*A. Legei* Bor. [in *Bull.
soc. ind. Angers* XXIV n. 6 (1853) et *Fl. Centr.* éd. 3, 700 = *A. argentea*
Bell. *Fl. Namur* 297 (1855) = *A. flexuosa* var. *argentea* Fonsny et Callard
Fl. Verv. 339 (1885) = *Deschampsia flexuosa* var. *Legei* Deb. *Not.* 115 (1894)
= *A. flexuosa* var. *Legei* Richt. *Pl. eur.* I, 57 (1890)], laquelle constitue
à peine pour nous une sous-variété. Boreau (l. c.) et Debeaux (l. c.) ont
attribué à l'*A. Legei* les localités de Revelière rapportées ci-dessus ; des
échant. analogues se rencontrent souvent pêle-mêle avec d'autres à épillets colorés. Lorsque la plante croît en sous-bois, les feuilles sont allongées et ± droites ; plus exposée (rocailles découvertes, rochers), les
feuilles deviennent beaucoup plus courtes et arquées. Ces modifi-

cations, sans valeur systématique, sont sous l'influence immédiate du milieu.

† β. Var. **montana** Parl. *Fl. it.* I, 241 (1848) ; Asch. et Graebn. *Syn.* II, 287 = *A. montana* L. *Sp.* ed. 1, 65 (1753) = *A. corsica* Tausch in *Flora* XX, 102 (1837) = *Avena flexuosa* var. *contracta* Neilr. *Fl. Nieder-Öst.* 55 (1859) = *Deschampsia flexuosa* var. *montana* Greml. *Exkursionsfl. Schw.* éd. 3, 401 (1878) ; Husnot *Gram.* 35. — Exsicc. Burn. ann. 1900 n. 363 !

Hab. — Moins fréquente. Monte Grosso (de Calvi) (Lit. in *Bull. acad. géogr. bot.* XVIII, 101) ; Monte Cinto sur Lozzi (Lit. *Voy.* II, 8) ; Monte Rotondo, 2600 m. (Lit. l. c.) ; env. de Ghisoni (Rotgès in litt.) ; Monte Renoso (Briq. *Rech. Corse* 104 et Burn. exsicc. cit. ; Rotgès in litt.) ; et localités ci-dessous.

1906. — Rochers du Monte d'Oro, 2300 m., 9 août fl. fr. !

1908. — Monte Asto, rochers, 1500 m., 1er juill. fr.!

Panicule généralement plus contractée, même pendant l'anthèse. Epillets uni- et biflores. Fleurs plus grandes, longues de 4,5-5,5 mm.

L'*A. corsica* distingué par Tausch uniquement à cause des glumes dépassant à peine les glumelles (plus courtes qu'elles dans l'*A. montana* L.), et ovées-acuminées (au lieu d'ovées-subaiguës) est simplement synonyme de la variété *montana*. Les caractères en question ne résistent pas à l'examen d'une série d'échantillons dans une même localité.

ANTINORIA Parl.

141. **A. insularis** Parl. *Fl. palerm.* 1, 94 (1845) ; Husnot *Gram.* 31 = *Aira agrostidea* Guss. *Prodr. fl. sic.* 1, 61 (1827), non Lois. = *Airopsis insularis* Nym. *Syll.* 411 (1855) ; Coste *Fl. Fr.* III, 582 = *Aira insularis* Boiss. *Fl. or.* V, 528 (1884).

Hab. — Mares desséchées de l'étage inférieur. Avril-mai. ①. Très rare. Porto-Vecchio, ann. 1856 ! et La Trinité, ann. 1857 ! (Revel. ap. Bor. *Not.* II, 9 et Mars. *Cat.* 164).

PERIBALLIA Trin. emend.

M. Hackel (in Engler et Prantl *Nat. Pflanzenfam.* II, 2, 54) a indiqué les motifs qui obligent à réunir les genres *Molineria* Parl. (1848) et *Periballia* Trin. (1820). Ce dernier nom ayant la priorité doit, par conséquent, être conservé.

142. **P. minuta** Asch. et Graebn. *Syn.* II, 298 (1899) = *Aira minuta* L. *Sp.* ed. 1, 64 (1753); Bert. *Fl. it.* 1, 441 = *Airopsis minuta* Desv. in Roem. et Sch. *Syst.* II, 578 (1817); Coste *Fl. Fr.* III, 581 = *Catabrosa minuta* Trin. *Fund. agrost.* 136 (1820) = *Poa corsica* Soleirol ex Bert. l. c. (1833) = *Molineria minuta* Parl. *Fl. it.* I, 237 (1848); Gr. et Godr. *Fl. Fr.* III, 500; Husnot *Gram.* 31. — Exsicc. Soleirol n. 4663 !

Hab. — Garigues des étages inférieur et montagnard, 1-800 m. Avril-mai. ①. Rare. Serra di Pigno (Chab. in *Bull. soc. bot. Fr.* XXIX, sess. extr. LVII); Calvi (Soleirol exsicc. cit. et ap. Lois. *Fl. gall.* ed. 2, 1, 56 et Bert. *Fl. it.* I, 441); Corté (Burnouf ex Legr. in *Bull. ass. fr. Bot.* II, 72); Porto-Vecchio (Revel. in Bor. *Not.* II, 9 et ap. Mars. *Cat.* 164); et localité ci-dessous.

1907. — Garigues d'Ostriconi, 20 avril fl. fr. !

CORYNEPHORUS Beauv. [1]

143. **C. articulatus** Beauv. *Ess. agrost.* 159 (1812); Coss. *Expl. scient. Alg.* II, 94 (1854-56) = *Aira articulata* Desf. *Fl. atl.* 1, 70 (1798) = *Weingaertneria articulata* Asch. et Graebn. *Syn.* II, 301 (1899).

Deux sous-espèces.

1. Subsp. **eu-articulatus** Briq. = *C. articulatus* Parl. *Fl. it.* I, 249 (1848); Gr. et Godr. *Fl. Fr.* III, 502; Husnot *Gram.* 321; Murb. *Contr. fl. nord-ouest Afr.* IV, 3; Coste *Fl. Fr.* III, 586 = *Weingaertneria articulata* subsp. *eu-articulata* Asch. et Graebn. *Syn.* II, 301 (1899).

Hab. — Dunes, sables de l'étage inférieur. Avril-mai. ①. Répandu sur le littoral, rare dans l'intérieur.

Plante de 20-30 cm., à panicule ± contractée. Poils de la base de la glumelle atteignant souvent la moitié de la hauteur de celle-ci; article supérieur de l'arête subitement épaissi en massue au sommet; glumelle supérieure d'env. 1/10 plus courte que l'inférieure qui est ovée. — En Corse les deux variétés suivantes :

α. Var. **littoralis** Hack. in litt. = *Schismus marginatus* forme *S. littoralis* Coste *Fl. Fr.* III, 604 (1906).

Hab. — Sables maritimes près de l'embouchure du Liamone (Coste!, 28 mai 1901).

[1] Nomen utique conservandum. Règl. nom. bot. art. 20 et p. 73.

« Differt a var. *genuino* panicula brevi (2.5-4 cm. longa) etiam anthesi contracta lincari-oblonga, densa, ramo primario quam dimidia panicula breviore, culmo humiliore (15-25 cm. alto). In var. *genuino* panicula anthesi patula ovata ramo primario imo paniculæ medium superante, secundariis usque ad medium indivisis, culmus elatior. — Exstat in herbario meo forma inter hanc et var. *genuinum* media in Lusitania prope Foja a Carreiro lecta » (Hack. in litt.).

Nous devons à l'amabilité de M. l'abbé Coste la communication de ses échant. originaux.

β. Var. **genuinus** Hack. in litt. — Exsicc. Soleirol n. 4814 ! ; Billot n. 480 !

Hab. — Bastia (Bubani ap. Bert. *Fl. it.* I, 454; Mars. *Cat.* 164) ; Biguglia (Salis in *Flora* XVI, 474) ; Calvi (Soleirol exsicc. cit. et ap. Bert. l. c. ; Mars. l. c.; Fouc. et Sim. *Trois sem. herb. Corse* 163) ; bords du Golo à Ponte alla Leccia (Sargnon in *Ann. soc. bot. Lyon* VI, 73) ; Chioni (Mars. l. c) ; Sagone (Mars. l. c. ; Coste in *Bull. soc. bot. Fr.* XLVIII, sess. extr. CXIV et Roux ibid. CXXXIV) ; embouchure du Liamone (Coste in *Bull. soc. bot. Fr.* XLVIII, sess. extr. CXV) ; Ajaccio (Req. ap. Billot exsicc. cit. et Bert. *Fl. it.* X, 455 ; Boullu in *Bull. soc. bot. Fr.* XXIV, sess. extr. XCV et C) ; Porto-Vecchio (Revel. ap. Mars. l. c.) ; îles Lavezzi (Revel. ex Mars. l. c.).

II. Subsp. **fasciculatus** Husnot *Gram.* 32 1897) = *Aira articulata* var. *gracilis* Guss. *Fl. sic. prodr.* I, 149 (1827) = *C. articulatus* var. *gracilis* Parl. *Fl. it.* I, 249 (1848) = *C. fasciculatus* Boiss. et Reut. *Pug.* 123 (1852) ; Gr. et Godr. *Fl. Fr.* III, 502 ; Murb. *Contr. fl. nord-ouest Afr.* IV, 5 ; Coste *Fl. Fr.* III, 585 = *C. fasciculatus* Steud. *Syn. Glum.* I, 219 (1855) = *Weingaertneria articulata* subsp. *gracilis* Asch. et Graebn. *Syn.* II, 302 (1899).

Hab. — Comme la sous-espèce précédente, mais beaucoup plus rare. Signalée seulement à Corté (Mab. ap. Mars. *Cat.* 164).

Plante plus élevée que la précédente, à panicule plus ample. Poils de la base de la glumelle n'atteignant guère que le quart de celle-ci ; article supérieur de l'arête insensiblement épaissi vers le sommet ; glumelle supérieure presque d'un tiers plus courte que l'inférieure qui est linéaire-lancéolée.

TRISETUM Pers.

† 144. **T. flavescens** Beauv. *Ess. agrost.* 88 (1812) emend.; Gr. et

Godr. *Fl. Fr.* III, 533 ; Asch. et Graebn. *Syn.* II, 264 = *Avena fla-vescens* L. *Sp.* ed. 1, 80 (1753). — En Corse la sous-espèce suivante :

Subsp. **pratense** Asch. et Graebn. *Syn.* II, 265 (1899) = *T. pra-tense* Pers. *Syn.* I, 97 (1805) = *T. flavescens* Beauv. l. c. sensu stricto = *T. flavescens* var. *pratensis* Neilr. *Fl. Nieder-Ost.* 56 (1859) = *T. pratense* subsp. *pratense* Beck *Fl. Nieder-Ost.* 70 (1890).

Hab — Pineraies, rochers, rocailles, garigues, surtout des étages montagnard et subalpin, 300-1600 m. Juin-août. ♃. Assez répandue dans le centre de l'île.

Glumelle supérieure atteignant son plus grand diamètre au-dessus du milieu. Ovaire glabre. — En Corse les deux variétés suivantes :

α. Var. **corsicum** Briq. = *T. Burnoufii* Fouc. in *Bull. Herb. Boiss.* 1re sér., VII, 696-700 (1899) et in *Bull. soc. bot. Fr.* XLVI, 292-296 (1900) p. p. = *T. flavescens* Hack. ap. Briq. *Rech. Corse* 115 (1901) = *T. corsicum* Rouy *Rev. bot. syst.* I, 139 (1903) = *T. splendens* Coste *Fl. Fr.* III, 595 (1906), non Presl. — Exsicc. Soc. roch. n. 4347 ! ; Soc. ét. fl. franco-helv. n. 924 ! ; Burn. ann. 1900, n. 167 !

Hab. — Capo al Berdato jusqu'à 1600 m., Castiglione, Monte Cinto, col de Croce d'Albitro, vallée de Terrigolo, pont de Castirla, défilé de Santa Regina et env. de Calacuccia (Audigier ap. Fouc. in *Bull. soc. bot. Fr.* XLVII, 100) ; entre le col d'Ominanda et le défilé de Santa Regina (Lit. *Voy.* II, 5 et in *Bull. acad. géogr. bot.* XVIII, 101) ; Capora-lino (Fouc. et Mand. l. c.) ; Monte Felce, Corté et env. (Fouc. et Mand. l. c. et exsicc. cit. ; Briq. *Rech. Corse* 104 et Burn. exsicc. cit.) ; vallée de la Restonica (Fouc. et Mand. l. c. ; Briq. l. c.) ; Vivario et forêt de Vizzavona (Fouc. et Mand. l. c.) ; Ghisoni et env.! (Rotgès ap. Fouc. l. c.) ; et localités ci-dessous.

1906. — Rochers au col de San Colombano, 650 m., calc., 10 juill. fl. fr.! ; rocailles du col de Bocca al Pruno, 1000 m., 15 juillet, fl.! ; berbéridaies en descendant du col de Teri Corscia sur Lozzi, 1400 m., 7 août fl. fr.!

1908. — Col de Tende, sous les chênes-verts, 800 m., 1er juill. fl.! : garigues à Olmi, 8-900 m., 6 juill. fl.! (f. ad var. *Burnoufii* valde acce-dens) ; vallée de la Melaja, rochers des pineraies, 1000 m., 5 juill. fl.! ; vallée inf. du Tavignano, garigues, 5-700 m., 26 juin fl.!

Plante haute de 20-40 cm. Feuilles très étroites, parfois presque liné-aires-subulées, ± pubescentes, à pubescence faible, très courte. Pani-cule contractée, étroite, longue de 3-7 × 0,8-1,5 cm.

Cette race, qui comme on le voit est très répandue en Corse, a été jadis assimilée à tort par Foucaud au *T. Burnoufii* Req. M. Hackel, qui nous signalait en 1901 ses affinités avec le *T. splendens* Presl [*Cyp. et Gram. sic.* II, 30 (1820) = *Avena splendens* Guss.' *Fl. sic. prodr.* I, 126 (1827), non Boiss. = *T. flavescens* var. *splendens* Parl. *Fl. it.* I, 261 (1848)], ne crut pas devoir la distinguer sous un nom spécial. M. Rouy en a fait une « forme » en 1901, adoptant les conclusions de M. Hackel en ce qui concerne la différence à établir avec le *T. Burnoufii*, mais sans indiquer en quoi le *T. corsicum* Rouy diffère du *T. splendens* Presl. Aujourd'hui M. Hackel (in litt.) rattache le *Trisetum* corse au *T. splendens*, naturellement envisagé par lui comme une variété du *T. flavescens*, se bornant à dire : « forma ad var. *Burnoufii* vergens » lorsque la pubescence est plus marquée. Malgré l'autorité de M. Hackel, nous croyons devoir séparer la plante corse de la var. *splendens* (Sicile !). La var. *corsicum* possède un port et des caractères analogues à ceux de la var. *splendens*, mais s'en distingue par l'absence des longs poils mous sur la gaîne et le limbe des feuilles, lesquels ne manquent sur aucun de nos échant. siciliens et font défaut dans la var. *corsicum*. D'autre part, la dispersion considérable de la var. *corsicum* en Corse et sa constance très générale obligent à la considérer comme une race.

β. var. **Burnoufii** Hack. in litt. = *T. Burnoufii* Req. in Parl. *Fl. it.* I, 263 (1848) ; Pass. et Gib. *Comp. fl. it.* I, 44 ; Husnot *Gram.* 43 = *Avena Burnoufii* Nym. *Syll.* 413 (1855).

Hab. — Env. de Corté et Niolo (Requien ap. Parlat l. c.).

Caractères généraux de la var. précédente, mais toute la plante couverte d'une pubescence dense, presque tomenteuse à laquelle participent les feuilles (limbe et gaîne), le chaume, le rachis, les pédicelles et les glumes. Cette curieuse variété n'a pas été retrouvée depuis l'époque où Parlatore l'a publiée.

T. distichophyllum Beauv. *Ess. agrost.* 88 (1812) ; Gr. et Godr. *Fl. Fr.* III, 523 ; Husnot *Gram.* 43 ; Asch. et Graebn. *Syn.* II, 268 ; Coste *Fl. Fr.* III, 597 = *Avena distichophylla* Vill. *Prosp.* 16 (1779) = *Avena disticha* Lamk *Encycl. méth.* I, 333 (1783).

Indiqué à tort en Corse par Loiseleur (*Fl. gall.* ed. 2, 1, 64). Espèce alpine calcicole absolument étrangère à la flore de l'île.

145. **T. paniceum** Pers. *Syn.* I, 97 (1805) ; Asch. et Graebn. *Syn.* II, 274 ; Coste *Fl. Fr.* III, 597 = *Avena panicea* Lamk *Ill.* I, 201 (1791) = *Avena neglecta* Savi *Fl. pis.* I, 132 (1798) = *T. neglectum* Roem. et Sch. *Syst.* II, 660 (1817) ; Gr. et Godr. *Fl. Fr.* III, 522 ; Husnot *Gram.* 44. — Exsicc. Soleirol n. 4521 ! ; Mab. n. 12 ! ; Deb. ann. 1868 et 1869 sub : *T. neglectum* !

Hab. — Rochers, garigues, friches, moissons de l'étage inférieur.

Avril-juin. ①. Disséminé. Cap Corse (Mab. *Rech.* 1, 29) ; env. de Bastia (Salis in *Flora* XVI, 474 ; Bubani ap. Bert, *Fl. it.* 1, 714 ; Deb. exsicc. cit.; et autres observateurs) ; Biguglia (Mab. exsicc. cit.) ; cluse des Stretti de St-Florent (Soleirol ap. Bert. l. c. et exsicc. cit. ; Bras in *Bull. soc. bot. Fr.* XXIV, sess. extr. LXXXII) ; Corté (Mab. l. c.) ; Sagone (Coste l. c. CXIV) ; embouchure du Liamone (Coste in *Bull. soc. bot. Fr.* XLVIII, sess. extr. LXV) ; Tour Parata (Mars. *Cat.* 165 ; Boullu in *Bull. soc. bot. Fr.* XXVI, 82) ; env. d'Ajaccio (ex Gr. et Godr. l. c.; Mars. l. c. ; Boullu in *Bull. soc. bot. Fr.* XXIV, sess. extr. LXXXIX et XCII ; Fouc. et Sim. *Trois sem. herb. Corse* 164 ; Coste in *Bull. soc. bot. Fr.* XLVIII, sess. extr. CV).

Salis (l. c.) a encore signalé le *T. paniceum* sous une forme réduite au Monte Padro à 5000'. Cette station est si extraordinaire qu'on peut se demander s'il ne s'agit pas là d'une Graminée différente.

AVENA L. emend.

A. sativa L. *Sp.* ed. 1, 79 (1853) ; Gr. et Godr. *Fl. Fr.* III, 510 ; Körn. et Wern. *Handb. Getreideb.* 1, 192 ; Husnot *Gram.* 38 ; Asch. et Graebn. *Syn.* II, 233 ; Coste *Fl. Fr.* III, 591.
Cultivé et parfois échappé des cultures, 1-1500 m.

146. **A. fatua** L. *Sp.* ed. 1, 80 (1753) ; Gr. et Godr. *Fl. Fr.* III, 512 ; Husnot *Gram.* 38 ; Asch. et Graebn. *Syn.* II, 233 ; Coste *Fl. Fr.* III, 591.
Hab. — Moissons de l'étage inférieur. Mai-août. ①. Bastia (Salis in *Flora* XLI, 474 ; Bubani ex Bert. *Fl. it.* 1, 696 ; Sargnon in *Ann. soc. bot. Lyon* VI, 58) ; Biguglia (Boullu in *Bull. soc. bot. Fr.* XXIV, sess. extr. LXVII) ; Calvi (Soleirol ex Bert. l. c.) ; entre Sagone et l'embouchure du Liamone (Lutz in *Bull. soc. bot. Fr.* XLVIII, sess. extr. CXXXV).— Probablement très répandu : voy. Mars. *Cat.* 164.

†† 147. **A. sterilis** L. *Sp.* ed. 2, 118 (1762) ; Husnot *Gram.* 39 ; Asch. et Graebn. *Syn.* II, 239 ; Coste *Fl. Fr.* III, 591. — En Corse seulement la sous-espèce suivante :

Subsp. **macrocarpa** Briq. = A. *macrocarpa* Mœnch *Meth.* 196 (1794) = *A. sterilis* Gr. et Gr. *Fl. Fr.* III, 512. — Exsicc. Burn. ann. 1904 n. 499 !
Hab. — Moissons, garigues de l'étage inférieur. Mai-août. ①. Rare ou peu observé. Biguglia (Gysperger in Rouy *Rev. bot. syst.* II, 109) ;

Calvi (Fouc. et Sim. *Trois sem. herb. Corse* 164); montagnes de Caporalino (Briq. *Spic.* 6 et exsicc. cit.); Solenzara (Fouc. et Sim. l. c.).

Plante robuste, à épillets 2-4 flores, à axe de l'épillet velu dans la partie inférieure, à caryopse aminci à la base. La sous-espèce *Ludoviciana* Asch. et Graebn. [*Syn.* II, 240 (1899) = *A. Ludoviciana* Dur. in *Act. soc. linn. Bordeaux* XX, 41 (1855); Gr. et Godr. *Fl. Fr.* III, 513], moins robuste, à épillets biflores, à glumelles plus courtes et à caryopse ± obtus à la base, ayant été signalée en Ligurie et en Sicile, pourrait être recherchée en Corse.

148. **A. barbata** Brot. *Fl. lus.* I, 808 (1804); Gr. et Godr. *Fl. Fr.* III, 512; Husnot *Gram.* 39; Asch. et Graebn. *Syn.* II, 241; Coste *Fl. Fr.* III, 591. — Exsicc. Reverch. ann. 1879 sub : *A. barbata*!; Burn. ann. 1904, n. 484!

Hab. — Prairies maritimes, garigues, rocailles de l'étage inférieur. Avril-juin ☉. Répandu. Bastia (Gillot in *Bull. soc. bot. Fr.* XXIV, sess. extr. XLIV; Fliche ibid. XXXVI, 369; Rotgès in litt.); Biguglia (Boullu ibid. XXIV, sess. extr. LXVII; Gysperger in Rouy *Rev. bot. syst.* II, 121); St-Florent (Fouc. et Sim. *Trois sem. herb. Corse* 164); Ile Rousse (N. Roux in *Bull. soc. bot. Fr.* XLVIII, sess. extr. CXLV); Calvi (Fouc. et Sim. l. c.); entre Porto et Piana (Lutz in *Bull. soc. bot. Fr.* XLVIII, sess. extr. CXXXII); Appietto (Briq. *Spic.* 7 et Burn. exsicc. cit.); Pozzo di Borgo (Coste in *Bull. soc. bot. Fr.* XLVIII, sess. extr. CX et CXIII); env. d'Ajaccio (Mars. *Cat.* 164; Coste l. c. CV); Solenzara (Fouc. et Sim. l. c.); Serra di Scopamène (Reverch. exsicc. cit.); et localités ci-dessous.

1907. — Cap Corse : garigues à Marinca, entre Nonza et Pino, 26 avril fl.!: Marine d'Albo, prairie sablonneuse, 26 avril fl.!: rocailles de la montagne des Stretti, calc., 100 m., 25 avril fl.!: garigues entre la station et le village de Pietralba, 400 m., 14 mai fl.!: lieux frais dans le vallon du Rio Stretto au-dessus de Francardo, 280 m., 14 mai fl.!: prairies à Ghisonaccia, 10 m., 8 mai fl.!: pré humide à Solenzara, 5 m., 3 mai fl.!: rocailles de la Pointe de l'Aquella, 260-370 m., 4 mai fl.!: garigues à Santa Manza, 10 m., 6 mai fl.!;

A. pubescens Huds. *Fl. angl.* ed. 1, 42 (1762); L. *Sp.* ed. 2, 1665 (1763); Gr. et Godr. *Fl. Fr.* III, 517; Husnot *Gram.* 41; Asch. et Graebn. *Syn.* II, 244; Coste *Fl. Fr.* III, 595.

Indiqué aux env. de Bonifacio par M. Boyer (*Fl. Sud Corse* 66), probablement par confusion avec l'espèce précédente (que cet auteur ne signale pas). Plante étrangère à la flore corse.

ARRHENATHERUM Beauv.

149. **A. elatius** Mert. et Koch *Deutschl. Fl.* I, 546 (1823) ; Gr. et Godr. *Fl. Fr.* III, 520 ; Husnot *Gram.* 36 ; Coste *Fl. Fr.* III, 599 = *Avena elatior* L. *Sp.* ed. 1, 79 (1753) ; Asch. et Graebn. *Syn.* II, 230 = *Holcus avenaceus* Scop. *Fl. carn.* ed. 2, II, 276 (1772) = *A. avenaceum* Beauv. *Ess. agrost.* 152 (1812). — Exsicc. Burn. ann. 1900 n. 250 et 257 !, ann. 1904 n. 469 !

Hab. — Rochers et rocailles des étages montagnard, subalpin et alpin, 800-2300 m. Juin-août. ⚥. Répandu. Montagnes de Tende « Le Nebbio » (Mab. in Mars. *Cat.* 164) ; Monte S. Pietro (Salis in *Flora* XVI, 474) ; Monte Grosso (de Calvi) (Soleirol ex Bert. *Fl. it.* I, 485 ; Lit. in *Bull. acad. géogr. bot.* XVIII, 101) ; Monte Padro (Salis l. c.) ; vallée de la Restonica et montée du pont du Dragon à la bergerie de Timozzo (Briq. *Rech. Corse* 18 et exsicc. cit. 1900) ; col de Manganello, versant S. (Lit. *Voy.* II, 85) ; Monte d'Oro (Legr. in *Bull. soc. bot. Fr.* XXXVII, 21) ; Vizzavona (Briq. *Spic.* 7 et exsicc. cit. 1904) ; forêt de Marmano (Rotgès in litt.) ; Coscione (R. Maire in Rouy *Rev. bot. syst.* II, 23) ; Mt Cagna (Bubani ex Bert. *Fl. it.* I, 485) ; et localités ci-dessous.

1906. — Cima della Statoja, rochers à 2200 m., 26 juill. fl. ! ; rochers en montant de la bergerie de Spasimata à la Cima di Mufrella, 1800 m., 12 juill. fl. ! ; arêtes entre le col de Bocca Valle Bonna et le Monte Traunato, 2000 m., 31 juill. fl ! ; junipéraies du Capo Bianco versant d'Urcula, 2200 m., 7 août fl. ! ; éboulis en montant de la bergerie de Manica au Monte Cinto, 2000 m., 29 juillet fl. ! ; rocailles en face des bergeries de Grotello sur la rive droite de la haute Restonica, 1400-1500 m., 3 août fl. ! ; Capo al Chiostro, junipéraies du versant de Grotello, 2000 m., 3 août fl. ! ; station de Vizzavona, 905 m., 14 juill. fl. ! ; Monte d'Oro, versant W. : rochers du vallon aboutissant au-dessus des bergeries de Tortetto, 1800 m., 9 août fl. ! et rocailles du versant E., 2250 m., 9 août fl. ! ; vallon de l'Anghione, rochers à 1300-1400 m., 12 août fl. ! ; col de la Foce di Verde, berges des torrents du versant S., 1100 m., 19 juill. fl. ! ; Pointe de Monte, rochers du versant W., 1500 m., 20 juill. fl. ! ; junipéraies près des bergeries d'Aluccia, 1500 m., 18 juill. fl. !

Le fromental de la Corse appartient à la var. **vulgare** Koch [*Syn.* ed. 2, 916 (1844) = *Avena elatior* var. *vulgaris* Fries *Nov. fl. suec. Mant.* III, 4 (1842) ; Asch. et Graebn. *Syn.* II, 230 = *A. elatior* var. *genuinum* Gr. et Godr. *Fl. Fr.* III, 520 (1856)] à entrenœuds basilaires courts, non ou à peine épaissis, à gaines et hampes glabres. Les éch. de la région alpine sont de dimensions réduites et à panicule appauvrie, mais ne présentent d'ailleurs aucun caractère distinctif dans les épillets. — En dehors des localités énumérées ci-dessus, l'*A. elatius* a été indiqué par Mabille (in Mars. *Cat.* 164) dans la plaine de Bastia et à Calvi. Ces stations basses sont anormales pour la Corse et méritent confirmation.

GAUDINIA Beauv. emend.

150. **G. fragilis** Beauv. *Ess. agrost.* 164 (1812) ; Gr. et Godr. *Fl. Fr.* III, 615 ; Husnot *Gram.* 36 ; Asch. et Graebn. *Syn.* II, 307 ; Coste *Fl. Fr.* III, 600 = *Avena fragilis* L. *Sp.* ed. 1, 80 (1753).

Hab. — Prairies maritimes, garigues, friches de l'étage inférieur. Mai-juill. ①. Très répandu et abondant dans l'île entière.

1906. — Cap Corse : garigues entre le col de Santa Lucia et Luri, 200-300 m., 7 juill. fl. ! ; talus arides au couvent de la Tour de Sénèque, 450 m., 8 juill. fl. ! ; fossés desséchés entre les Marines de Sisco et de Meria, 6 juill. fl. !

1907. — Garigues à Alistro, 10 m., calc., 30 avril fl. ! ; prairies sablonneuses à Ghisonaccia, 10 m., 8 mai fl. ! ; pré humide à Solenzara, 5 m., 3 mai fl. !

On peut distinguer les deux sous-variétés suivantes :

α^1 subvar. **genuina** Briq. = *G. fragilis* Asch. et Graebn. *Syn.* II, 307, sensu stricto. — Epis médiocres longs de 5-20 cm., à épillets très saillants.

α^2 subvar. **filiformis** Briq. = *G. filiformis* Albert in Magnier *Scrinia fl. select.* VI, 120 (1887) = *G. fragilis* var. *filiformis* Asch. et Graebn. *Syn.* II, 308 (1900). — Epis plus allongés longs de 20-30 cm., à épillets moins saillants. — La valeur systématique du *G. filiformis* Alb. est extrêmement faible. Peut-être serait-il plus correct de l'envisager comme un simple état tardif du *G. fragilis.* Voy. Husnot *Gram.* 37.

CYNODON Rich.

151. **C. Dactylon** Pers. *Syn.* I, 85 (1805) ; Gr. et Godr. *Fl. Fr.* III, 463 ; Husnot *Gram.* 12 ; Asch. et Graebn. *Syn.* II, 85 ; Coste *Fl. Fr.* III, 553 = *Panicum Dactylon* L. *Sp.* ed. 1, 58 (1753). — Exsicc. Sieber sub: *Digitaria stolonifera* ! ; Burn. ann. 1900, n. 178 !

Hab. — Sables, rocailles, garigues, moissons de l'étage inférieur. Juill.-sept. ♃. Répandu et abondant dans l'île entière.

1906. — Rocailles en descendant du col de San Colombano sur Palasca, 500 m., 12 juillet fl. !

SPARTINA Schreb.

152. **S. Duriaei** Parl. *Fl. it.* I, 230 (1848) ; Asch. et Graebn. *Syn.* II, 84 = *S. versicolor* Fabre in *Ann. sc. nat.* sér. 3, XIII, 123 (1850) ; Gr. et Godr. *Fl. Fr.* III, 463 ; Husnot *Gram.* 13 ; Coste *Fl. Fr.* III, 554. — Exsicc. Mab. n. 192 ! ; Deb. ann. 1868 et 1869 sub : *S. versicolor* !

Hab. — Marais saumâtres, rochers maritimes humides. Sept.-oct. ⚥. Assez rare. Biguglia (Mab. ap. Mars. 161 et exsicc. cit. ; Deb. exsicc. cit.; Boullu in *Bull. soc. bot. Fr.* XXIV, sess. extr. LXV) ; de la Chapelle des Grecs à la Parata (Mars. l. c. ; Boullu l. c. LXXXIX); Porto-Vecchio (Revel. ap. Bor. *Not.* II, 9) ; Santa Manza (Revel. l. c.).

ECHINARIA Desf.

153. **E. capitata** Desf. *Fl. atl.* II, 385 (1800) ; Gr. et Godr. *Fl. Fr.* III, 455 ; Husnot *Gram.* 14 ; Asch. et Graebn. *Syn.* II, 309 ; Coste *Fl. Fr.* III, 546 = *Cenchrus capitatus* L. *Sp.* ed. 1, 1049 (1753).— Exsicc. Salzmann sub : *Cenchrus capitatus* !

Hab. — Garigues de l'étage inférieur. Calcicole. Mai-juin. ①. « Corse » (Gr. et Godr. l. c.).

Indiqué comme « commune » (!) en Corse par Grenier et Godron (l. c.), cette espèce n'a été revue depuis lors par aucun autre observateur. Cependant elle a été jadis récoltée sans indication précise de localité par Salzmann [et non pas par Thomas ainsi que nous l'avons récemment écrit par erreur (voy. Hackel et Briquet in *Ann. Cons. et Jard. bot. Genève* X, 54)]. Elle devra être recherchée sur les calcaires de St-Florent, du bassin de Corté et du Sud.

SESLERIA Scop.

† 154. **S. coerulea** Ard. *Anim. in bot. spec.* II, 18. t. 6, fig. 3-5 (1763 et 1764) ; Scop. *Fl. carn.* ed. 2, I, 63 ; Gr. et Godr. *Fl. Fr.* III, 453 ; Beck in *Ann. k. k. naturh. Hofm. Wien*, V, 558 (1890) ; Husnot *Gram.* 13 ; Asch. et Graebn. *Syn.* II, 318 ; Coste *Fl. Fr.* III, 545. — En Corse seulement la race suivante :

Var. **corsica** Hackel, var. nov.

Hab. — Rochers et rocailles, 200-1150 m. Calcicole. Avril-mai. ⚥.

Très rare. Rochers des Stretti de Saint-Florent (Salis, avril 1828 !) ; et localités ci-dessous.

1907. — Cap Corse : rocailles du Mt San Angelo de St-Florent, 250 m., calc., 24 avril fl. ! (subv. *macrochaeta*). — Rochers de la montagne de Caporalino, 450-650 m., calc., 11 mai fl. ! (subv. *microchaeta*) ; Cime de la Chapelle de San Angelo, rochers à 1150 m., calc., 13 mai fl. ! (subv. *microchaeta*).

« A typo (var. **calcarea** Celak.) differt foliis linearibus planis vel laxe complicatis, explicatis 1,5-2 mm. latis (in typo 3 mm. vel plus) ad utrumque nervi medii latus nervis 3-4 (in typo 6-7) percursis obsolete (in typo manifeste) cartilagineo-marginatis, glumis fertilibus toto dorso vel saltem ad nervos minute scabro-puberulis (in typo scaberulis vel laevibus), praeter mucronem vel aristulam mediam utrinque bimucronatis. — Glumae steriles fertiles aequantes vel subaequantes, ovato-lanceolatae, longe mucronatae. Folia viridia. Culmus 18-28 cm. altus, gracilis.
Variat insuper :

z^1 subvar. **microchaeta** Hack., subv. nov. — Arista intermedia gluma fertili 4-5plo brevior.

z^2 subvar. **macrochaeta** Hack., subv. nov. — Arista intermedia gluma duplo brevior. Glumae steriles longius acuminatae ac mucronatae. Panicula spiciformis angustior, fere linearis ». (Hackel in litt.).

Le *S. coerulea* Ard. a été jadis indiqué par Salis (in *Flora* XVI, 473, ann. 1833) comme rare dans la haute région montagneuse du Cap Corse dominant Furiani, mais par suite d'une confusion de localité. En effet les précieux originaux de Salis, conservés au musée botanique de l'école polytechnique de Zurich, sont accompagnés d'une note descriptive portant l'indication exacte « ad rupes montium inter Bastia et St Florent ». Ce point est important en ce que les sommets du Cap Corse sont formés d'euphotides, de serpentines et de schistes siliceux, tandis que la nouvelle race que M. Hackel a décrite ci-dessus est aussi nettement calcicole que la var. *calcarea* du continent.

AMPELODESMA Beauv.

Le genre *Ampelodesma* Beauv. [*Ess. agrost.* 78 (1812)] a une priorité incontestable sur l'*Ampelodesmos* Link [*Hort. ber.* 1, 136 (1827)]. De même l'épithète spécifique due à Poiret doit être conservée. Nous ne pouvons donc accepter ni pour le genre, ni pour l'espèce, la nomenclature préconisée par MM. Ascherson et Graebner (*Syn.* II, 327), laquelle est contraire aux *Règles de la Nomencl.* art. 15, 48 et 50.

155. **A. mauritanica** Dur. et Schinz *Consp. fl. Afr.* V, 874 (1895); Bonnet et Bar. *Cat. Tun.* 469; Hochreutiner *Sud-Oranais* 98 = *A. mau-*

ritanica Poir. *Voy.* II, 104 (1789), non Desf. (1799) = *Arundo tenax* Vahl *Symb.* II, 25 (1791) = *Arundo festucoides* Desf. *Fl. atl.* I, 100 (1798) ; Lois. *Fl. gall.* ed. 2, 1, 61 = *Ampelodesmos tenax* Link *Hort. berol.* I, 136 (1827) ; Gr. et Godr. *Fl. Fr.* III, 479 ; Husnot *Gram.* 19 ; Asch. et Graebn. *Syn.* II, 327 ; Coste *Fl. Fr.* III, 561.

Hab. — Garigues littorales sablonneuses. Mai-juin. ♃. « La Corse » (Bernard ap. Gr. et Godr. l. c.).

Cette espèce, déjà antérieurement indiquée en Corse avec doute par Loiseleur *(Fl. gall.* ed. 2, 1, 61) n'a été vue en Corse par personne avant et après la vague indication de Bernard. Cependant, de même que Marsilly (*Cat.* 162), nous n'osons pas l'exclure dès maintenant de la flore corse. L'espèce est répandue sur les côtes de la Ligurie et de la Toscane, et existe en Sardaigne, ce qui rend l'indication de Bernard vraisemblable. A rechercher.

PHRAGMITES Trin.

156. **P. communis** Trin. *Fund. agrost.* 134 (1820) ; Gr. et Godr. *Fl. Fr.* III, 473 ; Husnot *Gram.* 18 = *Arundo Phragmites* L. *Sp.* ed. 1, 81 (1753) ; Asch. et Graebn. *Syn.* II, 328 ; Coste *Fl. Fr.* III, 561 = *Arundo vulgaris* Lamk *Fl. fr.* III, 615 (1778) = *Arundo vulnerans* Gil. *Exerc. phyt.* II, 541 (1792) = *Phragmites vulnerans* Asch. *Fl. Brand.* II, 180 (1859) = *Phragmites Phragmites* Karst. *Deutsch. Fl.* 379 (1880-83).

Hab. — Marais, bord des eaux dans les étages inférieur et montagnard, 0-1400 m. Août-sept. ♃. Répandu et abondant dans l'île entière.

Les noms spécifiques de Lamarck (1778) et Gilibert (1791) sont mort-nés, parce que contraires aux *Règles de la nomenclature* (art. 51, 1°). Trinius était donc libre de prendre un nom spécifique à sa guise et a dénommé correctement l'espèce dans le genre *Phragmites* (art. 56). — En Corse les races suivantes :

α. Var. isiacus Coss. et Dur. *Expl. sc. Alg.* II, 125 (1854-56) ; Boiss. *Fl. or.* V, 563 = *Arundo isiaca* Del. *Fl. Aeg. Ill.* 4 (1813) = *Arundo maxima* Forsk. *Fl. aeg.-arab.* 24 (1775) ? ; Coste *Fl. Fr.* III, 561 = *Arundo altissima* Benth. *Cat. Pyr.* 62 (1826) = *P. isiacus* Kunth *Rev. Gram.* I, 80 (1829) = *P. gigantea* Gay ap. Endr. Un. itin. exsicc. Pyr. ann. 1830 et *Notes sur Endr.* 16 (1832) = *P. chrysanthus* Mab. *Rech. pl. Corse* II, 37 (1869) = *P. altissimus* Mab. l. c. 39 = *P. isiacus* Mab. l. c. 41 = *P. communis* var. *giganteus* Husnot *Gram.* 19 (1896)

= *Arundo phragmites* var. *isiaca* Asch. et Graebn. *Syn*. II, 332 (1900)
— Exsicc. Mab. n. 289 et 403 ! ; Deb. ann. 1867, 1868 et 1869 sub.: *P. chrysanthus* et *P. giganteus* ! ; Soc. dauph. n. 2658 et 2659 !

Hab. — Marais, bord des eaux sur le littoral. Biguglia (Mab. l. c. et exsicc. cit.; Deb. exsicc. cit.) ; Saint-Florent, Calvi, Aleria, Porto-Vecchio (Mab. l. c.).

Glumelles (au moins l'inférieure) 2-3 fois plus longues que la glume supérieure, toutes prolongées en une longue arête (souvent caduque à la maturité). Plante généralement très élevée, à feuilles très larges, à panicule volumineuse, ample, d'un brun-jaunâtre ou d'un jaune doré, à épillets multiflores (7-8 flores).

Mabille a placé ses *P. altissimus* et *P. isiacus* dans deux divisions différentes, le premier différant du second par les glumes entières et non brièvement dentées au sommet. Mais ce caractère est très loin d'avoir la valeur que Mabille lui avait attribuée : nous trouvons des glumes entières et des glumes brièvement tridentées dans une seule et même panicule sur les originaux mêmes de l'auteur. Quant au *P. chrysanthus*, c'est une variation à panicule d'un jaune doré qu'il est à peu près impossible de reconnaître sur le sec ; elle n'a même pas la valeur de sous-variété que lui ont attribuée MM. Ascherson et Graebn. [*P. communis* var. *chrysanthus* Richt. *Pl. eur.* 1, 71 (1890) = *Arundo phragmites* var. *isiaca* subvar. *chrysantha* Asch. et Graebn. *Syn*. II, 332 (1900)].

β. Var. **Marsillyanus** Briq. = *P. chrysanthus* var. *Marsillianus* (sic) Mab. *Rech. fl. Corse* II, 38 (1869) = *P. communis* var. *stenophyllus* Boiss. *Fl. or.* V, 563 (1883) = *Arundo phragmites* var. *isiaca* subvar. *stenophylla* Asch. et Graebn. *Syn*. II, 332 (1900).

Hab. — Env. d'Ajaccio (Mars. ex. Mab. l. c.).

Panicule de la race précédente, mais plus réduite et plus grêle ; port réduit ; stolons courts ; feuilles à gaines courtes, à limbe étalé, dur, enroulé, très étroit, glaucescent.

γ. var. **humilis** Parl. *Fl. it.* 1, 767 (1848) = *P. humilis* De Not. *Cat. herb. Gen.* 27 (1840) = *P. pumilus* Willk. *Pl. haloph.* 157 (1852) = *P. maritimus* Mab. *Rech. fl. Corse* II, 42 (1869) = *P. communis* var. *maritimus* Richt. *Pl. eur.* 1, 71 (1890) = *Arundo phragmites* var. *humilis* Asch. et Graebn. *Syn*. II, 331 (1900).

Hab. — Biguglia (Mab. l. c.).

Glumelles un peu plus courtes que les glumes, toutes prolongées en une longue arête. Plante ne dépassant pas 1-1,5 m., à feuilles larges, à panicule assez raide, contractée, érigée, d'un brun-roussâtre, à épillets multiflores.

δ. Var. **typicus** Briq. = *P. communis* Mab. *Rech. fl. Corse* II, 43 = *Arundo phragmites* var. *legitimus* II *typicus* Asch. et Graebn. *Syn.* II 330 (1900). — Exsicc. Soc. dauph. n. 2660 ! ; Soc. roch. n. 4505 !

Hab. — Moins fréquente sur le littoral [Biguglia (Mab.) l. c. ; Deb. in Soc. dauph. cit.)], très fréquente dans l'intérieur jusqu'à 1400 m.

Glumelles 1-2 fois aussi longues que la glume supérieure, souvent plus courtes ; glumelle supérieure généralement seule prolongée en pointe rétrécie, les autres plus courtes, molles, membraneuses, souvent repliées à la maturité. Plante haute de 1-3,5 m., à feuilles larges, à panicule ovoïde d'un brun noirâtre ou violacé, à épillets pauciflores (généralement 3-5 flores).

ARUNDO L. emend.

MM. Ascherson et Graebner (*Syn.* II, 328) estiment qu'il est conforme à la règle de priorité de suivre Palisot de Beauvois, qui a appliqué le nom d'*Arundo* à « l'espèce la plus répandue » (*Arundo Phragmites* L.), au lieu de l'appliquer avec Trinius au genre que ces auteurs appellent *Donax*. Mais le procédé est contraire aux *Règles de la nomenclature*, art. 45, lequel prescrit que lorsqu'un genre est divisé en deux ou plusieurs, à défaut de subdivision renfermant les éléments originels du genre, le nom primitif *doit* être réservé à la fraction détachée la plus nombreuse en espèces. Or, Palisot de Beauvois a au contraire réservé le nom d'*Arundo* au groupe déjà à cette époque le plus pauvre en espèces, et qui l'est encore. Donc, sa nomenclature doit être rejetée.

157. **A. Donax** L. *Sp.* ed. 1, 81 (1753) ; Gr. et Godr. *Fl. Fr.* III, 472 ; Husnot *Gram.* 18 ; Coste *Fl. Fr.* III, 560 = *A. sativa* Lamk *Fl. fr.* III, 616 (1778) = *Donax arundinaceus* Beauv. *Ess. agrost.* 161 (1812) = *Donax sativa* Presl *Cyp. et Gram. sic.* 32 (1820) = *Donax Donax* Asch. et Graebn. *Syn.* II, 333 (1899). — Exsicc. Mab. n. 193 ! ; Deb. ann. 1867 sub : *A. Donax* ! ; Soc. dauph. n. 2657 !

Hab. — Points humides de l'étage inférieur. Cultivé en grand pour créer des abris contre le vent, et planté dans les vignobles comme échalas. Sept.-oct. ♃. Commun dans toute l'île.

158. **A. Plinii** Turra *Farsetia, novum genus Acc. anim. bot.* 11 (1765) = *A. Pliniana* Turra *Fl. it. prodr.* 63 (1780) ; Gr. et Godr. *Fl. Fr.* III, 473 ; Husnot *Gram.* 18 ; Coste *Fl. Fr.* III, 561 = *A. mauritanica* Desf. *Fl. atl.* I, 106 (1798), non Poir. = *Donax mauritanica* Beauv. *Ess. agrost.* 161 (1812) = *Donax Plinii* K. Koch *Dendrol.* II, 352 (1873) ; Asch. et Graebn. *Syn.* II, 335.

8

Hab. — Berges marécageuses de l'étage inférieur. Sept.-oct. ♃. Très rare ; localisé à Porto-Vecchio (ex Gr. et Godr. l. c.; Revel. et Mab. ap. Mars. *Cat.* 162).

SIEGLINGIA Bernh.

159. **S. decumbens** Bernh. *Syst. Verz. Erf.* I, 44 (1800) ; Asch. et Graebn. *Syn.* II, 304 = *Festuca decumbens* L. *Sp.* ed. 1, 75 (1753) = *Danthonia decumbens* DC. *Fl. fr.* III, 33 (1805) ; Gr. et Godr. *Fl. Fr.* III, 561 ; Husnot *Gram.* 36 ; Coste *Fl. Fr.* III, 601 = *Triodia decumbens* Beauv. *Ess. agrost.* 179 (1812).

Hab. — Points humides de l'étage inférieur, berges tourbeuses et pineraies des étages montagnard et subalpin, 1-1500 m. Calcifuge. Mai-août, suivant l'altitude. ♃. D'abord signalé sans indication de localité par Soleirol (in Bert. *Fl. it.* I, 559), puis dans les montagnes au-dessus de Mandriale (Salis in *Flora* XVI, 474) ; entre Ajaccio et la Parata (Mars. *Cat.* 167 ; Boullu in *Bull. soc. bot. Fr.* XXVI, 82) et au lac de Creno (R. Maire in *Bull. soc. bot. Fr.* XLVIII, sess. extr. CXLVIII et in Rouy *Rev. bot. syst.* II, 53) ; puis à Caniccia près Ghisoni (Rotgès in litt.) ; disséminé sous les deux sous-variétés suivantes.

α¹ subvar. **breviglumis** Briq. = *Danthonia decumbens* var. *breviglumis* Hack. *Cat. rais. Gram. Port.* 21 (1880) = *Danthonia decumbens* var. *pumila* Lit. *Voy.* II, 24 (1908). — Exsicc. Reverch. ann. 1879 sub : *Danthonia decumbens* !

Hab. — Lac de Creno ! (Lit. l. c.) ; Serra di Scopamène (Reverch. exsicc. cit.) ; et localités ci-dessous.

1906. — Résinerie de la Forêt d'Asco, rocailles sur la rive gauche du torrent, 950 m., 28 juill. fr. ! ; rocailles sur le versant E. du Monte d'Oro, 1500 m., 8 août fr. !

1908. — Berges herbeuses du Lac de Creno, 1298 m., 28 juin fr. !

Glumes égalant ou dépassant peu le fruit à la maturité, assez larges. — Plante d'apparence variable, à chaumes tantôt élevés, tantôt réduits, à épillets nombreux ou peu nombreux. Les échant. venus dans les tourbières et pozzines sont souvent réduits et violacés (type du *D. decumbens* var. *pumila* Lit.), mais on trouve tous les passages qui relient cette modification stationnelle aux formes plus élevées des terrains plus secs.

α² subvar. **longiglumis** Briq. = *Danthonia decumbens* var. *longiglumis* Hack. *Cat. rais. Gram. Port.* 21.
Hab. — Jusqu'ici seulement dans les localités ci-dessous.

1906. — Rochers le long du torrent en montant à Bonifatto par le Rio de Ficarella, 550 m., 11 juillet fl. fr.! ; résinerie de la forêt d'Asco, pineraies de la rive droite, 950 m., 26 juillet fl. fr.!; rochers humides sur le versant E. du Monte d'Oro : cascade du sentier Grimaldi, 1300 m., 8 août fr.!

Plante généralement plus robuste que la précédente, avec laquelle elle est d'ailleurs reliée par des formes intermédiaires. Glumes plus étroites, bien plus allongées, atteignant parfois le double de la longueur du fruit.

MOLINIA Schrank

††160. **M. coerulea** Moench *Meth.* 183 (1794) ; Gr. et Godr. *Fl. Fr.* III, 560 ; Husnot *Gram.* 55 ; Asch. et Graebn. *Syn.* II, 336 ; Coste *Fl. Fr.* III, 619 = *Aira coerulea* L. *Sp.* ed. 1, 63 (1753) = *Festuca cærulea* DC. *Fl. fr.* III, 46 (1805).

Hab. — Berges des rivières, marécages de l'étage inférieur. Juill.-sept. ♃. Signalé uniquement à l'embouchure de la Gravona (Petit in *Bot. Tidsskr.* XIV, 248). A rechercher.

Il est probable qu'il s'agit ici de la var. **litoralis** Asch. et Graebn. [l. c. 335 = *M. litoralis* Host *Fl. austr.* I, 118 (1827) = *M. altissima* Link *Hort. Berg.* I, 197 (1827)], plante très robuste, à feuilles larges de 8-10 mm., à panicule ample, à glumelles atteignant jusqu'à 6 mm. longuement acuminées. Cette race est répandue dans le nord de l'Italie et le midi de la France. Quoiqu'il en soit, la Corse est située sur la limite sud du *M. coerulea*, lequel paraît manquer au Sud de la Toscane et en Sardaigne.

ERAGROSTIS Host

160. **E. megastachya** Link *Hort. berol.* I, 187 (1827) ; Gr. et Godr. *Fl. Fr.* III, 547 ; Husnot *Gram.* 54 = *Briza Eragrostis* L. *Sp.* ed. 1, 70 (1753) p. p. = *Poa multiflora* Forsk. *Fl. aeg.-arab.* LXI, CIV et 21 (1775) ?? = *Poa megastachya* Koel. *Descr. Gram.* 181 (1802) = *E. major* Host *Gram. austr.* IV, 14, t. 24 (1809) ; Coste *Fl. Fr.* III, 617 = *E. multiflora* Asch. *Fl. Brand.* I, 841 (1864) = *E. Eragrostis* Mac Millan *Metasp. Minnes. Vall.* 75 (1892).

Hab. — Points sablonneux découverts, friches, cultures des étages inférieur et montagnard. Juin-oct. ☉ Très rare ou peu observé. Ghisoni (Rotgès in litt.) ; Porto-Vecchio (Revel. ap. Mars. *Cat.* 166).

Voy. au sujet de la nomenclature de cette espèce les remarques de

MM. Ascherson et Graebner (*Syn.* II, 371). Le *Poa ciliarensis* All. [*Fl. ped.* II, 246 (1785)] nous paraît être une forme monstrueuse et doit pour cette raison être exclu de la discussion (Règles *Nomencl.* art. 51, 3°).

161. **E. minor** Host *Gram. austr.* IV, 15 (1809) ; Asch. et Graebn. *Syn.* II, 372 ; Coste *Fl. Fr.* III, 617 = *Poa Eragrostis* L. *Sp.* ed. 1, 68 (1753) p. p. — *E. poaeoides* Beauv. *Ess. agrost.* 162 (1812) ; Gr. et Godr. *Fl. Fr.* III, 547 p. p. = *E. poaeformis* Link *Hort. ber.* 1, 187 (1827) = *E. Eragrostis* Karsten *Deutsch. Fl.* 389 (1880-83) = *E. megastachya* subsp. *poaeoides* Husnot *Gram.* 55 (1898). — Exsicc. Mab. n. 409 !

Hab. — Points sablonneux de l'étage inférieur. Juill.-oct. ①. Disséminé. Bastia (Mab. exsicc. cit. et ap. Mars. *Cat.* 166); Saint-Florent (Mab. ap. Mars. l. c.); Ile Rousse, Algajola (Mars. l. c.); Calvi (Soleirol ex Bert. *Fl. it.* 1, 556); Corté (Mab. ex Mars. l. c.).

A rechercher en Corse l'**E. Barrelieri** Daveau in Morot *Journ. de Bot.* VIII, 289 (1894) et in *Bull. Herb. Boiss.* sér. 4, II, 651-660; Coste *Fl. Fr.* III, 617 = *Poa Eragrostis* Desf. *Fl. atl.* 1, 74 (1798) = *E. poaeoides* Boiss. *Voy. Esp.* II, 658 (1845); Gr. et Godr. *Fl. Fr.* III, 547 p. p. — Cette espèce se distingue de la précédente par les chaumes dressés ascendants, les feuilles finement dentées sur les bords, non glanduleux, les épillets linéaires, les glumes lancéolées et non ovées-oblongues et par les caryopses oblongs, obliquement tronqués à la base (non subsphériques et brusquement atténués à la base).

AVELLINIA Parl.

162. **A. Michelii** Parl. *Pl. nov.* 59 (1842) et *Fl. it.* 1, 416 ; Hack. *Cat. rais. Gram. Port.* 21 ; Husnot *Gram.* 44 ; Asch. et Graebn. *Syn.* II, 368 = *Bromus Michelii* Savi *Bot. etrusc.* 1, 78 (1808) = *Koeleria macilenta* DC. *Fl. fr. suppl.* 270 (1815) = *Avena puberula* Guss. *Pl. rar.* 55 (1826) = *Vulpia Michelii* Reichb. *Fl. germ. exc.* 140 (1830) ; Gr. et Godr. *Fl. Fr.* III, 569 = *Koeleria Michelii* Coss. *Expl. scient. Alg.* II, 120 (1854-56) ; Coste *Fl. Fr.* III, 603. — Exsicc. Soleirol n. 4639 ! ; Req. sub : *Koeleria macilenta*.

Hab. — Garigues, points sablonneux découverts de l'étage inférieur, près du littoral. Avril-mai. ①. Disséminé. Pietra Corbara (Bubani ex Bert. *Fl. it.* 1, 630) ; Calvi (Soleirol exsicc. cit. et ap. Bert. l. c.; Mars. *Cat.* 168) ; Ajaccio (Req. exsicc. cit. et ap. Gr. et Godr. l. c.; Mars. l. c.; Boullu in *Bull. soc. bot. Fr.* XXIV, sess. extr. C) ; Porto-Vecchio (Revel.

ap. Mars. l. c.) ; Bonifacio (Req. ! et ap. Gr. et Godr. l. c. ; Mars. l. c.) ;
et localité ci-dessous.

1907. — Cap Corse : garigues entre Luri et la Marine de Luri, 27
avril fl. !

KOELERIA Pers.

†† 163. **K. splendens** Presl *Cyp. et Gram. sic.* 34 (1820) ; Asch.
et Graebn. *Syn.* II, 359 ; Domin *Mon. Koeleria* 89 = *K. grandiflora*
Bert. in Roem. et Sch. *Mant.* II, 345 (1824) ; Parl. *Fl. it.* 326 ; Gr. et
Godr. *Fl. Fr.* III, 526 = *Aira grandiflora* Bert. *Fl. it.* 1, 436 (1833) =
K. cristata var. *grandiflora* Husnot *Gram.* 45 (1897).

Hab. — Forêt de l'Ospédale (Lutz in *Bull. soc. bot. Fr.* XLVIII, 57).

M. Lutz désigne ses échant. sous le nom de *K. grandiflora* var. *glauca*,
appellation que nous ne retrouvons chez aucun auteur. Le *K. splendens*
est selon M. Domin (l. c. 90) une espèce polymorphe, mais toujours facile
à distinguer des espèces et formes du groupe *Cristatae* par la souche
indurée-bulbiforme ; la glabréité, la coloration glauque de l'appareil végétatif, les chaumes robustes, la panicule grande et brillante la font en
outre plus facilement reconnaître. En l'absence d'échant. originaux, nous
ne pouvons émettre de jugement sur la plante découverte par M. Lutz.
Si la détermination est correcte, il est probable qu'il s'agit de la var.
typica Domin (l. c. 91), dont l'aire embrasse l'Italie, de la Ligurie jusqu'à
la Sicile.

164. **K. pubescens** Beauv. *Ess. agrost.* 85 (1812) ; Asch. et
Graebn. *Syn.* II, 365 ; Domin *Mon. Koeler.* 277 = *Phalaris pubescens*
Lamk *Encycl. méth.* I, 92 (1783) = *Phalaris ciliata* Pourr. in *Mém. acad.*
Toul. III, 323 (1788) = *K. villosa* Pers. *Syn.* 1, 97 (1805) ; Gr. et Godr.
Fl. Fr. III, 528 ; Husnot *Gram.* 46 ; Coste *Fl. Fr.* III, 603. — Exsicc.
Salzm. sub : *Phalaris pubescens* ! ; Reverch. ann. 1880, n. 385 !

Hab. — Garigues, points sablonneux découverts, friches de l'étage
inférieur. Mai-juin. ①. Rare ou peu observé. Bastia (Salis in *Flora*
XVI, 473) ; Ajaccio (Req. ! ap. Gr. et Godr. l. c. ; Mars. *Cat.* 165 ; Boullu
in *Bull. soc. bot. Fr.* XXIX, sess. extr. XCII) ; îles Lavezzi (Req. ! ; Revel.
ap. Mars. l. c. ; Reverch. exsicc. cit.).

165. **K. phleoides** Pers. *Syn.* 1, 97 (1805) ; Gr. et Godr. *Fl. Fr.*
III, 529 ; Husnot *Gram.* 46 ; Asch. et Graebn. *Syn.* II, 366 ; Coste *Fl.*
Fr. III, 603 ; Domin *Mon. Koeler.* 256 = *Festuca cristata* L. *Sp.* ed. 1,

76 (1753) ; Bert. *Fl. it.* 1, 624 = *Festuca phleoides* Vill. *Hist. pl. Dauph.* II, 95 (1787). — Exsicc. Soleirol n. 4640 !

Hab. — Garigues, moissons, prairies maritimes des étages inférieur et montagnard. Avril-mai. ①. Disséminé. Rogliano (Revel. ap. Mars. *Cat.* 165) ; Erbalunga (Gillot in *Bull. soc. bot. Fr.* XXIV, sess. extr. L) ; env. de Bastia (Salis in *Flora* XVI, 473 ; Mab. ap. Mars. l. c.) ; Saint-Florent (Soleirol exsicc. cit. et ap. Bert. *Fl. it.* I, 625) ; Ile Rousse (N. Roux in *Bull. soc. bot. Fr.* XLVIII, sess. extr. CXLV) ; Corté (Kesselmeyer ann. 1867 ! ; Fouc. et Sim. *Trois sem. herb. Corse* 164) ; Ghisoni au hameau de Rosse (Rotgès in litt.) ; Ajaccio (Boullu in *Bull. soc. bot. Fr.* XXIV, sess. extr. XCV ; Coste ibid. XLVIII, sess. extr. CV et CIX) ; Campo di Loro (Boullu ibid. XXIV, sess. extr. XCV) ; Ghisonaccia (Rotgès in litt.) ; Solenzara (Fouc. et Sim. l. c. 164) ; Porto-Vecchio (Revel. in Bor. *Not.* II, 9) ; et localités ci-dessous.

1907. — Cap. Corse : montagne des Stretti, gazons des crêtes, calc., 200 m., 26 avril fl. !. — Fossés aquatiques entre Ste-Lucie et Ste-Trinité, 50 m., 7 mai fl. ! ; garigues du plateau de Canalli, calc., 50 m., 6 mai fl. !. Nos échant. corses appartiennent à la var. **typica** Domin l. c. 257.

CATABROSA Beauv.

166. **C. aquatica** Beauv. *Ess. agrost.* 97 (1812) ; Gr. et Godr. *Fl. Fr.* III, 529 ; Husnot *Gram.* 47 ; Asch. et Graebn. *Syn.* II, 443 ; Coste *Fl. Fr.* III, 609 = *Aira aquatica* L. *Sp.* ed. 1, 64 (1753) ; Bert. *Fl. it.* I, 442 = *Poa airoides* Koel. *Descr. Gram.* 194 (1802). — Exsicc. Kralik n. 842 a !

Hab. — Marais et fossés de l'étage inférieur. Juin-juill. ♃. Localisé aux env. de Bonifacio (Salis in Flora XVI, 473 ; Soleirol ap. Bert. *Fl. it.* I, 442 ; Req. ann. 1849! ; Kral. exsicc. cit. ; Revel. ap. Mars. *Cat.* 165).

CUTANDIA Willk.

167. **C. maritima**[1] Richter *Pl. eur.* I, 78 (1890) ; Dur. et Schinz *Consp. fl. Afr.* V, 895 ; Husnot *Gram.* 58 = *Triticum maritimum* L. *Sp.* ed. 2, 128 (1762) = *Festuca lanceolata* Forsk. *Fl. aeg.-arab.* 22 (1775) ;

[1] C'est à tort que Richter, Durand et Schinz, Ascherson et Graebner attribuent cette combinaison de noms à Bentham et Hooker. Bentham [in *Journ. linn. soc.* XIX, 118 (1882)] et Bentham et Hooker [*Gen. Pl.* III, 2, 1188 (1883)] se sont bornés à nommer les espèces qui doivent être rapportées au genre *Cutandia* sans créer les combinaisons de noms correspondantes.

Asch. et Graebn. *Syn*. II, 561 = *Poa maritima* Pourr. in *Mém. acad. Toul*. III, 325 (1788) = *Festuca maritima* DC. *Fl. fr*. III, 47 (1805) ; Salis in *Flora* XVI, 474 ; non alior. = *Scleropoa maritima* Parl. *Fl. it*. 468 (1848) ; Gr. et Godr. *Fl. Fr*. III, 555 ; Coste *Fl. Fr*. III, 624. — Exsicc. Kralik n. 842 a ! ; Mab. n. 290 !

Hab. — Sables maritimes, dunes. Mai-juin. ①. Disséminé. Cap Corse (Salis in *Flora* XVI, 474) ; Bastia (Rotgès in litt.) ; Biguglia (Boullu in *Bull. soc. bot. Fr*. XXIV, sess. extr. LXVII ; Mab. exsicc. cit. et ap. Mars. *Cat*. 167) ; Calvi (Soleirol ex Bert. *Fl. it*. I, 815 ; Fliche in *Bull. soc. bot. Fr*. XXXVI, 69 ; Fouc. et Sim. *Trois sem. herb. Corse* 164) ; Ajaccio (Boullu in *Bull. soc. bot. Fr*. XXIV, sess. extr. XCII) ; Porto-Vecchio (Revel. in Bor. *Not*. III, 7) ; Bonifacio (Salis l. c. ; Seraf. ex Bert. l. c. ; Req. ! et ap. Mars. l. c. ; Kral. exsicc. cit. ; Boy. *Fl. Sud Corse* 66).

MELICA L.

168. M. ciliata L. *Sp*. ed. 1, 66 (1753) ; Hack. in Halacsy et Braun *Nachtr. Fl. Nieder-Oest*. 19 ; Husnot *Gram*. 56 ; Asch. et Graebn. *Syn*. II, 344.

En Corse, comme dans toutes les parties avoisinantes du bassin méditerranéen, seulement la sous-espèce suivante :

Subsp. **Linnaei** Hack. in Halacsy et Braun *Nachtr. Fl. Nieder-Oest*. 19 (1882) = *M. ciliata* subsp. *nebrodensis* Asch. et Graebn. *Syn*. II, 345 (1900) = *M. ciliata* Coste *Fl. Fr*. III, 620.

Hab. — Rochers, rocailles, garigues des étages inférieur et montagnard, 1-1300 m. Mai-juill. ⚇. Commune et abondante dans l'île entière.

Feuilles à limbe dur, à la fin ± enroulé-sétacé, à ligule allongée, obtuse, ± lacérée. Glume inférieure un peu plus courte et plus large, et aussi rude que la supérieure. — Présente les races suivantes :

†† z. Var. **nebrodensis** Coss. et Dur. *Expl. sc. Alg*. II, 133 (1854-56) = *M. nebrodensis* Parl. *Fl. palerm*. I, 120 (1845) et *Fl. it*. I, 300 ; Gr. et Godr. *Fl. Fr*. III, 551 = *M. glauca* F. Sch. in *Flora* XLVI, 461 (1862) = *M. ciliata* var. *glauca* Richt. *Pl. eur*. I, 78 (1890) = *M. ciliata* subsp. *nebrodensis* Husnot *Gram*. 56 (1899).

Hab. — Paraît assez rare. Signalée aux env. de Bastia (Shuttl. *Enum*. 22). A rechercher dans l'étage montagnard.

1908. — Garigues à Olmi, 8-900 m., 6 juill. fr. !

Chaumes grêles, fasciculés. Feuilles à gaines peu velues. Panicule spiciforme moins allongée et moins épaisse que dans les variété suivantes, unilatérale à la fin. Caryopse brun et très lisse.

β. Var. **typhina** Husnot = *M. typhina* Bor. *Not.* I, 9 (1857) ; Mars. *Cat.* 166 = *M. ciliata* subsp. *Magnolii* var. *typhina* Husnot *Gram.* 56 (1899).

Hab. — Cap Corse à Rogliano (Revelière ap. Bor. et Mars. l. c.) et à Macinaggio (Mabille in *Feuill. jeun. nat.* VII, 112 et ap. Mars. l. c. ann. 1967). N'a pas été récoltée depuis l'époque de Mabille ; à rechercher.

Chaumes plus épais, non fasciculés. Feuilles inférieures à gaines très velues. Panicule allongée, épaisse (6-10 × 2-3 cm.), lobée, très compacte, peu ou pas unilatérale à la fin. Caryopse brun et finement chagriné sur toute sa surface.

γ. Var. **vulgaris** Coss. et Dur. *Expl. sc. Alg.* II, 132 (1854-56) = *M. Magnolii* Gr. et Godr. in *Bull. soc. ém. Doubs* 2e sér., VI, 14 (1855) ; Gr. et Godr. *Fl. Fr.* III, 550 = *M. ciliata* var. *Magnolii* Pantocz. in *Neu. Verh. Presb. Nat. Forsch.* II, 15 (1872) = *M. ciliata* var. *major* Ball *Spic. fl. marocc.* 722 (1878) = *M. ciliata* subsp. *Linnaei* var. (*M. Magnolii*) Hack. l. c. 19 (1882) = *M. ciliata* var. *elata* Batt. et Trab. *Fl. Alg.* (Monoc.) 78 (1884) = *M. ciliata* subsp. *nebrodensis* var. *Magnolii* Asch. et Graebn. *Syn.* II, 346 (1900) = *M. ciliata* subsp. *Magnolii* Husnot *Gram.* 56 (1899) ; Murb. *Contr. fl. nord-ouest Afr.* IV, 20 (1900). — Exsicc. Kral. n. 839 ! ; Burn. ann. 1904 n. 486 !

Hab. — Répandue et abondante dans l'île entière.

1906. — Rochers au col de San Colombano, 650 m., calc., 10 juill. fr.!, rocailles de la vallée du Tavignano en amont de Corté, 800-900 m. 26 juill. fr.!

Chaumes épais, non fasciculés. Feuilles à gaines peu velues. Panicule spiciforme, allongée, très épaisse, cylindrique-lobulée, dense au sommet, ± interrompue ou lâche et très rameuse dans la partie inférieure, peu ou pas unilatérale à la fin. Caryopse brun et très lisse.

Les nombreuses formes de passage qui relient les variétés α et γ dans l'Europe méridionale ne permettent pas, selon nous, de donner à celles-ci une valeur supérieure à celles de simples variétés (races) du *M. ciliata*. Le degré de rudesse relative des caryopses se montre soumis à des variations qui ne sont pas toujours en relation avec les autres caractères lorsqu'on envisage l'ensemble de l'aire.

169. **M. Bauhini** All. *Auct.* 43 (1789) ; Gr. et Godr. *Fl. Fr.* III,

552 ; Asch. et Graebn. *Syn.* II, 347 ; Coste *Fl. Fr.* III, 620 = *M. amethystina* Pourr. in *Mém. acad. Toul.* III, 322 (1788) = *M. pyramidalis* Desf. *Fl. atl.* I, 72 (1798) = *M. setacea* Pers. *Syn.* I, 78 (1805).

Hab. — Maquis sablonneux du littoral. Avril-mai. ♃ . Signalé seulement au golfe de Sagone (Mars. *Cat.* 166), mais probablement plus répandu selon Marsilly (l. c.) ; à rechercher.

Diffère de l'espèce précédente par la glumelle ciliée jusqu'au dessus du milieu, glabre dans sa partie supérieure (et non pas ciliée jusqu'au sommet), le rudiment de fleur supérieure avortée obovoïde (et non pas oblong-lancéolé).

170. M. minuta L. *Mant.* I, 32 (1767) ; Coss. *Notes pl. crit.* I, 11 (1848) ; Asch. et Graebn. *Syn.* II, 349 ; Coste *Fl. Fr.* III, 620 = *M. ramosa* Boiss. *Fl. or.* V, 585 (1883).

Hab. — L'habitat est différent dans les deux races ci-après énumérées. Avril-juill. suivant l'altitude. ♃ .

α. Var. **vulgaris** Coss. *Not. pl. crit.* I, 11 (1848) ; Coss. et Dur. *Expl. sc. Alg.* II, 135 ; Asch. et Graebn. l. c. = *M. ramosa* Vill. *Hist. pl. Dauph.* II, 91 = *M. pyramidalis* Lamk *Fl. fr.* éd. 2, III, 585 (1793) ; Parl. *Fl. it.* I, 307 ; non Bert. = *M. aspera* Desf. *Fl. atl.* I, 71 (1798) = *M. major* Sibth. et Sm. *Prodr. fl. graec.* I, 51 (1806), non Parl. = *M. caricina* D'Urv. *Enum. pl. Arch.* 7 (1822) = *M. minuta* Gr. et Godr. *Fl. Fr.* III, 553 ; Husnot *Gram.* 57 = *M. ramosa* var. *vulgaris* Boiss. *Fl. or.* V, 585 (1883) = *M. minuta* var. *pyramidalis* Batt. et Trab. *Fl. Alg.* (Monoc.) 77 (1884). — Exsicc. Kralik n. 838 ! ; Mab. n. 196 ! ; Deb. ann. 1868 sub : *M. minuta* ; Reverch. ann. 1885, n. 454 ! ; Burn. ann. 1904, n. 500 et 503 !

Hab. — Rochers des étages inférieur et montagnard, 1-1200 m.; s'élève parfois dans l'étage subalpin jusqu'a 1500 m. (Mars. *Cat.* 167). Répandue et abondante dans l'île entière.

1906. — Cime de la Chapelle de San Angelo, falaise nord, calc., 1100 m., 15 juill. fr. ! ; rochers de la vallée du Tavignano en amont de Corté, 800-900 m. 26 juill. fr. !

1907. — Cap Corse : balmes de la montagne des Stretti, 100 m. calc., 25 avril fl. ! — Rochers de la montagne de Pedana, 500 m., calc. 14 mai fl. fr.! ; rochers du vallon du Rio Stretto au-dessus de Francardo, 300 m., calc., 14 mai fl. fr.! ; rochers de la montagne de Caporalino, 450-650 m., calc., 11 mai fl.!; rocailles du défilé de l'Inzecca, 300-500 m., 9 mai fl. !;

vallée inf. de la Solenzara, rochers des fours à chaux, 150-200 m., calc.,
3 mai fl. ! ; rochers de la Pointe de l'Aquella, 200 m., calc., 4 mai.

Plante peu élevée, haute 20-40 cm. Feuilles très étroites, sétacées ou
subulées-enroulées, à ligules allongées-lancéolées, atteignant 5 mm. Glumes subinégales ou très inégales.

On peut en outre distinguer deux sous-variétés, comme suit :

α' subvar. **genuina** Briq.= *M. minuta* var. *vulgaris* Coss., sensu stricto.
— Panicule rameuse, subpyramidale. Glumes subinégales, l'inférieure
égalant la première fleur, la supérieure dépassant la seconde fleur.

α² subvar. **saxatilis** Briq. = *M. minuta* var. *saxatilis* Coss. *Not. pl. crit.*
I, 11 (1848); Coss. et Dur. *Expl. sc. Alg.* II, 135 = *M. minuta* L. herb. ex
Guss.; Guss. *Fl. sic. prodr.* I, 67 et *Fl. sic. syn.* I, 141 ; Parl. *Pl. Pal.* I,
111 ; Boiss. *Voy. Esp.* 663 = *M. saxatilis* Sm. *Prodr. fl. graec.* I, 51 (1806);
Sibth. et Sm. *Fl. graec.* I, 55, tab. 71 = *M. nutans* Cav. *Ic.* II, tab. 175,
fig. 2 (1793), non L. = *M. ramosa* var. *saxatilis* Boiss. *Fl. or.* V, 585 (1884).
— Panicule plus contractée. Glumes très inégales, l'inférieure presque
du double plus courte que la première fleur, la supérieure égalant ou
dépassant à peine la fleur.

La sous-var. β, trouvée primitivement sur les rochers de la base du
Monte Rotondo (Salle ap. Cosson l. c.) possède les caractères de l'épillet
de la var. suivante ; elle est d'ailleurs reliée à la sous-var. α par des
formes ambiguës.

β. Var. **latifolia** Coss. *Not. pl. crit.* I, 12, (1848) ; Coss. et Dur.
Expl. sc. Alg. II, 136 ; Ball *Spic. fl. marocc.* 722 ; Asch. et Graebn. *Syn.*
II, 349 = *M. pyramidalis* Desf. *Fl. atl.* I, 72 (1798) ; Bert. *Amoen. it.*
329 et *Fl. it.* I, 494 ; non Lamk = *M. ramosa* var. *pyramidalis* Salis in
Flora XVI, 474 (1833) = *M. australis* Coss. in Bourgeau *Pl. env. Tou-
lon* ann. 1848 n. 457 (nomen) et *Not. pl. crit.* I, 12 = *M. major* Parl.
Fl. it. I, 305 (1848) ; Gr. et Godr. *Fl. Fr.* III, 552 = *M. ramosa* var.
latifolia Boiss. *Fl. or.* V, 586 (1884) = *M. minuta* subsp. *major* Husnot
Gram. 57 (1898).— Exsicc. Req. sub: *M. pyramidalis* ! ; Kralik n. 837! ;
Mab. n. 408 ! ; Reverch. ann. 1879 sub : *M. major* ! ; Burn. ann. 1904,
n. 475 !

Hab. — Maquis et points ombragés des garigues de l'étage inférieur,
1-600 m. Répandue et assez abondante dans l'île entière.

1907. — Rochers ombragés du vallon de Canalli, 30 m., calc., 6 mai fl. !

Plante plus élevée, haute de 30-70 cm. Feuilles largement linéaires,
planes ou peu canaliculées, à ligules très courtes et tronquées. Glumes
très inégales, l'inférieure presque du double plus courte que la première fleur, la supérieure égalant ou dépassant peu la seconde fleur.

On ne peut conserver à cette race le nom de variété qui lui a été donné par Salis (l. c.) parce que ce nom a déjà été appliqué à la variété précédente par Battandier et Trabut, et que l'emploi de l'épithète *pyramidalis*, donnée tantôt à l'un, tantôt à l'autre de ces deux groupes, serait une source de confusions inextricables. Il y a donc lieu d'appliquer ici l'art. 51, 4° des *Règles de la nomenclature.*

† **171. M. uniflora** Retz. *Obs.* 1, 10 (1779) ; Gr. et Godr. *Fl. Fr.* III, 554 ; Husnot *Gram.* 57 ; Asch. et Graebn. *Syn.* II, 352 ; Coste *Fl. Fr.* III, 621. — Exsicc. Reverch. ann. 1885 sub : *M. uniflora* !

Hab. — Rochers tournés à l'ubac, forêts des étages montagnard et subalpin, 700-1500 m. Juin-juill. ♃. Peu fréquent. Forêt de Perticato (Soleirol ex Bert. *Fl. it.* 1, 492) ; env. d'Evisa (Reverch. exsicc. cit.) ; Calcatoggio (Lutz in *Bull. soc. bot. Fr.* XLVIII, sess. extr. CXXXV ; vallée du Fiumorbo (Salis in *Flora* XVI, 474) ; forêt de Marmano (Rotgès in litt.) ; et localités ci-dessous.

1906. — Cime de la Chapelle de S. Angelo, falaise N., calc., 1100 m., 15 juill. fr.! ; clairières de la forêt de Vizzavona, 1000 m., 23 juill. fr.!

1908. — Vallée inférieure du Tavignano, pineraies, 900 m. 26 juin fr.!

BRIZA L. emend.

172. B. maxima L. *Sp.* ed. 1, 70 (1753) ; Gr. et Godr. *Fl. Fr.* III, 548 ; Husnot *Gram.* 57 ; Asch. et Graebn. *Syn.* II, 439 ; Coste *Fl. Fr.* III, 622. — Exsicc. Sieber sub : *B. maxima* ! ; Req. sub : *B. maxima* ! ; Kralik n. 841 ! ; Reverch. ann. 1878, n. 25 !

Hab. — Rochers, rocailles, garigues des étages inférieur et montagnard, 1-900 m. Avril-juin. ①. Répandu et abondant dans l'île entière.

1907. — Balme de la montagne des Stretti, 100 m., calc., 25 avril fl.! — Garigues entre la station et le village de Pietralba, 400 m., 14 mai fl.!

173. B. minor L. *Sp.* ed. 1, 70 (1753) ; Gr. et Godr. *Fl. Fr.* III, 549 ; Husnot *Gram.* 58 ; Asch. et Graebn. *Syn.* II, 442 ; Coste *Fl. Fr.* III, 622. — Exsicc. Salzmann sub : *B. minor* ! ; Req. sub : *B. minor* ! ; Kralik n. 840 ! ; Reverch. ann. 1879, sub : *B. minor* ! ; Burn. ann. 1904, n. 505 !

Hab. — Rochers humides, berges des marais, clairières humides des maquis, plus rarement garigues des étages inférieur et montagnard, 1-1000 m. Avril-juin. ①. Répandu et assez abondant dans l'île entière.

1907. — Cap Corse : garigues entre Luri et la Marine de Luri, 30 m.,
27 avril fl.! — Bords des sources en descendant du col de San Colombano
sur Palasca, 450 m., 10 juill. fl.!

AELUROPUS Trin.

174. A. littoralis Parl. *Fl. it.* I, 461 (1848) ; Gr. et Godr. *Fl. Fr.*
III, 558 ; Husnot *Gram.* 59 ; Asch. et Graebn. *Syn.* II, 383 = *Poa litto-*
ralis Gouan *Fl. monsp.* 470 (1765) = *Dactylis littoralis* Willd. *Sp. pl.* I,
1, 408 (1798) ; Coste *Fl. Fr.* III, 625. — Exsicc. Salzmann sub : *Poa*
littoralis ! ; Soleirol n. 4674 ! ; Mab. n. 298 ; Deb. ann. 1868 sub : *A.*
littoralis !

Hab. — Berges sablonneuses des marais saumâtres. Mai-août. ♃.
Assez rare. Barcaggio sous Ersa (Mab. exs. cit. et ap. Mars. *Cat.* 167);
Biguglia (Salis in *Flora* XVI, 473) ; Golfe de Porto au Capo Rosso (ex
Gr. et Godr. l. c.) ; près d'Aleria (Soleirol exs. cit. et ap. Bert. *Fl. it.*
I, 571) ; Porto-Vecchio aux marais de Capo di Padule (Revel. ap. Mars.
l. c.).

DACTYLIS L.

175. D. glomerata L. *Sp.* ed. 1, 71 (1753) ; Husnot *Gram.* 59 ;
Asch. et Graebn. *Syn.* II, 378 ; Coste *Fl. Fr.* III, 626.

Hab. — L'habitat est un peu différent pour les deux races suivantes,
1-1500 m. Mai-juill. ♃. Répandu.

† α. Var. **typica** Posp. *Fl. oest. Küstenl.* I, 94 (1897) = *D. glomerata*
Gr. et Godr. *Fl. Fr.* III, 559.

Hab. — Prairies maritimes, châtaigneraies, points humides des maquis dans les étages inférieur et montagnard. Rare. Env. de Bastia (Salis in *Flora* XVI, 473) ; Speloncato (Lutz in *Bull. soc. bot. Fr.* XLVIII,
57) ; Corté (Lutz l. c.) ; Pozzo di Borgo (Coste ibid. sess. extr. CXII) ;
Bonifacio (Boy. *Fl. Sud Corse* 66).

Plante généralement élancée, à feuilles planes, allongées, ± molles.
Inflorescence à rameaux pourvus d'épillets seulement dans leur moitié
ou leurs deux tiers supérieurs, ceux-ci par conséquent pédonculés. — Voy.
au sujet des nombreuses sous-variétés que l'on a reconnues à l'intérieur
de cette race: Beck *Fl. Nieder-Öst.* 80 ; Posp. l. c.; Asch. et Graebn. *Syn.*
II, 379. L'analyse de ces formes n'a pas été entreprise par les observateurs qui ont signalé en Corse la var. *typica*.

β. Var. **hispanica** Koch *Syn.* ed. 1, 808 (1837) ; Asch. et Graebn. *Syn.*
II, 380 = *D. hispanica* Roth *Cat. bot.* I, 8 (1797) ; Gr. et Godr. *Fl. Fr.*
III, 559 ; Hack. *Cat. rais. Gram. Port.* 25 = *D. cylindracea* Brot. *Fl.
lus.* I, 99 (1804) = *D. glomerata* var. *australis* Willk. et Lange *Prodr.
fl. hisp.* I, 88 (1870). — Exsicc. Kralik n. 843 a ! ; Burn. ann. 1904,
n. 491 et 502 !

Hab. — Rochers maritimes (subv. β), garigues, rocailles et rochers
des étages inférieur, montagnard et subalpin. Beaucoup plus répandue
que la race précédente. Bastia (Salis in *Flora* XVI, 473 ; Gillot in *Bull.
soc. bot. Fr.* XXIV, sess. extr. XLIV) ; S¹-Florent (Fouc. et Sim. *Trois
sem. herb. Corse* 164) ; Ile Rousse (Fouc. et Sim. l. c. ; N. Roux in *Bull.
soc. bot Fr.* XLVIII, sess. extr. CXLV) ; Calvi (Soleirol ex Bert. *Fl. it.*
I, 569 ; Mand. et Fouc. in *Bull. soc. bot. Fr.* XLVII, 101 (subv. *Hackelii*);
Montagne de Caporalino (Fouc. et Sim. l. c. ; Briq. *Spic.* 8 et exs. cit.
n. 491) ; Ghisoni (Rotgès in litt.) ; les Calanches entre Piana et Porto
(Briq. l. c. et exs. cit. 502) ; Sagone (N. Roux in *Bull. soc. bot. Fr.*
XLVIII, sess. extr. CXXXV ; Lit. *Voy.* II, 26) ; env. d'Ajaccio (Boullu in
Bull. soc. bot. Fr. XXIV, sess. extr. LXXXIX ; Coste ibidem XLVIII,
sess. extr. CVII et CXII) ; La Trinité (Kralik exs. cit.) ; Bonifacio (Se-
raf. ex Bert. l. c. ; Req.! ; Lutz in *Bull. soc. bot. Fr.* XLVIII, sess. extr.
CXL ; Boy. *Fl. Sud Corse* 66).

1906. — Cime de la Chapelle de S. Angelo, rochers calc., 1184 m., 15
juill. fl. ! (subvar. *australis*) : rocailles de la vallée du Tavignano en amont
de Corté, 1000 m., 26 juill. fl. ! (subv. *capitellata*).

1908. — Montagne de Pedana, rocailles, calc., 500 m., 30 juin fl. ! (subv.
capitellata).

Plante en général réduite, à feuilles fermes, plus courtes, souvent un
peu enroulées, à peine rudes. Inflorescence à rameaux pourvus d'épillets dès la base, contractée en une panicule spiciforme ou paniculiforme
dense. On peut distinguer les trois sous-variétés suivantes :

β' subvar. **australis** Briq. = *D. hispanica* Roth sensu stricto = *D.
glomerata* var. *hispanica* Husnot *Gram.* 59 (1898). — Plante d'un vert
glauque, haute de 20-50 cm., à panicule longue de 1,5-4 cm., ± lobée, à
glumelle inférieure en général brièvement aristée dans l'échancrure.

β' subvar. **Hackelii** Asch. et Graebn. *Syn.* II, 380 (1900) = *D. hispanica*
var. *maritima* Hack. *Cat. Gram. Port.* 23 (1880) ; Husnot *Gram.* 59 = *D.
glomerata* var. *maritima* Richt. *Pl. eur.* I, 81 (1890), non Hallier (1863). —
Plante plus basse (15 cm.), à feuilles vertes, à panicule spiciforme

très courte (1.5 cm.), non lobée, à glumelle inférieure brièvement mucronée dans l'échancrure.

β¹ subvar. **capitellata** Asch. et Graebn. *Syn.* II, 380 (1900) = *D. capitellata* Link *Hort. ber.* I, 153 (1827) = *D. glomerata* var. *microstachya* Webb *It. hisp.* 4 (1838) = *D. glomerata* var. *juncinella* Boiss. *Voy. Esp.* II, 665 (1845) = *D. juncinella* Boiss. l. c.

Plante réduite (env. 10 cm.). Feuilles dures, d'un vert glaucescent, courtes, sétacées, enroulées. Chaume grêle, généralement genouillé-ascendant à la base, dépassant de beaucoup les feuilles. Panicule spiciforme courte, presque réduite à un capitule ové-arrondi (mesurant 7-8 × 0,6 — 0,7 mm.). Glumelle inférieure rude, brièvement aristée dans l'échancrure.

CYNOSURUS L. emend.

175. **C. cristatus** L. *Sp.* ed. 1, 72 (1753); Gr. et Godr. *Fl. Fr.* 562; Husnot *Gram.* 59; Asch. et Graebn. *Syn.* II, 568; Coste *Fl. Fr.* 627. — Exsicc. Reverch. ann. 1878 sub: *C. cristatus*!; Burn. ann. 1900, n. 19!

Hab. — Points humides ou ombragés, garigues et maquis, châtaigneraies, 1-1000 m. Juin-juill. Assez rare. Env. de Bastia (Salis in *Flora* XVI, 473; Mab. ap. Mars. *Cat.* 167); Serra di Pigno (Burn. exs. cit.); Calenzana (Soleirol ex Bert. *Fl. it.* 1, 585); Vico (Mars. l. c.); Ghisoni (Rotgès in litt.); Bocognano, Ajaccio (Mars. l. c.); Bastelica (Reverch. exs. cit.).

176. **C. echinatus** L. *Sp.* ed. 1, 72 (1753); Gr. et Godr. *Fl. Fr.* III, 562; Husnot *Gram.* 59; Asch. et Graebn. *Syn.* II, 569; Coste *Fl. Fr.* III, 627 = *Chrysurus echinatus* Beauv. *Ess. agrost.* 123 (1812) = *C. cristatus* Salis in *Flora* XVI, 473 (1853), non L. — Exsicc. Kralik n. 842!; Reverch. ann. 1878 sub: *C. echinatus*!; Burn. ann. 1900, n. 255!

Hab. — Garigues, friches, rocailles, 1-1800 m. Mai-juill. suivant l'altitude. ☉. Répandu et abondant dans l'île entière.

1907. — Clairières des chênaies de la montagne de Pedana, 500 m., calc., 14 mai fl.! (f. *pallidus*); rocailles de la Pointe de l'Aquella, 300-370 m., calc., 4 mai fl.! (f. *purpurascens*).

Cette espèce varie a arêtes pâles (f. *pallidus*) ou à arêtes purpurescentes (f. *purpurascens*; non *C. coloratus* Lehm.!). Parfois naine, surtout aux altitudes supérieures, elle peut atteindre jusqu'à 1 mètre (f. *giganteus* = *C. cristatus* var. [giganteus Salis l. c.) dans les friches des altitudes plus basses (voy. Salis l. c.; Mars. *Cat.* 167 et Asch. et Graebn. l. c.). Peut-être est-ce là aussi le *C. corsicus* Jord. mentionné par Shuttleworth (*Enum.* 28)? Nous n'avons pu retrouver nulle part de description se rapportant à ce type jordanien qui paraît être resté inédit. Ces variations sont sous l'influence immédiate du milieu.

177. C. elegans Desf. *Fl. atl.* 1, 82 (1798); Dub. *Bot. gall.* 526; Bert. *Fl. it.* 1, 588; Parl. *Fl. it.* 1, 357; Husnot *Gram.* 60; Asch. et Graebn. *Syn.* II, 571; Coste *Fl. Fr.* III, 627 = *C. polybracteatus* Gr. et Godr. *Fl. Fr.* III, 565 (1856); Willk. et Lange *Prodr. fl. hisp.* 1, 90 et *Suppl.* 24; non Poir.

Hab. — Points sablonneux, rocailles, garigues, pineraies, surtout de l'étage montagnard et de l'étage subalpin, s'élève parfois jusque dans l'étage alpin, 1-1500 m.-2000 m.: Monte d'Oro (Salis in *Flora* XVI, 473). Avril-juill. suivant l'altitude. ①. Répandu et fréquent depuis les montagnes du Cap Corse jusqu'à celles de Cagna.

Diffère de l'espèce précédente par la ligule allongée-oblongue, la panicule moins raide, beaucoup plus étroite, des épillets stériles assez longuement pédicellés, à glumelles inégalement espacées non luisantes atteignant env. 5 mm. avec l'arête, les épillets fertiles à glumelles ovées (non pas lancéolées). — Deux variétés.

α. Var. **genuinus** Hack. in litt. = *C. elegans* Desf. sensu stricto. — Exsicc. Reverch. ann. 1879 n. 207!; Burn. ann. 1904, n. 501!

Hab. — De beaucoup la plus vulgaire.

1908. — Vallée inf. du Tavignano, pineraies, 1200 m., 26 juin fl.!

Panicule ovée-oblongue ou oblongue; épillets stériles portant en général à la base un épillet fertile comme ramuscule basilaire.

† β. Var. **gracilis** Hack. in litt. = *C. gracilis* Viv. *Fl. cors. diagn.* 3 (1824); Lois. *Fl. gall.* ed. 2, 1, 68 = *Chrysurus gracilis* Moris *Stirp. sard. elench.* 1, 50 (1827); Sommier in *Bull. soc. bot. ital.* ann. 1903, 22 = *C. fertilis* De Lens in Lois. *Fl. gall.* ed. 2, 1, 68 (1828); Sommier l. c. 25 = *C. polybracteatus* var. *gracilis* Gr. et Godr. *Fl. Fr.* III, 563 (1856) = *C. Pouzolzii* Req. ex Somm. l. c. 25 (1903). — Exsicc. Reverch. ann. 1885 sub : *C. elegans*!

Hab. — Confondue avec la variété précédente; distribution exacte à établir. Coscione (Seraf. ex Viv. l. c.) et localités ci-dessous.

1906. — Bergeries de Spasimata au-dessus de Bonifatto, rocailles, 1400 m., 12 juill. fr. (f. *paradoxus* Hack.).

i

1907. — Aulnaies, à l'embouchure de la Solenzara, sables, 7 mai fl. fr.!

Panicule linéaire-oblongue; épillets du sommet en général presque tous fertiles. — M. le Dr Ed. Hackel nous communique au sujet de ce *Cynosurus* l'importante note suivante:

Note sur le Cynosurus elegans var. gracilis forma paradoxus Hack. = Chrysurus paradoxus Sommier, par Ed. Hackel.

« M. S. Sommier a décrit dans le *Bull. soc. bot. ital.* ann. 1902 p. 208, sous le nom de *Chrysurus paradoxus* Somm. un *Cynosurus* provenant de l'île de Giglio et de la Sardaigne, dont il dit lui-même : « Habitus magis accedit ad *C. gracilem* Viv., a quo praeter defectum spicularum sterilium vix differt ». C'est cette forme décrite par M. Sommier qui a été récoltée par MM. Briquet, Cavillier et St-Yves en 1906 aux bergeries de Spasimata. L'inflorescence assez grêle ne contient que des épillets fertiles, et ceux-ci sont pour la plupart uniflores. Ces échant. ne présentent d'ailleurs aucune autre différence par rapport au *C. elegans* var. *gracilis*. Dans le *C. elegans* var. *genuinus* chaque épillet stérile porte à sa base un ramuscule basilaire fertile. Il en est de même sur les ramuscules secondaires des rameaux de la panicule; mais vers le milieu de ceux-ci les épillets fertiles commencent à prédominer, de telle sorte que pour un épillet stérile on en trouve deux fertiles; et enfin vers le sommet même on rencontre souvent trois épillets fertiles et point d'épillet stérile. Ces particularités varient d'ailleurs dans leur détail d'un échantillon à l'autre, et même dans le *C. elegans* var. *genuinus* on rencontre çà et là des ramuscules secondaires chez lesquels les épillets fertiles prédominent au sommet (ainsi, par exemple, dans les échant. distribués par Munby Pl. alg. exsicc. n. 33, lesquels appartiennent d'ailleurs au *C. elegans* var. *genuinus*). On peut donc dire que chez le *C. gracilis* Viv. il y a tendance à la multiplication des épillets fertiles, principalement sur les dernières ramifications de la panicule, mais qu'il n'y a pas dans ce phénomène un caractère spécifique distinctif par rapport au *C. elegans*. Quant aux autres caractères invoqués par M. Sommier pour distinguer les *C. elegans* et *gracilis*, je ne les ai pas trouvés constants. Il n'est pas possible, en particulier, de tirer une ligne de démarcation nette entre la panicule plutôt linéaire-oblongue du *C. gracilis* et celle de section plutôt ovée-triangulaire du *C. elegans* pour peu que l'on envisage un matériel de comparaison étendu. Il en est de même pour la forme des épillets stériles, dont les glumes doivent être moins écartées du rachis dans le *C. gracilis* et plus étroites que celles du *C. elegans*, surtout dans les épillets supérieurs. Je ne puis donc accorder au *C. gracilis* que la valeur d'une variété.

La tendance à la réduction des épillets stériles, que l'on constate chez le *C. gracilis* se réalise dans certains cas rares au point que ceux-ci disparaissent complètement, et c'est cet état extrême qui est réalisé dans le *Chrysurus paradoxus* Somm. dont la description cadre exactement avec les échant. corses de MM. Briquet, St-Yves et Cavillier. Or, ici encore, l'état extrême est relié avec les formes habituelles par des transitions tout à fait insensibles, qui ont probablement échappé à M. Sommier. Je possède par exemple une part de *C. elegans* distribuée par M. Reverchon (Pl. de Corse ann. 1885, sans n°) des env. d'Evisa, qui se compose d'environ 26 chaumes, sur lesquels 20 réalisent le dispositif du *C. elegans* var. *gracilis* et 4 celui de *Chrysurus paradoxus* ; un des chaumes possède une panicule qui ne porte qu'à la base un épillet stérile, tandis que tous les autres sont fertiles ; enfin un chaume possède une panicule portant jusqu'au milieu, alternativement des épillets stériles et des épillets fertiles (en tout 7 de ces derniers), tandis que dans la moitié supérieure tous les épillets sont fertiles. Par conséquent, je considère le *Chrysurus paradoxus* Somm. comme un simple *état* du *C. gracilis*, une *forma anomala* qui ne constitue pas une variété particulière, et encore moins une espèce distincte. Des modifications analogues se retrouvent dans d'autres espèces du genre *Cynosurus*. C'est ainsi que Parlatore (*Fl. it.* 1, 336) mentionne un *C. echinatus* var. *fertilis* ; Loiseleur (*Fl. gall.* ed. 2, I, 68) décrit un *C. fertilis* De Lens de la Corse dont les épillets stériles (appelés par lui *bractées*) avortent et sont remplacés par des appendices sétacés. Il est possible que ce soit là précisément la forme que M. Sommier a décrite sous le nom de *C. paradoxus* ; en tout cas la plante de Loiseleur appartient aussi au *C. gracilis* Viv.

Je profite de l'occasion pour ajouter quelques mots sur l'opinion émise par M. Sommier (in *Bull. soc. bot. ital.* ann. 1903 p. 22-33) que le genre *Cynosurus* doit être restreint au *C. cristatus* L. avec sa variété *polybracteatus*, et que les espèces à glumelle aristée doivent en être séparées pour former le genre *Chrysurus*. Suivant l'exemple de Bentham, j'ai réuni (in Engl. et Prantl *Nat. Pflanzenfam.* II, 2, 73) ces espèces, à l'intérieur du genre *Cynosurus*, en une section particulière sous le nom de *Phalona*. Or M. Sommier estime que cette section diffère autant de la section *Eucynosurus* Hack. (l. c.) que n'en diffère le *Lamarckia*, auquel j'ai donné une valeur générique. Malheureusement M. Sommier n'a donné nulle part un résumé synoptique des caractères de ses trois genres. Je ne puis donc pas savoir si l'auteur a trouvé entre les groupes *Eucynosurus* et *Phalona* d'autres différences que celle des glumelles aristées indiquée par Bentham et par moi, laquelle ne suffit certainement pas pour établir un genre distinct. Par contre, le *Lamarckia* a une valeur systématique supérieure, car ce genre possède un caractère particulier qui, bien que découvert depuis 65 ans, n'a cependant encore jamais été utilisé comme critère générique : je veux parler *de la manière dont se comportent les rameaux de l'inflorescence à la maturité*. Les dernières ramifications de la panicule du *Lamarckia* ont la forme de pédicelles incurvés, qui portent un groupe d'épillets organisé d'une façon tout à fait constante : 3 de ces épillets sont gros, multiglumellés, stériles, dépourvus d'arêtes, et entourent l'épillet fertile uniflore, aristé et inséré sur un ramuscule basilaire du pédicelle de l'épillet stérile médian. Quand il y a deux épillets, l'un est fertile et disposé comme il a été dit ci-dessus, l'autre est inséré sur le pédicelle d'un des épillets stériles latéraux, possède des glumelles de même forme que l'épillet fertile, mais, pour autant que j'ai pu l'observer, il ne fructifie pas. A la maturité, il se produit dans le plan d'insertion du groupe d'épillets une zone de désarticulation ; le groupe d'épillets tombe tout entier et sa base faiblement

9

acuminée porte une touffe de poils courts. Comme chaque épillet péri-
phérique stérile se compose d'au moins 10 larges glumes, souvent
même beaucoup plus, le fruit unique se trouve entouré à la maturité de
plus de 30 écailles larges et membraneuses, *qui constituent un merveil-
leux appareil pour la dissémination par le moyen du vent.* Les observations qui viennent d'être relatées ont déjà été faites, bien qu'avec moins
de détail, par Vaucher (*Hist. phys. pl. d'Europe* IV, 469, ann. 1841). Cet
auteur appelle le groupe d'épillets stériles une « aigrette », terme heureux au point de vue biologique et qui exprime bien le rôle joué par
cet appareil au point de vue de la dissémination, rôle que Vaucher avait
exactement reconnu. [1]

Dans les *Cynosurus* les épillets stériles restent attachés aux axes de
l'inflorescence, tandis que les fruits tombent.

Des caractères biologiques de cet ordre ont été récemment, à plusieurs
reprises, utilisés chez les Graminées pour préciser des genres, surtout chez
les Andropogonées. C'est ainsi que les genres *Miscanthus* et *Erianthus* ne
se distinguent que par la manière dont se comportent les axes de l'inflorescence à la maturité. Dans le genre *Iseilema*, on rencontre même une
organisation tout-à-fait comparable à celle du *Lamarckia* : 4 épillets
membraneux, vides à l'époque de la fructification, entourent un épillet
central fertile et se détachent avec lui à la maturité. Par contre dans le
genre voisin *Themeda*, l'épillet central fertile se dégage du pseudo-ver-
ticille d'épillets stériles et tombe absolument comme le caryopse des
Cynosurus s'échappe du groupe d'épillets stériles.»

LAMARCKIA Moench

178. L. aurea Moench *Meth.* 201 (1794) ; Parl. *Fl. it.* I, 333 ; Husnot *Gram.* 60 ; Asch. et Graebn. *Syn.* II, 573 = *Cynosurus aureus* L.
Sp. ed. 1, 72 (1753) ; Gr. et Godr. *Fl. Fr.* III, 564 ; Coste *Fl. Fr.* III,
627 = *Chrysurus cynosuroides* Pers. *Syn.* I, 80 (1805) = *Chrysurus aureus* Beauv. *Ess. agrost.* 123 (1812). — Exsicc. Thomas sub : *L. aurea* ! ;
Sieber sub : *Cynosurus aureus* ! ; Soleirol n. 4782 ! ; Req. sub : *L. aurea* ! ;
Billot n. 690 ! ; Mab. n. 291 ! ; Deb. ann. 1868 sub : *L. aurea* !

Hab. — Rochers, murs, garigues de l'étage inférieur. Mars-mai. ④.
Répandu et abondant dans l'île entière.

1907. — Garigues entre la station et le village de Pietralba, 400 m.,

---

[1] « A la dissémination, chaque pédoncule se rompt à la base, et la panicelle qu'il portait
et qui est alors desséchée se détache avec ses spicules avortées qui lui servent d'aigrette ; j'ai
vu ces panicelles porter leurs caryopses, revêtus encore de leur périgone aristé, sur les ter-
rasses des plus hautes maisons de Gênes, et y former au premier printemps des touffes vertes
de *La Marckia*, qui disparaissent dès le mois de juin.... Les spicules stériles.... servent
efficacement à la dissémination, et le *La Marckia*, considéré physiologiquement, diffère fort
du *Cynosurus* » (Vaucher l. c. 469 et 470).

14 mai fr.!; garigues près d'Ostriconi, 20 avril, fl. fr.!; garigues près l'Ile Rousse, 20 avril fl. fr. !

SCHISMUS Beauv.

S. calycinus Duv.-Jouv. in Billot *Annot.* 289 (1855); Coss. et Dur. *Expl. sc. Alg.* II, 138 ; Asch. et Graebn. *Syn.* II, 376 = *Festuca calycina* L. *Amoen. acad.* III, 400 (1750) et *Sp.* ed. 2, 110 (1762) = *S. marginatus* Beauv. *Ess. agrost.* 177 (1812); Gr. et Godr. *Fl. Fr.* III, 537 ; Husnot *Gram.* 50 = *S. fasciculatus* Beauv. l. c. 74 = *Koeleria calycina* DC. *Fl. fr.* V, 271 (1815).

Indiqué à l'embouchure du Liamone (Coste in *Bull. soc. bot. Fr.* XLVIII, sess. extr. CXV) ; mais cette plante que M. Coste a désignée sous le nom de *S. marginatus* forme *littoralis* (Coste *Fl. Fr.* III, 604) est une variété du *Corynephorus articulatus* (voy. ci-dessus p. 101). Le *S. calycinus* reste donc étranger à la flore corse.

POA L. emend.

179. **P. annua** L. *Sp.* ed. 1, 68 (1753) ; Gr. et Godr. *Fl. Fr.* III, 539 ; Asch. et Graebn. *Syn.* II, 388.

Espèce très polymorphe, présentant en Corse les races suivantes à habitats différents.

†† α. Var. **remotiflora** Hack. in Batt. et Trab. *Fl. Alg.* (Monoc.) 206 (1895) = *P. remotiflora* Murb. *Contr. fl. nord-ouest Afr.* III, IV, 22, tab. 14, fig. 12 (1899-1900) = *P. annua* subsp. *exilis* Murb. in Asch. et Graebn. *Syn.* II, 389 (1900) p. p.

Hab. — Sables maritimes et points humides de l'étage inférieur. Avril-mai. ①. Jusqu'ici seulement dans les localités ci-dessous.

1907. — Cap Corse : sables maritimes près de l'étang de Biguglia, 16 avril fl.! (leg. St-Yves). — Fossés aquatiques entre Ste Lucie et Ste Trinité, 50 m., 7 mai fl. fr.!

Plante annuelle, haute de 8 à 25 cm. Panicule lâche, souvent un peu allongée, à épillets 4-5flores, à fleurs ± espacées, les supérieures (généralement femelles) plus petites (1,8-2 mm.) que les inférieures hermaphrodites (2-2,8 mm.), la terminale du quart ou du tiers plus longue que son pédicelle ; étamines à filet n'atteignant pas le milieu de la fleur supérieure contiguë, à anthères généralement longues de 0,35-0,4 mm., à loges ovoïdes. — La petitesse des anthères de cette race est évidemment remarquable, mais en présence des variations extraordinaires que présente le groupe du *P. annua*, nous ne pensons pas, d'accord avec M. Hackel, que le *P. remotiflora* ait une valeur supérieure à celle

d'une race. Voy. d'ailleurs l'excellente analyse qu'en a donnée M. Murbeck l. c. 22-24. — La var. *remotiflora* a été constatée en Grèce, en Algérie et dans le sud de l'Istrie. Elle a également été découverte par
M. le commandant Saint-Yves dans l'île de Porquerolles sur les rochers
de la Pointe des Mèdes, le 20 juin 1906.

β. Var. **typica** Beck *Fl. Nieder-Öst.* 84 (1890, emend., incl. var.
picta Beck l. c.) = *P. annua* Husnot *Gram.* 51 (1898); Murb. *Contr.*
fl. nord-ouest Afr. III-IV, 24 (1899-1900); Coste *Fl. Fr.* III, 616. —
Exsicc. Reverch. ann. 1879 sub: *P. annua*!; Burn. ann. 1904, n. 504!

Hab. — Commun dans l'île entière et dans toutes les stations possibles
émergées, de 1-1300 m. Toute l'année. ①.

1906.— Berges d'un torrent sur le versant N. du col de Granace, 700 m.,
17 juill. fl. fr.!

1907. — Prairies humides à Cateraggio, 6 m., 1 mai fl.!

Plante annuelle, haute de 10-30 cm. Panicule lâche, à épillets 1-5 flores,
à fleurs imbriquées, les supérieures (généralement femelles) plus petites
(2-2,5 mm.) que les inférieures hermaphrodites (2,5-4 mm.), la terminale
deux fois aussi longue que son pédicelle; étamines à filet n'atteignant
pas le sommet de la fleur supérieure contiguë, à anthères généralement
longues de 0,6-0,8 mm., à loges oblongues-linéaires.

† γ. Var. **supina** Reichb. *Fl. germ. exc.* 46 (1830) et *Ic. fl. germ. et helv.*
I, 34, t. LXXXII, fig. 1622; Asch. et Graebn. *Syn.* II, 389 = *P. supina*
Schrad. *Fl. germ.* I, 289 (1806); Coste *Fl. Fr.* III, 616 = *P. annua*
subsp. *varia* Gaud. *Agrost. helv.* I, 189 (1811) et *Fl. helv.* I, 243 = *P.*
annua subsp. *supina* Husnot *Gram.* 51, tab. 18 (1898) = *P. annua* var.
varia Hack. et Briq. in *Ann. Cons. et Jard. bot. Genève* X, 60 (1907).
— Exsicc. Burn. ann. 1904 n. 464 et 478!

Hab. — Replats des rochers, gazons et pozzines des étages subalpin
et alpin, 1300-2700 m. Juin-août. ⚥. Monte Grosso (de Calvi) (Soleirol ex Bert. *Fl. it.* I, 531); Monte Cinto (Lit. *Voy.* II, 9); Monte
d'Oro (Briq. *Spic.* 7 et exsicc. cit. n. 464); Pointe de Grado (Briq. l. c.
et exs. cit. n. 478); et localités ci-dessous. Sans aucun doute très
répandu dans les massifs centraux de l'île.

1906. — Col de Bocca Valle Bonna, replats gazonnés humides du versant N., 1800 m., 31 juill. fl.!; lieux humides sur le versant E. du Monte
d'Oro, 1800 m., 9 août fl.!; pelouses rocheuses en face des bergeries de
Grotello sur la rive droite de la haute Restonica, 1600-1700 m., 5 août fl.!
(f. *pinguis* Hack.); berges d'un torrent sur le versant W. du Mᵗ Incudine,
1700 m., 18 juill. fl.!

Plante vivace, plus petite (5-20 cm.). Panicule ± lâche, à rameaux ± allongés, à épillets généralement pédonculés et assez gros, plus larges, plus obtus, atteignant souvent et dépassant parfois 4 mm., multiflores, à fleurs imbriquées présentant les caractères de la var. β, mais généralement un peu plus grandes.

†† δ. Var. **exigua** Hack. in litt. = *P. exigua* Fouc. et Mand. in Husnot *Monogr. Gram.* 88, tab. 3 (1899) et in *Bull. soc. bot. Fr.* XLVII, 100, tab. 5 (1900); Briq. *Rech. Corse* 105 ; non Hook. f. (1864) = *P. minuta* Briq. l. c. 19 (sphalmate) = *P. Foucaudii* Hack. in Briq. *Spic. cors.* 7 (1905) ; Coste *Fl. Fr.* III, 615. — Exsicc. Burn. ann. 1900 n. 273 et 274 !, et ann. 1904, n. 465 et 480 !

Hab. — Pozzines, berges gazonnées des torrents de l'étage alpin, descendant dans l'étage subalpin. Juin-août suivant l'altitude. ♃. Répandu dans les massifs centraux. Monte Rotondo (Fouc. et Mand. l. c.; Briq. *Rech. Corse* 19 et exs. cit. n. 273) ; Monte d'Oro (Briq. *Spic.* 7 et exs. cit. n. 480) ; entre Vizzavona et Ghisoni (Briq. l. c. et exs. cit. n. 465) ; Monte Renoso (Briq. *Rech. Corse* 24 et 105 et exs. cit. n. 374 ; Lit. *Voy.* II, 29) ; lac de Vitalaca (Lit. *Voy.* II, 25) ; et localités ci-dessous.

1906. — Berges du Lago Maggiore, au-dessous du Capo al Berdato, 2,300 m., 7 août fl. !; Paglia Orba, replats gazonnés des rochers sur le versant du col de Toggiale, 2300 m., 9 août fl. ! ; Capo al Chiostro, neiges fondantes, 2100 m., 3 août fl. ! ; replats gazonnés en montant des bergeries de Grotello au lac Melo, 1700 m., 4 août fl. ! ; pozzines du lac Cavaccioli au Monte Rotondo, 2000 m., 6 août fl. ! ; pozzines entre les bergeries de Sgreccia et le col Bocca della Calle, 1700 m., 21 juill. fl. ! ; berges d'une source sur le versant W. du Mt Incudine, 1700 m., 18 juill. fl. ! (passages à la var. γ).

1908. — Berges du lac de Nino, 1743 m., 28 juin fl. !

Race voisine de la précédente, mais plante naine, de 2-10 cm. Panicule petite, condensée, à rameaux courts et peu nombreux, ne portant souvent qu'un épillet, celui-ci relativement gros et très brièvement pédonculé.

On consultera avec profit les recherches de M. Ed. Hackel sur le *Poa annua* (*Zur Biologie der Poa annua* L. in *Öst. bot. Zeitschr.* ann. 1904 n. 8). L'auteur nous communique en outre la note suivante :

Note sur les formes corses du Poa annua L., par Ed. Hackel.

« Dans les régions inférieures de la Corse, on rencontre partout, en outre de la rare var. *remotiflora*, la forme normale, annuelle de l'espèce (var. *typica*), forme qui a encore été récoltée à 700 m. d'altitude, au col de Granace. Dans les régions plus élevées, à peu près à partir de

1300 m., la var. *typica* est remplacée par la race vivace (var. *supina* Reichb. = *P. supina* Schrad.). Celle-ci se présente sous une série de formes qui ont une telle dissemblance dans le port que pendant un certain temps j'ai moi-même envisagé le représentant le plus extrême de la série comme une espèce distincte.

La var. *supina* typiquement développée, tout-à-fait semblable aux échant. des alpes de la Suisse, du Tyrol et du Salzbourg, se trouve sur le versant W. de l'Incudine à env. 1700 m.; ses épillets sont d'un vert gai, panaché de blanc et de violet. Sur le versant oriental du Monte d'Oro, à env. 1300 m., se rencontre la forme à épillets verdâtres, qui ressemble beaucoup plus au *P. annua* var. *typica* et ne s'en distingue que par la présence d'innovations stériles et celle de gaines desséchées de l'année précédente à la base des chaumes florifères, témoignant ainsi de son caractère pérennant. Une forme particulièrement luxuriante est celle récoltée en face des bergeries de Grotello à 1600-1700 m. (f. *pinguis*). Elle possède des feuilles longues de 12 cm. et larges de 3 mm., molles, qui atteignent la hauteur du chaume; une panicule longue de 6 cm., lâche, fortement ramifiée, avec des épillets assez petits et verdâtres. Les feuilles, la panicule et les épillets ressemblent tout-à-fait à ceux d'un luxuriant *P. annua* de la plaine, mais la présence d'un rhizome nettement développé, les restes d'anciennes gaines, les innovations non florifères permettent de nouveau de reconnaître la var. *supina*.

Une modification tout-à-fait originale, nulle part observée jusqu'ici en dehors de la Corse, est celle que subit le *Poa annua* dans les endroits humides de l'étage alpin, en particulier dans les pozzines. Dans ces stations le chaume devient de plus en plus bas, les rameaux de la panicule se raccourcissent et ne portent plus qu'un épillet brièvement pédonculé, la panicule paraît plus condensée, les épillets relativement gros, tantôt verts, tantôt et plus souvent panachés. Au sommet du Monte Rotondo, par exemple, la plante n'est plus haute que de 2-5 cm. et sa panicule, longue de 0,5-1 cm., ne se compose que de 4-8 épillets. C'est cette forme naine que Foucaud et Mandon ont décrite sous le nom de *Poa exigua*, nom que j'ai changé en celui de *P. Foucaudii* à cause de l'existence d'un homonyme antérieur. Mais les riches matériaux réunis par MM. Burnat, Briquet, St-Yves et Cavillier, combinés avec les récoltes antérieures de ces botanistes et avec les éch. que M. Reverchon avait recueillis au Coscione dès 1879 et distribués sous le nom de *P. annua*, permettent d'établir une chaîne de transitions ininterrompue entre la var. *supina* de l'Incudine, jusqu'aux formes « ultra-naines » du Monte Rotondo. Je ne puis donc plus envisager le *P. exigua* Fouc. et Mand. que comme une variété du *P. annua*; cette variété peut dès lors sans inconvénient conserver le nom qui lui avait été primitivement attribué. Il ne reste plus en effet comme caractère distinctif que le port nain et la panicule petite, dont les épillets sont portés par des pédoncules simples généralement plus courts que les épillets eux-mêmes. »

182. **P. bulbosa** L. *Sp.* ed. 1, 70 (1753) ; Gr. et Godr. *Fl. Fr.* III,

543 ; Husnot *Gram.* 52 ; Asch. et Graebn. *Syn.* II, 391 ; Coste *Fl. Fr.* III, 614. — Exsicc. Reverch. ann. 1879 sub : *P. bulbosa* !

Hab. — Dunes, garigues, rochers et murs des étages inférieur et montagnard. Avril-juill. suivant l'altitude. ♃. Répandu et abondant dans l'île entière (éch. vivipares fréquents).

1907. — Cap Corse : montagne des Stretti, gazons des crêtes, 200 m., calc., 25 avril fl.! — Dunes d'Ostriconi, 20 avril ! (très jeune) ; garigues entre Novella et le col de San Colombano, 500-600 m., 19 avril fl.! ; garigues à Corté, 400 m., 11 mai fl.! ; rochers entre la fontaine de Padula et le col de Morello, 700-800 m., 13 mai ! (jennes fl.) ; garigues à Aleria, calc., 30-40 m., 1 mai fl.!

183. P. alpina L. *Sp.* ed. 1, 67 (1753) ; Gr. et Godr. *Fl. Fr.* III, 542 ; Husnot *Gram.* 52 ; Asch. et Graebn. *Syn.* II, 394 ; Coste *Fl. Fr.* III, 615. — Exsicc. Burn. ann. 1900, n. 286, 290 et 296 !

Hab. — Rocailles et rochers de l'étage alpin, plus rarement dans l'étage subalpin, 1600-2700 m. Juill.-août. ♃. Assez répandu dans les massifs du S. Pietro, du Cinto, du Rotondo, du Renoso et de l'Incudine. Monte S. Pietro (Salis in *Flora* XVI, 473) ; Monte Grosso (de Calvi) (Soleirol ex Bert. *Fl. it.* I, 528) ; Monte Cinto (Briq. *Rech. Corse* 15 ; Lit. in *Bull. acad. géogr. bot.* XVIII, 102) ; Monte Rotondo (Mab. ap. Mars. *Cat.* 165 ; Briq. *Rech. Corse* 21 et exs. cit. ; Lit. l. c.) ; Monte Renoso (Req. ann. 1847 ! ; Mab. ap. Mars. l. c. ; Rotgès in litt. ; Lit. *Voy.* II, 30) ; et localités ci-dessous.

1906. — Rocailles et rochers du Paglia Orba, 2500-2525 m., 9 août fl.! ; couloirs au-dessus du lac Scappuccioli, 2400-2500 m., 6 août fl.! ; Monte Rotondo, rochers à 2600 m., 6 août fl.! ; Mt Incudine, gazons à 1800-2130 m., 18 juill. fl.!

1908. — Monte Padro, rochers, 2300 m., 4 juill. fl.!

Le *P. alpina* varie en Corse comme dans les Alpes suivant l'altitude, l'exposition et le sous-sol. A chaume plus élevé, à panicule ample et multiflore dans les stations abritées, il devient plus petit, à feuilles plus étroites, à panicule plus contractée sur les hautes arêtes. Cette dernière forme a été distinguée sous le nom de *P. frigida* Gaud. [in *Alpina* III, 33 (1808) = *P. alpina* var. *frigida* Salis in *Flora* XVI, 473 (1833) ; Reichb. *Ic.* I, tab. LXXXIII, fig. 1627 (1834) ; Asch. et Graebn. *Syn.* II, 396]. Nous ne pouvons voir dans cette dernière forme qu'une modification due au milieu et sans importance systématique. Gaudin lui-même (*Agrost. helv.* I, 191 et *Fl. helv.* I, 244) ne la distinguait depuis 1811 que comme var. γ sans lui donner de nom.

184. P. laxa Haenke *Reisen im Riesengeb.* 118 (1791) ; Gaud. *Agrost.*

helv. I, 203 et *Fl. helv.* I, 252 ; Gr. et Godr. *Fl. Fr.* III, 540 ; Husnot *Gram.* 51 ; Asch. et Graebn. *Syn.* II, 401 ; Coste *Fl. Fr.* III, 615. — Exsicc. Burn. ann. 1900 n. 147 !

Hab. — Rocailles et rochers de l'étage alpin, 2000-2700 m. Juill.- août. ♃. Localisé dans les massifs du Cinto, du Rotondo et du Renoso. Monte Cinto (Burn. exs. cit.) ; Punta Artica (Lit. in *Bull. acad. géogr. bot.* XVIII, 102) ; Monte Rotondo (Soleirol ex Bert. *Fl. it.* I, 532 ; Mab. ap. Mars. *Cat.* 165) ; Monte d'Oro (Req., ann. 1847!) ; Monte Renoso (Revel. in Bor. *Not.* III, 7 ; Mab. ap. Mars. l. c.) ; et localités ci-dessous.

1906. — Rochers du Capo Bianco, 2500 m., 7 août fl. fr.! ; rochers du Capo al Berdato, 2550 m., 7 août fl.! ; rochers des arêtes entre le Capo Largina et le Monte Cinto, 2500-2700 m., 29 juill. fl.! ; rocailles du Paglia Orba, 2500-2525 m., 9 août fl.! ; rocailles sur le versant E. du Monte d'Oro, 2150 m., 9 août fl.!

Cette espèce se présente parfois à épillets d'un vert jaunâtre pâle [f. *pallescens* = *P. laxa* var. *pallescens* Koch *Syn.* ed. 2, 926 (1844) ; Asch. et Graebn. *Syn.* II, 402]. Cette modification a à peine la valeur d'une sous-variété.

185. **P. cenisia** All. *Auct.* 40 (1789); Bert. *Fl. it.* I, 533 ; Husnot *Gram.* 52 ; Asch. et Graebn. *Syn.* II, 404 ; Coste *Fl. Fr.* III, 612 = *P. stolonifera* Bell. in *Mém. acad. Turin* X, 215, tab. III (1793) = *P. flexuosa* Host *Gram. austr.* I, 46 (1801) = *P. distichophylla* Gaud. in *Alpina* III, 39 (1808) et *Agrost. helv.* I, 199 et *Fl. helv.* I, 250 ; Gr. et Godr. *Fl. Fr.* III, 544.

Hab. — Eboulis et rochers de l'étage alpin, 1800-2700 m. Juill.-août. ♃. Localisé dans les massifs du Cinto, du Rotondo et du Renoso. Capo Bianco (Lit. in *Bull. acad. géogr. bot.* XVIII, 102) ; Campotile (Soulié ex Coste in *Bull. soc. bot. Fr.* XLVIII, sess. extr. CXXIV) ; Monte Rotondo (ex Gr. et Godr. l. c.; Lit. l. c.) ; Monte Renoso (Revel. ap. Bor. *Not.* III, 7 et Mab. *Cat.* 166 ; Rotgès in litt.) ; et localités ci-dessous.

1906. — Rochers au sommet du Paglia Orba, 2525 m., 9 août fl.! ; rochers de la Punta de Porte, au-dessus du lac Capitello, 2300 m., 4 août fl.! ; Monte Rotondo : couloir au-dessus du lac Scappuccioli, rocailles, 2400-2500 m., 6 août fl.! ; rocailles sur le versant E. du Monte d'Oro, 2250 m., 9 août fl.!

Varie comme l'esp. précédente à épillets pâles [f. *pallescens* = *P. cenisia* var. *pallescens* Koch *Syn.* ed. 2, 931 (1844) ; Hack. et Briq. in *Ann. Cons. et Jard. bot. Genève* X, 63 = *P. pallens* Hall. f. ap. Gaud. in *Alpina* III, 41 (1808) et *Agrost. helv.* I, 201 ; non Poir. = *P. Halleridis* Roem. et Schult.

Syst. II, 559 (1817); Gaud. *Fl. helv.* I, 251 = *P. distichophylla* var. *Halle-ridis* Greml. *Excursionsfl. Schw.* ed. 3, 406 (1878) = *P. cenisia* var. *pallens* Asch. et Graebn. *Syn.* II, 404 (1900)]. Cette modification a à peine la valeur d'une sous-variété.

186. P. nemoralis L. *Sp.* ed. 1, 69 (1753); emend. Hackel in nota infra legenda.

Cette espèce très polymorphe comprend en Corse les sous-espèces et variétés suivantes :

✝ I. subsp. **Balbisii** Hack. in litt. = *Festuca capitata* Balb. in Spreng. *Syst.* IV, Cur. post. 36 (1827) = *Dactylis capitata* Schult. *Mant.* III, 626 (1827) = *Festuca depauperata* Bert. *Fl. it.* I, 620 (1833) = *P. nemoralis* var. *caesia* Salis in *Flora* XVI, 473 (1833), non alior. = *P. Balbisii* Parl. *Fl. it.* I, 361 (1848); Hack. in Barb. *Fl. sard. comp.* 69; Briq. *Rech. Corse* 106; Husnot *Gram.* 55; Rouy in *Rev. bot. syst.* I, 140; Coste *Fl. Fr.* III, 613 = *P. nemoralis* var. *Balbisii* Fiori et Paol. *Fl. anal. It.* I, 87 (1896) = *P. capitata* Asch. et Graebn. *Syn.* II, 406 (1900), non Nutt.

Hab. — Rochers et rocailles, 700-2700 m., répandu du Cap Corse jusqu'au massif de l'Incudine.

Feuilles à ligule distinctement allongée, atteignant la largeur du limbe, oblongue, obtuse. Glumes fertiles ± distinctement 5nerviées.

Il n'y a à ajouter à l'histoire du *P. nemoralis* subsp. *Balbisii*, telle que M. Hackel l'a donnée en 1885, que le synonyme de Salis tombé dans un injuste oubli. En effet, ce consciencieux observateur, tout en rattachant la plante corse au *P. nemoralis* II *caesia* Gaud., en avait mis en évidence tous les caractères distinctifs et apprécié exactement les affinités. Il dit en effet : « A planta vallesiaca quam a cl. Gaudin accepi, paullulum recidit *panicula strictiore, culmis minus rigidis et altioribus, ligulisque longius exsertis, quae subinde tamen abbreviatae occurrunt* ». On ne saurait dire mieux. — M. Hackel nous communique l'importante note suivante relative à cette sous-espèce.

Note sur les formes corses du P. nemoralis subsp. Balbisii Hack., par Ed. Hackel.

« Les matériaux extraordinairement riches réunis par MM. Burnat, Briquet, St-Yves et Cavillier démontrent non seulement que le *P. Balbisii* se présente sous une série de formes d'aspect très différent, mais encore les rapports très étroits qui l'unissent au *P. nemoralis* var. *montana*.

Je considère comme représentant le *P. Balbisii* normal (voy. Hackel in Barb. l. c.) une forme densément cespiteuse, à chaume grêle haut d'env. 30 cm., à feuilles pourvues d'un limbe large de 1-1,5 mm., dont la ligule est aussi longue ou à peine plus courte que la largeur du limbe, à panicule étroitement oblongue, dont les rameaux primaires portent 2-3 épillets, les secondaires chacun 1, à ramuscules peu étalés, à épillets généralement 3 flores longs d'env. 5 mm., verdâtres, ou un peu colorés en brun tout au plus sous le sommet de la glumelle inférieure. Cette forme normale présente les modifications suivantes.

D'abord une forme *tenuior* à chaumes filiformes, débiles, à limbe foliaire à peine large de 1 mm., à panicule plus lâche, dont les ramuscules portent tous un épillet. L'état extrême de cette forme est représenté par les échant. abortifs ne comportant que 1 à 2 épillets développés au sommet de l'inflorescence, et qui ont servi de type à Parlatore lorsqu'il décrivit son *P. Balbisii*. Cet *état* extrême n'est pas une variété (var. *depauperata* Rouy l. c.), on le retrouve dans diverses races du *P. nemoralis* (voy. Asch. et Graebn. *Syn.* II, 413, note). Mais le *P. Balbisii* peut aussi se développer dans une direction opposée et constituer des formes luxuriantes (f. *etatior*) à chaumes hauts de 40 cm., à limbe foliaire large de 2 mm., à rameaux primaires inférieurs de la panicule portant 5-6 épillets, les secondaires inférieurs en portant 2-3.

Une forme qui s'écarte beaucoup plus des précédentes et à laquelle la valeur d'une variété peut être accordée, est celle que j'appelle *rigidior*. Ses chaumes sont un peu moins élevés (12-16 cm.), mais plus vigoureux, plus raides, les feuilles courtes, fermes, à limbe large de 1-1,5 mm., à ligule aussi longue; la panicule n'est haute que de 3 cm., très raide, dense, à rameaux primaires inférieurs portant en général 2, les secondaires seulement 1 épillets, ceux-ci 4flores, longs de 6-7 mm., à glumelle inférieure brune au-dessous de la pointe blanche, les glumes violettes vers les bords, ailleurs vertes. Cette variété se trouve typiquement développée par exemple à la Pointe de Monte et à la Cima della Statoja.

En outre de la variété précédente, il existe encore des formes qui doivent être envisagées comme la résultante de certaines conditions d'habitat spéciales. Ainsi la forme *humilis*, à chaumes hauts de 3-5 cm. seulement, à feuilles courtes, presque sétacées, à panicule dense et longue de 2 cm., à épillets vivement colorés. Cette forme est due évidemment à un habitat rocailleux et aride, sur un emplacement battu des vents. Tels sont les échant. récoltés sur les gazons pierreux du Col de Petrella. Une forme assez semblable à la précédente est celle que j'appelle *prorepens*, à branches du rhizome rampantes, de sorte que les touffes deviennent très lâches. Il n'y a guère de doute que cette forme ne provienne d'un développement effectué dans les rocailles et éboulis. Les pousses sont obligées de se frayer un passage en allongeant leurs axes dans les interstices des pierres. Comme les débris sont plus ou moins mouvants et que les pierres se renouvellent, la touffe est obligée de prolonger constamment les parties souterraines; il se produit alors un rhizome rampant. Si l'on se remémore que toutes les innovations du *P. nemoralis* et des races affines sont extravaginales, on comprendra aisément que selon leur direction de croissance et selon le degré d'allongement de leurs entrenœuds, elles formeront une touffe gazonnante compacte (ce qui est le cas normal chez le *P. Balbisii*), ou une plante à rhizome hypogé ± longuement rampant, comme dans la forme *prorepens*. Au surplus, j'ai constaté à plusieurs reprises sur des exemplaires d'ailleurs typiques du *P. Balbisii* des chaumes rampants à la base et à membres du rhizome rampants, surtout à la périphérie des touffes. Ces échantillons établissent la transition entre les deux formes extrêmes.

Dans ma note de 1885 (l. c.), j'ai discuté les affinités du *P. Balbisii* avec le *P. Balfourii* Parn. (ce dernier constituant pour moi une variété du *P. caesia* Sm.). Je pense maintenant que le *P. Balbisii* est plus rapproché du *P. nemoralis* var. *montana* que du *P. Balfourii*. Il ne s'en distingue guère en fait que par la ligule allongée (laquelle chez le *P. nemoralis* et ses variétés atteint tout au plus un quart de la largeur du limbe foliaire), par la panicule plus étroite et plus contractée, à rameaux courts et étalés-dressés, ainsi que par les épillets moins vivement colorés, en général verdâtres. Mais quand on étudie d'une façon comparée des matériaux aussi riches que ceux réunis par MM. Burnat et Briquet et leurs compagnons, on ne tarde pas à rencontrer des échantillons chez lesquels la longueur de la ligule descend à la moitié de l'ampleur du limbe foliaire, et même un peu au-dessous. La différence qui existe entre le *P. Balbisii* et le *P. nemoralis* var. *montana*, devient alors si faible, qu'elle n'a plus guère de valeur spécifique. Quelque difficile qu'il soit de donner une valeur systématique précise à chaque forme particulière, sans avoir fait une revision systématique du genre entier, je crois dès maintenant pouvoir considérer le *P. Balbisii* comme une sous-espèce du *P. nemoralis*. De même, le *P. caesia* Sm. et le *P. Balfourii* Parn. rentrent également pour moi dans ce groupe spécifique à titre de sous-espèce et de variété (**P**. **nemoralis** subsp. **caesia** Hack. var. **genuina** Hack. et var. **Balfourii** Hack.). Les rapports du *P. Balbisii* avec le *P. sterilis* M. B. sont aussi assez étroits, mais ce dernier s'en distingue par sa ligule encore plus longue, les gaines rudes, la panicule plus développée et les poils du cal plus longs.

Il convient en terminant de rappeler le fait que le *P. nemoralis* type (*P. nemoralis* var. *vulgaris* Koch) se trouve aussi dans la région montagneuse silvatique de la Corse et que MM. Burnat et Briquet ont découvert la var. *coarctata* Koch sur les murs du vieux fort génois du col de Vizzavona. Or, en ce même endroit se rencontre également la sous-esp. *Balbisii* var. *rigidior*, et la différence entre ces deux races est à la vérité bien faible. »

En Corse les deux variétés suivantes :

†† α. Var. **eu-Balbisii** Hack in litt. — Exsicc. Kralik n. 845 a ! ; Reverch. ann. 1879 sub : *Poa nemoralis* ! ; Burn. ann. 1900, n. 106 !

Hab. — De beaucoup la variété la plus répandue. Cimes du Cap Corse (Salis in *Flora* XVI, 473) ; Monte Grosso (de Calvi) (Lit. in *Bull. acad. géogr. bot.* XVIII, 102) ; Capo di Cocavera (Lit. l. c.) ; Monte d'Oro (Lit. l. c.) ; Col de Sorba (Briq. *Rech. Corse* 106 et exs. cit.) ; Monte Renoso (Kralik exs. cit. et ap. Rouy in *Rev. bot. syst.* I, 141) ; Mt-Incudine (Kralik ex Rouy l. c. ; Reverch. exs. cit. ; Piana di Renuccio (R. Maire in Rouy *Rev. bot. syst.* II, 72) ; et localités ci-dessous.

1906. — Cime de la Chapelle de S. Angelo, rocailles calcaires, 1180 m., 15 juill. fl. fr.! (f. ad var. *rigidiorem* Hack. vergens, *P. compressae* L. magis approximata) ; rochers entre Bonifatto et la bergerie de Spasimata, 1000 m., 12 juill. fl. fr.! ; rochers en montant de la bergerie de Spasimata à la Cima di Mufrella, 1700-1900 m., 12 juill. fl.! (f. *elatior*) ; rochers près de la résinerie de la Forêt d'Asco, rive droite, 950 m., 28 juill. fr.! ; rochers sur le versant S. du Monte Corona, 2000 m., 27 juill. fl.! (f. *tenuior*) ; rochers du Capo Ladroncello, 2100 m., 27 juill. fl.! ; Capo Bianco, rochers du versant d'Urcula, 2300 m., 7 août fl.! ; rochers des arêtes entre le Capo Largina et le Monte Cinto, 2500-2700 m., 29 juill. fl.! (f. ad var. *rigidiorem* vergens) ; Paglia Orba, gorges herbeuses sur le versant du col de Toggiale, 2300 m., 9 août fl. fr.! (« specimen anomalum culmis sterilibus crebris distinctum » Hack in litt.) ; rochers au sommet du Capo al Chiostro, 2290 m., 3 août fl.! ; rochers en face des bergeries de Grotello, sur la rive droite de la haute Restonica, 1400-1600 m., 3 août fl.! ; rochers au bord du lac Melo, 1800 m., 4 août fl.! (f. *tenuior*) ; rochers du Monte Rotondo, 2600 m., 6 août fl.! ; rochers du vallon de l'Anghione, 1300-1400 m., 12 août fl.! ; rochers humides en descendant du col de la Cagnone sur le vallon de Cappiajola, 1400 m., 12 juill. fl.! (f. *pinguis* ad subsp. *eu-nemoralem* vergens) ; pineraies du Col de Verde, 1300 m., 20 juill. fl.! ; arêtes entre les pointes de Monte et Bocca d'Oro, fissures des rochers, 1800-1950 m., 20 juill. fl.! ; junipéraies près des bergeries d'Aluccia, 1550 m., 18 juill. fl.!

1908. — Monte Asto, rochers, 1500 m., 1 juill. fl.! ; vallée de la Melaja, rochers le long du torrent et pineraies, 1000 m., 5 juill. fl.! ; vallée inf. du Tavignano, 1200 m., 26 juin fl.!

Culmi saepius 30-40 cm. alti, debiles. Folia elongata, saepius mollia, lamina 1-2 mm. lata. Panicula evoluta, ramis primariis inferioribus saepius 2-6 spiculatis, secundariis 1-3 spiculatis, spiculis saepius 3 floris, floribus saepissime pallidius virentibus.

†† β. Var. **rigidior** Hack., var. nov. — Exsicc. Burn. ann. 1900, n. 106, 236, 265 et 399!, et ann. 1904, n. 463!

Hab. — Plus rare que le précédent ; croît de préférence aux altitudes supérieures. Capo Bianco (Lit. in *Bull. acad. géogr. bot.* XVIII, 102, f. *prorepens*) ; Monte Cinto (Briq. *Rech. Corse* 166 et exsicc. cit. n. 106 ; Lit. l. c., f. *prorepens*) ; près des bergeries de Timozzo (Briq. l. c. exsicc. cit. n. 336) ; Monte Rotondo (Briq. l. c. exsicc. cit. n. 265) ; Monte d'Oro (Briq. *Spic.* 8 et exsicc. cit. n. 463) ; Monte Renoso (Briq. *Rech. Corse* l. c. et exsicc. cit. n. 399) ; et localités ci-dessous.

1906. — Rochers entre le col Bocca Valle Bonna et le Monte Traunato 2000 m., 31 juill. fl.! ; rocailles et éboulis du Capo Bianco, versant d'Urcula, 2200 m., 7 août fl.! (f. *prorepens*) ; Cima della Statoja, rochers des arêtes, 2300 m., 26 juill. fl.! ; gazons pierreux au col de Petrella, 1963 m.,

27 juill. fl. ! ; rocailles près de la bergerie de Spasimata au-dessus de
Bonifatto, 1400 m., 12 juill. fl. ! ; rocailles au sommet du Capo al Chiostro,
2290 m., 3 août fl. ! ; rochers sur le versant W. de la Pointe de Monte,
1600 m., 20 juill. fl. ! ; rochers entre les bergeries d'Aluccia et le col du
Mt Incudine, 1600 m., 18 juill. fl. ! ; rocailles sur les crêtes du Mt Incudine, 2000 m., 18 juill. fl. !

Culmi saepius 12-16 cm. alti, robustiores, rigidi. Folia abbreviata, rigida, lamina 1-1,5 mm. lata. Panicula ad 3 cm. alta, ramis primariis inferioribus saepius 2, secundariis 1 spiculatis, spiculis 4 floris. Glumella infe-
rior infra apicem album brunnea ; glumae versus margines ± violaceae.

II. Subsp. **eu-nemoralis** Hack. in litt. = *P. nemoralis* L. l. c. ;
Gr. et Godr. *Fl. Fr.* III, 541 ; Husnot *Gram.* 53 ; Asch. et Graebn. *Syn.* II,
407 ; Coste *Fl. Fr.* III, 603 ; sensu stricto.

Hab. — Rochers et rocailles, surtout de l'étage subalpin, 700-1800 m.
Juin-août. ♃ . Répandu, mais moins fréquent que le précédent.

Feuilles à ligule presque nulle, indiquée seulement par une marge
blanchâtre étroite. Glume fertile à nervures très effacées. — En Corse,
les variétés suivantes :

γ. Var. **vulgaris** Mert. et Koch *Deutschl. Fl.* I, 616 ; Gr. et Godr. *Fl.*
Fr. III, 541 ; Husnot *Gram.* 53 ; Asch. et Graebn. *Syn.* II, 408 = *P.*
nemoralis subsp. *vulgaris* Gaud. *Agrost. helv.* I, 179 (1811) et *Fl. helv.*
I, 238. — Exsicc. Reverch. ann. 1885, n. 469 !

Hab. — Cimes du Cap Corse (Salis in *Flora* XVI, 473) ; montagnes
du Nebbio (Mab. in Mars. *Cat.* 165) ; Monte Grosso (de Calvi) (Soleirol
ex Bert. *Fl. it.* I, 545) ; env. d'Ota (Reverch. exsicc. cit.) ; montagnes
de Corté (Mab. ap. Mars. l. c.) ; Foce de Vizzavona (Lutz in *Bull. soc.*
bot. Fr. XLVIII, sess. extr. CXXVI) ; env. de Ghisoni (Rotgès in litt.) ;
Coscione (R. Maire in Rouy *Rev. bot. syst.* II, 25) ; Monte Cagna (Bubani
ex Bert. l. c.) ; et localités ci-dessous.

1906. — Col de Bocca Valle Bonna, rochers ombragés, 1600 m., 31
juill. fl. ! ; talus herbeux dans la forêt de Vizzavona, 900-1000 m., 15 juill.,
fl. ! ; rochers sur le versant S. du col de Vizzavona, 1100 m., 21 juill. fl. ! ;
rochers frais en allant de Marmano à Vizzavona par la forêt de Ghisoni,
1200-1300 m., 21 juill. fl. ! ; berges des torrents sur le versant S. du col
de Verde, 1000 m., 19 juill. fl. fr. !

Plante molle, verte, à chaumes ascendants. Feuilles planes. Panicule
grande, à épillets généralement nombreux, petits, 1-2-3 flores, longs de
env. 4 mm.

†† δ. Var. **montana** Mert. et Koch *Deutschl. Fl.* I, 618 ; Asch. et

Graebn. *Syn.* II, 409 = *P. miliacea* DC. *Fl. fr.* III, 64 (1805) = *P. glaucescens* Roth *Cat. bot.* III, 15 (1806) = *P. nemoralis* subsp. *montana* Gaud. *Agrost. helv.* I, 182 (1811) et *Fl. helv.* I, 239 = *P. nemoralis* var. *alpina* Gr. et Godr. *Fl. Fr.* III, 541 (1856) p. p. — Exsicc. Kralik n. 845 et 845 h !

Hab. — Montagnes de Corté (Kesselmeyer ann. 1867 !) ; forêt entre Ghisoni et le col de Sorba (Fouc. et Mand. in *Bull. soc. bot. Fr.* XLVII, 100) ; bords du Fiumorbo supérieur (Kralik exsicc. cit.). Probablement beaucoup plus répandu.

Plante molle, verte, à chaumes souvent incurvés-ascendants. Feuilles planes subitement atténuées en pointe au sommet. Panicule à épillets peu nombreux, 3-6 flores, longs de 5-6 mm., portés sur des pédoncules grêles et allongés.

†† ε. Var. **coarctata** Mert. et Koch *Deutschl. Fl.* I, 618 (1823) ; Husnot *Gram.* 53 ; Hack. et Briq. in *Ann. Cons. et Jard. bot. Genève* X, 66 = *P. nemoralis* subsp. *coarctata* Gaud. *Agrost. helv.* I, 185 (1811) et *Fl. helv.* I, 246.

Hab. — Probablement pas très rare ; forêt de Marmano (Rotgès in litt.) ; et localités ci-dessous.

1906. — Vieux murs du fort génois du col de Vizzavona, 1100 m., 15 juill. fl. ! (avec une forme ad subsp. *Balbisii* vergens !).

Plante raide, verte, à tige dressée, dure. Feuilles plus fermes, planes. Panicule contractée, à épillets nombreux, 3-6 flores, longs de 5-6 mm., à pédoncules courts.

†† ζ. Var. **rigidula** Mert. et Koch *Deutschl. Fl.* I, 617 (1823) ; Gr. et Godr. *Fl. Fr.* III, 541 ; Asch. et Graebn. *Syn.* II, 411.

Hab. — Forêt entre Ghisoni et le col de Sorba (Mand. et Fouc. in *Bull. soc. bot. Fr.* XLVII, 100) ; Pozzo di Borgo (Coste ibid. XLVII, sess. extr. CXIII) ; et localités ci-dessous. Probablement plus répandu.

1908. — Vallée inf. du Tavignano, pineraies, 1200 m. 28 juin fl. !

Plante raide d'un vert foncé, à tige dressée, dure. Feuilles fermes, à limbe ± enroulé-sétacé et à gaines un peu rudes. Panicule ample, à épillets nombreux, 3-6 flores, longs de 5-6 mm. à pédoncules plus allongés.

†† η. Var. **glauca** Mert. et Koch *Deutschl. Fl.* I, 619 (1823) ; Husnot *Gram.* 53 ; Asch. et Graebn. *Syn.* II, 411 = *P. glauca* DC. *Fl. fr.* V, 275

(1815) = *P. nemoralis* subsp. *glauca* Gaud. *Agrost. helv.* I, 182 (1811) et *Fl. helv.* I, 240 = *P. glauca* var. *alpina* Gr. et Godr. *Fl. Fr.* III, 544 (1856) p. p.

Souvent confondue avec la var. γ *montana*. Peut-être la var. *alpina* signalée par Foucaud et Mandon (in *Bull. soc. bot. Fr.* XLVII, 100) dans la forêt entre Ghisoni et le col de Sorba se rapporte-t-elle ici? A rechercher.

Plante glauque ou d'un vert grisâtre, à tige dressée, assez ferme. Feuilles assez fermes, planes. Panicule courte, dense, à épillets nombreux, 3-6flores, longs de 5-6 mm. souvent violacés, à pédoncules assez courts.

†† 9. Var. **glaucantha** Reichb. *Ic.* I, t. 86, fig. 1644 (1834); Asch. et Graebn. *Syn.* II, 411 (1900) = *P. glaucantha* Gaud. in *Alpina* III, 36 (1808) = *P. nemoralis* subsp. *caesia* Gaud. *Agrost. helv.* I, 184 (1811) et *Fl. helv.* I, 240 (non *P. caesia* Sm.!).— Exsicc. Burn. ann. 1904, n. 468! (f. ad subsp. *Balbisii* vergens).

Hab. — Forêt d'Aitone (Lit. *Voy.* II, 15); Vizzavona (Briq. *Spic.* 7 et exsicc. cit.).

Caractères généraux de la race précédente, mais panicule allongée, plus lâche, souvent nutante, à rameaux courts, les inférieurs avec un ramuscule basilaire. Epillets grands, longs d'env. 5 mm., ovoïdes, un peu obtus, 5-6 flores, glaucescents.

†† 187. **P. compressa** L. *Sp.* ed. 1, 69 (1753); Gr. et Godr. *Fl. Fr.* III, 543; Husnot *Gram.* 52; Asch. et Graebn. *Syn.* II, 419; Coste *Fl. Fr.* III, 611.

Hab. — Garigues, rocailles et rochers, surtout de l'étage montagnard, 300-1200 m. Mai-juill. ♃. Rare ou peu observé. Montagne de Caporalino (Fouc. et Mand. in *Bull. soc. bot. Fr.* XLVII, 100); forêt de Marmano (Rotgès ibidem); et localités ci-dessous.

1906. — Montée d'Omessa au col de Bocca al Pruno, 300-600 m., 15 juill. fr.!; rochers de la Cima al Cucco, 1103 m., 15 juill. fl.!

1908. — Col de Tende, sous les chênes-verts du versant S., 800 m., 1 juill. fl.!

Espèce distincte des *P. trivialis* et *pratensis* par les chaumes très fortement comprimés (non cylindriques ou à peine comprimés), la panicule oblongue, à rameaux géminés ou ternés (non pyramidale, à rameaux inf. au nombre de 3-5), la glumelle inf. faiblement nerviée (non pas à

5 nervures saillantes), la souche longuement stolonifère. — Nos échant.
corses appartiennent à la var. **typica** Beck [*Fl. Nieder-Öst.* 82 (1890); Asch.
et Graebn. *Syn.* II, 420]. Plante haute de 20-45 cm., à panicule haute
d'env. 5 cm. à épillets 5-8flores, à chaumes portant 2-3 feuilles planes.

188. **P. trivialis** L. *Sp.* ed. 1, 67 (1753); Gr. et Godr. *Fl. Fr.* III,
545; Husnot *Gram.* 53; Coste *Fl. Fr.* III, 613.

Hab. — Prairies maritimes ou submaritimes, lieux humides des
étages inférieur et montagnard, s'élève (parfois dans des stations plus
sèches) jusque dans l'étage subalpin, 1-1500 m. Avril-juill. suivant
l'altitude. ♃. Disséminé sous les deux variétés suivantes :

α. Var. **vulgaris** Reichb. *Ic.* 1, tab. 89, fig. 1653 (1834) = *P. trivialis*
L. sensu stricto = *P. trivialis* gr. A 1 Asch. et Graebn. *Syn.* II, 426. —
Exsicc. Burn. ann. 1904, n. 488 ! (typ.) et n. 507 ! (f. ad var. *silvicolam*
vergens).

Hab. — Env. de Bastia (Salis in *Flora* XVI, 473 ; Mab. ap. Mars. *Cat.*
166); col de Vergio (Lutz in *Bull. soc. bot. Fr.* XLVIII, sess. extr. CXXX);
Ghisoni (Rotgès in litt.); estuaire du Chioni près Cargèse (Briq. *Spic.* 8
et exsicc. cit. n. 488); de Sagone à l'embouchure du Liamone (N. Roux
in *Bull. soc. bot. Fr.* XLVIII, sess. extr. CXXX); sur Appietto (Briq. l. c.
et exsicc. cit. n. 507); env. d'Ajaccio (Mars. l. c.; Boullu in *Bull. soc.
bot. Fr.* XXIV, sess. extr. C; Coste ibid. XLVIII, sess. extr. CX); et localités ci-dessous.

1907. — Cap Corse : prairies entre Luri et la Marine de Luri, 20 m.,
27 avril fl.! — Vallon du Rio Stretto au-dessus de Francardo, lieux frais,
calc., 280 m., 14 mai fl.!

1908. — Monte Grima Seta, junipéraies, 1500 m., 1 juill.!

Plante lâchement gazonnante, à base des tiges et des rameaux stoloniformes, dépourvue d'entrenœuds renflés. Tige et gaine ± rudes. Panicule pourvue de 3-5 rameaux basilaires, dépourvus d'épillets dans la
partie inférieure. — La panicule est dans cette espèce ± contractée
avant l'anthèse, mais elle devient diffuse plus tard. Les deux formes
distinguées par Ascherson et Graebner [*P. trivialis* a *vulgaris* et
b *effusa* Asch. et Graebn. *Syn.* II, 426 (1900) ne représentent que deux
états de développement [voy. à ce sujet Hack. in *Allg. bot. Zeitsch.* XIII,
11 (1907).

β. Var. **silvicola** Hack. in litt. = *P. attica* Boiss. et Heldr. ap. Boiss.
Diagn. pl. or. ser. 1, n. 13, 57 (1853); Husnot *Gram.* 88; Asch. et
Graebn. *Syn.* II, 427 = *P. silvicola* Guss. Fl. *inar.* 271 (1824); Hack.

ap. Briq. *Spic.* 8 — *P. pratensis* var. *attica* Boiss. *Fl. or.* V, 604 (1884). — Exsicc. Reverch. ann. 1879 sub : *P. trivialis* ! ; Burn. ann. 1904 n. 466 ! et 510 !

Hab. — Paraît moins fréquent que le précédent. Vizzavona (Briq. *Spic.* 8 et exsicc. cit. n. 466) ; entre Ajaccio et Pozzo di Borgo (Briq. l. c. et exsicc. cit. n. 510) ; et localités ci-dessous.

1906. — Berges d'un torrent entre la Chapelle de San Pietro et les bergeries d'Aluccia, 1400 m., 18 juill. fl. !

1908. — Vallée inf. du Tavignano, bord des sources, 5-700 m., 26 juin fl. !

Plante plus longuement traçante, à base des tiges et des rameaux stoloniformes pourvue d'entrenœuds renflés. Feuilles souvent plus rudes, à gaîne plus courte : épillets souvent plus petits et à glumes plus étroites que dans la sous-esp. précédente, avec laquelle elle est reliée par des formes de transition.

† 189. **P. pratensis** L. *Sp.* ed. 1, 67 (1753) ; Gr. et Godr. *Fl. Fr.* III, 544 ; Husnot *Gram.* 53 ; Asch. et Graebn. *Syn.* II, 428 ; Coste *Fl. Fr.* III, 612.

Hab. — Prairies maritimes, points humides de l'étage inférieur. Mai-juin. ♃. Rare ou peu observé.

Se distingue facilement du *P. trivialis* par le chaume lisse (et non pas rude, à aspérités dirigées en avant), la ligule très courte (oblongue-allongée dans le *P. trivialis*). En Corse les deux variétés suivantes :

† α. Var. **vulgaris** Doell *Rhein. Fl.* 91 (1843) ; Asch. et Graebn. *Syn.* II, 429 = *P. pratensis* subsp. *vulgaris* Gaud. *Agrost. helv.* I, 212 (1811) et *Fl. helv.* I, 260.

Hab. — Plaine de Bastia à Biguglia (Salis in *Flora* XVI, 473) ; env. de Bonifacio (Boy. *Fl. Sud Corse* 66).

Feuilles plus courtes que les chaumes, planes. Chaume cylindrique. Panicule pyramidale à rameaux pourvus de 2 ou plusieurs ramuscules basilaires : épillets ovés, 2-5 flores.

†† β. Var. **dolichophylla** Hack., var. nov.

Hab. — Jusqu'ici seulement les localités ci-dessous.

1907. — Vallon du Rio Stretto au-dessus de Francardo, lieux frais, calc., 280 m., 14 mai fl. ! ; fossés humides près de l'Etang de Diane, 10 m., 1 mai fl. !

« Laminae inferiores culmeae atque innovationum valde elongatae (50-80 cm. longae), culmum longe superantes, planae vel leviter complicatae, 2-3 mm. latae; vaginae inferiores sursum ± scaberulae vel scabrae. Panicula oblonga ramis 3-4 nis, primario inferiore panicula triplo breviore. Spiculae omnino ut in typo.

Les échant. ne sont pas suffisants pour bien juger du mode d'innovation: il est donc possible que des recherches nouvelles mettent en évidence de ce côté-là de nouveaux caractères distinctifs par rapport au *P. pratensis* var. *vulgaris* ». (Hack. in litt.).

190. **P. violacea** Bell. in *Mém. acad. Turin* X, 214, t. III (1793); Asch. et Graebn. *Syn.* II, 435; Coste *Fl. Fr.* III, 614 = *Festuca poueformis* Host *Gram. austr.* II, 58 (1802); Husnot *Gram.* 64 = *Festuca rhaetica* Sut. *Fl. helv.* I, 56 (1802) = *F. pilosa* Hall. f. ap. Suter l. c. et in Gaud. *Agrost. helv.* I, 276 (1811) et *Fl. helv.* I, 303; Gr. et Godr. *Fl. Fr.* III, 577. — Exsicc. Kralik n. 844 a!; Burn. ann. 1900 n. 263 et 364!

Hab. — Rochers et rocailles de l'étage alpin, 1700-2700 m. Juill.-août. ♃. Localisé dans les massifs centraux du Cinto, du Rotondo, du Renoso et de l'Incudine où il est fréquent. Monte Rotondo (Mab. in Mars. *Cat.* 168; Briq. *Rech. Corse* 21 et Burn. n. 268; Lit. in *Bull. acad. géogr. bot.* XVIII, 103); Monte d'Oro (Req.! ap. Gr. et Godr. l. c.; Kralik exsicc. cit.); Monte Renoso (Revel. in Bor. *Not.* III, 7; Briq. l. c. 25 et Burn. n. 364; Lit. *Voy.* II, 28, 30 et 32); Coscione (ex Gr. et Godr. l. c.); et localités ci-dessous.

1906. — Arêtes entre la Bocca Valle Bonna et le Monte Traunato, 2000 m., 31 juill. fl. fr.!; rochers sur le versant N. du col de Bocca Valle Bonna, 1900 m., 31 juill. fl.!; rochers du Paglia Orba, 2200-2500 m., 9 août fl.!; rocailles au sommet du Capo al Chiostro, 2290 m., 3 août fl. fr.!; rochers en face des bergeries de Grotello, 1600-1700 m., 3 août fl.!; rochers entre le lac Melo et le col de Bocca Soglia, 1900 m., 4 août fl.!; rochers en allant de Ghisoni à Vizzavona par la montagne, 1775 m., 22 juill. fl.!; rochers au col de la Cagnone, 1800 m., 21 juill. fl.!; arêtes entre les Pointes de Monte et Bocca d'Oro, 1800-1900 m., 20 juill. fl.! (f. *pinguis*); graviers du M¹ Incudine, 2000-2100 m., 18 juill. fl.!

Les dimensions absolues des individus [nains (f. *reducta*) à feuilles courtes, ou élevés, à feuilles allongées, à épillets multiflores (f. *pinguis*)] sont en rapport avec les conditions du milieu et n'ont pas de valeur systématique. — Varie également à épillets lavés de violet ou jaunâtres [f. *flavescens* = *Festuca rhaetica* var. *flavescens* Mert. et Koch *Deutschl. Fl.* I, 662 (1823) = *Festuca pilosa* var. *flavescens* Gr. et Godr. l. c. (1856) = *P. violacea* var. *flavescens* Asch. et Graebn. l. c. 435 (1900)].

GLYCERIA R. Br.

191. **G. fluitans** R. Br. *Prodr. fl. Nov-Holl.* I, 179 (1810), sensu

amplissimo ; Coste *Fl. Fr.* III, 608 = *Festuca fluitans* L. *Sp.* ed. 1, 75 (1753) = *Poa fluitans* Scop. *Fl. carn.* ed. 2, 1, 73 (1772).

Hab. — Marais, fossés, points humides, 1-1700 m. Avril-août suivant l'altitude. ♃. Répandu.

Les formes intermédiaires que M. Hackel nous a signalées à plusieurs reprises empêchent absolument de donner aux deux groupes énumérés ci-après une valeur supérieure à celle de sous-espèces.

I. Subsp. **eu-fluitans** Hack. in litt. = *G. fluitans* Fries *Mant.* II, 7 (1839); Gr. et Godr. *Fl. Fr.* III, 531 ; Husnot *Gram.* 47 ; Asch. et Graebn. *Syn.* II, 445 = *G. fluitans* var. *genuina* Coss. et Dur. *Expl. sc. Alg.* II, 143 (1856) = *G. fluitans* var. *acutiflora* Doell *Fl. Bad.* 170 (1857).

Panicule à rameaux inférieurs ordinairement disposés par 2. Glumelle inférieure oblongue-lancéolée, subaiguë au sommet, un peu plus longue que la supérieure. — Les échant. corses appartiennent à la variété :

α. Var. **festucacea** Fries *Mant.* II, 8 (1839) ; Asch. et Graebn. *Syn.* II, 416 = *G. fluitans* var. *typica* Fiori et Paol. *Fl. anal. It.* I, 88 (1896). — Exsicc. Reverch. ann. 1878 et 1879 sub : *G. fluitans*! et ann. 1885 n. 437 !

Hab.— Bastia (Mab. ap. Mars. *Cat.* 165) ; Biguglia (Salis in *Flora* XVI, 473) ; Saint-Florent (Mab. l. c.) ; Pietra Moneta (Fouc. et Sim. *Trois sem. herb. Corse* 164) ; Evisa (Reverch. exs. cit. 1885) ; embouchure du Prunelli (Boullu in *Bull. soc. bot. Fr.* XXIV sess. extr. XCV) ; Bastelica (Reverch. exs. cit. 1878) ; Serra di Scopamène (Reverch. exs. cit. 1879) ; Porto-Vecchio (R. Maire in Rouy *Rev. bot. syst.* II, 72) ; et localités ci-dessous.

1907. — Eaux dormantes à Ostriconi, 20 avril fl. ! ; fossés aquatiques près de Ghisonaccia, 5 m., 2 mai fl. ! ; marais entre Ste Lucie et Ste Trinité, 80 m., 4 mai fl. !

Panicule longue et étroite, souvent interrompue, à épillets disposés unilatéralement, tous assez longuement pédonculés.

II. Subsp. **plicata** Fries *Mant.* II, 6 (1839) = *G. plicata* Fries l. c. sensu amplo.

Panicule à rameaux inférieurs disposés par 2-5. Glumelle inférieure ovée-oblongue, obtuse au sommet. — Sous les deux variétés suivantes :

β. Var. **spicata** Fiori et Paol. *Fl. anal. it.* II, 88 (1896) = *Poa spicata* Biv. *Piante ined.* 3 (1838) = *G. spicata* Guss. *Fl. sic. syn.* II, 784 (1844) ; Gr. et Godr. *Fl. Fr.* III, 352 ; Asch. et Graebn. *Syn.* II, 448 =

G. plicata var. *spicata* Lange in *Nat. Foren. Kiobenh.* 2, Aart. II, 45 (1860) = *G. fluitans* subsp. *spicata* Husnot *Gram.* 48 (1897).

Hab. — Bastia (Mab. ap. Mars. *Cat.* 165); Venaco (Fouc. et Sim. *Trois sem. herb. Corse* 164); entre Ghisoni et le col de Sorba (Rotgès ex Fouc. in *Bull. soc. bot. Fr.* XLVII, 100); Bonifacio (Req. ex Gr. et Godr. l. c.); et localités ci-dessous.

1906. — Mares en descendant du col de Teri Corscia sur Lozzi, 1400 m., 7 août fl. fr.!; lieux humides sur le versant E. du Monte d'Oro, 1700 m., 8 août fl. fr.!; ruisseaux au col de S. Giorgio, 750 m., 17 juill. fl. fr.!; puits des pozzines d'Aluccia au pied du Mt Incudine, 1500 m., 18 juill. fl. fr.!

Panicule longue, étroite, subunilatérale, à rameaux inférieurs généralement disposés par 2; épillets latéraux et épillet généralement isolé du rameau basilaire nu presque sessiles. Glumelle supérieure dépassant généralement un peu l'inférieure.

†† γ. Var. **obtusiflora** Sonder *Fl. Hamb.* 57 (1851) = *G. plicata* Fries *Mant.* II, 6 (1839), sensu stricto; Gr. et Godr. *Fl. Fr.* III, 531; Asch. et Graebn. *Syn.* II, 448 = *G. fluitans* var. *plicata*. Coss. et Dur. *Exp. sc. Alg.* II, 143 (1856) = *G. fluitans* subsp. *plicata* Husnot *Gram.* 48 (1897).

Hab. — Ghisoni (Rotgès ex Fouc. in *Bull. soc. bot. Fr.* XLVII, 100); Campo di Loro (Fouc. et Sim. *Trois sem. herb. Corse* 164).

Plante souvent plus élevée que dans les var. précédentes. Panicule plus ample, à rameaux non ou indistinctement unilatéraux, les inférieurs généralement disposés par 3-5; épillets tous ± longuement pédonculés. Glumelle supérieure généralement un peu plus courte que l'inférieure.

ATROPIS Rupr.

192. **A. maritima** Griseb. in Ledeb. *Fl. ross.* IV, 389 (1853); Husnot *Gram.* 49 = *Poa maritima* Huds. *Fl. angl.* 35 (1762) = *Glyceria maritima* Wahlb. *Fl. gothob.* 17 (1820); Mert. et Koch *Deutschl. Fl.* I, 588; Gr. et Godr. *Fl. Fr.* III, 535 = *Poa distans* β Bert. *Fl. it.* I, 515 (1883) = *Festuca thalassica* Kunth *Rev. Gram.* I, 129 (1829); Asch. et Graebn. *Syn.* II, 459.

Hab. — Marais saumâtres. Juin-juill. ♃. Rare. Biguglia (Salis in *Flora*, XVI, 473; Mab. ap. Mars. *Cat.* 165; Boullu in *Bull. soc. bot. Fr.* XXIV, sess. extr. LXVI); embouchure du Prunelli (Boullu l. c. XCV); Bonifacio (Seraf. ap. Bert. *Fl. it.* I, 516).

Axe souterrain émettant de nombreux rejets stériles stoloniformes,
couchés-radicants. Tige genouillée-ascendante, très fistuleuse dans la
partie supérieure. Panicule effilée, à rameaux inférieurs généralement
géminés et ± dressés. Glumes très inégales.

MM. Ascherson et Graebner (l. c. 460) ne signalent cette espèce que
dans l'Europe sept. et sur les côtes 'de l'Atlantique. Nous n'avons pas
vu la plante corse et ne pouvons donner les indications ci-dessus
que sous bénéfice d'inventaire. Cependant, l'*A. maritima* est indiqué en
Italie par MM. Fiori et Paoletti (*Fl. anal. It.* I, 89 sub : *Glyceria distans*
var. *maritima* Fiori et Paol.) sur les côtes de l'Italie et en Sardaigne. Si
ces indications sont exactes, la présence de l'*A. maritima* en Corse devient très vraisemblable. Une étude des *Atropis* corses sur de nouveaux
matériaux serait très nécessaire. Malheureusement ces plantes ne sont
bien développées qu'à l'époque où sévit la fièvre paludéenne.

193. A. palustris Briq. = *Festuca palustris* Seenus *Reise* 72 (1805)
sensu amplo = *Glyceria convoluta* Coste *Fl. Fr.* III, 607 (1906).

Hab. — Marais saumâtres. Juin-juill. ♃ . Paraît être plus fréquent
que le précédent.

Axe souterrain n'émettant pas de rejets stériles stoloniformes. Tige
ascendante-dressée ou dressée, presque pleine. Panicule plus ample,
à rameaux inférieurs pourvus de ramuscules plus nombreux, moins dressés. — En Corse les deux sous-espèces suivantes :

I. Subsp. **convoluta** Briq. = *A. convoluta* Griseb. in Ledeb. *Fl.*
ross. IV, 339 (1853) ; Husnot *Gram.* 48 — *Poa convoluta* Hornem.
Hort. hafn. II, 953 (1815) = *Festuca convoluta* Kunth *Enum.* I, 393
(1833) ; Asch. et Graebn. *Syn.* II, 461 = *Glyceria convoluta* Fries *Mant.*
III, 176 (1842) ; Gr. et Godr. *Fl. Fr.* III, 535.

Hab. — Bastia (Mab. ap. Mars. *Cat.* 165) ; Biguglia (Mab. ap. Mars.
l. c. ; Boullu in *Bull. soc. bot. Fr.* XXIV, sess. extr. LXVI) ; Porto-
Vecchio (Revel. ex Mars. l. c.) ; Ventilègne (Revel. ibid.) ; Bonifacio
(Revel. in Bor. *Not.* I, 9 et Mars. l. c.).

Plante plus grêle. Feuilles enroulées-sétacées, un peu rudes sous le
sommet, à ligule presque aussi longue ou un peu plus longue que large.
Epillets linéaires-oblongs. Glumes ovées ou ovées-allongées, généralement très obtuses, l'inférieure atteignant le plus souvent les deux tiers
de la glumelle qui la précède.

†† II. Subsp. **festucaeformis** Briq. = *F. palustris* Seenus *Reise*
72 (1805), sensu stricto ; Asch. et Graebn. *Syn.* II, 462 (1900) = *Poa*
festucaeformis Host *Gram. austr.* III, 12 (1805) = *Glyceria capillaris*
Mert. et Koch *Deutschl. Fl.* I, 869 (1823) = *Festuca Hostii* Kunth *Rev.*

Gram. 1, 129 (1829) et *Enum*. 1, 393 = *Glyceria festucaeformis* Heinh. ap. Reichb. *Fl. germ. exc.* 45 (1830) ; Gr. et Godr. *Fl. Fr.* III, 534 = *A. festucaeformis* Richt. *Pl. eur.* 1, 91 (1890) ; Husnot *Gram.* 49. — Exsicc. Mab. n. 410 !

Hab. — Biguglia (Mab. exsicc. cit. ; Shuttl. *Enum.* 22).

Plante plus robuste, plus élevée. Feuilles moins sétacées, plus charnues, lisses, à ligule généralement plus large que longue. Epillets plus étroits. Glumes ovées-lancéolées, ou lancéolées, moins obtuses, l'inférieure atteignant les 3/4 ou les 4/5 de la glumelle qui la précède. — Nous ne croyons pas que la valeur systématique de l'*A. festucaeformis*, relié au précédent par des formes ambiguës, soit supérieure à celle d'une sous-espèce. Les deux groupes ont d'ailleurs souvent été confondus et les localités attribuées à la sous-esp. J devront être ultérieurement vérifiées.

FESTUCA L. emend.

† 194. **F. ovina** L. *Sp.* ed. 1, 73 (1753), sensu ampliato ; Hack. *Mon. Fest.* 82. — En Corse, les sous-espèces et variétés suivantes :

† 1. Subsp. **eu-ovina** Hack. *Mon.* 85 (1882) ; Asch. et Graebn. *Syn.* II, 477.

Hab. — Rochers et rocailles des étages subalpin et alpin, 1200-2200 m. Juin-août. ♃.

Feuilles des innovations à gaines ouvertes sur presque toute leur longueur, à limbe obtus au sommet, 5-9 nervié, à sclérenchyme ininterrompu ou presque ininterrompu vers la face dorsale, cylindrique ou subcylindrique à l'état sec.

Jusqu'ici seulement la variété suivante :

† α. Var. **duriuscula** Koch *Syn.* ed. 1, 812 (1837) ; Hack. *Mon. Fest.* 89 ; Asch. et Graebn. *Syn.* II, 479 = *F. duriuscula* L. *Sp.* ed. 1, 74 (1753) ; Gr. et Godr. *Fl. Fr.* III, 572 p. p. ; Husnot *Gram.* 61 ; Coste *Fl. Fr.* III, 644.

Hab. — Constaté jusqu'à présent seulement sur les cimes du Cap Corse (Salis in *Flora* XVI, 474) ; au Monte Grosso (de Calvi) (Soleirol ex Bert. *Fl. it.* 1, 605) ; au Monte Cinto sur Lozzi (Lit. *Voy.* II, 8) ; dans la forêt de Marmano (Rotgès in litt.) ; et localités ci-dessous.

1906. — Rocailles en descendant du vallon de Terrigola sur Castiglione, 1300 m., 31 juill. fr. (subv. *genuina*) ; rochers des arêtes entre le Monte Traunato et le col Bocca Valle Bonna, 2000 m., 31 juill. fl. ! (subv. *ge-*

nuina) ; rochers sur le versant N. du col de Bocca Valle Bonna, 1900 m., 31 juill. fl. ! (subv. *genuina*) ; rochers en face de la Résinerie de la forêt d'Asco, rive gauche, 1300 m., 29 juill. fl. fr. ! (subv. *crassifolia*).

Feuilles à limbe dur, épais de 0,7-1 mm., vert ou d'un vert glaucescent, mais non pruineuses. — Nos matériaux offrent les deux sous-variétés suivantes :

α¹ subvar. **genuina** Hack. *Mon. Fest.* 90 (1882) ; Asch. et Graebn. *Syn.* II, 470 = *F. duriuscula* var. *genuina* Godr. *Fl. Lorr.* III, 172 (1844) ; Gr. et Godr. *Fl. Fr.* III, 572. — Feuilles à limbe lisse épais de moins de 1 mm., à gaine lisse, à ligule glabre.

α² subvar. **crassifolia** Hack. *Mon. Fest.* 93 (1882) ; Asch. et Graebn. *Syn.* II, 471 = *F. glauca* var. *crassifolia* Gaud. *Fl. helv.* I, 284 (1828) = *F. duriuscula* var. *crassifolia* Husnot *Gram.* 61 (1898). — Feuilles ± lisses, à limbe plus épais, épais de 1 mm. ou plus, encore plus dur.

La sous-var. *genuina* se présente en outre dans les stations ombragées à feuilles allongées et ± droites ; dans les stations très apriques les feuilles sont plus courtes et ± incurvées [f. *curvula* Hack. = *F. duriuscula* var. *curvula* Gaud. *Fl. helv.* I, 282 (1828)]. Cette dernière forme a été rapportée à la var. *glauca* Hack. (*Mon. Fest.* 94) par M. de Litardière (l. c.). Cependant cette dernière race, à feuilles et chaumes pruineux couverts d'une couche de cire, n'a pas encore, à notre connaissance, été trouvée en Corse.

II. Subsp. **laevis** Hack. *Mon. Fest.* 107 (1882) = *F. ovina* subsp. *Halleri* Asch. et Graebn. *Syn.* II, 481 (1900).

Hab. — Rochers et rocailles de l'étage alpin, 1300-2700 m., rarement dans l'étage subalpin sur des cimes isolées. Juill.-août. ♃ .

Feuilles des innovations à gaines entières presque jusqu'au sommet, à limbe obtusiuscule ou acutiuscule, 7-nervié, à sclérenchyme réparti en 3 bandes maîtresses et 4 bandes intercalées plus faibles. Etamines à anthères longues de 2-3 mm. (par opposition à la sous-esp. *alpina* (Sut.) Hack., non encore constatée en Corse, où les anthères n'ont que 0,5-1 mm.). — En Corse seulement la race suivante :

β. Var. **scardica** Griseb. *Sp. fl. rum.* II, 432 (1844) = *F. Halleri* All. *Fl. ped.* II, 273 (1785) ; Gr. et Godr. *Fl. Fr.* III, 571 ; Husnot *Gram.* 62 ; Coste *Fl. Fr.* III, 639 = *F. decipiens* Clairv. *Man. herb.* 24 (1811) = *F. Gaudini* Kunth *Enum.* I, 399 (1833) = *F. ovina* var. *Halleri* Hack. *Mon. Fest.* 112 (1882) = *F. ovina* var. *decipiens* Asch. et Graebn. *Syn.* II, 484 (1900). — Exsicc. Burn. ann. 1900, n. 125 et 427 !

Hab. — Disséminé. Monte Stello (1305 m., Chab. in *Bull. soc. bot. Fr.* XXXII, 69) ; Mᵗ S. Pietro (Salis ! ; Lit. *Voy.* I, 8) ; Monte Grosso (de

Calvi) (Soleirol ex Bert. *Fl. it.* I, 608) ; Capo al Berdato (Lit. in *Bull. soc. bot. Fr.* XVIII, 103) ; Monte Cinto (Briq. *Rech. Corse* 107 et exsicc. cit. 125) ; Capo Falo (Lit. l. c.) ; Monte Rotondo (Mab. ex Mars. *Cat.* 168) ; Monte Renoso (Revel. ex Mars. l. c. ; Briq. l. c. 27 et exsicc. cit. 427) ; et localités ci-dessous.

1906. — Rochers du Capo Bianco, 2500 m., 7 août fl. ! ; rochers de la Cima della Statoja, 2200-2300 m., 26 juill. fl. !

1908. — Rochers du Monte Padro, 2200 m., 4 juill. fl. !

Plante basse, à limbe foliaire sétacé. Panicule courte et dense, à rameau inférieur ne portant que 1-2 petits épillets ; glumelles étroitement lancéolées, aristées, à arête atteignant la moitié de la longueur de la glumelle.

† 195. **F. heterophylla** Lamk *Fl. fr.* éd. 1, 600 (1778) ; Husnot *Gram.* 63 ; Asch. et Graebn. *Syn.* II, 494 = *F. heterophylla* var. *genuina* Gr. et Godr. *Fl. Fr.* III, 575 (1856) = *F. rubra* subsp. *heterophylla* Hack. *Mon. Fest.* 130 (1882). — Exsicc. Reverch. ann. 1879 sub : *F. heterophylla* ! ; Burn. ann. 1900 n. 444 !

Hab. — Rochers ombragés des étages montagnard et subalpin, 900-1500 m. Juin-juill. ♃. Disséminé. Cap Corse au Pigno (Deb. *Not.* 116 ; Mand. et Fouc. in *Bull. soc. bot. Fr.* XLVII, 101) ; Monte Grosso (de Calvi) (Soleirol ex Bert. *Fl. it.* I, 610) ; forêt d'Aitone (Lit. in *Bull. acad. géogr. bot.* XVIII, 103) ; montagnes de Corté (Kesselmeyer ann. 1867 !) ; entre Ghisoni et le col de Sorba (Mand. et Fouc. l. c. ; Rotgès in litt.) ; Monte Renoso (Briq. *Rech. Corse* 106 et Burn. exsicc. cit.) ; forêt de Bavella (Lutz in *Bull. soc. bot. Fr.* XLVIII, 57) ; Serra di Scopamène (Reverch. exsicc. cit.) ; et localités ci-dessous.

1906. — Rochers entre Bonifatto et la bergerie de Spasimata, 1000 m., 12 juill. fl. ! ; rochers du vallon de l'Anghione, 1100-1200 m., 21 juill. fl. ! ; col de Verde, rochers ombragés du versant S., 1000 m., 19 juill. fr. !

Espèce voisine de la suivante, dont elle se sépare par le mode de végétation densément cespiteux, l'hétérophyllie très marquée, les ovaires un peu velus dans la partie supérieure (glabre dans *F. rubra*), les glumes linéaires-lancéolées, les arêtes de plus de la moitié plus longues que la glumelle (très courtes ou atteignant à peine la moitié de la glumelle dans le *F. rubra*).

† 196. **F. rubra** L. *Sp.* ed. 1, 71 (1753) emend. ; Gr. et Godr. *Fl. Fr.* III, 574 ; Hack. *Mon. Fest.* 128 p. p. ; Husnot *Gram.* 63 ; Asch.

et Graebn. *Syn.* II, 496 ; Coste *Fl. Fr.* III, 637. — En Corse, la sous-espèce suivante :

Subsp. **eu-rubra** Hack. *Mon. Fest.* 138 (1882) ; Asch. et Graebn. *Syn.* II, 497.

Hab. — Garigues, junipéraies, tourbières, des étages montagnard ou subalpin. Juin-juill. ⚥. Rare ou peu observé. Cimes du Cap Corse (Salis in *Flora* XVI, 474) ; Pigno (Briq. *Rech. Corse* 106 et exsicc. cit.) ; et localités ci-dessous.

1906. — Junipéraies près des bergeries d'Aluccia, 1550 m., 12 juill. fl. !

1908. — Berges du lac de Creno, 1298 m., 27 juin fl.!

Diffère du *F. ovina* par le mode d'innovation mixte, à ramifications les unes extra, les autres intravaginales (toutes intravaginales dans le *F. ovina*) rampantes (le *F. ovina* est cespiteux) ; les feuilles caulinaires ± planes, à bandes de sclérenchyme nombreuses, non confluentes, les caulinaires à épiderme pourvu de cellules bulliformes. Au sujet des différences par rapport au *F. heterophylla*, voy. cette espèce.

Les échant. corses appartiennent à la var. **genuina** Hack. *Mon. Fest.* 138 ; Asch. et Graebn. l. c. 497), à glumelle lancéolée.

198. F. elatior L. *Sp.* ed. 1, 75 (1753) ; Hack. *Mon. Fest.* 149.

Hab. — Prairies maritimes, points humides et ombragés jusque dans l'étage subalpin, 1-1800 m. Mai-juill. suivant l'altitude. ⚥.

† I. Subsp. **pratensis** Hack. *Mon. Fest.* 150 (1882) = *F. pratensis* Huds. *Fl. angl.* ed. 1, 37 (1762) ; Gr. et Godr. *Fl. Fr.* III, 581 ; Husnot *Gram.* 63 ; Asch. et Graebn. *Syn.* II, 502 ; Coste *Fl. Fr.* III, 635 = *F. elatior* L. *Sp.* ed. 2, 111 (1762).

Hab. — Montagnes sur Bastia, pas commun (Salis in *Flora* XVI, 474). Probablement plus répandu ; à rechercher.

Feuilles molles, à bandes de sclérenchyme accompagnant les faisceaux principaux seulement à la face supérieure. Panicule ± contractée après l'anthèse, à branche inférieure portant 4-6 épillets, en général accompagnée d'un ramuscule basilaire beaucoup plus court portant 1-3 épillets. — Nous n'avons pas vu d'échant. corses. Si l'indication de Salis est correcte, il resterait à identifier la variété, car, outre la var. **genuina** Hack. (l. c. 150), on pourrait encore faire entrer en ligne de compte les variétés **apennina** Hack. (l. c. 152 = *F. apennina* De Not.) et **multiflora** Hack. (l. c. 151 = *F. multiflora* Presl).

II. Subsp. **arundinacea** Hack. *Mon. Fest.* 152 (1882) = *F. arun-*

dinacea Schreb. *Spic. fl. lips.* 57 (1771) ; Asch. et Graebn. *Syn.* II, 505.

Hab. — Plus fréquente que la sous-esp. précédente.

Feuilles fermes, à bandes de sclérenchyme accompagnant les faisceaux sur les deux faces du limbe. Panicule ± ample après l'anthèse, à branche inférieure portant de nombreux épillets, en général accompagnée d'un ramuscule basilaire portant 3-20 épillets. — Nous devons approuver M. Hackel, contrairement à l'opinion émise par MM. Ascherson et Graebner (*Syn.* II, 503), d'avoir réuni les *F. pratensis* et *arundinacea* à titre de sous-espèces d'un type collectif, car nous avons observé sur plusieurs points des Alpes occidentales (en particulier dans les Alpes Lémaniennes) des formes intermédiaires instructives, certainement non hybrides. — Cette sous-espèce présente en Corse les variétés suivantes :

† α. Var. **eu-arundinacea** Briq. = *F. elatior* (subsp. *arundinacea*) var. *genuina* Hack. *Mon. Fest.* 153 (1882), non *F. elatior* (subsp. *pratensis*) var. *genuina* Hack. l. c. 150 = *F. arundinacea* Husnot *Gram.* 65 (1898) ; Coste *Fl. Fr.* III, 635. — Exsicc. Burn. ann. 1904, n. 474 !

Hab. — Env. de Bastia et de Biguglia (Salis in *Flora* XVI, 474 ; Petit in *Bot. Tidsskr.* XIV, 248 ; Fouc. et Sim. *Trois sem. herb. Corse* 165) ; près d'Oletta (Briq. *Spic.* 8 et exsicc. cit.) ; Calvi (Soleirol ex Bert. *Fl. it.* I, 616) ; et localité ci-dessous.

1907. — Prairie humide à Solenzara, 5 m., 3 mai fl. ! (subv. *mediterranea*).

Plante verte à feuilles planes, assez larges, à panicule volumineuse, nutante au sommet, ample pendant et après l'anthèse. On doit distinguer ici deux sous-variétés :

α¹ subvar. **vulgaris** Hack. *Mon. Fest.* 53 (1882) ; Asch. et Graebn. *Syn.* II, 506.

Feuilles vertes larges de 5-10 mm. Epillets volumineux, hauts de 1-1,2 cm.

α² subvar. **mediterranea** Hack. *Mon. Fest.* 54 (1882) ; Asch. et Graebn. *Syn.* II, 507 = *F. arundinacea* var. *mediterranea* Richt. *Pl. eur.* 1, 102 (1890) ; Husnot *Gram.* 67 ; Murb. *Contr. fl. nord-ouest Afr.* IV, 25.

Feuilles plus étroites, parfois d'un vert glaucescent, larges de 3-4 mm. Epillets petits, hauts de 8-9 mm. — Cette sous-variété établit le passage à la variété suivante.

β. Var. **glaucescens** Boiss. *Voy. Esp.* II, 675 (1845) = *F. interrupta* Desf. herb. teste Murbeck l. infra cit., an et *Fl. atl.* I, 89 (1798)? ; Gr.

et Godr. *Fl. Fr.* III, 580 = *F. Fenas* Lag. *Gen. et sp.* 4 (1816); Husnot
Gram. 65 ; Coste *Fl. Fr.* III, 635 = *F. arundinacea* var. *interrupta* Coss.
et Dur. *Expl. sc. Alg.* II, 170 (1856) ; Murb. *Contr. fl. nord-ouest Afr.*
IV, 25 = *F. elatior* (subsp. *arundinacea*) var. *Fenas* Hack. *Mon. Fest.* 156
(1882) = *F. arundinacea* var. *fenas* Asch et Graebn. *Syn.* II, 508 (1900).

Hab. — Mont. de Corté (Kesselmeyer ann. 1867 !); Monte Felce (Mand.
et Fouc. in *Bull. soc. bot. Fr.* XLVII, 101) ; forêt domaniale de Marmano, Caniccia, près de Ghisoni (Rotgès ibid.) ; env. de Sartène (Reverch. ex Hack. l. c.) ; Bonifacio (Revel. ex Mars. *Cat.* 168 ; Req. ex
Hack. l. c.).

Plante d'un vert glaucescent, à feuilles plus étroites, enroulées à la
maturité, à panicule étroite, ± érigée, à épillets petits, longs de 7-9 mm.

Les échant. corses appartiennent à la sous-var. **corsica** Hack. [l. c.
157 (1882) ; Asch. et Graebn. l. c. 509] à glume aristée n'atteignant pas
la glumelle voisine, à ramuscule basilaire des rameaux de la panicule
appauvrie portant 2 épillets.

†† 199. **F. gigantea** Vill. *Hist. pl. Dauph.* II, 110 (1787); Gr. et
Godr. *Fl. Fr.* III, 582 ; Hack. *Mon.* 158 ; Husnot *Gram.* 661 ; Asch. et
Graebn. *Syn.* II, 510 ; Coste *Fl. Fr.* III, 635 = *Bromus giganteus* L. *Sp.*
ed. 1, 77 (1753).

Hab. — Forêts de l'étage subalpin. Juillet-août. ♃ . Jusqu'ici uniquement dans la forêt domaniale de Marmano (Rotgès ap. Fouc. in *Bull. soc.
bot. Fr.* XLVII, 101).

†† 200. **F. varia** Haenke in Jacq. *Coll.* II, 94 (1788) ; Hack. *Mon.
Fest.* 169 ; Asch. et Graebn. *Syn.* II, 516.

En Corse la sous-espèce suivante :

†† Subsp. **sardoa** Hack. ap. Barb. *Fl. sard. comp.* 71 (1885) =
F. pumila Shuttl. *Enum.* 23 = *F. pumila* forma spiculis flavescentibus
Hack. ap. Briq. *Rech. Corse* 107 (1901). — Exsicc. Mab. n. 293! ; Burn.
ann. 1900 n. 254 et 365 !

Hab. — Rochers et rocailles de l'étage alpin, çà et là dans l'étage
subalpin, 1200-2700 m. Juill.-août. ♃ . Très répandu dans les massifs
du Cinto, du Rotondo, du Renoso et de l'Incudine ; massif de Tende et
probablement ailleurs. Monte Grosso (de Calvi), Capo Bianco, Capo al
Berdato, Monte Cinto et Paglia Orba (Lit. in *Bull. acad. géogr. bot.* XVIII,
103) ; Mont. de Corté (Kesselmeyer ann. 1867.! « *F. pumila* Gren. in

litt. ») ; Monte Rotondo (Mand. et Fouc. in *Bull. soc. bot. Fr.* XLVII,
101 ; Briq. *Rech. Corse* 107 et exsicc. cit. n. 264 ; Lit. l. c.) ; Monte
Renoso (Mab. exsicc. cit. et ap. Shuttl. *Enum.* 23 ; Mand. et Fouc. l. c. ;
Briq. l. c. et exsicc. cit. n. 365 ; Lit. *Voy.* II, 28 et 30) ; et localités
ci-dessous.

1906. — Cima della Statoja, rochers, 2200-2300 m., 26 juill. fl. ! ; rochers
du Capo Ladroncello, 2400 m., 27 juill. fl. ! : Capo Bianco, rochers du
versant d'Urcula, 2300 m., 7 août fl. ! : rochers des arêtes entre le Capo
Largina et le Monte Cinto, 2500-2700 m., 29 juill. fl. ! : Paglia Orba,
couloirs du versant S., 2400-2500 m., 9 août fl. ! ; rochers au sommet du
Capo al Chiostro, 2290 m., 3 août fl. ! : rochers de la Punta de Porte au-
dessus du lac de Capitello, 2317 m., 4 août fl. ! ; rochers sur le versant
E. du Monte d'Oro, 2000-2250 m., 9 août fl. ! ; Monte Rotondo : rochers
entre les lacs Cavaccioli et Scappuccioli et dans les couloirs au-dessus
de ce dernier lac, 6 août fl. ! : arêtes entre la Pointe de Monte et la
Pointe Bocca d'Oro, 1800-1950 m., 20 juill. fl. ! : Pointe Bocca d'Oro, rochers du versant W., 1800 m., 20 juill. fl. ! : fissures des rochers du M^t
Incudine, 2400 m., 18 juill. fl. !

1908. — Rochers du Monte Asto, 1500 m., 1 juill. fl. fr. ! ; rochers du
Monte Padro, 2200 m., 2 juill. fl. ! : vallée inf. du Tavignano, rochers,
1200-1300 m., 28 juin fl. fr. !

Rappelle la sous-esp. *eu-varia* var. *genuina* subvar. *acuminata* Hack.
(= *F. flavescens* Gaud.) par ses panicules d'un vert jaune, et la sous-esp.
pumila var. *rigidior* Hack., mais diffère du premier par les épillets
oblongs, à glumes fertiles atténuées à partir du milieu, à carène de la
glumelle non ciliolée et du second par les feuilles finement sétacées
uninerviées du côté intérieur, s'écarte enfin de tous deux par la petitesse des anthères qui sont 4 fois plus courtes que la glumelle (n'atteignant pas la moitié ou les 2/3 de celle-ci). — Cette sous-espèce a été jadis
attribuée par M. Hackel (*Mon. Fest.* 177) au *F. varia* subsp. *pumila* var.
genuina Hack., plus tard à une forme *spiculis flavescentibus* de cette
sous-espèce.

201. **F. barbata** Gaud. *Fl. helv.* I, 274 (1828) ; Hack. et Briq. in
Ann. du Cons. et Jard. bot. Genève X, 80 ; non Schrank (1792, quae
F. rubra L. var.), nec Brot. [(1827), quae *F. ciliata* Link (1799) non
alior. = *F. alopecuros* Schoush. (1800)], nec L. (1756, quae *Schismus
calycinus* Duv-Jouv.).

En Corse seulement la variété suivante :

Var. **Danthonii** Hack. et Briq. in *Ann. Cons. et Jard. bot. Genève*
X, 80 (1907) = *F. Myuros* L. *Sp.* ed. 2, 74 p. p. (1762), non L. *Sp.* ed.
1 (1753) ; Soy.-Will. in *Ann. sc. nat.* VIII, 240 (1826) et *Obs.* 132 =

F. ciliata Danth. ap. DC. *Fl. fr.* III, 55 (1805) ; Koch *Syn.* ed, 2, 936 ;
non Link (1799) ! = *Vulpia ciliata* Link *Hort. berol.* I, 147 (1827) ; Husnot
Gram. 67 ; Coste *Fl. Fr.* III, 629 = *Vulpia Myuros* Reichb. *Fl. germ.
exc.* 37 (1830) ; Gr. et Godr. *Fl. Fr.* III, 566 = *F. Danthonii* Asch. et
Graebn. *Syn.* II, 551 (1901) = *Vulpia Danthonii* Volkart ap. Schinz et
Keller *Fl. Schw.*, ed. 2, I, 57 (1905). — Exsicc. Salzmann sub : *F.
ciliata* ! ; Kralik sub : *F. ciliata* ! ; Reverch. ann. 1878 sub : *Vulpia
Myuros* !

Hab. — Garigues, rocailles, points sableux des étages inférieur et
montagnard. Avril-juill. suivant l'altitude. ⊕. Répandu. Rogliano
(Revel. ex Mars. *Cat.* 168) ; Miomo (Gillot in *Bull. soc. bot. Fr.* XXIV,
sess. extr. LVIII) ; vallon du Fango (Gillot ibid. LV) ; env. de Bastia
(Salis in *Flora.* XVI, 473) ; Ile Rousse (N. Roux in *Bull. soc. bot. Fr.*
LXVIII, sess. extr. CXLIV) ; Calvi (Soleirol ex Bert. *Fl. it.* I, 640) ;
entre Porto et Piana (Lutz in *Bull. soc. bot. Fr.* XLVIII, sess. extr.
CXXXII et CXXXIII) ; Ghisoni (Rotgès ap. Fouc. in *Bull. soc. bot. Fr.*
XLVII, 101) ; Bastelica (Reverch. exsicc. cit.) ; Monte Bianco près de Sari
(Fouc. et Sim. *Trois sem. herb. Corse* 164) ; Bonifacio (Kralik exsicc.
cit.) ; et localités ci-dessous.

1906. — Rocailles entre Bonifatto et la bergerie de Spasimata, 1000 m.,
12 juill. fr. !

1907. — Cap Corse : Marine d'Albo, alluvions sablonneuses, 26 avril
fl. ! ; garigues à Ostriconi, 20 avril fl. ! ; alluvions au bord du Golo, près
de Francardo, 260 m., 14 mai fl. !

Dans cette variété, les glumelles sont longuement velues-ciliées, les
fertiles sur le dos, les stériles sur les marges. La var. **imberbis** Hack. et
Briq. l. c. (*F. ciliata* var. *imberbis* Vis. = *F. ambigua* Le Gall), à glumelles
glabres ou presque glabres, signalée sur le littoral des Alpes maritimes
(Cannes) pourra être recherchée en Corse. — Voy. au sujet de la nomenclature de cette espèce la dissertation que nous avons donnée avec
M. Hackel, l. c.

202. **F. fasciculata** Forsk. *Fl. aeg.-arab.* 22 (1775) ; Hack. et
Briq. in *Ann. Cons. et Jard. bot. Genève* X, 81 = *F. bromoides* L. *Sp.*
ed. 1, 75 (1753) p. p. ? (non L. herb., nomen confusum) ; Soy.-Will.
Obs. 133 (1826) ; Coss. *Expl. sc. Alg.* II, 172 = *Lolium bromoides*
Huds. *Fl. angl.* 55 (1762) = *F. uniglumis* Soland. in Ait. *Hort. kew.* ed.
1, 1, 108 (1789) ; Asch. et Graebn. *Syn.* II, 552 = *Bromus hordeiformis*
Lamk *Ill.* I, 195 (1791) = *F. pyramidata* Link in Schrad. *Journ. Bot.*

ann. 1799, 4, 315 = *Vulpia uniglumis* Dum. *Agrost. belg.* 100 (1823) ; Duv.-Jouv. *Vulpia de France* 50 ; Husnot *Gram.* 67 ; Coste *Fl. Fr.* III, 629 = *Vulpia membranacea* Link *Hort. berol.* I, 147 (1827) = *Vulpia Linnaeana* Parl. in *Giorn. bot.* I, 346 (1844) = *Vulpia bromoides* Godr. *Fl. Lorr.* III, 178 (1844) ; Gr. et Godr. *Fl. Fr.* III, 568.

Hab. — Garigues, dunes, points sableux de l'étage inférieur. Mai-juin. ①. Disséminé. Rogliano (Revel. ex Mars. *Cat.* 168) ; de Bastia à Biguglia (Salis in *Flora* XVI, 473) ; Calvi (Soleirol ex Bert. *Fl. it.* I, 634 ; Fliche in *Bull. soc. bot. Fr.* XXXVI, 369 ; Fouc. et Sim. *Trois sem. herb. Corse*, 165) ; Ghisonaccia (Rotgès in litt.) ; port de Sagone (Coste in *Bull. soc. bot. Fr.* XLVIII, sess. extr. CXIV) ; Ajaccio (Req.! ex Bert. *Fl. it.* X. 463) ; Campo di Loro (Sargnon in *Ann. soc. bot. Lyon* VI, 85).

En Corse jusqu'ici seulement la var. **genuina** Briq., à rameaux de la panicule caducs. — Voy. sur la nomenclature de cette espèce : Duval-Jouve l. c., Asch. et Graebn. l. c., Hackel et Briquet in *Ann. Cons. et Jard. bot. Genève* X, 84.

203. **F. ligustica** Bert. *Amoen. it.* 8 (1819) et *Fl. it.* I, 631 ; Asch. et Graebn. *Syn.* II, 553 = *Bromus ligusticus* All. *Fl. ped.* II, 249 (1785) = *F. stipoides* DC. *Fl. fr.* V, 265 (1815), non Desf. = *Vulpia ligustica* Link *Hort. berol.* I, 148 (1827) ; Gr. et Godr. *Fl. Fr.* III, 567 ; Husnot *Gram.* 66 ; Coste *Fl. Fr.* III, 631 = *Loretia ligustica* Duv.-Jouv. *Vulpia de Fr.* 35 et 43 (1880).

Hab. — Garigues, dunes, points sableux de l'étage inférieur. Avril-mai. ①. — Deux variétés :

α. Var. **genuina** Hack. in litt. = *F. ligustica* Bert. sensu stricto. — Exsicc. Mab. n. 292 ! ; Magnier n. 2608 !

Hab. — Disséminé. Erbalunga (Gillot in *Bull. soc. bot. Fr.* XXIV, sess. extr. L) ; Biguglia (Mab. exsicc. cit. et ap. Mars. *Cat.* 168 ; Deb. in Magnier exsicc. cit. ; Boullu in *Bull. soc. bot. Fr.* XXIV, sess. extr. LXVII) ; Calvi (Soleirol ex Bert. *Fl. it.* I, 632) ; Ajaccio (Boullu in *Bull. soc. bot. Fr.* XXIV, sess. extr. XC).

†† β. Var. **intermedia** Hack. in litt. = *F. stipoides* var. *intermedia* Mut. *Fl. fr.* IV, 95 (1837).

Hab. — Jusqu'ici seulement la localité ci-dessous.

1907. — Garigues à Bastia, 16 mai fr. !

« Diffère de la var. *genuina* par la longueur de la première glume. Dans la var. *genuina*, celle-ci est longue d'env. 0,5 mm. (env. 12-18 fois plus courte que la glumelle inférieure) : dans la var. *intermedia* elle atteint 2 mm. (env. 3 fois plus courte que la glumelle inférieure). Ce caractère rapproche la var. *intermedia* du *F. geniculata*, dans lequel la première glume est longue d'env. 6 mm. (seulement de 1/4 à 1/3 plus courte que la glumelle inférieure). Evidemment ce caractère donne à la var. *intermedia* un certain intérêt puisqu'il indique une affinité avec le *F. geniculata*, mais il ne faudrait pas en exagérer l'importance, attendu que la longueur de la première glume peut varier à l'intérieur d'une même panicule entre 1 et 2 mm. de longueur ». Hack. in litt.

204. F. sicula Presl *Cyp. et Gram. sic.* 36 (1820) ; Asch. et Graebn. *Syn.* II, 554 = *Vulpia sicula* Link *Hort. berol.* II, 247 (1833) ; Coste *Fl. Fr.* III, 631 = *F. Thomasiana* Gay ap. Mut. *Fl. fr.* IV, 92 (1837).

En Corse seulement la race suivante :

Var. **setacea** Asch. et Graebn. *Syn.* II, 555 = *F. setacea* Parl. in Guss. *Fl. sic. syn.* I, 83 (1842) = *F. sicula* var. β Guss. *Fl. sic. prodr.* I, 130 (1824) = *Vulpia setacea* Parl. in *Ann. sc. nat.* ann. 1841, 247 et *Fl. it.* I, 426 ; Husnot *Gram.* 66 = *Loretia setacea* Duv.-Jouv. *Vulpia de Fr.* 38 et 40, (1880) = *V. sicula* var. *setacea* Hack. ap. Barbey *Fl. sard. comp.* 71 (1885).

Hab. — Garigues de l'étage inférieur. Avril-mai. ♃. Rare et disséminé. Ajaccio (Clément ap. Gr. et Godr. l. c.; Boullu in *Bull. soc. bot. Fr.* XXIV, sess. extr. C et in *Ann. soc. bot. Lyon* XXIV, 76) ; Ghisonaccia (Rotgès in litt.) ; Monte Bianco près de Sari (Fouc. et Sim. *Trois sem. herb. Corse* 165) ; Porto-Vecchio (Revel. ex Mars. *Cat.* 168) ; Bonifacio (de Pouzols ap. Gr. et Godr. l. c. ; Revel. ex Mars. l. c. ; N. Roux in *Ann. soc. bot. Lyon* XX, comptes-rendus 25).

Caractérisée par la glume supérieure plus longue que la glumelle immédiatement supérieure, la glumelle inférieure terminée par une arête plus longue qu'elle.

205. F. geniculata Willd. *Enum.* I, 118 (1809) ; Asch. et Graebn. *Syn.* II, 556 = *Bromus geniculatus* L. *Mant.* I, 33 (1767) = *Bromus stipoides* L. *Mant.* II, 557 (1771) = *Vulpia geniculata* Link *Hort. berol.* I, 148 (1827) ; Gr. et Godr. *Fl. Fr.* III, 567 ; Husnot *Gram.* 67 ; Coste *Fl. Fr.* III, 636 = *Loretia geniculata* Duv.-Jouv. *Vulpia de Fr.* 36 et 42 (1880).

Hab. — Garigues, points sableux de l'étage inférieur. Mai. ①. Signalé uniquement à Bastia (Fouc. et Sim. *Trois sem. herb. Corse* 165) et à Bonifacio (ex. Gr. et Godr. l. c. ; Lit. *Voy.* I, 21).

A part l'indication de M. Litardière, cette espèce n'a été retrouvée récemment à Bonifacio par aucun botaniste. La plante distribuée par M. Stefani sous le nom de *Vulpia geniculata* est le *Hordeum maritimum* subsp. *Gussoneanum*.

206. F. Myuros L. *Sp.* ed. 1, 74 (1753) ; Koch *Syn.* ed. 2, 936 ; Asch. et Graebn. *Syn.* II, 556 = *F. bromoides* Savi *Fl. pis.* I, 114 (1798) = *Vulpia Myuros* Gmel. *Fl. bad.* I, 8 (1805) ; Duv.-Jouv. *Vulpia de Fr.* 46 ; Husnot *Gram.* 67 ; Coste *Fl. Fr.* III, 630 = *F. pseudomyuros* Soy.-Will. *Obs.* 132 (1828) = *Vulpia pseudomyuros* Reichb. *Fl. germ. exc.* I, 37 (1830) ; Gr. et Godr. *Fl. Fr.* III, 564 = *Vulpia myuroidea* St-Lag. *Cat. fl. bass. Rhône* 812 (1883) = *Vulpia vaginata* Car. et St-Lag. *Cat. bass. moy. Rhône* 938 (1889). — Exsicc. Reverch. ann. 1879 sub : *Vulpia pseudomyuros* ! et ann. 1885, n. 502 ! ; Burn. ann. 1904, n. 476, 481, 483 et 493 !

Hab. — Garigues, friches, clairières des maquis des étages inférieur et montagnard, s'élève parfois dans l'étage subalpin, 1-1400 m. Mai-juin. ①. Répandu. Rogliano (Revel. ex Mars. *Cat.* 168 ; Miomo (Gillot in *Bull. soc. bot. Fr.* XXIV, sess. extr. LVIII) ; env. de Bastia (Salis in *Flora* XVI, 474 ; Bubani ex Bert. *Fl. it.* I, 637) ; pont du Bevinco (Bubani ap. Salis l. c.) ; Evisa (Reverch. exsicc. cit. 1885) ; forêt de Vizzavona (Briq. *Spic.* 9 et Burn. n. 476) ; entre Ghisoni et le col de Sorba (Briq. l. c., Burn. n. 481) ; Poggio di Nazza (Rotgès in litt.) ; Bocognano (Briq. l. c., Burn. n. 493) ; Pozzo di Borgo (Briq. l. c., Burn. n. 483) ; Ajaccio (Req. ex Bert. *Fl. it.* X, 463 ; Coste in *Bull. soc. bot. Fr.* XLVIII, sess. extr. CV) ; Serra di Scopamène (Reverch. exsicc. cit. 1879) ; Santa Manza (Soleirol ex Bert. *Fl. it.* I, 637) ; et localités ci-dessous.

1907. — Garigues entre la station et le village de Pietralba, 400 m., 14 mai fr. !

1908. — Pineraies entre la scierie du Tavignano et les bergeries de Ceppo, 1400 m., 28 juin fl. fr.!

207. F. dertonensis Asch. et Graebn. *Syn.* II, 558 (1901) ; Hack. et Briq. in *Ann. Cons. et Jard. bot. Genève* X, 82 = *F. bromoides* L. *Sp.*

ed. 1, 75 (1753) p. p. ? ; Sm. *Fl. brit.* I, 118 (1800) = *Bromus derto-*
nensis All. *Fl. ped.* II, 249 (1785) = *Bromus ambiguus* Cyr. *Pl. rar.*
neap. I, 10 (1789) = *F. sciuroides* Roth *Cat. bot.* II, 11 (1800) = *Vulpia*
sciuroides Gmel. *Fl. bad.* I, 8 (1805) ; Gr. et Godr. *Fl. Fr.* III, 565 ;
Husnot *Gram.* 67 ; Coste *Fl. Fr.* III, 630 = *Vulpia bromoides* Dum.
Agrost. belg. 101(1842) ; non Godr. = *Vulpia Myuros* var. *bromoides* Parl.
Pl. nov. 46 (1842) = *V. exserta* Car. et St-Lag. *Fl. bass. moy. Rhône* 938
(1889) = *V. dertonensis* Gola in *Malpighia* XVIII, 366 (1904); Volkart
in Schinz et Keller *Fl. Schw.* éd. 2, I, 57 ; Buru. *Fl. Alp. mar.* IV, 258.

Hab. — Garigues, points sableux, prairies maritimes, friches de
l'étage inférieur. Avril-mai. ①. Répandu.

Diffère de l'espèce précédente par l'entrenœud supérieur longuement
saillant hors de la gaine supérieure, l'inflorescence à rameau inférieur
atteignant env. la moitié de la longueur du reste de la panicule, la glume
supérieure atteignant env. les 3/4 de la glume qui la précède (sans l'a-
rête). — En Corse les deux variétés suivantes :

‡‡ α. Var. **sciuroides** Briq. = *F. sciuroides* Roth, sensu stricto.

Hab. — Bastia (Salis in *Flora* XVI, 474) ; Ajaccio (Coste in *Bull. soc.*
bot. Fr. XLVIII, sess. extr. CV) ; Monte Bianco près de Sari (Fouc. et
Sim. *Trois sem. herb. Corse* 164).

Panicule médiocre à épillets atteignant (sans les arêtes) env. 1 cm.,
généralement 4-6flores, à arête un peu plus longue que la glumelle.
Les petits échant. réduits (« Hungerformen ») constituent la var. *gra-*
cilis Asch. et Graebn. [*Syn.* II; 559 (1901) = *Vulpia sciuroides* var. *gra-*
cilis Lange in *Nat. For. Kjob.* 2, aart. II, 50 (1860)], pour nous un simple
état stationnel.

‡‡ β. Var. **tenella** Briq. = *F. hybrida* Brot. *Fl. lus.* I, 115 (1804) p.
p. = *F. Myurus* var. *tenella* Boiss. *Voy. Esp.* II, 668 (1845) = *Vulpia*
Broteri Boiss. et Reut. *Pug.* 128 (1852) ; Hack. *Cat. Gram. Port.* 24 =
F. Broteri Nym. *Syll.* 418 (1854) = *Vulpia sciuroides* var. *longearistata*
Willk. et Lange *Prodr. fl. hisp.* I, 91 (1861) = *Vulpia sciuroides* var.
microstachya Hack. in *Oesterr. bot. Zeitschr.* XXVII, 124 (1877) = *F.*
sciuroides var. *microstachya* Batt. et Trab. *Fl. Alg. Monoc.* 90 (1884) =
Vulpia sciuroides var. *Broteri* Husnot *Gram.* 67 (1898) = *F. dertonensis*
var. *Broteri* Asch. et Graebn. *Syn.* II, 559 (1901).

Hab. — Non encore signalé en Corse jusqu'à présent ; paraît cependant très répandu.

1907. — Cap Corse : garigues entre Luri et la Marine de Luri, 30 m.,
27 avril fl. ! ; montagne des Stretti près de St-Florent, gazon des crètes,
200 m., calc., 25 avril fl. ! — Garigues entre Alistro et Bravone, 15 m.,
30 avril fl. ! ; garigues à Alistro, 10 m., 30 avril fl. ! ; garigues à Cateraggio, 15 m., 1 mai fl. ! ; prairies sablonneuses à Ghisonaccia, 10 m., 8 mai
fl. ! ; clairières des aulnaies à l'embouchure de la Solenzara, 7 mai fl. ! ;
pré humide à Solenzara, 5 m., 3 mai fl. ! ; prairies à Ste-Lucie, 45 m., 4
mai fl. ! (f. *depauperata*).

Panicule allongée à épillets plus petits, longs d'env. 6 mm. sans les
arètes, généralement 5-8flores, à arètes 2-3 fois plus longues que la
glumelle.

Varie d'ailleurs comme la variété précédente dans les dimensions
suivant les stations. Nos échant. extrèmes de Ste-Lucie, hauts de 2-4 cm.,
à panicule très courte ne comptant que 2-5 épillets (f. *depauperata*) sont
à mettre en parallèle avec la f. *gracilis* de la variété *sciuroides*.

208. F. incrassata Salzm. ap. Lois. *Fl. gall.* ed. 2, 1, 85 (1828) ;
Asch. et Graebn. *Syn.* II, 560 = *Bromus incrassatus* Lamk *Enc. méth.*
1, 469 (1783) = *Vulpia incrassata* Parl. in *Ann. sc. nat.* ann. 1841, 298 ;
Gr. et Godr. *Fl. Fr.* III, 568 ; Husnot *Gram.* 67 = *F. geniculata* Bert.
Fl. it. V, 603 (1842); non Willd. = *Loretia incrassata* Duv.-Jouv. *Vulpia
de Fr.* 37 et 44 (1880) = *Cutandia incrassata* Benth. ap. Dayd.-Jacks.
Ind. kew. 1, 675 (1893).

Hab. — « In Corsica » (Salzmann ap. Lois. *Fl. gall.* ed. 2, I, 85).

Cette espèce des sables et garigues littorales n'a pas été retrouvée en
Corse depuis l'époque de Loiseleur. Sa présence en Corse n'a rien d'invraisemblable, car elle existe à l'état spontané en Sardaigne. A rechercher.

209. F. Lachenalii Spenn. *Fl. frib.* III, 1050 (1829) ; Asch. et
Graebn. *Syn.* II, 538 = *Triticum tenellum* L. *Syst.* ed. 10, 880 (1759) =
Triticum Halleri Vis. *Ann. bot.* I, 2, 155, t. 5 (1804) = *Triticum Lachenalii* Gmel. *Fl. bad.* 1, 291 (1805) = *Triticum Poa* DC. *Fl. fr.* III, 86
(1805) = *T. lolioides* Pers. *Syn.* 1, 110 (1885) = *F. Poa* Kunth *Rev.
Gram.* I, 129 (1829) = *Nardurus Lachenalii* Godr. *Fl. Lorr.* III, 187
(1844) ; Gr. et Godr. *Fl. Fr.* III, 616 ; Coste *Fl. Fr.* III, 671 = *Nardurus
Poa* Boiss. *Voy. Esp.* II, 667 (1845) = *N. tenellus* Duv.-Jouv. in *Bull. soc.
bot. Fr.* XIII, 132 (1866) = *Catapodium tenellum* Husnot *Gram.* 68 (1898).

Hab. — Garigues, points sableux des étages inférieur et montagnard,
s'élève jusque dans l'étage subalpin, 1-1500 m. Mai-juin. ①. Répandu.
Deux variétés.

α. Var. **mutica** Asch. et Graebn. *Syn.* II, 539 (1900) = *Triticum lolioides* var. *muticum* Tausch in *Flora* XX, 116 (1837) = *Nardurus Lachenalii* var. *genuinus* Godr. *Fl. Lorr.* III, 187 (1844) ; Gr. et Godr. *Fl. Fr.* III, 616.

Hab. — Env. de Bastia (Salis in *Flora* XVI, 472) ; Moltifao (Rotgès in litt.) ; Monte Grosso (de Calvi) (Soleirol ex Bert. *Fl. it.* I, 813) ; bergeries de Timozzo (Mars. *Cat.* 170) ; forêt de Vizzavona (Mars. l. c.); Bocognano (Mars. l. c.) ; Pozzo di Borgo (Coste in *Bull. soc. bot. Fr.* XLVIII, sess. extr. CXII) ; env. d'Ajaccio (Mars. l. c. ; Boullu ibid. XXIV, sess. extr. XLVIII).

Plante à épi généralement simple, à glumelle mutique.

β. Var. **aristata** Koch *Syn.* ed. 2, 935 (1844) = *Triticum festucoides* Bert. *Pl. gen.* 25 (1804) = *Triticum hispanicum* Viv. *Ann. Bot.* 1, 2, 152, t. 3, f. 2 (1804), non Reich. = *Triticum tenuiculum* Lois. *Not.* 27 (1810) = *F. tenuicula* Kunth *Enum. pl.* 1, 395 (1833) = *Triticum lolioides* var. *aristatum* Tausch in *Flora* XX, 116 (1837) = *Nardurus Poa* var. *aristatus* Boiss. *Voy. Esp.* II, 667 (1845) = *Nardurus Lachenalii* var. *aristatus* Gr. et Godr. *Fl. Fr.* III, 617 (1856) ; Willk. et Lange *Prodr. fl. hisp.* 1, 115 = *F. Lachenalii* var. *tenuicula* Richt. *Pl. eur.* 1, 109 (1890); Asch. et Graebn. *Syn.* II, 539 = *Catapodium tenellum* var. *aristatum* Husnot *Gram.* 68 (1898). — Exsicc. Reverch. ann. 1879 n. 217 ! ; Burn. ann. 1904 n. 496 !

Hab.— Plus fréquente que la var. précédente. Env. de Bastia (Salis in *Flora* XVI, 472) ; le Pigno (Mab. ap. Mars. *Cat.* 170) ; Calvi (Fouc. et Sim. *Trois sem. herb. Corse* 165) ; Moltifao (Rotgès in litt.); Corté (Thévenon ann. 1848 !) ; Venaco (Fouc. et Sim. l. c.) ; Bocognano (Briq. *Spic.* 10 et Burn. exsicc. cit.) ; Monte Renoso (Rotgès in litt.) ; Vico (Salis l. c.) ; Ajaccio (Salis l. c.) ; col de St Georges (Mars. l. c.) ; Serra di Scopamène (Reverch. exsicc. cit.) ; Porto-Vecchio (Salis l. c. ; Revel. ap. Mars. l. c.) ; et localités ci-dessous.

1907. — Rocailles du défilé de l'Inzecca, 300-500 m., 9 mai fl. ! ; aulnaies à l'embouchure de la Solenzara, clairières sablonneuses, 7 mai fl.!

1908. — Pineraies entre la scierie du Tavignano et la bergerie de Ceppo, 1450 m., 28 juin fl. fr. !

Plante à épi généralement simple, à glumelle aristée, l'arète plus courte que le corps de la glumelle ou l'égalant, glume supérieure un peu plus étroite.

210. **F. maritima** L. *Sp.* ed. 1, 75 (1753) ; Tausch in *Flora* XX, 116 (1830) ; Asch. et Graebn. *Syn.* II, 540 ; Hack. et Briq. in *Ann. Cons. et Jard. bot. Genève* X, 84 =*Agropyrum unilaterale* Beauv. *Ess. agrost.* 146 (1812) = *F. unilateralis* Schrad. *Cat. hort. gott.* 1814 = *Nardurus tenellus* Godr. *Fl. Lorr.* III, 187 (1844) ; Gr. et Godr. *Fl. Fr.* III, 616 ; non Duv.-Jouve = *Nardurus unilateralis* Boiss. *Voy. Esp.* II, 667 (1845); Husnot *Gram.* 68 ; Coste *Fl. Fr.* III, 671 = *Catapodium unilaterale* Griseb. in Ledeb. *Fl. ross.* IV, 347 (1847).

Hab.— Garigues de l'étage inférieur. Mai-juill. ④. Rare. Deux variétés.

†† α. Var. **aristata** Briq. = *F. maritima* L. l. c. sensu stricto ! = *Triticum hispanicum* Reich. in Willd. *Sp. pl.* I, 1, 479 (1798); non Viv. = *Triticum tenellum* Viv. in *Ann. Bot.* I, 5, 154 (1804) = *Triticum Nardus* DC. *Fl. fr.* III, 87 (1805) = *F. hispanica* Kunth *Rev. Gram.* I, 129 (1829) = *F. tenuiflora* var. *aristata* Koch *Syn.* ed. 1, 809 (1837) = *N. tenuiflorus* Boiss. *Voy. Esp.* II, 667 (1845) = *Nardurus unilateralis* var. *aristatus* Boiss. l. c. = *Nardurus tenellus* var. *aristatus* Parl. *Fl. it.* I, 485 (1848) ; Gr. et Godr. *Fl. Fr.* III, 616 = *F. unilateralis* var. *maritima* Richt. *Pl. eur.* I, 110 (1890) = *F. maritima* var. *hispanica* Asch. et Graebn. *Syn.* II, 541 (1900).

Hab. — Monte Fosco (Gillot in *Bull. soc. bot. Fr.* XXIV, sess. extr. LX).

Glumelles toutes, ou au moins les supérieures aristées.

β. Var. **mutica** Asch. et Graebn. *Syn.* II, 541 (1900) = *Triticum unilaterale* DC. *Cat. hort. monsp.* 154 (1813) ; non L. = *Nardurus tenellus* var. *genuinus* Godr. *Fl. Lorr.* III, 187 (1844) ; Gr. et Godr. *Fl. Fr.* III, 616 = *F. tenuiflora* var. *mutica* Koch *Syn.* ed. 2, 935 (1844) = *Nardurus unilateralis* var. *muticus* Husnot *Gram.* 68 (1898).

Hab. — Rogliano (Revel. ex Mars. *Cat.* 170) ; Corté (Fouc. et Sim. *Trois sem. herb. Corse* 165).

Glumelles mutiques ou brièvement mucronées, non aristées ; épillets ord. plus petits que dans la var. précédente.

CATAPODIUM Link

211. **C. loliaceum** Link *Hort. berol.* I, 145 (1827) = *Poa loliacea*

Huds. *Fl. angl.* I, 43 (1762) ; Husnot *Gram.* 68 = *Triticum unilaterale*
L. *Mant.* I, 35 (1767) ; non herb. = *Triticum loliaceum* Sm. *Fl. brit.* I,
159 (1800) = *Triticum Rottbolla* DC. *Fl. fr.* III, 86 (1805) = *Festuca
rottboellioides* Kunth *Rev. Gram.* I, 129 (1829) = *Scleropoa loliacea* Gr.
et Godr. *Fl. Fr.* III, 557 (1856) ; Coste *Fl. Fr.* III, 625 = *Festuca Rottboellia* Asch. et Graebn. *Syn.* II, 544 (1900). — Exsicc. Req. sub : *Catapodium loliaceum* ! ; Kralik n. 845 a !

Hab. — Dunes, sables maritimes. Avril-juin. ①. Disséminé. Bastia
(Bubani ex Bert. *Fl. it.* I, 818 ; Mab. ap. Mars. *Cat.* 167) ; Biguglia (Salis
in *Flora* XVI, 472 ; Boullu in *Bull. soc. bot. Fr.* XXIV, sess. extr. XLIV) ;
Ile Rousse (Fouc. et Sim. *Trois sem. herb. Corse* 164) ; Calvi (Soleirol ex
Bert. l. c. ; Rotgès in litt.) ; La Parata (Boullu in *Bull. soc. bot. Fr.* XXVI,
82) ; Ajaccio (Req. exsicc. cit. et ap. Gr. et Godr. l. c. ; et nombreux
autres observateurs) ; Bonifacio (Req. ! et ap. Gr. et Godr. l. c. ; et divers
autres observateurs).

1907. — Ile Rousse, sables maritimes, 21 avril fl. !

SCLEROPOA Griseb.

212. **S. rigida** Griseb. *Sp. fl. rum.* II, 431 (1844) ; Gr. et Godr. *Fl.
Fr.* III, 556 ; Husnot *Gram.* 69 ; Coste *Fl. Fr.* III, 624 = *Poa rigida* L.
Amoen. acad. IV, 265 (1759) = *Sclerochloa rigida* Link *Hort. berol.* I,
150 (1827) = *Festuca rigida* Kunth *Enum.* I, 392 ; Asch. et Graebn.
Syn. II, 546. — Exsicc. Sieber sub : *Poa rigida* ! ; Soleirol n. 4660 !

Hab. — Rocailles, points sableux, garigues des étages inférieur et
montagnard. Avril-juill. ①. Très abondant par places, mais pas partout. Distribution exacte à compléter. Erbalunga (Gillot in *Bull. soc.
bot. Fr.* XXIV, sess. extr. L) ; Bastia (Salis in *Flora* XVI, 473 ; Mab. ap.
Mars. *Cat.* 167 ; et nombreux autres observateurs) ; Calvi (Soleirol
exsicc. cit. et ap. Bert. *Fl. it.* I, 524) ; Piedicroce (Lit. in *Bull. acad.
géogr. bot.* XVIII, 102) ; Ghisoni (Rotgès in litt.) ; env. d'Ajaccio [Req.
exsicc. cit. et ap. Gr. et Godr. l. c. ; Fouc. et Sim. *Trois sem. herb. Corse*
164 (subvar. *typica* et *divaricata*), et nombreux autres observateurs] ;
Sartène (Fliche in *Bull. soc. bot. Fr.* XXXVI, 369) ; Bonifacio (Seraf. ex
Bert. *Fl. it.* I, 524 ; Boy. *Fl. Sud Corse* 66) ; et localités ci-dessous.

1906. — Cap Corse : rochers frais au col de Santa Lucia entre Pino et
Luri, 400 m., 7 juillet fr. !

1907. — Cap Corse : montagne des Stretti près Saint-Florent, balmes, calc., 100 m., 25 avril fl. !

On peut distinguer les deux sous-variétés suivantes.

α' subvar. **typica** Briq. = *S. rigida* Gris. sensu stricto.

Plante basse à feuilles étroites ; panicule médiocre, à rameaux étalés-ascendants.

α² subvar. **divaricata** Fouc. et Sim. *Trois sem. herb. Corse* 164 (1898) = *S. rigida* var. *patens* oss. et Dur. *Expl. sc. Alg.* II, 182 (1856) : Duv.-Jouve in *Bull. soc. bot. Fr.* XXII, 314 (1875) ; Husnot *Gram.* 69 = *Sclerochloa patens* Presl *Cyp. et Gram. sic.* 45 (1820) = *Festuca rigida* subvar. *patens* Asch. et Graebn. *Syn.* II, 546 (1901).

Plante plus élevée, à feuilles plus larges ; panicule pyramidale, à rameaux ± étalés.

Ces deux sous-variétés, malgré l'apparence assez différente des formes extrêmes, ne sont peut-être que des états dûs à des milieux différents, la seconde correspondant aux points ombragés et humides. En tout cas, elles ne sauraient avoir la valeur de variétés dans le sens de races.

BROMUS L. emend.

†† 213. **B. erectus** Huds. *Fl. angl.* ed. 1, 49 (1762) ; Gr. et Godr. *Fl. Fr.* III, 586 ; Hack. in *Oest. bot. Zeitschr.* XXIX, 205 (1879) ; Husnot *Gram.* 70 ; Asch. et Graebn. *Syn.* II, 577 (1901) ; Coste *Fl. Fr.* III, 645. — En Corse seulement la sous-espèce suivante :

†† Subsp. **eu-erectus** Asch. et Graebn. *Syn.* II, 585 (1901). — Exsicc. Burn. ann. 1904, n. 509 !

Hab. — Prairies maritimes, points humides de l'étage inférieur. Mai-juin. ♃. Rare ou peu observé. Entre Ajaccio et Pozzo di Borgo (Briq. *Spic.* 9 et exsicc. cit.) ; et localité ci-dessous.

1907. — Pré humide à Solenzara, 5 m., 3 mai fl.!

Plante cespiteuse. Gaînes desséchées basilaires à fibres non aranéeuses. Feuilles ± planes. Panicule ferme, à rameaux raides, l'inférieur généralement beaucoup plus court que l'épillet. Epillets à fleurs serrées : les deux glumes presque égales : glumelles d'un tiers plus longue que la glume supérieure : glumes et glumelles rudes sur les nervures, à aspérités dirigées en avant.

Nos échant. appartiennent à la var. **typicus** Asch. et Graebn. (l. c. 586) ; les gaines sont tantôt glabres, tantôt ± pourvues de poils étalés, épars comme sur le limbe : la panicule est assez étroite.

214. **B. sterilis** L. *Sp.* ed. 1, 77 (1753) ; Gr. et Godr. *Fl. Fr.* III,

583 ; Husnot *Gram.* 70 ; Asch. et Graebn. *Syn.* II, 592 ; Coste *Fl. Fr.* III, 646. — Exsicc. Reverch. ann. 1879 sub : *B. sterilis* ! ; Burn. ann. 1904, n. 470 et 508 !

Hab. — Prairies maritimes, rocailles, rochers des étages inférieur et montagnard, 1-1000 m. Avril-sept. ①. Disséminé. Env. de Bastia (Salis in *Flora* XVI, 474 ; Mab. ap. Mars. *Cat.* 168) ; Orezza (Soleirol ex Bert. *Fl. it.* I, 675) ; Calvi (Fouc. et Sim. *Trois sem. herb. Corse*, 165) ; Vizzavona (Briq. *Spic.* 114 et Burn. n. 470) ; forêt de Marmano (Rotgès in litt.) ; Appietto (Briq. l. c. et Burn. n. 508) ; Ajaccio (Boullu in *Bull. soc. bot. Fr.* XXIV, sess. extr. C ; Coste ibid. XLVIII, sess. extr. CV) ; Serra di Scopamène (Reverch. exsicc. cit.) ; Bonifacio (Boy. *Fl. Sud Corse* 66) ; et localités ci-dessous.

1907. — Cap Corse : prairie humide à Luri, 50 m., 26 avril fl. ! — Lieux frais dans le vallon du Rio Stretto au-dessus de Francardo, 280 m., 14 mai fl. !

† 215. **B. tectorum** L. *Sp.* ed. 1, 77 (1753) ; Gr. et Godr. *Fl. Fr.* III, 582 ; Husnot *Gram.* 70 ; Asch. et Graebn. *Syn.* II, 593 ; Coste *Fl. Fr.* III, 645.

Hab. — Garigues, rocailles, vieux murs, 1-1530 m. Avril-juill. suivant l'altitude. ①. Assez rare. — En Corse les deux variétés suivantes :

† α. Var. **genuinus** Gr. et Godr. *Fl. Fr.* III, 583 (1856), emend. — Exsicc. Burn. ann. 1904 n. 482 !

Hab. — Cap Corse (Soleirol ex Bert. *Fl. it.* I, 681) ; env. de Bastia (Salis in *Flora* XVI, 474) ; entre Vivario et le col de Sorba (Fouc. et Mand. in *Bull. soc. bot. Fr.* XLVII, 101) ; de Ghisoni au col de Sorba (Briq. *Spic.* 114 et exsicc. cit.) ; Ghisoni (Rotgès in litt.) ; Bonifacio (Boy. *Fl. Sud Corse* 66) ; et localité ci-dessous.

1907. — Cap Corse : garigues près de la Marine d'Albo, 26 avril fl. !

Epillets 4-12flores. Varie beaucoup dans son développement. Les grands échant. à panicule ample, à épillets pourvus de fleurs nombreuses ont été distingués sous le nom de *B. tectorum* var. *australis* Gr. et Godr. [l. c. = *B. abortiflorus* St-Am. *Fl. agen.* 44 (1821) = *B. tectorum* var. *abortiflorus* Richt. *Pl. eur.* I, 114 (1819) : Asch. et Graebn. *Syn.* III, 583)]. C'est là un simple état, qui n'est d'ailleurs nullement spécial au domaine méditerranéen, et non pas une race.

†† β. Var. **anisanthus** Hack. in *Denkschr. Acad. Wiss. Wien*, Math.-naturw. Kl. L, 77 (1885) = *Anisantha pontica* C. Koch in *Linnaea* XXI,

394 (1848) = *B. sterilis* var. *ponticus* O. Kuntze in *Act. hort. petr.* X, 1,
251 (1887) = *B. tectorum* var. *ponticus* Asch. et Graebn. *Syn.* II, 594
(1901).

1908. — Sommet du Monte Asto, 1533 m., 1 juill. fr.!

Plante généralement basse, mais à panicule très fournie; épillets ne possédant qu'une fleur développée. — La valeur systématique de cette variété
n'est pas encore pour nous tout à fait claire. L'apparence des inflorescences est assez particulière, et d'autre part, tous les échant. que nous
avons examinés provenaient du bassin oriental de la Méditerranée : ce
qui nous engage à y voir une race indépendante. M. Hackel nous fait
remarquer que quelques épillets tendent à une disposition spiralée des
glumes supérieures stériles, ce qui indique un rapprochement vers la
var. **spiralis** Hack. l. c. — Le nom variétal de M. Hackel a la priorité
sur celui de M. O. Kuntze, contrairement aux indications de MM. Ascherson et Graebner qui, par mégarde, ont interverti les citations de
sources pour les noms de Hackel et Kuntze

216. B. villosus Forsk. *Fl. aeg.-arab.* 23 (1775); Asch. et Schweinf.
Illust. fl. Eg. in *Mém. inst. Eg.* II, 174 (1887); Asch. et Graebn. *Syn.* II,
594 = *B. maximus* Desf. *Fl. atl.* I, 95, t. 25 (1798); Gr. et Godr. *Fl.
Fr.* III, 583; Husnot *Gram.* 70; Coste *Fl. Fr.* III, 646.

Hab. — Garigues, rocailles, points sableux de l'étage inférieur. Avril-
mai. ①. Répandu. — En Corse les trois variétés suivantes :

α. Var. **Gussonei** Briq. = *B. madritensis* DC. *Fl. fr.* III, 72 (1805); non
L. = *B. Gussonii* Parl. *Pl. rar.* II, 8 (1840); Guss. *Fl. sic. syn.* I, 79 =
B. maximus var. *Gussonei* Parl. *Fl. it.* I, 407 (1848); Gr. et Godr. *Fl.
Fr.* III, 584; Husnot *Gram.* 70 = *B. propendens* Jord. in Bill. *Annot.*
229 (1855) et *B. asperipes* Jord. l. c. = *B. villosus* var. *maximus* cum
subvar. *Gussonei*, et formis *propendens* et *asperipes* Asch. et Graebn.
Syn. II, 595 (1901).

Hab. — Assez rare. Castello sur Erbalunga (Petit in *Bot. Tidsskr.* XIV,
248); Venzolasca (Romagnoli ex Deb. *Not.* 117); Ajaccio (Petit l. c.);
Porto-Vecchio (Revel. ap. Mars. *Cat.* 168 et Deb. l. c.); et localités
ci-dessous.

1907. — Balmes de la montagne de Pedana, calc., 500 m., 14 mai fr.!;
prairie à Solenzara, 5 m., 3 mai fl.!

Plante robuste à panicule très fournie, ample, à rameaux accompagnés de plusieurs (2-5) ramuscules basilaires, à épillets volumineux
(longs de 8-10 cm. avec les arêtes), longuement pédicellés (pédicelles

longs de 2-4 cm.). — Cette variété a le port du *B. madritensis* à la maturité, mais s'en distingue facilement par l'indument des feuilles et de la partie supérieure du chaume, la panicule plus contractée, et les arêtes beaucoup plus longues que les glumelles.

β. Var. **ambigens** Briq. = *B. ambigens* Jord. in Bill. *Annot.* 229 (1855) = *B. villosus* var. *maximus* subvar. *ambigens* Asch. et Graebn. *Syn.* II, 595 (1901). — Exsicc. Req. sub : *B. maximus* ! ; Kralik n. 846 ! ; Burn. 1904 n. 492 !

Hab. — De beaucoup la race la plus répandue. Erbalunga (Gillot in *Bull. soc. bot. Fr.* XXIV, sess. extr. LI) ; Bastia (Mab. ap. Mars. *Cat.* 168) ; Calvi (Soleirol ex Bert. *Fl. it.* 1, 679) ; montagne de Caporalino (Briq. *Spic.* 9 et Burn. exsicc. cit.) ; env. d'Ajaccio (Req. exsicc. cit. et ap. Bert. *Fl. it.* VII, 619 ; et nombreux autres observateurs) ; Bonifacio (Kralik exsicc. cit. ; Boy. *Fl. Sud Corse* 66) ; et localités ci-dessous.

1907. — Cap Corse : montagne des Stretti, balmes, calc., 100 m., 25 avril fl. ! — Clairières des aulnaies à l'embouchure de la Solenzara, 7 mai fl. ! ; garigues à Santa Manza, 10 m., 6 mai fl. fr. !

Plante généralement moins robuste que la précédente, à panicule moins fournie, moins ample, plus érigée, à rameaux accompagnés de 1 (-2) ramuscules basilaires, à épillets moins volumineux (ongs de 6-8 cm. avec les arêtes) et à arêtes relativement plus longues, moins longuement pédicellés (pédicelles longs de 1-3 cm.) — Cette variété est intermédiaire entre les var. α et γ.

†† γ. Var. **minor** Boiss. *Voy. Esp.* II, 677 (1845) ; Gr. et Godr. *Fl. Fr.* III, 584 = *B. rigidus* Roth in Röm. et Usteri *Mag.* X, 21 (1790) ; Koch *Syn.* ed. 2, 949 = *B. rubens* Host *Gram. austr.* 1, t. 18 (1801) ; non L. = *B. villosus* var. *rigidus* Asch. et Graebn. *Syn.* II, 596 (1901).

Hab. — Bien plus rare que les précédentes. Sagone (Lit. *Voy.* II, 26) ; et localités ci-dessous.

1907. — Rocailles de la Pointe d'Aquella, 250-370 m. 4 mai fl. !

Plante plus grêle, à panicule étroite, contractée, érigée, à rameaux solitaires ou accompagnés d'un ramuscule basilaire, à épillets relativement petits (longs de 5-7 cm. avec les arêtes) et à arêtes relativement très longues, brièvement pédicellés (pédicelles longs d'env. 5 mm.). Glumes et glumelles plus étroites que dans les variétés précédentes. Cette variété est reliée par des formes douteuses avec la précédente. L'une de ces formes est le *B. Boraei* Jord. in Billot *Annot.* 229 (1855 et spec. auth. !), cependant plus rapproché de la var. β que de la var. γ, contrairement à l'opinion de MM. Ascherson et Graebner (l. c.). Il ne saurait par conséquent être question d'établir là des différences spécifiques. En ce qui concerne la nomenclature de ces races, nous avons dû rétablir les noms de variétés les plus anciens, laissés de côté pour deux d'entre elles sans raisons plausibles par les auteurs du *Synopsis*.

217. **B. madritensis** L. *Amœn. acad.* IV, 265 (1755) et *Sp.* ed. 2, 114; Gr. et Godr. *Fl. Fr.* III, 584; Husnot *Gram.* 71; Coste *Fl. Fr.* III, 646 = *B. polystachyus* DC. *Fl. fr.* V, 276 (1815) = *B. scaberrimus* Ten. *Fl. nap.* III, 89 (1824-29); Bert. *Fl. it.* I, 677. — Exsicc. Soleirol n. 4715!

Hab. — Garigues, rocailles des étages inférieur et montagnard, 1-1000 m. Avril-juin. ①. Répandu et abondant dans l'île entière.

1906. — Cap Corse : couvent de la Tour de Sénèque, talus arides, 450 m., 8 juill. fr. !

1907. — Cap Corse : Mont S. Angelo de St-Florent, replats rocheux, calc., 250 m., 24 avril fl.! (f. *depauperata*). — Montagne de Pedana, clairiéres des chênaies, 500 m., 14 mai fl.!; vieux murs à Corté, 300-350 m., 12 mai fl.!; vallée inf. de la Solenzara, rocailles des fours à chaux, 150-200 m., 3 mai fl.!; Pointe d'Aquella, rocailles calcaires, 250-370 m., 4 mai fl.!; garigues à Santa Manza, 10 m., 6 mai fl. !

1908. — Vallée inf. du Tavignano, châtaigneraies, 5-700 m., 26 juin fr.!

Espèce très variable au point de vue des dimensions et de l'indument. Après avoir suivi cette espèce *in situ* et sur des matériaux d'herbier très étendus, nous arrivons à la même conclusion que MM. Ascherson et Graebner (*Syn.* II, 598) : il y a là des états individuels ou stationnels, mais non des vraies variétés dans le sens de races.

† 218. **B. rubens** L. *Amœn. acad.* IV, 265 (1755) et *Sp.* ed. 2, 114; Gr. et Godr. *Fl. Fr.* III, 585; Coste *Fl. Fr.* III, 646 = *B. scoparius* Mauri *Pl. rom. cent.* XIII, 9 (1820); non L. = *B. madritensis* subsp. *rubens* Husnot *Gram.* 71 (1898). — Exsicc. Kralik sub : *B. rubens*!; Burn. ann. 1904 n. 498 !

Hab. — Rochers, rocailles de l'étage inférieur. Avril-mai. ①. Rare. Calvi (Soleirol ex Bert. *Fl. it.* I, 677) ; montagne de Caporalino (Briq. *Spic.* 9 et exsicc. cit.) ; env. d'Ajaccio (Boullu in *Bull. soc. bot. Fr.* XXIV, sess. extr. XCV ; Coste ibid. XLVIII, sess. extr. CVII) ; Bonifacio (Kralik exsicc. cit.).

Nous ne voyons aucune raison plausible pour réunir le *B. rubens* au *B. madritensis* à titre de sous-espèce. Quant à l'opinion paradoxale de M. Saint-Lager [*Fl. bass. moy. Rhône* 947 (1889)], qui distingue dans le *B. rubens* une forme *major* (= *B. madritensis*) et une forme *minor* (=*B.*

rubens) comparées aux deux formes extrêmes du *B. maximus* (nos variétés α et γ du *B. villosus*), elle est due à une observation superficielle des deux types. La différence essentielle entre les *B. madritensis* et *B. rubens* ne réside pas seulement dans la brièveté des pedicelles, mais surtout dans le fait que les entrenœuds de la panicule sont extrêmement raccourcis (beaucoup plus courts que les épillets, et non pas à peine plus courts, aussi longs ou plus longs qu'eux) de sorte que la panicule prend l'apparence d'un gros pinceau. En outre, l'indument dense du sommet des chaumes, les épillets plus petits (env. 2 cm. sans les arêtes, et non pas 3-4 cm. sans les arêtes), les glumelles faiblement 3 nerviées et non pas nettement 5-7nerviées, etc., permettent très facilement de séparer les deux espèces, entre lesquelles nous ne connaissons aucune forme intermédiaire.

219. **B. fasciculatus** Presl *Cyp. et Gram. sic.* 29 (1820) ; Bert. *Fl. it.* I, 683 ; Gr. et Godr. *Fl. Fr.* III, 585 ; Husnot *Gram.* 71 ; Coste *Fl. Fr.* III, 647 = *B. scoparius* Lamk *Enc. méth.* 1, 468 (1783); non L. = *B. fascicularis* Ten. *Fl. nap.* IV, 17 (1830) = *B. flavescens* Tausch in *Flora* XX, 124 (1837).

Hab. — Garigues de l'étage inférieur. Avril-mai. ①. Rare. Corté (Bernard ex Gr. et Godr. l. c.) ; Bonifacio (Req. !, mai 1849).

Espèce possédant les mêmes caractères d'inflorescence que le *B. rubens*, dont elle diffère par le port grêle, le chaume glabre au sommet, la ligule plus courte, la glumelle supérieure brièvement ciliée (longuement ciliée dans le *B. rubens*), l'inférieure moins nettement nerviée, l'arête divariquée et ± tordue à la fin. Les *B. rubens* et *fasciculatus* ont plus d'affinités l'un avec l'autre que le *B. madritensis* avec le *B. rubens*.

† 220. **B. secalinus** L. *Sp.* ed. 1, 77 (1753) ; Asch. et Graebn. *Syn.* II, 603 ; Coste *Fl. Fr.* III, 647 = *Serrafalcus secalinus* Bab. *Man. brit. bot.* 374 (1843) ; Gr. et Godr. *Fl. Fr.* III, 588 ; Husnot *Gram.* 71.

Hab. — Moissons, friches de l'étage inférieur. Juin. ①. Indiqué seulement à Bonifacio (Seraf. ex Bert. *Fl. it.* 1, 655). Cette espèce polymorphe est probablement plus répandue. A rechercher.

221. **B. hordeaceus** L. *Sp.* ed. 1, 77 (1753) ; Hack. in Kerner *Sched. fl. exsicc. austro-hung.* III, 142 ; Beck *Fl. Nieder-Ost.* 109 ; Asch. et Graebn. *Syn.* II, 615 = *B. mollis* L. *Sp.* ed. 2, 112 (1762) ; Bert. *Fl. it.* I, 662 = *Serrafalcus mollis* Parl. *Pl. rar.* II, 11 (1840).

Hab. — Garigues, friches, moissons, châtaigneraies des étages inférieur et montagnard. Avril-juill. ①. Répandu. — Deux variétés.

α. Var. **typicus** Beck *Fl. Nieder-Ost.* 109 (1890) ; Asch. et Graebn. *Syn.* II, 646 = *Serrafalcus mollis* Gr. et Godr. *Fl. Fr.* III, 590 (1856) ; Husnot *Gram.* 72 = *B. mollis* Coste *Fl. Fr.* III, 648. — Exsicc. Kralik n. 847 ! ; Reverch. ann. 1878 sub : *B. mollis* ! ; Burn. ann. 1904, n. 467, 479 et 485 !

Hab. — Rogliano (Revel. in Mars. *Cat.* 169) ; env. de Bastia (Salis in *Flora* XVI, 474 ; Mab. ap. Mars. l. c.) ; St-Florent (Mab. ap. Mars. l. c.) ; Calvi (Mab. ap. Mars. l. c. ; Fouc. et Sim. *Trois sem. herb. Corse* 165) ; forêt d'Aitone (Lutz in *Bull. soc. bot. Fr.* XLVIII, sess. extr. CXXX) ; Vizzavona (Briq. *Spic.* 9 et Burn. exsicc. cit. n. 467 et 479) ; torrent de Solella, sur le versant S. du col de Vizzavona (Lit. in *Bull. acad. géogr. bot.* XVIII, 103) ; entre Ajaccio et Mezzavia (Briq. l. c. et Burn. exsicc. cit. n. 485, subv. *microstachys*) ; Ajaccio (Boullu in *Bull. soc. bot. Fr.* XXIV, sess. extr. XCVII et C) ; Bastelica (Reverch. exsicc. cit.) ; Porto-Vecchio Revel. ap. Mars. l. c.) ; Bonifacio (Seraf. ex Bert. *Fl. it.* 663 ; Kralik exsicc. cit.) ; et localités ci-dessous.

1906. — Cap Corse : Couvent de la Tour de Sénèque, talus arides (f. *nanus*).

1907. — Garigues à Santa Manza, 10 m., 6 mai fl. !

1908. — Vallée inf. du Tavignano, châtaigneraies, 900 m., 26 juin fl. fr.

Glumelles densément et mollement pubescentes. — Les formes distinguées par MM. Ascherson et Graebner (l. c.) sous les noms de *simplicissimus*, *nanus* et *contractus*, sont de simples états individuels dûs à la station et à l'époque de récolte. Nous avons observé en 1906 à la Tour de Sénèque et en 1908 dans la vallée du Tavignano que les échant. printaniers dont les chaumes desséchés, gisant à terre ou encore dressés, mais en fruits mûrs, étaient beaucoup plus développés que les individus tardifs et nains : il n'y a pas là des variétés dans le sens de races. — M. St-Lager [*Ann. bot. soc. Lyon* XXVI, comptes-rendus 27 (1901)] raconte, il est vrai, que « M. Jordan se plaisait à montrer à ceux qui venaient visiter son jardin une colonie de *Serrafalcus mollis* dont les individus, après plusieurs années de culture, n'étaient guère plus grands que leurs ancêtres de provenance corse». Mais ces renseignements sont trop vagues pour que l'on puisse se rendre compte exactement des caractères présentés par la plante que cultivait Jordan. — Des variations déjà plus importantes sont fournies par la grandeur relative des épillets et des glumes dans des formes également développées. On peut à ce point de vue distinguer une sous-var. **microstachys** Hack. in litt. [= *B. mollis* var. *microstachys* Duv.-Jouv. in *Bull. soc. bot. Fr.* XII, 208 (1865) ; Hack. ap. Briq. *Spic.* 9] différant de la sous-var. **genuinus** Hack. par les épillets longs d'env. 10 mm. (au lieu de 14 mm.) et les glumes fertiles longues de 6 mm. (au lieu de 8-9 mm.).

†† β. Var. **leptostachys** Beck *Fl. Nieder-Öst.* 109 (1890) ; Asch. et Graebn. l. c. = *B. mollis* var. *leptostachys* Pers. *Syn.* I, 95 (1805) = *B. mollis* var. *leptostachys* Fr. *Summa veg.* I, 76 (1846) ; Asch. *Fl. Brand.* I, 865.

Hab. — Paraît rare ; seulement la localité suivante :

1907. — Prairies à Ghisonaccia, 10 m., 8 mai fl. !

Glumelles glabres, à nervures rudes, pourvues de petits poils raides dirigés en avant.

Le *Serrafalcus hordeaceus* Gr. et Godr. (l. c. = *B. hordeaceus* Coste l. c. 649) constitue une race à part, la var. **Thominii** Asch. et Graebn. (= *B. arenarius* Thomin = *B. Thominii* Hard. = *B. mollis* var. *Thominii* Bréb. = *B. Ferronii* Mab. = *Serrafalcus mollis* subsp. *hordeaceus* Husnot), spéciale aux côtes occidentales de la France, de la mer du Nord et de la Baltique.

222. B. racemosus L. *Sp.* ed. 2, 114 (1762) ; Gaud. *Fl. helv.* I, 314 ; Hack. et Briq. in *Ann. Cons. et Jard. bot. Genève* X, 89.— En Corse jusqu'ici seulement la race suivante :

† Var. **commutatus** Coss. et Dur. *Expl. sc. Alg.* II, 165 (1855) ; Dœll *Fl. Bad.* I, 138 (1857) ; Hack. et Briq. l. c. = *B. racemosus* Sm. *Fl. brit.* I, 128 (1801) ; Salis in *Flora* XVI, 474 = *B. commutatus* Schrad. *Fl. germ.* 1, 354 (1806) ; Asch. et Graebn. *Syn.* II, 617 ; Coste *Fl. Fr.* III, 648 = *Serrafalcus commutatus* Bab. *Man. brit. bot.* 374 (1843) ; Gr. et Godr. *Fl. Fr.* III, 589 = *Serrafalcus racemosus* var. *commutatus* Husnot *Gram.* 72 (1898).

Hab. — Prairies maritimes, moissons de l'étage inférieur. Mai-juin. ②. Localisé, mais assez abondant de Bastia à Biguglia (Salis in *Flora* XVI, 474 ; Mab. ap. Deb. *Not.* 117). Probablement encore ailleurs.

Caractérisée par une panicule ample, lâche, subunilatérale, à rameaux portant 2-3 épillets ; glumelle inférieure à bords formant au-dessus du milieu un angle obtus très saillant ; anthères un peu plus courtes que dans le type (var. **genuinus** Coss. et Dur.; Hack. et Briq. l. c.).

223. B. intermedius Guss. *Prodr. fl. sic.* 1, 114 (1827) ; Asch. et Graebn. *Syn.* II, 623 ; Coste *Fl. Fr.* III, 649 = *B. Requienii* Lois. *Fl. gall.* ed. 2, I, 90 (1828) = *Serrafalcus intermedius* Parl. *Pl. rar.* II, 17 (1840) ; Gr. et Godr. *Fl. Fr.* III, 591 ; Husnot *Gram.* 73.

Hab. — Garigues et rocailles, moissons des étages inférieur et montagnard, 1-1200 m. Mai-juill. ①. Rare. Ghisoni à Rosse (Rotgès in litt.) ;

env. de Porto-Vecchio où il serait « commun par localités » (Revel. ap. Mars. *Cat.* 169) ; et localités ci-dessous. .

1906. — Cime de la Chapelle de S. Angelo au-dessus d'Omessa, rocailles calc., 1180 m., 15 juill. fl. fr.! ; garigues à Corté, 350 m., 7 août fr.!

BRACHYPODIUM Beauv.

224. **B. silvaticum** Rœm. et Schult. *Syst.* II, 741 (1817) ; Gr. et Godr. *Fl. Fr.* III, 610 ; Husnot *Gram.* 83 ; Asch. et Graebn. *Syn.* II, 635 ; Coste *Fl. Fr.* III, 667 = *Festuca silvatica* Huds. *Fl. angl.* 38 (1762) = *Triticum silvaticum* Mœnch *Enum. Hass.* n. 103 (1777) ; DC. *Fl. fr.* III, 85 = *Bromus silvaticus* Poll. *Hist. pl. Pal.* I, 118 (1776) = *Festuca gracilis* Mœnch *Meth.* 191 (1794) ; Bert. *Fl. it.* I, 644. — Exsicc. Reverch. ann. 1879 sub : *B. silvaticum* !

Hab. — Points ombragés et humides des étages inférieur et montagnard. Juin-juill. ♃ . Disséminé. Env. de Bastia (Salis in *Flora* XVI, 472) ; bois de Vico (Mars. *Cat.* 169) ; la Parata (Mars. l. c.) ; Ajaccio (Mars. l. c.) ; Ghisoni (Rotgès in litt.) ; Serra di Scopamène (Reverch. exsicc. cit.) ; Bonifacio (Seraf. ap. Bert. *Fl. it.* I, 645) ; et localités ci-dessous.

1906. — Cap Corse : lieux humides entre le col de Santa Lucia et Luri, 200-300 m., 7 juill. fl. fr.! — Rio de Ficarella au-dessous de la maison forestière de Bonifatto, le long du torrent, 600-700 m., 11 juill. fl. fr.! .

225. **B. pinnatum** Beauv. *Ess. agrost.* 155 (1812) ; Gr. et Godr. *Fl. Fr.* III, 610 = *Bromus pinnatus* L. *Sp.* ed. 1, 78 (1753) = *Festuca pinnata* Huds. *Fl. angl.* ed. 1, 48 (1762) = *Triticum pinnatum* Mœnch *Enum. Hass.* n. 102 (1777); DC. *Fl. fr.* III, 84 (1805). — Présente les sous-espèces et variétés suivantes :

I. Subsp. **eu-pinnatum** Briq. = *B. pinnatum* var. *genuinum* Gr. et Godr. *Fl. Fr.* III, 610 = *B. pinnatum* Husnot *Gram.* 84 ; Asch. et Graebn. *Syn.* II, 632 ; Coste *Fl. Fr.* III, 667.

Feuilles planes, plus rarement en partie lâchement enroulées, à nervures inégales, d'un vert gai ou glaucescentes en-dessous. Epillets nombreux ; arêtes 2-3 fois plus courtes que le corps des glumelles.

Hab. — Rochers ombragés des étages montagnard et subalpin. Juin-juill. ♃ . Deux races :

†† *α.* Var. **pubescens** Reichb. *Fl. germ. exc.* 19 (1830) = *B. pinna-*

tum var. *vulgare* Koch *Syn.* ed. 1, 818 (1837) ; Asch. et Graebn. *Syn.*
II, 633.

Hab. — Signalée seulement au col de Vergio (Lit. *Voy.* II, 17). A
rechercher.

Plante robuste, peu densément cespiteuse. Feuilles larges d'env.
3 mm.,d'un vert bleuâtre, planes, à ligule médiocre. Epillets multiflores,
pubescents.

β. Var. **glabrum** Reichb. *Fl. germ. exc.* 19 (1830) = *Bromus rupestris*
Host *Gram. austr.* IV, t. 17 (1809) = *B. rupestre* Rœm. et Schult. *Syst.*
II, 736 (1817) = *B. pinnatum* var. *rupestre* Reichb. *Ic.* I, 6, t. XVI, fig.
1376 (1834) ; Koch *Syn.* ed. 2, 944 ; Asch. et Graebn. *Syn.* II, 634. —
Exsicc. Burn. ann. 1900 n. 217 et 218 !, ann. 1904 n. 461 !

Hab. — Répandue. Montagnes du Cap Corse (Salis in *Flora* XVI, 472) ;
M¹ S. Pietro (Salis l. c.) ; Monte Grosso (de Calvi) (Lit. in *Bull. acad.
géogr. bot.* XVIII, 103) ; vallée de la Restonica (Mab. in Mars. *Cat.* 170 ;
Briq. *Rech. Corse* 17 et exsicc. cit. ann. 1900) ; Monte d'Oro (Briq. *Spic.*
9 et exsicc. cit. ann. 1904) ; Ghisoni (Rotgès in litt.) ; env. d'Aullène
(Revel. in Bor. *Not.* II, 9) ; de Zonza à San Gavino di Carbini (Lutz in
Bull. soc. bot. Fr. XLVIII, sess. extr. CL) ; et localités ci-dessous.

1906. — Pineraies de la résinerie de la forêt d'Asco, rive droite,
950 m., 26 juill.! : montée de Bonifatto à la bergerie de Spasimata, le long
du torrent, 1200 m., 12 juill. fl. fr.! : rochers du vallon de l'Anghione,
1300-1400 m., 12 août fr.! : versant S. du col de Verde, le long des torrents, 1400 m., 19 juill. fl. fr.!

1908 — Vallée de la Melaja, bords des eaux, 1000 m., 5 juill. fl.! ; vallée
de Tartagine, pineraies, 1000 m., 4 juill. fl.! : vallée inf. du Tavignano,
pineraies, 1200 m., 28 juin fl. fr.!

Plante plus élancée, souvent moins densément cespiteuse. Feuilles
assez larges (3-5 mm.), d'un vert bleuâtre, planes, à ligule obtuse un
peu allongée. Epillets grands, glabres, longs d'env. 3-3,5 cm. généralement
écartés.

II. Subsp. **phœnicoides** Husnot *Gram.* 84 (1899) = *Festuca phœnicoides* L. *Mant.* 1, 33 (1767) = *Triticum phœnicoides* DC. *Fl. fr.* III,
85 (1805) = *B. phœnicoides* Rœm. et Sch. *Syst.* II, 740 (1817) ; Coste
Fl. Fr. III, 667 = *B. ramosum* var. *phœnicoides* Koch *Syn.* ed. 2, 944
(1844) ; Asch. et Graebn. *Syn.* II, 637 = *B. pinnatum* var. *australe* Gr.
et Godr. *Fl. Fr.* III, 610 (1856). — Exsicc. Reverch. ann. 1885 sub : *B.
pinnatum* !

Hab. — Garigues de l'étage inférieur. Mai-juin. ♃. Disséminé. Bastia
(Kesselmeyer ann. 1867!); Calvi (Fouc. et Sim. *Trois sem. herb. Corse*
165); Evisa (Reverch. exsicc. cit.); Aspretto près Ajaccio (Fouc. et
Sim. l. c.); Porto-Vecchio (Revel. in Bor. *Not.* II, 9 et ap. Mars. *Cat.*
170); Bonifacio (Seraf. ex Bert. *Fl. it.* I, 650).

Feuilles glauques, raides, enroulées lors de leur entier développement, à nervures toutes saillantes et égales. Epillets généralement
moins nombreux ; arêtes 4-5 fois plus courtes que le corps des glumelles.
Le *B. phœnicoïdes* a été rattaché par Koch, puis par Ascherson et
Graebner, comme variété au *B. ramosum*, mais nous l'en croyons bien
distinct, ainsi que l'a dit très justement Pospichal (*Fl. œst. Küstenl.* I,
137). Le *B. ramosum* a un port très différent, dû à la présence de tiges
très rameuses à rameaux courts portant des feuilles courtes subulées et
distiques, ce qui n'est jamais le cas dans le *B. phoenicoïdes*. Au contraire,
l'examen d'abondants matériaux du Midi de la France et ceux de Corse
montre la présence de formes de passage incontestables entre le *B. phœnicoïdes* et les *B. pinnatum* var. *glabrum* Reichb. et *caespitosum* Koch,
variations ambiguës que M. Husnot a mises en évidence (l. c.). Nous
pensons que ce dernier auteur a correctement estimé la valeur systématique du *B. phœnicoïdes* en le rattachant comme sous-espèce au *B. pinnatum*.

226. B. ramosum Roem. et Schult. *Syst.* II, 737 (1817); Gr. et
Godr. *Fl. Fr.* III, 610; Husnot *Gram.* 84; Asch. *Syn.* II, 636 p. p.;
Coste *Fl. Fr.* III, 668 = *Bromus ramosus* L. *Mant.* I, 34 (1767) =
Festuca caespitosa Desf. *Fl. atl.* I, 91 (1798) = *Triticum caespitosum*
DC. *Hort. monsp.* 163 (1813). — Exsicc. Kralik n. 844 ! ; Mab. n. 294!;
Reverch. ann. 1878 et 1879 sub : *B. ramosum*! ; Burn. ann. 1904 n. 473 !

Hab. — Rochers et rocailles des étages inférieur et montagnard,
1-1000 m. Mai-juin. ♃. Répandu et abondant dans l'île entière.

1908. — Montagne de Pedana, rochers, calc., 500 m., 30 juin fl.!

227. B. distachyon Roem. et Schult. *Syst.* II, 741 (1817); Gr.
et Godr. *Fl. Fr.* III, 611; Husnot *Gram.* 84; Asch. et Graebn. *Syn.* II,
638; Coste *Fl. Fr.* III, 667 = *Bromus distachyos* L. *Amoen. acad.* IV,
304 (1759) = *Festuca ciliata* Gou. *Hort. monsp.* 48 (1768); non alior.
= *Bromus ciliatus* Lamk *Fl. fr.* III, 609 (1778) = *Festuca distachya*
Koel. *Descr. Gram.* 269 (1802) = *Triticum ciliatum* DC. *Fl. fr.* III, 85
(1805).

Hab. — Rochers, garigues et points sableux des étages inférieur et
montagnard, 1-800 m. Mai-juill. ①. Disséminé. Deux races.

α. Var. **genuinum** Willk. et Lange *Prodr. fl. hisp.* I, 112 (1861) ; Asch. et Graebn. *Syn.* II, 639 ; emend. = *B. distachyum* var. *typicum* Fiori et Paol. *Fl. anal. It.* I, 101 (1896). — Exsicc. Kralik n. 843 ! ; Mab. n. 411 ! ; Burn. ann. 1900, n. 27 !

Hab. — Rogliano (Revel. in *Mars. Cat.* 170) ; Erbalunga (Gillot in *Bull. soc. bot. Fr.* XXIV, sess. extr. LI) ; env. de Bastia (Salis in *Flora* XVI, 472 ; Soleirol et Bubani ex Bert. *Fl. it.* I, 652 ; Mab. exsicc. cit.; Gillot l. c. XLIV) ; Le Pigno (Burn. exsicc. cit.) ; La Parata (Bubani ex Bert. l. c.); chapelle des Grecs (Sargnon in *Ann. soc. bot. Lyon* VI, 86 ; Fouc. et Sim. *Trois sem. herb. Corse* 165) ; Ajaccio (Mars. l. c. ; Coste in *Bull. soc. bot. Fr.* XLVIII, sess. extr. CVI et CIX) ; Bonifacio (Seraf. ex Bert. l. c. ; Kralik exsicc. cit. ; Req.! ; Boy. *Fl. Sud Corse* 66).

Chaume lisse. Arête un peu plus longue que le corps de la glumelle. — Les formes des stations très apriques n'ont plus qu'un seul épillet. Cette modification sur laquelle est basée la var. *monostachyum* Guss. [*Fl. sic. syn.*], 72 (1842) ; Asch. et Graebn. *Syn.* II, 639 = *Festuca monostachya* Poir. *Voy.* II, 98 (1789) = *B. distachyum* var. *pumilum* Willk. et Lange *Prodr. fl. hisp.* I, 112 (1861)] est purement stationnelle et ne constitue pas une variété.

† β. Var. **asperum** Arc. *Comp. fl. it.* ed. 1, 801 (1882) ; Asch. et Graebn. *Syn.* II, 639 = *Festuca rigida* Roth *Cat. Bot.* II, 12 (1800) ; non Kunth = *Triticum asperum* DC. *Hort. monsp.* 153 (1813) = *B. asperum* Roem. et Schult. *Syst.* II, 742 (1817) = *B. rigidum* Link *Enum.* I, 96 (1821).

Hab. — Entre Bastia et Pietranegra (Salis in *Flora* XVI, 472). A rechercher.

Chaume rude. Feuilles à limbe moins plane, plus enroulé que dans la var. précédente. Glumelles plus longuement aristées.

NARDUS L.

228. **N. stricta** L. *Sp.* ed. 1, 53 (1753) ; Gr. et Godr. *Fl. Fr.* III, 620 ; Husnot *Gram.* 87 ; Asch. et Graebn. *Syn.* II, 116 ; Coste *Fl. Fr.* III, 674. — Exsicc. Sieber sub : *N. stricta* ! ; Reverch. ann. 1885 n. 456! ; Burn. ann. 1900 n. 262 !

Hab. — Pelouses rocailleuses, pozzines, tourbières des étages montagnard, subalpin et alpin, 800-2500 m. Calcifuge. Juin-août. ♃ . Répandu et abondant depuis les cimes du Cap Corse jusqu'aux montagnes du sud de l'île.

1906. — Résinerie de la forêt d'Asco, rive droite, berges du torrent, 950 m., 28 juill. fr. ! ; pozzines au bord du lac Melo, 1700-1800 m., 5 août fl. fr.!

1908. — Lac de Creno, berges tourbeuses, 1298 m., 27 juin fl.!

LOLIUM L.

† 229. **L. temulentum** L. *Sp.* ed. 1, 83 (1753) ; Gr. et Godr. *Fl. Fr.* III, 614 ; Husnot *Gram.* 85 ; Asch. et Graebn. *Syn.* II, 750 ; Coste *Fl. Fr.* III, 669.

Hab. — Moissons des étages inférieur et montagnard. Mai-juill. ♃. Disséminé sous les deux variétés suivantes :

† α. Var. **macrochaeton** A. Braun in *Flora* XVII, 241 (1834) ; Gr. et Godr. *Fl. Fr.* III, 614 ; Asch. et Graebn. *Syn.* II, 750.

Hab. — Rogliano ? (Revel. in Mars. *Cat.* 170) ; env. de Bastia (Salis in *Flora* XVI, 472) ; vallée du Mezzano près de Corté (Fouc. et Mand. in *Bull. soc. bot. Fr.* XLVII, 101) ; Ghisoni (Rotgès ibid.) ; Ajaccio (Boullu ibid. XXIV, sess. extr. C) ; Bonifacio (Seraf. ex Bert. *Fl. it.* I, 761).

Chaume rude dans la partie supérieure. Glume dépassant par le sommet les fleurs les plus supérieures ; arêtes fortes, droites, plus longues que la glumelle.

† β. Var. **leptochaeton** A. Braun in *Flora* XVII, 241 (1834) ; Gr. et Godr. *Fl. Fr.* III, 614 = *L. arvense* With. *Arr. brit. pl.* ed. 3, II, 168 (1796) = *L. temulentum* var. *arvense* Bab. *Man. brit. bot.* 377 (1843) ; Husnot *Gram.* 85 ; Asch. et Graebn. *Syn.* II, 751.

Hab. — Env. de Bastia (Salis in *Flora* XVI, 472) ; hameau de Rosse près de Ghisoni (Rotgès ap. Fouc. in *Bull. soc. bot. Fr.* XLVII, 101).

Chaume variable. Glumes atteignant ou dépassant à peine le sommet des fleurs les plus supérieures ; arêtes courtes, fines, flexueuses, moins longues que la glumelle.

On peut distinguer les deux sous-variétés suivantes :

β' subvar. **robustum** Asch. et Graebn. *Syn.* II, 751 (1902) = *L. robustum* Reichb. *Fl. germ. exc.* 139 (1830) = *L. maximum* Guss. *Fl. sic. syn.* I, 60 (1842) = *L. speciosum* var. *scabrum* Koch *Syn.* ed. 1, 828 (1837) = *L. temulentum* var. *robustum* Koch *Syn.* ed. 2, 957 (1844), à chaume rude.

β¹ subvar. **speciosum** Asch. et Graebn. l. c. (1902) = *L. arvense* With. l. c., sensu stricto = *L. speciosum* Stev. ap. Marsch.-Bieb. *Fl. taur.-cauc.* 1, 80 (1808) = *L. temulentum* var. *speciosum* Koch *Syn.* ed. 2, 957 (1844), à chaume lisse.

230. L. remotum Schrank *Bayer. Fl.* 1, 382 (1788) ; Asch. et Graebn. *Syn.* II, 752 ; Coste *Fl. Fr.* III, 669 = *L. arvense* Schrad. *Fl. germ.* I, 399 (1806) ; non With. = *L. linicolum* A. Braun in *Flora* XVII, 258 (1834) ; Sonder in Koch *Syn.* ed. 2, 957 ; Gr. et Godr. *Fl. Fr.* III, 614 ; Husnot *Gram.* 85 = *L. tenue* Noul. *Fl. bass. sous-pyr.* 731 (1837). — Exsicc. Reverch. ann. 1878 sub : *L. linicola* !

Hab. — Moissons des étages inférieur et montagnard. Mai-juill. ①. Rare ou peu observé. Marine de Sisco (Gillot in *Bull. soc. bot. Fr.* XXIV, sess. extr. XLVIII) ; Bastelica (Reverch. exsicc. cit.).

231. L. perenne L. *Sp.* ed. 1, 83 (1753) ; Gr. et Godr. *Fl. Fr.* III, 612 ; Husnot *Gram.* 85 ; Asch. et Graebn. *Syn.* II, 753 ; Coste *Fl. Fr.* III, 670. — Exsicc. Reverch. ann. 1879 sub : *L. perenne* !

Hab. — Prairies maritimes, rocailles, garigues, forêts, du bord de la mer jusque dans l'étage subalpin, 1-1800 m. Mai-juill. suivant l'altitude. ♃. Répandu et abondant dans l'île entière.

1906. — Rochers au col de San Colombano, calc., 650 m., 10 juill. fr.! (f. *tenue*) ; entre Bonifatto et la bergerie de Spasimata, rochers le long du torrent, 1200 m., 12 juill. fr.! ; rocailles sur le versant E. du Monte d'Oro, 1500 m., 8 août fr.!

Varie à épi très grêle, à port réduit et à feuilles très étroites dans les stations très arides, c'est là le *L. tenue* L. *Sp.* ed. 2, 122 (1762), forme purement stationnelle sans valeur systématique propre.

† **232. L. rigidum** Gaud. *Agrost. helv.* 1, 334 (1811) ; Koch *Syn.* ed. 2, 957 ; Husnot *Gram.* 85 ; Coste *Fl. Fr.* III, 669 = *L. strictum* Gr. et Godr. *Fl. Fr.* III, 613 (1856).

Hab. — Sables maritimes, garigues des étages inférieur et montagnard, 1-1000 m. Mai-juill. ①. — En Corse les races suivantes :

† α. Var. **maritimum** Briq. = *L. strictum* Presl *Cyp. et Gram. sic.* 49 (1820) ; Asch. et Graebn. *Syn.* II, 735 = *Triticum farctum* Viv. *App. alt. fl. cors. prodr.* 5 (1830) ; non Viv. in *Ann. bot.* 1, 2, 129 (1804) = *L. tenue* Guss. *Fl. sic. syn.* 1, 59 (1842) = *L. strictum* var. *maritimum* et var. *tenue* Gr. et Godr. *Fl. Fr.* III, 613 (1856) ; Deb. *Not.* 118

= *L. rigidum* var. *tenue* Dur. et Schinz *Consp. fl. Afr.* V, 933 (1895) =
L. strictum var. *typicum* Posp. *Fl. oest. Küstenl.* I, 149 (1897). — Exsicc.
Sieber sub : *L. perenne* !

Hab. — Sables maritimes, garigues voisines de la mer. Bastia à la
Madonna del Fango (Bubani ex Bert. *Fl. it.* I, 758) et à la Renella (Deb.
Not. 118); Ile Rousse (Fouc. et Sim. *Trois sem. herb. Corse* 165, sub
L. rigido ; N. Roux in *Bull. soc. bot. Fr.* XLVIII, sess. extr. CXLVI, sub
L. rigido ; Lit. *Voy.* I, 2); Calvi (Soleirol ex Bert. l. c.) ; Ajaccio (Sieber
exsicc. cit. ; Boullu in *Bull. soc. bot. Fr.* XXIV, sess. extr. C.) ; Boni-
facio (Seraf. ex Viv. *App. alt. fl. cors. prodr.* 5 et ap. Bert. l. c.; Boy.
Fl. Sud Corse 66).

Chaumes lisses supérieurement : inflorescence à rachis peu anguleux
et plus lisse, à épillets, glumes et glumelles plus petits : glumes 7ner-
viées ; glumelle inférieure acutiuscule dépourvue d'arête.

†† *β*. Var. **genuinum** Briq. — *L. rigidum* Gaud. sensu stricto ; Asch.
et Graebn. *Syn.* II, 756 = *L. strictum* var. *genuinum* Gr. et Godr. *Fl. Fr.*
III, 613 (1856) = *L. strictum* var. *rigidum* Posp. *Fl. oest. Küstenl.* I,
150 (1897). — Exsicc. Reverch. ann. 1879 sub : *L. rigidum* ! ; Burn
ann. 1904 n. 472 !

Hab. — Garigues, jusque dans l'étage montagnard. Capo Ferolato au-
dessus d'Evisa (Briq. *Spic.* 9 et Burn. exsicc. cit.) ; Pozzo di Borgo
(Boullu in *Bull. soc. bot. Fr.* XXIV, sess. extr. XCVII; Coste ibid.
XLVIII, sess. extr. CXII) ; Serra di Scopamène (Reverch. exsicc. cit.).

Chaume souvent un peu rude supérieurement : inflorescence à rachis
plus anguleux et rude, surtout sur les saillies (à aspérités dirigées en
avant), à épillets, glumes et glumelles plus grands: glumes 5nerviées ;
glumelle inférieure obtusiuscule, dépourvue d'arête.

†† *γ*. Var. **corsicum** Hack., var. nov.

1907. — Garigues à Bastia, 16 mai, fl. fr.!

Cinereo-virens. Culmi superne fere laeves vel laeves. Inflorescentiae
rachis angulata, praesertim ad angulos rudis, trichomatibus parvis
prorsus versis dense approximatis : spiculae infra 1 cm. longae, appro-
ximatae ; glumae 6-7 mm. longae, apice et superne in marginibus sca-
riosae, distincte 7nerviae : glumellae apice attenuatae, longe aristatae,
arista prorsus asperula recta circ. 5 mm. longa.

Cette variété remarquable montre l'impossibilité de maintenir la distinction spécifique établie par MM. Ascherson et Graebner entre les
L. rigidum et *strictum*. En effet, outre la présence très remarquable de
glumelles aristées, laquelle n'avait encore jamais été signalée dans ce

groupe, elle réunit l'indument du *L. rigidum* avec les glumes 7nerviées et à marges scarieuses supérieurement, ainsi que la forme des glumelles du *L. strictum*. D'ailleurs un examen minutieux du *L. strictum* méditerranéen sur un matériel abondant établit la présence de passages si incontestables entre les deux types, que leur qualité variétale ne saurait guère faire l'objet de doutes. — Le *L. rigidum* varie d'ailleurs comme l'espèce précédente, les échant. grêles constituant les *L. tenue* Guss., *Triticum farctum* Viv. (quoad pl. cors.), *L. strictum* v. *tenue* Gr. et Godr.

233. L. multiflorum Lamk *Fl. fr.* III, 621 (1778); Asch. et Graebn. *Syn.* II, 757. — Exsicc. Burn. ann 1904 n. 506 !

Hab. — Sables et prairies maritimes, garigues, friches, clairières des maquis des étages inférieur et montagnard. Mai-juill. ☉ - ⚄. Assez répandu. Castello sur Erbalunga (Sargnon in *Ann. soc. bot. Lyon* VI, 62) ; env. de Bastia (Salis in *Flora* XVI, 472) ; Biguglia (Mab. et Deb. ap. Deb. *Not.* 118 ; Gysperger in Rouy *Rev. bot. syst.* II, 140) ; Ile Rousse (N. Roux in *Bull. soc. bot. Fr.* XLVIII, sess. extr. CXLV) ; embouchure du Liamone (Coste ibid. CXV ; N. Roux ibid. CXXXV); Appietto (Briq. *Spic.* 10 et Burn. exsicc. cit.) ; Pozzo di Borgo (Boullu in *Bull. soc. bot. Fr.* XXIV, sess. extr. XCVII ; Coste ibid. XLVIII, sess. extr. CXII) ; Ajaccio (Mars. *Cat.* 170) ; Ghisonaccia (Rotgès in litt.) ; Solenzara (Fouc. et Sim. *Trois sem. herb. Corse* 465) ; bords du Rizzanèse entre Propriano et Sartène (Lutz in *Bull. soc. bot. Fr.* XLVIII, sess. extr. CXLII) ; et localité ci-dessous :

1906. — Cap Corse : fossés entre les marines de Luri et de Meria, 6 juill. fl. fr. !

Diffère de l'espèce précédente par ses épillets plus grands, à fleurs plus nombreuses, dépassant de 1-3 fois les glumes, celles-ci étroitement lancéolées, atténuées en un sommet tronqué faiblement bidenté, très étroitement scarieux, les feuilles à vernation enroulée, etc.

Les espèces que l'on a cherché à distinguer à l'intérieur du groupe *multiflorum* ne peuvent être maintenues même comme variétés: nous ne pouvons à cet égard qu'approuver sans restrictions l'exposé de MM. Ascherson et Graebner. — On peut d'après la durée distinguer les deux sous-variétés suivantes :

α' subvar. **perennans** Asch. et Graebn. *Syn.* II, 757 (1902) = *L. multiflorum* Poir. *Encycl. méth.* VIII, 828 (1806) = *L. aristatum* Lag. *Gen. et sp.* 5 (1816) = *L. Boucheanum* Kunth *Rev. Gram.* II, t. 220 (1829) = *L. italicum* A. Braun in *Flora* XVII, 243 (1834); Koch *Syn.* ed. 2, 956 ; Gr. et Godr. *Fl. Fr.* III, 613 ; Coste *Fl. Fr.* III, 670 = *L. perenne* var. *aristatum* Coss. et Germ. *Fl. Paris* 656 (1855) = *L. perenne* subsp. *italicum* Husnot *Gram.* 85 (1899).

Plante vivace, plus robuste, à épillets généralement 10-20flores.

α² subvar. **Gaudini** Asch. et Graebn. *Syn.* II, 758 (1902) = *L. multiflorum* DC. *Fl. fr.* III, 90 (1805) ; Gaud. *Fl. helv.* I, 354 ; Gr. et Godr. *Fl. Fr.* III, 613 ; Coste *Fl. Fr.* III, 670 = *L. Gaudini* Parl. *Fl. it.* I, 532 (1848) = *L. perenne* subsp. *multiflorum* Husnot *Gram.* 85 (1899).

Plante annuelle, plus grêle, à épillets souvent 5-10flores.

Mais la distinction de ces deux sous-variétés, possible en faisant des cultures, est déjà souvent impraticable par le simple examen des plantes vivantes et devient impossible dans beaucoup de cas sur le sec. — On peut aussi, d'après le développement des arêtes, distinguer trois formes *longiaristatum*, *subaristatum* et *muticum* (voy. Asch. et Graebn. l. c. 758), formes qui se répètent dans les deux sous-variétés ci-dessus mentionnées et paraissent très peu constantes. — En dehors de la durée, M. Coste (l. c.) a encore attribué au *L. italicum* des glumes atteignant env. la moitié de l'épillet, tandis qu'elles atteindraient env. le tiers seulement dans le *L. multiflorum*. Nos observations établissent plutôt en général le contraire. Dans la sous-var. *perennans* (*L. italicum*) l'épillet est souvent plus multiflore et dépasse plus longuement la glume que dans la sous-var. *Gaudini* (*L. multiflorum*). — En résumé, il n'y a là qu'une seule espèce, comprenant des sous-variétés ou formes de très faible valeur systématique.

MONERMA Beauv. emend.

234. **M. cylindrica** Coss. et Dur. *Expl. sc. Alg.* II, 214 (1856) ; Husnot *Gram.* 86 = *Rottboellia cylindrica* Willd. *Sp. pl.* I, 1, 464 (1797) = *Rottbollia subulata* Savi *Duc cent.* 35 (1804) = *Rottbollia ascendens* Brot. *Fl. lus.* I, 84 (1804) = *M. subulata* Beauv. *Ess. agrost.* 117 (1812) = *Lepturus cylindricus* Trin. *Fund.* 123 (1820) ; Gr. et Godr. *Fl. Fr.* III, 618 ; Coste *Fl. Fr.* III, 672 = *Lepturus subulatus* Kunth *Rev. Gram.* I, 154 (1829) = *Lolium cylindricum* Asch. et Graebn. *Syn.* II, 761 (1902). — Exsicc. Salzmann sub : *Rottboella subulata* ! ; Soleirol sub : *Rottboella subulata* ; Req. sub : *Lepturus cylindricus* ! ; Kralik n. 850 p. p. !

Hab. — Sables maritimes, garigues de l'étage inférieur. Mai-juin. ①. Disséminé. Rogliano (Revel. ex Mars. *Cat.* 170) ; Bastia (Mab. ap. Mars. l. c.) ; Corté (Soleirol exsicc. cit.) ; Galeria (Soleirol ex Bert. *Fl. it.* I, 768) ; Ajaccio (Req. exsicc. cit. et ap. Bert. *Fl. it.* X, 467 ; Mars. l. c.) ; Campo di Loro (Boullu in *Bull. soc. bot. Fr.* XXIV, sess. extr. XCV) ; Bonifacio (Seraf. ex Bert. *Fl. it.* I, 768 ; Kralik exsicc. cit. ; Boy. *Fl. Sud Corse* 66).

LEPTURUS R. Br.

235. **L. incurvus** Druce *List brit. pl.* 85 (1908), emend. = *Aegilops incurva* L. *Sp.* ed. 1, 1050 (1753) = *Aegilops incurvata* L. *Sp.* ed. 2, 1490 (1763) = *Rottboellia incurvata* L. f. *Suppl.* 114 (1781) = *L. incurvatus* Trin. *Fund.* 123 (1820) emend. ; Buchen. in *Abh. naturw. Ver. Bremen* XV, 293 (1901) ; Asch. et Graebn. *Syn.* II, 763.

Hab. — Sables maritimes, dunes. Mai-juin. ①. Répandu. — Deux sous-espèces.

I. Subsp. **incurvatus** Briq. = *L. incurvatus* Trin. l. c. sensu stricto ; Gr. et Godr. *Fl. Fr.* III, 618 ; Husnot *Gram.* 86 ; Coste *Fl. Fr.* III, 673 = *L. incurvatus* var. *typicus* Fiori et Paol. *Fl. anal. It.* I, 103 (1896). = *L. incurvatus* var. *curvatissimus* Asch. et Graebn. *Syn.* II, 764 (1902). — Exsicc. Salzmann sub : *Rottboella incurvata* ! ; Kralik n. 850 p. p. !

Hab. — Biguglia (Salis in *Flora* XVI, 473 ; Sargnon in *Ann. soc. bot. Lyon* VI, 64 ; Boullu in *Bull. soc. bot. Fr.* XXIV, sess. extr. LXVI ; et autres observateurs) ; Ile Rousse (Fouc. et Sim. *Trois sem. herb. Corse* 165 ; Lit. in *Bull. acad. géogr. bot.* XVIII, 104) ; Cervione (« Cervoni ») (Soleirol ex Bert. *Fl. it.* 1, 765) ; la Parata (Boullu in *Bull. soc. bot. Fr.* XXVI, 82) ; Chapelle des Grecs (Fouc. et Sim. l. c.) ; Ajaccio (Coste in *Bull. soc. bot. Fr.* XLVIII, sess. extr. CVI) ; Campo di Loro (Boullu ibid. XXIV, sess. extr. XCVI) ; Cala d'Arbitro (Bubani ex Bert. l. c.) ; Bonifacio (Seraf. ex Bert. l. c. ; Kralik exsicc. cit. ; Lutz in *Bull. soc. bot. Fr.* XLVIII, sess. extr. CXL ; Boy. *Fl. Sud Corse* 66).

Plante couchée, densément ramifiée : épis très incurvés, souvent rougeâtres. Glumes environ 1 ½ fois plus longues que la glumelle.

II. Subsp. **filiformis** Briq. = *L. filiformis* Trin. *Fund.* 123 (1820) ; Gr. et Godr. *Fl. Fr.* III, 618 ; Coste *Fl. Fr.* III. 673 = *L. incurvatus* var. *filiformis* Fiori et Paol. *Fl. anal. It.* II, 103 (1896) = *L. incurvatus* subsp. *filiformis* Husnot *Gram.* 86 (1899) = *L. incurvatus* var. *vulgatus* Asch. et Graebn. *Syn.* II, 764 (1902). — Exsicc. Req. sub : *L. filiformis* ! ; Kralik n. 851 !

Hab. — Bastia (Mab. in *Mars. Cat.* 171) ; Farinole (Rotgès in litt.) ; St-Florent (Mars. l. c.) ; Calvi (Soleirol ex Bert. *Fl. it.* I, 767) ; Ajaccio

(Req. ex Bert. l. c. X, 467) ; Campo di Loro (Boullu in *Bull. soc. bot. Fr.* XXIV, sess. extr. XCV); Porto-Vecchio (Revel. ap. Mars. l. c. ; Gysperger in Rony *Rev. bot. syst.* II, 120) ; Bonifacio (Seraf. ex Bert. l. c. I, 767; Req. exsicc. cit. ; Revel. ap. Mars. l. c.) ; Piantarella, derrière l'anse de Sprone (Req.!).

Plante plus dressée et plus grêle, moins ramifiée. Epi dressé ou légèrement arqué. Glumes dépassant à peine ou ne dépassant pas la glumelle.

PSILURUS Trin.

236. **P. aristatus** Duv.-Jouv. in *Bull. soc. bot. Fr.* XIII, 132 (1866); Loret et Barr. *Fl. montp.* éd. 2, 580 (1876) ; Husnot *Gram.* 86 = *Nardus aristata* L. *Sp.* ed. 2, 78 (1762) = *Nardus incurva* Gouan *Hort. monsp.* 33 (1768) = *Monerma monandra* Beauv. *Ess. agrost.* 168 (1812) = *P. nardoides* Trin. *Fund.* I, 73 (1820) ; Gr. et Godr. *Fl. Fr.* III, 619; Asch. et Graebn. *Syn.* II, 766 ; Coste *Fl. Fr.* III, 673. — Exsicc. Req. sub : *P. aristatus* !

Hab. — Sables maritimes, garigues des étages inférieur et montagnard, 1-800 m. Mai-juin. ☉. Disséminé. Rogliano (Revel. ap. Mars. *Cat.* 171) ; Piedigriggio (Rotgès in litt.) ; Farinole (Rotgès in litt.) ; Bastia (Mab. ap. Mars. l. c.) ; Biguglia (Salis in *Flora* XVI, 473) ; Belgodere (Fouc. et Sim. *Trois sem. herb. Corse* 165) ; Calvi (Soleirol ex Bert. *Fl. it.* I, 772 ; Mab. ap. Mars. l. c.) ; Corté (Sarguon in *Ann. soc. bot. Lyon* VI, 77) ; Sagone (N. Roux in *Bull. soc. bot. Fr.* XLVIII, sess. extr. CXXXV) ; env. d'Ajaccio (Req. exsicc. cit.; Mars. *Cat.* 171 ; Boullu in *Bull. soc. bot. Fr.* XXIV, sess. extr. XCVIII ; Coste ibid. XLVIII, sess. extr. CV) ; Porto-Vecchio (Revel. ap. Mars. l. c.) ; Bonifacio (Revel. ap. Mars. l. c.); et localités ci-dessous.

1907. — Garigues à Corté, 400 m., 11 mai fr. !

1908. — Col de Tende, versant S., garigues, 800 m., 1 juill. fr. !

AGROPYRUM Gaertn.

†† 237. **A. caninum** Beauv. *Ess. agrost.* 146 (1812) ; Gr. et Godr. *Fl. Fr.* III, 609; Coste *Fl. Fr.* III, 663 = *Triticum caninum* L. *Sp.* ed. 1, 86 (1753) ; Asch. et Graebn. *Syn.* II, 644 = *Elymus caninus* L. *Fl. suec.*

ed. 2, 112 (1755) = *Braconnotia elymoides* Godr. *Fl. Lorr.* III, 193 (1844)
= *Goulardia canina* Husnot *Gram.* 83 (1899).

Hab. — Forêts des étages montagnard et subalpin. Juin-juill. ⚥.
Rare. Puzzichello près de Ghisoni (Rotgès, Mand. et Fouc. in *Bull. soc. bot. Fr.* XLVII, 101) ; forêt de Marmano (Rotgès l. c.).

238. A. repens Beauv. *Ess. agrost.* 146 (1812) ; Asch. et Graebn.
Syn. II, 645 = *Triticum repens* L. *Sp.* ed. 1, 86 (1753). — En Corse
les deux races suivantes :

α. Var. **vulgare** Dœll *Fl. Bad.* 128 (1857) ; Asch. *Fl. Brand.* I, 868 ;
Asch. et Graebn. *Syn.* II, 645 = *A. repens* Gr. et Godr. *Fl. Fr.* III, 608
p. maj. p. (1856) ; Coste *Fl. Fr.* III, 664 = *Triticum repens* var. *genuinum* Duv.-Jouv. in *Mém. acad. Montp.* VII, 373 (1870) = *A. repens*
var. *muticum* Husnot *Gram.* 83 (1899).

Hab. — Friches, cultures, berges des torrents de l'étage inférieur.
Mai-juin. ⚥. Indiquée comme « commune » par Marsilly (*Cat.* 169).
Signalée sans précision aux env. de Bastia (Salis in *Flora* XVI, 472) et
d'Ajaccio (Boullu in *Bull. soc. bot. Fr.* XXIV, sess. extr. C). Distribution exacte à établir.

Plante médiocre à souche longuement rampante. Feuilles vertes, à
gaine glabre, à limbe plane. Epillets ovoïdes-allongés, disposés en épi
dressé, ± comprimé, à glumelle mutique.

β. Var. **littorale** Fiori et Paol. *Fl. anal. It.* I, 106 (1896) ; Asch. et
Graebn. *Syn.* II, 651 (1901) = *Triticum littorale* Host *Gram. austr.* IV,
5, tab. 9 (1809) ; Duv.-Jouv. in *Mém. acad. Montp.* VII, 373 = *A. littorale* Husnot *Gram.* 82 (1899) ; Coste *Fl. Fr.* III, 664.

Hab. — Sables maritimes. Mai-juin. ⚥. Disséminée. De Bastia à Biguglia
(Salis in *Flora* XVI, 472 ; Kesselmeyer ann. 1867 ! ; Deb. et Legr. in *Bull. soc. bot. Fr.* XXXVII, 21) ; Calvi (Soleirol ex Bert. *Fl. it.* I, 805) ; Santa
Manza (Bubani ex Bert. l. c.). Probablement plus répandue.

Plante robuste à souche lâchement gazonnante. Feuilles basilaires et
celles des rejets stériles, à gaine glabre, à limbe dur, enroulé sur les
bords et sétacé vers la pointe. Epillets lancéolés-obovoïdes disposés en
épi compact ± tétragonal, à glumes et glumelles très dures. — On peut
distinguer les deux sous-variétés suivantes :

β' subvar. **barbatum** Briq. = *A. pungens* Gr. et Godr. *Fl. Fr.* III, 606
(1856) ; Coste *Fl. Fr.* III, 664 = *T. littorale* var. *barbatum* Duv.-Jouv. in

*Mém. acad. Montp.*VII, 381 (1870) = *A. littorale* var. *pungens* Husnot *Gram.* 82 (1899). — Glumes acuminées ; glumelles acuminées ou ± aristées.

β² subvar. **pycnanthum** Briq. = *Triticum pycnanthum* Godr. *Not. fl. Montp.* 17 (1854) = *A. pycnanthum* Gr. et Godr. *Fl. Fr.* III, 606 (1856) = *T. littorale* var. *genuinum* et *obliquum* Duv.-Jouv. in *Mém. Acad. Montp.* VII, 384 (1870). — Glumes arrondies ou obtuses, non à peine mucronulées au sommet ; glumelles ± obtuses.

† 238 × 241. **A. acutum** Roem. et Sch. (1817), emend. Gr. et Godr. *Fl. Fr.* III, 605 ; Buchen. *Fl. nordwestd. Tiefeb.* 97 ; Husnot *Gram.* 82 = *T. acutum* DC. *Cat. hort. monsp.* 153 (1813) ; Duv.-Jouv. in *Mém. acad. Montp.* VII, 387 ; Asch. et Graebn. *Syn.* II, 663 = *Triticum pungens* Pers. *Syn.* I, 109 (1805), non *A. pungens* Gr. et Godr. (voy. Duv.-Jouv. l. c. 362) = *A. acutum* et *A. pungens* Roem. et Sch. *Syst.* II, 754 et 753 (1817) = **A. junceum** × **repens**.

Hab. — Sables maritimes. Mai-juin. ♃. Biguglia (Salis in *Flora* XVI, 472) ; Calvi (Fouc. et Mand. in *Bull. soc. bot. Fr.* XLVII, 101). Probablement plus répandu.

Groupe issu du croisement des diverses formes de l'*A. repens* avec l'*A. junceum* et dont les caractères sont assez variables, oscillant entre ceux des deux parents, à puissance sexuelle diminuée (anthères jaunâtres le plus souvent atrophiées ; pollen atrophié) et à appareil de reproduction végétatif très développé. A consulter sur cet hybride : Marsson *Fl. Neuvorp. u. Rügen* 600 (1869) ; Focke *Pflanzenmischlinge* 411 (1881) ; Buchenau *Fl. nordwestd. Tiefebene* 96 (1894) ; Buchenau *Fl. ostfries. Inseln*, ed. 3, 67 (1896) ; Husnot *Gram.* 82 ; Asch. et Graebn. l. c.

239. **A. elongatum** Beauv. *Ess. agrost.* 146 (1812) ; Husnot *Gram.* 81 ; Coste *Fl. Fr.* III, 666 = *Triticum elongatum* Host *Gram. austr.* II, 18 (1802) ; Duv.-Jouv. in *Mém. acad. Montp.* VII, 393 (1870) ; Asch. et Graebn. *Syn.* II, 661 = *T. rigidum* Schrad. *Fl. germ.* I, 392 (1806) p. p. ; Salis in *Flora* XVI, 472 ; Koch *Syn.* ed. 2, 952.

Diffère de toutes les formes de l'espèce précédente par son mode de végétation densément cespiteux. Plus voisin de l'*A. junceum* par l'ensemble de son organisation, mais ce dernier, outre des rhizomes longuement traçants, a des nervures foliaires à poils droits fins, allongés et doux, nombreux (à poils très courts, rares et rudes dans l'*A. elongatum*), un épi à rachis fragile à la fin (à peine fragile à la maturité dans l'*A. elongatum*), des glumelles raides au bord (lisses dans l'*A. elongatum*). — En Corse la variété suivante :

Var. **scirpeum** Fiori et Paol. *Fl. anal. II.* I, 106 (1896) = *A. scir-*

peum Presl *Cyp. et Gram. sic.* 49 (1820); Gr. et Godr. *Fl. Fr.* III, 604 =
Triticum scirpeum Guss. *Fl. sic. prodr.* 1, 148 (1827).

Hab. — Marais saumâtres. Juin. ⚥. Rare. Biguglia (Salis in *Flora*
XVI, 472 ; Mab. ap. Mars. *Cat.* 169) ; Calvi (Mand. et Fouc. in *Bull. soc.
bot. Fr.* XLVII, 101). Probablement encore ailleurs.

Diffère de la var. **typicum** Fiori et Paol. (l. c.) par les glumes 5-7nerviées
(non 7-9nerviées), tronquées au sommet (non pas arrondies), à glumelles
longues de 7-8 mm. (7-10 mm. dans la var. *genuinum*).

†† 240. **A. caespitosum** C. Koch in *Linnaea* XXI, 424 (1848) ;
Boiss. *Fl. or.* V, 670.

†† Var. **corsica** Hack., var. nov.

1906. — Cime de la Chapelle de S. Angelo, rochers et rocailles calc.,
1180 m., 15 juill. fr. !

« A var. **genuino** Hack. differt vaginis foliorum margine ciliatis, spiculis
paullo majoribus, glumis fertilibus circ. 9 mm. longis ». (Hack. in litt.). —
L'auteur nous communique au sujet de cette Graminée l'importante note
suivante :
Note sur l'Agropyrum caespitosum C. Koch et les espèces voisines, par
Ed. Hackel :
« On rencontre dans le bassin de la Méditerranée, en Orient, dans le
midi de la Russie, en particulier dans les provinces caucasiennes, un
groupe d'espèces et de formes du genre *Agropyrum*, qui s'écartent par
leur mode de végétation densément cespiteux, sans stolons, des espèces
stolonifères de ce genre. C'est à ce groupe qu'appartiennent les *A. elongatum* Beauv., avec ses variétés *scirpeum* (Presl) et *flaccidifolium* Boiss.,
A. curvifolium Lange, *A. caespitosum* C. Koch, *A. Tauri* Boiss., et *A. libanoticum* Hack. Ce sont des espèces à feuilles étroites, raides, enroulées,
dont la face inférieure est lisse, la supérieure très brièvement pubescente
ou scabre, à épi allongé et étroit, généralement un peu lâche à la partie
inférieure, à glumes presque toujours obtuses ou arrondies ou tronquées,
à glumelles obtuses et mutiques. Ce dernier caractère permet de distinguer le groupe en question des groupes de l'*A. caninum* Beauv. et *A.
strigosum* Marsch.-Bieb. (possédant plusieurs représentants en Orient,
dans l'Himalaya et dans l'Asie orientale), lesquels présentent également
un mode de végétation densément cespiteux, sans stolons.
Les espèces mentionnées du groupe de l'*A. elongatum* sont très étroitement apparentées entre elles. Mais si leurs différences sont faibles,
elles sont cependant suffisamment constantes pour qu'il soit préférable
d'en traiter les différentes formes comme des espèces, jusqu'à ce qu'une
étude plus approfondie sur des matériaux plus vastes permette de les
grouper en quelques espèces collectives.
Les caractères différentiels portent principalement sur le nombre des
nervures des glumes et glumelles, l'indument de la carène de la glumelle

supérieure, et la rudesse des angles des rameaux de l'épi. Cependant ce
dernier caractère m'a paru si variable, que j'en ferai abstraction dans
les diagnoses suivantes :

1. **A. elongatum** Beauv. — De la Provence à la mer Noire ; plante littorale. — Glumes 7-9nerviées (5-7nerviées dans la var. *scirpeum*), arrondies
au sommet (ou tronquées dans la var. *scirpeum*) ; glumelles 7nerviées,
longues de 7-10 mm. (7-8 mm. dans la var. *scirpeum*) ; glumelle supérieure
lisse.

2. **A. curvifolium** Lange. — Espagne centrale. — Glumes 5-7nerviées,
arrondies-planes au sommet : glumelles 5nerviées, longues d'env. 7 mm. ;
glumelle inférieure brièvement et densément ciliée : articles de l'axe de
l'épi très rudes sur les angles. — Le caractère des feuilles incurvées,
indiqué par Lange, n'est pas constant : j'ai récolté au même endroit que
Lange des échant. à feuilles droites que cet auteur a reconnus lui-même
comme appartenant à son *A. curvifolium*.

3. **A. caespitosum** C. Koch. — Pays caucasiens, Crimée. — Glumes
3-5nerviées, transversalement tronquées ; glumelles 5-6nerviées, longues
de 6-7 mm. : glumelle supérieure lisse : épillets en général 3-5flores. Je
n'ai pas vu d'originaux, mais je possède pas mal d'échant. de toute l'aire
de l'espèce qui cadrent bien avec la description de Koch. Boissier n'a
mentionné l'espèce à la fin du genre *Agropyrum* que comme douteuse.
Grisebach (in Ledeb. *Fl. ross.* IV, 344) rattache le *T. caespitosum* au *T.
repens* var. *maritimum* Koch, ce qui est sûrement inexact.

4. **A. Tauri** Boiss. et Bal. — Asie mineure. — Je ne connais également
cette espèce que par la description. Il ressort de cette dernière que l'*A.
Tauri* est très voisin (peut-être trop voisin) de l'*A. caespitosum*, et qu'il
s'en distingue par la « glumella superne obsolete trinervia ». Les feuilles
sont dites « tenuissima » (chez l'*A. caespitosum*, on peut les dire « sub-
juncea »). Les épillets sont qualifiés de « minutae » : cependant l'indication relative à leur longueur cadre assez bien avec celle de l'*A. caespitosum*.

5. **A. libanoticum** Hack. — Syrie. — Se distingue des autres espèces du
groupe par les glumes et glumelles aiguës, voisin d'ailleurs de l'*A. Tauri*.

6. Aux espèces énumérées et caractérisées ci-dessus, vient maintenant
s'ajouter une nouvelle forme que M. Briquet a découverte et récoltée en
Corse sur la cime de la Chapelle de S. Angelo. Ses glumes sont 3-5nerviées,
tronquées, ses glumelles 5nerviées, longues de 9 mm., la glumelle inférieure glabre, l'axe de l'épi lisse. Ces caractères rattachent évidemment
la plante corse à l'**A. caespitosum** C. Koch, dont elle représenterait une
forme plus grandiflore. Mais elle possède en outre un caractère qui fait
défaut à l'*A. caespitosum* var. *genuinum* : le bord libre des gaines foliaires
est cilié. M. Briquet mentionne aussi le fait que les touffes de la plante
corse attirent de loin l'attention par leur coloration glauque. Je ne sais
s'il en est de même dans l'*A. caespitosum* var. *genuinum*. Mais comme la
seule différence importante réside dans un caractère de l'indument foliaire, caractère qui est souvent fort variable par ailleurs, je ne crois
pas que l'on puisse séparer spécifiquement le chiendent corse, j'y vois
plutôt une race que je désigne du nom d'**A. caespitosum** var. **corsicum**. »

241. A. junceum Beauv. *Ess. agrost.* 146 (1812) ; Husnot *Gram.* 81 ; Coste *Fl. Fr.* III, 665 = *Triticum junceum* L. *Mant.* II, 327 (1771); Gr. et Godr. *Fl. Fr.* III, 604 ; Asch. et Graebn. *Syn.* II, 662 = *T. farctum* Viv. in *Ann. Bot.* I, 28 (1808), non *App. alt. fl. cors. prodr.* (1830). — Exsicc. Sieber sub : *Triticum junceum* ! ; Req. sub : *Triticum junceum* !

Hab. — Sables maritimes. Juin-août. ♃. Répandu et abondant du Cap Corse à Bonifacio, sur les côtes orientale et occidentale, partout où les conditions du milieu le permettent.

HAYNALDIA Schur

242. H. villosa Schur *Enum. pl. Transs.* 807 (1866) ; Husnot *Gram.* 77 = *Secale villosum* L. *Sp.* ed. 1, 84 (1753) ; Coste *Fl. Fr.* III, 656 = *Hordeum ciliatum* Lamk *Encycl. méth.* IV, 604 (1797) = *Triticum caudatum* Pers. *Syn.* 1, 110 (1805) = *Triticum villosum* Marsch.-Bieb. *Fl. taur.-cauc.* I, 85 (1808) ; Gr. et Godr. *Fl. Fr.* III, 599 ; Asch. et Graebn. *Syn.* II, 672 = *Agropyrum villosum* Link *Hort. berol.* I, 31. — Exsicc. Soleirol n. 4734 ! ; Req. sub : *Triticum villosum* ! ; Kralik n. 849 ! ; Billot n. 2777 ! ; Reverch. ann. 1880 n. 330 !

Hab. — Garigues, friches. Calcicole. Mai-juin. ②. Localisé dans l'extrême sud. Bonifacio (Soleirol exsicc. cit. et ap. Bert. *Fl. it.* I, 798 ; et nombreux autres observateurs).

1907. — Garigues dans le vallon de Canalli, calc., 30 m., 6 mai fl. fr.!

SECALE L. emend.

S. cereale L. *Sp.* ed. 1, 87 (1753) ; Gr. et Godr. *Fl. Fr.* III, 598 ; Körnicke et Wern. *Handb. Getreideb.* I, 115 ; Husnot *Gram.* 77 ; Asch. et Graebn. *Syn.* II, 715 ; Coste *Fl. Fr.* III, 655.

Cultivé de 1-1500 m. et çà et là subspontané au voisinage des cultures.

Loiseleur (*Fl. gall.* ed. 2, I, 70) a signalé en Corse le *S. creticum* L. avec cette vague indication : « In Corsica (Lasalle in Herb. Cl. Desfontaines) ». Le *S. creticum* L. [*Sp.* ed. 1, 1884 (1753)] est une espèce tout à fait obscure. Le type de l'herbier linnéen serait le *Haynaldia villosa* Schur. Le *S. creticum* de Crète, tel que Sieber l'a distribué, appartiendrait au *S. cereale* selon Boissier (*Fl. or.* V, 674), ou au *S. montanum* Guss. (*S. cereale* var. *montanum* Asch. et Graebn.) selon M. de Halacsy (*Consp. fl. graec.* III, 429) ; cette dernière race se distingue par l'axe basilaire épaissi et vivace et l'épi fragile.

TRITICUM L. emend.

T. sativum Lamk *Encycl. méth.* II, 554 (1786) emend. Hack. in Engl. et
Prantl *Nat. Pflanzenfam.* II, 2, 80 et 81 (1887) = *T. vulgare* Vill. *Hist. pl.
Dauph.* II, 153 (1787) emend. Körnicke et Wern. *Handb. Getreideb.* I, 40
(1885).

Cultivé de 1-1500 m. et çà et là subspontané au voisinage des cultures.
— En Corse la sous-espèce **tenax** Hack. l. c. 81 et 85 (1887) sous les var.
vulgare Hack. l. c. (= *T. vulgare* Vill. l. c. sensu stricto ; Gr. et Godr. *Fl.
Fr.* I, 599 = *T. sativum* Husnot *Gram.* 80 (1899), en particulier les formes
aristées [*T. aestivum* L. (*Sp.* ed. 1, 85 (1753)], et var. **turgidum** Hack. l. c.
[= *T. turgidum* L. *Sp.* ed. 1, 83 (1753) ; Gr. et Godr. *Fl. Fr.* III, 599 ;
Husnot *Gram.* 86].

243. **T. ovatum** Gr. et Godr. emend. Asch. et Graebn. *Syn.* II,
704 = *Aegilops ovata* L. *Sp.* ed. 1, 1050 (1753) ; Coss. et Dur. *Expl.
sc. Alg.* II, 210 ; Boiss. *Fl. or.* V. 673.

Hab. — Garigues, friches des étages inférieur et montagnard, 1-
1200 m. Mai-juill. suivant l'altitude. ①. Répandu sous les deux races
suivantes :

α. Var. **vulgare** Briq. = *Aegilops ovata* L. l. c. sensu stricto ; DC.
Fl. fr. III, 79 ; Husnot *Gram.* 78 ; Coste *Fl. Fr.* III, 657 = *T. ovatum*
Gr. et Godr. *Fl. Fr.* III, 601 = *Aegilops ovata* var. *vulgaris* Coss. et
Dur. *Expl. sc. Alg.* II, 210 (1856) = *Triticum ovatum* var. *eu-ovatum*
Asch. et Graebn. *Syn.* II, 705. — Exsicc. Sieber sub : *Aegilops ovata* ! ;
Kralik n. 852 !

Hab. — Rogliano (Revel. ap. Mars. *Cat.* 169) ; vallée du Fango (Gillot
in *Bull. soc. bot. Fr.* XXIV, sess. extr. CV ; Lit. *Voy.* II, 2) ; Bastia
(Salis in *Flora* XVI, 472 ; Mab. ap. Mars. l. c.) ; Farinole (Rotgès in
litt.) ; St-Florent (Sargnon in *Ann. soc. bot. Lyon* VI, 70) ; Calvi (Soleirol ex Bert. *Fl. it.* I, 786 ; Fouc. et Sim. *Trois sem. herb. Corse* 165) ;
Corté (Sargnon l. c. 76) ; entre Ajaccio et Vignola (Mars. l. c. ; Boullu
in *Bull. soc. bot. Fr.* XXIV, sess. extr. LXXXIX) ; Ajaccio (Boullu l. c.
XCII ; Coste ibid. XLVIII, sess. extr. CVI) ; Bonifacio (Sieber, Kralik
exsicc. cit. ; Revel. ap. Mars. l. c. ; Boy. *Fl. Sud Corse* 66) ; et localités
ci-dessous.

1906. — Cime de la Chapelle de S. Angelo, rocailles calcaires, 1180 m.,
15 juill. fr. !

1907. — Cap Corse : garigues près de Bastia, 16 mai fr.! — Garigues entre la station et le village de Pietralba, 400 m., 14 mai fl. fr.!

Plante basse, à épi ovoïde ; épillets brusquement renflés à glumes 4aristées.

β. var. **triaristatum** Asch. et Graebn. *Syn.* II, 705 (1902)) = *Aegilops triaristata* Willd. *Sp. pl.* IV, 943 (1806) ; Husnot *Gram.* 78 ; Coste *Fl. Fr.* III, 658 = *Aegilops neglecta* Req. in Bert. *Fl. it.* I, 787 (1833) = *Triticum triaristatum* Gr. et Godr. *Fl. Fr.* III, 602 (1856) = *Aegilops ovata* var. *triaristata* Coss. et Dur. *Expl. sc. Alg.* II, 511 (1856) ; Boiss. *Fl. or.* V, 674 (1884). — Exsicc. Reverch. ann. 1880 n. 331 !

Hab. — Biguglia (Fouc. et Sim. *Trois sem. herb. Corse* 165) ; Saint-Florent (Fouc. et Sim. l. c.) ; Ponte alla Leccia (Sargnon in *Ann. soc. bot. Lyon* VI, 73) ; Ghisoni (Rotgès in litt.) ; entre Ajaccio et Pozzo di Borgo (Fouc. et Sim. l. c.; Coste in *Bull. soc. bot. Fr.* XLVIII, sess. extr. CX) ; Porto-Vecchio (Revel. in Mars. *Cat.* 169) ; Bonifacio (Reverch. exsicc. cit.; Lutz in *Bull. soc. bot. Fr.* XLVIII, sess. extr. CXL ; Boy. *Fl. Sud Corse* 66) ; et localité ci-dessous.

1907. — Garigues près de Bastia, 16 mai fr. !

Plante souvent plus élevée, à épi ovoïde-allongé ; épillets non brusquement renflés, à glumes 2-3aristées.

Ces deux races du *T. ovatum* paraissent bien tranchées en Corse, mais elles sont reliées par des variations ambiguës dans d'autres parties du domaine méditerranéen.

HORDEUM L.

H. vulgare L. *Sp.* ed. 1, 84 (1753) ; Alef. *Landw. Fl.* 339 ; Körn. et Wern. *Handb. Getreideb.* I, 129 = *H. sativum* Jessen *Samenk. Elden. bot. Gart.* 1855 ; Hack. in Engl. et Prantl *Nat. Pflanzenf.* II, 2, 86 ; Asch. et Graebn. *Syn.* II, 723.

Cultivé et parfois échappé des cultures, 1-1500 m.

1906. — Rocailles du Rio Ficarella en montant à Bonifatto, 400-500 m., 11 juill. fr. !

On cultive en Corse principalement la var. **genuinum** Alef. [*Landw. Fl.* 340 (1866) = *H. sativum* subsp. *vulgare* Hack. l. c. (1887) = *H. sativum* subsp. *polystichum* var. *vulgare* Asch. et Graebn. *Syn.* II, 728 (1902) = *H. vulgare* Gr. et Godr. *Fl. Fr.* III, 594 ; Husnot *Gram.* 75], en particulier la forme à fruit enveloppé par les glumelles et à épi jaune pâle [*H. vulgare* var. *pallidum* Ser. *Cér. Eur.* 26, t. III (1841)]. On rencontre plus rarement la var. **hexastichon** Asch. [*Fl. Brand.* I, 873 (1864) = *H.*

hexastichon L. *Sp.* ed. 1, 85 (1753) ; Gr. et Godr. *Fl. Fr.* III, 594 = *H. vul-gare* subsp. *hexastichum* Husnot *Gram.* 75 (1899)].

† 244. **H. secalinum** Schub. *Spic. fl. lips.* 148 (1771) ; Gr. et Godr. *Fl. Fr.* III, 595 ; Husnot *Gram.* 75 ; Asch. et Graebn. *Syn.* II, 735 ; Coste *Fl. Fr.* III, 653 == *H. pratense* Huds. *Fl. angl.* ed. 2, 56 (1778).

Hab. — Prairies maritimes. Mai-juin. ②. Rare ou peu observé. Plaine de Bastia à Biguglia (Salis in *Flora* XVI, 472 ; Romagnoli ex Deb. *Not.* 117).

245. **H. maritimum** With. *Bot. arr. veg. Brit.* 172 (1776) ; Gr. et Godr. *Fl. Fr.* III, 595 ; Coste *Fl. Fr.* III, 652 = *H. geniculatum* All. *Fl. ped.* II, 259, tab. 91, fig. 3 (1785).

Hab. — Prairies maritimes, points sableux du littoral. Mai-juin. ①. Assez répandu. — Deux sous-espèces.

I. Subsp. **eu-maritimum** Briq. = *H. maritimum* Husnot *Gram.* 75 ; Asch. et Graebn. *Syn.* II, 736 = *H. maritimum* var. *typicum* Fiori et Paol. *Fl. anal. It.* I, 111 (1896). — Exsicc. Reverch. ann. 1880 n. 232 !

Hab. — Cap Corse (Mab. in Mars. *Cat.* 169) ; Biguglia (Mab. in Mars. l. c.; Sargnon in *Ann. soc. bot. Lyon* VI, 64 ; Gysperger in Rouy *Rev. bot. syst.* II, 110) ; Calvi (Soleirol ex Bert. *Fl. it.* I, 783 ; Mab. in Mars. l. c.; Fouc. et Sim. *Trois sem. herb. Corse* 165) ; Ajaccio (Boullu in *Bull. soc. bot. Fr.* XXIV, sess. extr. XCII) ; Campo di Loro (Mars. l. c.) ; Aleria (Mab. ap. Mars. l. c.) ; Solenzara (Fouc. et Sim. l. c.) ; Porto-Vecchio (Revel. ap. Mars. l.c.) ; Bonifacio (Revel. ap. Mars. l. c.; Reverch. exsicc. cit. ; Boy. *Fl. Sud Corse* 66).

Glumes des épillets latéraux hétéromorphes, l'externe subulée et pro-longée en arête, longue d'env. 2,5 cm., l'interne dissymétriquement lan-céolée dans la partie inférieure, à arête aussi longue que cette partie.

†† II. Subsp. **Gussoneanum** Asch. et Graebn. *Syn.* II, 737 (1902) = *H. Gussonianum* Parl. *Fl. Palerm.* I, 256 (1845) = *H. pratense* var. var. *annuum* Lange in *N. F. Kiobenh.*, 2 Aart., II, 54 (1861) = *H. Winkleri* Häck. in *Oest. bot. Zeitschr.* XXVII, 49 (1877) == *H. maritimum* var. *Gussoneanum* Richt. *Pl. eur.* I. 131 (1890) ; Husnot *Gram.* 75.

Hab. — Ajaccio (Requien, juin 1848) ; Bonifacio (Stefani !). Proba-blement plus répandue, mais souvent confondue avec la sous-esp. pré-cédente.

Glumes des épillets latéraux ± homomorphes, subulées et prolongées en arête, dépassées de 1/3 à 1/4 par l'arête de la glumelle de l'épillet médian.

246. H. murinum L. *Sp.* ed. 1, 85 (1753); Gr. et Godr. *Fl. Fr.* III, 594; Asch. et Graebn. *Syn.* II, 738; Coste *Fl. Fr.* III, 652.

Hab. — Garigues, points sableux des étages inférieur et montagnard, 1-800 m. Mai-juill. ①. Répandu. — Deux sous-espèces :

I. Subsp. **eu-murinum** Briq. = *H. murinum* var. *genuinum* Gr. et Godr. *Fl. Fr.* III, 595 (1856).

Hab. — Bastia (Salis in *Flora* XVI, 472; Gillot in *Bull. soc. bot. Fr.* XXIV, sess. extr. XLIII); Calvi (Soleirol ex Bert. *Fl. it.* I, 780); entre Ajaccio et Pozzo di Borgo (Boullu in *Bull. soc. bot. Fr.* XXIV, sess. extr. XCVII); Campo di Loro (Fouc. et Sim. *Trois sem. herb. Corse* 165); Bonifacio (Mars. *Cat.* 109; Boy. *Fl. Sud Corse* 66). — Serait vulgaire en Corse selon Mabille (ap. Gillot l. c.); mais la distribution exacte reste à établir à cause de la confusion avec la sous-esp. suivante.

Plante relat. peu robuste, à épis médiocres; épillets latéraux à glume interne linéaire-subulée, ciliée d'un seul côté et seulement à la base : à glumelles peu larges. — Nous n'avons pas observé nous-même cette sous-espèce : sa distribution et même sa présence authentique devront être établies ultérieurement.

†† II. Subsp. **leporinum** Asch. et Graebn. *Syn.* II, 739 (1902) = *H. leporinum* Link in *Linnaea* IX, 133 (1834) = *H. murinum* var. *chilense* Brongn. in Duperrey *Voy. Bot. Phan.* ann. 1829 = *H. pseudomurinum* Tapp. ap. Koch *Syn.* ed. 2, 955 (1844) = *H. murinum* var. *Tappeineri* Hausm. *Fl. Tir.* 1021 (1852) = *H. murinum* var. *major* Gr. et Godr. *Fl. Fr.* III, 595 (1856) = *H. ambiguum* Doell in Mart. *Fl. bras.* II, 231, t. 57 (1850) = *H. murinum* var. *leporinum* Richt. *Pl. eur.* I, 130 (1890); Husnot *Gram.* 75. — Exsicc. Burn. ann. 1900 n. 26 !

Hab. — Serra di Pigno (Briq. *Rech. Corse* 107 et exsicc. cit.); et localités ci-dessous.

1907. — Cap Corse : balmes de la montagnes des Stretti, 200 m., 25 avril fl.! — Ile Rousse, sables maritimes, 21 avril fl.!; vallon de Canalli, balmes des rochers, calc., 6 mai fl. fr.!

Plante plus robuste, à épis plus volumineux : épillets latéraux à glume interne linéaire-lancéolée, ciliée des deux côtés, à glumelles des épillets latéraux sensiblement plus larges que celles de l'épillet médian.

†† 247. **H. europaeum** All. *Fl. ped.* II, 260 (1785) ; Husnot *Gram.* 76 ; Asch. et Graebn. *Syn.* II, 742 = *Elymus europaeus* L. *Mant.* I, 35 (1767) ; Gr. et Godr. *Fl. Fr.* III, 597 ; Coste *Fl. Fr.* III, 654. — Exsicc. Soc. rochel. n. 2745 bis!

Hab. — Forêts des étages montagnard et subalpin, 700-1500 m. Juill.-août. ♃ . Rare et localisé dans les massifs centraux. Rochers du premier affluent du Golo sous Calacuccia (Audigier ap. Fouc. in *Bull. soc. bot. Fr.* XLVII, 101) ; forêt de Valdoniello (Audigier l. c.) ; forêt d'Aitone (Lit. in *Bull. acad. géogr. bot.* XVIII, 103) ; forêt de Marmano (Rotgès ap. Fouc. l. c. et exsicc. cit.).

CYPERACEAE

CAREX L.

†† 248. **C. Davalliana** Sm. in *Trans. linn. soc.* V, 266 (1800) ; Gr. et Godr. *Fl. Fr.* III, 385 ; Asch. et Graebn. *Syn.* II, 2, 10 ; Husnot *Cyp.* 9 ; Coste *Fl. Fr.* III, 492 ; Kük. *Cyp.-Car.* 75 (Engler *Pflanzenreich* IV, 20). — En Corse seulement la race suivante :

††. Var. **cyrnea** Briq., var. nov.

Hab. — Points marécageux, bord des eaux. Juin-juill. ♃ . Jusqu'ici seulement dans la localité ci-dessous.

1906. — Berges des ruisseaux sur le versant W. du Monte Incudine, 1700 m., 18 juill.!

Culmus fructifer tantum 1-2 cm. altus, capillaris, sursum tenuiter scaber. Folia brevissima, culmis breviora vel eos circ. aequantia, margine tenuiter scabra, minima, rigidula, saepe ± curvula. Spicula ♀ fructifera brevissima, utriculis paucis parvis donata.

Cette miniature du *C. Davalliana* n'offre au premier abord qu'une ressemblance éloignée avec les formes continentales de l'espèce, lesquelles ne se présentent pas sous des formes naines analogues, aux grandes altitudes dans les Alpes et les Pyrénées. Le nanisme extrême de la var. *cyrnea* n'est donc pas purement stationnel.

249. **C. divisa** Huds. *Fl. angl.* ed. 1, 348 (1762) ; Asch. et Graebn. *Syn.* II, 2, 25 ; Kük. *Cyp.-Car.* 125 (Engler *Pflanzenreich* IV, 20).

Hab. — Fossés, sables et rochers au voisinage de la mer. Avril-mai. ♃ . Deux races :

α. Var. **eu-divisa** Briq. = *C. divisa* Huds. l. c., sensu stricto ; Gr. et Godr. *Fl. Fr.* III, 495. — Exsicc. Thomas sub : *C. divisa* ! ; Soleirol n. 4577 !

Hab. — Disséminée. Bastia (Mab. ex Mars. *Cat.* 157) ; « in fossis ad Mantinum prope la Mattoniera » (Bubani ex Bert. *Fl. it.* X, 53) ; Calvi (Soleirol ex Bert. l. c.; Fouc. et Sim. *Trois sem. herb. Corse*, 162) ; Cargèse (Soleirol exsicc. cit.) ; env. d'Ajaccio (Mab. in Mars. l. c.; Boullu in *Bull. soc. bot. Fr.* XXIV, sess. extr. LXXXIX ; Coste ibid. XLVIII, sess. extr. CVI) ; Aspretto (Fouc. et Sim. l. c.) ; Bonifacio (Revel. et Mab. ap. Mars. l. c.) ; et localité ci-dessous.

1907. — Fossés près du golfe de Santa Manza, 10 m., 6 mai fr.!

Tige assez épaisse, obtusément triquètre. Feuilles fermes, ± planes, d'un vert glaucescent.

†† β. Var. **chaetophylla** Dav. *Cyp. Port.* 47 (1892) ; Asch. et Graebn. *Syn.* II, 2, 26 ; Kük. *Cyp.-Car.* 126 (Engler *Pflanzenreich* IV, 20) = *C. setifolia* Godr. *Not. fl. Montp.* 25 (1854) ; Gr. et Godr. *Fl. Fr.* III, 390 ; non Kunze = *C. chaetophylla* Steud. *Syn. Glum.* II, 187 (1855) ; Coste *Fl. Fr.* III, 495 = *C. divisa* subsp. *chaetophylla* Husnot *Cyp.* 13 (1905-06).

Hab. — Paraît plus rare que la précédente. Jusqu'ici seulement les localités ci-dessous.

1907. — Ile Rousse, pentes herbeuses dominant la mer, 21 avril fl. ! ; fossés humides à Santa Manza, 10 m., 6 mai fl. ! (non loin de la var. précédente).

Tige fine, nettement triquètre. Feuilles plus étroites, pliées-sétacées. En général l'épi est plus petit et plus dense, les utricules plus petits et à bec plus allongé que dans la var. α. Çà et là, on trouve des formes ambiguës outre les deux races.

C. arenaria L. *Sp.* ed. 1, 973 (1753) ; Gr. et Godr. *Fl. Fr.* III, 391 ; Husnot *Cyp.* 15 ; Asch. et Graebn. *Syn.* II, 2, 29 ; Coste *Fl. Fr.* III, 496 ; Kük. *Cyp.-Car.* 137 (Engler *Pflanzenreich* IV, 20).

Signalé en Corse par Duby (*Bot. gall.* 489), évidemment par confusion avec le *C. divisa* α *eu-divisa*. Espèce atlantique étrangère à la flore de la Corse.

†† 250. **C. praecox** Schreb. *Sp. fl. lips.* 63 (1771) ; Asch. et Graebn. *Syn.* II, 2, 32 ; Kük. *Cyp.-Car.* 129 (Engler *Pflanzenreich* IV, 20) ; non Jacq. (1778) = *C. Schreberi* Schrank *Baier. Fl.* 1, 278 (1789) ; Gr. et Godr. *Fl. Fr.* III, 392 ; Husnot *Cyp.* 16 ; Coste *Fl. Fr.* III, 496.

Hab. — Sables et fossés de l'étage inférieur. Avril-mai. ♃. Signalé uniquement à Campo di Loro, entre les embouchures de la Gravona et du Prunelli (Boullu in *Bull. soc. bot. Fr.* XXIV, sess. extr. XCV).

Bien que cette espèce n'ait été retrouvée par aucun autre observateur, sa présence en Corse n'est point invraisemblable. Effectivement, le *C. praecox* Schreb. s'étend au midi jusqu'au nord de l'Espagne et de l'Italie, et n'est pas rare dans le sud de la France. — Au sujet de la nomenclature de cette espèce, voy. Asch. et Graebn. l. c.

251. C. vulpina L. *Sp.* ed. 1, 973 (1753); Gr. et Godr. *Fl. Fr.* III, 393; Asch. et Graebn. *Syn.* II, 2, 36; Husnot *Cyp.* 18; Coste *Fl. Fr.* III, 498; Kük. *Cyp.-Car.* 168 (Engler *Pflanzenreich* IV, 20). — Exsicc. Burn. ann. 1904, n. 660!

Hab. — Marais, bords des eaux des étages inférieur et montagnard. ♃. Disséminé. Biguglia (Salis in *Flora* XVI, 487; Mab. ap. Mars. *Cat.* 157; Fouc. et Sim. *Trois sem. herb. Corse* 162; Rotgès in litt.); Calvi (Soleirol ex Bert. *Fl. it.* X, 64; Mab. in Mars. l. c.); vallée inf. de Porto (Lutz in *Bull. soc. bot. Fr.* XLVIII, sess. extr. CXXXI); Ghisoni (Rotgès in litt.); embouchure du Liamone (Coste in *Bull. soc. bot. Fr.* l. c. CXV); Sagone [Coste l. c. CXIV; N. Roux in *Bull. soc. bot. Fr.* l. c. CXXXV; Briq. *Spic.* 10 et exsicc. cit. (rapporté à tort l. c. par M. Christ au *C. muricata*); Lit. *Voy.* II, 26]; Campo di Loro (Boullu in *Bull. soc. bot. Fr.* XXIV, sess. extr. XCIII); et localités ci-dessous.

1907. — Cap Corse : bords des eaux à la marine de Pietra Corbara, 27 avril fl.! — Bords des eaux à Ostriconi, 20 avril fl.!; marais entre Bravone et Alistro, 10 m., 30 avril fl.!

252. C. muricata L. *Sp.* ed. 1, 874 (1753), sensu ampl.; Husnot *Cyp.* 17 (1906-07).

Hab. — Points humides, lieux ombragés, parfois aussi sur les rochers (même arides) des étages inférieur, montagnard et subalpin, 1-1300 m. Avril-juill. suivant l'altitude. ♃. Trois sous-espèces.

Les *C. muricata* et *divulsa* sont étroitement reliés par l'intermédiaire du *C. Pairaei*; les formes ambiguës qui existent entre ces trois groupes éminemment voisins, et que l'on ne peut rattacher qu'arbitrairement à l'un d'entre eux, empêche absolument de voir là trois espèces distinctes. Nous pensons que M. Husnot a correctement jugé de la valeur systématique des *C. muricata* (sensu stricto), *Pairaei* et *divulsa* en les réunissant comme sous-espèces dans une espèce collective.

†† I. Subsp. **eu-muricata** Briq. = *C. muricata* L. sensu stricto; Gr.

et Godr. *Fl. Fr.* III, 394 p. p.; Asch. et Graebn. *Syn.* II, 2, 38, sensu stricto; Coste *Fl. Fr.* III, 498 = *C. spicata* Huds. *Fl. angl.* ed. 1, 405 (1762) = *C. contigua* Hoppe in Sturm *Deutschl. Fl.* fasc. 61 (1835) = *C. echinata* Kük. *Cyp.-Car.* 160 (1909) p. p. et Murr. herb. sed non Murr. *Prodr. stirp. gott.* 76 (1770).

Hab. — Jusqu'ici seulement dans la localité ci-dessous. Probablement plus répandue.

1906. — Ruisselets au col de la Foce di Verde, 1300 m., 30 juill. fr.!

Ligules ovées-lancéolées, plus hautes que larges, à marge scarieuse, lacérée. Feuilles larges de 2-3 mm. Epi généralement compact. Utricules ovoïdes-acuminés, atteignant (avec le bec) 4-5 mm. de longueur, à enveloppe épaissie à la base. Fruit blanchâtre ou jaunâtre.

†† II. Subsp. **Pairaei** Asch. et Graebn. *Syn.* II, 2, 40 (1902); Husnot *Cyp.* 18 = *C. Pairaei* F. Sch. in *Flora* LI, 303 (1868); Coste *Fl. Fr.* III, 498 = *C. muricata* var. *Pairaei* Greml. *Exkursionsfl. Schw.* ed. 6, 433 (1889); Kneuck. in Seubert-Klein *Exkursionsfl. Bad.* 52 (1891) = *C. echinata* Kük. l. c. p. p.

Hab. — Jusqu'ici seulement dans les localités ci-dessous. Probablement plus répandue.

1906. — Source au Col de San Colombano, 600 m., 10 juill. fr.!

1907. — Fossés près du golfe de Santa Manza, 10 m., 6 mai fl. fr.!

1908. — Vallée inf. du Tavignano, sources, 5-700 m., 26 juin fr.!

Ligules brièvement triangulaires, plus larges que hautes, à marge blanche-scarieuse, non lacérée. Feuilles larges de 2 mm., rarement plus. Epi lâche, ± interrompu. Utricules largement ovoïdes, à bec court, atteignant 3-3,5 mm., à enveloppe restant mince à la base. Fruit d'un rouge brique à la maturité.

III. Subsp. **divulsa** Husnot *Cyp.* 18 (1906-07) = *C. divulsa* Good. in *Trans. linn. soc.* II, 160 (1794); Gr. et Godr. *Fl. Fr.* III, 394; Asch. et Graebn. *Syn.* II, 2, 41; Coste *Fl. Fr.* III, 498; Kük. *Cyp.-Car.* 162 (Engler *Pflanzenreich* IV, 20) = *C. muricata* var. *divulsa* Wahlb. in *Vet. Akad. Handl. Stockh.* ann. 1803, 143. — Exsicc. Reverch. ann. 1879 sub: *C. muricata*!; Burn. ann. 1904, n. 643, 644, 645, 646 et 647!

Hab. — Paraît être le groupe de beaucoup le plus fréquent. Erbalunga (Gillot in *Bull. soc. bot. Fr.* XXIV, sess. extr. XLIX); Biguglia (Salis in *Flora* XVI, 487; Mab. ap. Mars. *Cat.* 157); env. de Piedicroce

(Lit. *Voy.* I, 6) ; Ile Rousse (N. Roux in *Bull. soc. bot. Fr.* XLVIII, sess. extr. CXLV) ; Calvi (Soleirol ex Bert. *Fl. it.* X, 61 ; Fouc. et Sim. *Trois sem. herb. Corse* 162) ; montagne de Caporalino (Briq. *Spic.* 10 et exsicc. cit. 643) ; Evisa (Briq. l. c. et exsicc. cit. 647) ; les Calanches entre Piana et Porto (Briq. l. c. et exsicc. cit. 645) ; de Cargèse au col de S. Martino (Briq. l. c. et exsicc. cit. 644) ; Sagone (Coste in *Bull. soc. bot. Fr.* XLVIII, sess. extr. CXIV) ; Ghisoni (Rotgès in litt.) ; Appietto (Briq. l. c. et exsicc. cit. 646) ; Pozzo di Borgo (Coste l. c. CXII) ; Campo di Loro (Boullu in *Bull. soc. bot. Fr.* XXIV, sess. extr. XCIII) ; Serra di Scopamène (Reverch. exsicc. cit.) ; Porto-Vecchio (Revel. ap. Mars. *Cat.* 157) ; et localités ci-dessous.

1907. — Prés humides de la cluse des Stretti près de St-Florent, 30 m., calc., 23 avril fl. ! — Chênaies de la montagne de Pedana, 500 m., calc., 14 mai ; montagne de Caporalino sous les chênes-verts, 450-650 m., calc., 11 mai fl. ! ; maquis marécageux entre Alistro et Bravone, 10 m., 30 avril fl. ! ; garigues et prairies humides à Cateraggio, 5-40 m., calc., 1 mai fl. fr. ! ; rochers des fours à chaux dans la vallée inf. de la Solenzara, 150-200 m., calc., 3 mai fl. ! ; pré humide à Solenzara, 5 m., 3 mai fl. fr. !

Ligules ovées-arrondies, à marge étroite, brunâtre, non lacérée, à bord antérieur dépassant à peine la naissance du limbe. Feuilles larges de 2-4 mm. Epi généralement allongé et interrompu. Utricules étalés-dressés, à bec court, atteignant 3-4 mm., à enveloppe mince à la base. Fruit pâle.

Peut-être l'une ou l'autre des formes récoltées se rapporte-t-elle au *C. Chaberti* F. Sch. [in *Flora* LIV, 21 (1871)] ? Nous ne sommes pas arrivé à nous faire une idée nette de ce dernier groupe. Les formes des terrains secs et découverts (montagne de Caporalino !) ont des tiges plus raides et des feuilles moins flasques, mais cela paraît tenir au milieu. Les échant. distribués par M. Kneucker (*Car. exsicc.* n. 308 !) ne cadrent que partiellement avec la diagnose tracée par F. Schultz et par MM. Ascherson et Graebner. Ces derniers auteurs (*Syn.* II, 2, 42) envisagent le *C. Chaberti* comme une sous-espèce du *C. divulsa* (regardé par eux comme groupe spécifique), opinion qui nous paraît en tout cas exagérée.

† 253. **C. leporina** L. *Sp.* ed. 1, 973 (1753) ; Gr. et Godr. *Fl. Fr.* III, 397 ; Asch. et Graebn. *Syn.* II, 2, 52 ; Husnot *Cyp.* 22 ; Coste *Fl. Fr.* III, 500 ; Kük. *Cyp.-Car.* 210 (Engler *Pflanzenreich* IV, 20) = *C. ovalis* Good. in *Trans. linn. soc.* II, 148 (1794) = *C. nuda* Lamk *Fl. fr.* éd. 2, II, 172 (1795). — Exsicc. Reverch. ann. 1885, n. 411 ! ; Burn. ann. 1900, n. 435 ! et ann. 1904, n. 657 !

Hab. — Points humides, bords des eaux, pozzines, dans les étages montagnard et subalpin, 800-1800 m. Juin-août. ♃. Disséminé. M¹ S.

Pietro (Salis in *Flora* XVI, 486) ; col de Vergio (Lutz in *Bull. soc. bot. Fr.* XLVIII, 57 et sess. extr. CXXX) ; forèt d'Aitone (Reverch. exsicc. cit.; Briq. *Spic.* 10 et Burn. exsicc. ann. 1904) ; Venaco (Fouc. et Sim. *Trois sem. herb. Corse* 162) ; Tattone (Mand. et Fouc. in *Bull. soc. bot. Fr.* XLVII, 98) ; entre Ghisoni et le col de Sorba (Rotgès in litt.) ; Monte Renoso (Briq. *Rech. Corse* 103 et Burn. exsicc. ann. 1900) ; Coscione (R. Maire in Rouy *Rev. bot. syst.* II, 71) ; col de Bavella (Lutz in *Bull. soc. bot. Fr.* XLVIII, 57) ; et localités ci-dessous.

1906. — Pozzines entre les bergeries de Grotello et le lac Melo, 1600 m., 4 août fr. ! (f. *alpina*) : lieux humides entre Vizzavona et Tattone, 800-900 m., 14 juill. fr.! (ad f. *alpinam* vergens) ; lieux humides dans le vallon inférieur de l'Anghione, 1000-1100 m., 21 juill. fr. ! (f. *typica*) ; Monte d'Oro, versant E., près de la bergerie de Puzzatile, 1700 m., 20 juill. et 8 août fr. ! (f. *typica*) ; sources sur le versant W. du Mt Incudine, 1700 m., 18 juill. fl. ! (f. *alpina*).

1908. — Berges tourbeuses du lac de Creno, 1298 m., 27 juin fr. !

On peut distinguer dans cette espèce deux formes extrèmes. Dans l'une (f. *typica* Asch. et Graebn. *Syn.* II, 2, 53), la plante est robuste, à tige haute de 20 à 30 cm. Dans l'autre (f. *alpina* Briq. = *C. leporina* var. *alpina* Asch. et Graebn. l. c. 52 ; Kük. l. c. 211) la plante est plus petite, à tige haute de 7-10 cm., à épillets parfois un peu plus petits. La seconde forme est spéciale à la formation des pozzines, mais il y a si peu de différences entre ces deux extrèmes, reliés par des transitions (comme d'ailleurs dans les Alpes !), que nous ne pouvons, à l'instar de MM. Ascherson et Graebner, regarder la f. *alpina* comme une race (= variété) spéciale.

254. C. echinata Murr. *Prodr. fl. gott.* 76 (1770) ; Roth *Tent. fl. germ.* I, 395 ; Gr. et Godr. *Fl. Fr.* III, 398 ; Husnot *Cyp.* 22 ; Coste *Fl. Fr.* III, 409 ; non Murr. herb., nec Kük. = *C. Leersii* Willd. *Fl. ber. prodr.* 28 (1787), non F. Sch. (1870) = *C. stellulata* Good. in *Trans. linn. soc.* II, 144 (1794) ; Asch. et Graebn. *Syn.* II, 2, 54 ; Kük. *Cyp.-Car.* 228 (Engler *Pflanzenreich* IV, 20).

Hab. — Sources, pozzines, points humides, surtout des étages subalpin et alpin, 800-2300 m. Juin-août. ♃.

Il ressort d'une communication faite par M. Kükenthal dans le *Synopsis* de MM. Ascherson et Graebner (l. c. 55), et précisée ultérieurement [in *Allg. bot. Zeitschr.* XI, 45 (1905) et *Cyp.-Car.* 161], que Clarke a constaté l'identité d'un *Carex* rapporté par Murray au *C. echinata* avec le *C. Pairaei* F. Sch., identité confirmée par M. Kükenthal. Se basant sur cette identification, M. Kükenthal a appelé *C. echinata* le groupe *C. muricata-*

Pairaei, réservant au *C. echinata* des auteurs le nom de *C. stellulata* Good., lequel est d'ailleurs postérieur au *C. Leersii* Willd.— Mais M. Druce a montré (in *Journ. of bot.* XLV, 163) que le *C. echinata* Murr. était basé sur deux anciens synonymes (Hall. *Hist. stirp. Helv.* n. 1366 et Oed. *Fl. dan.* tab. 284) qui, tous deux, se rapportent au *C. stellulata* Good. Une erreur de détermination de Murray ne change rien au principe « descriptio praestat herbario », tel qu'il ressort des *Règles de la nomencl.* art. 37 et 50 : il n'y a donc aucune raison pour rejeter le nom créé par Murray, ainsi que l'ont judicieusement affirmé MM. Schinz et Thellung [in *Bull. herb. Boiss.* 2me sér. VII, 569 (1907)]. — En Corse les deux variétés suivantes :

α. Var. **elata** R. Maire in Rouy *Rev. bot. syst.* II, 71 (1904) = *C. echinata* Murr. et Auct. sensu stricto. — Exsicc. Burn. ann. 1900, n. 269 et 385!, ann. 1904, n. 648 !

Hab. — Forêt d'Aitone (Briq. *Spic.* 11 et exsicc. cit. 648) ; lac de Creno (R. Maire l. c.) ; Monte Rotondo (Soleirol ex Bert. *Fl. it.* X, 58 ; Mab. ap. Mars. l. c. 157 ; Briq. *Rech. Corse* 103 et exsicc. cit. 269) ; Monte Renoso (Mab. ap. Mars. l. c.; Briq. *Rech. Corse* 103 et exsicc. cit. 385) ; Poggio di Nazza, dans la forêt domaniale de Pietra Piana (Rotgès in litt.) ; et localités ci-dessous :

1906. — Berges des sources au-dessus des bergeries de Stagno dans le haut Stranciacone, 1600 m., 29 juill. fr.!; marécages entre Vizzavona et Tattone, 800 m., 14 juill. fr.!; pentes humides sur le versant E. du Monte d'Oro, 1700 m., 8 août fr.!; berges des torrents sur le versant S. du col de la Foce di Verde, 1000 m. 19 juill. fr.!

1908. — Berges tourbeuses du lac de Creno, 1298 m., 27 juin fr.!

Epillets lâchement disposés par 3-5. Bractées brunâtres à carène verte ou vertes. Utricules vertes, brunâtres sur les bords, à bec étalé. Plante assez variable quant aux dimensions, en général plus élevée que la suivante, descendant aussi plus bas dans les vallées.

β. Var. **grypos** Greml. *Exkursionsfl. Schw.* ed. 1, 342 (1867) ; Husnot *Cyp.* 23 = *C. grypos* Schkuhr *Riedgr.* II, 18, tab. H h h (1806) = *C. stellulata* var. *grypos* Koch *Syn.* ed. 2, 869 (1844) ; Asch. et Graebn. *Syn.* II, 2, 54 ; Kük. *Cyp.-Car.* 230 (Engler *Pflanzenreich* IV, 20). — Exsicc. Burn. ann. 1900, n. 392! et ann. 1904, n. 649 !

Hab. — Lac de Nino (R. Maire in Rouy *Rev. bot. syst.* II, 71) ; lac de Creno (Lit. *Voy.* II, 24) ; Monte d'Oro (Briq. *Spic.* 11 et exsicc. cit. n. 649); Monte Renoso (Briq. *Rech. Corse* 103 et exsicc. cit. n. 392; Lit. l. c. 29) ; au-dessus d'Isolaccio di Fiumorbo (Salis in *Flora* XVI, 488) ; Coscione (Revel. ap. Mars. *Cat.* 157 ; R. Maire in Rouy *Rev. bot. syst.* II, 26 ; Lit. in *Bull. acad. géogr. bot.* XVIII, 104) ; et localités ci-dessous.

1906. — Pozzines au-dessus des bergeries de Tula, 1800 m., 9 août fr.!; pozzines au-dessous du Lago Maggiore, 2200 m., 7 août, fr.! ; pozzines près du lac Melo, 1800 m., 4 août, fr.! ; pozzines entre les bergeries de Sgreccia et le col Bocca della Calle, 1700 m., 21 juill. fr.!; bords tourbeux d'un torrent entre la chapelle de San Pietro et les bergeries d'Aluccia, 1400 m., 18 juill. fr.!; bords tourbeux des sources sur le versant W. du Monte Incudine, 1700 m., 18 juill. fr.!

Epillets rapprochés par trois. Bractées et utricules en général d'un brun plus foncé, ces dernières à bec souvent courbé-redressé. Plante généralement naine.— Les échantillons extrêmes ont été désignés par Salis [in *Flora* XVI, 487 (1833)] sous le nom de *C. stellulata pygmaea*, et par M. Christ [ap. Briq. *Rech. Corse* 103 (1901)] sous celui de *C. gryppos* var. *nana*. Mais cette dernière modification est purement stationnelle et se montre reliée — parfois dans un même endroit — par des transitions si nombreuses avec les échant. plus développés, que sa valeur systématique doit être considérée comme excessivement faible, sinon nulle.

C. elongata L. *Sp.* ed 1, 173 (1753) ; Gr. et Godr. *Fl. Fr.* III, 397 ; Asch. et Graebn. *Syn.* II, 2, 56 ; Husnot *Cyp.* 21 ; Coste *Fl. Fr.* III, 500 ; Kük. *Cyp.-Car.* 235 (Engler *Pflanzenreich* IV, 20).

M. Christ a rapporté à cette espèce (ap. Briq. *Spic.* 10 et 11) les laiches récoltées en 1904 par M. Burnat sous les nos 658 et 659. Mais ces échant. appartiennent en réalité à l'espèce suivante. Le *C. elongata* est étranger à la flore de la Corse.

✝ 255. **C. remota** L. *Amoen. acad.* IV, 293 (1759) ; Gr. et Godr. *Fl. Fr.* III, 399 ; Asch. et Graebn. *Syn.* II, 2, 66 ; Husnot *Cyp.* 23 ; Coste *Fl. Fr.* III, 499 ; Kük. *Cyp.-Car.* 233. — Exsicc. Soleirol n. 4586 ! ; Kralik n. 828 !; Reverch. ann. 1878 sub : *C. remota* ! ; Burn. ann. 1904, n. 658 et 659 !

Hab. — Fossés, bords des eaux, points ombragés et humides des étages inférieur ou montagnard, 1-1500 m. Mai-juill. ♃. Disséminé. De Bastia (Soleirol exsicc. cit. et ap. Bert. *Fl. it.* X, 70) à Biguglia (Salis in *Flora* XVI, 487) ; env. de Corté (Burnouf ap. Le Grand in *Bull. soc. bot. Fr.* XXXVII, 19 ; Mand. et Fouc. in *Bull. soc. bot. Fr.* XLVII, 98) ; Venaco (Fouc. et Sim. *Trois sem. herb. Corse* 162) ; Ghisoni, bas-fonds humides de Caniccia (Rotgès in litt.) ; entre Ghisoni et le col de Sorba (Mand. et Fouc. l. c.) ; forêt de Vizzavona (Lit. in *Bull. acad. géogr. bot.* XVIII, 104); Calcatoggio et Appietto (Briq. *Spic.* 10 et Burn. exsicc. cit.) ; Monte Renoso (Kralik exsicc. cit.) ; Bastelica (Reverch. exsicc. cit.) ;

col de Bavella (Lutz in *Bull. soc. bot. Fr.* XLVIII, 57); et localités ci-dessous.

1906. — Sources entre Moltifao et Asco, sur la rive gauche de l'Asco, 400 m., 25 juill. fr.!; bords d'un ruisseau dans la vallée du Tavignano en amont de Corté, 1000-1100 m., 26 juill. fr.!; rochers humides en montant du col de Vizzavona à la Pointe de Grado, 1400 m., 15 juill. fr.!; versant sud du col de la Foce di Verde, le long des torrents, 1100 m., 19 juill. fr.!

256. **C. Goodenowii** Gay in *Ann. sc. nat.* 2ᵉ sér., X, 191 (1839); Gr. et Godr. *Fl. Fr.* III, 402 = *G. caespitosa* Good. in *Trans linn. soc.* II, 192 (1792); Gaud. *Fl. helv.* VI, 69; non L. = *C. vulgaris* Fries *Mant.* III, 153 (1842); Husnot *Cyp.* 32 p. p.; Coste *Fl. Fr.* III, 504 = *C. Goodenoughii* Asch. *Fl. Brand.* I, 776 (1864); Asch. et Graebn. *Syn.* II, 2, 94; Kük. *Cyp.-Car.* 313 (Engler *Pflanzenreich* IV, 20). — En Corse jusqu'ici seulement la var. suivante :

†† Var. **alpina** Briq. = *C. caespitosa* var. *alpina* Gaud. *Fl. helv.* VI, 70 (1830) = *C. stolonifera* Hoppe in Sturm *Deutschl. Fl.* VII, 6 (1835) = *C. vulgaris* var. *pumila* Kük. in *Allg. bot. Zeitschr.* IV, 1, 2 (1898) = *C. Goodenoughii* var. *stolonifera* Asch. *Fl. Brand.* I, 777 (1864); Asch. et Graebn. *Syn.* II, 2, 98; Kük. *Cyp.-Car.* 315 (excl. syn. *C. intricatae*!) = *C. vulgaris* var. *intricata* Husnot *Gram.* 32 (1906-07) p. p. — Exsicc. Mab. n. 286 p. p.!

Hab. — Tourbières et pozzines des étages subalpin et alpin. 1200-2000 m. Juin-août. ⚥. Rare. Lac de Creno (Lit. *Voy.* II, 23); Monte Rotondo (Salis in *Flora* XVI, 487; Mab. ap. Mars. *Cat.* 157); Monte Renoso (Mab. ap. Mars. l. c. et exsicc. cit.); Palneca, haute vallée du Taravo (Rotgès in litt.).

1908. — Berges tourbeuses du lac de Creno, 1298 m., 27 juin fr.!

Caractérisée par le port réduit, les chaumes ne dépassant guère 10-18 cm., les feuilles étroites (1-2,5 mm.), les épillets ♀ petits, larges de 3-4 mm., longs de 10-13 mm., les utricules un peu nerviés.

257. **C. rigida** Good. in *Trans. linn. soc.* II, 193 (1794); Asch. et Graebn. *Syn.* II, 2, 100; Kük. *Cyp.-Car.* 299 (Engler *Pflanzenreich* IV, 20). — En Corse uniquement la race suivante :

Var. **intricata** Briq. = *C. intricata* Tin. ap. Guss. *Fl. sic. syn.* II, 574 (1844); Parl. *Fl. it.* II, 185; Coste *Fl. Fr.* III, 504 = *C. minima*

Boullu in *Ann. soc. bot. Lyon* V, 88 (1878) = *C. caespitosa* var. *intricata*
Fiori et Paol. *Fl. anal. It.* I, 132 (1896-98) = *C. Goodenowii* forma *intri-cata* Fouc. in *Bull. soc. bot. Fr.* XLVII, 98 (1900) = *C. vulgaris* var.
intricata Husnot *Cyp.* 32 (1906-07) p.p. — Exsicc. Mab. n. 286 p.p.! ;
Reverch. ann. 1879 n. 158 ! ; Burn. ann. 1900, n. 270 et 391 !

Hab. — Pozzines des étages subalpin et alpin, 1500-2400 m. Juill.-août. ♃. Répandue dans les grands massifs centraux. Lacs de Lancone
au pied du Capo Bianco (Lit. in *Bull. acad. géogr. bot.* XVIII, 104) ;
lac de Nino (R. Maire in Rouy *Rev. bot. syst.* II, 71 ; Lit. l. c.) ; Cam-
potile (Boullu in *Ann. soc. bot. Lyon* V, 88) ; Monte Rotondo (Mab. ap.
Mars. *Cat.* 157 ; Rotgès, Mand. et Fouc. in *Bull. soc. bot. Fr.* XLVII, 98 ;
Briq. *Rech. Corse* 19 et Burn. exsicc. cit. 270 ; Lit. l. c.) ; Monte Renoso
(Revel. ap. Bor. *Not.* III, 71 ; Mab. ap. Mars. l. c. et exsicc. cit. ; Rotgès,
Mand. et Fouc. l. c. ; Briq. l. c. 34 et Burn. exsicc. cit. 391 ; Lit. *Voy.*
II, 29 et 33) ; montagnes de Bastelica (Revel. in Bor. l. c.) ; Coscione
(Reverch. exsicc. cit.; R. Maire l. c. II, 26 ; Lit. *Voy.* II, 16) ; et loca-
lités ci-dessous.

1906. — Pozzi près du Lago Maggiore sous la cime du Capo al Berdato,
2250 m., 7 août fr.! ; pozzi du lac Melo, 1800 m., 4 août fl. fr.! ; pozzi du
lac Cavaccioli dans le massif du Monte Rotondo, 2000 m., 6 août, fl. fr.! ;
pozzi entre les bergeries de Sgreccia et le col Bocca della Calle, 1700 m.,
21 juill. fl. fr.! ; pozzi près des bergeries d'Aluccia, 1500 m., 18 juill. fl. fr.!

Par son épi mâle unique, sa hampe triquètre raide, ses feuilles larges
d'un vert glauque, ses bractées réduites, et ses utricules ovoïdes, vaguement trigones, le *C. intricata* se rattache incontestablement au *C. rigida*
Good. du nord et du centre de l'Europe ainsi que des Alpes orientales.
Il s'en distingue uniquement par son nanisme (hampes de 2-5 cm.), les
feuilles plus courtes et plus raides (rappelant celles du *C. firma*), les épis
femelles un peu plus courts. C'est une race en tous points comparable
aux *C. Davalliana* var. *cyrnea*, *C. caryophyllea* var. *insularis*, etc.
Le *C. intricata* a été en général mal compris. Grenier et Godron (*Fl.
Fr.* III, 432) l'ont cité parmi les espèces à exclure de la flore corse.
Marsilly (*Cat.* 157) l'indique d'une façon positive et avec raison dans les
massifs du Rotondo et du Renoso, mais en reproduisant l'avis de Mabille
que le *C. intricata* pourrait représenter une forme du *C. Goodenowii* réduite par l'altitude. Or Mabille confondait le *C. Goodenowii* et le *C. intricata* qu'il a tous deux distribués du Monte Renoso sous le même n°.
Cette confusion a été l'origine des interprétations erronées du *C. intricata*
que l'on retrouve dans l'article de Foucaud (l. c.), dans les *Cypéracées* de
M. Husnot et dans la monographie de M. Kükenthal, lequel n'a peut-être
connu le *C. intricata* que par des échant. mal déterminés de l'exsiccata
de Mabille. En revanche, Boullu (l. c.) a donné sous le nom de *C. mini-*

ma, une bonne description du *C. intricata*. M. Kükenthal (l. c. 297) rattache dubitativement le *C. minima* Boullu au *C. bicolor* All. (étranger à la Corse), ce qui montre que le *Carex intricata*, si caractéristique, est resté inconnu de cet auteur. Le *C. intricata*, de même que le type du *C. rigida*, se distingue facilement du *C. Goodenowii* par l'ampleur des feuilles, les bractées très réduites, la forme des utricules à nervation nullement saillante, etc.

†† 258. **C. pilulifera** L. *Sp.* ed. 1, 976 (1753); Gr. et Godr. *Fl. Fr.* III, 414; Asch. et Graebn. *Syn.* II, 2, 114; Husnot *Cyp.* 37; Coste *Fl. Fr.* III, 508; Kük. *Cyp.-Car.* 450 (Engler *Pflanzenreich* IV, 20).

Hab. — Rochers, rocailles, pozzines des étages subalpin et alpin, 1500-2400 m. Calcifuge. Juill.-août. ♃. Observé jusqu'à présent dans le massif du Monte Rotondo, et connu seulement des localités ci-dessous.

1906. — Rochers sur le versant E. du Capo al Chiostro, 2100 m., 3 août fr.!; rochers en face des bergeries de Grotello sur la rive droite de la haute Restonica, 1600 m., 3 août fr.!; pozzines entre les bergeries de Grotello et le lac Melo, 1600 m., 4 août fr.!; pozzines du lac Melo, 1800 m., 4 août fr.!; pelouses rocheuses sur le versant W. du Monte Rotondo, entre les lacs Cavaccioli et Scapuccioli, 2100-2300 m., 6 août fr.!

†† 259. **C. montana** L. *Sp.* ed. 1, 975 (1753); Gr. et Godr. *Fl. Fr.* III, 415; Asch. et Graebn. *Syn.* II, 2, 119; Husnot *Cyp.* 36; Coste *Fl. Fr.* III, 508; Kük. *Cyp.-Car.* 441 (Engler *Pflanzenreich* IV, 20).

Hab. — Points ombragés de l'étage montagnard. Avril-mai. ♃. Signalé jusqu'ici uniquement au col de Tenda (Chabert in *Bull. soc. bot. Fr.* XXXIX, 69). A rechercher ailleurs.

269. **C. caryophyllea** Latourette *Chloris lugd.* 27 (1785, avec renvoi à la description de Haller); Asch. et Graebn. *Syn.* II, 2, 123; Kük. *Cyp.-Car.* 463 = *C. praecox* Jacq. *Fl. austr.* V, 23 (1778); Gr. et Godr. *Fl. Fr.* III, 412; Husnot *Cyp.* 37; Coste *Fl. Fr.* III, 509; non Schreb. (1771). = *C. verna* Chaix in Vill. *Hist. pl. Dauph.* II, 204 (1787). — En Corse seulement la variété suivante :

†† Var. **insularis** Briq. = *C. praecox* var. *insularis* Christ ap. Barbey *Fl. sard. comp.* 64, tab. I (1885); Husnot *Cyp.* 35 = *C. praecox* forma *insularis* Fouc. in *Bull. soc. bot. Fr.* XLVII, 98 (1900). — Exsicc. Reverch. ann. 1885, n. 414!; Soc. rochel. n. 4807!; Burn. ann. 1900, n. 385 bis!

Hab. — Rochers, rocailles, garigues et pozzines des étages subalpin

et alpin, descendant parfois dans l'étage montagnard. Mai-août. ♃.
Répandu du Cap Corse jusqu'aux montagnes du sud de l'ile.

1906. — Gazons du Capo Bianco, 2400-2500 m., 7 août fr.! : replats gazonnés du Paglia Orba, 2500 m., 9 août fl. fr.! ; gazons au col de Toggiale,
1963 m., 9 août fl. fr.! ; replats gazonnés sur le versant E. du Capo al
Chiostro, 2200 m., 3 août fl. fr.

1907. — Gazons du Monte Grima Seta et du Monte Asto, 1500 m.,
15 mai fl.!

1908. — Berges tourbeuses du lac de Creno, 1298 m., 27 juin fr.! ;
pozzines près des bergeries de Ceppo dans le haut Tavignano, 1600 m.,
28 juin fl.!

Plante de petites dimensions (3-8 cm.) à feuilles courtes, larges, raides,
rappelant un peu celles du *C. firma*, parfois pourvue d'un épi femelle
basilaire longuement pédonculé, à bractées ♀ allongées, aristées, brunes
striées de vert, à utricules longs de 1,8-2 mm. — C'est là une race orophile fréquente en Corse et en Sardaigne, que M. Kükenthal (l. c.) a assimilée au *C. praecox* var. *pygmaea* Fleisch. [*Riedgräs*. *Württ.* 18 (1832) =
C. verna var. *minor* Beck *Fl. Nieder-Öst.* 139 (1890) = *C. caryophyllea*
var. *minor* Asch. et Graebn. *Syn.* II, 2 (1902) = *C. caryophyllea* f. *pygmaea*
Kük. l. c.]. Cependant, nous n'avons vu du continent que des formes ap-
prochant, mais non identiques aux formes insulaires. Ce point de synonymie méritera des études ultérieures.

261. C. flacca Schreb. *Spic. fl. lips.*, app. 669 (1771) ; Britten et
Rendle *List brit. seed-pl.* 34 ; Schinz et Thell. in *Bull. herb. Boiss.* 2ᵐᵉ
sér. VII, 570 ; Schinz et Kell. *Fl. Suisse* éd. fr. 109 = *C. glauca* Scop.
Fl. carn. ed. 2, II, 570 (1772) ; Gr. et Godr. *Fl. Fr.* III, 404 ; Asch. et
Graebn. *Syn.* II, 2, 134 ; Husnot *Cyp.* 28 ; Kük. *Cyp.-Car.* 416 (Engler
Pflanzenreich IV, 20) = *C. recurva* Huds. *Fl. angl.* ed. 2, 413 (1778) ;
Bert. *Fl. it.* X, 130.

Hab. — Points humides (au moins d'une façon intermittente) des
étages inférieur et montagnard. Avril-juin. ♃. Présente les variétés
suivantes :

α. Var. **genuina** Briq. = *C. glauca* var. *genuina* Gr. et Godr. *Fl. Fr.*
III, 405 (1856) = *C. glauca* var. *eu-glauca* Asch. et Graebn. *Syn.* II, 2,
135 (1902) = *C. glauca* Coste *Fl. Fr.* III, 505.

Hab. — Disséminée. Erbalunga (Fouc. et Sim. *Trois sem. herb. Corse*
162) ; env. de Bastia (Salis in *Flora* XVI, 486) ; Sᵗ-Florent (Fouc. et
Sim. l. c.) ; Calenzana (Soleirol ex Bert. *Fl. it.* X, 132) ; Vezzani et Ghisoni (Rotgès in litt.) ; Ajaccio (Mars. *Cat.* 157) ; Campo di Loro (Boullu

in *Bull. soc. bot. Fr.* XXIV, sess. extr. XCIII) ; env. de Sartène (Fliche in *Bull. soc. bot. Fr.* XXXVI, 369).

Glumes des épillets ♀ aiguës, non ou à peine mucronées, plus courtes que les utricules, celles des épillets ♂ obtuses. Epillets cylindriques, assez denses. Utricules ellipsoïdaux à bec court.

β. Var. **erythrostachys** Briq. = *C. erythrostachys* Hoppe in *Linnaea* XIII, 63 (1839) = *C. glauca* var. *erythrostachys* Gr. et Godr. *Fl. Fr.* III, 405 (1856); Asch. et Graebn. *Syn.* II, 2, 137 ; Husnot *Cyp.* 29 = *C. glauca* var. *cuspidata* f. *erythrostachys* Kük. *Cyp.-Car.* 418 (1909).

Hab. — Signalée seulement entre Erbalunga et Sisco (Fouc. et Sim. *Trois sem. herb. Corse* 162) et aux env. de Bonifacio (ex Gr. et Godr. l. c.; Mars. *Cat.* 157).

Glumes des épillets ♀ aiguës, indistinctement mucronées, plus longues que les utricules, celles des épillets ♂ ± otuses. Epillets moins cylindriques, un peu atténués à la base. Utricules ellipsoïdaux à bec court.

†† γ. Var. **arrecta** Briq. = *C. cuspidata* Host *Gram. austr.* I, 71, tab. 97 (1801) = *C. serrulata* Biv. *Stirp. rar.* IV, 9 (1806) ; Coste *Fl. Fr.* III, 505 = *C. glauca* var. *arrecta* Drej. *Symb. Car.* 20 (1844) = *C. glauca* var. *serrulata* Ball *Spic. fl. marocc.* 706 (1877) ; Arc. *Comp. fl. it.* ed. 2, 92 ; Husnot *Cyp.* 29 = *C. acuminata* Cald. in *Nuov. giorn. bot. it.* XII, 269 (1880) ; Christ ap. Barb. *Fl. sard. comp.* 64 (1885) ; non Willd. = *C. glauca* var. *cuspidata* Asch. et Graebn. *Syn.* II, 2, 138 (1902); Kük. *Cyp.-Car.* 418. — Exsicc. Mab. n. 401 ! ; Burn. ann. 1904, n. 653 !

Hab. — Paraît être la race la plus répandue ; il est probable qu'une partie des localités indiquées ci-dessus pour la var. α se rapporte en réalité à la var. γ. Pigno (Mab. exsicc. cit. et ap. Shuttl. *Enum.* 21 ; Deb. *Not.* 114 ; Oletta (Briq. *Spic.* 11 et Burn. exsicc. cit.) ; Venaco (Fouc. et Sim. *Trois sem. herb. Corse* 162) ; et localités ci-dessous.

1907. — Cap Corse : alluvions sablonneuses près de la Marine d'Albo, 26 avril fl. fr. ! ; rocailles du Mont S. Angelo près de St-Florent, 250 m., calc., 24 avril fl. ! — Garigues entre Alistro et Bravone, 10 m., 30 avril fl. ! fossés humides près de l'étang de Diane, 10 m., 1 mai fr. ! ; clairières des maquis entre Cateraggio et Tallone, 20 m., 1 mai fl. ! ; prairies humides à Ste-Lucie, 45 m., 4 mai fl. ! ; pré humide à Solenzara, 5 m., 3 mai fr. ! ; garigues à Bonifacio, 30 m., calc., 5 mai fl. !

Glumes des épillets ♀ brusquement terminées par un mucron, souvent rougeâtres, celles des épillets ♂ étroites, acutiuscules. Epillets ♀ courts, un peu atténués à la base, brièvement pédonculés. Utricules ellipsoïdaux, à bec généralement très distinct. — La distinction de deux sous-variétés *serrulata* et *eu-cuspidata* (Asch. et Graebn. l. c.) d'après la longueur du bec des utricules nous paraît impossible. — Race méditerranéenne, à rhizome très rameux, à ramifications épaisses, à chaumes raides, à feuilles dures, très rudes dans la partie supérieure, à bractée inférieure foliacée très développée, reliée d'ailleurs par divers intermédiaires à la var. *genuina*.

262. C. hispida Willd. ap. Schkuhr *Riedgr.* I, 63 (1801) et *Sp. pl.* IV, 302 ; Gr. et Godr. *Fl. Fr.* III, 412 ; Asch. et Graebn. *Syn.* II, 2, 141 ; Husnot *Cyp.* 29 ; Coste *Fl. Fr.* III, 506 ; Kük. *Cyp.-Car.* 420 (Engler *Pflanzenreich* IV, 20) = *C. echinata* Desf. *Fl. atl.* I, 338 (1798), non Murr. (1770) = *C. provincialis* Degl. in Lois. *Fl. gall.* ed. 2, 307, t. 31 (1828) = *C. Soleirolii* Dub. *Bot. gall.* 471 (1828). — Exsicc. Req. sub : *C. Soleirolii* ! ; Kralik n. 824 ! ; Reliq. Maill. n. 641 !

Hab. — Marécages de l'étage inférieur. Avril-Mai. ♃. Rare ou peu observé. Corté (Req.) ; Ajaccio (Req.) ; Bonifacio (Kralik exsicc. cit. ; Moq. in Rel. Maill.).

1907. — Santa Manza, marécages près de la mer, 6 mai fl. fr. !

Les glumes varient aristées ou submutiques. C'est sur ce dernier caractère qu'est basé le *C. Soleirolii* Dub., devenu plus tard le *C. hispida* var. *anacantha* [Gr. et Godr. *Fl. Fr.* III, 412 (1856) = *C. hispida* var. *Soleirolii* Asch. in *Oest. bot. Zeitschr.* XXXV, 355 (1885)]. Mais on trouve dans le même épillet tous les passages entre une arête très développée ou presque nulle. Nous ne croyons par conséquent pas qu'il y ait là matière à la distinction d'une véritable variété.

†† **263. C. panicea** L. *Sp. ed.* 1, 977 (1753) ; Gr. et Godr. *Fl. Fr.* III, 408 ; Asch. et Graebn. *Syn.* II, 2, 142 ; Husnot *Cyp.* 33 ; Coste *Fl. Fr.* III, 515 ; Kük. *Cyp.-Car.* 510 (Engler *Pflanzenreich* IV, 20).

Hab. — Marécages de l'étage montagnard. Mai-juin. ♃. Signalé jusqu'ici seulement à Venaco (Fouc. et Sim. *Trois sem. herb. Corse* 162). A rechercher.

† **264. C. pallescens** L. *Sp. ed.* 1, 977 (1753) ; Gr. et Godr. *Fl. Fr.* III, 407 ; Asch. et Graebn. *Syn.* II, 2, 145 ; Husnot *Cyp.* 34 ; Coste *Fl. Fr.* III, 518 ; Kük. *Cyp.-Car.* 432 (Engler *Pflanzenreich* IV, 20).

Hab. — Rochers humides, bords des eaux. Mai-août, suivant l'altitude. ♃. — Présente les variétés et sous-variétés suivantes :

α. Var. **typica** Asch. et Graebn. *Syn.* II, 2, 145 (1903). — Exsicc. Reverch. ann. 1885, n. 413 ; Burn. ann. 1904, n. 650, 660 et 663 !

Hab. — Disséminée dans les étages montagnard et subalpin. Montagnes de Bastia (Salis in *Flora* XVI, 487) ; Monte Grosso (de Calvi) (Soleirol ex Bert. *Fl. it.* X, 103) ; forêt de Catagnone (Reverch. exsicc. cit. subv. *macrocarpa*) ; col de Vergio (Briq. *Spic.* 11 et Burn. exsicc. cit. 663, subv. *microcarpa*) ; forêt de Valdoniello (R. Maire in Rouy *Rev. bot. syst.* II, 71) ; montagnes de Corté (Burnouf in *Bull. soc. bot. Fr.* XXIV, sess. extr. XXXI) ; M¹ Felce (Mand. et Fouc. in *Bull. soc. bot. Fr.* XLVII, 98) ; vallée de la Restonica (Fouc. et Sim. *Trois sem. herb. Corse* 162) ; entre le col de Sevi et Vico (Briq. *Spic.* 11 et Burn. exsicc. cit. 662, subv. *macrocarpa*) ; Monte d'Oro (Req. ap. Parl. *Fl. it.* II, 192) ; forêt de Vizzavona (Lit. *Voy.* 1, 13) ; entre Ghisoni et le col de Sorba (Mand. et Fouc. l. c.) ; Monte Renoso (Req. ap. Parl. l. c.) ; et localités ci-dessous.

1906. — Pentes humides près des bergeries de Grotello, 1500-1700 m., 3 août fr. ! (subv. *microcarpa*) ; ruisselets entre les bergeries de Grotello et le lac Melo, 1700 m., 4 août fr. ! (subv. *microcarpa*) ; Monte d'Oro, versant E., près de la Cascade, 1400 m., 20 juill. fr. ! (subv. *microcarpa*) ; ruisselets au col de la Foce di Verde, 1300 m., 20 juill. fr. ! (subv. *macrocarpa*).

1908. — Vallée du Tavignano, près de la scierie, berges des torrents, 1300 m., 28 juin fr.! (subv. *macrocarpa*).

Tige élancée, haute de 10-40 cm. Feuilles très allongées, assez flasques. Utricules allongés-ellipsoïdaux, longs de 2-3 mm. — On peut distinguer les deux sous-variétés suivantes :

α¹ subvar. **macrocarpa** Briq. — Utriculis valde elongatis, ad 3 mm. longis. — Les épillets s'alourdissent sous le poids des utricules et ont une tendance à devenir nutants. Peut-être est-ce cette forme remarquable qui a été signalée par MM. Ascherson et Graebner (l. c.) au col de la Bernina (Grisons, Suisse) ?

α² subvar. **microcarpa** Briq. — Utriculis brevioribus, tantum 2-2,5 mm. longis. — Les épillets fructifères sont moins lourds, plus dressés. Cette forme cadre avec le type habituel des montagnes continentales.

†† β. Var. **orophila** Briq., var. nov.

Hab. — Plus rare que la précédente ; jusqu'ici seulement les localités ci-après.

1906. — Berges du torrent près de la Résinerie de la forêt d'Asco, 950 m., 28 juill. fr.! ; replats gazonnés du Paglia Orba, 2500 m., 9 août fr.! ; pozzi du lac Melo, 1800 m., 4 août fr.! ; pelouses rocheuses entre les lacs Cavaccioli et Scapuccioli, 2100-2300 m., 6 août fr.!

1908. — Berges tourbeuses du lac de Creno, 1298 m., 27 juin fr.!

Herba nana, culmis 0,5-5 cm. altis. Folia valde abbreviata, rigidula. Utriculi 1,5-1,8 mm. longi, valde approximati ; spiculae breves, confertae, fere globosae.

Cette race naine ne peut guère se comparer qu'avec la var. *alpestris* Schur [*Enum. pl. Transs.* 744 (1866) ; Asch. et Graebn. l. c. 145], mais elle est plus petite, à feuilles plus courtes et plus raides, la coloration brune-rougeâtre du sommet des utricules n'est pas ou à peine marquée. Le contact de la var. *orophila* avec la précédente est établi par des échant. réduits de cette dernière à caractères un peu ambigus, bien que les échant. extrêmes (du Paglia Orba, à tiges hautes de 0,5 cm.) fassent au premier abord l'impression d'une plante très distincte.

265. **C. Halleriana** Asso *Syn.* 133 (1779) ; Gr. et Godr. *Fl. Fr.* III, 416 ; Asch. et Graebn.. *Syn.* II, 2, 147 ; Husnot *Cyp.* 37 ; Coste *Fl. Fr.* III, 501 ; Kük. *Cyp.-Car.* 487 (Engler *Pflanzenreich* IV, 20) = *C. alpestris* All. *Fl. ped.* II, 270 (1785) ; non Lamk = *C. gynobasis* Vill. *Hist. pl. Dauph.* II, 206 (1787).

Hab. — Rochers et rocailles des étages inférieur et montagnard. Rare. Mars-mai. ♃. — Deux variétés.

α. Var. **genuina** Briq. = *C. Halleriana* Asso et auct. sensu stricto.

Hab. — Col de S. Quilico (Fouc. et Sim. *Trois sem. herb. Corse* 163, f. *occultata*) ; montagne d'Ajaccio (Mars. *Cat.* 157 ; Mab. *Rech.* I, 33) ; La Trinité (Mab. l. c.) ; Bonifacio (Boy. *Fl. Sud Corse* 66) ; et localité ci-dessous.

1907. — Garigues près du golfe de Santa Manza, 20 m., calc., 6 mai fr.!

Feuilles assez longues (10-15 cm.). Chaumes hauts de 8-15 cm. Épillets femelles 2-6, ovoïdes-globuleux, relat. pluriflores. Utricules longs d'env. 4 mm. — Parfois, le chaume ne se développe pas et tous les épillets sont portés par des pédoncules capillaires partant des aisselles. Cet état [f. *occultata* Kük. l. c. 488 = *C. gynobasis* var. *occultata* Genn. *Sp. et var. fl. sard.* 22 (1867) = *C. Halleriana* var. *occultata* Fouc. et Sim. *Trois sem. herb. Corse* 163 (1898)] est purement individuel. — Le *C. Halleriana* var. *genuina* est dans les colonies xérothermiques extra-méditerranéennes un calcicole thermique, qui, dans le domaine méditerranéen, croit aussi bien sur les terrains siliceux arides que sur le calcaire.

β. Var. **corsica** Mab. *Rech.* I, 32 (1867) ; Husnot *Cyp.* 89 = *C. Halleriana* f. *corsica* Kük. l. c. — Exsicc. Mab. n. 188 ! (sub : *C. rupestris* All. ? ; sed non All.).

Hab. — « In summo monte Pigno supra Bastia et inde in partibus

14

quibusdam ejusdem jugi Cap Corse versus abundat ; numquam in plana descendit. » (Mab. l. c.).

Plante très basse, à chaumes hauts de 4-8 cm., en touffes compactes. Feuilles courtes (3-8 cm.), raides, fortement nerviées. Epillets femelles 1-2, très pauciflores, étroitement ovoïdes. Utricules longs de 3-4 mm. — Présente, comme la var. précédente, des échant. à épillets tous portés sur des pédoncules filiformes.

M. Kükenthal (l. c.) envisage la var. *corsica* comme une simple forme, mise sur le même pied que l'état *occultata* de la var. *genuina*, et indique simplement comme distribution : « Sterile Orte ». Nous ne pouvons partager cette opinion. Le *C. Halleriana* var. *corsica* paraît localisé au Cap Corse, nous ne l'avons pas vu d'autre provenance dans les herbiers de Genève. Son port est extrêmement caractéristique et rappelle celui du *C. depressa* Link à l'état nain.

†† 266. **C. depressa** Link in Schrad. *Journ. Bot.* II, 309 (1799) ; Boeck. in *Flora* XLI, 202 (1878) ; Dav. *Cyp. Port.* 62 (1892) ; Rouy *Ill. pl. eur. var.* I, 7, tab. XXIV, fig. 1 ; Asch. et Graebn. *Syn.* II, 2, 148 ; Husnot *Cyp.* 36 ; Coste *Fl. Fr.* III, 501 ; Kük. *Cyp.-Car.* 462 (Engler *Pflanzenreich* IV, 20).

†† Var. **basilaris** Asch. et Graebn. *Syn.* l. c. (1903) ; Kük. l. c. 463 = *C. basilaris* Jord. *Obs.* III, 246, tab. XII, f. B (1846).

Hab. — Rocailles et garigues de l'étage inférieur. Avril-mai. ♃. Signalée uniquement aux env. de Bonifacio (Boy. *Fl. Sud Corse* 66).

Espèce distincte du *C. Halleriana* par la feuille vaginante inférieure de l'inflorescence plus développée, les utricules petits (à peine 2 mm.), plus courts que les glumes, ovoïdes-globuleux. La variété *basilaris* possède un chaume rude, les épillets supérieurs en général écartés, les ♀ à glumelles acuminées-allongées. — MM. Ascherson et Graebner ont placé le *C. depressa* à côté du *C. Halleriana* ; Jordan l'envisageait comme tout aussi voisin d'autres espèces, en particulier du *C. caryophyllea* (*praecox*). M. Kükenthal le classe à côté du *C. caryophyllea*. La première opinion nous paraît rendre le mieux compte des faits. — La présence en Corse de cette espèce, signalée seulement par M. Boyer, mérite confirmation. Nous l'admettons avec quelques réserves, parce que la var. *basilaris* se trouve dans les Alpes Maritimes, en Ligurie, puis en Algérie et au Maroc, et que cette distribution rend son existence en Corse plausible.

267. **C. distachya** Desf. *Fl. atl.* II, 336, tab. 118 (1800) ; Asch. et Graebn. *Syn.* II, 2, 150 ; Kük. *Cyp.-Car.* 255 (Engler *Pflanzenreich* IV, 20) ; non Willd. = *C. Linkii* Schk. *Riedgr.* II, 39 (1806) ; Gr. et

Godr. *Fl. Fr.* III, 399 ; Husnot *Cyp.* 25 = *C. longiseta* Brot. *Fl. lus.* 63
(1804) ; Coste *Fl. Fr.* III, 501 = *C. gynomane* Bert. *Rar. pl. Lig.* II, 43
(1806) et *Fl. it.* X, 33 = *C. tuberosa* Degl. in Lois. *Fl. gall.* ed. 1, 629
(1807). — Exsicc. Thomas sub : *C. Linkii* !; Sieber sub : *C. gynomane* !;
Soleirol sub : *C. gynomane* !; Deb. ann. 1868 sub : *C. Linkii* !; Mab. n. 189 !;
Reverch. ann. 1885, n. 415 !; Burn. ann. 1904, n. 651 et 652 !

Hab. — Rochers et garigues, bois et maquis secs, des étages inférieur et montagnard, 1-1200 m. Mars-juill. suivant l'altitude. ♃ . Très
répandu et abondant dans l'île entière.

1906. — Cap Corse : rochers de la Tour de Sénèque au-dessus de Luri,
550 m., 8 juill. fr. !; source au col de San Colombano, 600 m., 10 juill.
fr. !; rochers du vallon du Rio de Ficarella au-dessous de Bonifatto, 400-
500 m., 11 juill. fr. ! — Rochers de la cime de la Chapelle de San Angelo,
1180 m., 15 juill. fr. !

1907. — Cap Corse : balmes de la montagne des Stretti, 100 m., calc.,
25 avril fr. !; rocailles ombragées du Mt S. Angelo près St-Florent, 200 m.,
calc., 24 avril fr. ! — Garigues à Ostriconi, 20 avril fr. !; Ile Rousse, rochers, 21 avril fr. !; châtaigneraies en montant de Pietralba au col de
Tende, 900 m., 15 mai fl. fr. !; rochers de la montagne de Pedana, 500 m.,
calc., 14 mai fr. !; rochers de la montagne de Caporalino, 450-650 m., calc.,
11 mai fl. fr. !; descente de la Chapelle de S. Angelo sur Caporalino, 900 m.,
calc., 13 m. fl. fr. !; garigues en montant d'Omessa au col de Bocca al
Pruno, 700 m., 13 mai fl. fr. !; rochers entre la fontaine de Padula et le
col de Morello (entre Vivario et Vezzani), 700-800 m., 13 mai fl. !; châtaigneraies en montant de Ghisoni au col de Sorba, 900 m., 10 mai fr. !;
au pied des chênes-liège entre Alistro et Bravone, 15 m., 30 avril fr. !;
rochers des fours à chaux dans la vallée inf. de la Solenzara, 150-200 m.,
calc., 3 mai fr. !; rocailles de la Pointe d'Aquella, 200-370 m., calc., 4 mai
fr. !; rochers près du golfe de Santa Manza, 10 m., 6 mai fr. !

† 268. **C. pendula** Huds. *Fl. angl.* ed. 1, 352 (1762) ; Asch. et
Graebn. *Syn.* II, 2, 154 ; Husnot *Cyp.* 33 ; Coste *Fl. Fr.* III, 517 ; Kük.
Cyp.-Car. 424 (Engler *Pflanzenreich* IV, 20) = *C. maxima* Scop. *Fl.
carn.* ed. 2, II, 229 (1772) ; Gr. et Godr. *Fl. Fr.* III, 405 = *C. agastachys*
Ehrh. ap. L. f. *Suppl.* 414 (1781).

Hab. — Marécages, points humides de l'étage inférieur. Mai-juin. ♃ .
Rare. Env. de Bastia (Salis in *Flora* XVI, 487; Rotgès in litt.) ; Biguglia
(Boullu in *Bull. soc. bot. Fr.* XXIV, sess. extr. LXIV) ; Pozzo di Borgo
(Coste in *Bull. soc. bot. Fr.* XLVIII, sess. extr. CXIII).

269. **C. microcarpa** Bert. ap. Moris *Stirp. sard. el.* I, 48 (1827) ;

Coss. *Not.* 66 ; Gr. et Godr. *Fl. Fr.* III, 405 ; Asch. et Graebn. *Syn.* II, 2, 156 ; Husnot *Cyp.* 33 ; Coste *Fl. Fr.* III, 517 ; Kük. *Cyp.-Car.* 426 (Engler *Pflanzenreich* IV, 20) = *C. corsica* Degl. in Lois. *Fl. gall.* ed. 2, 307 (1828) = *C. laevigata* Dub. *Bot. gall.* 497 (1828); non Sm.—Exsicc. Salzmann sub : *C. microcarpa* ! ; Soleirol n. 23 ! ; Kralik n. 825 ! ; Mab. n. 190 ! ; Deb. ann. 1868 sub : *C. microcarpa* ! ; Reverch. ann. 1878 sub : *C. microcarpa* ! et ann. 1879 n. 159 ! et ann. 1885 n. 159 ! ; Burn. ann. 1900 n. 193 ! et ann. 1904 n. 654 et 655 !

Hab. — Points humides de l'étage montagnard, descendant parfois dans l'étage inférieur, 1-1200 m. Mai-juill. ⚥ . Très répandu et abondant du Cap Corse jusqu'aux env. de Bonifacio.

1906. — Gorge fraîche au col de San Colombano, 600 m., 10 juill. fr. ! ; sources en montant de Calvi à Bonifatto par le Rio de Ficarella, 400-500 m., 11 juill. fr. ! ; berges du torrent près de la résinerie de la forêt d'Asco, 950 m., 28 juillet fr. ! ; bords d'un ruisseau dans la vallée du Tavignano en amont de Corté, 1000-1100 m., 26 juill. fr. ! ; bords d'un ruisseau entre Tattone et Vivario, 800 m., 12 juill. fr. !

1908. — Vallée de Tartagine, bord des eaux, 900 m., 4 juill. fl. fr. !

Espèce facile à distinguer de la précédente par les épillets bien plus minces, les inférieurs à pédoncules ± inclus, les glumes fauves égalant les utricules. — Le *C. microcarpa* a été d'abord distingué et distribué par Salzmann : il est regrettable que cet auteur ne l'ait pas publié régulièrement dans son article inséré dans le tome IV du *Flora* en 1821. Le *C. microcarpa* est spécial aux îles de Corse, Sardaigne, Elbe et Capraia. Les anciennes indications relatives à Toulon et Grasse (Gr. et Godr. l. c.) se rapportent très probablement au *C. pendula*, ou sont dues à des confusions d'étiquettes.

†† 270. **C. humilis** Leyss. *Fl. hal.* 175 (1761) ; Gr. et Godr. *Fl. Fr.* III, 417 ; Asch. et Graebn. *Syn.* II, 2, 157 ; Husnot *Cyp.* 39 ; Coste *Fl. Fr.* III, 510 ; Kük. *Cyp.-Car.* 493 (Engler *Pflanzenreich* IV, 20).

Hab. — Rochers et rocailles de l'étage montagnard. Calcicole. Mai-juin. ⚥ . Très rare ; jusqu'ici seulement la localité ci-dessous.

1907. — Cime de la Chapelle de S. Angelo, rochers et rocailles, calc., 1150 m., 13 mai fl. !

C. mucronata All. *Fl. ped.* II, 268 (1875) ; Gr. et Godr. *Fl. Fr.* III, 418 ; Asch. et Graebn. *Syn.* II, 2, 106 ; Husnot *Cyp.* 45 ; Coste *Fl. Fr.* III, 503 ; Kük. *Cyp.-Car.* 532 (Engler *Pflanzenreich* IV, 20).

Salis (in *Flora* XVI, 487) dit avoir récolté un spécimen unique de cette espèce, sans se rappeler dans quel endroit : « loci natalis immemor ».

La présence en Corse de cette espèce des Alpes continentales, n'est pas absolument invraisemblable, puisqu'on la trouve dans les Apennins jusqu'aux Abruzzes. Nous n'osons cependant l'admettre au nombre des espèces corses sur la foi d'un renseignement aussi vague, et cela d'autant plus qu'il s'agit d'un type calcicole auquel l'étage alpin ne fournit pas en Corse les conditions d'habitat voulues.

271. C. frigida All. *Fl. ped.* II, 2, 270 (1785) ; Gr. et Godr. *Fl. Fr.* III, 419 ; Asch. et Graebn. *Syn.* II, 2, 173 ; Husnot *Cyp.* 43 ; Coste *Fl. Fr.* III, 514 ; Kük. *Cyp.-Car.* 556 (Engler *Pflanzenreich* IV, 20). — Exsicc. Burn. ann. 1900, n. 282, 380 et 387 !

Hab. — Rochers et rocailles humides, bords des eaux des étages subalpin et alpin, 1500-2500 m., descend çà et là dans l'étage montagnard (1000 m.), entraîné par les eaux des torrents. Juin-août. ♃. Assez fréquent et abondant dans les hauts massifs centraux. Monte Grosso (de Calvi) (Soleirol ex Bert. *Fl. it.* X, 122) ; Capo Falo (Lit. in *Bull. acad. géogr. bot.* XVIII, 105) ; Monte Rotondo (Salis in *Flora* XVI, 487 ; Mab. ap. Mars. *Cat.* 158 ; Briq. *Rech. Corse* 20 et exsicc. cit. n. 282 et 387) ; Monte d'Oro (Req. ex Parl. *Fl. it.* II, 195 ; Soulié ex Coste in *Bull. soc. bot. Fr.* XLVIII, sess. extr. CXXIII) ; col de Vizzavona (Lit. *Voy.* I, 13) ; Monte Renoso (Req. ex Parl. l. c. ; Revel. in Bor. *Not.* III, 7 ; Mab. ap. Mars. l. c. ; Briq. l. c. 26 et exsicc. cit. 380 ; Rotgès, Mand. et Fouc. in *Bull. soc. bot. Fr.* XLVII, 98 ; Lit. *Voy.* II, 30) ; bords du torrent de Casso dans la forêt de Casamente (Rotgès, Mand. et Fouc. l. c.) ; Coscione (R. Maire in Rouy *Rev. bot. syst.* II, 24 et in *Bull. soc. bot. Fr.* XLVIII, sess. extr. CXLVIII) ; et localités ci-dessous.

1906. — Berges du Lago Maggiore au-dessous de la cime du Capo al Berdato, 2300 m., 7 août fl.! ; pentes humides en montant de la bergerie de Spasimata à la Cima di Mufrella, 1800 m., 12 juill. fl. ! ; descente du Monte Cinto sur le haut vallon du Stranciacone, 2000 m., 29 juill.; col de Toggiale vers les neiges fondantes, 1900 m., 9 août ; rochers en face des bergeries de Grotello sur la rive droite de la haute Restonica, 1500-1600 m., 3 août fr.! ; ruisselets au-dessous du lac Melo, 1700-1800 m., 4 août fl.! ; montée du col de Tripoli dans la partie supérieure du vallon de Verghello, 1500 m., 17 juill. fr.! ; bords des ruisseaux près de la bergerie de Puzzatile sur le versant E. du Monte d'Oro, 1700 m., 20 juill. fr.! ; rochers humides du vallon qui descend du sommet du Monte d'Oro sur les bergeries de Tortetto, 1800-1900 m., 12 août, fr.! ; berges des torrents descendant du col du M¹ Incudine sur le plateau d'Aluccia, 1600 m., 18 juill. fl. fr.!

1908. — Vallée de la Melaja, berges du torrent, 1000 m., 5 juill.

fl. fr.! (entraîné par les eaux); col de Ciarnente, versant S., 1500 m., 27 juin fl.!

Toutes les provenances ci-dessus indiquées appartiennent à la forme *genuina* Briq., à épis oblongs-allongés, généralement très écartés. En outre, nous avons rencontré sur les berges d'une source du Mont Incudine (versant W, 1700 m., 18 juill. fl. fr.!) la forme *pyrenaica* Aschers. et Graebn. [*Syn.* II, 2, 174 ; Kük. l. c. 556 = *C. frigida* var. *pyrenaica* Christ in *Bull. soc. roy. bot. Belg.* XXIV, 2, 14 (1885) = *C. sphaerica* Lap. *Hist. abrég. pl. Pyr.* 570 (1813)], plus petite, à épillets très courts, presque sphériques, plus rapprochés. On trouve en cet endroit tous les passages entre les formes *genuina* et *pyrenaica*.

272. **C. helodes** Link in Schrad. *Journ. Bot.* II, 309 (1799) ; Kük. *Cyp.-Car.* 655 (Engler *Pflanzenreich* IV, 20) = *C. laevigata* Sm. in *Trans. linn. soc.* V, 272 (1800) ; Gr. et Godr. *Fl. Fr.* III, 427 ; Asch. et Graebn. *Syn.* II, 2, 184 ; Husnot *Cyp.* 47 ; Coste *Fl. Fr.* III, 517 ; non Dub.

Hab. — Points marécageux de l'étage inférieur. Mai-juin. ♃. Rare. Bastia (ex Gr. et Godr. l. c. ; Mᵐᵉ Spencer ex Rotgès in litt.) ; embouchure du Prunelli (Boullu in *Bull. soc. bot. Fr.* XXIV, sess. extr. XCV) ; Chiavari (Petit in *Bot. Tidsskr.* XIV, 248).

273. **C. silvatica** Huds. *Fl. angl.* ed. 1, 353 (1762) ; Gr. et Godr. *Fl. Fr.* III, 422 ; Asch. et Graebn. *Syn.* II, 2, 182 ; Husnot *Cyp.* 47 ; Coste *Fl. Fr.* III, 516 ; Kük. *Cyp.-Car.* 606 (Engler *Pflanzenreich* IV, 20).

Hab. — Marécages, points humides des bois et des maquis des étages inférieur et montagnard. Avril-juin. ♃. Disséminé. Erbalunga (Gillot in *Bull. soc. bot. Fr.* XXIV, sess. extr. XLIX) ; env. de Bastia (Salis in *Flora* XVI, 487 ; Mab. ap. Mars. *Cat.* 158) ; Castagniccia (Salis l. c.) ; env. de Corté (Req. ex Gr. et Godr. l. c. et Parl. *Fl. it.* II, 211) ; env. de Sartène (Fliche in *Bull. soc. bot. Fr.* XXXVI, 369) ; et localités ci-dessous.

1907. — Endroits humides du vallon du Rio Stretto, au-dessus de Francardo, 300-350 m., calc., 14 mai fl. fr.!; berges des marais entre Bravone et Alistro, 10 m., 30 avril fl. fr.!

Le *C. heterostachya* Boullu [in *Ann. soc. bot. Lyon* XXIV, 64 et 75 (1899); non Bunge] — omis dans la récente monographie de M. Kükenthal — signalé par Boullu dans la vallée du Fango (Cap Corse) et à Erbalunga, aurait « l'aspect du *C. silvatica* avec tiges terminées non par un seul épi mâle, mais par un groupe tantôt d'épis mâles, tantôt d'épis femelles dressés ; les épis inférieurs femelles penchés ressemblent à ceux du *C. silvatica* ». Cette description rudimentaire est insuffisante pour se faire une idée claire du *Carex* en question : il n'y a là probablement qu'une monstruosité du *C. silvatica*.

††274. **C. depauperata** Good. in Curt. *Cat.* 92 (1783, nomen (solum et ap. With. *Bot. arr. brit. pl.* ed. 2, 1049 (1787) ; Gr. et Godr. *Fl. Fr.* III, 422 ; Asch. et Graebn. *Syn.* II, 2, 186 ; Husnot *Cyp.* 46 ; Coste *Fl. Fl.* III, 515 ; Kük. *Cyp.-Car.* 641 (Engler *Pflanzenreich* IV, 20).

Hab. — Bois de l'étage montagnard. Mai-juin. ♃. Rare. Signalé jusqu'ici seulement aux env. de Corté (Burnouf ex Le Grand in *Bull. soc. bot. Fr.* XXXVII, 19) et de Venaco (Fouc. et Sim. *Trois sem. herb. Corse* 162).

. 275. **C. olbiensis** Jord. *Obs.* III, 241, t. 12, fig. A (1846) ; Gr. et Godr. *Fl. Fr.* III, 408 ; Asch. et Graebn. *Syn.* II, 2, 186 ; Husnot *Cyp.* 45.; Coste *Fl. Fr.* III, 515 ; Kük. *Cyp.-Car.* 527 (Engler *Pflanzenreich* IV, 20) = *C. depauperata* Salis in *Flora* XVI, 487 (1833) ; non Good. = *C. Ardoiniana* De Not. *Ind. sem. hort. gen.* ann. 1847, 26. — Exsicc. Mab. n. 287 ! ; Deb. ann. 1868 sub : *C. olbiensis* !

Hab. — Bois et maquis des étages inférieur et montagnard. Avrilmai. ♃. Localisé au Cap Corse. Luri (Fouc. et Sim. *Trois sem. herb. Corse* 162) ; Furiani (Mab. exsicc. cit.) ; entre Cardo et Ste-Lucie (Deb. exsicc. cit.) ; Bastia (Salis in *Flora* XVI, 487 ; Mab. ap. Mars. *Cat.* 158 ; Shuttl. *Enum.* 21) ; col de Teghime (Sargnon in *Ann. soc. bot. Lyon* VI, 68).

Espèce longtemps confondue avec le *C. depauperata*, s'en distinguant par les tiges feuillées seulement dans la partie inférieure, rudes dans la partie supérieure, les utricules rétrécis en un bec court indistinctement nervié. — M. Kükenthal (l. c.) place le *C. olbiensis* à une grande distance du *C. depauperata* dans un groupe d'espèces de l'Amérique du Nord. Nous ne pouvons que regarder comme artificiel un arrangement de ce genre, qui heurte des affinités évidentes tant au point de vue morphologique qu'au point de vue géographique.

† 276. **C. hordeistichos** Vill. *Hist. pl. Dauph.* II, 221 (1787) ; Gr. et Godr. *Fl. Fr.* III, 423 ; Asch. et Graebn. *Syn.* II, 2, 189 ; Husnot *Cyp.* 51 ; Coste *Fl. Fr.* III, 507 ; Kük. *Cyp.-Car.* 679 = *C. hordeiformis* Wahlb. in *Vet. Akad. Handl. Stockh.* ann. 1803, 152 ; non Host.

Hab. — « Habui ex Corsica a Bonjeannio, qui acceperat a Thomasio » (Bert. *Fl. it.* X, 154).

Nous n'osons pas exclure cette espèce de la flore corse, bien qu'elle n'ait été revue par aucun observateur depuis l'époque de Thomas, parce que sa distribution dans les départements du Var et des Bouches-du-Rhône d'une part, sur divers points de la péninsule ibérique d'autre part, rend sa présence en Corse possible. Le *C. hordeistichos* manque, il est vrai, aux autres îles tyrrhéniennes et à l'Italie.

277. C. distans L. *Syst.* ed. 10, 1263 (1759) ; Gr. et Godr. *Fl. Fr.* III, 425 ; Asch. et Graebn. *Syn.* II, 2, 192 ; Husnot *Cyp.* 47 ; Coste *Fl. Fr.* III, 518 ; Kük. *Cyp.-Car.* 663 (Engler *Pflanzenreich* IV, 20). — Exsicc. Req. sub : *C. distans* ! ; Kralik n. 826 !

Hab. — Marécages, points humides des étages inférieur et montagnard, 1-1000 m. Avril-juill. ⚥. Répandu et abondant du Cap Corse à Bonifacio.

1906. — Cap Corse : lieux humides près de la marine de Sisco, 4 juill. fr.! ; sources au col de Cappiaja près de Rogliano, 300 m., 7 juill. fr.! — Rochers humides à Palasca, 400 m., 10 juill. fr.! ; sources en descendant de la cime de San Angelo sur Omessa, 700 m., 15 juill. fr.!

1907. — Cap Corse : prés humides de la cluse des Stretti près de St-Florent, 30 m., calc., 23 avril fl.! — Prairies maritimes d'Ostriconi, 20 avril, fl.! ; lieux humides du vallon du Rio Stretto au-dessus de Francardo, 300-350 m., calc., 14 mai fr.! ; marais entre Alistro et Bravone, 10 m., 30 avril fl.! ; prés humides à Solenzara, 5 m., 3 mai fl. fr.! ; marécages au bord du golfe de Santa Manza, 6 mai fr.!

1908. — Vallée inf. du Tavignano, sources, 5-700 m., 26 juin fr.!

C. binervis Sm. in *Trans. linn. soc.* V. 268 (1800) ; Gr. et Godr. *Fl. Fr.* III, 425 ; Asch. et Graebn. *Syn.* II, 2, 193 ; Coste *Fl. Fr.* III, 517 ; Kük. *Cyp.-Car.* 664 (Engler *Pflanzenreich* IV, 20) = *C. distans* subsp. *binervis* Husnot *Cyp.* 48 (1906-07).

Kralik a distribué (n. 826) le *C. distans* des env. de Bonifacio sous le nom de *C. distans* var. *binervis* Kral. Cette détermination inexacte s'est glissée dans la flore de Grenier et Godr. (l. c.), qui indiquent le *C. binervis* à Bonifacio. M. Petit (in *Bot. Tidsskr.* XXIV, 248) l'a aussi signalé à Fontinone, par confusion avec le *C. distans*. Le *C. binervis* se distingue du *C. distans* par la souche longuement stolonifère, les épillets ♀ plus allongés et plus longuement pédonculés, les utricules pourvus seulement de deux nervures vertes, saillantes. L'aire du *C. binervis* est tout à fait occidentale (ouest de l'Espagne, du Portugal et de la France, Belgique, Grande-Bretagne, ouest de l'Allemagne, Norvège, îles Faroë) ; c'est une espèce étrangère au domaine méditerranéen et à la Corse.

278. C. punctata Gaud. *Agrost. helv.* II, 152 (1811) ; Gr. et Godr. *Fl. Fr.* III, 427 ; Asch. et Graebn. *Syn.* II, 2, 196 ; Husnot *Cyp.* 49 ; Coste *Fl. Fr.* III, 518 ; Kük. *Cyp.-Car.* 661 (Engler *Pflanzenreich* IV, 20) = *C. corsicana* Link *Hort. berol.* I, 358 (1828) = *C. pallidior* Degl. in Lois. *Fl. gall.* ed. 2, 299 (1828). — Exsicc. Burn. ann. 1900, n. 461 ! et ann. 1904 n. 664 et 665 !

Hab. — Marécages, points humides des étages inférieur et mon-

tagnard, 1-1000 m. Mai-juill. ♃ . Assez répandu. De Bastia au Pigno
(Mab. ap. Mars. *Cat.* 158) ; défilé de Lancone (Briq. *Spic.* 12 et Burn.
exsicc. cit. 665) ; Corté (ex Gr. et Godr. l. c.) ; vallée de la Restonica
(Fouc. et Sim. *Trois sem. herb. Corse* 163) ; Venaco (Fouc. et Sim. l. c.);
col de Vizzavona (Lit. *Voy.* 1, 13) ; col de Sorba (Briq. *Rech. Corse* 103
et Burn. exsicc. cit. 461) ; env. de Ghisoni (Rotgès ex Fouc. in *Bull. soc.
bot. Fr.* XLVII, 99 ; Briq. l. c. et Burn. exsicc. cit. 664) ; Sagone (Coste
in *Bull. soc. bot. Fr.* XLVIII, sess. extr. CXIV) ; bains de Guagno (ex
Gr. et Godr. l. c.) ; Ajaccio (Req. ex Bert. *Fl. it.* X, 104 ; Boullu in *Bull.
soc. bot. Fr.* XXIV, sess. extr. C ; Porto-Vecchio, au pont de l'Oso
(Revel. ap. Mars. l. c.) ; Bonifacio (Revel. ap. Mars. l. c.) ; et localités
ci-dessous.

1906. — Bords des torrents en montant de Calvi à Bonifatto par le Rio
de Ficarella, 550 m., 11 juill. fr. ! ; sources entre Moltifao et Asco, 400 m.,
25 juill. fr. ! ; sources en montant d'Asco à la bergerie de Rogia, 700-800
m., 25 juill. fr. ! ; berges humides près de la résinerie de la forêt d'Asco,
950 m., 26 juill. fr. ! ; sources sur le versant N. du col de Granace, 700 m.,
17 juill. fr. !

1907. — Marais entre Sainte-Lucie et Ste Trinité, 80 m., 4 mai fr. !

1908. — Vallée inf. du Tavignano, sources, 5-700 m., 26 juin fr. !

279. **C. extensa** Good. in *Trans. linn. soc.* II, 17 (1794) ; Gr. et
Godr. *Fl. Fr.* III, 426 ; Asch. et Graebn. *Syn.* II, 2, 197 ; Husnot *Cyp.* 48 ;
Coste *Fl. Fr.* III, 519 ; Kük. *Cyp.-Car.* 666 (Engler *Pflanzenreich* IV,
20) = *C. nervosa* Desf. *Fl. atl.* II, 337 (1800) = *C. Balbisii* Ten. *Fl.
nap.* V, 249 (1836). — Exsicc. Req. sub : *C. extensa* ! ; Kralik n. 827 !

Hab. — Marais saumâtres du littoral. Mai-juill. ♃ . Assez répandu.
Env. de Rogliano (Revel. ap. Mars. *Cat.* 158) ; Bastia (Mab. ap. Mars.
l. c.) ; Biguglia (Boullu in *Bull. soc. bot. Fr.* XXIV, sess. extr. LXIV ;
Fouc. et Sim. *Trois sem. herb. Corse* 163) ; St-Florent (Salis in *Flora*
XVI, 487) ; Calvi (Soleirol ex Bert. *Fl. it.* X, 101 ; Fouc. et Sim. l. c.) ;
abondant dans tous les env. d'Ajaccio (Req. exs. cit. et ap. Gr. et Godr.
l. c. et nombreux autres observateurs) ; Ghisonaccia (Rotgès in litt.) ;
Porto-Vecchio (Fliche in *Bull. soc. bot. Fr.* XXXVI, 369) ; Bonifacio
(Kral. exsicc. cit. ; Revel. ap. Mars. l. c.).

† 280. **C. flava** L. *Sp.* ed. 1, 975 (1753) ; Asch. et Graebn. *Syn.* II, 2,
198 ; Husnot *Cyp.* 50 ; sensu amplo.

Hab.— Marécages, bords des eaux, points humides, 1-2400 m. Avril-août suivant l'altitude. ♃. Polymorphe. — En Corse les subdivisions suivantes :

† I. Subsp. **eu-flava** Asch. et Graebn. *Syn.* II, 2, 199 (1903) = *C. flava* Gaud. *Fl. helv.* VI, 97 ; Koch *Syn.* ed. 2, 884 ; Gr. et Godr. *Fl. Fr.* III, 423 ; Coste *Fl. Fr.* III, 519 ; Kük. *Cyp.-Car.* 671 (Engler *Pflanzenreich* IV, 20).

Plante élevée à chaume généralement dressé, dépassant le plus souvent les feuilles à la maturité. Epillets ♀ volumineux. Utricules gros, à bec allongé et recourbé. — En Corse seulement la race suivante :

† α. Var. **vulgaris** Doell *Rhein. Fl.* 147 (1843) ; Asch. et Graebn. l. c. = *C. flava* var. *genuina* Gr. et Godr. *Fl. Fr.* III, 424 (1856).

Hab. — Etages inférieurs. Rare ou peu observée. Biguglia (Salis in *Flora* XVI, 487) ; lac de Creno (R. Maire in Rouy *Rev. bot. syst.* II, 71).

Chaume raide, à angles aigus. Feuilles élargies (env. 5 mm.). Epillets ♀ tous rapprochés, ovoïdes. Utricules longs de 5-6 mm., à bec long de 2-3 mm.

† II. Subsp. **Oederi** Asch. et Graebn. *Syn.* II, 2, 201 (1903) ; Husnot *Cyp.* 50 = *C. Oederi* Ehrh. *Beitr.* VI, 83 (1791) ; Gr. et Godr. *Fl. Fr.* III, 424 ; Coste *Fl. Fr.* III, 519 ; Kük. *Cyp.-Car.* 673 (Engler *Pflanzenreich* IV, 20).

Plante basse, à chaume dressé ou ascendant, ne dépassant pas ou dépassant peu les feuilles à la maturité. Epillets ♀ sphériques, petits. Utricules plus petits que dans la sous-esp. I, à bec plus court, droit ou un peu recourbé. — Comprend les deux races suivantes :

† β. Var. **Oederi** DC. *Fl. fr.* III, 121 (1805). — Exsicc. Reverch. ann. 1855 sub : *C. Oederi* ! ; Burn. ann. 1904, n. 661 !

Hab.— Plus fréquente dans l'étage montagnard. De Bastia à Biguglia (Salis in *Flora* XVI, 487) ; env. d'Evisa (Reverch. exsicc. cit.) ; lac de Creno (R. Maire in Rouy *Rev. bot. syst.* II, 71) ; entre Vivario et le col de Sorba (Rotgès, Mand. et Fouc. in *Bull. soc. bot. Fr.* XLVII, 98) ; entre Vizzavona et Ghisoni (Briq. *Spic.* 11 et Burn. exsicc. cit.) ; env. de Ghisoni et de Vezzani (Rotgès in litt.) ; Monte Renoso (Rotgès, Mand. et Fouc. l. c.) ; forêt de Bastelica (Lit. *Voy.* II, 34) ; et localités ci-dessous.

1906. — Sources entre Moltifao et Asco, 400 m., 26 juill. fr. ! ; talus humides dans la partie inférieure du vallon de Manganello (forêt de Cervello),

1000 m., 18 juill. fr. ! : berges des torrents sur le versant S. du col de la
Foce di Verde, 1000 m., 19 juill. fr. !

1908. — Vallée inf. du Tavignano, sources, 5-700 m., 26 juin fr. !

Chaume plus court ou un peu plus long que les feuilles, celles-ci $\pm$
planes, atteignant env. 3 mm. de largeur. Epillets $\female$ mesurant 6-8 $\times$ 6 mm.
en section longitudinale. Utricules longs de 2,5-3 mm., le bec atteignant
1-1,5 mm.

$\dagger\dagger$ γ. Var. **nevadensis** Briq. $= C.$ *nevadensis* Boiss. et Reut. *Pug.* 118
(1842) $= C.$ *Oederi* var. *nevadensis* Christ in *Bull. soc. roy. bot. Belg.*
XXIV, 2, 12 (1885) ; Richt. *Pl. eur.* I, 164 $= C.$ *flava* subsp. *Oederi* II
alpestris Asch. et Graebn. *Syn.* II, 2, 204 (1903) $= C.$ *lepidocarpa* var.
nevadensis et *C. Oederi* f. *alpestris* Kük. *Cyp.-Car.* 673 [Engler *Pflanzen-*
reich IV, 20 (1909)]. — Exsicc. Burn. ann. 1900, n. 393 ! et ann. 1904,
n. 656 !

Hab. — Bords des ruisselets et pozzines des étages subalpin et alpin,
1400-2400 m. Fréquent dans les hauts massifs centraux. Forêt de Valdoniello (Lit. in *Bull. acad. géogr. bot.* XVIII, 105) ; col de Vergio (Briq.
Spic. 11 et exsicc. cit. n. 656, subv. *normalis* ; Lit. *Voy.* II, 16) ; lac de
Nino (R. Maire in Rouy *Rev. bot. syst.* II, 71) ; Monte Renoso (Briq. *Rech.*
Corse 103 et exsicc. cit. n. 393, subv. *minuta* ; Lit. *Voy.* II, 29) ; Palneca, haute vallée du Taravo (Rotgès in litt.) ; et localités ci-dessous.

1906. — Berges du Lago Maggiore sous la cime du Capo al Berdato,
2300 m., 7 août fr. ! (subv. *minuta*) : sources à l'extrémité sup. du vallon
du Stranciacone, au-delà des bergeries de Stagno, 1600 m., 29 juill. fr. !
(subv. *normalis*) : gazons humides au-dessus de la bergerie de Tula,
sources du Golo, 1800 m., 9 août fr. ! (subv. *minuta*) : rochers humides
en montant de Grotello au Capo al Chiostro, 1700 m., 3 août fr. ! (idem) :
berges des ruisselets en montant de Grotello au lac Melo, 1700 m., 4 août
fr. ! (idem) : pentes humides sur le versant E. du Monte d'Oro entre la
bergerie et le col de Puzzatile, 1900 m., 9 août fr. ! (idem) : pozzi entre
les bergeries de Sgreccia et le col Bocca della Calle, 1700 m., 21 juill. fr. !
(idem).

1908. — Berges tourbeuses du lac de Creno, 1298 m., 27 juin fr. ! (subv.
normalis, f. ad var. *Oederi* vergens) : pozzines du Tavignano sup. près des
bergeries de Ceppo, 1600 m., 28 juin fr. (f. ad subv. *minutam* vergens).

Chaume réduit : feuilles en partie planes, larges d'env. 2 mm., en partie
plus étroites et pliées longitudinalement. Epillets $\female$ mesurant 3-5 $\times$ 3,5
mm. en section longitudinale. Utricules longs de 1,5-2 mm., à bec atteignant 0,8-1 mm. — Cette race, caractérisée par la petitesse des utricules,
se distingue par là des formes réduites de la var. *Oederi* ; elle serait spéciale aux montagnes de la Corse et de la Sierra Nevada, si nous ne l'avions

récoltée (très rare !) également dans les Alpes continentales. M. Kükenthal (l. c.) attribue le *Carex* espagnol (celui de Corse paraît lui être resté inconnu) au *C. lepidocarpa* Tausch (pour nous : *C. flava* subsp. *lepidocarpa* Schinz et Kell.) comme variété, rapprochement qui nous paraît peu heureux. Tant en Espagne qu'en Corse nous connaissons des passages entre les variétés *Oederi* et *nevadensis*, tandis que la sous-esp. *lepidocarpa* n'a pas jusqu'à présent été signalée en Corse.

On peut distinguer les deux sous-variétés suivantes :

γ^1 subvar. **normalis** Briq. = *C. nevadensis* Boiss. et Reut., sensu stricto. — Chaume dépassant un peu les feuilles ou plus court qu'elles, mais à hampe 1-2 fois plus longue que la région de l'inflorescence.

γ^2 subvar. **minuta** Briq. = *C. Oederi* f. *minuta* Fouc. et Rotgès in *Bull. soc. bot. Fr.* XLVII, 98 (1900) et spec. auth. = *C. nevadensis* var. *minuta* Christ ap. Briq. *Rech. Corse* 103 (1901) = *C. nevadensis* var. *minuta* Briq. *Spic.* 11 (1905) = *C. nevadensis* var. *nana* Christ ex Briq. *Spic.* 11 (sphalmate). — Tige très courte, dépassée par les feuilles, à hampe plus courte que la région de l'inflorescence, souvent presque nulle (épillets subsessiles, cachés entre les feuilles !).

†† 281. **C. rostrata** Stokes ap. With. *Bot. arr. brit. pl.* ed. 2, II, 1059 (1787) ; Asch. et Graebn. *Syn.* II, 2, 210 ; Coste *Fl. Fr.* III, 508 ; Kük. *Cyp.-Car.* 720 (Engler *Pflanzenreich* IV, 20) = *C. vesicaria* β L. *Sp.* ed. 1, 979 (1753) = *C. obtusangula* Ehrh. *Beitr.* VI, 82 (1791) = *C. ampullacea* Good. in *Trans. linn. soc.* II, 207 (1794) ; Gr. et Godr. *Fl. Fr.* III, 428 ; Husnot *Cyp.* 55.

Hab. — Signalée seulement au lac de Creno par M. R. Maire (in Rouy *Rev. bot. syst.* II, 53), avec doute, cette laiche croissant trop loin du rivage pour être atteinte. M. de Litardière (*Voy.* II, 24) cite au lac de Creno le *C. vesicaria* L. Nous n'avons vu ce *Carex* qu'en feuilles, et n'avons pas non plus pu l'atteindre. A rechercher.

† 282. **C. vesicaria** L. *Sp.* ed. 1, 979 (1753) ; Gr. et Godr. *Fl. Fr.* III, 429 ; Asch. et Graebn. *Syn.* II, 2, 212 ; Husnot *Cyp.* 55 ; Coste *Fl. Fr.* III, 508 ; Kük. *Cyp.-Car.* 725 (Engler *Pflanzenreich* IV, 20) = *C. inflata* Huds. *Fl. angl.* ed. 2, 412 (1778).

Hab. — Marais de l'étage inférieur. Mai-juin. ♃ . Rare ou peu observé. Env. de Bastia (Soleirol ex Bert. *Fl. it.* X, 150) ; Port de Sagone (Coste in *Bull. soc. bot. Fr.* XLVII, sess. extr. CXIV) ; voy. aussi l'esp. précédente.

283. **C. acutiformis** Ehrh. *Beitr.* IV, 42 (1789) ; Böck. in *Linnaea*

XLI, 289 ; Asch. et Graebn. *Syn.* II, 2, 214 ; Coste *Fl. Fr.* III, 506 ; Kük. *Cyp.-Car.* 733 (Engler *Pflanzenreich* IV, 20) = *C. paludosa* Good. in *Trans. linn. soc.* II, 202 (1794) ; Gr. et Godr. *Fl. Fr.* III, 429 ; Husnot *Cyp.* 54.

Hab. — Marécages, bord des eaux des étages inférieur et montagnard. Mai-juin. ♃. Peu observé. De Bastia à Biguglia (Mab. ap. Mars. *Cat.* 158 ; Boullu in *Bull. soc. bot. Fr.* XXIV, sess. extr. LXIV) ; forêt d'Aitone (Lutz in *Bull. soc. bot. Fr.* XLVIII, sess. extr. CXXX) ; entre Piana et Porto (N. Roux in *Bull. soc. bot. Fr.* XLVIII, sess. extr. CXXXIII) ; Campo di Loro (Mars. l. c.) ; et localité ci-dessous.

1907. — Marais entre Alistro et Bravone, 10 m., 30 avril fl.!

† 284. **C. riparia** Curt. *Fl. lond.* IV, t. 60 (env.1783) ; Gr. et Godr. *Fl. Fr.* III, 430 ; Asch. et Graebn. *Syn.* II, 2, 216 ; Husnot *Cyp.* 54 ; Coste *Fl. Fr.* III, 506 ; Kük. *Cyp.-Car.* 735 (Engler *Pflanzenreich* IV, 20).

Hab. — Marais de l'étage inférieur. Mai-juin. ♃. Rare ou peu observé. De Bastia à Biguglia (Salis in *Flora* XVI, 488) ; Bonifacio (Soleirol ex Bert. *Fl. it.* X, 140).

† 285. **C. hirta** L. *Sp.* ed. 1, 975 (1753) ; Gr. et Godr. *Fl. Fr.* III, 431 ; Asch. et Graebn. *Syn.* II, 2, 223 ; Husnot *Cyp.* 52 ; Coste *Fl. Fr.* III, 507 ; Kük. *Cyp.-Car.* 750 (Engler *Pflanzenreich* IV, 20).

Hab. — Points marécageux ou humides de l'étage inférieur. Mai-juin. ♃. Signalé seulement de Bastia à Biguglia (Salis in *Flora* XVI, 485). Probablement plus répandu, à rechercher.

CYPERUS L. emend.

286. **C. flavescens** L. *Sp.* ed. 1, 68 (1753) ; Gr. et Godr. *Fl. Fr.* III, 362 ; Asch. et Graebn. *Syn.* II, 2, 267 ; Husnot *Cyp.* 78 ; Coste *Fl. Fr.* III, 461.

Hab. — Points humides, bords des ruisseaux, marais des étages inférieur et montagnard. Juill.-sept. ♃. Disséminé. De Bastia à Biguglia (Salis in *Flora* XVI, 486) ; Calvi (Soleirol ex Bert. *Fl. it.* I, 262) ; ruisseau de Barcarella près de Sidossi (Lit. in *Bull. acad. géogr. bot.* XVIII, 104) ; Ghisoni (Rotgès in litt.) ; vallée inf. de la Restonica (Lit. l. c.) ; env. d'Ajaccio à la Tour Parata (Boullu in *Bull. soc. bot. Fr.* XXVI, 82) ;

Barbicaja (Mars. *Cat.* 156 ; Boullu in *Bull. soc. bot. Fr.* XXIV, sess. extr. LXXXIX) et Vignola (Mars. l. c.) ; et localité ci-dessous. Probablement plus répandu.

1906. — Berges des ruisseaux dans la partie inférieure de la vallée de la Restonica, 500 m., 2 août fr.!

287. C. serotinus Rottb. *Progr.* 18 (1772) et *Descr. et ic.* 31 (1773) ; Asch. et Graebn. *Syn.* II, 2, 270 ; Husnot *Cyp.* 78 ; Coste *Fl. Fr.* III, 463 = *C. Monti* L. f. *Suppl.* 102 (1781) ; Gr. et Godr. *Fl. Fr.* III, 361. — Exsicc. Mab. n. 187 !

Hab. — Marais, bords des étangs de l'étage inférieur. Juill.-sept. ♃. Rare. Marine de Pietra-Corbara (Mab. exsicc. cit.) ; embouchure de la Gravona (Mars. *Cat.* 155 ; Boullu in *Bull. soc. bot. Fr.* XXIV, sess. extr. XCIV).

288. C. fuscus L. *Sp.* ed. 1, 46 (1753) ; Gr. et Godr. *Fl. Fr.* III, 360 ; Asch. et Graebn. *Syn.* II, 2, 275 ; Husnot *Cyp.* 77 ; Coste *Fl. Fr.* III, 461. — Exsicc. Reverch. ann. 1878 sub : *C. fuscus*!

Hab. — Points humides et sablonneux des étages inférieur et montagnard, 1-900 m. Juill.-sept. ①. Disséminé. De Bastia à Biguglia (Salis in *Flora* XVI, 486 ; Boullu in *Bull. soc. bot. Fr.* XXIV, sess. extr. LXIV ; Shuttl. *Enum.* 21) ; St-Florent (Soleirol ex Bert. *Fl. it.* I, 264) ; Ghisoni (Rotgès in litt.) ; Bastelica (Reverch. exsicc. cit.) ; Tallano (Seraf. ex Bert. l. c.) ; Bonifacio (Revel. ap. Mars. *Cat.* 156) ; probablement plus répandu selon Mars. l. c.

On peut distinguer les deux sous-variétés suivantes :

α¹ subvar. **genuinus** Briq = *C. fuscus* L. sensu stricto. — Ecailles d'un brun-noirâtre.

α² subvar. **virescens** Asch. et Graebn. *Syn.* II, 2, 276 (1904) = *C. virescens* Hoffm. *Deutschl. Fl.* 1, 21 (1791) = *C. viridis* Spreng. *Syst.* 1, 216 (1813) = *C. fuscus* var. *virescens* Koch *Syn.* ed. 2, 849 (1844) ; Husnot *Cyp.* 77. — Ecailles vertes ou ± brunes sur les côtés. Çà et là avec la sous-var. précédente, mais plus rare.

289. C. rotundus L. *Sp.* ed. 1, 45 (1753) ; Asch. et Graebn. *Syn.* II, 2, 280 ; Husnot *Cyp.* 76 ; Coste *Fl. Fr.* III, 462 = *C. olivaris* Targ.-Tozz. in *Mem. soc. it. sc.* XIII, 2, 338 (1807) ; Gr. et Godr. *Fl. Fr.* III, 359. — Exsicc. Mab. n. 284! ; Debeaux ann. 1866 et 1867 sub : *C. olivaris*!

Hab. — Points humides de l'étage inférieur. Juill.-sept. ♃. Peu observé. Commun de Bastia à Biguglia (Salis in *Flora* XVI, 486 ; Mab. exsicc. cit. et ap. Mars. *Cat.* 155 ; Deb. exsicc. cit.) ; Aleria et Corté (ex Gr. et Godr. l. c.).

290. **C. esculentus** L. *Sp.* ed. 1, 45 (1753) ; Böckel. in *Linnaea* XXXVI, 287 ; Asch. et Graebn. *Syn.* II, 2, 281 ; Coste *Fl. Fr.* III, 463.

α. Var. **sativus** Böckel. l. c. 290 (1870); Asch. et Graebn. *Syn.* II, 2, 282.

Tubercules ± volumineux, ovoïdes, pourvus de zones annulaires distinctes, très saccharifères et oléagineux. — Indiquée en Corse par Burmann (*Fl. cors.* 222) d'après Jaussin, et peut-être jadis cultivée, cette race n'a pas été signalée depuis cette époque. Nous n'en avons jamais vu de cultures.

β. Var. **aureus** Richt. *Pl. eur.* I, 135 (1890) ; Asch. et Graebn. l. c. = *C. aureus* Ten. *Fl. nap. prodr.* 8 (1811) et *Fl. nap.* III, 45, tab. 101 ; Gr. et Godr. *Fl. Fr.* III, 360 ; Husnot *Cyp.* 76 = *C. melanorrhizus* Del. *Ill. fl. Eg.* 50 (1813) = *C. Tenorii* Presl *Fl. sic.* 43 = *C. pallidus* Savi *Cat. pi. Egiz.* 23 (1830). — Exsicc. Mab. n. 285 !

Hab. — Bords des ruisseaux de l'étage inférieur. Juillet-sept. ♃. Disséminée. Env. de Bastia au vallon du Fango (Mars. *Cat.* 155), au-dessous de Sainte-Lucie (Salis in *Flora* XVI, 486) et à Erbalunga (Mab. exsicc. cit. et in *Feuill. jeun. nat.* VII, 111 et ap. Mars. l. c.) ; Corté et Bonifacio (ex Gr. et Godr. l. c.).

291. **C. longus** L. *Sp.* ed. 1, 45 (1753) ; Böckel. in *Linnaea* XXXVI, 279 ; Asch. et Graebn. *Syn.* II, 2, 282; Coste *Fl. Fr.* III, 463.

Hab. — Points humides, bords des cours d'eau des étages inférieur et montagnard. Juin-sept. ♃. — Deux sous-espèces :

1. Subsp. **eu-longus** Asch. et Graebn. *Syn.* II, 2, 283 (1904) = *C. longus* L. sensu stricto ; Gr. et Godr. *Fl. Fr.* III, 358 ; Husnot *Cyp.* 75 = *C. longus* var. *elongatus* Böckel. l. c.

Hab. — Serait très commune selon Marsilly (*Cat.* 155). Erbalunga (Gillot in *Bull. soc. bot. Fr.* XXIV, sess. extr. XLIX) ; vallon du Fango (Gillot l. c. ; Lit. in *Bull. acad. géogr. bot.* XVIII, 104) ; Bastia (Soleirol ex Bert. *Fl. it.* 1, 270) ; Biguglia (Salis in *Flora* XVI, 486 ; Boullu in *Bull. soc. bot. Fr.* XXIV, sess. extr. XLIII) ; Calacuccia et Sidossi (Lit.

in *Bull. acad. géogr. bot.* XVIII, 104) ; embouchure du Prunelli (Boullu l. c. XCV) ; Bonifacio (Seraf. ex Bert. l. c.; Boy. *Fl. Sud Corse* 66).

Chaume élevé ; feuilles à limbe large de 4-7 mm. Anthèle à rameaux allongés ; épillets longs de 1-2 cm. Fruit elliptique-allongé.

II. Subsp. **badius** Asch. et Graebn. *Syn.* II, 2, 283 (1904) = *C. badius* Desf. *Fl. atl.* 1, 45 (1798) ; Gr. et Godr. *Fl. Fr.* III, 358 ; Husnot *Cyp.* 73 = *C. brachystachys* Presl *Cyp. et Gram. sic.* 15 (1820) = *C. thermalis* Dum. *Fl. belg.* 145 (1827) = *C. tenuiflorus* Parl. *Fl. pan.* 1, 61 (1839) = *C. neglectus* Parl. *Fl. pal.* I, 249 (1845) = *C. longus* var. *badius* Cambess. in *Mém. Mus. Par.* XIV, 323 (1827) ; Böckel. in *Linnaea* XXXVI, 280 (1870). — Exsicc. Req. sub : *C. longus* ! ; Reverch. ann. 1878, 1879 et 1885, n. 28 ! ; Burn. ann. 1904 n. 639 et 640 !

Hab. — Paraît plus répandue que la sous-esp. précédente. D'Erbalunga à Sisco (Fouc. et Sim. *Trois sem. herb. Corse* 162) ; Biguglia (Sargnon in *Ann. soc. bot. Lyon* VI, 64 ; Boullu in *Bull. soc. bot. Fr.* XXIV, sess. extr. LXIV ; Gysperger in Rouy *Rev. bot. syst.* II, 121) ; Calvi (Fouc. et Sim. l. c.) ; Ile Rousse (N. Roux in *Bull. soc. bot. Fr.* XLVIII, sess. extr. CXLV) ; Corté (Req. exsicc. cit.; Mand. et Fouc. in *Bull. soc. bot. Fr.* XLVII, 98) ; Ghisoni (Rotgès in litt.) ; env. de Porto (Reverch. exsicc. cit. ann. 1885 ; Lit. in *Bull. acad. géogr. bot.* XVIII, 104) ; Ajaccio (ex Gr. et Godr. l. c.) ; au-dessous d'Appietto (Briq. *Spic.* 10 et Burn. exsicc. cit. n. 639) ; montagne de Pozzo di Borgo (Boullu in *Bull. soc. bot. Fr.* XXIV, sess. extr. XCVII ; Coste in *Bull. soc. bot. Fr.* XLVIII, sess. extr. CX ; Briq. *Spic.* 10 et Burn. exsicc. cit. n. 640) ; Campo di Loro (Fouc. et Sim. l. c. 162 ; Coste l. c. CVII) ; Aspretto (Fouc. et Sim. l.c.) ; Bastelica (Reverch. exsicc. cit. ann. 1878) ; Aullène (Revel. ap. Bor. *Not.* II, 9) ; Serra di Scopamène (Reverch. exsicc. cit. ann. 1879) ; Porto-Vecchio (Revel. ap. Bor. l. c.) ; et localités ci-dessous.

1906. — Cap Corse : fossés entre les Marines de Luri et de Meria, 6 juill. fl. !

1907. — Près de Corté, bords du Tavignano, 330 m., 28 juill. fl. !

1908. — Vallée inf. de Tavignano, sources, 5-700 m., 26 juin fl. !

Chaume généralement moins élevé ; feuilles à limbe large de 2-5 mm. Anthèle à rameaux moins nombreux et plus courts : épillets longs de 0,7-1,2 cm., généralement plus nombreux et souvent d'une couleur brune plus uniforme à la maturité. Fruit ovoïde. — Cette sous-espèce est reliée par des formes douteuses avec la précédente et ne saurait à aucun titre

en être séparée spécifiquement. On peut distinguer en outre les deux
sous-variétés extrêmes suivantes.

α¹ subvar. **genuinus** Briq. = *C. badius* Desf. sensu stricto. — Rameaux
de l'anthèle, au môins les plus longs, ne portant généralement que deux
ramuscules étalés à angle droit.

α² subvar. **Preslii** Briq. = *C. Preslii* Parl. *Fl. it.* II, 40 (1852) = *C. badius*
var. *Preslii* Husnot *Cyp.* 75 (1906). — Rameaux de l'anthèle, au moins
les plus longs, portant en général au sommet plusieurs ramuscules
obliquement dressés. Feuilles à limbe très étroit, parfois presque filiforme ; épillets plus courts et plus foncés.

292. C. mucronatus Mabille *Rech. Corse* 1, 27 (1867) = *Schœnus
mucronatus* L. *Sp.* ed. 1, 42 (1753) ; Koch *Syn.* ed. 2, 850 = *C. capitatus* Vand. *Fasc. pl.* 5 (1771) ; Asch. et Graebn. *Syn.* II, 2, 285 ; non
Retz., nec Poir., nec alior. = *Scirpus Kalli 3 Alpini* Forsk. *Fl. aeg.-
arab.* 12 (1772) = *C. aegyptiacus* Glox. *Obs. bot.* 20 (1785) = *Mariscus
mucronatus* Gaertn. *De fruct.* I, 11 (1788) = *C. schoenoides* Gris. *Spic. fl.
rum.* II, 421 (1844) ; Gr. et Godr. *Fl. Fr.* III, 360 ; Husnot *Cyp.* 78 ;
Coste *Fl. Fr.* III, 462 = *Galilea mucronata* Parl. *Fl. pal.* 1, 290 (1845). —
Exsicc. Sieber sub : *Schoenus mucronatus* ! ; Mab. n. 96 !

Hab. — Sables secs et dunes du littoral. Juin-juill. ♃. Disséminé.
Cap Corse (Mab. *Rech.* l. c. et ap. Mars. *Cat.* 155) ; Bastia (Soleirol ex
Bert. *Fl. it.* 1, 248 ; Mab. ap. Mars. l. c.) ; Biguglia (Salis in *Flora* XVI,
486 ; Mab. exsicc. cit. ; Sargnon in *Ann. soc. bot. Lyon* VI, 66 ; Boullu in
Bull. soc. bot. Fr. XXIV, sess. extr. LXVI ; Gysperger in Rouy *Rev. bot.
syst.* II, 121) ; Alistro (« Balistra » Seraf. ex Bert. *Fl. it.* l. c.) ; étang de
Diane, vers l'embouchure du Tavignano (Mars. l. c.) ; Ghisonaccia
(Rotgès in litt.) ; Ajaccio (Sieber exsicc. cit.).

Ainsi que l'a fait observer Mabille (l. c.), dont la note est passée
inaperçue des auteurs subséquents, l'épithète spécifique donnée par
Linné à cette espèce doit être conservée. Il existe déjà, il est vrai,
divers *C. mucronatus*, mais tous sont des synonymes avérés d'espèces
connues [*C. mucronatus* Rottb. (1772) = *C. laevigatus* L. (1771) ; *C. mucronatus* Sibth. et Sm. (1806) = *C. distachyos* All. (1789) ; *C. mucronatus* Steud.
(1842-48) = *C. capillaris* Koen. ex Roxb. (1820)]. Il y a donc lieu d'appliquer ici l'art. 50 des *Règl. de la nomenclature.*

FUIRENA Rottb.

293. F. pubescens Kunth *Enum.* II, 132 (1837) ; Gr. et Godr. *Fl.
Fr.* III, 368 ; Husnot *Cyp.* 58 ; Coste *Fl. Fr.* III, 468 = *Carex pubescens*

Poir. *Voy.* II, 254 (1789) = *Scirpus pubescens* Lamk *Ill.* I, 139 (1791)
= *Carex Poiretii* Gmel. *Syst.* I, 140 (1796) = *Isolepis pubescens* Roem.
et Schult. *Syst.* II, 118 (1817). — Exsicc. Req. sub : *Fuirena pubescens*!;
Soleirol in Reliq. Maill. ann. 1869 sub : *Fuirena pubescens*!; Kralik n.
823!; Mab. n. 78!; Soc. franco-helv. n. 1242!

Hab. — Rochers humides de l'étage inférieur, 1-600 m. Mai-juin. ♃.
Localisé aux env. d'Ajaccio, surtout à la Chapelle des Grecs (Soleirol
ex Bert. *Fl. it.* I, 301 et exsicc. cit.; Req. ex Bert. l. c. X, 448 et exsicc.
cit.; Kral. et Mab. exsicc. cit.; et nombreux autres observateurs) et
remontant la vallée de la Gravona jusqu'à Bocognano (De Parade ex
Salis in *Flora* XVI, 486; Mars. *Cat.* 156; Lutz in *Bull. soc. bot. Fr.*
XLVIII, sess. extr. CL); bords de l'Oso à Porto-Vecchio (Revel. ap.
Mars. l. c.).

SCIRPUS L. émend.

294. S. palustris L. *Sp.* ed. 1, 47 (1753); Asch. et Graebn. *Syn.*
II, 2, 289; Coste *Fl. Fr.* III, 478 = *Eleocharis palustris* R. Br. *Prodr.*
fl. Nov. Holl. I, 80 (1810); Gr. et Godr. *Fl. Fr.* III, 380; Palla in Engl.
Bot. Jahrb. X, 299; Husnot *Cyp.* 59.

Hab. — Marécages des étages inférieur et montagnard, 1-1000 m.
Avril-juill. ♃. Répandu. D'Erbalunga à Sisco (Fouc. et Sim. *Trois sem.*
herb. Corse 162); Biguglia (Salis in *Flora* XVI, 486; Mab. ex Mars. *Cat.*
156; Boullu in *Bull. soc. bot. Fr.* XXIV, sess. extr. LXIV); S¹-Florent
(Mab. ex Mars. l. c.); Pietramoneta (Fouc. et Sim. l. c.); Ghisoni (Rotgès in litt.); Vignola (Mars. l. c.; Boullu in *Bull. soc. bot. Fr.* XXVI,
82); Campo di Loro (Boullu in *Bull. soc. bot. Fr.* XXIV, sess. extr. XCV);
Porto-Vecchio (R. Maire in Rouy *Rev. bot. syst.* II, 72); îles de Cavallo
(Soleirol ex Bert. *Fl. it.* I, 307); Bonifacio (Seraf. ex Bert. l. c.); et
localités ci-dessous.

1906. — Lieux humides dans la partie inf. du vallon de Manganello
(forêt de Cervello), 1000 m., 18 juill., fl.!; ruisseaux au col de S. Giorgio,
750 m., 17 juill. fl.!

1907. — Prairie humide à Cateraggio, 5 m., 1 mai fl.!; aulnaies du Fiumorbo près de Ghisonaccia, 8 m., 8 mai fl.!; fossés humides à Sainte-
Lucie, 40 m., 4 mai fl.!

† 295. **S. multicaulis** Sm. *Fl. brit.* I, 48 (1800); Asch. et Graebn.

Syn. II, 2, 294 ; Coste *Fl. Fr.* III, 478 = *Eleocharis multicaulis* Sm. *Engl. fl.* I, 64 (1824) ; Gr. et Godr. *Fl. Fr.* III, 380 ; Palla in Engl. *Bot. Jahrb.* X, 299 ; Husnot *Cyp.* 59.

Hab. — Marécages de l'étage inférieur. Avril-juin. ♃. Signalé en Corse sans indication de localité par Duby (*Bot. gall.* I, 485). Retrouvé par nous dans la localité ci-dessous.

1907. — Marais entre Sainte-Lucie et Ste-Trinité, 80 m., 4 mai fl. !

296. **S. caespitosus** L. *Sp.* ed. 1, 48 (1753) ; Gr. et Godr. *Fl. Fr.* III, 379 ; Asch. et Graebn. *Syn.* II, 2, 299 ; Husnot *Cyp.* 62 ; Coste *Fl. Fr.* III, 477 = *Trichophorum caespitosum* Hartm. *Handb.* 5 (1849) ; Palla in Engl. *Bot. Jahrb.* X, 296 (1889). — En Corse seulement la race suivante :

Var. **austriacus** Asch. et Graebn. *Syn.* II, 2, 300 (1904) = *Trichophorum austriacum* Palla in *Ber. deutsch. bot. Ges.* XV, 468 (1897). — Exsicc. Burn. ann. 1900 n. 271 !

Hab. — Pozzines, 1400-2400 m. Calcifuge. Juill.-août. ♃. Abondante dans les grands massifs du centre, où Soleirol (ap. Bert. *Fl. it.* I, 277) l'a signalée le premier. Lacs de Lancone sous le Capo Bianco (Lit. in *Bull. acad. géogr. bot.* XVIII, 79) ; Monte Cinto (Audigier ap. Fouc. in *Bull. soc. bot. Fr.* XLVII, 98) ; lac de Nino (R. Maire in Rouy *Rev. bot. syst.* II, 55) ; Monte d'Oro (Lit. l. c. 91) ; Monte Rotondo (Mars. *Cat.* 156 ; Doùmet in *Ann. Hér.* V, 191 ; Mand. et Fouc. in *Bull. soc. bot. Fr.* l. c. ; Briq. *Rech. Corse* 19 et Burn. exsicc. cit.) ; Monte Renoso (Req. ex Parl. *Fl. it.* II, 82 ; Mab. ap. Mars. l. c. ; Mand. et Fouc. l. c. ; Lit. *Voy.* II, 28) ; et localités ci-dessous.

1906. — Près des lacs du Capo al Berdato, 2300 m., 7 août ; haut vallon du Stranciacone au delà des bergeries de Stagno, 1400 m., 29 juill. ; haut vallon de Tula, 1700-1800 m., 9 août ; en montant des bergeries de Grotello au Capo al Chiostro, 1700 m., 3 août fl. ; haute vallée de la Restonica en amont de Grotello, lac Melo et lacs de Renoso, 4 août ; entre les bergeries de Sgreccia et le col Bocca della Calle, 1700 m., 21 juill. fl. ! ; entre les bergeries d'Aluccia et le col de l'Incudine, 1400-1500 m., 10 juill.

1908. — Lac de Nino, 1743 m., 28 juin.

Plante basse. Sinus de la gaine supérieure très peu profond, à marge serrée contre la tige peu colorée ; épi assez petit. Soies du périgone peu papilleuses au sommet. — Ces caractères, assez variables, ne peuvent guère servir par leur réunion qu'à distinguer une race, ainsi que l'ont fait judicieusement observer MM. Ascherson et Graebner (l. c.). Le *S. caespitosus*

« form. stat. » *minutus* Fouc. et Mand. [in *Bull. soc. bot. Fr.* XLVII, 98 (1900)] est constitué par les échant. réduits, tels qu'on les trouve dans les pozzines supérieures. Mais entre ceux-ci et les individus plus développés, on trouve, et souvent dans la même localité, tous les intermédiaires, aussi bien en Corse que dans les Alpes. Ce sont là des variations individuelles, et non pas des variétés dans le sens de races.

† 297. **S. acicularis** L. *Sp*. ed. 1, 48 (1753); Asch. et Graebn. *Syn*. II, 2, 303; Coste *Fl. Fr*. III, 476 = *Eleocharis acicularis* R. Br. *Prodr. fl. Nov. Holl.* I, 80 (1810); Gr. et Godr. *Fl. Fr*. III, 382; Palla in Engl. *Bot. Jahrb*. X, 299; Husnot *Cyp*. 60.

Hab. — Signalé uniquement dans les pozzines près du lac de Nino, 1743 m. (Req. ex Parl. *Fl. it.* II, 70; Lit. in *Bull. acad. géogr. bot.* XVIII, 58 et 104). Juill. ♃.

S. fluitans L. *Sp*. ed. 1, 48 (1753); Gr. et Godr. *Fl. Fr*. III, 378; Asch. et Graebn. *Syn*. II, 2, 307; Husnot *Cyp*. 63; Coste *Fl. Fr*. III, 476 = *Isolepis setacea* R. Br. *Prodr. fl. Nov. Holl.* I, 78 (1810); Palla in Engl. *Bot. Jahrb*. X, 300.

Cette espèce indiquée en Corse par Burmann (*Fl. cors.* 244), d'après Jaussin, est étrangère à la flore de l'île.

†† 298. **S. setaceus** L. *Sp*. ed. 1, 49 (1753); Gr. et Godr. *Fl. Fr*. III, 376; Asch. et Graebn. *Syn*. II, 2, 307; Husnot *Cyp*. 64; Coste *Fl. Fr*. III, 475 = *Isolepis setacea* R. Br. *Prodr. fl. Nov. Holl.* I, 78 (1810); Palla in Engl. *Bot. Jahrb*. X, 300. — Exsicc. Burn. ann. 1900, n. 462!

Hab. — Bords des ruisseaux, points humides de l'étage montagnard, rarement dans l'étage inférieur. 500-1300 m. Mai-juill. ♃. Peu fréquent. Glacière du Pigno (Deb. *Not.* 114); au-dessus de Belgodère, env. 500 m. (Fouc. et Sim. *Trois sem. herb. Corse* 162); Monte S. Pietro (Lit. *Voy.* I, 7); vallée de la Restonica (Fouc. et Sim. l. c.); descente du col de Sorba, versant E. (Briq. *Rech. Corse* 163 et Burn. exsicc. cit.); Caniccia près de Ghisoni (Rotgès ex Fouc. in *Bull. soc. bot. Fr.* XLVII, 98); et localité ci-dessous.

1906. — Lieux humides dans la partie inférieure du vallon de Manganello (forêt de Cervello), 1000 m., 18 juill. fl. fr. !

Bractée de l'inflorescence 2-3 fois plus longue que les épillets. Akènes d'un gris brun à la maturité, nettement striés en long, faiblement striés en travers. — Les échant. à inflorescence appauvrie constituent la forme *pseudo-clathratus* (voy. Asch. et Graebn. l. c.), dont la valeur n'est guère qu'individuelle.

299. S. cernuus Vahl *Enum.* II, 245 (1806); Asch. et Graebn. *Syn.*
II, 2, 308 = *S. Savii* Seb. et Mauri *Fl. rom. prodr.* 22 (1818); Gr. et.
Godr. *Fl. Fr.* III, 377; Husnot *Cyp.* 63; Coste *Fl. Fr.* III, 476 = *Isolepis*
Saviana Schult. *Mant.* II, 63 (1824). — Exsicc. Sieber sub : *S. setaceus* !;
Req. sub : *Isolepis Saviana* !; Kralik n. 822 !; Reverch. ann. 1878 et 1885,
n. 127 !; Burn. ann. 1904, n. 641 et 642 !

Hab. — Marécages, bords des ruisseaux, points humides des étages
inférieur et montagnard, 1-800 m. Avril-juill. ♃. Répandu et abondant
dans l'île entière.

1906. — Cap Corse : talus humides entre les Marines de Luri et de
Meria, 6 juill. fl. fr. !; sources au col de Cappiaja près de Rogliano, 300 m.,
7 juill. fl. fr. !; Rio de Ficarella en montant de Calvi à Bonifatto, 150 m.,
11 juill. fl. fr. !; sources en montant d'Asco à la bergerie de Rogia, rive
gauche, 700-800 m., 25 juill. fl. fr. !; sources sur le versant N. du col de
Granacce, 500 m., 17 juill. fl. fr. !

1907. — Cap Corse : alluvions sablonneuses à la marine d'Albo, 26 avril
fl. !; mares des maquis entre Bravone et Aleria, 10 m., 30 avril fl. fr. !;
pré humide près de Solenzara, 5 m., 3 mai fl. !; fossés humides à Sainte-
Lucie, 40 m., 4 mai fl. !; marais entre Sainte-Lucie et Ste Trinité, 80 m.,
4 mai fl. !; fossés humides à Santa Manza, 10 m., 6 mai fl. !

1908. — Sources sur le versant S. du col de Sagropino, 1300 m., 1 juill.
fl. !; vallée inf. du Tavignano, sources, 5-700 m., 28 juin fl. fr. !

Bractée de l'inflorescence de longueur variable, en général courte et
dépassant à peine l'épillet mûr, parfois aussi plus longue. Akènes blancs,
ponctués de fines fossettes. — Présente comme l'espèce précédente,
dont elle est fort voisine, des individus grêles, à épillets réduits à 1.
Cette variation a été identifiée (voy. Loret et Barr. *Fl. Montp.* éd. 2, 520;
Fouc. et Sim. *Trois sem. herb. Corse* 180; Husnot l. c.) avec le *S. gracilli-*
mus Kohts in *Oest. bot. Zeitschr.* XIX, 333 (1869). MM. Ascherson et Graebner (l. c.) attribuent au contraire, bien qu'avec doute, la plante de Kohts
au *S. setaceus* var. *clathratus* Reichb. Quoi qu'il en soit, les variations de
cet ordre (indiquées par Foucaud et Simon aux env. d'Ajaccio, et qui se
retrouvent çà et là ailleurs mélangées aux formes normales) sont pour
nous dépourvues de valeur systématique propre.

†† 300. **S. mucronatus** L. *Sp.* ed. 1, 50 (1753), excl. syn. et loc.
nat.; Gr. et Godr. *Fl. Fr.* III, 375; Asch. et Graebn. *Syn.* II, 2, 310;
Husnot *Cyp.* 65; Coste *Fl. Fr.* III, 475 = *Schoenoplectus mucronatus*
Palla in Engl. *Bot. Jahrb.* X, 299 (1889).

Hab. — Marécages de l'étage inférieur. Juill.-août. ♃. Jusqu'ici uniquement à Biguglia (Mab. ex Deb. *Not.* 114).

301. S. lacustris L. *Sp.* ed. 1, 48 (1753) ; Gr. et Godr. *Fl. Fr.* III, 372 ; Husnot *Cyp.* 66.

Hab. — Eaux tranquilles ou dormantes des marais de l'étage inférieur. Juin-août. ♃. — Deux sous-espèces :

I. Subsp. **eu-lacustris** Briq. = *S. lacustris* L. sensu stricto ; Asch. et Graebn. *Syn.* II, 2, 312 ; Coste *Fl. Fr.* III, 473 = *S. lacustris* var. *genuinus* Gr. et Godr. l. c. (1856) = *Schoenoplectus lacustris* Palla in Engl. *Bot. Jahrb.* X, 299.

Hab. — Disséminée. Bastia (Mab. ap. Mars. *Cat.* 156) ; Biguglia (Salis in *Flora* XVI, 486 ; Boullu in *Bull. soc. bot. Fr.* XXIV, sess. extr. LXIV) ; embouchure du Liamone (Mars. l. c.; Lit. *Voy.* II, 26) ; Campo di Loro (Mars. l. c.; Boullu l. c. XCIV) ; Bonifacio (Seraf. ex Bert. *Fl. it.* I, 281 ; Boy. *Fl. Sud Corse* 66).

Plante verte ou verdâtre, à tige élevée. Ecailles lisses ou faiblement ponctuées. Fleurs à trois stigmates, rarement en partie à 2 stigmates. Fruit trigone, long de 2-3 mm.

II. Subsp. **Tabernaemontani** Briq. = *S. Tabernaemontani* Gmel. *Fl. bad.* 1, 101 (1805); Asch. et Graebn. *Syn.* II, 2, 313 ; Coste *Fl. Fr.* III, 474 = *S. glaucus* Sm. *Engl. bot.* t. 2321 (1811) = *S. lacustris* var. *Tabernaemontani* Doell *Rhein. Fl.* 165 (1843); Husnot *Cyp.* 67 = *S. lacustris* var. *digynus* Godr. *Fl. Lorr.* III, 90 (1844); Gr. et Godr. l. c. = *S. lacustris* var. *glaucus* Böckel. in *Linnaea* XXXVI, 713 (1870) = *Schoenoplectus Tabernaemontani* Palla in Engl. *Bot. Jahrb.* X, 299 (1889).

Hab. — Rare ou peu observée. Rogliano (Revel. ap. Mars. *Cat.* 156).

Plante d'un vert glauque, à tige moins élevée. Ecailles pourvues de nombreux points bruns saillants. Fleurs généralement à 2 stigmates. Fruits plans-convexes, hauts d'env. 2 mm. — Les formes douteuses entre les sous-esp. 1 et II — croissant souvent de façon à exclure tout soupçon d'hybridité — empêchent de voir là deux espèces. En faisant des deux groupes en question des sous-espèces, on aura, croyons-nous, estimé assez exactement leur valeur systématique.

302. S. littoralis Schrad. *Fl. germ.* 1, 142 (1806) ; Asch. et Graebn. *Syn.* II, 2, 318 ; Husnot *Cyp.* 66 ; Coste *Fl. Fr.* III, 474 = *S. triqueter* Gr. et Godr. *Fl. Fr.* III, 375 (1856), non L. = *Schoenoplectus littoralis* Palla in *Verh. zool.-bot. Ges. Wien* XXXVIII, 49 (1888). — Exsicc. Soleirol sub *S. littoralis*!

Hab. — Marais saumâtres. Juin-juill. ♃. Jusqu'ici uniquement aux environs de Bonifaciö (Salis in *Flora* XVI, 486; Soleirol exsicc. cit.; Req. ex Parl. *Fl. it.* II, 92; Revel. ap. Mars. *Cat.* 156).

Revelière (ap. Mars. *Cat.* 156) a indiqué à Rogliano le *S. Duvalii* Hoppe [in Sturm *Deutschl. Fl.* IX, 36 (1814); Gr. et Godr. *Fl. Fr.* III, 373], synonyme du *S. carinatus* Sm. [*Engl. bot.* t. 1983 (1809); Asch. et Graebn. *Syn.* II, 2, 319; Husnot *Cyp.* 60; Coste *Fl. Fr.* III, 474]. Le *S. carinatus* est une hybride issue du croisement des *S. lacustris* et *S. triqueter* L. (= *S. Pollichii* Gr. et Godr.). Le *S. lacustris* croit en Corse, mais le *S. triqueter* L. n'y a pas été signalé jusqu'à présent. On pourrait croire plus facilement à un croisement de la formule *lacustris* × *littoralis*, dont nous ne voyons pas de mention dans la littérature des Cypéracées. En l'absence d'originaux, l'indication de Revelière reste douteuse.

303. **S. Holoschoenus** L. *Sp.* ed. 1, 49 (1753); Gr. et Godr. *Fl. Fr.* III, 371; Asch. et Graebn. *Syn.* II, 2, 321; Husnot *Cyp.* 67; Coste *Fl. Fr.* III, 473 = *Holoschoenus vulgaris* Link *Hort. berol.* I, 293 (1827); Palla in Engl. *Bot. Jahrb.* X, 297. — En Corse les subdivisions suivantes :

1. Subsp. **eu-Holoschoenus** Briq. = *S. Holoschoenus* L. et auct., sensu stricto.

Hab. — Marécages, bords des cours d'eau, points humides de l'étage inférieur. Juin-août. ♃.

Chaume ± feuillé. Anthèle médiocre, dépassée par la grande bractée, à capitules peu fournis. Stigmates terminant un style court. Fruits obovoïdes. — Trois races :

ᴢ. Var. **vulgaris** Koch *Syn.* ed. 2, 857 (1845) = *S. Linnaei* Reichb. *Fl. germ. exc.* 76 (1830) p. p. = *S. Holoschoenus* var. *genuinus* Gr. et Godr. *Fl. Fr.* III, 372 (1856) = *S. Holoschoenus* var. *Linnaei* Asch. et Graebn. *Syn.* II, 2, 322 (1904). — Exsicc. Sieber sub : *S. Holoschoenus*!

Hab. — Probablement très répandue. Erbalunga (Gillot in *Bull. soc. bot. Fr.* XXIV, sess. extr. XLIX); vallon du Fango (Gillot l. c. LIV); de Bastia à Biguglia (Salis in *Flora* XVI, 486); Ponte alla Leccia (Lit. *Voy.* II, 3); entre Ajaccio et la Parata (Boullu in *Bull. soc. bot. Fr.* XXIV, sess. extr. LXXXIX); embouchure de la Gravona (Coste in *Bull. soc. bot. Fr.* XLVIII, sess. extr. CVII); bords du Rizzanèse près de Sartène (Lutz ibid. CXLI); Bonifacio (Lutz l. c. CXL; Boy. *Fl. Sud Corse* 66); île de Cavallo (Sieber exsicc. cit.).

Plante robuste, atteignant et dépassant 1 m. Anthèle très développée, portant 5-22 capitules assez gros (8-12 mm. de diamètre).

† β. Var. **australis** Koch *Syn.* ed. 2, 857 (1845) ; Gr. et Godr. *Fl. Fr.* III, 372 ; Asch. et Graebn. *Syn.* II, 2, 322 ; Husnot *Cyp.* 67 = *S. romanus* β L. *Sp.* ed. 2, 71 (1762) = *S. australis* L. *Syst.* ed. 13, 85 (1774) = *Holoschoenus exserens, filiformis* et *australis* Reichb. *Fl. germ. exc.* 76 (1830).

Hab. — Moins fréquente que la var. précédente. Marine de Farinole (Bubani ex Bert. *Fl. it.* 1, 284) ; Calvi (Fouc. et Sim. *Trois sem. herb. Corse* 162) ; Pietroso (Rotgès in litt.) ; entre Ajaccio et la Parata (Boullu in *Bull. soc. bot. Fr.* XXIV, sess. extr. LXXXIX) ; Aspretto (Fouc. et Sim. l. c.).

Plante moins élevée, ne dépassant guère 50 cm. Anthèle réduite, portant généralement 3 capitules, dont 1 souvent sessile, plus petits (5-8 mm. de diamètre).

† γ. Var. **romanus** Koch *Syn.* ed. 2, 857 (1845) ; Gr. et Godr. *Fl. Fr.* III, 372 ; Asch. et Graebn. *Syn.* II, 2, 323 ; Husnot *Cyp.* 67 = *S. romanus* L. *Sp.* ed. 1, 49 (1753) = *S. intermedius* Poir. *Encycl. méth.* VI, 767 (1804) = *Holoschoenus Linnaei* Reichb. *Fl. germ. exc.* 76 (1830) p. p. = *Holoschoenus Linnaei* var. *romanus* Reichb. *Ic. fl. germ. et helv.* VIII, 45, tab. 348 (1846). — Exsicc. Salzmann sub : *S. romanus* !

Hab. — Signalée jusqu'ici avec précision seulement à Calvi (Mand. et Fouc. in *Bull. soc. bot. Fr.* XLVII, 98) ; trouvée jadis par Salzmann et probablement plus répandue.

Plante peu élevée ne dépassant guère 50 cm. Anthèle généralement réduite à un seul capitule volumineux (1,2-1,5 cm. de diamètre).

II. Subsp. **globiferus** Husnot *Cyp.* 67 (1906) = *S. globiferus* L. f. *Suppl.* 104 (1781) ; Bert. *Fl. it.* 1, 286 ; Parl. *Fl. it.* II, 96 (1852) = *Holoschoenus globiferus* Dietr. *Spec.* 1, 1, 2, 164 (1833) = *S. Holoschoenus* var. *globifer* Boiss. *Fl. or.* V, 382 (1884) ; Fiori et Paol. *Fl. anal. It.* 1, 119 (1896).

Chaume ± aphylle. Anthèle décomposée, dépassant longuement la grande bractée, à capitules très fournis. Stigmates presque sessiles. Fruits étroitement obovoïdes.

Cette sous-espèce a été indiquée en Corse par Parlatore (l. c.), d'après des échant. de Requien. Cependant à notre connaissance elle n'a été authentiquement observée par aucun botaniste. Localisée pour l'Europe en Sicile et en Sardaigne, elle remonterait selon M. Fiori (l. c.) jusqu'en Toscane ; sa présence en Corse ne serait donc pas invraisemblable. A rechercher.

304. **S. maritimus** L. *Sp*. ed. 1,50 (1753); Gr. et Godr.*Fl*. *Fr*. III, 370; Asch. et Graebn. *Syn*. II, 2, 324 ; Husnot *Cyp*. 68 ; Coste *Fl*. *Fr*. III, 472.

Hab.— Marais saumâtres. Avril-juin. ♃. Disséminé. Bastia (Soleirol ex Bert. *Fl. it.* 1, 300 ; Mab. ap. Mars. *Cat.* 156) ; Biguglia (Salis in *Flora* XVI, 486 ; Rotgès in litt.) ; St-Florent, Calvi (Mab. ap. Mars. l. c.) ; embouchure de la Gravona (Mars. l. c.; Boullu in *Bull. soc. bot. Fr.* XXIV, sess. extr. XCIV) ; Porto-Vecchio (Revel. ap. Mars. l. c.) ; Bonifacio (Soulié ap. Coste in *Bull. soc. bot. Fr.* XLVIII, sess. extr. CXXIII ; Boy. *Fl. Sud Corse* 66) ; et localités ci-dessous.

1907. — Fossés humides près d'Ostriconi, 20 avril fl. !; marécages saumâtres près de Santa Manza, 6 mai fl. !

Les variations de cette espèce ne représentent pas des variétés dans le sens de races : elles sont individuelles, parfois même réunies sur un seul et même individu. Les épillets ne dépassent en général pas 2 cm. de longueur et varient à 3 stigmates [f. *typicus* Asch. et Graebn. l. c. (1904) = *S. maritimus* var. *genuinus* Gr. et Godr. *Fl. Fr.* III, 371 (1856)] ou à deux stigmates [f. *digynus* Asch. et Graebn. l. c. = *S. maritimus* var. *digynus* Godr. *Fl. Lorr.* III, 91 (1844) ; Gr. et Godr. l. c.]. La f. *macrostachys* Asch. et Graebn. l. c. [= *S. macrostachys* Willd. *Enum. hort. berol.* 1, 78 (1809) = *S. maritimus* var. *macrostachys* Vis. *Fl. dalm.* I, 109(1842); Husnot *Cyp.* 68] à deux stigmates, mais à épillets plus volumineux, dépassant 2 cm., a été signalée aux env. de Porto-Vecchio par Revelière ; elle croît aussi ailleurs pêle-mêle avec les individus à épillets plus courts. Enfin, la forme *compactus* Asch. et Graebn. l. c. [= *S. compactus* Hoffm. *Deutschl. Fl.* II, 25 (1804) = *S. maritimus* var. *compactus* G. F. W. Meyer *Chlor. han.* 603 (1836) ; Husnot l. c. = *S. maritimus* var. *congestus* Doell *Rhein. Fl.* 166(1843)] à épillets compacts et sessiles se trouve çà et là avec la f. *typicus*.

SCHOENUS L. emend.

305. **S. nigricans** L. *Sp*. ed. 1, 43 (1753) ; Gr. et Godr. *Fl. Fr.* III, 363 ; Asch. et Graebn. *Syn*. II, 2, 341 ; Husnot *Cyp.* 73 ; Coste *Fl. Fr.* III, 464. — Exsicc. Kralik n. 821 ! ; Billot n. 1559 !

Hab. — Marécages, rochers où l'eau suinte, dans les étages inférieur et montagnard. Mai-juill. ♃. Répandu. Cap Corse (Soleirol ex Bert. *Fl. it.* 1, 249) ; d'Erbalunga à Sisco (Fouc. et Sim. *Trois sem. herb. Corse* 162) ; Biguglia (Salis in *Flora* XVI, 486); Calvi (Soleirol ex Bert. l. c.); Pietroso (Rotgès in litt.) ; Chapelle des Grecs (Fouc. et Sim. l. c.; Coste in *Bull. soc. bot. Fr.* XLVIII, sess. extr. CVI; Lit. *Voy.* I, 25) ; Vignola (Boullu in *Bull. soc. bot. Fr.* XXVI, 82); Ajaccio (Lutz in *Bull. soc. bot. Fr.* XLVIII,

57); Campo di Loro (Boullu in *Bull. soc. bot. Fr.* XXIV, sess. extr. XCIII); Casabianda (Lutz l. c.); Bonifacio (Seraf. ex Bert. *Fl. it.* I, 249; Kralik exsicc. cit.; Req. ap. Billot exsicc. cit.; Boy. *Fl. Sud Corse* 66); et localité ci-dessous.

1907. — Marécages entre Ste-Lucie et Ste-Trinité, 50 m., 7 mai fl. !

CLADIUM Schrad.

306. **C. Mariscus** R. Br. *Prodr. fl. Nov. Holl.* 1, 92 (1810); Gr. et Godr. *Fl. Fr.* III, 364; Asch. et Graebn. *Syn.* III, 2, 346; Husnot *Cyp.* 73; Coste *Fl. Fr.* III, 465 = *Schoenus Mariscus* L. *Sp.* ed. 1, 42 (1753) = *C. jamaicense* Crantz *Inst. rei herb.* I, 362 (1766) = *C. germanicum* Schrad. *Fl. germ.* I, 75 (1806). — Exsicc. Kralik n. 820 !

Hab. — Marécages de l'étage inférieur. Juin-août. ♃. Répandu. Cap Corse (Mars. *Cat.* 156); Porticciolo (Fouc. et Sim. *Trois sem. herb. Corse* 162); de Bastia à Biguglia (Salis in *Flora* XVI, 486; Rotgès in litt.); St-Florent (Sargnon in *Ann. soc. bot. Lyon* VI, 70); Calvi (Soleirol ex Bert. *Fl. it.* I, 253); embouchure du Liamone (Mars. l. c.); entre Ajaccio et la Parata (Mars. l. c.; Boullu in *Bull. soc. bot. Fr.* XXIV, sess. extr. LXXXIX); Porto-Vecchio (Revel. ap. Mars. l.c.); Santa Manza (Seraf. ex Bert. l. c.; Revel. ap. Mars. l. c.); Bonifacio (Seraf. ex Bert. l. c.; Kralik exsicc. cit.); et localité ci-dessous.

1906. — Cap Corse : marécages saumâtres entre les marines de Sisco et de Meria, 6 juill. fr. !

PALMAE

PHOENIX L.

P. dactylifera L. *Sp.* ed. 1, 1188 (1753); Mart. *Hist. nat. Palm.* III, 257, t. 120; Kunth *Enum.* III, 255; de Kerch. *Les Palm.* 123-150; Asch. et Graebn. *Syn.* II, 2, 350.

Fréquemment planté sur les places publiques et dans les rues, cultivé sur le littoral du Cap Corse jusqu'aux env. de Bonifacio. ♄. Fl. mars-mai, fr. en automne.

P. canariensis Chabaud in *Prov. hort.* n. 19, 292 (1882); Asch. et Graebn. *Syn.* II, 2, 351 = *P. dactylifera* var. *Jubae* Webb et Berth.

Phyt. canar. III, 289 (1849) = *P. Jubae* Christ in Engl. *Bot. Jahrb.* VI, 466 (1885).

Espèce introduite plus récemment que la précédente, présentant par conséquent des individus moins beaux. Cultivée aux env. d'Ajaccio et destinée à se répandre à cause de sa croissance plus rapide et de sa plus grande résistance au froid. ♃. Fl. et fruct. comme l'esp. précédente.

CHAMAEROPS L.

C. humilis L. *Sp.* ed. 1, 1187 (1753) ; Mart. *Hist. nat. Palm.* 248, t. 120 et 124 ; Kunth *Enum.* III, 248 ; de Kerch. *Les Palm.* 240 ; Asch. et Graebn. *Syn.* II, 2, 353 = *Phoenix humilis* Cav. *Ic. et descr.* II, 12 (1793).

Fréquemment cultivé sur le littoral. ♃. Fl. et fruct. comme l'esp. précédente.

Le palmier nain n'est pas spontané en Corse, ce qui est d'autant plus remarquable qu'il atteint non seulement les îles d'Elbe et de Capraia, mais encore le Monte Argentaro en Toscane, et croissait il y a cinquante ans sur le littoral des Alpes maritimes.

ARACEAE

ARISARUM Targ.-Tozz.

307. **A. vulgare** Targ.-Tozz. in *Ann. Mus. Fir.* II, 266 (1810) ; Engl. in DC. *Mon. Phan.* II, 561 ; Coste *Fl. Fr.* III, 434 = *Arum Arisarum* L. *Sp.* ed. 1, 966 (1753) ; Gr. et Godr. *Fl. Fr.* III, 331 = *A. Arisarum* Huth in *Helios* XI, 133 (1893) ; Asch. et Graebn. *Syn.* II, 2, 383. — Exsicc. Soleirol n. 4491 ! ; Mab. n. 282 !

Hab. — Garigues, clairières des maquis de l'étage inférieur. Oct.-avril. ♃. Répandu et abondant dans toute l'île.

Nos échant. corses appartiennent à la variété **typicum** Engl. l. c., à appendice des spadices mince, légèrement épaissi vers le sommet.

ARUM L. emend.

308. **A. pictum** L. f. *Suppl.* 410 (1781) ; Viv. *Fl. cors. diag.* 15 ; Gr. et Godr. *Fl. Fr.* III, 331 ; Engl. in DC. *Mon. Phan.* II, 582 ; Coste *Fl. Fr.* III, 433 = *A. corsicum* Lois. *Fl. gall.* ed. 1, 617 (1807) = *Gymnomesium pictum* Schott in *Oest. bot. Wochenbl.* V, 17 (1855). — Exsicc.

Debeaux ann. 1869 n. 293 et sub : *A. corsicum* ! ; Reverch. ann. 1880 et 1885 n. 397 ; ! Soc. rochel. n. 4969 !

Hab. — Sables et garigues de l'étage inférieur. Sept.-Oct. ♃. Manque au Cap Corse ; serait commun dans le reste de l'île, selon Mars. (*Cat.* 153). Ajaccio (Seraf. ex Viv. l. c. ; et nombreux observateurs) ; Sartène (Rotgès in litt.) ; Porto-Vecchio (Revel.! ; Deb. exsicc. cit.) ; La Trinité (Reverch. exsicc. cit.) ; Bonifacio (Seraf. ap. Viv. l. c. et ex Bert. *Fl. it.* X, 245 ; Stefani in Soc. rochel. cit. ; et nombreux autres observateurs). Distribution exacte à établir.

† 309. **A. maculatum** L. *Sp.* ed. 1, 966 (1753) ; Gr. et Godr. *Fl. Fr.* III, 330 ; Engl. in DC. *Mon. Phan.* II, 583 ; Asch. et Graebn. *Syn.* II, 2, 375 ; Coste *Fl. Fr.* III, 433.

Hab. — Forêts, lieux ombragés, 40-1300 m. Mars-mai, suivant l'altitude. ♃. Rare ou peu observé. Montagne de Caporalino (Fouc. et Sim. *Trois sem. herb. Corse* 161) ; env. de Corté (Burnouf in *Bull. soc. bot. Fr.* XXIV, sess. extr. XXXI) ; montagnes entre Corté et le Niolo, vers 1300 m. (Salis in *Flora* XVI, 487) ; et localité ci-dessous.

1907. — Haies à Sainte-Lucie (de Porto-Vecchio), 45 m., 4 mai fr. !

La plante corse appartient à la var. **vulgare** Engl. (l. c. ; Asch. et Graebn. *Syn.* II, 376) à fleurs asexuées disposées en 4-6 cercles au-dessus des sexuées, et à la forme *immaculatum* Engl. (l. c. ; Asch. et Graebn. l. c.) à feuilles non maculées. — L'*A. maculatum* avait déjà été signalé en Corse par Burmann (*Fl. cors.* 212), d'après Jaussin, mais cette indication, comme d'ailleurs celle de Salis, était tombée dans l'oubli.

310. **A. italicum** Mill. *Gard. dict.* ed. 8, n. 2 (1768) ; Gr. et Godr. *Fl. Fr.* III, 330 ; Engl. in DC. *Mon. Phan.* II, 591 ; Asch. et Graebn. *Syn.* II, 2, 378 ; Coste *Fl. Fr.* III, 433. — Exsicc. Kralik n. 818 ; Burn. ann. 1904 n. 534 !

Hab. — Prairies humides, garigues, rocailles, clairières des maquis des étages inférieur et montagnard. Avril-mai. ♃. — En Corse les deux races suivantes :

a. Var. **normale** Briq. = *A. italicum* Engl. l. c. sensu stricto.

Hab. — Serait très commune selon Marsilly (*Cat.* 152) ; distribution exacte à établir. Pietranera (Rotgès in litt.) ; Bastia (Salis in *Flora* XVI, 487) ; Belgodère, Calvi (Fouc. et Sim. *Trois sem. herb. Corse* 161) ; montagne de Caporalino (Briq. *Spic.* 12 et Burn. exsicc. cit.) ; Ajaccio

(Boullu in *Bull. soc. bot. Fr.* XXIV, sess. extr. C); Pozzo di Borgo (Coste ibid. XLVIII, sess. extr. CX); Bonifacio (Kralik exsicc. cit.); et localités ci-dessous.

1906. — Rochers calcaires de la Cime de la Ch'apelle de San Angelo au-dessus d'Omessa, 1180 m., 15 juill. fr. !; buissons et rocailles dans la vallée du Tavignano en amont de Corté, 800-900 m., 26 juill. fr. !

1907. — Cap Corse : entre Luri et la Marine de Luri, 30 m., 27 avril fl. !

Feuilles hastées, médiocres, à lobes postérieurs divergents, ovés-allongés. Spathe oblongue-cylindrique, mesurant env. 15-20 × 6-8 cm. de surface.

†† β. Var. **Yvesii** Briq., var. nov.

Hab. — Jusqu'ici seulement dans la localité suivante.

1907. — Bord des eaux au Pont du Regino, 20 avril fl. !

Foliorum lamina latissima, triangulari-hastata, superficie circ. 18×20 cm. eleganter albo-marmorata, lobis posticis late ovatis obtusis omnino divaricatis, in sinu sese fere obtegentibus. Spathae lamina amplissima, superficie ad 30×18 cm. Appendicis pars digitiformis flava stipitem circiter aequans.

Plante remarquable qui, par ses grandes dimensions, attire de loin le regard. La forme générale des feuilles rappelle la var. *concinnatum* Engl. (l. c. 592) d'Orient, mais l'énorme développement des spathes suffit à distinguer la var. *Yvesii* de toutes les races connues de l'*A. italicum*. Nous la dédions à M. le commandant St-Yves qui a réussi à la récolter sur un terrain rendu peu accessible par l'extension des eaux.

DRACUNCULUS Adans.

311. **D. vulgaris** Schott *Melet.* 1, 17 (1832); Engl. in DC. *Mon. Phan.* II, 602 = *Arum Dracunculus* L. *Sp.* ed. 1, 964 (1753); Gr. et Godr. *Fl. Fr.* III, 329; Coste *Fl. Fr.* III, 432 = *Dracunculus Dracunculus* Voss in Vilmorin *Blumengärtn.* 1166 (1896); Asch. et Graebn. *Syn.* II, 2, 379; Coste *Fl. Fr.* III, 432.

Hab. — Maquis et châtaigneraies des étages inférieur et montagnard. Mai-juin. ♃. Corsica (Parl. *Fl. it.* II, 254); vallée du « Vecchio » (prob. du Verghello) au pied du versant S. du Monte Rotondo (Doùmet in *Ann. Hér.* V, 185); env. de Bonifacio (Lard. in *Bull. trim. soc. bot. Lyon* XI, 60).

Cette espèce avait déjà été signalée en Corse par Burmann (*Fl. cors.* 212), d'après Jaussin. Cependant Marsilly (*Cat.* 152) dit ne l'avoir vue qu'en culture. La présence spontanée du *Dracunculus vulgaris* en Corse est rendue vraisemblable par le fait que cette espèce vient sur le littoral de la Provence, de la Ligurie, de la Toscane, du Napolitain et en Sardaigne. — A rechercher.

HELICODICEROS Schott

312. **H. muscivorus** Engl. in DC. *Mon. Phan.* II, 605 (1879) = *Arum muscivorum* L. f. *Suppl.* 410 (1810) ; Gr. et Godr. *Fl. Fr.* III, 329 ; Boullu in *Ann. soc. bot. Lyon* IV, 187 ; Coste *Fl. Fr.* III, 433 = *Arum crinitum* Ait. *Hort. kew.* III, 314 (1789) = *Dracunculus crinitus* Schott *Melet.* 1, 17 (1832) = *Helicodiceros crinitus* Schott in *Oesterr. bot. Wochenbl.* III, 369 (1853) et *Gen. Aroid.* t. 21. — Exsicc. Req. sub : *Arum muscivorum* ! ; Kralik n. 819 ! ; Mab. n. 186 ! ; Dörfl. herb. norm. n. 3269 ! ; Burn. ann. 1904 n. 533 !

Hab. — Rochers de l'étage inférieur, 1-700 m. Mai-juin. ♃. Disséminé. Manque au Cap Corse. Montagne de Caporalino (Gillot in *Bull. soc. bot. Fr.* XXIV, sess. extr. LXXXIII) ; Fouc. et Sim. *Trois sem. herb. Corse* 161 ; Briq. *Spic.* 12 et Burn. exsicc. cit.) ; env. de Corté, en particulier dans la partie la plus inf. des vallées de la Restonica et du Tavignano (non pas du « haut Tavignano » comme le disent Gr. et Godr. l. c.) (Salis in *Flora* XVI, 487 ; Req. exsicc. cit.; Mars. *Cat.* 152 ; Lit. *Voy.* 1, 26) ; Vivario, sur la route de Vezzani (Mars. *Cat.* 152) ; Caniccia près Ghisoni (Rotgès in litt.) ; île Mezzomare au-dessous du phare (Mars. l. c.; Boullu in *Bull. soc. bot. Fr.* XXVI, 81 et in *Ann. soc. bot. Lyon* IV, 187 ; Lutz in *Bull. soc. bot. Fr.* XLVIII, sess. extr. CXXXVII) ; Pozzo di Borgo (Coste ibid. CXIII) ; rive droite de la Gravona, à hauteur de Busso (Bocognano) (Mars. l. c.) ; Bonifacio (Lard. in *Bull. trim. soc. bot. Lyon* XI, 60 ; Reverch. ap. Doerfl. exsicc. cit. ; et autres observateurs) ; île de Lavezzi [de Pouzolz ap. Lois. *Fl. gall.* ed. 2, II, 313 (« Ile de Vesio » ; Salis l. c.; Kralik et Mab. exsicc. cit.; et autres observateurs).

AMBROSINIA L.

†† 313. **A. Bassii** L. *Gen. pl.* ed. 6, 517 (1764); Bert. *Fl. it.* X, 252 ; Engl. in DC. *Mon. Phan.* II, 619 ; Coste *Fl. Fr.* III, 434 = *Arum proboscideum* β L. *Sp.* ed. 2, 1370 (1763). — Exsicc. Soc. dauph. n. 1864 ! ; Reverch. ann. 1880 et 1885 n. 372 !

Hab. — Garigues de l'étage inférieur. Nov.-mars. ♃. Localisé exclu-

sivement aux env. de Bonifacio et de la Trinité (Jordan 24 nov. 1877 !
in Soc. dauph. cit. ; Reverchon exsicc. cit., conf. Le Grand in *Bull. soc.
bot. Fr.* XXVIII, 58 et XXXVII, 19 ; Lard. in *Bull. trim. soc. bot. Lyon*
XI, 50).

Les nombreux échant. corses que nous avons vus sont très homogènes :
tous ont des feuilles à limbe ové, maculé de pourpre. Ils appartiennent
à la forme *maculata* Engl. l. c.

LEMNACEAE

LEMNA L. emend.

314. L. minor L. *Sp.* ed. 1, 970 (1753) ; Gr. et Godr. *Fl. Fr.* III,
327 ; Hegelm. *Lemn.* 142, tab. IX et X ; Asch. et Graebn. *Syn.* II, 2,
393 ; Coste *Fl. Fr.* III, 430.

Hab. — Mares et eaux stagnantes, 1-1500 m. Mars-juill. ④. Répandu
dans l'île entière.

1906. — Cap Corse : source au col de Cappiaja près de Rogliano, 300 m.,
7 juill. ! — Source au col de San Colombano, 600 m., 10 juill. !

1908. — Col de Sagropino, mares du versant S., 1450 m., 1 juill. !

✝ **315. L. gibba** L. *Sp.* ed. 1, 970 (1753) ; Gr. et Godr. *Fl. Fr.* III,
327 ; Hegelm. *Lemn.* 145 ; Asch. et Graebn. *Syn.* II, 2, 394 ; Coste *Fl.
Fr.* III, 430.

Hab. — Mares et eaux stagnantes, 1-1000 m. Mars-juill. ④. Signalé
jusqu'ici seulement aux env. de Bastia (Salis in *Flora* XVI, 472) ; probablement plus répandu.

WOLFFIA Hork. et Schl.

✝ **316. W. arrhiza** Wimm. *Fl. Schl.* ed. 3, 140 (1857) ; Hegelm.
Lemn. 124 ; Asch. et Graebn. *Syn.* II, 2, 396 ; Coste *Fl. Fr.* III, 431 =
Lemna arrhiza L. *Mant.* II, 294 (1771) ; Gr. et Godr. *Fl. Fr.* III, 328.

Hab. — Mares et eaux stagnantes de l'étage inférieur. Avril-juin. ④.
Calvi (Soleirol ex Bert. *Fl. it.* I, 126). Probablement plus répandu.

JUNCACEAE

LUZULA [1] DC.

317. **L. Forsteri** DC. *Syn. pl. fl. Gall.* 150 (1806) et *Fl. fr.* V, 304 ;
Gr. et Godr. *Fl. Fr.* III, 352 ; Buch. *Mon. Junc.* 78 ; Asch. et Graebn.
Syn. II, 2, 492 ; Buch. *Junc.* 44 (Engler *Pflanzenreich* IV, 36) ; Coste
Fl. Fr. III, 455 ; Husnot *Jonc.* 22 = *Juncus Forsteri* Sm. *Fl. brit.* III,
1395 (1804) = *L. vernalis* Seb. et Mauri *Fl. rom. prodr.* II, 178 (1824) ;
Salis in *Flora* XVI, 488 ; non DC. — Exsicc. Soleirol n. 28 ! ; Reverch.
ann. 1879 sub : *L. Forsteri* ! et ann. 1885 n. 442 ! ; Burn. ann. 1904 n.
522, 523 et 524 !

Hab. — Forêts, maquis, rochers ombragés, 1-1200 m. Avril.-juill ,
suivant l'altitude. ♃. Répandu et abondant dans toute l'île.

1906. — Cime de la Chapelle de S. Angelo, rochers de la falaise nord,
1100 m., calc., 15 juill. fr.!

1907. — Cap Corse : maquis en montant de Pino au col de Santa Lucia,
100-400 m., 26 avril fr.!: châtaigneraies entre Spergane et Luri, 100 m.,
26 avril fl. fr.!; maquis au Mt S. Angelo de St Florent, 250 m., calc.,
24 avril fl.! — Châtaigneraies en montant de Pietralba au col de Tende,
900 m., 15 mai fl. fr.! ; maquis entre Novella et le col de S. Colombano,
500-600 m., 19 avril fl. fr.!: Cime de la Chapelle de S. Angelo, falaise
nord, calc., 1100 m., 13 mai fl.!; rochers de la montagne de Caporalino,
450-650 m., calc., 11 mai fr.!; châtaigneraies en montant de Ghisoni au
col de Sorba, 800 m., 10 mai fl. fr.! ; sous les chênes-liège entre Alistro
et Bravone, 15 m., 30 avril fr.! ; aulnaies à l'embouchure de la Solenzara,
7 mai fr.!

†† 318. **L. luzulina** Dalla Torre et Sarnth. *Fl. Tir.*, *Vorarlb. und
Lichtenst.* VI, 426 (1906) ; Janchen in *Mitt. naturw. Ver. Univ. Wien*
V, 88 ; Schinz et Thell. in *Bull. herb. Boiss.* VII, 571 ; Schinz et Kell.
Fl. Suisse éd. fr. I, 116 = *Juncus luzulinus* Vill. *Hist. pl. Dauph.* II,
235 (1787) = *Juncus flavescens* Host *Gram. austr.* III, 62, tab. 94
(1805) = *L. Hostii* Desv. in *Journ. Bot.* I, 140 (1808) = *L. flavescens*
Gaud. *Agrost. helv.* II, 239 (1811) ; Gr. et Godr. *Fl. Fr.* III, 353 ; Buch.
Mon. Junc. 80 ; Asch. et Graebn. *Syn.* II, 494 ; Buch. *Junc.* 45 (Engler

[1] Nomen utique conservandum : *Règl. nomencl. bot.* art. 20 et p. 74.

Pflanzenreich IV, 36) ; Coste *Fl. Fr.* III, 455 ; Husnot *Jonc.* 22. — Exsicc. Burn. ann. 1900 n. 436 !

Hab. — Forêts, rochers ombragés des massifs du centre, 1000-1700 m. Mai-juill. ♃. Disséminé. Forêt de Valdoniello près du col de Vergio (Lit. *Voy.* II, 11) ; forêt d'Aitone (Coste in *Bull. soc. bot. Fr.* XLVIII, sess. extr. CXV et Lutz ibid. CXXIX) ; Monte Felce (Mand. et Fouc. in *Bull. soc. bot. Fr.* XLVII, 98) ; Monte Rotondo (Mand. et Fouc. l. c.) ; Monte d'Oro (Lutz l. c. CXXVII) ; col de Vizzavona (Mand. et Fouc. l. c.; Lutz l. c. CXXVI) ; Monte Renoso (Briq. *Rech. Corse* 102 et Burn. exsicc. cit.; Rotgès in litt.) ; et localités ci-dessous.

1906. — Hêtraies en montant des bergeries d'Ajaccia au col du M¹ Incudine, 1600 m., 18 juill. fr.!

1908. — Berges ombragées du lac de Creno, 1298 m., 27 juin fr.!

319. L. pilosa Willd. *Enum. hort. berol.* 393 (1809) ; Gr. et Godr. *Fl. Fr.* III, 352 ; Buch. *Mon. Junc.* 83 ; Asch. et Graebn. *Syn.* II, 2, 495 ; Buch. *Junc.* 48 (Engler *Pflanzenreich* IV, 36) ; Coste *Fl. Fr.* III, 455 ; Husnot *Jonc.* 21 = *Juncus pilosus* α L. *Sp.* ed. 1, 329 (1753) = *L. vernalis* DC. *Fl. fr.* III, 160 (1805).

Hab. — Forêts et rochers ombragés de l'étage subalpin. Mai-juill. ♃. Rare. (Montagnes de) Calvi (Soleirol ex Bert. *Fl. it.* IV, 207) ; forêt d'Aitone (Lutz in *Bull. soc. bot. Fr.* XLVIII, sess. extr. CXXIX) ; versant N. du Monte Renoso au-dessous du lac de Bracco (Revel. ap. Mars. *Cat.* 154).

320. L. pedemontana Boiss. et Reut. *Pug.* 115 (1852) ; Parl. *Fl. it.* II, 299 ; Buch. *Mon. Junc.* 69 ; Asch. et Graebn. *Syn.* II, 2, 505 ; Buch. *Junc.* 52 (Engler *Pflanzenreich* IV, 36) ; Coste *Fl. Fr.* III, 456 ; Husnot *Jonc.* 24 = *L. lactea* Lah. *Mon. Jonc.* 85 (1825), excl. syn.; Kunth *Enum.* III, 305 p. p.; Reichb. *Pl. crit.* IX, tab. 386, f. 856 ; Gillot in *Bull. soc. bot. Fr.* XXIV, sess. extr. LXXIV ; non Lamk = *L. albida* Salis in *Flora* XVI, 488 (1833) ; Bert. *Fl. it.* IV, 210 p. p.; non DC. = *L. nemorosa* var. *gracilis* E. Mey. in *Linnaea* XXII, 395 (1849) = *L. nivea* Gr. et Godr. *Fl. Fr.* III, 355 (1856) p. p.; Mars. *Cat.* 154 ; non DC. — Exsicc. Kralik n. 817 ! ; Mab. n. 283 ! ; Debeaux ann. 1866 sub : *L. pedemontana* ! ; Soc. dauph. n. 5067 ! ; Magnier fl. select. n. 1822 ; Burn. ann. 1900, n. 325, 328 et 440 ! et ann. 1904, n. 525 et 526 !

16

Hab. — Rochers ombragés et forêts de l'étage subalpin, 1000-1900 m., descendant parfois dans les châtaigneraies jusque vers 500 m. Mai-août, suivant l'alt. ♃. Spécial aux massifs du centre, du S. Pietro jusqu'à l'Incudine, où il est répandu et abondant. Monte S. Pietro d'où il descend dans les châtaigneraies d'Orezza (Gillot in *Bull. soc. bot. Fr.* XXIV, sess. extr. LXXIV); forêt d'Aitone (Reverch. in Soc. dauph. et Magn. exsicc. cit.; Lutz in *Bull. soc. bot. Fr.* XLVIII, 57 et sess. extr. CXXIX; Coste ibid. CXV; Briq. *Spic.* 12 et Burn. exsicc. cit. n. 526; Lit. *Voy.* II, 15); (montagnes de) Corté (Salis in *Flora* XVI, 487); Monte Rotondo (Debeaux exsicc. cit.; Burnouf in *Bull. soc. bot. Fr.* XXIV, sess. extr. XX et LXXXVI); forêt de Cervello (Soulié ap. Coste ibid. XLVIII, sess. extr. CXXIII); forêt de Vizzavona (Mab. exsicc. cit.; Sargnon in *Ann. soc. bot. Lyon* VI, 83; Lutz in *Bull. soc. bot. Fr.* XLVIII, 57 et sess. extr. CXXVI; Briq. *Spic.* 12 et Burn. exsicc. cit. 525; Lit. *Voy.* I, 12); forêt de Manganello au-dessus de Guagno (Lit. *Voy.* II, 25); Pointe de Muro (Burn. exsicc. cit. n. 325 et 328); Ghisoni (Rotgès in litt.); Bocognano (Revel. ap. Bor. *Not.* III, 9); Monte Renoso (Briq. *Rech. Corse* 22 et Burn. exsicc. cit. 440); Bastelica (Revel. ap. Bor. l. c.); vallée sup. du Fiumorbo (Kralik exsicc. cit.); et localités ci-dessous.

1906. — Forêts de la haute vallée d'Asco dans les vallons de Violine et du Stranciacone, 26-29 juill.; vallons de Calasina et de Tula au pied du Paglia Orba, 8-9 août; haute vallée de la Restonica à partir du pont du Dragon jusqu'au-delà des bergeries de Grotello, 2-4 août; rochers du vallon supérieur de l'Anghione près des bergeries de Tortetto (versant W. du Monte d'Oro), 1300-1400 m., 12 août fl.! ; forêt de Vizzavona, partout, 15-22 juill.; vallon de Ciappajola, rochers des forêts, 1000-1600 m., 21 juill.; hêtraies du col de Tisina dans le haut vallon de Marmano, 1450 m., 21 juill. fl. fr.!; hêtraies du col de la Foce di Verde, 1300 m., 20 juill. fl. fr.!, d'où il remonte jusqu'à 1900 m. entre les pointes de Monte et Bocca d'Oro dans les aulnaies!; hêtraies entre les bergeries d'Aluccia et le col du Mont Incudine, 1600 m., 18 juill. fl. !

1908. — Pineraies près du lac de Creno, 1300 m., 27 juin fr.!; vallée inf. du Tavignano, rochers ombragés, 1100 m., 26 juin fl. fr. !

L'histoire du *L. pedemontana* en Corse est assez compliquée. L'espèce paraît d'abord avoir été découverte par Thomas, dont les échant. ont été attribués au *L. albida* Willd. par Bertoloni en 1839. Avant Bertoloni, en 1833, Salis avait déjà fait la même détermination, reproduite encore en 1856, avec un point de doute, par Grenier et Godron. En revanche, ces derniers auteurs ont cru devoir rapporter les échant. du *L. pedemontana* récoltés en Corse par Bernard (sans désignation précise de localité), au *L. nivea* DC., erreur qui a traîné dans la bibliographie jusqu'à ces dernières années. La confusion du *L. pedemontana* avec le *L. lactea* Link remonte à la monographie de Laharpe ; elle a été perpétuée par Kunth, Reichenbach et Willkomm et Lange, et est cause que le *L. lactea* Link, espèce purement ibérique, a encore été indiqué en Corse en 1908 par M. Husnot.— E. Meyer, en 1849, avait bien saisi les vraies affinités de notre luzule lorsqu'il en faisait une variété du *L. nemorosa* (Poll.) E. Mey. (= *L. albida* DC.), laquelle en est effectivement très voisine. Mais les caractères distinctifs sont de telle nature que la séparation spécifique faite par Boissier et Reuter en 1851 doit être approuvée sans réserves.

Le *L. pedemontana* — dont l'aire embrasse avec certitude les Alpes maritimes et cottiennes, ainsi que l'Apennin d'Etrurie — peut facilement être distingué des espèces précitées par les caractères suivants, disposés d'une façon synoptique :

I. Feuilles hétéromorphes, les basilaires filiformes, les supérieures étroitement linéaires. Anthères fourchues. — Fleurs plus petites et disposées en anthèle plus grêle que dans les espèces suivantes. Pièces du périgone subégales ou peu inégales. Fruit égalant presque le périgone. . . . . *L. pedemontana.*

II. Feuilles homomorphes, les basilaires planes et ± largement linéaires, les caulinaires graduellement réduites. Anthères entières ou subémarginées.

    1. Fruit égalant presque le périgone.— Pièces externes du périgone plus courtes que les internes . . . . . . *L. nemorosa.*

    2. Fruit atteignant environ la moitié du périgone.

        A. Pièces du périgone subégales . . . . . . *L. lactea.*

        B. Pièces externes du périgone env. d'un tiers plus courtes que les internes . . . . *L. nivea.*

M. Husnot (l. c.) dit les éch. corses moins typiques que ceux d'Italie (d'après le nº 443 de Reverchon, que nous n'avons pas vu), à cause des feuilles inf. plus larges et des pièces du périgone moins égales. Nos nombreux échant. ne diffèrent en rien de ceux des Alpes maritimes et cottiennes, ainsi que de ceux de l'Apennin. Les légères différences que l'on peut constater d'un échant. à l'autre, tant sur le continent qu'en Corse, sont d'ordre individuel.

L. nemorosa E. Mey. in *Linnaea* XXII, 394 (1849) ; Buch. *Mon. Junc.* 93 ; Asch. et Graebn. *Syn.* II, 2, 501 ; Buch. *Junc.* 52 (Engler *Pflanzenreich* IV, 36) = *Juncus pilosus* Reich. *Fl. moeno-francof.* 1, 69 (1772) = *Juncus niveus* Leers *Fl. herb.* 91 (1775); non L. = *Juncus nemorosus* Poll. *Hist. pl. Pal.* I, 352 (1776) = *L. albida* DC. *Fl. fr.* III, 158 (1805) ; Gr. et Godr. *Fl. Fr.* III, 354 ; Coste *Fl. Fr.* III, 456 ; Husnot *Jonc.* 23.

Espèce étrangère à la flore de l'Ile, indiquée en Corse par Salis (1833) et Bertoloni (1839) par confusion avec le *L. pedemontana.* Voy. la note qui suit cette espèce (p. 242).

L. lactea Link in Mey. *Syn. Luz.* 15 (1823) ; Buch. *Mon. Junc.* 98 et *Junc.* 56 (Engler *Pflanzenreich* IV, 36) ; Husnot in *Bull. soc. bot. Fr.* LV, 55 et *Jonc.* 24 = *Juncus brevifolius* Hoffm. et Link in Rostk. *De Junc.* 35 (1810)

= *Juncus stoechadanthos* Brot. *Fl. lus.* I, 516 (1804) = *L. brevifolia* Desv. in *Journ. Bot.* 1, 152 (1808).

Cette espèce, spéciale à la péninsule ibérique, a été indiquée en Corse (et dans les Apennins !) par Laharpe (1827), Kunth (1841), et Willkomm et Lange (1861) — cette dernière indication reproduite par M. Husnot (1908) — par confusion avec le *L. pedemontana*. Voy. la note qui suit cette espèce (p. 242).

L. nivea DC. *Fl. fr.* III, 158 (1805) ; Gr. et Godr. *Fl. Fr.* III, 355 ; Buch. *Mon. Junc.* 100 ; Asch. et Graebn. *Syn.* II, 2, 506 ; Buch. *Junc.* 57 (Engler *Pflanzenreich* IV, 36) ; Coste *Fl. Fr.* III, 456 ; Husnot *Jonc.* 24 = *Juncus niveus* L. *Amoen. acad.* IV, 481 (1756) et *Sp.* ed. 2, 468.

Espèce signalée en Corse par Grenier et Godron (1856), indication reproduite par Marsilly (1872), par suite d'une confusion avec le *L. pedemontana*. Voy. la note qui suit cette espèce (p. 242).

321. **L. spicata** DC. *Fl. fr.* III, 151 (1805) ; Gr. et Godr. *Fl. Fr.* III, 356 ; Buch. *Mon. Junc.* 127 ; Asch. et Graebn. *Syn.* II, 2, 515 ; Buch. *Junc.* 73 (Engler *Pflanzenreich* IV, 36) ; Coste *Fl. Fr.* III, 458 ; Husnot *Jonc.* 26 = *Juncus spicatus* L. *Sp.* ed. 1, 330 (1753). — Exsicc. Burn. ann. 1900, n. 138, 139, 295 et 366 ! et ann. 1904, n. 527, 528, 529 et 530 !

Hab. — Pelouses, rocàilles et rochers des étages subalpin et alpin, (1200-)1600-2700 m. Mai-août, suivant l'alt. ♃. Répandu dans les grands massifs centraux, du S. Pietro à l'Incudine. M^te S. Pietro (Gillot in *Bull. soc. bot. Fr.* XXIV, sess. extr. LXXX) ; Monte Padro (Salis in *Flora* XV, 488) ; Monte Grosso (de Calvi) (Soleirol ex Bert. *Fl. it.* IV, 220) ; Monte Cinto (Briq. *Rech. Corse* 113 et Burn. exsicc. cit. n. 138 et 139) ; col de Vergio (Briq. *Spic.* 12 et Burn. exsicc. cit. n. 528 ; Lit. *Voy.* II, 11 et 17) ; forêt d'Aitone (Fliche in *Bull. soc. bot. Fr.* XXXVI, 369) ; Monte Rotondo (Bernard ap. Gr. et Godr. l. c. ; Mars. *Cat.* 155 ; Burnouf in *Bull. soc. bot. Fr.* XXIV, sess. extr. LXXXVI ; Briq. *Rech. Corse* 21 et Burn. exsicc. cit. n. 295 ; et nombreux autres observateurs) ; Monte d'Oro (Mars. l. c. ; Briq. *Spic.* 12 et Burn. exsicc. cit. n. 527) ; entre Ghisoni et Vizzavona, 1200-1300 m. (Briq. l. c. et Burn. n. 529) ; Pointe de Grado (Briq. l. c. et Burn. n. 530) ; Monte Renoso (Req. ex Parl. *Fl. it.* II, 309 ; Revel. ap. Bor. *Not.* III, 7) ; Mars. l. c. ; Briq. *Rech. Corse* 21 et Burn. exsicc. cit. n. 366 ; Lit. *Voy.* II, 31) ; col de Tavoria (Rotgès in litt.) ; Mt Incudine (Lit. *Voy.* I, 17) ; et localités ci-dessous.

1906. — Rocailles de la Cima di Mufrella, versant du vallon de Spasimata, 1900-2000 m., 12 juill. fl. fr. ! ; rocailles du col de Petrella et rochers du Capo Ladroncello, 1900-2100 m., 27 juill. fr.!; rocailles de la Cima della Statoja, 2000-2300 m., 26 juill.; rochers du Monte Traunato, 2000 m., 31 juill.; rochers du Monte Bianco, 2500 m., 7 août fr.! (forme naine à inflorescence courte un peu ovoïde, voisine de la forme *minima* Schur; cfr. Asch. et Graebn. *Syn.* II, 517 et Buch. *Junc.* 74); rocailles des arètes entre le Capo Largina et le Monte Cinto, 2500-2700 m., 29 juill. fl. fr.! (plusieurs de nos échant. peuvent ètre rapportés à la forme *tenella* E. Mey.; cfr. Asch. et Graebn. l. c. 616 et Buch. l. c. 73, par leur nanisme, leur tige grèle et leur inflorescence pauciflore, mais l'observation montre que ce sont là des états stationnels purement individuels dont la valeur systématique a été exagérée par MM. Ascherson et Graebner); replats gazonnés du Paglia Orba, 2500 m., 9 août fr.!; rocailles au sommet du Capo al Chiostro, 2290 m., 3 août fr.!; rocailles de la Punta de Porte, 2000-2317 m., 4 août; rochers au sommet du Monte Rotondo, 2600 m., 6 août fr.!; rochers au-dessus des bergeries de Grotello sur la rive gauche de la haute Restonica, 1500-1600 m., 3 août fr.!; pelouses et rocailles sur le versant E. du Monte d'Oro, 2100 m., 9 août fr.!; rocailles sur le versant S. du col de la Cagnone, 1950 m., 21 juill. fl. fr.!; rocailles sur le versant W. de la Pointe de Monte, 1600-1700 m.!; hêtraies entre les bergeries d'Aluccia et le col du Mt Incudine, 1600 m.!, d'où il remonte jusqu'au sommet de l'Incudine, 2130 m., 18 juill. fr.!

1908. — Monte Padro, rochers, 2300 m., 4 juill. fl. fr.!; lac de Nino, pozzines, 1743 m., 28 juin fl. fr.!

Salis (in *Flora* XVI, 488) doutait de l'identité d'un *L. spicata* récolté au Monte Padro, à 5000', avec le *L. spicata* des Alpes, à cause de son épi continu et grèle, moins foncé, des bractées plus courtes et moins poilues, et des semences plus grandes. De mème Sargnon (in *Ann. soc. bot. Lyon* V, 193 et VI. 80) a signalé au Monte Rotondo des formes qui lui paraissent s'écarter de celles des Alpes. De son côté, Parlatore a décrit sous le nom de *L. italica* Parl. [*Fl. it.* II, 309 (1857) = *L. spicata* B) *italica* Asch. et Graeb. *Syn.* II, 517 (1904)] les échant. grèles à inflorescence pauciflore, et signale, d'après Requien, ce *L. italica* au Monte Renoso. Mais, tant dans les Alpes qu'en Corse, il existe d'innombrables variations *individuelles* et *stationnelles* portant sur la longueur et la grosseur de l'inflorescence, le degré de rapprochement des fleurs, la grandeur absolue de la plante, etc., variations qui empèchent absolument, ainsi que nous l'avons dit plus haut, de donner à ces caractères une valeur « variétale ».

† 322. **L. campestris** DC. *Fl. fr.* III, 161 (1805) sensu ampl.; Buch. *Mon. Junc.* 155 et *Junc.* 83 (Engler *Pflanzenreich* IV, 36). — En Corse, les trois sous-espèces suivantes:

I. Subsp. **vulgaris** Buch. in Engl. *Bot. Jahrb.* VII, 175 (1886); Asch. et Graebn. *Syn.* II, 2, 521 = *Juncus campestris* α L. *Sp.* ed. 1, 329 (1753) = *L. campestris* DC. l. c., sensu stricto; Gr. et Godr. *Fl. Fr.* III,

355 ; Coste *Fl. Fr.* III, 457 ; Husnot *Jonc.* 25 = *L. campestris* var. *vulgaris* Gaud. *Fl. helv.* II, 572 (1828); Buch. *Mon. Junc.* 157 et *Junc.* 86 (Engler *Pflanzenreich* IV, 36).

Hab.— Différent dans les deux races ci-après décrites. Mars-mai. ♃.

Plante lâchement gazonnante, très brièvement stolonifère, basse. Epillets au nombre de 1-6, globuleux, en général 6-10flores, les latéraux longuement pédonculés, à la fin rejetés vers le bas. Pièces du périgone d'un brun foncé. Anthères 2-5 fois plus longues que les filets.

† α. Var. **genuina** Asch. *Fl. Prov. Brandenb.* I, 740 (1864); Asch. et Graebn. *Syn.* II, 2, 522 ; sensu ampl.

Hab.—Bois secs, garigues. Rare ou peu observée. Fréquente aux env. de Bastia jusque sur les cimes du Cap Corse (Salis in *Flora* XVI, 488) ; vallée inf. de la Restonica (Fouc. et Sim. *Trois sem. herb. Corse* 162) ; Monte Rotondo (Soleirol ex Bert. *Fl. it.* IV, 297).

Anthèle à 3-6 épillets. Feuilles étroites, linéaires, allongées, mesurant 2-3 mm. de diamètre vers la base, la plupart longues de 5-10 cm.

†† β. Var. **insularis** Briq., var. nov. — Exsicc. Reverch. ann. 1878 sub : *L. campestris* !

Hab. — Lieux ombragés humides, marécages des étages inférieur et montagnard. Jusqu'ici seulement à Bastelica (Reverch. exsicc. cit.) ; et dans la localité ci-dessous.

1907. — Marécages entre Ste-Lucie et Ste-Trinité, 50 m., 7 mai fl. fr.!

Planta gracilis, brevissime stolonifera, individuis subsolitariis, caule ad 15 mm. alto. Folia basilaria subrosulata, pro specie late lanceolata, rigidula, subpatula, apice brevius acutata, basi 3-4 mm. lata et 2-4 cm. longa. Capitula ad 6, sphaerica, sect. long. ad 6✕6 mm., atro-brunnea, lateralia longe pedunculata demum dejecta. Flores 3-4 mm. longi. Fructus tepalis adpressis brevior.

Cette remarquable variété se rapproche biologiquement de la sous-espèce suivante, en ce sens qu'elle végète dans les terrains marécageux et non pas sur les terrains secs comme la var. *genuina*. Elle appartient d'ailleurs par l'ensemble de ses caractères à la sous-esp. *vulgaris*, tout en s'écartant de la var. *genuina*, par ses feuilles fermes, courtes, élargies, un peu étalées en rosette.

† II. Subsp. **multiflora** Buch. in Engl. *Bot. Jahrb.* VII, 176 (1886); Asch. et Graebn. *Syn.* II, 2, 523 ; Husnot *Jonc.* 25 = *Juncus multiflorus* Ehrh. [Calam. n. 127 (circ. 1791, nomen)] ap. Hoffm. *Deutschl. Fl.* I, 169 (1800) = *L. multiflora* Lej. *Fl. env. Spa* I, 160 (1811) emend. ; Gr. et Godr.

Fl. Fr. III, 356 (excl. var. γ) ; Coste *Fl. Fr.* III, 457 = *L. intermedia*
Spenn. *Fl. frib.* I, 176 (1825).

Plante plus densément cespiteuse, non stolonifère, plus élevée que la
précédente. Epillets généralement plus nombreux (jusqu'à 10), ± ovoïdes,
8-16flores, les latéraux plus longuement pédonculés, moins déjetés en
dehors à la maturité, ou tous sessiles. Pièces du périgone brunes (en
Corse). Anthères un peu plus longues que les filets. — Cette sous-espèce
est représentée en Corse par les deux variétés suivantes :

† γ. Var. **multiflora** Celak. *Prodr. Fl. Böhm.* 85 (1869) ; Buch. *Mon.
Junc.* 161 et *Junc.* 94 (Engler *Pflanzenreich* IV, 36) = *Juncus campestris* γ L. *Sp.* ed. 2, 469 (1762) = *Juncus erectus* Pers. *Syn.* I, 386 (1805)
= *L. erecta* α Desv. in *Journ. Bot.* I, 156 (1808) = *L. intermedia* var.
multiflora Spenn. *Fl. frib.* I, 177 (1825) = *L. campestris* var. *erecta*
Buch. in Engl. *Bot. Jahrb.* VII, 176 (1886) = *L. campestris* subsp. *multiflora* var. *typica* Asch. et Graebn. *Syn.* II, 2, 523 (1904). — Exsicc. Burn.
ann. 1904, n. 520 et 521 !

Hab. — Points humides de l'étage inférieur, points ombragés,
rocailles des étages montagnard et subalpin, 1-1800 m. Rare ou peu
observée. Env. de Bastia (Salis in *Flora* XVI, 488) ; forêt d'Aitone (Briq.
Spic. 12 et Burn. exsicc. cit. 520) ; bois de Lindinosa près d'Evisa (Briq.
l. c. et Burn. exsicc. cit. 521) ; col de Sorba (Rotgès in litt..et ap. Fouc. in
Bull. soc. bot. Fr. XLVII, 98, « Caniccia » par erreur) ; et localités ci-dessous.

1906. — Rocailles en montant de la bergerie de Spasimata à la Cima
di Mufrella, 1800 m., 12 juill. fr. !

1907. — Fossés humides près de l'étang de Diane, 10 m., 1 mai fl. !

1908. — Vallée du Tavignano, rochers et pineraies, 1000-1300 m., 26 et
28 juin fr. ! ; col de Ciarnente, rochers du versant S., 1500 m., 27 juin fr.!

Epillets pédonculés. Pièces du périgone colorées en brun ± foncé.

† δ. Var. **congesta** Buch. in Engl. *Bot. Jahrb.* VII, 176 (1886), *Mon.
Junc.* 162 et *Junc.* 91 (Engler *Pflanzenreich* IV, 36) ; Asch. et Graebn.
Syn. II, 2, 524 ; Husnot *Jonc.* 25 = *Juncus campestris* ζ L. *Sp.* ed. 2, 469
(1762) = *Juncus congestus* Thuill. *Fl. env. Paris* éd. 2, 179 (1799) =
L. erecta var. *congesta* Desv. in *Journ. Bot.* I, 156 (1808) = *L. congesta*
Lej. *Fl. env. Spa* I, 169 (1811) = *L. intermedia* var. *congesta* Spenn. *Fl.
frib.* I, 177 (1825) = *L. multiflora* var. *congesta* Dub. *Bot. gall.* 479
(1828) ; Koch *Syn.* ed. 1, 734 ; Gr. et Godr. *Fl. Fr.* III, 356 = *L. erecta*
var. *congesta* Beck *Fl. Nieder-Öst.* 159 (1890).

Hab. — Signalée aux env. de Bastia (prob. points humides du Cap Corse) par Salis (in *Flora* XVI, 488) ; à rechercher.

Epillets sessiles, agglomérés en un capitule unique. Pièces du périgone en général de coloration plus pâle.

†† III. Subsp. **sudetica** Buch. in Engl. *Bot. Jahrb.* VII, 176 (1886) ; Husnot *Jonc.* 26.

Plante gazonnante, non ou à peine stolonifère, généralement élevée. Epillets peu nombreux, ± agglomérés en un capitule unique. Fleurs plus petites que dans les deux sous-espèces précédentes, longues d'environ 2-2,5 mm. Anthères à peu près aussi longues que les filets. — En Corse seulement la var. suivante :

†† ε. Var. **alpina** Gaud. *Agrost. helv.* II, 247 (1811) = *Juncus campestris* η L. *Sp.* ed. 2, 469 (1762) = *Juncus sudeticus* Willd. *Sp. pl.* II, 221 (1799) = *L. sudetica* DC. *Fl. fr.* V, 306 (1815) ; Coste *Fl. Fr.* III, 458 = *L. campestris* var. *nigricans* Mert. et Koch *Deutschl. Fl.* II, 602 (1826) ; Gaud. *Fl. helv.* II, 572 = *L. alpina* Hoppe in Sturm *Deutschl. Fl.* fasc. 77 (1839) = *L. multiflora* var. *nigricans* Koch *Syn.* ed. 2, 847 (1844) ; Gr. et Godr. *Fl. Fr.* III, 356 = *L. sudetica* var. *nigricans* Asch. in *Verh. bot. Ver. Brandenb.* III-IV, 274 (1862) = *L. campestris* var. *alpestris* Celak. *Prodr. Fl. Böhm.* 85 (1869) = *L. campestris* var. *sudetica* Celak. l. c. 749 (1881) ; Buch. *Mon. Junc.* 164 et *Junc.* 89 (Engler *Pflanzenreich* IV, 36) = *L. sudetica* var. *alpina* Asch. et Graebn. *Syn.* II, 2, 518 (1904).

Hab. — Pelouses et rocailles des étages subalpin et alpin. Rare. Mont Felce (Mand. et Fouc. in *Bull. soc. bot. Fr.* XLVII, 98) ; Caniccia près Ghisoni (Rotgès ap. Fouc. l. c.) ; à rechercher.

Pièces du périgone d'un brun noirâtre. — La var. **debilis** Velen. [*Fl. bulg.* 572 (1891) ; Buch. in *Oest. bot. Zeitschr.* ann. 1898, 246 et *Junc.* 89] différant de la précédente par les pièces du périgone brunes à la base, blanches-scarieuses dans la partie supérieure, dépassant longuement le fruit, n'a pas encore été trouvée en Corse. — La sous-esp. **pallescens** Buch. [in Engl. *Bot. Jahrb.* VII, 176 (1886) ; Husnot *Jonc.* 26 = *Juncus campestris* β L. *Sp.* ed. 2, 469 (1762) = *Juncus pallescens* Wahlb. *Fl. lapp.* 87 (1812) = *L. pallescens* Bess. *Enum. pl. Volh.* 15 (1822)] appartient aux plaines du centre et au nord de l'Europe, et a peu de chances d'être rencontrée en pays méditerranéens. MM. Ascherson et Graebner (*Syn.* II, 2, 519) ont rattaché la sous-esp. *pallescens*, comme variété au *L. sudetica* envisagé par eux comme un type distinct. M. Buchenau (*Junc.* 85) a dit à ce sujet : « Varietatem *pallescens* cum *sudetica* in unam speciem viri praeclarissimi Ascherson et Graebner conjunxerunt, sed id ad natu-

ram mihi non quadrare videtur.» Nous partageons entièrement l'opinion
de l'illustre monographe des Joncacées, laquelle a d'ailleurs aussi été
acceptée par M. Husnot (l. c.). Nous avons observé dans les Alpes des
intermédiaires fréquents et instructifs (nullement hybrides!) entre les
sous-esp. *multiflora* et *sudetica*. En revanche, nous ne connaissons pas
de formes directement intermédiaires entre les sous-esp. *sudetica* et
pallescens, dont la distribution géographique est d'ailleurs différente.
M. Buchenau (*Junc.* 88) a insisté avec raison sur les rapports très étroits
établis entre la sous-esp. *pallescens* et les sous-esp. *vulgaris* et *multiflora*, par des formes de transition.

JUNCUS L. emend.

323. **J. subulatus** Forsk. *Fl. aeg.-arab.* 75 (1775) ; Buch. *Mon.
June.* 171 ; Asch. et Graebn. *Syn.* II, 2, 419 ; Buch. *Junc.* 102 (Engler
Pflanzenreich IV, 36) ; Coste *Fl. Fr.* III, 450 = *J. multiflorus* Desf. *Fl.
atl.* I, 313, tab. 94 (1798) ; Gr. et Godr. *Fl. Fr.* III, 349 ; Husnot *Jonc.*
12. — Exsicc. Req. sub : *J. multiflorus*! ; Kralik n. 815 !

Hab. — Marécages saumâtres. Mai-juin. ⚄. Paraît manquer dans le
nord de l'île. Ajaccio (ex. Gr. et Godr. l.c.) ; Campo di Loro (Boullu in
Bull. soc. bot. Fr. XXIV, sess. extr. XCV) ; Porto-Vecchio (Revel. ap.
Mars. *Cat.* 154) ; Santa Manza (Lit. *Voy.* I, 22) ; Bonifacio (Seraf. ex Bert.
Fl. it. IV, 196 ; Req. ex Bert. l. c. X, 489 et exsicc. cit. ; Kralik exsicc.
cit. ; Boy. *Fl. Sud Corse* 66).

324. **J. bufonius** L. *Sp.* ed. 1, 328 (1753) ; Gr. et Godr. *Fl. Fr.* III,
351 ; Buch. *Mon. Junc.* 174 ; Asch. et Graeb. *Syn.* II, 2, 420 ; Buch. *Junc.*
105 (Engler *Pflanzenreich* IV, 36) ; Coste *Fl. Fr.* III, 446 ; Husnot *Jonc.* 18.

Hab. — Mares permanentes ou intermittentes, marécages, points
humides, 1-2100 m. Avril-août, suivant l'alt. ①. Répandu dans l'île
entière. — En Corse, les races suivantes :

† α. Var. **foliosus** Buch. in Engl. *Bot. Jahrb.* VII, 157 (1886), *Mon.
Junc.* 175 et *Junc.* 105 (Engler *Pflanzenreich* IV, 36) ; Husnot in *Bull.
soc. bot. Fr.* LV, 49 et *Jonc.* 18 = *J. foliosus* Desf. *Fl. atl.* I, 315, tab. 92
(1798) ; Coss. et Dur. *Expl. sc. Alg.* II, 275, tab. 43 = *J. bufonius* var.
major Boiss. *Voy. Esp.* II, 624 (1839-45).

Hab. — Signalée par Cosson (in *Bull. soc. bot. Fr.* XIII, 300), comme
ayant été récoltée à Ajaccio en mai 1848 par Requien.

Feuilles élargies-planes, larges de 4 mm. et plus. Anthèle lâche, à fleurs solitaires ; pièces du périgone vertes, scarieuses sur les côtés, linéaires-lancéolées, longues de 4-5 mm., les externes plus longues que les internes. Anthères plus longues que les filets. Capsule égalant env. les pièces internes du périgone.

Cette variété est spéciale au bassin occidental de la Méditerranée (péninsule ibérique, Maroc, Algérie, Tunisie, Sardaigne). Requien paraît avoir distribué d'Ajaccio deux formes différentes du *J. bufonius*, car les échant. de ce botaniste, que nous avons vus, se rapportent à la variété suivante.

β. Var. **laxus** Celak. *Prodr. Fl. Böhm.* 83 (1869) = *J. bufonius* var. *genuinus* Coutinho in *Bol. soc. Brot.* VIII, 102 (1890) ; Buch. *Junc.* 105 (Engler *Pflanzenreich* IV, 36) = *J. bufonius* var. *typicus* Fiori et Paol. *Fl. anal. It.* 169 (1896); Husnot in *Bull. soc. bot. Fr.* LV, 49 et *Jonc.* 18 (1908). — Exsicc. Req. sub : *J. bufonius* ! ; Kralik n. 812 ! ; Reverch. ann. 1879 et ann. 1885 sub : *J. bufonius* ! ; Burn. ann. 1900, n. 460 ! et ann. 1904, n. 532 !

Hab. — Répandue et abondante dans l'île entière.

1906. — Source dans le vallon de Ficarella en montant à la maison forestière de Bonifatto, 500 m., 11 juill. fl. fr. ! ; sources au col de San Giorgio, 750 m , 17 juill. fl. fr. ! ; pozzi près des bergeries d'Aluccia, 1550 m., 18 juill. fl. fr. (f. *parvulus*) !

1907. — Clairières des maquis entre Cateraggio et Tallone, 20 m., 1 mai fl. fr. (f. ad. var. *congestum* vergens) !

Feuilles linéaires-subulées, n'atteignant pas 1 mm. de largeur. Anthèle lâche, à fleurs solitaires ou subsolitaires ; pièces du périgone verdâtres ou rougeâtres, scarieuses sur les bords, longues de 3-5 mm., les externes plus longues que les internes. Anthères égalant env. les filets. Capsule notablement plus courte que les pièces internes du périgone.

Race variant beaucoup de dimensions selon les conditions du milieu. Dans les endroits très humides, surtout des étages inférieur et montagnard, elle peut atteindre 50 cm. [f. *giganteus* Asch. et Graebn. *Syn.* II, 2, 422 (1904) = *J. bufonius* var. *major* Parl. *Fl. it.* II, 553 (1857) ; Asch. et Graebn. *Fl. nordostd. Flachl.* 175 ; Husnot in *Bull. soc. bot. Fr.* LV, 49 et *Jonc.* 18 ; non Boiss.]. Lorsque la plante germe tardivement, même dans les endroits humides, ou lorsqu'elle se développe dans les gazons froids des pozzines, elle reste naine [f. *parvulus* Asch. et Graebn. l. c. = *J. bufonius* var. *parvulus* Hartm. *Handb. Skand. Fl.* 7, Uppl. 241 (1858) = *J. bufonius* var. *jadarensis* N. Bryhn in *Bot. Notiser* ann. 1877, 87 = *J. bufonius* var. *minutus* Lit. in *Bull. acad. géogr. bot.* XVIII, 87 (1909)]. Ces petits échantillons, assez fréquents dans l'étage alpin, présentent souvent un androcée réduit à 3 et même 2 étamines. Nous avons reçu de M. Litardière une jolie série de germinations du *J. bufonius* var. *genuinus* récoltées aux pozzi du Monte Renoso en 1907 et montrant l'état (« planta paradoxa » de Petiver) à test des semences accroché au sommet de la première feuille, et simulant une urne de muscinée (voy. Buch. *Junc.* 107).

La var. **ambiguus** Husnot [in *Bull. soc. bot. Fr.* LV, 49 (1908) et *Jonc.* 18
= *J. ambiguus* Guss. *Fl. sic. prodr.* I, 435 (1827) et specim. auth.! ; Bert.
Fl. it. IV, 192 ; Parl. *Fl. it.* II, 355 = *J. ranarius* Perr. et Song. in Billot
Annot. 192 (1859) ; Asch. et Graebn. *Syn.* II, 2, 423 ; non Nees] se dis-
dingue de la var. *genuinus* par les fleurs les unes solitaires, les autres
géminées, les gaines inférieures généralement colorées en rouge, les
pièces du périgone moins acuminées, les intérieures égalant env.
la capsule. — Bien qu'il existe des formes douteuses reliant les var.
genuinus et *ambiguus*, il est certain que cette dernière a la valeur systématique d'une bonne variété ou race. M. Buchenau, en la réduisant au
rang de simple forme, et MM. Ascherson et Graebner, en la traitant
comme espèce distincte, ont, à notre avis, exagéré, mais en des sens
inverses. Le *J. ambiguus* a été assimilé par Buchenau (*Mon. Junc.* 180 et
Junc. 109) au *J. Tenageia* Ehrh. M. Husnot a le premier rétabli la synonymie exacte, en se basant sur une lecture attentive des diagnoses de
Gussone, Bertoloni et Parlatore. L'interprétation sagace de M. Husnot
est entièrement confirmée par un original envoyé jadis par Gussone à
Moricand, et qui se trouve actuellement à l'herbier Delessert. — La
var. *ambiguus* devra être recherchée en Corse, où elle existe très vraisemblablement.

γ. Var. **congestus** Wahlb. *Fl. goth.* 38 (1820) ; Dœll *Fl. Bad.* 336 ;
Thompson in *Bull. herb. Boiss.* 2ᵐᵉ sér. VIII, 76 = *J. mutabilis* Savi *Fl.
pis.* I, 364 (1798) ; non Lamk (1789) = ? *J. hybridus* Brot. *Fl. lus.* I,
513 (1804) = *J. congestus* Schousb. in E. Mey. *Syn. Junc.* 60 (1822) =
J. insulanus Viv. *Fl. cors. diagn.* 5 (1824) = *J. bufonius* var. *fasciculatus* Koch *Syn.* ed. 1, 732 (1837) ; Gr. et Godr. *Fl. Fr.* III, 352 = *J. fasciculatus* Bert. *Fl. it.* IV, 190 (1839) ; non Schousb. = *J. bufonius* var.
fasciculiflorus Boiss. *Voy. Esp.* II, 624 (1839-1845) = *J. bufonius* var. *hybridus* Parl. *Fl. it.* II, 353 (1857) ; Husnot in *Bull. soc. bot. Fr.* LV, 50 (1908)
et *Jonc.* 18 = *J. bufonius* var. *compactus* Celak. *Prodr. Fl. Böhm.* 83 (1869)
= *J. bicephalus* Barcelo *Fl. Bal.* 472 (1879) ; Coste *Fl. Fr.* III, 436 ; non
Viv. = *J. bufonius* var. *glomeratus* Reg. in *Act. hort. petrop.* VII, 554
(1880) = *J. bufonius* var. *mutabilis* Asch. et Graebn. *Syn.* II, 2, 422
(1904). — Exsicc. Reverch. ann. 1880, n. 303 !

Hab. — Répandue. Rogliano (Revel. ap. Mars. *Cat.* 154) ; Erbalunga, Lavesina (Gillot in *Bull. soc. bot. Fr.* XXIV, sess. extr. XLVII et
XLIX) ; Bastia (Shuttl. *Enum.* 21) ; Calvi (Soleirol ex Bert. *Fl. it.* IV,
190) ; lac de Nino (R. Maire in Rouy *Rev. bot. syst.* II, 71) ; lac de Creno
(R. Maire l. c.) ; env. d'Ajaccio (Mars. l. c.) ; Boullu in *Bull. soc. bot. Fr.*
XXIV, sess. extr. XCII ; Lard. in *Bull. trim. soc. bot. Lyon* XI, 60) ; Coscione (R. Maire in Rouy l. c.) ; Porto-Vecchio (Revel. ap. Mars. l. c.) ;

Bonifacio (Seraf. ex Viv. *Fl. cors. diagn.* 5 et ap. Bert. l. c.; Reverch. exsicc. cit.) ; et localité ci-dessous.

1906. — Cap orse : sources au col de Cappiaja près de Rogliano, 300 m., 7 juill. fr. !

Feuilles linéaires-subulées, n'atteignant pas 1 mm. de largeur. Anthèle moins développée, à fleurs toutes géminées ou fasciculées, rarement quelques-unes solitaires ; pièces du périgone verdâtres, scarieuses sur les bords, longues de 4-5 mm., les externes plus longues que les internes. Anthères égalant env. les filets. Capsule plus courte que les pièces internes du périgone. — Cette race a certainement une valeur systématique plus élevée que ne l'ont cru Buchenau, puis MM. Ascherson et Graebner, qui la placent sur le même pied que des variations individuelles ou stationnelles telles que les formes *giganteus* et *parvulus* de la var. *laxus*. — Ainsi que l'avait reconnu Buchenau (in sched. herb. Delessert) et que l'ont montré MM. Thompson et Husnot (op. cit.), le *J. bicephalus* des botanistes provençaux n'est pas l'espèce décrite sous ce nom par Viviani, mais est simplement synonyme du *J. bufonius* var. *congestus*. Antérieurement, MM. Burnat et Barbey [*Notes voy. bot. Bal.* 35 (1882)] avaient fait la même démonstration pour le *J. bicephalus* des îles Baléares. — Le *J. mutabilis* Lamk (= *J. pygmaeus* Thuill. et *J. bicephalus* Viv.) diffère du *J. bufonius* var. *congestus*, même dans les formes les plus réduites de ce dernier, par les feuilles cylindriques, ancipitées et septées, à gaines auriculées, les fleurs dépourvues de bractéoles, réunies en capitules disposés en anthèle ombelliforme, les pièces du périgone ± obtuses et conniventes, et la capsule étroite.

δ. Var. **condensatus** Coutinho in *Bol. soc. Brot.* VIII, 103 (1890) ; Buch. *Junc.* 107 = *J. Sorrentinii* Parl. *Fl. it.* II, 356 (1857) = *J. bufonius* var. *Sorrentinii* Husnot in *Bull. soc. bot. Fr.* LV, 51, tab. 2 (1908) et *Jonc.* 19.

Hab. — Signalée jusqu'ici uniquement à Porto-Vecchio (Req. ex Parl. l. c.).

Diffère de la var. précédente par les fascicules de fleurs plus gros, au nombre de 1-2, longuement dépassés par une ou deux bractées foliacées ± étalées ; les pièces du périgone linéaires-subulées, plus grandes, les externes atteignant jusqu'à 9 mm., les internes longues d'env. 6 mm. — Le *J. Sorrentinii* Parl. a été rapporté par Buchenau (*Mon. Junc.* 279 et *Junc.* 165), puis par MM. Ascherson et Graebner (*Syn.* II, 2, 459), au *J. pygmaeus* Thuill. (= *J. mutabilis* Lamk), mais M. Husnot a montré (l. c.) d'une façon décisive que cette synonymie était en contradiction avec la diagnose de Parlatore.

325. **J. Tenageia** Ehrh. *Beitr.* I, 181 (1787) et ap. L. f. *Suppl.* 208; Gr. et Godr. *Fl. Fr.* III, 351 ; Buch. *Mon. Junc.* 180 ; Asch. et Graebn.

Syn. II, 2, 423 ; Buch. *Junc.* 109 (Engler *Pflanzenreich* IV, 36) ; Coste *Fl. Fr.* III, 447 ; Husnot *Jonc.* 20 = *J. Vaillantii* Thuill. *Fl. Par.* éd. 2, 177 (1798).

Hab. — Points sableux humides de l'étage inférieur. Calcifuge. Juin-août. Rare. Porto-Vecchio (Revel. ap. Mars. *Cat.* 154) ; Bonifacio (Seraf. ex Bert. *Fl. it.* IV, 193 ; Revel. ap. Mars. l. c.).

M. de Litardière a mentionné [in *Bull. acad. géogr. bot.* XVIII, 87 et 107 (1909)] un *J. Tenageia* var. *minutus* Lit., au lac dell'Oriente du Monte Rotondo, caractérisé par sa taille très réduite. Nous ne connaissons pas le *J. Tenageia* (fort rare en Corse) à de pareilles altitudes et ne pouvons nous prononcer sur cette indication.

J. compressus Jacq. *Enum. stirp. Vindob.* 60 et 235 (1762) ; Gr. et Godr. *Fl. Fr.* III, 350 ; Buch. *Mon. Junc.* 186 ; Asch. et Graebn. *Syn.* II, 2, 430 ; Buch. *Junc.* 111 (Engler *Pflanzenreich* IV, 36) ; Coste *Fl. Fr.* III, 450 ; Husnot *Jonc.* 12 = *J. bulbosus* L. *Sp.* ed. 2, 466 (1762) ; non L. *Sp.* ed. 1 (1753).

Espèce indiquée en Corse par Salis (in *Flora* XVI, 488) et Bertoloni *Fl. it.* IV. 195), par confusion avec l'espèce suivante.

† 326. **J. Gerardi** Lois. in *Journ. Bot.* II, 284 (1809) et *Not.* 60 ; Gr. et Godr. *Fl. Fr.* III, 350 ; Buch. *Mon. Junc.* 187 ; Asch. et Graebn. *Syn.* II, 2, 431 ; Buch. *Junc.* 112 (Engler *Pflanzenreich* IV, 36) ; Coste *Fl. Fr.* III, 451 = *J. bottnicus* Wahlb. *Fl. lapp.* 11 (1812) = *J. attenuatus* Viv. *Fl. cors. diagn.* 5 (1824) et *App. alt. ad fl. cors. prodr.* 7 = *J. bulbosus* Guss. *Fl. sic. prodr.* I, 434 (1827) ; Salis in *Flora* XVI, 488 ; Bert. *Fl. it.* IV, 194 = *J. compressus* var. *ellipsoideus* Neilr. *Fl. Nieder-Ost.* II, 149 (1859) = *J. compressus* var. *Gerardi* Husnot *Jonc.* 12 (1908). — Exsicc. Thomas sub : *J. Gerardi* !

Hab. — Berges des marais saumâtres. Juin-août. ♃. Disséminé. Erbalunga (Gillot in *Bull. soc. bot. Fr.* XXIV, sess. extr. XLIX) ; de Bastia à Biguglia (Salis in *Flora* XVI, 488) ; Calvi (Soleirol ex Bert. *Fl. it.* IV, 195) ; îles de Cavallo (Seraf. ap. Viv. *Fl. cors. diagn.* 5) ; Bonifacio (Req. ex Parl. *Fl. it.* II, 350).

Cette espèce, réunie par divers auteurs au *J. compressus*, nous en paraît cependant spécifiquement distincte par le port grêle, la bractée inférieure de l'anthèle courte, les anthères trois fois plus longues que les filets, le style allongé, le fruit ellipsoïdal, de coloration foncée, égalant ou dépassant peu les pièces du périgone. — Les échant. corses appartiennent à la var. **typicus** Buch. [*Mon. Junc.* 188 (1890) et *Junc.* 113] à anthèle lâche, à fleurs nombreuses, généralement colorées en brun.

327. J. effusus L. *Sp.* ed. 1, 326 (1753), excl. var. β, et *Fl. suec.* ed. 2, III (1755) ; Gr. et Godr. *Fl. Fr.* III, 339 ; Buch. *Mon. Junc.* 228 ; Asch. et Graebn. *Syn.* II, 2, 442 ; Buch. *Junc.* 139 (Engler *Pflanzenreich* IV, 36) ; Coste *Fl. Fr.* III, 450 ; Husnot *Jonc.* 7.

Hab.— Points humides, bords des eaux, 1-1500 m. Juin-août. ♃.— En Corse les races suivantes :

α. Var. **typicus** Coutinho in *Bol. soc. Brot.* VIII, 93 (1900) ; Asch. et Graebn. *Syn.* II, 443 ; Buch. *Junc.* 136.— Exsicc. Sieber sub : *J. effusus* p. p. ! ; Reverch. ann. 1878 et 1885 sub : *J. conglomeratus* !

Hab.— Répandue. De Bastia (Kesselmeyer !) à Biguglia (Salis in *Flora* XVI, 488) ; Porto (Reverch. exsicc. cit. ann. 1885) ; Ajaccio (Sieber exsicc. cit.) ; embouchure du Prunelli (Boullu in *Bull. soc. bot. Fr.* XXIV, sess. extr. XCV) ; Bastelica (Reverch. exsicc. cit. ann. 1878) ; bords du Rizzanèse entre Propriano et Sartène (Lutz ibid. XLVIII, sess. extr. CXLII) ; env. de Bonifacio (Seraf. conf. Bert. *Fl. it.* IV, 179) ; et localités ci-dessous.

1906. — Vallon de Verghello, près de la grotte de Bruguglione, dans un lieu humide, 800-900 m., 18 juill. fr ! ; lieux humides en montant de Vizzavona à la bergerie de Puzzatile, sur le versant E. du Monte d'Oro, 1700 m., 8 août fl ! ; col de la Foce di Verde, le long des torrents, 1100 m., 19 juill fl. ! ; pozzines près des bergeries d'Aluccia, 1500 m., 18 juill. fl. !

Plante haute de 30-60 cm. Chaume médiocre, peu contracté sous l'anthèle, à moelle persistante. Inflorescence lâche, à fleurs ± écartées.

†† β. Var. **fistulosus** Buch. *Krit. Verz. Junc.* 20 et 83 (1880), *Mon. Junc.* 229 et *Junc.* 136 ; Husnot *Jonc.* 7 = *J. fistulosus* Guss. *Fl. sic. prodr.* I, 43 (1827) = *J. effusus* var. *insularis* Fouc. et Mand. in *Bull. soc. bot. Fr.* XLVII, 97 (1900) = *J. effusus* var. *elatus* Asch. et Graebn. *Syn.* II, 2, 444 (1904).

Hab. — Près de Ponte alla Leccia (Mand. et Fouc. l. c.) ; probablement plus répandue dans l'étage inférieur.

Port plus élevé que dans la var. α. Chaume épaissi, plus nettement contracté sous l'anthèle, à moelle évanescente. Inflorescence comme dans la var. α.

γ. Var. **compactus** Lej. et Court. *Comp. fl. belg.* II, 23 (1831) ; Buch. *Mon. Junc* 229 ; Asch. et Graebn. *Syn.* II, 2, 444 ; Buch. *Junc.* 136.

Diffère de la var. *typicus* par l'anthèle contractée (même à la maturité) en une capitule globuleux, à entrenœuds interfloraux très réduits. —

Non encore signalée en Corse, mais à rechercher dans les mêmes lieux que la var. α.

† 328.. **J. conglomeratus** L. *Sp.* ed. 1, 326 (1753) p. p.; Leers *Fl. herb.* 87 (1789); Gr. et Godr. *Fl. Fr.* III, 338; Asch. et Graebn. *Syn.* II, 2, 445; Coste *Fl. Fr.* III, 450 = *J. Leersii* Marss. *Fl. Neuvorp.* 451 (1869); Buch. *Mon. Junc.* 233 et *Junc.* 138 (Engler *Pflanzenreich* IV, 36) = *J. effusus* subsp. *conglomeratus* Husnot *Jonc.* 7 (1908). — Exsicc. Burn. ann. 1900, n. 457!

Hab. — Points humides, bords des eaux, 1-1600 m. Juin-août. ♃. Plus rare que l'espèce précédente. Env. de Bastia (Salis in *Flora* XVI, 488; Ile Rousse (N. Roux in *Bull. soc. bot. Fr.* XLVIII, sess. extr. CXLV); entre Evisa et Piana (N. Roux ibid. CXXXIII); env. de Corté (Salis l. c.); col de Vizzavona (Lutz in *Bull. soc. bot. Fr.* XLVIII, sess. extr. CXXVI); entre le col de Vizzavona et Ghisoni (Briq. *Rech. Corse* 102 et Burn. exsicc. cit.); et localités ci-dessous.

1906. — Berges du torrent près de la résinerie de la forêt d'Asco, 950 m., 28 juill. fr.!; sources du haut vallon de Stranciacone, 1600 m, 29 juill. fr.!; torrents en descendant du col de Teri Corscia sur Lozzi, 1400 m., 7 août fr.!; pozzi desséchés en montant des bergeries de Grotello au lac de Melo, 1600 m , 4 août fl.!

1907. — Marécages entre Ste-Lucie et Ste Trinité, 50 m , 7 mai fl.!

1908. — Berges tourbeuses du lac de Creno, 1298 m , 27 juin fl.!

Nous n'avons vu en Corse que la var. **typicus** Asch. et Graebn. [*Syn.* II, 2, 445 (1904); Buch. *Junc.* 138], à anthèle contractée en un capitule globuleux. — Le *J. conglomeratus* ne doit pas être confondu avec le *J. effusus* var. *compactus* Lej. et Court., dont il diffère par les chaumes fortement striés (à faisceaux libéroligneux de beaucoup plus gros calibre), surtout au voisinage de l'anthèle, et par les restes des styles placés au sommet du fruit sur un petit stylopode en forme de socle (sessiles et un peu enfoncés dans la niche qui occupe le sommet du fruit chez le *J. effusus*). M. Husnot dit (l. c.) que l'on trouve entre les *J. effusus* et *conglomeratus* « un grand nombre de formes intermédiaires », opinion qui avait déjà été énoncée autrefois par E. Meyer [*Junc. gen. mon.* 20 (1819) et *Syn. Junc.* (1822)]. Mais, à part de très rares hybrides, nous n'avons jamais constaté de formes intermédiaires établissant le passage entre les *J. effusus* et *conglomeratus*, et ne pouvons qu'approuver les remarques faites à ce sujet par MM. Ascherson et Graebner (l. c.).

En ce qui concerne la nomenclature du *J. conglomeratus*, nous partageons aussi entièrement l'avis de MM. Ascherson et Graebner. Le fait que Linné n'a peut-être pas toujours distingué son *J. conglomeratus* du *J. effusus* var. *compactus*, ne saurait prévaloir contre la définition claire du premier de ces types qui a été donnée par Leers dès 1789.

† 329. **J. inflexus** L. *Sp.* ed. 1, 326 (1753) ; Scop. *Fl. carn.* ed. 2, 1, 255 (1772) ; Leers *Fl. herb.* 88 (1789) ; Hoffm. *Deutschl. Fl.* 124 (1791) ; Duv.-Jouv. in *Mém. acad. Montp.* VII, 471 (1871) ; Schinz et Thell. in *Bull. herb. Boiss.* 2ᵐᵉ sér., VII, 400 ; Schinz et Kell. *Fl. Suisse* éd. fr., I, 112 ; non Linn. et Nath. *Amoen. acad.* IV, 468 (1756) = *J. filiformis* L. *Sp.* ed. 2, 464 (1762, sphalmate pro *J. inflexo* !) = *J. glaucus* Ehrh. (Calam. n. 85, nomen solum) *Beitr. Naturk.* VI, 83 (1791) ; Gr. et Godr. *Fl. Fr.* III, 339 ; Buch. *Mon. Junc.* 243 ; Asch. et Graebn. *Syn.* II, 2, 447 ; Buch. *Junc.* 132 (Engler *Pflanzenreich* IV, 36) ; Coste *Fl. Fr.* III, 449 ; Husnot *Jonc.* 7 = *J. diaphragmarius* Brot. *Fl. lus.* I, 511 (1804) = *J. Angelisii* Ten. in *Att. accad. pont.* I, 207 (1830-32) = *J. Deangelisii* Ten. ex Bert. *Fl. it.* IV, 179 (1839).

Hab. — Points humides, bords des eaux de l'étage inférieur. Mai-août. ♃. Rare ou peu observé.

Les confusions que Linné a fait subir à cette espèce après sa première publication dans l'édition 1 du *Species* ne changent rien au sens du nom que cet auteur lui avait primitivement imposé et cela d'autant plus que Scopoli, Leers et Hoffmann en ont précisé la signification avant qu'Ehrhart eût fait connaître son *J. glaucus* par le moyen d'un exsiccata. On doit donc conserver à cette espèce son nom princeps. — En Corse les deux races suivantes :

† α. Var. **typicus** Briq. = *J. glaucus* var. *typicus* Asch. et Graebn. *Syn.* II, 2, 448 (1904) ; Buch. *Junc.* 133.

Hab. — Commune de Bastia à Biguglia (Salis in *Flora* XVI, 488) ; Sᵗ-Florent (Fouc. et Sim. *Trois sem. herb. Corse* 161) ; Ponte alla Leccia (Mand. et Fouc. in *Bull. soc. bot. Fr.* XLVII, 97) ; Vezzani (Rotgès in litt.) ; Bonifacio (Seraf. ap. Bert. *Fl. it.* IX, 180).

Gaînes basilaires d'un pourpre noirâtre. Tiges hautes de 30-50 cm. Anthèle multiflore, diffuse, raide, longue de 5-8 cm. Fleurs longues d'env. 3 mm., généralement colorées. Fruit égalant presque le périgone, généralement d'un brun noirâtre.

†† β. Var. **longicornis** Briq. = *J. longicornis* Bast. in *Journ. Bot.* III, 20 (1814) = *J. pallidus* Hoppe in E. Mey. *Syn. Junc.* 4 (1822) = *J. paniculatus* Hoppe in Rœm. et Schult. *Syst.* VII, 2, 183 (1830) ; Gr. et Godr. *Fl. Fr.* III, 340 = *J. glaucus* var. *laxiflorus* Duv.-Jouv. in *Bull. soc. bot. Fr.* X, 13 (1863) ; Sᵗ-Lag. *Cat. Fl. bass. Rhône* 746 (1882) ; non Lange (1861) = *J. glaucus* var. *longicornis* Grognot in *Mém. soc. éduenne* 1, 198 (1865) ; Asch. et Graebn. *Syn.* II, 2, 449 (1904) ; Buch. *Junc.* 134

= *J. glaucus* var. *paniculatus* Buch. in Engl. *Bot. Jahrb.* VII, 162 (1886) et *Mon. Junc.* 244 ; Husnot *Jonc.* 8 = *J. glaucus* var. *proliferus* Coutinho in *Bol. soc. Brot.* VIII, 91 (1890).

Hab. — Signalée à Ponte alla Leccia (Mand. et Fouc. in *Bull. soc. bot. Fr.* XLVII, 97).

Diffère de la variété précédente par le port plus robuste (tige atteignant jusqu'à 150 cm.), l'anthèle très multiflore, diffuse, lâche, à rameaux allongés et à fleurs généralement pâles. — D'après Buchenau (*Junc.* 133), le *J. glaucus* var. *laxiflorus* Lange [in Willk. et Lange *Prodr. fl. hisp.* I, 182 (1861)] est une forme réduite et pauciflore de la var. *typicus*.

330. **J. acutus** L. *Sp.* ed. 1, 325 (1735, var. z) et ed. 2, 463 (1762) ; Gr. et Godr. *Fl. Fr.* III, 341 ; Buch. *Mon. Junc.* 249 ; Asch. et Graebn. *Syn.* II, 2, 453 ; Buch. *Junc.* 149 (Engler *Pflanzenreich* IV, 36) ; Coste *Fl. Fr.* III, 448 ; Husnot *Jonc.* 9 = *J. spinosus* Rostk. *De Junc.* 14 (1801) = *J. maritimus* Moric. *Fl. ven.* 1, 172 (1820) ; non Lamk.

Hab. — Marais saumâtres, points humides du littoral, rarement dans l'intérieur. Mai-juin. ⚥ . Répandu. — Trois variétés.

z. Var. **conglomeratus** Buch. *Mon. Junc.* 250 (1890) et *Junc.* 150 = *J. acutus* var. *typicus* Coutinho in *Bol. soc. Brot.* VIII, 96 (1890) = *J. acutus* var. *megalocarpus* a *conglomeratus* Asch. et Graebn. *Syn.* II, 2, 453 (1904). — Exsicc. Sieber sub : *J. effusus* et *J. maritimus* p. p. ! ; Kralik n. 816 !

Hab. — Répandue le long des côtes, du Cap Corse à Bonifacio, partout où les conditions du milieu le permettent.

Anthèle ± contractée, d'apparence globuleuse. Fruit ovoïde-allongé, atteignant presque 5 mm. de longueur. Plante en général très robuste.

†† β. Var. **decompositus** Guss. *Enum. pl. ins. Inar.* 345 (1854) ; Arc. *Comp. fl. it.* 715 = *J. acutus* var. *effusus* Buch. *Mon. Junc.* 250 (1890) et *Junc.* 150 = *J. acutus* var. *megalocarpus* subv. *effusus* et *decompositus* Asch. et Graebn. *Syn.* II, 2, 454 et 455 (1904) = *J. acutus* var. *multibracteatus* Husnot *Jonc.* 9 (1908). — Exsicc. Soc. rochel. n. 4500 !

Hab. — Près de Ponte alla Leccia (Fouc. et Mand. in *Bull. soc. bot. Fr.* XLVII, 97 et exsicc. cit.) et çà et là dans la partie sept. de l'île (Fouc. et Mand. ibid.) ; Pietroso (Rotgès in litt.).

Fruit comme dans la var. z, mais anthèle grande, diffuse lors de son

17

entier développement, à rameaux de premier ordre allongés, à bractées supérieures souvent incurvées.

Le *J. multibracteatus* Tin. in Guss. [*Fl. sic. prodr.*, Suppl. 105 (1832)], est une monstruosité à bractées de l'anthèle atteintes de phyllomanie et souvent accompagnées de petits bourgeons foliacés.

†† γ. Var. **Tommasinii** Arc. *Comp. fl. it.* 715 (1882) ; Buch. *Mon. Junc.* 250 et *Junc.* 151 ; Asch. et Graebn. *Syn.* II, 2, 454 = *J. Tommasinii* Parl. *Fl. it.* II, 315 (1852) = *J. acutus* var. *microcarpus* Lor. et Barr. *Fl. Montp.* éd. 2, 512 (1886) ; Husnot *Jonc.* 9.

Hab. — Plus rare que les précédentes ; jusqu'ici seulement la localité suivante :

1907. — Marécages entre Ste-Lucie et Ste-Trinité, 50 m., 7 mai fl. !

Anthèle pourvue de quelques rameaux allongés portant des fleurs ± agglomérées. Fruit ovoïde, plus petit, long d'env. 3 mm. Plante très grêle. — Nos échant., très jeunes, à tiges et feuilles grêles, appartiennent à la sous-var. **gallicus** Asch. et Graebn. l. c.

331. **J. maritimus** Lamk *Enc. méth.* III, 264 (1789) ; Godr. et Gr. *Fl. Fr.* III, 341 ; Buch. *Mon. Junc.* 256 ; Asch. et Graebn. *Syn.* II, 2, 455 ; Buch. *Junc.* 154 (Engler *Pflanzenreich* IV, 36) ; Coste *Fl. Fr.* III, 448 ; Husnot *Jonc.* 9 = *J. acutus* β L. *Sp.* ed. 1, 325 (1753) = *J. rigidus* Desf. *Fl. atl.* I, 312 (1798). — Exsicc. Sieber sub : *J. maritimus* p. p. ! ; Soleirol n. 1830 ! ; Requien sub : *J. rigidus* ! ; Kralik n. 814 !

Hab. — Marais saumâtres, points humides du littoral. Juin-août. ♃. Répandu et abondant du Cap Corse à Bonifacio, partout où les conditions du milieu sont favorables.

332. **J. subnodulosus** Schrank *Baier. Fl.* I, 616 (1789) ; Schinz et Thell. in *Bull. herb. Boiss.* 2me sér., VII, 570 = *J. obtusiflorus* Ehrh. *Beitr.* VI, 83 (1791, nomen solum) et ap. Hoffm. *Deutschl. Fl.* 125 (1791) ; Gr. et Godr. *Fl. Fr.* III, 348 ; Buch. *Mon. Junc.* 275 ; Asch. et Graebn. *Syn.* II, 2, 457 ; Buch. *Junc.* 162 (Engler *Pflanzenreich* IV, 36) ; Coste *Fl. Fr.* III, 451 ; Husnot *Jonc.* 16 = *J. subnodosus* Schinz et Kell. *Fl. Suisse* éd. fr. I, 115 (1909).

Hab. — Marais de l'étage inférieur. Mai-août. ♃. Disséminé. De Bastia à Biguglia (Salis in *Flora* XVI, 488 ; Revel. ap. Mars. *Cat.* 154 ; Boullu in *Bull. soc. bot. Fr.* XXIV, sess. extr. LXIV ; Fouc. et Sim. *Trois sem. herb. Corse* 161) ; St-Florent (Mab. ap. Mars. l. c.) ; Ponte alla Leccia

(Mand. et Fouc. in *Bull. soc. bot. Fr.* XLVII, 98) ; Caniccia près Ghisoni
(Rotgès ap. Fouc. l. c.) ; Bastelica (Revel. ap. Mars. l. c.) ; Bonifacio
(Revel. ap. Mars. l. c.).

Foucaud et Simon (l. c.) ont distingué leurs échantillons sous le nom
de var. *laxus* Fouc. et Sim. Dans cette espèce, l'inflorescence est toujours ± lâche à la maturité, le degré de développement de la bractée
axillante est très variable. Nous ne pouvons voir dans l'intensité avec
laquelle ces caractères sont exprimés que des caractères individuels.

333. **J. mutabilis** Lamk *Enc. méth.* III, 270 (1789), excl. var. β
et γ ; Britten et Rendle *List brit. seed-plants* 31 = *J. pygmaeus* Thuill.
Fl. Par. éd. 2, 178 (1799) ; Gr. et Godr. *Fl. Fr.* III, 343 ; Buch. *Mon.
Junc.* 279 ; Asch. et Graebn. *Syn.* II, 2, 458 ; Buch. *Junc.* 164 (Engler
Pflanzenreich IV, 36) ; Coste *Fl. Fr.* III, 446 ; Husnot *Jonc.* 17 = *J. nanus*
Dub. *Méth.* 297 (1803).

Hab. — Points sableux humides ou ombragés de l'étage inférieur.
Mai-juin. ⨀.

Nous suivons MM. Britten et Rendle qui ont conservé à cette espèce son
plus ancien nom, conformément aux *Règles de la nomencl. bot.* art. 44 et 47.

α. Var. **genuinus** Briq. = *J. pygmaeus* L., sensu stricto ; Gr. et Godr.
l. c. — Exsicc. Req. sub : *J. bicephalus*! ; Kralik n. 813! ; Reverch. ann.
1879 et 1880 sub : *J. pygmaeus*!

Hab. — Commune selon Mars. (*Cat.* 153), cependant peu observée.
Calvi (Fouc. et Sim. *Trois sem. herb. Corse* 161) ; Ajaccio (Req. exsicc.
cit.; Coste in *Bull. soc. bot. Fr.* XLVIII, sess. extr. CVI) ; Aspretto (Boullu
in *Bull. soc. bot. Fr.* XXIV, sess. extr. XCIII) ; marais de Quenza (Reverch.
exsicc. cit. ann. 1879) ; Bonifacio (Kralik exsicc. cit. ; Reverch. exsicc.
cit.; Boy. *Fl. Sud Corse* 66).

Capitules ± hémisphériques au nombre de 1-10, à bractée inférieure
frondescente dépassant les fleurs. — Les échant. nains à 1 seul capitule
ressemblent beaucoup au *J. capitatus*, dont ils se distinguent facilement
par les pièces du périgone égales linéaires-oblongues, insensiblement
atténuées en pointe courte (non pas inégales et acuminées en une
pointe sétacée).

β. Var. **bicephalus** Briq. = *J. bicephalus* Viv. *Fl. cors. diagn.* 5 (1824)
et *App. alt. ad fl. Cors. prodr.* 6 (1830) ; Bert. *Fl. it.* IV, 189 (1839) ;
Gr. et Godr. *Fl. Fr.* III, 351 ; Mattirolo in *Att. Congr. bot. int. Genova*
404 (1893) = *J. pygmaeus* var. *bicephalus* Buch. *Junc.* 165 (1906).

Hab. — Bonifacio (Seraf. ex Viv. et Bert. l. c.).

« Plante petite, mais vigoureuse. Capitules au nombre de 2-5, 8-12 flores, presque sphériques, larges d'env. 15 mm.; fleurs longues d'env. 7,5 mm., étalées en éventail, étamines 6. Variété remarquable. » (Buch. l. c.).

Le *J. bicephalus* Viv. est une plante critique. Des deux localités indiquées par Grenier (in Gr. et Godr. *Fl. Fr.* III, 351) pour le *Juncus bicephalus*, l'une [« en face de l'île Cavaille » (de Cavallo)], basée sur des échant. de Bernard, se rapporte au *J. bufonius* var. *congestus* selon M. Husnot (in *Bull. soc. bot. Fr.* LX, 51). Malgré cette erreur de détermination, Grenier distinguait fort bien le *J. bicephalus* des *J. capitatus*, *pygmaeus* et *bufonius* var. *congestus*, tous énumérés et décrits dans la *Flore de France*. De même, Marsilly (*Cat.* 154) indique le *J. bicephalus* à la Chapelle des Grecs, à Vignola et à Barbicaja, en le distinguant des *J. pygmaeus*, *capitatus* et *bufonius* var. *congestus*. Il en est encore de même pour Boullu qui signale le *J. bicephalus* dans les mêmes localités (in *Bull. soc. bot. Fr.* XXIV, sess. extr. XC et CXXXIX). Enfin, M. Boyer (*Fl. Sud Corse* 66) donne aussi le *J. bicephalus* aux env. de Bonifacio, à côté du *J. pygmaeus*. Grenier et Buchenau s'accordent tous deux pour attribuer au *J. bicephalus* un port particulier différent de celui du *J. pygmaeus*. Ce dernier auteur, presque toujours très exact, après avoir vu dans le *J. bicephalus* une forme réduite du *J. pygmaeus* (ap. Mattirolo l. c.) — opinion adoptée par MM. Ascherson et Graebner (*Syn.* II, 2, 459) — a reconnu dans le *J. bicephalus* une race distincte, qu'il signale en Corse, en Sardaigne et à Majorque d'après Barcelo. Mais on a vu plus haut (p. 252) que le jonc des Baléares, décrit sous le nom de *J. bicephalus*, de même que celui de la Provence, se rapporte en réalité au *J. bufonius* var. *congestus*. — Aucun de nos échant. corses ne présente l'ensemble des caractères mis en évidence par Viviani, Grenier, Bertoloni et Buchenau. Il y aura lieu ultérieurement de rechercher en Corse soigneusement le *J. bicephalus* et le comparer à l'original de Viviani et à la plante de Sardaigne.

334. **J. bulbosus** L. *Sp.* ed. 1, 327 (1753); Leers *Fl. herb.* ed. 2, 90, tab. XIII, 7 (1789); Hoffm. *Deutschl. Fl.* 125 (1791); Beck *Fl. Nieder-Ost.* 154; Britten et Rendle *List brit. seed-pl.* 31; Schinz et Thell. in *Bull. herb. Boiss.* 2ᵐᵉ sér., VII, 401; Schinz et Kell. *Fl. Suisse* éd. fr. 1, 115; non L. *Sp.* ed. 2 (1762) = *J. supinus* Mœnch *Enum. pl. Hass.* 1, 167, tab. 5 (1777); Gr. et Godr. *Fl. Fr.* III, 344; Buch. *Mon. Junc.* 291; Asch. et Graebn. *Syn.* II, 2, 460; Buch. *Junc.* 175 (Engler *Pflanzenreich* IV, 36); Coste *Fl. Fr.* III, 451; Husnot *Jonc.* 13 = *J. uliginosus* Roth *Tent. fl. germ.* 1, 155 (1788) = *J. mutabilis* γ Lamk *Enc. méth.* III, 270 (1789) = *J. subverticillatus* Wulf. in Jacq. *Coll.* III, 51 (1789) = *J. setifolius* Ehrh. *Beitr.* VI, 73 (1805) = *J. affinis* Gaud. *Agrost. helv.* II, 224 (1811) p. p. — Exsicc. Reverch. ann. 1879, n. 214! et ann. 1885, n. 440!

Hab. — Lacs et marais, surtout des étages montagnard et subalpin,

1-1800 m. Calcifuge. Disséminé. Lac de Nino (Soleirol ex Bert. *Fl. it.*
IV, 205 « Dino »; Reverch. exsicc. cit. n. 440; Lit. in *Bull. acad. géogr.
bot.* XVIII, 106); près du lac de Creno (Lit. *Voy.* II, 23); env. d'Ajaccio
(Boullu in *Bull. soc. bot. Fr.* XXIV, sess. extr. C); env. de Bastelica
(Revel. ap. Mars. *Cat.* 154); Palneca (Rotgès in litt.); marais de Quenza
(Reverch. exsicc. cit. 214); Bonifacio (Revel. ex Mars. l.c.); et localités
ci-dessous.

1906. — Lieux humides en descendant du col de Foggiale sur les bergeries de Tula, 1800 m., 9 août fr.! (plante altitudinaire, réduite, 1-2 capi-
pitée, correspondant à la forme *pygmaeus* Marss.; conf. Asch. et Graebn.
Syn. II, 2, 462 et Buch. *Junc.* 476); pozzines entre les bergeries d'Aluccia
et le col du Mt Incudine, 1500 m., 18 juill. fr.!

1908. — Lac de Nino, beine, 1743 m., 28 juin, stérile! (f. *confervaceus*);
mare du col de Ciarnente, 1751 m., 28 juin, presque stérile! (f. *confervaceus*); berges tourbeuses du lac de Creno, 1298 m., 27 juin fl. fr.!

Tous les échant. corses se rapportent à la var. **supinus** Briq. [= *J. supinus* var. *eu-supinus* Asch. et Graebn. *Syn.* II, 2, 461 (1904); Buch. *Junc.*
176 = *J. triandrus* Vill. *Cat. jard. Strasb.* 81 (1807); non Gouan] à fleurs
vertes ou rubescentes, à étamines généralement au nombre de 3, à anthères à peu près de la longueur des filets. — Le polymorphisme de
cette variété au point de vue de la hauteur, de la rigidité, de l'épaisseur
et du degré de ramification des tiges est en rapport avec le milieu
(aquatique, subaquatique, terrestre, etc.). Voy. à ce sujet Asch. et Graebn.
l. c. et Graebner in Engl. *Bot. Jahrb.* XX, 639. Les échant. entièrement submergés [f. *confervaceus*; voy. Buch. *Fl. nordwestd. Tiefeb.* 136 (1894); Asch.
et Graebn. *Syn.* II, 2, 462], à feuilles capillaires molles, à port d'*Isoëtes*,
sont généralement stériles.
Déjà Ehrhart [*Beitr.* III, 111 (1788)] avait correctement identifié le *J.
bulbosus* L. (1753) avec le *J. uliginosus* Sibth., simple forme du *J. supinus*
Mœnch. Le nom linnéen est basé sur la forme des terrains humides,
mais non inondés, à chaume s'élevant d'une base ± renflée. Linné a
malheureusement donné dans la seconde édition du *Species* le nom de
J. bulbosus à une espèce différente que Jacquin a décrite la même année
(1762) sous le nom de *J. compressus*.

335. **J. heterophyllus** Desf. in *Ann. sc. nat.* V, 88 (1825); Coss.
Not. pl. crit. II, 65; Gr. et Godr. *Fl. Fr.* III, 344; Buch. *Mon. Junc.* 296;
Asch. et Graebn. *Syn.* II, 2, 463; Buch. *Junc.* 173 (Engler *Pflanzen-
reich* IV, 36); Coste *Fl. Fr.* III, 451; Husnot *Jonc.* 13 = *J. atlanticus*
Laharpe *Mon. Junc.* 128 (1825) = *J. lampocarpus* Ehrh. var. *hetero-
phyllus* Dub. *Bot. gall.* 1, 477 (1828); Mutel *Fl. Fr.* III, 331 = *J. Mimi-
ziani* Guilland ex Coss. et Dur. *Expl. sc. Alg.* II, 264 (1867). — Exsicc.
Soleirol n. 106!

Hab. — Marais saumâtres. Juin-sept. ♃. Localisé aux env. de Boni-facio (Kralik ap. Cosson l. c.; Revel. ap. Mars. *Cat.* 154).

Cette curieuse espèce — découverte en Corse par Soleirol (*J. corsicus* Soleirol ex Husnot l. c.), malheureusement sans indication précise de localité — est voisine du *J. bulbosus*, bien qu'on l'ait rapprochée du *J. articulatus* (*J. lampocarpus* Ehrh.). Elle se reconnaît facilement pendant l'anthèse à ses grandes fleurs, à pièces du périgone blanches-membra-neuses au bord, les intérieures généralement plus longues, les étamines au nombre de 6; plus tard, par le fruit dépassant nettement le périgone, pourvu d'un long bec. — Nous ne croyons pas que cette espèce ait été récoltée depuis l'époque de Revelière : elle mériterait d'être recherchée.

† 336. **J. acutiflorus** Ehrh. (Calam. n. 66, nomen tantum) *Beitr.* VI, 82 (1791) et ap. Hoffm. *Deutschl. Fl.* 125 (1791); Buch. *Mon. Junc.* 360; Asch. et Graebn. *Syn.* II, 2, 466; Buch. *Junc.* 208 (Engler *Pflanzen-reich* IV, 36); Husnot *Jonc.* 14 = *J. articulatus* γ L. *Sp.* ed. 1, 327 (1753) = *J. silvaticus* Reich. *Fl. moenofr.* II, 151 (1778)?; Gr. et Godr. *Fl. Fr.* III, 347; Coste *Fl. Fr.* III, 452.

Hab. — Marais de l'étage inférieur. Juin-août. ♃. Rare ou peu observé. De Bastia à Biguglia (Salis in *Flora* XVI, 488); env. de Boni-facio (Boullu in *Bull. soc. bot. Fr.* XXIV, sess. extr. C).

Cette espèce se distingue du *J. articulatus* par les capitules plus petits et les pièces du périgone inégales, les extérieures courtes, lan-céolées, longuement acuminées, les intérieures largement lancéolées, presque aristées, un peu recourbées au sommet. — Duval-Jouve a mon-tré [in *Revue sc. nat.* ann. 1872, 130 et *Bull. soc. bot. Fr.* XIX, 169 (1872)] que l'application du nom de *J. silvaticus* Reich., faite à cette espèce par Koch, Grenier et Godron, Ascherson et d'autres auteurs, était douteuse.

†† 337. **J. anceps** Laharpe *Mon. Junc.* 126 (1825); Gr. et Godr. *Fl. Fr.* III, 347; Buch. in *Ber. deutsch. bot. Ges.* I, 487 et *Mon. Junc.* 375; Asch. et Graebn. *Syn.* II, 2, 474; Buch. *Junc.* 216 (Engler *Pflanzen-reich* IV, 36); Coste *Fl. Fr.* III, 452; Husnot *Jonc.* 15 = *J. silvaticus* var. *anceps* Coss. et Dur. *Expl. sc. Alg.* II, 266 (1867).

Hab. — Points humides, marécages de l'étage inférieur. Juin-août. ♃. Rare ou peu observé. Ponte alla Leccia (Mand. et Fouc. in *Bull. soc. bot. Fr.* XLVII, 97); env. d'Ajaccio (Boullu ibid. XXIV, sess. extr. C); env. de Bonifacio (Boy. *Fl. Sud Corse* 66).

Espèce voisine du *J. alpinus* Vill., dont elle se distingue par les pièces du périgone apprimées contre le fruit, les externes indistinctement (et non pas nettement) mucronulées, le fruit aussi court que le périgone ou

le dépassant à peine (et non pas nettement plus long que lui). — Le
J. anceps se présente dans le midi de l'Europe uniquement sous la var.
genuinus Buch. [in *Ber. deutsch. bot. Ges.* I, 493 (1883), *Mon. Junc.* 375 et
Junc. 217 ; Asch. et Graebn. l. c.], à tiges fortement comprimées à la base,
arrondies vers le haut, à gaines et limbes foliaires carénés, à anthèle
médiocre, les pédoncules pour la plupart plusieurs fois plus longs
que les capitules.

338. **J. alpinus** Vill. *Hist. pl. Dauph.* II, 233 (1787) ; Gr. et Godr.
Fl. Fr. III, 348 ; Buch. *Mon. Junc.* 113 ; Asch. et Graebn. *Syn.* II, 2, 472 ;
Buch. *Junc.* 214 (Engler *Pflanzenreich* IV, 36) ; Coste *Fl. Fr.* III, 452 ;
Husnot *Jonc.* 15.

Se distingue facilement du *J. articulatus* (= *J. lampocarpus* Ehrh.) par
les pièces du périgone obtuses (et non pas nettement aiguës, au moins
les externes), et du *J. anceps* par les pièces du périgone dressées (mais
non pas apprimées contre le fruit), les extérieures ± mucronulées, plus
courtes que la capsule. — En Corse, seulement la race suivante :

Var. **rariflorus** Hartm. *Skand. Fl.* ed. 7, 240 (1858) = *J. mucroni-*
florus Clairv. *Man.* 104 (1811) = *J. rariflorus* Hartm. *Skand. Fl.* 141
(1820) = *J. nodulosus* var. *rariflorus* Fries *Nov. fl. suec.* 91 (1828) =
J. alpinus var. *genuinus* Buch. in Engl. *Bot. Jahrb.* VII, 166 (1885) et
Mon. Junc. 373 = *J. alpinus* var. *mucroniflorus* Asch. et Graebn. *Syn.*
II, 2, 472 (1904) ; Buch. *Junc.* 215. — Exsicc. Mab. n. 400 ! ; Debeaux
ann. 1868 sub : *J. Requienii* ! ; Reverch. ann. 1879, n. 74 !

Hab. — Pozzines, berges des torrents des étages subalpin et alpin,
1290-2200 m. Juill.-août. ♃. Assez répandue dans les massifs du centre.
Versant S. du Monte Cinto (Lit. *Voy.* II, 8) ; col de Vergio (Lit. in *Bull.*
acad. géogr. bot. XVIII, 106) ; lac de Nino (Lit. ibid.) ; montagnes de
Corté (Salis in *Flora* XVI, 488) ; entre Ghisoni et le col de Sorba (Mand. et
Fouc. in *Bull. soc. bot. Fr.* XLVII, 97) ; Monte Renoso (Reverch. exsicc. cit. ;
Rotgès, Mand. et Fouc. in *Bull. soc. bot. Fr.* l. c.) ; lac de Vitalaca (Revel.
ap. Deb. exsicc. cit. ; Mab. exsicc. cit. et ap. Mars. *Cat.* 154 ; Lit. in *Bull.*
acad. géogr. bot. XVIII, 106) ; env. de Palneca, vallée sup. du Taravo
(Rotgès in litt.) ; Coscione (Req. ex Parl. *Fl. it.* II, 346 ; Revel. in Bor.
Not. II, 9 ; Reverch. exsicc. cit. ; Lit. *Voy.* I, 16) ; et localités ci-dessous.

1906. — Pozzines au-dessous du Lago Maggiore près du Capo al Berdato,
2200 m., 7 août fr. ! (échant. nains appartenant à la forme *pygmaeus*) ; vers la
cascade du sentier Grimaldi sur le versant E. du Monte d'Oro, 1300 m.,
8 août fr. ! (f. *pygmaeus*) ; rochers humides près des bergeries de Tortetto
dans le haut vallon de l'Anghione, 1300-1400 m., 12 août fl. fr. ! (f. *typicus*) ;

berges des torrents sur le versant S. du col de la Foce di Verde, 1000 m.,
19 juill. fr.! (f. *typicus* et f. *pygmaeus*, avec des intermédiaires); berges
d'un torrent en montant de la Chapelle de San Pietro aux bergeries
d'Aluccia, 1400 m., 18 juill. fr.! (f. *pygmaeus*); talus humides sur le versant W. du M¹ Incudine, 1700 m., 18 juill. fr.! (f. *pygmaeus*).

1908. — Berges tourbeuse du lac de Creno, 1298 m., 27 juin fr.! (f. *typicus*);
pozzines près des bergeries de Ceppo, 1600 m., 28 juin fl. fr.! (f. *pygmaeus*).

Plante médiocre ou naine (2-25 cm.). Anthèle peu décomposée, à rameaux érigés, portant des capitules peu nombreux, généralement foncés. — Race commune aux Alpes, aux montagnes de l'Ecosse et de la
Scandinavie et aux régions arctiques.

On peut distinguer, à l'intérieur de cette variété, deux formes extrêmes,
reliées par de nombreuses variations douteuses:

a. f. *typicus* Briq., de dimensions médiocres, à feuilles plus allongées,
à anthèle multiflore.

b. f. *pygmaeus* Asch. et Graebn. *Syn.* II, 2, 473 (1904); Buch. *Junc.* 215 =
J. lamprocarpus var. *pygmaeus* Salis in *Flora* XVI, 488 (1833) = *J. alpinus*
var. *uniceps* Hartm. *Skand. Fl.* ed. 7, 240 (1858) = *J. Requienii* Parl. *Fl.
it.* II, 346 (1857); Bor. *Not.* II, 9; Mars. *Cat.* 154 = *J. alpinus* var. *Requienii*
Richt. *Pl. eur.* I, 181 (1890); Husnot *Junc.* 15, de très petites dimensions,
à feuilles sétacées, à anthèle uniflore ou pauciflore.

339. J. articulatus L. *Sp.* ed. 1, 327 (1753), excl. var. β et γ; Vill.
Hist. pl. Dauph. I, 318 (1786) et II, 233 (1787); Fries *Summa* 65; Beck
Fl. Nieder-Öst. 155; Britten et Rendle *List brit. seed-pl.* 31; Schinz et
Thell. in *Bull. herb. Boiss.* 2ᵐᵉ sér., VII, 400; Schinz et Kell. *Fl. Suisse*
éd. fr. I, 116 = *J. isthmiacus* Neck. *Del. gall.-belg.* I, 168 (1773) = *J.
aquaticus* All. *Fl. ped.* II, 217 (1785); Roth *Tent. fl. germ.* I, 155 (1788) =
J. lampocarpus Ehrh. (Calam. n. 126, circ. ann. 1791, nomen solum) ap.
Hoffm. *Deutschl. Fl.* I, 166 (1800); Gr. et Godr. *Fl. Fr.* III, 345 («*lampro-
carpus*»); Buch. *Mon. Junc.* 376; Asch. et Graebn. *Syn.* II, 2, 476;
Buch. *Junc.* 217 (Engler *Pflanzenreich* IV, 36); Coste *Fl. Fr.* III, 452;
Husnot *Junc.* 16.

Hab. — Marais, bords des eaux, points humides des étages inférieur
et montagnard, 1-1000 m. Mai-juill. ♃.

La nomenclature de cette espèce a de tout temps été très critique.
Nous croyons cependant que les auteurs qui ont conservé le nom linnéen
sont dans le vrai et doivent être suivis (*Règl. nomencl.* art. 44 et 50).
L'obligation, si l'on rejette le nom linnéen, de préférer les noms totalement inusités d'Allioni et surtout de Necker, est déjà un argument pro-
bant. Mais il y a plus. Linné cite expressément le n° 331 de l'*Agrosto-
graphia* de Scheuchzer, lequel appartient incontestablement à la plante

désignée plus tard par Ehrhart sous le nom de *J. lampocarpus*, ainsi que l'ont fort bien reconnu Haller [*Hist. stirp. Helv.* 171 sub n. 322 (1768)] et Gaudin [*Fl. helv.* II, 552 (1828), en écrivant « Scheuchz. 321 » par suite d'une erreur typographique]. MM. Ascherson et Graebner (*Syn.* II, 2, 477) déclarent impossible de donner à cette espèce le nom linnéen, parce que Linné attribue à sa plante des « petala obtusa ». Cette affirmation est inexacte sous cette forme. Dans la 1re édition du *Species*, seule citée par nos confrères, il n'est pas question de pétales du tout (« Juncus foliis nodoso-articulatis »). Ce n'est que dans la seconde édition (p. 465) qu'apparaît la mention des pétales obtus. Villars (*Hist. pl. Dauph.* II, 233) a cru pouvoir attribuer cette indication de Linné à une erreur de description (« Ce sont les capsules ou le fruit qui est obtus, et non les pétales » Vill. l. c.). Il est plus probable que Linné a intentionnellement modifié ultérieurement la phrase diagnostique du *J. articulatus*, pour tenir compte des caractères propres aux joncs distingués plus tard sous les noms de *J. alpinus* et *submodulosus* (*obtusiflorus*). Quoi qu'il en soit, ces modifications ultérieures ne changent rien au sens du *J. articulatus* (α) tel qu'il a été établi en 1753 et précisé quelques années plus tard par Villars. — En Corse, les deux races suivantes :

α. Var. **genuinus** Briq. = *J. lampocarpus* var. *genuinus* Coutinho in *Bol. soc. Brot.* VIII, 109 (1890) ; Buch. *Junc.* 218 = *J. lampocarpus* var. *eu-lampocarpus* Asch. et Graebn. *Syn.* II, 2, 477 (1904). — Exsicc. Kralik n. 811 ! ; Reverch. ann. 1878 sub : *J. lamprocarpus* ! ; Burn. ann. 1890, n. 459 !

Hab. — Répandue. Env. de Bastia (Salis in *Flora* XVI, 488) ; Sagone (Lit. *Voy.* II, 26) ; Venaco (Fouc. et Sim. *Trois sem. herb. Corse* 161) ; entre le col de Sorba et Ghisoni (Burn. exsicc. cit.) ; Caniccia près de Ghisoni (Rotgès ap. Fouc. in *Bull. soc. bot. Fr.* XLVII, 97) ; embouchure du Bravone (Kralik exsicc. cit.) ; Bastelica (Reverch. exsicc. cit.) ; Coscione (Seraf. ex Bert. *Fl. it.* IV, 200) ; Bonifacio (Seraf. ex Bert. l. c. ; Revel. ap. Mars. *Cat.* 154) ; et localités ci-dessous.

1906. — Cap Corse : Santa Cattarina près la Marine de Sisco, 4 juill. fr.! — Ravins humides entre Tralonca et Santa Lucia di Mercurio, 700-800 m., 30 juill. fr.! ; berges du torrent en montant d'Omessa au col de Bocca al Pruno, 300-600 m., 15 juill. fr.!

1907. — Pré humide près de Solenzara, 5 m., 3 mai fl.!

Plante haute de 20-60 cm., à tige relativement peu raide. Anthèle à rameaux ascendants-étalés, à glomérules nombreux, pauciflores, à fleurs longues de 2-3,5 mm., à fruits relativement petits.

β. Var. **macrocarpus** Briq. = *J. macrocephalus* Viv. *Fl. cors. diagn.* 5 (1824) = *J. trichocephalus* Laharpe in *Bull. sc. nat.* 1824 (sec. Gr. et

Godr.) = *J. tricephalus* Gay in Laharpe *Mon. Jonc.* 132 (1825 = *J. sphaerocephalus* Salzm. ap. Pouz. in *Mém. soc. linn. Par.* IV, 561 (1826) = *J. lamprocarpus* var. *macrocarpus* Dœll *Rhein. Fl.* 179 (1843) ; Asch. *Fl. Brand.* I, 738 = *J. lamprocarpus* var. *macrocephalus* Parl. *Fl. it.* II, 340 (1852) ; Gr. et Godr. *Fl. Fr.* III, 345 ; Buch. *Mon. Junc.* 378 ; Asch. et Graebn. *Syn.* II, 2, 480 ; Buch. *Junc.* 219 ; Husnot *Jonc.* 16.

Hab. — Jusqu'ici seulement aux env. de Bonifacio (Seraf. ex Viv. *Fl. cors. diagn.* 5 et Bert. *Fl. it.* IV, 200 ; Revel. in Bor. *Not.* I, 9 et ap. Mars. *Cat.* 154).

Plante robuste, à tige plus raide. Anthèle à glomérules relativement moins nombreux, plus multiflores, à fleurs plus grandes, atteignant 3,5-4,5 mm., à fruits plus volumineux et plus foncés.

340. **J. capitatus** Weig. *Obs. bot.* XIV, 28, tab. 2, fig. 5 (1772) ; Gr. et Godr. *Fl. Fr.* III, 343 ; Buch. *Mon. Junc.* 450 ; Asch. et Graebn. *Syn.* II, 2, 488 ; Buch. *Junc.* 256 (Engler *Pflanzenreich* IV, 36) ; Coste *Fl. Fr.* III, 446 ; Husnot *Jonc.* 16 = *J. ericetorum* Poll. *Hist. pl. Palat.* I, 351 (1776) = *J. mutabilis* β Lamk *Enc. méth.* III, 270 (1789) = *J. mutabilis* Cav. *Ic. et descr.* III, 49, tab. 296, fig. 2 (1794) ; non alior. = *J. triandrus* Gouan *Herb. Montp.* 25 (1796). — Exsicc. Requien sub : *J. capitatus* ! ; Billot n. 470 ! ; Reverch. ann. 1879 sub : *J. capitatus* ! ; Burn. ann. 1904, n. 531 !

Hab. — Points sableux humides (au moins d'une façon intermittente), pozzines, gazons, 1-2200 m. Calcifuge. Mai-août, suivant l'altitude. ①. Répandu et abondant dans l'île entière.

1906. — Pozzines près des bergeries d'Aluccia au pied du Mt Incudine, 1550 m., 18 juill. fr.! ; replats gazonnés sur le versant E. du Capo al Chiostro, 2200, 3 août fr.!

1907. — Prairie sablonneuse à Ghisonaccia, 10 m., 8 mai fl. fr.! ; pré humide près de Solenzara, 5 m., 3 mai fl. fr.! ; garigues de la Pointe de l'Aquella, 150 m., 4 mai fr.!

MM. Ascherson et Graebner (l. c.) ont distingué à l'intérieur de cette espèce une série de formes basées sur le nombre et la coloration des capitules, la grandeur absolue des individus, le nombre des fleurs contenues dans les capitules, etc. M. Buchenau a dit de ces formes : « Mea opinione hae formae constantia carent, praecipue insolatione, fertilitate et humiditate loci natalis creatae esse videntur » (*Junc.* 257). L'étude du *J. capitatus* sur le vif en Corse montre à l'évidence que Buchenau a raison, et que les variations dont il vient d'être question, entièrement dues au milieu, sont dépourvues de valeur systématique. Le *J. capitatus* var. *minutus* Lit. [in *Bull. acad. géogr. bot.* XVIII, 87 et 105 (1909)], forme réduite des hautes pozzines, se rapproche par certains exemplaires de la forme *physcomitrioides* Baen. (voy. Asch. et Graebn. l. c.).

LILIACEAE

NARTHECIUM Huds.

Ce genre figure dans la liste des *Nomina conservanda* annexée aux *Règles de la nomenclature botanique* (p. 74), où il est attribué à Jussieu [*Gen. pl.* 47 (1789)] avec la mention du synonyme plus ancien : *Abama* Adans. [*Fam. pl.* II, 47 (1763)]. Mais le nom *Narthecium* doit être aussi conservé par simple priorité, attendu que Hudson [*Fl. angl.* ed. 1, 128 (1762)] l'a employé dans son sens actuel un an avant Adanson.

341. **N. Reverchoni** Celak. in *Oest. bot. Zeitschr.* XXXVII, 154 (1887) ; Le Grand in *Bull. soc. bot. Fr.* XXXVII, 20 ; Coste *Fl. Fr.* III, 348 = *N. ossifragum* Lois. *Fl. gall.* ed. 2, 1, 257 (1828) p. p. ; Bert. *Fl. it.* IV, 129 (excl. syn.) ; Gr. et Godr. *Fl. Fr.* III, 173 p. p. ; Bor. *Not.* III, 7 = *Abama ossifraga* DC. *Fl. fr.* III, 171 (1805) p. p. ; Dub. *Bot. gall.* 474 p. p. ; Salis in *Flora* XVI, 488 = *N. corsicum* Le Grand in *Bull. soc. bot. Fr.* XXXVII, 20 (1890) = *N. ossifragum* proles *Reverchoni* Lit. in *Bull. acad. géogr. bot.* XVIII, 107 (1909). — Exsicc. Soleirol n. 4430 ! ; Kralik n. 809 ! ; Reverch. ann. 1878, n. 94 ! ; Soc. rochel. n. 4494 ! ; Burn. ann. 1900, n. 397 !

Hab. — Rochers où l'eau suinte ou au bord des torrents de l'étage subalpin, moins fréquemment tourbières et pozzines, descendant parfois le long des cours d'eau jusqu'à 550 m., s'élevant jusqu'à 2200. Calcifuge. Juill.-août. ♃. Répandu dans les massifs du centre. Monte Padro (Salis in *Flora* XVI, 488) ; Monte Grosso (de Calvi) (Soleirol ex Bert. *Fl. it.* IV, 129 et exsicc. cit. ; Lit. in *Bull. acad. géog. bot.* XVIII, 107) ; Capo al Berdato (Lit. l. c.) ; Niolo (Salis l. c.) ; col de Salto et bords du torrent de Cocavera (Lit. l. c.) ; forêt d'Aitone (Lit. *Voy.* II, 15) ; Campotile (de Forestier !) ; lac de Creno (Lit. *Voy.* II, 23) ; Monte Rotondo (Salis l. c. ; Doùmet in *Ann. Hér.* V, 191 ; Mab. ap. Mars. *Cat.* 138 ; Lit. in *Bull. acad. géog. bot.* XVIII, 107) ; versant S. du col de Manganello (Lit. *Voy.* II, 25) ; bains de Guagno (Mars. *Cat.* 138 ; Le Grand in *Bull. soc. bot. Fr.* XXXVII, 20) ; env. de Vico (Mars. l. c.) ; Monte d'Oro (Req. ex Parl.

Fl. it. II, 362 ; Kralik exsicc. cit.) ; col de Vizzavona (Lit. *Voy.* 1, 12) ;
ravin de Casso dans la forêt de Casamente (Rotgès ap. Fouc. in *Bull.
soc. bot. Fr.* XLVII, 96 et Soc. rochel. cit.) ; env. de Bocognano (Mars.
l. c.) ; Monte Renoso (Req. ex Parl. l. c.) ; Kralik ! ; Reverch. exsicc. cit. ;
Briq. *Rech. Corse* 34 et Burn. exsicc. cit.) ; Bastelica (Revel. in Bor. *Not.*
III, 7) et de Bastelica à Cauro (Revel. ap. Mars. l. c.) ; Coscione (R. Maire
in Rouy *Rev. bot. syst.* II, 24) ; et localités ci-dessous.

1906. — Rochers le long du torrent près de la maison forestière de
Bonifatto, 550 m., 11 juill. fl. ! (entraîné par les eaux) ; col d'Avartoli,
sources du versant E., 1600 m., 27 juill. fl.! ; descente du Monte Traunato
sur Castiglione, rochers humides, 1500 m., 31 juillet ; berges du torrent
du vallon d'Urcula, 1500-1900 m., 7 août ; bords du torrent près de la
résinerie d'Asco, 950 m., 26 juill. fl.! ; rochers humides sur le versant N.
du Monte Cinto, vers 2300 m., 29 juill. (forme réduite, non encore fleu-
rie) ; berges des torrents en montant au col de Foggiale, versant E.,
1500-1700 m., 9 août ; vallon de Tula, berges des torrents, 1400-1800 m.,
9 août ; rochers humides vis-à-vis des bergeries de Grotello, 1400-1600 m.,
3 août fl.! ; Capo al Chiostro, rochers humides du versant de la Restonica, 1700 m., 3 août fl.! ; berges des torrents entre les bergeries de Grotello et le lac Melo, et versant N. du col de Bocca Soglia, 1900 m.,
4 août ; torrents du Monte d'Oro au-dessus de Vizzavona, 1400-1200 m.,
15 juill. fl.! ; vallon moyen de l'Anghione, 1400-1200 m., 21 juill. fl.! ; versant E. du Monte d'Oro, rochers humides, 1900 m., 9 août fl.! ; torrents
en allant de Marmano à Vizzavona par la forêt de Ghisoni, 1300 m.,
21 juill.! (non encore fleuri) ; vallon de Ciappajola en dessous du col de
la Cagnone, 1600 m., 21 juill. ; pozzines entre les bergeries de Sgreccia et
le col Bocca della Calle, env. 1700 m., 21 juill.! (non encore fleuri).

1908. — Vallée de la Melaja, berges du torrent, 1000 m., 5 juill. fl.! ;
vallée de Tartagine, bords du torrent, 1200 m., 4 juill. fl.! ; col de Ciarnente, versant S., bords d'un torrent, 1400 m., 27 juin fl.!

Le *N. Reverchoni* a été confondu jusqu'en 1887 avec le *N. ossifragum*
Huds., confusion au premier abord extraordinaire, car les différences
qui existent entre ces deux espèces sont profondes. Boreau (*Not. pl. Corse*
III, 7) avait, il est vrai, dès 1859, remarqué que la plante de Corse présente un aspect un peu différent de celle du continent : « la hampe est
moins roide, souvent arquée, la capsule s'atténue en une pointe très
allongée. » Mais ces remarques, fort superficielles, n'auraient pas permis
de voir dans le *Narthecium* corse une espèce distincte. — On sait depuis
les recherches de Buchenau [*Zur Naturgeschichte von Narthecium ossifragum* Huds., in *Bot. Zeit.* XVII, 161-165 et 169-172, tab. 7 (1859)] que le *N.
ossifragum* possède un court rhizome indéterminé, à phyllomes apicaux
foliacés, à phyllomes sagittaux écailleux. Les bourgeons florifères naissent au bout de plusieurs années à l'aisselle des deux feuilles les plus
apicales des pousses des années antérieures. Ces bourgeons s'allongent
en une tige florifère pourvue à la base de phyllomes écailleux ; plus-

haut, les phyllomes deviennent bractéiformes ± développés, cucullés
au sommet ; plus haut encore, le caractère bractéiforme s'accentue par
une réduction de plus en plus prononcée, en même temps que les entrenœuds s'allongent. — Dans le *N. Reverchoni*, le rhizome est au contraire
longuement traçant, souvent ramifié, indéterminé aussi, mais se distingue essentiellement de celui de l'espèce précédente en ce que les
bourgeons florifères naissent à l'aisselle des anciennes feuilles desséchées qui sont très nombreuses sur le rhizome ; ils se développent en
tiges possédant dès la base des phyllomes foliacés longuement engai-
nants à la partie inférieure, graduellement réduits vers le haut de la
tige à des phyllomes bractéiformes ± cucullés au sommet. En d'autres
termes, dans le *N. ossifragum*, les feuilles qui entourent la base des
tiges florifères appartiennent au rhizome, dans le *N. Reverchoni*, elles
appartiennent à la tige florifère elle-même. Une pareille différence dans
la phyllomorphose ne pouvait pas échapper à l'œil expert d'un morpho-
logiste tel que Celakowsky. Aussi est-ce essentiellement sur ces pro-
priétés que cet auteur s'est basé pour distinguer le *N. Reverchoni*, en y
ajoutant les caractères distinctifs suivants : bractées pliées, racème
lâche à pédoncules arqués-ascendants généralement bractéolés au-
dessous du milieu, poils des filets tous sensiblement de même longueur,
ovaire insensiblement atténué en style épais ; au contraire, le *N. ossifragum* posséderait des bractées non pliées, un racème dense, des
pédoncules érigés généralement bractéolés au-dessus du milieu, les
poils des filets staminaux graduellement allongés vers le sommet des
filets, enfin un ovaire abruptement contracté en style grêle. Les plus
saillants de ces caractères sont celui du racème, plus long et plus lâche,
à pédoncules arqués-ascendants bractéolés au-dessous du milieu, et de
l'ovaire insensiblement atténué en style épais pendant l'anthèse. Le
caractère tiré des bractées est de peu de valeur, car les deux espèces
ont des bractées ± creusées en gouttière. Nous reviendrons plus loin
sur le caractère des poils staminaux qui doit être précisé un peu différemment que ne l'a fait Celakowsky.

En 1906, M. Coste (*Fl. Fr.* III. 348) a reproduit les caractères mis en
évidence par Celakowsky, en y ajoutant le fait que la capsule est penchée ou étalée à la maturité, et non pas dressée, à rostre plus épais et
plus long que dans le *N. ossifragum*. Et à ce propos, il n'est pas inutile
de faire remarquer que l'apparence du rostre de la capsule se modifie
chez les *Narthecium* au moment de la déhiscence. Les valves se bombent
vers l'extérieur avant de se séparer (la déhiscence est loculicide), trans-
formant le rostre, qui peut être parfois très longuement grêle (par ex.
dans le *N. californicum*), en un cône allongé. Lors donc que l'on se trouve
en présence d'un racème dont les capsules basales sont en train de s'ouvrir, c'est aux fruits apicaux qu'il faut s'adresser pour décrire la forme
de la capsule. — Quant au caractère donné par M. Coste, des feuilles
fortement nerviées dans le *N. ossifragum*, finement nerviées dans le *N.
Reverchoni*, il est sans valeur diagnostique : une coupe à travers une
feuille adulte de l'une et de l'autre espèce montre qu'elles possèdent
toutes deux des nervures sensiblement de même calibre.

Mais les *N. ossifragum* et *Reverchoni* présentent entre eux encore deux autres différences importantes qui paraissent avoir échappé à nos prédécesseurs, bien qu'elles roulent sur des caractères qui ont été utilisés antérieurement pour d'autres espèces du genre *Narthecium* par Maximowicz et par Baker ; nous voulons parler du nombre des nervures foliaires et de la répartition de l'indument sur les filets staminaux.

Les feuilles du *N. ossifragum* sont pourvues d'une façon constante de 5 à 7 nervures, quelle que soit d'ailleurs l'ampleur du limbe. Lorsque ce dernier devient large, les champs qui séparent les nervures les unes des autres augmentent, mais le nombre des nervures n'augmente pas. Au contraire, dans le *N. Reverchoni*, les feuilles sont pourvues de 8 à 11 nervures séparées par des champs constamment étroits, de telle sorte que le nombre des nervures augmente avec l'ampleur de la feuille. Un fragment de feuille suffit dans tous les cas pour distinguer le *N. Reverchoni* du *N. ossifragum*. Il règne d'ailleurs, au point de vue *anatomique*, une très grande uniformité dans l'organisation des feuilles des *Narthecium*. Tant dans le *N. Reverchoni* que dans le *N. ossifragum*, les nervures sont constituées par deux faisceaux libéro-ligneux opposés par leur face ventrale, ainsi qu'il en va toujours pour les Monocotylées à feuilles équitantes à limbe vertical, lequel correspond à un limbe horizontal plié longitudinalement selon son plan médian. La partie libéro-ligneuse de chaque faisceau est plutôt grêle ; l'étui de stéréome péricyclique est en revanche fortement développé et bombe vers l'extérieur le chlorenchyme microcytique et l'épiderme qui le surmontent. La région médiane est occupée par un parenchyme macrocytique qui sépare les uns des autres les faisceaux opposés dans les nervures, et sépare aussi les couches hypodermiques de chlorenchyme dans les champs internervaux.

Les *Narthecium* possèdent, comme on le sait, sur les filets un indument dense de gros poils blancs, unisériés, très aquifères, pluricellulaires. Ces poils s'arrêtent brusquement à env. 0,5 mm. au-dessous de l'anthère, laissant au sommet du filet un espace nu. Or, dans le *N. ossifragum*, l'indument de la partie supérieure de la région velue, tout en étant plus dense sur les côtés du filet (légèrement aplati dans le sens du rayon), s'étend cependant nettement sur le côté dorsal et sur le côté ventral ; à mesure que l'on descend vers la base de l'étamine, les poils des côtés dorsal et ventral deviennent plus clairsemés ; plus bas encore, ceux situés sur les flancs deviennent moins nombreux ; et finalement la base même du filet reste ± dénudée sur une hauteur d'env. 0,3 mm. Dans le *N. Reverchoni*, les poils apparaissent au plan d'insertion des filets, mais ils sont plus également répartis autour du filet et conservent sensiblement la même longueur à mesure que l'on s'élève vers l'anthère.

Si l'on recherche, sur la base des caractères qui viennent d'être exposés, les affinités du *N. Reverchoni*, on arrive aux résultats suivants. Le *N. Reverchoni* n'a pas de parenté étroite avec le *N. ossifragum*, espèce à feuilles paucinerviées. Il en a davantage avec les *Narthecium* à feuilles multinerviées. Ces dernières espèces sont toutes étrangères à l'Europe. L'une d'entre elles, cependant, le *N. Balansae* Briq., partage avec le *N. Reverchoni* cette particularité géographique d'être localisée dans un petit groupe de montagnes méditerranéennes, mais dans le bassin oriental de la Méditerranée. Le *N. Balansae*, de la région alpine du Lazistan, près de Djimil, découvert par Balansa en août 1866, possède aussi, chose remarquable, la même phyllomorphose que le *N. Reverchoni*, dont il est très rapproché, ainsi que le supposait déjà Celakowsky en 1887 en se basant sur certains termes de la description de Boissier. Il s'en distingue pourtant nettement par le racème plus étroit, à pédoncules plus dressés à peine plus longs que les bractées axillantes, très developpées et subherbacées (pédoncules nettement plus longs que les bractées réduites dans le *N. Reverchoni*), les filets staminaux dénudés à la base, et l'ovaire plus gros, brusquement contracté en style grêle.

Ces deux espèces, *N. Reverchoni* et *N. Balansae*, constituent un groupe naturel, méditerranéen, orophile, opposé aux autres espèces circumboréales du genre *Narthecium*, et dont l'endémisme très localisé peut être considéré comme résultant d'une ancienne distribution plus vaste du genre *Narthecium* dans les montagnes méditerranéennes.

Les rapports que présentent entre elles les espèces du genre *Narthecium* peuvent être exprimés dans la revue synoptique ci-jointe, que nous avions annoncée déjà en 1901 (*Rech. Corse* 66) et que d'autres travaux nous ont empêché de publier jusqu'à ce jour.

SYNOPSIS NARTHECIORUM

1. *Phyllopoda*. — Caulis florifer basi foliatus, foliis superne bracteiformiter decrescentibus, multinerviis. — Species montium mediterraneorum.

1. **N. Reverchoni** Celak. (de synonymia vide supra p. 267).

Phyllopodum. Folia latiuscula, 8-11nervia. Racemus laxus ; pedunculi adscendentes vel arcuato-adscendentes quam bractea axillaris reducta conspicue longiores, saepius infra medium bracteolati. Perigonii phylla circ. 7 mm. longa, lineari-oblonga, apice breviter cucullato-obtusata, marginibus versus apicem ample albo-subscariosis. Stamina perigonii phyllis aliq. breviora, filamentis a basi villosis, villis subaequilongis, apice nudis. Ovarium sensim in stylum crassum attenuatum. Capsula 10-13 mm. longa, anguste oblonga, superne in rostrum contracta, demum patens vel nutans. — Corsica (de distributione vide supra p. 267 et 268).

2. **N. Balansae** Briq. in *Ann. cons. et jard. bot. Genève* V, 77 (1901) = *N. ossifragum* Boiss. *Fl. or.* V, 329 (1884) ; non alior.

Phyllopodum. Folia latiuscula, 8-11nervia. Racemus laxus, quam in specie praecedente angustior ; pedunculi bracteas axillantes evolutas herbaceas vix vel parum superantes, saepius infra medium bracteolati. Perigonii phylla circ. 6-7 mm. longa, lineari-oblonga, apice breviter cucullato-obtusata, marginibus versus apicem ample albo-scariosis. Stamina perigonii phyllis aliq. breviora, filamentis basi denudatis, villis dein usque ad apicem infra antheram glabrum magis elongatis. Ovarium ovoideo-oblongum, subito in stylum tenuem contractum. Capsula deest. — In alpibus Ponti Lazici supra Djimil (Balansa ann. 1866).

II. *Aphyllopoda*. — Caulis florifer basi squamatus, superne bracteoso-foliatus. — Species circumboreales.

A. *Multinervia.* — Foliorum nervi anguste approximati, 8-11 (rarius 7-11).

a. *Macrantha.* — Racemus laxus. Flores majores, perigonii phyllis 6-8 mm. longis.

3. **N. asiaticum** Maxim. in *Bull. acad. St-Pét.* XI, 214 (1867); Baker in *Journ. linn. soc.* XV, 350.

Aphyllopodum. Folia latiuscula, 8-11nervia. Racemus laxus; pedunculi adscendentes, bracteas parum evolutas conspicue superantes, saepius supra medium bracteolati. Perigonii phylla circ. 6-7 mm. longa, anguste lineari-oblonga, versus apicem sensim revoluto-acutata, marginibus versus apicem anguste albo-scariosis. Stamina perigonii phyllis aliq. breviora, filamentis basi denudatis, villis dein usque ad apicem infra antheram glabrum sensim elongatis. Ovarium ovoideo-oblongum, in stylum tenuem acuminato-contractum. Capsula oblonga, 12-13 mm. longa, versus apicem acuminato-contracta, demum erecta vel erectiuscula. — Japonia in Nippon media et boreali.

4. **N. californicum** Baker in *Journ. linn. soc.* XV, 351 (1877); Watson in *Proc. amer. acad.* XIV, 284 = *N. ossifragum* var. *occidentale* A. Gray in *Proc. amer. acad.* VII, 391 (1868) = *Abama californica* A. A. Heller *Cat. north amer. pl.* ed. 1, 3 (1898) = *Abama occidentalis* A. A. Heller *Mühlenbergia* 1, 47 (1904).

Aphyllopodum. Folia latiuscula, (7-)8-11nervia. Racemus laxus, demum elongatus; pedunculi arcuato-adscendentes, bracteas minime evolutas saepe fere lineares, longe vel longissime superantes, saepius infra medium bracteolati. Perigonii phylla circ. 6-8 mm. longa, anguste oblongo-linearia, versus apicem margine anguste albo-scariosa, sensim acutata. Stamina quam perigonii phylla sub anthesi parum, maturitate conspicue breviora, filamentis ima basi vix denudatis, villis a basi vel fere a basi sensim longioribus, infra antheram nullis. Ovarium oblongum, in stylum tenuem contractum. Capsula matura oblongo-elongata, in rostrum pulchre constricta, acuminata, ad 13 mm. longa, demum patula vel nutans. — America bor.-occid. (California, Oregon).

b. *Micrantha.* — Racemus congestus. Flores minores, perigonii phyllis 4-5 mm. longis.

5. **N. americanum** Ker in *Bot. Mag.* tab. 1505 (1812); Maxim. in *Bull. acad. St-Pét.* XI, 214; Baker in *Journ. linn. soc.* XV, 351; Watson in *Proc. amer. acad.* XIV, 283 = *N. ossifragum* var. *americanum* A. Gray *Man. north amer. bot.* ed. 5, 536 (1867) = *Abama americana* Morong in *Mem. Torr. Club* V, 109 (1894); Britt. et Br. *Ill. fl.* I, 401.

Aphyllopodum. Folia anguste linearia, (7-)8-11 nervia. Racemus congestus, brevis: pedunculi adscendentes, bracteas lineares conspicue superantes, versus basin bracteola parva lineari praediti. Perigonii phylla anguste oblongo-linearia, apice cucullato-obtusata, versus apicem marginibus anguste albo-scariosis. Stamina perigonii phylla fere aequantia, filamentis a basi dense villosis, apice infra antheram tantum glabris. Ovarium ovoideo-oblongum, subito in stylum contractum. Capsula matura ovoideo-oblonga, in rostrum constricta, 9-10 mm. longa.

Semina quam in omnibus caeteris speciebus minora. — America bor.-orientalis (New-Jersey).

B. *Paucinervia.* — Foliorum nervi inter se distantes, 5-7.

6. **N. ossifragum** Huds. *Fl. angl.* ed. 1, 128 (1762) : Koch *Syn.* ed. 2, 824 : Gr. et Godr. *Fl. Fr.* III, 173 (excl. pl cors.); Maxim. in *Bull. acad. St-Pét.* XI, 214 ; Baker in *Journ. linn. soc.* XV, 354 ; Asch. et Graebn. *Syn.* III, 8; Coste *Fl. Fr.* III, 348 = *Anthericum ossifragum* L. *Sp.* ed. 1, 314 (1753) = *Abama ossifraga* DC. *Fl. fr.* III, 171 (1805) = *N. anthericoides* Hoppe ex Mert. et Koch *Deutschl. Fl.* II, 559 (1826) = *Tofieldia ossifraga* Nem. ex Chaub. in *Act. soc. linn. Bordeaux* XIX, 228 (1853).

Aphyllopodum. Folia latiuscula, 5-7nervia. Racemus subcongestus, ± brevis ; pedunculi erecto-adscendentes, bracteas reductas superantes, saepius supra medium bracteolati. Perigonii phylla oblongo-linearia, apice cucullato-obtusata, marginibus versus apicem latiuscule albo-scariosis. Stamina perigonii phyllis conspicue breviora, filamentis ima basi (praesertim in lateribus dorsali ventralique) denudatis, villis ima sensim elongatis, filamenti apice infra antheram glabro. Ovarium ovoideo-oblongum, in rostrum tenue constrictum, ad 13 cm. longum. — Species europaeo-atlantica : in montibus Gallec. et Astur. in Pyrenaeis: Gallia occidentalis centralisque : Belgium et Hollandia; Germania bor.-occ.; Dania; Scandinavia.

VERATRUM L. emend.

V. nigrum L. *Sp.* ed. 1, 1044 (1753) : Asch. et Graebn. *Syn.* III, 10; Coste *Fl. Fr.* III, 296.

Indiqué en Corse par Burmann (*Fl. cors.* 253), d'après Jaussin. Etranger à la flore de l'île.

V. album L. *Sp.* ed. 1, 1044 (1753) ; Gr. et Godr. *Fl. Fr.* III, 172 ; Asch. et Graebn. *Syn.* III, 11 ; Coste *Fl. Fr.* III, 296.

Même observation que pour l'espèce précédente.

BULBOCODIUM L.

B. vernum L. *Sp.* ed. 1, 594 (1753) : Gr. et Godr. *Fl. Fr.* III, 169 ; Asch. et Graebn. *Syn.* III, 16; Coste *Fl. Fr.* III, 297.

Bertoloni a vaguement signalé cette espèce en Corse d'après Gussone [« Habui.... ex montibus Corsicae ab Eq. Gussonio » (Bert. *Fl. it.* IV, 270)], où, à notre connaissance, aucun observateur ne l'a jamais recueillie. Le *B. vernum* abonde dans les Alpes méridionales, mais est étranger à l'Apennin. Il y a probablement à l'origine de cette indication de Bertoloni quelque erreur d'étiquette.

18

COLCHICUM L.

342. **C. neapolitanum** Ten. *Fl. neap. prodr. App. quint.* II (1826) et *Fl. nap.* III, 398, tab. 221, fig. 2 ; Parl. *Fl. it.* III, 182 ; Ard. *Fl. alp. marit.* 365 ; Baker in *Journ. linn. soc.* XVII, 431 ; Coste *Fl. Fr.* III, 300 = *C. autumnale* Salis in *Flora* XIV, 488 (1833) ; non L. = *C. longifolium* Cast. *Cat. Mars.* 135 (1845) = *C. castrense* Laremb. in *Bull. soc. bot. Fr.* II, 688 (1855) = *C. arenarium* Gr. et Godr. *Fl. Fr.* III, 170 (1856) ; non W. K. = *C. longifolium* et *C. provinciale* Loret in *Bull. soc. bot. Fr.* VI, 459 (1859) = *C. Jankae* Freyn in *Oest. bot. Zeitschr.* XXVII, 361 (1877) = *C. neapolitanum* var. *castrense* Deb. in *Rev. soc. fr. Bot.* ann. 1895 = *C. neapolitanum, longifolium* et *castrense* Asch. et Graebn. *Syn.* III, 25-27 (1905). — Exsicc. Mab. n. 273 ! ; Debeaux sub : *C. arenarium* ! ; Reverch. ann. 1878, n. 33 !

Hab. — Points humides (au moins d'une façon intermittente) ou ombragés des étages inférieur et montagnard, s'élève dans l'étage subalpin. Août-oct. ♃. Disséminé. Montagnes du Cap Corse entre Bastia et St-Florent (Salis in *Flora* XVI, 488 ; Mab. exsicc. cit. ; Debeaux exsicc. cit. ; Mars. *Cat.* 137) ; St-Pierre de Venaco, Vico, bassin supérieur du Liamone, vallée supérieure du Tavignano, bergerie de Morrocinto (Mars. *Cat.* 138) ; Ghisoni (Rotgès in litt.) ; Bastelica (Reverch. exsicc. cit.) ; Porto-Vecchio (Revel. ap. Mars. l. c.) ; Bonifacio (ex Gr. et Godr. et Parl. l. c.) ; et localité ci-dessous.

1907. — Fossés humides près de l'étang de Diane, 10 m., 1 mai fr. !

Bulbe médiocre (2-3 cm. de diamètre). Feuilles linéaires-lancéolées, allongées, insensiblement atténuées à la base, souvent atténuées dans la partie supérieure, obtuses ou ± aiguës au sommet, atteignant 0,6-1,5 cm. de diamètre. Fleurs isolées ou par deux, plus rarement par 3 ou 4, lilacées. Périgone à tube long de 10-15 cm., à divisions elliptiques-allongées ou oblongues-allongées, arrondies ou obtuses, ou acutiuscules au sommet, longues de 2,5-4 cm., larges de 5-8 mm., glabres à la face intérieure, à nervures au nombre de 9-11, presque toutes finement ondulées, à sinusoïde parfois peu marquée (ou même non marquée !) sur une ou plusieurs nervures, à anastomoses obliques rares. Etamines de longueur inégale, les plus longues dépassant le sommet du tube, mais n'allant guère au-delà de la mi-hauteur des divisions du périgone, à anthères linéaires, jaunes, longues de 5-6 mm. Styles dépassant les étamines, ± incurvés au sommet et à stigmate décurrent. Fruit ovoïde-allongé, aigu, mesurant env. 2-3×1,3 cm. en section longitudinale.

Cette espèce critique a été l'objet de nombreuses discussions et ses affinités très diversement interprétées. Elle est fort voisine du *C. autumnale*, à laquelle Tenore l'avait primitivement rattachée [*C. autumnale* var. *neapolitanum* Ten. *Cat. sem. hort. neap.* 11 (1825)], et dont Bertoloni (*Fl. it.* IV, 272) ne la séparait pas. Elle ne s'en distingue guère que par les bulbes moins nombreux, les feuilles plus étroites non brusquement atténuées à la base, les fleurs généralement plus petites, à divisions non pubescentes en dedans, à étamines et style plus courts, à fruit plus petit. Les proportions plus réduites de la fleur ont fait assimiler le *C. neapolitanum* (sous le nom de *C. longifolium*) par Grenier et Godron avec le *C. arenarium* W. K., dont elle a effectivement le port. Mais dans le *C. arenarium* les nervures des divisions du périgone sont presque toujours droites (non ondulées en sinusoïde) et surtout les styles sont presque droits, avec un stigmate capité non décurrent, ce qui suffit à classer les deux espèces dans deux groupes différents. — Parlatore, M. Baker, puis M. Coste, ont identifié la plante de Grenier et Godron du midi de la France et de la Corse (*C. longifolium*) avec le *C. neapolitanum* de l'Italie méridionale, tandis que ces deux Colchiques sont de nouveau séparés spécifiquement par MM. Ascherson et Graebner. Ces derniers auteurs distinguent les *C. neapolitanum* et *C. longifolium* comme suit :

C. neapolitanum	*C. longifolium*
Feuilles généralement par 3-4, larges de 1-2 cm., obtusiuscules.	Feuilles généralement par 2-3, larges de 0,6-1,2 cm., acutiuscules.
Fleurs généralement par 1-2, rarement par 3-4.	Fleurs généralement isolées.
Périgone à divisions oblongues ou linéaires-lancéolées, longues d'env. 4 cm., obtuses ou acutiuscules, multinerviées.	Périgone à divisions lancéolées ou linéaires-lancéolées, longues de 3-3,5 (-4) cm., obtusiuscules, à 9-11 nervures.
Fruit long de 3-4 cm.	Fruit long de 2,5 cm.

Ces caractères, sauf peut-être ceux indiqués pour le fruit, permettraient bien difficilement de séparer deux espèces, même s'ils étaient constants. Mais il s'en faut de beaucoup que ce soit le cas. Les feuilles présentent dans toutes nos provenances des variations considérables de diamètre, surtout dans le midi de la France, et se présentent ± obtuses ou ± aiguës jusque sur le même individu. Les fleurs sont le plus souvent isolées dans les échant. de toutes nos provenances ; cependant on rencontre çà et là des bulbes biflores et même triflores, ainsi que l'a déjà fait remarquer Marsilly (*Cat.* 138). Les divisions du périgone varient d'un individu à l'autre quant à l'étroitesse, et presque du simple au double quant aux dimensions dans un même lieu ; nous avons sous les yeux des échant. dans lesquels, sur un même individu, les divisions du périgone présentent jusqu'à 1 cm. de différence de longueur ! Il ne reste en définitive que le fruit, lequel varie de 2-3 cm. de longueur dans nos diverses provenances du midi de la France et de la Corse, ce qui atteint la limite inférieure attribuée par nos confrères pour les dimensions du fruit du *C. neapolitanum*. Janka (in *Term. Füz.* ann. 1886, 77) a attribué au *C. neapolitanum* des capsules spongieuses et au *C. longifolium* (incl. *C. castrense*, *Kochii* et *provinciale*) des capsules « farctae durissimae ».

Mais nous ne savons trouver sur les échant. de nos diverses provenances des différences sensibles quant à la consistance des capsules. Nos échant. du Napolitain (Huet du Pav. pl. nap. n. 429! Gussone! Groves!) sont à tel point identiques avec notre Colchique de la Corse et plusieurs de nos provenances provençales, qu'il nous serait impossible de les en distinguer si les provenances insulaire, italienne et provençale étaient mélangées! Nous ne pouvons donc qu'approuver la synonymie établie à bon escient par Parlatore et Baker.

MM. Ascherson et Graebner identifient le *C. Jankae* Freyn avec le *C. neapolitanum*. Nous avons pu étudier un original de cette espèce provenant de Janka et ne pouvons que confirmer la synonymie établie par ces auteurs. De même, MM. Ascherson et Graebner ne distinguent pas le *C. provinciale* Loret du *C. longifolium* : nous ne pouvons, ici encore, que nous associer de la façon la plus complète à leurs conclusions. En revanche, ces auteurs séparent le *C. castrense* Laremb. en lui attribuant des bulbes plus gros, des feuilles plus larges et plus nettement contractées à la base, presque arrondies au sommet, un périgone à tube plus long, à divisions plus courtes et plus obtuses. Aucun de ces caractères n'est constant. Les feuilles de nos échant. (Soc. dauph. n. 577! : Magnier fl. select. n. 3869!) ne diffèrent pas de celles de plusieurs de nos *C. neapolitanum* des plus typiques. Les tubes périgonaux les plus longs dans nos échant. du *C. castrense* sont de 10-12 cm., tandis qu'ils atteignent 14 cm. sur plusieurs provenances corses et jusqu'à 17 cm. sur un de nos échant. des env. de Martigues (Var). Enfin la forme et la grandeur des divisions du périgone présentent les mêmes variations, sans différences autres que des différences individuelles, chez les *C. neapolitanum* (*longifolium*) et *castrense*. Quant au fruit, il varie de longueur de 2,5 à 3,3 cm. — Nous croyons devoir attribuer l'opinion défendue par les savants auteurs du *Synopsis* à une insuffisance de matériaux de comparaison.

†† 343. **C. corsicum** Baker in *Journ. linn. soc.* XVII, 431 (1880).

Hab. — Env. de Bonifacio (Seraf. in h. Kew ex Baker l. c.; Boy. *Fl. Sud Corse* 65).

Les caractères attribués par M. Baker à cette plante rarissime sont les suivants :

Bulbe assez petit (1,5 cm. de diamètre). Feuilles au nombre de 4, lancéolées, atténuées en un sommet obtus, larges de env. 1 cm. au-dessus de la base. Fleurs solitaires, lilacées. Périgone à tube filiforme long de 8-10 cm., à divisions oblancéolées, obtuses, larges de 3-5 mm., longues de 2-2,5 cm. Étamines 2-4 fois plus courtes que les divisions, à anthères oblongues, jaunes, longues de 2 mm. Styles à peine saillants hors du tube du périgone, distinctement falciformes au sommet. Fruit acuminé long de 1,5-2 cm.

D'après ces caractères, le *C. corsicum* possède l'organisation du style propre au *C. neapolitanum*, mais il en diffère par les fleurs beaucoup plus petites (atteignant les dimensions de celles du *C. alpinum* var. *parvulum*), les styles presque inclus et les anthères 2-3 fois plus petites.

M. Coste (*Fl. Fr.* III, 300) a donné du *C. corsicum* Baker une description qui s'éloigne de celle de M. Baker par plusieurs points importants. Le colchique de M. Coste est caractérisé par un style à stigmate ± droit comme dans le *C. arenarium*, et non pas courbé et ± falciforme comme dans le *C. neapolitanum*. L'auteur envisage son colchique comme une sous-espèce du *C. arenarium* W. K. (Hongrie, Serbie, Bulgarie), bien qu'il possède un stigmate « allongé en massue » (décurrent latéralement), tandis que le stigmate du *C. arenarium* est terminal et capité. Or, M. Baker, tant dans sa clé analytique (l. c. 425) que par sa description, place le *C. corsicum* dans une division caractérisée par des « styli apice distincte falcati, stigmate decurrente », tandis que le *C. arenarium* est avec raison placé dans un groupe à « styli apice subrecti, stigmate subcapitato ». Il n'y a donc aucun rapport étroit entre la plante de Baker et celle de M. Coste. Comme cette dernière est indiquée sur les « montagnes siliceuses de la Corse », et que l'auteur ne signale pas le *C. neapolitanum* en Corse, il paraît évident que le *C. corsicum* Coste (non Baker) n'est autre que le *C. neapolitanum* Ten. La courbure du sommet du style ne devient en effet nettement accentuée qu'au cours de l'anthèse, ce qui a pu motiver les termes de la description de M. Coste ; d'autre part, les différences indiquées dans la grosseur et la forme des bulbes ne sortent pas des limites des variations individuelles à l'intérieur du *C. neapolitanum*.

M. de Litardière a indiqué (in *Bull. acad. géogr. bot.* XVIII, 106) le *C. corsicum*, à la Cima d'Arcajo entre le col de Teghime et la Serra di Pigno. C'est la localité classique du *C. neapolitanum*, où cette espèce a été souvent récoltée depuis l'époque de Salis. L'indication de M. de Litardière se rapporte donc au *C. corsicum* Coste et non au *C. corsicum* Baker. Cette dernière espèce devra être dans la suite recherchée avec soin.

344. **C. alpinum** DC. *Fl. fr.* III, 195 (1805) ; Gr. et Godr. *Fl. Fr.* III, 171, ampl.; Baker in *Journ. linn. soc.* XVII, 432 ; Asch. et Graebn. *Syn.* III, 28 ; Coste *Fl. Fr.* III, 209. — En Corse seulement la race suivante :

Var. **parvulum** Baker l. c. = *C. parvulum* Ten. *Fl. nap.* III, 339, tab. 221, fig. 2 (1824-29) ; Gr. et Godr. *Fl. Fr.* III, 171 ; Parl. *Fl. it.* III, 184 = *C. arenarium* Lois. *Fl. gall.* ed. 2, I, 265 (1828) ; non alior. — Exsicc. Kralik n. 810 ! ; Reverch. ann. 1879, n. 205 !

Hab. — Points ombragés de l'étage subalpin des massifs du centre. Juin-sept. ♃. Assez rare. Forêt de Valdoniello (Soulié ex Coste in *Bull. soc. bot. Fr.* XLVIII, sess. extr. CXXIII) ; montagne de Nino (Req. ex Parl. *Fl. it.* III, 187) ; Punta Artica (Kralik ex Parl. l. c.) ; Bocca di Verde (Kralik exsicc. cit.) ; col de Tavoria (Rotgès in litt.) ; Rocca della Vaccia au-dessus d'Aullène (Revel. ex Mars. *Cat.* 138) ; Coscione (Reverch. exsicc. cit.). — Signalée en outre, sans indication de localité, par les anciens explorateurs Soleirol, de Pouzolz et Bernard.

Diffère de la var. **genuinum** Briq. (= *C. alpinum* DC. sensu stricto) par les dimensions réduites, le périgone à tube long de 3-6 mm., à divisions mesurant 1,3-2 cm. de longueur sur 2-4 mm. de largeur. — L'examen d'une série quelque peu étendue d'échant. du *C. alpinum* provenant des Apennins montre tous les passages entre les var. *parvulum* et *genuinum*. Le *C. alpinum* se distingue facilement par les petites dimensions du *C. neapolitanum*; il diffère nettement des *C. neapolitanum* et *corsicum* par les styles restant presque droits, à stigmate capité non décurrent.

ASPHODELUS L. emend.

345. **A. microcarpus** Viv. *Fl. cors. diagn.* 5 (1824) et *App. alt. fl. Cors. prodr.* 6 ; Gr. et Godr. *Fl. Fr.* III, 223 ; Gay in *Bull. soc. bot. Fr.* IV, 609 ; Asch. et Graebn. *Syn.* III, 32; Coste *Fl. Fr.* III, 346 = *A. ramosus* L. *Sp.* ed. 1, 310 (1753) p. p. = *A. ramosus* var. *microcarpus* Salis in *Flora* XVI, 489 (1833)=*A. aestivus* Brot. *Fl. lus.* 525 (1804) = *A. racemosus* Link *Enum. hort. berol.* I, 328 (1821) = *A. affinis* et *A. infestus* Parl. *Fl. it.* II, 597 et 600 (1852) = *A. ramosus* subsp. *microcarpus* Baker in *Journ. linn. soc.* XV, 270 (1877).

Hab. — Garigues des étages inférieur et montagnard, 1-1000(-1200) m. Avril-mai. ♃. On peut distinguer :

α. Var. **Audibertii** Briq. = *A. microcarpus* Viv., sensu stricto = *A. Audibertii* Req. ex Rœm. et Schult. *Syst.* VII, 2, 1695 (1830). — Exsicc. Sieber sub : *A. ramosus* !; Soleirol n. 57!; Req. sub : *A. microcarpus*!; Mab. n. 277!; Reverch. ann. 1885, n. 405 ! ; Burn. ann. 1904, n. 535 !

Hab. — Répandue et abondante dans l'île entière.

1907. — Garigues entre Cateraggio et Tallone, 20 m., 1 mai fl.!

1908. — Garigues sur les versant S. du Monte Asto, 1200 m., 1 juill. fr.!

Feuilles ± largement linéaires-allongées, très longuement acuminées, longues de 30-80 cm., larges de 1-3 cm.

††β.Var. **latifolius** Chab. in *Bull. soc. bot. Fr.* XXIX, sess. extr. LVI (1882).

Hab. — Route de Bastia au col de Teghime, vers le 7me kilomètre (Chabert l. c.).

Feuilles largement lancéolées-ensiformes, assez brusquement atténuées en pointe, longues de 15-40 cm., larges de 5-7 cm.

346. **A. cerasiferus** Gay in *Bull. soc. bot. Fr.* IV, 610 (1857) et in *Ann. sc. nat.*, sér. 4, VII, 127 = *A. ramosus* L. *Sp.* ed. 1, 310 (1753) p.p.; Gouan *Fl. Montp.* 40 (176?); Salis in *Flora* XVI, 489 (1833) = *A.*

cerasifer Lor. et Barr. *Fl. Montp.* 634 (1876) ; Asch. et Graebn. *Syn.* III, 34 (1905) ; Coste *Fl. Fr.* III, 347 = *A. ramosus* subsp. *cerasiferus* Baker in *Journ. linn. soc.* XV, 270 (1877). — Exsicc. Mab. n. 278 ! ; Reverch. ann. 1879 et ann. 1885 n. 9 ! ; Burn. ann. 1904, n. 536 et 537 !

Hab. — Garigues et rochers, clairières des maquis des étages montagnard et subalpin, 800-1500 m., descendant rarement dans l'étage inférieur. Mai-juill. suivant l'altitude. ♃. Répandu et abondant des montagnes du Cap Corse jusqu'à celles du sud de l'île.

1908. — Versant S. du Monte Asto, rocailles, 1400 m., 1 juill. fl. fr. ! ; vallée sup. du Tavignano, rochers, 1300 m., 26 juin fl. fr. !

Espèce voisine de la précédente, mais cependant toujours distincte par son fruit volumineux, sphérique, mesurant 1,5-2 cm. de diamètre, tandis que dans l'*A. microcarpus*, le fruit est petit, sphérico-obovoïde, mesurant 7-10 × 5-6 mm. en section longitudinale. Pendant l'anthèse, les fleurs longues de 2-2,4 cm. (1-1,2 cm. dans l'*A. microcarpus*) et l'inflorescence moins rameuse permettent facilement de la reconnaître.

Linné comprenait dans son *A. ramosus* tous les Asphodèles à inflorescence rameuse. Il semble que l'on devrait conserver à cette espèce le nom spécifique *ramosus*, puisque Gouan l'avait employé dès 1765 dans le sens restreint de l'*A. cerasiferus*, en appliquant les art. 44 et 47 des *Règl. de la nomenclature*. Cependant la clarté exige l'abandon de ce nom. En effet, le nom d'*A. ramosus* a été appliqué depuis un siècle tantôt à l'une, tantôt à l'autre des deux espèces, et d'autre part M. Baker (l. c.), et MM. Ascherson et Graebner (l. c.) l'ont utilisé dans un sens collectif pour désigner un groupe qui embrasserait à la fois les *A. microcarpus* et *cerasiferus*. Dans ces conditions, l'emploi de l'épithète *ramosus* dans un sens restreint ne pourrait qu'amener de la confusion (*Règl. nomencl.* art. 51, 4°).

La plante corse a été distinguée par Jordan et Fourreau sous le nom d'*A. corsicus* Jord. et Fourr. [*Brev.* II, 124 (1868) et *Ic.* tab. XV] à inflorescence dense et non chevelue au sommet, à pourtour ovoïde ± obtus. Mais ces caractères très peu marqués se retrouvent sur de nombreuses provenances continentales de l'*A. cerasiferus* ; ils présentent en Corse même des variations d'un individu à l'autre. L'*A. corsicus* ne mérite pas plus, selon nous, d'être distingué comme variété que les nombreuses autres espèces établies par Jordan et Fourreau au dépens des *A. microcarpus* et *cerasiferus*.

Nous avons cherché en vain à trouver l'hybride de la formule **cerasiferus × microcarpus** [× **A. Chambeironi** Jord. in *Bull. soc. bot. Fr.* VII, 736 (1860) ; Asch. et Graebn. *Syn.* III, 35 ; Coste *Fl. Fr.* III, 346], dans la zone altitudinaire (800-1200 m.) où, en Corse, les deux espèces s'entremêlent, en particulier en 1908 au Monte Asto. Les formes de cette hybride, à laquelle se rattachent les *A. ambigens, olbiensis, stoechadensis* et *tardiflorus* de Jordan et Fourreau devront néanmoins être recherchées en Corse.

A. albus Mill. *Gard. dict.* ed. 8, n. 3 (1768) ; Koch *Syn.* ed. 2, 819 ; Asch.

et Graebn. *Syn.* III, 36 = *A. ramosus* subsp. *albus* Baker in *Journ. linn. soc.* XV, 270 (1877).

Cette espèce polymorphe à inflorescence simple ou pourvue à la base seulement de quelques rameaux beaucoup plus courts que le racème terminal, à filets staminaux élargis-triangulaires à la base (non pas ovésarrondis à la base comme dans les deux espèces précédentes) — a été indiquée à Vico par Boullu (in *Ann. soc. bot. Lyon* XXIV, 74) et aux env. de Bonifacio par M. Boyer (*Fl. Sud Corse* 65) par confusion avec l'*A. cerasiferus*. L'*A. albus* est étranger à la flore de la Corse.

347. **A. fistulosus** L. *Sp.* ed. 1, 309 (1753) ; Gr. et Godr. *Fl. Fr.* III, 223 ; Baker in *Journ. linn. soc.* XV, 271 ; Asch. et Graebn. *Syn.* III, 38 ; Coste *Fl. Fr.* III, 346 = *Asphodeloides ramosa* Mœnch *Meth.* 634 (1794).

Hab. — Garigues de l'étage inférieur, s'élevant çà et là dans l'étage montagnard, 1-700 m. Avril-mai. ⚥.

α. Var. **genuinus** Briq. = *A. fistulosus* Gr. et Godr. l. c., sensu stricto. — Exsicc. Soleirol n. 4396 ! ; Debeaux ann. 1867 sub : *A. fistulosus* var. *grandiflorus* !

Répandue. Bastia (Salis in *Flora* XVI, 489 ; Debeaux exsicc. cit. ; Mab. ap. Mars. *Cat.* 142 ; Fouc. et Sim. *Trois sem. herb. Corse* 159 ; le Pigno (Billiet in *Bull. soc. bot. Fr.* XXIV, sess. extr. LXX) ; marine de Farinole (Rotgès in litt.) ; St-Florent (Mab. ap. Mars. l. c.) ; Monacia (Rotgès in litt.) ; Belgodère (Fouc. et Sim. l. c.) ; Calvi (Soleirol exsicc. cit. et ap. Bert. *Fl. it.* IV, 119 ; Revel. ap. Mars. l. c. ; Fouc. et Sim. l. c.) ; citadelle d'Ajaccio (Req. ex Parl. *Fl. it.* II, 595 ; Mars. l. c. ; Boullu in *Bull. soc. bot. Fr.* XXIV, sess. extr. XCI) ; Ste-Lucie (Rotgès in litt.) ; Bonifacio (Req. ex Parl. l. c. ; Mars. l. c. ; Fouc. et Sim. l. c. ; Lutz in *Bull. soc. bot. Fr.* XLVIII, sess. extr. CXL ; Boy. *Fl. Sud Corse* 65) ; et localités ci-dessous.

1907. — Cap Corse : rocailles de la montagne des Stretti, 200 m., 25 avril fl. fr.! ; garigues du Mt Silla Morta, 100 m., 23 avril fl. fr.! — Garigues à Sainte-Lucie, 45 m., 4 mai fl.! ; garigues à Santa Manza, 20 m., 6 mai fr.!

Pièces du périgone hautes de 9-14 mm. Filets staminaux ciliés à la base. Fruit long de 4-5 mm., porté sur un pédoncule dressé ou un peu incurvé.

β. Var. **grandiflorus** Gr. et Godr. *Fl. Fr.* III, 223 (1856) ; Asch. et Graebn. *Syn.* III, 38 = *A. approximatus* Gr. et Godr. l. c. = *A. fistulosus* var. *approximatus* Richt. *Pl. eur.* 1, 193 (1890).

Hab. — Bastia (ex Gr. et Godr. l. c.).

« Fleurs d'un tiers plus grandes ; étamines pubérulentes sur le dos ; fruits souvent réfléchis. » — Nous ne connaissons cet Asphodèle que par la brève note de Grenier ; aucun observateur ne l'a retrouvé en Corse depuis 1855 ; la plante distribuée par Debeaux sous le nom d'*A. fistulosus* var. *grandiflorus* appartient à la var. *genuinus*.

SIMETHIS [1] Kunth

348. **S. planifolia** Gr. et Godr. *Fl. Fr.* III, 222 (1856) = *Anthericum planifolium* L. *Mant.* II, 224 (1771) ; Coste *Fl. Fr.* III, 334 = *A. bicolor* Desf. *Fl. atl.* I, 304 (1798) = *A. ericetorum* Bory *Pl. pyr.* II, 168 (1803) = *Phalangium bicolor* DC. *Fl. fr.* III, 209 (1805) = *P. planifolium* Pers. *Syn.* I, 367 (1805) = *Bulbine planifolia* Spreng. *Syst.* I, 86 (1825) ; Bert. *Fl. it.* IV, 131 = *Phalangium bicolor canaliculatum* Salis in *Flora* XVI, 489 (1833) = *Morgagnia bicolor* Bub. *Sched. crit.* 6 (1842) ; Parl. *Fl. it.* II, 605 ; Baker in *Journ. linn. soc.* XV, 354 = *S. bicolor* Kunth *Enum.* IV, 618 (1843) = *Simaethis planifolia* Asch. et Graebn. *Syn.* III, 46 (1905). — Exsicc. Soleirol n. 4398 ! ; Reverch. ann. 1880, n. 281 !

Hab. — Maquis humides de l'étage inférieur. Avril. ♃. Localisé entre Bonifacio et Porto-Vecchio (Seraf. ap. Viv. *Fl. cors. diagn.* 5 ; Soleirol exsicc. cit. et ap. Bert. *Fl. it.* IV, 131 ; Salis in *Flora* XVI, 489 ; Revel. ap. Bor. *Not.* I, 9 ; Mars. *Cat.* 142 ; Reverch. exsicc. cit.).

ANTHERICUM L. emend.

349. **A. Liliago** L. *Sp.* ed. 1, 310 (1753) ; Baker in *Journ. linn. soc.* XV, 304 ; Asch. et Graebn. *Syn.* III, 47 ; Coste *Fl. Fr.* III, 345 = *Phalangium Liliago* Schreb. *Spic. fl. lips.* 36 (1771) ; Gr. et Godr. *Fl. Fr.* III, 221.

Hab. — Pentes rocailleuses des étages montagnard et subalpin. Mai-juin. ♃. Signalé jusqu'ici uniquement aux env. de Quenza (Revel. ex Mars. *Cat.* 142). A rechercher.

HEMEROCALLIS L. emend.

H. fulva L. *Sp.* ed. 2, 462 (1762) ; Gr. et Godr. *Fl. Fr.* III, 220 ; Baker in *Journ. linn. soc.* XI, 359 ; Asch. et Graebn. *Syn.* III, 57 ; Coste *Fl. Fr.* III, 343.

---

1 Nomen utique conservandum : Règl. nom. bot. art. 20 et p. 74.

Salis (in *Flora* XVI, 490) a signalé dubitativement cette espèce en Corse avec la note suivante : « Dudum deflorata seminibus jam dejectis. In parva insula ante Ile-Rousse. Junio. » L'*H. fulva* — souvent cultivé dans les jardins, ainsi que l'*H. flava* L. — n'a été revu en Corse par aucun observateur.

GAGEA Salisb.

G. arvensis Dum. *Fl. belg.* 140 (1827); Rœm. et Schult. *Syst.* VII, 547 (1829); Gr. et Godr. *Fl. Fr.* III, 194 ; Asch. et Graebn. *Syn.* III, 77 ; Terracciano *Rev. mon. Gag. fl. spagn.* 42 ; Id. in *Bull. Herb. Boiss.* 2ᵐᵉ sér., V, 1125 ; Id. in *Bull. soc. bot. Fr.* LII, Mém. 2-3, 13 ; Coste *Fl. Fr.* III, 314 = *Ornithogalum luteum* L. *Sp.* ed. 1, 306 (1753) p. p. = *O. arvense* Pers. in Usteri *Ann.* XI, 8, tab. I, f. 2 (1794) = *O. minimum* Willd. *Sp. pl.* II, 114 (1799); Pers. *Syn.* 1, 363 (1805); non L. = *O. villosum* Marsch.-Bieb. *Fl. taur.-cauc.* 1, 274 (1808) = *G. villosa* Dub. *Bot. gall.* 1, 463 (1828).

La présence en Corse de cette espèce reste à établir. Le *G. arvensis* n'a été indiqué dans l'île jusqu'à présent que par suite de confusions avec le *G. Granatelli* Parl. (voy. l'espèce suivante).

350. **G. Granatelli** Parl. *Fl. Palerm.* I, 2, 76 (1845); Id. *Fl. it.* II, 428 (p. p., excl. syn. *G. mauritanica*) ; Pascher in *Lotos* ann. 1904, 114 ; Terracciano *Rev. mon. Gag. fl. spagn.* 43 ; Id. in *Bull. Herb. Boiss.* 2ᵐᵉ sér. VI, 105 ; Id. in *Bull. soc. bot. Fr.* LII, Mém. 2-3, 14 ; Coste *Fl. Fr.* III, 313 = *Gagea villosa* Salis in *Flora* XVI, 489 (1833); non Dub. = *Ornithogalum Granatelli* Parl. in *Diario l'Occhio* n. 11, 85 (1839) et in *Ann. sc. nat.* sér. 2, XV, 302 (1841), et spec. auth.! = *G. arvensis* subsp. *Granatelli* Asch. et Graebn. *Syn.* III, 78 (1905).

Hab. — Garigues, friches, rochers des étages inférieur et montagnard. Février-avril. ♃. Peu observé. Montagnes du Cap Corse (Salis in *Flora* XVI, 489; Mab. ap. Mars. *Cat.* 140) ; montagne de l'Ospedale (Revel. ap. Mars. l. c.) ; Porto-Vecchio (Revel. in Bor. *Not.* II, 9 et ap. Mars. l. c.).

Le *G. Granatelli* diffère du *G. arvensis* par ses dimensions plus petites, les bulbes entourés de fibrilles entrecroisées-réticulées, les feuilles basilaires canaliculées à la base seulement, et les feuilles caulinaires supérieures lancéolées à partir de la base élargie.

M. Rouy (in *Bull. soc. bot. Fr.* LII, 514) a identifié le *G. Granatelli* Parl. avec le *G. mauritanica* Dur. (ce qu'admettait Parlatore lui-même), tandis que le *G. Granatelli* Terr., non Parl., serait synonyme du *G. foliosa* Rœm. et Schult. Nous n'osons pas accepter cette synonymie pour les raisons suivantes : Parlatore avait au début basé son *G. Granatelli* de Sicile sur des variations sténophylles de ce type (voy. Terracciano in *Bull. Herb. Boiss.* 2ᵐᵉ sér., VI, 106), qu'il croyait pouvoir identifier avec un *Gagea* algérien distribué par Bové, ce qui a amené l'auteur plus tard à donner à tort au *G. Granatelli* le *G. mauritanica* Dur. comme synonyme. Or, le *G. mauritanica* est une espèce ou sous-espèce exclusivement africaine, qui manque en Sicile, différant du *G. Granatelli* par les feuilles linéaires-filiformes, longuement canaliculées. La description du *Flora italiana* englobe à la fois le type sicilien et le type algérien. Il en est résulté une certaine obscurité qui a jadis (voy. Bor. *Not.* 11, 8 et Mars. *Cat.* 140) empêché une détermination exacte de la plante corse. Si nous adoptons l'interprétation du *G. Granatelli* faite par M. Terracciano, c'est aussi parce que cette dernière est confirmée par notre original sicilien de Parlatore lui-même (in herb. Delessert), parfaitement conforme à tous ceux de nos échant. de Sicile et d'ailleurs, que M. Terracciano a rapportés au *G. Granatelli*. Le *G. Granatelli* se distingue du *G. foliosa* Rœm. et Schult., outre le scape nu, à l'absence d'entrenœud entre les deux feuilles rapprochées de l'inflorescence et les bractées à l'aisselle desquelles sont situées les fleurs. Au contraire, dans le *G. foliosa*, en outre de la tige feuillée, l'inflorescence est subracémiforme, à bractées et à pédoncules ± alternes. Si ces différences n'ont qu'une valeur variétale, ainsi que le veut M. Rouy, il faudrait opérer dans le genre *Gagea* des réductions sur une très grande échelle. Une opinion à ce sujet, pour être sérieusement motivée, exigerait l'étude monographique du genre entier. — MM. Ascherson et Graebner (l. c.) font du *G. Granatelli* une sous-espèce du *G. arvensis*, et en séparent spécifiquement le *G. foliosa* Rœm. et Schult.

G. foliosa Rœm. et Schult. *Syst.* VII, 547 (1829); Parl. *Fl. it.* 11, 424; Terrac. *Rev. mon. Gag. fl. spagn.* 48 et in *Bull. soc. bot. Fr.* LII, Mém. 2-3, 18 = *Ornithogalum foliosum* Presl *Del. prag.* 149 (1822) = *G. polymorpha* Boiss. *Voy. Esp.* 11, 611 (1845) p. p.

Voy. au sujet de cette espèce la note annexée à l'espèce précédente. Le *G. foliosa* a été signalé en Corse par Richter [*Pl. eur.* I, 196 (1890)]. M. Rouy [in *Bull. soc. bot. Fr.* XXXVII, 130 (1891)] a déclaré cette indication erronée. Et effectivement, nous n'avons pas connaissance d'une indication positive se rapportant à la présence du *G. foliosa* en Corse. L'opinion émise par M. Rouy en 1891 ne s'accorde d'ailleurs plus avec les idées défendues par cet auteur en 1905, d'après lesquelles le *G. Granatelli* Terrac. (espèce corse) ne serait qu'une forme du *G. foliosa* Rœm. et Schult.

351. **G. bohemica** Rœm. et Schult. *Syst.* VII, 549 (1829); Gr. et Godr. *Fl. Fr.* 111, 195; Sommier in *Bull. soc. bot. it.* ann. 1897, 248; Asch. et Graebn. *Syn.* 111, 79; Pascher in Engl. *Bot. Jahrb.* XXXIX, 306-317; Coste *Fl. Fr.* 111, 312 — *Ornithogalum bohemicum* Mert. et Koch *Deutschl. Fl.* 11, 544 (1826). — En Corse seulement la race suivante:

Var. **corsica** Rouy in *Bull. soc. bot. Fr.* XXXVII, 131 (1891) = *G. bohemica* Salis in *Flora* XVI, 489 = *G. saxatilis* Bor. *Not.* 11, 8 (1858) = *G.*

corsica Jord. et Fourr. *Brev.* I, 58 (1866) = *G. saxatilis* subsp. *australis* var. *corsica* Terrac. in *Bull. herb. Boiss.*, 2ᵐᵉ sér., VI, 112 (1906). — Exsicc. Mab. n. 396 ! ; Reverch. ann. 1878 sub : *G. corsica* ! et ann. 1885 n. 435 !

Hab. — Rochers, rocailles et garigues des étages montagnard et sub-alpin, 500-1800 m. Avril-mai. ♃. Répandue. Sommets sup. du Cap Corse (Salis in *Flora* XVI, 490) ; Le Pigno (Mab. exsicc. cit. et ap. Mars. *Cat.* 140) ; sommet du Monte S. Pietro (Ozanon ex Gillot in *Bull. soc. bot. Fr.* XXIV, sess. extr. LXXX) ; forêt d'Aitone (Bicknell in h. Burn.) ; « Cedoza » (prob. Chidazzo près Evisa, Reverch. exsicc. cit. n. 435) ; env. de Corté (Req. ex Parl. *Fl. it.* II, 430) ; Ghisoni (Rotgès in litt.) ; entre le col de Sevi et Marignana (Mars. l. c.) ; Monte Aregnasca (Mars. l. c.) ; Bastelica (Reverch. exsicc. cit. ann. 1878) ; col de Bavella (R. Maire in Rouy *Rev. bot. syst.* II, 71) ; forêt de l'Ospedale (Revel. in Bor. *Not.* II, 8 et ap. Mars. l. c,) ; Monte di Cagna (Salis l. c.) ; et localités ci-dessous.

1907. — Cap Corse : garigues au col de Teghime, 541 m., 23 avril fl.! ; — Rocailles du Monte Asto, 1500 m., 15 mai fl.! ; garigues entre Novella et le col de S. Colombano, 600 m., 19 avril fl.! ; garigues en descendant du col de S. Colombano sur Palasca, 600 m., 19 avril fl.! ; descente du col de Sorba sur Vivario, rocailles humides des pineraies, 1200 m., 10 mai fl.!

Considérée comme intermédiaire entre les sous-espèces (plutôt varié-tés!) *saxatilis* (Koch) Asch. et Graebn. et *eu-bohemica* Asch. et Graebn. du *G. bohemica* par M. Pascher (l. c.), cette variété se rapproche en effet de la première par la forme ± sphérique de ses anthères et de la se-conde par les pièces du périgone oblongues-allongées, élargies dans leur partie antérieure, arrondies ou arrondies-obtuses au sommet. Elle se distingue immédiatement du *G. Granatelli* par les feuilles basilaires linéaires-sétacées, la tige feuillée et l'ovaire obovoïde, tronqué au sommet.

352. **G. Soleirolii** F. Sch. in *Arch. fl. Fr. et All.* 8 (1836) et ap. Mutel *Fl. fr.* III, 298, tab. 73, fig. 547 (1836) ; Gr. et Godr. *Fl. Fr.* III, 195 ; Terrac. *Rev. mon. Gag. fl. spagn.* 54 ; Coste *Fl. Fr.* III, 312.

Hab. — Rochers, gazons et rocailles des étages subalpin et alpin, 1400-2200 m. Mai-juill. suivant l'alt. ♃.

Cette espèce, considérée jadis comme endémique en Corse, a été en-suite découverte en Sardaigne, puis en plusieurs points de la chaîne des Pyrénées, depuis les Pyrénées-Orientales jusqu'aux Asturies. Elle a le port de *G. fistulosa*, mais s'en distingue immédiatement par ses fleurs d'un tiers plus petites, à pièces du périgones lancéolées, étroites, un peu atténuées-acuminées au sommet (surtout par l'enroulement des bords). — Se présente en Corse sous les deux variétés suivantes :

α. Var. **genuina** Briq. = *G. Soleirolii* Sch., sensu stricto. — Exsicc. Soleirol n. 4363 !; Soc. dauph. n. 1814 ! ; Reverch. ann. 1879, n. 58 !; Burn. ann. 1904, n. 679 et 680 !

Hab. — Répandue dans les grands massifs du centre. Col de Vergio (Lutz in *Bull. soc. bot. Fr.* XLVIII, sess. extr. CXXX ; Briq. *Spic.* 13 et Burn. exsicc. cit. n. 680) ; forêt d'Aitone (Fliche in *Bull. soc. bot. Fr.* XXXVI, 369 ; Le Grand ibid. XXXVII, 21 ; Lutz ibid. XLVIII, sess. extr. CXXIX) ; entre Corté et le Niolo (Bernard ap. Gr. et Godr. *Fl. Fr.* III, 195) ; Monte Rotondo (Doùmet in *Ann. Hér.* V, 190 ; Sargnon in *Ann. soc. bot. Lyon* VI, 80 ; Burnouf in *Bull. soc. bot. Fr.* XXIV, sess. extr. XX et LXXVII ; Boullu in Soc. dauph. cit.; et nombreux autres observateurs); Monto d'Oro (Lutz in *Bull. soc. bot. Fr.* XLVIII, sess. extr. CXXVII; Briq. *Spic.* 13 et Burn. exsicc. cit. n. 679) ; Pointe de Grado (N. Roux in *Bull. soc. bot. Fr.* XLVIII, sess. extr. CXXVIII) ; Monte Renoso (Revel. in Bor. *Not.* III, 7 ; Reverch. exsicc. cit.; Rotgès in litt.) ; Mt Incudine (Lit. *Voy.* 1, 17) ; Coscione (Soleirol exsicc. cit.; Req. ap. Parl. *Fl. it.* II, 426 ; Revel. ap. Mars. *Cat.* 140 ; Reverch. exsicc. cit.; R. Maire in Rouy *Rev. bot. syst.* II, 24 ; Gysperger ibid. II, 119) ; et localités ci-dessous.

1906. — Col de la Cagnone, versant S., 1960 m., 21 juill. fl.!; replats rocheux entre les bergeries de Sgreccia et le col de Bocca della Calle, 1700 m., 21 juill. fl.!; sommet du Mt Incudine, rocailles près des neiges, 2130 m., 18 juill. fl. !

1907. — Rocailles du Monte Grima Seta et du Monte Asto, 1500 m., 15 mai fl. !

Planta glabra, vel folia basilaria versus apicem et bracteae laxe pilosiusculae ; pedunculi glabri.

†† β. Var. **cyrnea** Briq., var. nov.

Hab. — Jusqu'ici seulement dans le massif de Tende.

1907. — Rocailles du Monte Grima Seta et du Monte Asto, 1500 m., 15 mai fl., avec la var. précédente !

Planta villosula : folia basilaria versus apicem et bracteae distincte villosulae ; pedunculi densiuscule villosuli.

353. **G. fistulosa** Ker.-Gawl. in *Journ. roy. inst.* 1, 180 (1816) ; Dub. *Bot. gall.* 1, 467 ; Pascher in *Lotos* 1904, 115 ; Asch. et Graebn..

Syn. III, 85 ; Terrac. *Rev. mon. Gag. fl. spagn.* 39 et in *Bull. herb. Boiss.*, 2ᵐᵉ sér., V, 1117 = *Ornithogalum fragiferum* Vill. *Hist. pl. Dauph.* II, 269 (1787)[1] = *O. fistulosum* Ram. ap. DC. *Fl. fr.* III, 215 (1805) = *O. Liottardi* Sternb. in *Denkschr. bot. Ges. Regensb.* I, 2, 56 (1818) = *G. Liottardi* Rœm. et Sch. *Syst.* VII, 545 (1829) ; Gr. et Godr. *Fl. Fr.* III, 194 ; Coste *Fl. Fr.* III, 313. — Exsicc. Reverch. ann. 1885, n. 436 !

Hab. — Pelouses et rocailles des étages subalpin et alpin, 1200-2200 m. Mai-juin. ♃ . Plus rare que l'espèce précédente. Lac de Nino (Reverch. exsicc. cit.) ; Monte Rotondo (Burnouf in *Bull. soc. bot. Fr.* XXIV, sess. extr. XX et LXXXVII ; Sargnon in *Ann. soc. bot. Lyon* VI, 80 ; Lard. in *Bull. trim. soc. bot. Lyon* XI, 59) ; Monte Renoso (Lit. *Voy.* II, 28) ; Coscione (Seraf. ex Bert. *Fl. it.* IV, 91 ; Revel. ap. Mars. *Cat.* 140) ; et localités ci-dessous.

1907. — Rocailles du Monte Asto, 1500 m., 15 mai fl. ! ; neiges fondantes au-dessous du col de Sorba, versant S., 1200 m., 10 mai fl. !

†† 354. **G. lutea** Ker-Gawl. in *Bot. mag.* tab. 1200 (1809) ; Rœm. et Schult. *Syst.* VII, 538 ; Gr. et Godr. *Fl. Fr.* III, 1903 ; Coste *Fl. Fr.* III, 313 = *Ornithogalum luteum* L. *Sp.* ed. 1, 306 (1753) p. p. = *Ornithogalum silvaticum* Pers. in Ust. *Ann.* XI, 7 (1794) = *G. silvatica* Loud. *Hort. brit.* 134 (1830) ; Asch. et Graebn. *Syn.* III, 90 = *G. fascicularis* Salisb. in *Ann. bot.* II, 555 (1806). — Exsicc. Reverch. ann. 1885, n. 436 !

Hab. — Points ombragés de l'étage subalpin. Juin. ♃ . Jusqu'ici uniquement à la montagne de Nino (Reverch. exsicc. cit. et ap. Le Grand in *Bull. soc. bot. Fr.* XXXVII, 20).

Au sujet de la nomenclature adoptée pour cette espèce, voy. la note de MM. Schinz et Thellung in *Bull. herb. Boiss.* 2ᵐᵉ sér., VII, 107.

ALLIUM L.

A. sativum L. *Sp.* ed. 1, 296 (1753), sensu ampl. ; Gr. et Godr. *Fl. Fr.* III, 196 ; Reg. *All. mon.* 43 ; Asch. et Graebn. *Syn.* III, 98 ; Coste *Fl. Fr.* III, 337.

Hab. — Cultivé dans l'île entière et çà et là échappé des cultures (vignes et friches). Juin-août. ♃ . Sous les deux races suivantes :

α. Var. **vulgare** Dœll *Rhein. Fl.* 197 (1843) ; Asch. et Graebn. *Syn.* III,

[1] L'épithète spécifique due à Villars ne peut être conservée parce qu'elle est basée sur une monstruosité (*Règl. nomencl.* 51, 3°).

99 = *Porrum sativum* Reichb. *Fl. germ. exc.* 110 (1830) = *A. sativum* var. *typicum* Reg. *All. mon.* 44 (1875). — Bulbes entourés de bulbilles oblongs-ovoïdes.

β. Var. **Ophioscorodon** Dœll *Rhein. Fl.* 197 (1843); Asch. et Graebn. *Syn.* III, 99 = *A. Scorodoprasum* β L. *Sp.* ed. 1, 297 (1753) = *A. Ophioscorodon* Link *Handb.* 1, 154 (1829) = *Porrum Ophioscorodon* Reichb. *Fl. germ. exc.* 110 (1830) = *A. sativum* var. *subrotundum* Gr. et Godr. *Fl. Fr.* III, 197 (1855). Bulbes entourés de bulbilles latéraux ovoïdes-subglobuleux.

355. **A. rotundum** L. *Sp.* ed. 2, 423 (1762) ; Reg. *All. mon.* 57 ; Asch. et Graebn. *Syn.* III, 101.

Hab. — Garigues rocheuses, rochers de l'étage inférieur, 1-650 m. Juin-juill. ♃. Disséminé. — En Corse, les deux races suivantes :

α. Var. **typicum** Reg. *All. mon.* 58 (1875) ; Asch. et Graebn. *Syn.* III, 102 = *A. rotundum* L., sensu stricto ; Gr. et Godr. *Fl. Fr.* III, 199 ; Coste *Fl. Fr.* III, 337.

Hab. — Rare ou peu observée. Macinaggio (Mars. *Cat.* 140) ; env. de Bastia (Salis in *Flora* XVI, 490) ; Ile Rousse (Mars. l. c.).

Inflorescence globuleuse, médiocre. Pièces du périgone oblongues, ± obtuses et mucronulées au sommet, pourprées. Etamines incluses.

β. Var. **erectum** Reg. *All. mon.* 60 (1875) ; Asch. et Graebn. *Syn.* III, 103 = *A. erectum* Don *Mon.* 18 (1826) = *A. multiflorum* DC. *Fl. fr.* V. 316 (1815) ; non Desf. = *A. polyanthum* Gr. et Godr. *Fl. Fr.* III, 198 (1855) ; Coste *Fl. Fr.* III, 338 ; non Rœm. et Schult.

Hab. — Disséminée. Ile Rousse (Lit. *Voy.* I, 3) ; Calvi (Fouc. et Sim. *Trois sem. herb. Corse* 159) ; citadelle d'Ajaccio (Mars. *Cat.* 140 ; Boullu in *Bull. soc. bot. Fr.* XXIV, sess. extr. C) ; et localités ci-dessous.

1906. — Col de San Colombano, rochers calcaires, 650 m., 10 juill. fl. !

1908. — Montagne de Pedana, rochers calcaires, 500 m., 30 juin fl. !

Inflorescence globuleuse-allongée, volumineuse. Pièces du périgone ovées-atténuées, les intérieures obtuses, les extérieures souvent aiguës, à carène d'un rose verdâtre. Etamines atteignant le périgone ou faiblement exsertes.— Marsilly a dit (l. c.) à propos de cette race : « Une des plus petites Sanguinaires est connue sous le nom d'Isoletta del Porro, à cause de l'ail, de je ne sais quelle espèce, qui la couvre. »

A. Ampeloprasum L. *Sp.* ed. 1, 294 (1753) emend. J. Gay in *Ann. sc. nat.*, 3me sér., VIII, 219 (1847) ; Reg. *All. mon.* 53 ; Asch. et Graebn. *Syn.* III, 105.

Hab. — Cultivé dans les jardins et dans les champs, çà et là sub-spontané. Avril-juin. ♃ . — En Corse les deux races suivantes :

α. Var. **holmense** Asch. et Graebn. *Syn.* III, 105 (1905) = *A. Ampelopra-sum* L. l. c., sensu stricto : Gr. et Godr. *Fl. Fr.* III, 198 ; Coste *Fl. Fr.* III, 339 = *A. holmense* Mill. *Gard. dict.* ed. 8, n. 6 (1768). — Feuilles large-ment linéaires. Pièces du périgone ± rudes sur les nervures et sur la carène, roses ou pourprées, pointe anthérifère presque aussi longue que le filet qui la porte.

β. Var. **Porrum** Reg. *All. mon.* 54 (1875) ; Asch. et Graebn. *Syn.* III, 107 = *A. Porrum* L. *Sp.* ed. 1, 294 (1753) : Don *Mon.* 13 ; Gr. et Godr. *Fl. Fr.* III, 197 ; Coste *Fl. Fr.* III, 338 = *Porrum commune* Reichb. *Fl. germ. exc.* 114 (1830). — Feuilles oblongues-lancéolées. Pièces du périgone lisses ou à peine rudes sur la carène, rosées ou blanchâtres. Pointe anthéri-fère n'atteignant que la moitié de la longueur du filet qui la porte.

La première de ces deux races représente probablement le type sau-vage qui a donné naissance à la seconde (voy. Gay l. c., Asch. et Graebn. l. c.). Elle est signalée au Cap Corse, avant d'arriver à Sisco (Mand. et Fouc. in *Bull. soc. bot. Fr.* XLVII, 96).

356. **A. vineale** L. *Sp.* ed. 1, 299 (1753) emend. ; Gr. et Godr. *Fl. Fr.* III, 197 ; Reg. *All. mon.* 40 ; Asch. et Graebn. *Syn.* III, 109 ; Coste *Fl. Fr.* III, 334.

Hab. — Garigues sableuses des étages inférieur et montagnard. Juin. ♃ . Rare ou peu observé. Montagnes de Bastia (Salis in *Flora* XVI, 490) ; vallée de l'Orta près Corté (Mars. *Cat.* 140) ; Ghisoni (Rotgès in litt.) ; d'Ajaccio à la Chapelle des Grecs (Fouc. et Sim. *Trois sem. herb. Corse* 159 ; Coste in *Bull. soc. bot. Fr.* XLVIII, sess. extr. CVI).

†† 357. **A. sphaerocephalum** L. *Sp.* ed. 1, 297 (1753), sensu ampl.; Koch *Syn.* ed. 2, 834 ; Reg. *All. mon.* 45 ; Asch. et Graebn. *Syn.* III, 112 ; Coste *Fl. Fr.* III, 334. — En Corse seulement la sous-espèce suivante :

†† Subsp. **eu-sphaerocephalum** Briq. = *A. sphaerocephalum* L. l. c., sensu stricto ; Gr. et Godr. *Fl. Fr.* III, 200 = *Porrum sphaero-cephalum* Reichb. *Fl. germ. exc.* 110 (1830).

Hab. — Rocailles de l'étage inférieur. Mai-juin. ♃ . Signalée jusqu'ici seulement à Cardo (Mand. et Fouc. in *Bull. soc. bot. Fr.* XLVII, 96). A rechercher.

Cette sous-espèce est caractérisée par les bulbes presque toujours accompagnés de bulbilles stipités, les feuilles longuement canaliculées,

les pièces du périgone elliptiques-allongées, et les étamines sensiblement plus longues que le périgone. — Les échant. corses, à ombelles
entièrement ou en partie composées de bulbilles, appartiennent à la var.
typicum Asch. et Graebn. *Syn.* III, 112 (1905) subvar. **bulbilliferum** Briq.
[= *A. sphaerocephalum* var. *bulbilliferum* Lor. et Barr. *Fl. Montp.* éd. 1, 630
(1876) ; Lloyd et Fouc. *Fl. Ouest Fr.* éd. 3, 359 = *A. sphaerocephaloides*
Fouc. in *Ann. soc. sc. nat. Char.-Inf.* ann. 1876, 6, et ann. 1877, 7 ; id. *Cat.
pl. Char.-Inf.* 71].

La sous-esp. **descendens** Asch. et Graebn. [*Syn.* III, 111 (1905) = *A.
descendens* L. *Sp.* ed. 1, 298 (1753) p. p.; Gr. et Godr. *Fl. Fr.* III, 201 = *A.
segetum* Jan ap. Rœm. et Shult. *Syst.* VII, 1020 (1829) = *Porrum descendens* Reichb. *Fl. germ. exc.* 110 (1830) = *A. nitens* Sauzé et Maill. *Cat.
Deux-Sèv.* 51 (1864) = *A. sphaerocephalum* var. *descendens* Reg. *All. mon.*
47 (1875) = *A. Rollii* Terrac. in *Malpighia* III, 289 (1889) = *A. sphaerocephalum* var. *descendens* et *Rollii* Richt. *Pl. eur.* I, 199 et 200 (1890)] se
distingue de la précédente par les bulbes généralement non accompagnés de bulbilles, les feuilles étroitement canaliculées, les pièces du
périgone plus étroites et les étamines moins longues. Cette sous-espèce
est répandue dans le midi de la France, en Italie et en Sicile et pourrait
être recherchée en Corse.

A. Victorialis L. *Sp.* ed. 1, 295 (1753) ; Gr. et Godr. *Fl. Fr.* III, 206 ;
Reg. *All. mon.* 170 ; Asch. et Graebn. *Syn.* III, 117 ; Coste *Fl. Fr.* III, 335.

Espèce indiquée en Corse par Burmann (*Fl. Cors.* 209), d'après Jaussin ;
elle est entièrement étrangère à la flore de l'île.

A. montanum Schmidt *Fl. boem. inch.* IV, 28 (1794) ; Asch. et Graebn.
Syn. III, 124 = *A. senescens* L. *Sp.* ed. 1, 299 (1753) p. p. ; Reg. *All. mon.*
139 p. p. = *A. fallax* Rœm. et Schult. *Syst.* VII, 1072 (1829) ; Gr. et Godr.
Fl. Fr. III, 212 ; Coste *Fl. Fr.* III, 341.

Parlatore (*Fl. it.* II, 537) a dit de cette espèce : « Boccone scrive ch'essa
nasce pure negli alti monti di Corsica. » Mais l'indication de Boccone se
rapporte évidemment à l'espèce suivante. L'*A. montanum* est étranger
à la flore de la Corse.

358. **A. Schoenoprasum** L. *Sp.* ed. 1, 301 (1753) ; Gr. et Godr.
Fl. Fr. III, 202 ; Reg. *All. mon.* 77 ; Asch. et Graebn. *Syn.* III, 130 ;
Coste *Fl. Fr.* III, 333. — En Corse la race suivante :

Var. **pumilum** Bunge (de synonymia vide infra p. 291). — Exsicc.
Kralik n. 807 ! ; Reverch. ann. 1878 et ann. 1885, n. 6 ! ; Burn. ann. 1900,
n. 246, 267 et 362 ! et ann. 1904, n. 545 et 546 !

Hab. — Rochers et rocailles humides des étages subalpin et alpin,
descendant parfois, entraînée par les eaux, jusque dans l'étage montagnard (600-)1500-2700 m. Juin-août suivant l'altitude. ♃. Répandue

dans les massifs centraux du Cinto, du Rotondo et du Renoso. Monte
Padro (Salis in *Flora* XVI, 490); Monte Grosso (de Calvi) (Soleirol ex
Bert. *Fl. it.* IV, 43); col de Vergio (Mars. *Cat.* 140); forêt d'Aitone
(Mars. l. c.; Reverch. exsicc. cit. ann. 1885; Lit. in *Bull. acad. géogr.
bot.* XVIII,106); Capo Ferolato (Briq.*Spic.* 13 et Burn. exsicc. cit. n. 546);
montagnes de Corté (Raymond ann.1867!); vallée du Mezzano près Corté
(Mand. et Fouc. in *Bull. soc. bot. Fr.* XLVII, 96); vallée de la Restonica
(Briq. *Rech. Corse* 30 et Burn. exsicc. cit. n. 246); Monte Rotondo (Salis
l. c.; Mars. l. c.; Mand. et Fouc. l. c.; Briq. *Rech. Corse* 31 et Burn. exsicc.
cit. 267; R. Maire in *Bull. soc. bot. Fr.* XLVIII, sess. extr. CXLVII); Monte
d'Oro (Kralik exsicc. cit.; Briq. *Spic.* 13 et Burn. exsicc. cit. 545); col
de Vizzavona (Lit. l. c.); Monte Renoso (Revel. ap. Mars. l. c.; Reverch.
exsicc. cit. ann. 1878; Briq. *Rech. Corse* 24 et Burn. exsicc. cit. n. 362;
Lit.*Voy.* II, 33); et localités ci-dessous.

1906. — Rochers en amont de la maison forestière de Bonifatto, 600-
700 m., 11 juill. fl.! (plante descendue des hauteurs dominantes); rochers
humides en montant de la bergerie de Spasimata vers la cime de la Mufrella, env. 1700 m., 12 juill.!; pentes fraîches du haut vallon de Stranciacone, 1600 m., 29 juill. fl.!; rochers humides sur le versant E. du Capo
al Chiostro, 1800 m., 3 août fl.!; rochers au bord du lac Melo, 1800 m.,
4 août fl.!; rocailles humides au-dessus des bergeries de Grotello sur la
rive droite de la Restonica, 1600-1700 m., 3 août fl.!; rochers humides
dans la partie inférieure du vallon de Manganello, 900 m., 18 juill. fl.!
(plante descendue des hauteurs dominantes).

1908. — Rocailles du Monte Padro, 2000 m., 4 juill. fl.!; vallée inf. du
Tavignano, rochers ombragés, 1200-1300 m., 28 juill. fl.! (plante descendue des hauteurs, moins typique).

Depuis l'époque de De Candolle, les floristes français ont distingué
dans l'*A. Schoenoprasum* deux races à distribution et à habitudes biologiques un peu différentes, à caractères assez marqués lorsqu'on envisage des formes typiques, mais reliées par divers intermédiaires. Une
troisième variété, reconnue dans les montagnes européennes seulement
depuis la monographie de Regel, se retrouve seule en Corse. Ces trois
variétés peuvent être caractérisées comme suit:

α Var. **alpinum** DC. *Fl. fr.* III, 227 (1805, sine descr., sed diagnosis
p. 725 sub : *A. folioso*!) et V, 319 (1815); et spec. auth. in h. DC.!; Gaud.
Fl. helv. II, 486; Kunth *Enum.* IV, 39 (1843); Koch *Syn.*, ed. 2, 833 et
ed. 3, 627; non Asch. et Graebn. = *A. sibiricum* L. *Mant.* II, 562 (1771),
saltem ex loc. nat., descr. mala); Reut. *Cat. Genève* éd. 2, 216 = *A. roseum*
Krock. *Fl. sil.* I, 516, tab. 32 (1787); non L. = *A. foliosum* Clar. ap. DC.
Fl. fr. III, 725 (1805) et ap. Redouté *Lil.* IV, tab. 114 (1808)! = *A. Schoenoprasum* var. *subulatum* Mut. *Fl fr.* III, 305 (1836) = *A. Schoenoprasum* var.

sibiricum Garcke *Fl. Nord- u. Mitteldeutschl.* ed. 1, 322 (1849) = *A. Schoeno-prasum* var. *foliosum* Greml. *Exkursionsfl. Schw.* ed. 3, 370 (1878).

Plante robuste, atteignant 20-50 cm. Tige épaisse de 3-5 mm. dans sa partie moyenne, graduellement plus effilée sous le capitule, portant une feuille caulinaire largement linéaire et longuement engainante à la base. Inflorescence très grosse, mesurant 3-5 cm. de diamètre, ± sphérique à la fin. Fleurs très nombreuses, serrées. Périgone d'un rose vif ou violacé, à pièces longues de 1-1,5 cm., lancéolées, la plupart rétrécies et nette-ment acuminées au sommet. — Habitat alpin ou subalpin.

β. Var. **pumilum** Bunge *Verz. des östl. Altaï-Geb. ges. Pfl.* 19 (1836) et sp. auth. in h. DC.!; Reg. *All. mon.* 79 (1875): Richt. *Pl. eur.* 1, 203 = *A. oliganthum* Kar. et Kir. in *Bull. soc. nat. Mosc.* XV, 856 (1841) et sp. auth. in h. DC.! = *A. Schoenoprasum* var. *A. riparium* b *alpinum* Asch. et Graebn. *Syn.* III, 131 (1905) p. max. p. ; non *A. Schoenoprasum* var. *alpinum* DC. = *A. Schoenoprasum* Salis in *Flora* XVI, 490 (1833) et auct. cors. = *A. Schoenoprasum* var. *sibiricum* Briq. *Spic.* 13 (1905); non Garcke.

Plante petite ou médiocre, haute de 10-20 cm. Tige relativement grêle sur toute sa longueur (1-1,5 mm. de diamètre), non ou beaucoup moins rétrécie sous le capitule, portant une feuille caulinaire linéaire filiforme, plus brièvement engainante à la base. Inflorescence médiocre, mesurant 2,2.5 cm. de diamètre, ± hémisphérique ou subsphérique. Fleurs moins nombreuses, lâches. Périgone d'un rose généralement plus pâle que dans la var. *alpinum*, à pièces longues de 0,7-1 cm., oblongues-lancéo-lées, la plupart assez brièvement rétrécies au sommet, peu acuminées. — Habitat alpin ou subalpin.

γ. Var. **schoenoprasioides** Briq. = *A. Schoenoprasum* DC. *Fl. fr.* III, 227 (1805); Reut. *Cat. Genève* éd. 2, 216 = *A. riparium* Op. *Naturalientausch* VI, 50 (1824) = *A. Schoenoprasum* var. *foliosum* Mut. *Fl. fr.* III, 305 (1836); non Greml. = *A. sibiricum* var. *schoenoprasioides* Fries ex Kunth *Enum.* IV, 685 (1843) = *A. Schoenoprasum* var. *riparium* Celak. *Prodr. Fl. Böhm.* 91 (1867); Asch. et Graebn. *Syn.* III, 131 (1905) = *A. Schoenoprasum* var. *typicum* Reg. *All. mon.* 77 (1875).

Plante médiocre, haute de 10-30 cm., à tige et feuilles présentant les mêmes caractères que dans la var. α. Inflorescence moins volumineuse que dans la var. α, mesurant 2,5-3 cm. de diamètre, ± hémisphérique ou subsphérique. Fleurs très nombreuses, serrées. Périgone d'un rose plus pâle, à pièces longues de 1-1,2 cm., oblongues ou oblongues-lan-céolées, la plupart peu ou pas acuminées au sommet, parfois presque obtuses. — Habitat planitiaire.

Nous ne reviendrions pas ici avec autant de détails sur l'histoire de ces trois races, si celle-ci n'avait été présentée d'une façon inexacte, selon nous, par MM. Ascherson et Graebner. — En effet, les auteurs du *Synopsis* attribuent l'*A. Schoenoprasum* β *alpinum* Koch comme syno-nyme à leur *A. Schoenoprasum* var. *riparium*. Cependant Koch carac-térise sa plante par un port plus élevé (« majus ») et par des pièces péri-gonales « magis attenuatis » ; l'aire qu'il lui attribue, ainsi que les syno-

nymes qu'il cite se rapportent tous à l'*A. sibiricum* L. — De Candolle a
été aussi interprété inexactement par nos savants confrères, et sous
une forme de nature à rendre complètement obscure la nomenclature
du groupe. MM. Ascherson et Graebner font en effet de l'*A. Schoenoprasum* var. *alpinum* DC. une sous-var. de leur *A. Schoenoprasum* var.
riparium, caractérisée par une tige moins élevée, plus courte ou à peine
plus longue que les feuilles. Or, De Candolle n'a pas donné de description lorsqu'il a créé l'*A. Schoenoprasum* β *alpinum*, mais les localités des
Alpes et des Pyrénées qu'il cite — en particulier la localité classique de
Seynes près Gap où Clarion découvrit l'*A. foliosum* (spec. orig. in h. DC.!)
— se rapportent sans aucun doute à l'*A. sibiricum* L.! Cette interprétation est confirmée par le texte de l'ouvrage de Redouté (rédigé par DC.!)
et par la *Flore française* (III, 725), où l'auteur identifie sa var. β *alpinum*
avec l'*A. foliosum* Clar. en lui attribuant des pièces périgonales « plus
étroites et plus pointues » que chez l'*A. Schoenoprasum*. Enfin, la belle
planche de Redouté représente une plante haute de près de 40 cm.,
accompagnée d'une analyse montrant les pièces du périgone étroitement lancéolées, exactement et nettement atténuées-acuminées au sommet. Rohde a avec raison (in Redouté l. c.) identifié cette plante avec
l'*A. roseum* Krock. (non alior.).

En résumé, les caractères attribués par De Candolle à l'*A. foliosum*
Clar. ap. DC. sont tout le contraire de ceux qu'indiquent MM. Ascherson
et Graebner pour leur var. *alpinum* ; cette dernière rentre comme synonyme *pro majore parte* dans l'*A. Schoenoprasum* var. *pumilum* Bunge,
nom d'ailleurs assez mal choisi, attendu que la taille absolue des individus de cette variété est variable.

Wimmer [*Fl. v. Schles.* ed. 1, p. 380 (1840)] a attribué à l'*A. sibiricum*
des anthères violettes (jaunes dans l'*A. Schoenoprasum*) et une capsule
à angles aigus (obtus dans l'*A. Schoenoprasum*), caractères qui ont été
partiellement reproduits par Gremli dans les diverses éditions de sa
flore suisse. Nous ne voyons pas de différences dans la forme de la
capsule : les anthères nous paraissent être partout plus ou moins violacées. — Reuter [*Cat. Genève*, éd. 2, p. 216 (1861)] déclare séparer nettement l'*A. sibiricum* par les bulbes solitaires plus gros, arrondis ou pyri-
formes, à tuniques épaisses d'un gris brun (et non fasciculés, plus petits,
oblongs ou cylindriques, à tuniques minces et blanches), par la feuille
supérieure à gaîne très longue et ne produisant point de feuille à son
aisselle (et non pas à feuille supérieure produisant presque toujours une
petite feuille à son aisselle, naissant d'un bulbe engaîné), par la tige
plus élevée, les fleurs plus grandes et d'un rose plus foncé. L'auteur
ajoute que ces caractères persistent par la culture (ce qui peut être
avancé pour beaucoup de formes cultivées de la ciboule, sans démon-
trer le moins du monde leur autonomie spécifique!). Nous n'arrivons ni
à constater régulièrement ces caractères dans les plantes des localités
citées par Reuter, ni à établir leur concomitance.

Les échant. rabougris de la var. *pumilum*, des hautes altitudes, ont
été distingués par Foucaud et Mandon [in *Bull. soc. bot. Fr.* XLVII, 96
(1900)] sous le nom d'*A. Schoenoprasum* var. *nivale* Fouc. et Mand. : c'est
là une forme stationnelle individuelle sans valeur systématique.

A. ascalonicum L. *Fl. Palæst.* 18 (1756) et *Amoen acad.* IV, 454; Gr. et Godr. *Fl. Fr.* III, 201; Reg. *All. mon.* 88; Asch. et Graebn. *Syn.* III, 133; Coste *Fl. Fr.* III, 333 = *Porrum ascalonicum* Reichb. *Fl. germ. exc.* 110 (1830).

Fréquemment cultivé dans les jardins.

A. fistulosum L. *Sp.* ed. 1, 301 (1753); Reg. *All. mon.* 90; Asch. et Graebn. *Syn.* III, 134; Coste *Fl. Fr.* III, 333 = *A. altaicum* Pall. *Voy.* II, 518 et 568 (1772).

Fréquemment cultivé dans les jardins.

A. Cepa L. *Sp.* ed. 1, 300 (1753); Gr. et Godr. *Fl. Fr.* III, 202; Reg. *All. mon.* 92; Asch. et Graebn. *Syn.* III, 135; Coste *Fl. Fr.* III, 333 = *Porrum Cepa* Reichb. *Fl. germ. exc.* 110 (1830).

Fréquemment cultivé dans les jardins et parfois subspontané, par ex. à Santa Cattarina près de la marine de Sisco, 4 juill. fl. fr.!

359. **A. parciflorum** Viv. *App. fl. Cors. prodr.* 2 (1825) et *App. alt. fl. Cors. prodr.* 6; Dub. *Bot. gall.* 469; Bert. *Fl. it.* IV, 45; Parl. *Fl. it.* II, 544; Coste *Fl. Fr.* III, 336 = *A. moschatum* Mor. *Stirp. sard. elench.* I, 46 (1827); non L. = *A. pauciflorum* Gr. et Godr. *Fl. Fr.* III, 210 (1855). — Exsicc. Kralik n. 805!; Mab. n. 52!; Debeaux ann. 1868 sub: *A. pauciflorum*!; Reverch. ann. 1878 et 1880, n. 3!

Hab. — Rocailles et pineraies des étages montagnard et subalpin, 200-1750 m. Juill.-août. ⚥. Répandu du Cap Corse jusqu'aux env. de Bonifacio. Montagnes du Cap Corse à Ste-Lucie, au Pigno, etc. (Salis in *Flora* XVI, 490; Romagnoli ap. Kralik exsicc. cit. et Gr. et Godr. l. c.; Mab. exsicc. cit. et *Rech.* I, 26; Deb. exsicc. cit.); (montagnes du) Nebbio (Mab. l. c.); (montagnes de) Calvi (Soleirol ex Bert. *Fl. it.* IV, 45); Casamaccioli (Soulié ex Coste in *Bull. soc. bot. Fr.* XLVIII, sess. extr. CXXIII); col de Salto (Lit. in *Bull. acad. géogr. bot.* XVIII, 107); base du Paglia Orba entre les bergeries de Brignoli et le col de Foggiale (Lit. *Voy.* 107); Monte Territore («Tretore», Req. ex Parl. *Fl. it.* II, 544); env. de Corté (Bernard ap. Gr. et Godr. l. c.; Kesselmeyer ann. 1867!; Mab. l. c.); Monte Rotondo (Sargnon in *Ann. soc. bot. Lyon* VI, 80); au-dessous de la cascade de la Pruniccia (Mars. *Cat.* 141); env. de Bastelica (Revel. in Bor. *Not.* III, 7; Reverch. exsicc. cit. ann. 1878); forêt de l'Ospedale (Revel. ap. Mars. l.c.); sommets des montagnes de Cagna (Rotgès in litt.); Saparelli près de Poggio l'Olmo [Seraf. (ap. Viv. l. c. «Bonifacio») ex Bert. *Fl. it.* IV, 45]; sommets de la Trinité (Reverch. exsicc. cit.); et localités ci-dessous.

1906. — Résinerie de la forêt d'Asco, rocailles de la rive droite, 950 m., 27 juill. fl. fr.! ; même localité, rive gauche, 1000 m., 28 juill. fl.! ; rocailles en dessous des bergeries de Violine, 1200 m., 27 juill. fl.! ; rocailles au-dessous de la bergerie d'Intrata, en montant à la Cima della Statoja, 1400 m., 26 juill. fl.! ; descente du vallon de Terrigona sur Castiglione, rocailles, 1300 m., 31 juill. fl.! ; rocailles sur le versant E. du col de Foggiale, 1600 m., 9 août, fl.! ; vallon de Tula, rocailles en aval des bergeries, 1600 m., 9 août fl.! ; pont du Dragon dans la vallée de la Restonica, 900 m., 2 août fl.!

Remarquable espèce endémique en Corse et en Sardaigne, voisine des *A. maritimum* Raf. : *moschatum* L. et *Cupani* Raf. L'*A. parciflorum* diffère :

1° de l'*A. maritimum* Raf. (Sicile) par l'ombelle grande, pauciflore, à pédicelles très inégaux, les plus longs atteignant 2-3,5 cm. (et non pas petite, multiflore, à pédicelles peu inégaux, les plus longs atteignant 1-1,2 cm.), les fleurs campanulées-tubuleuses, atténuées-contractées à la base, à pièces du périgone oblongues-lancéolées, obtusiuscules au sommet, mais paraissant lancéolées-acuminées par enroulement des bords, longues d'env. 5-6 mm. (et non pas campanulées, tronquées-subintruses à la base, à pièces du périgone ovées, obtuses-subtronquées au sommet, longues d'env. 3-4 mm.).

2° de l'*A. moschatum* L. (Espagne, Provence, Italie mérid., Hongrie, péninsule balkanique, Russie mérid., Transcaucasie, Perse sept.) par le bulbe à tunique extérieure membraneuse (non pas fibreuse), les feuilles basilaires détruites à l'anthèse (coaetanées dans l'*A. moschatum*), les caulinaires réduites et présentes au moins dans la moitié inf. de la tige florifère (et non pas groupées seulement à la base des tiges florifères), l'ombelle grande, pauciflore, à pédicelles très inégaux, les plus longs atteignant 2-3,5 cm. (ombelle plus petite, plane-convexe, à pédoncules très peu inégaux, les plus longs atteignant 1-1,5 cm. dans l'*A. moschatum*) ; la fleur est campanulée-tubuleuse, longue de 5-6 mm. dans les deux espèces, mais celle de l'*A. parciflorum* est contractée-atténuée à la base (plus large et tronquée-subintruse dans l'*A. moschatum*).

3° de l'*A. Cupani* Raf. (Algérie, Tunisie, Sicile, péninsule balkanique, Archipel, Asie-Mineure, Chypre), par les bulbes à tunique extérieure non fibreuse, la spathe bivalve (univalve dans l'*A. Cupani*), les pièces du périgone plus obtuses au sommet.

Si l'on fait jouer un rôle prépondérant à la texture des tuniques extérieures du bulbe, ainsi que l'a voulu Boissier (*Fl. or.* V, 264), il faudrait écarter l'*A. parciflorum* de l'*A. moschatum* et de l'*A. Cupani* (ainsi que des espèces orientales du même groupe) pour le rapprocher de l'*A. maritimum* Raf., dont il est très différent. En résumé, l'*A. parciflorum* apparaît comme un type très isolé.

A. maritimum Raf. *Caratt.* 86 (1810) ; Guss. *Fl. sic. prodr.* I, 407 ; Parl. *Fl. it.* II, 547 = *A. obtusiflorum* Poir. *Encycl. méth.* Suppl. I, 272 (1810) = *A. pusillum* Cir. ap. Ten. *Cat. pl. hort. neap.* ann. 1813, 4 ; Bert. *Fl. it.* IV, 42.

Espèce exclusivement sicilienne, mentionnée avec doute par Loiseleur

(*Fl. gall.* ed. 2, 1, 252), puis indiquée en Corse par M. Coste (*Fl. Fr.* III, 337), par confusion avec l'*A. obtusiflorum* Req., non Raf. Espèce étrangère à la flore de l'île.

360. A. paniculatum L. *Syst.* ed. 10, 978 (1759); Gr. et Godr. *Fl. Fr.* III, 209; Reg. *All. mon.* 191; Asch. et Graebn. *Syn.* III, 138; Coste *Fl. Fr.* III, 334 = *Porrum paniculatum* Mœnch *Meth.* Suppl. 246 (1802).

Hab. — Variable selon les formes considérées. ♃. En Corse les sous-espèces et variétés suivantes :

I. Subsp. **intermedium** Asch. et Graebn. *Syn.* III, 139 (1905) = *A. intermedium* DC. *Fl. fr.* V, 318 (1815) = *A. lepidum* Kunth *Enum.* IV, 408 (1843) = *A. paniculatum* var. *obtusiflorum* Brand in Hall. et Wohlf. Koch's *Syn.* 2493 (1905).

Pièces du périgone oblongues, obtuses ou obtusiuscules au sommet (avec ou sans mucron apical). — Comprend dans notre dition les trois races suivantes :

α. Var. **typicum** Reg. *All. mon.* 191 (1875); Asch. et Graebn. *Syn.* III, 139 = *A. intermedium* DC. l. c., sensu stricto = *A. paniculatum* Gr. et Godr. l. c., sensu stricto.

Hab. — Garigues et rocailles des étages inférieur et montagnard. Juin. Signalée avec précision seulement à la Serra di Pigno (Deb. *Not.* I, 50); les autres indications se rapportent à la var. suivante.

Plante robuste, à feuilles linéaires-fistuleuses, larges de 0,5-2 mm. Inflorescence généralement très multiflore. Fleurs longues d'env. 4 mm. Périgone d'un rose vif, à pièces obtuses, généralement non mucronées, souvent même rétuses.

β. Var. **salinum** Deb. in Magnier *Scrinia fl. select.* IX, 175 (1890); id. *Not. pl. méd.* 50 et 112 = *A. pallens* Salis in *Flora* XVI, 490 (1833); non alior. = *A. fuscum* Parl. *Fl. it.* II, 555 (1857), quoad pl. cors.; non W. et K. = *A. montanum* Req. ex Parl. l. c.; non Schm. = *A. paniculatum* et *A. paniculatum* var. *pallens* Mars. *Cat.* 141; non alior. — Exsicc. Mab. n. 275!; Deb. ann. 1867 sub : *A. paniculatum* ! et ap. Magnier fl. select. n. 2269.

Hab. — Prairies maritimes saumâtres. Sept. De Bastia à Biguglia (Salis in *Flora* XVI, 490; Req. ex Parl. *Fl. it.* II, 555; Mab. exsicc. cit. et ap. Mars. *Cat.* 141; Boullu in *Bull. soc. bot. Fr.* XXIV, sess. extr.

LXIV); Porto-Vecchio (Revel. ex Mars. l. c.); Santa Manza (Seraf. ex Bert. *Fl. it.* IV, 37).

Plante très robuste, à feuilles linéaires-fistuleuses, larges de 0,5-2 mm. Inflorescence très multiflore (jusqu'à 100 fleurs selon Salis l. c.!). Fleurs longues de 5,5 mm. Périgone nettement rose, rarement d'un rose pâle, à pièces obtuses presque toutes à sommet surmonté d'un mucron. — Race voisine de la var. *fuscum* Boiss. [*Fl. or.* V. 260 (1884); Asch. et Graebn. *Syn.* III, 141 = *A. fuscum* Waldst. et Kit. *Ic. et descr. pl. rar. Hung.* III, 267, t. 241 (1812); Reg. *All. mon.* 190 = *Codonoprasum fuscum* Reichb. *Fl. germ. exc.* 115 (1830)], à laquelle Parlatore (l. c.) l'avait rapportée, et qui en diffère seulement par les feuilles développées plus larges (env. 3 mm.), le port moins robuste, l'habitat sur les terrains rocheux, et la floraison d'env. deux mois plus précoce.

γ. Var. **pallens** Gr. et Godr. *Fl. Fr.* III, 209 (1855); Reg. *All. mon.* 193 (1875); Boiss. *Fl. or.* V, 260; Asch. et Graebn. *Syn.* III, 140 = *A. pallens* L. *Sp.* ed. 2, 427 (1762)?; Koch *Syn.* ed. 2, 832 = *A. parviflorum* Desf. *Fl. atl.* I, 290 (1798); non L. = *A. albidum* Presl *Del. prag.* 146 (1822) = *A. Coppoleri* Tin. *Cat. hort. pan.* 18 (1827).

Hab. — Garigues et rocailles des étages inférieur et montagnard. Juin. Signalée avec précision seulement à la Serra di Pigno (Deb. *Not.* 50); les autres indications se rapportent à la var. précédente.

Plante médiocre. Inflorescence multiflore, à pédicelles souvent plus courts que dans les var. α et β, ce qui rend l'ombelle généralement plus serrée. Fleurs longues d'env. 4 mm. Périgone ochroleuque ou blanchâtre, à pièces obtuses presque toutes à sommet surmonté d'un mucron.

En ce qui concerne la question de nomenclature qui se rattache à l'*A. pallens* L., voy. les notes données à propos de l'*A. oleraceum* (p. 297).

† II. Subsp. **tenuiflorum** Asch. et Graebn. *Syn.* III, 142 (1905) = *A. tenuiflorum* Ten. *Fl. nap.* I, 165, t. 30 (1811-15) = *A. paniculatum* Koch *Syn.* ed. 2, 832 et ed. 3, 626; Freyn in *Verh. zool.-bot. Ges. Wien* XXVII, 447 (1877).

Hab. — Garigues de l'étage inférieur. Juin. Signalée en Corse d'après des échant. de Serafini, très probablement des environs de Bonifacio, par Viviani (*Fl. Cors. diagn.* 5). A rechercher.

Pièces du périgone oblongues-allongées ou lancéolées graduellement atténuées en acumen. — Plante généralement plus grêle que dans la sous-esp. précédente. Feuilles étroitement linéaires. Inflorescence moins multiflore. Fleurs longues d'env. 5 mm. Périgone rose. Fruit plus petit que dans la var. précédente. — La distribution de cette sous-espèce en

Espagne, en Sardaigne, en Sicile et en Italie rend sa présence en Corse
très vraisemblable.

361. **A. oleraceum** L. *Sp.* ed. 1, 299 (1753); Reg. *All. mon.* 183;
Asch. et Graebn. *Syn.* III, 147; Coste *Fl. Fr.* III, 334 = *Porrum oleraceum* Mœnch *Meth.* Suppl. 264 (1802) = *A. intermedium* Don *Mon.* 40
(1826); non DC. = *Codonoprasum oleraceum* Reichb. *Fl. germ. exc.* 114
(1830).

Hab. — Points ombragés ou humides de l'étage montagnard. Juill.-
août. ♃.

Kerner [in *Oest. bot. Zeitschr.* XXVIII, 151 (1878)] s'est basé sur la diagnose de Linné pour identifier l'*A. pallens* L. avec l'*A. fuscum* Waldst. et
Kit.; il a séparé spécifiquement l'*A. pallens* L., ainsi compris, de l'*A. paniculatum* L. et envisagé ce dernier comme un simple état non bulbillifère de l'*A. oleraceum*, opinion qui a été adoptée par M. Beck [in *Glasnik*
XV, 204 (1903) et *Wiss. Mitt. Bosn.-Herzeg.* IX, 480 (1904)] et par Mlle Wita-
sek (ap. Kerner *Sched. fl. exsicc. austro-hung.* IX, 108 et 109). Il y a là une
double question de nomenclature et de systématique qui exige une brève
explication. — En ce qui concerne l'identification de l'*A. pallens* L. avec
l'*A. fuscum* W. K., nous ne trouvons pas dans la diagnose linnéenne les
éléments nécessaires à la démonstration de la thèse de Kerner. Il est
fort possible que l'*A. pallens* ait englobé l'*A. fuscum*, du moins d'après
l'aire admise par Linné : cependant l'indication « Corolla.... alba » cadre
mal avec l'*A. fuscum*. En tous cas, nous ne saurions admettre des
changements de nomenclature basés sur une interprétation aussi douteuse, ainsi que l'ont dit avant nous Freyn [in *Verh. zool.-bot. Ges. Wien*
XXXI, 388 (1882)] et MM. Ascherson et Graebner (l. c. III, 141). — Quant
à l'identité des *A. paniculatum* et *A. oleraceum*, représentant l'un l'état
capsulifère, l'autre l'état bulbillifère d'une seule et même race, nous ne
pouvons l'admettre. L'*A. oleraceum* est sans doute caractérisé à première vue, par rapport à l'*A. paniculatum*, par la présence presque
constante d'ombelles bulbillifères, et il est incontestable que ce caractère est fort variable dans une foule d'espèces du genre *Allium*. Mais
l'*A. oleraceum* nous paraît différer de l'*A. paniculatum* — indépendamment des bulbilles qui peuvent parfois manquer, quoique très rarement
— par les valves de la spathe largement ovées à la base, brusquement
atténuées en un long appendice caudiforme, tandis qu'elles sont faiblement ou à peine ovées à la base, puis insensiblement prolongées en
pointe fistuleuse dans l'*A. paniculatum*. Les ombelles à bulbilles rares
ou nuls de l'*A. oleraceum* sont beaucoup plus pauciflores que dans l'*A.
paniculatum*, à pédoncules peu inégaux, grêles, flexueux, assez longuement aplatis-lamelliformes vers la base (très inégaux, plus épais, non ou
à peine flexueux, cylindriques sur la presque totalité de la longueur
dans l'*A. paniculatum*. Et si la capsule est obovoïde, arrondie-tronquée
dans les deux espèces, en revanche l'ovaire jeune est plus nettement
atténué aux deux extrémités dans l'*A. paniculatum* que dans l'*A. olera-

ceum. En outre, l'*A. paniculatum* a des feuilles vertes, à odeur peu ou
pas alliacée, des fleurs roses ou blanchâtres, tandis que les feuilles sont
± glauques, à odeur très alliacée, les fleurs d'un brun-rose sale dans
l'*A. oleraceum.* Il y a là un ensemble de caractères qui militent en faveur
d'une distinction spécifique et nous ont toujours permis une séparation
facile des deux groupes.

En Corse, les deux races suivantes :

α. Var. **angustifolium** Koch *Syn.* ed. 2, 831 (1844) ; Asch. et Graebn.
Syn. III, 147 = *A. oleraceum* Koch *Syn.* ed. 1, 719 (1837) ; Gr. et Godr.
Fl. Fr. III, 207. — Exsicc. Reverch. ann. 1878 sub : *A. oleraceum* !

Hab. — Pas fréquente. M^te S. Pietro (Salis in *Flora* XVI, 490) ; env.
de Ghisoni (Rotgès, Mand. et Fouc. in *Bull. soc. bot. Fr.* XLVII, 97) ;
Bastelica (Reverch. exsicc. cit.) ; Aullène (Revel. ap. Mars. *Cat.* 141).

Feuilles linéaires, semi-cylindriques, fistuleuses, étroitement canaliculées en dessus.

†† β. Var. **complanatum** Fries *Nov.* ed. 2, 85 (1828) ; Kunth *Enum.*
IV, 400 ; Asch. et Graebn. *Syn.* III, 148 = *A. complanatum* Bor. *Not.*
12 (1844) ; Gr. et Godr. *Fl. Fr.* III, 207 = *A. oleraceum* var. *virens* et
var. *roseum* Reg. *All. mon.* 184 et 185 (1875) p. p.

Hab. — Jusqu'ici seulement dans la localité suivante :

1906. — Lieux humides entre Tattone et Vivario, 800 m., 12 juill. fl. !

Feuilles plus larges, presque planes, à peine fistuleuses, largement
canaliculées en dessus.

362. **A. ursinum** L. *Sp.* ed.1, 300 (1753) ; Gr. et Godr. *Fl. Fr.* III,
206 ; Reg. *All. mon.* 209 ; Asch. et Graebn. *Syn.* III, 155 ; Coste *Fl. Fr.*
III, 339. — Exsicc. Reverch. ann. 1878 et 1885, n. 7 ! ; Burn. ann. 1904,
n. 547 !

Hab. — Points humides des forêts de l'étage montagnard. Avril-mai.
♃. Assez rare. Forêt de Valdoniello (Rotgès in litt.) ; forêt d'Aitone
(Mars. *Cat.* 141 ; Reverch. exsicc. cit. ann. 1885 ; Lutz in *Bull. soc. bot.
Fr.* XLVIII, sess. extr. CXXIX ; Briq. *Spic.* 13 et Burn. exsicc. cit.) ; forêt
de Vizzavona (Lutz l. c. CXXV) ; forêt de Marmano (Mars. l. c.; Rotgès in
litt.) ; env. de Bastelica (Reverch. exsicc. cit. ann. 1878).

363 **A. Chamaemoly** L. *Sp.* ed. 1, 301 (1753) ; Gr. et Godr. *Fl.
Fr.* III, 203 ; Reg. *All. mon.* 214 ; Asch. et Graebn. *Syn.* III, 155 ; Coste

Fl. Fr. III, 336. — Exsicc. Soleirol n. 4350 ! ; Billot n. 668 ! ; Reliq. Maill. n. 1762 ! ; Mab. n. 182 ! ; Magnier fl. select. n. 974 !

Hab. — Garigues de l'étage inférieur. Janv.-mars. ♃. Disséminé. Env. de Bastia : Astima, Sᵗᵉ-Lucie, etc. (Salis in *Flora* XVI, 490 ; Mab. exsicc. cit. et ap. Mars. *Cat.* 144 ; André in Reliq. Maill. cit.) ; Calvi (Soleirol ex Bert. *Fl. it.* IV, 47 et exsicc. cit.) ; Afa (Mars. l. c.) ; env. d'Ajaccio, Chapelle des Grecs, etc. (Mars. l. c. ; Boullu in *Bull. soc. bot. Fr.* XXIV, sess. extr. XC) ; Porto-Vecchio (Revel. ex Mars. l. c.) ; Bonifacio (Seraf. ex Bert. l. c. 46 ; Req. in Billot n. cit. ; Reverch. in Magnier exsicc. cit.) ; et localité ci-dessous.

1907. — Cap Corse : garigues entre Luri et la Marine de Luri, 30 m., 27 avril fr. !

364. **A. roseum** L. *Sp.* ed. 1, 286 (1753) ; Gr. et Godr. *Fl. Fr.* III, 158 ; Reg. *All. mon.* 228 ; Asch. et Graebn. *Syn.* III, 157 ; Coste *Fl. Fr.* III, 341.

Hab. — Friches et garigues des étages inférieur et montagnard. Avril-mai. ♃. — En Corse, les variétés suivantss :

α. Var. **grandiflorum** Briq. = *A. roseum* Auct., sensu stricto.

Hab. — Assez répandue. Erbalunga (Gillot in *Bull. soc. bot. Fr.* XXIV, sess. extr. L ; Sargnon in *Ann. soc. bot. Lyon* VI, 60) ; le Pigno, versant de Bastia (Billiet in *Bull. soc. bot. Fr.* XXIV, sess. extr. LXVIII) ; Bastia (Rotgès in litt.) ; Sᵗ-Florent (Soleirol ex Bert. *Fl. it.* IV, 54 ; Fouc. et Sim. *Trois sem. herb. Corse* 159) ; Calvi (Fouc. et Sim. l. c.) ; Corté (Sargnon in *Ann. soc. bot. Lyon* VI, 76 ; Fouc. et Sim. l. c.) ; forêt d'Aitone (Lutz in *Bull. soc. bot. Fr.* XLVIII, 57) ; env. d'Ajaccio : Castelvecchio, Pozzo di Borgo, Aspretto, etc. (Mars. *Cat.* 141 ; Boullu in *Bull. soc. bot. Fr.* XXIV, sess. extr. XCIII et XCVII ; Coste ibid. XLVIII, sess. extr. CXII) ; Ghisonaccia (Rotgès in litt.) ; Santa Manza (Seraf. ex Bert. l. c.) ; Bonifacio (Revel. in Bor. *Not.* 1, 9 et Mars. l. c. ; Boy. *Fl. Sud Corse* 65) ; et localités ci-dessous.

1907. — Ghisonaccia, garigues à asphodélaies, 10 m., 8 mai fl. ! (subv. *typicum*) ; garigues du vallon de Canalli, 30 m., calc., 6 mai fl. ! (subv. *bulbiferum*) ; garigues à Bonifacio, 100 m., calc., 5 mai fl. !

Plante robuste (40-60 cm.). Inflorescence volumineuse. Pédicelles généralement allongés, dépassant la spathe à la fin. Périgone relat. **grand**, long de 8-10 mm. — On peut distinguer les deux sous-variétés suivantes :

α¹ subvar. **typicum** Briq. = *A. roseum* var. *typicum* Reg. *All. mon.* 228 (1875) ; Asch. et Graebn. *Syn.* III, 158. — Inflorescence multiflore, dépourvue de bulbilles.

α² subvar. **bulbiferum** Briq. = *A. roseum* var. *bulbiferum* Kunth *Enum.* IV, 439 (1843) ; Gr. et Godr. *Fl. Fr.* III, 205 ; Reg. *All. mon.* 229 = *A. carneum* Ten. *Fl. nap.* I, 159 (1811) = *A. incarnatum* Hornem. *Hort. hafn.* I, 323 (1813) = *A. ambiguum* Sibth. et Sm. *Fl. græc.* IV, 327 (1823) = *A. Tenorii* Spreng. *Syst.* II, 35 (1825) = *A. roseum* var. *carneum* Bert. ex Reichb. *Ic.* X, 28 (1848) ; Asch. et Graebn. *Syn.* III, 158. — Inflorescence relat. pauciflore, les fleurs manquantes remplacées par de nombreux bulbilles.

β. Var. **insulare** Gennari ap. Barb. *Fl. sard. comp.* 187 (1885) = *A. obtusiflorum* Req. ap. Gr. et Godr. *Fl. Fr.* III, 205 (1855) ; Bor. *Not.* I, 9, et spec. auth. ! ; non Poir. (1810) = *A. roseum* var. *humile* Sommier in *Bull. soc. bot. ital.* ann. 1894, 218 — Exsicc. Kralik n. 808 !

Hab. — Garigues calcaires à Bonifacio (Req. ann. 1849 ! ; Kralik exsicc. cit. ; Mars. *Cat.* 141).

1907. — Citadelle de Bonifacio, 50 m., calc., 5 mai fl. !

Plante plus réduite (10-15 cm.). Inflorescence moins volumineuse. Pédicelles plus courts, ne dépassant guère la spathe, ou plus courts qu'elle. Périgone plus petit, long de 5-7 mm.

Requien a le premier distingué cette curieuse race en lui attribuant le nom d'*A. obtusiflorum* Req. — ce qui a donné lieu dans la suite à des confusions avec l'*A. obtusiflorum* Poir. (= *A. maritimum* Raf.) — malheureusement sans la décrire. Marsilly (*Cat.* 141) a ensuite attiré l'attention sur elle. M. Gennari l'a signalée en divers points de la Sardaigne. Enfin M. Sommier l'a retrouvée dans l'île de Giglio (origin. dans l'herb. Burnat !) et a mis en évidence ses caractères distinctifs. Nos échantillons ne sont pas bulbillifères, de même que ceux de Giglio, mais ce caractère est de faible valeur. La couleur du périgone varie quelque peu, en général pourtant elle est plus pâle (fleurs souvent même presque blanches) que dans la var. *grandiflorum*.

365. A. triquetrum L. *Sp.* ed. 1, 300 (1753) ; Gr. et Godr. *Fl. Fr.* III, 203 ; Coste *Fl. Fr.* III, 340 = *A. triquetrum* var. *typicum* Reg. *All. mon.* 223 (1875) ; Asch. et Graebn. *Syn.* III, 159. — Exsicc. Sieber sub : *A. triquetrum* ! ; Req. sub : *A. triquetrum* ! ; Kralik sub : *A. triquetrum* ! ; Bourgeau n. 396 ! Reverch. ann. 1878, 1879 et 1885, n. 5 ! ; Burn. ann. 1904, n. 544 !

Hab. — Points ombragés ou herbeux et humides de l'étage inférieur, s'élevant rarement dans l'étage montagnard, 1-700 m. Mars-mai. ♃. Répandu et abondant dans l'île entière, du Cap Corse à Bonifacio.

1906. — Cap Corse : de Bastia à Biguglia, 16 avril fl. fr. !

1907. — Rochers herbeux près de l'Ile Rousse, 10 m., 21 avril fl.!

Bulbes agrégés, largement enveloppés par les bases des feuilles et passant ainsi ± insensiblement à la base feuillée. Hampe mesurant à la base jusqu'à 5 mm. de diamètre, nettement et insensiblement rétrécie sous l'inflorescence. Feuilles largement linéaires (8-14 mm.). Inflorescence ± dorsiventrale, à pédicelles d'abord dressés, puis ± arqués du même côté déjà pendant l'anthèse. Périgone à divisions oblongues-allongées, aiguës, obtuses ou arrondies au sommet, grandes, longues de 1,5-1,8 cm., conniventes déjà pendant l'anthèse.

366. **A. pendulinum** Ten. *Fl. nap.* 1, 168, tab. 31 (1811) ; Gr. et Godr. *Fl. Fr.* III, 204 ; Coste *Fl. Fr.* III, 340 = *A. triquetrum* var. *pendulinum* Reg. *All. mon.* 223 (1875) ; Asch. et Graebn. *Syn.* III, 159. — Exsicc. Reverch. ann. 1878, n. 4 ! ; Burn. ann. 1904, n. 539, 540, 541 et 543 !

Hab. — Forêts, points ombragés et humides des étages montagnard et subalpin, 300-1400 m. Mai-juin. ⚲. Disséminé du Cap Corse au Coscione. Pont d'Orezza (Gillot in *Bull. soc. bot. Fr.* XXIV, sess. extr. LXXVI) ; col de Vergio (Briq. *Spic.* 13 et Burn. exsicc. cit. n. 540) ; forêt d'Aitone (Legrand in *Bull. soc. bot. Fr.* XXXVII, 21 ; Coste ibid. XLVIII, sess. extr. CXV ; Lutz ibid. CXXIX ; Briq. *Spic.* 13 et Burn. exsicc. cit. n. 543 ; Lit. *Voy.* II, 15) ; vallée de la Restonica (Burnouf in *Bull. soc. bot. Fr.* XXIV, sess. extr. XX et LXXXV ; Sargnon in *Ann. soc. bot. Lyon* VI, 79 ; Lard. in *Bull. trim. soc. bot. Lyon* XI, 59 ; Fouc. et Sim. *Trois sem. herb. Corse* 159) ; montagnes au-dessus des bains de Guagno (Clément ap. Gr. et Godr. *Fl. Fr.* III, 204) ; montagnes de la Sposata près Vico (Mars. *Cat.* 141) ; forêt de Vizzavona (Lutz in *Bull. soc. bot. Fr.* XLVIII, sess. extr. CXXVI ; Briq. l. c. et Burn. exsicc. cit. n. 541 ; Lit. *Voy.* I, 12) ; montagnes de Vivario (Revel. ap. Mars. l. c.) ; montagnes de Bocognano (Revel. in Bor. *Not.* III, 7) ; Pozzo di Borgo (Briq. l. c. et Burn. exsicc. cit. n. 539) ; Bastelica (Reverch. exsicc. cit.) ; Coscione (Gysperger in Rouy *Rev. bot. syst.* II, 119) ; et localités ci-dessous.

1906. — Cap Corse : vallon de la Guinea, entre les cols de Cappiaja et de la Serra, berges du torrent, 300 m., 7 juill. fl.!

1907. — Montée de Pietralba au col de Tende, bords des ruisseaux, 900 m., 15 mai fl.! ; points humides des garigues en montant d'Omessa au col de Bocca al Pruno, 900 m., 13 mai fl.! ; rocailles ombragées entre le col de Morello et la Fontaine Padula, 13 mai fl.! ; châtaigneraies en montant de Ghisoni au col de Sorba, 900-1000 m., 10 mai fl.!

1908. — Vallée inf. du Tavignano, rochers ombragés, 1200-1300 m., 28 juin fl.!

Bulbe solitaire, non enveloppé par les bases des feuilles, séparé de la base feuillée de la tige par une brusque contraction. Hampe grêle, mesurant à la base 1-2 mm., moins nettement rétrécie sous l'inflorescence. Feuilles étroitement linéaires (larges de 3-8 mm.). Inflorescence à pédicelles dressés ou arqués pendant l'anthèse, puis réfléchis dans tous les sens, non nettement dorsiventrale. Périgone à divisions allongées-elliptiques (non élargies sous le sommet comme dans l'espèce précédente aiguës, subaiguës ou subobtuses au sommet, médiocres, longues de 8-12 mm., ouvertes en étoile pendant l'anthèse, conniventes à la fin.

Cette espèce a été réduite par Regel, Ascherson et Graebner, Fiori et Paoletti au rang de simple variété de l'*A. triquetrum*. Mais ces auteurs sont certainement dans l'erreur et n'ont pas compris les caractères distinctifs de l'*A. pendulinum*, qui diffère profondément de l'*A. triquetrum* par le mode de végétation et l'organisation des bulbes. Les auteurs attribuent à l'*A. pendulinum* des fleurs penchées déjà pendant l'anthèse, ce qui est aussi le cas dans l'*A. triquetrum*. L'ombelle de cette dernière espèce se distingue essentiellement par sa dorsiventralité très marquée. L'*A. pendulinum* est une espèce montagnarde et subalpine, tandis que l'*A. triquetrum* est une espèce de l'étage inférieur. Ces deux types sont parfaitement tranchés et on les envisagerait à tort comme des sousespèces d'un type collectif.

367. **A. neapolitanum** Cir. *Pl. rar. fl. neap.* I, 13, tab. 4 (1788); Gr. et Godr. *Fl. Fr.* III, 205; Reg. *All. mon.* 224; Asch. et Graebu. *Syn.* III, 159; Coste *Fl. Fr.* III, 340 = *A. candidissimum* Cav. *Ic.* t. 446 (1799) = *A. lacteum* Sm. *Prodr. fl. græc.* 226 (1806) = *A. album* DC. *Fl. fr.* V, 317 (1815); Dub. *Bot. gall.* 470; non Santi. — Exsicc. Mab. n. 184!; Debeaux ann. 1868 sub : *A. neapolitanum*!

Hab. — Garigues, oliveraies, friches, vignes de l'étage inférieur. Mars-mai. ♃. Peu fréquent. Env. de Bastia (Salis in *Flora* XVI, 490; Mab. et Deb. exsicc. cit.; Lard. in *Bull. trim. soc. bot. Lyon* XI, 59; Gysperger in Rouy *Rev. bot. syst.* II, 110; Rotgès in litt.); env. d'Ajaccio (Mars. *Cat.* 141; Boullu in *Bull. soc. bot. Fr.* XXIV, sess. extr. XCI et XCVII); Bonifacio (Boy. *Fl. Sud Corse* 65).

368. **A. subhirsutum** L. *Sp.* ed. 1, 295 (1753); Gr. et Godr. *Fl. Fr.* III, 202; Reg. *All. mon.* 219; Asch. et Graebn. *Syn.* III, 160; Coste *Fl. Fr.* III, 389.

Hab. — Garigues, oliveraies, friches de l'étage inférieur. Avril-mai. ♃. — En Corse les deux variétés suivantes :

α. Var. **ciliatum** Briq. = *A. subhirsutum* L., sensu stricto = *A. cilia-tum* Cir. *Pl. rar. neap.* I, 16, tab. 6 (1792) = *A. niveum* Roth *Cat. bot.* II, 35 (1800) = *A. ciliare* Red. *Lil.* VI, tab. 311 (1812). — Exsicc. Req. sub : *A. subhirsutum* ! ; Kralik n. 806 ! ; Mab. n. 183 ! ; Burn. ann. 1904, n. 538 !

Hab. — Répandue. Patrimonio (Fouc. et Sim. *Trois sem. herb. Corse* 159) ; Erbalunga (Gillot in *Bull. soc. bot. Fr.* XXIV, sess. extr. L ; Sar-gnon in *Ann. soc. bot. Lyon* VI, 60) ; Bastia (Mab. ap. Mars. *Cat.* 141 ; Lard. in *Bull. trim. soc. bot. Lyon* XI, 59) ; S¹-Florent (Salis in *Flora* XVI, 490 ; Mab. exsicc. cit. et ap. Mars. l. c. ; Fouc. et Sim. l. c.) ; vallée de l'Ostriconi (Fouc. et Sim. l. c.) ; Vico (Mars. l. c.) ; Pozzo di Borgo (Coste in *Bull. soc. bot. Fr.* XLVIII, sess. extr. CXII ; Briq. *Spic.* 13 et Burn. exsicc. cit.) ; Ajaccio (Req. exsicc. cit. et ap. Bert. *Fl. it.* X, 489 ; Mars. l. c. ; Boullu in *Bull. soc. bot. Fr.* XXIV, sess. extr. XCIII et XCVII ; Coste ibid. XLVIII, sess. extr. CIX) ; Pietroso (Rotgès in litt.) ; Solenzara (Fouc. et Sim. l. c.) ; Bonifacio (Salis l. c. ; Seraf. ex Bert. *Fl. it.* IV, 48 ; Kralik exsicc. cit. ; Fouc. et Sim. l. c. ; Lutz in *Bull. soc. bot. Fr.* XLVIII, sess. extr. CXL).

1907. — Oliveraies à Bonifacio, calc., 30 m., 5 mai fl. !

Feuilles nettement ciliées sur les bords, ± pubescentes sur les faces. Périgone à divisions ovées-elliptiques ou elliptiques-lancéolées, obtuses ou aiguës, longues de 5-7 mm.

β. Var. **glabrum** Reg. *All. mon.* 221 (1875) = *A. brachystemon* Red. *Lil.* VII, tab. 374 (1813) = *A. Tinei* Presl *Del. prag.* 145 (1822) = *A. permixtum* Guss. *Fl. sic. prodr.* I, Add. 8 (1827) ; Reichb. *Ic. fl. germ. et helv.* X, tab. DII, fig. 1098 = *A. graminifolium* Lois. *Fl. gall.* ed. 2, I, 253 (1828) = *A. subhirsutum* var. *permixtum* Richt. *Pl. eur.* I, 209 (1890) = *A. subhirsutum* var. *graminifolium* Asch. et Graebn. *Syn.* III, 161 (1905).

Hab. — Env. d'Ajaccio (Robert ap. Lois. l. c. ; de Forestier ann. 1841 in h. Delessert !).

Feuilles glabres ou rarement pourvues de quelques cils isolés à la base. Périgone à divisions elliptiques ou elliptiques-lancéolées, aiguës ou sub-obtuses, longues de 4-5 mm.

A. album Santi *Viagg.* 1, 352 (1795) ; non DC.= *A. Clusianum* Retz. ap. Willd. *Sp.* II, 79 (1799) = *A. subvillosum* Salzm. in Rœm. et Schult. *Syst.* VII, 1104 (1829) = *A. vernale* Tin. ap. Guss. *Fl. sic. prodr.* Suppl. I, 96 (1832).

Espèce de l'Italie mérid. et de la Sicile indiquée en Corse par confusion avec l'*A. album* DC. (= *A. neapolitanum* Jr.); n'a pas encore été trouvée dans l'île jusqu'à présent.

369. **A. nigrum** L. *Sp.* ed. 2, 439 (1762); Gr. et Godr. *Fl. Fr.* III, 205; Reg. *All. mon.* 225; Asch. et Graebn. *Syn.* III, 162; Coste *Fl. Fr.* III, 341.

Hab. — Friches de l'étage inférieur. Avril-mai. ♃. Rare. Au-dessus de Furiani (Mab. ap. Mars. *Cat.* 141); Bastia (Revel. ap. Mars. l. c.; Debeaux *Not.* 49); Bonifacio (Mab. ex Deb. l. c.).

370. **A. siculum** Ucria *Pl. ad Linn. op. add.* n. 7 (circ. 1790); Gr. et Godr. *Fl. Fr.* III, 212; Asch. et Graebn. *Syn.* III, 166; Coste *Fl. Fr.* III, 342 = *Nectaroscordum siculum* Lindl. *Bot. Reg.* t. 1912 (1836); Kunth *Enum.* IV, 457; Moggr. *Contr. fl. Ment.* t. 88 = *A. Dioscoridis* var. *typicum* Reg. *All. mon.* 254 (1875).

Hab. — Points humides des maquis de l'étage inférieur. Mai. ♃. Corse (Coste l.c.); env. de Bonifacio (Boy. *Fl. Sud Corse* 65).

Cette belle espèce, qui se retrouve en Provence, en Toscane, en Sardaigne et en Sicile, pour reparaître dans l'ouest de la France, mérite d'être recherchée avec soin dans notre dition.

LILIUM L.

371. **L. candidum** L. *Sp.* ed. 1, 302 (1753); Gr. et Godr. *Fl. Fr.* III, 182; Baker in *Journ. linn. soc.* XIV, 231; Asch. et Graebn. *Syn.* III, 173; Coste *Fl. Fr.* III, 309. — Exsicc. Debeaux ann. 1869 sub : *L. candidum*!

Hab. — Garigues, oliveraies, friches, vignes. Mai. ♃. Env. de Bastia (Salis in *Flora* XVI, 439; Mab. ap. Mars. *Cat.* 138; Shuttl. *Enum.* 19; Deb. exsicc. cit. et *Not.* 48); env. d'Ajaccio (Blanc in *Bull. trim. soc. bot. Lyon* 2me sér. VI, 7); Bonifacio, près de la route de Porto-Vecchio (Seraf. ex Bert. *Fl. it.* IV, 68; Revel. in Bor. *Not.* 1, 9; Boy. *Fl. Sud Corse* 65; Stefani!)

Il y a des raisons de croire que le lis blanc est originaire d'Orient, mais cette espèce est si bien naturalisée dans le domaine méditerranéen qu'il est devenu difficile d'affirmer qu'elle n'est pas spontanée lorsqu'on la trouve en dehors des cultures et y persiste, ce qui est le cas aux env. de Bastia. M. Chabert (in *Bull. soc. bot. Fr.* XXIX, sess. extr. LVII) n'a pu retrouver le lis blanc aux env. de Bastia ; cela tient peut-être à sa localisation, car Salis le disait déjà « pas commun » en 1833. En 1891,

M. Debeaux a précisé comme suit la localité de Bastia : « C'est dans les vignes situées au-dessus du couvent des Capucins, vers le 3ᵐᵉ kilomètre sur la route de Bastia à St-Florent, que se trouve l'unique habitat en Corse du *L. candidum*[1]. Vers le milieu de mai, on le rencontre en pleine floraison, en pieds nombreux, mais épars sur un grand espace de terrain, non seulement dans les vignes qui s'étagent les unes au-dessus des autres dans cette localité, mais encore dans les prairies sèches, les bords des sentiers, des maquis, les murs de soutènement des terres, etc. »

372. L. bulbiferum L. *Sp.* ed. 1, 302 (1753) p. p.; Koch *Syn.* ed. 2, 817 ; Asch. et Graebn. *Syn.* III, 176. — En Corse seulement la race suivante :

Var. **croceum** Ducomm. *Taschenb. schw. Bot.* 750 (1869) = *L. croceum* Chaix in Vill. *Hist. pl. Dauph.* I, 322 (1786) ; Gr. et Godr. *Fl. Fr.* III, 182 ; Baker in *Journ. linn. soc.* XIV, 238 ; Coste *Fl. Fr.* III, 309 = *L. bulbiferum* DC. *Fl. fr.* III, 202 (1805) = *L. bulbiferum* subsp. *croceum* Schinz et Kell. *Fl. Schw.* ed. 1, 101 (1900) ; Asch. et Graebn. *Syn.* III, 177 (1905). — Exsicc. Kralik n. 801 ! ; Mab. n. 274 ! ; Debeaux ann. 1868 sub : *L. croceum* ! ; Reverch. ann. 1879 sub : *L. croceum* !

Hab. — Rochers ombragés de l'étage montagnard, 500-1100 m. Juin-juill. ♃. Disséminée. Env. de Bastia : Pietranera, Stᵉ-Lucie, le Pigno, etc. (Salis in *Flora* XVI, 489 ; Kralik, Debeaux, Mab. exsicc. cit. et ap. Mars. *Cat.* 138 ; Doûmet in *Ann. Hér.* V, 112 ; et nombreux autres observateurs) ; entre Oletta et le col de Teghime (Briq. *Spic.* 13 et Burn. exsicc. cit.) ; Speloncato entre Pieve et Sorio (Lutz in *Bull. soc. bot. Fr.* XLVIII, 56) ; col de S. Colombano. à 1 kil. sur la route d'Olmi (Mars. l. c.) ; forêt d'Aullène (Revel. ap. Bor. *Not.* II, 8 ; Loyauté ex Mars. *Cat.* 138 ; Reverch. exsicc. cit. ; Rotgés in litt.) ; et localités ci-dessous.

1906. — Rochers en amont de la maison forestière de Bonifatto, 600-700 m., 11 juill. fl. fr. !

1908. — Versant S. du col de Sagropino à la limite sup. des maquis. 1000 m., 1 juill. fl. ! ; vallée de la Melaja, rochers, 1000 m., 5 juill. fl. ! ; vallée de Tartagine, rochers, 700-1000 m., 4 juill. fl. !

Nous ne pensons pas que le *L. croceum* Chaix ait une valeur supérieure à celle d'une simple race du *L. bulbiferum* L. Il ne se distingue en effet de la var. **genuinum** Ducomm. (l. c.) que par l'absence de bulbilles à l'aisselle des feuilles supérieures. Les pièces intérieures du périgone sont en général plus larges que les externes, mais ce caractère

---

[1] Cette affirmation est erronée, ainsi qu'il ressort des localités citées ci-dessus.

n'est pas constant. Il en de même des autres différences (coloration, indument, etc.) que quelques auteurs ont cru reconnaitre dans les pièces internes du périgone.

† 373. **L. Martagon** L. *Sp.* ed. 1, 303 (1753); Gr. et Godr. *Fl. Fr.* III, 181; Baker in *Journ. linn. soc.* XIV, 244; Asch. et Graebn.. *Syn.* III, 179; Coste *Fl. Fr.* III, 308.

Hab. — Points ombragés de l'étage montagnard supérieur. Juin. ⚥. Signalé jusqu'ici uniquement sur les cimes du Cap Corse près de Bastia (Salis in *Flora* XVI, 489). A rechercher.

TULIPA L.

† 374. **T. agenensis** Red. *Lil.* 1, p. 60*, Add. (1802) = *T. Oculus solis* S¹-Amans in *Rec. soc. agr. Agen.* I, 75 (1804) et *Fl. agen.* III, 145 (1821); Red. *Lil.* IV, t. 219 (1808); Gr. et Godr. *Fl. Fr.* III, 176; Baker in *Journ. linn. soc.* XIV, 278; Levier in *Bull. soc. neuch. sc. nat.* XIV, 246; Asch. et Graebn. *Syn.* III, 197; Coste *Fl. Fr.* III, 304 = *T. acutiflora* Poir. *Encycl. méth.* VIII, 134 (1810).

Hab. — Friches de l'étage inférieur. Mars-avril. ⚥. Signalé jusqu'ici seulement à Bonifacio (Req. ex Parl. *Fl. it.* II, 386).

† 375. **T. maleolens** Reb. *Tul. spec.* App. 1 (1823); Bert. *Fl. it.* IV, 82; Baker in *Journ. linn. soc.* XIV, 280; Lev. in *Bull. soc. neuch. sc. nat.* XIV, 250; Asch. et Graebn. *Syn.* III, 200.

Hab. — Friches de l'étage inférieur. Mars-avril. ⚥. Signalé jusqu'ici seulement à Calvi (Soleirol ex Bert. *Fl. it.* X, 487).

URGINEA Steinh.

376. **U. maritima** Baker in *Journ. linn. soc.* XIII, 221 (1873); Asch. et Graebn. *Syn.* III, 222; Coste *Fl. Fr.* III, 318 = *Scilla maritima* L. *Sp.* ed. 1, 308 (1753) = *Scilla lanceolata* Viv. *App. all. fl. cors. prodr.* 3 (1830) = *U. Scilla* Steinh. in *Ann. sc. nat.*, 2ᵐᵉ sér., I, 321 (1834); Gr. et Godr. *Fl. Fr.* III, 184 = *Squilla maritima* Steinh. in *Ann. sc. nat.* 2ᵐᵉ sér., VI, 276 (1836). — Exsicc. Kralik sub : *Scilla Pancration* Steinh.!

Hab. — Rochers de l'étage inférieur, 1-800 m. Août-oct. ⚥. Disséminé. Bastia (Mab. ex Mars. *Cat.* 138); Cap de la Revellata (Soleirol ex

Bert. *Fl. it.* IV, 105); coteau de la Restonica près Corté (Kralik exsicc. cit.; Mars. l. c.; Lit. in *Bull. acad. géogr. bot.* XVIII, 107); env. d'Ajaccio : Pozzo di Borgo, col de St-Antoine, montagne d'Ajaccio, etc. (Salis in *Flora* XVI, 489; Mars. l. c.; Coste in *Bull. soc. bot. Fr.* XLVIII, sess. extr. CXIII); Porto-Vecchio (Revel. in Bor. *Not.* II, 8); partie basse de la grande ile Lavezzi (Mars. l. c.); Bonifacio (Bernard ex Gr. et Godr. *Fl. Fr.* III, 184; Boy. *Fl. Sud Corse* 65).

Les formes corses de cette espèce ont été rapportées au *Squilla Pancration* Steinh. [in *Ann. sc. nat.*, 2me sér., VI, 279 (1836)] à bulbe petit, à feuilles plus petites, à pédicelles plus courts et à ovaire et anthères d'un vert bleuâtre (Corté), et au *Squilla insularis* Jord. et Fourr. [*Ic.* tab. CCIII (1866-68)] à bulbe médiocre, ovoïde, à tuniques blanchâtres ou verdâtres, à pédicelles blanchâtres, les inférieurs longs d'env. 3 cm., courbés vers le bas à la maturité, à ovaire et anthères verts. Ces formes ont été enregistrées par Richter (*U. maritima* var. *Pancration* et var. *insularis* Richt. *Pl. eur.* I, 218) comme des variétés. Pour autant que nous pouvons en juger d'après les matériaux d'herbier, nous y verrions à peine des sous-variétés : elles devraient faire l'objet d'études nouvelles sur des matériaux étendus.

377. **U. undulata** Steinh. in *Ann. sc. nat.*, 2me sér., I, 330 (1834); Kunth *Enum.* IV, 334; Gr. et Godr. *Fl. Fr.* III, 184; Baker in *Journ. linn. soc.* XIII, 220; Coste *Fl. Fr.* III, 318 = *Scilla undulata* Desf. *Fl. atl.* I, 300 (1798). — Exsicc. Reverch. ann. 1885 sub : *U. undulata* !

Hab. — Rochers et garigues de l'étage inférieur. Sept.-nov. ⚥. Localisé dans le sud. Porto-Vecchio (Revel. in Bor. *Not.* II, 8); la Trinité (Mars. *Cat.* 138; Reverch. exsicc. cit.); Bonifacio (Seraf. ex Bert. *Fl. it.* IV, 106; Salis in *Flora* XVI, 489; Mars. l. c.; Stefani ex Roux in *Ann. soc. bot. Lyon* XX, comptes rendus 65; Boy. *Fl. Sud Corse* 65).

378. **U. fugax** Steinh. in *Ann. sc. nat.*, 2me sér., I, 388 (1834); Kunth *Enum.* IV, 335; Bor. *Not.* I, 9; Mars. *Cat.* 138; Baker in *Journ. linn. soc.* XIII, 220; Coste *Fl. Fr.* III, 318 = *Anthericum fugax* Moris *El. pl. sard.* I, 46 (1827) = *Scilla fugax* Nym. *Syll.* 369 (1854-55).

Hab. — Rochers et garigues de l'étage inférieur. Août-oct. ⚥. Localisé aux env. de Bonifacio (Revel. in Bor. *Not.* I, 9 et ap. Mars. *Cat.* 139; Stefani !).

SCILLA L. emend.

S. peruviana L. *Sp.* ed. 1, 309 (1753); Baker in *Journ. linn. soc.* XIII, 240; Asch. et Graebn. *Syn.* III, 225; Coste *Fl. Fr.* III, 321 = *S. Vivianii*

Bert. *Fl. it.* X, 517 (1854) = *S. elongata* Parl. *Nuov. gen.* 24 (1854) et *Fl. it.* II, 464.

Cette espèce a été vaguement signalée en Corse par Viviani (*Fl. Cors. diagn.* 5), indication reproduite par Parlatore (*Fl. it.* II, 464, avec quelque doute) et par M. Coste (*Fl. Fr.* III, 321, avec la mention « très rare »). Nous ne trouvons aucun renseignement précis sur la présence du *S. peruviana* en Corse, et n'osons pas l'admettre au nombre des espèces spontanées. Elle croit en Italie, en Sardaigne, en Espagne et sur les côtes de l'Afrique depuis l'Europe jusqu'à l'Algérie, et pourrait, il est vrai, se retrouver dans notre dition.

S. hyacinthoides L. *Syst.* ed. 12, II, 243 (1767) ; Gr. et Godr. *Fl. Fr.* III, 186 ; Baker in *Journ. linn. soc.* XIII, 237 ; Asch. et Graebn. *Syn.* III, 226 ; Coste *Fl. Fr.* III, 321 = *S. eriophora* Mill. *Gard. dict.* ed. 8, n. 10 (1768) = *Nectaroscilla hyacinthoides* Parl. *Nuov. gen.* 27 (1854).

Espèce de l'étage de l'olivier, étrangère à la Corse, signalée par M. Lutz (in *Bull. soc. bot. Fr.* XLVIII, sess. extr. CXXVII et CXXX) au col de Vergio et au Monte d'Oro par suite d'une erreur de plume. Il s'agit évidemment là du *Hyacinthus Pouzolzii* Gay.

379. **S. autumnalis** L. *Sp.* ed. 1, 309 (1753) ; Gr. et Godr. *Fl. Fr.* III, 185 ; Baker in *Journ. linn. soc.* XIII, 234 ; Asch. et Graebn. *Syn.* III, 233 ; Coste *Fl. Fr.* III, 320.

Hab. — Garigues de l'étage inférieur. ♃. — En Corse les deux races suivantes :

α. Var. **genuina** Briq. = *S. autumnalis* L., sensu stricto.

Hab. — Répandue et assez commune dans l'île entière. Août-oct.

Bulbe large de 1,5-2 cm., haut d'env. 2 cm. Feuilles commençant à se développer au cours de l'anthèse. Hampe haute de 10-25 cm. Grappe ± allongée, à pédicelles aussi longs ou plus longs que les fleurs, s'allongeant encore à la maturité. Périgone long de 4-5 mm., à pièces ovées-oblongues, obtuses, mais à bords s'enroulant rapidement au sommet, ± étalées au milieu de l'anthèse.

β. Var. **corsica** Briq. = *S. corsica* Boullu in *Bull. soc. bot. Fr.* XXIV, sess. extr. XC (1877) et in *Ann. soc. bot. Lyon* V, 88 (1878).

Hab. — Chapelle des Grecs (Boullu l. c.). Fl. fév.-mars.

Bulbe de la grosseur d'un pois. Feuilles paraissant peu après l'anthèse. Hampe haute de 4-7 cm. Grappe très courte, à pédicelles plus courts que les fleurs. Périgone à pièces ovées-atténuées, subaiguës au sommet, nettement étalées en étoile pendant l'anthèse.

D'après ces caractères, la var. *corsica* se rapproche de la var. **pulchella** Baker [in *Journ. linn. soc.* XIII, 234 (1875) = *S. pulchella* Munby in *Bull.*

soc. bot. Fr. II, 286 (1855)] d'Algérie, dont elle diffère par le bulbe encore plus petit, les feuilles n'atteignant pas le milieu de la hampe, cette dernière plus courte, et le périgone plus étalé pendant l'anthèse. L'époque de floraison vernale est remarquable.

380. **S. obtusifolia** Poir. *Voy. Barb.* II, 149 (1789) ; Desf. *Fl. atl.* I, 299, tab. 86 ; Gr. et Godr. *Fl. Fr.* III, 185 ; Baker in *Journ. linn. soc.* XIII, 234 ; Coste *Fl. Fr.* III, 320. — En Corse la race suivante :

Var. **intermedia** Baker in *Journ. linn. soc.* XIII, 235 (1873) ; Ross in *Bull. herb. Boiss.*, 2ᵐᵉ sér., I, 1229 = *S. intermedia* Guss. *Fl. sic. prodr.* I, 417 (1827) ; Bor. *Not.* III, 6 = *S. obtusifolia* Moris *Stirp.* I, 47 (1827) ; Bor. *Not.* II, 8 = *S. fallax* Bor. *Not.* I, 9 (1857) ; non Steinh. — Exsicc. Reverch. ann. 1880, n. 375 !

Hab. — Garigues de l'étage inférieur. Sept.-oct. ♃. Localisée. Bords de la route d'Ajaccio à Calcatoggio, un peu en avant du col de S. Sebastiano (Soulié ex Coste in *Bull. soc. bot. Fr.* XLVIII, sess. extr. CXLVII) ; Porto-Vecchio (Revel. in Bor. *Not.* II, 8 et III, 6) ; la Trinité (Revel. in Bor. l. c. I, 9 ; Reverch. exsicc. cit.) ; Bonifacio (Gay ex Gr. et Godr. *Fl. Fr.* III, 186 ; Revel. in Bor. l. c. III, 6 ; Mars. *Cat.* 139 ; Stefani !).

Diffère de la var. **genuina** Briq. (= *S. obtusifolia* Poir. et Desf., sensu stricto) par le port plus grêle, le bulbe plus petit, les feuilles entièrement développées plus courtes et plus larges, mesurant 14×1,5 cm., l'inflorescence plus pauciflore. — M. Ross a émis l'opinion (l. c.) que les *Scilla* de Moris (Sardaigne) et de Grenier et Godron (Corse) se rapportaient à la var. *genuina*, tandis que la variété *intermedia* restait localisée en Sicile. Cette manière de voir ne cadre ni avec l'examen des échant. algériens, ni avec la comparaison de la planche de Desfontaines. C'est d'ailleurs le résultat auquel étaient arrivés Boreau, puis Marsilly (*Cat.* 139). Ce dernier a eu l'avantage incontestable d'étudier les deux *Scilla* d'Algérie et de Corse sur le vif dans leurs stations naturelles. Au surplus, les deux races sont extrêmement voisines et dans certaines de leurs variations presque impossibles à distinguer.

ORNITHOGALUM L. emend.

381. **O. tenuifolium** Guss. *Fl. sic. prodr.* I, 413 (1827) ; Gr. et Godr. *Fl. Fr.* III, 194 ; Baker in *Journ. linn. soc.* XIII, 265 ; Asch. et Graebn. *Syn.* III, 243 ; Coste *Fl. Fr.* III, 315 = *O. Gussonii* Ten. *Fl. nap.* III, 337 (1824-29) = *O. ruthenicum* Bouché in Kunth *Enum.* IV, 363 (1845).

Hab. — Garigues de l'étage inférieur. Avril-mai. ♃. Corse, sans indication de localité (Soleirol ex Gr. et Godr. l. c. ; Parl. *Fl. it.* II, 442).

Bien que cette espèce n'ait pas été signalée à nouveau depuis 1857, nous n'avons pas osé, de même que Marsilly (*Cat.* 139), la rayer de la flore corse ; elle est en effet très répandue dans toutes les parties avoisinantes du bassin méditerranéen. A rechercher. — L'*O. tenuifolium* est voisin de l'*O. umbellatum* subsp. *paterfamilias*, dont il diffère par les feuilles encore plus étroites, le port plus grêle, les pédoncules non réfléchis à la maturité, le fruit plus court, à côtes rapprochées deux par deux (côtes ± équidistantes dans l'*O. umbellatum*).

382. O. umbellatum L. *Sp.* ed. 1, 307 (1753) ; Koch *Syn.* ed. 2, 822 ; Asch. et Graebn. *Syn.* III, 245.

Hab. — Points herbeux humides ou ombragés, prairies maritimes de l'étage inférieur. Avril-mai. ♃. — En Corse, les trois sous-espèces suivantes :

I. Subsp. **eu-umbellatum** Briq. = *O. umbellatum* L., sensu stricto ; Gr. et Godr. *Fl. Fr.* III, 191 ; Baker in *Journ. linn. soc.* XIII, 266 ; Coste *Fl. Fr.* III, 316.

Hab. — De Bastia à Biguglia (Salis in *Flora* XVI, 490) ; Vico, châtaigneraies au-dessus de St-François (Fliche in *Bull. soc. bot. Fr.* XXXVI, 369) ; env. d'Ajaccio (Mars. *Cat.* 139 ; Boullu in *Bull. soc. bot. Fr.* XXIV, sess. extr. C).

Bulbe sphérique ou sphérico-ovoïde, généralement accompagné de bulbilles foliifères. Hampe haute de 10-30 cm. Feuilles larges de 3-6 mm. largement canaliculées, avec une large bande argentée au fond de la cannelure. Pédoncules étalés-dressés, à la fin étalés. Fleurs grandes, à pièces du périgone hautes d'env. 1,5-2 cm.

† II. Subsp. **divergens** Asch. et Graebn. *Syn.* III, 246 (1905) = *O. divergens* Bor. *Fl. Centre* éd. 2, II, 507 (1849) et éd. 3, II, 625 ; Gr. et Godr. *Fl. Fr.* III, 190 ; Baker in *Journ. linn. soc.* XIII, 267 ; Coste *Fl. Fr.* III, 316 p. p. = *O. refractum* Guss. *Fl. sic. prodr.* Suppl. 101 (1832) = *O. umbellatum* var. *divergens* Beck in *Glasn.* XV, 210 (1903) ; Fiori et Paol. *Fl. it.* 187.

Hab. — Griggione (Petit in *Bot. Tidsskr.* XIV, 248 ; Ghisonaccia (Rotgès ap. Fouc. in *Bull. soc. bot. Fr.* XLVII, 96) ; Bonifacio (Revel. in Bor. *Not.* I, 9) ; et localités ci-dessous.

1907. — Cap Corse : cluse des Stretti, pré humide, 30 m., 23 avril fl. !
— Prairies maritimes près d'Ostriconi, 20 avril fl. !

Bulbe sphérique ou sphérico-ovoïde, généralement accompagné de
bulbilles non foliifères. Hampe haute de 20-30 cm. Feuilles larges de
3-6 mm., largement canaliculées, avec une large bande argentée au
fond de la cannelure. Pédoncules d'abord étalés-dressés, puis assez
rapidement ± réfractés et recourbés au sommet. Fleurs grandes, à
pièces du périgone hautes d'env. 1,5-2 cm.

L'*O. proliferum* [Jord. et Fourr. *Brev.* I, 57 (1866) et *Ic.* 29, tab. LXXIII,
fig. 118 = *O. divergens* « form. stat. » *proliferum* Fouc. in *Bull. soc. bot. Fr.*
XLVII, 96 (1900)] basé sur des échant. à bulbes fortement prolifères,
nous paraît avoir une valeur purement individuelle.

† III. Subsp. **paterfamilias** Asch. et Graebn. *Syn.* III, 246 (1905)
= *O. paterfamilias* Godr. *Not. fl. Montp.* 27 (1854); Gr. et Godr. *Fl. Fr.*
III, 190 ; Baker in *Journ. linn. soc.* XIII, 267.

Hab. — Bastia (Shuttl. *Enum.* 19).

Bulbe sphérique, médiocre, produisant un grand nombre de bulbilles
ovoïdes, la plupart foliifères, reliés au bulbe-mère par des fils ténus.
Hampe haute de 6-10 cm., plus grêle que dans les deux sous-esp. précédentes. Feuilles étroitement linéaires, étroitement canaliculées, à bande
blanche longitudinale nulle ou indistincte. Pédoncules étalés-dressés,
puis rapidement ± réfractés et recourbés au sommet. Fleurs plus petites, à pièces du périgone hautes d'env. 1-1,5 cm., plus étroites que
dans les sous-esp. I et II.

383. **O. exscapum** Ten. *Fl. nap.* I, 175 (1811-15) ; Gr. et Godr.
Fl. Fr. III, 190 ; Baker in *Journ. linn. soc.* XIII, 268 ; Asch. et Graebn.
Syn. III, 248 ; Coste *Fl. Fr.* III, 315 = *O. mutabile* De Not. *Rep. fl. lig.*
407 (1844) = *O. Bertolonii* et *O. biflorum* Jord. et Fourr. *Brev.* I, 58
(1866). — Exsicc. Soleirol n. 4364 ! ; Kralik n. 803 ! ; Mab. n. 43 ! ; Reverch.
ann. 1880, n. 254 !

Hab. — Garigues de l'étage inférieur. Mars-avril. ♃. Peu fréquent,
mais abondant dans les localités ci-après. Ajaccio (Kralik exsicc. cit. et
ap. Gr. et Godr. l. c.; Boullu in *Bull. soc. bot. Fr.* XXIV, sess. extr. C);
Bonifacio (Soleirol, Kralik, Mab. et Reverch. exsicc. cit. ; Mab. *Rech.* I, 26 ;
Mars. *Cat.* 139 ; X. Roux in *Ann. soc. bot. Lyon.* XX, comptes rendus 25).

Espèce différant des deux précédentes par le bulbe ovoïde non proli-
fère, la hampe très réduite (souvent plus courte que l'inflorescence), les
feuilles étroitement linéaires, pourvues d'une ligne médiane blanche,
étalées, les bractées plus larges, les pédoncules fortement réfractés à
la maturité ; les angles de la capsule sont rapprochés 2 à 2 comme dans

l'*O. umbellatum.* — Jordan et Fourr. ont séparé (l.c.) l'*O. biflorum* (= *O. exscapum* var. *biflorum* Asch. et Graebn. l. c.) de l'*O. Bertolonii*, par le port plus grêle, des feuilles plus étroites, et des fleurs plus petites au nombre de 2-3. Mais Mabille (*Rech.* I, 26) a déjà fait observer que dans les stations herbeuses les échant. deviennent plus grands. Ils deviennent plus petits et à feuilles plus étroites dans les endroits très secs. Dans ces mêmes endroits le nombre des fleurs peut être réduit à 2 sur certains individus, mais il n'y a à ce point de vue aucune constance. La grandeur absolue des fleurs varie sur le même individu dans les limites des dimensions indiquées par les auteurs. Nous ne pouvons voir là que des variations individuelles et stationnelles sans intérêt systématique.

384. **O. arabicum** L. *Sp.* ed. 1, 308 (1753) p. p.; Kunth *Enum.* IV, 353; Gr. et Godr. *Fl. Fr.* III, 192; Baker in *Journ. linn. soc.* XIII, 270; Asch. et Graebn. *Syn.* III, 250; Coste *Fl. Fr.* III, 316 = *O. latifolium* Ucria *Hort. pan.* 155 (1789) = *Caruelia arabica* Parl. *Nuov. gen.* 22 (1854). — Exsicc. Mab. n. 181!; Debeaux ann. 1869 sub : *O. arabicum*!

Hab. — Garigues, friches, vignes de l'étage inférieur. Avril-mai. ♃. Peu fréquent. Env. de Bastia (Mab. ap. Mars. *Cat.* 129 et exsicc. cit.; Deb. exsicc. cit.); parapets de la citadelle d'Ajaccio (Req. in Parl. *Fl. it.* II, 454; Mars. l. c.; Boullu in *Bull. soc. bot. Fr.* XXIV, sess. extr. XCI) et d'Ajaccio à Castelluccio (Boullu l. c. XCVII); env. de Bonifacio (Seraf. ap. Viv. *Fl. cors. diagn.* 5 et ex Bert. *Fl. it.* IV, 94; Salis in *Flora* XVI, 490; Kralik in Gr. et Godr. l. c.; Mars. l. c.).

385. **O. pyrenaicum** L. *Sp.* ed. 1, 306 (1753); Gr. et Godr. *Fl. Fr.* III, 189; Baker in *Journ. linn. soc.* XIII, 275; Asch. et Graebn. *Syn.* III, 253; Coste *Fl. Fr.* III, 317. — En Corse seulement la race suivante :

Var. **flavescens** Baker in *Journ. linn. soc.* XIII, 275 (1873); Asch. et Graebn. *Syn.* III, 254 = *O. flavescens* Lamk *Fl. fr.* III, 277 (1778) = *Anthericum sulphureum* W. et K. *Pl. rar. Hung.* I, 98, tab. 95 (1802) = *O. pyrenaicum* Auct. it. et gall., sensu stricto = *Phalangium sulphureum* Poir. *Encycl. méth.* Suppl. IV, 381 (1816) = *O. sulphureum* Schult. f. *Syst.* VII, 518 (1829); Koch *Syn.* ed. 2, 820. — Exsicc. Reverch. ann. 1878 sub : *O. pyrenaicum*!; Burn. ann. 1904, n. 549!

Hab. — Maquis, châtaigneraies, points ombragés des étages inférieur et montagnard, 1-1200 m. Mai-juill. ♃. Disséminée. Env. de Bastia : Pigno, Castelvecchio, Ste-Lucie, etc. (Salis in *Flora* XVI, 490; Doûmet in *Ann. Hér.* V, 210; Kesselmeyer ann. 1867!); entre Cervione et San

Nicolao (Soulié ex Coste in *Bull. soc. bot. Fr.* XLVIII, sess. extr. CL) ; Speloncato (Lutz in *Bull. soc. bot. Fr.* XLVIII, 57) ; env. de Corté (Sargnon in *Ann. soc. bot. Lyon* VI, 76); Calcatoggio (Lutz l. c.) ; Vico (Mars. *Cat.* 139) ; au-dessus d'Appietto (Briq. *Spic.* 13 et Burn. exsicc. cit.) ; Pozzo di Borgo (Lutz l. c. 57) ; Capo-Toro près Ajaccio (Fouc. et Sim. *Trois sem. herb. Corse* 159) ; Bastelica (Reverch. exsicc. cit.) ; vallée du Taravo (Mars. l. c.) ; et localités ci-dessous.

1906. — Rochers ombragés en amont de la maison forestière de Bonifatto, 600-700 m., 11 juill. fr. ! ; cime de la chapelle de S. Angelo, buxaie, calc., 1180 m., 15 juill. fl. fr. !

Périgone à pièces d'un jaune verdâtre, avec nervure médiane verte.

386. O. pyramidale L. *Sp.* ed. 1, 307 (1753) ; Asch. et Graebn. *Syn.* III, 255. — En Corse seulement la sous-espèce suivante :

Subsp. **narbonense** Asch. et Graebn. *Syn.* II, 236 = *O. narbonense* L. *Amoen. acad.* IV, 312 (1759) et *Sp.* ed. 2, 440 ; Gr. et Godr. *Fl. Fr.* III, 188 ; Kern. in *Oesterr. bot. Zeitschr.* XXVIII, 13 ; Baker in *Journ. linn. soc.* XIII, 277 p. p. ; Coste *Fl. Fr.* III, 317. — Exsicc. Kralik n. 804 a !

Hab. — Garigues et friches de l'étage inférieur. Mai-juin. ♃. Rare. Rogliano (Revel. in Bor. *Not.* I, 9) ; Campo di Loro ((Fouc. et Sim. *Trois sem. herb. Corse* 159) ; Bonifacio (Salis in *Flora* XVI, 490 ; Seraf. ex Bert. *Fl. it.* IV, 103 ; Kralik exsicc. cit.; Revel. l. c.; Boy. *Fl. Sud Corse* 65).

L'*O. pyramidale* est une espèce collective polymorphe dont les différents membres se distinguent de l'*O. pyrenaicum* par les feuilles persistant pendant l'anthèse, linéaires-élargies (généralement détruites pendant l'anthèse et plus étroitement linéaires dans l'*O. pyrenaicum*), les bractées plus longuement acuminées, dépassant le bouton floral, les étamines à filet longuement atténué (et non pas brusquement contracté) longues de 3-5 mm. et non pas seulement 2-3 mm. et par le style allongé. — Dans la sous-espèce **brevistylum** Briq. [= *O. brevistylum* Wolfn. in *Oest. bot. Wochenbl.* VII, 230 (1857) = *O. narbonense* var. *pyramidale* Boiss. *Fl. or.* V, 214 (1884) = *O. narbonense* var. *brevistylum* Richt. *Pl. eur.* I, 224, 1890)], du bassin oriental de la Méditerranée, les pédicelles sont bien plus longs que les bractées, les pièces du périgone (et non pas les étamines, ainsi que le disent par erreur Asch. et Graebn. l. c.) sont ± entortillées après la floraison, les filets atteignent à peine la moitié des pièces du périgone, le style est long d'env. 3-4 mm. (non pas 9 mm., ainsi que le disent les auteurs précités) ; dans la sous-esp. *narbonense* au contraire, les pédicelles sont plus étalés, pas beaucoup plus longs que les bractées, les pièces du périgone restent peu ou pas entortillées à la fin de l'anthèse, les filets dépassent la $^1/_2$ hauteur des pièces du périgone, le style atteint env. 5 mm.

HYACINTHUS L. emend.

H. orientalis L. *Sp.* ed. 1, 317 (1753) ; Gr. et Godr. *Fl. Fr.* III, 215 ; Baker in *Journ. linn. soc.* XI, 426 ; Asch. et Graebn. *Syn.* III, 261 : Coste *Fl. Fr.* III, 324.

Espèce du bassin oriental de la Méditerranée, souvent cultivée, et parfois subspontanée dans l'étage inférieur, par ex. aux env. de Bonifacio (Boy. *Fl. Sud Corse* 65).

387. **H. Pouzolzii** Gay in Lois. *Not.* 15 (1840) ; Gr. et Godr. *Fl. Fr.* III, 217 ; Baker in *Journ. linn. soc.* XI, 430 = *Scilla fastigiata* Viv. *App. fl. Cors. prodr.* 1 (1825) et *App. alt.* 6 = *Scilla verna* Moris *Stirp. sard.* 1, 47 (1827) = *H. fastigiatus* Bert. in *Ann. sc. nat.* IV, 62 (1830) et *Fl. it.* IV, 158 ; Coste *Fl. Fr.* III, 324 = *Charistemma fastigiata* Janka in *Term. Füz.* X, 62 (1886). — Exsicc. Kralik n. 802 ! ; Bourgeau n. 392 ! ; Mab. n. 397 ! ; Debeaux ann. 1869 sub : *H. fastigiatus* ! ; Reverch. ann. 1878 et ann. 1885 n. 71 ! ; Burn. ann. 1900 n. 92 et 346 !, et ann. 1904 n. 550, 551, 552 et 553 !

Hab. — Garigues, maquis sablonneux, rocailles et rochers, 1-2000 m. Avril-août suivant l'altit. ♃ Répandu et abondant dans l'île entière.

1906. — Rocailles et aulnaies de la Cima di Mufrella, versant de Spasimata, 1800-2000 m., 12 juill. fl. ! ; rochers de la Pointe de Monte au-dessus du col de Verde, 1700 m., 20 juill. fl. !

1907. — Rocailles du Monte Asto, 1500 m., 15 mai fl. ! ; garigues sablonneuses entre Bravone et Aleria, 10 m., 30 avril fl. ! ; maquis sablonneux entre Cateraggio et Tallone, 30 m., 1 mai fl. ! ; maquis de la vallée inf. de la Solenzara, 50 m., 3 mai fl. ! ; garigues entre le col d'Aresia et Finocchio, 80 m., 5 mai fl. !

Espèce d'apparence très variable selon l'altitude. Dans les régions inférieures, elle est souvent naine et, quand le terrain est très sec, pauciflore (inflorescence souvent réduite à une seule fleur), ou au contraire à inflorescence très multiflore et à hampe plus épaisse sur les sols meubles. Il est facile de trouver en un seul endroit tous les passages entre ces deux extrêmes. La couleur des fleurs est en général plus vive (bleu-violet foncé) aux basses altitudes, plus pâle (rosée-violacée ou tirant sur le blanc) aux altitudes supérieures, mais il y a de nombreuses exceptions. Enfin, la grandeur absolue du périgone (5-9 mm. de longueur) et la profondeur des sinus entre les divisions sont assez variables, même entre fleurs d'une même inflorescence. Après avoir suivi cette jacinthe en des centaines d'exemplaires sur le vif et dans les herbiers, nous sommes arrivé à la conclusion que toute distinction de variété aurait un caractère purement artificiel. — Il se produit facilement des bulbilles à la base des feuilles et sur les hampes du *H. Pouzolzii*, et ceux-ci se développent parfois après coup sur les échant. que l'on dessèche. Cette particularité sans intérêt systématique a motivé la création de la var. *bulbillifer* Parl. [*Fl. it.* II, 485 (1857)].

388. **H. romanus** L. *Mant.* II, 224 (1771) ; Baker in *Journ. linn. soc.* XI, 431 ; Asch. et Graebn. *Syn.* III, 266 = *Bellevalia romana* Reichb. *Fl. germ. exc.* 105 (1830) ; Gr. et Godr. *Fl. Fr.* III, 217 ; Coste *Fl. Fr.* III, 326.

Hab. — Prairies maritimes. Avril-mai. ⚥ . Rare. Biguglia (Mab. ap. Mars. *Cat.* 142 ; Boullu in *Bull. soc. bot. Fr.* XXIV, sess. extr. LXVI) ; Campo di Loro (Doùmet in *Ann. Hér.* V, 122).

MUSCARI Mill.

† 389. **M. racemosum** Mill. *Gard. dict.* ed. 8, n. 3 (1768) ; Gr. et Godr. *Fl. Fr.* III, 218 ; Baker in *Journ. linn. soc.* XI, 416 ; Asch. et Graebn. *Syn.* III, 270 ; Coste *Fl. Fr.* III, 327 = *Hyacinthus racemosus* L. *Sp.* ed. I, 318 (1753) = *Hyacinthus juncifolius* Lamk *Encycl. méth.* III, 194 (1789) = *Botryanthus odorus* Kunth *Enum.* IV, 314 (1843).

Hab. — Garigues, friches de l'étage inférieur. Mars-avril. ⚥ . Rare ou peu observé. Signalé seulement à Calvi (Soleirol ex Bert. *Fl. it.* IV, 166).

Feuilles très étroitement linéaires, larges de 1-3 mm., étroitement canaliculées, à peu près de la longueur de la hampe. Périgone à orifice peu ouvert long de 3-5 mm. Fruit long d'env. 7 mm., à valves largement tronquées-échancrées au sommet.

†† 390. **M. neglectum** Guss. in Ten. *Syll. App.* V, 13 (1842) ; Gr. et Godr. *Fl. Fr.* III, 249 ; Baker in *Journ. linn. soc.* XI, 446 ; Freyn in *Flora* LXVIII, 6 ; Asch. et Graebn. *Syn.* III, 271 ; Coste *Fl. Fr.* III, 327 = *Botryanthus neglectus* Kunth *Enum.* IV, 679 (1843).

Hab. — Garigues, friches de l'étage inférieur. Mars-avril. ⚥ . Rare ou peu observé. Cardo (Deb. *Not.* 114) ; env. de Corté (Burnouf in *Bull. soc. bot. Fr.* XXIV, sess. extr. XXXI).

Feuilles moins étroitement linéaires, larges d'env. 3-4 mm., largement
canaliculées, à la fin beaucoup plus longues que les hampes. Périgone
à orifice ± largement ouvert, long de 4-6 mm. Fruit long d'env. 8 mm.,
à valves obovées-subarrondies, ni tronquées ni échancrées au sommet.
Espèce plus robuste que la précédente.

391. **M. botryoides** Mill. *Gard. dict.* ed. 8, n. 1 (1768); DC. *Fl.
fr.* III, 208 ; Gr. et Godr. *Fl. Fr.* III, 219 ; Baker in *Journ. linn. soc.*
XI, 417 ; Asch. et Graebn. *Syn.* III, 272 ; Coste *Fl. Fr.* III, 328 = *Hyacinthus botryoides* L. *Sp.* ed. 1, 318 (1753) = *Botryanthus vulgaris*
Kunth *Enum.* IV, 311 (1843).

Hab. — Garigues, friches, vignes des étages inférieur et montagnard.
Mars-avril. ♃. Peu observé. Env. de Bastia : Erbalunga, Cardo, Miomo,
le Pigno, etc. (Salis in *Flora* XVI, 489 ; Revel. ap. Mars. *Cat.* 142; Deb.
Not. 111) ; Ghisonaccia (Rotgès ap. Fouc. in *Bull. soc. bot. Fr.* XLVII, 97).

Diffère des deux espèces précédentes par les feuilles linéaires-élargies
et les fleurs subglobuleuses. — On n'a signalé en Corse jusqu'à présent
que la var. **typicum** Pampan. [in *Nuov. giorn. bot. it.* XII, 152 (1905)] à
feuilles élargies vers le sommet, nettement plus courtes que la hampe.

392. **M. comosum** Mill. *Gard. dict.* ed. 8, n. 2 (1768) ; Koch *Syn.*
ed. 2, 834 ; Gr. et Godr. *Fl. Fr.* III, 219 ; Baker in *Journ. linn. soc.* XI,
414 ; Coste *Fl. Fr.* III, 327 = *Hyacinthus comosus* L. *Sp.* ed. 1, 318
(1753) = *Bellevalia comosa* Kunth *Enum.* IV, 306 (1843) = *Leopoldia
comosa* Parl. *Fl. pal.* I, 438 (1845).

Hab. — Garigues, friches, rocailles des étages inférieur et montagnard. Mars-avril. ♃. Espèce polymorphe, présentant en Corse les subdivisions suivantes :

α. Var. **typicum** Fiori et Paol. *Fl. anal. It.* I, 192 (1896) = *M. comosum* Gr. et Godr. l. c., sensu stricto. — Exsicc. Burn. 1904, n. 554
et 555 !

Hab. — Répandu et abondant dans l'île entière.

1906. — Points ombragés en amont de la maison forestière de Bonifatto, 600-700 m., 11 juill. fr. !

Plante souvent élevée. Grappe à la fin allongée et lâche, à pédoncules
plus longs que les fleurs (6-12 mm.). Fleurs stériles longuement pédonculées.

†† β. Var. **Holzmanni** Fiori et Paol. *Fl. anal. It.* I, 192 (1896) = *Belle-*

valia Holzmanni Heldr. in *Att. Congr. bot. int. Fir.* 226 (1876) = *M. Holzmanni* Freyn in *Verh. zool.-bot. Ges. Wien* XXVII, 449 (1877) et in *Flora* LXVIII. 18; Boiss. *Fl. or.* V, 292; Asch. et Graebn. *Syn.* III, 277 = *Leopoldia Holzmanni* Heldr. *Gatt. Leop.* 10 (1878).

Hab. — Bastia (Sieber sub : *M. comosum* ex Freyn in *Flora* LXVIII, 20).

Plante plus basse. Grappe plus courte, à pédoncules env. aussi longs que les fleurs (env. 5-6 mm.). Fleurs stériles moins longuement pédonculées, parfois très réduites.

L'importance de cette variété a été très exagérée. Aucun de ses caractères n'est constant et nous restons très embarrassé dans l'attribution de plusieurs de nos échant. qui par la longueur des pédoncules sont parfaitement intermédiaires entre les var. α et β. Nos originaux de Heldreich ne permettent pas d'attribuer au *M. Holzmanni* des périgones perceptiblement plus courts et plus ovoïdes qu'au *M. comosum* var. *typicum*. Quant au développement des fleurs stériles, plusieurs de nos originaux de Grèce et d'Istrie le montrent aussi marqué que dans le *M. comosum* var. α. En résumé, le *M. Holzmanni* constitue à peine une race, et encore bien moins une sous-espèce ou une espèce distincte.

Tausch a décrit [in *Flora* XXIV, 234 et 235 (1841)] deux *Muscari* voisins de la var. *Holzmanni* : *M. constrictum* Tausch (l. c. 234) et *M. pyramidale* Tausch (l. c. 235). — Le *M. constrictum* a été basé sur une plante cultivée, d'origine inconnue, mais à laquelle Freyn (in *Flora* LXVIII, 12-14) a cru pouvoir attribuer une provenance corse, parce qu'elle cadre avec des fragments rapportés par Sieber de Bastia. Tausch attribue au *M. constrictum* des fleurs brièvement pédicellées et cylindriques (indication peu précise !). Freyn dit ces dernières longues de 7 mm. et larges de 4-4,5 mm., tronquées-obovoïdes, à lobules nettement réfléchis : les pédicelles atteindraient 6 mm. ; les fleurs stériles seraient brièvement pédicellées ou sessiles, développées en touffe dense globuleuse ou demi-globuleuse. D'après ces caractères, le *M. constrictum* nous paraît être simplement une forme du *M. comosum* var. *Holzmanni*, et non pas du *M. tenuiflorum* comme l'a cru Freyn, ce dernier étant essentiellement caractérisé par un périgone 3-4 fois aussi long que large. — Le *M. pyramidale* Tausch [= *Leopoldia pyramidalis* Heldr. *Gatt. Leop.* 16 (1878) = *M. comosum* var. *pyramidale* Fiori et Paol. *Fl. anal. It.* 1, 192 (1896)] est caractérisé par Tausch comme ayant une grappe pyramidale, des pédoncules aussi longs que les fleurs, des périgones fertiles « cylindriques », des fleurs stériles brièvement pédicellées et très petites ; l'auteur dit avoir reçu le *M. pyramidale* de Sieber comme provenant de Corse. Freyn (in *Flora* LXVIII, 17-18), qui a vu les deux originaux de Tausch, attribue au *M. pyramidale* une grappe de 5-6,5 × 1,5-2,5 cm., des pédicelles de 5-6,5 mm., le périgone des fleurs fertiles mesurerait 7,5-8 × 3,8-4,3 mm. en section longitudinale. Le *M. pyramidale* représente pour Freyn un *M. Holzmanni* robuste et trapu, ayant quelque parenté avec le *M. tenuiflorum*. Mais nous ne trouvons dans les descriptions de Tausch et de Freyn aucun caractère distinctif entre les *M. Holzmanni* et *M. pyramidale*, que nous devons dès lors considérer comme synonymes. La parenté avec le *M. tenuiflorum* nous paraît imaginaire d'après la description précise que Freyn a donnée du périgone des fleurs fertiles.

M. tenuiflorum Tausch in *Flora* XXIV, 234 (1841) ; Boiss. *Fl. or.* V, 290 ; Asch. et Graebn. *Syn.* III, 278 = *M. tubiflorum* Stev. in *Bull. soc. nat. Mosc.* XXX, 3, 84 (1857) = *Leopoldia tenuiflora* Heldr. *Gatt. Leop.* 15 (1878) = *Bellevalia tenuiflora* Nym. *Consp.* 732 (1882).

Indiqué à tort en Corse à Bastia par MM. Fiori et Paoletti [*M. comosum* var. *tenuiflorum* Fiori et Paol. *Fl. anal. It.* I, 192 (1896)], très probablement parce que ces auteurs ont transformé en synonymie la parenté indiquée par Freyn entre les *M. constrictum* Tausch et *M. tenuiflorum* Tausch (voy. la note qui suit l'espèce précédente). Le *M. tenuiflorum* — espèce orientale qui atteint le centre de l'Allemagne, mais manque complètement à l'Italie et au bassin occidental de la Méditerranée — a été considéré par M. Baker (in *Journ. linn. soc.* XI, 415) comme une simple forme du *M. comosum*. Nous l'en croyons cependant bien distinct par les pédicelles plus courts que les fleurs, les fleurs fertiles à périgone verdâtre, 3-4 fois plus longues que larges au début de l'anthèse, pourvu de lobules très courts, très foncés et à peine recourbés, les fleurs stériles allongées, cylindriques très brièvement pédicellées, les dernières claviformes.

ASPARAGUS L.

† 393. **A. officinalis** L. *Fl. succ.* ed. 2, 108 (1755) ; Gr. et Godr. *Fl. Fr.* III, 251 ; Baker in *Journ. linn. soc.* XIV, 598 ; Asch. et Graebn. *Syn.* III, 294 ; Coste *Fl. Fr.* III, 354 = *A. officinalis* var. *altilis* L. *Sp.* ed. 1, 313 (1753) = *A. hortensis* Mill. *Gard. dict.* ed. 8, n. 1 (1768) = *A. altilis* Asch. *Fl. Brandenb.* I, 730 (1864).

Hab. — Prairies sableuses humides de l'étage inférieur. Mai-juin. ♃ . Rare ou peu observé. Signalé sans indication de localité par Burmann (*Fl. Cors.* 213), d'après Jaussin, et retrouvé dans la localité ci-dessous.

1907. — Prairie sableuse humide près de Solenzara, 5 m., 3 mai (nondum fl.)!

Nos échant. à tige dressée, à phylloclades mous, fins et relat. longs, appartiennent à la var. **campestris** Gr. et Godr. [*Fl. Fr.* III, 231 (1853)]. Il conviendra de rechercher en Corse la var. **maritimus** Van Hall [*Fl. Belg. sept.* 278 (1825) ; Gr. et Godr. *Fl. Fr.* III, 231 = *A. prostratus* Dum. *Fl. belg.* 138 (1827) = *A. officinalis* var. *prostratus* Asch. et Graebn. *Syn.* III, 295 (1905)] à tige couchée ou décombante, à phylloclades courts et épais. — L'asperge est d'ailleurs fréquemment cultivée dans les jardins de l'étage inférieur.

†† 394. **A. maritimus** Mill. *Gard. dict.* ed. 8, n. 2 (1768) ; Baker

in *Journ. linn. soc.* XIV, 597 ; Asch. et Graebn. *Syn.* III, 296 ; non Pallas
(1773) = *A. officinalis* var. *maritimus* L. *Sp.* ed. 1, 313 (1753) = *A.
scaber* Brign. *Fasc. pl. foroj.* 92 (1810) ; Gr. et Godr. *Fl. Fr.* III, 231 ;
Coste *Fl. Fr.* III, 354 = *A. amarus* DC. *Hort. monsp.* 81 (1813) et *Fl. fr.*
V, 309 = *A. marinus* Reichb. *Ic.* X, 32 (1848) = *A. officinalis* var. *maritimus* Fiori et Paol. *Fl. anal. II.* 1, 208 (1896) ; non Van Hall (1825).

Hab. — Points sableux au bord de la mer. Mai-juin. ♃. Signalé
seulement aux env. de Bonifacio (Boy. *Fl. Sud Corse* 65).

Diffère de l'espèce précédente, même des formes maritimes de cette
dernière (*A. officinalis* var. *maritimus* Van Hall), par la tige dure, raide,
un peu rude, les phylloclades anguleux, denticulés-scabres, les anthères
mucronées, de moitié plus courtes que le filet (mutiques, aussi longues
ou un peu plus courtes que le filet dans l'*A. officinalis*).— Espèce répandue sur les côtes de la France méridionale, de l'Italie, de la Sardaigne,
et qui devra être recherchée in Corse, surtout sur la côte orientale.

396. **A. acutifolius** L. *Sp.* ed. 1, 31 (1753) ; Gr. et Godr. *Fl. Fr.*
III, 232 ; Baker in *Journ. linn. soc.* XIV, 601 ; Asch. et Graebn. *Syn.* III,
297 ; Coste *Fl. Fr.* III, 355 = *A. Corruda* Scop. *Fl. carn.* 1, 248 (1772)
= *A. commutatus* Ten. *Fl. nap.* III, 374 (1824-29) = *A. ambiguus* De
Not. *Rep. fl. lig.* 401 (1844). — Exsicc. Soleirol n. 4117 ! ; Reverch. ann.
1885 sub : *A. acutifolius* !

Hab. — Garigues, maquis rocheux des étages inférieur et montagnard.
Août-sept. ♄. Répandu. Erbalunga (Gillot in *Bull. soc. bot. Fr.* XXIV,
sess. extr. LI) ; env. de Bastia (Salis in *Flora* XVI, 491) ; Ile Rousse
(Fouc. et Sim. *Trois sem. herb. Corse* 160 ; N. Roux in *Bull. soc. bot.
Fr.* XLVIII, sess. extr. CXLV) ; Calvi (Soleirol exsicc. cit. et ap. Bert. *Fl.
it.* IV, 152 ; Fouc. et Sim. l. c.) ; Evisa (Reverch. exsicc. cit.) ; Puzzichello (Fouc. et Sim. l. c.) ; ile Mezzomare (Lutz in *Bull. soc. bot. Fr.*
XLVIII, sess. extr. CXXXVII) ; env. d'Ajaccio (Req. *Cat.* 16 ; Boullu in
Bull. soc. bot. Fr. XXIV, sess. extr. LXXXIX ; Coste ibid. XLVIII, sess.
extr. CV ; Blanc in *Bull. trim. soc. bot. Lyon*, sér. 2, VI, 7) ; Sartène (Lutz
l. c. CXLI ; (Lit. *Voy.* 1, 18) ; Bonifacio (Boy. *Fl. Sud Corse* 66) ; et localités
ci-dessous.

1908. — Montagne de Pedana, rochers, calc., 30 juin !

396. **A. albus** L. *Sp.* ed. 1, 314 (1753) ; Gr. et Godr. *Fl. Fr.* III, 233 ;
Baker in *Journ. linn. soc.* XIV, 619 ; Coste *Fl. Fr.* III, 355 = *Aspara-*

gopsis alba Kunth *Enum.* V, 84 (1850). — Exsicc. Soleirol n. 4418 ! ; Kralik n. 800 ! ; F. Schultz herb. norm. nov. ser. n. 935 ! ; Reverch. ann. 1880, n. 283 ! ; Burn. ann. 1904, n. 556 !

Hab. — Maquis rocheux, garigues de l'étage inférieur. Sept.-oct. ♃. Peu fréquent. Manque au Cap Corse ainsi qu'à l'intérieur de l'île. De Porto à Partinello (Mars. *Cat.* 143 ; Lit. in *Bull. acad. géogr. bot.* XVIII, 108) ; de Cargèse à Sagone (Soleirol exsicc. cit. et ap. Bert. *Fl. it.* IV, 151 ; Mars. l. c.; Boullu in *Ann. soc. bot. Lyon* XXIV, 75 ; Briq. *Spic.* 14 et Burn. exsicc. cit.; N. Roux in *Bull. soc. bot. Fr.* XLVIII, sess. extr. CXXXIV) ; env. d'Ajaccio (ex Gr. et Godr. *Fl. Fr.* III, 233 ; Boullu in *Bull. soc. bot. Fr.* XXIV, sess. extr. C ; Gysperger in Rouy *Rev. bot. syst.* II, 114) ; pointe de la Chiappa près Porto-Vecchio (Mab. ap. Mars. l. c.) ; La Trinité (Gr. et Godr. l. c. « île de la Trinité » ; Soulié ex Coste in *Bull. soc. bot. Fr.* XLVIII, sess. extr. CXXIII) ; Bonifacio (Salis in *Flora* XVI, 491 ; Seraf. ex Bert. l. c.; Kralik exsicc. cit.; Req. *Cat.* 12 et ap. F. Schultz exsicc. cit.; Reverch. exsicc. cit.; et nombreux autres observateurs).

RUSCUS L.

397. **R. aculeatus** L. *Sp.* ed. 1, 1041 (1753); Gr. et Godr. *Fl. Fr.* III, 233 ; Baker in *Journ. linn. soc.* XIV, 629 ; Asch. et Graebn. *Syn.* III, 300 ; Coste *Fl. Fr.* III, 356. — Exsicc. Reverch. ann. 1878 sub : *R. aculeatus* ! ; Burn. ann. 1904 n. 557 !

Hab. — Maquis et bois, rochers ombragés des étages inférieur et montagnard. Mars-avril. ♃. Répandu et assez fréquent dans l'île entière.

1906. — Rochers du vallon d'Ellerato, entre Tralonca et Omessa, 250-400 m., 14 juill. fl. !

1907. — Cap Corse : châtaigneraies entre Spergane et Luri, 400 m., 26 avril fl. ! — Bords des marais entre Alistro et Bravone, 30 avril (les racines dans l'eau, station très exceptionnelle !).

STREPTOPUS Michx

398. **S. amplexifolius** DC. *Fl. fr.* III, 174 (1805); Gr. et Godr. *Fl. Fr.* III, 228 ; Asch. et Graebn. *Syn.* III, 306 ; Coste *Fl. Fr.* III, 353 = *Uvularia amplexifolia* L. *Sp.* ed. 1, 304 (1753) = *S. distortus* Michx *Fl. bor.-amer.* I, 200 (1803) = *S. amplexicaulis* Poir. *Encycl. méth.* VII, 467 (1806) ; Baker in *Journ. linn. soc.* XIV, 591.

Hab. — Points ombragés tourbeux et rochers humides tournés à l'ubac, 1200-2100 m. Juill.-août. ♃. Très rare. Ruisseau tourbeux près de Catagnone dans la forêt d'Aitone (Mars. *Cat.* 143); et dans la localité ci-dessous.

1906. — Couloir neigeux à la base de la Punta de Porte au-dessus du lac de Capitello, 2100 m., 4 août fl.!

POLYGONATUM Adans.

399. **P. officinale** All. *Fl. ped.* 1, 131 (1785); Baker in *Journ. linn. soc.* XIV, 554; Coste *Fl. Fr.* III, 352 = *Convallaria Polygonatum* L. *Sp. ed.* 1, 315 (1753) = *P. anceps* Moench *Meth.* 637 (1794) = *P. vulgare* Desf. in *Ann. mus. Par.* IX, 49 (1807); Gr. et Godr. *Fl. Fr.* III, 228 = *P. Polygonatum* Jirasek ex Roem. et Schult. *Syst.* VII, 299 (1829); Asch. et Graebn. *Syn.* III, 307. — Exsicc. Reverch. ann. 1878 n. 34!

Hab. — Points ombragés rocheux de l'étage montagnard. Mai-juin. ♃. Assez rare, seulement dans les massifs du centre. Env. d'Orezza (Gillot in *Bull. soc. bot. Fr.* XXIV, sess. extr. LXXV); forêt de la Restonica près du pont du Dragon (Lit. in *Bull. acad. géogr. bot.* XVIII, 108); berges ombragées de la Gravona à la hauteur de Busso près Bocognano (Mars. *Cat.* 143); forêt de Marmano (Rotgès in litt.); Bastelica (Revel. ap. Mars. l. c.); et localités ci-dessous.

1906. — Cime de la Chapelle de S. Angelo au-dessus d'Omessa, buxaie du sommet, calcaire, 1480 m., 15 juill.! (fruits déjà tombés); haute vallée de la Restonica, rochers en montant du pont du Dragon aux bergeries de Grotello, 1000 m., 2 août fr.!; pineraies sur le versant E. du Monte d'Oro au-dessus de Vizzavona, 1100 m., 8 août fr.!

CONVALLARIA Linn. emend.

† 400. **C. majalis** L. *Sp. ed.* 1, 314 (1753); Gr. et Godr. *Fl. Fr.* III, 229; Baker in *Journ. linn. soc.* XIV, 552; Asch. et Graebn. *Syn.* III, 314; Coste *Fl. Fr.* III, 351.

Hab. — Points ombragés rocheux de l'étage montagnard. Mai. ♃. Très rare. Env. d'Orezza (Soleirol ex Bert. *Fl. it.* IV, 140).

PARIS L.

401. **P. quadrifolia** L. *Sp. ed.* 1, 367 (1753); Gr. et Godr. *Fl. Fr.*

III, 227 ; Asch. et Graebn. *Syn*. III, 317; Coste *Fl. Fr.* III, 350. — Exsicc. Reverch. ann. 1885 n. 460 !

Hab. — Forêts humides des étages montagnard, supérieur et subalpin dans les massifs du centre. 800-1500 m. Juin. ♃. Rare. Forêt d'Aitone, près de Catagnone (Mars. *Cat.* 143 ; Reverch. exsicc. cit. ; Lutz in *Bull. soc. bot. Fr.* XLVIII, sess. extr. CXXIX); forêt de Vizzavona (Lit. *Voy.* 1, 12); forêt de Marmano sur les bords du ravin de Gialgone (Rotgès in litt.).

SMILAX L.

402. **S. aspera** L. *Sp.* ed. 1, 1009 (1753); Gr. et Godr. *Fl. Fr.* III, 234; Alph. DC. *Mon. Phan.* 1, 64 ; Asch. et Graebn. *Syn.* III, 323 ; Coste *Fl. Fr.* III, 356.

Hab. — Garigues et maquis des étages inférieur et montagnard, 1-1000 m. Août-sept. ♃. — En Corse, les deux races suivantes :

α. Var. **genuina** Gr. et Godr. *Fl. Fr.* III, 234 (1855); Alph. DC. *Mon. Phan.* 1, 164.

Hab. — Répandue et abondante dans l'île entière.

Feuilles médiocres pourvues de nombreux aiguillons sur les marges et sur la nervure médiane.

β. Var. **altissima** Moris et De Not. *Fl. Capr.* 127 (1839) = *S. mauritanica* Desf. *Fl. atl.* II, 367 (1800) = *S. catalonica* Poir. *Encycl. méth.* VI, 467 (1804) = *S. aspera* var. *mauritanica* Gr. et Godr. *Fl. Fr.* III, 234 (1855); Alph. DC. *Mon. Phan.* 1, 166 = *S. aspera* subsp. *mauritanica* Asch. et Graebn. *Syn.* III, 324 (1906). — Exsicc. Soleirol n. 4329 !

Hab. — Plus rare que la var. précédente. Cap. Corse (Fouc. et Sim. *Trois sem. herb. Corse* 160); env. de Bastia (Salis in *Flora* XVI, 491) ; St-Florent (Sargnon in *Ann. soc. bot. Lyon* VI, 70) ; Folelli (Gillot in *Bull. soc. bot. Fr.* XXIV, sess. extr. LXXIV) ; Calvi (Soleirol exsicc. cit. et ap. Bert. *Fl. it.* X, 360 ; Fouc. et Sim. l. c.); Ajaccio (Req. *Cat.* 16 ; Boullu in *Ann. soc. bot. Lyon* XXIV, 74 ; Ghisonaccia (Rotgès in litt.); Bonifacio (Seraf. ex Bert. l. c. ; Boy. *Fl. Sud Corse* 65).

Plante plus robuste que la var. α. Feuilles plus grandes, souvent plus ovées-arrondies, à aiguillons des marges peu nombreux ou nuls, à aiguillons de la nervure médiane généralement nuls. — Les nombreuses transitions que présentent ces deux variétés — qui ne sont pas séparées géographiquement — nous font penser qu'Alph. De Candolle a correctement jugé lorsqu'il leur a refusé le rang d'espèces et même de sous-espèces.

AMARYLLIDACEAE

LEUCOIUM L.

† 403. **L. aestivum** L. *Syst.* ed. 10, 975 (1759) ; Gr. et Godr. *Fl. Fr.* III, 251 ; Coste *Fl. Fr.* III, 374. — En Corse seulement la sous-espèce suivante :

Subsp. **pulchellum** Briq. = *L. pulchellum* Salisb. *Parad. lond.* tab. 74 (1806-07) ; Baker *Handb. Amar.* 19 ; Asch. et Graebn. *Syn.* III, 353 ; Coste *Fl. Fr.* III, 374 = *L. Hernandezianum* Roem. et Schult. *Syst.* VII, 784 (1830) = *L. aestivum* f. *parviflora* Billot ex Deb. *Not. pl. méd.* 109 (1894).

Hab. — Berges des marécages de l'étage inférieur. Avril-mai. ♃. Localisée sur la côte orientale. Entre Aleria et Cervione (Moutin ex Deb. *Not.* 109) ; env. d'Aleria, non loin de l'étang de Diane (Salis in *Flora* XVI, 491).

1907. — Marécages entre Alistro et Bravone, 40 m., 30 avril fl. !

Sous-espèce méditerranéenne (Provence, Toscane, Corse, Sardaigne. Baléares) parallèle à la sous-esp. **eu-aestivum** Briq. (= *L. aestivum* L. sensu stricto), dont elle diffère par les feuilles généralement plus étroites (elles dépassent cependant parfois 1 cm. sur plusieurs de nos échant.), la hampe généralement grêle et élevée à bractées plus développées, les fleurs plus petites à périgone haut de 8-12 mm., à tache apicale des divisions d'un vert vif, et le fruit plus petit. La date de floraison est moins précoce en Corse que ne l'indiquent MM. Ascherson et Graebner. Les caractères sont assez chancelants pour que l'on soit parfois embarrassé dans la séparation des deux groupes. Nous ne pensons pas que la valeur systématique du *L. pulchellum* Salisb. soit supérieure à celle d'une sous-espèce. C'est aussi l'opinion de M. Coste (l. c.), sans cependant que cet auteur ait modifié sa nomenclature en conséquence.

404. **L. longifolium** Gay ap. Gr. et Godr. *Fl. Fr.* III, 252 (1855) ; Baker *Handb. Amar.* 20 ; Coste *Fl. Fr.* III, 375 = *L. trichophyllum* Salis in *Flora* XVI, 491 (1833) ; non Schousb. = *Acis longifolia* Roem. et Schult. *Syst.* IV, 25 (1847). — Exsicc. Mab. n. 279 ! ; Reverch. ann. 1885 n. 441 ! ; Soc. dauph. n. 5313 ! ; Burn. ann. 1904 n. 558, 559 et 560 !

Hab. — Rochers des étages inférieur et montagnard. 100-1200 m. Avril-mai. ♃. Localisé autour du massif du Cinto, plus rare dans celui du Rotondo. Vallée d'Asco (Ph. Thomas ex Gr. et Godr. *Fl. Fr.* III, 252 et Parl. *Fl. it.* III, 90) ; vallée de Bonifatto (Mab. exsicc. cit. et ap. Mars. *Cat.* 146) ; montagne de Rondoli sur Calvi (Shuttl. *Enum.* 20 ; Fouc. et Sim. *Trois sem. herb. Corse* 160) ; entre Porto et Calvi, en arrivant de Girolata (Mars. l. c.) ; les Calanches entre Piana et Porto (Briq. *Spic.* 14 et Burn. exsicc. cit. 560) ; la Spelonca entre Ota et Evisa [Reverch. exsicc. cit. et in Soc. dauph. cit.; Lutz in *Bull. soc. bot. Fr.* XLVIII, sess. extr. CXXXII (sub *L. roseo*) ; Briq. l. c. et Burn. exsicc. cit. n. 558 (attribué par suite d'un lapsus au *L. roseum*) ; et nombreux autres observateurs] ; Capo Ferolato sur Evisa (Briq. l. c. et Burn. exsicc. cit. n. 559) ; entre les bains de Guagno et le Fium' Grosso (Mars. l. c.) ; Vico (Salis in *Flora* XVI, 491) ; Monte d'Oro (Soleirol ex Gr. et Godr. l. c. et Parl. l. c.).

Espèce endémique en Corse, voisine des *L. roseum* Mart. et *L. autumnale* L., mais facile à distinguer par les caractères suivants :

Bulbe relativement volumineux (env. 1-1,8 cm. de diamètre), obpyriforme, à tuniques brunes. Hampe relat. robuste, plus épaisse que dans l'espèce suivante, haute de 15-20 cm. Feuilles linéaires, larges de 1-2 mm., longues de 15-20 cm., se développant avant les fleurs, les égalant ou les dépassant souvent. Fleurs au nombre de 2-4, portées sur des pédicelles arqués longs de 1-2 cm. Spathe bivalve, à valves lancéolées ± membraneuses, aussi longues ou plus longues que les pédoncules. Périgone blanc, sensiblement plus grand que dans l'esp. suivante (long d'env. 1 cm.), campanulé-allongé, à divisions oblongues. Fruit ovoïde-globuleux, d'un tiers plus gros que dans l'esp. suivante.

Grenier et Godron (l. c.) ont indiqué cette espèce au-dessus de Vico à l'altitude de 1500-2000 m. d'après Salis. Mais Salis a dit « 1500-3000' », ce qui fait seulement 500-1000 m. Le *L. longifolium* n'a pas été observé avec certitude au-dessus de 1200 m.

405. **L. roseum** Martin in *Bibl. phys. écon.* ann. 1804, 344 ; Lois. *Fl. gall.* ed. 1, 1, 190 ; Salis in *Flora* XVI, 491 ; Gr. et Godr. *Fl. Fr.* III, 251 ; Baker *Handb. Amar.* 20 ; Asch. et Graebn. *Syn.* III, 354 ; Coste *Fl. Fr.* III, 374 = *L. trichophyllum* DC. *Syn. meth.* 166 (1806) ; Lois. *Fl. gall.* ed. 2, I, 238 ; non Schousb. = *L. hyemale* β DC. *Fl. fr.* V, 327 (1815) = *L. hyemale* var. *rosea* Dub. *Bot. gall.* 1, 457 (1828). — Exsicc. Soleirol n. 4296 ! ; Req. sub : *L. roseum* ! ; Reverch. ann. 1880 n. 373 !

Hab. — Rochers et garigues de l'étage inférieur, 1-500 m. Sept.-nov. ♃. Serait très commun selon Mars. (*Cat.* 145). — Calvi (Soleirol exsicc. cit. et ap. Bert. *Fl. it.* IV, 10) ; îles Sanguinaires (Req. exsicc.

cit. et ap. Bert. l. c. X, 455); Ajaccio (Salis in *Flora* XVI, 491 ; Boullu ap. Gr. et Godr. *Fl. Fr.* III, 252 et in *Ann. soc. bot. Lyon* XXIV, 74); Portigliolo, à l'embouchure de la Tavaria (Rotgès in litt.) ; La Trinité (Reverch. exsicc. cit.) ; Bonifacio (Scraf. ex Bert. l. c. X, 455; Salis l. c.). — Distribution exacte à établir.

Espèce endémique en Corse et en Sardaigne, distincte de la précédente par la floraison automnale et non pas vernale, par le mode de distribution altitudinaire et stationnel, ainsi que par les caractères suivants :

Bulbe petit (env. 5-7 mm. de diamètre), ové-globuleux, à tuniques d'un brun pâle, ou pâles. Hampe filiforme, grêle, haute de 4-6 cm. Feuilles filiformes, larges de 0,5-1 mm., longues de 2-5 cm., se développant après les fleurs. Fleur solitaire (exceptionnellement 2-3), penchée, portée sur un pédicelle filiforme très court (2-3 mm). Spathe bivalve, à valves filiformes plus longues que le pédicelle. Périgone rose, petit (long de 5-7 mm.), campanulé, à lobes ovés-oblongs. Fruit très petit, globuleux.

Le *L. hyemale* DC. (Alpes Maritimes) auquel le *L. roseum* a été rattaché par de Candolle et par Duby appartient à un groupe différent caractérisé par la présence d'un disque épigyne à 6 lobes, tandis que dans les *L. longifolium* et *roseum* le disque est indivis.

L. autumnale L. *Sp.* ed. 1, 289 (1753) : Baker *Handb. Amar.* 20 ; Asch. et Graebn. *Syn.* III, 354 = *Acis autumnalis* Salisb. *Parad. lond.* t. 74 Add. (1806-07).

Cette espèce a été indiquée en Corse par de Candolle, Loiseleur et Duby (*Bot. gall.* 1, 457) par confusion avec les deux espèces précédentes. Le *L. autumnale* (Maroc, Algérie, Tunisie, péninsule ibérique, Sardaigne, Sicile, îles ioniennes) se sépare facilement de celles-ci par la spathe univalve plus courte que les pédicelles, les divisions du périgone allongées-lancéolées et le port plus élevé.

NARCISSUS L.

† 406. **N. juncifolius** Lag. *Gen. et Sp.* 13 (1816) ; Req. ap. Lois. *Nouv. not.* 14 et *Fl. gall.* ed. 2, 1, 237 ; Gr. et Godr. *Fl. Fr.* III, 257 ; Baker *Handb. Amar.* 6 ; Asch. et Graebn. *Syn.* III, 380 ; Coste *Fl. Fr.* III, 378 = *N. pumilus* Red. *Lil.* t. 409 (1813) = *Philogyne minor* Haw. *Rev.* 137 (1831) = *N. Mignon* Rœm. et Sch. *Syst.* VII, 964 (1830) = *N. jonquilloides* Willd. ex Rœm. et Sch. op. cit. 968 (1830) ; non Willk. = *Quellia juncifolia* Herb. *Amar.* 314 (1837) = *Q. pusilla* Herb. l. c. 315 = *N. pusillus* et *N. Requienii* Rœm. *Syn. mon.* IV, 236 (1847).

Hab. — Monte Renoso, juill. 1847 (Requien ex Parl. *Fl. it.* III, 124).

Espèce ibérique et du midi de la France, atteignant à l'ouest le mont Ventoux. Sa présence isolée en Corse n'est basée que sur la seule indication de Parlatore. A rechercher.

N. elegans Spach *Vég. phan.* XII, 452 (1846); Parl. *Fl. it.* III, 159 = *N. Cupanianus* Guss. *Syn. fl. sic.* 382 (1842) = *Hermione autumnalis* Rœm. *Syn. mon.* IV, 231 (1847).

Cette espèce aurait été signalée en Corse par Grenier et Godron selon Parlatore (l. c.). Ce n'est cependant pas le cas. Les auteurs de la *Flore de France* ont seulement englobé à tort dans le *N. serotinus* L. le *N. serotinus* Desf., lequel est effectivement synonyme du *N. elegans* Spach et étranger à la flore corse.

407. **N. serotinus** L. *Sp.* ed. 1, 290; Gr. et Godr. *Fl. Fr.* III, 258; Baker *Handb. Amar.* 10; Asch. et Graebn. *Syn.* III, 383; Coste *Fl. Fr.* III, 384 = *Hermione serotina* Haw. *Mon.* 13 (1831). — Exsicc. Soleirol n. 4309!; Reverch. ann. 1885 n. 457!; Soc. rochel. n. 5112!

Hab. — Points humides de l'étage inférieur. Sept.-oct. ♃. Disséminé. Pietracorbara (Mab. in *Feuill. jeun. nat.* VII, 112); Biguglia (Boullu in *Bull. soc. bot. Fr.* XXIV, sess. extr. LXVI); Ile Rousse (Lit. *Voy.* I, 2); cap de la Revellata près Calvi (Soleirol exsicc. cit. et ap. Bert. *Fl. it.* IV, 15; Req. ex Gr. et Godr. l. c.); env. d'Ajaccio (Boullu l. c.); Porto-Vecchio (Revel. ap. Mars. *Cat.* 146); la Trinité (Reverch. exsicc. cit.); Bonifacio (Seraf. ex Bert. l. c.; Salis in *Flora* XVI, 491; Revel. ap. Mars. l. c.; Stefani in Soc. rochel. cit.; Boy. *Fl. Sud Corse* 65).

408. **N. Tazetta** L. *Sp.* ed. 1, 290 (1753); Baker *Handb. Amar.* 7.

Hab. — Variable. Févr.-mai. ♃. — Espèce très polymorphe, représentée par les sous-espèces et variétés suivantes :

I. Subsp. **eu-Tazetta** Briq. = *N. Tazetta* L. sensu stricto; Coste *Fl. Fr.* III, 380 = *N. Tazetta* et *N. patulus* Gr. et Godr. *Fl. Fr.* III, 264 (1855) = *N. Tazetta* et *N. ochroleucus* Asch. et Graebn. *Syn.* III, 385 et 389 (1906).

Hab. — Prairies maritimes, rochers, 1-600 m. Répandu.

Fleurs atteignant 2-2,5 cm. de diamètre. Périgone à divisions obovées et apiculées au sommet, ou ovées-lancéolées, blanches. Paracorolle d'un jaune vif. — Trois races :

α. Var. **typicus** Boiss. *Fl. or.* V, 150 (1884); Fiori et Paol. *Fl. anal. It.* I, 315 = *Hermione lacticolor* Haw. *Mon.* 10, n. 28 (1831) = *N. Ta-*

zetta subsp. *lacticolor* Baker *Handb. Amar.* 7 (1888) = *Hermione Tazetta* var. *genuina* Deb. *Not. pl. méd.* 109 (1894) = *N. Tazetta* subsp. *lacticolor* var. *typicus* Asch. et Graebn. *Syn.* III, 385 (1906). — Exsicc. Kralik sub : *N. Tazetta* !

Hab. — Env. de Bastia (Salis in *Flora* XVI, 490 ; Shuttl. *Enum.* 2 ; Deb. *Not.* 110) ; Ile Rousse (Mars. *Cat.* 146) ; Calvi (Soleirol ex Bert. *Fl. it.* IV, 15) ; Ghisonaccia (Rotgès in litt.) ; Caniccia près Ghisoni (Rotgès in litt.) ; Sagone (N. Roux in *Bull. soc. bot. Fr.* XLVIII, sess. extr. CXXXV) ; vallée du Chioni (Mars. l. c.) ; îles Sanguinaires (Mab. l. c. ; Boullu in *Bull. soc. bot. Fr.* XXVI, 81 ; Lutz ibid. XLVIII, sess. extr. CXXXVII ; la Parata (Mars. l. c.) ; Campo di Loro (Mars. l. c. ; Boullu in *Bull. soc. bot. Fr.* XXIV, sess. extr. XCV) ; Sartène (Rotgès in litt.) ; Tizzano (Kralik exsicc. cit.) ; Bonifacio (Seraf. ex Bert. l. c. ; Shuttl. *Enum.* 20 ; Boy. *Fl. Sud Corse* 65) ; et localités ci-dessous.

1907. — Cap Corse : prairie humide près de la Marine de Pietra Corbara, 10 m., 27 avril fl. fr.! ; prairies près d'Ostriconi, 20 avril fl.! ; Ile Rousse, pentes herbeuses dominant la mer, 21 avril fl. fr.! ; fissures de rochers dans le vallon de Stretto près de Francardo, 300 m., 14 mai fr.! ; rochers de la montagne de Caporalino, calc., 450-650 m., 11 mai fl.! ; prairie humide près de Solenzara, 5 m., 3 mai fl. fr.! ; replats des rochers de la Pointe d'Aquella, 300-370 m., 4 mai fl. fr.! ; prairie humide entre Ste-Lucie et la Trinité, 80 m., 4 mai fl.! ; marécages près de la mer à Santa Manza, 5 m., fl. fr.!

Plante élancée, à hampe atteignant 30-60 cm., ± comprimée. Feuilles dressées, assez étroites, atteignant en général (ou dépassant même la longueur de la hampe) glaucescentes. Fleurs nombreuses, atteignant 2-2,5 cm. de diamètre. Divisions du périgone obovées, ± obtuses, se couvrant un peu par les bords. Paracorolle en gobelet évasé.

β. Var. **canaliculatus** Briq. = *N. canaliculatus* Guss. *Enum. pl. Inar.* 329 (1854) ; Parl. *Fl. it.* III, 142 = *Hermione Tazetta* var. *mediterranea* Deb. *Rech. pl. méd.* 110 (1894) ; non *Hermione mediterranea* Jord. nec *N. mediterraneus* Bak. et Burb. = *N. ochroleucus* subsp. *canaliculatus* Asch. et Graebn. *Syn.* III, 389 (1906).

Hab. — Très abondant à Biguglia (Mab. ex Mars. *Cat.* 146 et Deb. *Rech.* 110 ; André in h. Burn., ann. 1856!).

Diffère de la var. α par la hampe de section presque circulaire. Divisions du périgone ovées-lancéolées, acutiuscules, plus courtes que le tube. Paracorolle en gobelet moins large, à bords recourbés en dehors.

†† γ. Var. **patulus** Fiori et Paol. *Fl. anal. It.* 1, 215 (1896) = *N.*

patulus Lois. in *Journ. bot.* III, 276 (1809) ; Gr. et Godr. *Fl. Fr.* III, 261 ;
Parl. *Fl. it.* III, 144 = *Hermione patula* Haw. *Mon.* 11, n. 31 (1831) =
N. Tazetta subsp. *patulus* Baker *Handb. Amar.* 7 (1888) ; Asch. et Graebn.
Syn. III, 388 = *Hermione Tazetta* var. *intermedia* Deb. *Not. pl. méd.* 110
(1894) ; non *N. intermedius* Red. — Exsicc. Debeaux ann. 1868 sub : *N.
intermedius* !

Hab. — Cardo près Bastia (Deb. *Not.* 109) ; Monte Cacalo (Petit in
Bot. Tidsskr. XIV, 248) ; et localités ci-dessous.

1907. — Cap Corse : pentes herbeuses du col de Teghime, versant de
Bastia, 300 m., 23 avril fl. !

Hampe comprimée, plus basse que dans les var. précédentes, à feuilles
glaucescentes, étalées, relativement courtes. Paracorolle en forme de
gobelet, assez élevée (atteignant parfois le tiers des divisions du périgone, mais assez variable et souvent plus petite).

Il nous est impossible d'attribuer à nos variétés β et γ une valeur
supérieure à celle de simples races. Les formes douteuses entre elles
sont si nombreuses, lorsqu'on envisage l'ensemble de l'aire, que la
valeur subspécifique qui leur a été conservée par MM. Ascherson et
Graebner nous parait très exagérée.

†† II. Subsp. **polyanthos** Bak. *Handb. Amar.* 8 (1888) = *N. polyanthos* Lois. in *Journ. bot.* II, 277 (1809) ; Gr. et Godr. *Fl. Fr.* III,
260 = *Hermione Luna* Haw. *Suppl. pl. succ.* 143 (1819) = *Hermione
polyantha* Haw. *Mon.* 11, n. 38 (1831) = *N. Tazetta* var. *polyanthos*
Nichols. *Dict. gard.* II, 417 (1886) = *N. dubius* var. *polyanthos* Fiori et
Paol. *Fl. an. It.* I, 216 (1896) = *N. papyraceus* subsp. *polyanthos* Asch.
et Graebn. *Syn.* III, 390 (1906) = *N. papyraceus* Coste *Fl. Fr.* III, 380
(1906).

Fleurs atteignant env. 3 cm. de diamètre. Périgone à divisions largement obovées, se recouvrant par les bords, blanches. Paracorolle blanche, jaunâtre dans la jeunesse, ensuite blanche, atteignant du tiers à
la moitié des divisions du périgone. — En Corse, la race suivante :

†† δ. Var. **hololeucus** Briq. = *Hermione hololeuca* Jord. *Brev.* II,
109 (1868) = *N. niveus* Shuttl. *Enum.* 20 (1872) = *Hermione polyanthos* Deb. *Not. pl. méd.* 109 (1894). — Exsicc. Debeaux ann. 1867 sub :
N. unicolor Ten. !

Hab. — Vignes, murs et rochers autour du couvent des Capucins sur
la route de St-Florent, près de Bastia (Shuttl. *Enum.* 20 ; Deb. *Not.* 109).

Hampe élancée, non ou à peine comprimée, souvent plus courte que les feuilles. Feuilles d'un vert tendre. Fleurs nombreuses, à divisions du périgone brièvement acuminées-mucronulées au sommet.

M. Debeaux soupçonne cette race d'avoir été introduite dans la localité indiquée. C'est possible. Cependant la distribution du *N. Tazetta* subsp. *polyanthos* en Provence, dans les Alpes maritimes et en Ligurie rend sa spontanéité en Corse vraisemblable.

†† III. Subsp. **dubius** Baker *Handb. Amar.* 8 (1888) = *N. dubius* Gouan *Ill.* 22 (1773) ; Gr. et Godr. *Fl. Fr.* III, 260 ; Asch. et Graebn. *Syn.* III, 392 ; Coste *Fl. Fr.* III, 380 = *N. pallidus* Lamk *Encycl. méth.* IV, 424 (1789) = *Hermione dubia* Haw. *Mon.* 12, n. 48 (1831).

Fleurs petites, atteignant 1,5-2 cm. de diamètre. Périgone à divisions obovées, mucronulées, se recouvrant par les bords, beaucoup plus courtes que le tube, blanches. Paracorolle cupuliforme, atteignant la moitié de la longueur des divisions périgonales, d'une blanc pur.

†† ε. Var. **dubius** Nichols. *Dict. gard.* II, 416 (1886) = *N. dubius* Gouan, sensu stricto = *N. dubius* var. *typicus* Fiori et Paol. *Fl. an. It.* I, 216 (1896).

Hab. — Garigues de l'étage inférieur. Avril. ♃. Signalé seulement aux env. d'Ajaccio (Bourgeau ex Fiori et Paol. l. c.).

Hampe grêle, très comprimée. Feuilles glaucescentes, très étroites (3-7 mm.). Fleurs peu nombreuses. — Race provençale remarquable par la petitesse de ses fleurs, mais reliée aux races grandiflores par des intermédiaires instructifs.

†† IV. Subsp. **italicus** Bak. *Handb. Amar.* 8 (1888) = *N. italicus* Ker.-Gawl. in *Bot. Mag.* 1. 1188 (1809); Parl. *Fl. it.* III, 134; Asch. et Graebn. *Syn.* III, 393 = *N. praecox* Ten. *Fl. nap.* 1, 146 (1811-15) = *N. stellatus* var. *discolor* DC. *Fl. fr.* V, 323 (1815) = *Hermione praecox* Haw. *Mon.* 12, n. 43 (1831) = *H. italica* Herb. *Amar.* 407 (1837) = *N. Tazetta* var. *italicus* Nichols. *Dict. gard.* II, 416 (1886).

Fleurs grandes (jusqu'à 5 cm. de diamètre). Périgone à divisions allongées-lancéolées, plus longues que le tube, d'un jaune pâle. Paracorolle atteignant env. 1/4 des pièces du périgone, d'un jaune vif, le plus souvent festonnée. — En Corse la variété suivante :

†† ς. Var. **corsicus** Briq. = *Hermione Tazetta* var. *corsica* Deb. *Rech. pl. méd.* 110 (1894).

Hab. — Pelouses rocailleuses près de la Glacière de Bastia, avant d'atteindre le sommet du Pigno (Deb. l. c.).

« Bulbe une fois plus petit que dans les var. *typicus* et *palulus* ; scapes

dressés, de 40 à 70 cent. de haut, striés, comprimés, portant 6 à 8 fleurs ;
feuilles plus étroites (8-10 mm. de large) et ne dépassant pas le scape ;
fleurs plus longuement pédonculées, à pédoncules inégaux, atteignant
parfois 7 à 8 cent. : tube plus allongé et plus étroit que dans les variétés
précitées ; divisions du périgone lancéolées-aiguës, étroites, d'un jaune
pâle : couronne petite, de 6 à 8 mm. de diamètre seulement, d'un jaune
doré ; capsule ovale-arrondie, de 12 à 14 mm. de long sur 8-10 mm. de
large, surmontée par le style persistant » (Deb. l. c.). — Cette description
permet de classer la var. *corsicus* dans la sous-espèce *italicus* ; nous ne
pouvons toutefois l'identifier avec certitude avec aucune des races connues de ce groupe. Ce Narcisse — que nous ne connaissons que par la
description de M. Debeaux — mérite d'être recherché et étudié ultérieurement.

PANCRATIUM L.

409. **P. maritimum** L. *Sp.* ed. 1, 291 (1753) ; Gr. et Godr. *Fl. Fr.*
III, 262 ; Baker *Handb. Amar.* 118 ; Asch. et Graebn. *Syn.* III, 404 ; Coste
Fl. Fr. III, 382. — Exsicc. Thomas sub : *Scilla maritima* ! ; Reverch.
ann. 1880, n. 245 !

Hab. — Sables maritimes. Août-sept. ♃. Disséminé. Cap Corse (Salis
in *Flora* XVI, 491) ; Bastia (Burnat ann. 1847!) ; embouchure du Liamone (N. Roux in *Bull. soc. bot. Fr.* XLVIII, sess. extr. CXXXV) ; anse de
la Minaccia près de la Parata (Boullu in *Bull. soc. bot. Fr.* XXVI, 81) ;
plage de St-Antoine à Ajaccio (Mars. *Cat.* 146) ; Porto-Vecchio (Revel.
ex Mars. l. c. ; Soulié ex Coste in *Bull. soc. bot. Fr.* XLVIII, sess. extr.
CXXIII ; Lutz ibid. 57) ; grande île Lavezzi (Mars. l. c.) ; Santa Manza
(Lit. *Voy.* I, 22) ; Bonifacio (Salis l. c. ; Soulié l. c. ; Boy. *Fl. Sud Corse* 65).

410. **P. illyricum** L. *Sp.* ed. 1, 291 (1753) ; Gr. et Godr. *Fl. Fr.* III,
263 ; Baker *Handb. Amar.* 117 ; Coste *Fl. Fr.* III, 382 = *P. stellare* Salisb. in *Trans. linn. soc.* II, 74 (1794) = *Almyra stellaris* Parl. *Nuov.
gen. et sp. Mon.* 30 (1854) et *Fl. it.* III, 104. — Exsicc. Soleirol n. 4313 ! ;
Kralik sub : *P. illyricum* ! ; Mab. n. 395 ! ; Debeaux sub : *P. illyricum* ! ;
Reverch. ann. 1878, 1879 et 1885, n. 104 ! ; Burn. ann. 1900, n. 212 !
et ann. 1904, n. 561 !

Hab. — Rochers ombragés des étages inférieur et montagnard. 1-
1300 m. Avril-mai. ♃. Répandu. Erbalunga (Gillot in *Bull. soc. bot. Fr.*
XXIV, sess. extr. L ; Sargnon in *Ann. soc. bot. Lyon* VI, 61 ; Fouc. et
Sim. *Trois sem. herb. Corse* 160 ; Gysperger in Rouy *Rev. bot. syst.* II,

110 ; Brando (Gillot l. c. XLVII) ; Cardo (Gillot l. c. LVI) ; Bastia (Salis in *Flora* XVI, 491 ; Mab. exsicc. cit.; Deb. exsicc. cit.) ; le Pigno (Billiet in *Bull. soc. bot. Fr.* XXIV, sess. extr. LXX) ; Vescovato (Salis l. c.) ; env. de Piedicroce (Lit. in *Bull. acad. géogr. bot.* XVIII, 102) ; Patrimonio, Belgodere (Fouc. et Sim. l. c.) ; Calvi (Soleirol ex Bert. *Fl. it.* IV, 23 et exsicc. cit.; Fouc. et Sim. l. c.) ; Monte S. Pietro (Gillot l. c. LXXXI); montagne de Caporalino (Fouc. et Sim. l. c. ; Briq. *Spic.* 14 et Burn. exsicc. cit. ann. 1904 ; Lit. l. c.) ; env. de Corté (Salis l. c.; Mars. *Cat.* 146 ; Lit. *Voy.* II, 4) ; env. de Vivario et vallon du Vecchio (prob. du Verghello, Doümet in *Ann. Hér.* V, 183) ; col de Vizzavona (Doümet l. c. 123) ; vallée de la Restonica (Briq. *Rech. Corse* 18 et Burn. exsicc. cit. ann. 1900 ; Lit. l. c.) ; défilé de Santa Regina (Lit. *Voy.* II, 69) ; env. d'Evisa (Reverch. exsicc. cit. ann. 1885 ; Lutz in *Bull. soc. bot. Fr.* XLVIII, sess. extr. CXXXI) ; entre Aitone et Vico (Coste ibid. CXV) ; Vico (Req. ap. Parl. *Fl. it.* III, 104 ; Mars. *Cat.* 146 ; Coste l. c. CXIV) ; entre Sagone et Ajaccio (Coste l. c. CXVI) ; Pozzo di Borgo (Boullu in *Bull. soc. bot. Fr.* XXIV, sess. extr. XCVII ; Coste ibid. XLVIII, sess. extr. CXIII) ; Ajaccio (Boullu l. c. XCIII) ; Bastelica (Reverch. exsicc. cit. ann. 1878) ; Serra di Scopamène (Reverch. exsicc. cit. ann. 1879) ; Porto-Vecchio (Revel. ap. Mars. l. c.) ; Propriano (N. Roux in *Bull. soc. bot. Fr.* XLVIII, sess. extr. CXLIV) ; Bonifacio (Bernard ex Gr. et Godr. *Fl. Fr.* III, 263 ; Kralik exsicc. cit.) ; et localités ci-dessous.

1906. — Cime de la Chapelle de S. Angelo, rocailles calcaires, 1000 m., 15 juill. fr.!

1907. — Cap Corse : replats herbeux du Mt Silla Morta, calc., 250 m., 23 avril fl.! : rochers de la montagne de Pedana, calc., 500 m., 14 mai fl.! : rochers de la pointe de l'Aquella, calc., 250-370 m., 4 mai fl.!

Espèce endémique dans l'Italie moyenne, la Corse, la Sardaigne, les îles de Capraia, de Gorgone et de Malte. Malgré le nom qui lui a été attribué par Linné, elle est absolument étrangère aux régions illyriennes.

AGAVE L.

A. americana L. *Sp.* ed. 1, 323 (1753); Baker *Handb. Amar.* 180 ; Asch. et Graebn. *Syn.* III, 415.

Hab. — Rochers et garigues de l'étage inférieur. Juin-juill. ♃. Plante originaire de l'Amérique tropicale, très fréquemment cultivée et naturalisée en beaucoup de points sur les deux côtes du Cap Corse à Bonifacio.

DIOSCOREACEAE

TAMUS L.

411. T. communis L. *Sp.* ed. 1, 1028 (1753), sensu ampl.; Gr. et Godr. *Fl. Fr.* III, 235; Asch. et Graebn. *Syn.* III, 438; Coste *Fl. Fr.* III, 357.

Hab. — Garigues, maquis, rochers des étages inférieur et montagnard. Avril-juin. ♃. — Deux variétés :

α. Var. **genuinus** Briq. = *T. communis* L. sensu stricto. — Exsicc. Reverch. ann. 1885 sub : *T. communis* !

Hab. — Répandu et abondant dans l'île entière.

Feuilles très largement cordées-ovées, acuminées au sommet.

†† β. Var. **subtriloba** Guss. *Fl. sic. syn.* II, 880 (1844) = *T. cretica* L. *Sp.* ed. 1, 1028 (1753) = *T. communis* var. *cretica* Boiss. *Fl. or.* V, 344 (1882); Asch. et Graebn. *Syn.* III, 438 = *T. communis* var. *triloba* Simonk. *Enum. Trans.* 520 (1886).

Hab. — Jusqu'ici seulement dans la localité ci-dessous, mais probablement plus répandu.

1907. — Oliveraies près de Santa Manza, calc., 30 m., fl.!

Feuilles très largement cordées-trilobées, les lobes latéraux arrondis, courts et amples, le médian triangulaire-acuminé, bien plus long.

IRIDACEAE

CROCUS L.

412. C. minimus DC. *Fl. fr.* III, 243 (1805); Gr. et Godr. *Fl. Fr.* III, 236 p. p.; Maw in *Gard. chron.*, new ser., X, 367 et XVI, 303; id. in *The Garden* XXI, 67; id. in *Journ. linn. soc.* XIX, 372; id. *Mon. gen. Croc.* 129, tab. XIX; Coste *Fl. Fr.* III, 361 = *C. nanus* DC. *Syn.* 168 (1806) = *C. minimus* var. *corsicus* Gay in Féruss. *Bull. sc. nat.* XI, 370 (1827) p. p. = *C. insularis* Gay in Féruss. *Bull. sc. nat.* XXV, 221 (1831) p. p. = *C. corsicus* Vanucci *Tabl. top. Bast.* ann. 1838 p. p. secundum Maw *Mon. gen. Croc.* l. c. = *C. minimus* var. *typicus* et var. *sardous* Fiori et Paol. *Fl. anal. It.* I, 220 (1896). — Exsicc. Req. sub : *C. mini-*

mus ! ; Kralik n. 796 ; Reverch. ann. 1878 n. 29 p. p. ! ; Soc. étud. fl. franco-helv. n. 678 !

Hab. — Garigues de l'étage inférieur. 1-600 m. Déc.-mars. ♃. Disséminé. Bastia (Salis in *Flora* XVI, 490 ; Bubani ex Bert. *Fl. it.* I, 24 ; Shuttl. *Enum.* 20) ; Calvi (Soleirol ex Bert. l. c.) ; îles Sanguinaires (Maw *Mon. gen. Croc.* l. c.) ; Chapelle des Grecs, Portigliolo, Ajaccio (Kralik exsicc. cit. et ap. Gr. et Godr. *Fl. Fr.* III, 237 ; Boullu in *Bull. soc. bot. Fr.* XXIV, sess. extr. XC et in *Ann. soc. bot. Lyon* XXIV, 74 ; et nombreux autres observateurs) ; col de St-Georges (Maw l. c.) ; Aleria (Rotgès in litt.) ; Santa Manza (Reverch. in Soc. ét. fl. franco-helv. cit.) ; Bonifacio (Seraf. ex Bert. l. c. ; Req. exsicc. cit. et ap. Gr. et Godr. l. c. ; Boy. *Fl. Sud Corse* 65 ; et nombreux autres observateurs).

Plante de 5-10 cm., à bulbe grêle (moins de 1 cm. de diamètre). Tunique extérieure du bulbe à fibres épaisses, larges, aplaties, parallèles, à anastomoses obliques nulles ou très rares, confluant au sommet en un stroma épais. Feuilles filiformes. Fleurs solitaires, violettes avec 3 veines (parfois confluentes) plus foncées sous les pièces extérieures, plus rarement blanches à veines violettes, petites (limbes des divisions de 1-1,5×0,3-0,6 cm.), à tube peu saillant, à gorge violacée et glabre, sortant d'une spathe généralement diphylle, l'extérieure tubuleuse, l'intérieure ligulée, rarement monophylle. Anthères d'un jaune pâle égalant env. leur filet. Stigmates d'un jaune doré, à extrémité faiblement frangée. Semences d'un rouge écarlate. — Espèce spéciale à la Corse, la Sardaigne et à Capraïa.

C. **Imperati** Ten. *Fl. nap.* III, 411 (1824-29) ; Maw *Mon. gen. Croc.* 117, tab. XIV et XIV b ; Asch. et Graebn. *Syn.* III, 443 = *C. neapolitanus* Ten. *Cat. sem. nap.* ann. 1825, 11 = *C. imperatorius* Herb. in *Journ. hort. soc.* II, 260 (1847).

Espèce de l'Italie méridionale, signalée dubitativement au Cap Corse par M. Chabert (in *Bull. soc. bot. Fr.* XXIX, sess. extr. LVI), par confusion avec l'espèce suivante.

†† 413. C. **corsicus** Maw in *Gard. chron.*, new ser., X, 367 (1878) et XVI, 367 ; id. in *The Garden* XXI, 67 ; id. in *Journ. linn. soc.* XIX, 372 ; id. *Mon. gen. Croc.* 137, tab. XXI ; Coste *Fl. Fr.* III, 361 = *C. minimus* var. *corsicus* Gay in Féruss. *Bull. sc. nat.* XI, 370 (1827) p. p. = *C. insularis* Gay in Féruss. *Bull. sc. nat.* XXV, 221 (1831) p. p. = *C. corsicus* Vanucci *Tabl. top. Bast.* ann. 1838 p. p., secundum Maw *Mon. gen. Croc.* l. c. = *C. insularis* var. *major* Herb. in *Journ. hort. soc.* II 261 (1847) = *C. Imperati?* Chab. in *Bull. soc. bot. Fr.* XXIX, sess. extr.

LVI (1882); non Ten. = *C. minimus* var. *corsicus* Fiori et Paol. *Fl. anal. II.* 1, 221 (1896). — Exsicc. Reliq. Maill. n. 374 ! ; Mab. n. 3 ! ; Soc. dauph. n. 586 ! ; Reverch. ann. 1878, 1879 et 1885 n. 29 ! ; Soc. rochel. n. 3704 [2] ! ; Burn. ann. 1904 n. 562, 563, 564, 565, 566, 567 !

Hab. — Garigues, rochers, gazons des étages montagnard, subalpin et alpin, (300-)600-2600 m. Févr.-juin suivant l'alt. ♃. Répandu et plus commun que le *C. minimus*. Tour de Sénèque (Maw *Mon. gen. Croc.* l. c.) ; Monte Stello (Chabert !) ; entre le mont Querciolo et le col de San Leonardo (Chabert in *Bull. soc. bot. Fr.* XXIX, sess. extr. LVI) ; Le Pigno (Salis in *Flora* XVI, 490 ; André in Reliq. Maill. ; Mab. exsicc. cit. ; Huon in Soc. dauph. cit. ; et nombreux autres observateurs) ; au dessus d'Oletta à la Bocca di S. Antonio (Bubani ! et ex Bert. *Fl. it.* 1, 211) ; Evisa (Reverch. exsicc. cit. ann. 1885 ; Lutz in *Bull. soc. bot. Fr.* XLVIII, sess. extr. CXXX) ; col de Vergio (Briq. *Spic.* 14 et Burn. n. 564) ; col de Salto (Briq. l. c. et Burn. n. 562) ; Monte Cinto (ex Gr. et Godr. *Fl. Fr.* III, 237 ; Lit. *Voy.* II, 9) ; Montagne de Nino (ex Gr. et Godr. l. c. ; Reverch. exsicc. cit. ann. 1885) ; env. de Corté (ex Gr. et Godr. l. c. ; Thellung !) ; Monte Rotondo (ex Gr. et Godr. l. c. ; Doûmet in *Ann. Hér.* V, 190 et 191 ; Burnouf in *Bull. soc. bot. Fr.* XXIV, sess. extr. XX et LXXXVI ; Sargnon in *Ann. soc. bot. Lyon* VI, 80) ; Monte d'Oro (Lutz in *Bull. soc. bot. Fr.* XLVIII sess. extr. CXXV et CXXVI ; Briq. l. c. et Burn. n. 565) ; entre Vizzavona et Ghisoni (Briq. l. c. et Burn. n. 566 et 567) ; Ghisoni (Rotgès in Soc. roch. cit.) ; Bocognano (Briq. l. c. et Burn. n. 563) ; Monte Renoso (Lit. *Voy.* II, 28) ; Bastelica (Reverch. exsicc. cit. ann. 1879 ; Mt Incendie (Lit. *Voy.* I, 17) ; Coscione (Reverch. exsicc. cit. ann. 1879) ; se trouve en outre à de basses altitudes (300-529 m.) sur les cimes de la montagne d'Ajaccio : M^te Cacalo, etc. (Maw l. c. ; Thellung !) ; et localités ci-dessous.

1906. — Gazons du Paglia Orba, 2500 m., 9 août fr.! : bords des névés de Monte Rotondo, 2600 m., 6 août fl.! : rochers en face des bergeries de Grotello sur la rive droite de la Restonica, 1600-1700 m., 3 août fr.! : pelouses rocailleuses sur le versant E. du Monte d'Oro, 2300 m., 9 août fr.!

1907. — Bords des neiges fondantes au Monte Asto et au Monte Grima Seta, 1400-1533 m., 15 mai fl.! ; gazons au col de San Colombano, 600 m., 19 avril fl.! ; cime de la Chapelle de S. Angelo, replats herbeux du versant N., 1100 m., 13 mai fl.! : neiges fondantes au col de Sorba sur les deux versants, 1100-1300 m., 10 mai fl.!

Plante de 10-20 cm., à bulbe généralement plus volumineux. Tunique extérieure des bulbes à fibres fines, étroites, non ou peu aplaties, moins régulièrement parallèles dans la région basale et équatoriale du bulbe, reliées entre elles surtout au dessus de la région équatoriale par de nombreuses anastomoses obliques, à stroma apical mince et nettement réticulé. Feuilles étroitement linéaires. Fleurs 1-3, violettes ou d'un violet lilas avec 3 veines foncées (souvent confluentes) sur les divisions extérieures, médiocres ou grandes (limbe des divisions de 1,5-3 $\times$ 0,6-1,2 centimètres), à tube saillant, à gorge violacée et glabre sortant d'une spathe monophylle. Anthères orangées, beaucoup plus longues que leurs filets. Stigmate d'un vermillon orange, à branches plus larges, plus frangées à l'extrémité. Semences d'un brun pâle.

Le *C. corsicus*, endémique en Corse, était encore inconnu de A. P. de Candolle lorsqu'il décrivait son *C. minimus* basé sur des échantillons rapportés du littoral par Noisette. Il a bien été reconnu plus tard par Salis (« In agris montanis provenit flore amplo, scapis 2-3 e bulbo » : Salis in *Flora* XVI, 491), par Mabille (*Rech.* 1, 27) et par Marsilly (*Cat.* 144 : « a des fleurs plus grandes sur les hauteurs »). Mais ces auteurs n'ont pas réussi à dégager les caractères distinctifs de ce *Crocus*. Nous mêmes, nous n'avons clairement compris ce type qu'à la suite des observations et des récoltes faites au cours de notre voyage de 1907. Les caractères tirés de l'organisation des bulbes, de la grandeur des fleurs, de la longueur des filets, de la couleur des organes sexuels et des semences permettent de séparer nettement le *C. corsicus* du *C. minimus*.

Les affinités du *C. corsicus* ont été diversement comprises. Gay a réuni jadis nos *C. corsicus* et *minimus* en une variété *corsicus* du *C. minimus* opposée au *C. minimus* var. *italicus*, basé sur le *C. Imperati* Ten. Cette disposition très artificielle, a été jadis critiquée avec raison par Bertoloni (*Fl. it.* 1, 210). Cependant on ne saurait nier qu'il y ait parfois une ressemblance de port très grande entre le *C. Imperati* et les grands échantillons du *C. corsicus* (voy. Chabert l. c.). Le *C. corsicus* se distingue d'ailleurs du *C. Imperati* par les fibres des tuniques nettement anastomosées au dessus de la région équatoriale du bulbe, la couleur de la face externe des pièces extérieures du périgone, les feuilles plus étroites, etc. Ce n'est qu'en 1878 que Maw, décrivant pour la première fois minutieusement les *C. minimus* et *corsicus*, a pu montrer que le *C. minimus* micranthe, et le *C. Imperati*, macranthe, appartiennent à un même groupe naturel d'après l'organisation des bulbes, tandis que le *C. corsicus* est beaucoup plus voisin du *C. albiflorus*. Ce dernier est d'ailleurs facile à distinguer par le périgone pubescent à la gorge.

C. albiflorus Kit. ap. Schult. *Oesterr. Fl.* ed. 2, 1, 101 (1814); Schinz et Thell. in *Bull. herb. Boiss.* 2ᵐᵉ sér., VII, 561 = *C. vernus* Wulf. in Jacq. *Fl. austr.* V, App. 47, tab. 36 (1778); Gr. et Godr. *Fl. Fr.* III, 236; Maw *Mon. gen. Croc.* 151, tab. XXVI et XXVI b; Asch. et Graebn. *Syn.* III, 445; Coste *Fl. Fr.* III, 360; non Mill. (1768) = *C. sativus* var. *vernus* L. *Sp.* ed. 2, 50 (1762).

Espèce continentale, étrangère à la flore Corse, indiquée par M. Boyer (*Fl. Sud Corse* 65) aux env. de Bonifacio, par confusion avec le *C. corsicus* ou avec le *C. minimus*.

C. sativus Mill. *Gard. dict.* ed. 8, n. 1 (1768) ; All. *Fl. ped.* I, 84 (1785) ; Maw *Mon. gen. Croc.* 167, tab. XXIX et XXIX b-d ; Asch. et Graebn. *Syn.* III, 450 ; Coste *Fl. Fr.* III, 360 = *C. sativus* var. *officinalis* L. *Sp.* ed. 1, 36 (1753) = *C. officinalis* Martyn *Fl. rust.* II, tab. 58 (1792) ; Beck *Fl. Nied.-Öst.* 187.

Cultivé çà et là dans les jardins de l'étage inférieur et parfois échappé des cultures.

ROMULEA [1] Maratt.

R. Bulbocodium Seb. et Maur. *Fl. rom. prodr.* 17 (1818) ; Baker in *Journ. linn. soc.* XVI, 86 : Asch. et Graebn. *Syn.* III, 462 : Coste *Fl. Fr.* III, 362 : Béguinot in *Malpighia* XXII, 382 = *Crocus Bulbocodium* L. *Sp.* ed. 1, 36 (1753) := *Ixia Bulbocodium* L. *Sp.* ed. 2, 51 (1762) = *Trichonema Bulbocodium* Ker.-Gawl. in Koen. et Sims *Ann.* I, 223 (1805) : Gr. et Godr. *Fl. Fr.* III, 338 p. p. = *Trichonema collinum* Salisb. in *Trans. hort. soc.* I, 317 (1812) = *T. Pylium* Herb. in *Bot. reg.* XXIII, tab. 461, fig. 2 (1847) = *Bulbocodium collinum* O. Kuntze *Rev.* II, 700 (1891).

Ce *Romulea* a été souvent indiqué en Corse depuis l'époque de Salis, mais ces indications se rapportent aux espèces suivantes, longtemps confondues avec le *R. Bulbocodium*. Ce dernier n'a pas encore, à notre connaissance, été authentiquement trouvé en Corse (voy. Béguinot in *Malpighia* XXII, 406).

†† 414. **R. ligustica** Parl. *Fl. it.* III, 249 (1860) ; Baker in *Journ. linn. soc.* XVI, 87 (1878) ; Coste *Fl. Fr.* III, 363 ; Béguinot in *Malpighia* XXII, 403 = *Trichonema Bulbocodium* Gr. et Godr. *Fl. Fr.* III, 338 p. p. quoad pl. corsicam = *Bulbocodium ligusticum* O. Kuntze *Rev.* II, 700 (1891) p. p. = *R. Linaresii* var. *ligustica* Fiori et Paol. *Fl. anal. it.* I, 222 (1896). — Exsicc. Billot n. 1326 p. p. ex Béguinot l. c. ; Reverch. ann. 1885, n. 467 !

Hab. — Points sableux de l'étage inférieur, dans les endroits humides par intermittence. Févr.-mars. ♃. Disséminé. Bastia (Bubani ex Bert. *Fl. it.* I, 221) ; Porto (Reverch. exsicc. cit.) ; env. d'Ajaccio (Salis in *Flora* XVI, 490 ; Guss. ex Bert. l. c. ; Boullu in *Ann. soc. bot. Lyon* XXIV, 74) ; Santa Manza (Stefani ex Béguinot l. c. et in h. Burn. !) ; Bonifacio (Req. ap. Gr. et Godr. *Fl. Fr.* III, 238 et in Billot exsicc. cit., de Nanteuil et Stefani ex Bég. l. c. et in h. Burn. !).

Espèce voisine du *R. Bulbocodium*, dont elle se distingue cependant d'une façon constante — au moins en ce qui concerne la sous-espèce **typica** Bég. [in *Ann. Cons. et Jard. Bot. Genève* XI-XII, 450 (1908) et in *Malpighia* XXII, 404] seule représentée en Corse — par les pièces du

---

[1] Nomen utique conservandum : *Règl. nomencl. bot.* art. 20 et p. 76.

périgone d'un violet pâle ou lilacé, blanchâtres à la gorge, oblongues-lancéolées, les étamines plus courtes, à anthères blanchâtres, ainsi que le pollen.

R. Linaresii Parl. *Fl. pan.* I, 38 (1839) et *Fl. it.* III, 246 ; Béguinot in *Malpighia* XXII, 420 = *Trichonema Linaresii* Klatt in *Linnaea* XXXIV, 668 (1865-66) = *Bulbocodium Linaresii* O. Kuntze *Rev.* II, 700 (1891) = *R. Linaresii* var. *typica* Fiori et Paol. *Fl. anal. It.* 1, 222 (1896).

Espèce indiquée à Bonifacio par Grenier et Godron (*Fl. Fr.* III, 238) par confusion avec le *R. Requienii*, et à Porto-Vecchio par Mabille (ap. Mars. *Cat.* 144). La plante de cette dernière localité est devenue le *R. corsica* Jord. et Fourr. mentionné plus loin. Le *R. Linaresii* est une espèce de Sicile qui, jusqu'à présent, n'a été authentiquement trouvée ni en Sardaigne, ni en Corse (voy. Béguinot in *Malpighia* XXII, 422).

415. R. Requienii Parl. *Fl. it.* III, 248 (1860) ; Baker in *Journ. linn. soc.* XVI, 88 ; Coste *Fl. Fr.* III, 363 ; Béguinot in *Malpighia* XXII, 427 = *R. Bulbocodium* var. γ Bert. *Fl. it.* 1, 220 (1833) = *Trichonema Linaresii* Gr. et Godr. *Fl. Fr.* III, 238 (1855) = *Trichonema Requienii* Mars. *Cat.* 144 (1872) = *Bulbocodium Requienii* O. Kuntze *Rev.* II, 700 (1891) = *R. Linaresii* var. *Requienii* Fior. et Paol. *Fl. anal. It.* 1, 221 (1896).

Hab. — Prairies maritimes. Févr.-mars. ♃ .

Espèce caractérisée par la coloration violette intense du périgone et distincte, en outre, du *R. Linaresii* par les pièces du périgone élargies-obtuses au sommet, et le style dépassant les anthères. On peut distinguer les deux variétés suivantes.

α. Var. **macrantha** Briq. = *R. Requienii* Parl., sensu stricto. — Exsicc. Soleirol n. 4083! ; Kralik n. 977 a! ; Mab. n. 392 ! ; Reverch. ann. 1880 et 1885, n. 371 ! ; Soc. ét. fl. franco-helv. n. 337 et 338 !

Hab. — Répandue. Calvi (Soleirol exsicc. cit. et ex Bert. *Fl. it.*1, 221) ; Porto [Reverch. exsicc. cit. ann. 1885 (distribuée aussi avec la localité inexacte d'Evisa, transformée en « Grisa » ap. Bég. l. c.)] ; îles Sanginaires (Petit ex Bég. l. c.) ; Chapelle des Grecs (Mars. *Cat.* 144 ; Boullu in *Bull. soc. bot. Fr.* XXIV, sess. extr. XC ; Legrand in Soc. ét. fl. franco-helv. cit.) ; Ajaccio (Noisette in h. Deless.! ; Mars. l. c. ; et nombreux autres observateurs) ; Tizzano (Kralik exsicc. cit. n. 797 a ; Rotgès in litt.) ; Porto-Vecchio aux marais de Capo di Padule (Revel. ap. Mars. l. c., Bég. l. c. et in h. Burn.!) ; Santa Manza (Reverch. exsicc. cit. ann. 1880 ; Stefani ap. Bég. l. c. et in h. Burn.) ; Bonifacio [Seraf. (« Viv. ») ap. Bég. l. c. ;

Req. ex Gr. et Godr. *Fl. Fr.* III, 238 et Parl. *Fl. it.* III, 249 ; Mab. exsicc. cit. ; et nombreux autres observateurs|.

Grandiflore. Périgone long de 20-25 cm.

†† β. Var. **parviflora** Bég. in *Bull. soc. bot. it.* ann. 1905, 174 et in *Malpighia* XXII, 427. — Exsicc. Kralik n. 797 !

Hab. — Ajaccio (Kralik exsicc. cit.).

Parviflore. Périgone long de 12-15 cm. — Cette variété, signalée antérieurement en Sardaigne et dans l'archipel de la Maddalena, n'est pas un état biologique ♀ comme c'est le cas pour les échant. parviflores des espèces gynodioïques (voy. Bég. l. c.).

†† 416. **R. insularis** Somm. in *Nuov. giorn. bot. it.*, nuov. ser., V, 132 (1892) et X, 180 ; Bég. in *Bull. soc. bot. it.* ann. 1905, 177 et in *Malpighia* XXII, 430 = *R. purpurascens* Bor. *Not.* II, 8 (1858) sine descr.; non Ten. = *Trichonema purpurascens* Mars. *Cat.* 144 (1872) ; non Sweet, nec *R. purpurascens* Ten.

Hab. — Sables humides de l'étage inférieur. Avril. ♃. Jusqu'ici uniquement aux env. de Porto-Vecchio (Revel. ap. Bor. *Not.* II, 8 et Mars. *Cat.* 144 et ex Bég. in *Malpighia* XXII, 431). A rechercher ailleurs.

Espèce parviflore ressemblant au *R. Requienii* var. *parviflora*, dont elle diffère par la coloration violette moins intense du périgone, à pièces extérieures pâles extérieurement, par les filets blancs et glabres (pubescents de la base jusque vers le milieu dans le *R. Requienii*) et le style blanc plus court que les anthères. Une variation à pièces extérieures du périgone (un peu plus grand) parcourues d'une ligne médiane verte, a été distinguée par M. Béguinot (l. c.) sous le nom de var. *viridi-lineolata* Bég. C'est là plutôt une sous-variété ou une simple forme. Le *R. insularis* a été découvert par M. Sommier dans l'île de Capraia, puis retrouvé par M. Béguinot sur des échant. récoltés dans l'archipel de la Maddalena par M. Vaccari : à rechercher en Corse.

417. **R. Revelieri** Jord. et Fourr. *Brev.* I, 49 (1866) et *Ic.* 41, t. CIX ; Baker in *Journ. linn. soc.* XVI, 88 ; Bég. in *Malpighia* XXII, 431 = *Trichonema Revelieri* Mars. *Cat.* 144 (1872) = *Bulbocodium Revelieri* O. Kuntze *Rev.* II, 700 (1891). — Exsicc. Mab. n. 393 et 394 !

Hab. — Prairies maritimes. Avril. ♃. Disséminé. Bastia (Mab. ap. Mars. *Cat.* 144) ; Calvi (ex Bég. l. c. 432) ; Ajaccio (Noisette ex Bég. l. c. et in h. Deless.!) ; Porto-Vecchio (Revel. ap. Jord. et Fourr. l. c.; Mab. exsicc. cit. n. 394 et ap. Mars. l. c. et Bég. l. c.) ; Bonifacio (Mab. exsicc. cit. n. 393 et ap. Mars. l. c. et Bég. l. c.).

Espèce parviflore très voisine du *R. insularis*, dont elle diffère par les pièces du périgone oblongues-lancéolées (non élargies-obtuses au sommet ; voy. cependant au sujet de ce caractère les réserves faites par M. Sommier in *Nuov. giorn. bot. it.*, nuov. ser., V, 133 et par M. Béguinot in *Malpighia* XXII, 432), par les filets staminaux poilus à la base, et les anthères égalant le style.— Le *R. Revelieri* n'a jusqu'à présent été signalé qu'en Corse.

†† 418. **R. corsica** Jord. et Fourr. *Brev.* II, 107 (1868) ; Baker in *Journ. linn. soc.* XVI, 87 (1878) ; Bég. in *Malpighia* XXII, 433 = *Trichonema Linaresii* Mars. *Cat.* 144 (1892), quoad pl. Mabillei ; Coste *Fl. Fr.* III, 363 ? ; non Klatt = *Bulbocodium corsicum* O. Kuntze *Rev.* II, 700 (1891).

Hab.— Sables du littoral. Avril. ♃. Signalé seulement à Porto-Vecchio, au-dessus de la saline (Mab. ap. Mars. *Cat.* 144 et Jord. et Fourr. l. c.).

Espèce parviflore, différant du *R. Revelieri* par les pièces du périgone lancéolées, très aiguës, la pièce supérieure de la spathe entièrement hyaline-membraneuse (pourvue d'une large marge hyaline, mais herbacée sur la ligne médiane dans le *R. Revelieri*), le style dépassant un peu les anthères. Les pièces du périgone seraient violettes intérieurement, les externes verdâtres du côté extérieur, avec des stries violettes plus foncées. — Ce *Romulea*, endémique en Corse, n'a pas été retrouvé depuis l'époque où Jordan et Fourreau l'ont décrit. M. Béguinot n'en a pas vu d'échantillons, nous non plus. Plante à rechercher à nouveau.

†† 419. **R. Jordani** Bég. in Engl. *Bot. Jahrb.* XXXVIII, 328 (1907) et in *Malpighia* XXII, 433.

Hab. — Chapelle des Grecs près de la mer (A. v. Baeyer, mars 1898, ex Bég. l. c.).

Plante critique, voisine du *R. corsica*, dont elle se distingue par la feuille supérieure de la spathe non entièrement hyaline-membraneuse, les pièces du périgone violettes intérieurement, le tube et la gorge du périgone jaunes, ce qui n'est pas le cas dans les trois espèces précitées. Nous ne connaissons cette espèce, endémique en Corse, que par la description de M. Béguinot.

Les *R. Requienii, insularis, Revelieri, corsica* et *Jordani* forment une série de types très voisins, auxquels nous ne conservons une valeur spécifique qu'avec d'expresses réserves. Sauf le *R. Requienii*, ce sont des formes peu connues, représentées dans les herbiers par un nombre très restreint d'échantillons : nous-même, nous n'avons pas vu les *R. insularis, Jordani* et *corsica*. Nous ne pouvons donc envisager cette série d'espèces que comme ayant une valeur provisoire. L'étude de ces *Romulea* devrait être entièrement reprise à nouveau sur le terrain, de façon à réunir à la fois des observations sur le vif et un matériel d'herbier tout autre que celui dont la science dispose actuellement.

†† 420. **R. Rollii** Parl. *Fl. it.* III, 251 (1860) ; Baker in *Journ. linn. soc.* XVI, 87 ; Béguinot in *Bull. soc. bot. it.* ann. 1905, 179 et 1906, 99 et in *Malpighia* XXII, 434 = *R. flaveola* Jord et Fourr. *Brev.* II, 106 (1868) = *R. Bulbocodium* var. *flaveola* Baker l. c. (1878) = *Bulbocodium Rollii* O. Kuntze *Rev.* II, 700 (1891) = *R. Columnae* var. *Rollii* Fiori et Paol. *Fl. anal. It.* I, 221 (1896) = *R. ramiflora* var. *subuniflora* Hal. *Consp. fl. græc.* I, 193 (1904). — Exsicc. Bourgeau n. 389 ! ; Reverch. ann. 1880 et 1885, n. 370 !

Hab. — Sables maritimes, plus rarement clairières sablonneuses des maquis de l'étage inférieur. Mars-avril. ♃. Disséminé. Bastia (Bubani ex Bég. in *Malpighia* XXII, 436) ; Porto (Reverch. exsicc. cit. ann. 1885) ; Chapelle des Grecs (Bourgeau exsicc. cit.) ; Ajaccio (Req. ex Bég. l. c.) ; Solenzara (Romagnoli ex Bég. l. c.) ; Santa Manza (Reverch. exsicc. cit. ann. 1880) ; Bonifacio (Req. ex Bég. l. c. ; et autres observateurs) ; et localités ci-dessous.

1907. — Cap Corse : Pointe de Golfidoni, maquis, 500 m., 27 avril fl. ! — Dunes d'Ostriconi, 20 avril fr. !

Espèce méditerranéenne d'assez vaste distribution (Provence, Italie, Elbe, Sardaigne, Sicile, Grèce et Algérie) remarquable par les feuilles très allongées et fort étroites, le scape allongé généralement uniflore, la feuille supérieure de la spathe membraneuse, le périgone petit, long de 15-20 mm., à tube très court, à divisions aiguës, étroitement lancéolées, d'un violet pâle avec stries plus foncées, les trois externes d'un vert jaunâtre extérieurement, à gorge jaunâtre un peu pubescente, les étamines poilues dans la partie inférieure, atteignant env. la moitié du périgone et égalant le style.

† 421. **R. ramiflora** Ten. *Ind. sem. hort. neap.*, app. 3 (1827) ; Baker in *Journ. linn. soc.* XVI, 87 (1878) ; Asch. et Graebn. *Syn.* III, 463 ; Coste *Fl. Fr.* III, 363 ; Bég. in *Malpighia* XXII, 440 — *Ixia ramiflora* Ten. *Syll. fl. neap.* 25 (1831) = *Trichonema ramiflorum* Sweet *Hort. brit.* 596 (1830) = *R. Columnae* var. *versicolor* Sang. *Cent. fl. rom. add.* 11 (1837) = *R. juncifolia* Richt. et Lor. in *Bull. soc. bot. Fr.* XIII, 245 (1866) = *R. purpurascens* Jord. et Fourr. *Ic. fl. Eur.* I, 39, tab. CIV, fig. 161 a et b (1866-67) = *Bulbocodium ramiflorum* O. Kuntze *Rev.* II, 700 (1891) = *R. Columnae* var. *ramiflora* Fiori et Paol. *Fl. anal. It.* 221 (1896).

Hab. — Etage inférieur. Avril. ♃. Assez rare, sous les deux variétés (plutôt sous-variétés) suivantes.

†† α. Var. **contorta** Moggr. *Fl. Ment.* tab. 92 f. B (1864-68) ; Bég. in *Mal-*

pighia XXII, 443 = *R. ramiflora* var. *typica* Bég. in *Ann. Cons. et Jard. bot. Genève* XI-XII, 154 (1908).

Hab. — Prairies maritimes, points humides du littoral. Bastia (Bubani ex Bég. in *Malpighia* XXII, 446) ; Chapelle des Grecs (Thellung!) ; Bonifacio [Req. (Corsica : Parl. *Fl. it.* III, 252) ex Bég. l. c.]; et localité ci-dessous.

1907. — Prairie humide à Ste-Lucie (de Porto-Vecchio), 40 m., 4 mai fr.!

Scape robuste. Pédoncules fructifères assez fortement tordus. Feuilles épaisses, relat. largement linéaires très incurvées.

†† β. Var. **Parlatorei** Richt. *Pl. eur.* I, 252 (1890) ; Bég. in *Malpighia* XXII, 442 = *R. purpurascens* Parl. *Fl. pan.* 38 (1839) ; Guss. *Fl. sic. syn.* I, 33 = *R. Parlatorei* Tod. *Adn. ind. sem. pan.* 45 (1857) = *R: ramiflora* var. b Parl. *Fl. it.* III, 252 (1860).

Hab. — Plages et garigues de l'étage inférieur. Chapelle des Grecs (Thellung in h. Burn.!).

1907. — Cap Corse : montagne des Stretti de St-Florent, garigues, calc., 100 m., 25 avril fl.!

Scape grêle, souvent uniflore. Pédoncules fructifères moins fortement tordus. Feuilles plus fines.

422. **R. Columnae** Seb. et Maur. *Fl. rom. prodr.* 18 (1818) ; Baker in *Journ. linn. soc.* XVI, 88 (1878) ; Asch. et Graebn. *Syn.* III, 464 ; Coste *Fl. Fr.* III, 364 ; Bég. in *Malpighia* XXII, 458 = *Ixia parviflora* Salisb. *Prodr.* 14 (1796) = *Ixia Bulbocodium* var. *parviflora* DC. in Red. *Lil.* II 88 (1805) = *Trichonema Bulbocodium* var. *parviflora* Vahl *Enum.* II, 50, (1806) = *T. parviflorum* Gray *Nat. arr. brit. pl.* II, 195 (1821) = *Ixia Columnae* Schult. *Mant.* I, 279 (1822) = *Ixia minima* Ten. *Syll.* 80 (1831) = *Trichonema Columnae* Reichb. *Fl. germ. exc.* 83 (1830) ; Gr. et Godr. *Fl. Fr.* III, 238 = *R. minima* Ten. in *Att. acc. sc. Nap.* III, 113 (1832) = *Bulbocodium Columnae* O. Kuntze *Rev.* II, 700 (1891). — Exsicc. Soleirol n. 81 ! ; Req. sub : *R. Columnae* ! ; Reverch. ann. 1878 et ann. 1885, n. 146 !

Hab. — Garigues des étages inférieur et montagnard. Févr.-avril. ♃. Répandu. Bastia et de là jusqu'au Pigno (Salis in *Flora* XVI, 490 ; Bubani ex Bert. *Fl. it.* I, 224 ; Huon ex Bég. in *Malpighia* XXII, 467) ; Calvi (Soleirol exsicc. cit. et ex Bert. l. c.) ; Porto (Reverch. exsicc. cit. ann. 1885) ; Corté (ex Gr. et Godr. *Fl. Fr.* III, 239) ; Caniccia près Ghi-

soni (Rotgès in litt.) ; Chapelle des Grecs (Boullu in *Bull. soc. bot. Fr.*
XXIV, sess. extr. XC) ; Ajaccio (Req. exsicc. cit. et ap. Bert. l. c. X, 445 ;
Coste in *Bull. soc. bot. Fr.* XLVIII, sess. extr. CVI ; et nombreux autres
observateurs) ; Bastelica (Reverch. exsicc. cit. ann. 1878) ; Portigliolo
près Sartène (Rotgès in litt.) ; Porto-Vecchio (Revel. ex Bég. l. c.) ;
Bonifacio (Scraf. ex Bert. l. c. I, 224 ; Req. ex Gr. et Godr. l. c. et Bég.
l. c.) ; et localités ci-dessous.

1907. — Cap Corse : garigues entre Luri et la Marine de Luri, 30 m.,
27 avril fr.! ; garigues à Cardo, 503 m., 17 avril fl.! ; garigues au col de
Teghime, 23 avril fl.! ; montagne des Stretti, gazons des crêtes, 200 m.,
calc., 25 avril fr.! — Garigues entre Novella et le col de S. Colombano,
500-600 m., 19 avril fl. fr.! ; garigues entre Alistro et Bravone, 15 m., fr.!

On a distingué à l'intérieur de cette espèce quelques formes, auxquelles M. Béguinot a maintenu, non sans réserves, le rang de variétés,
et auxquelles nous ne pouvons donner qu'une valeur inférieure à celle
de sous-variétés. Le monographe précité a rarement osé les distinguer
sur le sec, et on reste souvent tout aussi embarrassé quant à leur distinction sur le vif. Parmi celles-ci, on cite en Corse : 1° Une forme à
périgone pâle ou faiblement strié de violet [*R. subalbida* Jord. et Fourr.
Brev. II, 108 (1868) et *Ic.* I, 41, tab. CX, fig. 169 = *R. Columnae* var. *subalbida* Baker in *Journ. linn. soc.* XVI, 88 (1878) ; Bég. in *Malpighia* XXII,
460]. 2° Une forme à pièces extérieures du périgone d'un vert violacé
extérieurement, à nervures d'un violet pourpre intérieurement ; dans
cette forme, les scapes doivent être plus allongés, les feuilles plus
arquées-étalées et la feuille supérieure de la spathe entièrement membraneuse [*R. modesta* Jord. et Fourr. *Ic.* I, 41 (1867) = *R. affinis* Jord. et
Fourr. *Ic.* I, 67, tab. CX, fig. 168 sub : *R. modesta* = *R. Columnae* var. *affinis*
Bég. in *Malpighia* XXII, 461]. 3° Une forme à feuilles plus flasques et
plus étroites, à feuille supérieure de la spathe entièrement membraneuse, à périgone blanchâtre, faiblement strié de violet [*R. modesta* Jord.
et Fourr. *Brev.* I, 50 (1866) et II, 133 = *R. Columnae* var. *modesta* Baker
in *Journ. linn. soc.* XVI, 88 (1878) ; Bég. l. c. 461]. — On pourrait beaucoup
multiplier ces distinctions qui ne répondent pas à de véritables races.

En ce qui concerne la nomenclature de cette espèce, voy. Béguinot in
Malpighia XXII, 468.

R. purpurascens Ten. in *Mem. acc. sc. Nap.* III, 2 a, 117 (1832) ; Bég. in
Malpighia XXII, 69 = *Ixia purpurascens* Ten. *Prodr. fl. nap.* VII (1811) et
Fl nap. I, 13 = *Trichonema purpurascens* Sweet *Hort. brit.* ed. 2, 503
(1830) = *Bulbocodium purpurascens* O. Kuntze *Rev.* II, 700 (1891).

Espèce de l'Afrique australe, décrite d'après des échant. cultivés au
jardin botanique de Naples, et sans affinités étroites avec les *Romulea*
méditerranéens. On a attribué à tort au *R. purpurascens* différentes
espèces européennes. Celle signalée en Corse sous ce nom d'abord par
Boreau (*Not.* II, 8), puis par Marsilly (*Cat.* 144) est devenue le *R. insularis*
Somm. (voy. plus haut p. 338).

HERMODACTYLUS Adans.

423. H. tuberosus Salisb. in *Trans. hort. soc.* I, 304 (1812) ; Gr. et Godr. *Fl. Fr.* III, 245 ; Baker in *Journ. linn. soc.* XVI, 148 ; Asch. et Graebn. *Syn.* III, 467 = *Iris tuberosa* L. *Sp.* ed. 1, 40 (1753) ; Coste *Fl. Fr.* III, 366 = *H. repens* Sweet *Flow. gard.* ser. 2, t. 146 (1831-38).

Hab. — Garigues de l'étage inférieur. Avril. ♃. Signalé uniquement aux env. d'Ajaccio (Salis in *Flora* XVI, 490).

L'indication de Salis est isolée, mais n'est nullement invraisemblable, attendu que cette espèce croit non seulement en Provence, en Ligurie, et de la Toscane à la Sicile, mais encore dans l'ile d'Elbe ! A rechercher.

IRIS L. emend.

424. I. germanica L. *Sp.* ed. 1, 38 (1753) ; Gr. et Godr. *Fl. Fr.* III, 241 ; Parl. *Fl. it.* III, 274 ; Baker in *Journ. linn. soc.* XVI, 146 ; Asch. et Graebn. *Syn.* III, 485 ; Coste *Fl. Fr.* III, 569.

Hab. — Rochers de l'étage inférieur. Avril-mai. ♃. Rare. Bastia (Rotgès in litt.) ; montagne d'Ajaccio, surtout au-dessus du parc du général Sebastiani (Mars. *Cat.* 145 ; Boullu in *Bull. soc. bot. Fr.* XXIV, sess. extr. C) ; env. de Bonifacio (Seraf. ex Bert. *Fl. it.* 1, 233).

Cette espèce étant souvent cultivée et échappée de cultures, il est devenu très difficile d'affirmer si elle est spontanée ou simplement naturalisée dans les localités ci-dessus.

425. I. florentina L. *Syst.* ed. 10, 863 (1759) ; Gr. et Godr. *Fl. Fr.* III, 241 ; Parl. *Fl. it.* III, 271 ; Baker in *Journ. linn. soc.* XVI, 146 ; Asch. et Graebn. *Syn.* III, 487 ; Coste *Fl. Fr.* III, 369 = *I. alba* Savi *Fl. pis.* I, 32 (1798) = *I. pallida* Ten. *Fl. nap.* III, 36 (1824-29) ; non Lamk.

Hab. — Friches de l'étage inférieur. Mai. ♃. Jusqu'ici uniquement entre Bonifacio et S¹-Julien où il abonde (Revel. ap. Mars. *Cat.* 145).

426. I. Pseudacorus L. *Sp.* ed. 1, 38 (1753) ; Gr. et Godr. *Fl. Fr.* III, 242 ; Baker in *Journ. linn. soc.* XVI, 140 ; Asch. et Graebn. *Syn.* III, 493 ; Coste *Fl. Fr.* III, 368 = *I. lutea* Lamk *Fl. fr.* III, 496 (1778) = *I. palustris* Mœnch *Meth.* 528 (1794) = *Xiphion Pseudacorus* Parl. *Fl. it.* III, 296 (1860) = *I. longifolia* Baker in *Journ. linn. soc.* XVI, 140 (1877) in syn.

Hab. — Marais, bords des cours d'eau des étages inférieur et montagnard. Avril-mai. ♃. Répandu et assez fréquent dans l'ile entière.

1907. — Eaux dormantes à Ostriconi, 20 avril fl. !

427. **I. foetidissima** L. *Sp.* ed. 1, 39 (1753) ; Gr. et Godr. *Fl. Fr.* III, 242 ; Baker in *Journ. linn. soc.* XVI, 14 ; Asch. et Graebn. *Syn.* III, 494 ; Coste *Fl. Fr.* III, 368 = *I. foetida* Thunb. *Diss.* n. 19 (1782) = *Xiphion foetidissimum* Parl. *Nuov. gen. et sp. Mon.* 45 (1854) et *Fl. it.* III, 297.

Hab. — Points humides de l'étage inférieur. Juin. ♃. Signalé jusqu'ici uniquement à la montée des Capucins sur Bastia (Salis in *Flora* XVI, 490) et à Cervione (Soleirol ex Bert. *Fl. it.* I, 238 ; Burnouf in *Bull. soc. bot. Fr.* XXIV, sess. extr. XXXI). A rechercher.

† 428. **I. Xiphium** L. *Sp.* ed. 1, 40 (1753), p. p. ; Ehrh. *Beitr.* 139 (1792) ; Gr. et Godr. *Fl. Fr.* III, 245 ; Baker *Handb. Irid.* 39 ; Asch. et Graebn. *Syn.* III, 513 ; Coste *Fl. Fr.* III, 366 = *Xiphium vulgare* Mill. *Gard. dict.* ed. 8, n. 2 (1768) ; Baker) in *Journ. linn. soc.* XVI, 122 = *I. variabilis* Jacq. *Coll.* II, 231 (1788) = *Xiphium verum* Schrank in *Flora* VII, Beibl. II, 16 (1824) = *Xiphion vulgare* Parl. *Fl. it.* III, 298 (1860).

Hab. — Garigues de l'étage inférieur. Juin. ♃. Signalé uniquement aux env. de Bonifacio (Req. ex Parl. l. c. ; Boy. *Fl. Sud Corse* 65).

429. **I. Sisyrinchium** L. *Sp.* ed. 1, 40 (1753) ; Baker *Handb. Irid.* 43 ; Asch. et Graebn. *Syn.* III, 516 ; Coste *Fl. Fr.* III, 366 = *Moraea Sisyrinchium* Ker-Gawl. in König et Sims *Ann.* I, 241 (1805) ; Baker in *Journ. linn. soc.* XVI, 132 = *Gynandriris Sisyrinchium* Parl. *Nuov. gen. et sp. Mon.* 49 (1854) et *Fl. it.* III, 309 = *Xiphion Sisyrinchium* Baker in *Journ. of bot.* IX, 42 (1871). — Exsicc. Soleirol n. 4100 ! ; Kralik n. 798 ! ; Mab. n. 193 !

Hab. — Garigues de l'étage inférieur. Avril-mai. ♃. Rare, mais abondant là où il se trouve. Ile Mezzomare (Lutz in *Bull. soc. bot. Fr.* XLVIII, sess. extr. CXXXVII) ; Santa Manza (Mab. exsicc. cit. ; Revel. ap. Mars. *Cat.* 145 ; Lit. in *Bull. acad. géogr. bot.* XVIII, 108) ; Bonifacio (Salis in *Flora* XVI, 490 ; Soleirol exsicc. cit. et ex Bert. *Fl. it.* I, 245 ; Seraf. ex Bert. l. c. ; Kralik exsicc. cit. ; et nombreux autres observateurs).

1907. — Garigues du vallon et du plateau de Canalli, 30-50 m., calc., 6 mai fl. !

Certains échant. des env. de Bonifacio ont été rapportés à l'*I. fugax* Ten. [*Fl. nap.* I, 15 (1811-12) = *Moraea Tenoreana* Sweet *Brit. fl. gard.* t. 110 (1823-29) = *Moraea fugax* Ten. *Syll.* 25 (1831) = *I. involuta* Garzia in *Eff. sc. litt. sic.* XXXIV, 286 (1834) = *Moraea Sisyrinchium* var. *fugax* Baker in *Journ. linn. soc.* XVI, 132 (1877) = *I. Sisyrinchium* var. *fugax* Richt. *Pl. eur.* I, 259 (1890)]. Nous n'arrivons pas à distinguer les échant. désignés sous le nom d'*I. fugax* par un caractère précis et constant quelconque, et devons dès lors considérer l'*I. fugax* comme un simple synonyme de l'*I. Sisyrinchium*. Tenore lui-même (*Syll.* 26) doutait d'ailleurs beaucoup de la valeur de son *Moraea fugax*.

GLADIOLUS L.

430. **G. segetum** Ker-Gawl. in *Bot. Mag.* t. 719 (1804); Gr. et Godr. *Fl. Fr.* III, 248; Baker in *Journ. linn. soc.* XVI, 171; Asch. et Graebn. *Syn.* III, 558; Coste *Fl. Fr.* III, 370 = *G. communis* Sibth. et Sm. *Fl. græc.* t. 37 (1806); non L. = *G. italicus* Gaud. *Fl. helv.* I, 96 (1828) = *G. Ludoviciae* Jan *Elench.* 1 (1826) = *G. infestus* Bianca in *Att. Cat.* XIX, 94 (circ. 1850). — Exsicc. Burn. ann. 1904 n. 568!

Hab. — Prairies maritimes, friches et garigues de l'étage inférieur. Avril-mai. ♃. Répandu. Erbalunga (Gillot in *Bull. soc. bot. Fr.* XXIV, sess. extr. LI); Bastia (Salis in *Flora* XVI, 490; Mars. *Cat.* 145; Rotgès in litt.); Biguglia (Boullu l. c. LXIV); Regetti (Lutz ibid. XLVIII, sess. extr. CL); entre Piana et Porto (Lutz in *Bull. soc. bot. Fr.* XLVIII, sess. extr. CXXXII); entre Calcatoggio et Sagone (Briq. *Spic.* 14 et Burn. exsicc. cit.); embouchure du Liamone (Lutz l. c. CXXXV et Coste ibid. CXV); Ajaccio (ex Gr. et Godr. l. c.; Sargnon in *Ann. soc. bot. Lyon* VI, 85); Campo di Loro (Mars. l. c.; Boullu in *Bull. soc. bot. Fr.* XXIV, sess. extr. XCIV), Cauro (Mars. l. c.); San Garvino di Carbini (Lutz in *Bull. soc. bot. Fr.* XLVIII, 57); Bonifacio (Req. ex Gr. et Godr. *Fl. Fr.* III, 248; Mars. l. c.; Boy. *Fl. Sud Corse* 65); et localités ci-dessous.

1907. — Pré humide près de Solenzara, 5 m., 3 mai fl.!; oliveraies de Santa Manza, 10 m., calc., 6 mai fl.!

Bulbe à tunique pourvue de fibres épaisses, fortes, parallèles, anastomosées seulement dans la partie supérieure du bulbe, à mailles allongées. Grappe distique, ± dorsiventrale, à fleurs grandes (env. 3 cm.). Périgone à division supérieure plus longue et plus large, écartée des latérales oblongues, rétrécies en un onglet linéaire vers le milieu. Anthères un peu plus longues que le filet, à oreillettes subdivergentes. Stigmates insensiblement atténués à partir du milieu. Fruit en forme de toupie, ridé en travers, à angles arrondis. Semences piriformes, non ailées.

431. G. communis L. *Sp.* ed. 1, 36 (1753) ; Gr. et Godr. *Fl. Fr.*
III, 248 ; Baker in *Journ. linn. soc.* XVI, 171 ; Asch. et Graebn. *Syn.* III,
559 ; Coste *Fl. Fr.* III, 371. — Exsicc. Kralik n. 799 ! ; Reverch. ann.
1878, n. 73 !

Hab. — Prairies maritimes, friches des étages inférieur et monta-
gnard. Avril-mai. ♃. Plus rare que le précédent. Cardo (Fouc. et Sim.
Trois sem. herb. Corse 160) ; Bastia (Salis in *Flora* XVI, 490) ; Calvi
(Fouc. et Sim. l. c.) ; Caniccia près Ghisoni (Rotgès in litt.) ; Ajaccio (ex
Gr. et Godr. l. c.) ; Bastelica (Reverch. exsicc. cit.) ; Bonifacio (Kralik
exsicc. cit. et ap. Gr. et Godr. l. c. ; Revel. ap. Mars. *Cat.* 145).

Bulbe à tunique pourvue de fibres épaisses, fortes, parallèles, anastomosées seulement dans la partie supérieure du bulbe, à mailles allongées. Grappe distique, fortement dorsiventrale, à fleurs plus petites que
dans l'espèce précédente (souvent moins de 3 cm.). Périgone à divisions
peu différenciées, formant un ensemble ± campanulé, rétrécies en onglet
élargi. Anthères plus courtes que le filet, à oreillettes presque parallèles.
Stigmates atténués à partir de la base. Fruit ellipsoïdal, ridé en travers,
à angles carénés. Semences largement marginées-ailées.

G. dubius Guss. *Fl. sic. prodr.* Suppl. 8 (1832) ; Parl. *Fl. it.* III, 261.

En 1857, Boreau (*Not.* I, 9) avait émis dubitativement l'avis que le *G.
communis* de la Corse pourrait représenter le *G. dubius* Guss. Cette sup-
position est erronée en ce qui concerne les échant. corses que nous
avons pu étudier. Mais en 1860, Parlatore (*Fl. it.* III, 261) a positivement
signalé à Bonifacio le *G. dubius*. M. Coste (l. c.) a également indiqué cette
espèce en Corse.

Le Glayeul de Gussone est une plante critique qui a été très diversement interprétée. Boissier (*Voy. Esp.* 601 et *Fl. or.* V, 140) a fait du *G.
dubius* un synonyme du *G. illyricus*, opinion acceptée par M. de Halacsy
(*Prodr. fl. græc.* III, 185). Divers floristes provençaux (Shuttleworth, Huet)
ont cru retrouver le *G. dubius* Guss. dans le midi de la France et, tout
en admettant la proche parenté des *G. illyricus* et *dubius*, les ont séparés spécifiquement. C'est aussi la manière de voir de M. Coste (l. c.).
Mais les caractères (faibles et peu nombreux !) soulignés par cet auteur
sont en contradiction avec ceux présentés par les Glayeuls des localités
classiques du Var (par ex. nos échant. du *G. dubius* d'Hyères de Shuttleworth et Huet ont des bulbes à fibres nettement anastomosées dans la
partie supérieure, alors que ces fibres doivent être non réticulées au
sommet du bulbe selon M. Coste !). Nous ne pouvons pas séparer le *G.
dubius* des auteurs français du *G. illyricus* Koch, même comme variété.
— A l'inverse des précédents, Baker (in *Journ. linn. soc.* XVI, 172) a fait
du *G. dubius* un synonyme du *G. segetum* : il a été suivi par MM. Ascherson et Graebner (*Syn.* III, 558). — Enfin d'autres auteurs (Fiori et Paol.
Fl. anal. It. I, 228) ont fait du *G. dubius* un synonyme du *G. communis*.

En l'absence d'originaux siciliens du *G. dubius* Guss., il est difficile de s'orienter au milieu de ces opinions diverses. Il convient cependant de remarquer que Gussone (l. c.) donne positivement au Glayeul sicilien des semences marginées-ailées, ce qui exclut complètement son attribution au *G. segetum* dont les semences sont dépourvues d'aile membraneuse. La comparaison ne pourra donc porter que sur les *G. communis* et *illyricus*, tous deux non indiqués en Sicile. Le *G. dubius* est-il synonyme de l'une ou de l'autre de ces deux espèces? L'indication du *G. dubius* à Bonifacio par Parlatore était-elle correcte? Ce sont là des questions obscures que les documents dont nous disposons ne nous permettent pas de résoudre, et dont nous devons laisser la solution à nos successeurs.

† 432. **G. byzantinus** Mill. *Gard. dict.* ed. 8, n. 3 (1768); Parl. *Fl. it.* III, 267; Baker in *Journ. linn. soc.* XVI, 171; Boiss. *Fl. or.* V, 139; Asch. et Graebn. *Syn.* III, 562; Coste *Fl. Fr.* III, 370 = *G. communis* var. *byzantinus* Fiori et Paol. *Fl. anal. It.* I, 228 (1896).

Hab. — Prairies maritimes, friches de l'étage inférieur. Avril-mai. ♃. Signalé seulement aux env. de Bastia et d'Ajaccio (Req. ex Parl. *Fl. it.* III, 267).

Bulbe à tunique pourvue de fibres fines, grêles, serrées, parallèles. Grappe distique, ± dorsiventrale, à fleurs médiocres (souvent moins de 3 cm.). Périgone à divisions différenciées, les trois supérieures conniventes, les trois inférieures plus ou moins défléchies, la médiane plus large. Anthères égalant env. le filet, à oreillettes ± divergentes. Stigmates atténués presque dès la base (non pas élargis presque dès la base, ainsi que le disent Asch. et Graebn. l. c.). Fruit oblong-obovoïde, ± ridé en travers, à angles obtus. Semences largement marginées-ailées.

ORCHIDACEAE

OPHRYS L. émend.

O. muscifera Huds. *Fl. angl.* ed. 1, 340 (1762); Gr. et Godr. *Fl. Fr.* III, 304; Cam. *Orch. Fr.* 95; M. Schulze *Orch. Deutschl.* 1, 26; Kraenzl. *Orch. gen. et sp.* I, 92; Asch. et Graebn. *Syn.* III, 624; Coste *Fl. Fr.* III, 389; Cam. Berg. et Cam. *Mon. Orch.* 254 = *O. insectifera* var. *myodes* L. *Sp.* ed. 1, 948 (1753) = *O. myodes* Jacq. *Ic. rar.* 1, tab. 184 (1781-86).

Espèce signalée par M. Boyer (*Fl. Sud Corse* 65) aux env. de Bonifacio. Cette indication provient probablement d'une erreur de détermination. L'*O. muscifera* n'a jamais, à notre connaissance, été observé en Corse.

O. Speculum Link in Schrad. *Journ. Bot.* II, 324 (1799); Reichb. f. *Ic.* XIII-XIV, 80, t. 96; Cam. *Orch. Fr.* 94; Kraenzl. *Orch. gen. et sp.* I, 95; Asch.

et Graebn. *Syn.* III, 626; Coste *Fl. Fr.* III, 300; Cam. Berg. et Cam. *Mon. Orch.* 257 = *O. insectifera* ♂ L. *Sp.* ed. 1, 949 (1753) = *O. vernixia* Brot. *Fl. lus.* I, 29 (1804) = *O. Scolopax* Willd. *Sp.* IV, 69 (1805); non Cav. = *O. ciliata* Biv. *Sic. pl. cent.* 1, 90 (1806) = *Arachnites Speculum* Tod. *Orch. sic.* 93 (1842).

Mentionné vaguement en Corse par M. Coste (l. c.), indication reproduite par M. Camus (1908). La présence en Corse de cette espèce n'est pas invraisemblable. Elle croît sur le littoral des Alpes maritimes, dans l'Italie moyenne et méridionale, en Sardaigne, en Sicile, à Malte et à Lampéduse. Mais elle n'a pas été constatée jusqu'à présent dans les petites îles tyrrhéniennes et nous n'avons pas connaissance d'un renseignement précis établissant qu'elle ait jamais été trouvée en Corse. Nous n'osons donc pas, jusqu'à nouvel ordre, comprendre l'*O. Speculum* parmi les espèces corses.

433. **O. fusca** Link in Schrad. *Journ. Bot.* I, 324 (1799); Reichb. f. *Ic.* XIII-XIV, 73, t. 92; Gr. et Godr. *Fl. Fr.* III, 305; Cam. *Orch. Fr.* 95; M. Schulze *Orch. Deutschl.* 24 et 25; Krænzl. *Orch. gen. et sp.* I, 96; Asch. et Graebn. *Syn.* III, 627; Coste *Fl. Fr.* III, 389; Cam. Berg. et Cam. *Mon. Orch.* 248 = *O. insectifera* var. γ et × L. *Sp.* ed. 1, 949 (1753) = *O. myodes* ζ Lamk *Encycl. méth.* IV, 572 (1797).

Hab. — Garigues des étages inférieur et montagnard. Avril-mai. ♃. Calcicole préférant. Disséminé. Col de Teghime (Shuttl. *Enum.* 21); Farinole (Rotgès in litt.); env. de Bonifacio (Seraf. ex Viv. *Fl. Cors. diagn.* 15; Mars. *Cat.* 149); et localités ci-dessous.

1907. — Cap Corse : Garigues du Mt S. Angelo près de St-Florent, 200 m., calc., 24 avril fl.! (f. *iricolor*); garigues du Mt Silla Morta, 100 m., calc., 23 avril fl.! (f. *iricolor*). — Garigues à Ostriconi, 20 avril fl.! (f. *funerea*); rocailles de la Chapelle de S. Angelo, calc., 900-1000 m., 13 mai fl.!

Les fleurs présentent quelques variations. Les échant. grandiflores à labelle d'un brun violacé et à tache à reflets bleuâtres ou d'un jaune bleuâtre ont été distingués sous le nom d'*O. iricolor* Desf. [*Coroll.* t. 3 (1808) = *O. fusca* var. *iricolor* Reichb. f. *Ic. fl. germ. et helv.* XIII-XIV, 73, tab. 92 et 93 (1851)]. Les échant. plus réduits, pauciflores, à fleurs plus petites, à labelle plus foncé et plus étroit dont le lobe médian est indistinctement bilobé se rapportent à l'*O. funerea* Viv. [*Fl. Cors. diagn.* 15 (1824); Cam. *Orch. Fr.* 96 = *O. fusca* var. *funerea* Bickn. *Fl. Bordigh.* 270 (1894) = *O. fusca* subsp. *funerea* Cam. Berg. et Cam. *Mon. Orch.* 251 (1908)]. En dessinant toutes les formes de labelles que l'on rencontre, il serait facile de multiplier le nombre de ces formes qui représentent à peine des sous-variétés.

†† 433 × 437. **O. pseudofusca** Alb. et Cam. in *Bull. soc. bot. Fr.*

XXXVIII, 392 (1891) ; Cam. *Orch. Fr.* 101 ; Asch. et Graebn. *Syn.* III,
658 ; Cam. Berg. et Cam. *Mon. Orch.* 294 = **O. fusca × sphegodes.** —
Exsicc. Kralik n. 793 p. p. !

Hab. — Jusqu'ici dans la localité ci-dessous, mélangé avec les deux
espèces parentes.

1907. — Cap Corse : Mt S. Angelo de St-Florent, garigues, calc., 200 m.,
24 avril fl. !

Port de l'*O. sphegodes*, dont il se distingue par le labelle trilobé, le
lobe médian émarginé de sorte que l'ensemble du labelle paraît ± qua-
drilobé. Nos échant. proviennent du croisement de l'*O. fusca* et de l'*O.
sphegodes* var. *atrata*, combinaison à laquelle M. Haussknecht a donné
le nom d'*O. corinthiaca* Hausskn. [in *Mitt. thür. bot. Ver.*, neue Folge,
XIII-XIV 25 (1899) ; Cam. Berg. et Cam. *Mon. Orch.* 295 = *O. pseudofusca*
var. *corinthiaca* Asch. et Graebn. *Syn.* III, 659 (1907)]. On peut sans doute
sur place souvent indiquer la participation d'une variété précise dans la
formation de cette hybride, mais il y a de grandes différences d'un
échant. à l'autre provenant d'un croisement de même formule, de sorte
que des distinctions du genre de celle faite par M. Haussknecht ne peuvent
guère s'étayer sur des caractères morphologiques précis. Nous ne pouvons pas, en particulier, reconnaître la var. *corinthiaca* Asch. et Graebn.
d'après la présence (inconstante) d'un appendicule terminal au labelle.

434. **O. lutea** Cav. *Ic.* II, 46 (1793) ; Reichb. f. *Ic.* XIII-XIV, 75,
t. 94 ; Gr. et Godr. *Fl. Fr.* III, 305 ; Cam. *Orch. Fr.* 97 ; Krænzl. *Orch.
gen. et sp.* I, 97 ; Asch. et Graebn. *Syn.* III, 628 ; Coste *Fl. Fr.* III, 389 ;
Cam. Berg. et Cam. *Mon. Orch.* 252 = *O. insectifera* ε L. *Sp.* ed. 1, 949
(1753) = *O. myodes* var. *lutea* Gouan *Fl. monsp.* 299 (1765) = *O. insectifera* var. *glaberrima* Desf. *Fl. atl.* II, 321 (1800) = *O. vespifera* Brot.
Phyt. Lus. I, 24 (1816) = *Arachnites lutea* Tod. *Orch. sic.* 95 (1842). —
Exsicc. Soleirol n. 4023 ! ; Reverch. ann. 1880, n. 313 !

Hab. — Garigues de l'étage inférieur. Avril-mai. ♃. Calcicole. Loca-
lisé aux env. de Bonifacio (Pouzolz ex Lois. *Fl. gall.* ed. 2, II, 269 ;
Salis in *Flora* XVI, 492 ; Soleirol exsicc. cit. et ex Bert. *Fl. it.* IX, 596 ;
Req. ex Parl. *Fl. it.* III, 558 ; Mars. *Cat.* 149 ; Reverch. exsicc. cit. ;
Fliche in *Bull. soc. bot. Fr.* XXXVI, 369 ; Boy. *Fl. Sud Corse* 65).

1907. — Garigues du vallon de Canalli, calc., 30 m., 6 mai fl. ! ; citadelle
de Bonifacio, calc., 50 m., 5 mai fl. !

† 435. **O. fuciflora** Reichb. *Fl. germ. exc.* 140'' (1830) et *Ic.*
XIII-XIV, 85, tab. 109 ; M. Schulze *Orch. Deutschl.* 27 ; Asch. et Graebn.

Syn. III, 629 ; Cam. Berg. et Cam. *Mon. Orch.* 263=*O. insectifera* var. *adrachnites* L. *Sp.* ed. 1, 949 (1753) p. p. = *Orchis fuciflora* Crantz *Stirp. aust.* ed. 2, VI, 483 (1769) = *Orchis Arachnites* Scop. *Fl. carn.* ed. 2, II,194 (1772) = *Ophrys arachnites* Lamk *Fl. fr.* III, 515 (1778) ; Gr. et Godr. *Fl. Fr.* III, 302 ; Cam. *Orch. Fr.* 92 ; Kræuzl. *Orch. gen. et sp.* I, 100 ; Coste *Fl. Fr.* III, 391 = *Arachnites fuciflora* Schm. *Fl. boem.* 76 (1794) = *O. Adrachnites* Bert. *Fl. gen.* 123 (1824) ; non Mill. — En Corse, jusqu'à présent, seulement la race suivante :

† Var. **linearis** Moggr. in *Act. Leop. Car. Acad.* XXXV, 12, t. III, fig. 21 (1870) ; Asch. et Graebn. *Syn.* III, 634 = *Arachnites fuciflora* var. *exaltata* Tod. *Orch. sic.* 72 (1842) ; Fiori et Paol. *Fl. anal. It.* I, 245 ; non *O. exaltata* Ten.!

Hab. — Garigues de l'étage inférieur. Avril-mai. ♃. Rare ou peu observée. Env. de Bastia (Salis in *Flora* XVI, 492) et d'Ajaccio (Req. ex Parl. *Fl. it.* III, 535 ; Mab. *Cat.* 149; Boullu in *Bull. soc. bot. Fr.* XXIV, sess. extr. C) ; et localités ci-dessous.

1907. — Cap Corse : garigues du Mont S. Angelo près St Florent, 200 m., calc., 24 avril fl.! ; garigues de la montagne des Stretti, 100 m., calc., 25 avril fl.!

Race caractérisée par un labelle relat. grand (7-10 × 6-9 mm.) et les pièces latérales internes du périgone allongées, ± linéaires-oblongues. L'*O. exaltata* Ten. [*Ad Cat. hort. neap. app.* II, 83 (1819) ; Bert. *Fl. it.* IX, 588 ; Parl. *Fl. it.* III, 534 ; Cortesi in Pirotta *Ann. bot.* V, 514] a été, paraît-il, distribué par Tenore sous des échant. qui appartiennent à l'*O. fuciflora* (voy. Reichb. f. *Ic.* l. c. 92), mais la description laisse dans le doute sur cette identification. Notre original de Tenore (in h. Delessert!), n'appartient pas à l'*O. fuciflora* var. *linearis*, mais il est trop insuffisant pour que nous osions en donner une interprétation précise. En revanche, notre plante corse cadre bien avec l'*O. fuciflora* var. *exaltata* Tod. tel qu'il a été distribué de Sicile par Todaro lui-même. Nous ne pouvons accepter le classement qui a été fait de la plante par Todaro, puis par M. Camus [*O. aranifera* var. *exaltata* Cam. *Orch. Fr.* 85 (1893) = *O. aranifera* subsp. *exaltata* Cam. Berg. et Cam. *Mon. Orch.* 288 (1908)], car nos échant. de Sicile et de Corse montrent d'une façon concordante des pièces latérales internes du périgone densément pubescentes en dedans (glabres dans l'*O. aranifera* = *O. sphegodes*) et un labelle nettement appendiculé au sommet.

436. **O. tenthredinifera** Willd. *Sp. pl.* IV, 67 (1805) ; Coss. *Not. pl. crit.* 63 ; Reichb. f. *Ic.* XIII-XIV, 81, t. 111 ; Gr. et Godr. *Fl. Fr.* III, 302 ; Cam. *Orch. Fr.* 89 ; Kræuzl. *Orch. gen. et Sp.* I, 98 ; Asch. et

Graebn. *Syn.* III, 635 ; Coste *Fl. Fr.* III, 391 ; Cam. Berg. et Cam. *Mon. Orch.* 260 = *O. Arachnites* Link in Schrad. *Journ. Bot.* I, 325 (1799) = *O. insectifera* var. *rosea* Desf. *Fl. atl.* II, 321 (1800) = *O. villosa* Desf. in *Ann. mus.* X, 225 (1807) = *O. episcopalis* Poir. *Encycl. méth.* Suppl. IV, 170 (1816) = *O. grandiflora* Ten. *Fl. nap.* II, 309 (1820) = *O. Tenoreana* Lindl. in *Bot. reg.* t. 1093 (1827) = *Arachnites tenthredinifera* Tod. *Orch. sic.* 85 (1842). — Exsicc. Kralik sub : *O. tenthredinifera* ! ; Reverch. ann. 1880 n. 314 !

Hab. — Garigues de l'étage inférieur. Avril-mai. ♃. Calcicole. Rare. Aleria (R. Maire in *Bull. soc. bot. Fr.* XLVIII, sess. extr. CXLVIII) ; env. de Bonifacio (Kralik exsicc. cit. et ap. Coss. *Not.* 64 et Gr. et Godr. l.c.; Bernard ex Gr. et Godr. l. c.; Deb. *Not.* 46 ; Reverch. exsicc. cit.; Lardière in *Bull. trim. soc. bot. Lyon* XI, 60 ; Boy. *Fl. Sud Corse* 65).

† 437. **O. sphegodes** Mill. *Gard. dict.* ed. 8, n. 8 (1768) ; Britt. et Rendle in *Journ. of Bot.* XLV, 104 ; Schinz et Thell. in *Bull. herb. Boiss.*, 2e sér., VII, 404 = *O. aranifera* Huds. *Fl. angl.* ed. 2, 392 (1778) ; Reichb.f. *Ic.* XIII-XIV, 88 ; Gr. et Godr. *Fl. fr.* III, 301 ; Cam. *Orch. Fr.* 84 ; M. Schulze *Orch. Deutchl.* 28 ; Krænzl. *Orch. gen. et sp.* I, 104 ; Asch. et Graebn. *Syn.* III, 636 ; Cam. Berg. et Cam. *Mon. Orch.* 281 = *O. insectifera* ♂ L. *Sp.* ed. 1, 949 (1753) p. p. = *Arachnites fuciflora* Tod. *Orch. sic.* 72 (1842) = *O. spheogodes* Schinz et Kell. *Fl. suisse*, éd. fr. I, 144 (1909).

Hab. — Garigues des étages inférieur et montagnard. Avril-mai. ♃. Répandu. Deux races :

† α. Var. **genuina** Briq. = *O. aranifera* var. *genuina* Reichb. f. *Ic.* XIII-XIV, 88 et 91, tab. 97 (1851) ; Krænzl. *Orch. gen. et sp.* I, 104 ; Asch. et Graebn. *Syn.* III, 638 = *O. aranifera* Coste *Fl. Fr.* III, 388. — Exsicc. Kralik n. 793 !

Hab. — Assez rare. Col de Teghime (Fouc. et Sim. *Trois sem. herb. Corse* 164) ; env. de Corté (Burnouf in *Bull. soc. bot. Fr.* XXIV, sess. extr. XXXI) ; Mte Cacalo près Ajaccio (Petit in *Bot. Tidsskr.* XIV, 248) ; env. de Bonifacio (Kralik exsicc. cit.; Boy. *Fl. Sud Corse*, 65 ; Thellung!).

Labelle relat. petit, obové-allongé, portant des raies symétriques parallèles, assez brièvement velu, dépourvu d'apophyses.

† β. Var. **atrata** Briq. = *O. aranifera* var. *atrata* Reichb. f. *Ic.* XIII-XIV, 90 et 91, tab. 100 (1851) ; Gr. et Godr. *Fl. Fr.* III, 301 ; Cam. *Orch.*

Fr. 86; M. Schulze *Orch. Deutchl.* 28; Krænzl. *Orch. gen. et sp.* 1, 105; Mart. *Mon. Sard.* 61; Asch. et Graebn. *Syn.* III, 641 = *O. atrata* Lindl. in *Bot. reg.* t. 1087 (1827); Boiss. *Fl. or.* V, 78; Cortesi in Pirotta *Ann. bot.* V, 563; Coste *Fl. Fr.* III, 389 = *O. aranifera* subsp. *atrata* Cam. Berg. et Cam. *Mon. Orch.* 286 (1908). — Exsicc. Reverch. ann. 1880 n. 315! (sub *O. fusca*!).

Hab. — Peu observée, mais en réalité plus fréquente en Corse que la race précédente. Cardo (Fouc. et Sim. *Trois sem. herb. Corse* 161); Bonifacio (Petit in *Bot. Tidsskr.* XIV, 248; Thellung!); et localités ci-dessous.

1907. — Cap Corse : Montagne des Stretti, rocailles calcaires, 200 m., 25 avril fl.!; Mont S. Angelo près St-Florent, 200 m., calc., 24 avril fl.!; garigues du Mont Silla Morta, 100 m., 23 avril fl.! — Garigues à Ostriconi, 20 avril fl.!; garigues entre Bravone et Alistro, 10 m., calc., 30 avril fl.!; garigues de Cateraggio, calc., 1 mai fl.!; vallon de Canalli, garigues, 30 m., calc., 6 mai fl.!; garigues à Bonifacio, calc., 30 m., 5 mai fl.!

Caractérisée par les pièces extérieures du périgone verdâtres, les intérieures latérales brunes, le labelle plus grand que dans les autres variétés de l'espèce, de couleur très foncée, à apophyses volumineuses, à tache entourée d'une abondante villosité veloutée.

†† 438. **O. Bertolonii** Morett. *Pl. it. dec.* VI, 91 (1823); Reichb. f. *Ic.* XIII-XIV, 94, t. 103; Gr. et Godr. *Fl. Fr.* III, 302; Cam. *Orch. Fr.* 88; Krænzl. *Orch. gen. et sp.* 1, 102; M. Schulze *Orch. Deutschl.* 30; Asch. et Graebn. *Syn.* III, 643; Coste *Fl. Fr.* III, 390; Cam. Berg. et Cam. *Mon. Orch.* 271 = *O. Speculum* Bert. *Pl. gen.* 124 (1804); non Link = *Arachnites Bertolonii* Tod. *Orch. sic.* 79 (1842).

Hab. — Garigues de l'étage inférieur. Avril-mai. Calcicole. ♃ Rare. Farinole (Rotgès in litt.); Bonifacio (Boy. *Fl. Sud Corse* 65). A rechercher.

† 439. **O. apifera** Huds. *Fl. angl.* ed. 1, 340 (1762); Reichb. f. *Ic.* XIII-XIV, 96, t. 105; Gr. et Godr. *Fl. Fr.* III, 303; Cam. *Orch. Fr.* 91; Krænzl. *Orch. gen. et sp.* I, 107; M. Schulze *Orch. Deutschl.* 31; Asch. et Graebn. *Syn.* III, 646; Coste *Fl. Fr.* III, 390; Cam. Berg. et Cam. *Mon. Orch.* 275 = *O. insectifera* var. *Adrachnites* L. *Sp.* ed. 1, 949 p. p. (1753) = *O. Adrachnites* Mill. *Gard. dict.* ed. 8, n. 7 (1768) = *Orchis holoserica* Burm. *Fl. cors.* 237 (1770) = *Arachnites apifera* Tod. *Orch. sic.* 88 (1842).

Hab. — Garigues des étages inférieur et montagnard. Avril-mai. ♃. Rare ou peu observé. Sur Bastia (Salis in *Flora* XVI, 492); col de San

Quilico (Fouc. et Sim. *Trois sem. herb. Corse* 161) ; env. de Corté (Burnouf in *Bull. soc. bot. Fr.* XXIV, sess. extr. XXXI) ; Piedicorte-di-Gaggio (Rotgès in litt.) ; Bonifacio (Req. ex Parl. *Fl. it.* III, 539).

La plante corse appartient sans doute à la var. **typica** Asch. et Graebn. [*Syn.* III, 648 (1907)] répandue sous différentes formes dans le bassin méditerranéen, et caractérisée par les pièces latérales internes du périgone petites, assez longuement pubescentes, verdâtres, le labelle ± quadrangulaire d'un brun fauve, longuement appendiculé.

†† 440. **O. Scolopax** Cav. *Ic. et descr.* II, 46 (1799) ; Reichb. f. *Ic.* XIII-XIV, 98, t. 406 ; Gr. et Godr. *Fl. Fr.* III, 304 ; Cam. *Orch. Fr.* 93 ; Kraenzl. *Orch. gen. et sp.* I, 108 ; M. Schulze *Orch. Deutschl.* 32 ; Asch. et Graebn. *Syn.* III, 652 ; Coste *Fl. Fr.* III, 391 ; Cam. Berg. et Cam. *Mon. Orch.* 267 = *O. picta* Link in Schrad. *Journ. Bot.* II, 325 (1799) = *O. insectifera* var. *apiformis* Desf. *Fl. att.* II, 321 (1800) = *O. sphegifera* Willd. *Sp. pl.* IV, 65 (1805) = *O. corniculata* Brot. *Phyt. Lus.* I, 93 (1816).

Hab. — Garigues des étages inférieur et montagnard. Avril-mai. ♃. Rare ou peu observé. Col de S. Quilico (Fouc. et Sim. *Trois sem. herb. Corse* 161) ; Ajaccio, oliveraies du Casone (Legrand in *Bull. soc. bot. Fr.* XXXVII, 18).

441. **O. bombyliflora** Link in Schrad. *Journ. Bot.* II, 325 (1799) ; Coss. *Not. pl. crit.* 64 ; Reichb. f. *Ic.* XIII-XIV, 95, tab. 104 ; Gr. et Godr. *Fl. Fr.* III, 303 ; Kraenzl. *Orch. gen. et sp.* I, 106 ; Asch. et Graebn. *Syn.* III, 654 ; Coste *Fl. Fr.* III, 390 ; Cam. Berg. et Cam. *Mon. Orch.* 279 = *O. insectifera* var. *biflora* Desf. *Fl. att.* II, 320 (1800) = *O. bombylifera* Willd. *Sp. pl.* IV, 68 (1805) ; Cam. *Orch. Fr.* 90 = *O. tabanifera* Willd. l. c. (1805) = *O. distoma* Biv. *Sic. pl. cent.* I, 59 (1806) = *O. caualiculata* Viv. *App. fl. Cors. prodr.* 7 (1825) = *O. labrofissa* Brot. *Phyt. Lus.* II, t. 88 (1827) = *Arachnites bombylifera* Tod. *Orch. sic.* 91 (1842) = *O. umbilicata* Viv. ex Asch. et Graebn. *Syn.* III, 655 (1907, sphalmate pro *canaliculata*). — Exsicc. Kralik n. 792 ! ; Mab. n. 391 ! ; Reverch. ann. 1880, n. 312 !

Hab. — Garigues de l'étage inférieur. Avril-mai. ♃. Bizarrement localisé au Cap Corse et dans l'extrême sud. Col de Teghime (Mab. exsicc. cit. et in *Feuille jeun. nat.* VII, 110 ; Billiet in *Bull. soc. bot. Fr.* XXIV, sess. extr. LXX ; Rotgès in litt.) ; Bonifacio (Seraf. ex Viv. *App. fl. Cors. prodr.* 7 ; Req. ex Parl. *Fl. it.* III, 542 ; Kralik exsicc. cit. et ap. Coss.

Not. 65 et Gr. et Godr. *Fl. Fr.* III, 303 ; Mars. *Cat.* 149 ; Reverch. exsicc. cit. ; Boy. *Fl. Sud Corse* 65) ; et localités ci-dessous.

1907. — Cap Corse : clairières des maquis du Monte Fornello au-dessus de Luri, 500 m., 27 avril fl. ! — Bonifacio, garigues, 5 mai fl. !

ORCHIS [1] L. emend.

442. **O. papilionacea** L. *Syst.* ed. 10, 1242 (1759) ; Reichb. f. *Ic.* XIII-XIV, 15, t. 10 ; Gr. et Godr. *Fl. Fr.* III, 284 ; Cam. *Orch. Fr.* 29 ; M. Schulze *Orch. Deutschl.* 2 ; Krænzl. *Orch. gen. et sp.* I, 116 ; Cortesi in Pirotta *Ann. bot.* I, 145 ; Coste *Fl. Fr.* III, 399 ; Asch. et Graebn. *Syn.* III, 663 ; Cam. Berg. et Cam. *Mon. Orch.* 99. — Exsicc. Thomas sub : *O. rubra* ! ; Req. sub : *O. papilionacea* ! ; Bourgeau n. 370 ! ; Kralik n. 791 ! ; Mab. n. 280 ! ; Debeaux ann. 1867 sub : *O. papilionacea* !

Hab. — Garigues, maquis clairs de l'étage inférieur. Avril. ♃. Répandu et abondant dans l'île entière.

1907. — Cap Corse : Spergane, entre le col de Ste-Lucie et Luri, 300 m., 26 avril fl. ! ; Cardo, maquis, 503 m., 17 avril fl. ! ; Bastia près de la chapelle de Monserato, maquis, 17 avril fl. ! ; montée de Bastia au col de Teghime, 22 avril fl. ! ; garigues du Mt Silla Morta, 100 m., calc., 23 avril fl. ! — Garigues d'Ostriconi, 20 avril fl. ! ; garigues entre Alistro et Bravone, 10 m., 30 avril fl. ! ; garigues de Santa Manza, 10 m., 6 mai fl. !

La forme la plus répandue en Corse est la var. **rubra** Lindl. [*Gen. et sp. Orch.* 268 (1830-40) ; Barla *Icon. Orch.* 43 ; Cam. *Orch. Fr.* 30 ; Cam. Berg. et Cam. *Mon. Orch.* 101 = *O. rubra* Jacq. *Ic. pl. rar.* I, 18, t. 183 (1781-86) = *O. papilionacea* var. *parviflora* Willk. et Lange *Prodr. fl. hisp.* I, 65 (1861) ; M. Schulze *Orch. Deutschl.* 2 ; Asch. et Graebn. *Syn.* III, 664] à fleurs médiocres, à limbe du labelle un peu plus long que large. Mais on trouve tous les passages à la var. **grandiflora** Boiss. [*Voy. Esp.* II, 592 (1845)] à fleurs grandes, à limbe du labelle beaucoup plus ample, sans pourtant que nous ayons vu cette dernière variété sous la forme typique de l'Espagne ou du Maroc. En Corse, toutes ces formes ne représentent que de simples états individuels croissant pêle-mêle et reliés par des transitions insensibles.

†† 442 × 443. **O. Gennarii** Reichb. f. *Ic.* XIII-XIV, 172, t. 168 (1851) ; Cam. *Orch. Fr.* 52 ; Krænzl. *Orch. gen. et sp.* I, 118 et 131 (lapsu quodam bis descripta !) ; Cortesi in Pirotta *Ann. bot.* I, 148 ; Asch. et

---

[1] Linné (*Sp.* ed. 1, 939) a créé sous le nom d'*Orchis* un vocable générique féminin. Les noms génériques pouvant être absolument arbitraires (*Règl. nom.* art. 24), il n'y a aucune raison de changer l'usage linnéen.

Graebn. *Syn.* III, 692 ; Cam. Berg. et Cam. *Mon. Orch.* 205 = *O. Morio* ?
var. *Gennarii* Parl. *Fl. it.* III, 459 (1858) = *O. Debeauxii* Cam. *Orch. Fr.*
53 (1893) = *O. Yvesii* Verguin in *Bull. soc. bot. Fr.* LIV, 600 (1907) =
O. Morio ✕ **papilionacea.**

Hab. — Çà et là isolé parmi les parents. Cardo (Chabert in *Bull. soc.
bot. Fr.* XXVIII, sess. extr. LV et XXXIX, 69) ; entre Toga et Ste-Lucie
de Bastia (Deb. *Not.* 40) ; route de Bastia à St-Florent vers le 4me kilom.
(Deb. l. c. 41) ; Bonifacio (Petit in *Bot. Tidskr.* XIV, 248) ; et localités
ci-dessous.

1907. — Cap Corse : Spergane entre le col de Ste-Lucie et Luri,
26 avril fl.! ; Marine de Giottani entre St-Florent et Pino, garigues,
26 avril fl.!

Dans les localités corses où cette hybride a été observée, elle croît
en compagnie de l'*O. Morio* var. *eu-Morio*. Ce fait, qui se reproduit en
bien d'autres points du bassin de la Méditerranée, rend superflus les
doutes émis par MM. Ascherson et Graebner (l. c. 691) sur la possibilité
d'un croisement de la formule *eu-Morio* ✕ *papilionacea*. — Reichenbach
f. (l. c.) a le premier émis l'idée de l'hybridité de l'*O. Gennarii*, opinion
confirmée plus tard par Timbal-Lagrave [*Mém. hybr. Orch.* 14 (1854)].
Plus tard, Freyn [in *Oest. bot. Zeitschr.* XXVIII, 52-55 (1877) et in *Verh.
zool.-bot. Ges. Wien* XXVII, 434 et 520 (1877)] a cru devoir en séparer les
plantes correspondant à la formule *Morio* var. *picta* ✕ *papilionacea* sous
trois formes différentes : *pseudorubra* Freyn, *intermedia* Freyn et *pseudopicta* Freyn, suivant que les échant. se rapprochent plus de l'une ou
de l'autre des deux espèces parentes. M. Verguin a décrit sous le nom
d'*O. Yvesii* la même forme que Freyn avait désignée sous le nom d'*O. Gennarii* var. *pseudorubra* (devenue l'*O. pseudorubra* Freyn in Rouy *Ill.* XI,
90, t. CCLXXIII ; Cam. Berg. et Cam. *Mon. Orch.* 206). — Nous ne pouvons pas séparer les hybrides de la formule *Morio* var. *eu-Morio* ✕ *papilionacea*, de ceux correspondant à la formule *Morio* var. *picta* ✕ *papilionacea*. En effet, ainsi qu'il a été dit plus haut, nos deux échant. corses,
d'ailleurs un peu différents l'un de l'autre, sont sûrement dûs à l'action
de l'*O. Morio* var. *eu-Morio* que nous avons seul vu dans les localités
citées, à l'exclusion de la var. *picta*. Or, nous ne pouvons pas distinguer
ces échantillons de l'*O. Gennarii* var. *pseudopicta* et var. *intermedia*
Freyn ! Ils tiennent à peu près le milieu entre les espèces parentes, se
rapprochant pourtant un peu plus de l'*O. Morio* var. *eu-Morio* par le port,
l'inflorescence pauciflore, les nervures verdâtres du casque, etc. Le
développement exagéré du labelle les fait d'ailleurs immédiatement
distinguer de l'*O. Morio*.

†† 442 ✕ 444. **O. Bornemanni** Asch. in *Oesterr. bot. Zeitschr.*
XV, 70 (1865) ; id. in *Att. soc. it. sc. nat.* VIII, 184 et ap. Barb. *Fl. sard.
comp.* 184, t. VII, fig. 3 ; Mart. *Mon. sard.* 42 ; Kraenzl. *Orch. gen. et sp.*

I, 120 ; Asch. et Graebn. *Syn.* III, 693 ; Cam. Berg. et Cam. *Mon. Orch.*
204 = **O. longicornu** × **papilionacea**.

Hab. — Env. de Bonifacio, parmi les parents (Stefani ex Lit. in *Bull.
acad. géogr. bot.* XVIII, 108).

Intermédiaire entre les deux espèces parentes, comme dimensions de
la fleur, coloris et forme du casque et du labelle. Se distingue de l'*O. Gennarii* par la coloration d'un rose vif des lobes latéraux du labelle.
M. Ascherson a distingué deux formes principales de cette hybride, l'une
(*O. papilionacea* × *longicornu* B *Bornemanni* Asch. et Graebn. *Syn.* III,
693) plus rapprochée de l'*O. longicornu*, l'autre [*O. Bornemanniae* Asch.
in Barb. *Fl. sard. comp.* 183, t. VII, f. 2 (1885); Mart. *Mon. sard.* 40;
Kraenzl. *Orch. gen. et sp.* I, 120 ; Cam. Berg. et Cam. *Mon. Orch.* 204 =
O. papilionacea × *longicornu* A *Bornemanniae* Asch. et Graebn. l. c.] plus
rapprochée de l'*O. papilionacea*. Cette dernière plante ne représente
pour M. Kraenzlin (l. c.) qu'une forme un peu aberrante de l'*O. papilionacea*.

443. O. Morio L. *Sp.* ed. 1, 940 (1753) ; Reichb. f. *Ic.* XIII-XIV, 17,
tab. 11 ; Cam. *Orch. Fr.* 30 ; Kraenzl. *Orch. gen. et sp.* I, 118 ; Cortesi in
Pirotta *Ann. bot.* I, 150 ; Asch. et Graebn. *Syn.* III, 665 ; Coste *Fl. Fr.*
III, 399 ; Cam. Berg. et Cam. *Orch. Fr.* 102.

Hab. — Garigues, maquis clairs des étages inférieur et montagnard.
Avril-mai suivant l'altitude. ♃ . Disséminé sous les deux races suivantes :

α. Var. **eu-Morio** Briq. = *O. Morio* Gr. et Godr. *Fl. Fr.* III, 285 ; M.
Schulze *Orch. Deutschl.* 3. — Exsicc. Bourgeau n. 368 ! ; Reverch. ann.
1878, n. 297 !

Hab. — Monte Fosco (Gillot in *Bull. soc. bot. Fr.* XXIV, sess. extr.
LIX) ; sur Bastia (Salis in *Flora* XVI, 492) ; Biguglia, St-Florent, Belgodère et Calvi (Fouc. et Sim. *Trois sem. herb. Corse* 160) ; Ajaccio (Bourg.
exsicc. cit. ; Shuttl. *Enum.* 20 ; Bodiu in *Bull. soc. bot. Fr.* XXIV, sess.
extr. C) ; Bastelica (Reverch. exsicc. cit.) ; vallon de Canalli et Bonifacio
(Req. ex Parl. *Fl. it.* III, 464) ; et localités ci-dessous.

1907. — Cap Corse : Garigues à Spergane entre le col de Ste-Lucie et
Luri, 26 avril fl.! ; Marine de Giottani, garigues, 26 avril fl.! ; Punta Mi-
nervio, garigues, 26 avril fl.! ; entre Novella et le col de S. Colombano,
500-600 m., 9 avril fl.! ; montée de Ghisoni au col de Sorba, 700-1200 m.,
10 mai fl.! ; vallée inf. de la Solenzara, 3 mai fl.!

Grappe 5-20 flore. Fleurs relat. grandes. Casque haut de 6-8 mm. Labelle mesurant $6\text{-}8 \times 7\text{-}8$ mm. Eperon peu courbé ou presque droit, cy-
lindrique-claviforme, aussi long ou un peu plus long que le labelle, géné-

ralement plus court que l'ovaire. Extrêmement variable dans l'intensité de la coloration de la fleur et dans la ponctuation du labelle.

†† β. Var. **picta** Reichb. f. *Ic.* XIII-XIV, 17, tab. 13 (1851) ; Barla *Ic. Orch.* 45, t. 31, fig. 1-7 ; Boiss. *Fl. or.* V, 60 ; Cam. *Orch. Fr.* 31 = *O. picta* Lois. *Fl. gall.* ed. 2, II, 264 (1828) ; Gr. et Godr. *Fl. Fr.* III, 286 ; M. Schulze *Orch. Deutschl.* 4 = *O. longicornis* var. *picta* Lindl. *Orch.* 269 (1830-40) = *O. Morio* var. *longicalcarata* Boiss. *Voy. Esp.* II, 594 (1845) = *O. Morio* subsp. *picta* Asch. et Graebn. *Syn.* III, 667 (1907) ; Cam. Berg. et Cam. *Mon. Orch.* 105. — Exsicc. Kralik n. 790 !

Hab. — Plus rare que la précédente, ou peu observée. Belgodère (Fouc. et Sim. *Trois sem. herb. Corse* 160) ; Pozzo di Borgo (Boullu in *Bull. soc. bot. Fr.* XXIV, sess. extr. XCVII ; Coste ibid. XLVIII, sess. extr. CXII) ; Bonifacio (Kralik exsicc. cit.).

Grappe 3-7 flore. Fleurs relat. petites. Casque haut de 3-6 mm. Labelle mesurant 4-6 × 3-5 mm. Eperon généralement ± arqué, plus claviforme, le plus souvent aussi long ou à peine plus court que l'ovaire.

On trouve tous les passages entre les var. α et β, dans des conditions qui excluent toute idée d'hybridité. Les caractères de l'*O. picta* sont marqués d'une façon si inégale d'un individu et d'une localité à l'autre que nous ne pouvons pas lui donner une valeur supérieure à celle d'une simple race.

† 444. **O. longicornu** Poir. *Voy. Barb.* II, 247 (1789) ; Reichb. f. *Ic.* XIII-XIV, 18, t. 12, 13 et 155 ; Cam. *Orch. Fr.* 34 ; Kranzl. *Orch. gen. et sp.* I, 121 ; Coste *Fl. Fr.* III, 400 ; Asch. et Graebn. *Syn.* III, 669 ; Cam. Berg. et Cam. *Mon. Orch.* 107 — *O. longicornis* Lamk *Encycl. méth.* IV, 591 (1797) ; Mart. *Mon. sard.* 40.

Hab. — Garigues de l'étage inférieur. Avril. ♃. Rare. Ajaccio (Req. ex Bert. *Fl. it.* IX, 526) ; Bonifacio (Req. ex Parl. *Fl. it.* III, 467 ; Stefani ex Lit. in *Bull. acad. géogr. bot.* XVIII, 108).

Espèce voisine de la précédente, mais suffisamment distincte par le labelle à lobes latéraux lozangiques-arrondis, d'un violet foncé, à lobe moyen court et pâle, et surtout par l'éperon atteignant le double ou le triple de la longueur du labelle.

†† 443 × 445. **O. cimicina** Bréb. *Fl. Norm.* éd. 1, 317 (1836) ; Reichb. f. *Ic.* XIII-XIV, 22, t. 152 ; Asch. et Graebn. *Syn.* III, 690 ; non Crantz (quae = *O. coriophora* L.) = *O. olida* Bréb. *Fl. Norm.* éd. 2, 257 (1849) ; Cam. *Orch. Fr.* 55 ; Cam. Berg. et Cam. *Mon. Orch.* 212 = *O.*

Pauliana Maliny. in *Bull. soc. bot. Fr.* XXXVI, sess. extr. CCLXVII (1889);
Cam. *Orch. Fr.* 56 ; Cam. Berg. et Cam. *Mon. Orch.* 213 = *O. Camusii*
Duff. ap. Cam. et Duff. in *Bull. soc. bot. Fr.* XLV, 434 (1898) = **O. co-**
riophora × **Morio.**

Hab. — Biguglia (Fouc. et Sim. *Trois sem. herb. Corse* 161).

Intermédiaire entre les *O. coriophora* et *O. Morio*. Port de l'*O. corio-*
phora, mais casque plus grand, pourpré, acuminé, ouvert au sommet; labelle trilobé, élargi, a lobes ± quadratiques, lavés de pourpre; éperon
aigu à peu près de la longueur du labelle. Le mélange des caractères des
deux espèces parentes est assez variable d'un échant. à l'autre. D'après
les matériaux de ce groupe que nous avons vus, il ne nous paraît pas
possible de préciser par des caractères morphologiques le rôle des diverses variétés des *O. Morio* et *coriophora* dans les produits hybrides.

445. **O. coriophora** L. *Sp.* ed. 1, 940 (1753) ; Reichb. f. *Ic.* XIII-
XIV, 20, t. 14 et 15 ; Gr. et Godr. *Fl. Fr.* III, 287 ; Cam. *Orch. Fr.* 33 ;
Krænzl. *Orch. gen. et sp.* I, 122 ; M. Schulze *Orch. Deutschl.* 5 ; Coste
Fl. Fr. III, 399, ampl. ; Asch. et Graebn. *Syn.* III, 670 ; Cam. Berg. et
Cam. *Mon. Orch.* 133. — En Corse seulement la race suivante :

Var. **Polliniana** Poll. *Fl. veron.* III, 3 (1824) ; Reichb. f. *Ic.* XIII-XIV,
21, t. 14 ; Krænzl. *Orch. gen. et sp.* I, 123 = *O. fragrans* Poll. *Elem.* II,
tab. ult. fig. 2 (1811) ; Coste *Fl. Fr.* III, 399 = *O. Polliniana* Spreng.
Pug. II, 78 (1815) = *O. cassidea* Marsch.-Bieb. *Fl. taur.-cauc.* III, 600
(1819) = *O. coriophora* var. *fragrans* Boiss. *Voy. Esp.* II, 593 (1845) ;
Gr. et Godr. *Fl. Fr.* III, 287 ; Cam. *Orch. Fr.* 34 ; M. Schulze *Orch.*
Deutschl. 5 ; Asch. et Graebn. *Syn.* III, 671 = *O. coriophora* subsp.
fragrans Cam. Berg. et Cam. *Mon. Orch.* 136 (1908). — Exsicc. Burn.
ann. 1904, n. 570 !

Hab. — Points humides des étages inférieur et montagnard. Mai-juin.
♃. Disséminée. Le Pigno (Mab. in Mars. *Cat.* 149); descente du col de
Teghime sur S¹-Florent (Salis in *Flora* XVI, 492 ; Lutz in *Bull. soc. bot.*
Fr. XLVIII, 57) ; entre Oletta et le col de Teghime (Briq. *Spic.* 14 et
Burn. exsicc. cit.); Ponte Nuovo (Sargnon in *Ann. soc. bot. Lyon* VI,
73) ; Ghisoni (Rotgès in litt.) ; montagnes de Bocognano (Revel. in Bor.
Not. III, 6) ; montagne d'Ajaccio (Mars. *Cat.* 149 ; Boullu in *Bull. soc.*
bot. Fr. XXIV, sess. extr. C) ; de Solenzara à Togna (Fouc. et Sim. *Trois*
sem. herb. Corse 160).

Pièces du périgone longement acuminées, ce qui donne au casque une forme très pointue. Labelle à marges crénelées-denticulées, à lobe médian allongé et ± acuminé. Eperon aussi long ou plus long que le labelle. — Race méditerranéenne à parfum agréable.

446. **O. tridentata** Scop. *Fl. carn.* ed. 2, II, 190 (1772) ; Reichb. f. *Ic.* XIII-XIV, 23 ; Gr. et Godr. *Fl. Fr.* III, 288 ; Cam. *Orch. Fr.* 34 ; Krænzl. *Orch. gen. et sp.* I, 126 ; M. Schulze *Orch. Deutschl.* 7 ; Asch. et Graebn. *Syn.* III, 674 = *O. cercopitheca* Lamk *Encycl. méth.* IV, 593 (1789).

Hab. — Garigues, maquis des étages inférieur et montagnard. 1-1200 m. Avril-mai suivant l'altitude. ⚥. Répandu sous les deux races suivantes.

† α. Var. **variegata** Reichb. f. *Ic.* XIII, 23, tab. 19, III (1851); Krænzl. *Orch. gen. et sp.* I, 126 ; Asch. et Graebn. *Syn.* III, 675 = *O. variegata* All. *Fl. ped.* II, 147 (1785) = *O. tridentata* Scop. sensu stricto ; Coste *Fl. Fr.* III, 398 ; Cam. Berg. et Cam. *Mon. Orch.* 113 = *O. Simia* Vill. *Hist. pl. Dauph.* II, 33 (1787) ; non Lamk = *O. Scopolii* Timb. ex Gr. et Godr. *Fl. Fr.* III, 288 (1855).

Hab. — Montagnes des env. de Corté (Req. ex Parl. *Fl. it.* III, 478 ; Burnouf in *Bull. soc. bot. Fr.* XXIV, sess. extr. XXXI) ; retrouvée par nous dans la localité ci-dessous.

1907. — Cime de la Chapelle de S. Angelo, buxaie et rochers du versant N., calc., 1050-1150 m., 13 mai fl. !

Plante élancée, à inflorescence élargie-déprimée (rappelant celle de l'*Anacamptis pyramidalis* ou de l'*Orchis globosa*). Fleurs d'un rose vif, à casque acuminé, à lobe moyen du labelle nettement bilobé, à lobes denticulés séparés par une échancrure renfermant un mucron. — Race montagnarde.

β. Var. **lactea** Reichb. f. *Ic.* XIII-XIV, 24, t. 18 (1851) ; M. Schulze *Orch. Deutschl.* 7 ; Cam. *Orch. Fr.* 35 ; Krænzl. *Orch. gen. et sp.* I, 126 ; Asch. et Graebn. *Syn.* III, 676 = *O. lactea* Poir. in Lamk *Encycl. méth.* IV, 594 (1797); Coste *Fl. Fr.* III, 398 ; Cam. Berg. et Cam. *Mon. Orch.* 115 = *O. corsica* Viv. *Fl. cors. diagn.* 16 (1824) = *O. tridentata* var. *acuminata* Gr. et Godr. *Fl. Fr.* III, 288 (1855). — Exsicc. Kralik n. 790 a ! ; Mab. n. 281 ! ; Debeaux ann. 1869 sub : *O. corsica* ! ; Reverch. ann. 1879 sub : *O. tridentata* !

Hab. — Monte Fosco (Gillot in *Bull. soc. bot. Fr.* XXIV, sess. extr. LX) ; sur Bastia (Salis in *Flora* XVI, 492) ; col de Teghime (Mab. ap.

Mars. *Cat*. 149 et exsicc. cit.) et de là au Pigno (Deb. exsicc. cit.; Doûmet in *Ann. Hér*. V, 207) ; Palasca (Boullu in *Ann. soc. bot. Lyon* XXIV, 75) ; col de S. Quilico (Fouc. et Sim. *Trois sem. herb. Corse* 160); Piedicorte-di-Gaggio (Rotgès in litt.) ; env. d'Ajaccio (Boullu in *Ann. soc. bot. Lyon* XXIV, 75) ; « Salana » (Soleirol ex Bert. *Fl. it*. IX, 536, localité à nous inconnue) ; col de St-Georges (Mars. l. c.); Serra di Scopamène (Reverch. exsicc. cit.) ; env. de Porto-Vecchio (Revel. in Bor. *Not*. II, 8) ; env. de Bonifacio [(Seraf. ex) Viv. *Fl. Cors. diagn*. 16; Kral. exsicc. cit.; Req. ex Parl. *Fl. it*. III, 474 ; Boy. *Fl. Sud Corse* 65]; et localités ci-dessous.

1907. — Cap Corse: de Bastia à Cardo, garigues, 17 avril fl.! — Garigues entre Novella et le col de S. Colombano, 500-600 m., 19 avril fl.!; châtaigneraies en montant de Ghisoni au col de Sorba, 900 m., 10 mai fl.!

Plante moins élevée, à inflorescence plus cylindrique, à fleurs plus pâles, à casque acuminé, à lobe moyen du labelle de forme variable.

Race extraordinairement polymorphe, à l'intérieur de laquelle nous avons dû renoncer à distinguer même des sous-variétés, parce que la variabilité paraît tout à fait individuelle. En particulier, il n'est pas possible de séparer un peu nettement la sous-var. *acuminata* Reichb. f. [l. c. = *O. acuminata* Desf. *Fl. atl*. II, 318 (1800)] à inflorescence dense, à fleurs relat. petites et à casque très acuminé, et la sous-var. *Tenoreana* Reichb. f. [l. c. = *O Tenoreana* Guss. in Tod. *Orch. sic*. 28 (1842)] à inflorescence plus lâche, à fleurs plus grandes et à casque moins acuminé. Tous ces caractères varient d'un échant. à l'autre et se combinent de mille façons. Une forme assez saillante, parce qu'elle est extrême, est la forme *Hanryi* [Asch. et Graebn. l. c. = *O. Hanryi* Hén. in *Ann. soc. agr. Lyon* IX, 721 (1846) ; Jord. *Obs*. I, 27, t. 4 A f. 1-13] à fleurs petites, à labelle pourvu d'un lobe médian étroit et de lobes latéraux courts et linéaires. L'extrème opposé (f. *Burnalii* Briq.), beaucoup plus fréquent en Corse, est fourni par les échant. très grandiflores, à casque longuement acuminé (8-10 mm.), à labelle très grand (6-8 × 8-10 mm.), à lobes latéraux larges de 3 mm., à lobe médian ample, mesurant 5 × 7-8 mm., profondément émarginé, avec un denticule dans l'échancrure, les lobes latéraux étant subtronqués et crénelés. Cette forme que nous avons observée aux env. de Bastia et de Ghisoni paraît au premier abord encore plus distincte que la forme *Hanryi*, mais elle croit pêle-mêle avec des variations moyennes, auxquelles la relient toutes les transitions possibles. Sélectionner les extremes, en négligeant les transitions, serait infiniment arbitraire. Nous ne pouvons donc donner qu'une très faible valeur à toutes ces formes.

O. militaris L. *Sp*. ed. 1, 941 (1753) p. p. et *Fl. suec*. ed 2, 310 (1755); Gr. et Godr. *Fl. Fr*. III, 289; Cam. *Orch. Fr*. 37; M. Schulze *Orch. Deutschl*. 9 ; Coste *Fl. Fr*. III, 398 ; Asch. et Graebn. *Syn*. III, 679 ; Cam. Berg. et Cam. *Mon. Orch*. 121 = *O. Rivini* Gouan *Ill*. t. 74 (1775); Reichb. f. *Ic*.

XIII-XIV, 30, t. 24 ; Krænzl. *Orch. gen. et sp.* 1, 130 = *O. galeata* Lamk *Encycl. méth.* IV, 593 (1789) ; non Reichb.

Espèce indiquée en Corse par Burmann (*Fl. Cors.* 237), d'après Jaussin, par confusion avec l'*O. tridentata*. L'*O. militaris* est entièrement étranger à la flore de la Corse.

† 447. **O. purpurea** Huds. *Fl. angl.* ed. 1, 334 (1762) ; Reichb. *Ic.* XIII-XIV, 31, t. 26 ; Gr. et Godr. *Fl. Fr.* III, 289 ; Cam. *Orch. Fr.* 35 ; M. Schulze *Orch. Deutschl.* 10 ; Krænzl. *Orch. gen. et sp.* 1, 132 ; Coste *Fl. Fr.* III, 397 ; Asch. et Graebn. *Syn.* III, 683 ; Cam. Berg. et Cam. *Mon. Orch.* 124 = *O. militaris* β L. *Sp.* ed. 1, 943 (1753) = *O. fuscata* Pall. *Voy.* II, 124 (1773) = *O. fusca* Jacq. *Fl. austr.* IV, 307 (1776).

Hab. — Maquis de l'étage montagnard. Mai. ♃. Très rare. Env. de Corté (ex Parl. *Fl. it.* III, 448 ; Burnouf in *Bull. soc. bot. Fr.* XXIV, sess. extr. XXXI).

1907. — Cime de la Chapelle de S. Angelo, buxaies de la falaise nord, calc., 1050 m., 13 mai fl. !

Cette belle espèce, probablement découverte en Corse par Requien (ap. Parl. l. c.), puis retrouvée par Burnouf, figure dans la liste des plantes que cet auteur a signalées comme ayant été récoltées « soit dans les environs immédiats de Corté, soit dans les montagnes qui entourent la ville », indication vague d'autant plus regrettable que les dites espèces proviennent de régions altitudinaires comprises entre les oliveraies et l'étage alpin, et de terrains qui varient de la silice presque pure au calcaire compact.

† 448. **O. mascula** L. *Fl. suec.* ed. 2, 310 (1755) ; Reichb. f. *Ic.* XIII-XIV, 44 ; Gr. et Godr. *Fl. Fr.* III, 292 ; Cam. *Orch. Fr.* 39, ampl. ; M. Schulze *Orch. Deutschl.* 13 ; Krænzl. *Orch. gen. et sp.* 1, 137 ; Coste *Fl. Fr.* III, 402 ; Asch. et Graebn. *Syn.* III, 699 ; Cam. Berg. et Cam. *Mon. Orch.* 151 = *O. Morio* var. δ *mascula* et var. ε L. *Sp.* ed. 1, 941 (1753).

Hab. — Clairières des maquis, rocailles, garigues de l'étage montagnard, plus rarement dans l'étage inférieur. Mai-juin. ♃. Disséminé sous les races suivantes.

† α. Var. **speciosa** Mut. *Fl. fr.* III, 239 (1836) ; Koch *Syn.* ed. 1, 686 (1837) ; Reichb. f. *Ic.* XIII-XIV, 42, t. 39 ; Gr. et Godr. *Fl. Fr.* III, 292 ; Cam. *Orch. Fr.* 40 ; M. Schulze *Orch. Deutschl.* 13 ; Krænzl. *Orch. gen. et sp.* 1, 137 ; Asch. et Graebn. *Syn.* III, 702 ; Cam. Berg. et Cam. *Mon.*

Orch. 154 = *O. speciosa* Host *Fl. austr.* II, 527 (1831). — Exsicc. Reverchon ann. 1878 sub : *O. mascula* !

Hab.— Monte Pruno, Sisco, San Martino-di-Lota, Ville-de-Pietrobugno
(Chabert in *Bull. soc. bot. Fr.* XXVIII, sess. extr. LV) ; sur Mandriale
(Salis in *Flora* XVI, 492) ; Bastia (Sieber ex Reichb. f. l. c.) ; forêt d'Aitone
(Coste in *Bull. soc. bot. Fr.* XLVIII, sess. extr. CXV) ; env. de Corté (Bur-
nouf ibid. XXXI) ; Bastelica (Reverch. exsicc. cit.).

Fleurs relat. grandes, d'un rose vif. Périgone à pièces allongées, ±
longuement acuminées. Labelle à lobe moyen allongé.

†† β. Var. **olivetorum** Gren. *Rech. Orch. env. Toulon* 14 (*Mém. soc.
ém. Doubs* 3ᵉ sér., IV, ann. 1859) ; Ard. *Fl. Alp.-mar.* 353 ; Mart. *Mon.
sard.* 56 = *O. olbiensis* Reut. ap. Gren. l. c. in nota (1859) ; Barla *Ic.
Orch.* 58, tab. 45 ; Moggr. *Contr. fl. Ment.* t. 18 ; Cam. *Orch. Fr.* 40 et
atl. t. XVI = *O. olivetorum* Dörfl. *Sched. herb. eur. norm.* XXXII, 71
(1897) = *O. mascula* subsp. *olbiensis* Asch. et Graebn. *Syn.* III, 703 (1907) ;
Cam. Berg. et Cam. *Mon. Orch.* 155.

Hab. — Jusqu'ici, avec certitude, seulement de la localité suivante.

1907. — Descente de la cime de la Chapelle de S. Angelo sur Caporalino, rocailles calcaires, 900-1000 m., 13 mai fl. !

Cette race méditerranéenne possède, comme la var. **genuina** Reichb. f.
[*Ic.* XIII-XIV, 42 (1851) emend. ; Asch. et Graebn. *Syn.* III, 700], les pièces
du périgone non ou à peine acuminées, le plus souvent même franche-
ment obtuses. Elle s'en distingue par son port plus grêle, son inflorescence plus pauciflore et plus lâche, les fleurs plus pâles et souvent plus
petites, à labelle plus étroit, plié longitudinalement, à lobes latéraux
rabattus. — La valeur subspécifique attribuée à cette variété par
MM. Ascherson et Graebner et par M. Camus nous parait exagérée. Les
matériaux provençaux du midi de la France que nous avons examinés
nous laissent souvent dans l'embarras pour distinguer les var. *genuina*
et *olbiensis*, reliées par de fréquents intermédiaires.

O. pallens L. *Mant.* II, 292 (1771) ; Reichb. f. *Ic.* XIII-XIV, 43, t. 34 ;
Gr. et Godr. *Fl. Fr.* III, 293 ; Cam. *Orch. Fr.* 41 ; Krænzl. *Orch. gen. et sp.*
I, 138 ; M. Schulze *Orch. Deutschl.* 14 ; Coste *Fl. Fr.* III, 401 ; Asch. et
Graebn. *Syn.* III, 705 ; Cam. Berg. et Cam. *Mon. Orch.* 161 = *O. sulphurea*
Sims in *Bot. Mag.* t. 2569 (1825).

Cette espèce continentale subalpine a été indiquée par Salis (in *Flora*
XVI, 492) dans le district de Castagniccia, par confusion avec une forme
(probablement la sous-var. *cyrnaea*) de l'*O. provincialis* var. *eu-provincialis*,
indication d'ailleurs faite de mémoire (avec le signe †). L'*O. pallens* est
étranger à la flore de la Corse.

449. O. provincialis Balb. *Misc. all.* 20 (1806) ; Reichb. *Ic.* XIII-XIV, 44, t. 35 et 36 ; Gr. et Godr. *Fl. Fr.* III, 293 ; Cam. *Orch. Fr.* 42, ampl. ; M. Schulze *Orch. Deutschl.* 15 ; Kraenzl. *Orch. gen. et sp.* I, 139 ; Coste *Fl. Fr.* III, 401, ampl. ; Asch. et Graebn. *Syn.* III, 705 ; Cam. Berg. et Cam. *Mon. Orch.* 158.

Hab. — Garigues, clairières des maquis, 1-1200 m. Mars-mai, suivant l'altitude. ♃. Répandu.

Cette espèce présente un polymorphisme exceptionnel qui ne laisse pas que d'embarrasser souvent, et qui se réflète dans les interprétations diverses que les auteurs ont données des formes corses.

Déjà en 1833, Salis (in *Flora* XVI, 492) — qui signalait pour la première fois la présence en Corse de l'*O. provincialis* — indiquait sous le nom d'*O. pallens*, une forme particulière qu'il avait notée dans le district de la Castagniccia. Salis, il est vrai, n'a pas caractérisé cet *O. pallens*, mais il s'agit sûrement de la sous-var. *cyrnaea* décrite ci-dessous, dont la grappe dense, serrée et grandiflore rappelle beaucoup celle de l'*O. pallens*. — Près de 40 ans plus tard, Marsilly (*Cat.* 149) après avoir énuméré 4 localités corses pour l'*O. provincialis*, les faisait suivre de cette remarque communiquée par Mabille : « Le type corse est l'*O. pauciflora* Ten. ». L'opinion de Mabille a été adoptée par M. Debeaux (*Not. pl. méd.* 112, ann. 1894). Mais cet auteur donne une description qui est la traduction littérale de la diagnose de Tenore (*Syll. fl. neap.* 556) et qui s'écarte en plusieurs points des échant. distribués par M. Debeaux lui-même. — En 1881, M. Alfred Chabert a publié (in *Bull. soc. bot. Fr.* XXVIII, sess. extr. LIII-LV) une note documentée sur les *O. provincialis* et *pauciflora* du Cap Corse, note qui contient des observations précieuses et qui malheureusement a été complètement passée sous silence par les auteurs subséquents. M. Chabert a signalé la présence en Corse de l'*O. pauciflora* dans deux localités restreintes du Cap Corse (vallée du Fango et Mandriale) : la description qu'il en donne, ne laisse aucun doute qu'il ne s'agisse de l'*O. pauciflora* Ten. Toutes les autres localités citées au Cap Corse se rapportent selon M. Chabert à l'*O. provincialis*. Pour cet auteur, l'*O. provincialis* serait distribué verticalement de 400 à 1200 mètres, tandis que l'*O. pauciflora* atteindrait à 400 m. sa limite supérieure : il cite cependant, sans la mettre en doute, l'indication donnée par M. Gillot, de l'*O. pauciflora* au Monte Fosco, localité qui se trouve située entre 800 et 1102 m. Nous ne pouvons pas donner d'importance à la différence de distribution qu'admet M. Chabert. Tenore avait observé dans le Napolitain exactement le contraire : « In nemoribus montosis Stabiarum regionis editioribus, quo *O. provincialis* nunquam ascendit » (*Syll.* 456). L'examen d'un matériel quelque peu étendu de l'*O. pauciflora* montre que cette espèce se trouve à diverses altitudes. Nous-même, nous l'avons récoltée au Monténégro au-dessus de 900 m. — M. Camus (*Orch. Fr.* 42 ; Cam. Berg. et Cam. *Mon. Orch.* 180), à qui l'étude de M. Chabert paraît être restée inconnue, signale l'*O. pauciflora* à Sartène et à Corté d'après des échant. de l'herb. Rouy. Si l'on se base sur ces localités, l'*O. pauciflora* de M. Camus appartient probablement à l'*O. provincialis* var. *eu-provincialis* subv. *cyrnaea*.

M. Chabert envisage les *O. pauciflora* et *provincialis* comme parfaitement distincts. Et il est certain que si l'on compare la plante de Provence avec celle de Tenore (original in h. Delessert!), laquelle paraît
être la forme dominante dans une grande partie de la péninsule balkanique, les deux types sont faciles à distinguer. Mais, il s'en faut qu'il en
soit toujours ainsi. Dans un travail récent M. Cortesi [in Pirotta *Ann. di
Bot.* I, 176-178 (1903) et ibidem V, 540 (1907)] a complètement abandonné
la distinction de l'*O. pauciflora*, à cause des multiples transitions qui le relient à l'*O. provincialis*. On verra plus loin qu'il en est de même en Corse.
Nous estimons cependant qu'il y a lieu de conserver à titre de race l'*O.
pauciflora* parce que sur beaucoup de points il se présente seul ou dominant à l'état tout à fait typique (Dalmatie, Bosnie, Herzégovine, Monténégro !), ce qui n'est pas le cas pour les formes de la var. α *eu-provincialis*.

Un autre point capital pour l'histoire du polymorphisme de l'*O. provincialis*, c'est la polychromie des fleurs, que M. Chabert (l. c.) a étudiée
avec beaucoup de soins, et que plusieurs des successeurs de ce botaniste (en particulier MM. Coste et Camus) ont ignorée. L'*O. provincialis*
α *eu-provincialis* se présente d'abord à bractées pâles et à fleurs d'un jaune
pâle avec labelle blanchâtre ponctué de rouge ou de rose (f. *luteola*; puis
à axe floral et bractées rougeâtres, à pièces du périgone roses, sauf le labelle qui est faiblement lavé de jaune, avec des ponctuations rouges ou
brunes (f. *rubra* = var. *rubra* Chab. l. c.); entre ces deux extrêmes, on
trouve des passages à axe floral et bractées ± rougeâtres, à fleurs jaunâtres lavées de rose, ou roses et lavées de jaune, les couleurs se com-
binant d'une façon variable (f. *variegata* = var. *variegata* Chab. l. c.). A
part la couleur, tous les caractères de ces formes sont ceux de l'*O. provincialis* dont elles sont inséparables, ainsi que l'a très justement montré
M. Chabert. M. Cortesi [in Pirotta *Ann. di Bot.* V, 540 (1907)] a décrit un
O. Colemanii Cort. du Mt Terminillo (Italie), qui serait une hybride des
O. provincialis var. *pauciflora* et *O. mascula*. L'auteur pense qu'il faut rapporter à cette hybride la forme rubriflore de l'*O. pauciflora* signalée par
M. Chabert, et dont il n'a d'ailleurs eu connaissance que par une brève
citation de MM. Fiori et Paoletti (*Fl. anal. It.* I, 245). M. Chabert qui avait
d'abord affirmé n'avoir jamais vu en Corse de variations rubriflores dans
l'*O. pauciflora*, mais bien dans l'*O. provincialis* sensu stricto (l. c. ann. 1881),
a en effet indiqué plus tard sur les pentes descendant de Cardo vers la
vallée du Fango un *O. pauciflora* var. *rubra* Chab. (in *Bull. soc. bot. Fr.*
XXIX, sess. extr. LVI, ann. 1882), à fleurs rouges. Des variations rubriflores ont d'ailleurs été signalées à la frontière de la Dalmatie et du Monténégro, sur des formes qui appartiennent évidemment à la var. *pauciflora*,
par M. Beck [f. *carneipurpurea* Beck in *Glasnik* XV, 223 (1903) et in *Wiss.
Mith. Bosn. Herceg.* IX, 509 (1904)]. Or, les formes rubriflores des *O. provincialis* et *pauciflora* fleurissent bien avant l'*O. mascula*, et leur abondance
dans une série de localités du Cap Corse empêche d'en admettre l'hybridité, hypothèse que ne justifie d'ailleurs aucun argument d'ordre morphologique. Sans vouloir porter un jugement sur l'*O. Colemanii*, dont
nous ne connaissons que la description, nous ne serions pas étonné si
cet *Orchis* n'était en définitive qu'une simple variation rubriflore de l'*O.
provincialis* var. *pauciflora*.

Ceci nous amène à la question des caractères distinctifs des formes rubriflores de l'*O. provincialis* et de l'*O. mascula*, question délicate que M. Chabert a aussi abordée dans son mémoire cité. — Le caractère des papilles de la surface du labelle, courtes dans l'*O. provincialis*, plus allongées et cylindriques dans l'*O. mascula* est en général bien marqué, mais nous avons des formes de l'une et de l'autre espèce bien difficiles à distinguer d'après cet unique caractère. L'*O. mascula* var. *speciosa* ne peut se confondre avec l'*O. provincialis* rubriflore à cause de son périgone à pièces lancéolées et acuminées. Quant à l'*O. mascula* var. *olbiensis*, il se reconnaît très facilement à ses fleurs plus petites à éperon beaucoup plus court. Dans toutes les formes corses de l'*O. mascula* les bractées inférieures sont uninervées ou très indistinctement trinervées, tandis qu'elles sont nettement trinervées dans l'*O. provincialis*. En outre, le labelle de l'*O. mascula* est plus étroit, à lobe médian plus allongé que dans l'*O. provincialis*, et à lobes latéraux pourvus de nervures moins nombreuses.

Les formes corses de l'*O. provincialis* peuvent être groupées comme suit:

α. Var. **eu-provincialis** Briq. = *O. provincialis* Balb. sensu strictiore. — Exsicc. Sieber sub : *O. provincialis*! ; Mab. n. 390! ; Debeaux ann. 1868 sub : *O. pauciflora*! ; Reverch. ann. 1879, n. 176 et 179!

Hab. — San Martino di Lota, Mandriale, Olmeta, Brando, Sisco et chaîne centrale depuis la Serra di Pigno jusqu'au col de S. Giovanni, en passant par le col de S. Leonardo, les monts Pinatello, Pruno, Capra, Stello et Corvo (Chabert in *Bull. soc. bot. Fr.* XXVIII, sess. extr. LIV); Monte Fosco (Gillot ibid. XXIV, sess. extr. LXI); Ville-de-Pietrobugno (Sieber exsicc. cit.) ; env. de Bastia : Cardo, Ste-Lucie, versant N. du vallon de Toga, col de Teghime et le Pigno [Salis in *Flora* XVI, 492 ; Mab. exsicc. cit.; Deb. exsicc. cit. et *Not.* 112 (subv. *cyrnaea* f. *luteola*) ; Mars. *Cat.* 149] ; Castagniccia (Salis l. c.) ; forêt de Teti (Mars. l. c.) ; env. de Corté (Req. ex Parl. *Fl. it.* III, 493) ; Venaco (Fouc. et Sim. *Trois sem. herb. Corse* 160) ; env. d'Ajaccio (Boullu in *Ann. soc. bot. Lyon* XXIV, 75) ; Bastelica (Revel. ex Mars. l. c.) ; l'Ospedale (Revel, ex Mars. l. c.) ; env. de Bonifacio (Boy. *Fl. Sud Corse* 65) ; et localités ci-dessous.

1907. — Cap Corse : maquis du Monte Fornello, 570 m., 27 avril fl. ! (subvar. *cyrnaea* f. *luteola*): châtaigneraies entre Spergane et Luri, 100 m., 26 avril fl.! (subv. *cyrnaea* f. *rubra* et f. *variegata* ; marine de Giottani, garigues, 26 avril fl. ! (subv. *cyrnaea* et subv. *typica* f. *luteola* et f. *variegata*) ; garigues à Cardo, env. 500 m., 16 avril fl. ! (subv. *Yvesii* f. *luteola*) ; châtaigneraies à Vivario, 13 mai fl. ! (subvar. *typica* f. *luteola*) ; vallée inférieure de la Solenzara, clairières des maquis, 3 mai fl. ! (subv. *laxiflora* f. *luteola* et subv. *typica* f. *luteola*): points humides entre Ste-Lucie (de Porto-Vecchio) et Ste Trinité, 7 mai fl.! (subv. *cyrnaea* f. *luteola*).

Fleurs à labelle long de 0,8-1 cm., large de 0,7-1 cm. Feuilles généra-

lement maculées. — Les diverses sous-variétés énumérées ci-après, sont
reliées les unes aux autres par des formes de passage et se présentent
à fleurs jaune-pâle (f. *luteola*), lavées de jaune et de rose (f. *variegata*),
ou roses (f. *rubra*) : voy. ci-dessus p. 364.

α^1 subvar. **typica** Briq. — Flores mediocres, 7-20, laxiusculi. Perigonii
phylla angusta, oblonga, exteriora apice acutiuscula vel subobtusa, interiora obtusiuscula, circ. 0,8-1 cm. longa. Labellum 0,8-1 cm. longum, trilobum, lobo medio saepius emarginatulo, denticulo in emarginatione
nullo vel subnullo, lobis lateralibus mediocribus rhombeo-rotundatis
marginibus extus integris vel subintegris.

α^2 subvar. **cyrnaea** Briq. (*O. pauciflora* Mab., Deb., Cam., p. p. non Ten.)
— Flores majores, circ. 7-12, densi. Perigonii phylla ample ovata, exteriora
obtusa, interiora rotundata, circ. 1 cm. longa. Labellum 1 cm. longum,
caeterum ut in subv. praecedente.

α^3 subvar. **Yvesii** Briq. — Flores majores, circ. 7-12, densi. Perigonii
phylla amplissima ovata, exteriora valde obtusa, interiora rotundata,
circ. 1 cm. longa. Labellum 1 cm. longum, trilobum, lobo medio trun-
cato-emarginato, in emarginatione denticulo aucto, lobis lateralibus margine crenulato-denticulatis. Praeter flores densos et labellum aliq. minus
latum arcte ad var. sequentem accedit, ad quam transitum manifestum
sistit.

β. Var. **pauciflora** Lindl. *Orch.* 263 (1830-40) ; Reichb. f. l. c. 36 dextr. ;
Boiss. *Fl. or.* V, 69 ; M. Schulze *Orch. Deutschl.* 15 ; Asch. et Graebn.
Syn. III, 707 = *O. pauciflora* Ten. *Prodr. fl. nap.* LII (1811), *Fl. nap.*
II, 288, t. 88 et *Syll. fl. neap.* 456 ; Camus *Orch. Fr.* 42 p.p.; Coste *Fl.
Fr.* III, 402 = *O. provincialis* var. *humilior* Pucc. *Syn. fl. luc.* 478 (1830-
40) = *O. pseudo-pallens* Tod. *Orch. sic.* 58 (1842) ; non K. Koch = *O.
provincialis* subsp. *pauciflora* Cam. Berg. et Cam. *Mon. Orch.* 160 (1908).

Hab. — Avec certitude seulement : vallée du Fango au-dessous de
Cardo et rochers dominant le village de Mandriale (Chabert in *Bull. soc.
bot. Fr.* XXVIII, sess. extr. LIV et XXIX, sess. extr. LVI, f. *luteola* et f.
rubra) ; et localité ci-dessous.

1907. — Vallée inférieure de la Solenzara, maquis, 50 m., 3 mai fl. !
(non loin de la var. *eu-provincialis* subv. *typica*, mais en colonies distinctes).

Fleurs à labelle long de 1 cm., large de 1,3-1,5 cm. Feuilles non maculées. — Plante peu élevée. Fleurs grandes, 5-7, lâches. Pièces extérieures du périgone plus étroites que les intérieures, obtuses, les intérieures ovées-arrondies ou toutes ovées-arrondies, longues d'env. 1 cm.,
labelle à lobe médian émarginé, avec un denticule dans l'échancrure, à
lobes latéraux denticulés-crénelés sur les marges extérieures. — Nos
échant. cadrent exactement avec l'original de Tenore (« in pratis montosis Lucaniae ») conservé à l'herb. Delessert.

450. **O. laxiflora** Lamk *Fl. fr.* III, 504 (1778) ampl.; Koch *Syn.* ed. 1, 686 (1837) et ed. 2, 792 ; Krænzl. *Orch. gen. et sp.* I, 142; Asch. et Graebn. *Syn.* III, 710 = *O. palustris* Dœll *Fl. Bad.* 405 (1857).

Hab. — Prairies humides, points marécageux des étages inférieur et montagnard. Avril-juill. suiv. l'altit. ♃. Répandu ; deux sous-espèces.

I. Subsp. **ensifolia** Asch. et Graebn. *Syn*. III, 711 (1907) = *O. laxiflora* Lamk l. c., sensu stricto ; Reichb. f. *Ic.* XIII-XIV, 49, t. 41 ; Gr. et Godr. *Fl. Fr.* III, 293 ; Cam. *Orch. Fr.* 43 ; M. Schulze *Orch. Deutschl.* 18 ; Coste *Fl. Fr.* III, 402; Cam. Berg. et Cam. *Mon. Orch.* 148 = *O. ensifolia* Vill. *Hist. pl. Dauph.* II, 29 (1787). — Exsicc. Reverch. ann. 1878, n. 99! ; Burnat ann. 1904, n. 569!

Hab. — Disséminée. De Bastia à Biguglia (Salis in *Flora* XVI, 492 ; Mab. ap. Mars. *Cat.* 149 ; Fouc. et Sim. *Trois sem. herb. Corse* 160) ; Calvi (Soleirol ex Bert. *Fl. it.* IX, 550) ; San Gavino di Carbini (Lutz in *Bull. soc. bot. Fr.* XLVIII, sess. extr. CL) ; entre le col de Sevi et Vico (Briq. *Spic.* 14 et Burn. exsicc. cit.) ; Ghisoni (Rotgès in litt.) ; col de S. Georges (Mars. l. c.) ; Bastelica (Reverch. exsicc. cit.) ; Porto-Vecchio (Revel. in Bor. *Not.* II, 8) ; Bonifacio (Seraf. ex Bert. l. c.) ; et localités suivantes.

1906. — Pré humide en montant de Zicavo à la chapelle de S. Pietro, 1200 m., 18 juill. fl.!

1907. — Pré humide près de Solenzara, 5 m., 3 mai fl.! ; pré humide dans le vallon de Canalli, 30 m., 6 m. fl.!

Plante robuste. Labelle étroitement rétréci à la base, à lobes latéraux réfléchis; sensiblement plus grands que le lobe médian, ce dernier plus court que les latéraux.

† II. Subsp. **palustris** Asch. et Graebn. *Syn*. III, 712 (1907) = *O. palustris* Jacq. *Coll.* I, 75 (1786) ; Reichb. f. *Ic.* XIII-XIV, 47, tab. 40 ; Gr. et Godr. *Fl. Fr.* III, 294 ; Cam. *Orch. Fr.* 43 ; M. Schulze *Orch. Deutschl.* 17 ; Coste *Fl. Fr.* III, 402 ; Cam. Berg. et Cam. *Mon. Orch.* 144 = *O. mediterranea* Guss. *Pl. rar. Sic.* 365 (1826) = *O. laxiflora* var. *palustris* Koch *Syn.* ed. 1, 687 (1837) ; Krænzl. *Orch. gen. et sp.* I, 143.

Hab. — Plus tardive et plus rare que la sous-esp. précédente. De Bastia à Biguglia (Salis in *Flora* XVI, 492) ; vallée inf. du Verghello (ou « Vecchio », Doûmet in *Ann. Hér.* V, 185) ; de Solenzara à Togna (Fouc. et Sim. *Trois sem. herb. Corse* 160).

Plante plus grêle. Labelle largement rétréci à la base, à lobes latéraux étalés, seulement tardivement ± réfléchis, à lobe médian plus développé, égalant les latéraux ou plus longs qu'eux. — Nous pensons avec MM. Ascherson et Graebner qu'il ne saurait être question de donner à ce groupe une valeur supérieure à celle de sous-espèce ; peut-être même cette estimation est-elle encore exagérée.

O. incarnata L. *Fl. suec.* ed. 2, 312 (1755) ; Reichb. f. *Ic.* XIII-XIV, 51 ; Gr. et Godr. *Fl. Fr.* III, 296 ; Camus *Orch. Fr.* 46 ; M. Schulze *Orch. Deutschl.* 19 ; Kraenzl. *Orch. gen. et sp.* I, 144 ; Klinge in *Act. hort. petrop.* XVII, 1, 53 ; Coste *Fl. Fr.* III, 404 ; Asch. et Graebn. *Syn.* III, 716 ; Cam. Berg. et Cam. *Mon. Orch.* 175.

Cette espèce a été signalée avec doute par Doûmet (in *Ann. Hér.* V, 207) au Pigno. Nous n'osons l'admettre au nombre des espèces corses sur la foi de cet unique et douteux renseignement. Peut-être s'agit-il de l'espèce suivante ?

† 451. **O. latifolia** L. *Sp.* ed. 1, 944 (1753) ; Reichb. f. *Ic.* XIII-XIV, 57 ; Gr. et Godr. *Fl. Fr.* III, 295 ; Cam. *Orch. Fr.* 48 ; M. Schulze *Orch. Deutschl.* 21 ; Kraenzl. *Orch. gen. et sp.* I, 146 ; Klinge in *Act. hort. petrop.* XVII, 1, 21 et 2, 30 ; Coste *Fl. Fr.* III, 404 ; Asch. et Graebn. *Syn.* III, 732 ; Cam. Berg. et Cam. *Mon. Orch.* 183.

Hab. — Points humides et ombragés de l'étage montagnard. Mai-juin. ♃ . Rare. Sur Bastia (Salis in *Flora* XVI, 492) ; au-dessus de Sartène (Fliche *Bull. soc. bot. Fr.* XXXVI, 369).

†† 452. **O. sesquipedalis** Willd. *Sp. pl.* IV, 30 (1805), sensu amplo = *O. latifolia* Link in Schrad. *Journ. Bot.* II, 322 (1799) = *O. incarnata β sesquipedalis* (« *sesquipedales* ») Reichb. f. *Ic.* XIII-XIV, 53, t. 44, I et 48 (1851) ; Kraenzl. *Orch. gen. et sp.* I, 145 = *O. orientalis* subsp. *africana* Klinge in *Act. hort. petrop.* XVII, 1, 156 et 186 (1899).

L'*O. sesquipedalis* Willd. est un représentant méridional (péninsule ibérique, Algérie, Tunisie,? France mérid.) du groupe très complexe d'*Orchis* dont les *O. latifolia* et *incarnata* sont les représentants les plus répandus. Les avis sur la façon dont l'*O. sesquipedalis* et les formes voisines doivent être envisagés ont de tout temps beaucoup varié, et cela d'autant plus qu'ils ne sont représentés dans les collections que par des documents insuffisamment abondants. D'autre part, nous ne pouvons, à l'occasion de la mention d'un membre corse de ce groupe, nous livrer à une étude monographique d'ensemble des *Dactylorchis* hygrophiles, ce qui risquerait de mener loin. Aussi ne maintenons-nous l'*O. sesquipedalis* à titre d'espèce que provisoirement. Les formes que nous rattachons à l'*O. sesquipedalis* s'écartent tant de l'*O. latifolia* que de l'*O. incarnata* par leur port beaucoup plus élevé, les feuilles de la partie inférieure de la tige très développées, oblongues-obtuses, non cucullées au sommet, les fleurs plus grandes. — En Corse, la race suivante :

†† Var. **corsica** Briq. = *O. latifolia* var. *corsica* Reverch. ap. Cam. *Orch. Fr.* 49 (1892) ; Cam. Berg. et Cam. *Mon. Orch.* 186. — Exsicc. Reverch. ann. 1885, n. 459 !

Hab. — Points ombragés humides de l'étage montagnard. Juin. ⚥. Très rare. Environs d'Evisa (Reverch. exsicc. cit.).

Plante atteignant et dépassant même 60 cm. Tige fistuleuse, robuste, à entrenœuds écartés. Feuilles inférieures largement oblongues-allongées, grandes, obtuses au sommet, atteignant jusqu'à 18×3,5 cm., immaculées (au moins sur le sec), les supérieures longuement lancéolées-linéaires. Grappe longuement pédonculée, cylindrique-allongée, densiflore. Bractées lancéolées, atteignant env. les fleurs, 3nerviées. Fleurs grandes, pourprées. Périgone à pièces ovées, 3nerviées, les extérieures un peu plus grandes, toutes subobtuses au sommet. Labelle trilobé, plus large que long (long de 1 cm., large d'env. 1,2 cm.); lobe médian plus étroit, oblong, subarrondi ou obtus au sommet, à marges entières, long de 2-3 mm., large de 2-2,5 mm.; lobes latéraux bien plus grands, ovésrhomboïdaux, plurinerviés, nettement crénelés-denticulés extérieurement, larges de 3-4 mm , séparés du lobe médian par des sinus obtus, profonds d'env. 3 mm. Eperon cylindrique, droit, obtus, long de 6-7mm.

Ces caractères ne permettent d'assimiler la var. *corsica* avec aucune des formes connues de l'*O. sesquipedalis*. La var. **genuina** Briq. = [*O. sesquipedalis* Willd., sensu stricto = *O. incarnata* b *sesquipedalis* aa *genuina* Reichb. f. l. c. 53 (1851)], Espagne, Portugal, en diffère par le labelle indivis ou subindivis, à marges réfléchies ; la var. **algerica** Briq. [= *O. elata* Poir. *Voy. Barb.* II, 248 (1789) p. p. ; Munby *Fl. Alg.* 99 = *O. latifolia* Munby *Fl. Alg.* 99 (1847) = *O. incarnata* var. *algerica* Reichb. f. l. c. 53, t. 44, fig. 1 (1851) = *O. Munbyana* Boiss. et Reut. *Pug.* 112 (1852) = *O. latifolia* var. *Munbyana* Batt. et Trab. *Fl. Alg.* 146 (1884)], Algérie, Tunisie, s'en rapproche par l'organisation des fleurs, mais elle a des feuilles inférieures plus aiguës, des bractées plus longues, une grappe conique; la var. **Durandii** Briq. [= *O. Durandii* Boiss. et Reut. *Pug.* 111 (1852) = *O. latifolia* var. *Durandii* Ball *Spic. maroc.* 672 (1878)], Espagne, Maroc, s'en distingue par les lobes latéraux moins développés, obtus, non denticulés-crénelés, l'éperon plus sacciforme.

† 453. **O. maculata** L. *Sp.* ed. 1, 942 (1753) ; Reichb. f. *Ic.* XIII-XIV, 65, t. 55; Gr. et Godr. *Fl. Fr.* III, 296 ; Cam. *Orch. Fr.* 49 ; M. Schulze *Orch. Deutschl.* 23 ; Krænzl. *Orch. gen. et sp.* I, 150; Coste *Fl. Fr.* III, 404 ; Asch. et Graebn. *Syn.* III, 743 ; Cam. Berg. et Cam. *Mon. Orch.* 188 = *O. basilica* (L.) Klinge in *Act. hort. petrop.* XVII, 1, 190 (1899).

Hab. — Points humides et ombragés des étages montagnard et subalpin. Mai-juill. ⚥. Peu fréquent. Trois races.

24.

† Var. **genuina** Reichb. f. *Ic.* XIII-XIV, 65, t. 54 (1851); Asch. et Graebn. *Syn.* III, 745. — Exsicc. Reverch. ann. 1879 sub : *O. maculata*!; Burn. ann. 1904, n. 574 !

Hab. — Etages montagnard et subalpin inférieur. Env. de San Martino-di-Lota (Gillot in *Bull. soc. bot. Fr.* XXIV, sess. extr. LIX; Legrand ibid. XXXVII, 20) ; Serra di Pigno (Salis in *Flora* XVI, 492 ; Billiet in *Bull. soc. bot. Fr.* XXIV, sess. extr. LXIX) ; forêt d'Aitone (Briq. *Spic.* 15 et Burn. exsicc. cit. ; Lit. *Voy.* II, 15) ; env. de Corté (Burnouf in *Bull. soc. bot. Fr.* XXIV, sess. extr. XXXI) ; Ghisoni (Rotgès ap. Fouc. in *Bull. soc. bot. Fr.* XLVII, 97) ; forêt de Casamente au bord du Casso (Mand., Rotgès et Fouc. ap. Fouc. l. c) ; Coscione (Lit. *Voy.* I, 16) ; Serra di Scopamène (Reverch. exsicc. cit.) ; sur Sartène (Req. ex Parl. *Fl. it.* III, 517 ; Fliche in *Bull. soc. bot. Fr.* XXXVI, 369); et localités ci-dessous.

1906. — Buxaie en montant de la bergerie de Spasimata vers la Cima di Mufrella, 1500 m., 12 juill. fl.!; berges du torrent en montant de Zicavo à la chapelle de S. Pietro, 1300 m., 18 juill. fl. ! (f. ad var. *nesogenem* vergens).

Plante généralement élancée, à feuilles maculées, les inférieures oblongues et obtuses, graduellement décroissantes et plus lancéolées. Inflorescence multiflore, à bractées égalant ± les fleurs. Fleurs relat. grandes, à pièces du périgone ovées-acuminées, longues de 7-9 mm., à labelle divisé jusqu'au tiers, long de 8-10 mm., à éperon assez épais, long de 7-10 mm.

†† β. Var. **orophila** Briq., var. nov.

Hab. — Etage subalpin jusqu'à 1900 m., dans les localités ci-dessous :

1906. — Pentes humides en montant des bergeries de Grotello au lac Cavaccioli, 1800-1900 m., 6 août fl. ! (f. réduite) ; pelouses rocheuses humides en allant de Marmano à Vizzavona par la forêt de Ghisoni, 12 juill fl. !

Gracilis, parvula, foliis maculatis, infimis anguste oblongis et obtusis, in phyllomata bracteiformia reducta et angusta subito transeuntia. Inflorescentia gracilis, densa, ± multiflora, bracteis quam flores brevioribus. Flores parvi; perigonii phylla oblonga vel oblongo-lanceolata, circ. 5 mm. longa ; labellum ad ¹/₄ divisum, 5-6 mm. longum, lobis lateralibus latiusculis extus denticulatis ; calcar gracile, breve, vix 5 mm. longum.

Cette race subalpine parviflore n'est pas sans analogie avec la var. **sudetica** Reichb. f. [*Ic.* XIII-XIV, 66, t. 56 (1851); Asch. et Graebn. *Syn.* III, 747], mais cette dernière possède des feuilles ± courbées, non maculées, et un labelle très faiblement divisé.

†† 7. Var: **nesogenes** Briq., var. nov. — Exsicc. Burn. ann. 1900, n. 340 !

Hab. — Rochers humides entre le col de Sorba et Ghisoni, 1000 m. (Briq. *Rech. Corse* 102 et Burn. exsicc. cit.).

Praecedenti habitu, caule gracili, foliis infimis anguste oblongis obtusis, caeteris reductis angustis et floribus parvis affinis. Differt autem inflorescentia laxiore, perigonii phyllis angustioribus magis acuminatis, calcare brevissimo (vix 5 mm. longo), et praesertim labelli profundissime trifidi lobis perangustis.

Plante très remarquable ayant le port de l'*O. iberica* Marsch.-Bieb., dont elle se distingue d'ailleurs immédiatement par l'organisation du labelle.

454. **O. sambucina** L. *Fl. suec.* ed. 2, 312 (1755) ; Reichb. f. *Ic.* XIII-XIV, 64, t. 60 ; Gr. et Godr. *Fl. Fr.* III, 295 ; Cam. *Orch. Fr.* 45 ; M. Schulze *Orch. Deutschl.* 22 ; Kraenzl. *Orch. gen. et sp.* 1, 149 ; Klinge in *Act. hort. petrop.* XVII, 1, 160 ; Coste *Fl. Fr.* III, 403 ; Asch. et Graebn. *Syn.* III, 755 ; Cam. Berg. et Cam. *Mon. Orch.* 165. — En Corse seulement la sous-espèce suivante :

††Subsp. **insularis** Briq. = *O. sambucina* var. Moris *Stirp. sard.* I, 44 (1827) ; Macchiati in *Nuov. giorn. bot. it.* ann. 1881, 314 = *O. pseudosambucina* Moris ex Macchiati l. c. ; Barb. *Comp. fl. sard.* 57 et 185 = *O. insularis* Sommier in *Bull. soc. bot. it.* ann. 1895, 247 (nomen solum) ; Martelli *Monoc. sard.* 58, t. 11, f. 1, 2. 3 et 4 (1896) = *O. sambucina* var. *insularis* Fiori et Paol. *Fl. anal. It.* I, 245 (1896) = *O. romana* var. *insularis* Cam. Berg. et Cam. *Mon. Orch.* 172 (1908). — Exsicc. Reverch. ann. 1878, n. 96 !

Hab. — Points ombragés, forêts, maquis des étages montagnard et subalpin, parfois aussi dans l'étage inférieur. Avril-mai. ♃. Disséminée. Rogliano ? (Revel. ex Mars. *Cat.* 149) ; Monte Querciolo (Chabert in *Bull. soc. bot. Fr.* XXVIII, sess. extr. LV) ; col entre la vallée du Fango et S. Martino ; montagnes dominant Ste Lucie de Bastia (Salis in *Flora* XVI, 492) ; Orezza (Legrand l. c.) ; env. de Corté (Req. ex Parl. *Fl. it.* III, 513) ; forêt d'Aitone (Lutz in *Bull. soc. bot. Fr.* XLVIII, sess. extr. CXXIX) ; Evisa (Lutz ibid. CXXXI) ; Monte d'Oro (Lutz ibid. CXXVII) ; Ghisoni (Rotgès in litt.) ; Pozzo di Borgo (Coste in *Bull. soc. bot. Fr.* XLVIII, sess. extr. CXII et CXIII) ; col de St-Georges (Mars. l. c.) ; Bastelica (Reverch. exsicc. cit.) ; env. de Bonifacio (Lutz in *Bull. soc. bot.*

Fr. XLVIII, sess. extr. CXL ; Boy. *Fl. Sud Corse* 65) ; et localités ci-dessous.

1907. — Châtaigneraies à Vivario (en compagnie de l'*O. provincialis*), 600 m., 13 mai fl.! ; châtaigneraies en montant de Ghisoni au col de Sorba, 900 m., 10 mai fl.!

Diffère principalement de la sous-esp. **eu-sambucina** Briq. (= *O. sambucina* L. sensu stricto) par les fleurs à éperon presque droit, horizontal, ou un peu ascendant ou un peu descendant, mais nullement nettement descendant et arqué, d'ailleurs plus grêle et plus court (long de 0,08-1 cm. et non pas de 1-1,5 cm. comme dans l'*O. sambucina* subsp. *eu-sambucina*). Ce caractère rapproche incontestablement l'*O. insularis* Somm. de l'*O. romana* Seb. et Maur. (= *O. pseudosambucina* Ten.). Ce dernier en diffère cependant nettement par l'inflorescence lâche (et non pas dense), la fleur un peu plus petite, à éperon du double plus long, arqué-ascendant et par les semences à test pellucide (réticulé dans l'*O. sambucina*). Au total, la valeur systématique de l'*O. insularis* — constaté avec certitude jusqu'à présent dans les îles d'Elbe (!), de Giglio, de Corse et de Sardaigne (!) — sera, croyons-nous, assez justement estimée, en rattachant ce groupe à l'*O. sambucina* en qualité de sous-espèce. — La grandeur absolue des fleurs varie quelque peu dans nos diverses provenances ; il en est de même pour le développement des tiges et des feuilles, ces dernières en général un peu plus étroites que dans la sous-esp. *eu-sambucina*. Ces variations nous semblent être d'ordre individuel. L'apparence générale est assez celle de l'*O. provincialis* × *eu-provincialis*, dont on le distingue immédiatement par le grand développement des bractées et par les bulbes palmés. Nous n'avons pas vu de Corse les variations à fleurs purpurines qui ont été signalées en Sardaigne par Moris.

†† 442×458. **O. stupratoria** Briq. = *Serapias triloba* Richt. *Pl. cur.* 1, 275 (1890) ; non Viv. = *Serapias (Orchis) papilionaceo-cordigera* Debeaux *Not. pl. méd.* 44 (1891) = *Orchi-Serapias Debeauxii* Cam. *Orch. Fr.* 19 (1892) ; Asch. et Graebn. *Syn.* III, 791 ; Cam. Berg. et Cam. *Mon. Orch.* 63 = Orchis papilionacea × Serapias cordigera.

Hab. — Friches rocailleuses entre Toga et Ste-Lucie de Bastia [Debeaux *Not.* 45 : fl. 13 mai 1868 (1 échant.) et 11 mai 1869 (2 échant.), inter parentes].

Tige robuste, épaisse, haute de 25-30 cm., feuillée seulement dans la partie inférieure ; grappe composée de 8-10 fleurs, à bractées inférieures larges de 12-14 mm., dressées ; labelle presque aussi large que long (env. 22 mm.), à limbe marqué vers la partie moyenne et de chaque côté d'un sinus assez profond formant un angle ± aigu, à stries peu nombreuses et peu anastomosées ; divisions du périgone allongées, linéaires-lancéolées. Fleurs d'un pourpre éclatant. Caractères du genre

Orchis bien marqués par le faciès, le port, la forme des feuilles et de l'inflorescence, et les dispositions des divisions du périgone.

Les *Règles de la Nomencl.* (art. 32) n'admettent pas pour les hybrides intergénériques les noms bigénériques, mais prescrivent de rattacher ces bâtards « à celui des deux genres qui précède l'autre dans l'ordre alphabétique ». En nous conformant à cette prescription, nous avons dû changer l'épithète de cette hybride parce qu'il existe déjà un × *O. Debeauxii* Camus (= *O. morio* × *papilionacea*), et que cette coïncidence donnerait sûrement lieu à des confusions (*Règl. nom.* art. 51, 4°).

D'autres hybrides intergénériques — toujours fort rares — sont à rechercher en Corse entre les représentants des genres *Orchis* et *Serapias*.

SERAPIAS L. emend.

Linné dans le *Species plantarum* ed. 1, 949 et 950 (1753) a placé dans son genre *Serapias* deux espèces : *Serapias Helleborine* L. [avec trois variétés qui appartiennent aux genres *Helleborine* (*Epipactis*) et *Cephalanthera* des botanistes modernes] et *S. Lingua* L. Les caractères énumérés dans le *Genera plantarum* ed. 5, 406 (1754) confirment ce sens collectif du genre *Serapias* L. Le premier auteur qui ait opéré une coupe dans le genre linnéen est Hill [*Brit. herb.* 477 (1756)]. Hill a repris le genre *Helleborine* dans l'ancien sens donné à ce nom par Tournefort, en plaçant dans ce genre les plantes que Linné appelait *Serapias Helleborine*. Swartz (in *Act. acad. holm.* ann. 1800, 223, tab. 3, f. II) était donc fondé à conserver le nom de *Serapias* pour le *S. Lingua* L. — Il n'y a à notre avis aucune raison quelconque pour changer le nom de *Serapias* en *Serapiastrum*, comme l'a proposé O. Kuntze [*Rev. gen.* III¹¹, 141 (1898)]. M. Eaton [in *Proc. biol. soc. Washington* XXI, 67 (1908)] et MM. Schinz et Thellung [in *Vierteljahrsschr. naturf. Gesellsch. Zürich* LIII, 588 (1909)] ont, il est vrai, argué que le nom de *Serapias* aurait dû être laissé au groupe le plus nombreux en espèces, soit au groupe *Helleborine* (*Epipactis*)-*Cephalanthera*. Mais à l'époque de Hill (1756) le genre *Serapias* ne renfermait encore que les *deux* espèces binairement dénommées par Linné ! En outre, le *S. Helleborine* L. est basé sur le genre *Helleborine* de Tournefort [*Inst. rei herb.* 1, 436 et tab. 249 (1719)], lequel comprenait des *Helleborine* (*Epipactis*) et des *Cephalanthera*, à l'exclusion complète des *Serapias* réunis aux *Orchis* par Tournefort. Hill a donc agi conformément à l'esprit de l'art. 45 des *Règ. Nom.* en restituant le nom d'*Helleborine* au groupe de formes (*Serapias Helleborine* L.) qui avait porté ce nom jusqu'alors. — Nous avons tenu à entrer dans quelques détails au sujet de ce cas de nomenclature, afin d'arrêter dès maintenant les changements de noms dans un groupe déjà suffisamment difficile au point de vue systématique, pour qu'il soit inutile de venir encore greffer sur ces dernières des difficultés d'ordre onomastique.

455. **S. parviflora** Parl. in *Giorn. sc. lett. Sic.* fasc. 175, 66 (1837) et *Fl. it.* III, 420 ; Asch. et Graebn. *Syn.* III, 779 = *S. longipetala* var.

parviflora Lindl. *Orch.* 378 (1830-40) = *S. oxyglottis* Lindl. l. c. = *S. occultata* Gay in *Ann. sc. nat.* 2ᵉ sér., VI, 119 (1836), nomen solum!; Gr. et Godr. *Fl. Fr.* III, 280 (1855); Cam. *Orch. Fr.* 11 ; Coste *Fl. Fr.* III, 386;Cam. Berg. et Cam. *Mon. Orch.* 55 = *S. laxiflora* Chaub. *Fl. Pélop.* 62(1838); Reichb. f. *Ic.* XIII-XIV, t. 90 et 147 = *S. oculata* Mars. *Cat.* 148 (1872) = *S. Lingua* var. *parviflora* et *S. occultata* Krænzl. *Orch. gen. et sp.* I, 156 et 159 (1901) = *Serapiastrum parviflorum* Eaton in *Proc. biol. soc. Washington* XXI, 68 (1908).

Hab. — Prairies maritimes, points humides des garigues de l'étage inférieur. Avril-mai. ♃. Répandu sur le littoral. D'Erbalunga à Sisco (Fouc. et Sim. *Trois sem. herb. Corse* 160); env. de Bastia (Shuttl. *Enum.* 20 ; Lard. in *Bull. trim. soc. bot. Lyon* XI, 59) ; Calvi (Fouc. et Sim. l. c.) ; Belgodère (Fouc. et Sim. l. c.) ; Pozzo di Borgo (Coste in *Bull. soc. bot. Fr.* XLVIII, sess. extr. CXII) ; Ajaccio (Boullu in *Ann. soc. bot. Lyon* XXIV, 74 ; Fouc. et Sim. l. c.) ; Porto-Vecchio (Revel. ap. Mars. *Cat.* 148) ; Bonifacio (Revel. ap. Mars. l. c.) ; et localités ci-dessous.

1907. — Prairies à Ghisonaccia, 10 m., 8 mai fl.! ; pré humide près de Solenzara, 5 m.,3 mai fl.! ; prairies marécageuses entre Sᵗᵉ-Lucie et Sᵗᵉ-Trinité, 50 m., 7 mai fl.! ; points humides des garigues à Santa Manza, 10 m., 6 mai fl.!

Le *S. parviflora* est beaucoup plus voisin du *S. Lingua*, par la forme du labelle pourvu à la base d'une callosité unique, que de toutes les autres espèces, mais il s'en distingue d'une façon constante par la réduction extrême de son labelle et les pièces du périgone libres sur la plus grande partie de leur longueur pendant l'anthèse (longtemps cohérentes jusqu'au sommet ou jusqu'au voisinage du sommet dans les autres espèces, sur le vif).

M. Krænzlin a laissé se glisser dans sa monographie (l. c.) un véritable imbroglio à propos du *S. parviflora.* Cet auteur réduit en effet le *S. parviflora* au rang de variété du *S. Lingua* (l. c. 156), et motive cette réunion en déclarant que le *S. parviflora* se rattache au *S. pseudocordigera* Moric. (l. c. 157), puis il fait figurer une seconde fois le *S. occultata* (= *S. parviflora*) comme espèce distincte dans la clé (l. c. 155) et avec une description détaillée dans le texte (l. c. 159). D'autre part, le même auteur donne d'abord et avec raison le *S. laxiflora* Chaub. comme synonyme des *S. occultata* et *Lingua* var. *parviflora* (p. 156 et 159), puis il le fait figurer plus loin (p. 160) comme une hybride dont la formule n'est pas donnée. M. Krænzlin conserve également à tort le nom spécifique (*occultata*) de Gay. J. Gay a en effet omis (l. c.) de donner une description du *S. occultata* et la mention du *S. occultata* sans note diagnostique quelconque dans l'exsiccata de Durieu ne constitue pas une publication (*Règl. nom.* art. 37).

†† 455×458. **S. Alfredii** Briq. = ? *S. Rainei* Cam. in Cam. Berg. et Cam. *Mon. Orch.* 62 (1908) = **S. cordigera** × **parviflora.**

Hab. — Jusqu'ici seulement dans la localité suivante :

1907. — Pré humide près de Solenzara, 5 m., 3 mai fl. (un échant., au voisinage des parents).

Planta 20 cm. alta. Tuberidia globosa, cum altero spititato globoso cerasi magnitudine. Folia lineari-lanceolata, acuminata, 5-6 mm. lata. Racemus pauciflorus, bracteis longe acuminatis flores superantibus. Perigonii phylla lanceolato-acuminata, apice subaristata, ad apicem usque sublibera, circ. 2 cm. longa : labellum atropurpureum parvum quam perigonii phylla brevius lobis lateralibus in galea absconditis antice subtruncatis margine minute crenulatis, lobo medio late ovato, basi ampliato, apice acuminato, nunc triangulari-acuminato vel lateraliter denticulis 2 aucto, disco obscure bicalloso densiuscule pubescente, caeterum glabro vel subglabro, superficie ad 12 × 6 mm.

Cette forme remarquable tient exactement le milieu entre les deux parents présumés. L'organisation et les dimensions florales rappellent beaucoup le *S. parviflora*, mais le labelle est largement ové, élargi à la base, et l'une des deux fleurs développées présente nettement deux denticules latéraux, ce qui est souvent le cas dans le *S. cordigera*. On dirait une fleur de *S. cordigera* en miniature. — Notre échant. répond à la formule *cordigera* ×< *parviflora*. Il semble que la plante décrite par M. Camus sous le nom de *S. Rainei* — en admettant qu'elle soit réellement une hybride — réponde plutôt à la formule *cordigera* >× *parviflora*. Cette dernière doit en effet, selon l'auteur, se distinguer avec peine du *S. cordigera* et présenter une fleur seulement un peu plus petite que ce dernier type. Des différences notables d'un échant. à l'autre sont d'ailleurs fréquentes dans ces hybrides. Nous avons cependant pensé plus prudent de donner une description détaillée de l'échant. unique que M. le commandant Alfred St-Yves a récolté au cours de notre voyage de 1907, en la dédiant à notre excellent compagnon d'étude. Le *S. Rainei* n'a malheureusement pas été publié avec une diagnose latine, comme l'exigent les *Règl. Nom.* art. 36.

456. **S. Lingua** L. *Sp.* ed. 1, 950 (1753) ; Reichb. f. *Ic.* XIII-XIV, 9, t. 87 ; Gr. et Godr. *Fl. Fr.* III, 280 ; Cam. *Orch. Fr.* 10 ; M. Schulze *Orch. Deutschl.* 34 ; Krænzl. *Orch. gen. et sp.* I, 155 ; Coste *Fl. Fr.* III, 386 ; Asch. et Graebn. *Syn.* III, 774 ; Cam. Berg. et Cam. *Mon. Orch.* 52 = *Helleborine Lingua* Pers. *Syn.* II, 512 (1807) = *Helleborine oxyglottis* Pers. l. c. (1807) = *S. glabra* Lap. *Hist. abrég. Pyr.* 552 (1813) = *S. oxyglottis* Bert. *Am. it.* 202 (1819) et *Fl. it.* IX, 605 ; non Lindl. = *Serapiastrum Lingua* Eat. l. c. (1908). — Exsicc. Reverch. ann. 1878 n. 128 !

Hab. — Prairies maritimes, points herbeux des garigues des étages inférieur et [montagnard. Avril-mai. ♃. Répandu. Mausoleio (Gillot in *Bull. soc. bot. Fr.* XXIV, sess. extr. LII) ; Miomo (Gillot ibid. LVIII) ; vallée du Fango (Gillot ibid. LVI) ; le Pigno (Billiet ibid. LXX ; Doùmet

in *Ann. Hér.* V, 207) ; Biguglia (Sargnon in *Ann. soc. bot. Lyon* VI, 65 ;
Boullu in *Bull. soc. bot. Fr.* XXIV, sess. extr. LXVI) ; Calvi (Solcirol
ex Bert. *Fl. it.* IX, 606 ; Fouc. et Sim. *Trois sem. herb. Corse* 160) ; env.
d'Evisa (Lutz in *Bull. soc. bot. Fr.* XLVIII, sess. extr. CXXXII) ; Venaco
(Fouc. et Sim. l. c.) ; Ghisoni (Rotgès in litt.) ; Sagone (Coste in *Bull.
soc. bot. Fr.* XLVIII, sess. extr. CXIV ; N. Roux ibid. CXXXV) ; env.
d'Ajaccio (ex Gr. et Godr. l. c.; Mars. *Cat.* 148 ; Boullu in *Bull. soc. bot.
Fr.* XXIV, sess. extr. XCIII) ; Bastelica (Reverch. exsicc. cit.); Bonifacio
(Seraf. ex Bert. l. c. ; Boy. *Fl. Sud Corse* 65) ; et localités ci-dessous.

1907. — Cap Corse : garigues entre Luri et la marine de Luri, 30 m.,
27 avril fl.!; garigues près de la marine de Giottani, 26 avril fl.! — Garigues
entre Alistro et Bravone, 10 m., 30 avril, fl.!; prairie humide à l'embouchure de la Solenzara, 7 mai fl.! ; prairie marécageuse entre Ste-Lucie et
la Trinité, 50 m., 7 mai fl.!

Inflorescence médiocre, assez serrée. Bractées plus courtes que les
fleurs ou les dépassant peu. Fleurs médiocres. Labelle pourvu à la base
d'une seule callosité, à lobe moyen lancéolé, long de 1-1,5 cm., large de
4-8 mm., d'un rouge clair, glabre ou faiblement pubescent en dessus.

†† 456 × 458. **S. ambigua** Rouy in *Bull. soc. bot. Fr.* XXXVIII,
140 (1891) ; Cam. *Orch. Fr.* 12 ; Asch. et Graebn. *Syn.* III, 780 ; Cam.
Berg. et Cam. *Mon. Orch.* 57 = **S. cordigera × Lingua**.

Hab. — En compagnie des parents sur la route de Bastia à St-Florent
vers le 4e kil. (Deb. *Not.* 46). ; et localités ci-dessous.

1907. — Prairie humide près de Solenzara, 5 m., 3 mai fl.! (inter parentes) ; prairie marécageuse entre Ste-Lucie et Ste-Trinité, 30 m., 7 mai
fl.! (inter parentes).

Cette hybride oscille par tous ses caractères entre les deux parents :
les pièces du périgone varient considérablement de longueur et sont
tantôt aiguës et courtes, tantôt plus allongées et acuminées ; le caractère
des lamelles du disque séparées ou réunies est sur plusieurs de nos
échant. mal défini ; l'intensité de la couleur du labelle varie beaucoup
d'un échant. à l'autre. Pour toutes ces raisons, nous ne pouvons, au
moins en ce qui concerne les localités corses, établir une distinction
entre les *S. ambigua* Rouy (l. c.) et *S. Laramberguei* Cam. [*Orch. Fr.* 13
(1892) ; Cam. Berg. et Cam. *Mon. Orch.* 58], ni avec le *S. meridionalis* Cam.
[*Orch. Fr.* 29 (1892) ; Cam. Berg. et Cam. l. c. 62], lequel répondrait à la
formule *cordigera* var. *neglecta* × *Lingua*. Le maintien de ces trois formes
isolées telles que les donnent MM. Ascherson et Graebner (*S. Lingua* ×
cordigera I *ambigua*, II *Laramberguei* et B. *meridionalis* Asch. et Graebn.
Syn. III, 780) ne nous satisfait pas non plus : on pourrait multiplier encore les distinctions entre les formes individuelles issues du croisement

cordigera × Lingua, sans épuiser les combinaisons de détail que présentent les caractères de l'hybride. — M. Verguin, qui a vu des échant. récoltés par M. le commandant St-Yves au cours de notre voyage de 1907, les rapporte au *S. olbia* Verg. [in *Bull. soc. bot. Fr.* LIV, 599, t. XIII (1907) ; Cam. Berg. et Cam. *Mon. Orch.* 60]. Et effectivement la comparaison de certains échant. corses avec les originaux de l'auteur provenant de Hyères (Var), établit entre eux une quasi-identité. M. Verguin (l. c.) voit dans le *S. olbia* une forme intermédiaire entre les *S. cordigera* et *Lingua*, ou peut-être une hybride fixée, à cause de l'absence du *S. cordigera* dans la localité où le *S. olbia* a été découvert. L'auteur pense aussi que l'abondance relative du *S. olbia* dans la localité indiquée est un argument contre l'origine hybride. Cependant chez les *Serapias*, comme chez certains *Orchis*, les hybrides peuvent dans certaines années se produire en grande quantité sur un point donné. Il suffit pour cela d'un concours heureux de circonstances, parmi lesquelles les insectes, même venus de loin, jouent le rôle prédominant. C'est ainsi que les *Serapias* de la formule *Lingua × vomeracea* (*Lingua × longipetala*) ont pu être récoltés en abondance par Philippe aux env. de Bagnères et distribués dans de grands exsiccata numérotés (p. ex. dans celui de Billot). — En ce qui concerne la Corse, l'abondance des *S. Lingua* et *S. cordigera* dans les localités où les formes intermédiaires ont été observées ne nous laisse pas de doute sur l'origine hybride de ces dernières. Quand le labelle a une couleur claire comme dans le *S. Lingua*, les formes du *S. ambigua* peuvent devenir difficiles à distinguer du *S. vomeracea* (= *S. longipetala*). Cependant dans ces dernières, le labelle possède un lobe médian plus allongé, des bractées plus longues et plus foncées et un labelle à callosités basilaires nettement séparées.

456×457. **S. intermedia** De Forest. ex Jord. in Bill. *Arch. de Fl.* 225 (1853) ; Cam. *Orch. Fr.* 16 ; Cam. Berg. et Cam. *Mon. Orch.* 59 = *S. Grenieri* Cam. et *S. digenea* Cam. *Orch. Fr.* 15 (1892) ; Cam. Berg. et Cam. *Mon. Orch.* 61 = *S. Lingua × longipetala* A *intermedia,* B *Grenieri* et C *digenea* Asch. et Graebn. *Syn.* III, 781 (1907) = **S. Lingua × vomeracea.** — Exsicc. Kralik n. 794 !

Hab. — Tizzano (Kralik exsicc. cit. in h. Deless. sub : *S. Lingua*) ; et localité ci-dessous.

1907. — Prairie marécageuse entre Ste-Lucie et Ste-Trinité, 50 m., 7 mai fl. ! (4 échant. isolés).

Caractères intermédiaires entre ceux des deux espèces parentes, mais fort variables. L'échant. de Kralik à labelle velu en dessus, de coloration foncée, à grandes bractées, est plus rapproché du *S. vomeracea*, dont il se distingue à première vue par l'inflorescence dense et courte, le labelle à lobe médian beaucoup plus étroit, longuement acuminé, atteignant 1,5 cm. × 3 mm. Nos échant. de 1907 ont plutôt le port du *S. Lingua*, avec un labelle de couleur carnée claire et glabrescent ou fai-

blement pubescent, et une inflorescence pauciflore ; mais les bractées
sont plus longues et pourprées, et le lobe moyen du labelle longuement lancéolé atteint jusqu'à 2 cm. de longueur sur 3-4 mm. de
largeur.

457. **S. vomeracea** Briq. = *Orchis vomeracea* Burm. *Fl. Cors.* 237
(1770) = *Orchis Lingua* Scop. *Fl. carn.* ed. 2, II, 187 (1772) ; non L.
= *S. cordigera* var. Bert. *Fl. gen.* 126 (1804) = *S. cordigera* Marsch.-
Bieb. *Fl. taur.-cauc.* II, 370 (1808) = *Helleborine longipetala* Ten. *Fl.
nap. prodr.* LIII (1811) = *S. hirsuta* Lap. *Hist. abrég. Pyr.* 551 (1813) ;
M. Schulze *Orch. Deutschl.* 36 = *Helleborine pseudocordigera* Seb. *Pl.
rom.* I, 14 (1813) = *S. pseudocordigera* Moric. *Fl. ven.* I, 374 (1820);
Reichb. f. *Ic.* XIII-XIV, 12, tab. 89 ; Krænzl. *Orch. gen. et sp.* I, 158 ;
Cam. Berg. et Cam. *Mon. Orch.* 49 = *S. lancifera* St-Amans *Fl. agen.*
378 (1821) = *S. longipetala* Poll. *Fl. veron.* III, 30 (1824) ; Gr. et Godr.
Fl. Fr. III, 278 ; Cam. *Orch. Fr.* 9 ; Coste *Fl. Fr.* III, 386 ; Asch. et Graebn.
Syn. III, 777 ; = *S. Lingua* Bert. *Fl. it.* IX, 600 (1853) excl. var. β ;
non L. = *Serapiastrum longipetalum* Eat. in *Proc. biol. soc. Washington*
XXI, 67 (1908) ; Schinz et Thell. in *Vierteljahrsschr. naturf. Gesellsch.
Zürich* LIII, 588. — Exsicc. Req. sub : *S. Lingua* ? ! ; Bourgeau n. 381 !

Hab. — Prairies maritimes, points humides ou ombragés des étages
inférieur et montagnard. Avril-mai. ♃. Disséminé. Miomo (Gillot in
Bull. soc. bot. Fr. XXIV, sess. extr. LVIII) ; vallée du Fango (Gillot ibid.
LV et LVI) ; Le Pigno (Billiet ibid. LXVIII) ; Corté (Req. exsicc. cit. et
ap. Parl. *Fl. it.* III, 426) ; env. d'Ajaccio (Bourg. exsicc. cit. et ap. Gr.
et Godr. l. c. et Parl. l. c.; Mars. *Cat.* 148 ; Boullu in *Bull. soc. bot. Fr.*
XXIV, sess. extr. XCIII) ; Monte Bianco près de Sari (Fouc. et Sim. *Trois
sem. herb. Corse,* 160) ; Sartène (ex Gr. et Godr. l. c. ; Mars. l. c.); Porto-
Vecchio (Revel. ap. Mars. l. c.) ; Bonifacio (Boy. *Fl. Sud Corse* 65) ; et
localités ci-dessous.

1907. — Prairie humide à Solenzara, 5 m., 3 mai, fl.! ; prairie marécageuse entre Ste-Lucie et Ste-Trinité, 50 m., 7 mai fl.!

Espèce intermédiaire entre les *S. Lingua* et *S. cordigera.* Diffère du
S. Lingua par le port plus élevé, l'inflorescence plus allongée, les bractées dépassant en général les fleurs, celles-ci plus grandes, le labelle
pourvu à la base de deux callosités divergentes, bien plus allongé et plus
ample, à lobe moyen atteignant jusqu'à 2 et 2,5 cm., large de 5-8 mm.
S'écarte du *S. cordigera* dont il est d'ailleurs plus rapproché, par l'inflorescence plus lâche, le labelle d'un rouge fauve à lobe moyen oblong-

allongé, plus étroit ou à peine plus large que les lobes latéraux, à base rétrécie-cunéiforme.

Cette espèce a été correctement nommée déjà en 1770 par Burmann (l. c.), dont la publication paraît avoir échappé à nos prédécesseurs. Burmann reproduit la diagnose de Haller (*Orch. gen.* 61, n. 6), complétée plus tard par une description détaillée (*Hist. stirp. Helv.* 135, n. 1267) laquelle s'applique exactement à l'espèce que Tenore décrivit 43 ans plus tard sous le nom d'*Helleborine longipetala*. La description hallérienne a été faite sur des échant. de la Valteline récoltés par Dick, région où croît encore aujourd'hui le *S. vomeracea* Burm. (= *S. longipetala* Poll.), à l'exclusion des espèces voisines.

458. S. cordigera L. *Sp.* ed. 2, 1315 (1763) ; Reichb. f. *Ic.* XIII-XIV, 10, t. 88 ; Gr. et Godr. *Fl. Fr.* III, 278 ; M. Schulze *Orch. Deutschl.* 35 ; Krænzl. *Orch. gen. et sp.* I, 157 ; Asch. et Graebn. *Syn.* III, 776 = *S. Lingua* β Savi *Fl. pis.* II, 304 (1798) = *Helleborine cordigera* Pers. *Syn.* II, 512 (1807) = *S. ovalis* Rich. in *Mém. mus. Par.* IV, 54 (1817) = *S. Lingua* var. *latilabia* Bert. *Fl. it.* IX, 60 (1853).

Hab. — Prairies maritimes, points humides ou ombragés des étages inférieur et montagnard. Avril-mai. ♃ .

Espèce variable de dimensions, mais toujours caractérisée par la grandeur des fleurs ; inflorescence assez serrée ; labelle pourvu à la base de deux callosités ± divergentes, à lobe moyen largement obové-cordiforme, mesurant env. 1,5-2 × 1-1,5 cm. — En Corse les deux races suivantes.

α. Var. **genuina** Briq. = *S. cordigera* L. sensu strictiore ; Cam. *Orch. Fr.* 7 et atl. t. 1 ; M. Schulze *Orch. Deutschl.* 35 ; Krænzl. *Orch. gen. et sp.* I, 157 ; Coste *Fl. Fr.* III, 385 ; Cam. Berg. et Cam. *Mon. Orch.* 44 = *Serapiastrum cordigerum* Eat. in *Proc. biol. soc. Washington* XXI, 67 (1908). — Exsicc. Debeaux ann. 1869 sub : *S. cordigera* ! ; Reverch. ann. 1878, n. 129 ! (sub : *S. longipetala*) ; Burn. ann. 1904, n. 574.

Hab. — Bastia (Shuttl. *Enum.* 20) ; le Pigno (Doùmet in *Ann. Hér.* V, 207 ; Billiet in *Bull. soc. bot. Fr.* XXIV, sess. extr. LXX ; Lard. in *Bull. trim. soc. bot. Lyon* XI, 59) ; Biguglia (Boullu in *Bull. soc. bot. Fr.* XXIV, sess. extr. LXVI ; Sargnon in *Ann. soc. bot. Lyon* VI, 65) ; St-Florent (Billiet l. c. LXX) ; Calvi (Soleirol ex Bert. *Fl. it.* IX, 602 ; Fouc. et Sim. *Trois sem. herb. Corse* 160) ; Pozzo di Borgo (Coste in *Bull. soc. bot. Fr.* XLVIII, sess. extr. CXII ; Briq. *Spic.* 14 et Burn. exsicc. cit.) ; Ajaccio (Req. ap. Gr. et Godr. l. c. et ap. Parl. *Fl. it.* III, 429 ; Boullu in *Bull. soc. bot. Fr.* XXIV, sess. extr. XCIII) ; Bastelica (Reverch. exsicc. cit.) ; Bonifacio (Boy. *Fl. Sud Corse* 65) ; et localités ci-dessous.

1907. — Clairières des maquis entre Cateraggio et Tallone, 20 m., 1 mai fl.! ; pré humide à Solenzara, 5 m., 3 mai fl.! ; prairie marécageuse entre Ste-Lucie et Ste-Trinité, 30 m., 7 mai fl.!

Labelle à lobes latéraux peu saillants, à lobe moyen arrondi-subcordiforme à la base, mesurant env. 2-2,3 × 1-1,5 cm., d'un rouge vineux foncé.

† β. Var. **neglecta** Fiori et Paol. *Fl. anal. It.* I, 239 (err. typ. « 339 », 1896) ; Asch. et Graebn. *Syn.* III, 776 = *S. neglecta* De Not. *Prosp. fl. lig.* 55 (1846); id. *Rep. fl. lig.* 389 [in *Mém. acad. sc. Tur.* sér. 2, IX (1848)]; Reichb. f. *Ic.* XIII-XIV, 14 ; Barla *Ic. Orch.* 33 ; Cam. *Orch. Fr.* 8 ; Krænzl. *Orch. gen. et sp.* I, 157 ; Coste *Fl. Fr.* III, 386 ; Cam. Berg. et Cam. *Mon. Orch.* 47 = *Serapiastrum neglectum* Eat. in *Proc. biol. soc. Washington* XXI, 67 (1908). — Exsicc. Requien sub : *S. neglecta* !

Hab. — Env. d'Ajaccio (Req. exsicc. cit. et ap. Parl. *Fl. it.* III, 431.

Labelle à lobes latéraux très saillants, à lobe moyen souvent plus nettement lobulé latéralement, subcordiforme ou cordiforme à la base, mesurant env. 1,5-2 × 1-1,5 cm., rouge pourpre sur les bords, jaune-ocracé au centre.

Le *S. neglecta* De Not., distingué spécifiquement par beaucoup d'auteurs, n'est évidemment qu'une race du *S. cordigera*. Il est relié en Italie avec la var. *genuina* par des variations ambiguës dans des conditions qui excluent toute hypothèse d'hybridité, ainsi que l'a montré M. Cortesi [in Pirotta *Ann. di Bot.* I, 220 (1904)] d'une façon convaincante. De Notaris a toujours envisagé son *S. neglecta* comme une espèce distincte, contrairement aux indications de MM. Ascherson et Graebner (l. c.), dont les notes bibliographiques relatives au *S. cordigera* var. *neglecta* sont inexactes.

ACERAS R. Br.

459. A. anthropophora R. Br. in Ait. *Hort. Kew.* V, 191 (1813) ; Reichb. f. *Ic.* XIII-XIV, 1, tab. 5 ; Gr. et Godr. *Fl. Fr.* III, 281 ; Cam. *Orch. Fr.* 21 ; M. Schulze *Orch. Deutschl.* 37 ; Krænzl. *Orch. gen. et sp.* I, 165 ; Coste *Fl. Fr.* III, 392 ; Asch. et Graebn. *Syn.* III, 782 ; Cam. Berg. et Cam. *Mon. Orch.* 71 = *Ophrys anthropophora* L. *Sp.* ed. 1, 948 (1753).

Hab. — Garigues des étages inférieur et montagnard. Avril-mai. ♃. Calcicole ; peu fréquent à cause de la rareté des terrains, mais abondant quand on le trouve. Col de Teghime (sur terrain Bartonien et Lutétien, calcaire nummulitique!) (Salis in *Flora* XVI, 492 ; Fouc. et Sim. *Trois sem. herb. Corse* 160) ; de Farinole à St-Florent (Rotgès in litt.) ; St-Florent (Mab. ap. Mars. *Cat.* 148) ; Bonifacio Req. ap. Parl. *Fl. it.* III, 441 ; Mars. l. c. ; Boy. *Fl. Sud Corse* 65) ; et localités ci-dessous.

1907. — Cap. Corse : garigues du Mt S. Angelo de St-Florent, 200-250 m., calc., 24 avril fl.! — Cime de la Chapelle S. Angelo, rochers calcaires, 1150 m., 13 mai fl.!; Pointe d'Aquella, rocailles calcaires, 300-370 m., 4 mai fl.!; garigues du vallon de Canalli, calc., 30 m., 6 mai fl.!; garigues à Bonifacio, 30 m., calc., 5 mai fl.!

460. **A. longibracteata** Reichb. f. *Ic.* XIII-XIV, 3, t. 27 et 149; Gr. et Godr. *Fl. Fr.* III, 282; Krænzl. *Orch. gen. et sp.* I, 166; Asch. et Graebn. *Syn.* III, 784 = *Orchis longibracteata* Biv. *Sic. pl. cent.* I, 57 (1806); Coste *Fl. Fr.* III, 396 = *Orchis Robertiana* Lois. *Fl. gall.* ed. 1, II, 606 (1807) = *Orchis fragrans* Ten. *Prodr. fl. nap.* LIII (1811); non alior. = *Barlia longibracteata* Parl. *Nuov. gen. sp. Mon.* 5 (1854) et *Fl. it.* III, 477; Cam. *Orch. Fr.* 26; Cam. Berg. et Cam. *Mon. Orch.* 84 = *Loroglossum longibracteatum* Mor. ex Ard. *Fl. alp. mar.* 354 (1867).

Hab. — Garigues de l'étage inférieur. Févr.-avril. ♃. Rare. Env. d'Ajaccio (ex Gr. et Godr. l. c.; Boullu in *Ann. soc. bot. Lyon*, XXIV, 75); Bonifacio : rochers de la rive droite du port, dans une petite vallée débouchant sur la route nationale (Seraf. ex Bert. *Fl. it.* IX, 544; Req. ex Parl. *Fl. it.* III, 448; Mars. *Cat.* 148; Boy. *Fl. Sud Corse* 65).

LOROGLOSSUM Rich. emend.

Le genre *Loroglossum* Rich. [in *Mém. mus. Par.* IV, 47 (1818)] a la priorité sur le genre *Himantoglossum* Spreng. [*Syst.* III, 675 (1826)] et doit être conservé. Richard comprenait dans le genre *Loroglossum*, outre le *L. hircinum*, les *L. anthropophorum* Rich. et *L. brachyglotte* Rich., tous deux synonymes de l'*Aceras anthropophora*. Mais si le concept du genre *Loroglossum* doit être modifié, c'est le cas à un degré encore bien plus marqué pour le genre *Himantoglossum*. Ce dernier comprenait cinq espèces dont deux (*H. hircinum* Spreng. et *H. caprinum* Spreng.) appartiennent au genre *Loroglossum*, tandis que les autres appartiennent aux genres actuels *Aceras* (*H. anthropophorum* Spreng.), *Tinea* (*H. parviflorum* Spreng.) et *Platanthera* (*H. satyrioides* Spreng.). Le genre de Sprengel était bien plus artificiel que celui de Richard et mérite donc à tous égards d'être conservé. Sprengel a d'ailleurs très naïvement cité le nom générique antérieur dû à son prédécesseur comme synonyme de son nouveau vocable (l. c. 694).

L. hircinum Rich. in *Mém. mus. Par.* IV, 54 (1818); Cam *Orch. Fr.* 24; Cam. Berg. et Cam. *Mon. Orch.* 78 = *Satyrium hircinum* L. *Sp.* ed. 1, 944 (1753) = *Orchis hircina* Crantz *Stirp. austr.* ed. 2, VI, 484 (1769); Coste *Fl. Fr.* III, 396 = *Himantoglossum hircinum* Spreng. *Syst.* III, 694 (1826); M. Schulze *Orch. Deutschl.* 38; Asch. et Graebn. *Syn.* III, 785 = *Aceras* *hircina* Lindl. *Orch.* 282 (1830-40); Reichb. f. *Ic.* XIII-XIV, 5, t. 7 et 8; Gr. et Godr. *Fl. Fr.* III, 283; Krænzl. *Orch. gen. et sp.* I, 167.

Cette belle espèce a été indiquée par Grenier et Godron « dans toute la France *et en Corse* ». A notre connaissance, cependant, le *L. hircinum* n'a jamais été vu en Corse par aucun observateur. Nous ne pouvons, jusqu'à plus ample informé, l'admettre parmi les espèces spontanées de l'île.

ANACAMPTIS Rich.

† 461. **A. pyramidalis** Rich. in *Mém. mus. Par.* IV, 41 (1818); Cam. *Orch. Fr.* 28; M. Schulze *Orch. Deutschl.* 39; Krænzl. *Orch. gen. et sp.* 168; Asch. et Graebn. *Syn.* III, 788; Cam. Berg. et Cam. *Mon. Orch.* 91 = *Orchis pyramidalis* L. *Sp.* ed. 1, 940 (1753); Coste *Fl. Fr.* III, 403 = *Aceras pyramidalis* Reichb. f. *Ic.* XIII-XIV, 6, t. 9; Gr. et Godr. *Fl. Fr.* III, 283. — Exsicc. Sieber sub : *O. pyramidalis*!

Hab. — Garigues, maquis clairs des étages inférieur et montagnard. Mai-juin. Rare et bizarrement distribué aux deux extrémités de l'île. Ville-de-Pietrabugno (Sieber exsicc. cit.); le Pigno (Billiet in *Bull. soc. bot. Fr.* XXIV, sess. extr. LXX); Bonifacio (Salis in *Flora* XVI, 492; Seraf. ex Bert. *Fl. it.* IX, 520; Boy. *Fl. Sud Corse* 65).

PLATANTHERA[1] Rich.

462. **P. bifolia** Reichb. *Fl. germ. exc.* 120 (1830); Cam. *Orch. Fr.* 71; Krænzl. *Orch. gen. et sp.* I, 625; Asch. et Graebn. *Syn.* III, 829; Cam. Berg. et Cam. *Mon. Orch.* 340 = *Orchis bifolia* L. *Sp.* ed. 1, 939 (1753); Gr. et Godr. *Fl. Fr.* III, 297; Coste *Fl. Fr.* III, 401 = *P. solstitialis* Bœnn. ex Reichb. *Fl. germ. exc.* 120 (1830, pro synonymo); Reichb. f. *Ic.* XIII-XIV, 120, t. 77; M. Schulze *Orch. Deutschl.* 49. — Exsicc. Burn. ann. 1904, n. 575 et 576 !

Hab. — Points humides et ombragés des étages inférieur et surtout montagnard, 300-1200 m. Mai-juill. ♃. Peu fréquent. Forêt d'Aitone (Lutz in *Bull. soc. bot. Fr.* XLVIII, 57; Briq. *Spic.* 15 et Burn. exsicc. cit. n. 575); col de Salto (Lit. in *Bull. acad. géogr. bot.* XVIII, 109); forêt de Vizzavona (Briq. l. c. et Burn. exsicc. cit. n. 576); entre Vico et Guagno (Salis in *Flora* XVI, 492); col de St-Georges (Mars. *Cat.* 149);

---

[1] Nomen utique conservandum. (*Règl. nom. bot.* art. 20 et p. 76).

Monte Bianco près de Sari (Fouc. et Sim. *Trois sem. herb. Corse* 161) ; et localité ci-dessous.

1906. — Chênaie entre la maison forestière de Bonifatto et la bergerie de Spasimata, 1200 m., 12 juill. fl. fr. !

Les échant. corses appartiennent à la var. **genuina** [Asch. et Graebn. *Syn.* III, 831 (1907)] à pièces extérieures du périgone allongées, parfois presque sublancéolées, à pièces intérieures latérales un peu conniventes sur l'impaire extérieure. Les fleurs varient d'un blanc laiteux ou verdâtres avec des teintes intermédiaires. Ces variations paraissent avoir une valeur individuelle.

†† 463. **P. chlorantha** Reichb. in Mœssl. *Handb.* II, 1565 (1828) ; M. Schulze *Orch. Deutschl.* 50 ; Krænzl. *Orch. gen. et sp.* I, 627 ; Asch. et Graebn. *Syn.* III, 834 = *Orchis bifolia* γ L. *Sp.* ed. 1, 939 (1753) = *Orchis chlorantha* Custer in *Neue Alpina* II, 401 (1827) = *Orchis ochroleuca* Reichb. *Fl. germ. exc.* 120 (1830) = *Habenaria chlorantha* Bak. in *Trans. linn. soc.* XVII, 3, 463 (1837) = *P. virescens* K. Koch in *Linnaea* XXII, 288 (1849) = *P. montana* Reichb. f. *Ic.* XIII-XIV, 123, t. 78 ; Gr. et Godr. *Fl. Fr.* III, 297 ; Cam. *Orch. Fr.* 72 ; Cam. Berg. et Cam. *Mon. Orch.* 344 = *Orchis montana* Coste *Fl. Fr.* III, 401 (1906) ; non Schmidt (1784).

Hab. — Points ombragés et humides de l'étage montagnard. Mai-juin. ♃. Signalé uniquement dans la forêt d'Aitone (Coste in *Bull. soc. bot. Fr.* XLVIII, sess. extr. CXXXI) ; et avec doute par M. Rotgès (in litt.) près des bergeries de Rimuscetto, env. de Ghisoni. A rechercher.

Espèce voisine de la précédente, dont elle diffère par les fleurs un peu plus grandes, à éperon plus long et graduellement plus renflé vers l'extrémité, et surtout par les loges anthériennes divergentes vers la base, ± incurvées, séparées par un champ large, échancré au sommet, ce qui élargit la cavité stigmatique à bord étroit. — Varie comme l'espèce précédente quant à la coloration des fleurs.

L'*Orchis montana* Schmidt [*Fl. boem.* 35 (1794)] souvent rapporté en synonyme à cette espèce appartient à une forme luxuriante du *P. bifolia*. Voy. à ce sujet : Celak. in *Lotos* ann. 1870, 177 et M. Schulze *Orch. Deutschl.* 49 et 50.

TINEA Biv.

Le nom générique *Tinea* doit être conservé par droit de priorité. Reichenbach f., dans son mémoire si important de 1852, a changé la désignation proposée par Bivona, parce que le nom de *Tinea* avait été imposé avant 1833 par Sprengel [*Neue Entd.* II, 65 (1821)] à un genre de

Tiliacées. Cette manière de voir a été acceptée par Pfitzer (in Engl. et. Prantl *Nat. Pflanzenfam.* II, 6, 95), par M. Krænzlin (*Orch. gen. et sp.* I, 173 et 174), par MM. Ascherson et Graebner (*Syn.* III, 844) et par M. Camus (in Cam. Berg. et Cam. *Mon. Orch.* 244). Mais le genre *Tinea* Spreng. étant purement et simplement synonyme du genre *Prockia* L. (Flacourtiacées), il n'y a aucune raison pour rejeter le nom de Bivona (*Règl. Nomencl.* art. 50). — Le genre *Tinea* se distingue de toutes les Orchidées euro-péennes par les appendices stigmatiques divergents.

464. **T. intacta** Boiss. *Fl. or.* V, 58 (1884) = *Orchis intacta* Link in Schrad. *Journ. Bot.* II, 322 (1799) ; Coste *Fl. Fr.* III, 397 = *Orchis secundiflora* Bert. *Rar. lig. pl. dec.* II, 42 (1806) = *Himantoglossum secundiflorum* Reichb. *Fl. germ. exc.* 120 (1830) = *Tinea cylindrica* Biv. in *Giorn. sc. lett. ed art. Sicil.* ann. 1833, 149 ; Barla *Ic. Orch.* 42 ; Cam. *Orch. Fr.* 27 = *Aceras densiflora* Boiss. *Voy. Esp.* II, 595 (1845) ; Gr. et Godr. *Fl. Fr.* III, 282 = *Aceras intacta* Reichb. f. *Ic.* XIII-XIV, 2, t. 148 (1851) = *Neotinea intacta* Reichb. f. *De poll. Orch. gen. et struct. scholia* 29 (1852) et in *Journ. of bot.* II, 1, t. 25 (1865) ; Krænzl. *Orch. gen. et sp.* I, 172 ; Asch. et Graebn. *Syn.* III, 844 ; Cam. Berg. et Cam. *Mon. Orch.* 244. — Exsicc. Soleirol n. 41 ! ; Kralik sub : *Orchis secundiflora* ! ; Debeaux ann. 1868 sub : *Himantoglossum secundiflorum* ! ; Burn. ann. 1904, n. 572, 573 !

Hab. — Garigues, maquis clairs des étages inférieur et montagnard, 1-1000 m. Avril-mai. ♃. Répandu. Cardo (Deb. exsicc. cit.) ; Bastia (Salis in *Flora* XVI, 492 ; Kralik ex Parl. *Fl. it.* III, 455 ; Mab. ap. Mars. *Cat.* 148) ; de Farinole à S¹-Florent (Rotgès in litt.) ; S¹-Florent (Fouc. et Sim. *Trois sem. herb. Corse* 160) ; sous Cervione (Salis l. c.) ; Calenzana (Soleirol exsicc. cit. et ap. Bert. *Fl. it.* IX, 534) ; Belgodere (Fouc. et Sim. l. c.) ; Monte Grosso (de Calvi) (Soleirol ex Parl. l. c.) ; Calvi (Fouc. et Sim. l. c.) ; Corté (Req. ex Parl. l. c.) ; Tattone (Briq. *Spic.* 15 et Burn. exsicc. cit. n. 572) ; vallée du Fango de Galeria (Mars. l. c.) ; forêt d'Aitone (Coste in *Bull. soc. bot. Fr.* XLVIII, sess. extr. CXVI et CXXIX) ; env. d'Evisa (Lutz ibid. CXXXI) ; entre Piana et Porto (Lutz ibid. CXXXII) ; bains de Guagno (Mars. l. c.) ; la Soccia (Mars. l. c.) ; Vico (Mars. l. c.) ; Ghisoni (Rotgès in litt.) ; Pozzo di Borgo (Coste l. c. CXII ; Briq. l. c. et Burn. exsicc. cit. n. 573) ; Ajaccio et env. (Req. in Gr. et Godr. l. c. et ap. Parl. l. c. ; Mars. l. c. ; Aspretto (Boullu in *Bull. soc. bot. Fr.* XXIV, sess. extr. XCIII) ; Sartène (ex Gr. et Godr. l. c.) ; Porto-Vecchio (Mars. l. c.) ; Bonifacio (Seraf. ex Bert. *Fl. it.* IX, 534 ; Kralik exsicc. cit. (Req. ex Parl. l. c.; Mars. l. c.) ; et localités ci-dessous.

1907. — Cap Corse : maquis du Monte Fornello, 500 m., 27 avril fl.!; châtaigneraies à Spergane sur Luri, 250 m., 26 avril fl.!; garigues à Marinca, 26 avril fl.!; garigues du mont S. Angelo, 200 m., 24 avril fl.! — Châtaigneraies en montant de Pietralba au col de Tende, 900 m., 15 mai fl.!; garigues entre Bravone et Alistro, 10 m., 30 avril fl. fr.!; maquis entre Cateraggio et Tallone, 1 mai fl.!; maquis dans la vallée inférieure de la Solenzara, 50 m., 3 mai fl. fr.!

HELLEBORINE Hill emend.

Le nom générique *Helleborine* Hill (*Brit. Herb.* 477, ann. 1756), renouvelé de Tournefort (voy. ci-dessus p. 373), a la priorité sur le nom d'*Epipactis*, généralement admis pour les espèces ci-après énumérées. Il est vrai que Hill comprenait sous le nom d'*Helleborine*, non seulement les *Epipactis* dans le sens étroit du terme, mais encore les *Cephalanthera*. Il n'y a cependant pas là une raison pour rejeter ce nom (*Règl. Nom.* art. 44). Il en a d'ailleurs été de même pour Adanson [*Fam. pl.* II, 70 (1763)], dont le genre *Epipactis* embrassait aussi, outre les *Epipactis* sensu stricto, les *Cephalanthera* Rich., *Listera* R. Br., *Goodyera*, R. Br., etc.

465. H. latifolia Druce *Dillen. Herb.* 115 (1907); Schinz et Thell. in *Vierteljahrsschr. naturf. Ges. Zürich* LIII, 588 = *Serapias Helleborine* α *latifolia* L. *Sp.* ed. 1, 949 (1753) = *Epipactis Helleborine* b *E. viridans* Crantz *Stirp. austr.* VI, 467 et 470 (1769) = *E. latifolia* All. *Fl. ped.* II, 151 (1785) ; Gr. et Godr. *Fl. Fr.* III, 270 ; Cam. *Orch. Fr.* 107 ; M. Schulze *Orch. Deutschl.* 52 ; Coste *Fl. Fr.* III, 414 ; Asch. et Graebn. *Syn.* III, 858 ; Cam. Berg. et Cam. *Mon. Orch.* 411 = *E. latifolia* var. *vulgaris* Coss. et Germ. *Fl. Par.* 561 (1845) = *E. viridans* Beck *Fl. Nieder-Öst.* 214 (1890).

Hab. — Forêts de l'étage montagnard. Juin-août. ♃. Peu fréquent. (Montagne de) Bastia (Mab. ap. Mars. *Cat.* 147) ; Castagniccia (Salis in *Flora* XVI, 492) ; Orezza (Gillot in *Bull. soc. bot. Fr.* XXIV, sess. extr. LXXVI) ; forêt d'Aïtone (R. Maire in Rouy *Rev. bot. syst.* II, 71) ; Vico (Mars. l. c.) ; Ghisoni, au hameau de Rosse (Rotgès in litt.) ; Bocognano (Mars. l. c.) ; sur Bastelica (Lit. *Voy.* II, 27) ; Zicavo (Lit. *Voy.* I, 16) ; Sartène (Mars. l. c.) ; Montagne de Cagna (Seraf. ex Bert. *Fl. it.* IX, 625).

Espèce polymorphe dont les formes corses méritent une étude ultérieure. M. Maire (l. c.) a signalé la var. **platyphylla** Briq. [= *Epipactis latifolia* var. *platyphylla* Irm. in *Linnaea* XVI, 451 (1842); Asch. et Graebn. *Syn.* III, 860; Cam. Berg. et Cam. *Mon. Orch.* 414 = *E. Helleborine* var. *viridans*

25

Reichb. f. *Ic.* XIII-XIV 143, t. 136 (1851)=*E. latifolia* var. *viridans* Asch. *Fl. Prov. Brand.* I, 693 (1864); M. Schulze *Orch. Deutschl.* 52] à port robuste, à feuilles relat. très larges, à fleurs nombreuses et serrées; labelle à épi-chile pourvu de deux apophyses nettement développées. Cette variété est probablement la plus fréquente. M. de Litardière a signalé dans les montagnes de Bastelica la var. **viridiflora** Briq. [=*Epipactis latifolia* var. *viridiflora* Irm. in *Linnaea* XVI, 451 (1851); Asch. et Graebn. *Syn.* III, 862 = *Serapias latifolia* * S. *viridiflora* Hoffm. *Deutschl Fl.* 1, 2, 182 (1804) = *Serapias latifolia* var. *silvestris* Pers. *Syn.* I, 512 (1805) = *E. viridiflora* Reichb. *Fl. germ. exc.* 134 (1830) = *E. Helleborine* var. *varians* Reichb. f. *Ic.* XIII-XIV, 142, t. 134 et 135 (1851); non Crantz = *E. latifolia* var. *va-rians* Asch. *Fl. Prov. Brand.* I, 693 (1864); M. Schulze *Orch. Deutschl.* 52], plus grêle, à feuilles relat. étroites, à fleurs plus lâches et moins nom-breuses; labelle à épichile dépourvu d'apophyses ou à apophyses indis-tinctes.

466. **H. microphylla** Schinz et Thell. in *Vierteljahrsschr. naturf. Ges. Zürich* LIII, 589 (1909) = *Serapias microphylla* Ehrh. *Beitr.* IV, 42 (1789) = *Epipactis microphylla* Sw. in *Vet. Akad. Handb. Stockh.* ann. 1800, 232; Gr. et Godr. *Fl. Fr.* III, 274; Cam. *Orch. Fr.* 109; M. Schulze *Orch. Deutschl.* 53; Coste *Fl. Fr.* III, 413; Asch. et Graebn. *Syn.* III, 868; Cam. Berg. et Cam. *Mon. Orch.* 420 = *E. latifolia* var. *microphylla* DC. *Fl. fr.* V, 334 (1815) = *E. Helleborine* var. *microphylla* Reichb. f. *Ic.* XIII-XIV, 141, t. 132 (1851).

Hab. — Forêts de l'étage montagnard. Juin-août. ♃. Rare. Vallée de la Restonica (Fouc. et Sim. *Trois sem. herb. Corse* 160); Vivario (Revel. in Bor. *Not.* III, 6); forêt de Vizzavona (Mars. *Cat.* 147); Aullène (Revel. in Bor. *Not.* II, 8).

CEPHALANTHERA Rich.

† 467. **C. alba** Simónk. *Enum. fl. Transs.* 504 (1886); Asch. et Graebn. *Syn.* III, 873; Schinz et Thell. in *Vierteljahrsschr. naturf. Ges. Zürich* LIII, 527 = *Serapias longifolia* Huds. *Fl. angl.* ed. 1, 341 (1762) p. p. = *Serapias grandiflora* L. *Syst.* ed. 12, 594 (1767) p. p. = *Serapias Damasonium* (p. p.) et *S. latifolia* Mill. *Gard. dict.* ed. 8, n. 2 et 4 (1768); non Huds. (1762) = *Epipactis alba* Crantz *Stirp. austr.* ed. 2, VI, 460 (1769) p. p.; Wettst. in *Oest. bot. Zeitschr.* XXXIX, 398 et 428; M. Schulze *Orch. Deutschl.* 56 = *Serapias grandiflora* Scop. *Fl. carn.* ed. 2, II, 203 (1772) = *Serapias pallens* Jundz. *Fl. lith.* 268 (1791) = *Epi-pactis pallens* Willd. *Sp. pl.* IV, 85 (1805) = *C. pallens* Rich. in *Mém.*

mus. Par. IV, 60 (1818) ; Cam. *Orch. Fr.* 118 ; Coste *Fl. Fr.* III, 412 ;
Cam. Berg. et Cam. *Mon. Orch.* 434 $=$ *C. grandiflora* S. F. Gray *Nat. arr.
brit. pl.* II, 210 (1821) ; Bab. *Man. brit. bot.* 296 (1843) ; Reichb. f. *Ic.*
XIII-XIV, 136, t. 119 ; Gr. et Godr. *Fl. Fr.* III, 269 $=$ *Epipactis grandi-
flora* Gaud. *Fl. helv.* V, 469 (1829) $=$ *C. Damasonium* Druce in *Ann. scott.
nat. hist.* ann. 1906, 225 $=$ *C. latifolia* Janchen in *Mitt. naturw. Ver.
Univ. Wien* V, 111 (1907) ; Schinz et Thell. in *Bull. herb. Boiss.*, sér. 2,
VII, 560 ; Schinz et Kell. *Fl. Suisse* éd. fr. 149.

Hab. — Bois et maquis des étages inférieur et montagnard. Mai-juin.
♃ . Signalé jusqu'ici uniquement sur les montagnes dominant Bastia
(Salis in *Flora* XVI, 492). A rechercher.

L'histoire onomastique fort compliquée de cette espèce a été étudiée
par M. Fritsch [in *Oest. bot. Zeitschr.* XXXVIII, 77-81 (1888)], résumée par
MM. Ascherson et Graebner (*Syn.* III, 874) avec une synonymie complète
à laquelle nous renvoyons le lecteur, et enfin par MM. Schinz et Thellung
[in *Vierteljahrsschr. naturf. Ges. Zürich* LIII. 527 et 528 (1909). — Le *Serapias longifolia* Huds. (1762) [*S. grandiflora* L. (1767)] était un groupe
collectif embrassant plusieurs espèces actuelles, et dont le nom a passé
dans un sens restreint au *C. longifolia* Fritsch ($=$ *C. ensifolia* Rich. $=$ *C.
Xiphophyllum* Reichb. f.). Le *Serapias Damasonium* Mill. (1768) est un
groupe obscur, dont les éléments paraissent embrasser à la fois les *C.
alba* et *C. longifolia.* Le *Serapias latifolia* Mill. n'est pas un nom valable,
parce qu'il existait déjà un *Serapias latifolia* Huds. (1762) au moment où
Miller publiait son dictionnaire. Ce *S. latifolia* Huds. est synonyme des
S. Helleborine Mill. et *S. palustris* Mill., et le nom aurait dû en être conservé
par Miller pour l'une ou l'autre de ces deux espèces. — La reprise des
anciennes épithètes *Damasonium, latifolia* et *grandiflora* ne pourrait
d'ailleurs donner lieu qu'à des confusions et c'est là une raison de plus
pour les abandonner complètement.

468. C. longifolia Fritsch in *Oest. bot. Zeitschr.* XXXVIII, 81 (1888) ;
Asch. et Graebn. *Syn.* III, 875 $=$ *Serapias Helleborine* var. *longifolia* L.
Sp. ed. 1, 950 (1753) $=$ *Serapias longifolia* Huds. *Fl. angl.* ed. 1, 341
(1762) p. p.; L. *Sp.* ed. 2, 1345 p. p. $=$ *Serapias Damasonium* Mill. *Garden.
dict.* ed. 8, n. 2 (1768) p. p. $=$ *Serapias longifolia* Scop. *Fl. carn.* ed.
2, II, 202 (1772) $=$ *Serapias Xiphophyllum* Ehrh. in L. f. *Suppl.* 404 (1781)
$=$ *Serapias ensifolia* Murr. *Syst.* 813 (1784) $=$ *Epipactis ensifolia* F. W.
Schm. in Mayer *Phys. Aufs.* I, 251 (1791) $=$ *C. ensifolia* Rich. in *Mém.
mus. Par.* IV, 60 (1818) ; Gr. et Godr. *Fl. Fr.* III, 268 ; Cam. *Orch. Fr.*
117 ; Coste *Fl. Fr.* III, 412 ; Cam. Berg. et Cam. *Mon. Orch.* 430 $=$ *C.
Xiphophyllum* Reichb. f. *Ic.* XIII-XIV, 135, t. 118 $=$ *Epipactis longifolia*

Wettst. in *Oest. bot. Zeitschr.* XXXIX, 428 (1889) ; M. Schulze *Orch.
Deutschl.* 57. — Exsicc. Reverch. ann. 1878 et 1879 sub : *Epipactis ensifolia* ! ; Burn. ann. 1904, n. 578 !

Hab. — Maquis et forêts des étages inférieur et montagnard. 1-1200 m.
Avril-juin. ♃. Répandu. Sisco, S. Martino-di-Lota et Ville-de-Pietrabugno
(Chabert in *Bull. soc. bot. Fr.* XXIX, sess. extr. LVI) ; entre St-Lucie et
S. Martino-di-Lota (Legrand ibid. XXXVII, 20) ; sur Bastia (Salis in
Flora XVI, 492 ; Mab. ex Mars. *Cat.* 147) ; forêt d'Aitone (Briq. *Spic.*
15 et Burn. exsicc. cit.) ; forêt de Lindinosa près le col de Salto (Lit. in
Bull. acad. géogr. bot. XVIII, 109) ; Ghisoni (Rotgès in lit.) ; Bocognano
(« Bogomano » Soleirol ex Bert. *Fl. it.* IX, 629 ; Legrand in *Bull. soc.
bot. Fr.* XXXVII, 20) ; Bastelica (Reverch. exsicc. cit. ann. 1878) ; Serra
di Scopamène (Reverch. exsicc. cit. ann. 1879) ; Aullène (Revel. in
Bor. *Not.* II, 8) ; Porto-Vecchio (Revel. in Bor. l. c.) ; sur Sartène
(Fliche in *Bull. soc. bot. Fr.* XXXVI, 369) ; et localités ci-dessous.

1907. — Cap Corse : Chapelle de Monserato près Bastia, 17 avril fl. ! —
Châtaigneraies à Vivario, 13 mai fl. !

469. **C. rubra** Rich. in *Mém. mus. Par.* IV, 60 (1818) ; Reichb. f. *Ic.*
XIII-XIV, 133, t. 117 ; Gr. et Godr. *Fl. Fr.* III, 269 ; Cam. *Orch. Fr.* 117 ;
Coste *Fl. Fr.* III, 411 ; Asch. et Graebn. *Syn.* III, 878 ; Cam. Berg. et
Cam. *Mon. Orch.* 427 = *Serapias Helleborine* ♂ L. *Sp.* ed. 1, 949 (1753)
= *Serapias rubra* L. *Syst.* ed. 12, II, 594 (1767) = *Epipactis purpurea*
Crantz *Stirp. austr.* ed. 2, VI, 457 (1769) = *Epipactis rubra* All. *Fl. ped.*
II, 153 (1785) ; Wettst. in *Oest. bot. Zeitschr.* XXXIX, 395 ; M. Schulze
Orch. Deutschl. 58. — Exsicc. Reverch. ann. 1885 sub : *Epipactis rubra* !

Hab. — Forêts des étages montagnard et subalpin, 600-1500 m.
Juillet. ♃. Seulement dans les massifs du centre. Regetti (Lutz in *Bull.
soc. bot. Fr.* XLVIII, sess. extr. CL) ; forêt de Valdoniello (Mars. *Cat.*
147 ; Lit. *Voy.* II, 11) ; forêt d'Aitone (Lutz in *Bull. soc. bot. Fr.* XLVIII,
sess. extr. CXXX ; Lit. *Voy.* II, 15) ; env. d'Evisa (Reverch. exsicc. cit.) ;
forêt de Vizzavona du côté de Vivario (Mars. l. c.) ; forêt de Marmano
(Rotgès in litt.) ; col de St-Georges (Mars. l. c.) ; Quenza (Revel. ex Mars.
l. c.) ; vallée entre le Coscione et le Mte Asinao (Revel. ex Mars. l. c.) ;
et localités ci-dessous.

1906. — Pineraies en montant de Bonifatto à la bergerie de Spasimata,
1200 m., 12 juill. fl. ! ; pineraies près de Vizzavona, 1200-1300 m., 21 juill.

fl. !; pineraies sur le E. versant du Monte d'Oro 1200-1300 m., 8 août fl. fr. !;
hêtraies au col de Tisima, haut vallon de Marmano, 1450 m., 21 juill. fl. !

LIMODORUM Rich.

470. **L. abortivum** Sw. in *Nov. act. soc. sc. Ups.* VI, 80 (1799) ;
Reichb. f. *Ic.* XIII-XIV, 138, t. 129 ; Gr. et Godr. *Fl. Fr.* III, 273 ; Cam.
Orch. Fr. 115 ; Coste *Fl. Fr.* III, 409 ; Asch. et Graebn. *Syn.* III, 880 ;
Cam. Berg. et Cam. *Mon. Orch.* 440 = *Orchis abortiva* L. *Sp.* ed. 1, 943
(1753) = *Epipactis abortiva* All. *Fl. ped.* II, 151 (1785) ; Wettst. in *Oest.
bot. Zeitschr.* XXXIX, 395 (1889) ; M. Schulze *Orch. Deutschl.* 59. —
Exsicc. Debeaux ann. 1869 sub : *L. sphaerolabium* !; Burn. ann. 1904,
n. 577 !

Hab. — Forêts et maquis, 1-1300 m. Mai-juill. ♃. Répandu. Env. de
Bastia (Soleirol ex Bert. *Fl. it.* IX, 633 ; Debeaux exsicc. cit.) ; le Pigno
(Billiet in *Bull. soc. bot. Fr.* XXIV, sess. extr. LXX) ; col de Teghime
(Lutz ibid. XLVIII, sess. extr. CL) ; Calvi (Fouc. et Sim. *Trois sem.
herb. Corse* 160) ; env. de Piedicroce (Gillot in *Bull. soc. bot. Fr.* XXIV,
sess. extr. LXXVIII) ; Venaco (Fouc. et Sim. l. c.) ; Monte d'Oro (Briq.
Spic. 15 et Burn. exsicc. cit.) ; forêt d'Aitone (Lit. *Voy.* II. 15) ; entre
Piana et Porto (Coste in *Bull. soc. bot. Fr.* XLVIII, sess. extr. CXXXII) ;
Pozzo di Borgo (Boullu ibid. XXIV, sess. extr. XCVII ; Coste ibid. XLVIII,
sess. extr. CXII) ; Ajaccio (Mars. *Cat.* 147) ; Prunelli di Fiumorbo (Salis
in *Flora* XVI, 493) ; Porto-Vecchio (Revel. ap. Mars. l. c.) ; Bonifacio
[(Seraf. ex) Viv. *App. fl. Corse prodr.* 6 ; Revel. ap. Mars. l. c.] ; et loca-
lités ci-dessous.

1906. — Cap Corse : maquis près du couvent de la Tour de Sénèque,
400 m., 8 juill. fl. fr. ! — Pineraies de la forêt de Vizzavona, 1200-1300 m.,
21 juill. fl. !

1907. — Maquis de la vallée inf. de la Solenzara, 50 m., 3 mai fl. !

1908. — Vallée inf. du Tavignano, pineraies, 1100 m., 26 juin fl. !

Grenier et Godron ont distingué une variété *abbreviatum* Gr. et Godr.
[*Fl. Fr.* III, 273 (1855) ; Cam. *Orch. Fr.* 116 ; Asch. et Graebn. *Syn.* III,
881 ; Cam. Berg. et Cam. *Mon. Orch.* 444 = *L. sphaerolabium* Viv. *App.
fl. Cors. prodr.* 6 (1825) = *L. sphaerocephalum* Boullu in *Ann. soc. bot.
Lyon* XXIV, 74 (1899)] en lui attribuant, à la suite de Viviani, un labelle
arrondi et presque circulaire. Mais l'examen de nombreux échant. du
L. abortivum montre que la forme du labelle est soumise à des variations
de détail, comprenant celle visée par Grenier et Godron, et cela jusque

dans les différentes fleurs d'un même individu. Reichenbach f. a figuré plusieurs de ces formes de l'épichile qui peut être presque arrondi et onguiculé (*Ic.* t. 129, fig. 3) oblong, rétréci par les côtés et sessile (l. c. fig. 7), oblong, non rétréci et sessile (fig. 2). Ces variantes ne caractérisent aucune variété précise. D'autre part, Reichb. f. (l. c. p. 138) donne au sujet de l'original de Viviani le renseignement suivant communiqué par De Notaris : « Specimen mancum, prorsus inextricabile adest in herbario Viviniano ».

SPIRANTHES Rich.

471. **S. spiralis** C. Koch in *Linnaea* XIII, 290 (1839) ; Asch. et Graebn. *Syn.* III, 885 = *Ophrys spiralis* α L. *Sp.* ed. 1, 945 (1753) = *Epipactis spiralis* Crantz *Stirp. austr.* ed. 2, VI, 470 (1769) = *Ophrys autumnalis* Balb. *El. pi. cresc. cont. Torin.* 96 (1801) = *S. autumnalis* Rich. in *Mém. mus. Par.* IV, 59 (1818) ; Reichb. f. *Ic.* XIII-XIV, 150, t. 122 ; Gr. et Godr. *Fl. Fr.* III, 267 ; Cam. *Orch. Fr.* 113 ; M. Schulze *Orch. Deutschl.* 64 ; Coste *Fl. Fr.* III, 408 ; Cam. Berg. et Cam. *Mon. Orch.* 387. — Exsicc. Reverch. ann. 1879 sub : *S. autumnalis* !

Hab. — Garigues, sables de l'étage inférieur. Août-oct. ♃. Rare ou peu observé, mais abondant là où on le rencontre. Bastia (Salis in *Flora* XVI, 492 ; Soleirol ex Bert. *Fl. it.* IX, 614 ; Mab. ap. Mars. *Cat.* 147) ; Ajaccio (Mars. l. c. ; Boullu in *Bull. soc. bot. Fr.* XXIV, sess. extr. C) ; Ghisoni et Sartène (Rotgès in litt.) ; Propriano (Reverch. exsicc. cit.) ; Bonifacio (Revel. ap. Mars. l. c.).

472. **S. aestivalis** Rich. in *Mém. mus. Par.* IV, 58 (1818) ; Reichb. f. *Ic.* XIII-XIV, 154, t. 123 ; Gr. et Godr. *Fl. Fr.* III, 267 ; Cam. *Orch. Fr.* 113 ; M. Schulze *Orch. Deutschl.* 62 ; Coste *Fl. Fr.* III, 407 ; Asch. et Graebn. *Syn.* III, 886 ; Cam. Berg. et Cam. *Mon. Orch.* 384 = *Ophrys spiralis* β? et γ L. *Sp.* ed. 1, 946 (1753) = *Ophrys aestivalis* Lamk *Encycl. méth.* IV, 567 (1797) = *Ophrys aestiva* Balb. *El. pi. cresc. cont. Torin.* 96 (1801) = *Neottia aestivalis* DC. *Fl. fr.* III, 258 (1805). — Exsicc. Kralik n. 795! ; Reverch. ann. 1879, n. 184 ; Burn. ann. 1904, n. 238 !

Hab. — Berges des torrents, points humides des étages inférieur et montagnard. Juin-juill. ♃. Disséminé. Env. de Bastia (Mab. ap. Mars. *Cat.* 147) ; pont du Golo (Salis in *Flora* XIV, 492) ; Calvi (Soleirol ex Bert. *Fl. it.* IX, 613) ; vallée de la Restonica (Salis l. c.; Briq. *Rech. Corse* 18 et Burn. exsicc. cit.) ; entre le pont du Fango et la Boca Parmarella,

route de Galeria à Partinello (Lit. in *Bull. acad. géogr. bot.* XVIII, 108);
bains de Guagno (Req. ex Parl. *Fl. it.* III, 373); rive droite de la Gravona
à hauteur de Busso près Bocognano (Mars. l. c.); Quenza (Kralik exsicc.
cit.); Serra di Scopamène (Reverch. exsicc. cit.); et localité ci-dessous.

1906. — Sources entre Moltifao et Asco, 400 m., 25 juill. fl. fr.!

LISTERA R. Br.

473. **L. ovata** R. Br. in Ait. *Hort. kew.* V, 201 (1813); Gr. et Godr.
Fl. Fr. III, 272; Cam. *Orch. Fr.* 111; M. Schulze *Orch. Deutschl.* 63; Coste
Fl. Fr. III, 440; Asch. et Graebn. *Syn.* III, 888; Cam. Berg. et Cam.
Mon. Orch. 401 = *Ophrys ovata* L. *Sp.* ed. 1, 946 (1753) = *Neottia ovata*
Bl. et Fingerh. *Comp. fl. germ.* 1, 453 (1825); Reichb. f. *Ic.* XIII-XIV,
147, t. 127. — Exsicc. Reverch. ann. 1878 et 1885 sub *Listera ovata*!

Hab. — Points marécageux de l'étage montagnard. Mai-juin. ♃. Assez
rare. (Montagnes de) Bastia (Kralik ex Parl. *Fl. it.* III, 368; Mab. ap.
Mars. *Cat.* 147); forêt d'Aitone (Coste in *Bull. soc. bot. Fr.* XLVIII, sess.
extr. CXV et CXXIX; Lit. *Voy.* II, 15); env. d'Evisa (Reverch. exsicc.
cit. ann. 1885); env. de Corté (Req. ex Parl. l. c.); Ghisoni (Rotgès in
litt.); col de St-Georges (Mars. l. c.); env. de Bastelica (Salis in *Flora*
XVI, 492; Reverch. exsicc. cit. ann. 1878).

NEOTTIA Sw.

474. **N. Nidus avis** Rich. in *Mém. mus. Par.* IV, 59 (1818); Reichb.
f. *Ic.* XIII-XIV, 145, t. 121; Gr. et Godr. *Fl. Fr.* III, 273; Cam. *Orch.
Fr.* 110; M. Schulze *Orch. Deutschl.* 65; Coste *Fl. Fr.* III, 410; Asch.
et Graebn. *Syn.* III, 892; Cam. Berg. et Cam. *Mon. Orch.* 397 = *Ophrys
Nidus avis* L. *Sp.* ed. 1, 945 (1753).

Hab. — Forêts des étages montagnard et subalpin. Mai-juill. ♃. Rare.
Au-dessus de Cardo (Mars. *Cat.* 147); forêt d'Aitone (Lit. *Voy.* II, 15);
forêt de Vizzavona (Revel. ap. Mars. l. c.; Lutz in *Bull. soc. bot. Fr.*
XLVIII, sess. extr. CXXV); env. de Ghisoni (Rotgès in litt.).

Dicotyledones

ARCHICHLAMYDEAE

SALICACEAE

POPULUS L.

† 475. **P. alba** L. *Sp.* ed. 1, 1453 (1753) ; Gr. et Godr. *Fl. Fr.* III, 144 ; Wesm. in DC. *Prodr.* XVI, 2, 324 ; Coste *Fl. Fr.* III, 273 ; C. K. Schneid. *Handb. Laubholzk.* I, 21 ; Asch. et Graebn. *Syn.* IV, 17.

Hab. — Points humides de l'étage inférieur. Mars-avril. ♄. Rare ou peu observé. Entre Bastia et l'étang de Biguglia (Salis in *Flora* XVII, Beibl. II, 2 ; Fliche in *Bull. soc. bot. Fr.* XXXVI, 366) ; env. d'Ajaccio (Req. *Cat.* 6).

On ne saurait élever de doutes sérieux au sujet de l'indigénat en Corse du peuplier blanc. Cette espèce est en effet disséminée dans le domaine méditerranéen, même dans les régions méridionales, et croît en particulier en Sardaigne. Les formes corses (que nous n'avons pas vues) appartiennent vraisemblablement à la var. **genuina** Wesm. [in DC. *Prodr.* XVI, 2, 324 (1868) emend. C. K. Schneid. *Handb. Laubholzk.* I, 22 ; Asch. et Graebn. *Syn.* IV, 22], à feuilles turionales ± triangulaires, à marges généralement droites à la base, souvent pourvues d'un ou deux lobules, dentées, blanches en dessous ; celles des rameaux des branches âgées d'un vert grisâtre en dessous à la fin, presque arrondies, ± tronquées-arrondies à la base, à dents petites, aiguës et irrégulières.

476. **P. tremula** L. *Sp.* ed. 1, 1043 (1753) ; Gr. et Godr. *Fl. Fr.* III, 143 ; Wesm. in DC. *Prodr.* XVI, 2, 325 ; Coste *Fl. Fr.* III, 278 ; C. K. Schneid. *Handb. Laubholzk.* I, 19 ; Asch. et Graebn. *Syn.* IV, 25.

Hab. — Bois humides, 1-1400 m. Mars-avril. ♄. Disséminé. Vallée de Marsolino (« Marzolino », Soleirol ex Bert. *Fl. it.* X, 364) ; vallée de la Restonica près du pont du Dragon (Burnouf in *Bull. soc. bot. Fr.* XXIV, sess. extr. LXXXV) ; au-dessus des bains de Guagno (Mars. *Cat.* 133) ; près du pont de Marmano (Rotgès in litt.) ; Bastelica (Req. *Cat.* 4 ; Revel. ap. Mars. l. c.) ; bords du Rizzanèse entre Propriano et Sartène (Lutz in *Bull. soc. bot. Fr.* XLVIII, sess. extr. CXLII).

Outre la var. **genuina** Wesm. [in DC. *Prodr.* XVI, 2, 325 (1868) = *P. tremula* var. *typica* Koehne *Deutsch. Dendrol.* 80 (1893); C. K. Schneid. *Handb. Laubholzk.* 1, 19; Asch. et Graebn. *Syn.* IV, 25] à feuilles glabrescentes dès le début, on pourra rechercher en Corse la var. **villosa** Lang [in Reichb. *Fl. germ. exc.* 173 (1830); Wesm. l. c.; C. K. Schneid. l. c.; Asch. et Graebn. 1, c. 27 = *P. villosa* Lang in *Syll. soc. ratisb.* 1, 185 (1824)] à feuilles soyeuses-velues à la face inférieure dans leur jeunesse, au moins les vernales.

477. **P. nigra** L. *Sp.* ed. 1, 1034 (1753); Gr. et Godr. *Fl. Fr.* III, 145; Coste *Fl. Fr.* III, 273; C. K. Schneid. *Handb. Laubholzk.* 1, 5; Asch. et Graebn. *Syn.* IV, 36.

En Corse, à l'état spontané seulement la race suivante :

Var. **genuina** Wesm. in DC. *Prodr.* XVI, 2, 328 (1868) = *P. tremula* var. *typica* Beck *Fl. Nieder-Ost.* 303 (1890); C. K. Schneid. *Handb. Laubholzk.* 1, 5; Asch. et Graebn. *Syn.* IV, 40.

Hab. — Bords des eaux de l'étage inférieur. Mars-avril. ♃. Disséminé, mais par place très abondant. De Bastia à Biguglia (Salis in *Flora* XVII, Beibl. II, 2); env. d'Ajaccio (Req. *Cat.* 4); Ghisonaccia, bords du Fiumorbo (Fouc. et Sim. *Trois sem. herb. Corse* 159); bords du Rizzanèse près de Sartène (Rikli *Bot. Reisessl. Kors.* t. VII, fig. 12); et localités ci-dessous.

1907. — Pont du Regino, au bord de l'eau, 20 avril (feuilles)!; vernaies du Fiumorbo près de Ghisonaccia, 8 m., 8 mai fr.!

Branches étalées-ascendantes formant une couronne ample. Feuilles glabrescentes dès le début, ovées-triangulaires, ± obliquement tronquées à la base.

La var. **italica** Du Roi [*Harbk. Baumz.* II, 141 (1772); C. K. Schneid. *Handb. Laubholzk.* 1, 5; Asch. et Graebn. *Syn.* IV, 42 = *P. italica* Moench *Bäum. Weissenst.* 79 (1785) = *P. pyramidalis* Roz. *Cours d'agric.* VII, 617 (1786) = *P. dilatata* Ait. *Hort. kew.* III, 406 (1789) = *P. pyramidata* Moench *Meth.* 339 (1794) = *P. fastigiata* Desf. *Tabl.* 213 (1804) = *P. nigra* var. *pyramidalis* Spach in *Ann. sc. nat.* ann. 1841, 31] à branches érigées-ascendantes, formant une couronne stélique-pyramidale, à feuilles plus élargies à la base, est çà et là plantée le long des routes dans l'étage inférieur.

SALIX L.

† 478. **S. fragilis** L. *Sp.* ed. 1, 1017 (1753); Gr. et Godr. *Fl. Fr.* III, 124, excl. var. β; Anderss. *Mon. Sal.* 1, 41 et in DC. *Prodr.* XVI, 2, 209;

Wimm. *Sal. Eur.* 19 ; Cam. *Mon. Saul.* 76 ; Coste *Fl. Fr.* III, 271 ; Seem. in Asch. et Graebn. *Syn.* IV, 70.

Hab. — Bords des eaux dans l'étage inférieur. Avril. ♃. Disséminé, mais abondant là où on le trouve, d'ailleurs fréquemment planté. Erbalunga (« culta » Salis in *Flora* XVII, Beibl. II, 2); de Bastia à Biguglia (« bien évidemment plantée » Fliche in *Bull. soc. bot. Fr.* XXXVI, 365); Balagne (Req. *Cat.* 6); Porto-Vecchio (Fliche l. c.); et localités ci-dessous.

1907. — Aulnaies à l'embouchure de la Solenzara, 7 mai fr.! ; bords du ruisseau dans le vallon de Canalli, 30 m., 6 mai fr.!

††·478×479· **S. rubens** Schrank *Baier. Fl.* I, 226 (1789) ; Cam. *Mon. Saul.* 238 = *S. Russelliana* Willd. *Sp. pl.* IV, 2, 656 (1806) = *S. pendula* Ser. *Ess. mon. Saul. Suisse* 79 (1815) p. p. = *S. viridis* Fries *Fl. suec.* ed. 2, 283 (1828) = *S. montana* Forh. *Sal. Wob.* 19 (1829) = *S. Ehrhartiana* G. F. W. Mey. *Chl. hann.* 486 (1836) p. p. = *S. alba* var. *rubens* G. F. W. Mey. l. c. 487 = *S. fragilis* β *pendula* Fries *Mant.* I, 43 (1832); Gr. et Godr. *Fl. Fr.* III, 125 = *S. rubescens* Seem. in Asch. et Graebn. *Syn.* IV, 212 (1909) = **S. alba × fragilis**; Wimm. *Sal. Eur.* 133.

Hab. — En compagnie des parents au bord des eaux dans l'étage inférieur. Mars-avril. ♃. Jusqu'ici seulement dans la localité suivante.

1907. — Berges du Fiumorbo près de Ghisonaccia, 10 m., 2 mai fl. ♀ !

Intermédiaire entre les *S. alba* et *fragilis*. Jeunes feuilles soyeuses en dessous, les adultes tantôt à peine soyeuses, tantôt glabres à la face inférieure. Chatons ♀ grêles, à écailles très velues à la base, moins velues vers le sommet ; glandes nectarifères généralement 2 dans les fleurs ♂, la postérieure le plus souvent seule développée dans les fleurs ♀.

479. **S. alba** L. *Sp.* ed. 1, 1021 (1753); Gr. et Godr. *Fl. Fr.* III, 125 ; Anderss. *Mon. Sal.* 1, 47 et in DC. *Prodr.* XVI, 2, 211 ; Wimm. *Sal. Eur.* 16 ; Cam. *Mon. Saul.* 69 ; Coste *Fl. Fr.* III, 271 ; Seem. in Asch. et Graebn. *Syn.* IV, 78.

Hab. — Bords des eaux de l'étage inférieur. Mars-avril. ♃. Disséminé. De Bastia à Biguglia (Salis in *Flora* XVII, Beibl. II, 2) ; plaine de Bevinco (Mars. *Cat.* 133) ; St-Florent (Mars. l. c.) ; Calvi (« planté », Fliche in *Bull. soc. bot. Fr.* XXXVI, 365) ; Ajaccio (Req. *Cat.* 6) ; bords de la Gravona (Fliche l. c.) ; Ghisonaccia, bords du Fiumorbo (Fouc. et Sim. *Trois sem. herb. Corse* 158) ; Sartène (« planté » Fliche l. c.).

1907. — Berges du Fiumorbo près de Ghisonaccia, 10 m., 2 mai, fl. ♂ !

La forme *vitellina* [Ser. *Ess. mon. Saul. Suisse* 83 (1815) = *S. vitellina* L. *Sp.* ed. 1, 1016 (1753)] à rameaux jaunâtres, est fréquemment cultivée ; elle est indiqué à Corté par Requien (*Cat.* 6).

S. babylonica L. *Sp.* ed. 1, 1017 (1753) ; Gr. et Godr. *Fl. Fr.* III, 125 ; Anderss. *Mon. Sal.* I, 50 et in DC. *Prodr.* XVI, 2, 212 ; Cam. *Mon. Saul.* 65 ; Coste *Fl. Fr.* III, 271 ; Seem. in Asch. et Graebn. *Syn.* IV, 82.

Fréquemment cultivé dans l'étage inférieur, et parfois échappé de cultures :

1907. — Pont du Regino au bord des eaux, 20 avril, fl. ♀ !

480. **S. cinerea** L. *Sp.* ed. 1, 1021 (1753) ; Gr. et Godr. *Fl. Fr.* III, 134 ; Anderss. *Mon. Sal.* I, 71 et in DC. *Prodr.* XVI, 2, 221 ; Wimm. *Sal. Eur.* 47 ; Cam. *Mon. Saul.* 181 ; Coste *Fl. Fr.* III, 269 ; Seem. in Asch. et Graebn. *Syn.* IV, 93. — Exsicc. Req. sub : *S. cinerea* ! ; Kralik n. 782 !

Hab. — Bords des cours d'eau des étages inférieur et montagnard. Mars-avril. ♄. Répandu. De Bastia à Biguglia (Salis in *Flora* XVII, Beibl. II, 2) ; env. d'Orezza (Salis l. c.; Gillot in *Bull. soc. bot. Fr.* XXIV, sess. extr. LXXIV) ; Pozzo di Borgo (Coste in *Bull. soc. bot. Fr.* XLVIII, sess. extr. CXIII) ; Ajaccio (Req. exsicc. cit. *Cat.* 8 et ap. Bert. *Fl. it.* X, 334 ; Kralik exsicc. cit.) ; Campo di Loro (Boullu in *Bull. soc. bot. Fr.* XXIV, sess. extr. XCV) ; et localités ci-dessous.

1906. — Noté assez abondant dans les vallées d'Asco, du Golo sup., du Fiumorbo sup. et du haut Taravo.

1907. — Cap Corse : bord des eaux à la marine de Pietra Corbara, 27 avril fl ! — Pont du Regino au bord des eaux, 20 avril fr. ! ; aulnaies du Fiumorbo près de Ghisonaccia, 8 m., 8 mai fl. ♂ ! ; maquis marécageux entre Ste-Lucie et Ste-Trinité, 50 m., 7 mai fr. !

†† 481. **S. pedicellata** Desf. *Fl. atl.* II, 362 (1800) ; Anderss. *Mon. Sal.* I, 59 et in DC. *Prodr.* XVI, 2, 216 ; Parl. *Fl. it.* I, 248 ; Math. *Fl. forest.* éd. 3, 407 ; Fliche in *Bull. soc. bot. Fr.* XXXVI, 365 ; Math. *Fl. forest.* éd. Fliche 469 ; Cam. *Mon. Saul.* 178 ; Coste *Fl. Fr.* III, 268 = *S. cinerea* var. β Moris *Fl. sard.* III, 529 (1858-59).

Hab. — Bords des cours d'eau de l'étage inférieur. 1-500 m. Mars-avril. ♄. Peu observé, mais probablement répandu. Calvi (Fliche in *Bull. soc. bot. Fr.* XXXVI, 365) ; Vico (Fliche l. c.) ; cours inférieur de la Gravona (Fliche l. c.) ; abondant entre Bonifacio et Porto-Vecchio (Fliche l. c.).

†† 482. **S. Caprea** L. *Sp.* ed. 1, 1020 (1753); Gr. et Godr. *Fl. Fr.*
III,135; Anderss. *Mon. Sal.* I, 75 et in DC. *Prodr.* XVI, 2, 222; Wimm.
Sal. Eur. 55; Cam. *Mon. Saul.* 202; Coste *Fl. Fr.* III, 269; Seem. in
Asch. et Graebn. *Syn.* IV, 98.

Hab. — Bords des cours d'eau de l'étage montagnard. Mars-avril. ♄.
Très rare ou peu observé. Ghisoni (Rotgès in litt.).

S. grandifolia Ser. *Ess. mon. Saul. Suisse* 20 (1815); Gr. et Godr. *Fl. Fr.*
III, 135; Anderss. *Mon. Sal.* I, 60 et in DC. *Prodr.* XVI, 2, 217; Wimm.
Sal. Eur. 64; Cam. *Mon. Saul.* 208; Coste *Fl. Fr.* III, 269; Seem. in Asch.
et Graebn. *Syn.* IV, 103.

Cette espèce a été signalée avec doute par M. Gillot (in *Bull. soc. bot.
Fr.* XXIV, sess. extr. LXXIV) dans la vallée du Fiumalto près d'Orezza.
Peut-être s'agit-il là du *S. Caprea* ? Nous n'osons admettre le *S. grandifolia* parmi les essences insulaires, mais il reste encore bien des recherches à faire sur les saules corses, et il n'est pas impossible que cette
espèce y soit authentiquement trouvée dans la suite.

† 483. **S. aurita** L. *Sp.* ed. 1, 1019 (1753); Gr. et Godr. *Fl. Fr.* III.
136; Anderss. *Mon. Sal.* I, 69 et in DC. *Prodr.* XVI, 2, 220; Wimm.
Sal. Eur. 51; Cam. *Mon. Saul.* 171; Coste *Fl. Fr.* III, 268; Seem. in
Asch. et Graebn. *Syn.* IV, 111.

Hab. — Bords des cours d'eau de l'étage inférieur. Mars-avril. ♄. Rare
ou peu observé. Bains de Guagno (Req. *Cat.* 8); entre le Mouillage et
Vico (Fliche in *Bull. soc. bot. Fr.* XXXVI, 365); Porto-Vecchio, aux env.
du Stabbiaccio (Fliche l. c.).

†† 484. **S. nigricans** Sm. in *Trans. linn. soc.* VI, 120 (1802); Gr. et
Godr. *Fl. Fr.* III, 138; Anderss. *Mon. Sal.* I, 125 et in DC. *Prodr.* XVI,
2, 240; Wimm. *Sal. Eur.* 70; Cam. *Mon. Saul.* 194; Coste *Fl. Fr.* III,
268; Seem. in Asch. et Graebn. *Syn.* IV, 131.

Hab. — Bords des cours d'eau de l'étage inférieur. Mars-avril. ♄. Rare
ou peu observé. Vico, bord du Liamone, commun (Fliche in *Bull. soc.
bot. Fr.* XXXVI, 366); Porto-Vecchio, au bord du Stabbiaccio (Fliche l. c.).

Parmi les innombrables synonymes attribués au *S. nigricans* Sm., il
en est deux qui sont de date antérieure : *S. spadicea* Vill. *Hist. pl. Dauph.*
I, 373 (1786) et *S. myrsinifolia* Salisb. *Prodr.* 394 (1796). La courte diagnose
donnée par Villars pour le *S. spadicea* n'est nullement favorable à cette
synonymie : l'auteur lui attribue des feuilles villeuses et le dit intermédiaire entre les *S. hastata* L. et *lanata* Vill. (= *S. cinerea* L.). Mutel (*Fl.
Dauph.* III, 189) considérait le *S. spadicea* Vill. comme synonyme du *S.*

cinerea L. Le *S. spadicea* Vill. reste pour nous inextricable. Quant au *S. myrsinifolia* Salisb., nous n'arrivons d'après les caractères donnés, ni à l'identifier avec le *S. nigricans*, ni à nous faire une idée précise de sa signification.

On peut résumer les principaux caractères distinctifs des saules du groupe *Capreae*, ci-dessus énumérés, de la façon suivante :

I. Fleurs ♀ à style presque nul ou court et atteignant tout au plus la longueur des stigmates. Feuilles ne noircissant pas ou peu par la dessiccation.

    1. Rameaux de l'année ou de l'année précédente tomenteux-grisâtres, ainsi que les bourgeons. Feuilles d'un vert grisâtre, grises-cendrées à la face supérieure dans la jeunesse. Fleurs ♀ à style court, égalant à peu près les stigmates, ceux-ci divergents, non capités ; glande postérieure atteignant env. le tiers du carpophore.

        a. Feuilles adultes d'un vert mat à la face supérieure. Chatons denses à axe velu, grisâtre. Capsule tomenteuse-soyeuse, ± calvescente avec l'âge . . . . *S. cinerea.*

        b. Feuilles adultes d'un vert vif à la face supérieure. Chatons plus lâches, à axe plus longuement velu. Capsule glabre, ou très faiblement velue dans la jeunesse, à carpophore plus allongé. *S. pedicellata.*

    2. Rameaux de l'année ou de l'année précédente glabres ou brièvement et faiblement pubescents, ainsi que les bourgeons. Feuilles soyeuses-tomenteuses dans la jeunesse. Fleurs ♀ à style très court ou nul. Capsules velues.

      A. Feuilles non ou à peine rugueuses en dessus, les adultes très calvescentes à la face supérieure.

        a. Feuilles adultes à nervures latérales reliées par des anastomoses lâches. Chatons naissant avant les feuilles. Fleurs ♀ à stigmates érigés, non ou indistinctement capités ; glandes postérieures atteignant de $\frac{1}{6}$ à $\frac{1}{4}$ du carpophore. *S. Caprea.*

        b. Feuilles adultes à nervures latérales reliées par des anastomoses serrées. Chatons naissant avec les feuilles. Fleurs ♀ à stigmates divergents, presque capités ; glande postérieure atteignant de $\frac{1}{3}$ à $\frac{1}{4}$ du carpophore. *S. grandifolia.*

      B. Feuilles très rugueuses à la face supérieure, les adultes pubescentes-grisâtres à la face supérieure, plus rarement tardivement calvescentes. Fleurs ♀ à stigmates divergents et capités ; glande postérieure atteignant environ le $\frac{1}{4}$ du carpophore. . . . . . *S. aurita.*

II. Fleurs ♀ à style plus long que les stigmates. Feuilles noircissant par la dessiccation. — Jeunes rameaux velus-grisâtres, rarement glabres. Feuilles non ou peu rugueuses en dessus, à nervures latérales reliées par des anastomoses lâches. Chatons naissant le plus souvent avant les feuilles, à axe velu-grisâtre. Fleurs ♀ à stigmates divergents, capités ; glande postérieure atteignant env. le $\frac{1}{4}$ du carpophore. Capsule glabre ou velue. . . . . . *S. nigricans.*

Toutes les espèces ci-dessus ont été minutieusement étudiées et leurs rapports analysés en détail depuis longtemps. Le *S. pedicellata* est moins connu. C'est un type méditerranéen (Algérie, Tunisie, Espagne, Sardaigne, Italie mérid., Sicile, Syrie) intermédiaire entre les *S. cinerea* et *nigricans*, mais plus rapproché du premier. Il ne diffère guère du *S. cinerea* que par le port plus robuste, à feuilles d'un vert plus luisant à la face supérieure et les chatons ♀ plus gros et plus lâches à axe plus longuement velu et à capsule longuement stipitée, glabre ou presque glabre. Par ce dernier caractère et d'autres détails d'organisation, il présente, quelques rapports avec le *S. nigricans*, d'ailleurs très distinct et à aire de distribution assez différente dans son ensemble.

†† 480 × 486. **S. Pontederana** Willd. *Sp. pl.* IV, 661 (1806) excl. syn.; Wimm. *Sal. Eur.* 162 ; Math. *Fl. forest.* éd. Fliche 476 (var. α) ; Cam. *Mon. Saul.* 275 = **S. cinerea × purpurea**.

Hab. — Bords des eaux au voisinage des deux espèces parentes. Mars-avril. ♄. Rare ou peu observé. Vallée du Miomo (Gillot in *Bull. soc. bot. Fr.* XXIV, sess. extr XLVI) ; et localité ci-dessous.

1906. — Berges du torrent près de la résinerie de la forêt d'Asco, sur la rive droite, en compagnie des *S. cinerea* et *purpurea*, 960 m.. 28 juill. (feuilles)!

Oscillant par ses caractères entre les deux espèces parentes, l'arbuste que nous avons observé a le port du *S. purpurea*, mais s'en écarte par les feuilles à face inférieure à nervures saillantes, densément cendrées en dessous dans la jeunesse, et les jeunes pousses tomenteuses-grisâtres. Les chatons étaient déjà tombés. Ces derniers présentent, comme on le sait, dans cette hybride, des fleurs ♂ à deux étamines présentant des degrés divers dans le degré de soudure des filets.

†† 481 × 486. **S. peloritana** Prest. ap. Tineo *Pl. rar. Sic. fasc.* II, 31 (1846); Parl. *Fl. it.* IV, 246 ; Cam. *Mon. Saul.* 281 = *S. Pontederana* var. γ Fliche in Math. *Fl. forest.* éd. Fliche 464 = *S. purpurea* var. *peloritana* Nicotra *Prodr. fl. mess.* 21 (1878) = **S. pedicellata × purpurea** ; Borzi *Comp. fl. for. it.* 140 ; Fliche in *Bull. soc. bot. Fr.* XXXVI, 365 (1889).

Hab. — Points humides de l'étage inférieur au voisinage des parents. Mars-avril. ♄. Rare ou peu observé. Calvi, au bord de la route de l'Ile Rousse (Fliche in *Bull. soc. bot. Fr.* XXXVI, 365).

Les caractères qui sont attribués à cette hybride par les auteurs italiens et par M. Fliche (l. c.) ne permettent qu'avec peine de la distinguer du *S. Pontederana* (= *S. cinerea × purpurea*). Et cela n'est pas étonnant, si l'on tient compte des rapports étroits qu'ont entre eux les *S. cinerea* et *pedicellata*. Nos échant. de Sicile ne se séparent guère du *S. Pontederana* dans les formes de la formule *pedicellata × < purpurea*. En revanche, ceux répondant à la formule *pedicellata* $> \times$ *purpurea* se reconnaissent facilement aux chatons femelles plus lâches, à axe très laineux, à capsules plus volumineuses.

485. **S. incana** Schrank *Baier. Fl.* I, 230 (1789) ; Gr. et Godr. *Fl. Fr.* III, 128 ; Wimm. *Sal. Eur.* 25 ; Anderss. in DC. *Prodr.* XVI, 2, 302 ; Cam. *Mon. Saul.* 211 ; Coste *Fl. Fr.* III, 270 ; Seem. in Asch. et Graebn. *Syn.* IV, 189.

Hab. — Bords des cours d'eau de l'étage inférieur. Févr.-avril. ♄. Rare ou peu observé. Bords de la Ficarella au pont de Bambino près Calvi (Lit. in *Bull. acad. géogr. bot.* XVIII, 109) ; embouchure de la rivière de Porto (Lit. l. c.).

Cette espèce avait vaguement été indiquée en Corse par Grenier et Godron (l. c.) ; Marsilly (*Cat.* 133) a cru pouvoir appliquer à la Corse l'indication très générale donnée par les auteurs précités : « Bords des ruisseaux qui descendent des montagnes dans la région méditerranéenne ». Mais il résulte de la bibliographie botanique de la Corse que les seules indications précises relatives au *S. incana* sont celles de M. de Litardière et d'après ces documents, ce saule n'est signalé que dans l'étage inférieur.

486. **S. purpurea** L. *Sp.* ed. 1, 1017 (1753) ; Gr. et Godr. *Fl. Fr.* III, 128 ; Wimm. *Sal. Eur.* 29 ; Anderss. in DC. *Prodr.* XVI, 2, 306 ; Cam. *Mon. Saul.* 98 ; Coste *Fl. Fr.* III, 270 ; Seem. in Asch. et Graebn. *Syn.* IV, 192 $=$ *S. monandra* Ard. *Mem.* 1, 67, tab. 11 (1766) ; Ser. *Ess. mon. Saul. Suisse* 5. — Exsicc. Mab. sub : *S. purpurea* !

Hab. — Bords des cours d'eau. 1-1400 m. Févr.-avril. ♄. Répandu et abondant dans l'île entière.

1907. — Pont du Regino au bord des eaux. 20 avril fl. ♀ ! ; berges du Fiumorbo près de Ghisonaccia, 10 m., 2 mai fr. ! ; vernaies à l'embouchure de la Solenzara, 7 mai fr. !

JUGLANDACEAE

JUGLANS L. emend.

J. regia L. *Sp.* ed. 1, 997 (1753) ; Gr. et Godr. *Fl. Fr.* III, 113 ; C. DC. in DC. *Prodr.* XVI, 2, 135 ; C. K. Schneid. *Handb. Laubholzk.* I, 85 ; Coste *Fl. Fr.* III, 254.

Fréquemment cultivé, particulièrement dans l'étage montagnard.

BETULACEAE

OSTRYA Scop.

† 487. **O. virginiana** (Mill.) K. Koch *Dendrol.* II, 2, 6 (1873) emend. Kœhne *Deutsch. Dendrol.* 117 (1893) ; Gürke *Pl. eur.* II, 46 = *Carpinus Ostrya* L. *Sp.* ed. 1, 998 (1753) = *O. carpinifolia* Fliche in *Bull. soc. bot. Fr.* XXXV, 166, t. 35 (1888) = *O. italica* Winkl. *Betul.* 21 [Engler *Pflanzenreich* IV, 61 (1904)].

Les recherches d'Alph. de Candolle et de K. Koch ont établi l'extrème affinité des *Carpinus Ostrya* Mill. et *C. virginiana* Mill., distingués au dépens du *Carpinus Ostrya* L. Fliche a montré dans un article détaillé (l. c.) qu'aucun des caractères invoqués dans la grandeur, la nervation et la pubescence des feuilles, les chatons femelles dressés ou pendants, ne résiste à l'examen d'un matériel quelque peu étendu. Il en est de même pour les autres caractères mentionnés par M. Sargent [*Sylv. North Amer.* IX, 34 (1896)], sauf ceux tirés des nucules, et sur lesquels M. Winkler (l. c.) s'est basé pour distinguer deux sous-espèces. Nous adoptons ces dernières, mais avec une nomenclature différente de celle du monographe. M. Winkler attribue à Scopoli [*Fl. carn.* ed. 1, 414 (1760)] un *O. italica.* Or Scopoli, dans la 1re édition de sa flore, n'avait pas encore adopté la nomenclature binaire, il décrit non pas un « *O. italica* », mais un « *Ostrya Italica, Carpini folio longiore et breviore* », phrase empruntée à Micheli. Il est donc inexact d'attribuer à Scopoli un « *O. italica* », ainsi que l'ont déjà fait remarquer avant nous MM. Fritsch (in *Mitt. naturw. Ver. Steierm.* ann. 1904, 102), Fiori (in *Nuov. giorn. bot. it.* XII, 155) et Schinz et Thellung (in *Bull. herb. Boiss.*, 2e sér., VII, 111). L'épithète spécifique la plus ancienne applicable au *Carpinus Ostrya* L., transporté dans le genre *Ostrya*, est celle employée par Miller, étendue dans le sens de M. Kœhne. — En Corse, comme dans le reste de l'Europe, seulement la sous-espèce suivante.

Subsp. **carpinifolia** Briq. = *Carpinus Ostrya* Mill. *Gard. dict.* ed. 8, n. 2 (1768) = *O. carpinifolia* Scop. *Fl. carn.* ed. 2, II, 244 (1772) ; Gr. et Godr. *Fl. Fr.* III, 121 ; Coste *Fl. Fr.* III, 260 = *O. vulgaris* Willd. *Sp. pl.* IV, 469 (1806) = *O. italica* Steud. *Nom. bot.* ed. 2, I, 300 (1840) = *O. Ostrya* Karst. *Deutschl. Fl.* ed. 2, 20 (1895) ; C. K. Schneid. *Handb. Laubholzk.* I, 142 = *O. italica* subsp. *carpinifolia* Winkl. *Betul.* 22 [Engler *Pflanzenreich* IV, 61 (1904)]. — Exsicc. Mab. n. 271 ! ; Debeaux ann. 1867, n. 286 ! et ann. 1868 sub : *O. carpinifolia* ! et in Billot n. 4069 !

Hab. — Forêts, surtout de l'étage montagnard, 400-1000 m. Fl. avril-mai, fr. juillet-août. ♄. Disséminé dans les forêts de chênes verts et de *Pinus Pinaster*, parfois en peuplements denses à la limite supérieure. Ravin de la Vezzina près Erbalunga (Debeaux ap. Legrand in *Bull. soc. bot. Fr.* XXXVII, 20) ; gorges de la Mandriale au-dessus de S. Martino, où il constitue des fourrés denses et élevés (Debeaux exsicc. cit. et ap. Legrand l. c.) ; vallon de Miomo (Mab. exsicc. cit. et ap. Legrand l. c.) ; Serra di Pigno, versant de Bastia (Debeaux ap. Legrand l. c. ; Shuttl. *Enum.* 20) ; plateau du Nebbio (Mathieu ex Fliche in *Bull. soc. bot. Fr.* XXXV, 162 et XXXVI, 364) ; Tox (Antommarchi ex Burnouf in *Bull. soc. bot. Fr.* XXIV, sess. extr. XXXI) ; forêt de Pietroso (Mathieu ex Fliche l. c.) ; forêt de Tova (Mathieu ex Fliche l. c. ; Rotgès in litt.) ; haute et basse vallée de la Solenzara (Rotgès in litt.) ; forêt de Sambuco, très abondant (Rotgès in litt.) ; forêt de Bavella (Mathieu ex Fliche l. c.). Au total, distribué surtout le long de la côte orientale.

La sous-esp. *carpinifolia* diffère de la sous-esp. **virginiana** Briq. [= *Carpinus virginiana* Mill. *Gard. dict.* ed. 8 n. 4 (1768) = *O. virginiana* K. Koch *Dendrol.* II, 2, 6 (1873) = *O. carpinifolia* var. *virginica* Fliche in *Bull. soc. bot. Fr.* XXXV, 166 (1888) = *O. italica* subsp. *virginiana* Winkl. *Betul.* 22 (1904)] par les nucules ovoïdes, un peu comprimées, à couronne périgonale indistincte, chevelues au sommet (et non pas fusiformes, à couronne périgonale plus développée, brièvement poilues ou glabres au sommet).

Fliche (l. c.) a cru pouvoir distinguer deux variétés : *genuina* Fliche et *corsica* Fliche, cette dernière à feuilles plus grandes, plus cordiformes à la base, moins acuminées au sommet, à anastomoses des nervures plus saillantes, à cône fructifère plus court, à involucre plus petit pourvu de nervures peu accusées et moins régulières. Mais ces caractères ne résistent pas à l'examen d'une série étendue d'échantillons, tant en Corse que sur le continent, qu'on les envisage isolément ou dans leur ensemble. On ne peut, à ce point de vue, que distinguer des formes individuelles. C'est aussi le résultat auquel est arrivé M. Winkler (l. c.), lequel a entièrement supprimé ces deux variétés.

CORYLUS L.

488. **C. Avellana** L. *Sp.* ed. 1, 998 (1753) ; Gr. et Godr. *Fl. Fr.* III, 120 ; Coste *Fl. Fr.* III, 259 ; C. K. Schneid. *Handb. Laubholzk.* 147 ; Winkl. *Betul.* 46 (Engler *Pflanzenreich* IV, 61).

Hab. — Points humides de l'étage inférieur. Févr.-mars. ♄. Rare

26

au-dessus de Bastia (Salis in *Flora* XVII, Beibl. II, 3) ; Castagniccia (Salis l. c.) ; et localités ci-dessous.

1907. — Cap Corse : bord des eaux entre Luri et la Marine de Luri, 20 m., 27 avril, feuilles ! — Noté au bord du Fiumorbo près de Ghisonaccia !

Le noisetier est çà et là cultivé dans les étages inférieur et montagnard, de sorte que nous avons eu quelque hésitation à l'englober parmi les essences spontanées. Cependant, dans les localités où nous avons pu l'observer, il nous a paru présenter toutes les apparences de la spontanéité. Celle-ci ne fait plus guère de doute si l'on considère que le noisetier croit aussi dans les îles d'Elbe, de Giglio, de Sardaigne et de Sicile.

BETULA L. emend.

489. **B. alba** L. *Sp.* ed. 1, 982 (1753) emend. Du Roy *Harbk. Baumz.* I, 82 (1771) ; Gr. et Godr. *Fl. Fr.* III, 147 ; Coste *Fl. Fr.* III, 275 = *B. pendula* Roth *Tent. fl. germ.* I, 405 (1788) ; C. K. Schneid. *Handb. Laubholzk.* I, 112 ; Schinz et Thell. in *Bull. herb. Boiss.* 2me sér., VII, 111 = *B. verrucosa* Ehrh. *Beitr.* IV, 98 (1791) ; Winkl. *Betul.* 75 (Engler *Pflanzenreich* IV, 61).

Hab. — Forme des peuplements clairs à la limite supérieure des forêts des massifs du centre, dans lesquels il descend, (750-)1200-1850 m. Fl. avril-mai, fr. juill.-sept. ♃. Forêt de Tartagine (Mars. *Cat.* 134 ; Rotgès in litt.) ; forêt de Valdoniello (Req. *Cat.* 4 ; Mars. l. c. ; Vallot in *Bull. soc. bot. Fr.* XXXIV, 132 ; Fliche ibid. XXXVI, 366 ; Lit. in *Bull. acad. géogr. bot.* XVIII, 109 ; Rotgès in litt.) ; forêt d'Aitone (Fliche l. c. ; Lit. l. c.) ; forêt de Verde (R. Maire in *Bull. soc. bot. Fr.* XLVIII, sess. extr. CXLVII) ; forêt de Marmano (Rotgès in litt.) ; forêt de Pietrapiana (Rotgès in litt.) ; et localités ci-dessous.

1906. — Col de l'Ondella, disséminé, mais abondant, parmi les aulnes en formation discontinue, 1850 m., 26 juill. fl.! ; col d'Avartoli, versant E., dans les mêmes conditions que dans la station précédente, 1800 m., 27 juill. fl. fr.! ; vallon de Tula, taillis à 1500 m., mêlé à l'*Alnus glutinosa* dans la vernaie, 9 août fr.! ; clairières des pineraies au col de Verde, 1300 m., 20 juill.! ; aulnaies sur le versant W. de la Pointe de Monte, 1700 m., 20 juill. fl.!

1908. — Col de Tula, versant de Tartagine dans les vernaies jusqu'à 1800 m., descendant dans la vallée de Tartagine jusqu'à la maison forestière à 750 m., 4 juill., fr.!

Les échant. corses appartiennent à la var. **vulgaris** Reg. [in DC. *Prodr.* XVI, 2, 163 (1868) = *B. verrucosa* var. *vulgaris* Winkl. l. c. 75], à feuilles ovées-rhomboïdales, subcunéiformes à la base.

Relativement à la nomenclature de cette espèce, nous avouons ne pas saisir les raisons qui ont poussé le monographe des Bétulacées, M. Winkler, à adopter le nom de *B. verrucosa*, et M. Schneider, ainsi que MM. Schinz et Thellung celui de *B. pendula*. Le *B. alba* L. comprenait évidemment, d'après la diagnose et les synonymes, à la fois les *B. verrucosa* Ehrh. (*B. pendula* Roth) et *B. pubescens* Ehrh. (*B. tomentosa* Reith. et Abel). Mais les *Règl. nomencl.* (art. 44) exigent que l'on applique l'épithète d'*alba* dans le sens restreint fixé par Du Roy dès 1771 d'une façon indiscutable, et bien avant les publications de Roth et d'Ehrhart.

ALNUS Gaertn.

490. **A. viridis** DC. *Fl. fr.* III, 304 (1805); Reg. in *Mém. soc. nat. Moscou* XIII, 134 et in DC. *Prodr.* XVI, 2, 181; Math. *Fl. forest.* éd. 3, 394; Fliche in *Bull. soc. bot. Fr.* XXXVI, 366; Coste *Fl. Fr.* III, 276; Briq. in *Ann. Cons. et Jard. bot. Genève* XI-XII, 29 et 30 = *Betula viridis* Chaix in Vill. *Hist. pl. Dauph.* I, 374 (1786); Vill. op. cit. III, 789 = *Betula Alnobetula* Ehrh. *Beitr.* II, 72 (1788) = *Alnaster viridis* Spach in *Ann. sc. nat.* sér. 2, XV, 200 (1841) = *Alnus Alnobetula* Hart. *Naturgesch. forst. Kulturpfl.* 372 (1851); Winkl. *Betul.* 105 (Engler *Pflanzenreich* IV, 61).

M. Winkler attribue le nom de *B. viridis* à Chaix in Vill. *Hist. pl. Dauph.* III, 789 (1780), alors que Chaix n'est pas cité par Villars à l'endroit indiqué. Cette erreur, empruntée d'ailleurs à Regel (l. c.), est moins grave que l'oubli complet de la première publication du *Betula viridis* par Chaix in Villars, laquelle remonte à 1786 et jouit d'une priorité incontestable sur celle du *Betula Alnobetula* de Ehrhart en 1788. Le changement de nomenclature proposé par Hartig et adopté successivement par des dendrologistes habituellement aussi exacts que Dippel et Kœhne, par les monographes du genre MM. Callier et Winkler, et par nousmême en 1904, n'est donc pas justifié et doit être abandonné. Voy. Briquet in *Ann. Cons. et Jard. bot. Genève* XI-XII, 29 et 30 (1908). — En Corse, les races suivantes :

α. Var. **genuina** Reg. in *Mém. soc. nat. Moscou* XIII, 135 (1861) et in DC. *Prodr.* XVI, 2, 182 (excl. syn. amer. et *A. suaveolente*) = *Betula viridis* Chaix l. c., sensu stricto = *B. Alnobetula* Ehrh. l. c., sensu stricto = *B. ovata* Schrank *Baier. Fl.* II, 419 (1793) = *A. alpina* Borkh. *Handb. Forstbot.* I, 477 (1800) = *A. viridis* DC. l. c., sensu stricto; Gr. et Godr. *Fl. Fr.* III, 149 = *Alnobetula viridis* Schur in *Verh. siebenbürg. Ver. Naturw.* IV (1858) ex Schur *Enum. pl. Transs.* 614 = *A. Alnobetula* var. *typica* Beck *Fl. Nieder-Öst.* 262 (1890); C. K. Schneid. *Handb. Laubholzk.* I, 122 = *A.*

viridis var. *typica* Fiori et Paol. *Fl. anal. It.* 1, 264 (1898) = *A. Alnobetula* var. *genuina* Winkl. *Betul.* 105 (1904).

Feuilles ovées-elliptiques, subaiguës, aiguës, ou brièvement acuminées au sommet, mesurant env. 3-4 × 2,5-3,5 cm., pourvues de 5-7 nervures latérales, lâchement velues à la face inférieure entre les nervures dans la jeunesse, et ± hérissées sur les nervures, à aisselles de ces dernières barbues.

L'*A. viridis* Chaix a été signalé par M. Lutz (in *Bull. soc. bot. Fr.* XLXIII, sess. extr. CXXIX) dans la forêt d'Aitone, mais cette indication se rapporte évidemment à la var. *Foucaudii* ou à la var. *suaveolens*. A notre connaissance, la var. *genuina* n'a jamais a été rencontrée en Corse.

β. Var. **minor** Parl. *Fl. it.* 1, 131 (1867); Greml. *Exkursionsfl. Schw.* ed. 6, 382 = *A. brembana* Rota *Prosp. fl. Berg.* 79 (1853) = *A. viridis* var. *pumila* Cesati in Cesati et Caruel *Pl. It. bor.* ed. Hohenacker n. 261 (cum syn. *A. brembanae* Rota, sed anno....?) = *A. viridis* var. *parvifolia* Reg. in DC. *Prodr.* XVI, 2, 182 (1864) p. p.; Fiori et Paol. *Fl. anal. It.* 1, 264; non Saut. = *A. Alnobetula* var. *brembana* Winkl. *Betul.* 106 (op. cit.,1904); C. K. Schneid. *Handb. Laubholzk.* 1, 121.

Plante naine à feuilles très petites, elliptiques, étroites, aiguës ou brièvement acuminées au sommet, mesurant env. 0,8-1,5 × 0,6-0,5 cm., pourvues de 4-6 nervures latérales, glabres ou pourvues d'une villosité courte et rare à la face inférieure. Chatons femelles 3-4 fois plus petits que dans les autres races, mesurant env. 4-7 × 4-5 mm. en section longitudinale.— Cette race, sous sa forme typique des Alpes de Biella, fait au premier abord l'effet d'une espèce très distincte, mais elle est reliée à la précédente par l'intermédiaire de la var. **parvifolia** Sauter [ex Reichb. *Ic.* XII, 3 (1850), nomen solum; Reg. in DC. *Prodr.* XVI, 2, 182 (1868) p. p. = *A. microphylla* Arv.-Touv. *Add. mon. Pilos.* 20 (1879) - *A. Alnobetula* var. *parvifolia* Winkl. *Betul.* 107 (op. cit. 1904) = *A. Alnobetula* var. *microphylla* Callier in C. K. Schneid. *Handb. Laubholzk.* 1, 121 (1904)], race beaucoup plus répandue sur le versant S. des Alpes et souvent confondue avec elle. — L'*A. brembana* Rota a été indiqué par Foucaud, puis par M. Lutz, dans la forêt de Vizzavona. Mais l'aulne signalé sous ce nom appartient à la var. suivante. Des deux autres localités françaises citées par Foucaud (l. c.), l'une (celle du Lautaret) appartient à la var. *parvifolia*, l'autre (celle du Mt Brezon) appartient à la var. *genuina*. L'*A. viridis* var. *minor* est absolument étranger à la Corse.

γ. †† Var. **Foucaudii** Briq. = *A. brembana* Fouc. in *Bull. soc. bot. Fr.* XLVII, 96 (1900); non Rota = *A. Alnobetula* var. *Foucaudii* Briq. *Spic. cors.* 15 (1904).

Hab. — Forêts de l'étage subalpin. Forêt de Valdoniello (Fliche in *Bull. soc. bot. Fr.* XXXVI, 367); forêt de Vizzavona! (Mand. et Fouc. l. c.; Lutz in *Bull. soc. bot. Fr.* XLVIII, sess. extr. CXXVI).

Feuilles ovées-elliptiques ou elliptiques, à limbe mesurant 3-4 × 2-3 cm., obtus-subatténué à la base, subaigu au sommet, ne présentant pas l'ampleur caractéristique pour la variété suivante, à nervures latérales au nombre de 6-7, glabres et luisantes en dessous entre les nervures, à indument faible localisé presque exclusivement à l'aisselle des nervures secondaires. — Cette variété signalée d'abord par Fliche (l. c.) établit le passage entre les var. *genuina* et *suaveolens*; elle paraît être rare.

δ. Var. **suaveolens** Fior. et Paol. *Fl. anal. It.* 1, 264 (1898) = *A. suaveolens* Req. in *Ann. sc. nat.* V, 384 (1825); Gr. et Godr. *Fl. Fr.* III, 149; Parl. *Fl. it.* 1, 135; C. K. Schneid. *Handb. Laubholzk.* 1, 121 = *A. Alnobetula* var. *suaveolens* Winkl. *Betul.* 106 (op. cit. 1904); Briq. *Spic. cors.* 15. — Exsicc. Salzmann sub : *A. viridis*!; Req. sub : *A. suaveolens*, et ap. Billot n. 648!; Kralik n. 783! Mab. n. 272! Reverch. ann. 1878 et 1879, n. 17!; Soc. rochel. n. 4498!; Burn. ann. 1900, n. 99, 235 et 428! et ann. 1904, n. 584, 586, 587 et 588!

Hab.—Constitue d'immenses vernaies dans l'étage subalpin supérieur et l'étage alpin inférieur, 1400-2000 m., s'élevant çà et là en groupes plus réduits quand les circonstances sont favorables, jusqu'à 2200 m., descendant parfois le long des torrents jusqu'à 800 m. Calcifuge. Avril-juin selon l'alt. ♂ et ♀. Caractéristique pour les massifs du centre : depuis les cimes septentrionales du groupe du Cinto jusqu'à celles situées au sud de l'Incudine et de la Punta del Fornello. Manque complètement au Cap Corse et dans la chaîne de Tende ; non signalée dans le massif du San Pietro.

Feuilles largement ovées-suborbiculaires, amples, arrondies-obtuses, ou obtuses et très brièvement acuminées au sommet, arrondies, parfois subcordiformes à la base, mesurant jusqu'à 4,5 × 4,5 cm., pourvues de 6-8 nervures latérales, très glutineuses et odorantes, glabres à la face inférieure, ou à indument court et rare ± localisé aux aisselles des nervures secondaires.

Cette race — endémique en Corse, où elle a été découverte par Boccone (*Mus. piante rar.* t. 96, ann. 1697) — est reliée à la var. *genuina* par l'intermédiaire de la var. *Foucaudii*. Dans la grande majorité des cas, elle est facile à distinguer et joue un rôle important au point de vue formationnel. Nous ne pouvons donc pas partager l'opinion de Fliche (in *Bull. soc. bot. Fr.* XXXVI, 366) lorsqu'il dit de l'*A. viridis* corse que son «léger endémisme.... permet à peine d'en faire une variété». Cet observateur a d'ailleurs raison lorsqu'il déclare que «le caractère tiré de l'état subsolitaire des chatons mâles n'a aucune valeur». Ces chatons sont en général au nombre de 2-3 et même plus, comme dans l'*A. viridis* var. *genuina*. Les caractères tirés des écailles du chaton femelle (à 3 ou 5 lobes courts) et de la largeur de l'aile membraneuse des akènes, tels qu'ils figurent dans Grenier et Godron (l. c.), présentent des variations individuelles absolument semblables dans les var. *genuina, Foucaulii* et *suaveolens*, et ne peuvent jouer aucun rôle diagnostique.

491. **A. cordata** Desf. *Tabl. mus. Par.* éd. 2, 244 (1815); K. Koch *Dendrol.* II, 1, 634; Dipp. *Handb. Laubholzk.* II, 148; Winkl. *Betul.* 110 (Engler *Pflanzenreich* IV, 61); C. K. Schneid. *Handb. Laubholzk.* I, 125; Coste *Fl. Fr.* III, 277 = *Betula cordata* Lois. *Not.* 139 (1810) et *Fl. gall.* ed. 2, II, 317 (1828) = *A. cordifolia* Ten. *Fl. nap. prodr.* LIV (1811); Reg. in *Mém. soc. nat. Moscou* XIII, 168 et in DC. *Prodr.* XVII, 2, 185; Gr. et Godr. *Fl. Fr.* III, 150. — En Corse seulement la race suivante :

Var. **rotundifolia** Dipp. *Handb. Laubholzk.* II, 148 (1892); Winkl. op. cit. 112; C. K. Schneid. l. c. = *A. rotundifolia* Bert. *Fl. it.* X, 160 (1854) = *A. cordifolia* var. *rotundifolia* Reg. in *Mém. soc. nat. Moscou*, XIII, 170 (1861) et in DC. *Prodr.* l. c. — Exsicc. Thomas sub : *A. cordifolia*!; Salzmann sub : *A. cordifolia*!; Req. sub : *A. cordata*!; Soleirol n. 3899!; Bourgeau n. 355!; Mab. n. 75!; Debeaux ann. 1868 sub : *L. cordifolia*!; Burn. ann. 1904, n. 583!

Hab. — Bords des cours d'eau et points humides des étages inférieur et montagnard. Fl. fév.-mars. ♄. Répandue ; essence caractéristique des aulnaies corses. Cap Corse (Mab. *Rech.* I, 26); Luri (Fouc. et Sim. *Trois sem. herb. Corse* 159); Sisco (Chabert in *Bull. soc. bot. Fr.* XXIV, sess. extr. LVI); vallée de Lavezzina (Mab. in *Feuill. jeun. nat.* VII, 111 et exsicc. cit.); S. Martino-di-Lota (Gillot in *Bull. soc. bot. Fr.* XXIV, sess. extr. LIX); Bastia (Salis in *Flora* XVII, Beibl. II, 2 ; Mab. *Rech.* I, 26); berges du Golo (Mab. ibid.); Castagniccia (Salis l. c.; Gillot in *Bull. soc. bot. Fr.* XXIV, sess. extr. LXXIV); Corté (Soleirol exsicc. cit.; Mab. l. c.; Lard. in *Bull. trim. soc. bot. Lyon* XI, 59 ; Fouc. et Sim. l. c.); cours du Tavignano (Mab. l. c.); vallée du Fango près de Barjiana (Lit. in *Bull. acad. géogr. bot.* XVIII, 109); Galeria (Mab. ex Mars. l. c.); Tetti (Mars. *Cat.* 134); vallée de la Restonica au pont du Dragon (Burnouf in *Bull. soc. bot. Fr.* XXIV, sess. extr. LXXXV); forêt de Vizzavona (Mars. l. c.; Lit. *Voy.* I, 12); Bocognano (de Forest. in h. Deless.!); bains de Guagno (Req. *Cat.* 4, et exsicc. cit.); cours du Liamone (Mars. l. c.); cours du Prunelli et de la Gravona jusqu'à leur embouchure (Mars. l. c.; Boullu in *Bull. soc. bot. Fr.* XXIV, sess. extr. XCV; Briq. *Spic.* 15 et Burn. exsicc. cit.); forêt de Marmano (Mars. l. c.); Porto-Vecchio (Mab. *Rech.*

I, 26) ; montagne de Cagna (Seraf. ex Bert. *Fl. it.* X, 130) ; et localités ci-dessous.

1906. — Lit du torrent de Ficarella vers la maison forestière de Boni-fatto, où il forme des aulnaies, 500 m., 11 juill. fr.!

1907. — Embouchure de la Solenzara, aulnaies, 7 mai, feuilles !

Feuilles suborbiculaires ou ovées-arrondies, très obtuses ou arrondies au sommet, parfois même subrétuses, mesurant 2-7 × 2-5,5 cm. de sur-face.

La var. **genuina** Winkl. [*Betul.* 112 (1904) = *A. cordifolia* var. *genuina* Reg. l. c. p. p. (1861)], à feuilles ovées-elliptiques, brièvement acuminées au sommet, mesurant 6-11 × 4,5-9 cm., a été indiquée en Corse par M. Winkler (l. c.) d'après des échant. de Thomas. Cependant nous n'avons vu de Corse (y compris les échant. distribués par Thomas) que la var. *rotundifolia.* Les échant. cultivés au jardin d'Avignon et distri-bués par Requien (in h. Delessert), sans indication d'origine, ne prove-naient probablement pas de Corse. La var. *rotundifolia* se retrouve en Italie avec la var. *genuina,* mais bien plus rare ; elle constitue certaine-ment une race et non pas un simple lusus, ainsi que le croyait Regel (l. c.).

491 × 492. **A. elliptica** Req. in *Ann. sc. nat.* V, 381 (1825) ; Dub. *Bot. gall.* 423 ; Lois. *Fl. gall.* ed. 2, II, 317 ; Gr. et Godr. *Fl. Fr.* III, 150 ; Fiori et Paol. *Fl. anal. It.* I, 264 ; Callier in C. K. Schneid. *Handb. Laubholzk.* I, 125 = **A. cordata × glutinosa.**

Hab. — Embouchure de la Solenzara (Req. et Audibert ex Req. l. c.).

Arbre à caractères intermédiaires entre ceux des *A. cordata* var. *rotundifolia* et *A. glutinosa,* mais en somme plus rapproché de l'*A. cor-data.* Port de l'*A. cordata* var. *rotundifolia,* mais à feuilles plus ellip-tiqües, mesurant 4-6 × 3-4,5 cm., arrondies au sommet, arrondies et nullement cordiformes à la base, à dentelure fine, régulière et serrée, parfois avec traces de formation de festons arrondis très superficiels, ± glutineuses, à 6-7 nervures ± barbues aux aisselles à la face inférieure. S'écarte de l'*A. glutinosa* par les feuilles non atténuées ou cunéiformes à la base, le mode de serrature, la forme régulièrement elliptique du limbe, la villosité des aisselles des nervures moindre. Les chatons ♀ (que nous n'avons pas vus) seraient au nombre de 2-3, et très gros à la maturité, accentuant encore la ressemblance avec l'*A. cordata.* — Re-quien (l. c.) s'est borné à marquer le caractère intermédiaire de son *A. elliptica ;* ses successeurs en ont fait autant. Ce n'est qu'en 1898 que MM. Fiori et Paoletti ont émis l'hypothèse d'une origine hybride pour cet arbre. M. Callier, qui avait eu l'occasion de voir le rameau original de Requien, conservé à l'herbier Delessert, s'est ensuite montré plus affirmatif et a interprété l'*A. elliptica* comme étant une hybride de l'*A. glutinosa* et de l'*A. cordata* var. *rotundifolia.* Nous partageons cette ma-nière de voir : la formule *cordata* var. *rotundifolia* > × *glutinosa* nous

paraissant le mieux rendre compte de la combinaison des caractères. —
M. Winkler (l. c. 118 in nota), qui n'a, il est vrai, pas vu l'*A. elliptica*,
pense que cet arbre pourrait être rapporté à l'*A. glutinosa* var. *denticulata* Ledeb. (= *A. denticulata* C. A. Mey.), mais cette manière de voir
ne résiste pas un instant à la comparaison de la plante corse avec la
race orientale en question. — Nous avons, en 1907, recherché pendant
plusieurs heures l'*A. elliptica* dans la localité classique de l'embouchure
de la Solenzara, sans réussir à le retrouver. Les plantations d'*Euca-
lyptus* ont donné naissance dans cette localité à une vraie forêt de caractère australien qui a pris beaucoup de place au détriment de l'aul-
naie primitive. C'est probablement ce qui explique la disparition ou la
très grande rareté de l'*A. elliptica* en cet endroit. En tous cas, les *A.
cordata* et *A. glutinosa* y abondent, de sorte que l'hybride peut encore
y être recherchée, ainsi que dans d'autres localités analogues.

492. **A. glutinosa** Gærtn. *De fruct. et sem.* II, 54 (1791) ; Gr. et
Godr. *Fl. Fr.* III, 149 ; Reg. in *Mém. soc. nat. Moscou* XIII, 159 et in
DC. *Prodr.* XVI, 2, 186 ; Callier in C. K. Schneid. *Handb. Laubholzk.* I,
130 ; Winkl. *Betul.* 115 (Engler *Pflanzenreich* IV, 61) ; Coste *Fl. Fr.* III,
277 = *Betula Alnus* var. *glutinosa* L. *Sp.* ed. 1, 983 (1753) = *Betula
glutinosa* L. *Syst.* ed. 10, n. 6 (1759) = *A. rotundifolia* Mill. *Abridg.
gard. dict.* ed. 6, n. 1 (1771) ; Schinz et Thell. in *Bull. herb. Boiss.* 2me
sér., VII, 112 et 392 ; Schinz et Kell. *Fl. Suisse*, éd. fr., 174 = *A. vulgaris* Pers. *Syn.* II, 550 (1807). — Exsicc. Req. sub : *A. glutinosa* var.
macrocarpa ! ; Burn. ann. 1904, n. 581 et 582 !

Hab. — Bords des cours d'eau, 1-1500 m. Févr.-mars. ♃. Répandu,
et assez abondant dans l'île entière.

La nomenclature adoptée par MM. Schinz et Thellung pour cette
espèce est certainement fautive. Ces auteurs avaient d'abord attribué
l'*A. rotundifolia* à Miller *Gard. dict.* ed. 7, n. 1 (1759) ; puis ils ont reconnu,
avec raison, que dans cette édition, Miller n'avait pas encore adopté la
nomenclature binaire, l'emploi d'une phrase réduite à deux termes
étant accidentel. C'est donc de 1771 que date l'*A. rotundifolia* Mill. Mais
longtemps auparavant (en 1759), Linné avait déjà publié ce même arbre
sous le nom de *Betula glutinosa*, et l'épithète linnéenne doit être conservée (*Règl. nomencl.* art. 30).

Tous les échant. corses que nous avons pu examiner appartiennent à
la var. **vulgaris** Spach [in *Ann. sc. nat.* sér. 2, XV, 207 (1841) ; Callier in
C. K. Schneid *Handb. Laubholzk.* I, 129 ; Winkl. *Betul.* 116] à feuilles ±
largement obovées, obtuses, arrondies ou même rétuses au sommet, à
serrature serrée, assez dense, portée sur des festons longuement arrondis et ± marqués, à nervures au nombre de 6-7, barbues aux aisselles
à la face inférieure à l'état adulte.

Les variations sont nombreuses à l'intérieur de l'*A. glutinosa* var. *vul-*

garis, mais elles portent tantôt sur un caractère, tantôt sur un autre, sans qu'il y ait concomitance de ceux-ci, de sorte que nous n'osons pas même donner à ces variations la valeur de sous-variétés. Requien (*Cat.* 4) a signalé aux environs de Vico un *A. monstrosa* Req. En l'absence de diagnose, cet aulne restera douteux jusqu'à ce que l'on ait pu en examiner des échant. originaux. Dans le même catalogue, Requien a signalé un *A. intermedia* Req. de Solenzara, également sans en donner de description. Cet auteur entendait peut-être sous ce nom (voy. Req. *in Ann. sc. nat.* V, 381) l'*A. glutinosa* de Corse et de Provence, envisagé comme distinct de l'espèce du Nord. En réalité, l'*A. glutinosa* var. *vulgaris* varie parallèlement dans le nord et dans le midi, de sorte qu'il est impossible d'étayer cette distinction de race géographique sur des caractères morphologiques précis. Notre original de l'*A. intermedia* Req. de Solenzara (in herb. Delessert!) est un *A. glutinosa* var. *vulgaris* tout à fait normal : les feuilles présentent, en outre des aisselles barbues, des restes de l'indument juvénile sur les champs internervaux de la face inférieure. Mais ce caractère, sur lequel M. Callier a basé sa forme *puberula* (in C. K. Schneid. *Handb. Laubholzk.* 129), est inégalement marqué sur certains individus de diverses provenances et n'a selon nous qu'une très faible valeur. — M. Fliche (in *Bull. soc. bot. Fr.* XXXVI, 367) a attiré l'attention sur une variation à feuilles plus étroites, rétrécies (sans pourtant cesser de rester obtuses) vers le sommet. L'auteur pense que cette forme s'est peut-être produite par hybridité due à l'action de l'*A. viridis*. Mais les figures données par l'auteur ne sont guère favorables à cette thèse. D'ailleurs nous n'avons pas connaissance de la présence de l'*A. viridis* au bord du Liamone à Vico, où Fliche signale cet *Alnus*. Nous y voyons plutôt une des nombreuses variations individuelles de l'*A. glutinosa* var. *vulgaris*. — Les chatons ♀ variant beaucoup de grosseur. Requien a distingué les échant. à très gros chaton ♀ sous le nom d'*A. glutinosa* var. *macrocarpa* (Req. exsicc. cit. et ap. Gr. et Godr. *Fl. Fr.* III, 150) et d'*A. macrocarpa* Req. (*Cat.* 4). Les originaux de Requien (in h. Deless.!) n'ont cependant pas des chatons ♀ très volumineux ; ils mesurent jusqu'à 1,05 × 1,2 cm. en section longitudinale, ce qui est très fréquent chez les échant. de toutes provenances. Les échant. rapportés par M. Chabert à l'*A. macrocarpa* (in *Bull. soc. bot. Fr.* XXIX, sess. extr. LVI) provenant des environs de Cardo et St-Florent — et dont nous devons la communication à l'amabilité de M. Chabert — sont encore plus extrêmes : ceux de St-Florent présentent des chatons ♀ mesurant jusqu'à 2,5 × 1,5 cm. en section longitudinale. Mais nous avons vu des formes analogues de diverses provenances continentales et ne croyons pas qu'il y ait là autre chose que des variations de faible valeur. M. Winkler (qui cite à tort l'*A. macrocarpa* comme ayant été publié par Requien dans son mémoire de 1825, où il ne figure pas!) en a fait un *A. glutinosa* var. *vulgaris* forma *macrocarpa*. L'extrême opposé (fruits de 1-1,5 × 0,5 cm.) a été signalé par M. Callier sous le nom f. *microcarpa* Uechtr. [ap. Callier in *Jahresber. schl. Ges.* LXIX, 74 (1892) ; Winkl. l. c. 112].

FAGACEAE

FAGUS L. emend.

493. **F. silvatica** L. *Sp.* ed. 1, 998 (1753); Bert. *Fl. it.* X, 222; Gr. et Godr. *Fl. Fr.* III, 115; Alph. DC. *Prodr.* XVI, 2, 118; C. K. Schneid. *Handb. Laubholzk.* I, 153; Coste *Fl. Fr.* III, 255. — Exsicc. Burn. ann. 1904, n. 434!

Hab. — Constitue des forêts étendues, ou en mélange avec les pins laricio, dans les massifs centraux, de préférence sur le granit et la protogine, évitant les porphyres dysgéogènes, 9-1800 m. Fl. avril, fr. juillet. ♃. Distribué comme suit: *Massif du S. Pietro*. Abondant au M⟨t⟩ S. Pietro (Salis in *Flora* XVII, Beibl. II, 2; Gillot in *Bull. soc. bot. Fr.* XXIV, sess. extr. LXXIX), s'étendant de là à la Pointe de Caldane (Briq.); crêtes depuis la Pointe d'Ernella jusqu'au signal de Santa Lucia au-dessus de S. Lucia di Mercurio (Briq.). — Manque dans le *Massif porphyrien du Cinto! — Massif du Rotondo*. Forêt de Valdoniello (Castelneau in *La Géographie* XVII, 106; Lit. in *Bull. soc. bot. Fr.* XVIII, 106; Rotgès et Briq.), d'où il s'étend sur le versant occidental à la forêt d'Aitone (Rotgès) descendant jusqu'aux environs de Cristinacce (Fliche in *Bull. soc. bot. Fr.* XXXVI, 364); forme dans le bassin supérieur du Tavignano les vastes peuplements de la forêt de Campotile, d'où il s'étend sur le versant S. de la Punta Artica (Rotgès et Briq.); disséminé à la limite supérieure des laricios sur les flancs du Monte Rotondo du côté de la Restonica (Burnouf in *Bull. soc. bot. Fr.* XXIV, sess. extr. LXXXV); réapparaît dans les hauts bassins du Cruzzini (forêts de Gattica et de Pastriciola) et du Liamone (forêt de Soccia) (Rotgès in litt.); vastes peuplements dans la forêt de Vizzavona, d'où il remonte sur les flancs du Monte d'Oro (première mention dans Req. *Cat.* 6). — *Massif du Renoso*. Abondant sur les versants septentrionaux (P⟨te⟩ de Grado, vallée de Cappiajola) et sur les versants méridionaux [forêts de Ghisoni, forêt de Verde, forêt de Marmano (Rotgès et Briq.)]. — *Massif de l'Incudine*. Les hêtraies classiques qui couvrent les flancs N. et W. du M⟨t⟩ Incudine sont sans aucun doute les plus belles de la Corse. — En résumé, le hêtre manque au nord du Golo et ne dépasse pas l'Incudine au sud.

Le *Fagus silvatica* présente en Corse comme sur le continent un certain nombre de modifications qui nous paraissent être d'ordre individuel, et se présentent même sur les rameaux de divers ordres d'un même arbre. Une modification un peu plus saillante porte sur la microphyllie relative de certains individus : le limbe très obtus au sommet, mesure seulement 3-4 × 2-2,5 cm., à 5-6 nervures latérales (f. *australis* Briq., par exemple au M¹ Incudine), tandis que d'autres sont relativement macrophylles : limbe brièvement acuminé au sommet, plus mince, plus cunéiforme à la base, mesurant jusqu'à 6-9 × 4-6 cm., à 6-8 nervures latérales. Les échant. de la forme *australis* ont les faines petites, hautes de 1,8-2 cm. ; l'abondance et la longueur des émergences de la cupule est variable. Ces modifications ne se présentent pas d'une façon assez nette, ni assez constante pour permettre la distinction de véritables variétés dans le sens de races.

CASTANEA Mill.

494. **C. sativa** Mill. *Gard. dict.* ed. 8, n. 1 (1768) ; Coste *Fl. Fr.* III, 255 = *Fagus Castanea* L. *Sp.* ed. 1, 997 (1753) = *Castanea vulgaris* Lamk *Encycl. méth.* 1, 708 (1783) ; Gr. et Godr. *Fl. Fr.* III, 115 ; Alph. DC. *Prodr.* XVI, 2, 114 = *C. vesca* Gærtn. *De fruct. et sem.* I, 181 (1788) = *Castanea Castanea* Karst. *Pharm. Bot.* 495 (1882) ; C. K. Schneid. *Handb. Laubholzk.* I, 157.

Hab. — Abonde dans l'île entière, 1-1200 m., formant souvent de vastes chàtaigneraies, en particulier de 400-1000 m. Calcifuge et kaliphile. Fl. mai-juin ; fr. oct. ⚥.

Nous reviendrons en détail dans le tome III de cet ouvrage sur le rôle formationnel du chàtaignier et la question de sa spontanéité. Nous sommes arrivé à la conclusion que le chàtaignier est bien spontané en Corse, comme dans le sud de l'Europe, mais que sa distribution et son degré d'abondance primitifs sont maintenant impossibles à préciser à cause de l'extension donnée dans la suite des temps à sa culture.

QUERCUS L.

Q. coccifera L. *Sp.* ed. 2, 1413 (1763) ; Gr. et Godr. *Fl. Fr.* III, 119 ; Alph. DC. *Prodr.* XVI, 2, 52 ; C. K. Schneid. *Handb. Laubholzk.* I, 184 ; Coste *Fl. Fr.* III, 257.

Ce chêne a été indiqué en Corse par Burmann (*Fl. Cors.* 241), d'après Jaussin, indication qui a été reproduite jusqu'à l'époque de Grenier et Godron (*Fl. Fr.* III, 119), bien que Requien (*Cat.* 20) ait déjà signalé cette espèce parmi celles à exclure de la flore corse. A notre connaissance, le *Q. coccifera* (Desf.) Alph. DC. n'a jamais été authentiquement rencontré en Corse à l'état spontané. Au surplus, cette espèce manque dans l'archipel toscan ; la var. *pseudo-coccifera* (Desf.) Alph. DC. a seule été indiquée en Sardaigne.

495. **Q. Suber** L. *Sp.* ed. 1, 995 (1753); Gr. et Godr. *Fl. Fr.* III, 118; Alph. DC. *Prodr.* XVI, 2, 40 ; C. K. Schneid. *Handb. Laubholzk.* I, 186 ; Coste *Fl. Fr.* III, 257. — Exsicc. Thomas sub : *Q. Suber*! ; Mab. n. 389!

Hab. — Isolé, en massifs, parfois en peuplements étendus dans l'île entière, du Cap Corse jusqu'aux env. de Bonifacio, 1-350 m., exceptionnellement jusqu'à 600-700 m. Calcifuge. Fl. avril-mai, fr. août. ♃. Distribué comme suit, d'après nos notes et celles obligeamment communiquées par M. Rotgès. *Versant oriental.* Disséminé depuis le Cap Corse à Luri (quelques peuplements plus importants) et de là à Bastia (Salis in *Flora* XVII, Beibl. II, 3 ; Req. *Cat.* 6 ; Gillot in *Bull. soc. bot. Fr.* XXIV, sess. extr. XLII ; Mab. exsicc. cit.) ; de Bastia à Ste-Lucie (de Porto-Vecchio) tout le long de la côte, dépassant rarement 200 m., pénétrant çà et là dans l'intérieur par pieds ou bouquets isolés à Morosaglia et dans la vallée du Fiumalto (Gillot l. c. LXXXII ; Fouc. et Sim. *Trois sem. herb. Corse* 158), et aux env. de Corté. Beaucoup plus développé au sud de Ste-Lucie (de Porto-Vecchio) où il forme des forêts (éclaircies en vue de l'exploitation !) dans les basses vallées de l'Oso, du Stabiaco, dans les plaines de Sotta et de Figari ; gagnant de là assez brusquement des stations plus élevées sur les flancs S.-E. particulièrement chauffés des monts de Cagna dans la vallée de Gotta (6-700 m.), au-dessous des hameaux de Burrivoli et de Vasca. En groupements moins nombreux entre Porto-Vecchio et Bonifacio ; la ceinture de l'île jusqu'à Caldarello, Monacia et l'embouchure de l'Ortolo n'offre plus que des pieds isolés. — *Versant occidental* (en remontant du S. au N.). Au N. de l'Ortolo, disséminé jusqu'aux plaines de Tavaria, présentant des peuplements plus étendus dans la basse vallée de Rizzanèse et à l'embouchure du Taravo. Disséminé de là jusqu'aux env. d'Ajaccio, où il est plus abondant (Req. *Cat.* 6 ; Doûmet in *Ann. Hér.* V, 120 ; Boullu in *Bull. soc. bot. Fr.* XXIV, sess. extr. XCVII) ; paraît manquer complètement ensuite jusqu'à Calvi. Rarement et pauvrement représenté en Balagne et toujours aux plus basses altitudes, ainsi dans les basses vallées de Ficarella et du Fiume Secco, au-dessous de Calenzana et de Moncale, au-dessous de Lumio, entre Belgodere et Novella, dans la vallée de l'Os-

triconi, entre Urtaca et la mer, enfin, dans la basse vallée de l'Aliso.
Sur le versant W. du Cap Corse, aux env. de St-Florent (en dehors des
terrains calcaires) sur la route d'Olmetta (Billiet in *Bull. soc. bot. Fr.*
XXIV, sess. extr. LXXI), et de là par pieds disséminés ou en petits massifs jusqu'au Cap Corse.

†† 495 × 496. **Q. Morisii** Borzi in *Nuov. giorn. bot. it.* XIII, 5-10,
tab. I (1881); Fiori et Paol. *Fl. anal. It.* I, 271 — *Q. hispanica* Colm. et
Bout. *Exam. encin.* 8 (1854); non Lamk = *Q. Bertrandi* Alb. et Reyn.
in *Bull. acad. géogr. bot.* XI, 19 (1902) = **Q. Ilex × Suber.**

Hab. — Ste-Lucie près Bastia, dans les ravins boisés : deux individus
(Chabert in *Bull. soc. bot. Fr.* XXXIX, 69).

M. Chabert a donné (l. c.) sur cette hybride, probablement plus fréquente qu'on ne le croit, mais peu observée, les notes suivantes :

« Tronc couvert d'une écorce gercée brune parsemée de traînées de
tissus subéreux : feuilles coriaces, persistantes, planes, assez grandes,
d'un vert clair en dessus, légèrement blanches-tomenteuses en dessous,
à nervures latérales peu nombreuses, régulières, à dents cuspidées écartées; fruit gros pédonculé, cupule blanchâtre-tomenteuse, hémisphérique, à écailles inférieures courtes appriméés, les moyennes légèrement
saillantes, les supérieures molles, flexibles: gland doux. »

496. **Q. Ilex** L. *Sp.* 1, 995 (1753); Gr. et Godr. *Fl. Fr.* III, 118;
Alph. DC. *Prodr.* XVI, 2, 38; C. K. Schneid. *Handb. Laubholzk.* 1, 188;
Coste *Fl. Fr.* III, 257.

Hab. — Isolé, en massifs, en peuplements étendus ou en forêts dans
toute l'île, du Cap Corse à Bonifacio, 1-1200 m.; plus rare et peu développé de 1-400 m., où il a à lutter désavantageusement soit contre le
chêne-liège, soit contre les essences des hauts maquis; particulièrement développé de 4-700 m.; moins bien développé et moins abondant
de 700-1200 m. où il subit la concurrence des Conifères. Fl. avril-mai;
fr. août. ♃.

Nous reviendrons longuement dans le tome III de cet ouvrage sur la
répartition du chêne-vert en Corse au point de vue de l'importance et
de la distribution des peuplements, ainsi qu'au point de vue formationnel.

Le polymorphisme du chêne-vert est connu depuis longtemps. Il
existe des formes qui restent naturellement à l'état d'arbustes relativement nains par rapport aux individus arborescents. Les feuilles varient
étroites ou amples, entières ou dentées, et offrent d'ailleurs sur un indi-

vidu donné des différences très grandes selon qu'on s'adresse aux rameaux de la couronne, ou aux pousses émanant du tronc ou des vieilles branches. L'état sténophylle à limbe entier a donné lieu à la création du *Q. Ilex* var. *angustifolia* Gillot in *Bull. soc. bot. Fr.* XXIV, sess. extr. XLVIII (1877) = *Q. Ilex* var. *laurifolia* Debeaux *Not. pl. méd.* 108 (1894), indiqué en plusieurs points des env. de Bastia. Nous avons renoncé à distinguer des variétés dans le sens de races, basées sur des caractères aussi variables.

Q. Toza Bosc in *Journ. hist. nat.* II, 155 (1792) : Gr. et Godr. *Fl. Fr.* III, 117 : Alph. DC. *Prodr.* XVI, 2, 12 ; C. K. Schneid. *Handb. Laubholzk.* I, 194 ; Coste *Fl. Fr.* III, 285.

Ce chêne occidental (péninsule ibérique, sud-ouest de la France) a été indiqué dubitativement par Salis (in *Flora* XVII, Beibl. II, 3) près de Migliacciaro, croissant en épiphyte sur un tronc de *Morus alba*, vraisemblablement par confusion avec l'une ou l'autre des deux espèces suivantes. Espèce absolument étrangère à la Corse.

497. **Q. pubescens** Willd. *Berl. Baumz.* 279 (1796) et *Sp. pl.* IV, 450 (1805) ; Gr. et Godr. *Fl. Fr.* III, 116 ; Coste *Fl. Fr.* III, 258 ; Schinz et Thell. in *Vierteljahrsschr. naturf. Ges. Zürich* LIII, 530 = *Q. Robur* var. *lanuginosa* Lamk *Encycl. méth.* I, 717 (1783) ; Alph. DC. *Prodr.* XVI, 2, 10 (1864) = *Q. lanuginosa* Thuill. *Fl. Par.* éd. 2, 502 (1799) ; C. K. Schneid. *Handb. Laubholzk.* I, 194 = *Q. sessiliflora* Mars. *Cat.* 133 ; non Sm. — Exsicc. Burn. ann. 1904, n. 588 !

Hab. — Isolé, ou par petits groupes, formant plus rarement des chênaies denses, 250-1250 m., descendant dans les plaines de la côte orientale jusque vers le niveau de la mer. Fl. avril-mai, fr. août-sept. ♃. Disséminé dans l'île entière. Montagnes de Bastia (Salis in *Flora* XVII, Beibl. II, 2 ; Req. *Cat.* 6) ; près d'Oletta (Briq. *Spic.* 12 et Burn. exsicc. cit.) ; en forêt au signal de Stella entre Murato et Borgo (Rotgès in litt.); Balagne (Mars. *Cat.* 133) ; en forêt au Mt S. Angelo de la Casinca (Rotgès) ; Niolo (Rotgès) ; env. de Vico (Mars. l. c. ; Lit. *Voy.* II, 21) ; Ghisoni (Rotgès); Bastelica (Mars. l. c.) ; Cozzano, Zicavo, Aullène et Zonza (Rotgès); et localités ci-dessous.

1906. — Cap Corse : col de Santa Lucia au-dessus de Luri, maquis du versant E., 400 m., 8 juill. ! — Rochers du vallon de Pinera près Asco, 500 m., 30 juill.! ; Cima al Cucco au-dessus d'Omessa, rochers des crêtes, 1104 m., 15 juill.! ; formant des chênaies près de Castellare di Mercurio, 600-650 m., 28 juill.! ; par groupes et formant des chênaies sur le versant N. du col de Vizzavona entre Venaco et Vivario ; par groupes sur le versant S. du col de Verde en montant de Cozzano.

1907. — Montagne de Pedana près Pietralba, 500 m., calc., 14 mai fl.! (formant des chênaies) ; entre Ghisonaccia et le Pont du Travo, 8 mai fl.! (formant des chênaies).

1908. — Abondant aux env. d'Olmi, 6 juill. (chênaies) ; vallée inf. du Tavignano, pieds isolés au-dessus de la limite du chêne-vert, 28 juin !

D'après les localités citées par Marsilly (l. c.), c'est sûrement le *Q. pubescens* que cet auteur a indiqué en Corse sous le nom de *Q. sessiliflora* : il est d'ailleurs impossible que cette espèce échappe à l'observateur, vu sa grande diffusion dans l'île. Nous reviendrons dans le tome III de cet ouvrage sur le mode de distribution et le rôle formationnel du *Q. pubescens* en Corse.

498. **Q. sessiliflora** Salisb. *Prodr. stirp. hort. Chap.* 392 (1796) ; Gr. et Godr. *Fl. Fr.* III, 133 ; Coste *Fl. Fr.* III, 259 = *Q. Robur* Mill. *Gard. dict.* ed. 8, n. 1 (1768) ; non L. = *Q. sessilis* Ehrh. *Beitr.* V, 161 (1790, nomen !) ; C. K. Schneid. *Handb. Laubholzk.* 1, 196 = *Q. Robur* var. *communis* Alph. DC. *Prodr.* XVI, 2, 8 (1864).

Hab. — Isolé çà et là, surtout dans l'étage montagnard. Fl. avril-mai, fr. août. ♃. Rare. Calenzana, Sidossi près Calacuccia, Casamaccioli (Lit. in *Bull. acad. géogr. bot.* XVIII, 110) ; forêt d'Aïtone vers 1350 m. (Fliche in *Bull. soc. bot. Fr.* XXXVI, 364).

Cette espèce a été indiquée comme répandue « çà et là partout » par Marsilly (*Cat.* 133), mais ces indications se rapportent sûrement au *Q. pubescens* qui est très répandu et qui ne figure pas dans le *Catalogue* de Marsilly. Il est probable que l'indication du *Q. sessiliflora* aux environs d'Oletta donnée par Billiet (in *Bull. soc. bot. Fr.* XXIV, sess. extr. LXXI) se rapporte aussi au *Q. pubescens* fréquent dans cette localité. La distribution exacte du *Q. sessiliflora* en Corse mérite des recherches ultérieures. Ce chêne est indiqué dans l'île de Giglio et en Sardaigne, mais peut-être a-t-il été confondu avec l'espèce précédente ?

Le *Q. pubescens* se distingue du *Q. sessiliflora* par les jeunes rameaux densément pubescents-tomenteux, cendrés, les feuilles à pétioles très courts densément pubescents-tomentelleux ainsi que la face inférieure du limbe, la cupule brièvement et densément tomenteuse. Même à l'état adulte, l'indument de la face inférieure des feuilles reste toujours très visible à l'œil nu. — Nous n'avons pas vu de Corse les hybrides, fréquentes ailleurs, produites par le croisement des *Q. pubescens* et *sessiliflora*, mais elles pourront être recherchées.

Q. Robur L. *Sp. ed.* 1, 996 (1753), sensu stricto = *Q. foemina* Mill. *Gard. dict.* ed. 8, n. 2 (1768) = *Q. racemosa* Lamk *Encycl. méth.* 1, 715 (1783) = *Q. fructipendula* Schrank *Baier. Fl.* 1, 666 (1789) = *Q. pedunculata* Ehrh. *Beitr.* V, 161 (1790) ; Gr. et Godr. *Fl. Fr.* III, 416 ; Coste *Fl. Fr.* III, 259 = *Q. Robur* var. *vulgaris* Alph. DC. *Prodr.* XVI, 2, 4 (1864).

Cette espèce a été signalée vaguement comme ayant été indiquée en
Corse par Salis (in *Flora* XVII, Beibl. II, 3, sub *Q. racemosa*). M. Coste
(l. c.) mentionne aussi la Corse dans l'aire de cette espèce. Nous n'avons
pas connaissance que le *Q. Robur* ait été jusqu'à présent authentiquement trouvé dans l'île, bien qu'il ait été vu dans les îles de Gorgone et
de Pianosa.

ULMACEAE

ULMUS L.

199. U. campestris L. *Sp*. ed. 1, 225 (1753) emend. Huds. *Fl.*
angl. ed. 1, 94 (1762); With. *Bot. arr. brit. pl.* ed. 3, II, 278 (1796);
Gr. et Godr. *Fl. Fr.* III, 105; Planch. in DC. *Prodr.* XVII, 156; Coste
Fl. Fr. III, 251 = *U. glabra* Mill. *Gard. dict.* ed. 8, n. 4 (1768); C. K.
Schneid. *Handb. Laubholzk.* I, 219; non Huds. (1762).

Hab. — Çà et là dans l'étage inférieur, le long des cours d'eau. Fl.
mars, fr. avril-mai. ♄.

Il n'y a aucune raison pour abandonner le nom linnéen de cette
espèce (*Règl. nomencl.* art. 44), puisque le sens en a été précisé par Hudson
bien avant que Miller ne décrivit son *U. glabra* : et cela d'autant plus
qu'il existait déjà depuis 1762 un *U. glabra* Huds. (voy. l'espèce suivante).

z. Var. **laevis** Spach in *Ann. sc. nat.* sér. 2, XV, 362 (1841) = *U.*
nuda Ehrh. *Beitr.* VI, 87 (1791) = *U. campestris* var. *nuda* Koch *Syn.*
ed. 2, 657 (1845) p. p.; Gr. et Godr. *Fl. Fr.* III, 105 = *U. campestris*
var. *glabra* Neilr. *Fl. Nieder-Ost.* 244 (1859) = *U. campestris* var. *typica*
Beck *Fl. Nieder-Ost.* 313 (1890) = *U. glabra* var. *typica* C. K. Schneid.
Handb. Laubholzk. I, 219 (1904).

Hab. — Disséminée. Env. de Bastia (Salis in *Flora* XVI, Beibl. II, 2);
env. de Sartène (Fliche in *Bull. soc. bot. Fr.* XXXVI, 364); et localités
ci-dessous.

1907. — Pont d'Arena près de Tallone, bords des eaux, 20 m., 1 mai
fr.!: aulnaies du Fiumorbo près de Ghisonaccia, 8 m., 8 mai fr.!

Rameaux dépourvus d'ailes subéreuses. Feuilles non ou à peine glanduleuses à la face inférieure.

L'*U. campestris* var. *laevis* est souvent planté le long des routes, ainsi
aux env. de Bastia-Biguglia!, à Ostriconi!, aux env. d'Ajaccio (Coste in
Bull. soc. bot. Fr. XLVIII, sess. extr. CV), de Sartène (Fliche l. c.), etc.

β. Var. **suberosa** Wahlenb. *Fl. Carp.* 71 (1814) ; Gr. et Godr. *Fl. Fr.*
III, 105 = *U. suberosa* Ehrh. *Beitr.* VI, 87 (1791).

Hab. — Indiquée aux env. d'Ajaccio (Req. *Cat.* 4) et de Porto-Vecchio
(Revel. ex Mars. *Cat.* 131).

Diffère de la variété précédente par les rameaux pourvus d'ailes subéreuses saillantes.

†† 500. **U. scabra** Mill. *Gard. dict.* ed. 8, n. 2 (1768); C. K. Schneid.
Handb. Laubholzk. 218 ; Schinz et Kell. *Fl. Suisse* éd. fr. 177 = *U. gla-
bra* Huds. *Fl. angl.* ed. 1, 95 (1762) ; non Mill. = *U. latifolia* Mœnch
Meth. 333 (1794) = *U. montana* With. *Bot. arr. brit. pl.* ed. 3, II, 279
(1796); Gr. et Godr. *Fl. Fr.* III, 106 ; Planch. in DC. *Prodr.* XVII, 159 ;
Coste *Fl. Fr.* III, 252 = *U. excelsa* Borkh. *Forstbot.* I, 839 (1800).

Hab. — Gorges des ravins de l'étage montagnard, descendant rarement dans l'étage inférieur. Fl. mars-avril, fr. mai. ♃. Disséminé. Vallée sauvage au-dessus du village de Biguglia (Mars. *Cat.* 131 sub : *U.
campestris*) ; ravin de Vescovato, à peine en amont du village, 350 m.
(Rotgès in litt.) ; ravin de Frascaja, affluent du Golo, en forêt de Valdoniello, 1100 m. (Rotgès) ; bords du Fiumorbo au-dessus du pont de
Marmano, env. 1200 m. (Rotgès) ; et localité ci-dessous.

1908. — Partie inférieure de la vallée de Tartagine, 730 m., 5 juill. !
(descend jusqu'en dessous de la maison forestière, en vieux arbres anté-
rieurs à la construction de cette dernière).

Espèce souvent confondue avec l'*U. campestris*, mais facile à distinguer
par les caractères suivants :

U. campestris	*U. scabra*
Cotylédons involutés.	Cotylédons plans.
Jeunes rameaux et bourgeons ± lisses, luisants.	Jeunes rameaux et bourgeons scabres.
Feuilles elliptiques ou obovées-elliptiques, brièvement acuminées, à serrature simple ou composée vers le sommet, rudes en dessus, devenant souvent lisses avec l'âge, presque dépourvues d'indument mou (mais rudes !) en dessous dans les champs interneuraux à l'état adulte ; nervures latérales 10-15 de chaque côté de la médiane.	Feuilles largement elliptiques ou obovées-elliptiques, amples, à serrature composée, parfois grossière-ment simple vers le sommet, très scabres sur les deux faces, mais surtout à la page supérieure, ± pourvues d'indument mou en des-sous dans les champs interneu-raux ; nervures latérales au nom-bre de 13-20 de chaque côté de la médiane.

27

U. campestris	*U. scabra*
Divisions du périgone munies de cils blancs, longues d'env. 2,5 mm. Samare atteignant 17 mm. de hauteur, à canal stylaire aussi long ou plus court que la semence, cette dernière placée immédiatement au-dessous de l'échancrure de l'aile.	Divisions du périgone munies de cils roux, longues d'env. 3-3,5 mm. Samare atteignant 20-28 mm. de hauteur, à canal stylaire générale-ment plus long que la semence, cette dernière placée presque au centre du fruit.

La nomenclature de l'*U. scabra* soulève quelque difficulté. M. Rehder a insisté récemment (in *Ber. deutsch. dendrol. Ges.* ann. 1908, 157) sur le fait que la priorité de dénomination est incontestablement acquise à Hudson qui, dès 1762, a appelé cette espèce *U. glabra* Huds. Ce nom a, pour la raison indiquée, été adopté par MM. Britten et Rendle [*List brit. seed-pl.* 26 (1907)]. Mais M. Beck (*Fl. Nieder-Öst.* 314), MM. Schinz et Thel-lung (in *Bull. herb. Boiss.* sér. 2, VII, 177) et M. Rehder (l. c.) ont fait observer qu'en adoptant la dénomination de Hudson, on risquait de pro-duire des confusions inextricables, attendu que, dans divers ouvrages, l'espèce précédente (*U. campestris* L.) figure sous le nom d'*U. glabra* Mill. — Nous croyons aussi que, dans des cas de ce genre (voy. ci-dessus pour les *Abies alba* et *Picea excelsa* p. 37 et 39), la clarté exige l'abandon du nom le plus ancien (*Règl. nom.* art. 51, 4°).

Nos échant. corses appartiennent à la var. **typica** C. K. Schneid. [*Handb. Laubholzk.* 1, 217 (1904) = *U. montana* var. *typica* Beck *Fl. Nieder-Öst.* 314 (1890)], à samares ± arrondies, à rameaux dépourvus d'ailes subéreuses.

CELTIS L.

501. **C. australis** L. *Sp.* ed. 1, 1043 (1753) ; Gr. et Godr. *Fl. Fr.* III, 104 ; Planch. in DC. *Prodr.* XVII, 169 ; C. K. Schneid. *Handb. Laubholzk.* I, 232 ; Coste *Fl. Fr.* III, 250.

Hab. — Maquis et bois de l'étage inférieur. Fl. avril ; fr. juill.-août. ♃. Disséminé. Linguizzetta (Salis in *Flora* XVII, Beibl. II, 2) ; Sagone (N. Roux in *Bull. soc. bot. Fr.* XLVIII, sess. extr. CXXXV) ; Calcatoggio (Fliche ibid. XXXVI, 364 ; N. Roux ibid. XLVIII, sess. extr. CXXXVI) ; Vico (Req. *Cat.* 4 ; Fliche l. c.) ; Ajaccio (Salis l. c.; Boullu in *Bull. soc. bot. Fr.* XXIV, sess. extr. C).

Il est parfaitement exact, comme l'a dit Marsilly (*Cat.* 130), que le micocoulier est fréquemment planté en Corse sur les promenades et le long de quelques routes, mais nous ne croyons pas que l'on soit fondé, pour cette seule raison, à considérer les cas dans lesquels cet arbre vient dans les maquis des coteaux rocheux comme des restes d'an-ciennes cultures, opinion émise par Fliche (l. c.). Il y a bien d'autres essences que l'on plante ou que l'on a plantés en Corse dans des condi-tions analogues, en empruntant les semences, les boutures ou les jeunes plants aux espèces spontanées (*Pinus, Salix, Quercus, Ulmus, Castanea, Ostrya,* etc., etc.). La présence du *Celtis australis* dans toutes les parties avoisinantes du bassin méditerranéen, et dans les iles d'Elbe et de Sardaigne, rend la spontanéité de cette espèce en Corse tout à fait normale ; elle y était déjà signalée par Burmann en 1770 (*Fl. Cors.* 216).

MORACEAE

MORUS L.

M. nigra L. *Sp.* ed. 1, 986 (1753) ; Gr. et Godr. *Fl. Fr.* III, 103 ; Bureau in DC. *Prodr.* XVII, 238 ; C. K. Schneid. *Handb. Laubholzk.* 1, 234 ; Coste *Fl. Fr.* III, 253.

Cultivé çà et là dans l'étage inférieur, principalement pour ses fruits ; les feuilles plus dures que celles de l'espèce suivante se prêtent mal comme nourriture pour les vers à soie. Parfois échappé des cultures.

M. alba L. *Sp.* ed. 1, 986 (1753) ; Gr. et Godr. *Fl. Fr.* III, 103 ; Bureau in DC. *Prodr.* XVII, 238 ; C. K. Schneid. *Handb. Laubholzk.* 1, 236 ; Coste *Fl. Fr.* III, 253.

Cultivé en grand dans l'étage inférieur et aussi dans l'étage montagnard pour l'élevage des vers à soie, et cela sous diverses sous-variétés et formes. Parfois échappé des cultures.

BROUSSONETIA L'Hérit.

B. papyrifera L'Hérit. in Vent. *Tabl.* III, 547 (1794) ; Bureau in DC. *Prodr.* XVII, 224 ; C. K. Schneid. *Handb. Laubholzk.* 1, 240.

Planté çà et là, par ex. aux env. d'Ajaccio ; devient facilement subspontané.

FICUS L.

502. **F. Carica** L. *Sp.* ed. 1, 1059 (1759) ; Gr. et Godr. *Fl. Fr.* III, 103 ; C. K. Schneid. *Handb. Laubholzk.* 1, 243 ; Coste *Fl. Fr.* III, 253.

Hab. — Rochers et maquis rocheux de l'étage inférieur. Juin-août. 5. Fréquent. Env. de Bastia (Salis in *Flora* XVII, Beibl. II, 4) ; Patrimonio (Fouc. et Sim. *Trois sem. herb. Corse* 158) ; gorges de la Scala di Santa Regina (Lit. in *Bull. acad. géogr. bot.* XVIII, 110) ; forêt de Teti (Mars. *Cat.* 130) ; la Pruniccia à Bocognano (Mars. l. c.) ; env. d'Ajaccio (Blanc in *Bull. soc. bot. Lyon*, sér. 2, VI, 7) ; défilé de l'Inzecca (Lit. l. c.) ;

ravin entre Grossetto et le Taravo (Mars. l. c.) ; env. de Bonifacio (Boy. *Fl. Sud Corse* 64) ; et localités ci-dessous.

1906. — Rochers du défilé de l'Asco entre Moltifao et Asco, 400-500 m., 31 juill. fr.! ; défilé de Santa Regina, 6 août fr.! ; rochers de la vallée inf. de la Restonica, 2 août fr.!

1907. — Cap Corse : rochers près de la marine d'Albo, 25 avril, jeunes fr.! ; maquis de la vallée inf. de la Solenzara, 50 m., 3 mai, jeunes fr.!

Le figuier se présente en Corse abondamment et avec toutes les apparences de la spontanéité ; il constitue un élément saillant de la flore rupicole de la région inférieure. Nous sommes persuadé de l'indépendance de cette forme spontanée, à feuilles très profondément lobées et à lobes rétrécis vers la base, à fruits petits à la maturité, d'avec les formes cultivées dont la patrie probable est l'Orient asiatique. Voy. à ce sujet : Warburg *Die Gattung Ficus im nichttropischen Vorderasien [Festschrift für Ascherson* 364-370 (1904)].

Les formes cultivées du figuier sont nombreuses, souvent très arborescentes, et ne sortent pas du voisinage des lieux habités.

HUMULUS L.

503. **H. Lupulus** L. *Sp.* ed. 1, 1028 (1753) ; Gr. et Godr. *Fl. Fr.* III, 112 ; Alph. DC. *Prodr.* XVI, 1, 29 ; Coste *Fl. Fr.* III, 250.

Hab. — Aulnaies et bois humides de l'étage inférieur. Juill.-août. ♃. Disséminé. De Bastia (Salis in *Flora* XVII, Beibl. II, 4) à Biguglia (Mab. ex Mars. *Cat.* 132 ; Boullu in *Bull. soc. bot. Fr.* XXIV, sess. extr. LXIV) ; St-Florent (Bras in *Bull. soc. bot. Fr.* XXIV, sess. extr. LXXIII) ; Campo di Loro (Mars. l. c. ; Boullu l. c. XCIV ; Fouc. et Sim. *Trois sem. herb. Corse* 158) ; bords du Rizzanèse près de Sartène (Fliche in *Bull. soc. bot. Fr.* XXXVI, 56 ; Lutz ibid. XLVIII, 56) ; Petreto et Bicchisano (Mars. l. c.) ; et localité ci-dessous.

1907. — Aulnaies aux env. de Ghisonaccia, 8 mai, non encore fl.!

CANNABIS L.

C. sativa L. *Sp.* ed. 1, 1027 (1753) ; Gr. et Godr. *Fl. Fr.* III, 113 ; Alph. DC. *Prodr.* XVI, 1, 30 ; Coste *Fl. Fr.* III, 249.

Cultivé çà et là dans l'étage inférieur et surtout dans l'étage montagnard.

URTICACEAE

URTICA L.

504. **U. urens** L. *Sp*. ed. 1, 984 (1753); Gr. et Godr. *Fl. Fr*. III, 107; Wedd. *Mon. Urt*. 58, et in DC. *Prodr*. XVI, 1, 40; Coste *Fl. Fr*. III, 248.

Hab. — Espèce synanthrope, végétant au voisinage des cultures, des habitations et des décombres dans les étages inférieur et montagnard. Avril-oct. ⊕. Probablement répandu (voy. Mars. *Cat*. 131). Env. de Bastia (Salis in *Flora* XVII, Beibl. II, 4); Biguglia (Boullu in *Bull. soc. bot. Fr*. XXIV, sess. extr. LXVII); Borgo (Rotgès in litt.); île Mezzomare (Lutz in *Bull. soc. bot. Fr*. XLVIII, sess. extr. CXXXVII); Ajaccio (Coste ibid. CV); Solenzara (Fouc. et Sim. *Trois sem. herb. Corse* 158); Bonifacio (Lutz l. c. CXL; Boy. *Fl. Sud Corse* 64).

505. **U. atrovirens** Req. ex Lois. *Nouv. Not*. 40 (1827); Parl. *Fl. it*. I, 327; Wedd. *Mon. Urt*. 60, tab. I, fig. 1-7 et in DC. *Prodr*. XVI, 1, 46; Coste *Fl. Fr*. III, 249 = *U. grandidentata* Moris *Stirp. sard. elench*. II, 9 (1828); Bert. *Fl. it*. X, 176 = *U. dioica* var. *atrovirens* Gr. et Godr. *Fl. Fr*. III, 108 (1855). — Exsicc. Soleirol n. 12!; Req. sub : *U. atrovirens*!; Kralik n. 780!; Mab. n. 384; Debeaux ann. 1868 et 1869 sub : *U. atrovirens*!; Reverch. ann. 1879 et ann. 1885, n. 224!; Soc. ét. fl. francohelv. ann. 1892, n. 199!; Burn. ann. 1904, n. 592 et 593 bis.

Hab. — Points ombragés, surtout de l'étage inférieur, 1-1200 m.; espèce moins synanthrope que la précédente. Avril-oct. ⊕. Très répandu. Rogliano (Revel. in Bor. *Not*. I, 8); Erbalunga (Gillot in *Bull. soc. bot. Fr*. XXIV, sess. extr. LIII; Sargnon in *Ann. soc. bot. Lyon* VI, 61; Lit. *Voy*. I, 4); Cardo (Gillot l. c. LVI); Bastia (Mab. exsicc. cit. et ap. Parl. *Fl. it*. I, 327; Deb. exsicc. cit.; Lit. *Voy*. II, 3); Piedicroce (Gillot l. c. LXXXII; Lit. *Voy*. I, 6); Algajola (Gysperger in Rouy *Rev. bot. syst*. II, 113); Calvi (Fouc. et Sim. *Trois sem. herb. Corse* 158); Calenzana (Soleirol exsicc. cit. et ap. Bert. *Fl. it*. X, 176 et Parl. *Fl. it*. I, 328); montagne de Caporalino (Burn. exsicc. cit. n. 593 bis!); Corté (Thomas ex Bert. l. c.; Lard. in *Bull. trim. soc. bot. Lyon* XI, 59); Evisa (Reverch. exsicc. cit. ann. 1885 et in Soc. ét. fl. fr. cit.); descente du col de Sorba sur Vivario (Burn. exsicc. cit. n. 592, cité par erreur dans Briq. *Spic.* 122 pour l'*U. pilulifera*); bains de Guagno (Req. exsicc. cit.); couvent de Vico (Req. ap. Bert. l. c., Parl. l. c., Mars. *Cat.* 131 et in h. Deless.!; Glastien in h. Burn.!; Ghisoni (Rotgès in litt.); Cinarca (Mars. l. c.); Ajaccio (Req. ap. Parl. l. c.; Kralik exsicc. cit.; Mars. l. c.); Serra di Scopamène (Reverch. exsicc. cit. ann. 1879); Porto-Vecchio (Revel. ex Mars. l. c.); Bonifacio (Boullu in *Ann. soc. bot. Lyon* XXIV, 79; Boy. *Fl. Sud Corse* 64); et localités ci-dessous.

1906. — Cap Corse : décombres près du village de Rogliano, 250 m., 7 juill. fr.! — Bords des chemins dans la vallée du Tavignano en amont de Corté, 1100 m., 16 juill. fr.!

1907. — Ile Rousse, friches, 21 avril fl.!

1908. — Vallée inf. du Tavignano, pineraies, 1200 m., 26 juin fl.!

L'*U. atrovirens* a été rattaché par Loiseleur [*Fl. gall.* ed. 2, II, 315 (1828)] a l'*U. hispida*, puis par Grenier et Godron (l. c.) à l'*U. dioica*. Cependant, notre espèce se sépare nettement de l'*U. dioica*, à cause de ses inflorescences, qui sont bisexuées comme dans l'*U. urens*. Elle ne saurait d'ailleurs être confondue avec cette dernière, parce que les inflorescences sont rameuses et que les fleurs ne sont pas réunies en glomérules caractéristiques pour l'*U. urens*. Weddell (l. c.) la considère comme très distincte de toutes les orties à inflorescences bisexuées à cause des pièces du périgone ♀ pourvues pendant l'anthèse d'un gros stimulus dorsal, un peu hispides vers le sommet, glabres par ailleurs. Nous ne pouvons pas confirmer la constance de ce caractère. Les échant. corses que nous avons vus possèdent tous des feuilles amples ± tronquées-subcordées à la base, à pétiole égalant environ le limbe, ce qui leur donne un port bien différent de l'*U. dioica*, rappelant celui de l'*U. urens*. Les inflorescences sont ± rameuses : il n'y a pas lieu de distinguer à ce point de vue une variété spéciale (var. *floribunda* Wedd. l. c.), car on trouve sur le même pied des variations considérables dans le degré de ramification. Enfin, nous n'avons pas vu de Corse d'échant. répondant à la diagnose de la var. *angustifolia* (Wedd. l. c.) à feuilles lancéolées et atténuées à la base. L'aire de l'*U. atrovirens* est assez étroitement limitée aux iles de : Corse, Sardaigne!, Elbe!, Giglio, Gorgone!, Pianosa, Capraia!, et à la Toscane!

503. **U. dioica** L. *Sp.* ed. 1, 984 (1753); Gr. et Godr. *Fl. Fr.* III, 108 (excl. var. β); Wedd. *Mon. Urt.* 77 et in DC. *Prodr.* XVI, 1, 50; Coste *Fl. Fr.* III, 249. — Exsicc. : Mab. n. 38²!; Burn. ann. 1904, n. 591!

Hab. — Espèce très synanthrope, végétant au voisinage des cultures, des habitations, des décombres, 1-2000 m. Avril-oct. ♃ . Répandu et abondant dans l'île entière.

1906. — Cap Corse : décombres près du village de Rogliano, 250 m.,
7 juill. fl. ! — Fissures des rochers sur le versant W. du M¹ Incudine,
1700 m., 18 juill. fl. !

Tous les échant. corses que nous avons vus appartiennent à la var.
vulgaris Wedd. [in DC. *Prodr.* XVI, 1, 50 (1869)], à feuilles ovées-oblongues, arrondies-subcordées à la base, ± acuminées, les supérieures
rétrécies à la base, toutes à pétioles bien plus courts que le limbe. Cette
variété se présente sous les deux sous-variétés suivantes, reliées par
des intermédiaires :

α¹ subvar. **hispida** Wedd. l. c. = *U. hispida* DC. *Fl. fr.* V, 355 (1815) =
U. nebrodensis Gasp. ex Guss. *Fl. sic. syn.* II, 580 (1844) = *U. dioica* var.
hispida Gr. et Godr. *Fl. Fr.* III, 108 (1855) = *U. hispidula* Cariot *Et. fl.* éd.
3, II, 543 (1860). — Tiges, feuilles et inflorescences hérissées de poils
urticants ; segments du périgone fructifère beaucoup plus fortement
hispides que dans la sous-var. suivante :

α² subvar. **umbrosa** Wedd. l. c. — Tiges et feuilles ± finement pubescentes ; poils urticants disséminés sur la tige et les pétioles, rares sur le
limbe.

504. **U. pilulifera** L. *Sp.* ed. 1, 983 (1753) ; Gr. et Godr. *Fl. Fr.*
III, 108 ; Wedd. *Mon. Urt.* 74 et in DC. *Prodr.* XVI, 1, 48 ; Coste *Fl. Fr.*
III, 248. — Exsicc. Mab. n. 386 ! ; Debeaux sub : *U. pilulifera* ! ; Soc.
rochel. n. 4793 ! ; Burn. ann. 1904, n. 493 !

Hab. — Cultures, friches, jachères, décombres de l'étage inférieur ;
espèce plus ou moins commensale. Mai-oct. ② ou ♃. Répandu. Bastia
(Salis in *Flora* XVII, Beibl. II, 4 ; Mab. et Deb. exsicc. cit. et nombreux
autres observateurs) ; Biguglia (Boullu in *Bull. soc. bot. Fr.* XXIV, sess.
extr. LXVII) ; Belgodère (Fouc. et Sim. *Trois sem. herb. Corse* 158) ;
entre Calvi et l'Ile Rousse (Fliche in *Bull. soc. bot. Fr.* XXXVI, 364) ;
Calvi (Soleirol ex Bert. *Fl. it.* X, 170 ; Fouc. et Sim. l. c.) ; montagne
de Caporalino (Briq. *Spic.* 17 et Burn. exsicc. cit.) ; Couvent de Vico
(Fliche l. c.) ; cap de la Parata (Boullu in *Bull. soc. bot. Fr.* XXVI, 82) ;
Ajaccio (Req.) ; Ghisonaccia (Rotgès in litt.) ; Porto-Vecchio (Mars. *Cat.*
131) ; Sartène (Mars. l. c. ; Stefani in Soc. rochel. cit.) ; et localité ci-
dessous.

1907. — Balmes de la montagne de Pedana près de Pietralba, 500 m.,
calc., 14 mai fl. !

Les échant. très robustes, à feuilles plus grandes et à stipules plus larges
ont été distingués par Weddell sous le nom de subvar. *balcarica* Wedd.
[in DC. *Prodr.* XVI, 1, 49 = *U. balcarica* L. *Syst.* ed. 10, n. 1 (1759)]. On
trouve tous les passages entre cette forme extrême [distribuée de Sar-

daigne par M. Reverchon (Pl. de Sard. ann. 1882 n. 501 !) sous le nom
erroné d'*U. grandidentata* Mor.] et les échant. moins développés considérés comme typiques par Weddell.

505. **U. membranacea** Poir. *Encycl. méth.* IV, 638 (1797) ; Gr.
et Godr. *Fl. Fr.* III, 107 ; Wedd. *Mon. Urt.* 93 et in DC. *Prodr.* XVI, 1,
56 ; Coste *Fl. Fr.* III, 218. — Exsicc. Soleirol n. 3849 ! ; Billot n. 643 !
Mab. n. 385 ! ; Debeaux ann. 1868 n. 280 !

Hab. — Cultures, jachères, décombres, voisinage des habitations ;
espèce commensale de l'étage inférieur. Avril-sept. ①. Disséminé. Luri
(Fouc. et Sim. *Trois sem. herb. Corse* 158) ; Bastia (Salis in *Flora* XVII,
Beibl. 11, 4 ; Soleirol, Mab. et Debeaux exsicc. cit.; et divers autres
observateurs) ; Corté (Fouc. et Sim. l. c.) ; Solenzara (Fouc. et Sim. l.
c.) ; Porto-Vecchio (Mars. *Cat.* 131) ; Bonifacio (Req. ap. Billot exsicc.
cit. ; Revel. ex Mars. l. c. ; Boy. *Fl. Sud Corse* 64).

PARIETARIA L. emend.

506. **P. officinalis** L. *Sp.* ed. 1, 1052 (1753) ; Bert. *Fl. it.* II, 212 ;
Coste *Fl. Fr.* III, 247. — En Corse, les subdivisions suivantes :

I. Subsp. **erecta** Béguinot in *Nuov. giorn. bot. it.*, nuov. ser., XV,
341 (1908) = *P. erecta* Mert. et Koch *Deutschl. Fl.* I, 825 (1823) ; Gr.
et Godr. *Fl. Fr.* III, 109 = *P. officinalis* var. *longifolia* Coss. et Germ.
Fl. Paris éd. 1, 475 (1845) = *P. officinalis* var. *erecta* Wedd. *Mon. Urt.*
507 (1856-57) et in DC. *Prodr.* XVI, 1, 235[1].

Hab. — Points ombragés ou humides de l'étage inférieur. Juin-oct.
♃. Rare ou peu observée. Bastia (Salis in *Flora* XVII, Beibl. 11,4) ; Ajaccio (Coste in *Bull. soc. bot. Fr.* XLVIII, sess. extr. CV) ; Bonifacio (Lutz
ibid. CXL et CXLI ; Boy. *Fl. Sud Corse* 64).

Tiges dressées, simples ou peu rameuses, à entrenœuds allongés.
Feuilles ± oblongues-lancéolées, généralement assez longuement pétiolées. Bractées libres, non décurrentes sur le rameau. Périgone des fleurs
hermaphrodites campanulé, égalant environ les étamines, ne s'allongeant pas ou s'allongeant très peu après l'anthèse.

II. Subsp. **judaica** Béguinot in *Nuov. giorn. bot. it.*, nuov. ser., XV,
342 (1908) = *P. judaica* Boiss. *Fl. or.* IV, 1149 (1879) ; Halacs. *Consp. fl.
graec.* III, 118.

Hab. — Murs, rochers, balmes des étages inférieur et montagnard.
Fl. presque toute l'année. ♃ .

Tiges et feuilles variables. Bractées ± soudées à la base et décurrentes sur le rameau. Périgone des fleurs hermaphrodites d'abord campanulé, puis s'allongeant de façon à dépasser les étamines, tubuleux à
la fin. — Comprend les variétés suivantes :

α. Var. **fallax** Briq. = *P. diffusa* var. *fallax* Gr. et Godr. *Fl. Fr.* III,
110 (1855) = *P. diffusa* f. *lancifolia* Heldr. ex Hausskn. in *Mitt. thür.
bot. Ver.*, neue Folge, XI, 65 (1897, nomen solum !) = *P. ramiflora* var.
fallax et var. *lancifolia* Gürke *Pl. eur.* II, 80 (1897) = *P. judaica* var.
lancifolia Halacs. *Consp. fl. graec.* III, 119 (1904). — Exsicc. Reverch.
ann. 1885 sub : *P. diffusa* ! ; Burn. ann. 1904 n. 589 !

Hab. — Evisa (Reverch. exsicc. cit.) ; Piana (Briq. *Spic.* 16 et Burn.
exsicc. cit.) ; probablement plus répandue.

Tiges presque simples, non ou à peine rameuses, allongées, ascendantes. Feuilles lancéolées-oblongues, ± longuement pétiolées. — Etablit
le passage entre les sous-esp. I et II, certaines variations à périgone ☿
peu allongé peuvent être attribuées soit à l'un, soit à l'autre, des deux
groupes.

β. Var. **diffusa** Wedd. *Mon. Urt.* 507 (1856-57) et in DC. *Prodr.* XVI,
1, 235 [12] = *P. judaica* Vill. *Hist. pl. Dauph.* II, 436 (1789) ; Salis in *Flora*
XVII, Beibl. II, 4 = *P. ramiflora* Moench *Meth.* 327 (1794) = *P. assur-
gens* Poir. *Encycl. méth.* V, 15 (1804) = *P. punctata* Willd. *Sp. pl.* IV,
953 (1806) = *P. diffusa* Mert. et Koch *Deutschl. Fl.* I, 827 (1823) ; Gr.
et Godr. *Fl. Fr.* III, 109 (excl. var. β) = *P. maderensis* Reichb. in *Flora*
XIII, 131 (1830) = *P. officinalis* var. *ramiflora* Asch. *Fl. Brand.* 610
(1864) = *P. judaica* var. *typica* Halacs. *Consp. fl. graec.* III, 119 (1904)
= *P. officinalis* subsp. *judaica* var. *ramiflora* Bég. l. c. 342 (1908). —
Exsicc. Burn. ann. 1900, n. 180 ! et ann. 1904 n. 590 !

Hab. — Répandue et abondante dans l'île entière.

1907. — Cap Corse : Mt S. Angelo près St Florent, garigues rocheuses,
calc., 200-250 m., 24 avril fl. fr.! (subv. *latifolia*).

Plante plus réduite, à tiges diffusément rameuses, à entrenœuds ne
dépassant souvent pas la longueur des feuilles, celles-ci plus petites que
dans la var. α, plus brièvement mais nettement pétiolées. — Tantôt plus
faiblement, tantôt plus densément velue [*P. canescens* Bl. *Mus. bot. lugd.-
bat.* II, 249 (1856) = *P. officinalis* var. *microphylla* Wedd. in DC. *Prodr.*
XVI, 1, 235 [13] (1869) = *P. ramiflora* var. *canescens* Gürke *Pl. eur.* II, 80
(1897)], variations qui sont sous la dépendance immédiate du milieu et

n'ont pas de valeur systématique. — D'après la forme des feuilles, on peut distinguer dans notre dition les deux sous-variétés suivantes :

β¹ subvar. **genuina** Briq. = *P. diffusa* var. *genuina* Strobl in *Flora* LXIV, 367 (1881). — Feuilles lancéolées ou oblongues-lancéolées, nettement atténuées à la base.

β² subvar. **latifolia** Briq. = *P. diffusa* var. *latifolia* Strobl l. c. = *P. ramiflora* var. *latifolia* Gürke *Pl. eur.* II, 80 (1897). — Feuilles ± ovées, tronquées ou subtronquées à la base.

La var. *populifolia* Wedd. [in DC. *Prodr.* XVI, 1, 235⁴³ (1869) = *P. populifolia* Nym. in *Linnaea* XVIII, 661 (1844) = *P. ramiflora* var. *populifolia* Gürke *Pl. eur.* II, 80 (1897)] qui possède aussi des feuilles triangulaires-ovées, mais de plus grandes dimensions, est plus voisine de la var. *fallax*, dont elle possède les tiges aériennes subsimples, allongées, ± érigées. Cette race a été signalée à Malte.

γ. Var. **brevipetiolata** Briq. = *P. judaica* L. *Sp.* ed. 2, 1492 (1763), et herb. ex Boiss. *Fl. or.* IV, 1149 ; Trevir. in *Flora* XVI, 482-484 = *P. multicaulis* Boiss. et Heldr. *Diagn. pl. or.* sér. 1, XII, 106 (1853) = *P. judaica* var. *brevipetiolata* Boiss. *Fl. or.* IV, 1149 (1879) ; Halacs. *Comp. fl. graec.* III, 119 = *P. diffusa* var. *brevipetiolata* Hausskn. in *Mitt. thür. bot. Ver.*, neue Folge, XI, 65 (1896) = *P. ramiflora* var. *brevipetiolata* Gürke *Pl. eur.* II, 80 (1897).

Très voisine de la sous-var. *diffusa* β² *latifolia*, dont elle possède les feuilles largement ovées, mais dont elle se distingue par les pétioles très courts, ou le limbe subsessile. — Cette variété que nous avons vue d'Orient (Palestine, Syrie, Asie Mineure, Arménie, etc.) paraît manquer dans le bassin occidental de la Méditerranée ; nous la mentionnons ici à cause de ses rapports étroits avec notre var. β.

507. **P. lusitanica** L. *Sp.* ed. 1, 1052 (1753) ; Wedd. *Mon. Urt.* 517 et in DC. *Prodr.* XVI, 1, 235⁴⁷ ; Gr. et Godr. *Fl. Fr.* III, 110 ; Coste *Fl. Fr.* III, 247 = *P. cretica* Lois. *Fl. gall.* ed. 1, 693 (1807) ; non L. — Exsicc. Soleirol n. 3840 ! ; Mab. n. 180 ! ; Debeaux ann. 1868 sub : *P. lusitanica* !

Hab. — Rochers ombragés de l'étage inférieur. Mai-juin. ④. Pas rare au Cap Corse, disséminé ailleurs. Rogliano (Revel. ex Mars. *Cat.* 131) ; entre Rogliano et St-Florent (Gysperger in Rouy *Rev. bot. syst.* II, 111) ; Erbalunga (Gillot in *Bull. soc. bot. Fr.* XXIV, sess. extr. LIII) ; San Martino-di-Lota (Gillot ibid. LXIII) ; Cardo (Gillot ibid. LVI) ; Bastia (Salis in *Flora* XVII, Beibl. II, 3 ; Mab. exsicc. cit. et in *Feuill. jeun. nat.* VII, 111 ; Deb. exsicc. cit. et *Not.* 39) ; Belgodère (Fouc. et Sim. *Trois sem. herb. Corse* 158) ; Ota (Soleirol exsicc. cit. et ap. Bert. *Fl. it.* II, 215) ; montagne de Caporalino (Fouc. et Sim. l. c.) ; Ajaccio (Req. ex Bert. l. c. ; Boullu in *Bull. soc. bot. Fr.* XXIV, sess. extr. C et in *Ann. soc. bot. Lyon*

XXIV, 74) ; Sartène (Mars. *Cat.* 131) ; Porto-Vecchio (Revel. ex Mars.
l. c. ; Bonifacio (Salis l. c.).

Les échant. corses appartiennent à la var. **genuina** Deb. [*Not. pl. méd.*
39 (1891) = *P. lusitanica* var. *typica*, Halacs. *Consp. fl. graec.* III, 120 (1904)]
à feuilles ovées, petites, lâchement poilues sur les deux faces et à marges
nettement ciliées, à bractées ovées-lancéolées, subégales, appliquées
contre le périgone à la maturité.

HELXINE Req.

Ce genre monotype, et endémique dans les îles de Capraia, de Corse
et de Sardaigne, a été souvent réuni au genre *Parietaria*, à tort selon
nous. En effet, les cinq genres connus de la tribu des Pariétariées sont
distingués les uns des autres en première ligne par les modifications
que subit l'inflorescence. Or, le genre *Helxine* se distingue de tous par
ses involucres uniflores, ce qui constitue le degré de réduction, ou plus
exactement de simplicité, le plus grand qui soit réalisé dans la tribu.
Les genres *Gesnouinia* (Canaries) et *Hemistylis* (Colombie) s'écartent par
leur port arborescent ou frutescent. Quant aux *Rousselia* (Indes occidentales), ils diffèrent par les fleurs ♂ disposées en grappes courtes et
lâches, dépourvues d'involucre, les ♀ géminées à l'intérieur d'un involucre diphylle. Enfin, les *Parietaria* (amphigés) se distinguent par
leurs cymes gloméruliformes à involucres 3-8flores, l'ovaire rudimentaire
des fleurs ♂ glabre (laineux dans le genre *Helxine*), l'albumen développé (très mince dans le genre *Helxine*). Dans l'*H. Soleirolii*, la fleur
unique est ♂ dans les involucres supérieurs, ♀ dans les involucres
inférieurs moins nombreux.

508. **H. Soleirolii** Req. in *Ann. sc. nat.* V, 384 (1825) ; Wedd.
Mon. Urt. 530 et in DC. *Prodr.* XVI, 1, 235 [31] = *Parietaria lusitanica*
Viv. *App. fl. Cors. prodr.* 7 (1825); non L. = *Soleirolia corsica* Gaudich.
Voy. Uranie Bot. 504 (1826) et *Voy. Bonite Bot.* 1. 114 B = *Parietaria
Soleirolii* Spreng. *Syst.* IV, 2, 218 (1827) ; Trevir. in *Flora* XVI, 486 ;
Salis in *Flora* XVII, Beibl. II, 3 ; Gr. et Godr. *Fl. Fr.* III, 110 ; Coste
Fl. Fr. III, 246 = *P. cretica* Moris *Stirp. sard. elench.* I, 44 (1827) =
P. repens Soleirol ex Mutel *Fl. fr.* III, 172 (1836) = *Soleirolia repens*
O. Kuntze *Rev.* 633 (1891). — Exsicc. Soleirol n. 84 ! ; Kralik n. 799 ! ;
Mab. n. 387 ! ; Debeaux ann. 1868 et 1869 sub : *H. Soleirolii* ! ; Soc. ro-
chel. n. 4488 ! ; Dörfler, Herb. norm. n. 4374 !

Hab. — Murs et rochers humides de l'étage inférieur. Avril-août. ♃ .
Assez fréquent, surtout dans le nord de l'île, mais passant facilement
inaperçu à cause de ses petites dimensions. Luri (Soleirol exsicc. cit.

et in *Feuill. jeun. nat.* VII, 112 et ap. Mars. *Cat.* 142; Debeaux exsicc. cit., Mandon in Soc. rochel. cit., Bicknell et Pollini ap. Dörfler exsicc. cit.); Sisco (Gillot in *Bull. soc. bot. Fr.* XXIV, sess. extr. XLVIII); Pietra-Nera (Debeaux *Not.* 108); Minelli (Debeaux l. c.); Toga (Debeaux l. c.); entre Bastia et Cardo (Debeaux exsicc. cit. et *Not.* 108; Gillot l. c. LVII); entre Vescovato et l'Arena (Salis in *Flora* XVII, Beibl. II, 3); vallée du Fiumalto (Salis l. c.); Cervione (Req. ex Bert. l. c.); montagne de Caporalino (Fouc. et Sim. *Trois sem. herb. Corse* 158); vallée de la Restonica (Fouc. et Sim. l. c.); Abbatesco (Salis l. c.); et localités ci-dessous.

1906. — Cap Corse : vieux murs frais sous les oliviers à Pino, 50 m., 7 juill. fr.!; bords d'un fossé entre Luri et le col de Santa-Lucia, 250 m., 7 juill. fr.!

1907. — Cap Corse : Pino, même localité que ci-dessus, 26 avril fl.!; châtaigneraies entre Spergane et Luri, 50-100 m., 26 avril fl.!

Dans les endroits ombragés et humides les entrenœuds s'allongent et les feuilles sont plus grandes (*f. laxa*); dans les station plus sèches, les entrenœuds sont plus courts, les feuilles réduites, la plante forme des tapis plus compactes (*f. compacta*). Ces modifications extrêmes reliées par des stades intermédiaires sont sans valeur systématique.

LORANTHACEAE

VISCUM L.

509. **V. album** L. *Sp.* ed. 1, 1023 (1753); Gr. et Godr. *Fl. Fr.* II, 4; Coste *Fl. Fr.* III, 219.

Hab. — Parasite sur arbres et arbustes. Fl. mars-avril; fr. août-déc. 5.

Depuis l'époque où Boissier et Reuter ont signalé sous le nom de *V. laxum* une race du gui spécialisée sur les pins, de nombreuses recherches ont été effectuées sur ce parasite concernant son adaptation à des essences nourricières différentes. Les trois races décrites ci-dessous ont été caractérisées morphologiquement par M. R. Keller dans son excellent mémoire de 1890 [*Die Coniferenmistel (Bot. Centralblatt* XLIV, 273-283)]. Cet auteur a envisagé le gui des sapins et le gui des pins comme deux sous-variétés d'une même race. Mais à la suite des expériences de M. de Tubeuf [*Die Varietäten oder Rassen der Mistel (Naturw. Zeitschr. f. Land- und Forstw.* V, 321-341, ann. 1907); *Kultur von Loranthaceen im bot. Gart.* (ibid. 383)], de M. Hecke [*Kulturversuche mit Viscum album* (même recueil l. c. 210-213)] et de M. Heinricher [*Beiträge zur Kenntniss der Mistel* (même recueil l. c. 357-382)], il nous parait plus conforme à l'en-

semble des faits de présenter les trois races comme équivalentes. Nous
ne pouvons pas nous rallier à l'arrangement récemment adopté par
M. de Hayek [*Fl. Steierm.* I, 188 (1908)] lequel sépare spécifiquement le
gui des Conifères du gui des Angiospermes. En effet, à part l'unique caractère des faces bombées ou planes des semences, au sujet duquel on
reste malgré tout parfois dans l'embarras, l'ensemble des caractères rapproche davantage le gui du sapin de celui des Angiospermes que de
celui du pin. Les essais d'infection pratiqués par M. Heinricher (op. cit.),
en collaboration avec M. Peyritsch, ont rendu très probable l'existence de
races physiologiques nombreuses adaptées à la nutrition sur différentes
espèces d'Angiospermes, ce qui légitimerait, dans une certaine mesure,
les distinctions qui avaient jadis été faites par Borbas sous les noms de
Viscum album var. *Crataegi*, var. *Pseudacaciae*, etc. Mais un examen attentif montre que, à part de rares exceptions [peut-être la var. *angustifrons*
Borb. (in Baenitz *Prosp.* ann. 1896) sur *Tilia* rentre-t-elle dans cette ca-
tégorie?], il est impossible de donner pour ces races physiologiques des
caractères morphologiques constants. Elles sont comparables aux formes
biologiques des Urédinées. Les caractères que nous utilisons sont ceux
mis en évidence par M. Keller et adoptés par M. de Tubeuf : nous n'avons
pas parlé du nombre des embryons qui devrait jouer un rôle dans la
caractérisation des races selon M. Hecke (l. c.), parce que M. de Tubeuf
en a montré l'inconstance. — Un fait curieux, et qui mériterait une étude
expérimentale approfondie, est celui de la végétation de parasite sur
parasite signalée par M. de Tubeuf [*Das Parasitieren der Loranthaceen
auf der eigenen Art oder anderen Loranthaceen (Naturw. Zeitschr. f. Land-
und Forstw.* V, 349-355)] et F. Müller [*Das Schmarotzen von Viscum auf
Viscum* (même recueil VI, 323-326, ann. 1908)]. Ce phénomène est contraire à une spécialisation nourricière fixée, puisque M. de Tubeuf a
réussi à observer la végétation du *Viscum album* sur le *Loranthus europaeus.*

En Corse, les trois races suivantes :

α. Var. **platyspermum** R. Kell. in *Bot. Centralbl.* XLIV, 283 (1890) =
V. album var. *typicum* Beck *Fl. Nied.-Ost.* 604 (1890) ; C. K. Schneid.
Handb. Laubholzk. I, 249 ; pro part.

Hab. — Parasite sur les Angiospermes, en particulier les Salicacées
et les Rosacées-Pomoïdées. Signalée sur les *Crataegus* à Omessa (Revel.
ex Mars. *Cat.* 72) ; probablement répandue sur les arbres fruitiers cultivés dans les étages inférieur et montagnard.

Feuilles variant quant à l'ampleur du limbe, en général oblongues.
Baies généralement blanches à la maturité, ± sphériques, relativement
grandes, mesurant 6-9 $\times$ 6-8 mm. en section longitudinale. Semences
ovoïdes ou tétraédriques, à faces latérales planes, relativement grandes.

β. Var. **Abietis** Briq. — *V. austriacum* var. *Abietis* Wiesb. in *Deutsch.
bot. Monatsschr.* II, 60 (1884) = *V. album* var. *hyposphacrospermum*

f. *latifolia* R. Kell. in *Bot. Centralbl.* XLIV, 283 (1890) = *V. laxum* var.
Abietis Hayek *Fl. Steierm.* I, 188 (1908).

Hab. — Parasite sur l'*Abies alba*. Rare. Forêt de Valdoniel'o (Fliche
in *Bull. soc. bot. Fr.* XXXVI, 362) ; forêt d'Aitone (Fliche l. c.; N. Roux
in *Bull. soc. bot. Fr.* XLVIII, sess. extr. CXXIX).

Feuilles oblongues, amples, 2 ^{1}/$_2$ à 3 fois plus longues que larges. Baies
généralement blanches à la maturité, souvent un peu ovoïdes, généralement de la grosseur de la var. α. Semences ovoïdes où vaguement tétraédriques, mais à faces latérales bombées.

γ. Var. **microphyllum** Casp. in *Schrift. phys.-ökon. Ges. Kœnigsberg*
IX, 126 (1868) = *V. laxum* Boiss. et Reut. *Diagn. pl. nov. Hisp.* 16 (1842)
= *V. album* var. *laxum* Fiek *Fl. Schles.* 192 (1881) = *V. austriacum*
Wiesb. in *Gen. Doubl. Verz. schles. bot. Tauschver.* XXXI (1883) =
V. austriacum var. *Pini* Wiesb. in *Deutsch. bot. Monatsschr.* II, 60 (1884)
= *V. album* var. *albescens* Wiesb. in *Oest. bot. Zeitschr.* XXXVIII, 429
(1888) = *V. album* var. *hyposphaerospermum* R. Kell. in *Bot. Centralbl.*
XLIV, 283 (1890) = *V. laxum* var. *Pini* Hayek *Fl. Steierm.* I, 188 (1908).

Hab. — Parasite sur les *Pinus Pinaster* et *P. nigra* var. *Poiretiana*.
Pas rare dans les massifs du centre. Forêt de Valdoniello (Fliche in *Bull.*
soc. bot. Fr. XXXVI, 362 ; R. Maire in Rouy *Rev. bot. syst.* II, 67) ; forêt
d'Aitone (Mars. *Cat.* 72 ; Fliche l. c.) ; vallée du Tavignano (Mars. l. c.) ;
vallée de la Restonica (Burnouf in *Bull. soc. bot. Fr.* XXIV, sess. extr.
LXXXV) ; vallée du Fiumorbo (Mars. l. c.) ; et localités ci-dessous.

1906. — Pineraies en face de la résinerie d'Asco, 1350 m., 29 juill.
sur les laricios, et sur le *P. Pinaster* ! (fruits tombés !) ; forêt de Cervello,
pineraies, abondant sur les laricios, 29 juill. fr. non encore mûrs !

1908. — Vallée inf. du Tavignano, pineraies, 1200 m., sur les laricios,
jeunes fruits !

Feuilles étroites, souvent plus courtes que dans les variétés précédentes, en moyenne 4 fois au moins plus longues que larges. Baies jaunâtres ou blanchâtres, souvent un peu ovoïdes, généralement un peu
plus petites que dans les deux races précédentes, mesurant env. 5,5-7,5
× 5-7 mm. en section longitudinale. Semences ovoïdes ou vaguement
tétraédriques, mais à faces latérales bombées, plus petites que dans
la var. β.

SANTALACEAE

OSYRIS L.

510. **O. alba** L. *Sp.* ed. 1, 1022 (1753) ; Gr. et Godr. *Fl. Fr.* III, 68 ; Alph. DC. *Prodr.* XIV, 633 ; C. K. Schneid. *Handb. Laubholzk.* I, 247 ; Coste *Fl. Fr.* III, 216. — Exsicc. Sieber sub : *O. alba* ! ; Kralik n. 765 !

Hab. — Garigues de l'étage inférieur, 1-1000 m. Fl. avril-mai ; fr. juill.-août. ♃. Hémiparasite sur les racines d'arbrisseaux et d'arbustes les plus divers. Assez fréquent (voy. Mars. *Cat.* 126). Bastia (Salis in *Flora* XVII, Beibl. II, 8 ; Sieb. exsicc. cit.) ; Calvi (Soleirol ex Bert. *Fl. it.* X, 340 ; Fouc. et Sim. *Trois sem. herb. Corse* 157) ; Corté (Kesselmeyer in h. Deless. ann. 1867 ! ; Lit. *Voy.* I, 4) ; Venaco (Fouc. et Sim. l. c.) ; île Mezzomare (Lutz in *Bull. soc. bot. Fr.* XLVII, sess. extr. CXXXVII) ; cap de la Parata (Boullu ibid. XXVI, 82) ; Ajaccio et env. (Boullu ibid. XXIV, sess. extr. XCIII et C ; Blanc in *Bull. trim. soc. bot. Lyon* sér. 2, VI, 8) ; Lugo di Nazza (Rotgès in litt.) ; Bonifacio (Kralik exsicc. cit. ; Lutz in *Bull. soc. bot. Fr.* XLVIII, sess. extr. CXL ; Lit. *Voy.* II, 21 ; Boy. *Fl. Sud Corse* 64) ; et localités ci-dessous.

1906. — Cap Corse : rochers entre Rogliano et le col de Cappiaja, 250 m., 7 juill. fr. ! — Montée d'Omessa au col de Bocca al Pruno, talus rocheux, 300-400 m., 15 juill. fr.

1907. — Aulnaies à l'embouchure de la Solenzara, sables, 7 mai fl. ! ; garigues du vallon de Canalli, 30 m., 6 mai fl. !

THESIUM L.

T. Linophyllon L. *Sp.* ed. 1, 207 (1753) p. p. emend. Poll. *Hist. pl. Palat.* I, 238 (1776) ; Schinz et Thell. *Vierteljahrsschr. naturf. Ges. Zürich* LIII, 530 = *T. linifolium* Schrank *Baier. Reise* 129 (1786) et *Baier. Fl.* I, 506 (1789) = *T. intermedium* Schrad. *Spic. fl. germ.* I, 27 (1794) ; Gr. et Godr. *Fl. Fr.* III, 67 ; A. DC. *Prodr.* XIV, 645 ; Coste *Fl. Fr.* III, 217.

Cette espèce a été indiquée en Corse avec doute par Salis (in *Flora* XVII, Beibl. II, 8), puis sans restriction par Bertoloni (*Fl. it.* II, 741) et par Fiori et Paoletti (*T. linophyllum γ intermedium* Fiori et Paol. *Fl. anal. It.* I, 286) par confusion avec le *T. ramosum.* Nous n'avons pas connaissance que le *T. Linophyllon* ait été authentiquement observé en Corse.

T. divaricatum Jan ap. Mert. et Koch *Deutschl. Fl.* II, 185 (1826) ; Gr. et Godr. *Fl. Fr.* Ill, 67 ; A. DC. *Prodr.* XIV, 642, p. p.; Coste *Fl. Fr.* III, 218.

Cette espèce a été indiquée en Corse par MM. Fiori et Paoletti (*T. linophyllum α divaricatum* Fiori et Paol. *Fl. anal. It.* I, 286) par confusion avec le *T. ramosum*. Le *T. divaricatum*, fréquent en Italic et qui croît au Monte Argentaro, paraît manquer à l'archipel toscan et à la Sardaigne. Nous ne trouvons aucun renseignement authentique sur sa présence en Corse.

511. **T. ramosum** Hayne in Schrad. *Journ. Bot.* III, 1, 30, tab. 7 (1800) ; Mert. et Koch *Deutschl. Fl.* II, 283 ; Koch *Syn.* ed. 3, 539 ; A. DC. *Prodr.* XIV, 643 ; Beck *Fl. Nieder-Ost.* 602 = *T. palatinum* Roth *Cat.* II, 29 (1806) = *T. linophyllum* Bert. *Fl. it.* II, 739 (1835) p. p.; non L. nec Poll. = *T. italicum* A. DC. *Prodr.* XIV, 644 (1857) excl. pl. Aprut.; Coste *Fl. Fr.* III, 218.

Hab. — Rochers et rocailles des étages montagnard et subalpin, remontant dans les pozzines de l'étage subalpin supérieur et de l'étage alpin, 900-2000 m. Mai-août suivant l'altitude. ♃.

Cette espèce a été confondue avec les *T. bavarum, Linophyllon, divaricatum, humifusum* et *Parnassii*, qui tous appartiennent également au groupe des *Euthesium* vivaces, à périgone fructifère enroulé bien plus court que le fruit, ce dernier à nervures longitudinales ou ascendantes. On distinguera le *T. ramosum*, par rapport aux espèces précitées, au moyen des caractères suivants disposés d'une façon synoptique :

I. Feuilles lancéolées-linéaires, relativement larges, à 1-3 nervures distinctes. Inflorescence richement ramifiée, à rameaux latéraux irrégulièrement corymbiformes, les ramuscules inférieurs pluriflores.

  1. Souche verticale, épaisse, indurée, dépourvue de stolons. Tiges robustes, hautes de 40-80 cm. Feuilles acuminées, plus amples au-dessous du milieu, larges de 3-7 mm., nettement trinerviées. Fruits ovoïde-globuleux : *T. bavarum* Schrank [(1786) = *T. montanum* Ehrh. (1790, nomen solum) ; Hoffm. (1791)].

  2. Souche ± horizontale, grêle, stolonifère. Tiges moins robustes, hautes de 30-50 cm. Feuilles aiguës, plus amples vers le milieu, larges de 1-3 mm., 1-3nerviées. Bractée et bractéoles plus courtes que dans l'espèce précédente. Fruit ovoïde plus étroit : *T. Linophyllon* L. [(1753) emend. Poll. (1776) ⸗ *T. linifolium* Schrank (1786) = *T. intermedium* Schrad. (1794)].

II. Feuilles étroitement linéaires, ± distinctement 1nerviées. Inflorescence formant une grappe simple ou composée, feuillée ; ramuscules uniflores.

1. Bractée plus courte ou un peu plus longue que le fruit ; bractéoles plus courtes que le fruit.
   A. Souche épaisse, indurée, émettant des tiges ligneuses à la base, ascendantes, raides, atteignant 30-50 cm. Fleurs en grappes composées, pyramidales, à rameaux allongés : *T. divaricatum* Jan ap. Mert. et Koch (1826).
   B. Souche grêle, pivotante, émettant des tiges couchées-étalées, grêles, longues de 10-30 cm. Fleurs en grappes simples ou peu composées, à rameaux plus courts : *T. humifusum* DC. (1815).
2. Bractée beaucoup plus longue que le fruit, subfoliacée ; bractéoles plus courtes que le fruit ou l'égalant.
   A. Souche épaisse, ligneuse, non ou indistinctement stolonifère, émettant des tiges ± indurées à la base. Feuilles relat. allongées (2-5 cm.). Bractéoles plus courtes que le fruit. Plante robuste : *T. micranthum* Porta et Rigo (1891).
   A. Souche pivotante, médiocre non ou indistinctement stolonifère, émettant des tiges ascendantes herbacées jusqu'à la base. Feuilles relat. allongées (1,5-4,5 cm.). Bractéoles égalant généralement le fruit (sauf dans la var. *Tarolarae*). Plante de taille variable : *T. ramosum* Hayn. (1800).
   B. Souche irrégulièrement ramifiée, abondamment stolonifère, émettant des tiges couchées très grêles. Bractéoles égalant le fruit (0,5-1 cm.). Plante naine : *T. Parnassi* A. DC. (1857).

Le *T. ramosum* est représenté en Corse par les races suivantes :

†† α. Var. **leve** Sommier in *Nuov. giorn. bot. it.*, nuov. ser., I, 26 (1894) = *T. intermedium* Bert. *Amœn. it.* 345 (1819) ; non Schrad. — *T. humile* Caruel *Prodr. fl. Tosc.* 556 (1860) ; non Vahl = *T. racemosum* var. *leve* Fiori in *Nuov. giorn. bot. it.* nuov. ser., XIV, 79 (1907).

Hab. — Avec certitude seulement la localité suivante :

1906. — Rochers herbeux vis-à-vis de la bergerie de Grotello sur la rive droite de la haute Restonica, 1400-1600 m., 3 août fl. fr. !

Plante relat. élevée, haute de 10-25 cm., à souche pivotante émettant de nombreux rameaux ascendants. Inflorescence allongée, multiflore, à ramuscules florifères ascendants grêles, atteignant 5-7 mm., bien plus longs que les fleurs ou les fruits. — Nos échant. sont parfaitement semblables au *T. ramosum* du continent (en particulier d'Autriche, de Hongrie et de l'Europe orientale). Ils cadrent bien avec la petite figure que M. Coste (*Fl. Fr.* III, 218) a donnée pour son *T. italicum*.

†† β. Var. **italicum** Briq. = *T. linophyllum* Mor. *Stirp. sard. elench.* I, 40 (1827), nomen solum ; non L. — *T. intermedium* Mor. *Stirp. sard. elench.* III, 11 (1829, nomen solum) ; Salis in *Flora* XVII, Beibl. II, 8 (1834); non Schrad. = *T. italicum* A. DC. *Prodr.* XIV, 644 (1857) p. p. quoad

pl. sardoam ; Mor. *Fl. sard.* III, 435 (1858-59), excl. pl. insul. Tavolarae, et specim. auth. in herb. DC.! — Exsicc. Mab. n. 381 !

Hab. — Rocailles de l'étage montagnard et jusque dans les pozzines de l'étage alpin, 900-2000 m. Cimes du Cap Corse au-dessus de Mandriale (Salis in *Flora* XVII, Beibl. II, 8) ; le Pigno (Mab. ap. Mars. *Cat.* 125 et exsicc. cit.) ; pozzi du Monte Renoso (Rotgès !). — Les localités suivantes se rapportent peut-être en partie à la var. α : (montagnes de) Calenzana (Soleirol ex Bert. *Fl. it.* X, 741) ; montagne de Corté et vallée de la Restonica (Mab. ap. Mars. l. c.) ; au-dessus de la route nationale entre Bocognano et Vizzavona (Mars. l. c.) ; rochers de la Pietramala près Bastelica (Revel. in Bor. *Not.* II, 6). — Et localités ci-dessous :

1906. — Pozzines du lac Melo, 1800 m., 4 août fl. fr.! ; rochers du Capo al Chiostro, 1900 m., 3 août fl.!

1908. — Haut-Tavignano, pozzines des bergeries de Ceppo, 1500 m., 26 juin fl. fr.!

Plante naine, haute de 3-10 cm., à souche pivotante grêle émettant des rameaux moins nombreux. Inflorescence courte, pauciflore, à entrenœuds abrégés, à ramuscules florifères ascendants très courts, atteignant 2-5 mm., bien moins longs que les fleurs ou les fruits.

L'histoire de cette variété est compliquée. Signalée d'abord dans les montagnes de la Sardaigne par Moris dès 1827 et rapportée par lui successivement aux *T. linophyllum* Sm. et *T. intermedium* Bert., elle a été confondue par Bertoloni, sous le nom de *T. linophyllum* (*Fl. it.* II, 739), avec les *T. Linophyllon* L. (*intermedium* Schrad.), *bavarum* Schrank (*montanum* Ehrh.) et *Parnassi* A. DC. En 1857, Alph. de Candolle a basé son *T. italicum* sur des exemplaires sardes de notre *T. ramosum* var. *italicum* communiqués par Moris. Les échant. qui ont servi à Alph. de Candolle, et que nous avons vus dans l'herbier du *Prodromus*, sont très jeunes, sans fruits, et ne pouvaient, en l'absence de matériaux plus abondants, permettre d'en établir clairement les affinités, d'où la remarque finale de l'auteur : « Species non satis cognita » (*Prodr.* XIV, 644). Si Alph. de Candolle a donné à ce *Thesium* le nom de *T. italicum*, c'est qu'il a cru pouvoir lui rattacher un *Thesium* des Abruzzes que Tenore (*Fl. nap.* III, 213) et Gussone (*Pl. rar.* 98, t. XX, fig. 1) avaient désigné sous le nom de *T. intermedium*, et qui n'est autre que le *T. Parnassi* A. DC. Il est vrai que la petite figure donnée par Gussone ne permet guère, à elle seule, une interprétation sûre du type de ces deux auteurs. C'est à Moris (*Fl. sard.* III, 435) que revient le mérite d'avoir le premier montré que le *T. italicum* des Abruzzes (*T. Parnassi* A. DC.) doit être exclu de la synonymie du *T. italicum*. Mais cet auteur, tout en limitant le *T. italicum* aux formes de la Sardaigne, a méconnu leurs vraies affinités avec le *T. ramosum* Hayn. Ce n'est qu'en 1859 que Boreau (*Not.* III, 6) a reconnu ces affinités en étudiant une forme découverte par Revelière dans les montagnes de Bastelica. Il n'a cependant pas osé lui donner un nom et s'est borné à dire : « il se rapproche du *T. ramosum* Hayn. et peut-être aussi de l'*Italicum* DC.». Enfin Marsilly (*Cat.* 126) a correctement attribué les formes corses au *T. ramosum* Hayn.

Les auteurs italiens qui, outre Moris, se sont occupés de cette question depuis l'époque d'Alph. de Candolle ont contribué à l'éclaircir par d'autres côtés. Ainsi, M. Sommier [in *Nuov. giorn. bot. it.*, nuov. ser., I, 26 (1894)] a distingué sous le nom de *T. ramosum* var. *leve* un *Thesium* dont la description cadre bien avec notre var. α, et l'a distingué du *T. italicum*. M. Fiori [ibid. XIV, 79 (1907)] a montré à nouveau qu'il fallait exclure du *T. italicum* A. DC. les éléments empruntés aux Alpes Apuanes (*T. ramosum* var. *leve* Somm.) et ceux des Abruzzes (*T. Parnassi* A. DC.), de telle sorte que le *T. italicum* A. DC. reste limité, dans l'état actuel des connaissances, à la Corse et à la Sardaigne. En revanche, nous sommes moins disposé à approuver l'arrangement adopté par MM. Fiori et Paoletti [*Fl. anal. It.* I, 286 (1898)], suivant lequel les *T. divaricatum, humifusum, ramosum, Parnassi, italicum, intermedium* et *montanum* sont tous réunis en une vaste espèce collective sous le nom de *T. linophyllum*! Il y a là une exagération qui ne tient pas compte des hiatus évidents existant entre plusieurs de ces groupes et donnent à l'espèce collective un caractère artificiel.

Si l'on compare les formes extrêmes des *T. ramosum* var. *leve* et var. *italicum*, on sera enclin, comme l'a pensé M. Sommier, (l. c.), à les considérer comme très différents. Mais l'étude des matériaux corses montre des passages évidents de l'un à l'autre, les différences ne portant guère d'ailleurs, même chez les formes extrêmes, que sur les dimensions, le degré de développement de l'inflorescence et la longueur des ramuscules florifères.

γ. Var. **Tavolarae** Briq., var. nov. = *T. italicum* Moris *Fl. sard.* III, 435 (1858-59) p. p. quoad pl. insul. Tavolarae.

Hab. — Rochers et rocailles calcaires de l'étage inférieur. Nous croyons pouvoir rapporter ici, vu l'analogie des stations et le voisinage de la Sardaigne, la plante signalée aux env. de Bonifacio (Seraf. ex Bert. *Fl. it.* II, 744), localité qui serait très anormale pour les var. α et β. A rechercher.

Herba radice fusiformi multicipite. Caules sat debiles superne valde flexuosi, laeves, ad 20 cm. alti, adscendentes. Folia linearia 2-4 cm. longa, laevia, obscure 1nervia. Inflorescentia laxa floribunda, axe ramulisque debilibus, nunc fere filiformibus ; ramuli floriferi valde patentes ad 7 mm. longi, flores fructusque longe excedentes. Bractea linearis, versus apicem aliq. ampliata, ad 1 cm. longa, flores fructusque longe excedens ; bracteolae lineares quam flores fructusque breviores, ad 3 mm. longae ; omnes laeves vel vix subscabrae. Fructus (cum perigonio revoluto) ad 3 mm. longus, pedicello 1,5 mm. longo insitus.

Cette curieuse race, distribuée de l'île de Tavolara sur la côte nord-est de la Sardaigne par M. Forsyth-Major (Pl. de Sard. ann. 1885, n. 205 sub

T. italico, 17 mai fl. fr. in herb. Boiss. et Burn.!) s'écarte des deux précédentes par l'inflorescence à axe très zigzaguant, à ramuscules florifères
très étalés, par la brièveté des bractéoles, le port et le genre de station
(rocailles calcaires de l'étage le plus inférieur). Elle se rapproche, par
les caractères d'inflorescence, du **T. micranthum** (Port. et Rigo, Iter III,
hispan. ann. 1891, n. 59! cum diagnosi), plante critique d'Espagne et
d'Orient, rattachée par les uns au *T. divaricatum* [en Orient : *T. divaricatum* var. *expansum* Boiss. et Heldr. *Diagn. pl. or.* ser. 2, IV, 81 (1859);
Halacs. *Consp. fl. græc.* III, 84 (1904); en Espagne : *T. divaricatum* var.
longebracteatum Willk. *Suppl. prodr. fl. hisp.* 67 (1893)], par les autres au
T. ramosum [en Orient : *T. ramosum* forma *expansum* Boiss. *Fl. or.* IV,
1062 (1879); en Espagne : *T. ramosum* var. *longebracteatum* Freyn ex
Willk. l. c. (1893)]. Il s'agit en effet d'un groupe intermédiaire entre les
T. divaricatum et *ramosum*, présentant le mode de végétation du premier, et les longues bractées florales du second. Pour les auteurs qui
réunissent les *T. divaricatum* et *humifusum*, la réunion des *T. micranthum* et *ramosum* s'imposerait, ces groupes étant à peu près parallèles
(différant par des caractères de même ordre).

512. **T. humile** Vahl *Symb. bot.* III, 43 (1794); A. DC. *Prodr.* XIV,
654; Willk. et Lange *Prodr. fl. hisp.* 1, 296; Boiss. *Fl. or.* IV, 1064 =
T. græcum Zucc. in *Abh. Akad. Münch.* II, 322 (1831-36). — Exsicc.
Mab. n. 173!; Soc. ét. fl. franco-helv. n. 327!

Hab. — Friches et garigues. Avril-mai. ①. Localisé dans l'extrême
sud entre St-Julien et Bonifacio (Salis in *Flora* XVII, Beibl. II, 8; Revel.
ap. Mab. *Cat.* 126; Hervier exsicc. cit.).

Il faut se garder de confondre le *T. humile* avec le *T. ramosum* var.
italicum, malgré une certaine ressemblance de port. Le premier est
annuel, le second est vivace. Dans le *T. ramosum*, les nervures du fruit
apparaissent tardivement, les ramifications des nervures sont peu nombreuses et presque parallèles aux nervures principales. Dans le *T. humile*
[au moins dans la var. **typicum** Beck *Fl. Nieder-Öst.* 602 (1892) seule représentée en Corse], la nervation du fruit est réticulée, les nervures principales étant réunies par un réseau d'anastomoses transversales très
nombreuses et très saillantes.

ARISTOLOCHIACEAE

ASARUM L.

A. europaeum L. *Sp.* ed. 1, 442 (1753); Gr. et Godr. *Fl. Fr.* III, 74; Duch.
in DC. *Prodr.* XV, 1, 423; Coste *Fl. Fr.* III, 222.

Espèce indiquée en Corse par Burmann (*Fl. Cors.* 213), mais tout à fait étrangère à la flore de l'île, et manquant d'ailleurs au reste de l'archipel toscan et à la Sardaigne.

ARISTOLOCHIA L.

†† 513. **A. Pistolochia** L. *Sp.* ed. 1, 962 (1753); Gr. et Godr. *Fl. Fr.* III, 72; Duch. in DC. *Prodr.* XV, 1, 485; Coste *Fl. Fr.* III, 224.

Hab. — Rocailles des étages inférieur et montagnard. Avril-mai. ♃. Rare. Sur Castello près Erbalunga (Sargnon in *Ann. soc. bot. Lyon* VI, 62) ; col de Teghime (Billiet in *Bull. soc. bot. Fr.* XXIV, sess. extr. LXIX).

514. **A. longa** L. *Sp.* ed. 1, 962 (1753); Gr. et Godr. *Fl. Fr.* III, 73; Duch. in DC. *Prodr.* XV, 1, 486; Coste *Fl. Fr.* III, 224.— Exsicc. Reverch. ann. 1879, n. 151 ! ; F. Schultz herb. norm. nov. ser. n. 909 ! ; Burn. ann. 1904, n. 594 !

Hab. — Graviers humides, maquis frais des étages inférieur et montagnard. Avril-mai. ♃. Disséminé. Rogliano (Revel. in Bor. *Not.* 1, 8) ; sur Erbalunga (Gillot in *Bull. soc. bot. Fr.* XXIV, sess. extr. L) ; env. de S. Martino-di-Lota (Gillot l. c. LIX) ; Brando (Mars. *Cat.* 127) ; Biguglia (Rotgès in litt.) ; Corté (Burnouf ex Legrand in *Bull. soc. bot. Fr.* XXXVII, 20) ; Bocognano (Briq. *Spic.* 17 et Burn. exsicc. cit.) ; îles Sanguinaires (Legrand l. c. ; Lutz ibid. XLVIII, sess. extr. CXXXVII); S. Gavino-di-Carbini (Lutz ibid. XLVIII, 56) ; Serra di Scopamène (Reverch. exsicc. cit. et ap. F. Schultz exsicc. cit.).

515. **A. rotunda** L. *Sp.* ed. 1, 962 (1753); Gr. et Godr. *Fl. Fr.* III, 73; Duch. in DC. *Prodr.* XV, 1, 487; Coste *Fl. Fr.* III, 224.— Sieber sub : *A. rotunda* ! ; Kralik n. 766 !

Hab.— Rocailles, friches, garigues, alluvions, prairies maritimes dans les étages inférieur et montagnard. Avril-juin. ♃. Plus fréquent que le précédent. Rogliano (Revel. in Bor. *Not.* 1, 8) ; Luri (Fouc. et Sim. *Trois sem. herb. Corse* 157) ; env. de Bastia (Salis in *Flora* XVII, Beibl. II, 8; Revel. ap. Bor. l. c.; Gysperger in Rouy *Rev. bot. syst.* II, 109) ; Calenzana (Seraf. ex Bert. *Fl. it.* IX, 644) ; Corté (Sieber exsicc. cit.); Venaco (Fouc. et Sim. l. c.) ; Ghisoni (Rotgès in litt.) ; Bains de Guagno (Mars. *Cat.* 126); la Parata (Mars. l. c.; Boullu in *Bull. soc. bot. Fr.* XXVI, 82) ; Sartène (Mars. l. c.) ; Tallano (Seraf. ex Bert. l. c.) ; Porto-Vecchio (Seraf. ex Bert. l. c.) ; île Cavallo (Kralik exsicc. cit.) ; et localités ci-dessous.

1907. — Cap Corse : alluvions sablonneuses près de la marine d'Albo,
27 avril fl. ! — Prairie humide entre Alistro et Bravone, 10 m., 30 avril fl. !

516. **A. Clematitis**[1] L. *Sp.* ed. 1, 962 (1753) ; Gr. et Godr. *Fl. Fr.*
III, 72 ; Duch. in DC. *Prodr.* XV, 1, 489 ; Coste *Fl. Fr.* III, 223.

Hab. — Points ombragés humides de l'étage inférieur. Mai-juill. ♃.
Rare. Env. de Bastia (Salis in *Flora* XVII, Beibl. II, 8 ; Mab. ap. Mars. *Cat.*
126 ; Rotgès in litt.) ; Padulella (Lutz in *Bull. soc. bot. Fr.* XLVIII, sess.
extr. CL) ; Corté (Soleirol ex Bert. *Fl. it.* IX, 648) ; embouchure de la
Gravona (Mars. l. c. ; Boullu in *Bull. soc. bot. Fr.* XXIV, sess. extr. XCIV).

RAFFLESIACEAE

CYTINUS L.

517. **C. Hypocistis** L. *Gen.* ed. VI, 566 (1764) ; Gr. et Godr. *Fl.*
Fr. III, 71 ; Hook. in DC. *Prodr.* XVII, 107 ; Coste *Fl. Fr.* III, 222 =
Asarum Hypocistis L. *Sp.* ed. 1, 442 (1753).

Hab. — Parasite sur les racines des cistes dans les étages inférieur et
montagnard. Mai-juin. ♃. — Répandu sous les deux variétés suivantes :

α. Var. **lutèa** Briq. = *Hypocistis lutea* Fourr. in *Ann. soc. linn. Lyon*,
nouv. sér. XVII, 148 (1869). — Exsicc. Reverch. ann. 1885, n. 420 !
Hab. — Répandue. Rogliano (Gysperger in Rouy *Rev. bot. syst.* II,
111) ; Castello sur Erbalunga (Sargnon in *Ann. soc. bot. Lyon* VI, 62) ;
Mausoleio (Gillot in *Bull. soc. bot. Fr.* XXIV, sess. extr. LII) ; vallée du
Fango (Gillot ibid. LVI) ; Bastia (Salis in *Flora* XVII. Beibl. II, 8) ; col
de Teghime (Billiet in *Bull. soc. bot. Fr.* XXIV, sess. extr. LXVIII) ; Calvi
(Soleirol ex Bert. *Fl. it.* X, 282 ; Fouc. et Sim. *Trois sem. herb. Corse*
157) ; Venaco (Fouc. et Sim. l. c.) ; Porto (Reverch. exsicc. cit.) ; port
de Sagone (Coste in *Bull. soc. bot. Fr.* XLVIII, sess. extr. CXIV) ; île Mezzomare (Lutz ibid. CXXXVII) ; Pozzo di Borgo (Coste ibid. CXII) ; Ajaccio
(Boullu ibid. XXIV, sess. extr. LXXXVIII) ; Campo di Loro (Boullu ibid.
XCIII) ; Solenzara (Fouc. et Sim. l. c.) ; Sartène (Rotgès in litt.) ; Bonifacio (Boy. *Fl. Sud Corse* 64).

---

[1] Linné a écrit *clematitis*, avec une minuscule, mais par suite d'un lapsus évident : ce
nom a été emprunté à Bauhin et Clusius qui écrivaient correctement *Clematitis.*

Ecailles, bractées et périgone jaunes.

†† β. Var. **kermesinus** Guss. *Fl. sic. syn.* II, 619 (1844) ; J. Gay in *Bull. soc. bot. Fr.* X, 314 ; Hook. in DC. *Prodr.* XVII, 107 = *C. Hypocistis* var. *canariensis* Webb et Berth. *Phyt. canar.* III, 429 (1850) = *Hypocistis rubra* Fourr. l. c. (1869) = *C. Clusii* Nym. *Consp. fl. eur.* 645 (1881).

Hab. — Plus rare. De Pietra-Moneta à St-Florent (Fouc. et Sim. *Trois sem. herb. Corse* 157) ; Belgodere (Fouc. et Sim. l. c.) ; Calvi (Fouc. et Sim. l. c.) ; Sartène (Fliche in *Bull. soc. bot. Fr.* XXXVI, 363) ; Porto-Vecchio (Revel. ex Mars. *Cat.* 126) ; et localité ci-dessous.

1907. — Garigues près de Cateraggio, sur le *Cistus monspeliensis*, 40 m., 1 mai fl. !

Plante souvent plus robuste lors de son entier développement, à écailles et bractées plus longues, d'un rouge vif au sommet ; périgone souvent plus grand, blanchâtre. — Nos observations ne confirment pas l'opinion émise par Foucaud et Simon (l. c.) relativement à la localisation de cette variété sur les *Cistus villosus* et *corsicus*.

POLYGONACEAE

EMEX Neck.

E. spinosa Campd. *Mon. Rum.* 58, tab. 1, fig. 1 (1819) ; Meisn. in DC. *Prodr.* XIV, 40 ; Willk. et Lange *Prodr. fl. hisp.* I, 280 = *Rumex spinosus* L. *Sp.* ed. 1, 337 (1753).

Cette Polygonacée du nord de l'Afrique, de la péninsule ibérique, des Baléares, de l'Italie méridionale, de la Grèce, et des îles de Sardaigne, Sicile et Lampéduse, a été observée en 1868 et 1869 par M. Debeaux (*Not.* 106) autour de l'usine de Toga près de Bastia. Il s'agit d'une espèce adventice, qui n'a plus été observée depuis cette époque.

RUMEX L.

† 518. **R. aquaticus** L. *Sp.* ed. 1, 336 (1753) ; Gr. et Godr. *Fl. Fr.* III, 40 ; Meisn. in DC. *Prodr.* XIV, 42 ; Coste *Fl. Fr.* III, 201.

Hab. — Fossés humides, marais de l'étage inférieur. Juill.-août. ♃. Très rare ou peu observé. De Bastia à Biguglia (Salis in *Flora* XVII, Beibl. II, 9). A rechercher.

519. R. crispus L. *Sp.* ed. 1, 335 (1753) ; Gr. et Godr. *Fl. Fr.* III, 38 ; Meisn. in DC. *Prodr.* XIV, 44 ; Coste *Fl. Fr.* III, 200.

Hab. — Prairies maritimes, points humides de l'étage inférieur. Mai-août. ♃. Disséminé. Biguglia (Mab. ap. Mars. *Cat.* 123 ; Boullu in *Bull. soc. bot. Fr.* XXIV, sess. extr. LXVII ; Rotgès in litt.) ; Sᵗ-Florent (Mab. ap. Mars. l. c.) ; entre Piana et Evisa (Lutz in *Bull. soc. bot. Fr.* XLVIII, sess. extr. CXXXII) ; Ghisoni (Rotgès in litt.) ; embouchure du Liamone (Coste ibid. CXV et Roux ibid. CXXXV) ; env. d'Ajaccio (Salis in *Flora* XVII, Beibl. II, 95 ; Coste l. c. CX) ; Bonifacio (Boy. *Fl. Sud Corse* 64) ; et localité ci-dessous.

1907. — Prairie humide à Solenzara, 5 m., 3 mai fl. fr.!

520. R. conglomeratus Murr. *Prodr. fl. Gœtt.* 52 (1770) ; Gr. et Godr. *Fl. Fr.* III, 37 ; Meisn. in DC. *Prodr.* XIV, 49 ; Coste *Fl. Fr.* III, 199 = *R. Nemolapathum* Ehrh. *Beitr.* I, 181 (1787) p. p.

Hab. — Points humides de l'étage inférieur. Mai-août. ♃. Rare ou peu observé. Env. de Bastia (Salis in *Flora* XVII, Beibl. II, 9 ; Romagnoli ex Mand. et Fouc. in *Bull. soc. bot. Fr.* XLVII, 96) ; Corté (Burnouf in *Bull. soc. bot. Fr.* XXIV, sess. extr. XXXI ; Mand. et Fouc. l. c.) ; Ghisoni (Rotgès in litt.).

† 521. **R. sanguineus** L. *Sp.* ed. 1, 337 (1753) ; Meisn. in DC. *Prodr.* XIV, 49 ; Beck *Fl. Nieder-Öst.* 320 ; Coste *Fl. Fr.* III, 199 = *R. Nemolapathum* Ehrh. *Beitr.* I, 181 (1787) p. p. = *R. nemorosus* G. F. W. Mey. *Chl. hann.* 479 (1836) ; Gr. et Godr. *Fl. Fr.* III, 37.

Hab. — Points humides de l'étage inférieur. Mai-août. ♃. Rare ou peu observé. Env. d'Ajaccio (Salis in *Flora* XVII, Beibl. II, 9) ; Ghisoni (Rotgès in litt.) ; et localité ci-dessous.

1906. — Cap Corse : lieux humides à la Chapelle de Santa Cattarina près de la Marine de Sisco, 4 juill. fr.!

Nos échant. appartiennent à la sous-var. **exsanguis** Briq. [= *R. viridis* Sm. *Fl. brit.* I, 390 (1808) = *R. nemorosus* Schrad. ap. Willd. *Enum. hort. berol.* 397 (1809) = *R. Nemolapathum* var. *exsanguis* Wallr. *Sched. crit.* 158 (1822) = *R. sanguineus* var. *viridis* Koch *Syn.* ed. 1, 613 (1837) ; Meisn. in DC. *Prodr.* XIV, 49)] à tiges et feuilles vertes. — La sous-var. **sanguineus** Briq. [= *R. Nemolapathum* var. *sanguineus* Wallr. *Sched. crit.* 158 (1822) = *R. sanguineus* var. *genuinus* Meisn. in DC. *Prodr.* XIV, 49 (1856) = *R. nemorosus* var. *coloratus* Gr. et Godr. *Fl. Fr.* III, 38 (1855)] à tiges et à veines foliaires rouges se retrouvera très probablement aussi en Corse.

R. Patientia L. *Sp.* ed. 1, 333 (1753) ; Gr. et Godr. *Fl. Fr.* III, 39 ; Meisn. in DC. *Prodr.* XIV, 51 ; Coste *Fl. Fr.* III, 200.

Aurait été indiqué à Salis (in *Flora* XVII, Beibl. II, 9) comme croissant aux env. d'Ajaccio. Tout au plus a-t-il pu s'agir d'une culture éphémère en vue d'usages culinaires. Plante absolument étrangère à la flore corse.

† 519 × 522. **R. acutus** L. *Sp.* ed. 1, 335 (1753) ; Gr. et Godr. *Fl. Fr.* III, 38 = *R. cristatus* Wallr. *Sched. crit.* 163 (1822) = *R. pratensis* Mert. et Koch in *Deutschl. Fl.* II, 609 (1826) ; Meisn. in DC. *Prodr.* XIV, 54 ; Beck *Fl. Nieder-Öst.* 319 = **R. crispus** × **obtusifolius**.

Hab.— En compagnie des deux espèces parentes. Rare. Corté (Burnouf in *Bull. soc. bot. Fr.* XXIV, sess. extr. XXXI) ; Ghisoni (Rotgès in litt.).

Diffère du *R. obtusifolius* par les feuilles plus crépues-ondulées sur les bords, les inférieures cordiformes-allongées ; par les pièces internes du périgone aussi longues ou à peine plus longues que larges, cordées-ovées, subtriangulaires. à callosité dorsale ovoïde irrégulièrement développée. S'écarte du *R. crispus* par les feuilles plus larges, moins ondulées sur les bords, les inférieures non atténuées-tronquées à la base ; par les pièces internes du périgone fructifère moins orbiculaires, aiguës ou acuminées au sommet, pourvues vers la base de denticules courts et triangulaires (généralement très entières dans le *R. crispus*).

† 522. **R. obtusifolius** L. *Sp.* ed. 1, 335 (1753) ; Koch *Syn.* 705 ; Meisn. in DC. *Prodr.* XIV, 53 ; Trimen in *Journ. of Bot.* XI, 129, t. 131 ; Beck *Fl. Nieder-Öst.* 319 ; Coste *Fl. Fr.* III, 199. — En Corse seulement la variété suivante :

†† Var. **agrestis** Fries *Nov. fl. succ.* ed. 2, 99 (1832) = *R. divaricatus* Fries *Mant.* III, 25 (1842) ; non L. = *R. Wallrothii* Nym. *Syll.* 327 (1854-55) = *R. Friesii* Gr. et Godr. *Fl. Fr.* III, 36 (1855) = *R. obtusifolius* var. *Friesii* Trim. l. c. 131 (1873). — Exsicc. Reverchon ann. ann. 1878 sub : *R. conglomoratus* ?!

Hab. — Points humides des étages inférieur et montagnard. Mai-août. ♃. Rare ou peu observée. Miomo (Romagnoli ex Mand. et Fouc. in *Bull. soc. bot. Fr.* XLVII, 96) ; Bastia (Salis in *Flora* XVII, Beibl. II, 9) ; Corté (Burnouf in *Bull. soc. bot. Fr.* XXIV, sess. extr. XXXI ; Mand. et Fouc. l. c.) ; Ghisoni (Rotgès ex Mand. et Fouc. l. c.) ; Bastelica (Reverch. exsicc. cit.) ; et localité ci-dessous.

1906. — Lieux incultes et humides près de la station de Vizzavona, 950 m., 11 juill. fr. !

Pièces internes du périgone ovées-triangulaires, longues de 3-4 mm. à la maturité, nettement denticulées vers la base, à denticules aigus. — La var. **silvestris** Fries [*Nov. fl. succ.* ed. 2, 99 (1832); Trim. l. c. 131 = *R. silvestris* Wallr. *Sched. crit.* 161 (1822) = *R. obtusifolius* var. *microcarpus* Doell *Rhein. Fl.* 304 (1843) = *R. obtusifolius* var. *typicus·* Beck *Fl. Nieder-Öst.* 319 (1890)] à pièces internes du périgone plus petites, entières ou subentières à la base, pourra être recherchée en Corse.

523. R. pulcher L. *Sp.* ed. 1, 336·(1753); Gr. et Godr. *Fl. Fr.* III, 35; Meisn. in DC. *Prodr.* XIV, 58; Coste *Fl. Fr.* III, 199.

Hab. — Cultures, friches, rocailles, sables, bords des routes de l'étage inférieur. Mai-août. ♃. Probablement très répandu. Bastia (Salis in *Flora* XVII, Beibl. II, 9; Mab. ex Mars. *Cat.* 123; Gillot in *Bull. soc. bot. Fr.* XXIV, sess. extr. XLIII); Calvi (Soleirol ex Bert. *Fl. it.* IV, 241; Fouc. et Sim. *Trois sem. herb. Corse* 157); env. d'Ajaccio (Mars. l. c.; Boullu in *Bull. soc. bot. Fr.* XXIV, sess. extr. C; Coste ibid. XLVIII, sess. extr. CVI et CVII); Sartène (Rotgès in litt.); Bonifacio (Lutz in *Bull. soc. bot. Fr.* XLVIII, sess. extr. CXLI); et localité ci-dessous.

1907. — Aulnaies du Fiumorbo près de Ghisonaccia, sables, 3 m., 8 mai fl.!

Les échant. corses appartiennent à la var. **typicus** Fiori et Paol. [*Fl. anal. It.* 1, 299 (1898)], à tiges et feuilles glabres, à feuilles inférieures panduriformes, à divisions intérieures du périgone toutes munies d'une callosité.

524. R. bucephalophorus L. *Sp.* ed. 1, 336 (1753); Gr. et Godr. *Fl. Fr.* III, 41; Meisn. in DC. *Prodr.* XIV, 62; Coste *Fl. Fr.* III, 198. — Exsicc. Sieber sub : *R. bucephalophorus*!; Kralik n. 758!

Hab. — Friches, rocailles, garigues des étages inférieur et montagnard, 1-1000 m. Avril-juill. Commun et répandu dans l'île entière.

1907. — Cultures à Bastia, 17 avril fl.!

1908. — Vallée inf. du Tavignano, garigues, 600 m., 28 juin fl.!

Les nombreuses variétés décrites jadis par Steinheil (in *Ann. sc. nat.* 2e sér., IX, 200, ann. 1838), acceptées «sous bénéfice d'inventaire» par Grenier et Godron (l. c.), ne nous paraissent par avoir la valeur de races. Elles croissent souvent pêle-mêle, le nombre et la longueur des dents et des valves varie jusque sur un même individu (voy. Halacsy *Consp. fl. græc.* III, 65).

525. R. Acetosella L. *Sp.* ed. 1, 338 (1753); Gr. et Godr. *Fl. Fr.* III, 45; Meisn. in DC. *Prodr.* XIV, 63; Coste *Fl. Fr.* III, 198.

Hab. — Silicicole. Avril-août suivant l'alt. ♃. — En Corse les races suivantes.

†† ⍺. Var. **angiocarpus** Celak. in *Sitzungsber. böhm. Ges. Wiss.* ann. 1892, 391 ; Formanek in *Ber. Ver. Brünn.* ann. 1896, 33 ; Halacsy *Consp. fl. græc.* III, 68 (1904) = *R. Acetosella* Balansa in *Bull. soc. bot. Fr.* I, 281-283 (1854) ; Boiss. *Fl. or.* IV, 1018 = *R. angiocarpus* Murb. *Beitr. Fl. Südbosn. und Herceg.* 46-50 (1891). — Exsicc. Reverch. ann. 1878 sub : *R. Acetosella* !

Hab. — Friches, garigues, sables, rocailles, 1-1500 m. Répandue. Erbalunga (Gillot in *Bull. soc. bot. Fr.* XXIV, sess. extr. L) ; Bastia (Salis in *Flora* XVII, Beibl. II, 9) ; S¹-Florent (Billiet in *Bull. soc. bot. Fr.* XXIV, sess. extr. LXX) ; Calvi (Fliche ibid. XXXVI, 363) ; entre Piana et Evisa (Lutz ibid. XLVIII, sess. extr. CXXXII) ; Pozzo di Borgo (Coste ibid. CXI) ; Ajaccio (Boullu ibid. XXIV, sess. extr. C) ; Campo di Loro (Fouc. et Sim. *Trois sem. herb. Corse* 157) ; col de Vizzavona (Lutz in *Bull. soc. bot. Fr.* XLVIII, sess. extr. CXXVI) ; Monte d'Oro (Lutz ibid. CXXVII) ; Ghisoni (Rotgès in litt.) ; Bastelica (Reverch. exsicc. cit.) ; bords du Rizzanèse entre Propriano et Sartène (Lutz l. c. CXLV) ; et localités ci-dessous.

1906. — Pineraies du vallon de l'Anghione près de Vizzavona, 1100-1200 m., 21 juill., fl. et fr. !

1907. — Prairies sablonneuses à Ghisonaccia, 10 m., 8 mai fl.! ; prés humides à Solenzara, 5 m., 3 mai fl.! ; prairies entre le col d'Aresio et Porto-Vecchio, 50 m., 6 mai fl. !

Tout ce que nous avons vu de Corse sous le nom de *R. Acetosella* appartient à la var. *angiocarpus*, caractérisée par les pièces intérieures du périgone exactement de la grandeur des facettes de l'akène et entièment soudées avec ces dernières. Au contraire, dans la var. **vulgaris** Koch (= *R. acetoselloides* Balansa l. c. ; Boiss. l. c. = *R. Acetosella* Murb. l. c. = *R. Acetosella* var. *typicus* Halacs. l. c.), les pièces internes du périgone sont en général un peu plus grandes que les facettes de l'akène et entièrement libres.

Les auteurs qui ont étudié les formes orientales du *R. Acetosella* depuis la publication de M. Murbeck n'ont vu dans le *R. angiocarpus* qu'une variété plutôt qu'une espèce distincte. Nous partageons cette opinion qui nous paraît rendre mieux compte des faits. Le caractère sur lequel est basé le *R. angiocarpus* apparaît en effet isolé sur certains échant. de la var. *multifidus* Wallr. et ne nous paraît pas avoir une valeur spécifique.

M. Alfr. Chabert a signalé dubitativement sur les rocailles des Monts Stello et Capra (Cap Corse) le *R. acetosella* β *repens* DC. (*Fl. fr.* III, 378). Il s'agit d'une « forme dont la souche produit des tiges droites fleuries, et

des tiges latérales radicantes émettant à leur tour des tiges florifères et
des tiges radicantes ». Les affinités exactes de cette plante ne pourront
être élucidées que lorsque le fruit en sera connu.

†† β. Var. **perpusillus** Briq., var. nov. $=$ *R. Acetosella* var. *minimus*
Briq. *Rech. fl. mont. Corse* 102 (1901) ; non Wallr. — Exsicc. Burnat
ann. 1900, n. 103 !

Hab. — Fissures des rochers et rocailles des étages subalpin et alpin,
1600-2300 m. Au-dessus du col de Vergio (Lit. *Voy.* II, 17) ; Monte Cinto
(Briq. *Rech. Corse* 102 et Burn. exsicc. cit.) ; et localité ci-dessous :

1906. — Rocailles au-dessus des bergeries de Grotello sur la rive droite
de la haute Restonica, 1600 m., 3 août fl. fr.!

Planta valde pusilla, 2-5 cm. alta, habitu, floribus fructibusque minimis var. *minimo* Wallr. perquam similis, et olim cum ea confusa, sed
distincta foliis basilaribus angustissimis basi valide et peranguste has-
tatis, perigonii phyllis internis cum akenis coalitis.

R. Acetosa L, *Sp.* ed. 1, 337 (1753) ; Gr. et Godr. *Fl. Fr.* III, 43 ; Meisn.
in DC. *Prodr.* XIV, 64 ; Coste *Fl. Fr.* III, 197.

Indiqué avec doute aux env. de Bonifacio par Salis (in *Flora* XVII,
Beibl. II, 9). La plante visée par cet auteur est le *R. thyrsoides* Desf.;
le *R. Acetosa* n'a pas été encore authentiquement observé en Corse à
l'état spontané, mais il est cultivé dans les jardins des étages inférieur
et montagnard.

R. intermedius DC. *Fl. fr.* V, 369 (1815) ; Meisn. in DC. *Prodr.* XIV, 65 ;
Coste *Fl. Fr.* III, 198 (excl. pl. cors. !) $=$ *R. multifidus* All. *Fl. ped.* II,
205 (1785) ; non L. $=$ *R. triangularis* DC. *Fl. fr.* V, 368 (1815) ; non Guss.
$=$ *R. thyrsoides* Gr. et Godr. *Fl. Fr.* III, 44 (1855, excl. pl. cors.!) ; nonDesf.

Indiqué en Corse aux env. de Bonifacio par Grenier et Godron (l. c.),
puis par Boreau (*Not.* I, 8) lequel s'est corrigé plus tard (*Not.* II, 7), et
divers autres auteurs, par confusion avec le *R. thyrsoides*. Nous ne connaissons pas de Corse le *R. intermedius*, dont l'aire commence en
Ligurie pour s'étendre à travers la Provence et le Languedoc jusqu'à
l'Espagne et aux Baléares.

526. **R. thyrsoides** Desf. *Fl. atl.* I, 321 (1798-1800) ; Gr. et Godr.
Fl. Fr. III, 44, p. p., quoad pl. cors.; Meisn. in DC. *Prodr.* XIV, 66 ; Bor.
Not. II, 7 $=$ *R. intermedius* Guss. *Fl. sic. prodr.* I, 449 (1827) ; Bor.
Not. I, 8 ; Coste *Fl. Fr.* III, 198 (quoad pl. cors.) ; non L. $=$ *R. Acetosa*
Salis in *Flora* XVII, Beibl. II, 9 (1834) ; non L.

Hab. — Rocailles et garigues de l'étage inférieur, 1-650 m. Calcicole

préférant. Assez rare. Mai-juill. ♃. « Monte d'Asco » (Ph. Thomas ex
Meisn. DC. *Prodr.* XIV, 68, probablement pour désigner l'entrée de la
vallée d'Asco !) ; env. de Vico (Mars. *Cat.* 123) ; env. d'Ajaccio (Mars.
l. c.) ; Caccio (Seraf. ex Bert. *Fl. it.* IV, 258, localité à nous inconnue) ;
Bonifacio (Salis in *Flora* XVII, Beibl. ll, 9 ; Seraf. ex Bert. l. c. ; Revel.
in Bor. *Not.* 1, 8 et 11, 7 ; Fouc. et Sim. *Trois sem. herb. Corse* 157 ; Boy.
Fl. Sud Corse 64) ; et localités ci-dessous.

1906. — Rocailles calcaires au col de San Colombano, 650 m., 10 juill. fr.!

1907. — Montagne de Pedana près de Pietralba, rocailles calcaires,
500 m., 14 mai fl. fr. ! ; oliveraies à Santa Manza, calc., 20 m., 6 mai, fl. !

Le *R. thyrsoides*, qui manque au Midi de la France, a été confondu par
Grenier et Godron avec le *R. intermedius* DC., lequel par contre abonde
dans la France méditerranéenne et n'a pas jusqu'à présent été authentiquement observé en Corse. Le *R. intermedius* DC. est voisin du *R.
acetosa* L., dont il diffère nettement par l'étroitesse des feuilles et l'ampleur caractéristique des valves. Le *R. thyrsoides* Desf. (spec. orig. in
herb. Delessert!) diffère du *R. intermedius* par la forme largement
oblongue du limbe foliaire et l'aile du fruit fortement émarginée au
sommet, du *R. acetosa* par la forme largement réniforme-obcordée des
valves et par l'inflorescence densément pyramidale à la maturité.

527. **R. arifolius** All. *Fl. ped.* ll, 204 (1785) ; Gr. et Godr. *Fl. Fr.*
lll, 43 ; Coste *Fl. Fr.* lll, 197 = *R. hispanicus* Gmel. *Fl. bad.* ll, 112
(1806) = *R. montanus* Desf. *Tabl.* éd. 2, 48 (1815) ; Bert. *Fl. it.* IV,
255 ; Meisn. in DC. *Prodr.* XIV, 65. — Exsicc. Kralik n. 757 !

Hab. — Berges des torrents dans les forêts de l'étage subalpin, 1300-
1800 m. Juill.-août. ♃. Très rare et fort localisé. Monte-d'Oro (Soleirol
ex Bert. *Fl. it.* IV, 256 ; Kralik exsicc. cit.) ; forêt de Marmano, près du
ravin de Gialgone (Rotgès in litt.).

528. **R. scutatus** L. *Sp.* ed. 1, 337 (1753) ; Gr. et Godr. *Fl. Fr.* lll,
42 ; Meisn. in DC. *Prodr.* XIV, 69 ; Coste *Fl. Fr.* lll, 196.

Hab. — Rocailles, 1-2000 m. Mai-août suivant l'alt. ♃. Rare. — En
Corse les races suivantes :

α. Var. **glaucus** Gaud. *Fl. helv.* ll, 589 (1828) ; Meisn. in DC. *Prodr.*
XIV, 70 ; non Boiss. (1845) = *R. glaucus* Jacq. *Coll.* 1, 63 (1786) = *R.
scutatus* var. *glaucescens* Guss. *Fl. sic. syn.* ll (1844).

Hab. — Étages inférieur et montagnard. Vallée de la Restonica (Lit.
Voy. I, 26) ; versant E. du Monte Rotondo (Doùm. in *Ann. Hér.* V, 197) ;

Porto-Vecchio au pont de l'Oso et sur les rochers de Chiappa (Revel. in Bor. *Not.* II, 7 et ap. Mars. *Cat.* 123; et localité ci-dessous :

1907. — Talus rocheux à Solenzara, 5 m., 3 mai fl. fr.!

Feuilles nettement glaucescentes, ovées-triangulaires et hastées, à lobes basilaires ovés ou aigus, larges.— Nous n'avons pas encore vu de Corse la var. **vulgaris** Meisn. [in DC. *Prodr.* XIV, 70 (1856)] à feuilles vertes, à port généralement moins élevé et à axes souterrains moins indurés.

++ β. Var. **insularis** Briq., var. nov.

Hab. — Etage alpin dans la localité suivante :

1906. — Vernaies rocailleuses entre les Pointes de Monte et de Bocca d'Oro, 1800-1950 m., 20 juill. fl.!

Ab omnibus varietatibus formisque hujus specici hucusque notis differt foliorum longissime petiolatorum lamina multo angustiore, longe oblonga vel fere lanceolata, apice breviter obtusa vel subacuta, infra medium utrinque appendice triangulari obtuso vel subacuto, saepius angusto praedita, basi cuneiformiter vel subcuneiformiter in petiolum extenuata. Planta mediocris, glaucescens, rhizomatibus in glareis longe serpentibus.

OXYRIA Hill.

529. **O. digyna** Hill *Hort. kew.* 158 (1769) ; Gr. et Godr. *Fl. Fr.* III, 34 ; Coste *Fl. Fr.* III, 194 = *Rumex digynus* L. *Sp.* ed. 1, 337 (1753) = *O. reniformis* Hook. *Fl. scot.* 111 (1821) ; Meisn. in DC. *Prodr.* XIV, 87. — Exsicc. Soleirol n. 3713!; Burn. ann. 1900, n. 292!

Hab. — Rochers et rocailles de l'étage alpin, 2000-2700 m. Juill.-août. ⚥. Localisé dans les massifs du Cinto, du Rotondo et du Renoso. Capo al Berdato (Lit. in *Bull. acad. géogr. bot.* XVIII, 110) ; Monte Cinto (Lit. l. c.); Paglia Orba (Lit. l. c.); Monte Rotondo (Salis in *Flora* XVII, Beibl. II, 9; Soleirol exsicc. cit. et ex Bert. *Fl. it.* IV, 246 ; Doùmet in *Ann. Hér.* IV, 194; Mars. *Cat.* 123; Briq. *Rech. Corse* 21 et Burn. exsicc. cit.; Lit. l. c.); Monte d'Oro (Salis l. c.); Monte Renoso (Rotgès in litt.); et localités ci-dessous.

. 1906. — Eboulis sur le versant E. du Capo al Berdato, 2400-2500 m., 7 août, fl. fr.!; éboulis des arêtes entre le Capo Largina et le Monte Cinto, 2500-2700 m., 29 juill. fl. fr.!; Monte Rotondo, rochers d'un couloir au-dessus du lac Scapuccioli, 2400-2500 m., 6 août fr.!; rocailles du Monte d'Oro, versant E., 2000-2200 m., 9 août fr.!

POLYGONUM L.

530. **P. scoparium** Req. in *Mém. soc. linn. Paris* VI, 410 (1827) ;
Lois. *Fl. gall.* ed. 2, 1, 284 ; Meisn. in DC. *Prodr.* XIV, 86 ; Coste *Fl. Fr.*
III, 208 = *P. equisetiforme* Viv. *App. fl. cors. prodr.* 2 (1825) ; Duby *Bot.
gall.* 405 ; Gr. et Godr. *Fl. Fr.* III, 52 ; non Sibth. et Sm. = *P. equiseti-
forme* var. *corsicanum* Meisn. *Mon. Pol. prodr.* 86 (1826) = *P. corsica-
num* Link *Handb.* I, 300 (1829) = *P. equisetiforme* var. *scoparium* Arc.
Fl. it. ed. 1, 584 (1882). — Exsicc. Thomas sub : *P. equisetiforme* ! ;
Soleirol n. 3700 ! ; Kralik n. 766 ! ; Mab. n. 380 !

Hab. — Points humides par intermittence dans l'étage inférieur.
Avril-juill. ♃. Presque exclusivement et abondamment sur la côte occi-
dentale d'Ostriconi au golfe de Porto, rare ailleurs. Ostriconi (Mars. *Cat.*
124 sub : *P. equisetiforme*) ; entre Ostriconi et Ile Rousse (Salis in *Flora*
VII, Beibl. II, 9) ; entre Ile Rousse et Belgodere (Mars. l. c.) ; Belgodere
(Kralik exsicc. cit. et ap. Gr. et Godr. *Fl. Fr.* l. c.) ; Calvi (Soleirol exsicc.
cit. et ex Bert. *Fl. it.* IV, 384) ; la localité vague de Requien (*Cat.* 12
« Balagne ») rentre dans les précédentes ; rivière de Crovani au pont de
S. Quilico près Galeria (Lit. in *Bull. acad. géogr. bot.* XVIII, 111) ; Galeria
(Lit. l. c.) ; vallée de la Girolata (Mars. l. c.) ; bords de la route de Parti-
nello à Porto, à la Bocca Lenzana (Lit. l. c.). Signalé en outre à Corté
(Req. ex Bert. *Fl. it.* X, 493), à Zicavo (Req. *Cat.* 12), et le long du tor-
rent de S. Pietro (affluent de la Solenzara, Viv. *App. fl. cors. prodr.* 2).

1907. — Points humides des garigues près du pont du Regino, 20 avril,
non encore fl. !

Cette espèce, longtemps confondue avec le *P. equisetiforme* Sibth. et
Sm., en diffère abondamment par ses tiges très ramifiées et suffrutes-
centes à la base, ses rameaux allongés, grêles, aphylles, simples ou presque simples, ses gaines courtes à marge peu membraneuse brièvement
lacérées, ses bractées écartées toutes aphylles plus longues que les
pédicelles, ses fleurs au nombre de 1-2 aux aisselles. Le *P. scoparium* est spécial à la Corse et à la Sardaigne (les indications du littoral
barbaresque se rapportent au *P. equisetiforme* !). Le *P. equisetiforme*
Sibth. et Sm. touche, il est vrai, l'Europe méditerranéenne occidentale
dans la péninsule ibérique et la Sicile, mais le principal de son aire
est situé en Orient.

P. equisetiforme Sibth. et Sm. *Prodr. fl. græc.* 1, 266 (1806) ; Meisn. in DC.
Prodr. XIV, 85 ; Boiss. *Fl. or.* IV, 1036 ; Halacs. *Consp. fl. græc.* III, 73.

Espèce indiquée en Corse par Viviani, et après lui par divers auteurs, par confusion avec le *P. scoparium* (voy. l'espèce précédente).

531. P. maritimum L. *Sp.* ed. 1, 361 (1753); Gr. et Godr. *Fl. Fr.* III, 51; Meisn. in DC. *Prodr.* XIV, 88; Coste *Fl. Fr.* III, 208. — Exsicc. Req. sub : *P. maritimum* !; Billot n. 632 !; Kralik sub : *P. maritimum* !

Hab. — Sables du littoral. Avril-oct. ♃. Répandu. De Bastia (Salis in *Flora* XVII, Beibl. II, 9) à Biguglia (Boullu in *Bull. soc. bot. Fr.* XXIV, sess. extr. LXVI; Sargnon in *Ann. soc. bot. Lyon* VI, 66); Ile Rousse (Gysperger in Rouy *Rev. bot. syst.* II, 112); Calvi (Soleirol ex Bert. *Fl. it.* IV, 386; Fouc. et Sim. *Trois sem. herb. Corse* 157); Porto (Lit. *Voy.* II, 19); la Parata (Boullu in *Bull. soc. bot. Fr.* XXVI, 82); Ajaccio (Req. exsicc. cit. et ap. Billot, et ex Bert. l. c. X, 493; Boullu in *Bull. soc. bot. Fr.* XXIV, sess. extr. XCII; Coste ibid. XLVIII, sess. extr. CVI); Campo di Loro (Fouc. et Sim. l. c.); Propriano (N. Roux in *Bull. soc. bot. Fr.* XLVIII, sess. extr. CXLIV); Bonifacio (Seraf. ex Bert. l. c. IV, 386; Kralik exsicc. cit.; Boy. *Fl. Sud Corse* 64).

532. P. aviculare L. *Sp.* ed. 1, 362 (1753); Gr. et Godr. *Fl. Fr.* III, 53; Meisn. in DC. *Prodr.* XIV, 97; Coste *Fl. Fr.* III, 207. — Exsicc. Soleirol n. 3705 !

Hab. — Sables et prairies maritimes, champs, friches, garigues des étages inférieur, montagnard et subalpin, 1-1800 m. Mai-oct. ① ou ②. Répandu et commun dans l'île entière.

1908. — Vallée inférieure du Tavignano, châtaigneraies, 5-700 m., 26 juin fl. fr. !

Nos échant. appartiennent à la var. **vulgatum** Beck [*Fl. Nieder-Öst.* 322 (1890) = *P. rurivagum* Jord. ap. Bor. *Fl. Centre* éd. 3, II, 560 (1857)], à port ± diffus, à feuilles étroitement oblongues, subaiguës, presque glabres, à glomérules écartés. — Soleirol (exsicc. cit.) a récolté près de Calvi la var. **litorale** Koch [*Syn.* ed. 1, 712 (1837) = *P. aviculare* var. γ Mert. et Koch *Deutschl. Fl.* III, 59 (1831) = *P. salsuginosum* Wallr. in *Linnaea* XIV, 568 (1840) = *P. aviculare* var. *salinum* et *carnosum* Schur *Enum. pl. Transs.* 587 (1866) = *P. aviculare* var. *crassifolium* Lange *Haandb. dansk. Fl.* ed. 3, 278 (1864)], voisine de la précédente, mais à feuilles plus épaisses, subcharnues. — Les cultures recèlent fréquemment la var. **erectum** Roth [*Tent. fl. germ.* II, 455 (1789); Gr. et Godr. *Fl. Fr.* III, 53; Meisn. in DC. *Prodr.* XIV, 97], plus robuste, plus dressée, à feuilles plus amples que dans la var. *vulgatum*.

Nous n'osons envisager ces diverses variations, qui paraissent être en étroite relation avec le milieu, comme des variétés dans le sens de races.

533. P. Bellardi All. *Fl. ped.* II, 205, tab. 90, fig. 2 (1785); Meisn. in DC. *Prodr.* XIV, 98 ; Gr. et Godr. *Fl. Fr.* III, 54 ; Coste *Fl. Fr.* III, 207 = *P. flagellare* Spreng. *Syst.* II, 255 (1825) = *P. Debeauxii* Legrand in *Bull. soc. bot. Fr.* XXX, 71 (1883) = *P. aviculare* var. *Debeauxii* Gürke *Pl. eur.* II, 115 (1897).

Hab. — Points sablonneux de l'étage inférieur. Juill.-oct. ④. Rare ou peu observé. Rogliano (Revel. in Bor. *Not.* I, 8 et ap. Mars. *Cat.* 124) ; de Bastia à Biguglia (Shuttl. *Enum.* 18 ; Debeaux et Legrand in *Bull. soc. bot. Fr.* XXX, 71) ; Bonifacio (Boy. *Fl. Sud Corse* 64).

Espèce caractérisée, par rapport au *P. aviculare*, par les rameaux non feuillés au sommet, les fleurs écartées disposées en longs épis lâches et effilés, le périgone vert bordé de rouge, les fruits très luisants. — La plante corse appartient à la var. **virgatum** Meisn. [in DC. *Prodr.* XIV, 99 (1856) = *P. Kitaibelianum* Sadl. *Fl. com. Pesth.* ed. 1, I, 287 (1825) = *P. virgatum* Lois. in *Mém. soc. linn. Par.* VI, 410 (1827) = *P. flavescens* Jord. ex Mars. *Cat.* 124 (1872) et ex Nym. *Consp. fl. eur.* 639 (nomen tantum) = *P. Bellardi* var. *Kitaibelianium* Gürke *Pl. eur.* II, 115 (1897)] à tige érigée, assez raide, médiocrement rameuse, à rameaux presque simples, à inflorescence très interrompue et allongée.

534. P. Hydropiper L. *Sp.* ed. 1, 361 (1753); Meisn. in DC. *Prodr.* XIV, 109; Gr. et Godr. *Fl. Fr.* III, 49 ; Coste *Fl. Fr.* III, 306.

Hab. — Points humides des étages inférieur et montagnard. Août-oct. ④. Serait commun selon Marsilly (*Cat.* 124), mais peu observé et distribution mal connue. De Bastia à Biguglia (Salis in *Flora*, XVII, Beibl. II, 9) ; Ghisoni (Rotgès in litt.) ; et localité ci-dessous.

1906. — Bords des eaux dans la vallée inf. de la Restonica, 500 m., 2 août, jeunes fl. !

535. P. mite Schrank *Baier. Fl.* I, 668 (1789); Meisn. in DC. *Prodr.* XIV, 110 ; Coste *Fl. Fr.* III, 206 = *P. dubium* Stein ex A. Br. in *Flora* VII, 357 (1824) ; Gr. et Godr. *Fl. Fr.* III, 48 = *P. Braunii* Bl. et Fingh. *Comp. fl. germ.* I, 509 (1825) = *P. laxiflorum* Weihe in *Flora* IX, 746 (1826).

Hab. — Points inondés, bords des eaux dans les étages inférieur et montagnard. Juill.-oct. ④. Rare ou peu observé. Bocognano (Mars. *Cat.* 124) ; Propriano (Petit in *Bot. Tidsskr.* XIV, 248).

536. P. amphibium L. *Sp.* ed. 1, 361 (1753) ; Gr. et Godr. *Fl. Fr.* III, 46 ; Meisn. in DC. *Prodr.* XIV, 115 ; Coste *Fl. Fr.* III, 205.

Hab. — Fossés et marais de l'étage inférieur. Juill.-sept. ♃. Rare. Signalé uniquement « dans les fossés pleins d'eau ou simplement humides du vieux Saint-Florent » (Mars. *Cat.* 123).

Cette espèce figure déjà dans le catalogue de Salis (in *Flora* XVII, Beibl. II, 9) parmi celles qui lui ont été signalées en Corse, mais sans indication de localité. Elle devra être recherchée dans les marais de la côte orientale.

537. **P. Persicaria** L. *Sp.* ed. 1, 361 (1753) ; Gr. et Godr. *Fl. Fr.* III, 47 ; Meisn. in DC. *Prodr.* XIV, 117 ; Coste *Fl. Fr.* III, 206.

Hab. — Points humides des étages inférieur et montagnard. Juill.-oct. ☉. Distribution mal connue. Commun de Bastia à Biguglia (Salis in *Flora* XVII, Beibl. II, 9) ; Corté (Kesselmeyer in herb. Delessert!) ; Ghisoni (Rotgès in litt.) ; Bonifacio (Boy. *Fl. Sud Corse* 64) ; serait commun dans les champs humides de l'intérieur selon Marsilly (*Cat.* 124).

538. **P. lapathifolium** L. *Sp.* ed. 1, 360 (1753) ; Gr. et Godr. *Fl. Fr.* III, 47 ; Meisn. in DC. *Prodr.* XIV, 119 ; Coste *Fl. Fr.* III, 47 = *P. nodosum* Pers. *Syn.* I, 440 (1805).

Hab. — Points humides de l'étage inférieur. Juill.-oct. ☉. Distribution mal connue ; peu observé. Bastia (Soleirol ex Bert. *Fl. it.* IV, 370) ; Mezzomare (Mars. *Cat.* 124) ; et localité ci-dessous.

1906. — Cap Corse : lieux humides entre la Marine de Sisco et celle de Meria, 6 juill. fr. !

Salis (in *Flora* XVII, Beibl. II, 9) a signalé comme rare, de Bastia à Biguglia, un *P. lapathifolium* β *incanum*. En l'absence de description, il n'est pas possible de savoir s'il s'agit là d'une forme du *P. lapathifolium* à feuilles incanes à la face inférieure, ou du *P. tomentosum* Schrank [*Bayer. Fl.* I, 569 (1787)], qui présente fréquemment aussi des feuilles tomenteuses inférieurement. Ces deux espèces sont d'ailleurs extrêmement voisines, et devront peut-être être réunies, le *P. tomentosum* se distinguant du *P. lapathifolium* à peu près uniquement par l'inflorescence courte et ± obtuse et les fleurs plus grandes. La présence du *P. tomentosum* en Corse devra faire l'objet de recherches ultérieures.

† 539. **P. alpinum** All. *Fl. ped.* II, 206, tab. 68, fig. 1 (1785) ; Gr. et Godr. *Fl. Fr.* III, 55 ; Coste *Fl. Fr.* III, 204 = *P. polymorphum* var. *alpinum* Ledeb. *Fl. ross.* III, 524 (1849-51) ; Meisn. in DC. *Prodr.* XIV, 139. — Exsicc. Kralik n. 759 !

Hab. — Rochers et éboulis de l'étage alpin, descendant çà et là dans l'étage subalpin, 1400-2200 m. Calcifuge. Août. ♃. Disséminé dans les

massifs centraux. Col de Bocca Valle Bonna (Rotgès !) ; Monte Rotondo
(Salis in *Flora* XVII, Beibl. II, 9) ; col de la Cagnone (Kralik exsicc. cit.) ;
ravin d'Asiola dans la partie sup. de la forêt de Marmano (Rotgès in
litt.) ; et localités ci-dessous.

1906. — Arête entre le col de Bocca Valle Bonna et le Monte Traunato,
2000 m., 31 juill., sans fl. ni fr. ! ; rocailles près des bergeries d'Urcula,
au-dessus de Corscia (au pied du Capo Bianco), 1700 m., 7 août fr. ! ; rochers en face des bergeries de Grotello, sur la rive droite de la haute
Restonica, 1600 m., 3 août fl. ! ; rochers sur le versant E. du Monte d'Oro,
2000 m., 9 août fl. ! ; arêtes entre les pointes de Monte et Bocca d'Oro,
1800-1950 m., dans les fissures des rochers, 20 juill., sans fl. ni fr. !

Il est très curieux que cette espèce, communiquée à Salis avant 1834
par Aubry de Corté, publiée par Kralik, et qui au total est assez répandue
dans le centre de la Corse, ait successivement échappé à Grenier et Godron, à Marsilly, et à tous les floristes et explorateurs subséquents, jusqu'à ce qu'elle ait été retrouvée par M. Rotgès et par nous.

540. P. Convolvulus L. *Sp.* ed. 1, 364 (1753) ; Gr. et Godr. *Fl. Fr.*
III, 54 ; Meisn. in DC. *Prodr.* XIV, 135 ; Coste *Fl. Fr.* III, 54. — Exsicc.
Reverch. ann. 1878 sub : *P. dumetorum* !

Hab. — Haies et cultures des étages inférieur et montagnard. Juill.-
sept. ①. Distribution mal connue. Bastia, pas fréquent (Salis in *Flora*
XVII, Beibl. II, 9) ; entre Piana et Evisa (N. Roux in *Bull. soc. bot. Fr.*
XLVIII, sess. extr. CXXXIII) ; Ghisoni (Rotgès in litt.) ; env. d'Ajaccio
(Boullu ibid. XXIV, sess. extr. C ; Coste ibid. XLVIII, sess. extr. CV) ;
base de la mont. de Cagna (Seraf. ex Bert. *Fl. it.* IV, 388) ; vignes de
Bonifacio (Seraf. ex Bert. l. c.) ; et localité ci-dessous. Serait répandu
dans les « régions basse et moyenne » selon Mars. (*Cat.* 124).

1906. — Prairie humide sur le vers. S. du col de Verde, 1000 m., 19 juill. fr. !

† **541. P. dumetorum** L. *Sp.* ed. 2, 521 (1763) ; Gr. et Godr. *Fl.*
Fr. III, 55 ; Meisn. in DC. *Prodr.* XIV, 135 ; Coste *Fl. Fr.* III, 204.

Hab. — Haies, lisières des maquis et des bois de l'étage inférieur.
Juin-sept. ①. Rare ou peu observé. Env. de Bastia, pas fréquent (Salis
in *Flora* XVII, Beibl. II, 9). A rechercher.

FAGOPYRUM Gaertn.

F. sagittatum Gilib. *Exerc. phyt.* II, 435 (1792) = *Polygonum Fagopy-*
rum L. *Sp.* ed. 1, 522 (1753) ; Gr. et Godr. *Fl. Fr.* III, 55 ; Coste *Fl. Fr.*

III, 203 = *F. esculentum* Mœnch *Meth.* 290 (1794); Meisn. in DC. *Prodr.* XIV, 143.

Le blé noir, originaire de l'Asie centrale; est cultivé çà et là dans les étages inférieur et montagnard, et parfois subspontané au voisinage des cultures.

F. tataricum Gaertn. *De fruct. et sem.* II, 182, tab. 119 (1791); Meisn. in DC. *Prodr.* XIV, 144 = *Polygonum tataricum* L. *Sp.* ed. 1, 364 (1753); Gr. et Godr. *Fl. Fr.* III, 56; Coste *Fl. Fr.* III, 204.

Le blé sarrasin est cultivé comme l'espèce précédente, mais plus rarement.

CHENOPODIACEAE

POLYCNEMUM L.

542. P. arvense L. *Sp.* ed. 1, 35 (1753); Bert. *Fl. it.* I, 200; Moq. in DC. *Prodr.* XIII, 2, 335. — En Corse jusqu'ici seulement la sous-espèce suivante :

I. Subsp. **minus** Briq. = *P. vulgare* Pall. *Reise* I, 142 (1799) = *P. arvense* DC. *Fl. fr.* III, 398 ; Koch *Syn.* ed. 3, 522; Gr. et Godr. *Fl. Fr.* I, 615 et III, 6 ; Coste *Fl. Fr.* III, 174 = *P. arvense* var. *multicaule* Wallr. *Sched. crit.* 24 (1822) = *P. arvense* var. *minus* Döll *Rhein. Fl.* 287 (1843) = *P. minus* Jord. in Lloyd *Fl. Ouest Fr.* éd. 3, 261 (1876); Cariot *Et. fl.* éd. 7, II, 642 = *P. arvense* var. *typicum* Beck *Fl. Nieder-Ost.* 344 (1890).

Hab. — Champs sablonneux, friches, sables de l'étage inférieur. Juill.-sept. ① Disséminée sous les deux variétés suivantes.

Rameaux et feuilles grêles; bractéoles aussi longues que le périgone long d'env. de 1-1,5 mm.

α. Var. **procumbens** Gaud. *Fl. helv.* I, 99 (1828).

Hab. — Assez répandue. Bastia (Revel. in Bor. *Not.* II, 7; Shuttl. *Enum.* 17) ; Calvi (Soleirol ex Bert. *Fl. it.* I, 201) ; Corté (Mab. ex Mars. *Cat.* 120); Ajaccio (Salis in *Flora* XVII, Beibl. II, 10; Mars. *Cat.* 120; Boullu in *Bull. soc. bot. Fr.* XXIV, sess. extr. C); Porto-Vecchio (Revel. ex Mars. l. c.).

Rameaux atteignant 6-12 cm., étalés, à feuilles courtes, droites ; péri-gone d'un jaune verdâtre. — Les très petits échantillons ont été distingués sous le nom de *P. pumilum* Hoppe [in Mert. et Koch *Deutschl. Fl.* 1, 404 (1823) = *P. arvense* var. *pumilum* Moq. in DC. *Prodr.* XIII, 2, 335 (1849)

= *P. pusillum* Bor. *Not.* II, 7 (1858); Mars. *Cat.* 120 = *P. exiguum* Schur in
Oest. bot. Zeitschr. XIX, 148 (1869)]; ces échant. ne sont qu'un simple état
individuel. — La var. **recurvum** Gaud. [*Fl. helv.* I, 99 (1828) = *P. inundatum*
Schrank in Hoppe *Bot. Taschenb.* 201 (1798) = *P. recurvum* Lois. *Not. fl.*
Fr. 151 (1810)] différant de la var. *procumbens* par le port plus débile et
les feuilles moins raides, recourbées-incurvées, n'a pas jusqu'à présent
été signalée en Corse, mais pourra y être recherchée.

β. Var. **roseolum** De Not. *Rep. fl. lig.* 344 (tiré à part, 1844) = *P. ar-*
vense var. *roseum* De Not. *Prosp. fl. lig.* 41 (1846), sine descr. ! ; Moq.
in DC. *Prodr.* XIII, 2, 335 = *P. purpurascens* Mab. exsicc., ann. 1868 !
et *P. pumilum* Deb. exsicc., ann. 1869 !

Hab. — Sables maritimes. Cap Sagro (Mab. exsicc. cit.) ; la Renella
(Rev. ex Mars. *Cat.* 120 ; Debeaux exsicc. cit.) et Biguglia (Debeaux
exsicc. cit.).

Rameaux atteignant 25-40 cm. et plus, raides, allongés, minces, à feuilles
très courtes, droites ; périgone, parfois aussi les bractéoles et feuilles
supérieures, souvent lavés de rose à la fin; port d'un *Lycopodium* ! — Race
remarquable déjà signalée par De Notaris (l. c.) aux environs de Savi-
gnone (Ligurie).

II. Subsp. **majus** Briq. = *P. arvense* var. *simplex* Wallr. *Sched. crit.* 25
(1822) = *P. arvense* var. *majus* Döll *Rhein. Fl.* 287 (1843) ; Moq. in DC.
Prodr. XIII, 2, 335 = *P. majus* A. Br. in Koch *Taschenb.* 436 (1844) ; Gr.
et Godr. *Fl. Fr.* I, 615 et III, 6 ; Coste *Fl. Fr.* III, 174.

Rameaux et feuilles plus robustes; bractéoles un peu plus longues que
le périgone long d'env. 2, 5 mm. — Non signalée en Corse avec certitude,
mais à rechercher à cause des confusions fréquentes avec la sous-esp.
précédente.

BETA L.

543. **B. vulgaris** L. *Sp.* ed. 1, 222 (1753); Moq. in DC. *Prodr.* XIII,
2, 55 ; Boiss. *Fl. or.* IV, 898.

Hab. — Sables et prairies maritimes. Juill.-sept. ① - ♃ . Répandu sous
les variétés suivantes :

α. Var. **orientalis** Moq. in DC. *Prodr.* XIII, 2, 56 (1849) = *B. foliosa*
Ehrenb. ex Moq. l. c. = *B. stricta* C. Koch in *Linnaea* XXII, 180 (1849)
= *B. vulgaris* var. *typica* Boiss. *Fl. or.* IV, 898 (1879) = *B. vulgaris*
Gr. et Godr. *Fl. Fr.* III, 16 (1855) ; Coste *Fl. Fr.* III, 180 = *B. vulgaris*
var. *foliosa* Asch. et Schweinf. *Ill. fl. Eg.* 125 (1887).

Hab. — Signalée à Biguglia (Boullu in *Bull. soc. bot. Fr.* XXIV, sess. extr. LXIV) et à Barbicaja (Boullu ibid. LXXXIX) ; fréquemment cultivée. ①-②.

Tige dressée, le plus souvent solitaire, ± glabre ainsi que les feuilles. Feuilles basilaires amples ± cordiformes à la base. Inflorescence ample à rameaux dressés. Stigmates ± ovés.

β. Var. **maritima** Koch *Syn.* ed. 1, 608 ; Moq. in DC. *Prodr.* XIII, 2, 56 ; Boiss. *Fl. or.* IV, 899 — *B. maritima* L. *Sp.* ed. 2, 322 (1762) ; Gr. et Godr. *Fl. Fr.* III, 16 ; Coste *Fl. Fr.* III, 480. — Exsicc. Sieber sub : *B. maritima* ! ; Debeaux ann. 1868 sub : *B. maritima* ! et ann. 1869 sub : *B. maritima* var. *erecta.*

Hab. — De beaucoup la race la plus fréquente. ♃. De Lavesina à Brando (Gillot in *Bull. soc. bot. Fr.* XXIV, sess. extr. XLVII) ; Bastia (Mab. ex Mars. *Cat.* 122 ; Gillot l. c. XLIV) ; la Renella (Debeaux exsicc. cit. ann. 1868) ; Biguglia (Debeaux exsicc. cit. ann. 1869 ; Boullu in *Bull. soc. bot. Fr.* XXIV, sess. extr. LXIV) ; St-Florent (Requien in herb. Deless. !) ; Calvi (Salis in *Flora* XVII, Beibl. II, 11 ; Fouc. et Sim. *Trois sem. herb. Corse* 156) ; la Parata (Boullu in *Bull. soc. bot. Fr.* XXVI, 82) ; Ajaccio (Sieber exsicc. cit. ; Mars. *Cat.* 122 ; Boullu in *Bull. soc. bot. Fr.* XXIV, sess. extr. CV) ; Propriano (N. Roux in *Bull. soc. bot. Fr.* XLVIII, sess. extr. CXLIV) ; Bonifacio (Salis l. c.; Seraf. ex Bert. *Fl. it.* III, 46 ; Boy. *Fl. Sud Corse* 64).

Plusieurs tiges au collet, décombantes, ± glabres ainsi que les feuilles. Feuilles basilaires ovées-rhomboïdales, moins amples, moins obtuses. Inflorescence à rameaux plus étalés. Stigmates ± lancéolés.

Le *B. maritima* var. *erecta* Gr. et Godr. (l. c. = *B. carnosula* Gren. l. c.) à tiges solitaires au collet (signalée entre Lavesina et Brando par M. Gillot), est une des nombreuses formes de passage entre les variétés α et β.

γ. Var. **pilosa** Delile *Fl. aeg. ill.* 57 (1813) ; Moq. l. c. = *B. sicla* var. β Bert. *Fl. it.* III, 43 (1837) = *B. vulgaris* var. *hirsuta* Gr. et Godr. *Fl. Fr.* III, 16 (1855).

Hab. — Bastia (Gysperger in Rouy *Rev. bot. syst.* II, 121) ; Calvi (Soleirol ex Bert. *Fl. it.* III, 44 ; Pouzolz ex Moq. in DC. *Prodr.* XIII, 2, 56) ; Bonifacio (Lutz in *Bull. soc. bot. Fr.* XLVIII, sess. extr. CXL ; Boy. *Fl. Sud Corse* 64).

Tige dressée le plus souvent solitaire, poilue à la base, ainsi que les feuilles inférieures : ces dernières, ainsi que l'inflorescence et les stigmates comme dans la var. β.

CHENOPODIUM L.

544. **C. polyspermum** L. *Sp.* ed. 1, 220 (1753); Moq. in DC. *Prodr.* XIII, 2, 62 ; Gr. et Godr. *Fl. Fr.* III, 18 ; Coste *Fl. Fr.* III, 185.

Hab. — Champs, friches, jachères des étages inférieur et montagnard. Juill.-sept. ⊕. Répandu et abondant dans l'île entière.

545. **C. Vulvaria** L. *Sp.* ed. 1, 220 (1753); Moq. in DC. *Prodr.* XIII, 2, 64 ; Gr. et Godr. *Fl. Fr.* III, 18 ; Coste *Fl. Fr.* III, 184 = *C. foetidum* Lamk *Fl. fr.* III, 244 (1778) ; non Schrad. = *C. olidum* Curt. *Fl. lond.* V, t. 20 (1777-87).

Hab. — Décombres et cultures au voisinage des habitations ; espèce synanthrope. Juill.-août. ⊕. Serait commun dans les étages inférieur et montagnard selon Marsilly (*Cat.* 122), mais peu observé. Bastia (Salis in *Flora* XVII, Beibl. II, 10) ; St-Florent (Fouc. et Sim. *Trois sem. herb. Corse* 156) ; Ile Rousse (N. Roux in *Bull. soc. bot. Fr.* XLVIII, sess. extr, CXLIV) ; Ajaccio (Boullu ibid. XXIV, sess. extr. C) ; Bonifacio (Boy. *Fl. Sud Corse* 63).

546. **C. opulifolium** Schrad. in Koch et Ziz *Cat. pl. Palat.* 6 (1814) ; Moq. in DC. *Prodr.* XIII, 2, 67 ; Gr. et Godr. *Fl. Fr.* III, 20 ; Coste *Fl. Fr.* III, 186.

Hab. — Friches, jachères, décombres des étages inférieur et montagnard. Juin-sept. ⊕. Répandu et assez abondant du Cap Corse à Bonifacio.

547. **C. album** L. *Sp.* ed. 1, 219 (1753) ; Moq. in DC. *Prodr.* XIII, 2, 70 ; Gr. et Godr. *Fl. Fr.* III, 19 ; Coste *Fl. Fr.* III, 186 = *C. leiospermum* DC. *Fl. fr.* III, 390 (1805). — En Corse seulement la sous-espèce suivante :

Subsp. **album** Murr in *Festschrift für Ascherson* 217 (1904) emend. Hayek *Fl. Steierm.* I, 240 (1908).

Hab. — Friches, jachères, lieux incultes près des habitations dans les étages inférieur et montagnard. Juill.-sept. ⊕. Rare ou peu observée.

Tige simple ou rameuse, généralement verte, non striée de rouge. Feuilles lancéolées, triangulaires ou rhomboïdales, ± aiguës, entières ou dentées, ± farineuses, dépourvues de marge rougeâtre. — Deux variétés :

†† α. Var. **candicans** Moq. in DC. *Prodr*. XIII, 2,¦71 (1849) ; Murr in *Festschrift f. Ascherson* 217 ; Hayek *Fl. Steierm*. 1, 240 = *C. candicans* Lamk *Fl. fr*. III, 248 (1778) = *C. album* var. *commune* Gr. et Godr. *Fl. Fr*. III, 19 (1855) p. p. = *C. album* var. *farinosum* Kras. in *Mitt. naturw. Ver. Steierm*. ann. 1903, 254.

Hab. — Env. de Bastia (Salis in *Flora* XVII, Beibl. II, 10) ; Ghisoni (Rotgès in litt.).

Feuilles ovées-rhomboïdales, grossièrement dentées, densément blanches-farineuses. Glomérules floraux groupés en panicule spiciforme dense.

β. Var. **cymigerum** Koch *Syn*. ed. 1, 606 (1837) ; Hayek *Fl. Steierm*. I, 241 = *C. album* var. *viride* Moq. in DC. *Prodr*. XIII, 2, 71 (1849) ; Gr. et Godr. *Fl. Fr*. III, 19 = *C. album* subsp. *viride* Murr in *Festschrift. f. Ascherson* 220 (1904).

Hab. — Bocognano (Mars. *Cat*. 122).

Feuilles lancéolées ou rhomboïdales-lancéolées, peu dentées, moins densément farineuses. Glomérules floraux disposés en cimes lâches.

548. **C. murale** L. *Sp.* ed. 1, 219 (1753) ; Moq. in DC. *Prodr*. XIII, 8, 69 ; Gr. et Godr. *Fl. Fr*. III, 21 ; Coste *Fl. Fr*. III, 186.

Hab. — Etages inférieur et montagnard. Avril-déc. ①. Deux variétés :

α. Var. **genuinum** Briq. = *C. murale* L. et Moq. sensu stricto.

Hab. — Décombres, lieux incultes au voisinage des habitations ; race synanthrope. Disséminée. Bastia (Salis in *Flora* XVIII, Beibl. II, 10 ; Sargnon in *Ann. soc. bot. Lyon*, VI, 58) ; Calvi (Solcirol ex Bert. *Fl. it*. III, 30 ; Fouc. et Sim. *Trois sem. herb. Corse* 156) ; plage de Partinello (Lit. in *Bull. acad. géogr. bot*. XVIII, 111) ; Ajaccio (Mars. *Cat*. 122 ; Boullu in *Bull. soc. bot. Fr*. XXIV, sess. extr. C ; Coste ibid. XLVIII, sess. extr. CV) ; Propriano (N. Roux ibid. CXLIV) ; Bonifacio (Seraf. ex Bert. l. c. ; Boy. *Fl. Sud Corse* 63).

Feuilles ± membraneuses, luisantes, d'un vert gai sur les deux faces.

†† β. Var. **albescens** Moq. *Chenop. enum*. 32 (1840) et in DC. *Prodr*. XIII, 2, 69.

Hab. — Balmes calcaires des localités ci-dessous.

1907. — Cap Corse : balmes de la montagne des Stretti, 100 m., calc., 24 avril fl.!. — Balmes de la montagne de Pedana, 500 m., calc., 14 mai fr.!; balmes du vallon de Canalli, 40 m., calc., 6 mai fl.!

Feuilles plus épaisses, ± farineuses-canescentes, ainsi que les jeunes rameaux. — Race méridionale (nord de l'Afrique!).

549. C. urbicum L. *Sp.* ed. 1, 218 (1753); Moq. in DC. *Prodr.* XIII, 2, 69; Gr. et Godr. *Fl. Fr.* III, 20; Coste *Fl. Fr.* III, 185 = *C. deltoideum* Lamk *Fl. fr.* III, 249 (1778). — Exsicc. Reverch. ann. 1878 et 1879 sub : *C. urbicum* !

Hab. — Décombres, lieux incultes au voisinage des habitations, dans les étages inférieur et montagnard; espèce synanthrope. Juill.-sept. ①. Rare ou peu observé. Ile Rousse (N. Roux in *Bull. soc. bot. Fr.* XLVIII, sess. extr. CXLV); Pietricagio d'Alesani (Salis in *Flora* XVII, Beibl. II, 10); Corté (Bor. *Not.* III, 6); Bastelica (Revel. ex Bor. l. c. et Mars. *Cat.* 122; Reverch. exsicc. cit. ann. 1878); Serra di Scopamène (Reverch. exsicc. cit. ann. 1879).

550. C. ambrosioides L. *Sp.* ed. 1, 219 (1753); Moq. in DC. *Prodr.* XIII, 2, 72; Gr. et Godr. *Fl. Fr.* III, 20; Coste *Fl. Fr.* III, 183. — Exsicc. Req. sub : *C. ambrosioides* !; Kralik n. 756 !

Hab. — Décombres, talus, jachères, cultures de l'étage inférieur. Juill.-sept. ①. Répandu. Env. de Bastia (Salis in *Flora* XVII, Beibl. II, 10; Kralik exsicc. cit. ; Mab. ap. Mars. *Cat.* 122; Fouc. et Sim. *Trois sem. herb. Corse* 156; Lit. in *Bull. acad. géogr. bot.* XVIII, 111); entre le Bevinco et le Golo (Salis l. c.); Calvi (Soleirol ex Bert. *Fl. it.* III, 37); bains de Guagno (Mars. l. c.); Vico (Req. exsicc. cit. et ap. Bert. l. c. X, 477; Mars. l. c.); Bocognano (Mars. l. c.); Mezzavia (Mars. l. c.); Ajaccio (Coste in *Bull. soc. bot. Fr.* XLVIII, sess. extr. CVII); Campo di Loro (Fouc. et Sim. l. c.); Ghisonaccia (Rotgès in litt.).

C. multifidum L. *Sp.* ed. 1, 220 (1753); Coste *Fl. Fr.* III, 183 = *Roubieva multifida* Moq. in *Ann. sc. nat.*, 2me sér., I, 292 (1834) et in DC. *Prodr.* XIII, 2, 80; Gr. et Godr. *Fl. Fr.* III, 23.

Plante originaire de l'Amérique du Sud, maintenant naturalisée ou subspontanée dans une grande partie du domaine méditerranéen. Sables maritimes au bord de l'étang de Biguglia (Mab. ex Debeaux *Not.* 106); Bonifacio (Boy. *Fl. Sud Corse* 64).

† 551. **C. Botrys** L. *Sp.* ed. 1, 219 (1753); Moq. in DC. *Prodr.* XIII, 2, 75; Gr. et Godr. *Fl. Fr.* III, 17; Coste *Fl. Fr.* III, 183.

Hab. — Sables et garigues sablonneuses de l'étage inférieur. Juill.-

août. ①. Rare ou peu observé. Env. de Bastia (Salis in *Flora* XVII, Beibl. II, 10). A rechercher.

† 552. **C. rubrum** L. *Sp.* ed. 1, 218 (1753) ; Gr. et Godr. *Fl. Fr.* III, 22 ; Coste *Fl. Fr.* III, 184 = *Blitum rubrum* C. A. Mey. in Ledeb. *Fl. all.* I, 11 (1829) ; Moq. in DC. *Prodr.* XIII, 2, 83. — En Corse seulement la variété suivante :

† Var. **crassifolium** Gr. et Godr. *Fl. Fr.* III, 22 (1855) = *C. botryodes* Sm. *Engl. bot.* XXXII, t. 2247 (1811) = *C. patulum* Mér. *Nouv. fl. Par.* 96 (1812) = *C. crassifolium* Reichb. *Fl. germ. exc.* 582 (1832) = *Blitum polymorphum* var. *crassifolium* Moq. *Chenop. enum.* 45 (1840) = *Blitum rubrum* var. *paucidentatum* Koch *Syn.* ed. 2, 699 (1843-45) = *B. rubrum* var. *crassifolium* Moq. in DC. *Prodr.* XIII, 2, 84 (1849) = *C. rubrum* var. *botryodes* Sond. *Fl. Hamb.* 145 (1851).

Hab. — Sables et prairies maritimes ; race halophile. Juill.-oct. ①. Rare ou peu observée. Près de l'embouchure de l'étang de Biguglia (Salis in *Flora* XVII, Beibl. II, 11) ; Calvi (Soleirol ex Bert. *Fl. it.* III, 27).

Tige couchée ou ascendante. Feuilles rhomboïdales ou ovées-rhomboïdales, sinuées ou subentières, les supérieures lancéolées, entières, toutes épaisses et ± charnues. Inflorescences subaphylles. Calice ± charnu. Fleurs et fruits plus petits que dans le type |var. **vulgare** Wallr. *Sched. crit.* 507 (1822)].

553. **C. Bonus Henricus** L. *Sp.* ed. 1, 218 (1753) ; Gr. et Godr. *Fl. Fr.* III, 22 ; Coste *Fl. Fr.* III, 184 = *Agathophytum Bonus Henricus* Moq. in *Ann. sc. nat.*, sér. 2, I, 291 (1834) = *Blitum Bonus Henricus* C. A. Mey. in Ledeb. *Fl. all.* I, 11 (1829) ; Moq. in DC. *Prodr.* XIII, 2, 84. — Deux variétés :

α. Var. **genuinum** Briq. = *C. Bonus Henricus* L. et auct. sensu stricto. — Exsicc. Sieber sub : *C. Bonus Henricus* ! ; Burn. ann. 1900, n. 232 ! Hab. — Décombres, voisinage des fumiers, suivant les traces du bétail dans les montagnes, 1-2200 m. Juin-sept. ♃. Répandue. De Bastia jusque sur les cimes du Cap Corse, mais pas fréquent (Salis in *Flora* XVII, Beibl. II, 10) ; M^te S. Pietro (Gillot in *Bull. soc. bot. Fr.* XXIV, sess. extr. LXXX) ; Caporalino (Fouc. et Sim. *Trois sem. herb. Corse* 156) ; Corté (Raymond in herb. Deless. !) ; Valdoniello (Rotgès in litt.) ; bergeries de Timozzo (Briq. *Rech. Corse* 19 et Burn. exsicc. cit.) ; Monte

Rotondo (Doùmet in *Ann. Hér.* V, 197 ; Mars. *Cat.* 122 ; Shuttl. *Enum.* 18) ; forêt de Vizzavona (Mars. l. c. ; Lutz in *Bull. soc. bot. Fr.* XLVIII, sess. extr. CXXVI ; Lit. *Voy.* I, 12) ; Bocognano (Mars. l. c.) ; Monte Renoso (Mars. l. c.) ; Ajaccio (Sieber exsicc. cit.) ; Ghisoni (Rotgès in litt.) ; Coscione (R. Maire in Rouy *Rev. bot. syst.* II, 25) ; et localités ci-dessous.

1906. — Rocailles au col d'Avartoli, 1900 m., 27 juill. fl.! ; bords des chemins dans la vallée du Tavignano en amont de Corté, 1000 m., 26 juill. fl.! ; couloirs rocailleux sur le versant E. du Mt Incudine, 2130 m., 18 juill. fl.!

Tige ascendante, robuste, dépassant 50 cm., à feuilles fortement pétiolées, à limbe amplement ové-deltoïde, grand ; inflorescence robuste.

†† ♀. Var. **alpinum** DC. *Fl. fr.* III, 388 (1805) = *Blitum Bonus Henricus* var. *alpinum* Moq. *Chenop. enum.* 47 (1840) et in DC. *Prodr.* XIII. 2, 85 = *Blitum Bonus Henricus* var. *nanum* Boiss. *Fl. or.* IV, 904 (1879) = *C. Bonus Henricus* var. *microphyllum* Fouc. et Mand. in *Bull. soc. bot. Fr.* XLVII (1900).

Hab. — Rochers de l'étage alpin et de l'étage subalpin supérieur. Rare. Monte Rotondo (Fouc. et Mand. l. c.) ; et localité ci-dessous.

1906. — Rochers au-dessus du lac Melo, 1800-1900 m., 4 août fl.!

Plante naine, tige haute de 10-30 cm., débile, à feuilles beaucoup plus petites (limbe mesurant env. 1-2 × 1,3-1,7 cm.), à pétioles grêles ; inflorescence courte, ténue, à fleurs plus petites.

SPINACIA L.

S. oleracea L. *Sp.* ed. 1, 1027 (1753) ; Coste *Fl. Fr.* III, 179.

Fréquemment cultivé dans les étages inférieur et montagnard, sous les variétés **glabra** [Gürke *Fl. eur.* II, 138 (1897) = *S. glabra* Mill. *Gard. dict.* ed. 8, n. 2 (1768) ; Moq. in DC. *Prodr.* XIII, 2, 118 ; Gr. et Godr. *Fl. Fr.* III, 15 = *S. inermis* Mœnch *Meth.* 318 (1794)], **Mœnchii** Alef. [*Landw. Fl.* 274 (1866) = *S. oleracea* Moq. l. c. ; Gr. et Godr. l. c.] et probablement encore sous d'autres formes.

ATRIPLEX [1] L.

A. hortensis L. *Sp.* ed. 1, 1053 (1753) ; Moq. in DC. *Prodr.* XIII, 2, 94 ; Gr. et Godr. *Fl. Fr.* III, 9 ; Coste *Fl. Fr.* III, 178.

[1] Linné [*Sp.* ed. 1, 1052 (1753)] a créé sous le nom d'*Atriplex* un vocable générique féminin. Les noms de genre pouvant être arbitraires (*Règl. nom.* art. 21), il n'y a pas de raison pour changer le mode de déclinaison des épithètes spécifiques.

Cultivé dans les jardins des étages inférieur et montagnard, et parfois
subspontané au voisinage des habitations.

A. crassifolia C. A. Mey. in Ledeb. *Fl. alt.* IV, 309 (1833); Boiss. *Fl. or.*
IV, 908.

Espèce de l'Asie centrale (Songarie, Turkestan, Afghanistan), confondue par Grenier et Godron avec l'*A. Tornabeni* Tin., a été indiquée à
plusieurs reprises en Corse. L'*A. crassifolia* est étranger à l'Europe.

554. **A. patula** L. *Sp.* ed. 1, 1053 (1753); Moq. in DC. *Prodr.* XIII,
2, 95; Gr. et Godr. *Fl. Fr.* III, 13; Coste *Fl. Fr.* III, 178 = *A. angustifolia* Sm. *Fl. brit.* 1092 (1804).

Hab. — Friches, jachères, moissons des étages inférieur et monta-
tagnard. Juill.-sept. ①. Répandu et fréquent dans l'île entière.

Les formes corses de cette espèce polymorphe devront être soumises
à une analyse ultérieure que les matériaux existants ne permettent pas
d'entreprendre utilement. Il en va souvent ainsi pour des espèces vulgaires que l'on note à la rigueur, mais que l'on récolte rarement.

555. **A. littoralis** L. *Sp.* ed. 1, 1054 (1753); Moq. in DC. *Prodr.*
XIII, 2, 96; Gr. et Godr. *Fl. Fr.* III, 13; Coste *Fl. Fr.* III, 178.

Hab. — Prairies maritimes; halophile. Juill.-oct. ①. Probablement
répandu, mais peu observé. De Bastia à Biguglia (Salis in *Flora* XVII,
Beibl. II, 11); la Parata (Mars. *Cat.* 121); Boullu in *Bull. soc. bot. Fr.*
XXVI, 82); Santa Manza (Moq. in herb. Deless.!); Bonifacio (Req. in
herb. Deless.!)

Espèce bien voisine de l'*A. patula*, dont elle n'est peut-être qu'une
sous-espèce, s'en distinguant cependant par les feuilles bien plus étroites,
à limbe linéaire ou linéaire-lancéolé non dilaté à la base, par le périgone
à valves fortement muriquées à la maturité.

556. **A. hastata** L. *Sp.* ed. 1, 1054 (1753); Moq. in DC. *Prodr.* XIII,
2, 96; Gr. et Godr. *Fl. Fr.* III, 12; Coste *Fl. Fr.* III, 178.

Hab. — Prairies et sables maritimes; halophile. Juill.-sept. ①-♃. —
Deux variétés :

α. Var. **genuina** Gr. et Godr. *Fl. Fr.* III, 12 (1855) = *A. patula* Sm.
Fl. brit. 1091 (1804); non L. = *A. patula* var. *genuina* Godr. *Fl. Lorr.*
II, 245 (1843) = *A. patula* var. β Bert. *Fl. it.* X, 418; (1854).

Hab. — De 'Bastia à Biguglia (Salis in *Flora* XVII, Beibl. II, 11;

Boullu in *Bull. soc. bot. Fr.* XXIV, sess. extr. LXIV) ; Calvi (Soleirol ex Bert. *Fl. it.* X, 419) ; île Mezzomare (Lutz in *Bull. soc. bot. Fr.* XLVIII, sess. extr. CXXVII).

Plante dressée, robuste, à feuilles hastées, vertes, glabrescentes. Périgone à divisions triangulaires, planes, développées. Semences volumineuses, planes, généralement ponctuées et opaques, bordées d'un sillon sur les bords.

β. Var. **salina** Gr. et Godr. *Fl. Fr.* III, 12 (1855) ; Boiss. *Fl. or.* IV, 909 = *A. græca* Willd. *Sp. pl.* IV, 958 (1806) = *A. patula* var. *salina* Wallr. *Sched. crit.* 506 (1822) = *A. latifolia* var. *maritima* G. F. W. Mey. *Chl. hann.* 468 (1836) = *A. latifolia* var. *salina* Koch *Syn.* ed. 1, 611 (1837) = *A. hastata* var. *oppositifolia* Moq. in DC. *Prodr.* XIII, 2, 95 (1849) = ? *Obione græca* Moq. l. c. 108 (1849) ; Gr. et Godr. *Fl. Fr.* III, 14 ; p. p. quoad pl. corsicam.

Hab. — Biguglia (Mab. ex Mars. *Cat.* 122).

Plante à rameaux souvent couchés à la base, plus grêles, à feuilles deltoïdes ou subhastées ± blanches-farineuses. Périgone à divisions rhomboïdales, un peu convexes. Graines petites, convexes, généralement lisses et dépourvues de sillon sur les bords, parfois aussi ponctuées.

Cette variété extrême est reliée par de nombreuses formes de transition avec la précédente et ne saurait en être séparée spécifiquement, bien qu'elle paraisse au premier abord assez distincte. Elle a d'ailleurs donné lieu à des confusions sérieuses. Tournefort (*Cor.* 38) paraît l'avoir signalée sous le nom de « Atriplex græca fruticosa humifusa Halimi folio ». Willdenow (l. c.) a reproduit l'indication de la tige frutescente dans la diagnose de son *A. græca*. Il faut arriver à Boissier (l. c.) pour trouver cette correction basée sur l'original de Willdenow : « Specimen non fruticosum ut ait cl. auctor, sed inferne induratum ! ». Viviani [*Fl. cors. diagn.* 16 (1824)] a signalé en Corse l'espèce de Willdenow, mais sans la décrire et sans indiquer de localité. Loiseleur [*Fl. gall.* ed. 2, 1, 217 (1828)] a répété l'indication de Viviani. Moquin-Tandon, dans le *Prodromus* (l. c.), a décrit notre variété sous le nom d'*A. hastata* var. *oppositifolia*, en citant un synonyme (*A. patula* γ *farinosa* DC. «fl. fr. 2, p. 113 ») que nous n'avons su retrouver dans aucune des publications de A.-P. de Candolle, en particulier pas dans la *Flore française*. Quant à l'*A. græca* Willd., il figure comme espèce distincte sous le nom d'*Obione græca* Moq. (l. c. 108). Des trois localités attribuées par l'auteur à cet *Obione græca*, celle de l'île de Paros mentionnée d'après Willdenow appartient à l'*A. hastata* var. *salina* ; l'original provenant d'Acerbi, conservé dans l'herbier DC., se rapportant à la localité égyptienne, et qui a servi à établir la description, nous a paru appartenir à l'*A. leucocladum* Boiss. [*Diagn. pl. or.*, ser. 1, XII, 95 (1853) et *Fl. or.* IV, 915] ou à une une forme voisine du même groupe ; la troisième, celle de Corse, n'est pas représentée dans l'herbier du *Prodromus*. Malgré le signe ! dont

Moquin fait suivre cette indication, il est fort possible que l'*Obione græca*
Moq. de Corse — lequel n'est certainement pas l'*A. leucocladum* Boiss.,
espèce complètement étrangère à cette partie du bassin méditerranéen
— appartienne à l'*A. hastata* var. *salina* ou peut-être à l'*A. Tornabeni*. Les
doutes à ce sujet ne pourront être levés que lorsque l'original de Moquin-
Tandon aura été retrouvé et identifié. — Grenier et Godron ont reproduit la description de Moquin, mais déclarent expressément n'avoir pas
vu la plante corse. La confusion faite par Moquin-Tandon a malheureusement passé telle quelle — y compris le synonyme Candolléen
introuvable cité par Moquin — dans les *Plantae europææae* de M. Gürke
(p. 148). — Ajoutons, pour terminer, que le caractère emprunté aux
feuilles opposées ou alternes est, comme l'ont très justement fait
observer Grenier et Godron, très variable et ne saurait justifier les
distinctions spécifiques (*A. oppositifolia* DC., *A. prostrata* Bouch.) qu'il
a servi à établir. Les caractères tirés des graines sont aussi singulièrement peu stables.

557. **A. Halimus** L. *Sp.* ed. 1, 1052 (1753) ; Moq. in DC. *Prodr.*
XIII, 2, 100 ; Gr. et Godr. *Fl. Fr.* III, 11 ; Coste *Fl. Fr.* III, 176.

Hab.—Sables maritimes ; halophile. Août-sept. 5. Peu fréquent. Bastia
(Petit in *Bot. Tidsskr.* XIV, 248) ; Calvi (Lutz in *Bull. soc. bot. Fr.* XLVIII,
56) ; île Mezzomare (Lutz ibid., sess. extr. CXXXVII) ; Porto-Vecchio (Lutz
ibid., 56) ; parfois planté, ainsi : dans les haies du château des Cannes
près d'Ajaccio (Req. *Cat.* 8 ; Mars. *Cat.* 121 ; Boullu in *Bull. soc. bot. Fr.*
XXIV, sess. extr. XCVI) et à Porto-Vecchio (Fliche in *Bull. soc. bot. Fr.*
XXXVI, 363).

558. **A. rosea** L. *Sp.* ed. 2, 1493 (1763) ; Moq. in DC. *Prodr.* XIII,
2, 92 ; Gr. et Godr. *Fl. Fr.* III, 10 ; Coste *Fl. Fr.* III, 177. — Exsicc. Mab.
n. 388 ! ; Debeaux ann. 1867 sub : *A. rosea* !

Hab. — Sables maritimes ; halophile. Août-sept. ①. Disséminé. De
Bastia à Biguglia (Salis in *Flora* XVII, Beibl. II, 10 ; Mab. exsicc. cit. et
ap. Mars. *Cat.* 121 ; Debeaux exsicc. cit. ; Gillot in *Bull. soc. bot. Fr.*
XXIV, sess. extr. XLIV ; et autres observateurs) ; Calvi (Soleirol ex Bert.
Fl. it. X, 413 ; Fouc. et Sim. *Trois sem. herb. Corse* 156) ; Ajaccio (Boullu
in *Ann. soc. bot. Lyon* XXIV, 73 ; Blanc in *Bull. soc. bot. Lyon*, sér. 2,
VI, 7) ; Bonifacio (Req. in herb. Deless. !) ; jadis subspontané sur les
glacis de la citadelle de Corté (Salis l. c. ; Mars. l. c.).

Espèce polymorphe, dont les variations paraissent être en partie dues
à l'action du milieu et n'ont peut-être pas un caractère héréditaire. On
a signalé en Corse une variété *parvifolia* Moq. [*Chenop. enum.* 58 (1840)

et in DC. *Prodr.* l. c.], canescente, à feuilles très petites, subovées ou subarrondies, faiblement dentées.

A. laciniata L. *Sp.* ed. 1, 1053 ; Asch. in *Ind. sem. hort. bot. berol.* ann. 1872, 2 ; Buchen. *Fl. nordwestd. Tiefebene* 195 et *Fl. ostfr. Ins.* ed. 3, 99 = *A. albicans* Willd. *Sp. pl.* IV, 2, 962 (1806) ; non Ait. = *A. farinosa* Dum. *Fl. belg.* 20 (1827) = *A. arenaria* Woods in Bab. *Man. brit. fl.* ed. 3, 271 (1851) ; non Kunth = *A. crassifolia* Gr. et Godr. *Fl. Fr.* III, 10 (1855) p. p. = *A. maritima* Hallier in *Bot. Zeit.* XXI, Beil. 10 (1863) = *A. sabulosa* Rouy in *Bull. soc. bot. Fr.* XXXVII, sess. extr. XX (1890) = *A. Tornabeni* var. *occidentalis* Rouy in *Bull. soc. bot. Fr.* XXXVII, sess. extr. XX (1890) = *A. Tornabeni* Coste *Fl. Fr.* III, 177 p. p.

Cette plante atlantique, étrangère au domaine méditerranéen, n'a été indiquée en Corse que par confusion avec l'*A. tatarica* L. L'*A. laciniata* diffère des *A. tatarica* et *Tornabeni* par l'inflorescence feuillée ; il est voisin de l'*A. rosea* et s'en distingue par les valves du fruit membraneuses, rhomboïdales-ovées, denticulées.

559. A. tatarica L. *Sp.* 1, 1053 (1753) = *A. laciniata* Koch *Syn.* ed. 1, 611 (1837) ; Moq. in DC. *Prodr.* XIII, 2, 93 ; Gr. et Godr. *Fl. Fr.* III, 11 ; Coste *Fl. Fr.* III, 177 ; non L.

Hab. — Sables maritimes ; halophile. Juill.-oct. ①. Rare ou peu observé. Signalé en Corse pour la première fois (sans doute d'après des échant. de Soleirol) par Duby (*Bot. gall.* 398). La Parata (Lit. in *Bull. acad. géogr. bot.* XVIII, 111) ; Ajaccio (Req. et Soleirol ex Bert. *Fl. it.* X, 415 ; Boullu in *Ann. soc. bot. Lyon* XXIV, 73) ; Bonifacio (Boy. *Fl. Sud Corse* 63).

560. A. Tornabeni Tineo in Guss. *Fl. sic. syn.* II, 589 (1844) ; Ces. Pass. et Gib. *Comp. fl. it.* 276 = *A. crassifolia* Gr. et Godr. *Fl. Fr.* III, 10 (1855) p. p. ; non C. A. Mey. = *A. Tornabeni* var. *genuina* Rouy in *Bull. soc. bot. Fr.* XXXVII, sess. extr. XX (1890) = *A. Tornabeni* Coste *Fl. Fr.* III, 177 p. p. — Exsicc. Burn. ann. 1900, n. 174!

Hab. — Sables maritimes ; halophile. Juill.-oct. ①. Peu observé, mais abondant dans les localités ci-après. La Parata (Burn. exsicc. cit.) ; Ajaccio (Mars. *Cat.* 121) ; Bonifacio (Soulié ex Coste in *Bull. soc. bot. Fr.* XLVIII, sess. extr. CXXIII ; Boy. *Fl. Sud Corse* 63).

Diffère des *A. laciniata* et *rosea* par les inflorescences aphylles (bractées parfois foliacées à la base des épis). Plus voisin de l'*A. tatarica*, dont il s'écarte par les tiges couchées, les feuilles petites, très largement ovées-subdeltoïdes, souvent plus larges que longues, superficiellement subsinuées-dentées, les fruits à valves rhomboïdales, ± lisses.

Nos échantillons corses cadrent parfaitement avec le type de Sicile. Au surplus, nous convenons volontiers que l'inventaire actuel des *Atriplex* corses pourra subir dans la suite des modifications. Le rang hiérarchique des divers membres des sections *Teutliopsis* Dum. (n. 554-557) et *Sclerocalymna* Asch. (n. 558-560) ne peut pas être établi correctement d'après l'unique examen de matériaux d'une flore donnée, fût-ce même celle d'un pays relativement étendu, tel que la France ou l'Italie. Aussi croyons-nous que des réductions opérées sur l'échelle adoptée par MM. Fiori et Paoletti (*Fl. anal. It.* I, 305-307) sont prématurées. Elles exigeraient, pour être sérieusement motivées, une étude monographique, faite à fond, du genre *Atriplex* tout entier. Malheureusement, nous ne possédons pas encore de travail de ce genre, et il faut dès lors se contenter d'un exposé provisoire.

561. **A. portulacoides** L. *Sp.* ed. 1. 1053 (1753); DC. *Fl. fr.* III, 385; Lois. *Fl. gall.* ed. 2, I, 217; Coste *Fl. Fr.* III, 176 = *Obione portulacoides* Moq. *Chenop. enum.* 75 (1840) et in DC. *Prodr.* XIII, 2, 112; Gr. et Godr. *Fl. Fr.* III, 14. — Exsicc. Kralik sub: *A. portulacoides*!; Deb. sub: *Obione portulacoides*!; Reverch. ann. 1885, n. 389!; Burn. ann. 1900, n. 174!

Hab. — Sables maritimes; halophile. Juill.-sept. ♃. Répandu. De Bastia à Biguglia (Salis in *Flora* XVII, Beibl. II, 10; Debeaux exsicc. cit.; Boullu in *Bull. soc. bot. Fr.* XXIV, sess. extr. LXIV; Fliche ibid. XXXVI, 363); St-Florent (Kralik exsicc. cit.; Mars. *Cat.* 121; Fouc. et Sim. *Trois sem. herb. Corse* 156); Ile Rousse (Soleirol ex Bert. *Fl. it.* X, 411; Mars. l. c.; Fouc. et Sim. l. c.); la Parata (Mars. l. c.; Burn. exsicc. cit. l. c.); Ajaccio (Boullu l. c. LXXXVIII); Tizzano (Rotgès in litt.); îles de Lavezzi et de Cavallo (Mars. l. c.); Bonifacio (Req. in herb. Deless.; Reverch. exsicc. cit.; Boy. *Fl. Sud Corse* 63).

Les variations portent dans cette espèce sur la taille des individus et l'étroitesse relative des feuilles; elles sont d'ordre purement individuel.

CAMPHOROSMA L.

562. **C. monspeliaca** L. *Sp.* ed. 1, 122 (1753); Moq. in DC. *Prodr.* XIII, 2, 125; Gr. et Godr. *Fl. Fr.* III, 26; Coste *Fl. Fr.* III, 187. — Exsicc. Soleirol n. 3656!

Hab. — Rochers et garigues de l'étage inférieur, sur le littoral. Sept.-oct. ♃. Pas fréquent, mais abondant dans les localités ci-après. Calvi (Mars. *Cat.* 122); Girolata (Soleirol exsicc. cit. et ap. Bert. *Fl. it.* I, 204); Bonifacio (Salis in *Flora* XVII, Beibl. II, 10; Req.!; Seraf. ex Bert. l. c.; Mars. l. c.; et nombreux autres observateurs).

La plante corse appartient à la var. **canescens** Moq. [*Chenop. enum.* 99 (1840) et in DC. *Prodr.* XIII, 2, 126], à rameaux densément pubescents-blanchâtres, à feuilles ± velues-cendrées.

BASSIA All.

† 563. **B. hirsuta** Aschers. in Schweinf. *Beitr. Fl. Aeth.* 187 (1867) = *Chenopodium hirsutum* L. *Sp.* ed. 1, 221 (1753) = *Kochia hirsuta* Nolte *Nov. fl. hols.* 24 (1826); Gr. et Godr. *Fl. Fr.* III, 25; Coste *Fl. Fr.* III, 188 = *Suaeda hirsuta* Reichb. *Fl. germ. exc.* 580 (1831) = *Wille-metia hirsuta* Moq. in *Ann. sc. nat.*, sér. 2, I, 210 (1834) = *Echinopsilon hirsuta* Moq. in *Ann. sc. nat.* sér. 1, II, 127 (1834) et in DC. *Prodr.* XIII, 2, 136.

Hab. — Sables maritimes; halophile. Août-sept. ①. Rare ou passé inaperçu. Ile de l'étang de Biguglia (ile de S. Damiano, Salis in *Flora* XVII, Beibl. II, 10). A rechercher sur les berges des lagunes de la côte orientale.

ARTHROCNEMUM Moq.

† 564. **A. glaucum** Ung.-Sternb. in *Atti congr. bot. intern. Fir.* ann. 1874, 283 (1876) = ?? *Salicornia virginica* Forsk. *Fl. aeg.-arab.* 2 (1775) = *Salicornia fruticosa* Ten. *Fl. nap.* 1, 2 (1811); non L. = *Salicornia glauca* Delile *Fl. Aeg.* 69 (1813) = *Salicornia macrostachya* Moric. *Fl. venet.* 1, 2 (1820); Gr. et Godr. *Fl. Fr.* III, 29; Duv.-Jouv. in *Bull. soc. bot. Fr.* XV, 174; Coste *Fl. Fr.* III, 191 = *A. fruticosum* var. *macrostachyum* et var. *glaucum* Moq. *Chenop. enum.* 112 (1840) et in DC. *Prodr.* XIII, 2, 151 p. max. p. = *Salicornia fruticosa* β *pachystachya* Koch *Syn.* ed. 2, 693 (1844) = *A. macrostachyum* Mor. et Delp. in *Ind. sem. hort. bot. taur.* ann. 1854, 35.

Hab. — Sables maritimes; halophile. Juill.-sept. ♃. Signalé d'abord en Corse par Duby (*Bot. gall.* 395), mais peu observé. St-Florent (Gysperger in Rouy *Rev. bot. syst.* II, 112); Porto-Vecchio (Gysperger in Rouy l. c. 120); Bonifacio (Boy. *Fl. Sud Corse* 64).

1907. — Sables maritimes à St-Florent, 23 avril!

Cette espèce, confondue avec le *Salicornia fruticosa* par Moquin-Tandon et la plupart des anciens auteurs, a été fort bien élucidée par Ungern-Sternberg et par Duval-Jouve. A l'état stérile, il faut recourir à l'anatomie pour distinguer les *A. glaucum* et *Salicornia fruticosa*. L'*A. glaucum* présente des fibres dans le parenchyme de la fausse écorce primaire formée par les bases décurrentes des feuilles, tandis que dans le *S. fruticosa*, ces fibres manquent, mais il existe des cellules macro-cytiques spirifères lesquelles font défaut à l'*Arthrocnemum*. Indépendamment des différences dans le mode de ramification à la maturité (voy. Ungern-Sternberg l. c. 287 et Duval-Jouve l. c. 132-140 et 171), les semences permettent de séparer absolument les deux types. Dans l'*Arthrocnemum*, l'albumen est latéral-ventral, l'embryon dorsal, dressé, semi-annulaire à cotylédons ascendants, le test de la semence est lisse ou papilleux. Dans le *Salicornia fruticosa*, l'albumen manque, l'embryon remplit le cœlum de la semence, il est conduplíqué, à cotylédons descendants, le test de la semence est couvert de petits poils oncinés. Ces caractères équivalent certainement à ceux qui ont souvent servi à motiver des coupes géné-riques dans les Chénopodiacées.

SALICORNIA L.

565. **S. fruticosa** L. *Sp.* ed. 2, 5 (1762) ; Gr. et Godr. *Fl. Fr.* III, 28 ; Ung.-Sternb. in *Att. cong. bot. intern. Fir.* 264 (1874) emend. ; Duv.-Jouve in *Bull. soc. bot. Fr.* XV, 172 ; Coste *Fl. Fr.* III, 196 = *Arthrocne-mum fruticosum* Moq. *Chenop. enum.* 112 (1840) et in DC. *Prodr.* XIII, 2, 15, p. p. — Exsicc. Reverch. ann. 1885, n. 316 !

Hab. — Sables maritimes, berges des marais salants, de préférence sur les points non inondés ; halophile. Juill.-sept. ♃. Assez répandu. Bastia à S. Firenze (Burnat ann. 1847 !) et de Bastia à Biguglia (Salis in *Flora* XVII, Beibl. II, 10 ; Mab. ex Mars. *Cat.* 123 ; Boullu in *Bull. soc. bot. Fr.* XXIV, sess. extr. LXIV ; Sargnon in *Ann. soc. bot. Lyon* VI, 64 ; Rotgès in litt.) ; St-Florent [Soleirol ex Bert. *Fl. it.* I, 18 (mais confondu avec le n. 564 !) ; Mars. l. c.] ; Porto-Vecchio (Seraf. ex Bert. l. c. ; Revel. ap. Mars. l. c.) ; grande île Lavezzi (Mars. l. c.) ; Bonifacio (Seraf. ex Bert. l. c. ; Reverch. exsicc. cit. ; Boullu in *Ann. soc. bot. Lyon* XXIV, 73 ; Boy. *Fl. Sud Corse* 64).

† 566. **S. radicans** Sm. *Engl. Bot.* tab. 1691 (1807) ; Coste *Fl. Fr.* III, 190 = *S. fruticosa* var. β Bert. *Fl. it.* I, 18 (1833) = *S. fruticosa* var. *radicans* Gr. et Godr. *Fl. Fr.* III, 28 = *S. sarmentosa* Duv.-Jouve in *Bull. soc. bot. Fr.* XV, 174 (1868).

Hab. — Sables maritimes, berges des marais salants, de préférence sur les points très humides ou inondés ; halophile. Juill.-sept. ♃-♄. Plus rare que l'espèce précédente. Bastia (Soleirol ex Bert. *Fl. it.* I, 18) ; Porto-Vecchio (Seraf. ex Bert. l. c. ; Gysperger in Rouy *Rev. bot. syst.* II,

120) ; Bonifacio (Seraf. ex Bert. l. c. ; Shuttl. *Enum.* 18 ; Boullu in *Ann. soc. bot. Lyon* XXIV, 73 ; Boy. *Fl. Sud Corse* 64).

Rattachée à l'espèce précédente comme simple forme par plusieurs auteurs, en particulier par Ungern-Sternberg, cette espèce s'en écarte cependant, comme l'a mòntré Duval-Jouve (l. c.), par un certain nombre de caractères constants, mais qui ne sont pas toujours aisés à constater sur les échant. des herbiers, incomplets, stériles ou non fructifiés. Les principaux de ces caractères sont les suivants : port moins élevé et plus grêle ; rameaux couchés à la base ; épis plus grêles ; écusson atteignant presque la marge des feuilles supraposées (n'occupant que les deux tiers des feuilles supraposées dans le *S. fruticosa*) ; semences pourvues de poils oncinés (parsemées de courtes papilles coniques dans le *S. fruticosa*).

567. **S. herbacea** L. *Sp.* ed. 2, 5 (1762) ; Moq. in DC. *Prodr.* XIII, 2, 144 ; Gr. et Godr. *Fl. Fr.* III, 27 ; Ung.-Sternb. in *Att. congr. bot. intern. Fir.* 307 ; Coste *Fl. Fr.* III, 190.

Hab. — Sables maritimes, marais salants ; halophile. Juill.-sept. ④. Assez rare. St-Florent (Mars. *Cat.* 122) ; Biguglia (Mab. ap. Mars. l. c. ; Boullu in *Bull. soc. bot. Fr.* XXIV, sess. extr. LXIV ; Bonifacio (Req. in herb. Deless. !).

On peut distinguer à l'intérieur de ce type les deux variétés suivantes :

α. Var. **stricta** G. W. F. Mey. in *Hann. Mag.* ann. 1824, 178 ; Buchen. *Fl. nordwestd. Tiefeb.* 193 = *S. stricta* Dum. in *Bull. soc. roy. bot. Belg.* VII, 332-34 (1868) = *S. Emerici* Duv.-Jouve in *Bull. soc. bot. Fr.* XV, 176 (1868).

Tige dressée, haute de 15-30 cm., à rameaux érigés, raides. Epi grêle, atténué vers le sommet, long de 3-6 cm. Groupe floral triangulaire, à angles ± aigus, à fleur médiane rhomboïdale. Semence longue de 1,25 mm., pourvue de petits poils incurvés.

β. Var. **patula** Buchen. *Fl. nordwestd. Tiefeb.* 192 (1894) = *S. patula* Duv.-Jouve in *Bull. soc. bot. Fr.* XV, 175 (1868) = ? *S. herbacea* var. *erecta* Lange *Haandb. dansk. Fl.* ed. 4, 273 (1886-88).

Tige dressée ou ascendante, haute de 5-20 cm., à rameaux étalés. Epis courts (1-3 cm.), obtus, épais. Groupe floral en triangle sphérique, à fleur médiane ± arrondie. Semence atteignant presque 1 mm., pourvue de poils droits (oncinés au sommet), ceux de la partie inférieure dirigés vers le haut, ceux de la partie supérieure dirigés vers le bas.

Nous n'avons *vu* de Corse que la var. α ; il conviendra de rechercher la variété β qui, abondante sur plusieurs points du littoral voisin de Provence et d'Italie, se trouvera très probablement en Corse. Nous ne pensons pas que la valeur systématique des deux groupes ci-dessus, si admirablement étudiés par Duval-Jouve soit supérieure à celle de simples races, car l'examen de matériaux méditerranéens abondants ne tarde pas à mettre en évidence des formes intermédiaires qui les relient l'un avec l'autre, ce qui confirme les observations faites par M. Buchenau (l. c. 193) sur le littoral de la mer du Nord.

SUAEDA Forsk.

568. **S. fruticosa** Moq. *Chenop. enum.* 122 (1840) et in DC. *Prodr.* XIII, 2, 156 ; Gr. et Godr. *Fl. Fr.* III, 29 ; Coste *Fl. Fr.* III, 191 = *Chenopodium fruticosum* L. *Sp.* ed. 1, 221 (1753) = *Salsola fruticosa* L. *Sp.* ed. 2, 324 (1762) ; Bert. *Fl. it.* III, 58.— Exsicc. Sieber sub : *Chenop. fruticosum* ! ; Soleirol n. 3642 !

Hab. — Rochers maritimes, marais salants ; halophile. Mai-juill. ♃. Disséminé, mais abondant. Bastia (Req. *Cat.* 12) ; Biguglia (Salis in *Flora* XVII, Beibl. II, 10 ; Mab. ap. Mars. *Cat.* 123 ; Boullu in *Bull. soc. bot. Fr.* XXIV, sess. extr. LXIV) ; St-Florent (Soleirol exsicc. cit. et ap. Bert. *Fl. it.* III, 59 ; Mars. l. c.) ; Porto (Req. l. c.) ; Bonifacio (Sieber exsicc. cit. ; Req.! ; Mars. l. c. ; et nombreux autres observateurs).

Les individus de cette espèce se présentent en Corse à feuilles courtes ou plus longues, avec les extrêmes croissant souvent pêle-mêle avec des formes intermédiaires, et dans des conditions telles que nous avons dû renoncer à distinguer à ce point de vue même des sous-variétés.

† 569. **S. maritima** Dumort. *Fl. belg.* 22 (1827) ; Gr. et Godr. *Fl. Fr.* III, 30 ; Coste *Fl. Fr.* III, 192 = *Chenopodium maritimum* L. *Sp.* ed. 1, 22 (1753) = *Salsola maritima* Marsch.-Bieb. *Tabl. prov. Casp.* 150 (1798) ; Bert. *Fl. it.* III, 59. — Exsicc. Soleirol n. 3641 !

Hab. — Sables maritimes ; halophile. Juill.-août. ①. Peu fréquent. De Bastia à Biguglia (Salis in *Flora* XVII, Beibl. II, 10) ; St-Florent (Soleirol exsicc. cit. et ap. Bert. *Fl. it.* III, 60) ; Porto-Vecchio (Seraf. ex Bert. l. c.) ; Bonifacio (Boy. *Fl. Sud Corse* 64).

SALSOLA L. emend.

† 570. **S. Soda** L. *Sp.* ed. 1, 223 (1753) ; Moq. in DC. *Prodr.* XIII, 2, 189 ; Gr. et Godr. *Fl. Fr.* III, 32 ; Coste *Fl. Fr.* III, 193.

Hab. — Sables et prairies maritimes ; halophile. Août-sept. Assez rare. Sᵗ-Florent (Soleirol ex Bert. *Fl. it.* III, 55) ; Porto-Vecchio (Soleirol ex Bert. l. c.) ; Bonifacio (Lutz in *Bull. soc. bot. Fr.* XLVIII, sess. extr. CXL ; Boy. *Fl. Sud Corse* 64).

571. **S. Kali** L. *Sp.* ed. 1, 222 (1753) ; Moq. in DC. *Prodr.* XIII, 2, 187 ; Coste *Fl. Fr.* III, 193. — En Corse seulement la race suivante :

α. Var. **polysarca** G. F. W. Mey. *Chl. hann.* 470 (1836); Buchen. *Fl. nordwestd. Tiefeb.* 192 = *S. Kali* var. *crassifolia* Fenzl in Ledeb. *Fl. ross.* III, 798 (1849) = *S. Kali* Gr. et Godr. *Fl. Fr.* III, 31 (1855). — Exsicc. Sieber sub : *Salicornia fruticosa* ! (in herb. Deless.; sched. commutata ?).

Hab. — Sables maritimes ; halophile. Août-sept. ①. Répandue et abondante sur les côtes orientale et occidentale du Cap Corse à Bonifacio.

Rameaux rapprochés ; feuilles lancéolées-linéaires, subulées, d'abord charnues, puis devenant rigides et pourvues d'un mucron spinescent long de 1-3 mm.

On peut distinguer les deux sous-variétés suivantes :

α¹ subvar. **hirsuta** Briq. = *S. decumbens* Lamk *Fl. fr.* III, 240 (1778) = *S. Kali* var. *pontica* Pall. *Illustr.* 37, tab. 19 (1803) = *S. Kali* var. *hirsuta* Hornem. *Oec. plant.* ed. 3, I, 293 (1821) = *S. Kali* var. *hirta* Ten. *Syll. fl. neap.* 124 (1831); Moq. in DC. *Prodr.* XIII, 2, 187 = *S. Kali* var. *vulgaris* Koch *Syn.* ed. 2, 693 (1844) = *S. Kali* var. *crassifolia* lusus 1 Fenzl in Ledeb. *Fl. ross.* III, 798 (1851). — Plante ± pourvue de poils étalés ; périgone à divisions généralement développées en aile membraneuse.

α¹ subvar. **glabra** Briq. = *S. Tragus* L. *Sp.* ed. 2, 322 (1762) = *S. spinosa* Lamk *Fl. fr.* III, 240 (1778) = *S. Kali* var. *glabra* Dethard. *Consp. fl. megapol.* 25 (1828) = *S. Kali* var. *brevimarginata* Koch *Syn.* ed. 2, 693 (1844) = *S. Kali* var. *Tragus* Moq. in DC. *Prodr.* XIII, 2, 187 (1849) = *S. Kali* var. *crassifolia* lusus 2 Fenzl in Ledeb. *Fl. ross.* III, 798 (1851) = *S. Kali* var. *calvescens* Gr. et Godr. *Fl. Fr.* III, 31 (1856) = *S. Kali* var. *marginata* Celak. *Prodr. Fl. Böhm.* 155 (1871). — Plante ± glabre dans toutes ses parties; périgone à divisions généralement réduites à une aile membraneuse.

Mais il convient de remarquer : 1º que la concomitance des caractères d'indument et de développement des ailes périgonales tout en étant fréquente, n'est pas absolument constante ; 2º que l'on trouve tous les passages entre les formes extrèmes ; 3º que les différentes formes de divisions périgonales sont parfois réunies sur les divers rameaux d'un seul et même individu, cas qui a motivé la création du *S. Kali* var. *mixta* Koch [*Syn.* ed. 2, 693 (1844)]. Pour toutes ces raisons, nous ne pouvons donner qu'une très faible valeur systématique à ces diverses formes, qui ne constituent en tous cas pas des races.

β. Var. **tenuifolia** G. F. W. Mey. *Chl. hann.* 470 (1836); Buchen. *Fl. Nord-westd. Tiefeb.* 192 = *S. turgida* Dum. *Fl. belg.* 23 (1827 et in *Bull. soc. roy. bot. Belg.* VII, 332 = *S. Kali* var. *angustifolia* Fenzl in Ledeb. *Fl. ross.* III, 798 (1851) = *S. Tragus* Gr. et Godr. *Fl. Fr.* III, 32 (1855).

Hab. — Rivages sablonneux; non ou à peine halophile. Cette variété, mentionnée ici par comparaison, manque en Corse.

Rameaux grêles, ± dressés, allongés; feuilles très fines, allongées-filiformes, non épaissies-charnues, à peine mucronées-spinescentes au sommet. — Présente au point de vue de l'indument les mêmes variations que la race précédente (voy. Fenzl l. c.).

AMARANTHACEAE

AMARANTHUS L. [1]

572. **A. retroflexus** L. *Sp.* ed. 1, 991 (1753) ; Moq. in DC. *Prodr.* XIII, 2, 258; Gr. et Godr. *Fl. Fr.* III, 5; Coste *Fl. Fr.* III, 172. — Exsicc. Reverchon ann. 1878, sub : *A. retroflexus* !

Hab. — Bords des routes, voisinage des habitations, décombres dans les étages inférieur et montagnard. Juill.-sept. ①. Probablement répandu, mais peu observé. Env. de Bastia (Salis in *Flora* XVII, Beibl. II, 11); Ghisoni (Rotgès in litt.); Ajaccio (Mars. *Cat.* 120 ; Boullu in *Bull. soc. bot. Fr.* XXIV, sess. extr. XCVI) ; Bastelica (Reverch. exsicc. cit.).

†† 573. **A. patulus** Bert. *Comm. de itin. neap.* 19, tab. 2 (1837) et *Fl. it.* X, 193 ; Gr. et Godr. *Fl. Fr.* III, 4 ; Coste *Fl. Fr.* III, 172 = *A. chlorostachys* Morett. *Mem.* I, 300 ; Moq. in DC. *Prodr.* XIII, 2, 259 p. p.; non Willd = *A. Delilei* Richt. et Loret in *Bull. soc. bot. Fr.* XIII, 316 (1866).

Hab. — Comme l'espèce précédente. Signalé seulement à Ajaccio (Petit in *Bot. Tidsskr.* XIV, 248).

† 574. **A. græcizans** L. *Sp.* ed. 1, 990 (1753) emend. Aschers. et Schweinf. *Ill. fl. Eg.* 132; Gürke *Pl. eur.* II, 173; De Wild. et Dur. *Prodr. fl. belg.* II, 221 ; Dalla Torr. et Sarnth. *Fl. Tir.* VI, 22 = *A. Blitum* L.

---

[1] Linné [*Sp.* ed. 1, 989 (1753) et *Gen.* ed. 5, 427 (1754)] a écrit *Amaranthus*, et non pas *Amarantus*, comme l'a fait Moquin-Tandon. On peut discuter sur l'origine du nom : les uns le font dériver de ἀ privatif et μαραίνω, je flétris, soit ἀμάραντος, *immarcescible*; les autres font entrer le mot ἄνθος dans la composition du nom, lequel signifierait, au moyen d'une crase un peu hardie, *à fleurs immarcescibles*. Quoi qu'il en soit de cette discussion étymologique, la graphie linnéenne doit être conservée (*Règl. nomencl.* art. 24 et 57).

Sp. ed. 1, 990 (1753) p. p. : Moq. in DC. *Prodr.* XIII, 2, 263 ; Bert. *Fl. it.* X, 187 = *A. viridis* L. *Sp.* ed 2, 1405 (1763) p. p.

Linné comprenait sous le nom d'*A. Blitum*, dans l'édition 1 du *Species*, l'*A. silvestris* Desf. et aussi l'*A. ascendens* Lois., ce qui est confirmé par son herbier. On a dans la suite appliqué les épithètes spécifiques *Blitum* et *viridis* tantôt à l'un, tantôt à l'autre des deux groupes. L'emploi de ces termes est de nature à entretenir une confusion perpétuelle. Aussi partageons-nous entièrement l'avis de MM. Schinz et Thellung qui ont proposé (in *Bull. herb. Boiss.* 2ᵉ sér., VII, 178) de les abandonner complètement, en se basant sur l'art. 51, 4ᵉ des *Règles de la nomenclature*. Le plus ancien nom donné à une forme de ce groupe spécifique, dont l'*A. silvestris* Desf. est le représentant le plus connu, est celui de *graecizans* : il doit être conservé dans le sens élargi que lui ont donné les auteurs désignés ci-dessus. — En Corse seulement la race suivante :

† Var. **silvestris** Briq. = *A. silvestris* Desf. *Tabl.* éd. 1, 44 (1804) ; Lois. *Not.* 140 ; Gr. et Godr. *Fl. Fr.* III, 4 ; Coste *Fl. Fr.* III, 173 = *A. Blitum* var. *silvestris* Moq. in DC. *Prodr.* XIII, 2, 263 (1849).

Hab. — Oliveraies, friches, jachères, cultures, décombres dans l'étage inférieur. Juill.-sept. ①. Probablement pas rare, mais peu observée. Calvi (Soleirol ex Bert. *Fl. it.* X, 188).

Feuilles oblongues-rhomboïdales, ondulées au bord, ± obtuses-arrondies, les inférieures parfois faiblement émarginées.

575. **A. albus** L. *Syst.* ed. 10, 1268 (1759) ; Moq. in DC. *Prodr.* XIII, 2, 264 ; Gr. et Godr. *Fl. Fr.* III, 6 ; Coste *Fl. Fr.* III, 173. — Exsicc. Kralik n. 755 ! ; Mab. n. 51 !

Hab. — Oliveraies, moissons, jachères, friches de l'étage inférieur. Août-oct. ①. Répandu. Commun au Cap Corse et aux env. de Bastia (Salis in *Flora* XVII, Beibl. II, 11 ; Mab. *Rech.* I, 25 et exsicc. cit.; et nombreux autres observateurs) ; Calvi (Soleirol ex Bert. *Fl. it.* X, 187); Corté (Kralik exsicc. cit.) ; Poggio di Nazza (Rotgès in litt.) ; Sagone (Boullu in *Ann. soc. bot. Lyon* XXIV, 73) ; Vico (Mars. *Cat.* 120) ; Ajaccio (Mars. l. c. ; Boullu in *Bull. soc. bot. Fr.* XXIV, sess. extr. C ; Lit. in *Bull. acad. géogr. bot.* XVIII, 111) ; Porto-Vecchio (Revel. in Bor. *Not.* III, 6) ; Bonifacio (Revel. in Bor. *Not.* I, 8).

576. **A. deflexus** L. *Mant.* II, 295 (1771) ; Gr. et Godr. *Fl. Fr.* III, 3 ; Coste *Fl. Fr.* III, 172 = *A. prostratus* Bell. ap. Balb. *Misc. bot.* I in *Mém. acad. sc. Turin* XII, 386, tab. 10 (1803-1804) ; Willd. *Sp. pl.* IV,

387 ; Bert. *Fl. it.* X, 190 = *Euxolus deflexus* Raf. *Fl. tell.* III, 42 (1836) ;
Moq. in DC. *Prodr.* XIII, 2, 275. — Exsicc. Mab. n. 45 !

Hab. — Oliveraies, cultures des étages inférieur et montagnard. Juin-
sept. ♃. Répandu et abondant dans l'île entière.

1908. — Balmes de la montagne de Pedana, 500 m., calc., 30 juin fl. fr. !

A. ascendens Lois. *Not.* 141 (1810) et *Fl. gall.* ed, 2, II, 320 ; Fiori et Paol.
Fl. anal. It. I, 322 ; Schinz et Thell. in *Bull. herb. Boiss.*, 2ᵉ sér., VII, 178 ;
Schinz et Kell. *Fl. Suisse*, éd. fr. I, 196 = *A. Blitum* L. *Sp.* ed. 1, 990 (1753)
p. p.; Bert. *Fl. it.* X, 187 ; Gr. et Godr. *Fl. Fr.* III, 3 ; Coste *Fl. Fr.* III,
173 = *Albersia Blitum* Kunth *Fl. ber.* ed. 2, II, 144 (1838) = *Euxolus vi-*
ridis Moq. in DC. *Prodr.* XIII, 2, 274 (1849) = *Euxolus Blitum* Gr. *Fl.*
ch. jurass. 662 (1865).

Au sujet de la nomenclature adoptée pour cette espèce, voy. la note
annexée au nᵒ 574 ci-dessus (page 471).
Cette espèce n'est pas signalée en Corse, mais elle y existe sûrement
et aura passé inaperçue ; à rechercher.

PHYTOLACCACEAE

PHYTOLACCA L.

P. americana L. *Sp.* ed. 1, 441 (1753, sphalm. « *americana* », excl. var.
β) et *Syst.* ed. 10, 1040 (1759); Hayek *Fl. Steierm.* I, 260; Schinz et Thell.
in *Vierteljahrssch. naturf. Zürich* LXIV, 53; Walter *Phytolacc.* 52 (Engler
Pflanzenreich IV, 83 = *P. decandra* L. *Sp.* ed. 2, 631 (1763) ; Moq. in DC.
Prodr. XIII, 2, 32 ; Gr. et Godr. *Fl. Fr.* III, 2 ; Coste *Fl. Fr.* III, 169 —
Exsicc. Sieber sub : *P. decandra* ! ; Burn. ann. 1904, n. 595 !
Hab. — Points ombragés ou humides de l'étage inférieur, remontant
dans l'étage montagnard. Juin-août. ♃. Originaire de l'Amérique du Nord
atlantique et maintenant tout à fait naturalisé en Corse. Répandu. Env.
de Bastia (Salis in *Flora* XVII, Beibl. 11, 11) ; Folelli (Gillot in *Bull. soc. bot.*
Fr. XXIV, sess. extr. LXXIII) ; Ajaccio (Sieber exsicc. cit. ; Coste in *Bull.*
soc. bot. Fr. XLVIII, sess. extr. CX) ; Campo di Loro (Sargnon in *Ann. soc.*
bot. Lyon VI, 75 ; Boullu in *Bull. soc. bot. Fr.* XXIV, sess. extr. XCIV; Fouc.
et Sim. *Trois sem. herb. Corse* 156 ; Lit. *Voy.* II, 34) ; bords de la Gravona
près Taveria (Briq. *Spic.* 17 et Burn. exsicc. cit.); Ghisonaccia (Fouc. et
Sim. l. c. ; Rotgès in litt.); Sartène (Lit. *Voy.* I, 8) ; bords du Rizzanèse
entre Propriano et Sartène (Lutz in *Bull. soc. bot. Fr.* XLVIII, sess. extr.
CXLII) ; et localité ci-dessous.

1906. — Maquis du vallon au-dessous de Santa Lucia di Mercurio, 650 m.,
30 juill. fl. fr. !

P. dioica L. *Sp*. ed. 2, 632 (1763) ; Walter *Phytolacc*. 47 (Engler *Pflanzen-reich* IV, 85) = *Pircunia dioica* Moq. in DC. *Prodr*. XIII, 2, 30 (1849).

Fréquemment planté sur les places publiques, le long des rues et des chemins sur le littoral, par ex. à Calvi, Ajaccio etc. Espèce originaire de l'Amérique du Sud.

1908. — Rues de Calvi, 6 juill. !

THELIGONACEAE [1]

THELIGONUM L.

577. **T. Cynocrambe** L. *Sp*. ed. 1, 993 (1753) ; Gr. et Godr. *Fl. Fr.* III, 111 ; Coste *Fl. Fr.* III, 246 = *Cynocrambe prostrata* Gaertn. *De fruct. et sem*. I, 362 (1788). — Exsicc. Req. sub : *T. Cynocrambe* ! ; Kralik n. 755 a ! ; Mab. n. 8 !

Hab. — Murs, rochers, garigues rocailleuses dans l'étage inférieur. Avril-mai. ⨁. Répandu et abondant dans l'île entière.

1907. — Talus rocailleux arides à Aleria, 30-40 m., calc., 1mai fl. fr. !

AIZOACEAE

MESEMBRYANTHEMUM L.

578. **M. crystallinum** L. *Sp*. ed. 1, 480 (1753) ; Gr. et Godr. *Fl. Fr*. I, 633 ; Rouy et Camus *Fl. Fr*. VII, 208 ; Coste *Fl. Fr*. II, 122 ; Berger *Mesembr*. 35. — Exsicc. Soleirol sub : *M. crystallinum* ! ; Kralik n. 590 ! ; Mab. n. 355 ! ; Debeaux ann. 1869 sub : *M. crystallinum* ! ; Reverch. ann. 1880, n. 237 ; Soc. rochel. n. 4728 !

Hab. — Rochers littoraux ou sublittoraux. Calcicole. Avril-mai. ⨁. Localisé aux env. de Bonifacio et de St-Julien. Bonifacio (Salis in *Flora* XVII, Beibl. II, 48 ; et, après lui, nombreux autres observateurs).

---

[1] M. Poulsen [in Engl. et Prantl *Nat. Pflanzenfam*. III, 1 a, 121 (1893)] a, contrairement à toutes les règles, donné simultanément deux noms à cette famille : *Theligonaceae* (sphalm. : *Thelygonaceae*) et *Cynocrambaceae*, et fait primer le nom générique de Gaertner sur celui de Linné. Ces dispositions contraires aux règles doivent naturellement être rejetées. Nous adoptons le nom de *Theligonaceae*, parce qu'il dérive du nom générique linnéen, et aussi parce qu'il correspond à la plus ancienne désignation créée pour cette famille par Dumortier [*Theligoneae* Dum. *Anal. fam*. 15 et 17 (1827)], laquelle ne peut être conservée telle quelle vu que sa désinence est contraire aux *Règl. nomencl*. art. 21.

579. **M. nodiflorum** L. *Sp.* ed. 1, 480 (1753) ; Gr. et Godr. *Fl. Fr.*
III, 633 ; Rouy et Camus *Fl. Fr.* VII, 207 ; Coste *Fl. Fr.* III, 122 ; Berger
Mesembr. 41. — Exsicc. : Soleirol n. 1674 ! ; Req. sub : *M. nodiflorum* ! ;
Kralik n. 591 ! ; Mab. n. 356 ! ; Debeaux ann. 1869 sub : *M. nodiflorum* ! ;
Reverch. ann. 1880, n. 236 !

Hab. — Sables et rocailles maritimes ; halophile. Avril-juin. ①. Disséminé. Ile Rousse (Salis in *Flora* XVII, Beibl. II, 48 ; Soleirol exsicc.
cit. ; Fouc. et Sim. *Trois sem. herb. Corse* 144 ; N. Roux in *Bull. soc. bot.
Fr.* XLVIII, sess. extr. CXLV ; Lit. *Voy.* I, 2) ; îlot de Spano (Soleirol
ex Bert. *Fl. it.* V, 174) ; Calvi (Lutz in *Bull. soc. bot. Fr.* XLVII, 52) ; îles
Sanguinaires (Req. exsicc. cit. et ex Bert. l. c. X, 498 ; Mars. *Cat.* 64 ;
Lutz in *Bull. soc. bot. Fr.* XLVIII, sess. extr. CXXXVII) ;Ajaccio (Bernard
ap. Gr. et Godr. *Fl. Fr.* II, 633 ; Boullu in *Bull. soc. bot. Fr.* XXIV, sess.
extr. LXXXVIII) ; Bonifacio (Salis l. c. ; Mars. l. c. ; Kralik, Mab., Deb.,
Reverch. exsicc. cit. ; et nombreux autres observateurs).

M. acinaciforme L. *Sp.* ed. 1, 485 (1753) ; Harv. et Sond. *Fl. cap.* II, 412 ;
Berger *Mesembr.* 202.

Espèce du Cap de Bonne Espérance, complètement naturalisée sur
plusieurs points de l'étage inférieur : murs, sables, bords des chemins,
etc. Avril-mai. ♃. Lavesina (Gillot in *Bull. soc. bot. Fr.* XXIV, sess. extr.
XLVII) ; env. de Bastia (Fouc. et Sim. *Trois sem. herb. Corse* 144) ; Ile
Rousse (Fouc. et Sim. l. c. ; Lit. *Voy.* I, 3 ; Briq. notes mss.) ; Calvi (Fouc.
et Sim. l. c. ; Lit. in *Bull. acad. géogr. bot.* XVIII, 111) ; Ajaccio (Briq.
notes mss.) ; Bonifacio (Fouc. et Sim. l. c. ; Boy. *Fl. Sud Corse* 60).

PORTULACACEAE

MONTIA L.

580. **M. fontana** L. *Sp.* ed. 1, 87 (1753) ; Bert. *Fl. it.* I, 830 ; Royer
Fl. Côte-d'Or I, 143 ; Burn. *Fl. Alp. mar.* III, 218.

Hab. — Points sablonneux frais ou creux humides des rochers, ruisseaux des étages inférieur et montagnard. Calcifuge. ①-♃. Avril-sept.
— Deux races.

α. Var. **erecta** Pers. *Syn.* I, 111 (1805) = *M. minor* Gmel. *Fl. bad.* I, 301
(1805) ; Gr. et Godr. *Fl. Fr.* I, 606 ; Rouy et Fouc. *Fl. Fr.* III, 316 = *M.
fontana* var. *minor* Schrad. *Fl. germ.* I, 444 (1806) ; DC. *Prodr.* III, 362 ;

Koch *Syn.* ed. 2, 278; Coss. et Germ. *Fl. Par.* éd. 2, 190 ; Burn. l. c. —
Exsicc. Kralik sine n° sub : *M. minor* !

Hab. — Bastia (Mars. *Cat.* 61); St-Florent (Mars. l. c.); Venaco (Fouc.
et Sim. *Trois sem. herb. Corse* 136) ; entre Vizzavona et Vivario (Doûmet
in *Ann. Hér.* V, 184) ; Ghisoni (Rotgès in litt.); île de Cavallo (Kralik
exsicc. cit.) ; et localité ci-dessous.

1907. — Rochers des gorges de l'Inzecca, 8 mai, fl. fr. !

Plante réduite (2-12 mm.), annuelle ou bisannuelle, dépourvue de rejets stériles, généralement émergée, à tiges érigées ou arquées-ascen-
dantes, d'un vert-jaunâtre ; fleurs en sympodes souvent terminaux ; semences généralement nettement verruqueuses, non luisantes.

β. **Var. repens** Pers. *Syn.* I, 111 (1805) = *M. rivularis* Gmel. *Fl. bad.*
I, 301 (1805); Gr. et Godr. *Fl. Fr.* I, 606 = *M. fontana* var. *major* Schrad.
Fl. germ. I, 415 (1806); DC. *Prodr.* III, 362 ; Koch *Syn.* ed. 2, 278 = *M.
fontana* var. *rivularis* Bœnningh. *Prodr. fl. monast.* 12 (1824) ; Coss. et
Germ. *Fl. Paris.* éd. 2, 190 ; Burn. *Fl. Alp. mar.* III, 218 = *M. fontana* var. *fluitans* Wimm. *Fl. Schles.* ed. 1, 80 (1841) = *M. minor* subsp.
rivularis Rouy et Fouc. *Fl. Fr.* III, 316 (1896). — Exsicc. Kralik n. 582 et
582bis !; Reverch. ann. 1878 sub : *M. minor* !; Burn. ann. 1900, n. 341 !

Hab. — Plus fréquente que la précédente. Erbalunga (Gillot in *Bull.
soc. bot. Fr.* XXIV, sess. extr. XLIII); Monte Fosco (Gillot ibid. LIX);
sur Bastia (Salis in *Flora* XVII, Beibl. II, 50) ; Calvi (Soleirol ex Bert.
Fl. it. I, 830) ; d'Evisa à Piana (Lutz in *Bull. soc. bot. Fr.* XLVIII, sess.
extr. CXXXII et CXXXIII) ; forêt d'Aitone (Lit. in *Bull. acad. géogr. bot.*
XVIII, 111) ; vallée de la Restonica (Lit. *Voy.* I, 25) ; entre le col de
Sorba et Ghisoni (Briq. exsicc. cit.) ; Sagone (Coste ibid. CXIV et Lutz
ibid. CXXXV) ; Ajaccio (Kralik n. 582 ; Mars. *Cat.* 61 ; Boullu in *Bull.
soc. bot. Fr.* XXIV, sess. extr. XCIX); Pozzo di Borgo (Coste ibid. CXIII);
Bastelica (Reverch. exsicc. cit.) ; Coscione (Seraf. ex Bert. l. c.); Quenza
(Kralik n. 582 bis) ; et localités ci-dessous.

1906. — Lieux très humides dans le vallon inférieur de Manganello
(forêt de Cervello), 1000 m., 18 juill. fl. fr. ! ; sources sur le versant S. du
col de Verde, 1000 m., 19 juill. fl. fr. ! ; ruisseaux au col de San Giorgio,
750 m., 17 juill. fr. !

1907. — Ruisseaux entre la Fontaine de Padula et le col de Morello,
700-800 m., 13 mai fl. !

Plante haute de 10-30 cm., ordinairement immergée, pérennante, pourvue de rejets stériles pendant l'anthèse, à tiges grêles, molles, couchées-

radicantes à la base, d'un vert plus gai ; fleurs paraissant plus souvent en grappes latérales par la présence d'un rameau axillaire qui prolonge le rameau ; semences en général moins nettement tuberculeuses, ± luisantes.

Chamisso [in *Linnaea* VI, 564 et 565, t. 7 (1831)] avait divisé le *M. fontana* L. en deux types; dont l'un à semences grossièrement verruqueuses (*M. fontana*) et l'autre à semences ± luisantes pourvues de verrucosités moins saillantes (*M. lamprosperma* Cham.). Plus tard, Fenzl [in Ledeb. *Fl. ross.* II, 152 (1844-46)], envisageant ce caractère comme inconstant, a réduit les deux espèces de Chamisso au rang de variétés (*M. fontana* α *chondrosperma* Fenzl et β *lamprosperma* Fenzl). L'auteur distingue à l'intérieur de chacune de ces variétés des lusus qui englobent nos variétés α et β avec des stades intermédiaires. L'opinion de Fenzl a été fortement critiquée par M. Ascherson [in *Bot. Zeit.* XIII, 294-298 (1872)], lequel distingue trois espèces : 1º *M. minor* à tige érigée et à semences verruqueuses ; 2º *M. lamprosperma* Cham. à tige érigée et à semences luisantes ; 3º *M. rivularis* Gmel. à tige flottante et à semences luisantes. Le *M. lamprosperma* Gmel. serait spécial à la Russie et au nord-est de l'Allemagne ; on l'a d'ailleurs retrouvé dans la péninsule scandinave, en Danemark et en Autriche. — MM. Rouy et Foucaud (l. c.) ont admis les variations reconnues par Fenzl à l'intérieur du *M. minor*, mais non pas pour leur sous-esp. *rivularis* ; ils indiquent la variété *lamprosperma* en France, mais ils la disent beaucoup plus rare que la var. *chondrosperma*. — Enfin il convient de mentionner l'opinion de Royer (l. c.) qui envisage les *M. minor* et *rivularis* comme de simples états stationnels, pouvant présenter sur un seul et même individu les deux formes de semences décrites par Chamisso. — L'examen d'un grand nombre d'échant. de toute l'aire de l'espèce nous amène à la conclusion que le *M. fontana* L. renferme trois races : *erecta*, *lamprosperma* et *repens*. La première est annuelle, à tige ± érigée, à sympodes terminaux, à semences verruqueuses ; la seconde est annuelle, possède des tiges érigées, ou ± flottantes, des sympodes terminaux, et des semences luisantes ; la troisième est vivace, a des tiges flottantes, des sympodes latéraux et pseudo-latéraux, et des semences luisantes. Le *M. lamprosperma* est donc intermédiaire entre les *M. minor* et *rivularis* ; nous l'avons cherché en vain dans nos abondants matériaux français du *M. fontana* et ne l'avons vu que du nord de l'Europe. Quant à la valeur systématique à attribuer à ces trois groupes, nous ne croyons pas qu'il faille y voir plus que trois races. On rencontre çà et là des formes d'attribution douteuse entre les *M. minor* et *M. rivularis* au point de vue du mode de végétation : il ne reste pour classer ces formes douteuses que le seul degré de développement des verrucosités des semences.

Enfin, il convient de faire remarquer que le *M. fontana* est nettement calcifuge sous ses deux variétés α et β. Le premier est plus facilement psammophile et moins hygrophile que le second. Marsilly (*Cat.* 61) a, il est vrai, indiqué la var. α sur les « pelouses fraîches des calcaires » à St-Florent et à Bastia, mais il n'y a pas que des calcaires aux env. de St-Florent, et il n'y en a point à Bastia. La var. α croît à l'île de Cavallo sur le granit pur et sur le porphyre dans le défilé de l'Inzecca.

PORTULACA L.

581. **P. oleracea** L. *Sp.* ed. 1, 445 (1753) ; Gr. et Godr. *Fl. Fr.* I, 605 ; Rouy et Fouc. *Fl. Fr.* III, 315 ; Coste *Fl. Fr.* II, 95. — Exsicc. Burn. ann. 1900, n. 168 !

Hab. — Cultures, vignobles, oliveraies, friches dans les étages inférieur et montagnard. Avril-sept. ☉. Répandu et assez fréquent dans l'île entière.

CARYOPHYLLACEAE

SCLERANTHUS L.

† 582. **S. perennis** L. *Sp.* ed. 1, 406 (1753) ; Gr. et Godr. *Fl. Fr.* I, 614 ; Burn. *Fl. Alp. mar.* III, 234 ; Coste *Fl. Fr.* II, 105.

Hab. — Rochers et garigues de l'étage inférieur. Calcifuge. Mai-oct. ♃. Rare ou peu observé. Env. de Bastia (Salis in *Flora* XVII, Beibl. II, 49) ; entre Evisa et Piana (Lutz in *Bull. soc. bot. Fr.* XLVIII, sess. extr. XXXII) ; bords du Rizzanèse entre Propriano et Sartène (N. Roux ibid. XLII).

†† 583. **S. Burnatii** Briq., sp. nov. — *S. perennis* var. *marginatus* Fouc. in *Bull. soc. bot. Fr.* XLVII, 94 (1900) ; non Ces. Pass. et Gib., nec *S. marginatus* Guss. — Exsicc. Reverch. ann. 1885, n. 136 ! (sub : *S. polycarpus*).

Hab. — Rocailles des étages subalpin et alpin des massifs du centre, descendant accidentellement jusqu'à 700-1000 m., entraîné par les eaux. Calcifuge. Mai-août suivant l'alt. ♃. Forêt d'Aitone (Reverch. exsicc. cit.) ; Monte Renoso (Rotgès ! ap. Fouc. l. c.) ; Coscione (Soleirol ex Bert. *Fl. it.* IV, 518 sub : *S. perennis*) ; et localités ci-dessous.

1906. — Mont Paglia Orba, rocailles sur le versant du col de Foggiale, 2100 m., 9 août fr. ! ; graviers du M¹ Incudine, 2100 m., 18 juill. fl. !

1907. — Rocailles du Monte Asto et du Monte Grima Seta, 1500 m., 15 mai fl. ! ; clairières supérieures des châtaigneraies en montant de Ghisoni au col de Sorba, 700-1000 m., 10 mai fl. !

Plantula nana, glaucescens, radice perpendiculari, tenui, ad collum caules plures floriferos et surculos breves foliosos caespitem saepe parvum densiusculum formantes emittente. Singuli caules (inflorescentia exclusa) simplices, brevissimi, in planta alpina 1-2,5 cm. alta, in speciminibus regionum inferiorum ad 6 cm. attingentia, brevissime unifariam ciliolati, internodiis abbreviatis, foliosissimi. Folia linearia, brevia, 5-8 mm. longa, marginibus subtus aliq. revolutis, breviter prorsus ciliolatis, ciliis' uniseriatis, apice obtusatis, 1-4cellularibus, rigidiusculis, demum saepe fractis, basi latius vaginantia et validius ciliolata. Flores perparvi, sessiles, in cymas terminales subglobose capitatas congesti. Calicis maturi 2-3 longi tubus ovatus, glaber, vix vel non striatus, pallide virens vel albescens, maturitate 1,2-1,5 mm. profundus, dentes obtusissimi vix 1 mm. alti, parte media viridi triangulari, ala albo-membranacea lateraliter latissima apice angustius cincti. Stamina 5 minima, basi sepalorum inserta et eis opposita, inclusa. Styli sepalos haud vel vix excedentes.

Cette remarquable espèce a été confondue jusqu'ici par les explorateurs de la Corse, soit avec le *S. polycarpus* Gr. et Godr. (Reverchon), soit avec le *S. marginatus* Guss. (Foucaud), soit encore avec le *S. perennis* (Bertoloni). Le mode d'innovation et l'organisation des sépales placent cette espèce dans le groupe des *Perennes*. Son port rappelle tout à fait celui des *S. neglectus* Koch (*S. marginatus* Guss.), *S. vulcanicus* Strobl et *S. Stroblii* Reichb., qui sont aussi des formes naines. Mais ces dernières plantes ne représentent pour nous que des variétés du *S. perennis* à inflorescence ± contractée. Les dimensions florales restent chez toutes à peu près les mêmes. Les calices sont longs de 4 mm. à la maturité, avec un tube très renflé et relativement court, les sépales dépassant 2 mm. de longueur. Le *S. Burnatii* se distingue de toutes ces formes par l'extrême petitesse de ses fleurs, dont les calices n'atteignent que 2-3 mm. à la maturité (fig. 1). Il joue donc, par rapport au *S. perennis* et à ses diverses races, le même rôle que le *S. verticillatus* Tausch par rapport aux formes plus nombreuses encore du *S. annuus* L. Le seul *Scleranthus* européen qui possède des organes floraux comparables à ceux du *S. Burnatii* est le *S. polycnemoides* Willk. et Costa, des montagnes de la Catalogne. Mais ce dernier s'en distingue immédiatement par ses tiges diffuses et très rameuses, bien plus élevées, ses feuilles subulées, rigides et presque piquantes et son inflorescence en cyme lâche. Le *S. Burnatii* croît par pieds isolés, enfonçant sa racine pivotante profondément dans les détritus rocheux et paraît être une espèce exclusivement subalpine et alpine.

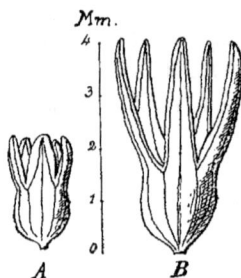

Fig. 1. — Calice grossi : *A.* du *S. Burnatii*, *B.* du *S. perennis* var. *marginatus* Ces. Pass. et Gib.

Ne pas confondre, dans un simple examen à la loupe, ces cils avec les rameaux sporangifères d'une Péronosporée parasite que portent certains de nos échant., en particulier ceux du Paglia Orba !

† 584. **S. annuus** L. *Sp.* ed. 1, 406 (1753) ; Gr. et Godr. *Fl. Fr.* I, 614 ; Burn. *Fl. Alp. mar.* III, 235 ; Coste *Fl. Fr.* II, 106.

Hab. — Friches, garigues, rocailles, surtout de l'étage montagnard, plus rare dans l'étage inférieur, 1-1450 m. Mai-juill. suivant l'altitude. ①-②. Disséminé. Cimes du Cap Corse (Salis in *Flora* XVII, Beibl. II, 49) ; Macinaggio (Mab. in *Feuill. jeun. nat.* VII, 112) ; Bastia (Mab. l. c.) ; Calenzana (Soleirol ex Bert. *Fl. it.* IV, 516, mais confondu avec l'espèce suivante) ; Calvi (Fouc. et Sim. *Trois sem. herb. Corse* 144) ; Capo di Cocavera (Lit. in *Bull. acad. géog. bot.* XVIII, 116) ; vallée de la Restonica (Fouc. et Sim. l. c.) ; env. de Vizzavona (Lutz in *Bull. soc. bot. Fr.* XLVIII, sess. extr. CXXV et CXXVII) ; Pozzo di Borgo (Coste ibid. CXIII) ; et localité ci-dessous.

1907. — Montée d'Omessa au col de Bocca al Pruno, garigues, 900 m., 13 mai fl. !

Le *S. biennis* Reut. [in *Bull. soc. hallér. Genève* 20 (1853-54) = *S. annuus* subsp. *biennis* Fries *Fl. scan.* 118 p. p. (1825)] n'est pas une espèce distincte, mais un état du *S. annuus*. Les échant. printaniers fructifient souvent la première année, germent déjà en automne et fleurissent le printemps suivant, cas fréquent en Corse. Voy. à ce sujet : Royer *Fl. Côte-d'Or* I, 145 ; Gillot et Coste in *Bull. soc. bot. Fr.* XXXVII, sess. extr. CXXVI ; et Burn. *Fl. Alp. mar.* III, 236.

585. **S. verticillatus** Tausch in *Flora* XII, Ergänzungsbl. I, 50 (1829) ; Loret *Fl. montp.* éd. 2, 183 et 611 ; Burn. *Fl. Alp. mar.* III, 236 ; Coste *Fl. Fr.* II, 106 = ?? *S. collinus* Horn. in Op. *Natural.* X, 232 (1825) = *S. polycarpus* DC. *Prodr.* III, 378 (1828) ; Gr. et Godr. *Fl. Fr.* I, 614 ; non L. = *S. Delorti* Gren. in F. Sch. *Arch. fl. Fr. et All.* 206 (1852) = *S. pseudopolycarpus* Delacroix in *Bull. soc. bot. Fr.* VI, 558 (1859) = *S. Candolleanus* Delort ex Timb.-Lagr. in *Bull. soc. bot. Fr.* IX, 602 (1862) ; Gillot et Coste in *Bull. soc. bot. Fr.* XXXVIII, sess. extr. CXXVII = *S. ruscinonensis* Gillot et Coste l. c. — Exsicc. Reverch. ann. 1878 et 1879, n. 136! ; Burn. ann. 1904, n. 286, 287 et 288 !

Hab. — Garigues, rocailles, moissons. 1-1800 m. Avril-août suivant l'alt. ①-②. Beaucoup plus répandu que le précédent. Macinaggio (Mab. in *Feuill. jeun. nat.* VII, 112) ; le Pigno (Mab. in Mars. *Cat.* 63 ; Sargnon in *Ann. soc. bot. Lyon* VI, 68 ; Shuttl. *Enum.* 11) ; Monte S. Pietro (Gillot in *Bull. soc. bot. Fr.* XXIV, sess. extr. XXXVII) ; Belgodère (Fouc. et Sim. *Trois sem. herb. Corse* 144) ; Caporalino (Fouc. et Sim. l. c.) ; entre Evisa et Piana (Lutz in *Bull. soc. bot. Fr.* XXIV, sess. extr. CXXXIII) ; col de Sevi (Briq. *Spic.* 19 et Burn. exsicc. cit. n. 287) ; Calacuccia (Lit. *Voy.* II, 6) ; vallée de la Restonica (Burnouf in *Bull. soc. bot. Fr.* XXIV, sess. extr. LXXXV) ; pentes du M. Rotondo (Mab. ap. Mars. l. c.) ; Tattone (Mand. et Fouc. in *Bull. soc. bot. Fr.* XLVII, 91 ; Briq. l. c. et Burn. exsicc. cit. n. 286) ; Monte d'Oro (Briq. l. c. et Burn. exsicc. cit. n. 288) ; Pointe de Grado (N. Roux in *Bull. soc. bot. Fr.* XLVIII, sess. extr. CXXVIII ; Ghisoni (Rotgès ap. Mand. et Fouc. l. c.) ; de Bocognano au col de Vizzavona (Mars. l. c.) ; Bastelica (Reverch. exsicc. cit. ann. 1878) ; Zicavo Lit. *Voy.* I, 15) ; Serra di Scopamène (Reverch. exsicc. cit. ann. 1879) ; et localités ci-dessous.

1906. — Rocailles en montant de Bonifatto à la bergerie de Spasimata, 1200 m., 12 juill. fr. ! ; rocailles sur le versant E du Monte d'Oro, 1800 m., 9 août fr. ! ; rocailles en montant du haut vallon de Marmano aux bergeries de Sgreccia, 1500 m., 21 juill. fr. !

1907. — Montée d'Omessa au col de Bocca al Pruno, garigues, 900 m., 13 mai fl. fr. ! (mêlé à l'esp. précédente).

1908. — Monte Grima Seta, rocailles, 1500 m., 1 juill. fr. !

Espèce naine, voisine du *S. annuus* dont elle diffère par le calice du double plus petit (env. 2 mm.) et par les divisions du calice en général ± érigées-conniventes. Les échant. venus dans les stations particulièrement arides sont grêles, à inflorescence fastigiée-condensée ; dans les terrains plus meubles et moins arides, les échant. deviennent plus robustes, l'inflorescence devient rameuse-dichotome. On trouve souvent tous les passages entre les deux extrêmes : ce sont là des états stationnels et non pas des races ; les mêmes variations parallèles se retrouvent dans le *S. annuus*. — Le *S. verticillatus* se présente en Corse en individus annuels et bisannuels comme l'espèce précédente.

CORRIGIOLA L.

586. **C. littoralis** L. *Sp.* ed. 1, 271 (1753). — Deux sous-espèces.

1. Subsp. **eu-littoralis** Briq. = *C. littoralis* Gr. et Godr. *Fl. Fr.* I, 613 ; Coste *Fl. Fr.* II, 104. — Exsicc. Reverch. ann. 1878 sub : *C. littoralis* !

Hab. — Points sablonneux humides des étages inférieur et montagnard. Juill.-sept. ①. Disséminé. Bastia (Gysperger in Rouy *Rev. bot. syst.* II, 110) ; Ponte alla Leccia (Mand. et Fouc. in *Bull. soc. bot. Fr.* XLVII, 91) ; plage de Galeria (Lit. in *Bull. acad. géogr. bot.* XVIII, 116) ; vallée de la Restonica (Lit. l. c.) ; de Vico à Arbori (Mars. *Cat.* 62) ; Ajaccio (Coste in *Bull. soc. bot. Fr.* XLVIII, sess. extr. CVII) ; Bastelica (Reverch. exsicc. cit.).

Racine annuelle ou bisannuelle ; feuilles caulinaires oblongues ; ramuscules floraux feuillés ; fleurs petites ; capsules longues de ³/₄ mm.

II. Subsp. **telephiifolia** Briq. = *C. telephiifolia* Pourr. in *Mém. Acad. Toul.* III, 316 (1788) ; Gr. et Godr. *Fl. Fr.* I, 614 ; Burn. *Fl. Alp. mar.* III, 233 ; Coste *Fl. Fr.* II, 104. — Exsicc. Soleirol n. 1689 ! ; Mab. n. 77 !

Hab. — Points sablonneux de l'étage inférieur. Fl. presque toute l'année sauf en août-sept. ♃. Répandue sur le littoral, plus rare dans l'intérieur. Cap Corse (Mab. *Rech.* I, 18) ; Santa Severa (Fouc. et Sim. *Trois sem. herb. Corse* 143) ; de Bastia (Mab. l. c. ; Kesselmeyer ! ; Rotgès in litt.) à Biguglia (Salis in *Flora* XVII, Beibl. II, 49 ; Mab. exsicc. cit. ; Boullu in *Bull. soc. bot. Fr.* XXIV, sess. extr. LXVI) ; Calvi (Soleirol exsicc. cit. et ex Bert. *Fl. it.* III, 502 ; Fouc. et Sim. l. c.) ; entre Evisa et Piana (Lutz in *Bull. soc. bot. Fr.* XLVIII, sess. extr. CXXXII) ; plage de Partinello (Lit. in *Bull. acad. géogr. bot.* XVIII, 116) ; Ponte alla Leccia (Sargnon in *Ann. soc. bot. Lyon* VI, 73) ; Caporalino (Burnouf in *Bull. soc. bot. Fr.* XXIV, sess. extr. LXXXIII) ; Corté (Fouc. et Sim. l. c.) ; Ajaccio (Mars. *Cat.* 62 ; Coste in *Bull. soc. bot. Fr.* XLVIII, sess. extr. CIV) ; Bonifacio (ex Gr. et Godr. l. c. ; Revel. ap. Mars. l. c. ; Mab. l. c) ; et localités ci-dessous.

1907. — Cap Corse : garigues maritimes près de la Marine d'Albo, 26 avril fl. ! — Prairie humide à Sainte-Lucie, 40 m., 4 mai fl. ! ; sables maritimes à Santa Manza, 6 mai fl. fr. !

Racine vivace ; feuilles caulinaires obovées-oblongues ou oblongues-spatulées ; ramuscules floraux dépourvus de feuilles ; fleurs plus grandes ; capsules de 1 à 1 ¹/₄ mm. — Les formes douteuses existant entre les *C. littoralis* et *telephiifolia* (France ! Italie ! Sardaigne !), ne permettent pas de donner à ces deux groupes une valeur supérieure à celle de sous-espèces. Plusieurs de nos échant. corses, entre autres ceux de Soleirol et de Mabille, se rapprochent singulièrement de la sous-esp. précédente par leurs feuilles caulinaires plus étroites, les inflorescences courtes, condensées, un peu feuillées à la base, et les fleurs plus petites.

PARONYCHIA Juss.

587. **P. argentea** Lamk *Fl. fr.* III, 230 (1778) ; Gr. et Godr. *Fl. Fr.* I, 610 ; Burn. *Fl. Alp. mar.* III, 222 ; Coste *Fl. Fr.* II, 100 = *Illecebrum*

Paronychia L. *Sp.* ed. 1, 206 (1753); Bert. *Fl. it.* II, 731. — Exsicc. Thomas sub : *P. capitata* ! ; Sieber sub : *P. argentea* ! ; Soleirol n. 3671 ! ; Kralik n. 584 ! ; Burn. ann. 1900, n. 71 et 165 !, et ann. 1904, n. 285 !

Hab. — Garigues, rochers, friches des étages inférieur et montagnard, 1-1100 m. Avril-juin. ♃. Très répandu. Vallée du Fango (Gillot in *Bull. soc. bot. Fr.* XXIV, sess. extr. LV) ; de Bastia (Sieber exsicc. cit. ; Gysperger in Rouy *Rev. bot. syst.* II, 110) à Biguglia (Salis in *Flora* XVII, Beibl. II, 49 ; Sargnon in *Ann. soc. bot. Lyon* VI, 65 ; Boullu in *Bull. soc. bot. Fr.* XXIV, sess. extr. LXVII) ; St-Florent (Gysperger in Rouy l. c. 112 ; Rotgès in litt.) ; Ile Rousse (Soulié ex Coste in *Bull. soc. bot. Fr.* XLVIII, sess. extr. CXIX) ; Calvi (Soleirol ex Bert. *Fl. it.* II, 732 ; Fouc. et Sim. *Trois sem. herb. Corse* 143 ; Lit. *Voy.* I, 36) ; Ponte alla Leccia (Lit. *Voy.* I, 3) ; Caporalino (Briq. *Spic.* 19 et Burn. exsicc. cit. n. 285) ; col d'Ominanda (Burn. exsicc. cit. n. 71) ; Corté (Soleirol exsicc. cit. ; Burn. exsicc. cit. n. 165) ; Cargèse (N. Roux in *Bull. soc. bot. Fr.* XLVIII, sess. extr. CXXXIV) ; Sagone (Mars. *Cat.* 62 ; N. Roux l. c. CXXXV ; Lit. *Voy.* II, 26) ; Ajaccio (Mars. l. c. ; Blanc in *Bull. soc. bot. Lyon*, sér. 2, VI, 8) ; Aspretto (Boullu in *Bull. soc. bot. Fr.* XXIV, sess. extr. XCIII) ; Bonifacio (Seraf. ex Bert. l. c. ; Kralik exsicc. cit. ; Mars. l. c. ; Lutz in *Bull. soc. bot. Fr.* XLVIII, sess. extr. CXXXIX ; Boy. *Fl. Sud Corse* 60) ; et localités ci-dessous.

1906. — Rocailles arides près de Novella, 400-500 m., 10 juill. fr. ! ; rocailles du col de Bocca al Pruno, 1033 m., 15 juill. fr. !

1907. — Cap Corse : sables maritimes à St-Florent, 23 avril fl. fr. ! — Garigues entre Novella et le col de San Colombano, 500-600 m., 19 avril fl. fr. ! ; garigues du vallon du Rio Stretto au-dessus de Francardo, 280 m., calc., 14 mai fr. ! ; garigues à Santa Manza, 10 m., 6 mai fl. fr. !

1908. — Montagne de Pedana, rocailles, calc., 500 m., 30 juin fr. !

588. **P. polygonifolia** DC. *Fl. fr.* III, 403 (1805) ; Gr. et Godr. *Fl. Fr.* I, 610 ; Burn. *Fl. Alp. mar.* III, 223 ; Coste *Fl. Fr.* II, 100 = *Illecebrum polygonifolium* Vill. *Fl. delph.* 21 (1785) et *Hist. pl. Dauph.* II, 557, tab. XVI. — Exsicc. Soleirol n. 3673 ! ; Burn. ann. 1900, n. 414 !, et ann. 1904, n. 284 et 596 !

Hab. — Rocailles de l'étage alpin, descendant çà et là dans l'étage subalpin, 1300-2300 m. Juill.-août. ♃. Répandu dans les grands massifs du centre. Monte Grosso (de Calvi) (Soleirol exsicc. cit. et ap. Bert. *Fl. it.* II, 731) ; Monte Cinto (Lit. *Voy.* II, 9) ; col de Vergio (Briq. *Spic.*

19 et Burn. exsicc. cit. n. 284; Lit. l. c. 17); col de Salto (Lit. in *Bull. acad. géogr. bot.* XVIII, 116); forêt d'Aitone (Lutz in *Bull. soc. bot. Fr.* XLVIII, 54); Monte Rotondo (Salis in *Flora* XVII, Beibl. II, 49, sub : *P. argentea* f. *minima*; Mars. *Cat.* 62; Burnouf in *Bull. soc. bot. Fr.* XXIV, sess. extr. LXXXVI; Lard. in *Bull. trim. soc. bot. Lyon* XI, 59); Monte d'Oro (Briq. *Spic.* 19 et Burn. exsicc. cit. n. 596); Monte Renoso (Briq. *Rech. Corse* 26 et Burn. exsicc. cit. n. 414; Rotgès in litt.); et localités ci-dessous.

1906. — Rocailles de la Cima della Statoja, 2100-2300 m., 26 juill. fl.!; rocailles du Capo Ladroncello, 2140 m., 27 juill. fl. fr.!; rocailles en montant de la bergerie de Spasimata à la Cima di Mufrella, 1800 m., 12 juill. fl. fr.!; rocailles en montant des bergeries de Sgreccia au col Bocca della Calle, 1700 m., 21 juill. fl.!; graviers du M¹ Incudine, 2100 m., 18 juill. fl.!

La localité de Biguglia (Boullu in *Bull. soc. bot. Fr.* XXIV, sess. extr. LXVI et Sarguon in *Ann. soc. bot. Lyon* XI, 66) provient d'une confusion avec l'espèce précédente.

589. **P. echinata** Lamk *Fl. fr.* III, 232 (1778); Gr. et Godr. *Fl. Fr.* 1, 609; Coste *Fl. Fr.* II, 100 — *Illecebrum echinatum* Desf. *Fl. atl.* I, 204 (1798). — Exsicc. Req. sub : *P. echinata*!; Kralik n. 538!; Mab. n. 126!

Hab. — Rochers, rocailles, garigues de l'étage inférieur. Avril-juin. ①. Disséminé. Macinaggio (Mab. in *Feuill. jeun. nat.* VII, 112); Bastia (Salis in *Flora* XVII, Beibl. II, 49; Mab. exsicc. cit. et ap. Mars. *Cat.* 62); près du Bevinco (Rotgès in litt.); Ile Rousse (N. Roux in *Bull. soc. bot. Fr.* XLVIII, sess. extr. CXLV); Calvi (Soleirol ex Bert. *Fl. it.* II, 730; Fouc. et Sim. *Trois sem. herb. Corse* 143); Caporalino (Fouc. et Sim. l. c.); Corté (Req. exsicc. cit.); Porto (Lit. *Voy.* II, 19); Chapelle des Grecs (Fouc. et Sim. l. c.; Lit. *Voy.* I, 25); Barbicaja (Boullu in *Bull. soc. bot. Fr.* XXIV, sess. extr. LXXXIX); Ajaccio (Mars. *Cat.* 62; Coste in *Bull. soc. bot. Fr.* XLVIII, sess. extr. CVI); Bonifacio (Seraf. ex Bert. l. c.; Kralik exsicc. cit.); et localité ci-dessous.

1907. — Garigues près d'Ile Rousse, 21 avril fl.!

590. **P. cymosa** DC. in Poiret *Encycl. méth.* V, 26 (1804); Gr. et Godr. *Fl. Fr.* 1, 609; Coste *Fl. Fr.* II, 100 = *Illecebrum cymosum* L. *Sp.* ed. 1, 206 (1753).

Hab. — Points sableux des étages inférieur et montagnard. Mai-juin.

①. Rare ou peu observé. Le Pigno (Mab. ap. Mars. *Cat.* 162) ; Solenzara (Fouc. et Sim. *Trois sem. herb. Corse* 143).

HERNIARIA L.

591. **H. hirsuta** L. *Sp.* ed. 1, 218 (1753) ; Bert. *Fl. it.* III, 20 ; Loret et Barr. *Fl. Montp.* éd. 1, 243 ; Briq. in Burn. *Fl. Alp. mar.* III, 229.

Hab. — Garigues et points sableux des étages inférieur et montagnard. Mai-sept. ♃. — Deux races.

α. Var. **hirsuta** Briq. in Burn. *Fl. Alp. mar.* III, 229 (1902) = *H. hirsuta* Gr. et Godr. *Fl. Fr.* I, 612 ; Coste *Fl. Fr.* II, 103. — Exsicc. Reverch. ann. 1878 sub : *H. hirsuta* !, et ann. 1885, n. 438 p. p. !

Hab. — Répandue. Cap Corse (Mab. ex Mars. *Cat.* 68) ; Bastia (Salis in *Flora* XVII, Beibl. II, 49 ; Mab. ex Mars. l. c.) ; Ile Rousse (N. Roux in *Bull. soc. bot. Fr.* XLVIII, sess. extr. CXLV) ; Calvi (Fouc. et Sim. *Trois sem. herb. Corse* 143) ; Porto (Reverch. exsicc. cit. ann. 1885) ; plage de Galeria (Lit. in *Bull. acad. géogr. bot.* XVIII, 116) ; Ajaccio (Mars. *Cat.* 62 ; Coste in *Bull. soc. bot. Fr.* XLVIII, sess. extr. CVII) ; Bastelica (Reverch. exsicc. cit. ann. 1878) ; Porto-Vecchio (Revel. in Bor. *Not.* II, 4) ; bords du Rizzanèse entre Propriano et Sartène (Lutz in *Bull. soc. bot. Fr.* XLVIII, sess. extr. CXLI) ; Bonifacio (Seraf. ex Bert. *Fl. it.* III, 22 ; Boy. *Fl. Sud Corse* 60) ; et localités ci-dessous.

1907. — Alluvions au bord du Golo près de Francardo, 260 m., 14 mai fl. ! ; vignes de Ghisoni, 700 m., 8 mai fl. !

Feuilles, surtout les inférieures et les moyennes, à limbe souvent glabrescent. Calice à poils plus longs sur les divisions, surtout le terminal.

β. Var. **cinerea** Loret et Barr. *Fl. Montp.* éd. 1, 243 (1876) ; Briq. in Burn. *Fl. Alp. mar.* III, 229 = *H. cinerea* DC. *Fl. fr.* V, 375 (1815) ; Gr. et Godr. *Fl. Fr.* I, 612 ; Coste *Fl. Fr.* II, 103 = *H. hirsuta* var. β Bert. *Fl. it.* III, 21 (1837). — Exsicc. Reverch. ann. 1885, n. 438 p. p. !

Hab. — Probablement aussi fréquente que la précédente, mais confondue avec elle ou peu observée. Porto (Reverch. exsicc. cit.) ; Bonifacio (Fouc. et Sim. *Trois sem. herb. Corse* 143) ; et localités ci-dessous.

1907. — Garigues entre la station et le village de Pietralba, 400 m., 14 mai fl. ! ; garigues sablonneuses au pied de la Pointe de l'Aquella, 150 m., 4 mai fl. !

Plante d'apparence plus grisâtre, plus velue. Calice à poils plus longs et plus nombreux, ceux de la partie inférieure à peine plus courts que ceux des divisions. — Race plus méridionale que la précédente, mais faiblement caractérisée. Les transitions qui relient entre elles les var. α et β, en Corse comme sur le continent, rendent une séparation nette des deux groupes souvent illusoire.

H. incana Lamk *Encycl. méth.* III, 124 ; Gr. et Godr. *Fl. Fr.* I, 612 ; Briq. in Burn. *Fl. Alp. mar.* III, 231 ; Coste *Fl. Fr.* II, 103. — Exsicc. Salzmann sub : *H. incana* !

Hab. — Corse (Salzmann exsicc. cit. in herb. Deless.).

Se distingue de l'espèce précédente par l'indument blanchâtre beaucoup plus dense, la souche plus épaisse ± ligneuse, le calice long d'env. 1,5-1,8 mm., ± nettement pedicellé, à poils denses égaux ou à peu près. L'*H. incana* n'a été signalé en Corse, par aucun observateur depuis l'époque de Salzmann. Ce botaniste a distribué des plantes provenant des env. de Montpellier avec ses plantes de Corse, et il a pu ainsi se produire une confusion quant à la provenance. Nous n'osons admettre parmi les espèces corses l'*H. incana*, qui croît, il est vrai, en Italie et aux Baléares, mais qui manque à l'archipel toscan et à la Sardaigne.

ILLECEBRUM L. p. p.

592. **I. verticillatum** L. *Sp.* ed. 1, 206 (1753) ; Gr. et Godr. *Fl. Fr.* I, 611 ; Coste *Fl. Fr.* II, 101.

Hab. — Points sableux humides de l'étage inférieur. Calcifuge. Juin-sept. ①-②. Rare ou peu observé. Calvi, au Bambino (Fliche in *Bull. soc. bot. Fr.* XXXVI, 361) ; Galeria (Soleirol ex Bert. *Fl. it.* II, 728) ; Figari (Seraf. ex Bert. l. c.) ; Porto-Vecchio (Salis in *Flora* XVII, Beibl. II, 49 ; Mars. *Cat.* 62).

POLYCARPON Lœfl.

593. **P. tetraphyllum** L. *Syst.* ed. 10, 881 (1759) ; Gr. et Godr. *Fl. Fr.* I, 607 ; Rouy et Fouc. *Fl. Fr.* III, 312 ; Coste *Fl. Fr.* II, 98.

Hab. — Sables et garigues de l'étage inférieur. Avril-juill. ①. Deux races.

α. Var. **verticillatum** Fenzl in Ledeb. *Fl. ross.* II, 165 (1844) = *P. tetraphyllum α laxum* et *β densum* Rouy et Fouc. *Fl. Fr.* III, 312 (1896). — Exsicc. Debeaux ann. 1869 sub : *P. alsinaefolium* ! ; Reverch. ann. 1878 sub : *P. tetraphyllum* !

Hab. — Répandue. Cardo (Debeaux exsicc. cit.) ; vallée du Fango

(Gillot in *Bull. soc. bot. Fr.* XXIV, sess. extr. LIV) ; Bastia (Salis in *Flora*
XVII, Beibl. II, 49) ; S¹-Florent (Fouc. et Sim. *Trois sem. herb. Corse* 136 ;
Gysperger in Rouy *Rev. bot. syst.* II, 112) ; Ile Rousse (N. Roux in *Bull.
soc. bot. Fr.* XLVIII, sess. extr. CXL ; Lit. *Voy.* I, 3) ; Algajola (Gys-
perger in Rouy l. c. 113) ; Calvi (Soleirol ex Parl.-Caruel *Fl. it.* IX, 625 ;
Fouc. et Sim. l. c.) ; Chapelle des Grecs (Boullu in *Bull. soc. bot. Fr.*
XXIV, sess. extr. XC) ; Ajaccio (Coste ibid. XLVIII, sess. extr. CIV et
CVI) ; Campo di Loro (Fouc. et Sim. l. c.) ; Bastelica (Reverch. exsicc.
cit.) ; Porto-Vecchio (Briq. notes mss.) ; Pasticciola (Seraf. ex Bert. *Fl.
it.* I, 835) ; Bonifacio (Kralik ex Parl.-Caruel l. c. ; Lutz in *Bull. soc. bot.
Fr.* XLVIII, sess. extr. CXL) ; et localité ci-dessous.

1908. — Montagne de Pedana, balmes, calc., 500 m., 30 juin fr. !

Feuilles moyennes en général verticillées, oblongues ou ovées-oblongues, minces, pourvues de poils épars. Fleurs médiocres, le plus souvent
triandres. — Les deux variétés distinguées par MM. Rouy et Foucaud
représentent de simples états individuels en rapport avec l'humidité ou
la sécheresse relative du sous-sol. Les échant. à feuilles toutes opposées
ont été distingués sous le nom de var. *diphyllum* DC. [*Prodr.* III, 376
(1828) = *P. diphyllum* Cav. *Ic.* II, 40, tab. 151, fig. 1 (1791)]. Nous ne pouvons voir là une variété distincte, dans le sens d'une race.

β. Var. **alsinefolium** Arc. *Comp. fl. it.* ed. 1, 111 (1882) = *Herniaria
Alsines folia* Mill. *Gard. dict.* ed. 8, n. 3 (1768) = *Hagaea alsinefolia* Biv.
Stirp. rar. sic. manip. III, 7 (1815) = *Lahaya alsinefolia* Rœm. et Schult.
Syst. V, 405 (1819) = *P. alsinefolium* DC. *Prodr.* III, 376 (1828) = *P.
tetraphyllum* var. *alsinoides* Gr. et Godr. *Fl. Fr.* I, 607 (1848) = *P. tetra-
phyllum* forme *P. alsinifolium* Rouy et Fouc. *Fl. Fr.* III, 313 (1896). —
Exsicc. Kralik n. 585 !

Hab. — Sables maritimes ; halophile. Plus rare ou peu observée.
Bastia (Rotgès in litt.) ; Biguglia (Bubani ex Bert. *Fl. it.* I, 835) ; Galeria (Lit. in *Bull. acad. géogr. bot.* XVIII, 116) ; Ajaccio (Coste in *Bull.
soc. bot. Fr.* XLVIII, sess. extr. CVI) ; Propriano (Lit. *Voy.* I, 24) ; Bonifacio (Req. ex Parl.-Caruel *Fl. it.* IX, 625 ; Kralik exsicc. cit.).

Plante généralement réduite, à rameaux couchés, à feuilles moyennes
souvent opposées, plus larges, subelliptiques, charnues, à stipules et
bractées également plus larges. Fleurs plus grandes, le plus souvent
pentandres, en cymes plus denses. Voy. sur cette race : Burnat *Fl.
Alp. mar.* III, 220. L'examen de matériaux méditerranéens abondants
montre l'existence de formes intermédiaires incontestables entre les
var. α et β.

SPERGULARIA Cambess.[1]

S. diandra Heldr. et Sart. in sched. Herb. græc. norm. n. 492 (1855);
Leb. *Rév. Sperg.* 18 p. p.: Boiss. *Fl. or.* 1, 733: Willk. et Lange *Prodr. fl.
hisp.* III, 164; Burn. *Fl. Alp. mar.* 1, 272 = *Arenaria diandra* Guss. *Fl.
sic. prodr.* 1, 515 (1827) = *Arenaria salsuginea* Bunge in Led. *Fl. alt.* II,
163 (1830) = *S. salsuginea* Fenzl in Ledeb. *Fl. ross.* II, 166 (1844); Gr. et
Godr. *Fl. Fr.* 1, 275; Rouy et Fouc. *Fl. Fr.* III, 307; Coste *Fl. Fr.* 1, 224.

Port du *Delia segetalis* Dum. Annuel. Tiges débiles, érigées ou ascendantes, très rameuses, à rameaux grêles et divariqués. Feuilles fines,
linéaires, mucronées, un peu charnues, à stipules petites, triangulaires,
réduites, blanches-grisâtres. Cymes presque dépourvues de feuilles, à pédicelles très grêles souvent allongés. Fleurs très petites, hautes de 2-2,5 mm.,
à sépales elliptiques, à pétales ovés, roses, plus courts que les sépales.
Etamines généralement réduites à 2-3. Semences noirâtres toutes aptères.
Cette espèce aurait été constatée jadis à Bastia, en particulier sur la
place St-Nicolas, par Mabille (in *Bull. soc. bot. Fr.* XXIV, sess. extr. LVII).
MM. Rouy et Foucaud (*Fl. Fr.* III. 308) l'ont signalée comme récoltée par
Mabille et Debeaux sur les bords de l'étang de Biguglia, en mélange
avec le *S. atheniensis*. Mais tout ce que nous avons vu de ces deux collecteurs appartient sans exception (y compris les originaux de la place
St-Nicolas à Bastia!) aux *S. rubra* subsp. *atheniensis* et *campestris*! Enfin
M. de Litardière (*Voy.* 1, 2) avait indiqué le *S. diandra* à Ile Rousse:
l'auteur a lui-même postérieurement (*Voy.* II, 85) rectifié cette détermination, provenant aussi d'une confusion avec le *S. rubra*. En résumé,
les documents actuels ne nous permettent pas d'accepter le *S. diandra*
comme espèce corse.

594. **S. rubra** Pers. *Syn.* 1, 504 (1805), sensu amplo; Gr. et Godr.
Fl. Fr. 1, 275.

Annuel ou vivace, mais dépourvu de souche épaisse. Tige rameuse, à
rameaux plus robustes que dans l'esp. précédente, glanduleux dans leur
partie supérieure. Feuilles linéaires-lancéolées, planes, un peu charnues,
à stipules triangulaires-acuminées, développées, blanches-scarieuses.
Cymes ± feuillées, à pédicelles plus robustes que dans l'esp. précédente. Fleurs plus grandes que dans l'esp. précédente, à pétales obovés,
moins courts que dans le *S. diandra*, roses ou blanchâtres. Etamines
généralement au nombre de 5-10, rarement moins. Semences noires,
brunes ou d'un brun grisâtre, toutes aptères. — En Corse les trois sous-
espèces suivantes :

† 1. Subsp. **atheniensis** Rouy et Fouc. *Fl. Fr.* III, 310 (1896) =
S. Bocconi Steud. *Nom. bot.* ed. 2, 1, 123 et 125 (1840, nomen solum!)

[1] Nomen utique conservandum : *Régl. nomencl. bot.* art. 20 et p. 79.

= *Arenaria Bocconi* Soleirol (pl. cors. ann. 1825, nomen solum!) ap. Scheele in *Flora* XXVI, 431 (1843) = *Alsine Bocconi* Scheele l. c. (1843) = *S. rubra* var. *atheniensis* Heldr. et Sart. in sched. Herb. græc. norm. n. 590 (1856) = *Lepigonum diandrum* Kindb. *Syn. Lepig.* 7 p. p. (1856) = *L. campestre* Kindb. *Mon. Lepig.* 35 (1863) = *S. atheniensis* Asch. in Schweinf. *Beitr. Fl. Aeth.* 267 et 305 (1867) ; Asch. et Schweinf. *Ill. fl. Eg.* 48 ; Burn. *Fl. Alp. mar.* I, 271 = *S. diandra* Leb. *Rév.* 18 (1868) p. p. = *S. Saratoi* Leb. ex Burn. *Fl. Alp. mar.* I, 271 (1892) = *S. insularis* Fouc. et Sim. *Trois sem. herb. Corse* 173, tab. 2 (1898) ; Coste *Fl. Fr.* I, 224. — Exsicc. Soleirol sub : *Arenaria Bocconi*!; Mab. n. 354 p. p.!; Debeaux ann. 1868, n. 420 et ann. 1869 sub : *Lepigonum campestre* p. p. !

Hab. — Sables du littoral. Calcifuge. Mai-juin. Pas rare. Bastia (Mab. exsicc. cit. ; Debeaux exsicc. cit.; Shuttl. *Enum.* 7 sub : *S. diandra*) ; Ile Rousse (Fouc. et Sim. *Trois sem. herb. Corse* 136 ; Soulié ex Coste in *Bull. soc. bot. Fr.* XLVIII, sess. extr. CXIX ; Lit. *Voy.* I, 2) ; Calvi (Soleirol exsicc. cit. ; Fouc. et Sim. l. c.) ; Sagone (Coste l. c. CXIII) ; embouchure du Liamone (Coste l. c. CXV et N. Roux ibid. CXXXV) ; Chapelle des Grecs (Fouc. et Sim. l. c.) ; Ajaccio (Coste l. c. CIV et CV) ; Solenzara (Fouc. et Sim. l. c.) ; île de Cavallo (Kralik ex Rouy et Fouc. *Fl. Fr.* III, 310) ; « Spisse » (localité à nous inconnue, Kralik ex Rouy et Fouc. l. c.) ; Bonifacio (Fouc. et Sim. l. c.) ; et localité ci-dessous.

1907. — Cap Corse : garigues sableuses près de la mer à Bastia, 16 mai fl. fr.!

Annuelle. Tige très rameuse à rameaux enchevêtrés ; feuilles caulinaires souvent plus longues que les entrenœuds, à stipules assez courtes; pédicelles souvent plus courts que la capsule. Fleurs petites, hautes de 2,5-3 mm., à pétales roses-violacés ou blanchâtres, égalant à peu près les sépales ; semences brunes ou d'un brun grisâtre.

Le *S. insularis* Fouc. et Sim. (Calvi, Bonifacio) — rapproché par ses auteurs du *S. rubra* et du *S. nicaeensis*, et dont M. Rouy a fait un *S. rubra* subsp. *campestris* var. *insularis* Rouy [*Fl. Fr.* VIII, 380 (1903)] — nous parait, d'après la description et la figure, cadrer exactement avec le *S. atheniensis* var. *decipiens* Sarato [ap. Burn. *Fl. Alp. mar.* I, 272 (1892), à corolle pâle et à androcée réduit exceptionnellement à 2-3 étamines. Dans le même ouvrage (l. c. 136), MM. Foucaud et Simon indiquent d'ailleurs en Corse à côté de la var. *typica* Rouy et Fouc. (l. c.) une des variétés de Sarato décrites par M. Burnat (*Fl. Alp. mar.* I, 272), la var. *elegans* Sar. dont l'auteur dit : « mérithalles intermédiaires-sup. plus courts que les autres, et longuement dépassés par les feuilles ; stipules blanchesluisantes, presque aussi longues que celles du *S. campestris* ; corolles d'un rose violacé moins pâle que dans notre type ». Cette forme est indiquée à la Chapelle des Grecs près d'Ajaccio.

II. Subsp. **campestris** Rouy et Fouc. *Fl. Fr.* III, 309 (1896) emend. = *Arenaria rubra* var. *campestris* L. *Sp.* ed. 1, 423 (1753) = *Alsine rubra* Crantz *Inst.* II, 407 (1766) = *Arenaria campestris* All. *Fl. ped.* II, 114 (1785) = *S. rubra* Pers. l. c. (1807), sensu stricto ; Leb. *Rév.* 20 ; Coste *Fl. Fr.* I, 225 = *Lepigonum rubrum* Wahlb. *Fl. gothob.* p. 45 (1820-24) = *S. campestris* Asch. in *Bot. Zeit.* XVII, 292 (1859) et *Fl. Brandenb.* I, 94 ; Burn. *Fl. Alp. mar.* I, 270 = *S. rubra* et *S. rubra* subsp. *campestris* Rouy et Fouc. *Fl. Fr.* III, 309 (1896) = *S. rubra* subsp. *arenosa* (incl. var. *oligantha*) Fouc. et Sim. *Trois sem. herb. Corse* 174 et 175, tab. 3 (1898). — Exsicc. Mab. n. 354 p. p. ! ; Debeaux ann. 1868, n. 420 p. p. ! ; Reverch. ann. 1885 sub : *S. rubra* ! ; Soc. rochel. n. 4225 !, 4554 ! et 4701 ! ; Burn. ann. 1900, n. 76 !, 107 ! et 176 ! et ann. 1904, n. 104 ! et 105 !

Hab. — Points rocailleux ou sableux, 1-1800 m. ; calcifuge. Mai-avril suivant l'alt. Répandue et abondante dans l'île entière.

1906. — Cap Corse : clairières des maquis près du couvent de la Tour de Sénèque, au-dessus de Luri, 450 m., 8 juill. fl. fr. ! — Lieux arides à Santa Maria de Siché, 500 m., 17 juill. fl. fr. !

1907. — Cap Corse : sables maritimes à St-Florent, 23 avril fl. ! — Prairie sablonneuse à Ghisonaccia, 10 m., 8 mai fl. fr. !

Vivace. Tige généralement rameuse ; feuilles caulinaires généralement plus courtes que les entrenœuds, à stipules allongées-acuminées ; pédicelles un peu plus longs que la fleur ou le fruit. Fleurs médiocres, hautes de 3-4 mm., à pétales purpurins, égalant à peu près les sépales ou un peu plus courts qu'eux. Semences d'un brun noirâtre, finement tuberculeuses.

Cette plante varie beaucoup suivant les stations dans lesquelles on l'observe. Généralement élancée et très rameuse, elle devient dans les stations alpines beaucoup plus réduite et plus grêle [var. *virescens* Fouc. et Mand. in *Bull. soc. bot. Fr.* XLVII, 88 (1900)]. Lorsqu'elle croît dans des terrains finement sablonneux et très meubles, les glandes retiennent le sable et la plante prend un aspect sordide. C'est là à peu près le seul caractère constant du *S. rubra* subsp. *arenosa* Fouc. et Sim., lequel ne représente pas une unité systématique. Dans les sables maritimes fortement salins, la plante prend une teinte glauque et possède des feuilles plus épaisses. C'est alors le *S. rubra* subsp. *campestris* var. *glauca* Lit. [in *Bull acad. géogr. bot.* XVIII, 46 (1909)], encore une forme purement stationnelle. La forme *stipularis* [*S. rubra* var. *stipularis* Boiss. *Fl. or.* I, 732 (1867)], à stipules allongées, est indiquée par MM. Foucaud et Simon (*Trois sem. herb. Corse* 136), dans la vallée de la Restonica : des échant.

à stipules ± allongées se rencontrent d'ailleurs çà et là en mélange avec les échant. à stipules plus courtes.

†† III. Subsp. **nicaeensis** Briq. = *S. nicaeensis* Sarato ap. Leb. *Rév.* 21 (1868) ; Burn. *Fl. Alp. mar.* I, 269 ; Rouy et Fouc. *Fl. Fr.* III, 506 ; Coste *Fl. Fr.* I, 224 = *S. purpurea* Leb. l. c. p. p. (quoad pl. nicaeensem).

Hab. — Garigues sableuses de l'étage inférieur. Avril-mai. Rare ou peu observée. Jusqu'ici seulement les localités suivantes :

1907. — Garigues près d'Ile Rousse, 21 avril fl. fr. ! ; talus sablonneux à Solenzara, 5 m., 3 mai fl. !

Vivace. Tige généralement plus élevée et moins rameuse que dans la sous-esp. précédente ; feuilles égalant généralement la longueur des entrenœuds, à stipules subtriangulaires, blanchâtres ; pédicelles dépassant généralement le double de la longueur de la capsule. Fleurs relat. grandes, hautes de 3,5-4 mm., à pétales roses, égalant ou dépassant les sépales. Semences noirâtres, finement tuberculeuses.

L'examen attentif de matériaux abondants provenant de toute l'aire de l'espèce amène nécessairement à la conclusion que les trois groupes ci-dessus sont reliés par des formes douteuses et n'ont pas une valeur supérieure à celle de sous-espèces. M. Rouy (*Fl. Fr.* VIII, 380) a encore indiqué en Corse une forme rapportée par l'auteur au *S. longipes* Nym. [*Consp. fl. eur.* 123 (1878) ; Rouy in *Bull. herb. Boiss.* III, 224 (1895) ; Rouy et Fouc. *Fl. Fr.* III, 307 ; Coste *Fl. Fr.* 1, 224 = *Lepigonum rubrum* var. *longipes* Lange *Pug.* 96 (1865) = *S. rubra* var. *longipes* Willk. et Lange *Prodr. fl. hisp.* III, 164 (1874) = *S. campestris* var. *longipes* Gürke *Fl. eur.* II, 194 (1899)] et distinguée par MM. Rouy et Fouc. sous le nom de *S. longipes* forme *S. pinguis* (*Fl. Fr.* III, 307). Les échant. ainsi nommés provenaient de Campo di Loro et avaient été rapportés par Foucaud et Simon (*Trois sem. herb. Corse* 136) au *S. rubra* (notre *S. rubra* subsp. *campestris*). N'ayant pas vu cette plante critique, nous nous bornons à la mentionner ici. Le *S. longipes* Nym. constitue pour nous une sous-espèce du *S. rubra*, à fleurs très longuement pédicellées, se rapprochant par conséquent du *S. diandra*, avec lequel on l'a effectivement confondue (Cosson ap. Bourg. pl. d'Esp. n. 2382 !). Nous n'avons vu jusqu'ici aucune Spergulaire corse qui puisse être rapportée au *S. rubra* subsp. *longipes* Briq.

595. **S. macrorrhiza** Heynh. *Nom. bot.* 689 (1840) ; Gr. et Godr. *Fl. Fr.* 1, 276 ; Leb. *Rév.* 22 ; Tanf. ap. Caruel *Fl. it.* IX, 623 ; Rouy et Fouc. *Fl. Fr.* III, 305 ; Coste *Fl. Fr.* I, 223 = *Arenaria macrorrhiza* Req. ap. Lois. *Nouv. Not.* 22 (1827); Lois. *Fl. gall.* ed. 2, I, 322 ; Bert. *Fl. it.* IV, 687 = *Arenaria media* var. *macrorrhiza* Duby *Bot. gall.* 1025 (1830) ; Salis in *Flora* XVII, Beibl. II, 71 (1834) = *Arenaria rubra* var.

macrorrhiza Moris *Fl. sard.* 1, 278 (1837) = *Lepigonum macrorrhizum* Nym. *Syll.* 249 (1854-55). — Exsicc. Soleirol n. 19! ; Kralik n. 493 ! ; Reverch. ann. 1880, n. 333 !

Hab. — Rochers et sables maritimes ; halophile. Juin-août. ♃. Disséminé. Bastia (Salis in *Flora* XVII, Beibl. II, 71) ; St-Florent (Lutz in *Bull. soc. bot. Fr.* XLVIII, sess. extr. CXLIX) ; Ajaccio (ex Gr. et Godr. *Fl. Fr.* 1, 276 ; Boullu in *Bull. soc. bot. Fr.* XXIV, sess. extr. XCVIII) ; Propriano (Lutz l. c. CXLIII et N. Roux ibid. CXLIV) ; Bonifacio (Seraf. ex Bert. *Fl. it.* IV, 687 ; Kralik exsicc. cit. ; Lutz l. c. CXL ; Boy. *Fl. Sud Corse* 58) ; île de Cavallo (Req. ex Bert. l. c. X, 495 ; de Pouzolz ap. Gr. et Godr. l. c. 1, 276) ; îles Lavezzi (Soleirol exsicc. cit. et ex Bert. l. c. IV, 687 ; Req. ex Bert. l. c. ; Mars. *Cat.* 32 ; Reverch. exsicc. cit.).

Vivace, à rhizomes épais. Tige robuste, ± rameuse, très pubescente-glanduleuse. Feuilles pubescentes-glanduleuse dans la jeunesse, largement linéaires, courtes, très charnues, fortement fasciculées, très rapprochées, parfois presque imbriquées, à stipules lancéolées très développées. Cymes pauciflores, non ou peu feuillées, à pédicelles 1-2 fois plus longs la capsule. Fleurs assez grandes, hautes d'env. 5 mm. ; pétales blanchâtres plus courts que les sépales, ceux-ci égalant la capsule ou un peu plus longs qu'elle. Semences presque lisses, toutes aptères.

Remarquable espèce, localisée en Corse, en Sardaigne, et sur quelques points du littoral napolitain, voisine d'ailleurs du *S. rupicola* Lebel (littoral atlantique) et du *S. fimbriata* Boiss. et Reut. (Espagne mérid., Maroc, Canaries).

†† 596. **S. salina** J. et C. Presl *Fl. cech.* 95 (1819) ; Buchen. *Fl. nordwestd. Tiefeb.* 205 ; Asch. *Fl. Nordostd. Flachl.* 315 = *Arenaria rubra* var. *marina* L. *Sp.* ed. 1, 423 (1753) = *Arenaria marina* Pall. *Reise* III, 603 (1776) et Roth *Tent. fl. germ.* I, 189 (1788) ; non All. = *Stipularia media* Haw. *Syn. pl. succ.* 103 (1812) = *Lepigonum salinum* G. Don in Sweet *Hort. brit.* ed. 3, 63 (1839) ; Fries *Mant.* III, 34 = *Arenaria marina* var. β Bert. *Fl. it.* IV, 685 (1839) caráct. reform. = *S. marina* Gris. *Spic. fl. rum.* I, 213 (1843) ; Willk. et Lange *Prodr. fl. hisp.* III, 165 = *S. media* var. *heterosperma* Fenzl in Ledeb. *Fl. ross.* II, 1868 (1844) ; Gr. et Godr. *Fl. Fr.* 1, 276 = *S. media* Boiss. *Fl. or.* I, 733 (1867) = *S. Dillenii* Leb. *Rév.* 27 (1869) ; Burn. *Fl. Alp. mar.* I, 273 ; Rouy et Fouc. *Fl. Fr.* III, 303 ; Coste *Fl. Fr.* 1, 222.

Hab. — Sables maritimes ; halophile. Mai-août. Rare ou peu observé.

Bisannuel ou vivace. Tige généralement rameuse, à rameaux robustes, glanduleux dans leur partie supérieure. Feuilles charnues, subcylindriques, dépassant souvent les entrenœuds, à stipules ovées-triangulaires, aiguës, ternes. Cymes feuillées, à pédicelles égalant ou dépassant la capsule. Fleurs assez grandes, hautes de 3,5-4,5 mm., à pétales obovés non contigus, roses ou blanchâtres, un peu plus courts ou plus longs que les sépales. Etamines généralement au nombre de 5 à 10. Semences de deux sortes, les unes obovées-pyriformes et aptères, les autres obovées-orbiculaires, entourées d'une aile membraneuse.

L'emploi des épithètes spécifiques *marina* et *media*, qui ont été appliquées à cette espèce comme à la suivante ne pourrait qu'être une source de confusion (voy. Lebel *Rév.* 27 et Burnat l. c.) ; nous les abandonnons donc (*Règl. nom.* art. 51, 4º). En revanche, nous ne voyons pas d'obstacle sérieux à la conservation de l'épithète spécifique la plus ancienne après les précédentes (*salina*). — On peut distinguer les variétés suivantes :

†† α. Var. **genuina** Briq. = *S. Dillenii* var. α Burn. *Fl. Alp. mar.* I, 273 = *S. Dillenii* var. *genuina* Rouy et Fouc. *Fl. Fr.* III, 303 (1896).

Hab. — Bastia (Gillot in *Bull. soc. bot. Fr.* XXIV, sess. extr. LVII).

Bisannuelle ou pérennante ; pédicelles inférieurs 1-2 fois plus longs que la capsule. Capsule d'un tiers plus longue que le calice à semences ± tuberculeuses.

†† β. Var. **muralis** Gürke *Pl. eur.* II, 197 (1899) = *Lepigonum trachyspermum* var. *murale* Kindb. *Mon.* 17 = *S. Dillenii* var. *perennis* Rouy et Fouc. *Fl. Fr.* III, 303 (1896).

Hab. — Sisco (Fouc. et Sim. *Trois sem. herb. Corse* 135) ; Chapelle des Grecs (Fouc. et Sim. l. c.).

Vivace. Pédicelles inférieurs 1-2 fois plus longs que la capsule. Capsules dépassant à peine le calice, à semences fortement tuberculeuses.

†† γ. Var. **australis** Gürke *Pl. eur.* II, 197 (1899) = *S. Dillenii* var. *australis* Leb. *Rév.* 28 (1860) ; Burn. *Fl. Alp. mar.* I, 273 ; Rouy et Fouc. *Fl. Fr.* III, 303.

Hab. — Chapelle des Grecs près Ajaccio (Fouc. et Sim. *Trois sem. herb. Corse* 135).

Plante plus robuste et à fleurs un peu plus grandes et pédicelles un peu plus longs que dans les var. α et β. Capsule atteignant le double de la longueur du calice, à semences ailées plus nombreuses, faiblement verruqueuses.

597. **S. marginata** Kitt. *Taschenb. Fl. Deutschl.* ed. 2, 1003 (1844); Boiss. *Fl. or.* I, 733 ; Burn. *Fl. Alp. mar.* I, 273 ; Rouy et Fouc. *Fl. Fr.* III, 302 = *Arenaria media* L. *Sp.* ed. 2, 606 (1763) p. p. = *Arenaria marginata* DC. *Fl. fr.* V, 793 (1815) = *S. media* Presl *Fl. sic.* XVII (1826,

nomen) et Griseb. *Spic. fl. rum.* I, 213 (1843) ; non Boiss. nec al. = *S. media* var. *marginata* Fenzl in Ledeb. *Fl. ross.* II, 168 (1844) ; Gr. et Godr. *Fl. Fr.* I, 276 = *S. marina* var. *marginata* Neilr. *Fl. Nieder-Öst.* 783 (1859) = *S. marina* Leb. *Rév.* 25 (1868) = *S. rubra* var. *marginata* Celak. in *Oesterr. bot. Zeitschr.* XX, 48 (1870) = *S. salina* var. *marginata* Celak. *Prodr. Fl. Böhm.* 491 (1875).

Hab. — Sables maritimes ; halophile. Mai-juill. Rare ou peu observé. Bastia (Salis in *Flora* XVII, Beibl. II, 71) ; Biguglia (Fliche in *Bull. soc. bot. Fr.* XXXVI, 359) ; Calvi (Soleirol ex Bert. *Fl. it.* IV, 686) ; de la Chapelle des Grecs au cap de la Parata (Mars. *Cat.* 32 ; Boullu in *Bull. soc. bot. Fr.* XXIV, sess. extr. XC et ibid. XXVI, 82).

Vivace. Tige encore plus robuste que dans l'esp. précédente, à souche plus épaisse, s'en distinguant par les fleurs grandes, hautes de 6 mm., à pétales rosés ou blancs, dépassant souvent un peu les sépales, la capsule de moitié plus longue que le calice et les semences suborbiculaires toutes entourées d'une aile membraneuse. — Relativement à la question de nomenclature que soulève cette espèce, voy. la note annexée au n° précédent (p. 492).

SPERGULA L.

598. S. arvensis L. *Sp.* ed. 1, 440 (1753) ; Gr. et Godr. *Fl. Fr.* I, 274 ; Rouy et Fouc. *Fl. Fr.* III, 296 ; Coste *Fl. Fr.* I, 220.

Hab. — Etage inférieur. Mars-juill. ①. Trois sous-espèces.

I. Subsp. **eu-arvensis** Briq. = *S. arvensis* et auct. sensu stricto.

Plante d'un vert clair, le plus souvent élevée, à tiges allongées, à entrenœuds bien plus longs que les feuilles, le dernier (au-dessous de l'inflorescence) au moins aussi développé que les autres. Inflorescence lâche, à axes allongés, grêles, pourvus de glandes stipitées disséminées, incolores ou peu foncées. Fleurs relat. grandes, à sépales faiblement glanduleux, verdâtres, longs de 3-5 mm., à pétales largement ovés-elliptiques, tronqués à la base, atteignant env. les sépales ; étamines 5-10. Capsule dépassant nettement le calice.

Parmi les variétés de cette sous-espèce, on a signalé en Corse les suivantes :

α. Var. **sativa** Mert. et Koch *Deutschl. Fl.* III, 360 (1831) ; Burn. *Fl. Alp. mar.* I, 268 ; Rouy et Fouc. *Fl. Fr.* III, 296 = *S. sativa* Bœnn. *Prodr. fl. mon.* 135 (1824) = *S. arvensis* var. *leiosperma* Celak. in *Sitzungsber. böhm. Ges. Wiss.* 1881, 30.

Semences larges de 1 mm., noirâtres à la maturité, finement chagri-

nées, dépourvues de verrucosités, entourées d'une aile marginale blanchâtre très étroite. Etamines le plus souvent 10.

β. Var. **vulgaris** Mert. et Koch l. c. ; Burn. l. c. ; Rouy et Fouc. l. c. (excl.
subvar. *maxima* et subvar. *gracilis*) = *S. vulgaris* Bœnn. l. c. = *S. arvensis* var. *trachysperma* Neilr. *Fl. Nieder-Öst.* 781 (1859).
Semences larges de 1 mm. noirâtres à la maturité, parsemées de petites verrucosités blanchâtres, devenant brunes à la fin, à aile encore plus
étroite que dans la var. précédente. Etamines le plus souvent 5.

Mais tout ce que nous avons vu de Corse appartient aux deux sous-
espèces suivantes, en particulier à la sous-esp. *Chieusseana*. — MM. Foucaud et Simon (*Trois sem. herb. Corse* 135) ont indiqué à Calvi la var. **glutinosa** Lange [*Pug.* 295 (1865) ; Bourg. pl. d'Esp. n. 2379 ! = ? *S. arvensis*
var. *vulgaris* subvar. *glutinosa* Rouy et Fouc. *Fl. Fr.* III, 297 (1896)], à
glandes stipitées très nombreuses couvrant, en mélange avec des poils
simples, toute la plante qui prend un aspect cendré, à semences n'atteignant pas 1 mm. de diamètre, d'un noir fuligineux, pourvues de petites verrucosités blanches irrégulièrement développées, à aile marginale filiforme. Nous n'avons encore vu cette variété que de la péninsule
ibérique, et n'osons pas l'admettre au nombre des plantes corses sans
nouvelle étude des originaux.

†† II. Subsp. **Chieusseana** Briq. = *S. Chieusseana* Pomel *Nouv.
mat. fl. all.* 206 (1874) ; Murb. *Contrib. fl. nord-ouest Afr.* 1, 39, fig. 2-4 =
S. arvensis forme *S. Chieusseana* Rouy *Fl. Fr.* VIII, 379 (1903). — Exsicc.
Kralik n. 503 !

Hab. — Friches, moissons, cultures, points sablonneux. Disséminée.
Bastia (Mab. ex Mars. *Cat.* 31) ; Biguglia (ex Murb. l. c.) ; Calvi (Soleirol ex Bert. *Fl. it.* IV, 773) ; bas-fonds sableux de Caniccia près Ghisoni
(Rotgès) ; Ajaccio (Kralik exsicc. cit. ; Boullu in *Bull. soc. bot. Fr.* XXIV,
sess. extr. XCVIII) ; Campo di Loro (Fouc. et Sim. *Trois sem. herb. Corse*
135) ; Porto-Vecchio (Revel. in Bor. *Not.* II, 3) ; Figari (Seraf. ex Bert.
l. c.) ; Bonifacio (Seraf. ex Bert. l. c. ; Reverch. ex Murb. l. c.) ; et localité ci-dessous.

1907. — Ile Rousse, moissons, 20 avril fl. fr. !

Plante d'un vert clair, médiocre ou élevée, à tiges allongées, à entrenœuds bien plus longs que les feuilles, le dernier (au-dessous de l'inflorescence) nul (ou très court), de sorte que la cyme bipare de 1er ordre
de l'inflorescence parait sessile sur le verticille. Inflorescence lâche, à
axes allongés, grêles, pourvus de glandes stipitées disséminées, incolores
ou peu foncées. Fleurs relat. grandes, à sépales faiblement glanduleux,
d'un rose violacé vers le sommet et moins obtus, longs de 3-5 mm., à
pétales plus étroits, arrondis à la base, dépassant les sépales ; étamines

le plus souvent 10. Capsule ne dépassant pas ou dépassant peu le calice ;
semences noirâtres, larges de 1 mm., parsemées de petites verrucosités
blanches.

Cette sous-espèce méditerranéenne est presque toujours facile à distinguer de la sous-esp. *eu-arvensis*, mais il existe cependant des échant.
quasi-intermédiaires à entrenœud infradichasial (entrenœud *i*, de M. Murbeck) seulement raccourci (sans être nul), de sorte que, les autres caractères n'étant pas toujours concomitants, on peut hésiter dans l'attribution exacte de ces échantillons.

†† III. Subsp. **gracilis** Briq. = *S. arvensis* Salis in *Flora* XVII,
Beibl. II, 70 (1834) = *S. arvensis* var. *gracilis* Petit in *Bot. Tidsskr.* XIV,
245 (1885) = *S. arvensis* var. *vulgaris* subvar. *gracilis* Rouy et Fouc. *Fl.
Fr.* III, 297 (1896).

Hab. — Sables maritimes. De Bastia à Biguglia (Salis in *Flora* XVII,
Beibl. II, 70) ; Ajaccio (Petit l.c.) ; Campo di Loro (Fouc. et Sim. *Trois
sem. herb. Corse* 135) ; et localité ci-dessous.

1907. — Cap Corse : sables maritimes à St-Florent, 23 avril fl. fr.!

Port d'un petit *S. pentandra* ou *S. vernalis*. Plante d'un vert bleuâtre,
naine, à rameaux couchés ou un peu ascendants, souvent étalés en
cercles, grêles (longs de 2-5 cm.), à entrenœuds courts, atteignant 5-
10 mm., parfois même plus courts que les feuilles. Feuilles courtes, atteignant 3-5 mm. Inflorescence très pauciflore, courte, condensée, à axes
raccourcis, couverts de glandes stipitées à tête noirâtre : l'entrenœud
infradichasial nul ou très court comme dans la sous-esp. précédente.
Fleurs petites à sépales couverts de glandes noirâtres, ovés, brièvement
subaigus au sommet, colorés en rose-violacé surtout dans la partie supérieure, longs de 2-3 mm., à pétales ovés-oblongs, arrondis à la base,
dépassant légèrement les sépales : étamines 5. Capsule égalant le calice ;
semence très petite, large d'à-peine 0,5 mm., noirâtre, lisse, à aile marginale filiforme.

Nous avons longtemps hésité à considérer ce *Spergula*, qui jusqu'à
présent n'a été constaté qu'en Corse, comme une espèce distincte. Son
apparence générale est plutôt celle des *S. pentandra* et surtout du *S.
vernalis*. Mais l'organisation des semences est absolument celle du *S.
arvensis*, sauf que les dimensions en sont de moitié plus petites. La réduction de l'entrenœud infradichasial rapproche la sous-esp. *gracilis*
de la sous-esp. *Chieusseana*, mais le port nain, à rameaux couchés, la
brièveté des feuilles, la glandulosité foncée, la forme de l'inflorescence et
la petitesse des fleurs en font d'ailleurs un type extrêmement saillant et
d'une valeur systématique certainement supérieure aux variations signalées jusqu'à présent à l'intérieur du *S. arvensis* subsp. *eu-arvensis*. Ce
type n'avait d'ailleurs pas échappé à la sagacité de Salis, qui l'a caractérisé en deux mots (l. c.) : « Statura *pentandrae*, fructus arvensis ». M. Petit
(l. c.) en a donné une description plus complète. Cependant ni l'un ni
l'autre de ces deux auteurs n'ont suffisamment prêté d'attention à l'orga-

nisation de l'inflorescence, qui rapproche la sous-esp. *gracilis* de la sous-esp. *Chieusseana*.

599. **S. pentandra** L. *Sp.* ed. 1, 440 (1753) ; Gr. et Godr. *Fl. Fr.* I, 274 ; Rouy et Fouc. *Fl. Fr.* III, 297 ! Coste *Fl. Fr.* I, 221.

Hab. — Garigues sableuses, rocailles, moissons des étages inférieur et montagnard. Avril-juin et en automne. ①. Rare ou peu observé. Monte Stello (Chabert in *Bull. soc. bot. Fr.* XXIX, sess. extr. LIV) ; Serra di Pigno (Chab. l. c.) ; Vico (Mars. *Cat.* 31) ; Ajaccio (Mars. l. c. ; Boullu in *Bull. soc. bot. Fr.* XXIV, sess. extr. XCVIII) ; et localité ci-dessous.

1907. — Garigues entre Novella et le col de S. Colombano, 500-600 m., 19 avril fl. fr.!

Cette espèce dont le port, dans les échant. réduits, ressemble à celui du *S. arvensis* subsp. *gracilis*, s'en distingue facilement par les semences entourées d'une très large aile membraneuse et ses pétales lancéolés, non contigus.

STELLARIA L. emend.

600. **S. aquatica** Scop. *Fl. carn.* ed. 2, I, 319 (1772) = *Cerastium aquaticum* L. *Sp.* ed. 1, 439 (1753) ; Coste *Fl. Fr.* I, 216 = *Malachium aquaticum* Reichb. *Fl. germ. exc.* 795 (1832) ; Gr. et Godr. *Fl. Fr.* I, 273 ; Rouy et Fouc. *Fl. Fr.* III, 199.

Hab. — Berges sablonneuses et ombragées de l'étage inférieur. Mai-juin. ♃. Peu fréquent, mais abondant là où on le trouve. Biguglia (Salis in *Flora* XVII, Beibl. II, 71 ; Mab. ex Mars. *Cat.* 31 ; Boullu in *Bull. soc. bot. Fr.* XXIV, sess. extr. LXIV) ; Campo di Loro (Mars. l. c.; Boullu l. c. XCV ; Fouc. et Sim. *Trois sem. herb. Corse* 133) ; et localité ci-dessous.

1907. — Aulnaies du Fiumorbo près de Ghisonaccia, 8-10 m., 2 et 8 mai fl.!

Dans les stations normales, humides et ombragées, les individus de cette espèce prennent un grand développement et s'élèvent plus ou moins en s'appuyant sur les plantes voisines, c'est l'état qui a été appelé *Cerastium scandens* [Lej. *Fl. Spa* I, 211 (1811) = *Malachium aquaticum* var. *scandens* Godr. *Fl. Lorr.* éd. 2, I, 127 (1861) ; Rouy et Fouc. *Fl. Fr.* III, 200 = *S. aquatica* var. *scandens* De Wild. et Dur. *Prodr. fl. belg.* II, 226 (1899) ; Gürke *Pl. eur.* II, 201]. Lorsque les individus s'aventurent sur les terrains plus exposés et plus secs, bien qu'encore sablonneux, ils deviennent plus petits, plus couchés, à feuilles et à inflorescences réduites : c'est alors le *Malachium aquaticum* var. *arenarium* Godr. [l. c. (1861) ; Rouy et Fouc. l. c.]. Les stades extrêmes sont reliés par tous les inter-

médiaires selon les conditions du milieu. Ce sont là des formes inté-
ressantes au point de vue écologique, mais dépourvues de valeur systématique.

601. **S. nemorum** L. *Sp.* ed. 1, 421 (1753); Gr. et Godr. *Fl. Fr.* I,
263; Rouy et Fouc. *Fl. Fr.* III, 227; Coste *Fl. Fr.* I, 212. — Exsicc.
Kralik sub : *S. nemorum* !; Burn. ann. 1900, n. 207 !

Hab. — Hêtraies, vernaies et junipéraies, ou simplement points ombragés humides des étages montagnard, subalpin et alpin, 1000-2000 m.,
dans les massifs du centre. Juill.-août. ♃. Disséminé. Monte Rotondo
(Salis in *Flora* XVII, Beibl. II, 71; Soleirol ex Bert. *Fl. it.* IV, 644), en
particulier dans les vernaies autour des bergeries de Timozzo (Mars. *Cat.*
30; Briq. *Rech. Corse* 19 et Burn. exsicc. cit.) et de Spisciè (Burnouf ex
Rouy et Fouc. *Fl. Fr.* III, 228) ; col de Vizzavona (Mars. l. c. ; Lit. in
Bull. acad. géogr. bot. XVIII, 114) ; vallon de la Cagnone (soit vallon de
Cappiajola, Kralik exsicc. cit.) ; ravin de Casso près Ghisoni (Rotgès ex
Fouc. in *Bull. soc. bot. Fr.* XLVII, 88) ; Coscione (R. Maire in *Bull. soc.
bot. Fr.* XLVIII, sess. extr. CXLVI et in Rouy *Rev. bot. syst.* II, 25) ; et
localités ci-dessous.

1906. — Aulnaies sur le versant N. du col de Bocca valle Bonna, 1600-
1700 m., 31 juill. fl.! ; rochers frais en face des bergeries de Grotello sur
la rive droite de la haute vallée de la Restonica, 1500 m., 5 août fl.! ; lieux
humides près des bergeries de Gialghelio, au-dessous du col de Tripoli,
1500 m., 12 juill. fl.! ; endroits ombragés près des bergeries de Puzzatili
sur le versant E. du Monte d'Oro, 1700 m., 8 août fl. fr.! ; bords du torrent dans le vallon de Casapietrone, entre Ghisoni et Vizzavona, vers
1000 m., 21 juill. fl.! ; hêtraies du vallon de Cappiajola, 1500 m., 21 juill.
fl.! ; aulnaies entre les Pointes de Monte et Bocca d'Oro, 1900 m., 20 juill.!
(non encore fleuri).

1908. — Col de Tula, vernaies du versant de Tartagine, 1900 m., 4 juill.
fl.! ; vallée du Tavignano : rochers ombragés près de la Scierie, 1200-
1300 m., 28 juin fl.!

Le *S. nemorum* a en outre été signalé dans les châtaigneraies de la
vallée du Fiumalto en aval d'Orezza par M. Gillot (in *Bull. soc. bot. Fr.*
XXIV, sess. extr. LXXIV), à une altitude d'environ 400 m., Cette localité
très anormale s'expliquerait peut-être par un apport provenant des hêtraies du massif du M. S. Pietro; l'indication mérite confirmation.

Le *S. nemorum* est en Corse extrêmement variable, comme d'ailleurs
dans les Alpes. On peut observer, par exemple aux env. des bergeries
de Timozzo tous les passages entre les échant. gigantesques des points
ombragés et humides, et les formes réduites microphylles. Ces dernières
ont été distinguées sous le nom de *S. montana* Pierrat [in *Bull. soc.*

rochel. II, 56 (1879); non Rose (1891) = *S. nemorum* var. *montana* Rouy et Fouc. *Fl. Fr.* III, 228), et la forme de réduction la plus extrême sous celui de *S. nemorum* var. *saxicola* Beauv. [in *Bull. herb. Boiss.*, 2ᵉ sér., 1, 109-114 (1901)]; elles proviennent d'un développement dans des stations alpines ou subalpines moins humides et moins ombragées. Toutes ces formes représentent des états, et non pas des variétés dans le sens de races. Quant aux var. *subebracteolata* Rouy et Fouc. [*Fl. Fr.* III, 227 (1896); non Fenzl in Ledeb. (1842)] et var. *bracteata* Fenzl [in Ledeb. *Fl. ross.* 1, 375 (1842)] basées sur le passage graduel ou brusque des feuilles aux bractées, nous voyons les caractères en question varier jusque sur un seul et même échantillon, et ne pouvons pas conserver ces variétés. — Nos échantillons ont d'ailleurs des semences à test pourvu de verrucosités lisses, et non pas ornées de petits appendices crochus du genre de ceux que M. Murbeck a décrits pour son *S. nemorum* subsp. *glochidiosperma* Murb. [*Beitr. fl. Südbosn.* 156 (1891) = *S. glochidiosperma* Freyn in *Oest. bot. Zeitschr.* XLII, 358 (1872) = *S. nemorum* var. *glochidiosperma* Gürke *Pl. eur.* II, 202 (1899)].

602. **S. media** Vill.[1] *Hist. pl. Dauph.* III, 615 (1789); Gr. et Godr. *Fl. Fr.* I, 263; Rouy et Fouc. *Fl. Fr.* III, 228; Coste *Fl. Fr.* I, 212.

Hab. — Variable suivant les races considérées. Fl. presque toute l'année. ♃. — Espèce polymorphe; en Corse les races suivantes:

+ α. Var. **neglecta** Mert. et Koch *Deutschl. Fl.* III, 253 (1831) = *S. neglecta* Weihe in Bl. et Fingerh. *Comp. fl. germ.* ed. 1, I, 560 (1825) = *S. media* var. *major* Koch *Syn.* ed. 1, 118 (1837); Gr. et Godr. *Fl. Fr.* I, 263 = *S. media* var. *decandra* Fenzl in Ledeb. *Fl. ross.* I, 377 (1842) = *S. media* forme *S. neglecta* Rouy et Fouc. *Fl. Fr.* III, 229 (1896) p. maj. p.

Hab. — Points ombragés ou humides (au moins temporairement) de l'étage inférieur. Peu observée. Biguglia (Salis in *Flora* XVII, Beibl. II, 71); et localités ci-dessous.

1907. — Cap Corse: balmes de la cluse des Stretti près de St Florent, calc., 30 m., 23 avril fl.! — Fossés des garigues près d'Ile Rousse, 21 avril fl. fr.!

Plante haute de 30-80 cm. Tige élevée, à entrenœuds pourvus d'une ligne pilifère, d'ailleurs glabres. Feuilles relativement grandes, les inf. pétiolées, les supérieures sessiles, à limbe subcordiforme, ové-elliptique, mesurant jusqu'à 4 × 3 cm. de surface. Pédicelles beaucoup plus longs que le calice, pourvus d'une ligne pilifère. Fleurs grandes; calice à sépales longs de 5-6 mm., densément et mollement poilus-glanduleux exté-

_____

[1] Cette expression binominale est souvent, à tort, attribuée à Cirillo. Voy. Barn. *Fl. Alp. mar.* I, 257.

rieurement. Pétales généralement développés, de longueur variable. Étamines généralement 10.

† β. Var. **Candollei** Briq. = *S. latifolia* DC. *Fl. fr.* V, 614 (1815); non Pers. (1805). — Exsicc. Bourgeau n. 59 !

Hab. — Points ombragés ou humides de l'étage inférieur. Rare ou peu observée. Ajaccio (Bourgeau exsicc. cit.) ; et localité ci-dessous.

1907. — Balmes de la montagne de Pedana, 500 m., calc., 14 mai fl.!

Diffère de la var. précédente, dont elle a le port et les principaux caractères, par la glabréité encore plus marquée de l'appareil végétatif, et surtout par ses sépales glabres (plus ou moins finement papilleux mais complètement dépourvus de poils pluricellulaires et de glandes stipitées). — Le *S. latifolia* DC. a été décrit comme absolument glabre. Mais les échant. mêmes de De Candolle montrent que cette assertion n'est rigoureusement exacte que pour le calice. Mertens et Koch (*Deutschl. Fl.* III, 253) se sont déjà aperçus de la non-identité des *S. neglecta* Weihe et *S. latifolia* DC. La var. *Candollei* est probablement assez répandue. Nous l'avons vue de plusieurs localités françaises (p. ex. Billot n° 3537 ! Sarthe).

γ. Var. **typica** Beck *Fl. Nieder-Öst.* 364 (1890) = *S. media* var. *oligandra* Fenzl in Ledeb. *Fl. ross.* I, 377 (1842) p. p. = *S. media* (incl. var. *genuina*, subvar. *undulata*, var. *pedicellata* et var. *brachypetala*) Rouy et Fouc. *Fl. Fr.* III, 228 (1896). — Exsicc. Burn. ann. 1904, n. 93 !

Hab. — Cultures, friches, points ombragés ou humides, 1-1600 m. Commune et abondante dans l'île entière.

Plante haute 10-40 cm. Tige moins élevée que dans α et β, à entrenœuds pourvus d'une ligne pilifère. Fleurs plus petites, les inférieures et celles des rejets stériles souvent moins longuement pétiolées, mesurant env. 1-2 × 0,7-1,3 cm. de surface. Pédicelles plus courts, pourvus d'une ligne pilifère. Fleurs plus petites ; calice à sépales longs de 3-4 mm., poilus-glanduleux extérieurement. Pétales généralement développés, de longueur variable. Étamines généralement 3-5.

†† δ. Var. **glabella** Briq. = *S. apetala* Ucria in Roem. *Arch.* I, 1, 68 (1796), non auct. pl.! ; Burn. *Fl. Alp. mar.* 1, 258 = *Alsine glabella* Jord. et Fourr. *Brev.* II, 20 (1866) = *S. glabella* Nym. *Consp.* 111 (1878) = *S. media* forme *S. apetala* α *major* et β *glabella* Rouy et Fouc. *Fl. Fr.* III, 230 (1896) = *S. pallida* var. *glabella* Gürke *Pl. eur.* II, 205 (1899).

Hab. — Points frais ou ombragés, 1-1600 m. Dans les localités ci-dessous.

1906. — Rochers frais en face des bergeries de Grotello, sur la rive

droite de la haute Restonica, 1500 m., 5 août fl. fr.! ; hêtraies entre les
bergeries d'Aluccia et le col du M¹ Incudine, 1600 m., 18 juill. fl. fr.!

1907. — Cap Corse : rochers du col de Teghime, versant de Bastia, 300-
400 m., 23 avril fl. fr.! — Garigues entre Novella et le col de San Colombano, 500-600 m., 19 avril fl. fr.!

Cette variété oscille comme dimensions et comme port entre les var.
γ et ε ; elle possède des fleurs de la grandeur de celles de la var. *typica*,
mais généralement apétales ou à pétales très courts comme dans la var.
apetala et se distingue de toutes deux par des sépales finement papilleux, d'ailleurs parfaitement glabres, tandis que dans les var. γ et ε, les
sépales sont poilus-hérissés, au moins à la base. — Le *S. media* var. *glabella* parait être une race méditerranéenne. Nous l'avons vu, outre la
Corse, de Malte et de Sicile (Todaro fl. sic. exs. n. 591 !). — M. Gürke (*Pl.
eur.* II, 205) cite comme synonyme du *S. glabella* Jord. et Fourr. un *S.
media* β *apetala* subvar. *glaberrima* Aznavour [in *Le Naturaliste* XII, 167
(1890) et in *Bull. soc. bot. Fr.* XLIV, 466 (1897)]. Cette dernière forme, décrite comme entièrement glabre, ne devrait-elle pas être plutôt rapprochée du *S. media* var. *glabra* Strobl (in *Oesterr. bot. Zeitschr.* XXXV, 245,
ann. 1885), du *S. cucubaloides* Pau *Not. bot.* I, 14 (1887), et du *S. media*
var. *glaberrima* G. Beck (*Fl. Nieder-Öst.* 364, ann. 1890)? Dans la var.
glabella, les entrenœuds sont régulièrement pourvus d'une ligne de
poils ; les pédoncules sont tantôt glabres, tantôt pourvus de poils peu
nombreux ayant tendance à se localiser sur une seule ligne.

† ε. Var. **apetala** Gaud. *Fl. helv.* III, 180 (1828) ; Mert. et Koch *Deutschl.
Fl.* III, 253 (1851) = *Alsine pallida* Dum. *Fl. belg.* 109 (1827) = *S. apetala* Bor. *Fl. Centr.* éd. 1, II, 85 (1849) et auct. pl. ; non Ucria = *S. Boraeana* Jord. *Pug.* 33 1852) et in Bor. *Fl. Centre* éd. 3, II, 104 = *S.
pallida* Piré in *Bull. soc. roy. bot. Belg.* II, 43 (1863) = *S. media* var.
Boraeana Petit in *Bot. Tidskr.* XIV, 245 (1884-85) = *S. media* forme *S.
apetala* δ *minor* Rouy et Fouc. *Fl. Fr.* III, 230 (1896) = *S. media* subsp.
pallida Asch. et Graebn. *Fl. Nordostd. Flachl.* 310 (1898).

Hab. — Garigues, cultures, friches des étages inférieur et montagnard. Probablement très répandue, mais peu observée. Bastia (Salis in
Flora XVII, Beibl. II, 71 ; Kesselmeyer in herb. Deless.!) ; îles Sanguinaires (Petit in *Bot. Tidsskr.* XIV, 245) ; et localité ci-dessous.

1907. — Garigues en descendant du col de San Colombano sur Palasca,
600 m., 19 avril fl. fr.!

Plante haute de 8-20 cm., naine, d'un vert-jaunâtre. Tige grêle, à entrenœuds pourvus de lignes pilifères. Feuilles petites, ovées-elliptiques,
celles inférieures et des rejets stériles à pétioles assez courts, à limbe
mesurant env. 3-7×2-5 mm. de surface. Pédicelles généralement courts.
Fleurs petites ; sépales longs de 2-3 mm., pourvus sur le dos de poils

simples et de glandes stipitées. Pétales nuls ou très courts. Étamines généralement 3-5.

Les cinq races que nous venons d'étudier sont toutes reliées entre elles par des formes intermédiaires, lorsqu'on envisage l'espèce dans toute son aire. Un groupement de variétés en sous-espèces ne paraît pas d'une réalisation facile. Il semble plus naturel de les opposer toutes (subsp. **eu-media** Briq.) au *S. Cupaniana* Nym., et d'envisager ce dernier comme une sous-espèce, à cause de l'indument caulinaire non localisé en lignes internodiales et de la grosseur des semences, ainsi que l'ont proposé MM. Rouy et Foucaud (l. c. III, 231). Le *S. media* subsp. *Cupaniana* Rouy et Fouc. existe en Italie et en Sicile ; il a été retrouvé dans le département du Var, et pourrait dès lors être plus tard aussi découvert en Corse.

603. **S. Dilleniana** Mœnch *Enum. pl. Hass.* 214 (1777), excl. syn. ; non Leers [*S. Dilleniana* Leers (1775) = *S. uliginosa* Murr. (1770)] nec alior. = *S. palustris* [Ehrh. *Beitr.* V, 176 (1789)] Retz. *Fl. Scand. prodr.* ed. 2, 106 (1795) ; Rouy et Fouc. *Fl. Fr.* III, 232 ; Coste *Fl. Fr.* 1, 213 = *S. glauca* With. *Bot. arr. brit. pl.* ed. 3, II, 420 (1796) ; Gr. et Godr. *Fl. Fr.* 1, 264.

Hab. — Points humides de l'étage montagnard. Juill. ♃. Très rare. « Parmi les *Juniperus alpina*, en face de la maison des cantonniers, à la Foce de Vizzavona » (Mars. *Cat.* 31) ; et localité ci-dessous.

1906. — Talus de la route entre Tattone et Vizzavona, 800-900 m., 14 juill. fl.

Voy. au sujet de la nomenclature de cette espèce : Schinz et Thellung in *Vierteljahrsschr. naturf. Ges. Zürich* LIII, 533. — La plante corse appartient à la var. **communis** Briq. [= *S. palustris* var. *communis* Rouy et Fouc. *Fl. Fr.* III, 233 (1896) = *S. glauca* var. *communis* Fenzl in Ledeb. *Fl. ross.* 1, 389 (1842)] à feuilles linéaires-lancéolées.

†† 604. **S. graminea** L. *Sp.* ed. 1, 422 (1753) ; Gr. et Godr. *Fl. Fr.* 1, 264 ; Rouy et Fouc. *Fl. Fr.* III, 234 ; Coste *Fl. Fr.* 1, 213.

Hab. — Points sablonneux et humides (au moins temporairement) de l'étage inférieur. Mai-juin. ♃. Signalé jusqu'ici uniquement sur les rives de la Gravona à Campo di Loro (Fouc. et Sim. *Trois sem. herb. Corse* 134).

Les auteurs rapportent la forme corse à la var. **latifolia** Godr. [*Fl. Lorr.* éd. 1, 1, 187 (1843) ; Rouy et Fouc. *Fl. Fr.* III, 234] à feuilles largement lancéolées, à corolles dépassant le calice.

† 605. **S. uliginosa** Murr. *Prodr. stirp. Götting.* 55 (1770) ; Gr. et

Godr. *Fl. Fr.* 1, 265 ; Rouy et Fouc. *Fl. Fr.* III, 235 ; Coste *Fl. Fr.* 1, 213
= *S. Alsine* Reich. *Fl. moeno-franc.* 1, 86 (1772).

Hab. — Points humides des étages inférieur et montagnard. Juin-
août. ①. Très rare. Figure déjà parmi les espèces mentionnées par Salis
(in *Flora* XVII, Beibl. II, 72) comme signalées en Corse. « Saint-Pierre »
(indication insuffisante étant donné le nombre des endroits portant ce
nom, Kralik ex Rouy et Fouc. *Fl. Fr.* III, 236) ; Bocognano, bords de
la Gravona (Le Grand in *Bull. soc. bot. Fr.* XXXVII, 18).

Cette espèce présente souvent des feuilles, surtout les inférieures, à
marges ± ondulées, en particulier sur les échantillons ayant végété dans
le sable ou sur les berges des tourbières [var. *undulata* Fenzl in Ledeb.
Fl. ross. I, 393 (1842) ; Rouy et Fouc. *Fl. Fr.* III, 246 ; Le Grand in *Bull.
assoc. fr. Bot.* II, 65]. Nous ne trouvons pas là matière à la distinction
d'une variété particulière. M. Gürke (*Pl. eur.* II, 210) donne pour cet *état*
une distribution géographique bizarre : Corse, Russie et Japon ! En réalité,
des échant. à feuilles ± ondulées se trouvent partout : ainsi Fenzl (mss.)
a reconnu ces deux variétés *undulata* et *planifolia* sur des échant. croissant pêle-mêle dans des localités parisiennes classiques telles que Saint-
Léger (in herb. Deless.!).

CERASTIUM L.

†† 606. **C. tomentosum** L. *Sp.* ed. 1, 440 ; Bert. *Fl. it.* IV, 760 ;
Boiss. *Fl. or.* 1, 726 ; Halacs. *Consp. fl. græc.* 1, 220. — Exsicc. Kralik
n. 504 !

Hab. — Rocailles des étages subalpin et alpin. Juill.-août. ♃. Très
rare. Jusqu'ici uniquement au Monte Renoso (Kralik exsicc. cit., 2 août
1849).

Les beaux échant. de Kralik appartiennent à la var. **typicum** Fiori et
Paol. [*Fl. anal. It.* 1, 354 (1898)] : plante entièrement blanche-tomenteuse,
à tiges hautes de 25-30 cm., à entrenœuds réguliers et assez égaux jusque
dans la région de l'inflorescence, à feuilles oblongues-linéaires, subitement obtuses ou subobtuses au sommet, mesurant env. 15-20×3-4 mm.,
à pédoncules allongés, à sépales lancéolés longs d'env. 5 mm ; à pétales
atteignant env. 1 cm. de longueur. Nous avons étudié la même plante
des Abruzzes, des Nébrodes et de la péninsule balkanique. — Le *C. tomentosum* ne doit pas être confondu avec les formes ± tomenteuses du
C. Boissieri dont il diffère, entre autres caractères, par la semence (longue
de 1,3 mm.) à amande étroitement appliquée contre le test, ce dernier
restant arrondi et non plié-froissé (fig. 2 *A*, p. 508). — A notre connaissance, le *C. tomentosum*, dont Kralik (exsicc. cit.) faisait un *C. arvense*
var. *alpina*, n'a pas été récolté depuis 1849 et devra être soigneusement
recherché.

C. arvense L. *Sp. ed.* 1, 438 (1753); Gr. et Godr. *Fl. Fr.* 1, 271; Rouy et Fouc. *Fl. Fr.* III, 202; Coste *Fl. Fr.* 1, 220. — Espèce très polymorphe.

I. Subsp. **commune** Gaud. *Fl. helv.* III, 244 (1828) = *C. arvense* subsp. *arvum* Schinz et Kell. *Fl. Schw.* ed. 2, 1, 182 (1905) et éd. fr. I, 211 = *C. arvense* L. et auct., sensu stricto.

Port généralement robuste. Tiges ascendantes, robustes. Feuilles ovées elliptiques ou elliptiques-lancéolées, d'un vert-grisâtre, à pubescence persistante. Rejets stériles presque aussi longs que les rameaux florifères. Fleurs le plus souvent grandes à corolle atteignant 2 cm. de diamètre.

Le *C. arvense* a été souvent indiqué en Corse, mais toujours par suite de confusions soit avec le *C. Thomasii*, ci-après décrit, soit avec les *C. Boissieri* et *stenopetalum*. Nous n'avons pas connaissance d'une seule trouvaille authentique du *C. arvense* subsp. *commune* en Corse.

II. Subsp. **strictum** Gaud. *Fl. helv.* III, 245 (1828); Schinz et Kell. *Fl. Schw.* ed. 2, 1, 182 et éd. fr. I, 214 = *Centunculus rigidus* Scop. *Fl. carn.* ed. 2, 1, 321 (1772) = *Cerastium strictum* Haenke in Jacq. *Coll.* II, 765 (1788); non L. = *C. rigidum* Vitm. *Summ. pl.* III, 137 (1789); Hayek *Fl. Steierm.* I, 302; non Ten.

Port moins élevé, très gazonnant. Tige plus basse. Feuilles plus étroites, plus lancéolées, vertes, les adultes glabrescentes, à poils rares ou nuls sur les faces. Rejets stériles n'atteignant, le plus souvent, pas la moitié de la hauteur des rameaux florifères, souvent beaucoup plus courts. Fleurs généralement plus petites.

Cette sous-espèce, reliée dans les Alpes à la précédente par une chaîne ininterrompue de formes intermédiaires, a été signalée à plusieurs reprises en Corse depuis l'époque de Salis. Mais ces indications se rapportent toutes au *C. stenopetalum*, point sur lequel nous reviendrons en détail plus loin à propos de cette espèce.

607. **C. Thomasii** Ten. *Fl. neap. prodr.* App. IV, 21 (1823); Ces. Pass. et Gib. *Comp. fl. it.* 784; Hut. Port. et Rigo in *Oesterr. bot. Zeitschr.* LIV, 341 (1904) = *Stellaria pumila* Brocchi in *Bibl. ital.* XXVIII, 223 (1822) = *C. Soleirolii* Ser. ap. Dub. *Bot. gall.* 87 (1828) = *C. alpinum* var. ε Bert. *Fl. it.* IV, 764 (1839); non L. = *C. mutabile* subsp. *alpinum* α *corsicum* Gren. *Mon. Cerast.* 71 (1841) = *C. Thomasii* et *C. arvense* var. *Soleirolii* Arc. *Comp. fl. it.* ed. 1, 98 et 99 (1882) et *C. Thomasii* var. *Soleirolii* Arc. *Comp. fl. it.* ed. 2, 318 (1894) = *C. arvense* subsp. *Thomasii* Rouy et Fouc. *Fl. Fr.* III, 204 (1896). — Exsicc. Soleirol n. 110 et 110 bis ! (sub : *C. Soleirolii* ! ; Mab. n. 217 ! ; Debeaux ann. 1869 sub : *C. Soleirolii* ! ; Reverch. ann. 1878 n. 37 ! (sub : *C. stenopetalum* !); Burn. ann. 1900 n. 407 !

Hab. — Rocailles et éboulis de l'étage alpin, 1900-2620 m. Juill.-août.

♃. Localisé sur les hautes cimes des massifs du centre, à partir du Rotondo. Monte Rotondo (Soleirol exsicc. cit. n. 110 bis ; Mars. *Cat.* 31 ; Burnouf in *Bull. soc. bot. Fr.* XXIV, sess. extr. LXXXV ; Sargnon in *Ann. soc. bot. Lyon*, VI, 80 ; Lit. in *Bull. acad. géogr. bot.* XVIII, 114) ; Monte d'Oro (Soleirol exsicc. cit. n. 110 ; Mars. l. c.) ; Monte Renoso (Req., Mab., Deb., Reverch. exsicc. cit.; Mars. l. c. ; Briq. *Rech. Corse* 27 et Burn. exsicc. cit. ; Lit. *Voy.* II, 31) ; M¹ Incudine (Lutz in *Bull. soc. bot. Fr.* XLVIII, sess. extr. CXLIX).

Plante naine, gazonnante, à rameaux nombreux, couchés et enchevêtrés à la base, puis ascendants, à ramuscules fertiles 1-3flores, les stériles un peu plus courts que les florifères. Feuilles petites, mesurant env. 5-10 × 3-4 mm., les inférieures ovées-elliptiques, les suivantes elliptiques et elliptiques-lancéolées, serrées, les inférieures presque imbriquées, brièvement et densément pubescentes-glanduleuses, ± visqueuses, d'un vert grisâtre. Pédoncules courts, atteignant 5-8 mm., hérissés-glanduleux, à bractées brièvement scarieuses au sommet. Sépales longs d'env. 5 mm., elliptiques-lancéolés, scarieux au bord et au sommet, poilus-glanduleux et visqueux extérieurement. Pétales à lobes oblongs dépassant les sépales de 3-4 mm. Capsules dépassant à peine les sépales. Semences arrondies, relat. grandes, longues de 1,5 mm., larges de 1 mm., à test appliqué contre la semence, non froissé-anguleux (fig 2 C, p. 508).

Le *C. Soleirolii* Ser. de la Corse cadre parfaitement avec le *C. Thomasii* Ten., que nous avons étudié sur d'abondants matériaux provenant du Gran Sasso d'Italia et des Abruzzes. Nous ne pouvons le distinguer comme variété spéciale, ainsi que l'ont fait M. Arcangeli (l. c.) et M. Gürke (*Pl. eur.* II, 220). Ce dernier auteur rattache encore au *C. Thomasii* le *C. apuanum* Parl., arrangement qui donne une bien mauvaise idée des rapports de ces différentes formes. En effet, le *C. Thomasii* s'écarte des variations les plus fréquentes du *C. arvense* subsp. *commune* par son nanisme, tandis que le *C. apuanum* — plante caractéristique de la région des marbres de Carrare — est doté de dimensions géantes (par comparaison), et d'une inflorescence très développée-multiflore. Le *C. apuanum* rentre bien dans le groupe *arvense*, sensu latissimo, mais n'a aucun rapport de parenté étroite avec le *C. Thomasii*. La valeur systématique du *C. Thomasii* exigerait, pour être rationnellement fixée, une étude monographique, encore à faire, de tout le groupe des *Cerastium* gravitant autour du *C. arvense*. On peut sans doute envisager le *C. Thomasii* comme une sous-espèce du *C. arvense*, opinion énoncée par MM. Rouy et Foucaud et que nous avons longtemps hésité à adopter, mais alors il devient bien difficile de donner une valeur spécifique au *C. stenopetalum*, et malaisé de savoir où s'arrêter dans ce genre de réunions. Les documents dont nous disposons actuellement ne nous présentent pas de transitions entre le *C. arvense* et le *C. Thomasii* ; ce dernier se distingue non seulement par son port et les caractères de l'appareil végétatif, mais encore par la grosseur des semences, qui atteignent presque le double du calibre des semences du *C. arvense* (subsp. *commune* et subsp. *strictum*).

Le *C. Thomasii* Ten. est spécial aux rocailles sablonneuses des massifs du Rotondo et du Renoso ; l'indication du M¹ Incudine, due à M. R. Maire et relatée ci-dessus, mérite confirmation. D'autres localités attribuées à tort au *C. Thomasii* sont : le Monte Cinto (Briq. *Rech. Corse* 14) et le Coscionc (R. Maire in Rouy *Rev. bot. syst.* 11, 24 et 55) ; ces localités appartiennent au *C. stenopetalum*. Billiet (in *Bull. soc. bot. Fr.* XXIV, sess. extr. LXIX) a aussi indiqué le *C. Thomasii* (*C. Soleirolii* Duby) dans les rochers de la Fontaine du Pigno. Nous avons eu communication des échant. récoltés en cet endroit au cours de cette excursion de la Société botanique de France le 1ᵉʳ juin 1877 par Motelay, grâce à l'obligeance de M. le Dʳ Gillot : ces échant. appartiennent au *C. Boissieri* Fenzl. MM. Rouy et Foucaud (*Fl. Fr.* III, 204) mentionnent aussi le *C. Thomasii* dans cette même localité du Pigno en citant M. Gillot. Mais ce dernier nous écrit n'avoir pas participé à l'herborisation du Pigno en 1877 et ne pas avoir indiqué le *C. Thomasii* ou en avoir distribué d'échantillons de cette localité. Le *C. Thomasii*, espèce de l'étage alpin, est absolument étrangère au Cap Corse.

C. alpinum L. *Sp.* ed. 1, 438 (1753) ; Gr. et Godr. *Fl. Fr.* 1, 271 ; Rouy et Fouc. *Fl. Fr.* III, 204 ; Coste *Fl. Fr.* 1, 219.

Cette espèce n'a été mentionnée en Corse par Bertoloni (*Fl. it.* IV, 766) que par suite des confusions de cet auteur, qui a réuni sous le nom de *C. alpinum* un grand nombre d'espèces disparates. Le *C. alpinum* est absolument étranger à la flore de la Corse.

608. C. caespitosum Gilib. *Fl. lith.* V, 159 (1781) ; Asch. *Fl. Brand.* 102 ; Asch. et Graebn. *Fl. nordostd. Flachl.* 312 ; Schinz et Thell. in *Bull. herb. Boiss.* 2ᵉ sér. VII, 507 ; Schinz et Kell. *Fl. Suisse* éd. fr. 1, 209 = *C. vulgatum* L. *Sp.* ed. 2, 267 (1762) p. p., non L. *Fl. suec.* ed. 2, 158 (1755), nec herb. ; Gr. et Godr. *Fl. Fr.* 1, 270 = *C. viscosum* L. herb. ex Sm. *Fl. brit.* II, 497 (1800) ; DC. *Fl. fr.* IV, 776 ; Bert. *Fl. it.* IV, 749 (excl. var. β) = *C. vulgare* Hartm. *Handb. Scand. Fl.* ed. 1, 182 (1820) = *C. triviale* Link *Enum. hort. berol.* 1, 433 (1821) ; Burn. *Fl. Alp. mar.* 1, 264 ; Rouy et Fouc. *Fl. Fr.* III, 206 ; Coste *Fl. Fr.* 1, 218.

Hab. — Fossés, points ombragés des étages inférieur et montagnard. Avril-juin. ♃. Disséminé. Monte Fosco (Gillot in *Bull. soc. bot. Fr.* XXIV, sess. extr. LX) ; env. de Bastia (Salis in *Flora* XVII, Beibl. II, 74 ; Mab. ex Mars. *Cat.* 31) ; Vizzavona (Mars. l. c.) ; env. d'Ajaccio (Boullu in *Bull. soc. bot. Fr.* XXIV, sess. extr. XCVIII) ; Porto-Vecchio (Revel. ex Mars. l. c.).

Voy. au sujet de la nomenclature très embrouillée de cette espèce, la note de MM. Schinz et Thellung (l. c.). Nous estimons que les noms linnéens de *C. vulgatum* et *C. viscosum*, dont la signification dans les écrits de Linné était déjà obscure, et qui ont été employés dans des sens divers et contradictoires, doivent être complètement abandonnés (*Règl. nomencl*. art. 51, 4°).

On peut distinguer, en Corse, les trois variétés suivantes, que les auteurs précités n'ont pas spécifiées dans leurs indications.

α. Var. **hirsutum** Briq. = *C. vulgatum* var. *hirsutum* Fries *Nov. fl. succ.* ed. 2, 125 (1828) = *C. triviale* var. *hirsutum* Neilr. *Fl. Nieder-Öst.* 798 (1859); Rouy et Fouc. *Fl. Fr.* III, 206 = *C. vulgatum* var. *typicum* Beck *Fl. Nieder-Öst.* 367 (1890).

Hab. — Probablement la forme la plus répandue. Belgodere (Fouc. et Sim. *Trois sem. herb. Corse* 133); vallée de la Restonica (Fouc. et Sim. l. c.); forêt de Marmano près de Ghisoni (Rotgès in litt.).

Plante haute de 10-30 cm., ± hérissée, à feuilles médiocres, à pédoncules latéraux à la fin 1-4 fois plus longs que le calice.

β. Var. **glandulosum** Wirtg. *Fl. preuss. Rheinl.* 315 = *C. viscosum* var. *glandulosum* Bœnn. *Prodr. fl. monast.* n. 565 (1824) = *C. triviale* var. *viscosum* Mert. et Koch *Deutschl. Fl.* III, 336 (1831) = *C. triviale* var. *glandulosum* Reichb. *Fl. germ. exc.* 796 (1832); Rouy et Fouc. *Fl. Fr.* III, 207 = *C. vulgatum* var. *glandulosum* Gren. *Mon. Cerast.* 39 (1841) et *Fl. chaine jurass.* 127.

Hab. — Probablement çà et là.

Nous avons par erreur cité pour cette variété en 1904 (*Spic.* 18) un numéro (Burn. ann. 1904, n. 91) qui appartient en réalité au *C. glomeratum* Thuill.

Mêmes caractères que dans la var. précédente, mais poils entremêlés d'abondantes glandes stipitées qui rendent l'épiderme (surtout des rameaux, pédoncules et calices) visqueux.

γ. Var. **elatius** Gürke *Pl. eur.* II, 223 (1899) = *C. silvaticum* Schl. *Cat.* ann. 1815 et 1821 (nomen solum!) et in Gaud. *Fl. helv.* III, 239 (1828, mentio synonymica!); non W. K. = *C. vulgatum* β Gaud. l. c. = *C. triviale* var. *elatius* Peterm. *Fl. lips.* 329 (1838) = *C. vulgatum* Gren. *Mon. Cerast.* 38 (1841) = *C. triviale* var. *nemorale* Uechtr. in *Oesterr. bot. Zeitschr.* XVIII, 73 (1868); Rouy et Fouc. *Fl. Fr.* III, 207. — Exsicc. Burn. ann. 1904 n. 92!

Hab. — Entre Ghisoni et le col de Sorba (Briq. *Spic.* 18 et Burn. exsicc. cit.).

Cette race possède comme la précédente de nombreuses glandes stipitées, mais s'en écarte par son port beaucoup plus robuste, les tiges atteignant jusqu'à 50 cm., les feuilles plus développées, l'inflorescence ample, à pédoncules latéraux très allongés atteignant de 1 à 5 fois la longueur du calice, bien que les pédicelles restent courts. — Dans les endroits humides, la plante tend à devenir glabrescente, dans les stations sèches, elle est très hérissée.

609. **C. stenopetalum** Fenzl ap. Gr. et Godr. *Fl. Fr.* 1, 272 (1847); Rouy et Fouc. *Fl. Fr.* III, 208; Coste *Fl. Fr.* I, 219; Briq. *Spic. cors.* 17 = ? *C. heterophyllum* Viv. *Fl. Cors. diagn.* 7 (1824) = *C. strictum* Salis in *Flora* XVII, Beibl. II, 72 (1834) et auct. nonn.; non Hænke = *C. alpinum* var. β et γ Bert. *Fl. it.* IV, 763 (1839) p. p. = *C. arvense* var. *stenopetalum* Arc. *Comp. fl. it.* ed. 1, 99 (1882); Fiori et Paol. *Fl. anal. It.* 352 (1898).

Hab. — Rochers, rocailles, garigues des étages montagnard, subalpin et alpin. Mai-août suivant l'alt. ♃. Paraît rare au Cap Corse; répandu et abondant dans le reste de l'île. Les localités suivantes n'ont pu, faute de renseignements suffisants, être attribuées à l'une ou à l'autre des deux variétés distinguées ci-dessous. Serra di Pigno (Doûmet in *Ann. Hér.* V, 207); mont. de Calenzana (Soleirol ex Bert. *Fl. it.* IV, 766); Monte Grosso (de Calvi) (Soleirol ex Bert. l. c.; Gr. et Godr. *Fl. Fr.* 1, 272; Lit. in *Bull. acad. géogr. bot.* XVIII, 114); Capo Bianco (Lit. l. c.); Paglia Orba (Soulié ex Coste in *Bull. soc. bot. Fr.* XLVIII, sess. extr. CXIX; Lit. l. c.); col de Salto (Lit. l. c.); mont. de Corté (Burnouf ex Rouy et Fouc. *Fl. Fr.* III, 209); vallée de la Restonica (Fouc. et Sim. *Trois sem. herb. Corse* 133); sur Venaco (Fouc. et Sim. l. c. 17 et 133); vallon du « Vecchio » (prob. du Verghello) près Vivario (Doûmet l. c. 183); col de Vizzavona (Doûmet l. c. 123); mont. de Vico (Salis in *Flora* XVII, Beibl. 72); Monte Renoso (Rotgès in litt.); Mt Incudine (Lit. *Voy.* 1, 17); Coscione (Seraf. et Soleirol ex Bert. l. c.; R. Maire in Rouy *Rev. bot. Syst.* II, 24; Gysperger in Rouy l. c. II, 119).

Espèce intermédiaire entre le *C. arvense* subsp. *strictum* et le *C. Boissieri*. Elle possède avec le *C. Boissieri* la particularité d'avoir des semences assez volumineuses (longues de 1,5-2 mm., larges de 1,5-1,8 mm.) à amande libre, sauf au hile, dans un test vésiculeux, amplifié et froissé, souvent même chiffonné (fig. 2 D, p. 508); mais elle se distingue de cette dernière espèce, par les feuilles raméales linéaires, vertes, le plus souvent glabres ou glabrescentes et luisantes sur les faces à l'état adulte, entièrement dépourvues de poils crépus-laineux, les fleurs plus grandes, à sépales allongés et ± lancéolés-acuminés. Le port, tout en variant énormément selon les conditions du milieu, rappelle beaucoup celui du *C. arvense* subsp. *strictum*, avec lequel on l'a très souvent confondu. Le *C. stenopetalum* se distingue du *C. arvense* subsp. *strictum* par l'organisation des semences (du double plus grosses!) telle qu'elle vient d'être caractérisée ; en outre, par les fleurs plus grandes, à sépales allongés, lancéolés-acuminés, longs de 6-7 mm. (elliptiques-subacuminés, longs de 3-5 mm. dans le *C. arvense* subsp. *strictum*) et par les pétales généralement plus étroits.

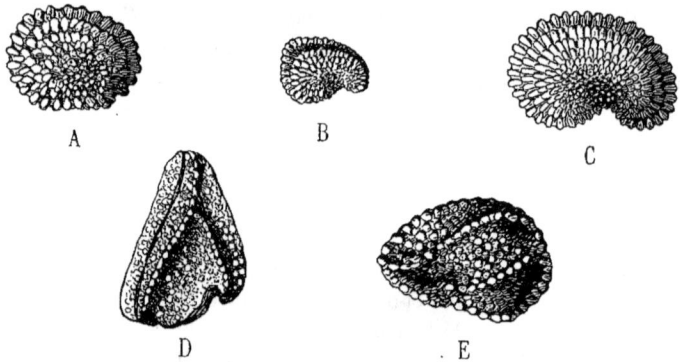

Fig. 2. — Semences à test appliqué, non amplifié-plié : *A* du *Cerastium tomentosum* ; *B* du *C. arvense* subsp. *strictum* ; *C* du *C. Thomasii*. — Semences à test détaché, amplifié-plié : *D* du *C. stenopetalum* ; *E* du *C. Boissieri*. Grossissement linéaire 15/1.

L'histoire du *C. stenopetalum* est assez compliquée. Il est fort probable que Viviani a été le premier à le signaler dès l'année 1824 sous le nom de *C. heterophyllum* Viv. (*Fl. Cors. diagn.* 7 et *Fl. lyb.* 67), ainsi que l'a admis Bertoloni (*Fl. it.* IV, 764). Dans son ensemble, la diagnose très insuffisante de Viviani ne peut s'appliquer qu'au *C. stenopetalum* ; l'indication « in Corsicae montibus » confirme cette interprétation Malheureusement l'auteur attribue au *C. heterophyllum* un calice égalant presque la corolle. Il est possible que cette indication provienne de l'observation d'échantillons défleuris, mais en l'absence d'originaux l'espèce de Viviani doit forcément rester douteuse. En revanche, Salis a récolté notre espèce et l'a cataloguée en 1834 sous le nom de *C. strictum*. Bertoloni a confondu le *C. stenopetalum*, qu'il avait reçu de Serafino et de Soleirol, avec les *C. alpinum* L., *lineare* All., *arvense* L., *Thomasii* Ten., *latifolium* L., et d'autres encore, sous le nom collectif de *C. alpinum*. En 1841, Grenier (*Mon. Cerast.* 71) confondait encore le *C. stenopetalum* avec les formes du *C. arvense* subsp. *strictum*. Ce n'est qu'en 1847 que Fenzl (ap. Gr. et Godr. l. c.), sans avoir vu les semences, distingua le *C. stenopetalum* d'après les caractères floraux, en l'indiquant dans l'unique localité de Monte Grosso. Doûmet (in *Ann. Hér.* V,

123, 183 et 207) a observé le *C. stenopetalum* en plusieurs localités du Cap Corse et du centre de l'île, mais en l'attribuant comme variété non nommée au *C. arvense*. Il est très remarquable que Marsilly (*Cat.* 31) n'indique le *C. stenopetalum* qu'au M¹ Grosso, d'après Grenier et Godron, et ne l'ait pas signalé ailleurs, même sous un autre nom. En 1877, lors de la session de la Société botanique de France, le *C. stenopetalum* a été récolté en plusieurs endroits par M. le D¹ Gillot qui l'a rapporté au *C. arvense* subsp. *strictum*; M. Gillot a eu la bonté de nous communiquer ses échantillons. Plus récemment, MM. Rouy et Foucaud ont mentionné la Corse dans l'aire du *C. arvense* var. *laricifolium* St-Lag. (forme du *C. arvense* subsp. *strictum*) sans préciser d'ailleurs les localités : il s'agit là de la plante visée par M. Gillot et qui appartient au *C. stenopetalum*. En 1901 (*Rech. fl. mont. Corse* 83), nous avons attribué des échant. du *C. stenopetalum* provenant du M¹ Cinto (Burn. n. 116 et 127) au *C. Thomasii*, faute d'une connaissance suffisante de la première de ces espèces. Mᵐᵉ Gysperger (in Rouy *Rev. bot. syst.* II, 119) a indiqué au Coscione le *C. arvense* var. *alpicolum* Fenzl (*C. arvense* subsp. *strictum*). M. Rouy (*Fl. Fr.* X, 374) a mentionné la Corse pour le *C. arvense* var. *Villarsii* Rouy et Fouc. d'après Mᵐᵉ Gysperger (sans indication de localité), puis (*Fl. Fr.* XI, 396) au col de Sorba. Enfin M. de Litardière a cité (in *Bull. géogr. bot.* XVIII, 114) les *C. arvense* var. *Villarsii* et var. *alpicolum* dans une série de localités corses des étages subalpin et alpin, d'après les déterminations de M. Rouy, et a bien voulu nous communiquer ses échantillons. Toutes ces indications se rapportent au *C. stenopetalum*, lequel n'a au total été bien compris que par Fenzl, Grenier et Godron, puis après eux par MM. Foucaud, Simon, Mandon et Soulié : enfin nous l'avons plus nettement caractérisé dans notre *Spicilegium* en 1905.

Le *C. stenopetalum* peut être considéré maintenant comme une des espèces orophiles les plus répandues et les mieux connues de la Corse. Si cette espèce est aussi rare dans les collections, cela provient de ce que nos prédécesseurs ont en général peu herborisé dans les hautes montagnes, et ensuite de ce que le *C. stenopetalum*, confondu avec le *C. arvense* subsp. *strictum*, aura souvent été négligé.— Dans l'état actuel de nos connaissances, le *C. stenopetalum* paraît bien être une espèce spéciale à la Corse, mais il ne serait pas étonnant qu'on la retrouvât en Sardaigne, où elle a pu être confondue avec le *C. arvense*. D'autre part, il existe (Alpes maritimes, Pyrénées) des races grandiflores du *C. arvense* qui se rapprochent beaucoup du *C. stenopetalum*. Pour autant que nous avons pu le constater, ces races en diffèrent par les dimensions réduites des semences et par l'organisation de ces dernières. Mais à ce point de vue, il reste encore bien des recherches à faire et il serait dangereux d'anticiper sur leurs résultats. Bornons-nous pour le moment à constater que si l'on devait, dans la suite, donner une importance subordonnée au caractère des semences sur lequel Fenzl (in Ledeb. *Fl. ross.* I, 406 et 415) a fondé ses groupes *Physospermia* et *Chondrospermia*, on perdrait un des principaux fils conducteurs dans le classement des *Cerastium* vivaces de la section *Orthodon*.

Outre les deux variétés distinguées ci-dessous d'après la glandulosité, le *C. stenopetalum* varie fortement suivant les stations, l'exposition et l'altitude. Nain, ± gazonnant, à rameaux uniflores aux hautes altitudes, il s'élève au contraire jusqu'à atteindre 50 cm. et plus lorsqu'il croit parmi les genévriers, les *Berberis* ou les *Genista* des garigues subalpines. Les feuilles linéaires-sétacées dans les stations apriques, deviennent plus larges sur les points ombragés. Ces variations, dues uniquement à l'ambiance, n'ont aucune constance et n'offrent qu'un intérêt écologique.

†† α. Var. **oligadenum** Briq. *Spic. cors.* 17 (1905). — Exsicc. Rerverch. ann. 1885 sub : *C. arvense* ! ; Soc. rochel. n. 4222 p. p.! ; Burn. ann. 1904, n. 98 !

Hab. — Monte S. Pietro (Lit.! *Voy.* 1, 7) ; col de Salto (Briq. *Spic.* 17 et Burn. exsicc. cit.) ; env. d'Evisa (Reverch. exsicc. cit.) ; Capo Facciata (Lit.! in *Bull. acad. géogr. bot.* XVIII, 104) ; montagnes de Corté (Kesselmeyer in herb. Deless.) ; bergeries de Timozzo (Mandon in Soc. rochel. cit.) ; et localités ci-dessous.

1906. — Rochers près des bergeries de Spasimata, 1,400 m., 12 juill. fl. fr.! ; (f. élancée, à feuilles très longues) et de là dans les rocailles en montant à la Cima di Mufrella, 1800-2000 m , 12 juill. fr.! (forme plus réduite à feuilles plus courtes) : couloirs tournés au N. entre le col Bocca Valle Bonna et le Monte Traunato, 1900-2000 m., 31 juill. fl.! (forme réduite) ; rochers du Capo Bianco, 2500 m., 7 août fl.! (forme réduite) ; rochers du Capo al Chiostro, versant E., 2200 m., 3 août fl. fr.! (forme réduite) ; junipéraies sur le versant W. de la Pointe de Monte, 1600 m., 20 juill. fl.! (forme assez élancée, à feuilles plus longues et plus étroites) ; rochers des arêtes entre les Pointes de Monte et de Bocca d'Oro, 1800-1950 m., 20 juill. fl.! (forme très réduite, à feuilles plus courtes, à sépales en partie rougeâtres) : junipéraies autour des bergeries d'Aluccia au pied du Mt Incudine, 1550 m., 18 juill. fl.! (forme élancée) : graviers du Mt Incudine, 2000-2430 m., 18 juill. fl.! (forme couchée presque gazonnante, à sépales en partie rougeâtres, à port rappelant le *C. Thomasii* mais ayant tous les caractères distinctifs du *C. stenopetalum*).

1908. — Monte Asto, rochers, 1500 m., 1 juill. fl. fr.! (forme élancée) ; Monte Padro, rocailles, 2200 m., 4 juill. fl.! (forme lâche, assez allongée, mais couverte par les pierrailles) : rochers entre la scierie du Tavignano et la bergerie de Ceppo, 1500 m,, 28 juin fl.! (forme de dimensions moyennes, un peu gazonnante).

Ramuscules, pédoncules et dos des sépales pourvus d'une pubescence étalée courte, avec absence complète ou presque complète de glandes.

†† β. Var. **polyadenum** Briq. *Spic. cors.* 17 (1905). — Exsicc. Reverch. ann. 1878 sub : *C. arvense* ! ; Soc. rochel. n. 4222 p. p.! ; Burn. ann. 1900, n. 116 et 305 !

Hab. — Monte S. Pietro (Gillot ! in *Bull. soc. bot. Fr.* XXIV, sess. extr. LXXVIII ; Lit. *Voy.* 1, 7) ; Capo al Berdato (Lit. ! in *Bull. acad. géogr. bot.* XVIII, 114) ; Monte Cinto (Briq. *Rech. Corse* 83 et Burn. exsicc. cit. n. 116 ; Lit. ! l. c.) ; lac du Capo Falo (Lit. l. c.) ; bergeries de Timozzo (Mandon in Soc. rochel. cit.) ; Monte Rotondo (Briq. *Rech. Corse* 21 et Burn. exsicc. cit. n. 305 ; Lit. l. c.) ; Monte d'Oro (Lit. ! l. c.) ; col de Vizzavona du côté de Bocognano (Gillot !) ; env. de Bastelica (Reverch. exsicc. cit.).

1906. — Cima della Statoja, rocailles, 2100 m., 26 juill. fl. ! (forme plutôt réduite, flasque) : rochers sur le versant S. du Monte Corona, 2000 m., 27 juill., fl. fr. ! (forme réduite à feuilles plus courtes) : rochers du Capo Ladroncello, 2100 m., 26 juill. fl. ! (forme réduite à feuilles relat. courtes) : rochers du Capo Bianco, 2500 m., 7 août fl. fr. ! (forme très réduite ayant le port du *C. Thomasii*) : rocailles des arêtes entre le Capo Largina et le Monte Cinto, 2500-2700 m., 29 juill. fl. (comme le précédent) : rocailles du Paglia Orba, de 2300 m. au sommet (2525 m.), 9 août fl. ! (forme lâche, flasque, assez développée) : rocailles du Monte Rotondo au-dessus du lac Cavaccioli, 2100 m., 6 août fl. ! (forme naine, couchée, ayant le port du *C. Thomasii* à sépales en parties rougeâtres) : rochers du vallon de l'Anghione, 1100-1200 m., 21 juill. fl. fr. ! (formes élancées, à feuilles très étroites et incurvées, et formes plus réduites à feuilles plus larges) : junipéraies dans la partie inférieure du vallon de Cappiajola, 1400 m., 21 juill. fl. ! (forme élancée à feuilles longues et étroites) : rocailles sur le versant S. du col de Cagnone, 1950 m., 21 juill. fl. ! (forme réduite, rappelant par son port le *C. Thomasii*, à sépales en partie rougeâtres) : junipéraies sur le versant W. du M¹ Incudine, 1800 m., 18 juill. fl. ! (forme à feuilles relat. élargies, de taille médiocre).

1908. — Monte Grima Seta, rocailles, 1500 m., 1 juill. fl. fr. ! (forme réduite, rappelant le *C. Thomasii*, à sépales rougeâtres) : rochers sur le versant S. du col de Sagropino, 1300-1400 m., 1 juill. fl. fr. ! (forme plus lâche, plus élancée) : rochers du Monte Padro, 2300 m., 4 juill. fl. ! (forme réduite à sépales en partie rougeâtres) : vallée inf. du Tavignano, rochers des pineraies, 900 m., 26 juin fl. ! (forme très élancée, pâle, à feuilles très étroites et très allongées).

Ramuscules, pédoncules et dos des sépales pourvus de nombreuses glandes stipitées, rendant l'épiderme ± visqueux. Feuilles souvent moins glabres que dans la var. précédente, surtout les supérieures.

610. **C. Boissieri** Gren. *Mon. Cerast.* 67, tab. 7 (1841) ; Gr. et Godr. *Fl. Fr.* 1, 272 ; Gillot in *Bull. soc. bot. Fr.* XXIV, sess. extr. LX ; Rouy et Fouc. *Fl. Fr.* III, 208 ; Coste *Fl. Fr.* 1, 219 = *C. repens* Salis in *Flora* XVII, Beibl. II, 72 (1834) ; non L. = *C. arvense* var. *Boissieri* Fior. et Paol. *Fl. anal. II.* 1, 354 (1898). — Exsicc. Sieber sub : *C. arvense* ! ;

Kralik n. 505! ; Mab. n. 89! ; Debeaux ann. 1867, ann. 1868 n. 51 et ann. 1869 sub : *C. Boissieri* ; Burn. ann. 1900 n. 36 !

Hab. — Rochers et rocailles, 700-1300 m. (-1500 m.?). Mai-juin. ♃. Presque exclusivement dans la partie nord de l'île. Du Monte Alticcione jusqu'au Pigno (Salis in *Flora* XVII, Beibl. II, 72; Doûmet in *Ann. Hér.* V, 207 ; Mab. *Rech.* I, 14 ; Billiet in *Bull. soc. bot. Fr.* XXIV, sess. extr. LXIX ; Gillot ibid. LX ; tous les exsiccata ci-dessus, et nombreux autres observateurs); « monte jusqu'à 1500 m. au Pic de Tenda dans le Nebbio » [Mab. *Rech.* I, 14 ; nous n'avons toutefois observé sur les cimes de la chaîne de Tende (Monte Grima Seta et Monte Asto) que le *C. stenopetalum* !] ; ? Corté (Mab. l. c.) ; Bonifacio (ex Gr. et God. l. c.).

Espèce du Maroc, de l'Algérie, du Midi de l'Espagne, de la Corse et de la Sardaigne très voisine du *C. stenopetalum* mais s'en distinguant sûrement, même dans les formes très glabrescentes, par l'indument. Dans le *C. stenopetalum* (fig. 3), l'épiderme foliaire (au moins le marginal) est constitué par des cellules parallélipipédiques, étirées dans le sens de la longueur du limbe, à parois internes minces, à parois radiales assez minces dans leur région interne, épaissies en ogive au contact des parois externes ; ces dernières sont épaisses, à couches externes fortement cuticularisées. Les poils sont 2-4 cellulaires, à parois épaisses, cuticularisées ; les cellules podiales sont courtes, parfois plus larges que hautes ; la cellule terminale est beaucoup plus longue, conique, le plus souvent arquée. — Dans le *C. Boissieri* (fig. 4), l'épiderme foliaire est formé de cellules analogues, mais à cloisons internes et radiales plus uniformément minces, sans épaississements ogivaux bien marqués des radiales au contact des externes ; celles-ci sont épaisses, moins bombées, moins fortement cuticularisées que dans le *C. stenopetalum.* Les poils sont formés de 2-4 éléments podiaux, très courts, subisodiamétriques, ou plus larges que hauts, à parois relativement épaisses ; à ces cellules

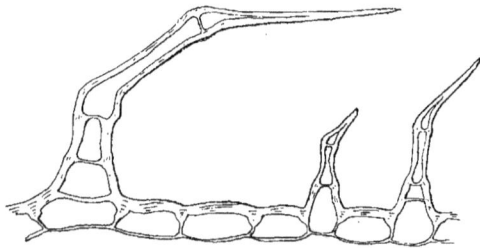

Fig. 3. — Epiderme foliaire et poils secteurs du *Cerastium stenopetalum.* Grossissement ⁸⁸/₁.

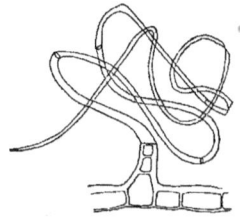

Fig. 4. — Epiderme et poil foliaire du *Cerastium Boissieri.* Grossissement ⁸⁸/₁.

podiales succède brusquement une série d'éléments très allongés, à parois très minces, hyalines ; ces éléments forment un fil entortillé, qui peut atteindre — les ondulations et les circonvolutions étant déployées — plusieurs millimètres de longueur. Salis a jadis décrit très exactement la répartition de l'indument : « Les feuilles inférieures, dit-il, sont vertes et à peine tomenteuses, mais les plus jeunes, surtout celles qui sortent en fascicule des aisselles des feuilles, sont densément tomenteuses, de même que les pédoncules et les calices (moins cependant que dans le *C. tomentosum* avec lequel il est d'ailleurs étroitement apparenté) ». La lanuginosité est plus marquée à l'état estival (juin-juillet) lorsque les feuilles inférieures sont flétries ; elle l'est beaucoup moins à l'état vernal. Le *C. Boissieri* varie quelque peu dans la longueur des feuilles, le nombre et la longueur des pédoncules et la grandeur des fleurs. Salis avait aussi vu cela : « Les pédoncules sont quelquefois raccourcis et la plante rappelle alors le *C. Soleirolii*, mais elle n'est nullement hirsute-visqueuse ». C'est cette forme extrême à tiges et feuilles courtes, à pédoncules moins longs et à sépales ne mesurant guère que 5 mm., dans l'état estival assez laineux, que nous avons distinguée sous le nom de *C. arvense* var. *Cavillieri* Briq. [*Rech. Corse* 83 (1901) = *C. Boissieri* var. *Cavillieri* Briq. *Spic.* 17 (1905)]. C'est encore cette même forme que nous avons vue, récoltée par Motelay au Pigno du 1 juin 1877 (communiquée par M. le Dr Gillot) à laquelle il a été fait allusion plus haut (p. 505) et à laquelle l'étiquette attribue le nom de *C. Soleirolii* Dub.?. Mais les abondants matériaux étudiés depuis lors nous ont montré que cette distinction variétale ne pouvait pas être maintenue. Il est certain, comme l'a avancé Salis, que l'analogie entre les formes les plus laineuses du *C. Boissieri* et celles relativement glabrescentes du *C. tomentosum* est très grande, mais l'organisation des semences ne permet pas de confondre ces deux espèces.

C. latifolium L. *Sp.* ed. 1, 439 (1753) ; Gr. et Godr. *Fl. Fr.* 1, 272 ; Rouy et Fouc. *Fl. Fr.* III, 209 ; Coste *Fl. Fr.* 1, 219.

Cette espèce des Alpes, des Carpathes et du Caucase a été indiquée en Corse par Loiseleur (*Fl. gall.* ed. 2, 1, 325) par confusion avec l'*Arenaria Saxifraga* ; elle est étrangère à la flore de l'île.

611. C. glomeratum Thuill. *Fl. Par.* éd. 2, 226 (1799) ; Burn. *Fl. Alp. mar.* 1, 262 ; Rouy et Fouc. *Fl. Fr.* III, 212 ; Coste *Fl. Fr.* 1, 216 ; Schinz et Thell. in *Bull. herb. Boiss.*, 2me série, VII, 507 = *C. viscosum* L. *Sp.* ed. 1, 437 (1753) p. p. ; Gr. et Godr. *Fl. Fr.* 1, 267 ; non L. herb., nec auct. plur. = *C. vulgatum* L. *Fl. suec.* ed. 2, 158 (1755) et herb.; Bert. *Fl. it.* IV, 747 (excl. var. β).

Hab. — Châtaigneraies, friches, garigues, rocailles des étages inférieur, montagnard et subalpin, 1-1400 m. Avril-juin. ①. Disséminé. Deux variétés :

33

α. Var. **subviscosum** Briq. = *C. vulgatum* var. *subviscosum* Reichb. *Fl. germ. exc.* 796 (1832) = *C. glomeratum* var. *typicum* Posp. *Fl. oest. Küstenl.* I, 440 (1897). — Exsicc. Reverch. ann. 1885 sub : *C. glomeratum* ! ; Burn. ann. 1904, n. 91 !

Hab. — De beaucoup la plus répandue. Le Pigno au-dessus de la Chapelle de Ste-Lucie (Le Grand in *Bull. soc. bot. Fr.* XXXVII, 19) ; env. de Bastia (Salis in *Flora* XVII, Beibl. II, 72 ; Rotgès in litt.) ; Belgodère (Fouc. et Sim. *Trois sem. herb. Corse* 134) ; Calenzana (Soleirol ex Bert. *Fl. it.* IV, 748) ; Calvi (Fouc. et Sim. l. c.) ; Evisa (Reverch. exsicc. cit.) ; col de Vizzavona (N. Roux in *Bull. soc. bot. Fr.* XLVIII, sess. extr. CXXVIII) ; Bocognano (Briq. *Spic.* 18 et Burn. exsicc. cit. sub : *C. caespitosum* var. *glandulosum*) ; Ajaccio (Petit in *Bot. Tidsskr.* XIV, 245 ; Coste in *Bull. soc. bot. Fr.* XLVIII, sess. extr. CIV) ; Porto-Vecchio (Revel. ex Mars. *Cat.* 31) ; Bonifacio (Seraf. ex Bert. l. c.) ; et localités ci-dessous.

1907. — Cap Corse : Pointe de Golfidoni près Luri, rocailles sous maquis, 500 m., 27 avril fl. ! — Garigues entre Novella et le col de San Colombano, 500-600 m., 19 avril fl. fr. ! ; châtaigneraies entre Ghisoni et le col de Sorba, 900 m., 10 mai fl. fr. ! ; rochers entre Vezzani et la fontaine de Padula, 700 m., 13 mai fl. fr. !

Partie supérieure des tiges, pédoncules et calices pourvus de glandes stipitées abondantes, ± visqueux. — Nos échant. corses appartiennent à la forme *corollinum* [= *C. viscosum* var. *corollinum* Fenzl in Ledeb. *Fl. ross.* 1, 404 (1842) = *C. glomeratum* var. *corollinum* Rouy et Fouc. *Fl. Fr.* III, 213 (1896)], pourvue d'une corolle développée et le plus souvent de 10 étamines. La forme (simple anomalie ?) *apetalum* [= *C. apetalum* Dum. *Comm. bot.* 47 (1822) = *C. glomeratum* var. *apetalum* Mert. et Koch *Deutschl. Fl.* III, 339 (1831) ; Rouy et Fouc. l. c. = *C. viscosum* var. *apetalum* Fenzl l. c.], à pétales nuls ou très courts et à étamines souvent moins nombreuses, est signalée à Calvi (Fouc. et Sim. *Trois sem. herb. Corse* 134).

†† β. Var. **eglandulosum** Mert. et Koch *Deutschl. Fl.* III, 339 (1831). Hab. — Ajaccio (Petit in *Bot. Tidsskr.* XIV, 245).

Variété rare à axes des divers ordres, bractées et calices dépourvus de glandes stipitées.

† 612. **C. brachypetalum** Desp. in Pers. *Syn.* 1, 520 (1805) ; Gr. et Godr. *Fl. Fr.* 1, 267 ; Burn. *Fl. Alp. mar.* 1, 262 ; Rouy et Fouc. *Fl. Fr.* III, 213 ; Coste *Fl. Fr.* 1, 217. — En Corse seulement la variété suivante :

† Var. **viscosum** Guss. *Fl. sic. prodr.* Suppl. 1, 141 (1827) = *C. tauri-*

cum Spreng. *Nov. prov.* 10 (1819) = *C. brachypetalum* var. *glandulosum* Koch *Syn.* ed. 1, 121 (1836); Rouy et Fouc. *Fl. Fr.* III, 214 = *C. brachypetalum* var. *viscidum* Gren. *Mon. Cerast.* 37 (1841) = *C. luridum* Guss. *Fl. sic. syn.* 1, 510 (1842) = *C. atticum* Boiss. et Heldr. *Diagn. pl. or.*, ser. 2, 1, 93 (1853) = *C. brachypetalum* var. *luridum* Boiss. *Fl. or.* 1, 723 (1867).

Hab. — Châtaigneraies, friches, garigues et rocailles des étages inférieur et montagnard. Avril-juin. ①. Disséminée. Le Pigno au-dessus de la Chapelle de Ste-Lucie (Le Grand in *Bull. soc. bot. Fr.* XXXVII, 18); montagne dominant Bastia (Salis in *Flora* XVII, Beibl. 1, 72); Belgodère (Fouc. et Sim. *Trois sem. herb. Corse* 134); Caporalino (Fouc. et Sim. l. c.); Vizzavona (N. Roux ex Rouy et Fouc. *Fl. Fr.* III, 214); et localités ci-dessous.

1907. — Rocailles de la montagne de Caporalino, calc., 450-650 m., 11 mai fl. fr.!; châtaigneraies entre Ghisoni et le col de Sorba, 800 m., 10 mai fl. fr.!; rochers entre Vezzani et la fontaine de Padula, 700 m., 13 mai fl.!

Poils des rameaux, des pédoncules et des sépales (et à un degré moindre aussi des feuilles) entremêlés à de nombreuses glandes stipitées qui rendent la plante ± visqueuse.

643. **C. pumilum** Curt. *Fl. lond.* fasc. VI, tab. 30 (1795-96); Gr. et Godr. *Fl. Fr.* 1, 269; Rouy et Fouc. *Fl. Fr.* III, 214; Schinz et Thell. in *Bull. herb. Boiss.*, 2me sér., VII, 402 = *C. glutinosum* Fries *Nov. fl. succ.* ed. 1, 51 (1814).

Hab. — Garigues, rocailles, friches des étages inférieur, montagnard et subalpin, 1-1600 m. Avril-juin. ①. Disséminé.

Diffère des deux espèces précédentes par les pétales et les filets des étamines glabres à la base, du *C. siculum* Guss. par les pédicelles égalant ou dépassant le calice (inflorescence à rameaux divergents) et du *C. semidecandrum* L. par les bractées foliacées ou très étroitement (non largement) scarieuses au bord.

En Corse les trois sous-espèces suivantes :

†† 1. Subsp. **obscurum** Schinz et Thell. in *Bull. herb. Boiss.*, 2me sér., 402 (1907) = *C. obscurum* Chaub. ap. S^t-Am. *Fl. agen.* 180 (1821) = *C. Grenieri* F. Sch. *Fl. Gall. et Germ. exsicc. introd.* 6 (1836) = *C. Lensii* F. Schultz in *Arch. fl. Fr. et All.* 24 (1842) = *C. Lamyi* F. Sch. l. c. = *C. pumilum* forme *C. glutinosum* Rouy et Fouc. *Fl. Fr.* III, 215 (1896).

Hab. — Vizzavona (Lutz in *Bull. soc. bot. Fr.* XLVIII, sess. extr. CXXV); Vico (Coste ibid. CXIV) ; Ajaccio (Coste ibid. CIV) ; Porto-Vecchio (Revel. ex Mars. *Cat.* 31).

Bractées supérieures à marges très étroitement scarieuses. Pétales dépassant peu ou pas les sépales.

†† II. Subsp. **campanulatum** Briq. = *C. campanulatum* Viv. in *Ann. bot.* I, 2, 171, tab. 1 (1804) ; Burn. *Fl. Alp. mar.* I, 264 = *C. praecox* Ten. *Prodr. fl. neap.* XXVII, tab. 140 (1810) = *C. pumilum* forme *C. glutinosum δ macropetalum* Rouy *Fl. Fr.* VIII, 379 (1903). — Exsicc. Soc. ét. fl. franco-helv. n. 1165! et n. 4697!

Hab. — Env. de Vico (Foucaud exsicc. cit. n. 1165; Coste in *Bull. soc. bot. Fr.* XLVIII, sess. extr. CXIV et exsicc. cit. n. 4697).

Bractées supérieures entièrement herbacées. Pétales 2-3 fois plus longs que les sépales, ces derniers en général plus aigus que dans la sous-esp. suivante. — Sous-espèce du bassin méditerranéen oriental!

†† III. Subsp. **tetrandrum** Corb. *Fl. Norm.* 99 (1893) = *C. tetrandrum* Curt. *Fl. lond.* fasc. VI, 31 (1795-96) = *C. pumilum* var. *tetrandrum* Gr. et Godr. *Fl. Fr.* I, 269 (1847) = *C. pumilum* forme *C. tetrandrum* Rouy et Fouc. *Fl. Fr.* III, 217 (1896).

Bractées supérieures entièrement herbacées. Pétales dépassant peu ou pas les sépales. Les fleurs varient à androcée tétramère et pentamère souvent jusque sur un seul et même individu! — On peut distinguer ici deux variétés (sous-variétés?) :

†† α. Var. **divaricatum** Gren. emend. = *C. pentandrum* Moris *Fl. sard.* I, 365 (1837); non L. = *C. pumilum* var. *divaricatum* et var. *tetrandrum* Gren. *Mon. Cerast.* 33 (1841); Gr. et Godr. *Fl. Fr.* I, 269 = *C. pumilum* forme *C. tetrandrum* α *genuinum* Rouy et Fouc. *Fl. Fr.* III, 217 (1896). — Exsicc. Reverch. ann. 1879 sub : *C. glutinosum*!

Hab. — Bastia (Mab. ex Mars. *Cat.* 31) ; îles Sanguinaires (Petit in *Bot. Tiddskr.* XIV, 245 ; Le Grand in *Bull. soc. bot. Fr.* XXXVII, 18) ; Serra di Scopamène (Reverch. exsicc. cit.); Porto-Vecchio (Rev. ex Mars. l. c.).

Plante relat. élevée (atteignant jusqu'à 30 cm.), irrégulièrement diffuse-dichotome, à pédicelles inférieurs 3 à 5 fois plus longs que le calice et à bractées inférieures elliptiques ou ovées-elliptiques.

† β. Var. **alsinoides** Rouy et Fouc. (vide infra) = *C. alsinoides* Pers. *Syn.* I, 521 (1805) = *C. semidecandrum* β *alsinoides* DC. *Fl. fr.* IV, 776

(1805) = *C. gracile* L. Duf. in *Ann. gén. sc. phys.* VII, 304 (1820) = *C. pumilum* var. *distans* Gren. *Mon. Cerast.* 33 (1841) = *C. pumilum* var. *laxum* Gr. et Godr. *Fl. Fr.* 1, 269 (1847) = *C. pumilum* forme *C. tetrandrum* β *alsinoides* Rouy et Fouc. *Fl. Fr.* III, 217 (1896).

Hab. — Brando (Bubani ex Bert. *Fl. it.* IV, 752) ; sur Bastia (Salis ex Bert. l. c.); Belgodère (Fouc. et Sim. *Trois sem. herb. Corse* 134); Corté (ex Gr. et Godr. l. c.) ; berges de l'Abatesco (Salis in *Flora* XVII, Beibl. II, 72 et ap. Bert. l. c.).

1906. — Hêtraies entre les bergeries d'Aluccia et le col du M⁺ Incudine, 1600 m., 18 juill. fr.!

1907. — Cap Corse : maquis rocheux entre la marine de Negro et Nonza, 25 avril fl.!

Planté naine (haute de 2-5 cm.), à dichotomies irrégulières, peu nombreuses, à pédicelles inférieurs 1-3 fois plus longs que le calice et à bractées inférieures plus largement ovées.

614. **C. siculum** Guss. *Fl. sic. prodr.* Suppl. 137 (1827-28) ; Rouy et Fouc. *Fl. Fr.* III, 218 ; Coste *Fl. Fr.* 1, 218 = *C. vulgatum* β Bert. *Fl. it.* IV, 747 (1839) = *C. aggregatum* Dur. ap. F. Sch. *Intr. aux 3ᵐᵉ et 4ᵐᵉ cent.*, 4 (1840) et in *Flora* XXIII, 123 ; Gr. et Godr. *Fl. Fr.* 1, 269.

Hab. — Sables, garigues sableuses des étages inférieur et montagnard. Avril-mai. ①. Assez rare. Cap Corse à Santa Severa (Fouc. et Sim. *Trois sem. herb. Corse* 134); le Pigno (Mab. ex Rouy et Fouc. *Fl. Fr.* III, 218) ; ? Aitone (Fliche in *Bull. soc. bot. Fr.* XXXVI, 359); Corté (Fouc. et Sim. l. c.); îles Sanguinaires (Boullu ex Rouy et Fouc. l. c.) ; la Parata (Boullu in *Bull. soc. bot. Fr.* XXVI, 82) ; Barbicaja (Boullu ibid. XXIV, sess. extr. LXXXIX) ; Bonifacio (Boy. *Fl. Sud Corse* 58).

Cette espèce possède des filets staminaux et des pétales à onglets glabres : elle présente, comme le *C. pumilum* subsp. *tetrandrum*, des bractées entièrement herbacées, mais s'en distingue par les pédicelles plus courts que le calice et les sépales du double plus grands. L'inflorescence se présente ± condensée suivant les échant. Le stade le plus extrême a été distingué sous le nom de *C. siculum* var. *densiflorum* Tanf. [in Parl. *Fl. it.* IX, 485 (1892); Rouy et Fouc. *Fl. Fr.* III, 218]; nous ne pouvons voir là qu'un état individuel — Le *C. siculum* a été découvert en Corse par Salzmann (voy. Gr. et Godr. l. c.). mais sans indication précise de localité.

† 615. **C. semidecandrum** L. *Sp.* ed. 1, 438 (1753); Gr. et Godr. *Fl. Fr.* 1, 268 ; Burn. *Fl. Alp. mar.* 1, 263 ; Rouy et Fouc. *Fl. Fr.* III, 219 ; Coste *Fl. Fr.* 1, 217.

Diffère du *C. pumilum*, auquel il ressemble beaucoup, principalement par les bractées et sépales à marge largement scarieuse. — En Corse jusqu'ici seulement la race suivante :

† Var. **pellucidum** Salis in *Flora* XVII, Beibl. II, 72 (1834) ; Celak. in *Sitzungsber. böhm. Ges. Wiss.* ann. 1881, extr. 38 = *C. pellucidum* Chaub. in S¹-Am. *Fl. agen.* 181 (1821) = *C. semidecandrum* var. β Mert. et Koch *Deutschl. Fl.* III, 342 (1831) = *C. semidecandrum* var. *glandulosum* Koch *Syn.* ed. 2, 133 (1843) = *C. semidecandrum* var. *viscidum* Petit in *Bot. Tidsskr.* XIV, 245 (1884-85) = *C. semidecandrum* var. *genuinum, arenarium, pellucidum, abortivum* (monstr.) et *parviflorum* (monstr.) Rouy et Fouc. *Fl. Fr.* III, 220 (1896). — Exsicc. Debeaux ann. 1869 sub : *C. alsinoides* !

Hab. — Sables, friches, garigues et rocailles sableuses des étages inférieur et montagnard. Avril-mai. ①. Assez rare. Env. de Bastia (Salis in *Flora* XVII, Beibl. II, 72 ; Debeaux exsicc. cit.) ; Belgodère Fouc. et Sim. *Trois sem. herb. Corse* 134) ; Calvi (Fouc. et Sim. l. c.) ; les Calanches (Petit in *Bot. Tidsskr.* XIV, 245) ; forêt de Valdoniello (Lit. in *Bull. acad. géogr. bot.* XVIII, 114) ; col de San Quilico (Fouc. et Sim. l. c.).

Plante densément pubescente, à poils mêlés à de nombreuses glandes stipitées qui rendent l'épiderme visqueux.

616. **C. illyricum** Ard. *Animadv.* II, 26 (1759) ; Gr. et Godr. *Fl. Fr.* I, 270 ; Boiss. *Fl. or.* I, 720 ; Rouy et Fouc. *Fl. Fr.* III, 221 ; Coste *Fl. Fr.* I, 217. — En Corse la variété suivante :

Var. **pilosum** Gürke *Pl. eur.* 235 (1899) = *C. pilosum* Sibth. et Sm. *Fl. graec. prodr.* 1, 316 (1806-09) = *C. androsaceum* Ser. in DC. *Prodr.* 1, 416 (1824) = *C. illyricum* subsp. *pilosum* Rouy et Fouc. *Fl. Fr.* III, 221 (1896). — Exsicc. Soleirol n. 1007 !

Hab. — Garigues sableuses de l'étage inférieur. Avril-mai. ①. Rare. Corbara (Soleirol ex Bert. *Fl. it.* IV, 755) ; Calvi (Soleirol exsicc. cit. et ex Dub. *Bot. gall.* 87) ; à rechercher.

Plante naine, à rameaux courts, à pédicelles fructifères égalant le plus souvent le fruit. — Les variations dans la longueur du pédicelle fructifère sont telles en Orient que l'on ne peut donner au *C. pilosum* une valeur supérieure à celle d'une simple variété.

Le *C. illyricum* Ard., unique représentant en Corse de la section *Cryptodon* Pax, possède une aire tout à fait orientale (péninsule balkanique,

Archipel, Crète, Asie mineure, Chypre et Syrie). L'espèce n'a pas été revue dans les deux localités isolées de la côte occidentale de la Corse depuis l'époque où Soleirol l'y découvrit. Ce fait ne suffit cependant pas pour mettre en doute la spontanéité du *C. illyricum.* Il y a là matière à des recherches ultérieures.

MŒNCHIA Ehrh.

617. **M. erecta** Gærtn. Mey. et Scherb. *Fl. Wetter.* 1, 219 (1799) = *Sagina erecta* L. *Sp.* ed. 1, 128 (1753) = *M. quaternella* Ehrh. *Beitr.* II, 180 (1788) = *Cerastium quaternellum* Fenzl *Verbr. Als.* tab. ad p. 56 (1833); Rouy et Fouc. *Fl. Fr.* III, 224 = *Cerastium glaucum* Gren. *Mon. Cerast.* 49 (1841); Gr. et Godr. *Fl. Fr.* 1, 266 p. p. = *Cerastium erectum* Coss. et Germ. *Fl. env. Par.* éd. 1, 39 (1845); Burn. *Fl. Alp. mar.* 1, 261; Coste *Fl. Fr.* 1, 215. — En Corse seulement la variété suivante :

Var. octandra Gürke *Pl. eur.* II, 238 (1899) = *Sagina octandra* Ziz ex Mert. et Koch *Deutschl. Fl.* I, 864 (1823) = *Cerastium tenue* Viv. *Fl. cors. diagn.* 7 (1824) = *M. octandra* Gay in Perreym. *Cat. Fréj.* 55 (1833) = *Sagina erecta* Salis in *Flora* XVII, Beibl. II, 70 (1834) = *M. quaternella* var. *octandra* Moris *Fl. sard.* 1, 269 (1837) = *Cerastium glaucum* var. *octandrum* Gren. *Mon. Cerast.* 49 (1841); Gr. et Godr. *Fl. Fr.* 1, 267 = *Cerastium quaternellum* var. *octandrum* Rouy et Fouc. *Fl. Fr.* III, 225 (1896). — Exsicc. Req. sub : *M. quaternella* ! ; Bourg. n. 58 ! ; Reverch. ann. 1878 et ann. 1885, n. 130 !

Hab. — Friches, garigues, maquis, aulnaies des étages inférieur et montagnard. Mars-mai. ①. Répandue. Monte Fosco (Gillot in *Bull. soc. bot. Fr.* XXIV, sess. extr. LX); env. de Bastia (Salis in *Flora* XVII, Beibl. II, 70); Belgodère (Fouc. et Sim. *Trois sem. herb. Corse* 134); Calvi (Soleirol ex Bert. *Fl. it.* II, 246); Evisa (Reverch. exsicc. cit. ann. 1885); Venaco (Fouc. et Sim. l. c.); Barbicaja (Boullu in *Bull. soc. bot. Fr.* XXIV, sess. extr. LXXXIX); Ajaccio (Req. exsicc. cit. et ex Bert. op. cit. X, 474 ; Bourg. exsicc. cit.); Ghisonaccia (Rotgès in litt.); aulnaies du Fiumorbo (Salis l. c.); Ghisoni (Rotgès in litt.); Bastelica (Reverch. exsicc. cit. ann. 1878); Sartène (Seraf. ex Bert. op. cit. II, 246); Tallano (Seraf. l. c.); et localités ci-dessous.

1907. — Garigues entre Novella et le col de San Colombano, 500-600 m., 19 avril fl.!; garigues à Ostriconi, 20 avril fl.!: vallée inférieure de la Solenzara, replats ombragés des maquis, 50 m., 3 mai fl. fr.!

Plante réduite, le plus souvent haute de 5-15 cm., à feuilles très étroites, à marges bractéales étroitement scarieuses ; fleurs 1-5, tétramères.

SAGINA L. emend.

618. S. subulata Presl *Fl. sic.* I, 158 (1826) ; Gr. et Godr. *Fl. Fr.* I, 247 ; Rouy et Fouc. *Fl. Fr.* III, 293 ; Coste *Fl. Fr.* I, 198 = *Spergula laricina* Lightf. *Fl. scot.* I, 244 (1777) ; non L. (1753) = *Spergula subulata* Sw. in *Vet. Akad. Handl. Stockh.* ann. 1789, 45, tab. I, fig. 3.

Hab. — Variable. Avril-août suivant l'alt. ♃. — En Corse les deux races suivantes :

†† α. Var. **gracilis** Fouc. et Sim. *Trois sem. herb. Corse* 173 (1898).

Hab. — Sables maritimes. Rare ou peu observée. St-Florent (Fouc. et Sim. l. c.) ; et localité ci-dessous :

1907. — Cap Corse : Marine d'Albo, alluvions sablonneuses près de la mer, 26 avril fl. fr.!

Plante minuscule (2-3 cm.), à tiges, feuilles et pédoncules très grêles, à capsules petites. Sépales tous ovés-obtus. Les tiges sont subuniflores, solitaires, et non pas cespiteuses. Le port serait celui d'un *S. apetala* très réduit, mais avec des fleurs pentamères et des capsules plus grosses, ou d'un *S. maritima* nain, mais à fleurs pentamères et à feuilles aristées. — Le *S. subulata* var. *gracilis* possède un habitat très différent de celui de la var. *Revelieri*, laquelle représente, par comparaison, une race géante.

† β. Var. **Revelieri** Gürke *Pl. eur.* II, 240 (1899) ; Briq. *Spic. cors.* 19 = *Spergula saginoides* Moris *Fl. sard.* I, 282 (1837) ; non L. = *S. Revelieri* Jord. et Fourr. *Brev.* I, 11 (1866) = *S. subulata* subsp. *Revelieri* Rouy et Fouc. *Fl. Fr.* III, 294 (1896). — Exsicc. Reverch. ann. 1879 sub : *S. Revelieri*!, et ann. 1885, n. 484 ! ; Magnier fl. select. n. 1631 ! ; Burn. ann. 1900, n. 68, 205 et 319 ! et ann. 1904, n. 100, 101, 102 et 103 !

Hab. — Rocailles, rochers, points ombragés ou humides des étages montagnard et subalpin, s'élevant dans l'étage alpin, descendant çà et là dans l'étage inférieur, 200-2300 m. Très répandue. Luri (Fouc. et Mand. in *Bull. soc. bot. Fr.* XLVII, 87) ; Monte Fosco (Gillot in *Bull. soc. bot. Fr.* XXIV, sess. extr. LXII) ; Santa Maria-di-Lota (Gillot ibid. LVIII) ; Serra di Pigno et mont. de Bastia (Salis in *Flora* XVII, Beibl. II, 70 ; Mab. ap. Mars. *Cat.* 30 ; Billiet in *Bull. soc. bot. Fr.* XXIV, sess. extr. LXIX ; N. Roux ex Rouy et Fouc. l. c. ; Lit. in *Bull. acad. géogr. bot.* XVIII, 115) ;

Castagniccia (Salis in *Flora* XVII, Beibl. II, 70), en particulier aux
env. de Piedicroce (Gillot l. c. LXXVII) ; Monte S. Pietro (Lit. *Voy.* I,
9) ; Monte Grosso (Lit. in *Bull. acad. géogr. bot.* XVIII, 115) ; env.
d'Evisa (Reverch. exsicc. cit. n. 484 et in Magn. exsicc. cit. ; Lutz in
Bull. soc. bot. Fr. XLVIII, sess. extr. CXXXI) ; col de Cocavera (Lit. in
Bull. acad. géogr. bot. XVIII, 115) ; forêt d'Aitone ((Lit. in *Bull. acad.
géogr. bot.* XVIII, 115 sub : *S. nevadensis*! ; Briq. *Spic.* 19 et Burn. n. 101) ;
Punta Artica (Lit. l. c.) ; défilé de Santa Regina (Burn. exsicc. cit. n. 68) ;
vallée de la Restonica jusque près de Corté (Req. ann. 1847! et ex Bert.
Fl. it. X, 496 ; Kesselmeyer ann. 1867! ; Fouc. et Sim. *Trois sem. herb.
Corse* 135 ; Burn. exsicc. cit. n. 205 ; Lit. *Voy.* I, 25) ; Monte Rotondo
(Mab. ap. Mars. *Cat.* 30 ; Soulié ex Coste in *Bull. soc. bot. Fr.* XLVIII, sess.
extr. CXIX ; Lit. in *Bull.* cit. 115) ; Monte d'Oro (Lutz in *Bull. soc. bot.
Fr.* XLVIII, sess. extr. CXXVII) ; Vizzavona (Lutz ibid. CXXV ; N. Roux
ibid. CXXVIII ; Lit. *Voy.* I, 11) ; Pointe de Grado (Briq. *Spic.* 19 et Burn.
exsicc. cit. n. 102) ; Bocognano (Kralik ex Rouy et Fouc. l. c. ; Briq. *Spic.*
19 et Burn. n. 103) ; env. d'Ajaccio (Boulla in *Bull. soc. bot. Fr.* XXIV,
sess. extr. XCVIII ; Bubani ex Parl.-Caruel *Fl. it.* IX, 574) ; col de Sorba
(Burn. exsicc. cit. 319) ; Ghisoni (Briq. l. c. et Burn. exsicc. cit. n. 100 ;
Rotgès in litt.) ; Monte Renoso (Mand. et Fouc. l. c.) ; forêt de Marmano
(Rotgès ap. Mand. et Fouc. l. c.) ; Aullène (Revel. in Bor. *Not.* II, 3) ;
Quenza (Revel. ex Jord. et Fourr. l. c.) ; Serra di Scopamène (Reverch.
exsicc. cit. ann. 1879) ; et localités ci-dessous.

1906. — Gazons frais près des bergeries de Gialghelio, au-dessous du
col de Tripoli, 1500 m., 18 juill. fl.! ; rocailles du vallon de l'Anghione près
de Vizzavona, 1100-1200 m., 21 juill. fl. fr.! ; ruisselets au col de Verde,
1300 m., 20 juill. fl. fr.! ; rochers humides à Campo, entre Santa Maria
de Siché et le col de Granacce, 500 m., 17 juill. fl. fr.!

1908. — Pineraies entre la scierie du Tavignano et la bergerie de
Ceppo, 1500 m , 28 juin fl. fr.!

Plante en général assez élevée (jusqu'à 15 cm., mais parfois aussi naine
que les formes continentales du *S. subulata*), à sépales oblongs, plus
étroits, un peu plus grands que dans le type, à marges plus nettement
et plus régulièrement (mais étroitement) scarieuses, les extérieurs souvent un peu apiculés au sommet. — Le critère du calice fructifère
atténué à la base est sans valeur : tous nos échant. avancés ont au contraire un calice fructifère ± tronqué à la base. Les autres caractères ne
suffisent pas dans tous les cas à distinguer la var. *Revelieri* des formes
continentales : la valeur systématique du *S. Revelieri* ne dépasse pas
celle d'une simple race (Corse et Sardaigne, Elbe, Giglio, Capraia, Monte-

cristo, Abruzzes). Nous avons observé pêle-mêle des échant. presque entièrement glabres : f. *glabrata* [= *S. subulata* var. *glabrata* Gillot in *Bull. soc. bot. Fr.* XXIV, sess. extr. LXII (1877) = *S. subulata* subsp. *Revelieri* subvar. *glabra* Rouy et Fouc. *Fl. Fr.* III, 294 (1896)] : ou à pédoncules un peu pubescents-glanduleux : f. *glandulosa* [= *S. subulata* subsp. *Revelieri* subvar. *glandulosa* Rouy et Fouc. l. c. (1896)] : ou encore à pédoncules pubescents-glanduleux et à feuilles brièvement poilues-ciliées : f. *puberula*.

619. **S. pilifera** Fenzl *Verbr. Als.* tab. ad p. 57 (1833) ; Rouy et Fouc. *Fl. Fr.* III, 293 ; Coste *Fl. Fr.* I, 198 = *Spergula pilifera* DC. *Fl. fr.* IV, 774 (1805) ; Salis in *Flora* XVII, Beibl. II, 71 = *Spergula Morisii* Colla *Herb. ped.* I, 345 (1833) = *Sagina glabra* var. *corsica* Gr. et Godr. *Fl. Fr.* I, 247 (1847).

Hab. — Rocailles, rochers, gazons, pozzines des étages subalpin et alpin, descendant dans l'étage montagnard, parfois même dans l'étage inférieur, (400-)1200-2700 m. Mai-août suivant l'alt. ♃. Disséminé sur les hautes cimes du Cap Corse, des chaînes de Tende et du S. Pietro ; répandu dans les massifs du centre, depuis les chaînes de Tende et du S. Pietro jusqu'au S. de l'Incudine, pour reparaître aux monts de Cagna. Les localités suivantes n'ont pu, faute de renseignements suffisants, être attribuées à l'une ou à l'autre des deux variétés ci-dessous distinguées. Monte Fosco (Gillot in *Bull. soc. bot. Fr.* XXIV, sess. extr. LX) ; Monte S. Pietro (Salis in *Flora* XVII, Beibl. II, 71 ; Gillot l. c. LXXIX) ; Monte Grosso (Soleirol ex Bert. *Fl. it.* IV, 777) ; lacs de Lancone (Lit. in *Bull. acad. géogr. bot.* XVIII, 78) ; Monte Cinto (Lit. *Voy.* II, 8 et in *Bull. acad. géogr. bot.* XVIII, 67) ; Capo Facciata (Lit. in *Bull. acad. géogr. bot.* XVIII, 70) ; Paglia Orba (Lit. l. c. 74) ; lac de Nino (Req. ex Parl.-Car. *Fl. it.* IX, 575 ; Lit. in *Bull. acad. géogr. bot.* XVIII, 58) ; mont. de Corté (Req. ex Rouy et Fouc. l. c.) ; Monte Rotondo (Mouillefarine in *Bull. soc. bot. Fr.* XIII, 364 ; Salle et Gillot ex Rouy et Fouc. l. c. ; Lit. in *Bull. acad. géogr. bot.* XVIII, 86) ; col de Manganello (Soulié ex Coste in *Bull. soc. bot. Fr.* XLVIII, sess. extr. CXIX) ; vallon de Verghello (du « Vecchio ») près Vivario (Doùmet in *Ann. Hér.* V, 183) ; Monte d'Oro (Lit. in *Bull. acad. géogr. bot.* XVIII, 92) ; col de Sevi (Lit. *Voy.* II, 21) ; bords du Fium' Grosso aux bains de Guagno (Mars. *Cat.* 30) ; Vico (Fliche ex Rouy et Fouc. l. c.) ; col de Vizzavona (Doùmet l. c. 123) ; Monte Renoso (Req. ex Bert. *Fl. it.* X, 496) ; Coscione (Seraf. ex Bert. op. cit. IV, 777 ; Jord. et Kralik ex Parl.-Car. *Fl. it.* IX, 575) ; R. Maire in Rouy *Rev. bot. syst.*

II, 23, 25 et 54 ; Gysperger ibid. 119 ; Lit. *Voy.* I, 16) ; monts de Cagna (Soleirol ex Parl. l. c.). La localité d'Ajaccio donnée par Boullu (in *Ann. soc. bot. Lyon* XXIV, 67) est due à une erreur.

Espèce spéciale à la Corse et à la Sardaigne, bien distincte du *S. glabra* Fenzl (= *S. repens* Burn.), avec lequel on l'a souvent confondue, par les feuilles longuement aristées au sommet (et non pas brièvement mucronées ou submutiques) et par les pétales plus larges, sensiblement plus longs que le calice. Ce dernier caractère est très apparent sur le vif. Le diamètre de la corolle ouverte mesure en moyenne 7-8 mm., parfois jusqu'à 10 mm. (échant. du Paglia Orba, f. *macrantha*), parfois seulement 5-6 mm. (échant. de la Pointe Bocca d'Oro, f. *micrantha*). Les échant. très lâches de la var. *laxa* se rapprochent certainement beaucoup du *S. subulata* var. *Revelieri*, mais ils en diffèrent par les pétales bien plus grands (égalant env. les sépales ou un peu plus longs qu'eux dans le *S. subulata*), et à la maturité par la souche épaisse, émettant des rameaux stoloniformes indurés, à pédoncules uniflores formant un coude marqué avec le rameau stoloniforme qui le porte. A la base de ce pédoncule, soit à l'aisselle du dernier fascicule de feuilles, on voit poindre le bourgeon destiné à prolonger le rameau stoloniforme. Au contraire, dans le *S. subulata* var. *Revelieri*, les tiges florifères sont en partie érigées et feuillées, à entrenœuds relativement allongés, en partie couchées dans la partie inférieure, puis redressées et pluriflores (au moins dans les échantillons bien développés). On peut, au point de vue de l'indument, distinguer des formes à feuilles et à pédoncules glabres [subvar. *glabra* Sim. et Lit. in *Bull. acad. géogr. bot.* XVIII, 55 (1909)]. ou à feuilles pubérulentes et à pédoncules ± pubérulents-glanduleux [subvar. *glandulosa* Sim. et Lit. l. c. (1909)] : ces variations se rencontrent souvent pêle-mêle, nous n'osons pas leur attribuer une valeur systématique plus élevée. Aux grandes altitudes, l'anthocyane donne parfois aux sépales une coloration violacée, comme dans les formes altitudinaires extrêmes du *Cerastium stenopetalum* et d'autres plantes de l'étage alpin [subvar. *violacea* Lit. in *Bull. acad. géogr. bot.* XVIII, 67 (1909)]. C'est là plutôt un état écologique qu'une sous-variété. — Les deux variétés ci-après distinguées ont déjà été observées par Salis (in *Flora* XVII, Beibl. II, 70) qui les a caractérisées en style lapidaire : « Modo humillima dense caespitosa, modo caulescens ramis laxis qualem sistit Loisel. in Tab. VIII ». Elles paraissent extrêmement différentes quand on en compare les formes extrêmes, mais sont néanmoins reliées par des transitions insensibles.

†† α. Var. **laxa** Briq. = *Spergula pilifera* Lois. *Fl. gall.* ed. 2, 1, 326 (quoad pl. cors.) et II, tab. 9 (1828). — Exsicc. Salzmann sub : *Spergula pilifera*! ; Burn. ann. 1900, n. 223!

Hab. — Vallée de la Restonica (Fouc. et Sim. *Trois sem. herb. Corse* 135 ; Briq. *Spic.* 18 et Burn. exsicc. cit. **223**) ; pozzi du Monte Renoso (Rotgès in herb. Burnat !) ; et localités ci-dessous.

1906. — Rocailles du vallon de Bonifatto, 1000 m., 12 juill. fr.! ; rocailles en montant de la bergerie de Spasimata à la Cima di Mufrella, 1800 m., 12 juill. fl.! ; couloirs tournés au N. entre le col Bocca Valle Bonna et le Monte Traunato, 2000 m , 31 juill. fl. fr.! ; couloir sur le versant E. du Capo al Chiostro, 2200 m., 3 août fl.! ; rochers humides sur le revers N. du col de Cagnone, 1900 m., 21 juill. fl. fr.!

Plante relat. robuste, formant des gazons lâches, à rameaux allongés, très ramifiés, longuement couchés et rampants, à axes florifères développés.

†† β. Var. **caespitosa** Fouc. et Mand. in *Bull. soc. bot. Fr.* XLVII, 87 (1900). — Exsicc. Requien sub : *Spergula pilifera*! ; Kralik n. 502! ; Mab. n. 215! ; Reverch. ann. 1878 sub : *S. subulata*!, ann. 1879 sub : *S. pilifera*, ann. 1885, n. 485! ; Burn. ann. 1900, n. 114! et 384!, ann. 1904, n. 99!

Hab. — Monte Cinto (Briq. *Rech. Corse* 83 et Burn. exsicc. cit. n. 114); Niolo (Req. in herb. Deless.!) ; col de Vergio (Lutz in *Bull. soc. bot. Fr.* XLVIII, sess. extr. CXXX ; Briq. *Spic.* 19 et Burn. n. 99 ; Lit. *Voy.* II, 16 et in *Bull. acad. géogr. bot.* XVIII, 55) ; Bocca di Verde sur Evisa (Reverch. n. 485) ; Campotile (Req. in herb. Boiss.!) ; mont. de Corté (Kesselmeyer ann. 1867!) ; Monte Rotondo (Req. exsicc. cit. ; Kralik exsicc. cit. n. 502; Mab. exsicc. cit. ; Le Grand in *Bull. soc. bot. Fr.* XXXVII, 19) ; col de Vizzavona (Burn. ann. 1847!) ; Monte Renoso [Reverch. exsicc. cit. ann. 1878 ; Rotgès, Mand. et Fouc. *Bull. soc. bot. Fr.* XLVII, 87 ; Briq. *Rech. Corse* 24 et 26 et Burn. n. 384); Coscione [de Forestier ann. 1839, in herb. Deless. et Boiss.! ; Jordan in herb. Boiss.! ; Reverch. ann. 1879 (distribué parfois avec l'indication imprécise de : Serra di Scopamène)] ; et localités ci-dessous.

1906. — Gazons humides près de la bergerie de Tula sur le versant S.-E. du col de Bocca di Tula, 1700 m., 26 juill. fl. fr.! ; rocailles du Capo Ladroncello, 2100 m., 27 juill. fl.! ; rochers de la Cima di Mufrella, 2000 m., 12 juill. fl.! ; gazons du Capo Bianco, 2500 m., 7 août fl.! ; rocailles au sommet du Paglia Orba, 2535 m., 9 août fl.! ; pelouses du col de Tripoli, 1800 m., 18 juill. fl.! ; replats des rochers entre les Pointes de Monte et Bocca d'Oro, 1800-1950 m., 20 juill. fl.! ; graviers du Mt Incudine, 1700-2130 m., 18 juill. fl.!

1908. — Monte Grima Seta et Monte Asto, pelouses, 1500 m., 1 juill. fl.! ; Monte Padro, gazons, 2200 m., 4 juill. fl.! ; pozzi sur le versant N. du col de Ciarnente, 1500 m., 27 juin fl.!

Plante naine, formant des gazons compacts, à rosettes très serrées, à rameaux allongés rares ou nuls, à pédoncules courts, émergeant du gazon.

S. glabra Fenzl *Verbr. Alsin.* tab. ad. p. 57 (1833) ; Koch *Syn.* ed. 2, 439 = *Spergula glabra* Willd. *Sp. pl.* II, 821 (1800) = *Spergula glabra* Reichb. *Fl. germ. exc.* 794 (1832) = *Sagina glabra* var. *genuina* Gr. et Godr. *Fl. Fr.* 1, 247 (1847) = *Spergula repens* Zumagl. *Fl. ped.* II, 286 (1860) = *Spergula puberula* Cariot *Et. fl.* éd. 4, II, 84 (1865) = *Sagina repens* Burn. in Greml. *Exkursionsfl. Schweiz* ed. 3, 100 (1878) ; Burn. *Fl. Alp. mar.* 1, 238 ; Rouy et Fouc. *Fl. Fr.* III, 292 ; Coste *Fl. Fr.* 1, 198.

Espèce des Alpes, indiquée en Corse seulement par confusion avec la précédente, étrangère à la flore de l'île.

620. **S. saginoides** Dalla Torre *Anleit. Beob. Alpenpfl.* 189 (1882) ; Britt. in *Mem. Torr. bot. Club* V, 151 ; Schinz et Thell. in *Bull. herb. Boiss.*, 2me sér., VII, 180 ; Hayek *Fl. Steierm.* 1, 286 ; Schinz et Kell. *Fl. Suisse* éd. fr. 1, 213 = *Spergula saginoides* L. *Sp.* ed. 1, 441 (1753) = *Sagina Linnaei* Presl *Rel. Hænk.* II, 14 (1835-36) ; Gr. et Godr. *Fl. Fr.* 1, 247 ; Burn. *Fl. Alp. mar.* 1, 239 ; Rouy et Fouc. *Fl. Fr.* III, 291 ; Coste *Fl. Fr.* 1, 198.

Hab. — Pozzines et rocailles humides des étages subalpin et alpin. Juill.-août. ⚥ . Rare. Monte Rotondo (Mab. ex Mars. *Cat.* 30) ; Coscione (Thivirian in herb. Boiss. !).

Espèce possédant un mode de végétation analogue à celui du *S. pilifera*, mais à corolle petite ne dépassant pas ou dépassant à peine les sépales ; facile à distinguer tant du *S. subulata* que du *S. pilifera* par les feuilles mutiques ou à peine mucronées, et non pas pourvues d'une arête terminale.

MM. Foucaud et Simon (*Trois sem. herb. Corse* 135) ont indiqué dans les gorges de la Restonica le *Sagina neradensis* Boiss. et Reut. [*Pug.* 22 (1852) = *S. Linnaei* var. *neradensis* Rouy et Fouc. *Fl. Fr.* III, 291 (1896) = *S. saginoides* var. *neradensis* Briq.], race cespiteuse, à rameaux stoloniformes très courts, de l'étage alpin de la Sierra Nevada (Boiss. et Reut. in herb. Boiss. et Deless.! ; Alioth in herb. Deless.!). M. Simon a attribué la même détermination à des échant. considérés par lui comme identiques à ceux de la Restonica, et récoltés par M. de Litardière dans la forêt de Valdoniello à 1450 m. (Lit. in *Bull. acad. géogr. bot.* XVIII, 115 sub : *S. procumbens* subsp. *corsica*). M. de Litardière cite aussi le *S. Linnaei* var. *neradensis* au col de Salto près de la forêt d'Aitone (Lit. l. c.). L'examen des échant. revus par M. Simon, que M. de Litardière nous a obligeamment communiqués, montre qu'il s'agit là du *S. subulata* var. *Revelieri*. Le *S. saginoides* var. *neradensis* se distingue facilement des *S. subulata* et *S. pilifera* sous toutes leurs formes, par l'absence d'arête au sommet des feuilles.

D'autres localités ont encore été citées pour le *S. saginoides* en Corse. ainsi : le col de Vergio (Lutz in *Bull. soc. bot. Fr.* XLVIII, sess. extr. CXXX) et les env. d'Evisa (Lutz ibid. CXXXI) ; Luri (Fouc. et Sim. l. c. 135) ; bords du Rizzanèse entre Sartène et Propriano (Lutz l. c. CXLII). L'indication de ces deux dernières localités, situées tout à fait en dehors des étages subalpin et alpin, est sûrement due à une erreur de détermination ; les deux premières restent pour nous très douteuses.

621. **S. apetala** Ard. *Animadv. bot.* II, 22, tab. 8, fig. 1 (1763) ; Linn. *Mant.* II, 559 (1771) ; Burn. *Fl. Alp. mar.* I, 237 ; Rouy et Fouc. *Fr. Fr.* III, 287 ; Coste *Fl. Fr.* I, 197.

Hab. — Friches, cultures, garigues sableuses des étages inférieur et montagnard. Mai-juin, parfois aussi en automne. ①. Deux races :

† α. Var. **eu-apetala** Briq. = *S. apetala* Gr. et Godr. *Fl. Fr.* I, 245 (1847).

Hab. — De Pietra-Moneta à St-Florent (Fouc. et Sim. *Trois sem. herb. Corse* 135) ; Calvi (Req. ex Parl.-Car. *Fl. it.* I, 569 ; Corté (Fouc. et Sim. l. c.) ; Vico (Salis in *Flora* XVII, Beibl. II, 70) ; Ajaccio (Petit in *Bot. Tidsskr.* XIV, 245 ; Coste in *Bull. soc. bot. Fr.* XLVIII, sess. extr. CIV).

Pédicelles non ou à peine recourbés en crochet à la maturité. Sépales tous obtus, étalés en croix sous la capsule. — Varie à feuilles glabrescentes : subvar. **imberbis** [= *S. apetala* var. *imberbis* Fenzl in Ledeb. *Fl. ross.* I, 338 (1842) ; Rouy et Fouc. *Fl. Fr.* III, 288], ou à feuilles ± ciliées à la base : subvar. **barbata** Fenzl [in Ledeb. l. c. (1842) ; Rouy et Fouc. l. c. = *S. apetala* var. *glanduloso-ciliata* F. Sch. in *Flora* XXXII, 226 (1849)] ; les pédoncules varient : glanduleux ou subéglanduleux dans l'une comme dans l'autre de ces sous-variétés.

β. Var. **ciliata** Mert. et Koch *Deutschl. Fl.* I, 866 (1823) ; Asch. *Fl. Brand.* 96 (1864) ; Tanf. in Parl.-Car. *Fl. it.* IX, 568 ; Burn. *Fl. Alp. mar.* I, 237 = *S. ciliata* Fries in Liljeb. *Utk. til en Sv. Fl.* ed. 3, 713 (1816) et *Nov. fl. suec.* ed. 1, 59 = *S. patula* Jord. *Obs.* I, 23, tab. 3, fig. A (1846) = *S. apetala* subsp. *ciliata* Rouy et Fouc. *Fl. Fr.* III, 288 (1896).

Hab. — Santa Maria-di-Lota (Gillot in *Bull. soc. bot. Fr.* XXIV, sess. extr. LVIII) ; Porto-Vecchio (Revel. in Bor. *Not.* II, 3).

Pédicelles ± courbés en crochet à la maturité. Sépales appliqués contre la capsule, les extérieurs ± mucronés Plante souvent plus robuste et plus lâchement ramifiée que la précédente. Présente au point de vue de l'indument des feuilles et de la glandulosité des variations parallèles à celles de la var. α. — Nous ne croyons pas, en présence des formes douteuses et de la distribution géographique peu différente des deux groupes ci-dessus, que l'on puisse leur donner une valeur systématique supérieure à celle de simples races.

622. S. maritima D. Don in *Engl. bot.* XXXI, tab. 2195 (1810) ;
Gr. et Godr. *Fl. Fr.* 1, 246 ; Rouy et Fouc. *Fl. Fr.* III, 289 ; Coste *Fl. Fr.*
1, 197 = *S. urceolata* Viv. *Fl. lyb. spec.* 67 (1824) et *Fl. cors. diagn.* 3
= *S. procumbens* var. *maritima* Salis in *Flora* XVII, Beibl. II, 70 (1834).
— Exsicc. Kralik n. 501 !

Hab. — Sables maritimes, fentes des rochers au voisinage du littoral ;
halophile préférent. Mars-mai. ①. Disséminé. Bastia (Salis in *Flora* XVII,
Beibl. II, 70) ; St-Florent (Fouc. et Sim. *Trois sem. herb. Corse* 135) ;
Ile Rousse (Fouc. et Sim. l. c.; Lit. *Voy.* 1, 3) ; Calvi (Soleirol ex Bert.
Fl. it. II, 244 et III, 596 et 612 ; Fouc. et Sim. l. c.); la Parata (Boullu
in *Bull. soc. bot. Fr.* XXVI, 82) ; Chapelle des Grecs (Boullu ibid. XXIV,
sess. extr. LXXXIX ; Fouc. et Sim. l. c.); montagne d'Ajaccio (Mars.
Cat. 30) ; Ajaccio (Mars. l. c. ; Coste in *Bull. soc. bot. Fr.* XLVIII, sess.
extr. CV) ; Chiavari (Petit in *Bot. Tidsskr.* XIV, 245) ; Solenzara (Fouc.
et Sim. l. c.); île de Lavezzi (Revel. ex Bor. *Not.* 1, 6) ; la Trinité (Revel.
ex Bor. l. c.); Roccapina (Kralik exsicc. cit.) ; Bonifacio (Kralik ex Rouy
et Fouc. *Fl. Fr.* III, 290).

Espèce à fleurs tétramères comme les *S. apetala* et *S. procumbens*,
mais facile à distinguer de ces derniers par les feuilles mutiques ou
submucronulées, non subulées-aristées au sommet. Variant quelque peu
d'apparence suivant les stations : tantôt en touffes denses, à tiges et
feuilles nombreuses, à fleurs dépassant les touffes [*S. densa* Jord. *Obs.* III,
49, tab. 3, fig. B (1846) ; Gr. et Godr. *Fl. Fr.* 1, 246 = *S. maritima* var.
densa Rouy et Fouc. *Fl. Fr.* III, 290 (1896)] ou ne dépassant pas les touffes
[*S. maritima* var. *corsica* Fouc. et Sim. *Trois sem. herb. Corse* 172 (1898)],
tantôt grêle, à tiges filiformes ne formant pas une touffe dense [*S. debilis*
Jord. l. c. 50 (1846) = *S. maritima* var. *elongata* Gr. et Godr. *Fl. Fr.* 1,
290 (1847 ; Rouy et Fouc. l. c.)]. Nous ne pouvons accorder à ces modifications d'ordre presque individuel, et dont la liste pourrait sans peine
être encore augmentée, une valeur variétale.

623. S. procumbens L. *Sp.* ed. 1, 128 (1753) ; Gr. et Godr. *Fl. Fr.*
1, 245 ; Rouy et Fouc. *Fl. Fr.* III, 285 ; Coste *Fl. Fr.* 1, 197. — Exsicc.
Kralik n. 501 a ! ; Reverch. ann. 1879 sub : *S. procumbens* ! ; Burn. ann.
1900, n. 65 ! et ann. 1904, n. 98 !

Hab. — Points humides, surtout de l'étage montagnard, 1-1800 m.
Mai-juill. suivant l'altitude. ①-↵. Répandu et assez fréquent dans l'île
entière.

1906. — Sources au col de San Colombano, 600 m., 10 juill. fr. ! ; lieux
humides du vallon du Rio de Ficarello près de Calvi, dans les châtai-

gneraies, 150 m., 11 juill. fr. ! ; rochers humides en montant d'Omessa au col de Bocca al Pruno, 300-600 m., 15 juill. fr. ! ; fontaine d'Argento entre Zicavo et la chapelle de San Pietro, 1000 m., 18 juill. fr. !

1907. — Fossés humides entre la station et le village de Pietralba, 400 m., 14 mai fl. fr. !

1908. — Berges d'un torrent sur le versant S. du col de Sagropino, 1000 m., 1 juill. fl. fr. !

Cette espèce varie entièrement glabre [*S. procumbens* var. *glaberrima* Neilr. *Fl. Wien* 534 (1846) = *S. procumbens* var. *typica* Beck *Fl. Nieder-Öst.* 357 (1890) = *S. procumbens* Rouy et Fouc. l. c., sensu stricto], ou à feuilles, surtout les raméales, pourvues de cils courts et disséminés [*S. bryoides* Froel. ap. Reichb. *Fl. germ. exc.* 793 (1832) = *S. procumbens* var. *ciliata* Neilr. *Fl. Wien* 534 (1846) ; Hayek *Fl. Steierm.* 1, 287 = *S. procumbens* var. *bryoides* Hausm. *Fl. Tir.* 1, 132 (1851). On trouve ces deux formes parfois en mélange et reliées par tant de passages que l'on s'étonne de les avoir vues acceptées comme espèces par un auteur tel que Koch (*Syn.* ed. 3, 93).

Jordan a décrit certains échant. du *S. procumbens* à rameaux et à à feuilles (surtout les basilaires) allongés, sous le nom de *S. corsica* Jord. [*Obs.* VII, 15 (1849) ; Willk. *Ic. et descr.* 1, tab. 73 D ; Ces. Pass. et Gib. *Comp. fl. it.* 775], devenu le *S. procumbens* subsp. *corsica* Rouy et Fouc. [*Fl. Fr.* III, 287 (1896)]. Mais des échant. présentant individuellement le développement indiqué ci-dessus se trouvent non seulement en Corse, mais aussi sur le continent. Tous les autres caractères qui ont été attribués au *S. corsica* sont sans valeur. La pérennance est très fréquente, presque générale dans les pays méditerranéens et n'est pas rare dans l'Europe centrale pour toutes les formes du *S. procumbens*. Les pédicelles se présentent souvent courbés immédiatement après la floraison pour se redresser au cours de la maturité dans des échant. ne possédant d'ailleurs aucun des caractères attribués au *S. corsica*. Les fleurs sont tétramères, çà et là l'une ou l'autre pentamère. Les pétales sont très petits ou nuls (parfois sur le même échantillon) dans toutes les formes. C'est à tort que l'on a attribué au *S. corsica* des sépales appliqués contre la capsule ; il en est bien souvent ainsi au début, mais au cours de la maturité les sépales s'étalent en croix comme dans les formes continentales les plus vulgaires du *S. procumbens*. La forme de la capsule varie quelque peu (ovoïde ou un peu ovoïde-allongée), sans que ces très légères différences soient en rapport avec les autres caractères. — En 1905 (*Spic. cors.* 18), nous étions déjà arrivé à la conclusion que le *S. corsica* n'était qu'une faible variété du *S. procumbens*. Aujourd'hui, après examen d'un matériel de comparaison considérable et étude du *S. procumbens* in situ, nous devons supprimer entièrement le *S. corsica* qui ne correspond à aucun groupe définissable avec certitude.

Nous ne connaissons pas le *S. procumbens* var. *glacialis* Fouc. et Sim. [in *Bull. soc. bot. Fr.* XLVII, 87 (1900)], dont les auteurs disent ce qui suit : « Tiges assez courtes, donnant naissance à des rosettes de feuilles d'où partent d'autres tiges ; feuilles ± ciliées, courtes, fasciculées ; pédoncules parfois très courts ; capsule petite. — Sommet du Renoso, dans une prairie arrosée par la fonte des neiges. » Cette forme devra être recherchée ultérieurement. Si elle appartient réellement au *S. procumbens*, elle pourrait être constituée par des échant. réduits de la forme *bryoïdes*.

BUFFONIA [1] L.

B. tenuifolia L. *Sp.* ed. 1, 123 (1753) ; Gr. et Godr. *Fl. Fr.* I, 249 ; Rouy et Fouc. *Fl. Fr.* III, 283 ; Coste *Fl. Fr.* I, 200.

Cette espèce figure parmi celles qui ont été indiquées en Corse selon Salis (in *Flora* XVII, Beibl. II, 72). Cependant, à notre connaissance, le *B. tenuifolia* (à aire méditerranéenne occidentale, atteignant à l'E. le département du Var) n'a jamais été authentiquement constaté en Corse. Espèce à exclure de la flore de l'île.

MINUARTIA L. emend.

La question de nomenclature soulevée par l'emploi du nom de *Minuartia*, substitué à celui d'*Alsine* beaucoup plus universellement connu, exige quelques explications.

En 1753 (*Sp.* ed. 1) Linné a distribué les espèces aujourd'hui réunies sous le nom d'*Alsine* sur les genres *Arenaria* (p. 423), *Minuartia* (p. 89) et *Cherleria* (p. 425). Quant au genre *Alsine* (p. 272), il se composait de deux espèces dont l'une (*Alsine media* L.) est devenue le *Stellaria media* Vill. et l'autre (*Alsine segetalis* L.) est devenue le *Delia segetalis* Dum. (*Spergularia segetalis* Don). Aucune des deux espèces qui constituaient primitivement le genre *Alsine* ne fait plus partie du genre portant actuellement ce nom. Et pour les auteurs qui n'envisagent pas l'*Alsine segetalis* L. (*Delia segetalis* Dum.) comme distinct du genre *Spergularia* (nomen utique conservandum, *Règl. nomencl.* art. 20 et p. 79), le genre *Alsine* de Linné se trouve être éteint !

C'est la raison pour laquelle, dans les ouvrages où les *Alsine* sont distingués des *Arenaria*, on voit le genre *Alsine* attribué à Wahlenberg (*Fl. lapp.* 129, ann. 1812), et cela encore à l'exclusion des *Spergularia* que ce dernier auteur ne distinguait pas génériquement des *Alsine*. Ainsi ont procédé Fenzl (in Endlicher *Gen.* 964) et M. Pax (in Engl. et Prantl *Nat. Pflanzenfam.* III, 16, 82), qui admettent dans le genre *Alsine* Wahlb., à titre de subdivisions, les anciens genres *Minuartia* et *Cherleria* de Linné [sect. *Minuartieae* et *Cherlerieae* pour Fenzl (l. c.) ; sect. *Minuartia* Endl. (*Enchir.* 505) et sect. *Cherleria* Endl. (l. c.) pour M. Pax].

Mais il est évident que ce mode de faire est contraire aux *Règles de la Nomenclature*. Le genre *Alsine* actuel ne peut porter qu'un des deux

[1] Linné a écrit *Bufonia*, comme d'ailleurs Sauvages l'avait fait avant lui. Mais le genre ayant été dédié à Buffon, c'est là une simple erreur orthographique qui doit être corrigée (*Règl. nomencl.* art 57). Voy. à ce sujet : Fauconnet *Excurs. bot. dans le Bas-Valais* 97 et 98.

34

noms génériques les plus anciens attribués à des espèces en faisant actuellement partie (*Règl. nom.* art. 15), et ces deux noms sont *Minuartia* (1753) et *Cherleria* (1753). L'auteur qui le premier a choisi entre les deux [Hiern in *Journ. of Bot.* XXXVII, 320 et 321 (1899)] a avec raison préféré le nom de *Minuartia*, ce groupe renfermant le plus grand nombre d'espèces (*Règl. nomencl.* art. 46 et Recomm. XXVI).

D'autre part, un examen renouvelé des caractères distinctifs des genres *Cherleria* L. et *Minuartia* L. nous a montré qu'il était impossible de conserver ces groupes comme genres. Qu'on limite les *Minuartia* aux espèces à calice sessile, et fermé sur la capsule, comme le faisait Linné, ou qu'on l'étende à toutes les espèces à calice ± cartilagineux-induré à la base (Fenzl), on n'obtiendra qu'un groupe dont la valeur n'est pas supérieure à celle de sections telles que *Triphane, Subulina, Saginella* etc., que personne ne songe plus à séparer génériquement. Il en est de même pour le *Cherleria*.

Nous nous voyons donc obligé, à notre grand regret, de suivre l'exemple de M. Hiern (l. c.), de MM. Britten et Rendle [*List of brit. seed-pl.* 6 (1907)] ,de MM. Schinz et Thellung [in *Bull. herb. Boiss.*, 2me sér., VII, 402 (1907) et de M. Hayek (*Fl. Steierm.* 1, 270 (1908)] en abandonnant le genre *Alsine* Wahlb. pour reprendre le genre *Minuartia* L. dans un sens plus étendu.

624. **M. tenuifolia** Hiern in *Journ. bot.* XXXVII, 321 (1899); Britten et Rendle *List of brit. seed-pl.* 6 = *Arenaria tenuifolia* L. *Sp.* ed. 1, 424 (1753) = *Alsine tenuifolia* Crantz *Inst.* II, 407 (1766); Gr. et Godr. *Fl. Fr.* 1, 250; Rouy et Fouc. *Fl. Fr.* III, 276; Coste *Fl. Fr.* I, 202.

Hab. — Friches, garigues, rocailles des étages inférieur et montagnard. Avril-mai. ①. Disséminé. — En Corse les sous-espèces suivantes.

†1. Subsp. **eu-tenuifolia** Briq. = *Minuartia tenuifolia* Schinz et Thell. in *Bull. herb. Boiss.*, 2me sér., VII, 403 (1897); Schinz et Kell. *Fl. Suisse*, éd. fr. 1, 215.

Fleurs ± longuement pédicellées, disposées en cymes lâches formant une panicule ± ample. Capsule à divisions oblongues-allongées, dépassant nettement les sépales à la maturité.

†α. Var. **genuina** Briq. = *Alsine tenuifolia* var. *genuina* Boiss. *Fl. or.* 1, 686 (1867) = *M. tenuifolia* Hayek *Fl. Steierm.* 1, 273 (1908).

Hab. — Cardo (Fouc. et Sim. *Trois sem. herb. Corse* 134); env. de Bastia (Salis in *Flora* XVII, Beibl. II, 71); Zilia (Soleirol ex Bert. *Fl. it.* IV, 675, mais cette localité pourrait aussi se rapporter à une des variétés suivantes); Corté (Fouc. et Sim. l. c.); et localité ci-dessous.

1907. — Garigues et friches entre Novella et le col de S. Colombano, 500-600 m., 19 avril fl. !

Plante glabre, dépourvue de glandes stipitées, même sur les sépales. On peut distinguer ici deux sous-variétés (ou simples formes !).

α^1 subvar. **Vaillantiana** Briq. $=$ *Arenaria tenuifolia* var. *Vaillantiana* et var. *simpliciuscula* DC. *Prodr.* 1, 406 (1824) ; Rouy et Fouc. *Fl. Fr.* III, 276 $=$ *Alsine tenuifolia* var. *genuina* Willk. *Ic. et descr.* 1, 106, tab. 69 A (1852-61). — Tiges moins ramifiées, hautes de 5-20 cm., à pédicelles fructifères dressés, ascendants ou étalés.

α^2 subvar. **Barrelieri** Briq. $=$ *Arenaria tenuifolia* var. *Barrelieri* Vill. *Hist. pl. Dauph.* III, 664 (1789) ; DC. *Prodr.* 1, 406 $=$ *Alsine laxa* Jord. *Pug.* 34 (1852) $=$ *Alsine tenuifolia* var. *laxa* Willk. *Ic. et descr.* 1, 106, tab. 19 B (1852-61) ; Greml. *Fl. anal. Suisse* 138 ; Rouy et Fouc. *Fl. Fr.* III, 276 (incl. subvar. *Barrelieri* et *divaricata*) $= A.$ *intricata* Martr.-Don. *Fl. Tarn.* 104 (1864). — Tiges très rameuses dès la base, hautes de 10-25 cm., à pédicelles fructifères souvent plus étalés.

On rencontre entre les deux extrêmes tous les passages possibles, et il est douteux qu'il s'agisse là de formes héréditaires.

†† β. Var. **hybrida** Briq. $=$ *Arenaria hybrida* Vill. *Prosp.* 48 (1779) $=$ *Arenaria tenuifolia* var. *hybrida* Vill. *Hist. pl. Dauph.* III, 634, tab. XLVII (1789) ; DC. *Prodr.* 1, 406 $=$ *Arenaria viscidula* Thuill. *Fl. Par.* éd. 2, 219 (1790) $=$ *Alsine tenuifolia* var. *viscosa* Boiss. *Voy. Esp.* 98 (1839) et *Fl. or.* 1, 686 p. p. ; non Mert. et Koch $=$ *Arenaria tenuifolia* var. *viscidula* Moris *Fl. sard.* 1, 177 (1839) $=$ *Alsine tenuifolia* var. *viscidula* Gaud. *Fl. helv.* III, 204 p. p. ; Guss. *Fl. sic. syn.* 1, 500 (1842) $=$ *Alsine tenuifolia* var. *viscida* Gr. et Godr. *Fl. Fr.* 1, 250 (1848) p. p. $=$ *Alsine hybrida* Jord. *Pug.* 33 (1852) $=$ *Alsine tenuifolia* var. *hybrida* Willk. *Ic. et deser.* 1, 106 (1852-61) $=$ *Alsine tenuifolia* var. *intermedia* Rouy et Fouc. *Fl. Fr.* III, 277 (1896).

Hab. — Monte San Pietro (Gillot in *Bull. soc. bot. Fr.* XXIV, sess. extr. LXXIX) ; Caporalino (Fouc. et Sim. *Trois sem. herb. Corse* 135) ; et localités ci-dessous.

1907. — Défilé de l'Inzecca, antres des rochers, 300-500 m., 9 mai fl. fr.! ; garigues entre Alistro et Bravone, 10 m., 30 avril fl. fr. !

Plante généralement glabre à la base, pourvue de glandes stipitées $\pm$ abondantes dans la partie supérieure, surtout sur les sépales.

II. Subsp. **viscosa** Briq. $=$ *Alsine viscosa* Schreb. *Spic.* 30 (1771) $=$ *Alsine breviflora* Gilib. *Fl. lith.* III, 150 (1781) $=$ *Arenaria dubia* Suter *Fl., helv.* 1, 266 (1802) $=$ *Arenaria tenuifolia* var. *viscidula* DC. *Prodr* 1, 406 (1824, excl. syn. *A. viscidulae* Thuill. !) ; Gaud. *Fl. helv.* III, 204 p. p. $=$

Alsine tenuifolia var. *viscosa* Mert. et Koch *Deutsch. Fl.* III, 290 (1831);
Boiss. *Fl. or.* I, 686 p. p.; Rouy et Fouc. *Fl. Fr.* III, 277 = *Alsine tenuifolia*
var. *tenella* Fenzl in Ledeb. *Fl. ross.* I, 342 (1842) = *Alsine tenuifolia* var.
viscida Gr. et Godr. *Fl. Fr.* I, 250 (1848) p. p. = *M. viscosa* Schinz et Thell.
in *Bull. herb. Boiss.*, 2me sér. VII, 404 (1907); Schinz et Kell. *Fl. Suisse* éd.
fr. I, 215.

Fleurs ± longuement pédicellées, disposées en cyme lâche formant
une panicule ± ample, pourvue (au moins dans sa partie supérieure) de
glandes stipitées. Divisions de la capsule brièvement oblongues, plus
courtes que les sépales.

Nous citons cette sous-espèce pour mémoire à cause des confusions
fréquentes auxquelles elle a donné lieu avec la var. *hybrida* de la sous-
esp. précédente. Son aire ne paraît toutefois pas s'étendre au bassin
occidental de la Méditerrannée.

III. Subsp. **mediterranea** Briq. = *Arenaria mucronata* Sibth. et Sm.
Fl. graec. tab. 293 (1819); non alior. = *Arenaria mediterranea* Ledeb.
in Link *Enum. hort. berol.* I, 431 (1821) = *Arenaria arvatica* Presl *Fl.
sic.* 163 (1826) = *Alsine arvatica* Guss. *Fl. sic. syn.* I, 503 (1842) =
Alsine tenuifolia var. *confertiflora* Fenzl in Ledeb. *Fl. ross.* I, 342 (1842);
Coss. *Not. pl. crit.* I, 4 (1848); Willk. *Ic. et descr.* I, 107 (1852-61) =
Alsine mediterranea Maly *En. pl. Austr.* 296 (1848); Gren. *Fl. mass. adv.*
8 (1859) = *Alsine tenuifolia* var. *maritima* Boiss. et Heldr. in Boiss.
Diagn. pl. or. ser. 1, VIII, 95 (1849) = *Alsine conferta* Jord. *Pug.* 35
(1852) = *Alsine tenuifolia* var. *densiflora* Vis. *Fl. dalm.* III, 177 (1852)
= *Alsine tenuifolia* var. *mucronata* Boiss. *Fl. or.* I, 686 (1867) = *Alsine
tenuifolia* var. *arvatica* Caldesi in *Nuov. giorn. bot. it.* XI, 340 (1879);
Burn. *Fl. Alp. mar.* I, 244 = *Alsine densiflora* Pospichal *Fl. österr.
Küstenl.* I, 430 (1897) = *Alsine tenuiflora* formes *A. arvatica* (p. p.),
conferta et *confertiflora* Rouy et Fouc. *Fl. Fr.* III, 278 (1896) = *Alsine
tenuifolia* var. *mediterranea, densiflora, arvatica* (p. p.) et *dunensis*
Gürke *Pl. eur.* II, 248 (1899).

Fleurs rapprochées au sommet des rameaux en cymes denses, à pédicelles latéraux généralement plus courts que les sépales, formant une
inflorescence densément fastigiée. Capsule à divisions oblongues égalant environ les sépales.

Cette sous-espèce très méditerranéenne — elle se retrouve cependant
(*Alsine tenuifolia* var. *dunensis* Corb.) dans l'ouest de la France — est
généralement de dimensions réduites et présente un port particulier
bien différent de celui des deux sous-espèces précédentes. Néanmoins
des variations ambiguës la relient à la sous-esp. *eu-tenuifolia* (p. ex.
Alsine corymbulosa Delastre = *A. Delastrei* Bor.; Soc. rochel. n. 2603 et

Soc. ét. fl. franco-helv. n. 20 sub : *A. mediterranea* !). — Nous n'avons vu de Corse que la variété suivante :

γ. Var. **confertiflora** Briq. = *Alsine tenuifolia* var. *confertiflora* Fenzl in Ledeb. *Fl. ross.* I, 342 (1842) ; J. Gay ap. Coss. *Not. pl. crit.* 4 ; Willk. *Ic. et descr.* 1, 107, tab. 69 C.

Hab. — Bastia (Rotgès in litt.) ; défilé de l'Inzecca (Rotgès in litt.) ; plage de Santa Giulia près Porto-Vecchio (Revel. in Bor. *Not.* II, 4) ; Bonifacio (Revel. ! ap. Mars. *Cat.* 30).

Plante ± hérissée de glandes stipitées sur les rameaux, les pédoncules et les sépales. — Nous avons pu étudier dans l'herbier Burnat des exemplaires originaux de l'*Alsine conferta* Jord., basés sur la plante de Bonifacio de Revelière.

† 625. **M. rostrata** Reichb. *Ic. fl. germ. et helv.* V, 28, fig. 4923 (1842) = *Alsine mucronata* Gou. *Ill.* 22 (1773) ; Gr. et Godr. *Fl. Fr.* I, 251 ; non L. ! = *Arenaria saxatilis* Vill. *Hist. pl. Dauph.* 1, 333 (1786) = *Arenaria fasciculata* var. *rostrata* Pers. *Syn.* 1, 504 (1805) = *Alsine rostrata* Fenzl *Verbr. Alsin.* 46 (1833) ; Burn. *Fl. Alp. mar.* 1, 242 ; Rouy et Fouc. *Fl. Fr.* III, 272 = *M. mucronata* Schinz et Thell. in *Bull. herb. Boiss.* 2ᵐᵉ sér., VII, 403 (1907) ; Schinz et Kell. *Fl. Suisse*, éd. fr. I, 215. — Exsicc. Salzmann sub : *Arenaria mucronata* !

Hab. — Rochers et rocailles de l'étage montagnard. Juin-juillet. ♃. Rare. Corse, sans indication de localité (Salzmann in h. Delessert !) ; Cap Corse (Bernard ex Rouy et Fouc. *Fl. Fr.* III, 278) ; Monte Renoso (Revelière ex Rouy et Fouc. *l. c.*).

Peut-être convient-il de rapporter ici l'*Arenaria verna multicaulis* Salis [in *Flora* XVII, Beibl. II, 71 (1834)] que l'auteur indique comme abondant sur les cimes du Cap Corse au-dessus de Mandriale, malheureusement sans le décrire. — MM. Rouy et Foucaud (l. c.) rapportent les échant. corses à une var. *brevifolia* Willk. [*Alsine brevifolia* Jord. *Pug.* 36 (1852)] de leur *Alsine rostrata*, caractérisée par des « feuilles, principalement celles des jets stériles, plus courtes et plus obtuses » et des « ramuscules des cymes et pédicelles un peu plus longs et plus étalés ». Notre échantillon corse de Salzmann cadre bien avec les originaux de l'*Alsine brevifolia* Jord. renfermé dans l'herbier Burnat et provenant des environs de Briançon, mais ces derniers possèdent des feuilles sétacées, très étroites, très acuminées, et ne diffèrent d'ailleurs en rien des échant. les plus typiques du *Minuartia rostrata* de France et de Suisse.

Depuis l'époque de Gouan, plusieurs auteurs ont cru reconnaître dans cette espèce l'*Arenaria mucronata* L. [*Sp.* ed. 1, 424 (1753) = *Alsine mucronata* L. *Sp.* ed. 2, 389 (1762)], mais certainement à tort. J. Gay [ap.

Cosson *Not. pl. crit.* I, 4 (1848)] a déclaré que l'*A. mucronata* de l'herbier Linné, que cet auteur avait en vue dans le *Systema* et le *Mantissa*, appartenait à l'*Alsine tenuifolia*. L'examen des textes donne raison à l'assertion de Gay. Mais, d'autre part, la diagnose princeps de Linné (*Sp.* ed. 1 et ed. 2) est basée exclusivement sur une plante suisse signalée par Haller (« Hall. helv. 387 t. 7 f. 2 »), décrite en détail dans l'*Historia stirpium Helveticae* (I, 384) sous le nº 870, et qui n'est autre que l'*Arenaria fasciculata* L. [*Syst.* ed. 12, 733 (1767) = *Alsine fasciculata* Wahlb. *Fl. lapp.* 129 (1812) = *M. fasciculata* Hiern in *Journ. of Bot.* XXXVII, 321 (1899)]. Il y a lieu, croyons-nous, d'abandonner complètement l'épithète spécifique *mucronata* qui, appliquée à cette dernière espèce, ne pourrait que provoquer d'inextricables confusions.

626. **M. verna** Hiern in *Journ. of Bot.* XXXVII, 320 (1899); Rendle et Britt. *List of brit. seed-pl.* 6; Schinz et Thell. in *Bull. herb. Boiss.* 2ᵐᵉ sér., VII, 404; Schinz et Kell. *Fl. Suisse* éd. fr. 216; *Arenaria verna* L. *Mant.* 1, 72 (1767) = *Alsine verna* Wahlb. *Fl. lapp.* 129 (1812); Gr. et Godr. *Fl. Fr.* I, 251; Rouy et Fouc. *Fl. Fr.* III, 268; Coste *Fl. Fr.* I, 204.

En Corse seulement la variété suivante :

Var. **adenoderma** Briq. = *Alsine verna* β *caespitosa* subvar. *glandulosa* Rouy et Fouc. *Fl. Fr.* III, 269 (1896), quoad pl. cors. — Exsicc. Kralik n. 500 !; Burn. ann. 1900, n. 376 ! et 450 !

Hab. — Rochers et rocailles de l'étage alpin, 1800-2700 m. Juill.-août. ♃. Massifs du centre ; disséminée. Monte Braga [Soleirol ex Bert. *Fl. it.* IV, 672 ; (selon Tanfani in Parl.-Caruel *Fl. it.* IX, 594, cime des env. de Vizzavona)] ; Monte Rotondo (Mab. ex Mand. et Fouc. in *Bull. soc. bot. Fr.* XLVII, 87) ; Monte d'Oro (Soulié ex Coste in *Bull. soc. bot. Fr.* XLVIII. sess. extr. CXIX ; Lit. in *Bull. acad. géogr. bot.* XVIII, 115) ; Monte Renoso (Kralik exsicc. cit. ; Mand. Rotgès et Fouc. l. c. ; Briq. *Rech. Corse* 26 et 27 et Burn. exsicc. cit. ; Lit. *Voy.* II, 30 et 32) ; et localités ci-dessous.

1906. — Rochers au col de la Cagnone, 1950 m., 21 juill. fl. ! ; rochers des arêtes entre les Pointes de Monte et Bocca d'Oro, 1800-1950 m., 20 juill. fl. !

Plante gazonnante, à tiges fortement couchées à la base, souvent diffuses dans les grands échant., les florifères ascendantes, tantôt naines (3-4 cm.), tantôt plus élevées (jusqu'à 15 cm.) ; feuilles serrées dans la partie basilaire des rameaux, séparées par des entrenœuds plus allongés sur les rameaux florifères, ± pubescentes-glanduleuses, au moins les supérieures ; rameaux, pédoncules et sépales pubescents-glanduleux ; inflorescence 1-3flore dans les échant. nains, pouvant devenir très multiflore dans les échant. développés. Sépales ovés-allongés, acuminés, longs de env. 3,5 mm. Pétales env. de la longueur des sépales. Semences longues de 0,5-0,6 mm.

Il conviendrait, pour fixer exactement la distribution et la synonymie de cette race, de se livrer à une étude complète du polymorphe *M. verna*, étude qui reste encore à faire. Nous nous bornons, en attendant, à quelques remarques. MM. Rouy et Foucaud (l. c.) ont assimilé la var. *adenoderma* avec l'*Arenaria caespitosa* Ehrh. [*Beitr.* V, 177 (1790) = *Sabulina caespitosa* Reichb. *Fl. germ. exc.* 778 (1832) = *Tryphane caespitosa* Reichb. *Ic.* V, 28, f. 4927 (1841)], plante hercynienne dont nous avons pu étudier des échant. récoltés par Schede dans la localité classique. Un rapprochement de ce genre est certainement fondé. L'*Arenaria caespitosa* Ehrh. [*Alsine verna* var. *caespitosa* Willk. *Führer deutsch. Flora* ed. 1 (1863)] est cependant une race différente du *M. verna* var. *adenoderma* par les feuilles glabres (non pubescentes-glanduleuses) et les fleurs plus petites, à sépales longs de 2,5-3 mm. On a d'ailleurs appliqué le nom d'Ehrhart à diverses formes du *M. verna*. Ainsi l'*Alsine verna* var. *caespitosa* Guss. [*Fl. sic. syn.* 1, 498 (1842)] de Sicile représente une race grandiflore différente de la variété hercynienne.

Le port du *M. verna* var. *adenoderma* varie énormément selon les conditions du milieu. Certains de nos échant. sont élancés, atteignant 15 cm.; dans le cas le plus fréquent, ils restent couchés, à tiges florifères plus réduites ; enfin, aux grandes altitudes, ils deviennent nains et 1-3flores, comme dans les formes les plus caractérisées de la var. *alpina* Koch [*Syn.* ed. 1, 114 (1837) = *Arenaria Gerardi* Willd. *Sp. pl.* II, 729 (1800) = *Alsine Gerardi* Wahlb. *Fl. carp.* 132 (1814) = *Minuartia Gerardi* Hayek *Fl. Steierm.* 1, 272 (1908)].

Nous n'avons pu conserver pour cette variété le nom qui lui avait été imposé, comme sous-variété, par MM. Rouy et Foucaud (l.c.), parce que ces auteurs ont attribué la désignation de subvar. *glandulosa* à quatre formes différentes de l'*A. verna* (voy. *Règles nomencl.* art. 29).

M. sedoides Hiern in *Journ. of Bot.* XXXVII, 320 (1899) ; Schinz et Thell. in *Bull. herb. Boiss.* sér. II, VII, 403 ; Hayek *Fl. Steierm.* 1, 276 ; Schinz et Thell. *Fl. Suisse* éd. fr. 1, 214 = *Cherleria sedoides* L. *Sp.* ed. 1, 425 (1753) = *Alsine sedoides* Kitt. *Taschenb. Fl. Deutschl.* ed. 2, 997 (1844) = *Alsine Cherleria* Peterm. *Deutschl. Fl.* 85 (1846-49) = *Alsine Cherleri* Gr. et Godr. *Fl. Fr.* 1, 253 ; Rouy et Fouc. *Fl. Fr.* III, 265 ; Coste *Fl. Fr.* 1, 202.

D'après MM. Rouy et Foucaud (l. c.), cette espèce serait représentée dans l'herbier du Muséum de Paris par un échant. de De Forestier provenant de Corse sans indication de localité. Nous avons pu nous convaincre de visu de l'exactitude de cette indication. Le *M. sedoides* manque à la série assez complète de plantes corses de De Forestier que possède l'herbier Delessert. Nous n'osons pas admettre dans notre énumération cette espèce alpine, qu'aucun autre observateur n'a signalée en Corse, sur la foi d'un renseignement aussi vague.

ARENARIA L. emend.

A. hispida *Sp.* ed. 1, 425 (1733) ; Gr. et Godr. *Fl. Fr.* 1, 260; Rouy et Fouc. *Fl. Fr.* III, 244 ; Coste *Fl. Fr.* 1, 209 ; F. N. Williams in *Journ. linn. soc.* XXXIII, 344.

Cette espèce a été indiquée en Corse par Burmann (*Fl. Cors.* 212), d'après Valle. Cette indication doit reposer sur une erreur dans l'origine supposée des échantillons de Valle; l'*A. hispida* n'a jamais été vu en Corse par aucun observateur sérieux.

A. modesta Duf. in *Ann. sc. gén. phys.* VII, 291 (1820); Gr. et Godr. *Fl. Fr.* 1, 261 ; Rouy et Fouc. *Fl. Fr.* III, 242 ; Coste *Fl. Fr.* 1, 209 ; F. N. Williams in *Journ. linn. soc.* XXXIII, 350.

Espèce vaguement indiquée en Corse par Grenier et Godron (l. c.) d'après Soleirol. L'aire de cette espèce embrasse la Provence, le Languedoc, l'Espagne orientale et méridionale. Sa présence en Corse n'aurait donc rien d'impossible, mais les termes très vagues dans lesquels l'indication est donnée, le fait que Bertoloni (qui a eu entre les mains la presque totalité des récoltes corses de Soleirol) ne cite pas cette espèce, et qu'aucun autre observateur ne l'a jamais vue en Corse, nous engage jusqu'à plus ample informé à éliminer l'*A. modesta* de la flore de l'île. M. Tanfani (in Parl.-Caruel *Fl. it.* IX, 549) dit avoir vu un échant. de l'*A. modesta* dans l'herb. Webb, provenant de l'herbier de Soleirol, mais « qui ne semble pas avoir été récolté en Corse ».

627. **A. serpyllifolia** L. *Sp.* ed. 1, 423 (1753); Gr. et Godr. *Fl. Fr.* 1, 259 ; Rouy et Fouc. *Fl. Fr.* III, 240; Coste *Fl. Fr.* 1, 209.

Hab. — Cultures, friches, garigues, rocailles des étages inférieur et montagnard. Avril-juill. suivant l'altitude. ⊙. Peu fréquent. — Cette espèce polymorphe est représentée en Corse par les subdivisions suivantes.

1. Subsp. **eu-serpyllifolia** Briq.— *A. serpyllifolia* L., sensu stricto; F. N. Williams in *Journ. linn. soc.* XXXIII, 365.

Plante médiocre ou relat. robuste. Inflorescence généralement assez ample. Sépales ovés-lancéolés, longs de 3-4 mm. Capsule relat. volumineuse, fortement ventrue dans la partie inférieure, à parois dures, s'ouvrant avec bruit par la compression.

α. Var. **scabra** Fenzl in Ledeb. *Fl. ross.* 1, 369 (1842) ; Gr. et Godr. *Fl. Fr.* 1, 260 ; Rouy et Fouc. *Fl. Fr.* III, 240; F. N. Williams in *Journ. linn. soc.* XXXIII, 365. — Exsicc. Burn. ann. 1904, n. 96 !

Hab. — Env. de Bastia (Salis in *Flora* XVII, Beibl. II, 71) ; Montemaggiore (Soleirol ex Bert. *Fl. it.* IV, 664) ; Vizzavona (Mars. *Cat.* 30 ; Briq. *Spic.* 18 et Burn. exsicc. cit.) ; Ghisoni (Rotgès ap. Fouc. in *Bull. soc. bot. Fr.* XLVII, 88).

Plante souvent grisâtre, couverte d'une pubescence courte, à poils raides appliqués ou un peu dressés, à poils glanduleux nuls ou très rares.

†† β. Var. **viscida** DC. *Fl. fr.* V, 611 (1815) p. p. ; Asch. *Fl. Brand.* I, 97 = *A. viscida* Lois. *Not.* 68 (1810) = *A. serpyllifolia* var. *viscidula* Roth *Enum. pl. Germ.* II, 318 (1827) ; Rouy et Fouc. *Fl. Fr.* III, 240 ; F. N. Williams in *Journ. linn. soc.* XXXIII, 366 = *A. sphaerocarpa* Ten. *Fl. neap.* IV, 222, tab. 228 fig. 3 (1830) = *A. serpyllifolia* var. *glutinosa* Mert. et Koch *Deutschl. Fl.* III, 266 (1831) ; Gr. et Godr. *Fl. Fr.* I, 260.

Hab. — Bastia à la Renella (Rotgès in litt.) ; Evisa (Lit. *Voy.* II, 13) ; Ghisoni (Rotgès in litt.) ; Cozzano (Rotgès in litt.) ; mentionnée par Foucaud (in *Bull. soc. bot. Fr.* XLVII, 85) comme déjà récoltée en Corse par Romagnoli ; probablement plus fréquente que la var. α.

Plante souvent plus réduite, couverte de glandes stipitées courtes rendant l'épiderme ± visqueux, au moins dans la partie supérieure des rameaux.

†† II. Subsp. **leptoclados** Rouy et Fouc. *Fl. Fr.* III, 242 (1896) = *A. serpyllifolia* var. *tenuior* Mert. et Koch *Deutschl. Fl.* III, 266 (1831) = *A. serpyllifolia* Ten. *Syll. fl. neap.* 219 (1831) ; Guss. *Fl. sic. syn.* I, 495 = *A. serpyllifolia* var. *tenella* G. F. W. Meyer *Chlor. hann.* 203 (1836) = *A. serpyllifolia* var. *leptoclados* Reichb. *Ic. fl. germ. et helv.* V, 32, fig. 4941 β (1842) ; Burn. *Fl. Alp. mar.* I, 254 = *A. leptoclados* Guss. *Fl. sic. syn.* II, 284 (1844) ; F. N. Williams in *Journ. linn. soc.* XXXIII, 367 = *A. tenuior* Gürke *Pl. eur.* II, 273 (1899).

Plante plus grêle que dans la sous-esp. précédente, à tiges allongées, souvent couchées-diffuses. Sépales plus étroitement lancéolés, longs de 2,5-3 mm. Inflorescence souvent plus racémiforme. Capsule plus petite, à parois membraneuses, minces, peu résistantes à la compression.

†† γ. Var. **leptoclados** Reichb. l. c. et fig. cit. (1842), sensu stricto ! = *A. serpyllifolia* subsp. *leptoclados* var. *scabra* Rouy et Fouc. *Fl. Fr.* III, 242 (1896) = *A. leptoclados* var. *scabra* F. N. Williams in *Journ. linn. soc.* XXXIII, 367.

Hab. — Corté (Fouc. et Mand. *Trois sem. herb. Corse* 134).

Plante couverte de poils appliqués ou un peu érigés très courts, dépourvue de glandes stipitées.

†† *ð*. Var. **viscidula** Rouy et Fouc. *Fl. Fr.* III, 242 (1896) = *A. leptoclados* var. *viscidula* F. N. Will. in *Journ. linn. soc.* XXXIII, 368 (1898).

Hab. — Le Pigno (Mand. et Fouc. in *Bull. soc. bot. Fr.* XLVII, 88) ; montagne de Caporalino (Fouc. et Sim. *Trois sem. herb. Corse* 134) ; Ghisoni (Rotgès ex Mand. et Fouc. l. c.) ; et localités ci-dessous.

1907. — Balmes de la montagne des Stretti, 100 m., calc., 25 avril fl. fr.! ; vallée inférieure de la Solenzara, rocailles des fours à chaux, calc., 150-200 m., 3 mai fl. fr.!

Glandes stipitées abondantes, rendant l'épiderme visqueux, au moins dans la partie supérieure des rameaux.

628. **A. Saxifraga** Fenzl ap. Gr. et Godr. *Fl. Fr.* I, 257 (1848); Rouy et Fouc. *Fl. Fr.* III, 250 ; Coste *Fl. Fr.* I, 211 ; F. N. Williams in *Journ. linn. soc.* XXXIII, 418 ; non Friv. [*A. Saxifraga* Friv. in *Flora* XIX, 434 (1836) = *Alsine saxifraga* Boiss. *Diagn. pl. or.* ser. 1, I, 47 (1842) et *Fl. or.* I, 673!)] = *Stellaria Saxifraga* Bert. *Rar. Ital. pl.* III, 55 (1810) = *A. Bertolonii* Fiori et Paol. *Fl. anal. it.* I, 346 (1898).

Hab. — Variable. Mai-juill. ♃. Cette espèce nous est connue sous quatre races différentes, méconnues ou non encore décrites, dont deux sont spéciales à la Corse, et que nous décrivons ci-après.

z. Var. **italica** Briq. = *Stellaria Saxifraga* Bert. *Rar. Ital. pl. dec.* III, 55 (1810) ; Spreng. *Syst.* II, 394 (1825) = *A. Saxifraga* Fenzl ap. Gr. et Godr. l. c.; Rouy et Fouc. l. c.; p. p., quoad pl. apenn. = *A. Bertolonii* Fiori et Paol. l. c., sensu stricto.

Folia angustius ovata, in paginis breviter pubescentia, marginibus breviter glanduloso-ciliolatis. Cymarum multiflorarum rami erecti vel adscendentes, minus frequenter (maturitate) divaricati. Sepala parce pubescentia, parum glandulosa, haud viscosa, exteriora elliptico-lanceolata, apice breviter acuminata. Petala saepius angustiora (2-4 mm. lata). Semina corallino-rubra.

L'*A. Saxifraga* var. *italica* est particulier aux Apennins et parait être calcicole. Nous l'avons étudié en très nombreux échant. dans l'herbier Delessert, dans l'herbier Burnat et dans l'herbier de l'Ecole polytechnique de Zurich, provenant des Abruzzes! de l'Apennin étrusque! et des Alpes Apuanes! Bertoloni (*Fl. it.* IV, 654) l'indique en outre dans les Apennins de Plaisance et de Bologne, dans la Ligurie orientale, dans les Alpes du Piémont (d'après Bellardi) et en Sardaigne. Nous ne connaissons pas d'échant. de la première provenance. Ce que nous avons vu de l'Apennin de Bologne sous le nom de *Stellaria Saxifraga* Bert. (« In Apennino Bononiensi editiori, M° Corno alle Scale, Aug. 1834 » leg. Bubani in herb. Delessert) appartient à une forme de l'*A. grandiflora* L. à feuilles un peu élargies, mais impossible à confondre avec l'*A. Bertolonii*, par ses feuilles raides, les inférieures très serrées, cuspidées au sommet, ses sépales sétacés au sommet, sa souche épaisse et ligneuse, etc. Les indications se rapportant à la Ligurie orientale et aux Alpes du Piémont sont très douteuses, surtout la dernière. La plante de Sardaigne appartient à la var. *Burnatii* décrite plus loin.

β. Var. **Salisii** Briq., var. nov. = *Cerastium latifolium* Lois. *Fl. gall.* ed. 2, 1, 325 (1828), p. p. quoad pl. cors. = *Stellaria Saxifraga* Salis in *Flora* XVII, Beibl. II, 71 (1834), sine descr.; non Bert. = *Arenaria Saxifraga* Fenzl ap. Gr. et Godr. l. c.; Rouy et Fouc. l. c. p. p. ; Coste l. c. p. p., quoad pl. cors.

Hab. — Fissures des rochers battus du vent sur les plus hauts sommets du Cap Corse : M¹ˢ Pruno et Stello, 1100-1305 m. (Salis in *Flora* XVII, Beibl. II, 71 ; Chabert in *Bull. soc. bot. Fr.* XXIX, sess. extr. LIV).

Folia amplissime ovata vel rotundato-ovata, in paginis dense breviter pubescentia, marginibus breviter glanduloso-ciliolatis. Cymarum multiflorarum rami jam sub anthesi divaricati, demum reflexi. Sepala breviter valde pubescenti-glandulosa, aliq. viscosa, exteriora elliptica, obtusa vel apice subacuta. Petala latissima (ad 4 et 5 mm. lata). Semina rubro-brunnea.

L'*A. Saxifraga* var. *Salisii* est une des plantes les plus rares de la Corse. Elle était déjà connue au commencement du xixᵉ siècle, mais confondue par Loiseleur avec le *Cerastium latifolium*. Salis (l. c.) a le premier signalé cette race dans des localités précises, savoir dans « B. 3. R. ». Si on se reporte à l'explication donnée par Salis pour les signes reproduits ci-dessus (in *Flora* XVI, 465, ann. 1833), on obtient les renseignements suivants : « Environs de Bastia : arêtes des montagnes à partir du Monte Stello jusqu'au torrent de Bevinco ; rare ». Les beaux originaux de Salis que possède l'herbier de l'Ecole polytechnique de Zurich ¹ sont accompagnés d'une excellente description de Salis avec une note qui confirme ces indications (« Ad rupes montium, a Bastia versus septentrionem circa 3000 pedes supra mare. Jul. 1820 »). Grenier et Godron ont très vaguement reproduit ces indications en disant (l. c.) : « La Corse, Bastia, montagnes du Cap Corse ». Marsilly (*Cat.* p. 30) s'est borné à répéter les termes de Grenier et Godron. Ce n'est que beaucoup plus tard, en 1882, que M. Alfr. Chabert (l. c.) a récolté à nouveau

¹ Nous devons de vifs remerciements à M. le Prof. Rikli, conservateur du Musée botanique du Polytechnicum de Zurich, à M. le Dʳ Chabert et à M. de Litardière, lesquels nous ont obligeamment communiqué leurs matériaux corses de l'*A. Saxifraga*.

la plante ci-dessus étudiée, dans les localités déjà parcourues par Salis, à savoir au Monte Pruno et au Monte Stello.

Salis, probablement renseigné par J. Gay (voy. Salis in *Flora* XVI, 470), a le premier identifié la plante corse avec le *Stellaria Saxifraga* Bert. (*A. Saxifraga* var. *italica* Briq.). Les deux plantes sont en effet très voisines, et si les échant. de l'Apennin septentrional sont assez faciles à distinguer de la plante corse par les rameaux de l'inflorescence dressés, les feuilles plus étroites et les sépales extérieurs moins obtus, on rencontre dans les Abzruzes des formes moins caractérisées, qui établissent un passage évident entre les deux variétés. Pour le moment, sous la forme typique, la var. *Salisii* reste spéciale à la Corse, et peut-être aussi à la Sardaigne, point sur lequel nous reviendrons plus loin à propos de la var. *Morisii*.

†† γ. Var. **Burnatii** Briq., var. nov.

Hab. — Sommet du Monte S. Pietro (Lit. ! *Voy.* I, 8) ; et localité ci-dessous.

1906. — Cime de la Chapelle de Sant' Angelo, buxaies du sommet (1180 m.) et balmes de la falaise N., 1100 m., calcaire, 15 juill. fl. fr. !

Folia ample ovata vel ovato-rotundata (summis bracteiformibus exceptis), paginis utrinque glabris, margine hyalino laevi cinctis. Cymarum multiflorarum rami jam sub anthesi divaricati, demum reflexi. Sepala breviter valde pubescenti-glandulosa, aliq. viscosa, exteriora elliptica, obtusa vel apice subacuta. Petala latissima (ad 4 et 5 mm. lata). Semina atro-brunnea.

Cette intéressante race se rapproche de la précédente par l'ampleur de ses feuilles, le mode de ramification de l'inflorescence et la glandulosité des pédoncules et des sépales, mais s'en distingue par ses feuilles glabres [1], à marges hyalines, lisses. La Cima de Sant' Angelo, calcaire, est située dans le centre de l'île et fort loin des localités siliceuses du Cap Corse propres à la var. précédente, mais assez près de celle siliceuse du Mte S. Pietro découverte par M. de Litardière le 6 juillet 1906.

δ. Var. **Morisii** Briq. = *Stellaria Saxifraga* Moris *Fl. sard.* I, 270 ; non alior.

Folia ample ovata, paginis utrinque glabris, margine hyalino laevi cinctis. Cymarum multiflorarum rami erecti vel adscendentes, glabri vel subglabri. Sepala glabra vel fere glabra, exteriora elliptica vel elliptico-lanceolata, apice ± breviter acuminata. Petala saepius angustiora (2-4 mm. lata). Semina desunt.

Cette variété est voisine de la précédente par la glabréité de ses feuilles ; le mode de ramification des pédoncules floraux et la forme des sépales rappellent par contre ceux de la var. *italica* : elle diffère des

---

[1] On aperçoit sur les feuilles des échant. les plus glabres, de petites proéminences faciles à confondre, sur le sec, avec des papilles ou des poils très courts. Ces proéminences disparaissent lorsqu'on ramollit les feuilles dans l'eau : elles sont dues aux oursins d'oxalate de chaux qui abondent dans le mésophylle.

var. *italica*, *Salisii* et *Burnatii*, par ses pédoncules et sépales glabres ou presque glabres. Les échant. d'*A. Saxifraga* provenant de la Sardaigne paraissent être excessivement rares dans les collections. L'herbier de l'Ecole polytechnique de Zurich en possède six fragments provenant de l'herbier de feu le professeur Müller Arg. avec une étiquette (de la main de Müller) portant : « *Stellaria Saxifraga* Bertol. — Sardinia. Moris. 1853 ». De ces six fragments, cinq appartiennent à la var. *Morisii*, le sixième est un échant. typique de la var. *Salisii*. Mais il est fort possible que cet échant. provienne de Salis et ait été fixé par erreur sur la même feuille que ceux de Sardaigne. Ce point douteux mériterait de fixer l'attention des botanistes qui herboriseront en Sardaigne.

629. **A. balearica** L. *Syst. nat.* ed. 12, App. 230 (1767) ; Gr. et Godr. *Fl. Fr.* 1, 258 ; Rouy et Fouc. *Fl. Fr.* III, 249 ; Coste *Fl. Fr.* 1, 211 ; F. N. Williams in *Journ. linn. soc.* XXXIII, 421 = *A. caespitosa* Salisb. *Prodr.* 299 (1796) ; non Ehrh. = *A. corsica* Steud. *Nom. bot.* ed. 2, 124 (1840) = *A. Gayana* F. N. Williams l. c. 422 (1898). — Exsicc. Thomas sub : *A. balearica* ! ; Req. sub : *A. balearica* ! ; Kralik n. 499 ! ; Mab. n. 40 ! ; Debeaux ann. 1869 sub : *A. balearica* ! ; Reverch. ann. 1878 et 1879, n. 10 ! ; Burn. ann. 1904, n. 94 et 95 !

Hab. — Rochers humides des étages inférieur et montagnard, remontant dans l'étage subalpin jusqu'à 1400 m. Mai-juill. ♃. Calcifuge. Répandu et abondant dans l'île entière et même aux îles Lavezzi, mais atteignant son maximum d'abondance dans l'étage montagnard.

1906. — Rochers frais au-dessus de la maison forestière de Bonifatto, 600-700 m., 11 juill. fl. fr. ! ; rocailles en descendant du Monte Traunato par le vallon de Terrigona sur Castiglione, 1300 m., 31 juill. fr. ! ; rochers ombragés de la forêt de Vizzavona, 900-1000 m., 15 juill. fl. ! ; rochers ombragés du vallon de Cappiajola, 1200 m., 21 juill. fl. fr. ! ; rocailles humides entre Zicavo et la chapelle de San Pietro, 1000 m., 18 juill. fl. fr. !

1907. — Rochers frais entre la Fontaine de Padula et le col de Morello, 700-800 m., 13 mai fl. ! ; rochers humides des gorges de l'Inzecca, 300-500 m., 8 mai fl. fr. !

1908. — Vallée inférieure du Tavignano, rochers humides, 1200 m., 26 juin fl. fr. !

Espèce particulière aux Baléares (Majorque !) et aux îles tyrrhéniennes de Corse, Montecristo et de Sardaigne. C'est en Corse qu'elle atteint son maximum d'abondance.

Les pétales sont dans l'*A. balearica* presque toujours une fois plus longs que les sépales. Çà et là on rencontre cependant des fleurs à pétales plus courts, surtout chez les fleurs tardives, sur lesquels M. Williams a basé son *A. Gayana* F. N. Will. [= *A. balearica* var. *brachypetala* J. Gay ex Will. l. c. = *A. balearica* var. *Gayana* Gürke *Pl. cur.* II, 277 (1899)]. C'est là une variation individuelle, ± monstrueuse, qui n'est pas même toujours constante pour l'ensemble des fleurs d'un même individu.

MŒHRINGIA L. emend.

630. **M. trinervia** Clairv. *Man. herb.* 150 (1811); Rouy et Fouc. *Fl. Fr.* III, 255 = *Arenaria trinervia* L. *Sp.* ed. 1, 423 (1753); Bert. *Fl. it.* IV, 659; Coste *Fl. Fr.* I, 208.

Hab. — Points ombragés. Avril-juill. suivant l'alt. ♃. — Deux sous-espèces.

I. Subsp. **eu-trinervia** Briq. = *M. trinervia* Gr. et Godr. *Fl. Fr.* I, 257. — Exsicc. Kralik sub : *M. trinervia* !; Reverch. ann. 1878 sub : *M. trinervia* !; Burn. ann. 1900, n. 338 ! et ann. 1904, n. 97 !

Hab. — Forêts des étages montagnard et subalpin, surtout dans les pineraies et les hêtraies, çà et là dans l'étage inférieur. Disséminée. Santa Maria-di-Lota (Gillot in *Bull. soc. bot. Fr.* XXIV, sess. extr. LVIII); montagne de Bastia (Salis in *Flora* XVII, Beibl. II, 71); Belgodère (Soleirol ex Bert. *Fl. it.* IV, 659, mais cet auteur ne distinguait pas la sous-esp. II); forêt de Valdoniello (Lit. in *Bull. acad. géogr. bot.* XVIII, 115); vallée de la Restonica (Fouc. et Sim. *Trois sem. herb. Corse* 134); Venaco (Fouc. et Sim. l. c.); forêt de Vizzavona (Mars. *Cat.* 31; Briq. *Spic.* 18 et Burn. exsicc. cit. n. 97); col de Sorba (Burn. exsicc. cit. n. 338); vallée sup. du Fiumorbo (Kralik exsicc. cit.); Monte Bianco près de Sari (Fouc. et Sim. l. c.); Bastelica (Reverch. exsicc. cit.); et localités ci-dessous.

1908. — Vallée inf. du Tavignano, pineraies, 900 m., 26 juin fl. fr.!

Feuilles à pétiole fortement cilié, à marges du limbe ciliolées sur toute leur longueur. Sépales longs de 4-5 mm., à champ neural vert, les nervures au nombre de trois très nettes à partir du quart inf. du sépale. Pétales plus courts que les sépales. Etamines 10.

II. Subsp. **pentandra** Rouy et Fouc. *Fl. Fr.* III, 256 (1896) = *M. trinervia* var. *divaricata* Salis in *Flora* XVIII, Beibl. II, 71 (1834) = *M. trinervia* var. *pentandra* Webb *Phyt. canar.* 1, 150 (1836-47); Parl.-Car. *Fl. it.*, IX, 553 = *M. pentandra* J. Gay in *Ann. sc. nat.* sér. 1, XXVI, 230 (1832); Gr. et Godr. *Fl. Fr.* 1, 257 = *Arenaria pentandra* Ard. *Fl. Alp. mar.* 67 (1867). — Exsicc. Debeaux ann. 1869 sub : *M. pentandra*.

Hab. — Maquis et forêts (surtout châtaigneraies) des étages inférieur et montagnard. Peu observée. Santa Maria-di-Lota (Gillot in *Bull. soc. bot. Fr.* XXIV, sess. extr. LVIII); Le Pigno (Debeaux exsicc. cit.); au-dessous du pont du Bevinco (Salis in *Flora* XVII, Beibl. II, 74); Caporalino (Fouc. et Sim. *Trois sem. herb. Corse* 134); Corté (Fouc. et Sim. l. c.); Venaco (Fouc. et Sim.); Bocognano (Mars. *Cat.* 30); Vico (Mars. l. c.).

Plante en général plus grêle et à feuilles plus petites que dans la sous-esp. précédente. Feuilles à pétiole plus faiblement cilié, à marges du limbe glabres sur toute leur longueur. Sépales longs de 2-4 mm., à champ neural plus pâle, les nervures au nombre de 1-3, indistinctes. Pétales nuls ou très courts. Étamines fertiles généralement 5, les autres réduites ou rudimentaires.

On a encore attribué à la sous-esp. *pentandra* des semences très fine-ment ponctuées-tuberculeuses tandis qu'elles seraient lisses dans la sous-esp. *eu-trinervia*, mais Salis (l. c.) a déclaré cette affirmation inexacte. En effet, tant dans l'un que dans l'autre groupe, les semences noires et luisantes à la maturité sont pourvues de saillies très faibles et très allongées perpendiculairement au grand axe de l'organe ; vers le bord carinal ces saillies deviennent plus nettes, de sorte que dans cette région la semence prend (à un grossissement de 10 diamètres par exemple) une apparence un peu cannelée-cerclée. — Les cas douteux entre les deux groupes sont cependant peu fréquents, de sorte que la valeur subspéci-fique attribuée au *M. pentandra* par MM. Rouy et Foucaud nous parait exprimer assez exactement les faits.

AGROSTEMMA L. emend.

631. **A. Githago** L. *Sp.* ed. 1, 435 (1753); Gr. et Godr. *Fl. Fr.* 1, 224 ; Rouy et Fouc. *Fl. Fr.* III, 88 = *Lychnis Githago* Scop. *Fl. carn.* ed. 2, 1, 310 (1772) ; Coste *Fl. Fr.* 1, 182 = *Githago segetum* Lamk *Fl. fr.* III, 50 (1778).

Hab. — Moissons des étages inférieur et montagnard. Mai-juill. ①. Répandu et assez commun dans l'île entière.

SILENE L. emend.

632. **S. angustifolia** Guss. *Fl. sic. prodr.* 1, 500 (1827) emend. Janchen *Zur Frage totgeb. Namen* 13 (1909) = *Cucubalus Behen* L. *Sp.* ed. 1, 414 (1753) = *Cucubalus latifolius, C. angustifolius* et *C. Behen* Mill. *Gard. dict.* ed. 8, n. 2, 3 et 4 (1768) = *C. venosus* Gilib. *Fl. lithuan.* II, 165 (1781) = *Behen vulgaris* Mœnch. *Meth.* 709 (1794) = *Cucubalus inflatus* Salisb. *Prodr.* 302 (1796) = *S. Cucubalus* Wib. *Prim. fl. Werth.*

241 (1799) ; Rohrb. *Mon. Sil.* 84 ; Rouy et Fouc. *Fl. Fr.* III, 102 = *S. inflata* Sm. *Fl. brit.* 467 (1800) ; Gr. et Godr. *Fl. Fr.* I, 203 ; Coste *Fl. Fr.* I, 172 ; Williams in *Journ. linn. soc.* XXXII, 47 = *S. vesicaria* Schrad. ex Reichb. *Fl. germ. exc.* 822 (1832) = *S. venosa* Asch. *Fl. Brandenb.* II, 23 (1859) = *S. vulgaris* Garcke *Fl. Deutschl.* ed. 9, 64 (1869) ; Burn. *Fl. Alp. mar.* 1, 198 ; Schinz et Thell. in *Bull. herb. Boiss.*, sér. 2, VII, 506 = *S. latifolia* Rendle et Britt. *List. brit. seed-pl.* 5 (1907).

Hab. — Variable. Mai-juill. suivant l'altitude. ♃ .

La nomenclature de cette espèce soulève des difficultés qui ont donné lieu à de nombreuses divergences. On ne peut employer le nom spécifique linnéen (*Behen*), parce qu'il existe déjà une espèce portant ce nom dans le genre *Silene* (*S.§Behen* L.). Miller a divisé le groupe linnéen en trois espèces, auxquelles il a attribué les épithètes spécifiques *Behen*, *latifolius* et *angustifolius*. La première de celles-ci est inutilisable pour la raison qui vient d'être indiquée ; la troisième (*angustifolius*) a déjà été transportée dans le genre *Silene* par Gussone, dès 1827, sous une forme correcte, et doit être conservée. Nous ne pouvons donc pas employer la combinaison de noms proposée tout récemment par MM. Rendle et Britten, et cela d'autant moins qu'il existe déjà un *S. latifolia* Desf.(1798), espèce qui n'a pas encore été identifiée avec certitude. La seule objection que l'on puisse faire à l'emploi du *S. angustifolia* Guss. dans un sens large est l'existence antérieure de deux *S. angustifolia*. Mais ceux-ci sont devenus des synonymes avérés [*S. angustifolia* Poir. *Voy. Barb.* II, 164 (1789) = **Tunica angustifolia** Briq. = *Gypsophila compressa* Desf. *Fl. all.* 1, 343, tab, 97 (1798) = *Tunica compressa* Fisch. et Mey. *Ind. quart. sem. hort. petrop.* 50 (1837). — *S. angustifolia* Marsch.-Bieb. *Fl. taur.-cauc.* 1, 337 (1808) = *S. petraea* Adam in Web. et Mohr *Beitr.* 1, 58 (1805)]. Il n'y a donc pas lieu d'en tenir compte (*Règl. nomencl.* art. 50).

Cette espèce très polymorphe est représentée en Corse par les subdivisions suivantes :

1. Subsp. **vulgaris** Briq. = *S. inflata* subsp. *vulgaris* Gaud. *Fl. helv.* III, 163 (1828).

Port généralement élevé (30-50 cm.). Tiges dressées ou ascendantes, multiflores. Feuilles de forme variable, mais en général assez grandes. Semences hérissées de verrucosités coniques.

α. Var. **angustifolia** Briq. = *Cucubalus angustifolius* Mill. *Gard. dict.* ed. 8, n. 3 (1768) = *S. inflata* var. *angustifolia* DC. *Fl. fr.* IV, 747 (1805) = *S. Coulteriana* Otth in DC. *Prodr.* 1, 500 (1824) = *S. angustifolia* Guss. *Fl. sic. prodr.* I, 500 (1827) ; non alior. = *S. Tenoreana* Colla *Herb. ped.* 1, 328 (1833) ; Gr. et Godr. *Fl. Fr.* I, 203 = *S. Cucubalus* forme *S. vesicaria* var. *Tenoreana* Rouy et Fouc. *Fl. Fr.* III, 104 (1896)

= *S. venosa* var. *angustifolia* Grec. *Consp. fl. Roman.* 107 (1898). —
Exsicc. Req. sub : *S.Tenoreana* !; Mab. n. 353 !; Debeaux ann. 1869 sub :
S. Tenoreana !

Hab. — Rochers ombragés des étages inférieur et montagnard. Répandue. Env. de Bastia (Req. ex Gr. et Godr. *Fl. Fr.* 1, 203 ; Mab. exsicc.
cit. et in *Feuill. jeun. nat.* VII, 111 ; Deb. exsicc. cit.; et autres observateurs) ; St-Florent (Fouç. et Sim. *Trois sem. herb. Corse* 132) ; Calvi
(Fouç. et Sim. l. c.) ; Monte S. Pietro (Lit. *Voy.* 1, 7) ; Calacuccia (Lit.
in *Bull. acad. géogr. bot.* XVIII, 81) ; entre Piana et Evisa (Lutz in *Bull.
soc. bot. Fr.* XLVIII, sess. extr. CXXXI); forêt d'Aitone (Lutz l. c. CXXX);
vallée inf. du Tavignano près Corté (Lit. *Voy.* II, 3); île Mezzomare (Lutz
l. c. CXXXVII); Ajaccio (Req. exsicc. cit.; Coste in *Bull. soc. bot. Fr.*
XLVIII, sess. extr. CVI) ; Porto-Vecchio (Revel. in Bor. *Not.* II, 3); Propriano (N. Roux in *Bull. soc. bot. Fr.* XLVIII, sess. extr. CXLIV); Bonifacio
(Lutz l. c. CXXXIX et CXLI) ; et localités ci-dessous.

1906. — Rochers calcaires au col de San Colombano, 650 m., 10 juill.
fr. !; talus arides près de Tattone, 850 m., 18 juill. fl. fr. !; pentes du Monte
d'Oro près de Vizzavona, rochers humides à 1100-1200 m., 15 juill. fl. fr. !

1907. — Montagne de Pedana, rocailles calcaires, 500 m., 14 mai fl. !

1908. — Vallée inf. du Tavignano, rocailles, 800 m., 28 juin fl. fr.!

Souche médiocre. Feuilles lancéolées, linéaires-lancéolées, ou même
linéaires mesurant 3-5×0,3-1 cm., longuement acuminées au sommet,
glabres. Inflorescence multiflore.

† β. Var. **vulgaris** Briq. = *S. inflata* var. *vulgaris* Otth in DC. *Prodr.*
1, 368 (1824) = *S. vesicaria, brachiata* et *oleracea* Bor. *Fl. Centre* éd. 3,
II, 94 et 95 (1857) = *S. Behen* var. *pratensis* Neilr. *Fl. Nieder-Öst.* 813
(1859) = *S. Cucubalus* var. *typica* Beck *Fl. Nieder-Öst.* 381 (1890) =
S. Cucubalus forme *S. vesicaria* var. *genuina, oleracea* et *brachiata*
Rouy et Fouc. *Fl. Fr.* III, 104 (1906).

Hab. — Paraît moins fréquente que la var. précédente à laquelle elle
passe d'ailleurs par des formes ambiguës. Env. de Bastia (Salis in *Flora*
XVII, Beibl. II, 69) et de Bonifacio (Seraf. ex Bert. *Fl. it.* IV, 631 ; Boy.
Fl. Sud Corse 58).

Souche médiocre. Feuilles elliptiques, ou elliptiques-lancéolées, les
moyennes dépassant généralement 1 cm. de largeur, brièvement acuminées, à marges plus convexes, généralement glabres. Inflorescence
multiflore.

35

γ. Var. **latifolia** Briq. = *S. commutata* Gr. et Godr. *Fl. Fr.* I, 202 (1847);
non Guss. = *S. Cucubalus* var. *latifolia* Beck *Fl. Nieder-Öst.* 381 (1890)
= *S. Cucubalus* forme *S. vesicaria* var. *latifolia* Rouy et Fouc. *Fl. Fr.*
III, 104 (1896).

Hab. — Rochers ombragés, tournés à l'ubac, des étages montagnard
et subalpin. Monte Rotondo (Burnouf in *Bull. soc. bot. Fr.* XXIV, sess.
extr. LXXXVI) ; Monte Renoso (Lit. *Voy.* II, 33 et in *Bull. acad. géogr.
bot.* XVIII, 112) ; M¹ Incudine et Coscione (Pouzolz ex Gr. et Godr. *Fl.
Fr.* I, 202).

Souche médiocre. Feuilles elliptiques ou ovées-oblongues, brièvement
acuminées au sommet, relat. grandes, les moyennes atteignant 3 cm. de
largeur, glabres. Inflorescence ± multiflore. — Cette variété établit le
passage au *S. angustifolia* var. **commutata** Briq. [= *S. commutata* Guss.
Fl. sic. prodr. I, 499 (1827) et spec. orig. in herb. Deless.!: Williams in
Journ. linn. soc. XXXII, 48 = *S. Fabaria* Bert. *Fl. it.* IV, 627 (1839); non
Sibth. et Sm. = *S. Cucubalus* var. *commutata* Rohrb. *Mon. Sil.* 86 (1868)
= *S. venosa* var. *commutata* Gürke *Pl. eur.* II, 286 (1899)], de la Sicile et
de l'Orient, à tige plus robuste, à feuilles ovées-elliptiques, amples, lar-
gement arrondies à la base, à semences plus finement verruqueuses.
Cette dernière n'a pas, à notre connaissance, été rencontrée en Corse
sous sa forme typique.

†† δ. Var. **microphylla** Briq. = *S. commutata* var. *microphylla* Boiss.
Fl. or. I, 629 (1867) = *S. Cucubalus* forme *S. alpina* var. *ambigua* Rouy
et Fouc. *Fl. Fr.* III, 109 (1896) = *S. venosa* var. *microphylla* Gürke
Pl. eur. II, 288 (1899) = *S. venosa* var. *megalosperma* Halacs. *Consp.
fl. græc.* I, 160 (1900).

Hab. — Rocailles et rochers des étages montagnard et subalpin. Monte
Cinto (Lit. *Voy.* II, 9) ; col de Vergio (Lit. l. c. 16) ; lac de Creno (Lit.
l. c. 23) ; Monte Rotondo (Kralik ex Rouy et Fouc. *Fl. Fr.* III, 109) ;
col de Manganello (Lit. l. c. 25) ; Monte Renoso, bords du Taravo, Monte
Incudine et Coscione (Kralik ex Rouy et Fouc. l. c.).

1906. — Rocailles près de la bergerie de Spasimata au-dessus de Bonifatto, 1400 m., 12 juill. fl.!: rochers en face des bergeries de Grotello,
sur la rive droite de la haute vallée de la Restonica, 1500-1600 m., 3 août
fl. fr.!

Voisine de la var. précédente, à feuilles ovées-elliptiques, arrondies-
atténuées à la base, les basilaires parfois ovées-arrondies, mais sensiblement plus petites (mesurant 2,5-4,5×1-2 cm.). Toute la plante est
glabre et glaucescente ; les calices mesurent 1,5-2×1, 3 cm. en section
longitudinale ; les semences rougeâtres sont plus finement verrucu-
leuses que dans les var. α-γ. Nos échantillons d'assez grande taille

(30-40 cm.), avec une souche ligneuse épaisse, nous paraissent inséparables de ceux des montagnes de la Grèce (par ex. Orphanides fl. græc.
exsicc. n. 951 ! ; Heldreich herb. græc. norm. n. 1215 ! ; Heldr. herb.
norm. dimorph. n 1203 !). Tant par son port, que par la réduction des
verrucosités séminales, cette variété établit le passage entre les sous-
esp. I (surtout la var. γ) et la sous-esp. II.

II. Subsp. **prostrata** Briq. = *Cucubalus alpinus* Lamk *Encycl. méth.*
II, 200 (1786) = *S. alpina* Thom. *Cat.* 45 (1837, nomen tantum) et ap.
Gr. et Godr. *Fl. Fr.* I, 203 (1848) ; Burn. *Fl. Alp. mar.* I, 199 ; sensu
lato = *Silene inflata* subsp. *prostrata* Gaud. *Fl. helv.* III, 164 = *S. Cucubalus* var. *alpina* Rohrb. *Mon. Sil.* 71 (1868).

Port réduit (10-25 cm.). Racine fusiforme produisant des axes souterrains grèles et allongés. Tiges couchées, au moins à leur base, souvent
uniflores. Feuilles courtes et petites. Semences finement chagrinées.

ε. Var. **uniflora** Otth in DC. *Prodr.* I, 368 (1824) = *S. venosa* var. *alpina* Williams in *Journ. linn. soc.* XXXII, 47 (1896). — Exsicc. Burn.
ann. 1900 n. 108 ! et 239 !

Hab. — Eboulis et rocailles des étages subalpin et alpin. Monte Cinto
(Briq. *Rech. Corse* 83 et Burn. exsicc. cit. n. 108 ; Lit. in *Bull. acad.
géogr. bot.* XVIII, 66) ; col de Foggiale (Lit. l. c. 73) ; Monte Rotondo
(Burn. exsicc. cit. n. 239) ; Monte Renoso (Revel. ex Mars. *Cat.* 27) ;
et localités ci-dessous.

1906. — Capo al Chiostro, rocailles du versant E., 2100 m., 3 août fl. ! ;
Pointe de Monte, junipéraies, 1400 m., 20 juill. fl. ! ; hêtraies entre la
chapelle de San Pietro et les bergeries d'Aluccia, 1400 m., 18 juill. fl. fr. !

Caractérisée par les longs rejets traçant dans les pierrailles, les feuilles
petites (1·2×0,7-1.2 cm.), ovées-elliptiques, rarement plus étroites, brièvement acuminées au sommet, le plus souvent brièvement atténuées à la
base, glaucescentes, à marges lisses ou scabridules-ciliolées (parfois sur
le même individu !), les pédoncules le plus souvent uniflores ou subuniflores très grèles, longuement nus, le calice mesurant 1,3-1,5×0,7-0,9 cm.,
les pétales peu développés, le plus souvent dépourvus d'appendices. —
Nos échant. sont inséparables de diverses formes de cette race telle
qu'elle est représentée dans les Alpes. Nous ne possédons pas en Corse
la var. **glareosa** Briq. [= *S. glareosa* Jord.], race calcicole du Jura et des
Alpes occidentales.

C'est là sans doute la plante qui a été indiquée en Corse par MM. Rouy
et Foucaud (*Fl. Fr.* III, 106) sans indication de localités, puis par M. de
Litardière (in *Bull. acad. géogr. bot.* XVIII, 112) sous le nom de *S. Cucubalus* forme *S. Boracana* Rouy et Fouc., devenue le *S. Cucubalus* var. *Boracana* Fiori et Paol. [*Fl. anal. It.* I, 359 (1898) ; Gürke *Pfl. eur.* II, 288

(1899)], basée sur le *S. rupicola* Bor. [*Fl. Centre* éd. 3, II, 95 (1857); non Huet ex Rohrb. *Mon. Sil.* 138]. Mais cette espèce, insuffisamment décrite par l'auteur (qui ne dit rien des semences!) reste douteuse pour nous. D'après la clé donnée par MM. Rouy et Foucaud (l. c. 103), le *S. rupicola* Bor. doit se distinguer du *S. alpina* Thom. par des « graines verruqueuses » (non pas « finement chagrinées »), ce qui ne cadre pas avec les caractères de la plante corse. Les auteurs indiquent le *S. rupicola* sur les « rochers granitiques ou de serpentine », mais ils citent à l'appui un n° d'exsiccata (Soc. dauph. n. 4842!) qui provient au contraire des éboulis calcaires du M¹ Seneppe (Hautes-Alpes); ce dernier appartient d'ailleurs pour nous à une forme luxuriante, mais parfaitement caractérisée, de la var. *uniflora*. En résumé, le *S. rupicola* Bor. est encore insuffisamment connu; nous ne pouvons pas l'identifier avec le *S. angustifolia* subsp. *prostrata* de la Corse.

633. **S. vespertina** Retz. *Obs.* III, 31 (1779-91); Rohrb. *Mon. Sil.* 95; Williams in *Journ. linn. soc.* XXXII, 56 = *S. hirsuta* Poir. *Voy. Barb.* II, 163 (1789) = *S. hispida* Desf. *Fl. atl.* 1, 348 (1798); Gr. et Godr. *Fl. Fr.* 1, 205 = *S. sabuletorum* Dub. *Bot. gall.* 1025 (1828). — Exsicc. Soleirol n. 74!

Hab. — Points sableux de l'étage inférieur. Mai-juin. ① Jusqu'ici seulement aux env. d'Aleria (Soleirol exsicc. cit. et ex Duby et Gr. et Godr. l. c.) et de Bonifacio (Boy. *Fl. Sud Corse* 58).

A part l'indication de M. Boyer, cette espèce n'avait pas été retrouvée depuis l'époque de Soleirol, ce qui l'a fait considérer comme douteuse par M. Bonnet (*Pl. dout. fl. Fr.* 3) et MM. Rouy et Foucaud (*Fl. Fr.* III, 111). Il est vrai que le *S. vespertina* n'a pas encore été signalé, du moins à notre connaissance, dans l'archipel toscan, mais il existe abondamment sur les côtes occidentales de l'Italie et en Sardaigne. D'autre part, plusieurs espèces incontestablement découvertes en Corse par Soleirol n'ont pas été retrouvées depuis cette époque ou ne l'ont été que récemment. Le *S. vespertina* est donc plutôt une espèce à rechercher, qu'à rayer de la flore corse.

634. **S. gallica** L. *Sp.* ed. 1, 417 (1753), ampl.; Gr. et Godr. *Fl. Fr.* 1, 206; Rohrb. *Mon. Sil.* 96; Burn. *Fl. Alp. mar.* 1, 200; Rouy et Fouc. *Fl. Fr.* III, 117; Coste *Fl. Fr.* 1, 179; Williams in *Journ. linn. soc.* XXXII, 57. — Exsicc. Reverch. ann. 1878 et 1879 sub: *S. gallica*!; Burn. ann. 1904 n. 78! et 79!

Hab. — Moissons, friches, garigues, points sableux des étages inférieur et montagnard. Mai-juin. ①. Répandu et abondant dans l'île entière.

1906. — Cap Corse : lieux incultes près de Luri, 150 m., 6 juill. fr. ! — Vieux murs aux bains de Guitera, 438 m., 17 juill. fl. fr.!

1907. — Garigues près d'Ile Rousse, 21 avril fl.! ; pré humide à Solenzara, 5 m., 3 mai fl.!

Les distinctions qui ont été faites à l'intérieur de cette espèce (voy. Rouy et Fouc. *Fl. Fr.* III, 117-120), bien que nombreuses, ne rendent pas compte complètement des innombrables combinaisons de caractères auxquelles se prêtent les divers individus. Nous ne pensons pas que ces variations (héréditaires ??) méritent d'être cataloguées. On a indiqué en Corse les *S. agrestina* Jord. et Fourr., *semi-glabrata* Jord. et Fourr., *rosella* Jord. et Fourr., *modesta* Jord. et Fourr., *occitanica* Jord. et Fourr. *parvula* Jord. et Fourr., *littoralis* Jord., *suboccultata* Jord. et Fourr., *minutiflora* Jord. et Fourr. et *quinquevulnera* L. (*Sp.* ed. 1, 416), à pétales pâles pourvus à la base du limbe d'une macule d'un rose vif, auquel se rattache le *S. cruentata* Jord. et Fourr.

S. neglecta Ten. *Ad fl. neap. prodr. app. quint.* 13 (1826) et *Syll. fl. nap.* 211 (excl. var. *B* et *Bb* ad *S. nocturnam* spectantibus) ; Ten. *Fl. nap.* 246, tab. 230, fig. 1 et spec. auth. in herb. Boiss.! ; Guss. *Fl. sic. prodr.* I, 497 ; Guss. *Fl. sic. syn.* I, 482 ; Guss. *Enum. pl. ins. Inar.* 39 ; Soy.-Will. et Godr. *Mon. Sil. Algér.* 18 ; Ross *Sulla Silen. neglect.* 7 [*Naturalista sicilian.* XI (1892)] = *S. nocturna* var. β Bert. *Fl. it.* IV, 576 (1839) = *S. reflexa* Rohrb. *Mon. Sil.* 99 (1868) ; Ces. Pass. et Gib. *Comp. fl. it.* 793 ; Nicotra *Prodr. fl. Mess.* 447 ; Lojac. *Fl. sic.* I, 154 ; Tanf. in Parl.-Car. *Fl. it.* IX, 36 ; Coste *Fl. Fr.* I, 179 (p. p.) ; Williams in *Journ. linn. soc.* XXXII, 59 ; non Ait.! = *S. nocturna* var. *neglecta* Arc. *Comp. fl. it.* ed. 1, 88 (1882) = *S. reflexa* et *S. mirabilis* Rouy et Fouc. *Fl. Fr.* III, 113 et 114 (1896) = *S. nocturna* var. *reflexa* Arc. *Comp. fl. it.* ed. 309 (1894) ; Fiori et Paol. *Fl. anal. It.* I, 367.

Espèce du Napolitain (incl. Ischia et Capri), de la Sicile, des îles Eoliennes, d'Ustica, de Pantellaria et de Linosa, ainsi que de l'Algérie, indiquée en Corse par Boreau (*Not.* I, 6) par confusion avec le *S. nocturna* var. *Bouillei.*

L'histoire du *S. neglecta* est compliquée et mérite d'être résumée ici pour expliquer les confusions auxquelles cette espèce a donné lieu avec le *S. nocturna.*

La description que Tenore a donnée du *S. neglecta* ne permet pas de caractériser cette espèce clairement par rapport au polymorphe *S. nocturna*, car l'auteur ne décrit ni le mode de nervation du calice, ni la forme des dents calicinales, ni l'indument des étamines. Cependant la planche donnée par Tenore contribue à combler quelques-unes de ces lacunes ; en particulier elle établit que le tube calicinal possède des nervures anastomosées. L'ensemble des détails donnés par Tenore (par ex. le détail biologique de l'épanouissement matinal de la corolle, opposé à l'épanouissement nocturne des pétales chez le *S. nocturna*) permet tout au plus d'affirmer que le *S. neglecta* est une forme vraisemblablement distincte du *S. nocturna.*

Rohrbach a donné une description beaucoup plus soignée de ce *Silene*, description basée sur les plantes provenant des localités classiques du

Napolitain et sur des échant. originaux de Tenore. Cet auteur a signalé la forme linéaire des dents calicinales, et la présence d'une pubescence à la base des filets staminaux. Cependant, il s'est glissé dans la description de Rohrbach une grave erreur. Ce monographe décrit en effet le calice comme « evenius », ce qui signifie que les nervures longitudinales ne sont pas reliées par des anastomoses transversales ou obliques. Or, l'examen de la planche de Tenore, des échantillons originaux de cet auteur, et des types de Gussone et des auteurs italiens subséquents, montre à l'évidence un tube calicinal pourvu d'anastomoses entre les nervures longitudinales. L'origine de cette erreur de Rohrbach est difficile à expliquer. Peut-être provient-elle de ce que la diagnose a été établie sur des échant. albiflores? Chez ces derniers, le calice reste vert-pâle et les anastomoses ne sont nettement visibles qu'en étalant le tube calicinal et en l'examinant à la loupe par transparence.

En 1892, M. Ross a consacré un mémoire détaillé au *S. neglecta*, accompagné d'une excellente planche. Dans ce mémoire, l'auteur a correctement décrit les nervures du tube calicinal comme anastomosées, et précisé les détails relatifs à l'indument des filets staminaux. Les filets des étamines épipétales sont glabres ou presque glabres; les filets des étamines alternipétales sont densément velus à la base. Nous ne pouvons que confirmer ces affirmations de M. Ross, ainsi d'ailleurs que les autres caractères très exactement énumérés par ce botaniste.

Le mémoire de M. Ross a malheureusement été passé sous silence par presque tous les auteurs subséquents qui, se basant sur la description insuffisante de Rohrbach et sans consulter la planche de Tenore, ont été amenés à des conclusions de nature à rendre le *S. neglecta* complètement obscur. Seul, M. Burnat (*Fl. Alp. mar.* IV, 271) a signalé les contradictions des auteurs en ce qui concerne le mode de nervation du calice et de l'indument des filets staminaux. Plusieurs se sont bornés à attribuer au *S. neglecta*, comme l'avait fait Rohrbach, un calice à nervures non anastomosées. MM. Rouy et Foucaud ont été plus loin: ils ont séparé du *S. neglecta* (*reflexa* Auct.) un *S. mirabilis* d'après la présence d'anastomoses calicinales nombreuses (l. c., clé analytique, p. 112). Ce *S. mirabilis* n'est autre chose (originaux de Taourirt-Iril de MM. Battandier et Trabut) qu'une grande forme du *S. neglecta*, très voisine, selon nous (comme selon M. Ross, l. c. 9), de la var. *erecta* Ross, dont elle présente tous les principaux caractères.

Quant à la synonymie si souvent admise depuis l'époque de Rohrbach, soit *S. reflexa* Ait. = *S. neglecta* Ten., M. Ross a montré par une étude soignée des textes qu'elle était inadmissible. Renvoyant aux explications de M. Ross en ce qui concerne les auteurs prélinnéens cités par Linné pour le *Cucubalus reflexus* L. (*Sp.* ed. 1, 416), soit Magnol et Morison, nous nous bornons à répéter que la diagnose extrêmement courte est conçue dans des termes qui excluent toute comparaison avec le *S. neglecta*. Le caractère « corollis obsoletis nudis » n'a jamais été constaté dans le *S. neglecta*, et nous fait voir dans le *Cucubalus reflexus* L. un synonyme probable du *S. brachypetala* Rob. et Cast. ou du *S. permixta* Jord. On sait que le caractère « petalis obsoletis » a été reproduit par Wildenow (*Sp. pl.* II, 689) et a passé de là dans l'ouvrage d'Aiton

(*Hort. kew.* ed. 2, II, 86). Il en résulte que le *Silene reflexa* Ait. = *Cucubalus reflexus* L. est probablement synonyme d'une forme cleisto-game du *S. nocturna*, mais ne saurait à aucun titre être rapporté au *S. neglecta* Ten. — Enfin, M. Ross a fait remarquer que Gussone n'a pas dit (*Fl. sic. syn.* 1, 483) que le *Cucubalus reflexus* de l'herbier de Linné fût identique au *S. neglecta* Ten., mais seulement qu'il en était peu dif-férent, ce qui cadre assez bien avec l'interprétation du *Cucubalus reflexus* L. que nous avons donnée plus haut.

635. **S. nocturna** L. *Sp.* ed. 1, 416 (1753); Gr. et Godr. *Fl. Fr.* I, 206; Rohrb. *Mon. Sil.* 100; Rouy et Fouc. *Fl. Fr.* III, 114 (emend.); Coste *Fl. Fr.* I, 170; Williams in *Journ. linn. soc.* XXXII, 59 = *Cucu-balus spicatus* Lamk *Fl. fr.* III, 34 (1778) = *S. spicata* DC. *Fl. fr.* IV, 759 (1805).

Hab. — Garigues, friches, cultures de l'étage inférieur. Mai-juin. ④. Disséminé. — En Corse les variétés suivantes :

† α. Var. **genuina** Gr. et Godr. *Fl. Fr.* I, 206 (1847); Rohrb. *Mon. Sil.* 100.

Hab. — Env. de Bastia (Salis in *Flora* XVII, Beibl. II, 69; Mab. in *Feuill. jeun. nat.* VII, 111); St-Florent (herb. Boreau!); Aleria (Salis l. c.); Bonifacio (Seraf. ex Bert. *Fl. it.* IV, 576).

Fleurs relat. nombreuses, ± serrées en cymes spiciformes, briève-ment pédicellées, rapprochées de l'axe. Pétales exserts, bipartits, à lobes sublinéaires, à appendices bipartits.

β. Var. **Boullui** Fiori et Paol. *Fl. anal. It.* 1, 367 (1898) = *S. neglecta* Bor. *Not. pl. Cors.* 1, 6 (1857); non Ten. = *S. Boullui* Jord. in Mars. *Cat.* 28 (1872), nomen solum, et spec. auth.! = *S. mirabilis* subsp. *Boullui* Rouy et Fouc. *Fl. Fr.* III, 114 (1896).

Hab. — Rogliano (Revel. ex Mars. *Cat.* 28); îles Sanguinaires, et de la Parata à la Chapelle des Grecs (Boullu in *Bull. soc. bot. Fr.* XXIV, sess. extr. LXXXVIII et in *Ann. soc. bot. Lyon* XXIV, 67, et in herb. Boullu!); Ajaccio (Léveillé ex Bor. *Not.* 1, 3 et in herb. Boreau!); rochers de la Trinité (Revel. in Bor. *Not.* 1, 6 et in herb. Boreau et Mus. Par.!).

Fleurs en cymes très lâches, plus longuement pédicellées, surtout les inférieures, peu nombreuses dans les petits échantillons, plus nom-breuses sur les individus développés, écartées de l'axe. Pétales exserts, bipartits, à lobes sublinéaires, à appendices bipartits.

Cette variété a été d'abord signalée par Boreau (l. c.) sous le nom de *S. neglecta*. Jordan en a fait ensuite une espèce distincte d'après les échant. de l'abbé Boullu, sans cependant qu'une description en ait jamais été donnée par cet auteur[1]. Elle appartient au *S. nocturna* par tous ses caractères essentiels. L'indument est court, formé de poils grêles (et non pas étalés, grossièrement vittiformes comme dans le *S. neglecta*) : les dents calicinales, étroitement lancéolées-sublinéaires, deviennent à la maturité plus larges tout en restant aiguës (plus allongées-linéaires, moins amples à la maturité et plus densément ciliées dans le *S. neglecta*) : les pétales ont un limbe profondément bipartit, long de 2-4 mm. (limbe émarginé, bien plus ample, long de 3-5 mm. dans le *S. neglecta*) : les étamines ont toutes des filets glabres ! (étamines alternipétales velues à la base dans le *S. neglecta*) ; le carpophore, la capsule et les semences sont identiques à ceux du *S. nocturna*. — En fait, le *S. Boullui* est intermédiaire entre nos var. α et γ, il possède le port de la var. γ avec exagération dans la longueur et la gracilité des pédoncules, mais la corolle exserte en est plus développée.

Le *S. nocturna* var. *Boullui* n'est pas spécial à la Corse. Nous l'avons vu (in herb. Mus. Paris) provenant du Canet dans les Pyrénées orientales, d'où on l'a pris pour le *S. neglecta*, et nous ne serions pas étonné si on devait dans la suite lui rapporter les autres rares localités françaises que l'on a attribuées au *S. neglecta*. Nous n'avons pas encore réussi à voir des échant. authentiques du *S. neglecta* provenant d'ailleurs que de l'aire qui a été indiquée ci-dessus (p. 549) pour cette dernière espèce.

†† γ. Var. **pauciflora** Otth in DC. *Prodr.* 1, 372 (1824) = *S. brachypetala* Rob. et Cast. ap. DC. *Fl. fr.* V, 607 (1815) ; Williams in *Journ. linn. soc.* XXXII, 59 = *S. nocturna* var. *brachypetala* Benth. *Cat. Pyr.* 122 (1826) ; Gr. et Godr. *Fl. Fr.* 1, 207 = *S. apetala* Host *Fl. austr.* 1, 532 (1827) ; Groves in *Nuov. giorn. bot. it.* IX, 54 ; non L. = *S. nocturna* var. *apetala* Bad. ex Reichb. *Fl. germ. exc.* 813 (1832) = *S. permixta* Jord. *Pug.* 32 (1852) = *S. nocturna* var. *micrantha* Willk. *Ic. et descr.* 1, 69, tab. 50 (1852) = *S. nocturna* var. *brachypetala* et var. *permixta* Rohrb. *Mon. Sil.* 101 (1868) = *S. nocturna* var. *pauciflora* et *S. nocturna* forme *S. brachypetala* et forme *S. permixta* Rouy et Fouc. *Fl. Fr.* III, 115 et 116 (1896).

Hab. — Citadelle de Calvi (Fouc. et Sim. *Trois sem. herb. Corse* 132) ; montagne de Caporalino (Fouc. et Sim. l. c.) ; Bonifacio (Kralik ex Rouy et Fouc. l. c.) ; et localité ci-dessous.

[1] Nous avons pu étudier le *S. Boullui* à fond et en analyser la fleur, grâce à l'extrême amabilité de M. Cnny à Ste-Colombe (Rhône) qui a bien voulu nous communiquer les échant. originaux de Boullu, et de M. G. Bouvet, directeur du Jardin botanique d'Angers, qui nous a prêté pour étude les originaux de l'herbier Boreau. Nous avons eu également l'occasion de voir les échant. de Revelière de l'herbier du Museum de Paris, obligeamment mis à notre disposition par M. le prof. Lecomte et M. Jeanpert. Nous prions ces confrères d'accepter nos vifs remerciements pour les services qu'ils nous ont rendus en cette occasion

1907. — Vallon du Rio Stretto au-dessus de Francardo, garigues, calc., 300 m., 14 mai fl. fr.!

Fleurs en cymes lâches, distantes, au nombre de 2-5, tantôt brièvement pédicellées et ± érigées, tantôt ± longuement pédicellées et écartées de l'axe. Pétales très brièvement exserts ou inclus, à couronne très réduite ou nulle.

Les individus à corolle entièrement incluse et bien plus courte que le calice constituent un état biologique à reproduction cleistogamique. Mais entre cet état extrême (*S. permixta* Jord.) et les formes à corolle ± exserte, il existe tous les passages. La longueur des pédoncules est à ce point variable que nous ne pouvons pas utiliser ce caractère d'une façon sûre pour aider à la distinction des diverses formes que l'on a cherché à reconnaître et qui figurent ci-dessus dans la synonymie du *S. nocturna* γ *pauciflora*. Nous avons l'impression qu'il s'agit là de formes de valeur systématique très faible ou nulle, et non pas de véritables races.

Le *S. nocturna* var. *capraria* Gürke [*Pl. eur.* II, 294 (1899) ≡ *S. capraria* Sommier in *Nuov. giorn. bot. it.* nuov. ser. X, 113 (1898)], de l'île de Capraia, qui se distingue des petits échant. de notre var. γ, par l'absence de glandes stipitées courtes sur les rameaux et pédoncules, pourra être recherché en Corse, mais n'y a pas encore été rencontré.

S. pendula L. *Sp.* ed. 1, 418 (1753); Rohrb. *Mon. Sil.* 111; Williams in *Journ. linn. soc.* XXXII, 69 ≡ *S. corsica* Sang. *Fl. rom. prodr.* alt. 769 (1865-67); non alior.

Espèce indiquée en Corse par Burmann (*Fl. cors.* 246) d'après Valle, où elle n'a jamais été vue par aucun observateur sérieux (aire : Orient. Italie moy. et mérid., Sicile et Malte, Portugal).

636. **S. sericea** All. *Fl. ped.* II, 81, tab. 79, fig. 3 (1785); Viv. *Fl. cors. diagn.* 6; Gr. et Godr. *Fl. Fr.* I, 207; Rohrb. *Mon. Sil.* 113; Burn. *Fl. Alp. mar.* I, 112; Rouy et Fouc. *Fl. Fr.* III, 112; Coste *Fl. Fr.* I, 178; Williams in *Journ. linn. soc.* XXXII, 71 (p. p.) — *S. pubescens* Lois. *Fl. gall.* ed. 1, 727 (1806-07) et ed. 2, I, 314 ≡ *S. hirta* Willd. *Hort. berol. ic.* tab. 23 (1816).

Hab. — Sables maritimes et garigues rocheuses littorales ; ± halophile. Mai-juin. ☉. — Deux variétés (sous-variétés?) :

α. Var. **angustifolia** Moris *Fl. sard.* I, 253 (1837). — Exsicc. Soleirol n. 933! ; Req. sub : *S. sericea*! ; Kralik n. 492! ; Bourg. n. 51! ; Mab. n. 213! ; Burn. ann. 1900, n. 169! et ann. 1901, n. 76!

Hab. — Sables : halophile. Très abondante par places, mais pas partout. Extrémité du Cap Corse (Salis in *Flora* XVII, Beibl. II, 69) ; de Nonza à St-Florent (Salis l. c.: Mab. exsicc. cit. ; Billiet in *Bull. soc. bot.*

Fr. XXIV, sess. extr. LXX; Fouc. et Sim. *Trois sem. herb. Corse* 132 ; Gysperger in Rouy *Rev. bot. syst.* II, 112 ; Rotgès in litt.) ; paraît manquer dans le reste du Cap Corse, en particulier aux env. de Bastia ; Calvi (Salis l. c. ; Soleirol exsicc. cit.) ; Cargèse (Soleirol ex Bert. *Fl. it.* IV, 581) ; Sagone (Coste in *Bull. soc. bot. Fr.* XLVIII, sess. extr. CXIII ; Roux ibid. CXXXIV ; Lit. *Voy.* II, 26) ; embouchure du Liamone (Coste l. c. CXV) ; la Parata (Burn. exsicc. cit.) ; d'Ajaccio à Campo di Loro (Req. exsicc. cit. et ap. Bert. l. c. X, 494 ; Bourg. exsicc. cit. ; Boullu in *Bull. soc. bot. Fr.* XXIV, sess. extr. XCII ; Sargnon in *Ann. soc. bot. Lyon* VI, 85 ; Lard. in *Bull. trim. soc. bot. Lyon* XI, 60 ; Coste l. c. CVII) ; Tizzano (Kralik exsicc. cit.) ; Propriano (Roux in *Bull. soc. bot. Fr.* XLVIII, sess. extr. CXLIII ; Lit. *Voy.* I, 24) ; Bonifacio (Seraf. ex Bert. l. c. IV, 581 ; Soulié ex Coste in *Bull. soc. bot. Fr.* XLVIII, sess. extr. CXVIII ; Lutz ibid. CXXXIX ; Boy. *Fl. Sud Corse* 58) ; distribution sur la côte orientale à établir ; et localités suivantes :

1907. — Sables maritimes à St-Florent, 23 avril fl.! ; sables maritimes à Santa Manza, 6 mai fl. fr.!

Feuilles étroites, verdâtres, pubescentes-soyeuses ou glabrescentes, un peu charnues. Calice à indument apprimé fin et peu épais.

†† β. Var. **crassifolia** Moris *Fl. sard.* 1, 253, tab. 17 (1837), non DC. ; Rouy et Fouc. *Fl. Fr.* III, 112.

Hab. — Garigues littorales ; moins halophile. St-Florent (Debeaux ex Rouy et Fouc. l. c.) ; Ajaccio (Le Grand ex Rouy et Fouc. l. c.) ; Porto-Vecchio (Gysperger in Rouy *Rev. bot. syst.* II, 120) ; Bonifacio (Kralik et Salle ex Rouy et Fouc. l. c.).

1907. — Citadelle de Bonifacio, garigues calc., 50 m., 5 mai fl. fr.!

Feuilles souvent plus larges, grisâtres, densément pubescentes, souvent plus charnues. Calice à indument apprimé épais, presque tomenteux.

S. colorata Poir. *Voy. Barb.* II, 163 (1789) ; Rohrb. *Mon. Sil.* 114 ; Burn. *Fl. Alp. mar.* I, 202 = *S. bipartita* Desf. *Fl. atl.* I, 352 (1798-1800) ; Gr. et Godr. *Fl. Fr.* I, 208 ; Rouy et Fouc. *Fl. Fr.* III, 112.

Cette espèce a été trouvée à l'état subspontané par Mabille (*Feuill. jeun. nat.* VII, 114) sur les débris de minerais de provenance algérienne de l'usine de la Toga près Bastia. Elle a en outre été indiquée en Corse par Grenier et Godron (l. c.) d'après Bernard, mais très probablement par confusion avec la var. β de l'espèce précédente (voy. Bonnet *Pl. dout. fl. Fr.* 3 et Rouy et Fouc. l. c.). Le *S. colorata* se distingue du *S sericea* par les fleurs disposées en grappes pauciflores unilatérales, le calice plus exsert à dents subtriangulaires, la capsule égalant env. le carpophore, et les semences à ailes dorsales ondulées. Nous ne pouvons donc pas approuver la réunion des deux espèces, telle que vient de la proposer à nouveau M. Williams (op. cit. 72). Les caractères distinctifs des deux espèces ont été excellemment résumés par M. Burnat (l. c.)

637. **S. succulenta** Forsk. *Fl. aeg.-arab.* 89 (1775) ; Boiss. *Fl. or.* I, 648 ; Rohrb. *Mon. Sil.* 134 ; Williams in *Journ. linn. soc.* XXXII, 91. — En Corse la race suivante :

Var. **minor** Moris *Fl. sard.* 1, 254 (1837) = *S. corsica* DC. *Fl. fr.* IV, 756 (1805) ; Viv. *Fl. cors. diagn.* 6 et *App. alt.* 7 ; Gr. et Godr. *Fl. Fr.* 1, 209 ; Rouy et Fouc. *Fl. Fr.* III, 124 ; Coste *Fl. Fr.* 1, 180 = *S. succulenta* var. *corsica* Rohrb. l. c. (1868) ; Williams l. c. — Exsicc. Salzmann sub : *S. corsica* ! ; Soleirol n. 931 ! ; Req. sub : *S. corsica* ! ; Kralik n. 491 ! ; Mab. n. 214 ! ; Debeaux ann. 1869 sub : *S. corsica* ! ; Dörfler herb. eur. norm. n. 3014 !

Hab. — Sables maritimes ; halophile. Avril-juill. ♃. Disséminée. Env. de Bastia (herb. Alioth nunc Deless.!) ; Ile Rousse (Fouc. et Sim. *Trois sem. herb. Corse* 133 ; Soulié ex Coste in *Bull. soc. bot. Fr.* XLVIII, sess. extr. CXVIII ; Gysperger in Rouy *Rev. bot. syst.* II, 112 ; Lit. in *Bull. acad. géogr. bot.* XVIII, 113) ; Calvi (Soleirol exsicc. cit. et ap. Bert. *Fl. it.* IV, 626 ; Mab. exsicc. cit. ; Fouc. et Sim. l. c. ; Lit. *Voy.* 1, 26) ; Marine de Porto (Lit. *Voy.* II, 19) ; Sagone (Dufour ex Rouy et Fouc. l. c. ; Lit. *Voy.* II, 26) ; embouchure du Liamone (Coste in *Bull. soc. bot. Fr.* XLVIII, sess. extr. CXV) ; Cargèse (Mars. *Cat.* 27) ; Ajaccio (Salis in *Flora* XVII, Beibl. II, 69 ; Salzmann exsicc. cit. ; Req. exsicc. cit. et ap. Bert. l. c. X, 494 ; Kralik exsicc. cit. ; et divers autres observateurs) ; Campo di Loro (Deb. exsicc. cit. ; Mars. l. c. ; Boullu in *Bull. soc. bot. Fr.* XXIV, sess. extr. XCV) ; Porto-Vecchio (Revel. ex Mars. l. c.) ; Propriano (N. Roux in *Bull. soc. bot. Fr.* XLVIII, sess. extr. CXLIII) ; Bonifacio (Seraf. ex Bert. l. c. IV, 626 ; Reverch. exsicc. cit. et ap. Dörfl. exsicc. cit.) ; et localité ci-dessous.

1907. — Dunes d'Ostriconi, 20 avril fl. !

Diffère de la var. **genuina** Briq. (Orient, Égypte, Marmarique, Cyrénaïque et Tunisie) par les tiges plus couchées, à feuilles plus petites, le calice un peu plus court à veines d'un brun rougeâtre, et à dents obtuses au sommet. — L'ensemble de ces caractères permet en général de distinguer la var. *minor*, qui serait spéciale à la Corse et à la Sardaigne, mais on reste parfois embarrassé. Les échant. d'Egypte distribués par Aucher-Eloy (n. 439 in herb. Delessert!) présentent des dents calicinales nullement acuminées, mais obtuses comme dans la plante corse. Nous ne croyons pas que la valeur systématique du *S. corsica* soit supérieure à celle d'une simple race du *S. succulenta*.

638. **S. multicaulis** Guss. *Pl. rar.* 172, tab. 35 (1826); Gr. et Godr. *Fl. Fr.* 1, 211; Rohrb. *Mon. Sil.* 139; Mars. *Cat.* 27; Rouy et Fouc. *Fl. Fr.* III, 127; Coste *Fl. Fr.* 1, 176; Williams in *Journ. linn. soc.* XXXII, 98 = *S. inaperta* Bert. *Fl. it.* IV, 614 (1839); non L. = *S. portensis* var. *multicaulis* Arc. *Comp. fl. it.* ed. 1, 92 (1882) = *S. Saxifraga* var. *multi-caulis* Arc. op. cit. ed. 2, 312 (1894).

Hab. — Garigues de l'étage montagnard. Juin-juill. ♃. Rare. Env. de Bastia (André ex Rouy et Fouc. l. c.); env. d'Evisa, Vizzavona, Boco-gnano et Vico (Mars. *Cat.* 27); entre Quenza et Sorbollano, sur les flancs du Coscione, vers 1000-1200 m. (R. Maire in Rouy *Rev. bot. syst.* II, 23 et 67).

Espèce orientale, dont l'aire embrasse encore l'Italie moyenne et méri-dionale, pour atteindre en Corse sa limite occidentale. On l'a rapprochée du *S. portensis*, dont elle diffère beaucoup par la souche vivace, le tube calicinal ombiliqué à la base, à nervures non anastomosées, la capsule égalant le carpophore, etc. Elle nous paraît — malgré l'opinion con-traire de M. Williams (l. c.) — bien plus rapprochée du *S. Saxifraga* L. et espèces voisines (voy. Burnat *Fl. Alp. mar.* 1, 207).

639. **S. rupestris** L. *Sp.* ed. 1, 421 (1753); Gr. et Godr. *Fl. Fr.* 1, 214; Rohrb. *Mon. Sil.* 147; Rouy et Fouc. *Fl. Fr.* III, 130; Coste *Fl. Fr.* 1, 174; Williams in *Journ. linn. soc.* XXXII, 106. — Exsicc. Soleirol n. 929!; Burn. ann. 1900, n. 111! et ann. 1904, n. 77!

Hab. — Rochers de l'étage alpin, descendant dans l'étage subalpin, 1200-2200 m. Calcifuge. Juin-août suivant l'alt. ♃. Disséminé dans les grands massifs du centre. Monte Cinto (Briq. *Rech. Corse* 83 et Burn. exsicc. cit. ann. 1900; Lit. in *Bull. acad. géogr. bot.* XVIII, 113); forêt d'Aitone (Briq. *Spic.* 20 et Burn. exsicc. cit. ann. 1904); Monte Rotondo (Salis in *Flora* XVII, Beibl. II, 69; Soleirol exsicc. cit. et ap. Bert. *Fl. it.* IV, 620; Mars. *Cat.* 28; Lit. l. c.); Monte d'Oro (Mars. l. c.); Foce de Vizzavona (Mars. l. c.); Monte Renoso (Rev. et ex Mars. l. c.; Rolgès in litt.); Mt Incudine (R. Maire in Rouy *Rev. bot. syst.* II, 49); et localités ci-dessous :

1906. — Rochers entre les bergeries de Grotello et le lac Melo, 1700 m., 4 août fl. fr.!; rochers en face des bergeries de Grotello, 1400-1600 m., 3 août fl.!; rochers du Capo al Chiostro, 1900 m., 3 août fl. fr.!; hêtraies en montant des bergeries d'Aluccia au col du M¹ Incudine, 1600 m., 18 juill. fl.!

1908. — Vallée sup. du Tavignano, rochers ombragés entre la scierie et la bergerie de Ceppo, 1450 m., 28 juin fl. fr.!

Dans ces diverses localités, on trouve pêle-mêle des échant. à corolle rose et à corolle blanche, avec les nuances intermédiaires. La grandeur des échant. varie beaucoup selon l'exposition et le milieu. Il est probable que les échant. annuels dont parle Marsilly (*Cat.* 28) provenaient de plantes observées dans leur première année de végétation.

640. **S. Armeria** L. *Sp.* ed. 1, 420 (1753); Gr. et Godr. *Fl. Fr.* 1, 211; Rohrb. *Mon. Sil.* 149; Rouy et Fouc. *Fl. Fr.* III, 131; Coste *Fl. Fr.* 1, 173; Williams in *Journ. linn. soc.* XXXII, 108. — Exsicc. Kralik n. 496!; Reverch. ann. 1885, n. 475!

Hab. — Rochers, points rocailleux ombragés des étages inférieur et montagnard, 1-800 m.; calcifuge. Juin-juill. ①. Disséminé. Evisa (Reverch. exsicc. cit.); vallée de Porto (Mars. *Cat.* 27; Lit. in *Bull. acad. géogr. bot.* XVIII, 113); près des bains de Guagno (Lit. *Voy.* II, 25); Bocognano (Mars. l. c.); env. d'Ajaccio (Salis in *Flora* XVII, Beibl. II, 69); Bastelica (Mab. ex Mars. l. c.); vallée du Taravo (Mars. l. c.); Zicavo (Kralik exsicc. cit. et ap. Parl.-Caruel *Fl. it.* IX, 392); et localité ci-dessous.

1906. — Rochers entre les Bains de Guitera et Zicavo, 600 m., 17 juill. fl. fr.!

Les échantillons de cette dernière localité appartiennent à la forme *sparsiflora* [= *S. armeria* β *sparsiflora* Schur *Enum. pl. Trans.* 105 (1866); Rouy et Fouc. *Fl. Fr.* III, 131], dont les caractères distinctifs très faibles (tiges plus lâchement rameuses, à fleurs solitaires ou longuement pédicellées) ne permettent pas, selon nous, d'établir une variété distincte.

641. **S. nicaeensis** All. *Auct. ad syn. meth. stirp. hort. taur.* 88 (1770-73) et *Fl. ped.* II, 81, tab. 44, fig. 2; Gr. et Godr. *Fl. Fr.* 1, 208; Rohrb. *Mon. Sil.* 152; Rouy et Fouc. *Fl. Fr.* III, 132; Coste *Fl. Fr.* 1, 178; Williams in *Journ. linn. soc.* XXXII, 114. — Exsicc. Thomas sub: *S. nicaeensis*!; Soleirol n. 934!; Req. sub: *S. nicaeensis*!; Mab. n. 26!

Hab. — Sables maritimes; halophile. Avril-juin. ②. Disséminé. Cap Corse (Mab. *Rech.* 1, 12); de Bastia à Biguglia (Salis in *Flora* XVII, Beibl. II, 69; Req. exsicc. cit. et ap. Bert. *Fl. it.* X, 494; Mab. exsicc. cit. et

l. c. ; Rotgés in litt.) ; Calvi (Soleirol exsicc. cit. et ap. Bert. op. cit.
IV, 625 ; Mars. *Cat.* 27 ; Fouc. et Sim. *Trois sem. herb. Corse* 133 ; Lit.
Voy. I, 26) ; Ajaccio (Mars. l.c.) ; Solenzara (Fouc. et Sim. l. c.) ; plage
de Sari (ex Gr. et Godr. l. c.) ; Porto-Vecchio (Gysperger in Rouy *Rev.
bot. syst.* (II, 120) ; Propriano (N. Roux in *Bull. soc. bot. Fr.* XLVIII,
sess. extr. CXLIII) ; Bonifacio (Mab. *Rech.* I, 12).

†† 642. **S. rubella** L. *Sp.* ed. 1, 419 (1753) ; Rohrb. *Mon. Sil.* 155 ;
Boiss. *Fl. or.* I, 598 ; Willk et Lange *Prodr. fl. hisp.* III, 660 ; Williams
in *Journ. linn. soc.* XXXII, 113.

Hab. — Garigues, friches, cultures de l'étage inférieur. Mai. ①. Très
rare. Calvi (Shuttlew. *Enum.* 7).

Le *S. rubella* est une espèce des parties méridionales du domaine
méditerranéen, dont l'aire s'étend toutefois en Espagne jusqu'à Barce-
lone, et englobe les Baléares, la Sardaigne, l'Italie méridionale et la
Sicile. L'indication de Shuttleworth, auteur généralement exact, n'est
donc pas invraisemblable. Une confusion avec le *S. rubella* Suffr. = *S.
cretica* L. paraît exclue, attendu que cette dernière espèce figure aussi
dans la liste de Shuttleworth. Espèce à rechercher.

S. portensis L. *Sp.* ed. 1, 420 (1753) ; Gr. et Godr. *Fl. Fr.* I, 211 ; Rohrb.
Mon. Sil. 160 ; Rouy et Fouc. *Fl. Fr.* III, 132 ; Coste *Fl. Fr.* I, 173 ; Williams in *Journ. linn. soc.* XXXII, 119.

Espèce arénicole atlantique (Portugal, Espagne, ouest de la France) ;
pénétrant jusqu'au département de Vaucluse. Plus à l'est, elle est signalée dans les Alpes maritimes, indication contestée par M. Burnat
(*Fl. Alp. mar.* I, 204), et bien plus loin encore dans l'archipel grec par
M. Williams (l. c.), ce qui nous paraît très douteux. En Corse le *S. portensis* a été vaguement signalé par Grenier et Godron (l. c.), puis avec
précision à Biguglia par Sargnon (in *Ann. soc. bot. Lyon* XXIV, 66). Une
erreur de détermination n'est cependant pas exclue : nous n'osons jusqu'à
plus ample informé admettre le *S. portensis* parmi les espèces spontanées de la Corse.

643. **S. inaperta** L. *Sp.* ed. 1, 419 (1753) ; Gr. et Godr. *Fl. Fr.* I,
215 ; Rohrb. *Mon. Sil.* 167 ; Rouy et Fouc. *Fl. Fr.* III, 135 ; Coste *Fl.
Fr.* I, 174 ; Williams in *Journ. linn. soc.* XXXII, 125 = *S. scabra* Bert.
Fl. it. IV, 614 (1839) = *S. linoides* Soleirol ex Bert. l. c. — Exsicc.
Soleirol n. 117 ! ; Soc. rochel. n. 4383 !

Hab. — Garigues, moissons, friches surtout de l'étage inférieur, mais
pouvant s'élever avec les cultures. Juin-juill. ①. Rare ou peu observé.

Calvi (Soleirol exsicc. cit. et ap. Bert. *Fl. it.* IV, 614) ; Corté (Mab. ex Mars. *Cat.* 28 ; Burnouf ex Rouy et Fouc. l. c. ; Mandon in Soc. dauph. cit.) ; vallon du Rio Secco (« Revisecco »), latéral de la Restonica, à mi-hauteur (Mab. ex Mars. l. c.).

Bertoloni n'a donné un nom nouveau à cette espèce que parce qu'il identifiait le *S. inaperta* L. avec le *S. multicaulis* Guss. Nous ne trouvons pas dans la plante corse, dont MM. Rouy et Foucaud font un *S. inaperta* var. *scabra* Rouy et Fouc. (l. c.), les éléments nécessaires à la distinction d'une variété particulière.

644. **S. laeta** A. Br. in *Flora* XXVI, 373 (1843) ; Rouy et Fouc. *Fl. Fr.* III, 137 = *Lychnis laeta* Ait. *Hort. kew.* ed. 1, II, 118 (1789) ; Coste *Fl. Fr.* I, 185. — En Corse seulement la race suivante :

Var. **Loiseleurii** Rouy et Fouc. *Fl. Fr.* III, 138 (1896) = *Lychnis corsica* Lois. *Not.* 73 (1810) et *Fl. gall.* ed. 2, I, 327 = *Agrostemma corsica* Don *Gen. syst.* I, 416 (1831) = *Viscaria corsica* Fenzl in Endl. *Gen.* 973 (1836-50) = *Lychnis laeta* Mor. *Fl. sard.* I, 242 (1837) = *Eudianthe corsica* Fenzl in Endl. *Gen.* suppl. II, 78 (1842) = *S. Loiseleurii* Gr. et Godr. *Fl. Fr.* I, 220 (1847) ; Rohrb. *Mon. Sil.* 166. — Exsicc. Soleirol n. 894 ! ; Req. sub : *S. Loiseleurii* ; Kralik n. 497 ! ; Billot n. 3340 ! ; Mab. n. 80 ! ; Reverch. ann. 1879, n. 190 ! ; Burn. ann. 1904, n. 80, 81, 82 et 83 !

Hab. — Bords des sources, fontaines et points humides des étages inférieur et montagnard, 1-1000 m. Avril-juill. ①. Très répandue et abondante dans l'île entière.

1906. — Abondante au voisinage de presque tous les points d'eau du Cap Corse ! — Source entre le col de San Colombano et Palasca, 500 m., 10 juill. fl. fr. ! ; berges des torrents en montant d'Omessa au col de Bocca al Pruno, 300-600 m., 15 juill. fr. !

Pédicelles ± anguleux au sommet : calice turbiné à la maturité et peu ombiliqué ou atténué à la base ; capsule ± ovoïde ; semences à verrucosités aiguës ; anthères oblongues.

On peut distinguer deux formes extrêmes, auxquelles nous avions jadis donné la valeur de sous-variétés, mais qui nous paraissent maintenant être plutôt des états en rapport avec le milieu. Dans l'une [*Lychnis corsica* Salis in *Flora* XVII, Beibl. II, 69 (1834)], la plante est haute de 10-50 cm., à feuilles caulinaires linéaires-lancéolées, à corolle médiocre. Dans l'autre [*Lychnis laeta* Salis l. c. = *S. laeta* subvar. *elatior* Briq. *Spic.* 20 (1905)], la plante peut dépasser 60 cm. de hauteur, à tige élancée, plus robuste, à entrenœuds plus allongés, à feuilles caulinaires oblongues-

lancéolées, mesurant 4-5×0,5-0,7 cm., à corolle un peu plus grande. —
Cette forme extrême croit au bord des eaux de l'étage inférieur sur
terrain riche en substances nutritives: elle a été indiquée par Salis à
Vico, dans le ruisseau au-dessus du vieux pont du Liamone, et trouvée
par MM. Burnat et Cavillier (Briq. l. c. et Burn. n. 83) dans l'estuaire du
Chioni près Cargèse. On trouve tous les passages entre les états extrêmes.

645. **S. cretica** L. *Sp.* ed. 1, 420 (1753); Gr. et Godr. *Fl. Fr.* 1, 215;
Rohrb. *Mon. Sil.* 167; Rouy et Fouc. *Fl. Fr.* III, 135; Coste *Fl. Fr.* 1,
173; Williams in *Journ. linn. soc.* XXXII, 125 = *S. parviflora* Moench
Meth. 708 (1794) = *S. rubella* Suffr. *Cat. pl. Frioul* 141 (1802); DC.
Fl. fr. V, 604; Lois. *Fl. gall.* ed. 2, II, 309; non L. = *S. annulata* Thore
Chlor. Land. 173 (1803) = *S. clandestina* Duby *Bot. gall.* 77 (1828). —
Exsicc. Soleirol n. 935!; Mab. n. 107!; Debeaux ann. 1868 et 1869
sub : *S. cretica* !

Hab. — Moissons, friches, cultures, en particulier champs de lin, et
berges des ravins dans les étages inférieur et montagnard. Mai-juill.
①. Disséminé. Bastia (Salis in *Flora* XVII, Beibl. II, 69; Mab. exsicc.
cit. et ap. Mars. *Cat.* 28; Debeaux exsicc. cit.); Calenzana (Soleirol
exsicc. cit. et ap. Bert. *Fl. it.* IV, 612); Calvi (de Pouzolz et Soleirol
ex Lois. *Fl. gall.* ed. 2, I, 309); Bocognano (ex Gr. et Godr. l. c.); de
la Chapelle des Grecs à Vignola (Mars. l. c.; Boullu in *Bull. soc. bot. Fr.*
XXIV, sess. extr. XC et XXVI, 82; Coste ibid. XLVIII, sess. extr. CV);
Porto-Vecchio (Revel. ex Mars. l. c.).

Cette espèce accompagne très souvent les cultures du lin, de sorte
que sa spontanéité pourrait être mise en doute. Mais sa présence dans
les moissons et même en dehors des cultures (voy. Mars. l. c.), nous
engage, à l'exemple d'autres auteurs, à l'admettre parmi les espèces
indigènes. — Les caractères d'après lesquels on a séparé le *S. annulata*
Thore nous paraissent si variables que nous avons dû renoncer à le
distinguer, même comme variété (voy. Rohrb. l. c. et Burnat *Fl. Alp.
mar.* I, 241).

646. **S. Cœli-rosa** A. Br. in *Flora* XXVI, 373 (1843); Gr. et Godr.
Fl. Fr. 1, 221; Rohrb. *Mon. Sil.* 174; Rouy et Fouc. *Fl. Fr.* III, 136 =
Agrostemma Cœli-rosa L. *Sp.* ed. 1, 436 (1753) = *Lychnis Cœli-rosa*
Desr. in Lamk *Encycl. méth.* III, 644 (1789); Coste *Fl. Fr.* 1, 185 =
Eudianthe cœli-rosa Fenzl in Endl. *Gen.* suppl. II, 78 (1842). — Exsicc.
Soleirol n. 887 !

Hab. — Points herbeux humides du littoral. Avril-mai. ①. Rare. S¹-

Florent (Soleirol exsicc. cit. et ap. Bert. *Fl. it.* IV, 733 ; Mab. ex Mars. *Cat.* 28 ; Gysperger in Rouy *Rev. bot. syst.* II, 112) ; Santa-Giulia près Porto-Vecchio (Revel. ex Mars. l. c.).

†† 647. **S. viridiflora** L. *Sp.* ed. 2, 597 (1762) ; Bert. *Fl. it.* IV, 595 ; Rohrb. *Mon. Sil.* 214 ; Rouy et Fouc. *Fl. Fr.* III, 142 ; Coste *Fl. Fr.* I, 176 ; Williams in *Journ. linn. soc.* XXXII, 169.

Hab. — Rochers ombragés des étages inférieur et montagnard, 1-700 m. Mai-juill. ♃. Rare. Solenzara (Fouc. et Sim. *Trois sem. herb. Corse* 133) ; Zicavo (Lit. *Voy.* I, 15).

648. **S. italica** Pers. *Syn.* I, 498 (1805) ; Gr. et Godr. *Fl. Fr.* I, 218 ; Rohrb. *Mon. Sil.* 218 ; Rouy et Fouc. *Fl. Fr.* III, 145 ; Coste *Fl. Fr.* I, 177 = *Cucubalus italicus* L. *Syst.* ed. 10, 1030 (1759).

Hab. — Rochers ombragés de l'étage inférieur. Mai-juill. ♃. Corse (Thomas ex Bert. *Fl. it.* IV, 600) ; env. d'Ajaccio (Boullu in *Bull. soc. bot. Fr.* XXIV, sess. extr. XCVIII).

L'indication de Thomas, comme d'ailleurs celle de Boullu (figurant dans une liste rédigée d'après de « vieux souvenirs trop vagues »), est très insuffisante. Nous n'osons cependant pas exclure le *S. italica* de la flore corse, parce que la présence de cette espèce en Sardaigne, et dans les îles d'Elbe, de Giglio, de Gorgone et de Pianosa rendent les données précédentes vraisemblables. Espèce à rechercher.
Viviani (*Fl. cors. diagn.* 6) n'a signalé le *S. italica* dans les parties méridionales de la Corse que par confusion avec le *S. Salzmanni* Bad.

649. **S. pauciflora** Salzm. ex Otth in DC. *Prodr.* I, 382 (1824) ; Gr. et Godr. *Fl. Fr.* I, 210 ; Rohrb. *Mon. Sil.* 224 ; Rouy et Fouc. *Fl. Fr.* III, 147 ; Coste *Fl. Fr.* I, 177 ; Williams in *Journ. linn. soc.* XXXII, 182 = *S. nodulosa* Viv. *Fl. cors. diagn.* 6 (1824) et *App. alt.* 7 = *S. italica* var. *pauciflora* Mor. *Fl. sard.* I, 251 (1837). — Exsicc. Thomas sub : *S. pauciflora* ! ; Soleirol n. 932 ! ; Mab. n. 70 ! ; Debeaux ann. 1868 et 1869 sub : *S. pauciflora* ! ; Reverch. ann. 1878, ann. 1879 et ann. 1885, n. 123 ! ; Burn. ann. 1900, n. 144 et 229 ! et ann. 1904, n. 75 !

Hab. — Garigues, junipéraies, rocailles, rochers des étages montagnard et subalpin, 500-1600 m. Juin-juill. Répandu et abondant dans l'île entière, depuis les cimes sept. du Cap Corse jusqu'aux montagnes du sud de l'île.

1906. — Cap Corse : fissures des rochers de la Tour de Sénèque au-

36

dessus de Luri, 550 m., 8 juill. fr.!; rochers calcaires au col de Colombano, 650 m., 10 juill. fr. ! ; cime de la Chapelle de S. Angelo, rochers calcaires, 1180 m., 15 juill. fl. ! : rochers à Camaglia, au-dessus de Tattone, 700 m., 18 juill. fl. fr. !; pentes du Monte d'Oro, versant de Vizzavona, bords des torrents, 1100-1200 m., 15 juill. fl.! : Pointe de Monte, junipéraies du versant W., 1600 m., 20 juill. fl.!; châtaigneraies entre Zicavo et la chapelle de San Pietro, 800 m., 18 juill. fl. fr. !

1908. — Vallée de Tartagine, rochers ombragés, 1000 m., 4 juill. fl. fr.!; vallée inf. du Tavignano, rochers, 1000 m., 28 juin fl. !

Espèce spéciale à la Corse et-à la Sardaigne (y compris l'île de Tavolara) voisine du *S. italica*, mais s'en distinguant très facilement par les tiges infrarosulaires, et non pas terminales. — Le *S. pauciflora* présente des variations sensibles selon l'exposition. Les individus développés dans les stations ombragées sont plus exubérants, à tube calicinal plus allongé. Cette variation sur laquelle nous avions jadis basé un *S. pauciflora* var. *Burnati* Briq. [*Rech. Corse* 83 (1901)], ne nous paraît maintenant, après étude prolongée de l'espèce sur le vif, avoir qu'une très faible valeur systématique.

650. **S. Salzmanni** Bad. ap. Moretti in Brugnat. *Giorn.* IX, 78 (1826) ; Gr. et Godr. *Fl. Fr.* 1, 218 ; Rohrb. *Mon. Sil.* 224 ; Rouy et Fouc. *Fl. Fr.* III, 148 ; Coste *Fl. Fr.* 1, 177 ; Williams in *Journ. linn. soc.* XXXII, 183 ; non Otth = *S. italica* Viv. *Fl. cors. diagn.* 6 (1814) ; non Pers. = *S. italica* var. *Salzmanni* Arc. *Comp. fl. it.* ed. 1, 93 (1882).

Hab. — Rochers du littoral. Mai-juill. ♃ . Rare. Bastia (Mab. ex Mars. *Cat.* 28) ; Bonifacio (Seraf. ex Viv. l. c. ; Req. et Kralik ex Rouy et Fouc. l. c.).

Espèce parfois confondue avec les formes tomenteuses du *S. italica*, mais distincte par les dents calicinales ovées obtuses (non lancéolées et subaiguës) et par les pétales à onglets glabres non auriculés (ciliolés et ± auriculés dans le *S. italica*). — Le *S. Salzmanni* est spécial à la Ligurie occidentale, à la Corse et aux îles d'Elbe, de Gorgone et de Capraia.

Nous n'avons pas encore réussi à étudier des échant. authentiques du *S. Salzmanni* de Corse. Tout ce que nous avons vu distribué sous ce nom par Requien et Kralik appartient au *S. mollissima*. Cependant, Viviani indique positivement les deux espèces aux env. de Bonifacio, et en donne des diagnoses qui, bien que médiocres, permettent cependant de les reconnaître. Il y aura lieu de rechercher soigneusement dans la suite le *S. Salzmanni*, dont la présence en Corse n'est peut-être pas hors de doute.

651. **S. paradoxa** L. *Sp.* ed. 2, 1673 (1763) ; Gr. et Godr. *Fl. Fr.* 1, 218 ; Rohrb. *Mon. Sil.* 225 ; Rouy et Fouc. *Fl. Fr.* III, 148 ; Coste *Fl.*

Fr. 1, 177 ; Williams in *Journ. linn. soc.* XXXII, 185. — Exsicc. Thomas sub : *S. paradoxa* ! ; Soleirol n. 44 ! ; Kralik n. 493 ! et sub : *S. paradoxa* ! ; Mab. n. 23 ! ; Debeaux ann. 1866 et 1869 sub : *S. paradoxa* ! ; Soc. rochel. n. 4384 ! ; Burn. ann. 1900, n. 44, 162 et 244 !

Hab. — Rochers et rocailles des étages inférieur et montagnard, 1-1000 m. Juill.-août. ♃. Abondant par places mais pas partout. Cap Corse (Mab. *Rech.* I, 12) ; env. de Bastia (Salis in *Flora* XVII, Beibl. II, 69 ; Soleirol exsicc. cit. et ap. Bert. *Fl. it.* IV, 602 ; Kralik et Debeaux exsicc. cit.) ; col de Teghime (Burn. n. 44) ; St Florent (Mab. l. c.) ; Valle-di-Rostino (« Rustino », ex Gr. et Godr. l. c.) ; Cervione (Soleirol et ex Gr. et Godr. l. c.) ; défilé de Santa Regina (Lit. *Voy.* II, 5) ; Calacuccia (Soulié ex Coste in *Bull. soc. bot. Fr.* XLVIII, sess. extr. CXVIII) ; de Corté au col d'Ominanda (Rouy *Fl. Fr.* XI, 396 ; Lit. in *Bull. acad. géogr. bot.* XVIII, 113) ; Corté (Kralik exsicc. cit. ; Mab. *Rech.* I, 12 ; Mand. in Soc. rochel. cit. ; Burn. n. 162) ; vallée de la Restonica (Burnouf in *Bull. soc. bot. Fr.* XXIV, sess. extr. LXXXIV ; Burn. n. 244) ; entre Corté et Seraggio (Petit in *Bot. Tidsskr.* XIV, 245) ; Vivario (Mars. *Cat.* 28) ; de Soccia au lac de Creno (Lit. *Voy.* II, 22) ; Ajaccio (Mab. l. c.) ; Ghisoni (Lit. in *Bull. acad. géogr. bot.* XVIII, 113) ; défilé de l'Inzecca (Lit. *Voy.* I, 15) ; Porto-Vecchio (Gysperger in Rouy *Rev. bot. syst.* II, 120).

1906. — Châtaigneraies et rocailles en montant d'Omessa au col de Bocca al Pruno, 700-900 m., 15 juill. fl. ! ; rocailles au-dessous de Santa Maria di Mercurio, 650 m., 30 juill. fl. fr. ! ; rocailles du col d'Ominanda, versant de Corté, 500 m., 6 août fr. ! ; rocailles de la vallée de Tavignano en amont de Corté, 800-900 m., 26 juill. fl. ! ; pentes rocheuses entre Tattone et Canaglia, 600-700 m., 18 juill. fl. !

1908. — Versant S. du col de Tende, rochers, 5-900 m., 1 juill. fl. !

Les variétés établies par MM. Rouy et Foucaud (l. c. 149) : β angusti-folia Rouy et Fouc., γ *tenuifolia* Ser. (in DC. *Prodr.* I, 381) et δ *tenuicaulis* Rouy et Fouc.) basées sur la hauteur des tiges, le nombre des fleurs et le développement des feuilles, représentent pour nous de simples états individuels, et dont le nombre pourrait sans trop de peine être encore augmenté.

652. **S. mollissima** Pers. *Syn.* I, 498 (1805) ; Viv. *Fl. cors. diagn.* 6 ; Bert. *Fl. it.* IV, 598 ; Rohrb. *Mon. Sil.* 226 ; Williams in *Journ. linn. soc.* XXXII, 183 = *Cucubalus mollissimus* L. *Sp.* ed. 2, 593 (1762) = *S. velutina* Pourr. ex Lois. in Desv. *Journ. de Bot.* II, 324 (1809) ; Gr. et Godr. *Fl. Fr.* I, 219 ; Rouy et Fouc. *Fl. Fr.* III, 149 ; Coste *Fl. Fr.* I,

177 = *S. Salzmanni* Otth in DC. *Prodr.* 1, 381 (1824) ; non Bad. = S.
tomentosa Otth l. c. 383. — Exsicc. Salzmann sub : *S. fruticosa* ! ; Soleirol n. 44 ! ; Req. sub : *S. Salzmanni* ! ; Kralik n. 494 ! ; Reverch. ann.
1880 n. 260 ! ; Dörfler herb. eur. norm. n. 3207 !

Hab. — Rochers maritimes. Juin-juill. ♃. Localisé dans l'extrême
sud. Porto-Vecchio (Revel. ex Mars. *Cat.* 28 ; Gysperger in Rouy *Rev.
bot. syst.* II, 120) ; Bonifacio (Seraf. ex Viv. *Fl. cors. diagn.* 6 ; Soleirol,
Requien, Kralik, Reverch. exsicc. cit. et nombreux autres observateurs).

Cette espèce a été en outre indiquée par Bertoloni (l. c.), et à la
suite de cet auteur par Grenier et Godron (l. c.), dans les montagnes
de Cagna et du Coscione. Ces indications sont invraisemblables, et probablement dues à un lapsus (voy. *Melandrium Requienii* p. 568 !).
Les caractères suivants permettront de distinguer les *S. mollissima* et
Salzmanni, que l'on a si souvent confondus :

S. Salzmanni	**S. mollissima**
Feuilles basilaires obovées-spathulées, à limbe petit, obtus-arrondi, brusquement contracté en pétiole à la base.	Feuilles basilaires oblongues, à limbe développé, obtusiuscule ou ± aigu au sommet, insensiblement atténué en pétiole à la base.
Feuilles caulinaires passant rapidement à la forme lancéolée-linéaire courte.	Feuilles caulinaires oblongues-lancéolées passant graduellement à la forme étroitement oblongue, plus longues.
Axes de l'inflorescence à poils peu nombreux, lâchement glanduleux-visqueux, grêles, virescents.	Axes de l'inflorescence densément tomenteux-glanduleux, épais et cendrés.
Calice grêle, mesurant environ 20×3 mm. en section longitudinale pendant l'anthèse, lâchement et brièvement pubescent-glanduleux, visqueux, à dents largement marginées-scarieuses, le champ médian restant ± lancéolé.	Calice volumineux, mesurant env. 20-24×4 mm. en section longitudinale pendant l'anthèse, densément pubescent-cendré, moins glanduleux et moins visqueux, à dents étroitement marginées-scarieuses, le champ médian restant ± ové.
Pétales dépassant l'orée du calice env. de 15 mm., à onglets longuement exserts.	Pétales dépassant l'orée du calice env. de 8-10 mm., à onglets moins longuement exserts.
Semences chagrinées, planes sur le dos et sur les côtés.	Semences chagrinées, canaliculées sur le dos, planes sur les côtés.
Floraison vernale (avril-commencement de mai).	Floraison estivale (fin juin-juillet).

LYCHNIS L. emend.

653. **L. Flos cuculi** L. *Sp.* ed. 1, 436 (1753) ; Gr. et Godr. *Fl. Fr.* I, 223 ; Rohrb. in *Linnaea* XXXVI, 181 ; Rouy et Fouc. *Fl. Fr.* III, 90 ; Coste *Fl. Fr.* I, 184. — Exsicc. Burn. ann. 1904, n. 73 !

Hab. — Prairies maritimes, points marécageux ou humides des étages inférieur et montagnard. Avril-juill. selon l'altitude. ♃. Disséminé. De Bastia à Biguglia (Salis in *Flora* XVII, Beibl. II, 69 ; Mab. ex Mars. *Cat.* 28 ; Fouc. et Sim. *Trois sem. herb. Corse* 132) ; de Folelli à Orezza (Fouc. et Sim. l. c.) ; Tallone (Fouc. et Sim. l.c.) ; Ghisonaccia (Fouc. et Sim. l. c.) ; Ghisoni (Gysperger in Rouy *Rev. bot. syst.* II, 120 ; Briq. *Spic.* 19 et Burn. exsicc. cit. ; Rotgès in litt.) ; Marmano (Ivolas ex Rouy et Camus *Fl. Fr.* VII, 410) ; Tattone (Mand. et Fouc. in *Bull. soc. bot. Fr.* XLVII, 87) ; bords du Liamone à Vico (Clément ex Rouy et Fouc. *Fl. Fr.* III, 90) ; col de St-Georges (Mars. l. c.) ; « Saint-Pierre », bords du Taravo (Kralik ex Rouy et Fouc. l. c.) ; Solenzara (Fouc. et Sim. l. c.) ; Porto-Vecchio (Scraf. ex Bert. *Fl. it.* IV, 738 ; R. Maire in *Bull. soc. bot. Fr.* XLVIII, sess. extr. CXLVI) ; Bonifacio (Lutz ibid. CXXXIX ; Boy. *Fl. Sud Corse* 58) ; et localités ci-dessous.

1906. — Fossés au bord de la route à Venaco, 11 juill. 1906 (Mme Gysperger !) ; bords du sentier à l'entrée du vallon de Manganello entre Vivario et Tattone, 650 m., 18 juill. fl. !

1907. — Maquis marécageux entre Alistro et Bravone, 10 m., 30 avril fl. ! ; pré humide à Ghisonaccia, 5 m., 2 mai fl. !

Certains échant. corses ont été rapportés au *L. Cyrilli* Richt. [ap. Reichb. *Ic.* VI, 55, tab. CCCVI, fig. 5129 *b* (1844)], devenu le *L. Flos cuculi* subsp. *Cyrilli* Rouy et Fouc. [*Fl. Fr.* III, 91 (1896) et X, 373] et plus tard le *L. Flos cuculi* var. *Cyrilli* Gürke [*Pl. eur.* II, 322 (1903)]. Ce *Lychnis* doit être caractérisé par un port plus grêle, une glabrescence plus marquée, des fleurs moins nombreuses à pédoncules plus allongés, et des fleurs plus petites. Mais nous possédons des échant. grêles présentant les mêmes caractères végétatifs, croissant pêle-mêle avec ceux plus développés, de divers points de l'Europe centrale situés en dehors de l'aire méditerranéenne et balkanique attribuée au *L. Cyrilli*. Les fleurs du *L. Flos cuculi* (espèce gynodioïque et gynomonoïque) varient dans leur grandeur absolue, même en éliminant les échant. ♀ à petites corolles et à étamines abortives [*L. Flos cuculi* var. *parviflora* Peterm. *Fl. Lips.* 332 (1838)]. Après examen renouvelé de cette question, nous ne pouvons distinguer le *L. Cyrilli*, même comme variété, résultat auquel nous étions arrivé en 1905 (*Spic. cors.* 191), et auquel avait abouti, bien avant nous, Rohrbach (in *Linnaea* XXXVI, 182).

MELANDRIUM Rœhl.

654. **M. album** Garcke *Fl. Deutschl.* ed. 4, 55 (1858) ; Rohrb. in *Linnaea* XXXVI, 209 = *Lychnis dioica* L. *Sp.* ed. 1, 436 (1753) p. p.; DC. *Fl. fr.* IV, 732 ; Coss. et Germ. *Fl. Par.* éd. 1, 28 = *Lychnis alba* Mill. *Gard. dict.* ed. 8, n. 4 (1768) = *L. vespertina* Sibth. *Fl. oxon.* 146 (1794) ; Coste *Fl. Fr.* I, 183 = *M. pratense* Röhl. *Deutschl. Fl.* ed. 2, I, 274 (1812) ; Rouy et Fouc. *Fl. Fr.* III, 94 = *Silene pratensis* Gr. et Godr. *Fl. Fr.* I, 216 (1847). — Exsicc. Burn. ann. 1904, n. 74 !

Hab. — Prairies maritimes, points ombragés et herbeux des étages inférieur et montagnard. Mai-juill. ♃. Serait répandu selon de Marsilly (*Cat.* 28). De Bastia à Biguglia (Salis in *Flora* XVII. Beibl. II, 69; Boullu in *Bull. soc. bot. Fr.* XXIV, sess. extr. LXVI) ; env. de Corté (Sargnon in *Ann. soc. bot. Lyon* VI, 77) ; Piana (Lit. in *Bull. acad. géogr. bot.* XVIII, 112) ; Bocognano (Briq. *Spic. cors.* 20 et Burn. exsicc. cit.); col d'Argolica entre Zicavo et Aullène (Lit. l. c.). Confondu avec l'espèce suivante ; distribution entièrement à établir.

Le *L. dioica* L. (l. c.) est un mélange dont les éléments sont basés sur des critères sexuels indépendants des caractères morphologiques distinctifs des *M. album* Gürke et *M. silvestre* Roehl. Le type (α sousentendu) comprend les *M. album* et *silvestre*, les var. β et γ se rapportent au *M. album*. L'emploi contradictoire fait de l'épithète spécifique *dioicum* ne peut que donner lieu à des confusions inextricables. C'est un des cas dans lesquels doit être appliqué l'article 51, 4°, des *Règles de la Nomenclature* (« Chacun doit se refuser à admettre un nom... quand le groupe qu'il désigne embrasse des éléments tout à fait incohérents, ou qu'il devient une source permanente de confusions ou d'erreurs »).

†† 655. **M. divaricatum** Fenzl ap. Ledeb. *Fl. ross.* I, 328 (1842); Rohrb. in *Linnaea* XXXVI, 211 = *Lychnis dioica* Asso *Syn. stirp. arag.* 57 (1789) ; non L. = *Lychnis divaricata* Reichb. *Pl. crit.* IV, 3, tab. CCCIII (1826) = *Lychnis macrocarpa* Boiss. et Reut. *Diagn. pl. nov. Hisp.* 8 (1842); Coste *Fl. Fr.* I, 183 = *M. macrocarpum* Willk. *Ic. et descr.* I, 28 (1852); Rouy et Fouc. *Fl. Fr.* III, 96 = *Lychnis alba* var. *divaricata* Arc. *Comp. fl. it.* ed. 1, 95 (1882).

Hab. — Comme l'espèce précédente, et souvent confondu avec elle. Belgodère (Fouc. et Sim. *Trois sem. herb. Corse* 132) ; Calvi (Fouc. et Sim. l. c.); Venaco (Fouc. et Sim. l. c.); Tattone (Mand. et Fouc. in *Bull. soc. bot. Fr.* XLVII, 87); Piana (Lutz ibid. XLVIII, sess. extr. CXXXIII);

entre Cargèse et Ajaccio (Gysperger in Rouy *Rev. bot. syst.* II, 114) ; Pozzo di Borgo (Coste in *Bull. soc. bot. Fr.* XLVIII, sess. extr. CXI) ; Ajaccio (Coste l. c. CIV, CV et CVIII) ; Campo di Loro (Fouc. et Sim. l. c. ; Lit. *Voy.* II, 34) ; bords du Rizzanèse entre Propriano et Sartène (Lutz in *Bull. soc. bot. Fr.* XLVIII, sess. extr. CXLII) ; Bonifacio (Lutz ibid. CXXXIX ; Boy. *Fl. Sud Corse* 58) ; et localités ci-dessous.

1906. — Talus de la voie ferrée près de Vizzavona, 905 m., 14 juill. fl. fr. !

1907. — Cap Corse : Marine d'Albo près Nonza, prés humides, 26 avril fl. ! ; pentes herbeuses du col de Teghime, 400 m., 23 avril fl.! ; balmes de la montagne de Pedana, 500 m., calc., 14 mai fl. ! ; oliveraies à Santa Manza, 40 m., 6 mai fl. !

Espèce à corolle blanche, voisine de la précédente, dont elle diffère par le port le plus souvent plus élevé et la ramification ± divariquée, le calice plus grand à dents lancéolées acutiuscules, l'onglet des pétales peu exsert et non auriculé, la capsule plus grosse, à dents plus nettement recourbées en dehors, et les semences plus grosses, très convexes sur le dos, plus profondément ombiliquées, à faces moins concaves. Devrait peut-être être rattaché au *M. album* comme sous-espèce ? — Reichenbach (l. c.) a établi sa description d'après des échant. cultivés au jardin botanique de Dresde, et provenant de semences de Sicile communiquées par Tineo. Ainsi qu'il arrive fréquemment, ces échant. cultivés sous le climat du nord avaient pris une apparence glabrescente (« virore et *fere* glabritie omnium partium »), ce qui n'est pas le cas habituel dans les stations méditerranéennes. Fenzl (in Ledebour l. c.) a simplement paraphrasé la note de Reichenbach (« viridissimum subglabrum »). La description a été corrigée par Rohrbach (l. c.).

656. **M. Requienii** Rohrb. *Mon. Sil.* 234 (1868) et in *Linnaea* XXXVI, 239 ; Rouy et Fouc. *Fl. Fr.* III, 98 = *Silene fruticosa* DC. *Fl. fr.* V, 606 (1815) ; non L., nec alior. = *Silene Requienii* Otth in DC. *Prodr.* I, 381 (1824) ; Gr. et Godr. *Fl. Fr.* I, 209 ; Coste *Fl. Fr.* I, 181 = *Silene xeranthema* Viv. *Fl. lyb. spec.* 67 (1824), *Fl. cors. diagn.* et *App. alt. fl. cors. prodr.* 7. — Exsicc. Soleirol n. 107 ! ; Kralik n. 496! ; Reverch. ann. 1878, n. 122!

Hab. — Rochers des étages subalpin et alpin, 1000-2300 m. Calcifuge. Juill.-août. ♃. Paraît manquer au Cap Corse, répandu dans le reste de l'île depuis la chaîne de Tende jusqu'au massif de Cagna. Monte S. Pietro (Salis in *Flora* XVII, Beibl. II, 69) ; Monte Padro (Salis l. c.) ; Monte Grosso (Soleirol exsicc. cit. et ex Bert. *Fl. it.* IV, 604) ; Capo al Berdato, en descendant de la Bocca di Piano vers l'Erco (Lit. in

Bull. acad. géogr. bot. XVIII, 112) ; Monte Cinto (Soulié ex Coste in *Bull. soc. bot. Fr.* XLVIII, sess. extr. CXVIII); forêt d'Aïtone en montant au col de Salto (Lit. l. c.) ; entre le lac de Creno et le Campotile (Req. ex Gr. et Godr. *Fl. Fr.* I, 209 et Rouy et Fouc. *Fl. Fr.* III, 98); vallée du Tavignano (Bernard ex Gr. et Godr. l. c.) ; Monte d'Oro (Salis ex Bert. l. c.; Kralik exsicc. cit.); Monte Renoso (Revel. ex Mars. *Cat.* 27 ; Reverch. exsicc. cit.; Lit. *Voy.* II, 30) ; Pietra-Mala (Revel. ex Mars. l. c.) ; Mt Incudine (ex Rouy et Fouc. l. c.) ; Coscione (Jord. ex Rouy et Fouc. l. c.) ; monts de Cagna (Seraf. ex Viv. l. c., Bert. l. c., avec l'indication décidément un peu trop vague de « voisinage de Bonifacio » ; Gr. et Godr. l. c.) ; et localités ci-dessous.

1906. — Rochers sur le versant S. du Mont Corona, 2000 m., 27 juill. fl.! ; arêtes entre le Capo Ladroncello et le col d'Avartoli, 2000 m., 27 juill. fl.! ; rochers du Monte Traunato, 2000 m., 31 juill. fl. ; rochers des arêtes entre la Bocca Valle Bonna et le Monte Traunato, 2000 m., 31 juill. fl. fr.! ; rochers sur le versant N. du col de Bocca Valle Bonna, 1900 m., 31 juill., fl.! ; rochers du Mont Capo Bianco, versant d'Urcula, 2300 m., 7 août fl. fr.! ; col de Teri Corsica, rochers du côté de Lozzi, 1800 m., 7 août fl.! ; rochers en montant des bergeries de Manica au Monte Cinto, 1900 m., 29 juill. fl.! ; rochers de la vallée du Tavignano au-dessus de Corté, 1000 m., 29 juill. fr. (descendu des hauteurs!) ; Capo al Chiostro, rochers du versant E., 1800 m., 3 août fl.! ; rochers entre les bergeries de Tortetto et le sommet du Monte d'Oro, sur le versant W., 1700-1800 m., 12 août fl. fr.! ; rochers en allant de Marmano à Vizzavona par les pentes E. du massif du Renoso, 1200 m., 21 juill. fl. fr.!

1908. — Monte Asto, rochers, 1500 m., 1 juill. fl. fr.! ; rochers du Monte Padro, 2000 m., 4 juill. fl. fr.! ; vallée inf. du Tavignano, rochers ombragés, 1200 m., 26 juin fl.! ; col de Ciarnente, rochers du versant S., 1400-1500 m., 27 juin fl.!

Remarquable espèce, endémique en Corse et en Sardaigne, apparentée aux *M. lanuginosum* Rohrb. (Apennins), *auriculatum* Rohrb. (Grèce), *Elisabethae* Rohrb. (Alpes orientales) et *Zawadskii* A. Br. (Carpathes).

CUCUBALUS L. emend.

C. baccifer L. *Sp.* ed. 1, 414 (1753) ; Gr. et Godr. *Fl. Fr.* I, 201 ; Rouy et Fouc. *Fl. Fr.* III, 101 ; Coste *Fl. Fr.* I, 169.

Indiqué vaguement en Corse par Burmann (*Fl. Cors.* 222). Cette espèce n'a été revue par aucun observateur et doit être rayée de la flore de l'île.

TUNICA Scop.

657. **T. prolifera** Scop. *Fl. carn.* ed. 2, 1, 299 (1772) ; Rouy et Fouc. *Fl. Fr.* III, 159 = *Dianthus prolifer* L. *Sp.* ed. 1, 410 (1753); Coste *Fl. Fr.* 1, 190.

Hab. — Garigues, sables, friches, rocailles des étages inférieur et montagnard. Mai-juill. ♃. — En Corse les sous-espèces et variétés suivantes :

† I. Subsp. **eu-prolifera** Briq. = *T. prolifera* Scop. l. c., sensu strictiore = *Dianthus prolifer* Williams in *Journ. linn. soc.* XXIX, 464.

Tige dépourvue de glandes stipitées courtes sur les entrenœuds moyens. Feuilles à gaines plus larges ou aussi larges que longues.

† α. Var. **genuina** Briq. = *Dianthus prolifer* Gr. et Godr. *Fl. Fr.* 1, 229 ; Burn. *Fl. Alp. mar.* 1, 220.

Hab. — Rare. De Bastia à Biguglia (Salis in *Flora* XVII, Beibl. II, 68); Balagne (Soleirol ex Bert. *Fl. it.* IV. 550).

Tige glabre. Pétales à limbe entier ou émarginé. Semences mesurant env. 1,5-1,7×0,7-1 mm., ± convexes et striées-chagrinées sur le dos. La forme la plus répandue de cette race est la sous-var. **scabrifolia** Briq. [= *Dianthus prolifer* var. *scabrifolius* Clav. in *Act. soc. linn. Bord.* XXXV, 380 (1881)], à feuilles rudes-ciliolées sur les bords. La sous-var. **laevis** Briq. [= *Dianthus prolifer* var. *laevis* Clav. l. c. (1881) = *T. prolifera* var. *laevis* Rouy et Fouc. *Fl. Fr.* III, 159 (1896)], à feuilles lisses, n'a encore été signalée que dans le sud-ouest de la France. — La distribution en Corse de la var. *genuina*, signalée par Salis et Bertoloni parallèlement à la sous-esp. *velutina*, devra faire l'objet d'études ultérieures.

†† Var. **Nanteuilii** Briq. = *Dianthus Nanteuilii* Burn. *Fl. Alp. mar.* 1, 221 (1892) = *T. prolifer* forme *T. Nanteuilii* Rouy et Fouc. *Fl. Fr.* III, 160 (1896) = *T. Nanteuilii* Gürke *Pl. eur.* II, 338 (1903).

Hab. — Rare. Vallée du Fango près Bastia (Lit. in *Bull. acad. géogr. bot.* XVIII, 114) ; Chapelle des Grecs (Fouc. et Sim. *Trois sem. herb. Corse* 133) ; Bonifacio (Fouc. et Sim. l. c.).

Tige glabre ou très rarement brièvement pubescente [subvar. **pubescens** Rouy et Fouc. *Fl. Fr.* III, 160 (1896]. Feuilles en partie, ou toutes faiblement scabres-ciliolées. Pétales à limbe obcordé ou presque bilobé. Semences de forme et de dimensions intermédiaires entre celles de la var. α et de la sous-espèce suivante, avec laquelle elle établit le passage.

II. Subsp. **velutina** Briq. = *Dianthus velutinus* Guss. *Ind. sem. hort. Boccad.* ann. 1825, 5 et *Pl. rar.* 166, tab. 32 (1826); Gr. et Godr. *Fl. Fr.* I, 229; Burn. *Fl. Alp. mar.* I, 221; Williams in *Journ. linn. soc.* XXIX, 466 = *T. velutina* Fisch. et Mey. *Ind. sem. hort. petrop.* VI, 67 (1829) = *T. prolifera* forme *T. velutina* Rouy et Fouc. *Fl. Fr.* III, 160. — Exsicc. Req. sub : *Dianthus velutinus* !; Mab. n. 73 !; Debeaux ann. 1868 et 1869 sub : *D. velutinus* !; Reverch. ann. 1878, n. 45 !; Burn. ann. 1904, n. 88 !

Hab. — Répandue et abondante dans l'île entière.

1906. — Cap Corse : talus arides entre les Marines de Luri et de Sisco, 6 juill. fr. ! — Rocailles près de Tattone, 850 m., 12 juill. fr. !

1907. — Garigues entre la station et le village de Pietralba, 400 m., 14 mai fl. ! ; garigues à Ghisonaccia, 10 m., 8 mai fl. ! ; pelouses rocheuses dans la vall. inf. de Solenzara.

Tige pourvue de glandes stipitées courtes sur les entrenœuds moyens, rarement glabre (subvar. laevicaulis Rouy et Fouc. l. c.). Feuilles à gaines plus longues que larges, les supérieures lisses, les inf. généralement ± ciliolées vers la base. Pétales à limbe plus réduit, nettement bilobé ou presque bifide. Semences mesurant env. 1×0,7-0,8 mm., très convexes et munies de petits tubercules saillants sur le dos. — Les échant. à tige glabre signalés d'abord par Mabille (*Rech. pl. Corse* I, 13), apparaissent çà et là, rarement, parmi ceux à entrenœuds moyens ± pubescents-glanduleux : ce caractère paraît donc avoir une faible valeur systématique. Quant aux formes réduites appelées var. *uniflora* par MM. Rouy et Foucaud dans les deux sous-espèces, et distinguées jadis spécifiquement (*D. diminutus* L. et *D. diminutus* Desf.), elles sont purement individuelles et apparaissent tantôt abondantes dans les stations très arides, tantôt mêlées aux échant. plus développés : elles ne méritent pas d'être spécialement cataloguées.

658. **T. saxifraga** Scop. *Fl. carn.* ed. 2, 1, 300 (1772); Rouy et Fouc. *Fl. Fr.* III, 159 = *Dianthus saxifragus* [1] L. *Sp.* ed. 1, 443; Gr. et Godr. *Fl. Fr.* I, 228; Coste *Fl. Fr.* I, 190.

Hab. — Garigues, sables, rocailles et rochers, 1-1600 m. Mai-juill. ♃. Répandu et abondant dans l'île entière. Les échant. corses paraissent tous appartenir à la variété (sous-variété?) suivante :

Var. **bicolor** Williams in *Journ. of Bot.* XXVIII, 195 (1890); Rouy et Fouc. *Fl. Fr.* III, 158 = *T. bicolor* Jord. et Four. *Brev.* I, 10 (1866) = *T. saxifraga* var. *quinquevulnera* J. Gay ex Rouy et Fouc. l. c. (1896).

[1] Linné a, par suite d'une erreur typographique, écrit *Saxifragus* : le mot doit s'écrire avec une minuscule puisqu'il est décliné et représente un adjectif.

1906. — Cap Corse : rochers entre Rogliano et le col de Cappiaja, 250 m., 7 juill. fl. fr. ! — Rochers de la Cima al Cucco, 1103 m.. 15 juill. fl. fr. ! ; pelouses rocheuses entre Vizzavona et Tattone, 800-900 m., 18 juill. fl. !

1907. — Rocailles au bord du Golo à Francardo, 260 m., 14 mai fl. !

1908. — Monte Asto, gazon rocailleux du sommet, 1533 m., 1 juill. fl. !

Caractérisée par des tiges étalées-diffuses, allongées, les fleurs relativement grandes, à pétales larges, obovés-elliptiques, presque contigus, discolores, d'un blanc rosé en dessus, souvent tachés de rose plus foncé à la base du limbe, purpurins en dessous.

VACCARIA Medik.

† 659. **V. parviflora** Mœnch *Meth.* 63 (1794) ; Rouy et Fouc. *Fl. Fr.* III, 155 = *Saponaria Vaccaria* L. *Sp.* ed. 1, 409 (1753) ; Coste *Fl. Fr.* I, 186 = *S. segetalis* Neck. *Delic. gallo-belg.* 1, 194 (1768) = *S. rubra* Lamk *Fl. Fr.* III, 541 (1778) = *S. perfoliata* Gilib. *Fl. lith.* II, 163 (1781) = *V. pyramidata* Medik. *Phil. bot.* 1, 96 (1789) = *Gypsophila Vaccaria* Sibth. et Sm. *Fl. græc. prodr.* 1, 279 (1806) ; Gr. et Godr. *Fl. Fr.* I, 227 = *V. vulgaris* Host *Fl. austr.* 1, 518 (1827) = *V. perfoliata* Sweet *Hort. brit.* ed. 2, 51 (1830) = *V. sessilifolia* Sweet l. c. (1830) = *V. arvensis* Link *Handb.* II, 240 (1831) = *V. segetalis* Garcke *Fl. Deutschl.* ed. 4 (1858) = *V. Vaccaria* Huth in *Helios* XI, 136 (1893).

Hab. — Moissons de l'étage inférieur. Mai-juin. ④. Rare ou peu observé. Figure déjà parmi les plantes que Salis indique comme signalées en Corse (in *Flora* XVII, Beibl. II, 72). Vallée de la Toga près Bastia (Mab. in *Feuill. jeun. nat.* VII, 111).

Relativement à la nomenclature de cette espèce, il convient d'observer que les épithètes spécifiques employées par Necker, Lamarck et Gilibert sont mort-nées, parce que dues à des changements arbitraires, contraires aux règles, comme aux usages. Mœnch était donc libre, en transférant le *Saponaria Vaccaria* dans le genre *Vaccaria*, de donner à cette espèce l'épithète spécifique qui lui convenait.

DIANTHUS L. emend.

660. **D. Armeria** L. *Sp.* ed. 1, 410 (1753) ; Gr. et Godr. *Fl. Fr.* I, 230 ; Williams in *Journ. linn. soc.* XXIX, 359 ; Rouy et Fouc. *Fl. Fr.* III, 168 ; Coste *Fl. Fr.* I, 190. — Exsicc. Reverch. ann. 1878, n. 44 !

Hab. — Garigues, maquis rocheux des étages inférieur et montagnard. Juin-juill. ②. Serait commun selon Mars. (*Cat.* 29) ; cependant peu observé. Bastia (Salis in *Flora* XVII, Beibl. II, 68) ; Corté (Salis l. c.; Reymond in herb. Deless.!); Ghisoni (Rotgès in litt.) ; Bastelica (Reverch. exsicc. cit.); env. d'Ajaccio (Boullu in *Bull. soc. bot. Fr.* XXIV, sess. extr. XCVIII) ; « Leira » (Seraf. ex Bert. *Fl. it.* IV, 548, localité à à nous inconnue).

661. **D. Balbisii** Ser. in DC. *Prodr.* I, 356 (1824) ; Burn. *Fl. Alp. mar.* I, 223 ; Rouy et Fouc. *Fl. Fr.* III, 166 (1896); Coste *Fl. Fr.* I, 191 = *D. liburnicus* Bartl. in Bartl. et Wendl. *Beitr.* II, 52 (1852) ; Gr. et Godr. *Fl. Fr.* I, 231 ; Williams in *Journ. linn. soc.* XXIX, 366 = *D. collinus* Balb. *Misc. bot.* I, 21 ; non W. K.

Hab. — Garigues, rocailles, clairières des maquis des étages inférieur et montagnard. Juin-août. Rare ou peu observé. Signalé sans indication de localité par de Pouzolz (ap. Lois. *Fl. gall.* ed. 2, I, 304) ; montagne de l'Ospedale (« détermination incertaine » Revel. ex Mars. *Cat.* 29) ; env. de Bonifacio (Boy. *Fl. Sud Corse* 58). A rechercher.

Cette espèce vient en Provence, dans les Alpes maritimes, en Ligurie et en général dans l'Italie sept. et centrale, mais elle paraît manquer dans les petites iles tyrrhéniennes et en Sardaigne. Sa présence en Corse n'est peut-être pas encore absolument hors de doute.

†† 662. **D. furcatus** Balb. in *Mém. Acad. Turin* VII, 13 (1802-03) ; Burn. *Fl. Alp. mar.* I, 226 ; Williams in *Journ. linn. soc.* XXIX, 440 ; Rouy et Fouc. *Fl. Fr.* III, 187 ; Coste *Fl. Fr.* I, 193. — En Corse la sous-espèce suivante :

†† Subsp. **Gyspergerae** Burn. in litt. = *D. Gyspergerae* Rouy in *Rev. bot. syst.* I, 132 (1903) et *Fl. Fr.* IX, 461 et X, 381 = *D. furcatus* var. *Gyspergerae* Burn. ap. Briq. *Spic. cors.* 22 (1905). — Exsicc. Burn. ann. 1904, n. 172 !

Hab. — Jusqu'ici uniquement sur les rochers des Calanches de Piana près Porto, 350-450 m. (Gysperger ap. Rouy *Rev.* cit. I, 132 et II, 114; Burn. exsicc. cit. et ap. Briq. l. c.; Lit. *Voy.* II, 20; Rouy *Fl. Fr.* XI, 406). Mai-juin. ♃.

Diffère de la sous-esp. **eu-furcatus** Burn. (in litt. = *D. furcatus* var. α Burn. *Fl. Alp. mar.* I, 226) par les caractères suivants : Plante robuste, à souche ligneuse, grosse, ramifiée. Feuilles à bords lisses (rarement çà et là, surtout sur les bords des feuilles inférieures, quelques denticules).

Feuilles généralement un peu plus larges (larg. max. 2-3 mm., au lieu de 1-2, moins souvent 2,5), les caulinaires à gaine généralement un peu moins longue (long. 1-2 mm. au lieu de 1,5-2-5, parfois 3). Écailles calicinales généralement plus longues et atteignant le plus souvent la base des dents du calice (très généralement plus courtes que le tube calicinal dans la sous-esp. *eu-furcatus*). Calice (dents comprises) long de 12-14 mm., très rarement 11, avec des dents longues de 4-5 mm., rarement 6 et même 7 (dans la var. *genuinus* le calice est long de 13-16 mm., plus rarement 12 et même 11, moins souvent encore 17-18, avec des dents de 3-5 mm., rarement 6 et même 7). Corolle inodore, à limbe blanc légèrement rosé, très rarement d'un rose plus prononcé.

Il est certain qu'une étude d'ensemble du polymorphe *D. furcatus* Balb., permet de constater dans les Alpes — surtout aux basses altitudes, où les feuilles se présentent plus amples et plus larges, les écailles calicinales plus développées — des formes que l'on a beaucoup de peine à distinguer du *D. Gyspergerae*. Mais si l'on tient compte de la localisation géographique remarquable de cet œillet, de son absence (au moins dans l'état actuel de l'exploration botanique de la Corse) aux altitudes auxquelles le *D. furcatus* croît de préférence, on sera amené à lui donner une valeur subspécifique, qui cadre mieux avec l'échelle généralement adoptée par nous dans cet ouvrage. M. Burnat s'est déclaré (*in litt.*) d'accord avec ce changement de valeur.

663. **D. Caryophyllus** L. *Sp.* ed. 1, 410 (1753), sensu amplo ; Rouy et Fouc. *Fl. Fr.* III, 192 ; Coste *Fl. Fr.* I, 192 = *D. silvestris* Salis in *Flora* XVII, Beibl. II, 684 (1834).

Hab. — Rochers. Mai-août suivant l'alt. ♃.

Nous approuvons sans réserve l'arrangement général adopté par MM. Rouy et Foucaud pour ce groupe, dont tous les membres sont reliés par des termes de passage. Il est difficile de réaliser un arrangement plus artificiel que celui proposé par M. Williams (in *Journ. of Bot.* XXIII, 345 et suiv. ; idem in *Journ. linn. soc.* XXIX, 432 et suiv., 445), malheureusement suivi par M. Gürke (*Pfl. eur.* II, 376-382), dans lequel les éléments de cette espèce sont répartis dans deux sections différentes. Le *D. Caryophyllus* est représenté en Corse par les deux sous-esp. suivantes :

1. Subsp. **siculus** Rouy et Fouc. *Fl. Fr.* III, 193 (1896) = *D. siculus* J. et C. Presl *Del. prag.* 59 (1822) ; Guss. *Fl. sic. syn.* I, 479 ; Gr. et Godr. *Fl. Fr.* I, 239 ; Williams in *Journ. linn. soc.* XXIX, 445 = *D. Caryophyllus* var. *siculus* Tanf. in Parl.-Car. *Fl. it.* IX, 284 (1882) = *D. marginatus* Lacaita in Groves *Fl. terr. Otranto* 130 (1887) ; non alior. — Exsicc. Soleirol n. 958 ! ; Mab. n. 10 ! ; Debeaux ann. 1867 sub : *D. longicaulis* !

Hab. — Rochers du littoral du Cap Corse. Entre Brando et Luri (Mouillefarine ex Rouy et Fouc. *Fl. Fr.* III, 193) ; env. de Bastia (So-

leirol, Mab. et Debeaux exsicc. cit.) ; Ortale (Fouc. et Sim. *Trois sem.
herb. Corse* 133) ; probablement plus répandue.

Calice généralement précédé de nombreuses écailles imbriquées ;
écailles calicinales nombreuses (généralement 6-8, rarement 4), ovées-
acuminées, à acumen allongé. Calice à dents étroitement lancéolées,
aiguës. — Aucun des autres caractères distinctifs attribués au *D. siculus*
(feuilles assez larges, canaliculées, obtusiuscules : calice insensiblement
atténué vers le sommet ; pétales non contigus, à limbe bien plus court
que l'onglet) ne sont constants. Les formes d'attribution douteuse entre
les sous-espèces *siculus* et *virgineus* ne sont d'ailleurs pas rares en Italie,
et en Corse la distinction est parfois difficile.

II. Subsp. **virgineus** Rouy et Fouc. *Fl. Fr.* III, 195 (1896) = *D.
virgineus* L. *Sp.* ed. 1, 412 (1753) ; Gr. et Godr. *Fl. Fr.* I, 238 ; Williams in *Journ. linn. soc.* XXIX, 444 = *D. Godronianus* Jord. *Pug.* 30
(1852) = *D. longicaulis* Burn. *Fl. Alp. mar.* I, 234 (1892). — Exsicc.
Thomas sub : *D. Caryophyllus* ! ; Soleirol n. 959 ! ; Kralik n. 490 (ad subsp.
siculum vergens) ! ; Debeaux ann. 1869 sub : *D. siculus* (au Pigno) ! ;
Reverch. ann. 1878, n. 43 ! ; et ann. 1885, n. 425 ! ; Burn. ann. 1900,
n. 38, 202 et 334 ! ; Burn. ann. 1904, n. 166, 167, 168, 169, 170 et 171 !

Hab. — Rochers, garigues rocheuses, surtout des étages subalpin et
alpin, 10-2100 m. Répandue et abondante dans l'île entière.

1906. — Cime de la Chapelle de S. Angelo, rochers calc. 1184 m.,
15 juill. fl. ! ; rochers sur le versant S. du col de Bocca Valle Bonna, 1900 m.,
31 juill. fl. ! ; rochers en montant des bergeries de Manica au Monte
Cinto, 2000 m., 29 juillet fl. ! : rochers du Capo al Chiostro, 1900 m.,
3 août fl. ! ; rochers en face de la bergerie de Grotello sur la rive droite
de la haute Restonica, 1400-1600 m., 3 août fl. ! : rochers entre Tattone
et Vivario, 850-900 m., 18 juill. fl. fr. ! ; rochers sur le versant W. du
Monte d'Oro, 1600 m., 9 août fl. ! et entre les bergeries de Tortetto et le
sommet du Monte d'Oro, versant W., 1800-1900 m., 12 août fl. !, ainsi que
du côté de Vizzavona, 1100-1200 m., 15 juill. fl. ! : rochers au col de la
Cagnone, 1950 m., 21 juill. vix fl. ! ; rochers sur le versant W. de la
Pointe Bocca d'Oro, 1800 m., 20 juill., vix fl. ! : arêtes entre les Pointes
de Monte et Bocca d'Oro, 1800-1950 m., 10 juill., vix fl.

1908. — Vallée inf. du Tavignano, rochers, 700 m., 28 juin fl. !

Pédoncule nu ou presque nu sous le calice ; écailles calicinales peu
nombreuses (en général 4-6), très longuement ovées, brièvement contractées ou atténuées en un acumen triangulaire. Calice à dents oblongues-
lancéolées, subaiguës.

Tous les échantillons corses appartiennent à la var. **Godronianus** Briq.
(= *D. Godronianus* Jord. l. c. sensu stricto et spec. auth.). Dans la var.
longicaulis Briq. (= *D. longicaulis* Arc. [*Comp. fl. it.* ed. 2, 306 (1894) =

D. longicaulis Ten. *Cat. hort. neap.* ed. 2, 77 (1818) et *Fl. nap.* II, 379 et IV, 206, tab. 138, fig. 1 ; Williams in *Journ. linn. soc.* XXIX, 433] les écailles internes sont presque tronquées, subémarginées et très brièvement mucronées au milieu de la tronquature. MM. Rouy et Foucaud (l. c. 196, obs. 1) ont fait de ce dernier *Dianthus* une sous-espèce distincte. Inversement M. Burnat (l. c. 234) avait réuni le *D. longicaulis* avec le *D. Godronianus.* Nous pensons que les caractères tirés des écailles calicinales et l'aire différente des formes bien caractérisées (Italie méridionale, Sicile, Illyrie) doivent faire envisager la plante de Tenore comme une race de la sous-espèce *virgineus*, d'ailleurs reliée avec la var. *Godronianus* par des formes intermédiaires que nous avons vues soit d'Italie, soit de Provence.

La plupart des échant. récoltés aux altitudes supérieures cadrent avec la description donnée par M. Rouy pour sa variété *brevifolius* [(*D. virgineus* var. *brevifolius* Rouy in *Journ. de Bot.* VI, 47 (1882) = *D. Caryophyllus* subsp. *virgineus* var. *brevifolius* Rouy et Fouc. *Fl. Fr.* III, 196) : port réduit, à tiges courtes et à feuilles courtes et raides. Ceux des altitudes inférieures cadrent en général avec la var. *longifolius* de cet auteur [*D. virgineus* var. *longifolius* Rouy l. c. = *D. Caryophyllus* subsp. *virgineus* var. *longifolius* Rouy et Fouc. l. c. = *D. virgineus* var. *Godronianus* Gürke *Pl. eur.* II, 382 (1903)] : plante plus élevée, plus rameuse, plus multiflore, à feuilles plus longues et moins raides, à écailles calicinales plus allongée. Les formes intermédiaires ont été désignées sous le nom de *D. Caryophyllus* subsp. *virgineus* var. *gracilis* Fouc. et Mand. [in *Bull. soc. bot. Fr.* XLVII, 87 (1900)]. Mais toutes ces variations sont d'ordre purement individuel et en relation étroite avec le milieu. Nos observations faites en 1906 et 1908 confirment pleinement l'opinion déjà émise (*Spic. cors.* 24) sur la valeur systématique nulle de ces formes.

SAPONARIA L. emend.

664. **S. officinalis** L. *Sp.* ed. 1, 408 (1753) ; Gr. et Godr. *Fl. Fr.* 1, 225 ; Rouy et Fouc. *Fr. Fr.* III, 151 ; Coste *Fl. Fr.* I, 186. — Exsicc. Reverch. ann. 1878 et 1885 sub : *S. officinalis* !

Hab. — Friches, haies, berges graveleuses des cours d'eau des étages inférieur et montagnard. Juin-août. ♃. Assez répandu, et très abondant là où on le trouve. De Bastia à Biguglia (Salis in *Flora* XVII, Beibl. II, 69) ; entre Calacuccia et Caccia (Lit. in *Bull. acad. géogr. bot.* XVIII, 113) ; forêt d'Aitone (Lutz in *Bull. soc. bot. Fr.* XLVIII, sess. extr. CXXX) ; Evisa (Reverch. exsicc. cit. 1885) ; Ghisoni (Rotgès in litt.) ; Bocognano (Mars. *Cat.* 29) ; Vico (Mars. l. c.) ; Calcatoggio (Lutz l. c. CXXXVI) ; Ajaccio (Mars. l. c. ; Coste in *Bull. soc. bot. Fr.* XLVIII, sess. extr. CIX) ; Campo di Loro (Boullu ibid. XXIV, sess. extr. XCIV) ; Bastelica (Reverch.

exsicc. cit. 1878) ; Tallano et Figari (Seraf. ex Bert. *Fl. it.* IV, 534) ; et localité ci-dessous.

1908. — Au-dessous de Belgodère, 6 juill. fl.!

665. **S. ocymoides** L. *Sp.* ed. 1, 409 (1753) ; Gr. et Godr. *Fl. Fr.* I, 225 ; Rouy et Fouc. *Fl. Fr.* III, 152 ; Coste *Fl. Fr.* I, 186. — En Corse seulement la race suivante :

Var. **gracilior** Bert. *Fl. it.* IV, 531 (1839) ; Gr. et Godr. *Fl. Fr.* I, 226 ; Rouy et Fouc. *Fl. Fr.* III, 152 = *Silene alsinoides* Viv. *Fl. cors. diagn.* 6 (1824) = *Saponaria alsinoides* Viv. *App. alt. fl. cors. prodr.* 7 (1830) ; Moris *Fl. sard.* I, 238 = *Saponaria ocymoides* Salis in *Flora* XVII, Beibl. II, 69 (1834) = *Saponaria ocymoides* var. *alsinoides* Arc. *Comp. fl. it.* ed. 2, 304 (1894) ; Gürke *Pl. eur.* II, 390. — Exsicc. Soleirol n. 962! ; Reverch. ann. 1885, n. 488! ; Burn. ann. 1900, n. 113! et ann. 1904, n. 84 et 85 !

Hab. — Rochers ombragés, rocailles, junipéraies et berbéridaies, surtout des étages subalpin et alpin, 1000-2000 m., descendant rarement à 600 m. Mai-juill. suivant l'altitude. ♃ . Répandue. Hautes cimes du Cap Corse (Salis in *Flora* XVII, Beibl. II, 69) ; Monte Fosco (Gillot in *Bull. soc. bot. Fr.* XXIV, sess. extr. LX) ; Monte S. Pietro (Gillot l. c. LXXVIII ; Lit. *Voy.* I, 7) ; Monte Grosso (Soleirol exsicc. cit. et ex Bert. *Fl. it.* IV, 532) ; Monte Cinto (Briq. *Rech. Corse* 10 et Burn. n. 113) ; entre Casamaccioli et Cerisole (Fliche in *Bull. soc. bot. Fr.* XXXVII, 359) ; forêt d'Aitone (Reverch. exsicc. cit. ; Briq. *Spic.* 20 et Burn. n. 84) ; vallée de la Restonica (Burnouf in *Bull. soc. bot. Fr.* XXIV, sess. extr. LXXXV ; Fouc. et Sim. *Trois sem. herb. Corse* 133) ; Monte Rotondo (Mab. ex Mars. *Cat.* 29 ; Burnouf l. c. XX) ; Vizzavona (Doùmet in *Ann. Hér.* V, 123 ; Mars. l. c. ; Lit. *Voy.* I, 13) ; Bocognano (Briq. *Spic.* 20 et Burn. n. 85) ; Ghisoni (Rotgès in litt.) ; Monte Renoso (Lit. *Voy.* II, 28) ; col de Verde (Mars. l.c.) ; au-dessus de Bastelica (Revel. ex Mars. l.c.) ; Coscione (Seraf. ex Viv. l. c. ; R. Maire in Rouy *Rev. bot. syst.* II, 24) ; Gysperger ibid. II, 119) ; et localités ci-dessous.

1905. — Rocailles près de la bergerie de Spasimata au-dessus de Bonifatto, 1400 m., 12 juill. fl.! ; graviers de la Pointe de Monte, 1700-1800 m., 20 juill. fl.!

1908. — Junipéraies entre la scierie du Tavignano et la bergerie de Ceppo, 1500 m., 28 juin fl.!

Plante moins velue et plus grêle dans toutes ses parties que dans la var. **genuina** Gr. et Godr. [*Fl. Fr.* l. c. (1847)]; grappes pauciflores, lâches, à rameaux divergents. Fleurs ☿ de moitié plus petites.

VELEZIA L.

†† 666. **V. rigida** L. *Sp.* ed. 1, 332 (1753); Gr. et Godr. *Fl. Fr.* 1, 242; Rouy et Fouc. *Fl. Fr.* III, 197; Coste *Fl. Fr.* 1, 196.

Hab. — Garigues de l'étage inférieur. Mai-juin. ①. Très rare. Cap Corse (Soleirol ex Tanf. in Parl.-Car. *Fl. it.* IX, 250).

La *V. rigida* croît au voisinage de la Corse : en Provence, à l'île d'Elbe, en Sardaigne et dans les régions italiennes voisines. Sa présence en Corse n'est donc pas invraisemblable, bien que l'indication ci-dessus (répétée sous une forme plus vague encore par divers auteurs) soit la seule qui soit venue à notre connaissance. Il convient de remarquer que le n° 883 de Soleirol, cité par Grenier et Godron (l. c. sans indication de provenance) et par MM. Rouy et Foucaud (l. c. « Soleirol *Pl. de Corse* »), provient de Marseille (d'après l'étiquette de Soleirol in herb. Delessert !) et non pas de la Corse. Espèce à rechercher.

NYMPHAEACEAE

NYMPHAEA L.

La question de nomenclature soulevée par les genres *Nymphaea* L. et *Nuphar* Sm. est encore controversée actuellement, malgré la littérature assez étendue à laquelle elle a donné lieu. Nous sommes donc obligé de donner les raisons qui nous engagent à conserver les désignations traditionnelles de ces groupes.

On sait que Linné (*Sp.* ed. 1, 510) réunissait dans le genre *Nymphaea* les groupes actuellement admis sous les noms de *Nelumbo*, *Nymphaea* et *Nuphar*. En 1805, Salisbury (in Koen. et Sims *Ann. of Bot.* II, 69-76) a divisé le genre linnéen en plusieurs groupes (*Castalia*, *Nymphaea* et *Nelumbo*). Les deux premiers de ces genres ont été débaptisés par Smith [in Sibth. et Sm. *Prodr. fl. graec.* I, 361 (1808)] qui appelle *Nymphaea* les *Castalia*, et *Nuphar* les *Nymphaea* de son prédécesseur. C'est la nomenclature de Smith qui a prévalu jusqu'à ces dernières années. La question de savoir laquelle des deux nomenclatures doit être suivie revient à ceci : lequel des deux auteurs a appliqué à la division du genre linnéen *Nymphaea* les règles actuellement en vigueur lorsqu'un groupe est divisé ?

L'art. 45 des *Règles de la nomenclature* prévoit que lorsqu'un genre est divisé en deux ou plusieurs « si le genre contenait une section ou autre division qui, d'après son nom ou ses espèces, était le type ou

37.

l'origine du groupe, le nom est réservé pour cette partie ». Or, dans le *Species* (ed. 1, 510), le genre *Nymphaea*, composé de 4 espèces (*N. lutea, alba, Lotus* et *Nelumbo*), ne contient aucune section, et aucune des espèces ne peut être considérée comme étant le type ou l'origine du genre, attendu que les *Nymphaea lutea* et *alba* ont tous les deux été fréquemment désignés sous le nom de *Nymphaea* jusque dans les temps les plus reculés. Dans le *Genera* [ed. 5, 227 (1754)], on ne trouve aucune trace d'indication de subdivision originaire ou de type : les *N. lutea, alba* et *Nelumbo* sont cités pour fournir des exemples de variations morphologiques à l'intérieur du genre *Nymphaea*, et c'est là tout. Il va sans dire que le système qui consisterait à élever, arbitrairement et après coup, le *N. lutea* au rang de type, parce que le hasard de l'énumération l'a placé avant le *N. alba*, — que ce système, totalement étranger aux *Règles* de 1905, ne peut un seul instant entrer en considération, et cela d'autant plus que dans le *Genera* [ed. 6, 264 (1764)], le *N. lutea*, bien loin d'être mentionné comme type, prend la signification d'une espèce *aberrante*. Le genre *Nymphaea* y est décrit, en effet, comme possédant un calice tétraphylle, ce qui cadre exactement avec les termes employés pour le *N. alba* (calyce quadrifido), mais non pas avec le *N. lutea*. Aussi Linné est-il obligé d'attirer l'attention sur ce fait en disant : « *N. lutea* calyce pentaphyllo : foliolis subrotundis. Petalis minimis *a reliquis differt* » !! — Dans tous ce qui précède, nous avons eu soin de ne tenir compte que des documents existants à partir de 1753, négligeant à dessein la bibliographie antérieure au point de départ de la nomenclature. Il est en effet parfaitement vrai que Boerhave [*Hist. pl. hort. Lugd.-Bat.* 363 et 364 (1720)] avait partiellement précédé Salisbury en appelant *Leuconymphaea* le genre *Nymphaea* Sm. et *Nymphaea* le genre *Nuphar* Sm., et que, en 1737, Linné (*Gen.* ed. 1, 225) a rappelé cette distinction dans une observation annexée à la diagnose du genre *Nymphaea*. Mais d'après M. St Lager [*La guerre des Nymphes*, etc., 1 (1891)], l'attribution du nom de *Nuphar* aux Nymphéacées à fleurs jaunes remonterait jusqu'à l'époque de Dioscoride. Selon un autre érudit, Buhani [*Fl. pyr.* III, 260 (1901)], les Nymphéacées à fleurs jaunes devraient être désignées sous le nom de *Nymphona*. Du moment que l'on remonte au-delà de 1753 dans la recherche du type, le champ devient presque illimité et nous avouons notre complète incompétence dans ce genre d'études, qui tient beaucoup plus de l'archéologie que de la botanique. La nomenclature scientifique des plantes commençant avec l'année 1753, nous ne pouvons suivre ceux qui voudraient trouver avant cette date des éléments pour résoudre la question en litige.

Il faut donc appliquer la seconde partie de l'art. 45 des *Règles* qui dit : « s'il n'existe pas de section ou de subdivision pareille, mais qu'une des fractions détachées soit beaucoup plus nombreuse en espèces que les autres, c'est à elle que le nom doit être réservé ». Or, contrairement à la teneur de cet article, Salisbury, en divisant le genre *Nymphaea* L. en deux genres *Nymphaea* et *Castalia*, a appliqué le nom de *Nymphaea* au genre dérivé le plus petit (*Nymphaea* Salisb. = *Nuphar* Sm.), comprenant à cette époque 3 espèces, tandis qu'il appliquait le nom de *Castalia* au groupe dérivé de beaucoup le plus nombreux, comprenant pour

Salisbury 10 espèces. Cette disproportion existait déjà du temps de Linné. Linné connaissait 4 *Nymphaea* qui, dans la nomenclature de Salisbury, auraient donné : 1 *Nymphaea*, 1 *Cyamus* et 2 *Castalia*. On sait que, de nos jours, la disproportion s'est encore accentuée en faveur du genre que Salisbury a, à tort, appelé *Castalia*.

La dissertation qui précède n'aura pas, croyons-nous, été inutile, puisqu'elle aboutit au rejet de la nomenclature de Salisbury, et à la conservation de la nomenclature traditionnelle, telle qu'elle a été adoptée par M. Conard dans son excellente monographie (*The Waterlilies, a monograph of the genus Nymphaea*, vol. in-4° avec nombreuses figures et planches en couleurs. Washington 1905), par MM. Henkel, Rehnelt et Dittmann (*Buch der Nymphaeaceen oder Seerosengewächse*, in-8°, Darmstadt 1907), et par M. Gilg dans les belles additions africaines que cet auteur a faites au genre *Nymphaea* [*Nymphaeaceae africanae* in Engl. *Bot. Jahrb.* XLI, 351-366 (1908)].

667. **N. alba** L. *Sp.* ed. 1, 510 (1753); Gr. et Godr. *Fl. Fr.* I, 56 ; Caspary in *App. ind. sem. hort. berol.* ann. 1855, 26, in Walp. *Ann.* IV, 162 et in *Bot. Not.* ann. 1879, 68-71 ; Rouy et Fouc. *Fl. Fr.* I, 151 ; Coste *Fl. Fr.* I, 57 ; Conard *Waterlil.* 175-179 = *Castalia speciosa* Salisb. in König et Sims *Ann. of Bot.* II, 72 (1806) = *Castalia alba* Woodv. et Wood in Rees *Cycl.* VI (1829-31); Link *Handb.* III, 405 (1831); Greene in *Bull. Torr. bot. Cl.* XV, 85 (1888) ; Schuster in *Bull. herb. Boiss.*, 2ᵐᵉ sér., VII, 858.

Hab. — Eaux tranquilles de l'étage inférieur. Mai-juill. ♃. Observé jusqu'ici seulement sur la côte orientale, mais probablement plus répandu. Ghisonaccia (Rotgès in litt.); Porto-Vecchio (Revel. ex Mars. *Cat.* 15) ; Bonifacio (Salis in *Flora* XVII, Beibl. II, 83); et localité ci-dessous.

1907. — Pont d'Arena près de Tallone, eaux tranquilles, 20 m., 1 mai (jeunes fl.)!

Nos échant. en jeunes fleurs ne peuvent être déterminés exactement au point de vue de la variété, les caractères au moyen desquels les formes du *N. alba* sont classées étant empruntés au fruit. On trouvera une clé synoptique complète de ces formes dans le travail de M. Schuster (l. c.).

CERATOPHYLLACEAE

CERATOPHYLLUM L.

† 668. **C. demersum** L. *Sp.* ed. 1, 992 (1753); Gr. et Godr. *Fl. Fr.* I, 592; Coste *Fl. Fr.* I, 89.

Hab. — Marais et eaux tranquilles de l'étage inférieur. Juill.-août. ♃. Rare ou peu observé. Marais des env. de Bastia (Solcirol ex Bert. *Fl. it.* X, 196). A rechercher le long de la côte orientale.

RANUNCULACEAE

PAEONIA L.

669. P. corallina Retz *Observ.* III, 34 (1783) ; Huth in Engl. *Bot. Jahrb.* XIV, 267 ; Rouy et Fouc. *Fl. Fr.* I, 143 ; Coste *Fl. Fr.* I, 55 = *P. officinalis* var. *mascula* L. *Sp.* ed. 1, 530 (1753) = *P. mascula* Desf. *Tabl.* éd. 1, 126 (1804) ; Gürke *Pl. eur.* II, 400.

Hab. — Garigues, clairières des maquis des étages inférieur et montagnard. 400-1000 m. Avril-mai. ♃. En Corse les deux races suivantes.

α. Var. **pubescens** Moris *Fl. sard.* I, 64, tab. 4 (1837) = *P. Russi* Biv. *Stirp. sic. descr. man.* IV, 12 (1815) ; Gr. et Godr. *Fl. Fr.* I, 52 = *P. corallina* var. *Russi* Huth in Engl. *Bot. Jahrb.* XIV, 267 (1892) = *P. corallina* formes *P. ovatifolia*, *P. Russi* et *P. triternata* Rouy et Fouc. *Fl. Fr.* I, 144 (1893) ; non *P. Broteri* var. *ovatifolia* Boiss. et Reut., nec *P. triternata* Pall. = *P. mascula* var. *ovatifolia* (p. p.) et var. *Russi* Gürke *Pl. eur.* II, 401 (1903). — Exsicc. Mab. n. 102 ! ; Debeaux ann. 1869 sub : *P. Russi* !

Hab. — Disséminée, mais abondante là où elle croît. Col de S. Colombano non loin de l'embranchement de la route de Tartagine (d'Olmi), vers le 1er kilomètre au-dessus de Palasca (Mars. *Cat.* 14) ; Olmi-Capella (Mars. ap. Mab. exsicc. cit.) ; hauteurs dominant Soveria (Req. ex Bert. *Fl. it.* X, 500 et in herb. Deless. ! ; Vauquelin ex Mars. l. c.) ; col de S. Quilico (Debeaux exsicc. cit. ; Burnouf ex Rouy et Fouc. *Fl. Fr.* I, 144) ; pentes du Mt Tomboni (Vauquelin ex Mars. l. c.) ; env. de Corté (Mars. l. c.) ; bords du haut Tavignano (Bernard ex Gr. et Godr. *Fl. Fr.* I, 52) ; forêt de Perticato (Solcirol ex Gr. et Godr. *Fl. Fr.* I, 52) ; col de S. Pietro au-dessus du hameau de Rosse près Ghisoni (Rotgès in litt.) ; col entre Olivese et Argiusta (Rotgès in litt.) ; Aullène (Loyauté ex Mars. l. c.) ; route de Zonza à Bavella (Revel. ex Mars. l. c.) ; env. de Sartène (Bernard ex Gr. et Godr. l. c.).

1907. — Cap Corse : maquis de la Pointe de Golfidoni et du Monte

Fornello, versants E., 400-575 m., 27 avril fl.! (f. *hypoleuca*). — Garigues
au-dessus de Palasca, 700 m., 19 avril fl. (f. *hypoleuca*).

1908. — Garigues au-dessus de Palasca, 700 m., 6 juill. fr. ! (f. *hypoleuca*,
à feuilles devenues glabrescentes).

Feuilles à segments oblongs-ovés, larges, ± pubescents en dessous,
voire même tomenteux au moment de l'anthèse (f. *hypoleuca* Briq.), devenant plus glabrescents avec l'âge, mais à indument persistant le long
des nervures. Carpelles densément tomenteux. — Le *P. Broteri* var. *ovatifolia* Boiss. et Reut. est une variété spéciale à la péninsule ibérique
(étrangère à la Corse comme à la Sicile) à feuilles plus coriaces et glabres
en dessous (*P. corallina* var. *Broteri* Huth l. c. subvar. *ovatifolia* Briq.).
— Le *P. triternata* Pall. est une variété orientale (*P. corallina* var. *Pal-
lasii* Huth l. c. 267), qui atteindrait à l'ouest la Carniole (selon Huth l. c.
268), à feuilles glabres en dessous ou seulement pourvues de poils épars,
et biternées, très rarement triternées (contrairement au nom spécifique
que Pallas lui avait donné).

β. Var. **leiocarpa** Coss. *Not. pl. crit.* 50 (1850) = *P. corsica* Sieber ex
Tausch in *Flora* XI, 88 (1828) = *P. corallina* var. *Cambessedsii* Willk.
in *Oest. bot. Zeitschr.* XXV, 143 (1875); Huth in *Engl. Bot. Jahrb.* XIV,
267 = *P. Cambessedsii* Willk. et Lange *Prodr. fl. hisp.* III, 976 (1880)
= *P. corallina* forme *P. corsica* Rouy et Fouc. *Fl. Fr.* I, 144 (1893) = *P.
mascula* var. *corsica* Gürke *Pl. eur.* II, 401 (1903) = *P. Russi* var. *Reverchoni* Le Grand in *Bull. ass. fr. Bot.* II, 62 (1899). — Exsicc. Sieber sub:
P. corsica!; Reverch. ann. 1878 et 1895, n. 218!; Burn. ann. 1904, n. 18!

Hab. — Entre Zevaco et Santa-Maria-Siché (Briq. *Spic.* 25 et Burn.
exsicc. cit.); de Zonza à Bavella (Revel. ex (Mars. *Cat.* 14); Sorbellano
(Reverch. exsicc. cit. 1878); monts de Cagna au-dessus de Burrivoli
« Borioli » (Sieber exsicc. cit. et ap. Tausch l. c.; Kralik ex Rouy et
Fouc. *Fl. Fr.* I, 145; Reverch. exsicc. cit. 1895).

Feuilles à segments oblongs-allongés, généralement faiblement pubescents en dessous au moment de l'anthèse, calvescents ou même glabres
à la maturité. Carpelles glabres.

HELLEBORUS L. emend.

670. **H. foetidus** L. *Sp.* ed. 1, 558 (1753); Gr. et Godr. *Fl. Fr.* I,
44; Schiffner in *Engl. Bot. Jahrb.* XI, 401; Rouy et Fouc. *Fl. Fr.* I, 118;
Coste *Fl. Fr.* I, 48.

Hab. — Points rocailleux des étages inférieur et montagnard; calcicole préférent. Janv.-avril. ♃. Rare et localisé au Cap Corse. De Bastia

à Biguglia (Salis in *Flora* XVII, Beibl. II, 85 ; Mab. ex Mars. *Cat.* 13 ; Boullu in *Bull. soc. bot. Fr.* XXIV, sess. extr. LXIV) ; vallée de Furiani au-dessous du col de Teghime (Mab. ex Mars. l. c. ; Rotgès in litt.) ; vallée de l'Aliso de St-Florent (Mab. ex Mars. l. c.) ; et localité ci-dessous.

1907. — Cap Corse : cluse des Stretti de St Florent, rocailles sous les oliviers, calc., 30 m., 23 avril fl. !

Les localités des env. de Bocognano citées par Doûmet (in *Ann. Hér.* V, 121 et 122) sont dues à une confusion avec l'espèce suivante.

671. **H. trifolius** Mill. *Gard. dict.* ed. 8, n. 4 (1768), sensu amplo ; Gürke *Pl. eur.* II, 410 ; non L. (*H. trifolius* L. = *Coptis trifolia* Salisb.!) = *H. triphyllus* Lamk *Encycl. méth.* III, 98 (1789). — En Corse seulement la sous-espèce suivante :

Subsp. **corsicus** Briq. = *H. foetidus* β L. *Sp.* ed. 1, 558 (1753) = *H. triphyllus* β Lamk *Encycl. méth.* III, 98 (1789) = *H. lividus* var. *serratifolius* DC. *Fl. fr.* IV, 907 (1805) = *H. corsicus* Willd. *Enum. hort. berol. suppl.* 40 (1813, nomen solum) ; Schiffner in Engl. *Bot. Jahrb.* XI, 103, sensu stricto = *H. argutifolius* Viv. *Fl. cors. diagn.* 8 (1824) et *App. alt. fl. cors. prodr.* 7 = *H. lividus* Salis in *Flora* XVII, Beibl. II, 85 ; Gr. et Godr. *Fl. Fr.* I, 42 ; Vallot in *Bull. soc. bot. Fr.* XXXIV, 133-136 ; Coste *Fl. Fr.* I, 46 = *H. spinescens* Tausch ex Schiffner l. c. (1890). — Exsicc. Soleirol n. 268 ! ; Requien sub : *H. lividus* ! ; Bourgeau n. 5 ! ; Kralik n. 466 ! ; Mab. n. 28 ! ; Debeaux sub : *H. argutifolius* ! ; Reverch. ann. 1878, n. 69 ! ; Magnier fl. select. n. 1366 ! ; Soc. dauph. n. 3539 ! ; Dörfler herb. norm. n. 3101 ! ; Burn. ann. 1900, n. 61 et 96 ! et ann. 1904, n. 15 !

Hab. — Garigues, maquis rocailleux, surtout de l'étage montagnard, descendant çà et là jusqu'au bord de la mer, 1-1600 m., et s'élevant parfois dans l'étage alpin (jusqu'à 2300 m. sur le versant S. du Capo al Berdato : Lit. in *Bull. acad. géogr. bot.* XVIII, 118). Nov.-mai. ♃. Commune et abondante dans l'île entière.

Caractérisée par les segments foliaires munis de dents étalées nombreuses, régulières et spinescentes, tandis que dans la sous-esp. **lividus** Briq. [= *H. trifolius* Mill. l. c. sensu stricto = *H. lividus* Ait. l. c. et in *Bot. Mag.* tab. 72 (1er janv. 1789) = *H. triphyllus* Lamk l. c. sensu stricto = *H. lividus* var. *integrifolius* DC. *Prodr.* 1, 47 (1824) = *H. corsicus* subsp. *lividus* Schiffner in Engl. *Bot. Jahrb.* XI, 103 (1892)], les segments sont entiers ou subentiers. Cette dernière sous-espèce est spéciale aux Baléares. Ne varie guère si ce n'est dans l'ampleur des segments (f. *latifolius* et f. *angustifolius*; voy. Schiffner l. c.). — L'*H. trifolius* subsp. *corsicus* est spécial à la Corse et à la Sardaigne.

NIGELLA L. emend.

672. **N. damascena** L. *Sp.* ed. 1, 584 (1753); Gr. et Godr. *Fl. Fr.* I, 43; Rouy et Fouc. *Fl. Fr.* I, 120; Coste *Fl. Fr.* I, 48.

Hab. — Garigues, moissons, friches des étages inférieur et montagnard. Mai-juill. ①. Disséminé. — Deux variétés :

α. Var. **genuina** Briq. = *N. damascena* Willk. et Lange *Prodr. fl. hisp.* III, 965, sensu stricto.

Hab. — Cap Corse (Mab. ex Mars. *Cat.* 14); env. de Bastia (Salis in *Flora* XVII, Beibl. II, 86; Shuttl. *Enum.* 5; Mab. ex Mars. l. c.); cluse des Stretti de St-Florent (Bras in *Bull. soc. bot. Fr.* XXIV, sess. extr. LXXII); ? vallée de l'Orta près Corté (Mars. l. c.); Aleria (Rotgès in litt.); Bonifacio (Mars. *Cat.* 14; Lutz in *Bull. soc. bot. Fr.* XLVIII, sess. extr. CXLI; Boy. *Fl. Sud Corse* 57).

Plante généralement élevée, très rameuse; fleurs grandes, atteignant 3,5-4 cm. de diamètre, d'un bleu pâle, à pièces involucrales longues de 3-3,5 cm.

†† β. Var. **minor** Boiss. *Voy. Esp.* I, 11 (1839); Willk. et Lange *Prodr. fl. hisp.* III, 965; Rouy et Fouc. *Fl. Fr.* I, 120 = *N. Bourgaei* Jord. *Pug.* 2 (1852). — Exsicc. Soc. rochel. n. 4674 !

Hab. — Env. de Bonifacio (Kralik ex Rouy et Fouc. l. c.; Stefani exsicc. cit.).

Plante moins élevée, moins rameuse. Fleurs plus petites, atteignant 1,5-2 cm. de diamètre, d'un bleu plus foncé, à pièces involucrales longues de 2-3 cm.

AQUILEGIA L.

673. **A. vulgaris** L. *Sp.* ed. 1, (1753); Gr. et Godr. *Fl. Fr.* I, 44; Rouy et Fouc. *Fl. Fr.* I, 123; Coste *Fl. Fr.* I, 54; Rapaics *De gen. Aquil.* 20 (*Botan. Közlem.* ann. 1909, Beibl. III) p. p. — En Corse la sous espèce suivante :

Subsp. **vulgaris** Schinz et Kell. *Fl. Schw.* ed. 2, II, 75 (1905) =

A. vulgaris Zimmet. *Verwandtsch. Verhältn. Aquilegia* 16 = *A. vulgaris* subsp. *coerulescens* Rapaics *De gen. Aquil.* 20 (*Botan. Közlem.* ann. 1909, Beibl. III), p. p. — Exsicc. Reverch. ann. 1878, n. 11 ! ; Burn. ann. 1904, n. 16 et 17 !

Hab. — Clairières des maquis et bois principalement de l'étage montagnard, 200-1500 m. Mai-juin. ♃. Assez répandue. San Martino di Lota (Gillot in *Bull. soc. bot. Fr.* XXIV, sess. extr. LIX) ; env. de Bastia (Salis in *Flora* XVII, Beibl. II, 86 ; Shuttl. *Enum.* 5) ; le Pigno (Billiet in *Bull. soc. bot. Fr.* XXIV, sess. extr. LXIX) ; Castagniccia, vallée du Fiumalto (Salis l. c. ; Gillot l. c. LIX et LXXIV) ; forêt de Valdoniello (Rotgès in litt.) ; forêt d'Aitone (Briq. *Spic.* 25 et Burn. exsicc. cit. n. 16 ; Lit. *Voy.* II, 14) ; forêt de Vizzavona (Gillot l. c. LIX ; Briq. l. c. et Burn. exsicc. cit. n. 17 ; Lit. *Voy.* I, 12) ; forêt de Marmano (Rotgès in litt.) ; col de Verde (Bernoulli in herb. Burn.! ; Gysperger ex Rouy *Fl. Fr.* X, 372, sub *A. collina* Jord.) ; Bastelica (Jord. *Diagn.* I, 86 et in herb. Burn.! ; Revel. ex Mars. *Cat.* 14 ; Reverch. exsicc. cit.) ; forêts de S. Pietro di Verde et de Palneca, haute vallée du Taravo (Rotgès in litt.) ; et localités ci-dessous.

1906. — Lieux ombragés près de Vizzavona, 900-1000 m., 19 juill. fr.! ; rochers ombragés en montant du col de Marmano au col de Tisina, 1300 m., 21 juill. fr.!

Fleur relat. grande, bleue ou violacée. Sépales nettement plus longs que les pétales. Filets staminaux et styles saillants hors de la fleur.

Jordan a fait d'une forme de Bastelica un *A. dumeticola* Jord. [*Diagn.* I, 86 (1864) = *A. vulgaris* forme *A. dumeticola* Rouy et Fouc. *Fl. Fr.* I, 125 (1893) = *A. vulgaris* var. *dumeticola* Gürke *Pl. eur.* II, 423 (1903)], appellation qui, dans la suite, a été étendue à toutes les formes corses de l'*A. vulgaris* subsp. *vulgaris*. Les caractères communs à toutes ces formes sont, en Corse : tige pourvue de glandes stipitées, à pédoncules pubescents-glanduleux. Feuilles d'un vert glaucescent et pubescentes à la face inférieure. Groupe de follicules arrondi à la base. Les échant. à segments foliaires profondément incisés, quasi flabelliformes, tels que les décrit Jordan sont exceptionnels, ainsi que l'a fait observer M. Gillot (in *Bull. soc. bot. Fr.* XXIV, sess. extr. LIX) ; bien plus, ce caractère n'est même pas constant sur les originaux de Jordan. Nous ne pouvons distinguer nos échant. corses de beaucoup d'autres analogues du continent : leur nomenclature variétale ne pourrait être fixée qu'après une monographie reprise *ab ovo* du polymorphe *A. vulgaris*, monographie qui, malgré les nombreuses recherches dont le genre *Aquilegia* a fait l'objet, reste encore à faire sous une forme satisfaisante.

674. **A. Bernardi** Gr. et Godr. *Fl. Fr.* I, 45 (1847) ; Ces. Pass. et

Gib. *Comp. fl. il.* 872 ; Zimmet. *Verwandtsch.-Verhältn. Aquilegia* 58 ;
Rouy et Fouc. *Fl. Fr.* 1, 129 ; Rouy *Illustr. pl. Eur. rar.* tab. 11 ; Coste
Fl. Fr. 1, 53 = *A. alpina* Salis in *Flora* XVII, Beibl. II, 86 (1834) ; non
L. = *A. Sternbergii* Mut. *Fl. fr.* 1, 423 (1834) ; non Reichb. (1832) =
A. alpina var. *Bernardi* Fior. et Paol. *Fl. anal. II.* 1, 520 (1898).

Hab. — Rochers de l'étage alpin, descendant très rarement dans
l'étage subalpin, 1500-2300 m.; calcifuge. Juin-août selon l'alt. ♃. Disséminé dans les massifs du Cinto, du Rotondo et du Renoso. Monte
Grosso (de Calvi) (Mab. ex Mars. *Cat.* 14) ; Monte Cinto (Soulié ex Coste
in *Bull. soc. bot. Fr.* XLVIII, sess. extr. CXVIII) ; Capo alla Cuculla près
du col de Cocavera (Lit. in *Bull. acad. géogr. bot.* XVIII, 118) ; forêt de
Valdoniello (Audigier ex Mand. et Fouc. ibid. XLVII, 85) ; col de Chiostro du côté du lac de Coria (R. Maire in Rouy *Rev. bot. syst.* II, 66) ;
Monte Rotondo (Bernard ex Gr. et Godr. l. c.; Burnouf in *Bull. soc. bot.
Fr.* XXIV, sess. extr. LXXXVI) ; Monte d'Oro (Salis in *Flora* XVII, Beibl.
II, 86 ; Soulié l. c.) et arêtes entre le Monte d'Oro et la Punta Muratella
(Lit. l. c.) ; Monte Renoso (Revel. in Ber. *Not.* III, 2 ; Mab. ex Mars.
l. c.; Lit. *Voy.* II, 33) ; Pointe Capanelli (Rotgès in litt.) ; et localités
ci-dessous.

1906. — Rochers en montant de la bergerie de Spasimata à la Cima di
Mufrella, 1800 m., 12 juill. (était en fruit, mais presque inaccessible) ;
arêtes des rochers entre le col Bocca Valle Bonna et le Monte Traunato, 2000 m., 31 juill. fl. fr.! ; couloirs abrupts du Paglia Orba, versant
du col de Foggiale, 2300 m., 9 août fl. fr.! ; couloirs pierreux sur le versant E. du Capo al Chiostro, 2100 m., 3 août fl. fr.! ; rochers en face de la
bergerie de Grotello, sur la rive droite de la haute vallée de la Restonica,
1600 m., 3 août fr.! ; rochers en montant des bergeries de Grotello au lac
Melo, 1600-1800 m., 4 août fr.! ; Punta de Porte, rochers à pic du versant N., 2100 m., 4 août fl. (inaccessible) ; rochers sur le versant W. du
Monte d'Oro, 2250 m., 9 août fl. fr.!, et dans les cheminées du versant E.,
2100 m., 9 août fl. fr.!

1908. — Monte Padro, antres des rochers, 2300 m., 4 juill.! (nondum
flor.).

L'*A. Bernardi* a encore été signalé par M. Lutz (in *Bull. soc. bot. Fr.*
XLVIII, sess. extr. CXXX) au bord de la route en montant d'Aitone au
col de Vergio, mais cette indication provient probablement d'une confusion avec l'*A. vulgaris*, qui abonde dans cette localité.

L'*A. Bernardi* est une plante extrêmement rare dans les herbiers, où
elle n'est le plus souvent représentée que par des fragments en fruits.
Les abondants matériaux que nous avons pu réunir au cours du voyage
de 1906, nous permettent d'en donner une description complète, rendue

bien nécessaire par la brièveté des diagnoses fournies par les auteurs qui nous ont précédé.

Plante haute de 50 à 80 cm. Souche épaisse, oblique, généralement couronnée au sommet par les bases pétiolaires de l'année précédente. Tige généralement solitaire vers le sommet du rhizome, robuste, érigée, striée, glabre, souvent ramifiée dans sa partie supérieure, à rameaux brièvement pubescents-glanduleux dans le haut, feuillée, à feuilles peu nombreuses (1-4), séparées par des entrenœuds allongés. Feuilles grandes, biternées, à segments larges, profondément bi-tri-pluripartits, à lobes incisés, les larges créneaux entre les incisions arrondis, entiers ou un peu crénelés, glabres, d'un vert foncé en dessus, d'un vert pâle en dessous ; les basilaires et caulinaires inférieures longuement pétiolées, à « pétiolules » des segments parfois presque aussi longs que le pétiole : les caulinaires supérieures, sessiles sur une gaine ± embrassante, à « pétiolules » plus longs que les segments ; les dernières à segments réduits subsessiles sur la gaine. Pédoncules brièvement, mais densément pubescents-glanduleux. Fleur grande, d'un bleu pâle. Sépales largement ovés-oblongs, contractés au sommet en un lobule un peu réfléchi, bien plus longs que la lame des pétales, atteignant environ $3,5 \times 1,5$ cm. de surface, parfois plus petits (réduits à 2-2,5 cm. de longueur). Pétales à éperons grêles, claviformes, droits ou arqués, mais non recourbés en crochet, élargis en entonnoir dans la partie supérieure, à lame ovée, arrondie ou arrondie-subtronquée, bien plus courte que les sépales. Lame mesurant $1,5$-$2 \times 1,5$ cm. de surface ; éperon long de $1,5$-$1,7$ cm., à partie cylindrique longue d'env. 1 cm. Étamines glabres plus courtes que les pétales, longues d'env. 1-1,5 cm., à anthères allongées-elliptiques, jaunes ; staminodes sensiblement plus courts que les filets des étamines fertiles, à pointe aiguë puis s'allongeant au point d'atteindre presque la longueur des jeunes carpelles, et plus acuminés. Carpelles densément pubescents-glanduleux, prolongés en styles pubescents-glanduleux dans leur partie inférieure, à stigmates ne dépassant guère les anthères. Follicules pubescents-glanduleux, atteignant 2-2,5 cm. de longueur, couronnés par des styles longtemps persistants, filiformes, longs de 1-1,5 cm. Semences oblongues, un peu arquées, à côtes saillantes, noires, lisses et luisantes à maturité, longues de 2-2,5 mm.

En cherchant, sur la base de la description qui vient d'être donnée, à préciser les affinités de l'*A. Bernardi*, on arrive aux résultats suivants.

La grandeur des feuilles, la largeur de leurs segments et de leurs lobes ont fait comparer l'*A. Bernardi* avec l'*A. vulgaris* L. et ses nombreuses formes (auxquelles l'a même rattaché M. Rapaics l. c.), mais cette analogie est assez superficielle et n'a pu être défendue que par un botaniste ne connaissant pas suffisamment la plante corse. La grandeur des fleurs, l'ampleur des sépales et des pétales, l'éperon grêle et droit ou faiblement incurvé, les étamines plus courtes que le limbe des pétales, éloignent absolument l'*A. Bernardi* de l'*A. vulgaris*, pour le rapprocher du groupe grandiflore des *A. glandulosa* Fisch., *alpina* L., *Reuteri* Boiss., *Kitaibelii* Schott, *pyrenaica* DC. et *Bertolonii* Schott. — L'*A. Bernardi* diffère :

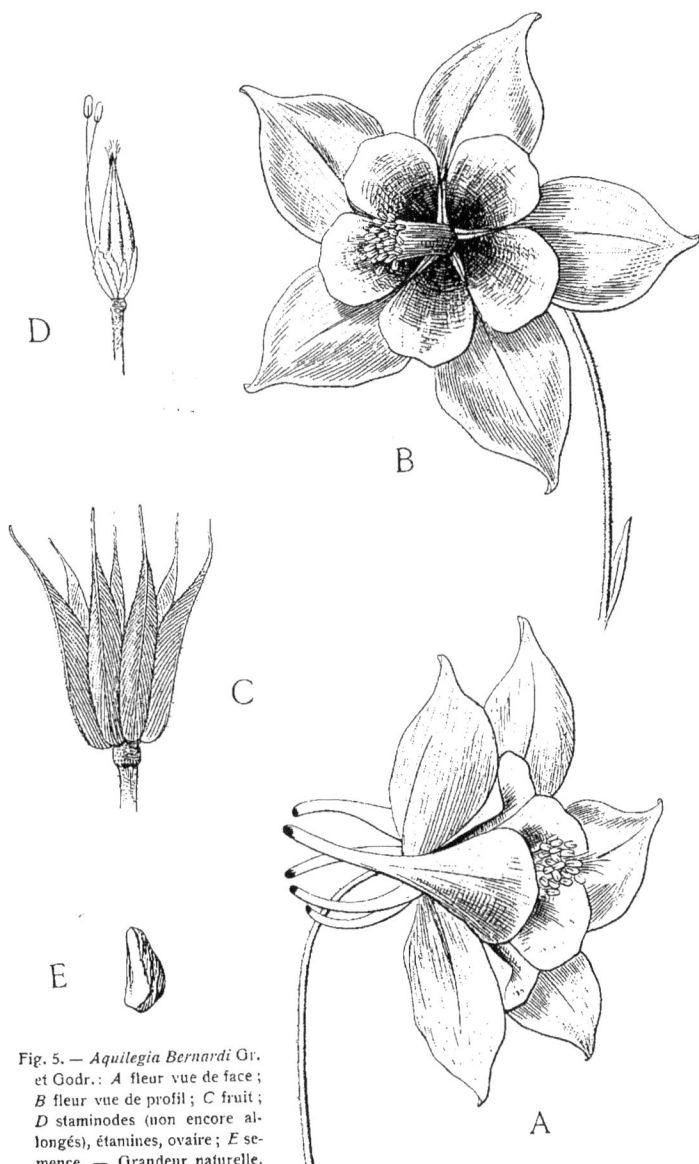

Fig. 5. — *Aquilegia Bernardi* Gr.
et Godr.: *A* fleur vue de face ;
B fleur vue de profil ; *C* fruit ;
D staminodes (non encore allongés), étamines, ovaire ; *E* semence. — Grandeur naturelle.

1º de l'*A. glandulosa* Fisch., par la tige feuillée, les feuilles plus grandes à segments plus divisés, la fleur plus petite, les sépales prolongés en acumen (et non pas obtus ou arrondis), les pétales à limbe plus grand, à éperon 2 à 3 fois plus allongé ;

2º de l'*A. alpina* L., par la tige moins feuillée et souvent plus élevée, par l'ampleur caractéristique des feuilles et de leurs divisions, par les anthères jaunes et non violacées-noirâtres ;

3º de l'*A. Reuteri* Boiss., par l'ampleur des feuilles et de leurs divisions, par les fleurs plus grandes, à pièces plus amples, par les éperons grêles, droits ou peu incurvés (et non pas recourbés en crochet) ;

4º de l'*A. Kitaibelii* Schott, par l'ampleur des feuilles et de leurs divisions, par la glabréité de la page inférieure de ces dernières, par les fleurs plus grandes, à pièces beaucoup plus larges, les sépales moins longuement acuminés, les éperons plus grêles, droits ou à peine incurvés ;

5º de l'*A. pyrenaica* DC., par la grandeur et l'ampleur des feuilles et de leurs divisions, par les fleurs plus petites, à pétales plus arrondis-tronqués, à éperon plus grêle et plus court, et surtout par les follicules près de deux fois plus gros, densément velus-glanduleux ;

6º de l'*A. Bertolonii* Schott, par l'ampleur des feuilles et de leurs divisions, par la largeur des pièces florales, par l'éperon très grêle, droit ou peu incurvé (et non pas recourbé en crochet).

Au total, les affinités les plus étroites nous paraissent devoir être cherchées avec les *A. alpina* L. et *pyrenaica* DC., entre lesquels il n'y a guère d'ailleurs de confusion possible.

La description de Grenier et Godron (l. c.), reproduite presque sans changement par MM. Rouy et Foucaud (op. cit.), attribue à l'*A. Bernardi* des pétales à lame environ 1 fois plus longue que l'éperon et que les étamines. Les mesures faites sur environ 25 fleurs ne confirment pas ces indications. En moyenne la longueur de l'éperon mesurée du point d'insertion jusqu'au nectaire est de 1,5 cm.; la longueur de la lame mesurée du point d'insertion jusqu'à l'extrémité est souvent aussi de 1,5 cm., atteignant parfois jusqu'à 2 cm. Comme les étamines atteignent souvent une hauteur de 1,5 cm., il n'est pas non plus exact de dire que les étamines sont presque de moitié plus courtes que la lame. Tous ces caractères, observés jusqu'ici sur des échant. uniques ou peu nombreux, sont en réalité de très minime intérêt et ne peuvent jouer le rôle diagnostique qui leur a été attribué.

Si nous n'avons pas parlé du fruit dans la comparaison faite avec l'*A. vulgaris*, c'est que cet organe ne fournit guère de critères distinctifs précis. En Corse, lorsqu'on a à distinguer en échant. fructifères les *A. Bernardi* et *vulgaris* (lequel monte d'après nos observations jusque vers 1500 m), on ne peut acquérir de certitude qu'en tenant compte de l'indument de l'appareil végétatif. Dans l'*A. Bernardi* les tiges sont glabres à la base, les pétioles et « pétiolules » sont glabres ; dans l'*A. vulgaris* var. *dumeticola*, les tiges sont pubescentes-glanduleuses dans leur région inférieure ; les pétioles et les « pétiolules » sont pourvus de poils étalés, ± mélangés de quelques glandes stipitées.

†† 675. **A. Litardierei** Briq., sp. nov. = *A. Bernardi* var. *minor* Lit. in *Bull. acad. géogr. bot.* XVIII, 118 [(1909), gallice, non rite descripta].

Hab. — Rochers de l'étage alpin. Jusqu'ici seulement au « M¹ Incudine, sur le versant du Fiumorbo » (Stefani ap. Lit. l. c., 5 juill. 1908 fl. et sp. auth. in herb. de Litardière). ♃ .

Herba parva perennis, rhizomate obliquo, crasso, petiolorum vetustorum vaginorumque reliquiis dense crinito. Caulis adscendens, debilis, foliis caulinaribus valde reductis, scapiformis, inferne glaber, superne parcissime pilis dissitis praeditus, in specimine nostro simplex. Folia basilaria parva, ternata : petioli quam lamina multo longiores, debiles, pilis patulis dissitis paucis tenuibus praediti, caeterum virides ; laminae segmenta parva, « petiolulata », petiolulis parce patule pilosulis, segmenta aequantibus vel superantibus, ambitu ample obcordata, profunde triloba, late et pauce crenato-lobulata, lobulis rotundatis vel obtusis, tenuia, supra laete viridia subglabra, subtus pallidius virentia parce breviter pilosula. Folia caulinaria valde reducta, inferius breviter petiolatum, trilobum, lobis inciso-crenatis, superiora 1-2 fere bracteiformia. Flos (in specim. nostro unicus), in pedunculo gracili breviter glandulosopilosulo insidens, parvus, violaceo-coerulescens, phyllis extus breviter parce puberulis. Sepala ovato-elliptica, quam petala vix at ne vix longiora, apice breviter in lobulum obtusiusculum brevem magis coloratum contracta. Petalorum calcar laminam aequans, sub anthesi pulchre hamato-recurvum, tenue, lamina quam sepala vix vel parum brevior, amplissime ovata, apice late rotundata. Stamina fertilia petala sepalaque circ. aequantia, filamentis lutescentibus, antheris ellipsoideis luteis. Staminodia membranacea, hyalina, marginibus undulatis, staminum fertilium filamentis breviora, apice acutiuscula. Carpella oblonga, 5, puberula, apice in stylum elongatum praeter papillas glabrum abiens. Capsulae desunt. — Caulis (in specim. nostro) circ. 12 cm. altus. Foliorum basilarium petiolus 3-6 cm. longus, petioluli 7-15 mm. longi ; segmenta superficie circ. 10×10 mm., sinibus inter segmenta ad 1 cm., inter lobos lobulosque 1-3 mm. profundis. Sepala superficie circ. 14×7 mm. Petalorum calcar (extensum!) ad 8 mm. longum, versus curvationem circ. 1 mm. latum, lamina superficie circ. 12×7 mm. Staminum filamenta circ. 8-10 mm. longa, antheris circ. 1 mm. longis.

Cette remarquable Ancolie s'écarte de prime abord des *A. vulgaris* et *A. Bernardi*, par son nanisme, ses feuilles triséquées à limbe très petit, et sa fleur deux fois plus petite. Ces caractères la font naturellement comparer à l'*A. Einseleana* F. Sch. des Alpes austro-orientales [voy. sur ce dernier groupe : Pampanini in *Nuov. giorn. bot. it.*, nuov. ser., XVI, 1-22 (1909)]. Elle se distingue immédiatement de l'*A. Einseleana* par les lobes foliaires plus amples, la fleur encore plus petite, les pétales égalant presque les sépales (ceux-ci bien plus longs dans le groupe de l'*A. Einseleana*), et les pétales à éperon recourbé en crochet pendant l'anthèse.

Fig. 6. — *Aquilegia Litardierei* Briq. : *A* plante entière avec fleur vue de profil ; *B* fleur vue de face ; *C* staminodes, étamines et ovaire. — Grandeur naturelle.

L'*A. Litardierei* mérite d'être recherché avec soin. Il provient d'un massif très méridional (celui de l'Incudine) où l'*A. Bernardi* n'a pas encore été constaté [1]. Des recherches ultérieures sont nécessaires pour établir l'amplitude des variations auxquelles cette espèce est soumise, et compléter la description.

DELPHINIUM L.

676. D. Ajacis L. *Sp.* ed. 1, 531 (1753); Gr. et Godr. *Fl. Fr.* 1, 46; Rouy et Fouc. *Fl. Fr.* 1, 131; Huth in Engl. *Bot. Jahrb.* XX, 374; Coste *Fl. Fr.* 1, 49. — Exsicc. Kralik n. 461 !; Bourg. n. 174 !; Reverch. ann. 1878, n. 42 !

Hab. — Oliveraies, friches, cultures, garigues des étages inférieur et montagnard. Juin-juill. ①. Disséminé. Rogliano (Revel. ex Mars. *Cat.* 14); env. de Bastia (Salis in *Flora* XVII, Beibl. II, 86); Patrimonio (Salis l.c.); Calenzana (Soleirol ex Bert. *Fl. it.* V, 401); forêt d'Aitone (Lutz in *Bull. soc. bot. Fr.* XLVIII, sess. extr. CXXIX); Corté (Mars. l. c.); Vivario (Mab. ex Mars. l. c.); Bocognano (Mab. ex Mars. l. c.); env. d'Ajaccio (Bourg. exsicc. cit.); Bastelica (Reverch. exsicc. cit.); Santa Lucia-di-Tallano (Lit. *Voy.* 1, 19; Rotgès in litt.); Bonifacio (Kralik exsicc. cit.; Lutz l. c. CXXXIX et CXLI; Boy. *Fl. Sud Corse* 57); et localités ci-dessous.

1906. — Cap Corse : cultures sous les oliviers près de Morsiglia, 200 m., 7 juill. fl. !; oliveraies du vallon d'Ellerato, entre Omessa et Tralonca, 250-400 m., 14 juill. fl. !; champs près de Santa Lucia di Mercurio, 800-900 m., 30 juill. fl. !

1908. — Montagne de Pedana, friches et garigues, 450-500 m., 30 juin fl. !

Nos échant. en fleurs ou en fruits peu avancés ne permettent guère une détermination de variété bien précise. Ceux de la dernière localité appartiennent au *D. Ajacis* (Rouy et Fouc. *Fl. Fr.* 1, 131; Huth in Engl. *Bot. Jahrb.* XX, 374), sensu stricto. Ceux du vallon de Tralonca, par la brièveté de leurs pédicelles à la maturité se rattacheraient plutôt à la var. *brevipes* Rouy et Fouc. (l. c.; Huth l. c.). Huth, dans sa monographie (l. c.) distingue encore une variété *minus* Huth, récoltée par Salis en 1830 dans les vignes de Patrimonio, caractérisée par une taille réduite, des fleurs plus petites et des sépales d'un bleu pâle beaucoup plus courts que l'éperon. Toutes ces formes nous paraissent être bien peu distinctes les unes des autres.

---

[1] Nous venons de retrouver (25 juillet 1910 !) l'*A. Bernardi* en plusieurs points du massif de l'Incudine, localités sur lesquelles nous reviendrons dans le tome II de cet ouvrage. En revanche, nous avons cherché en vain l'*A. Litardierei*.

677. **D. Staphisagria** L. *Sp.* ed. 1, 531 (1753); Gr. et Godr. *Fl. Fr.* I, 49; Rouy et Fouc. *Fl. Fr.* I, 135; Huth in Engl. *Bot. Jahrb.* XX, 481; Coste *Fl. Fr.* I, 51. — Exsicc. Kralik n. 462!

Hab. — Garigues, clairières des maquis de l'étage inférieur. Juin-juill. ①. Rare. Rogliano (Revel. ex Mars. *Cat.* 14); vallon du Fango (Salis in *Flora* XVII, Beibl. II, 86); entre Porto-Vecchio et Bonifacio, surtout aux env. de Santa Manza (Req. et Mab. ex Mars. l. c.; Lit. *Voy.* I, 22); Bonifacio (Kralik exsicc. cit.).

678. **D. pictum** Willd. *Enum. hort. berol.* 574 (1809); Moris *Fl. sard.* I, 61 = *D. Requienii* Gr. et Godr. *Fl. Fr.* I, 49 (1847); Huth in Engl. *Bot. Jahrb.* XX, 483; Coste *Fl. Fr.* I, 51.

Hab. — Comme l'espèce précédente. Rare.

Diffère du *D. Staphisagria* par l'éperon allongé et ± recourbé au sommet (et non pas très court ± droit) et surtout par les follicules oblongs-allongés (longs de 1-1,5 cm. et surmontés d'un appendice long de 5-7 mm.) et non pas ovés-ventrus (longs de 1-1,2 cm. et surmontés d'un appendice long de 5 mm.). — En Corse les variétés suivantes :

† α. Var. **Requienii** Arc. *Comp. fl. it.* ed. 1, 20 (1882) = *D. Requienii* DC. *Fl. fr.* V, 642 (1815); Deless. *Ic. sel.* I, 63; Rouy et Fouc. *Fl. Fr.* I, 134.

Hab. — Corse, sans indication de localité (Duby *Bot. gall.* 16); à rechercher.

Tige (surtout dans le haut), rameaux et axes de l'inflorescence longuement et abondamment hérissés, pourvus en outre d'une pubescence courte sous les poils allongés. Fleurs généralement bleues.

β. Var. **muscodorum** Briq. = *D. pictum* DC. *Syst.* I, 363 (1818) et *Prodr.* I, 56; Moris *Fl. sard.* I, 61; Bert. *Fl. it.* V, 414; Rouy et Fouc. *Fl. Fr.* I, 134 = *D. maritimum* Cav. ex Balb. *Cat. taur.* 31 (1813, nomen solum) = *D. Requienii* var. *muscodorum* Mut. *Fl. fr.* I, 33 (1834); Gr. et Godr. *Fl. Fr.* I, 49 = *Staphysagria laevipes* Spach *Hist. nat. vég.* VII, 350 (1839) = *D. Requienii* var. *muscodorum* Huth in Engl. *Bot. Jahrb.* XX, 483 (1895) = *D. Staphysagria* var. *pictum* Fior. et Paol. *Fl. anal. it.* I, 523 (1898) = *D. moschatum* Soleirol ex Gürke *Pl. eur.* II, 435. — Exsicc. Soleirol n. 292!

Hab. — Route de Galeria à Partinello, lit d'un petit torrent au-dessus de la fontaine de Ceravallo (Lit. in *Bull. acad. géogr. bot.* XVIII, 118 sub : *D. Requienii*[1]!); env. de Porto-Vecchio et de Bonifacio (Soleirol exsicc. cit., et ap. Mut. et Gr. et Godr. l. c.).

Rameaux, rachis de l'inflorescence, pédoncule et fruit mollement et brièvement pubescents, à poils allongés rares ou nuls. Fleurs généralement violacées ou mauves. — D'autres caractères ont encore été indiqués pour distinguer spécifiquement les deux variétés, mais ils ne résistent pas à l'examen de matériaux quelque peu étendus. Les bractéoles sont insérées dans les deux variétés assez près de la base du pédoncule, très rarement plus haut (l'expression de Huth « medio vel infra medium insertis » donne donc une mauvaise idée de leur disposition). L'éperon est dans toutes deux subaigu ou subobtus, un peu courbé à l'extrémité, atteignant les deux tiers ou toute la longueur des sépales, rarement moins (ces variations à l'intérieur d'une même inflorescence !). Nous ne voyons pas de différence sensible et générale dans l'ampleur des pétales et dans la grosseur du fruit. La var. *Requienii* paraît être spéciale aux îles d'Hyères, à la Corse et à la Sardaigne [Carloforte selon Cavara *Escurs. bot. Sardegn.* 20 (*Rend. accad. sc. Nap.* ann. 1908)]; en revanche, la var. *muscodorum* est beaucoup plus répandue [îles d'Hyères ! (avec passages à la var. *Requienii*), Baléares !, Sardaigne !].

ACONITUM L.

A. Anthora L. *Sp.* ed. 1, 532 (1753) ; Gr. et Godr. *Fl. Fr.* 1, 50; Rouy et Fouc. *Fl. Fr.* 1, 136 : Coste *Fl. Fr.* 1, 52 ; Rapaics *Syst. Acon.* 31 ; Gyula in *Mag. bot. lap.* VIII, 124 (1909).

Espèce continentale calcicole indiquée en Corse par Burnmann (*Fl. cors.* 208), où elle n'a jamais été authentiquement observée. A rayer de la flore de l'île.

679. **A. Napellus** L. *Sp.* ed. 1, 532 (1753); Gr. et Godr. *Fl. Fr.* 1, 51; Rouy et Fouc. *Fl. Fr.* 1, 141 ; Coste *Fl. Fr.* 1, 52; Rapaics *Syst. Acon.* 11. — En Corse seulement la race suivante :

Var. **corsicum** Briq. = *A. Napellus* subsp. *vulgare* var. *Lobelianum* Rouy et Fouc. *Fl. Fr.* 1, 142 (1893), quoad pl. cors. = *A. Napellus* var. *compactum* Rapaics *Syst. Acon.* 12 (1907), quoad pl. cors. = *A. corsicum* Gyula in *Mag. bot. lap.* VIII, 181 et 182 (1909). — Exsicc. Kralik n. 436 ! ; Reverch. ann. 1879, n. 202 !

Hab. — Bords des ruisseaux, pozzines des étages montagnard et subalpin, 1000-1700 m. Juill.-août. ♃. Uniquement dans le massif du Co-

---

1 M. R. de Litardière a eu l'obligeance de nous envoyer (23 juin 1910) de superbes échant. cultivés de graines récoltées dans la localité de Ceravallo.

scione (Boccone *Mus.* 74 ; Soleirol exsicc. cit. et ap. Bert. *Fl. it.* V, 422 ; Kralik et Reverch. exsicc. cit. ; R. Maire in Rouy *Rev. bot. syst.* II, 23, 24, 27 et 50), d'où il descend sur les versants S. et W. jusque vers 900 m., ainsi vers Zicavo (Lit. *Voy.* I, 16), vers Aullène (Revel. in Bor. *Not.* II, 3) et vers Quenza aux env. des bergeries de Finosa (Lutz in *Bull. soc. bot. Fr.* XLVIII, sess. extr. CXLIX ; R. Maire l. c. 23 ; Rotgès in litt.).

1906. — Pozzines entre le col du Mt Incudine et les bergeries d'Aluccia, 1500 m., d'où il descend le long des torrents jusqu'au-dessus de Zicavo à 1000 m., 18 juill. ! (commençant à fleurir).

Plante robuste, atteignant et dépassant souvent 1 mètre. Tige épaisse, glabre dans la partie inférieure. Feuilles glabres, à segments divisés en lobes linéaires-lancéolés, régulièrement décroissantes. Inflorescence, très rameuse, largement pyramidale, à rameaux latéraux arqués-ascendants, densément couverts de poils courts et serrés, non glanduleux, grisâtres ainsi que les pédoncules ; ceux-ci étalés-ascendants, les inférieurs plus longs, les supérieurs plus courts que les fleurs, diminuant très régulièrement de longueur de bas en haut. Boutons relativement volumineux. Fleurs bleues ou violacées, avec toutes les teintes intermédiaires, relat. très grandes ; sépales densément pubescents en dehors ; casque densément pubescent, subhémisphérique, atteignant jusqu'à 2 cm. (mesurés du point d'insertion au sommet de la convexité), ± érigé, à ligne basale presque droite ou concave. — La var. *corsicum* est certainement une race insulaire saillante qui, sur le vif, se fait remarquer au premier abord par l'ampleur de l'inflorescence élégamment pyramidale, la grandeur des fleurs, et l'indument cendré presque tomenteux très développé des boutons floraux. Mais nous avons vu dans les Alpes occidentales des formes de l'*A. Napellus* qui se rapprochent de la plante corse au point d'en être morphologiquement quasi inséparables. Il ne saurait donc être question pour nous de distinguer spécifiquement l'Aconit Napel de la Corse des formes continentales de cette espèce polymorphe.

CLEMATIS L.

†† 680. **C. recta** L. *Sp.* ed. 1, 544 ; Gr. et Godr. *Fl. Fr.* I, 3 ; O. Kuntze in *Verh. bot. Ver. Brandenb.* XXVI, 111 ; Rouy et Fouc. *Fl. Fr.* I, 3 ; Coste *Fl. Fr.* I, 35.

Hab. — Maquis vers la limite des étages inférieur et montagnard. Mai-juin. ♃. Très rare. Signalé uniquement à Novella (Fouc. et Sim. *Trois sem. herb. Corse* 51 et 125). A rechercher.

Espèce des chaudes vallées du versant S. des Alpes et de l'Apennin, non signalée dans l'archipel toscan, ni en Sardaigne.

681. **C. Flammula** L. *Sp.* ed. 1, 544 (1753) ; Gr. et Godr. *Fl. Fr.* 1, 3 ; Rouy et Fouc. *Fl. Fr.* 1, 3 ; Coste *Fl. Fr.* 1, 35.

Hab. — Maquis, garigues, points sableux des étages inférieur et montagnard, 1-800 m. Juin-août. ♃. — En Corse les deux races suivantes :

α. Var. **typica** Posp. *Fl. œsterr. Küstenl.* II, 1 (1898) = *C. recta* subsp. *Flammula* O. Kuntze in *Verh. bot. Ver. Brandenb.* XXVI, 115 (1885).

Hab. — Répandue et abondante dans l'île entière.

1908. — Pietralba, garigues, 450 m., 30 juin fl. !

Feuilles bipinnatiséquées à segments ovés-allongés, amples. — On peut distinguer deux sous-variétés.

α¹ subvar. **rotundifolia** Briq. = *C. fragrans* Ten. *Fl. neap. prodr.* 32 et *Fl. nap.* I, tab. 48 (1811) = *C. Flammula* var. *rotundifolia* DC. *Syst.* I, 134 (1818) = *C. Flammula* forme *C. fragrans* Rouy et Fouc. *Fl. Fr.* I, 4 (1893). — Segments largement ovés, obtus ou arrondis au sommet.

α² subvar. **vulgaris** Briq. = *C. Flammula* var. *vulgaris* DC. *Syst.* I, 134 (1818). — Segments ovés-lancéolés, relativement moins amples, aigus au sommet.

β. Var. **maritima** DC. *Syst.* I, 134 (1818) ; Gr. et Godr. *Fl. Fr.* 1, 3 = *C. maritima* Lamk *Encycl. méth.* II, 42 (1786) ; DC. *Fl. fr.* IV, 873 et V, 632 ; vix L. = *C. recta* subsp. *maritima* O. Kuntze in *Verh. bot. Ver. Brandenb.* XXVI, 114 (1885) = *C. Flammula* forme *C. maritima* (incl. var. *stenophylla* Heldr.) Rouy et Fouc. *Fl. Fr.* I, 4 (1893) = *C. Flammula* var. *bonifaciensis* Boy. *Fl. Sud Corse* 57 (1906).

Hab. — De préférence au voisinage de la mer, plus rare dans l'intérieur. Brando (Req. *Cat.* 16 ; Gillot in *Bull. soc. bot. Fr.* XXIV, sess. extr. XLVII) ; Biguglia (Mab. ex Mars. *Cat.* 9 ; Sargnon in *Ann. soc. bot. Lyon* VI, 66) ; St-Florent (Mab. ex Mars. l. c.) ; Calvi (Fouc. et Sim. *Trois sem. herb. Corse* 125) ; Sagone (Lit. *Voy.* II, 26) ; Vignola (Mars. l. c. ; Boullu in *Bull. soc. bot. Fr.* XXVI, 82) ; Prunelli di Fiumorbo (Mand. et Fouc. ibid. XLVII, 84) ; Bonifacio (Revel. ex Mars. l. c. ; Stefani ex Mand. et Fouc. l. c. ; (Boy. *Fl. Sud Corse* 57) ; et localités ci-dessous.

1906. — Cap Corse : talus près des bords de la mer entre Luri et Meria, 6 juill. fl. ! — Maquis près de Santa Lucia di Mercurio, 700 m., 30 juill. fl. fr. !

Feuilles tripinnatiséquées, à segments petits, étroits, lancéolés, souvent atténués aux deux extrémités. — Cette variété qui, dans certaines localités, se présente assez distincte, est reliée dans d'autres par tous les passages imaginables avec la précédente, sans qu'il y ait apparence de métissage. Sa valeur systématique nous paraît faible.

Les sépales sont dans cette espèce ± obtus au sommet. Salis a indiqué au-dessus de Furiani une forme à sépales longuement acuminés, probablement monstrueuse [*C. Flammula* β Salis in *Flora* XVII, Beibl. II 83 (1834) = *C. Flammula* var. *acutisepala* O. Kuntze in *Verh. bot. Ver. Brandenb.* XXVI, 115 (1885) ; Rouy et Fouc. *Fl. Fr.* I, 4].

682. C. Vitalba L. *Sp.* ed. 1, 544 (1753) ; Gr. et Godr. *Fl. Fr.* I, 4 ; O. Kuntze in *Verh. bot. Ver. Brandenb.* XXVI, 99 ; Rouy et Fouc. *Fl. Fr.* I, 4 ; Coste *Fl. Fr.* I, 36.

Hab. — Maquis, haies des étages inférieur et montagnard. Juin-juill. ♃. Pas rare, et abondant là où il se trouve. Rogliano (Revel. ex Mars. *Cat.* 9) ; Brando (Gillot in *Bull. soc. bot. Fr.* XXIV, sess. extr. XLVII) ; env. de Bastia (Salis in *Flora* XVII, Beibl. II, 83 ; Mab. ex Mars. l. c.) ; env. d'Orezza (Gillot l. c. LXXIV) ; Sidossi près Calacuccia (Lit. in *Bull. acad. géogr. bot.* XVIII, 116) ; Calasima (Lit. l. c.) ; env. de Corté (Kesselmeyer in herb. Deless. !) ; Vico (Mars. l. c. ; Coste in *Bull. soc. bot. Fr.* XLVIII, sess. extr. CXIV) ; Ghisoni (Rotgès in litt.) ; Bocognano (Mars. l. c.) ; Pozzo di Borgo (Boullu in *Bull. soc. bot. Fr.* XXIV, sess. extr. XCVII, Coste ibid. XLVIII, sess. extr. CX) ; Ajaccio (Req. *Cat.* 16 ; Mars. l. c.) ; Prunelli-di-Fiumorbo (Mand. et Fouc. in *Bull. soc. bot. Fr.* XLVII, 84) ; Porto-Vecchio, près de la rivière de Bala (Fliche in *Bull. soc. bot. Fr.* XXXVI, 357) ; Sartène (Fliche l. c.) ; et localité ci-dessous.

1906. — Maquis près de Santa Lucia di Mercurio, 700 m., 30 juill. fl. !

Se présente à segments ± entiers [var. *integrata* DC. *Syst.* 1, 139 (1818) ; Rouy et Fouc. *Fl. Fr.* I], 5] ou crénelés-dentés (var. *crenata* Rouy et Fouc. l. c. = *C. crenata* Jord. ap. Billot *Annot.* 12 et *Diagn.* 21), ou ± profondément dentés (var. *taurica* Rouy et Fouc. l. c.) jusque sur le même individu. Ces variations nous paraissent être sans valeur systématique.

C. Viticella L. *Sp.* ed. 1, 543 (1753) ; Bert. *Fl. it.* V, 471 ; O. Kuntze in *Verh. bot. Ver. Brandenb.* XXVI, 136.

Indiqué en Corse par Burmann (*Fl. Cors.* 218), par suite d'une confusion probable avec le *C. cirrhosa*. Espèce étrangère à la flore corse.

683. C. cirrhosa L. *Sp.* ed. 1, 544 (1753) ; Gr. et Godr. *Fl. Fr.* I, 4 ; O. Kuntze in *Verh. bot. Ver. Brandenb.* XXVI, 143 ; Rouy et Fouc. *Fl. Fr.* I, 5 ; Coste *Fl. Fr.* I, 35 = *C. polymorpha* Viv. *Fl. cors. diagn.* 9 (1824) = *C. variifolia* Req. *Cat. Corse* 16 (1852). — Exsicc. Soleirol n. 185 a et

b!; Kralik n. 451!; Billot n. 501 et 501 bis; Magnier fl. select. n. 1!;
Reverch. ann. 1880, n. 395!

Hab. — Vieux murs, rochers, maquis de l'étage inférieur; calcicole.
Déc.-avril. ♃. Localisé aux env. de Bonifacio : Piantarella, Santa Manza,
etc. (Seraf. ex Viv. l. c. et Bert. *Fl. it.* V, 473; Salis in *Flora* XVII. Beibl.
II, 83; Soleirol, Kralik, Req. ap. Billot, Reverch. ap. Magnier exsicc.
cit., etc.; Revel. in Bor. *Not.* 1, 2; et nombreux autres observateurs) ;
et localité ci-dessous.

1907. — Rochers ombragés du vallon de Canalli, 40 m., 6 mai fl.!
(f. *balearica*).

Le *C. cirrhosa* a en outre été indiqué en dehors du territoire calcaire
de l'extrême sud de la Corse dans la « forêt de Girolata » (Soleirol ex
Rouy et Fouc. l. c. 6) et aux îles Sanguinaires d'après Salis. Mais Salis n'a
indiqué (l. c.) le *C. cirrhosa* qu'aux env. de Bonifacio. La première localité, si elle venait à être confirmée, serait fort intéressante parce que
située sur un sous-sol purement siliceux.

Kuntze (l. c.) a distingué une série de variétés : var. *obtusifolia, sub-
edentata, atava, semitriloba* (= *C. semitriloba* Lag. *Nov. gen. et sp.* 225) et
balearica (*C. balearica* Rich. et Juss. in *Journ. Phys.* ann. 1779, p. 127 et
tab.), indiquées en Corse par MM. Rouy et Foucaud (l. c.). Nous pouvons
confirmer ces indications. En revanche, nous restons très sceptique
quant à la valeur systématique de ces formes, opinion qui était déjà
celle de Viviani en 1824 (l. c.). La var. *balearica* à segments trilobés et
incisés, petits, paraît très saillante, mais les transitions sont si insensibles et si nombreuses, que nous ne pensons pouvoir attribuer aux
formes en question un rang supérieur à celui de simples formes ou de
sous-variétés.

PULSATILLA Mill.

684. **P. alpina** Schrank *Bayer. Fl.* II, 81 (1789); Lois. *Fl. gall.* 1,
402 = *Anemone alpina* L. *Sp.* ed. 1, 539 (1753); Gr. et Godr. *Fl. Fr.* 1,
12; Rouy et Fouc. *Fl. Fr.* 1, 41 ; Coste *Fl. Fr.* 1, 43. — En Corse seulement la race suivante :

Var. **millefoliata** Briq. = *Anemone millefoliata* Bert. *Amoen. it.* 374
(1819) = *Anemone alpina* var. *millefoliata* DC. *Prodr.* 1, 17 (1824) = *Anemone alpina* β Bert. *Fl. it.* V, 466 (1842) = *P. millefoliata* Ser. ex Nym.
Consp. fl. eur. 2 (1878) = *Anemone alpina* subsp. *millefoliata* Rouy et Fouc.
Fl. Fr. 1, 42 (1893). — Exsicc. Burn. ann. 1900, n. 258! et ann. 1904, n. 1 !

Hab. — Rochers de l'étage alpin exposés à l'ubac, 2000-2600 m.,
descendant accidentellement avec les eaux à 1500 m. Juin-juill. ♃.

Rare et localisé dans les massifs du Cinto et du Rotondo. Hautes arêtes à l'ouest du Monte Rotondo (Salis in *Flora* XVII, Beibl. II, 83 ; Soleirol ex Bert. *Fl. it.* V, 467 ; Burnouf ex Rouy et Fouc. *Fl. Fr.* I, 42 ; Briq. *Rech. Corse* 82 et Burn. exsicc. cit. n. 258 ; R. Maire in *Bull. soc. bot. Fr.* XLVIII, sess. extr. CXLVI et in Rouy *Rev. bot. syst.* II, 65) ; versant S.W. du Monte d'Oro (Salis l. c.; Briq. *Spic.* 23 et Burn. exsicc. cit. n. 1); et localités ci-dessous.

1906. — Arêtes de la Cima di Mufrella, rochers tournés au N.W., 2000 m., 12 juill. (parois inaccessibles!) ; Monte Traunato, rochers du versant N.W., 2100 m., 31 juill. fr.! ; arêtes entre la Bocca Valle Bonna et le Monte Traunato, rochers au N., 2000 m., 31 juill. fr.! ; Mont Paglia Orba, cheminées du versant S., 2400 m., 9 août (feuilles) ; couloirs rocheux sur le versant E. du Capo al Chiostro, 2100 m., 3 août fr.! ; rochers en face de la bergerie de Grotello, sur la rive droite de la haute vallée de la Restonica, 1500-1600 m., 3 août fr.! ; couloirs neigeux de la Punta de Porte au-dessus du lac Capitello, 2100 m., août fl. fr.!

Caractérisée par les premières grandes feuilles basilaires à développement précoce, biternatiséquées, à segments ovés, profondément incisés-dentés, à incisions ovées acuminées ou ovées-lancéolées, glabrescentes à la face supérieure, ± longuement velues en dessous le long des nervures principales ; les feuilles basilaires suivantes et les calicinales (involucrales) plus divisées. Fleurs ☿ blanches, grandes, pouvant atteindre jusqu'à 7-8 cm. de diamètre, à pétales très amplement ovés, se recouvrant par les bords. Carpelle asymétrique, plus convexe du côté extérieur, longuement et lâchement velu, densément velu au sommet, long d'env. 5 mm. et large de 5 mm. à la maturité.

Marsilly (*Cat.* 10) a dit de l'*Anemone alpina* L. : « Elle a été récoltée dans les montagnes de Tenda, je crois, et donnée sous ce nom linnéen par M. Romagnoli. » Les plus hautes cimes de la chaîne de Tende (Monte Asto et Monte Grima Seta) n'atteignent que 1533 et 1523 m. : nous y avons cherché en vain des stations analogues à celles qu'habite cette espèce dans les grands massifs du centre. Cette indication reste pour nous très douteuse. En revanche, nos recherches ont établi une aire relativement vaste pour cette espèce qui, avant nous, n'était connue que du Monte Rotondo et du Monte d'Oro.

M. René Maire [in Rouy *Rev. bot. syst.* II, 65, (1904)] dit avoir trouvé l'*Anemone alpina* subsp. *alpicola* Rouy et Fouc. sur le versant S. du Monte Rotondo, alors que tous les échant. corses du *P. alpina* ont été jusqu'à présent rapportés à la var. *millefoliata*. Sans vouloir préjuger les échant. de M. Maire, que nous n'avons pas vus, nous n'avons pourtant observé partout en Corse que la même race. C'est une plante robuste, élancée, à hampe lâchement et médiocrement velue ; à feuilles peu velues ou presque glabres, les basilaires primaires à divisions souvent largement confluentes ; les fleurs sont en général grandes (pétales atteignant jusqu'à 3-3,5 × 2-2,5 cm. de surface) et d'un beau

blanc. Mais on trouve aussi pêle-mêle avec les précédents des échant.
♂ à fleurs beaucoup plus petites (pétales mesurant 2-2,5 × 1,2-1,5 cm.
de surface). Chez ces derniers les carpelles sont en nombre réduits
ou nuls. C'est là un état sexuel (androdiœcie) qui a été signalé depuis
longtemps chez le *P. alpina* (voy. Ricca in *Atti soc. it. sc. nat.* XIV, 3 ;
H. Müller *Alpenblumen* 127 ; Aug. Schultz *Beitr.* II, 4-7 ; Kerner *Sched.
fl. exsicc. austro-hung.* II, 107) et qui a donné lieu à des confusions nombreuses, depuis l'époque de Lobel, de la part d'auteurs qui y ont vu
une race ou une espèce particulière. Il est possible que ce soit cet
état qui ait donné lieu à l'indication de M. Maire. La forme, la grandeur et l'indument des carpelles sont ceux que M. Vogler (*Verbreitungs-
mittel schw. Alpenpfl.* 14 et pl. I) attribue à l'*Anemone alpina* L. par opposition à l'*A. sulfurea* L. Les feuilles sont souvent complètement développées au moment de l'anthèse, ce qui est plus rarement le cas dans
l'*A. alpina* de l'Europe centrale. Nos échantillons nous paraissent inséparables de ceux de l'Apennin de Pise et de Pistoie sur lesquels Bertoloni avait fondé son *A. millefoliata*. Ceux-ci sont d'ailleurs, nous le
reconnaissons volontiers, extrêmement voisins de la var. **major** Briq. [=
Anemone Burseriana Scop. *Fl. carn.* ed. 2, I, 385 (1772) = *Anemone myrrhidifolia* Vill. *Prosp.* 50 (1779) = *Anemone alpina* var. *apiifolia* Hoppe
ex DC. *Fl. fr.* IV, 881 (1805, non *A. apiifolia* Scop.) = *Anemone alpina*
var. *major* DC. *Syst.* I, 194 (1818) = *P. Burseriana* var. *grandiflora* Reichb.
Fl. germ. exc. 732 (1832) = *Anemone grandiflora* Hoppe ap. Reichb. l. c.
= *Anemone alpina* var. *Burseriana* Koch *Syn.* ed. 1, 10 (1837) = *Anemone
alpina* subsp. *myrrhidifolia* Rouy et Fouc. *Fl. Fr.* I, 42 (1893)], dont elle
est parfois très difficile à distinguer. Il en va autrement de la var.
micrantha Briq. [= *Anemone baldensis* Lamk *Encycl.* I, 164 (1783. quoad
pl. Galliae centralis !) ; non L. = *Anemone alpina* var. *micrantha* DC. *Syst.*
I, 194 (1818) p. max. p. = *P. micrantha* Sweet *Hort. brit.* ed. 2, 3 (1830)
= *P. alba* Reichb. *Fl. germ. exc.* 732 (1832) = *Anemone alpina* var. *alba*
Koch *Syn.* ed. 1, 10 (1835) = *Anemone micrantha* Steud. *Nom.* ed. 2, I, 96
(1840) = *P. alpina* var. *parviflora* Schur *En. pl. Transs.* 4 (1866) = *Anemone alba* Kerner *Sched. fl. exsicc. austro-hung.* II, 107 (1887) = *Anemone
alpina* subsp. *alpicola* Rouy et Fouc. *Fl. Fr.* I, 42 (1893) p. p., excl. var. β].
Cette dernière se distingue dans la plupart des cas assez facilement,
non pas seulement par la fleur généralement plus petite (caractère fallacieux à cause des états micranthes des var. *major* et *millefoliata* !),
mais surtout par les lobes des segments foliaires profondément séparés
par des sinus atteignant presque la nervure médiane, allongés-lancéolés,
à pétales plus étalés pendant l'anthèse, à styles velus jusqu'au sommet.
Cette race, qui a été d'abord remise en lumière par Kerner [l. c. (1887)],
ne nous est connue que du plateau central de la France, des Vosges, du
Harz, des Sudètes, des alpes de la Styrie [voy. v. Hayek in *Oesterr. bot.
Zeitschr.* LI, 299 et *Fl. Steierm.* I, 370 (1901)] et de la Transsilvanie. Elle
est encore indiquée par MM. Rouy et Foucaud dans le Jura, les Alpes et
les Pyrénées. Mais tous les échant. que nous avons vus de ces provenances sous le nom d'*A. alpicola* appartenaient sans exception au *P.
alpina* var. *major*.

P. vulgaris Mill. *Gard. dict.* ed. 8, n. 1 (1768) = *A. Pulsatilla* L. *Sp.* ed. 1, 539 ; Gr. et Godr. *Fl. Fr.* I, 11 ; Rouy et Fouc. *Fl. Fr.* I, 39 ; Coste *Fl. Fr.* I, 42.

Indiqué en Corse par Burmann (*Fl. Cors.* 210), où aucun observateur ne l'a jamais rencontré.

ANEMONE L. emend.

†† 685. **A. nemorosa** L. *Sp.* ed. 1, 541 (1753) ; Gr. et Godr. *Fl. Fr.* I, 15 ; Rouy et Fouc. *Fl. Fr.* I, 44 ; Coste *Fl. Fr.* I, 44 ; Ulbrich in Engl. *Bot. Jahrb.* XXXVII, 223.

Hab. — Points ombragés humides à la limite supérieure de l'étage montagnard. Mai. ♃ . Très rare. Jusqu'ici seulement : forêt de Valdoniello, bords du ruisseau de Chiaraggio, 1100 m. (Rotgès ! 26 mai 1908) ; à rechercher le long des ruisseaux dans les hêtraies.

Les beaux échant. récoltés par M. Rotgès appartiennent à la sousespèce **europaea** Ulbrich (in Engl. *Bot. Jahrb.* XXXVII, 225 (1906)] var. **typica** [Beck *Fl. Nieder-Öst.* 406 (1890) emend.] à fleurs blanches ou ± lavées de rose.

686. **A. apennina** L. *Sp.* ed. 1, 541 (1753) ; Gr. et Godr. *Fl. Fr.* I, 12 ; Rouy et Fouc. *Fl. Fr.* I, 43 ; Coste *Fl. Fr.* I, 44 ; Ulbrich in Engl. *Bot. Jahrb.* XXXVII, 229.— Exsicc. F. Schultz herb. norm. n. 403 bis ! ; Reverch. ann. 1879 sub : *A. apennina* !

Hab. — Points ombragés humides surtout de l'étage montagnard, 300-1500 m. Avril-mai. ♃ . Localisé au sud de l'Incudine. Coscione (Salis in *Flora* XVII, Beibl. II, 83 ; Bernard ap. Gr. et Godr. l. c. ; Revel. ex Mars. *Cat.* 10 ; R. Maire in *Bull. soc. bot. Fr.* XLVIII, sess. extr. CXLIX ; Rotgès in litt.), d'où il s'étend aux env. d'Aullène (Revel. ex Mars. l. c.), Quenza (Salis l. c. ; Bernard ap. Gr. et Godr. l. c. ; Revel. ex Mars. l. c.), Serra di Scopamène (Reverch. exsicc. cit.) et Zonza (Rotgès in litt.) ; Petreto et Bicchisano (Mars. l. c. ; Rotgès in litt.) ; Olivese (Rotgès in litt.) ; S. Lucia di Tallano (Bernard ex Gr. et Godr. l. c.) ; rive gauche de la vallée du Baracci (Audigier ex Mand. et Fouc. in *Bull. soc. bot. Fr.* XLVII, 85).

687. **A. hortensis** L. *Sp.* ed. 1, 540 (1753) ; Gr. et Godr. *Fl. Fr.* I, 14 ; Burn. *Fl. Alp. mar.* I, 12 ; Rouy et Fouc. *Fl. Fr.* I, 48 ; Coste *Fl. Fr.* I, 41.

Hab. — Maquis, oliveraies, garigues des étages inférieur et montagnard. Janv.-mai suivant l'altitude et l'exposition. ♃ .

Lorsqu'on étend l'étude de cette espèce à l'ensemble de son aire, on arrive forcément à la conclusion que les nombreuses distinctions auxquelles elle a donné lieu ne répondent qu'à des races reliées par des intermédiaires. Ces dernières peuvent être naturellement groupées, pour toutes les régions du domaine méditerranéen avoisines de la Corse, à l'intérieur des deux sous-espèces suivantes :

I. Subsp. **stellata** Briq. = *A. stellata* Lamk *Encycl. méth.* 1, 166 (1783); Boiss. *Fl. or.* 1, 12 ; Pons in *Bull. soc. bot. Fr.* XXX, sess. extr. LXXXII (1883) = *A. hortensis* var. *stellata* Gr. et Godr. *Fl. Fr.* 1, 14 (1847); Burn. *Fl. Alp. mar.* 1, 13 = *A. hortensis* Hal. *Consp. fl. græc.* 1, 5 (1900) ; Ulbrich in Engl. *Bot. Jahrb.* XXXVII, 248.

Pétales assez étroitement elliptiques-lancéolés, au nombre de 9-22, arrondis, obtus ou obtusiuscules au sommet, dépourvus de couronne à la base. — En Corse seulement la variété suivante :

Var. **parviflora** Briq. = *A. stellata* Mab. *Rech. pl. Cors.* 1, 7 (1867) = *A. stellata* var. *parviflora* Pons in *Bull. soc. bot. Fr.* XXX, sess. extr. LXXXIII (1883) = *A. hortensis* var. *stellata* subvar. *parviflora* Burn. *Fl. Alp. mar.* 1, 13 (1892) = *A. hortensis* forme *A. stellata* Rouy et Fouc. *Fl. Fr.* 1, 48 (1893) = *A. hortensis* var. *typica* Gürke *Pl. eur.* II, 469 (1903) ; Ulbrich in Engl. *Bot. Jahrb.* XXXVII, 248.— Exsicc. Kralik n. 453 ! ; Mab. n. 2 !

Hab. — Répandue et abondante dans l'île entière, sans distinction de terrain, tout en manquant par places : ainsi aux env. d'Ajaccio, on ne la rencontrerait guère avant d'avoir atteint la Mezzana, selon Mars. (*Cat.* 10).

1907. — Garigues à Ostriconi, 30 m., 20 avril fl. fr. ! ; garigues en descendant du col de San Colombano sur Palasca, 600-700 m., 19 avril fl. !

Fleurs d'un rose violacé, mesurant 2-4 cm. de diamètre, à pétales au nombre de 9-18, variant d'ampleur d'une localité à l'autre (4-7 mm.). — La grandeur absolue des fleurs est excessivement variable, ainsi que l'avait déjà fait observer Salis (in *Flora* XVII, Beibl. II, 83). Le nom de *parviflora* donné à cette variété ne se comprend bien que par opposition à la var. *grandiflora* Pons (l. c.), du midi de la France, dont les fleurs atteignent 8 cm. de diamètre et au-delà.

II. Subsp. **pavonina** Briq. = *A. pavonina* Lamk *Encycl. méth.* 1, 166 (1783); Lois. *Fl. gall.* ed. 2, 1, 400 ; Hal. *Consp. fl. græc.* 1, 5 ; Ulbrich in Engl. *Bot. Jahrb.* XXXVII, 247 = *A. fulgens* J. Gay DC. *Prodr.* 1, 18 (1824) et ap. Reichb. *Pl. crit.* III, 1, tab. 201 (1825); Boiss. *Fl. or.*

I, 11 = *A. hortensis* var. *fulgens* et var. *pavonina* Gr. et Godr. *Fl. Fr.* I, 14 (1847).

Pétales obovés ou obovés-elliptiques, au nombre de 7-13, sensiblement plus larges que dans la sous-espèce précédente, acutiuscules ou obtusiuscules et mucronulés, mais non arrondis au sommet. Fleurs généralement plus grandes et plus vivement colorées que dans la sous-esp. *stellata*. — En Corse seulement la variété suivante :

Var. **ocellata** Burn. *Fl. Alp. mar.* I, 13 (1892) = *A. regina* Risso *Fl. Nice* 6 (1844) = *A. ocellata* Moggr. *Contr. fl. Ment.* ed. 3, tab. I (1874) = *A. pavonina* Pons in *Bull. soc. bot. Fr.* XXX, sess. extr. LXXXIII (1883) = *A. hortensis* forme *A. Regina* Rouy et Fouc. *Fl. Fr.* I, 49 (1893) = *A. pavonina* var. *regina* Ulbrich in Engl. *Bot. Jahrb.* XXXVII, 248 (1906).

Hab. — Oliveraies et friches. Rare. Calvi (Bernard ex Gr. et Godr. *Fl. Fr.* I, 14).

Fleurs assez grandes, mesurant 4-10 cm. de diamètre à pétales larges de 10 à 15 mm. ; fond de la corolle pourvu d'une couronne jaune.

688. **A. coronaria** L. *Sp.* ed. 1, 539 (1753) ; Gr. et Godr. *Fl. Fr.* I, 14 ; Burn. *Fl. Alp. mar.* I, 10 ; Rouy et Fouc. *Fl. Fr.* I, 45 ; Coste *Fl. Fr.* I, 42 ; Ulbrich in Engl. *Bot. Jahrb.* XXXVII, 249.

Hab. — Garigues, oliveraies, friches de l'étage inférieur. Janvieravril. ♃. — En Corse jusqu'ici seulement la var. suivante :

Var. **cyanea** Ard. *Fl. Alp. mar.* 12 (1867) ; Burn. *Fl. Alp. mar.* I, 10 ; Post *Fl. Syr.* 36 = *A. cyanea* Risso *Fl. Nice* 7 (1844) = *A. coronarioides* Hanry *Prodr. hist. nat. Var* 142 (1853) = *A. Coronaria* forme *A. cyanea* Rouy et Fouc. *Fl. Fr.* I, 44 (1893). — Exsicc. Mab. n. 27 ! ; Debeaux ann. 1867 sub : *A. cyanea* !

Hab. — Jusqu'ici uniquement aux env. de Bastia sur la route de St Florent et au-dessous du village de Santa Lucia (Mab. *Rech.* I, 7 et exsicc. cit. ; Debeaux exsicc. cit.).

Fleurs médiocres, à pétales longs de 2,5-3 cm., bleus ou d'un bleu violacé, dépourvus de couronne à la base.

689. **A. Hepatica** L. *Sp.* ed. 1, 538 (1753) ; Gr. et Godr. *Fl. Fr.* I, 15 ; Rouy et Fouc. *Fl. Fr.* I, 50 ; Coste *Fl. Fr.* I, 41 ; Ulbrich in Engl. *Bot. Jahrb.* XXXVII, 268 = *Hepatica triloba* Gilib. *Fl. lith.* II, 273 (1781). — En Corse la variété suivante :

†† Var. **hispanica** Willk. et Lange *Prodr. fl. hisp.* III, 947 (1880) = *A. Hepatica* var. *minor* Rouy et Fouc. *Fl. Fr.* I, 50 (1893) = *A. Hepatica* var. *hispanica* et var. *minor* Ulbrich in Engl. *Bot. Jahrb.* XXXVII, 270 et 271 (1906).

Hab. — Bois des étages montagnard et subalpin exposés à l'ubac, 800-1800 m. Avril-juin suivant l'alt. ♃ . Rare. M^te Merrizzatodio et M^te Corvo (Chabert in *Bull. soc. bot. Fr.* XXIX, sess. extr. LII) ; (montagnes de) Calenzana (Soleirol ex Bert. *Fl. it.* V, 445) ; montagnes de la Castagniccia (Salis in *Flora* XVII, Beibl. II, 83), en particulier au M^te S. Pietro (Gillot in *Bull. soc. bot. Fr.* XXIV, sess. extr. LXXVIII et LXXX) ; « montagne de Bozio » près Corté, vers 1800 m. (Burnouf ex Rouy et Fouc. l. c. ; nous ne connaissons pas cette localité).

Plante plus grêle que dans la var. *typica* Beck [*Fl. Nieder-Öst.* 407 (1890)]; feuilles restant généralement vertes à la face inférieure, plus petites, se développant souvent avec les fleurs ; fleur sensiblement plus petite ; corolle mesurant 1,5-2,2 cm. de diamètre.

Nous avons pu comparer les originaux (feuilles sans fl. ni fr.) de Salis communiqués par M. le prof. Rikli) et ceux (feuilles et fruits) de M. le Dr Chabert (envoi de l'auteur) avec la plante d'Espagne. Cette comparaison ne laisse pas de doute sur l'identité de la plante corse avec celle d'Espagne (p. ex. Bourgeau *Pyr. esp.* n. 68 ! ; Mont-Serrat : Reverchon Pl. d'Esp. ann. 1892 ! ; Sierra de Camarena). Il semble donc bien que dans les montagnes du bassin méditerranéen, l'*A. Hepatica* soit représenté par une race relativement microphylle et micranthe, dont les différences par rapport à l'*A. Hepatica* var. *typica* Beck (corolle mesurant 2,5-3 cm. de diamètre, feuilles plus grandes se développant en général après les fleurs) sont faciles à saisir, malgré la présence de quelques cas douteux. Il resterait à élucider les rapports de l'*A. Hepatica* var. *hispanica*, avec une forme alpine de l'*A. Hepatica* que nous connaissons des Alpes suisses du Valais (vallée de Binn, 2000 m., leg. Daenen in herb. Deless.!) également ou encore plus microphylle et micranthe, dans laquelle le développement des feuilles paraît être irrégulier. Nous avouons ne pouvoir trouver à cette dernière des caractères distinctifs particuliers. Il faudrait en déduire que l'aire de la var. *hispanica* n'est pas exclusivement méditerranéenne.

MYOSURUS L.

M. minimus L. *Sp.* ed. 1, 284 (1753) ; Gr. et Godr. *Fl. Fr.* I, 17 ; Rouy et Fouc. *Fl. Fr.* I, 56 ; Huth in Engl. *Bot. Jahrb.* XVI, 283 ; Coste *Fl. Fr.* I, 32.

Indiqué en Corse par Burmann (*Fl. Cors.* 235), où cette espèce n'a jamais été vue par aucun observateur.

RANUNCULUS L. emend.

690. **R. Ficaria** L. *Sp*. ed 1, 550 (1753) ; Rouy et Fouc. *Fl. Fr.* I, 72 = *Ficaria ranunculoides* Coste *Fl. Fr.* I, 31.

Hab. — Points humides des forêts, berges des cours d'eau, ou rocailles à la neige fondante dans les montagnes, 1-1600 m. Mars-mai suivant l'alt. ♃. Deux sous-espèces.

I. Subsp. **eu-Ficaria** Briq. = *R. Ficaria* L. sensu stricto = *Ficaria verna* Huds. *Fl. angl.* 214 (1762) = *F. ranunculoides* Roth *Tent. fl. germ.* I, 241 (1788) ; Gr. et Godr. *Fl. Fr.* I, 39 = *Ficaria verna* var. *ranunculoides* Burn. *Fl. Alp. mar.* I, 72.

Hab. — Plus fréquente dans les étages supérieurs. Bastia (Salis in *Flora* XVII, Beibl. II, 85 ; Soleirol ex Bert. *Fl. it.* V, 509, mais confondue avec la sous-espèce suivante) ; Calvi (Soleirol ex Bert. l. c.) ; forêt d'Aïtone (Lutz in *Bull. soc. bot. Fr.* XLVIII, sess. extr. CXXIX) ; Monte d'Oro Lutz l. c. CXXVIII) ; forêt de Vizzavona (Lutz l. c. CXXV) ; Ghisoni (Rotgès in litt.) ; Appietto (Mars. *Cat.* 13) ; Campo di Loro (Boullu in *Bull. soc. bot. Fr.* XXIV, sess. extr. XCV) ; Bonifacio (Boy. *Fl. Sud Corse* 57) ; et localités ci-dessous.

1907. — Cap Corse : châtaigneraies entre Spergane et Luri, 100 m., 26 avril fl. ! ; cluse des Stretti près St-Florent, balmes, 30 m., 23 avril fl. ! — Eboulis du Monte Grima Seta et du Monte Asto, 1500 m., 15 mai fl. ! ; berges des ruisseaux en montant de Ghisoni au col de Sorba, 700-1000 m., 10 mai fl. !

Plante relat. grêle, à feuilles médiocres (3-4,5 × 3-3,5 cm. de surface), peu épaisses, ovées-arrondies ou triangulaires-ovées. Fleurs petites ou médiocres, mesurant 2-2,5 cm. de diamètre.

II. Subsp. **ficariaeformis** Rouy et Fouc. *Fl. Fr.* I, 73 (1893) = *R. Ficaria* var. *calthaefolius* Guss. *Fl. sic. prodr.* II, 45 (1828) ; Coss. *Comp. fl. all.* II, 19 = *Ficaria grandiflora* Robert *Cat. Toulon* 57 et 112 (1838) = *Ficaria calthaefolia* Gr. et Godr. *Fl. Fr.* I, 39 (1847) = *R. calthaefolius* Jord. *Obs.* VI, 2 (1847) = *R. ficariaeformis* F. Sch. *Arch. de Fl.* 123 (1855). — Exsicc. Kralik sub : *Ficaria calthaefolia* ! ; Mab. n. 336 !

Hab. — Seulement dans l'étage inférieur. Plaine de Bevinco près Bastia (Mab. exsicc. cit. et ap. Mars. *Cat.* 13) ; Ajaccio (Kralik exsicc. cit.) ; Campo di Loro (Boullu in *Bull. soc. bot. Fr.* XXIV, sess. extr.

XCV); Porto-Vecchio (Revel. ex Mars. l. c.) ; Bonifacio (Bernard ex Gr. et Godr. *Fl. Fr.* I, 39).

Plante plus robuste, à feuilles plus grandes (3-6 × 3-5 cm. de surface), plus épaisses, plus orbiculaires. Fleurs plus grandes, mesurant 3-4 cm. de diamètre. — La valeur systématique de la forme décrite par Gussone est très discutée : nous croyons que MM. Rouy et Foucaud l'ont bien estimée en lui donnant la dignité de sous-espèce. Nos échant. sont caulescents et s'écartent par là de la forme à pédoncules subscapiformes dont M. Rouy a fait (l. c.) son *R. Ficaria* subsp. *nudicaulis*. Nous avons vu ce dernier de Sicile, de sorte que Gussone l'a peut-être compris dans son *R. Ficaria* var. *calthaefolius*. Nous avons dû à regret adopter pour cette sous-espèce le nom qui lui a été donné par les auteurs de la *Flore de France* et eussions préféré l'une des deux épithètes plus anciennes *calthaefolius* ou *grandiflorus*, dont la seconde est dépourvue de toute ambiguïté : nous y sommes contraint par les *Règl. de la Nomen. bot.* art. 49.

691. R. capillaceus Thuill. *Fl. Par.* éd. 2, 278 (1799) et herb. ! ; Verl. *Cat. Dauph.* 6 ; Bouv. *Fl. Suisse et Sav.* 12 = *R. trichophyllus* Chaix in Vill. *Hist. pl. Dauph.* I, 335 (1786) ; Gr. et Godr. *Fl. Fr.* I, 23 ; Freyn in *Verhandl. zool.-bot. Ges. Wien* XXVII, 265 (1878) et in Willk. et Lange *Prodr. Fl. hisp.* I, 910 ; Burn. *Fl. Alp. mar.* I, 19 ; Rouy et Fouc. *Fl. Fr.* I, 67 ; Coste *Fl. Fr.* I, 22 = *R. paucistamineus* Tausch in *Flora* XVII, 525 (1834) ; Freyn in Kerner *Sched. fl. exsicc. austro-hung.* I, 20 = *R. pantothrix* Bert. *Fl. it.* V, 576 (1842).

Hab. — Mares, étangs, ruisseaux à eaux tranquilles de l'étage inférieur. Mars-juill. ♃. Répandu.

Feuilles ± homomorphes, toutes découpées en lanières capillaires ou filiformes, très rarement hétéromorphes. Pédoncules courts, généralement moins longs que les feuilles ou les dépassant rarement. Réceptacle conique ou ové-conique très hérissé. Fleur très petite, à pétales longs d'env. 5 mm. Le *R. trichophyllus* Chaix in Vill. n'est nullement un *nomen nudum*, ainsi que divers auteurs l'ont affirmé : il a été publié avec un renvoi (« Hall. 1162 ») à l'*Historia stirpium Helvetiae* (p. 69) de Haller où l'espèce est pourvue d'une diagnose très suffisante pour être aisément reconnaissable. La plante de Chaix est d'ailleurs synonyme du *P. paucistamineus* Tausch. Il est vrai que Freyn (in Kerner *Sched. fl. exsicc. austro-hung.*) a cru pouvoir distinguer le *R. trichophyllus* du *R. paucistamineus* par des feuilles à stipules glabres, mais Chaboisseau avait montré plusieurs années auparavant (in *Bull. soc. dauph.* ann. 1877, 106 et exsicc. n. 657 bis !) que la seule renoncule du groupe *Batrachium* que l'on trouve en Valgaudemar (terrain dont Chaix a donné l'inventaire floristique dans Villars l. c.) était un *R. trichophyllus* (= *R. paucistamineus*) à stipules *hérissées* ! Le caractère des stipules ± glabres ou ± hérissées varie

d'ailleurs jusque sur un seul et même échantillon d'après nos matériaux
dauphinois et ne saurait jouer le rôle de critère distinctif que Freyn
avait cru pouvoir lui attribuer. D'autre part, l'examen de l'original du
R. capillaceus Thuill., conservé dans l'herbier Thuillier au Conservatoire
botanique de Genève, ne laisse aucun doute sur l'identité de ce dernier
avec les *R. trichophyllus* Chaix et *R. paucistamineus* Tausch.

Le *R. capillaceus* présente selon les conditions du milieu exté-
rieur des variations qui ont été bien étudiées jadis par Rossmann (*Beitr.
Kenntn. Wasserhahnenfüsse Ranunculus sect. Batrachium*, Giessen 1854;
Zur Kenntn. Wasserhahnenfüsse, etc. in *Ber. Offenb. Ver. f. Naturk.* II).
Les formes à feuilles hétéromorphes, c'est-à-dire pourvues de feuilles
submergées laciniées et de feuilles flottantes à segments laminiformes
(« Gegenblätter » d'Askenasy) sont très rares. On peut citer comme telle
le *R. radians* Revel. Ces formes se rapprochent assez du *R. aquatilis*
pour avoir été confondues avec lui, même dans des cas où il ne peut y
avoir de doute [par ex. le n° 356 de la Soc. fl. franco-helv. (Veauchette,
Loire, leg. Hervier) publié sous le nom de *R. Godronii*, qui est un *R.
aquatilis* incontestable]. Les formes à feuilles appartenant toutes au type
submergé sont de beaucoup les plus fréquentes. Dans les eaux tranquilles, les lanières des feuilles sont étalées et relativement fermes.
C'est encore bien plus le cas dans les formes terrestres, qui sont faciles
à reproduire expérimentalement. Dans les eaux plus courantes, les
feuilles ont des lanières moins fermes, se ramassant en pinceau lorsqu'on les sort de l'eau : c'est cet état qui a servi à établir le *R. Drouetii*
F. Schultz (ap. Gr. et Godr. *Fl. Fr.* 1, 24 (1847) = *R. trichophyllus* var.
Drouetii Lor. *Fl. Montp.* ed. 1, 17 (1876) ; Burn. *Fl. Alp. mar.* 1, 20 ; Rikli
in Schinz et Keller *Fl. Schw.* ed. 2, II, 80 = *R. aquatilis* var. *trichophyllus*
subvar. *Drouetii* Coss. *Comp. fl. atl.* II, 27 = *R. trichophyllus* forme *R.
Drouetii* Rouy et Fouc. *Fl. Fr.* 1, 69 (1893)]. Les autres caractères attribués
à cet *état* (fleurs plus petites, étamines moins nombreuses, carpelles plus
velus, un peu aigus au sommet, etc.) ne sont pas concomitants et ne
résistent pas à l'examen d'une série un peu nombreuse d'échantillons. —
En Corse les deux variétés suivantes :

α. Var. **capillaceus** Bouv. *Fl. Suisse et Sav.* 12 (1878) = *R. capillaceus* (f. *immersa* !) et *R. caespitosus* (f. *terrestris*) Thuill. l. c., sensu
stricto = *R. paucistamineus* var. *typicus* et var. *trichophyllus* Beck *Fl.
Nieder-Öst.* 415 (1890) = *R. trichophyllus* formes *R. trichophyllus genuinus*, *R. capillaceus*, *R. paucistamineus* et *R. Drouetii* Rouy et Fouc. *Fl.
Fr.* 1, 68 et 69 (1893) = *R. trichophyllus* var. *genuinus, paucistamineus*
et *Drouetii* Rikli in Schinz et Keller *Fl. Schw.* ed. 2, II, 80 (1905).

Hab. — Sisco (Fouc. et Sim. *Trois sem. herb. Corse* 125) ; vallon du
Fango (Gillot in *Bull. soc. bot. Fr.* XXIV, sess. extr. LV) ; Bastia (Mab.
ex Mars. *Cat.* 11) ; St-Florent (Petit in *Bot. Tidsskr.* XIV, 244) ; Calvi
(Soleirol ex Bert. *Fl. it.* V, 576 ; Lit. in *Bull. acad. géogr. bot.* XVIII,

117); Ghisonaccia (Rotgès in litt.); Porto-Vecchio (Mars. l. c.; R. Maire in Rouy *Rev. bot. syst.* 65); et localités ci-dessous.

1906. — Ruisseau de Piani près Calvi, 5 m., 11 juill. fl. fr.!

1907. — Estuaire d'Ostriconi, eau tranquille, 20 avril fl. fr.;! fossés à Cateraggio, 5 m., 1 mai fl. fr.!

Feuilles toutes multiséquées, homomorphes. Carpelles arrondis ou brièvement atténués au sommet, à bec très court.

† β. Var. **heterophyllus** Rouy. *Fl. Suisse et Sav.* 13 (1878) = *R. aquatilis* var. *heterophyllus* Salis in *Flora* XVII, Beibl. 11, 83 (1834); non alior. = *R. radians* Revel. in *Act. soc. linn. Bordeaux* XIX, 120 (1853) = *Batrachium Godronii* Gren. ap. F. Sch. *Arch. Fl. Fr. et All.* 172 (1850, nomen nudum) = *R. Godronii* Gren. *Rev. fl. monts Jura* 25 (1875) = *R. trichophyllus* var. *heterophyllus* Freyn in Willk. et Lange *Prodr. fl. hisp.* III, 911 (1880) = *R. trichophyllus* formes *R. radians* et *R. Godroni* Rouy et Fouc. *Fl. Fr.* 1, 67 et 68 (1893) = *R. trichophyllus* var. *radians* et *Godroni* Rikli in Schinz et Keller *Fl. Schw.* ed. 2, 11, 80 (1905).

Hab. — Rare. Porto-Vecchio (Salis in *Flora* XVII, Beibl. 11, 83; Kralik ex Rouy et Fouc. *Fl. Fr.* I, 70).

Feuilles hétéromorphes, les unes multiséquées, les autres flottantes, de pourtour orbiculaire, profondément divisées en segments rayonnants.

692. **R. aquatilis** L. *Sp.* ed. 1, 556 (1753), excl. var. β, γ et δ; Gr. et Godr. *Fl. Fr.* 1, 22; Koch *Syn.* ed. 3, 10; Burn. *Fl. Alp. mar.* 1, 18; Coste *Fl. Fr.* 1, 21 = *R. diversifolius* Gilib. *Fl. lithuan.* V, 262 (1782); Rouy et Fouc. *Fl. Fr.* 1, 63 = *R. peltatus* Hiern in *Journ. of Bot.* IX, 46 et 97-98 (1871); Freyn ap. Willk. et Lange *Prodr. fl. hisp.* III, 908.

Hab. — Etangs et cours d'eau de l'étage inférieur. Avril-juill. ♃. Assez répandu.

Feuilles le plus souvent hétéromorphes, les submergées multiséquées, les flottantes (ou celles du « type » flottant), à limbe étalé ± lobé ou segmenté, moins fréquemment homomorphes. Pédoncules généralement de la longueur des feuilles ou les dépassant médiocrement. Réceptacle ± hémisphérique, ± hérissé. Fleur relativement grande, à pétales longs d'env. 6-10 mm., dépassant 2-4 fois les sépales; étamines et carpelles plus nombreux que dans l'espèce précédente.

Il est difficile de se faire une idée exacte de la valeur systématique vraie des formes signalées ci-dessous comme variétés. Il semblerait, d'après les observations et les expériences faites jusqu'à présent, que la production des feuilles du type submergé et du type flottant soit en

rapport avec certaines conditions extérieures, mais celles-ci sont encore
mal définies. Les feuilles du type flottant ne se produisent jamais dans
les échant. complètement submergés et à fleurs closes (pollination cléis-
togamique); il en est de même pour les échant. à habitat accidentellement terrestre, où du moins leur production cesse vite. Mais il est des
formes à fleurs émergées et normales qui sont dépourvues de feuilles du
« type » flottant, et qui ont toute apparence de constituer des races. Il
est donc prudent, en attendant des études expérimentales ultérieures
sur le *R. aquatilis*, de distinguer les formes à feuilles homomorphes et
hétéromorphes lorsque celles-ci portent des fleurs normales. On trouvera la matière des observations faites sur le développement, la morphologie et la biologie de ses feuilles, outre les deux mémoires cités de
Rossmann (voy. p. 606), dans un excellent mémoire d'Askenasy intitulé :
*Ueber den Einfluss des Wachstumsmediums auf die Gestalt der Pflanzen,
Ranunculus aquatilis L.* (*Bot. Zeitg.* XXVIII, 194-201, 209-219 et 225-227,
tab. III et IV, ann. 1870). Un bon résumé de ces travaux se trouve dans
Schenck : *Die Biologie der Wassergewächse* [*Verhandl. naturh. Ver. Rheinl.
und Westf.* XLII, 235-246 (1885)] et dans Gœbel : *Pflanzenbiologische
Schilderungen* II, 309-317 (1889)].

† α. Var. **heleophilus** Beck *Fl. Nieder-Öst.* 415 (1890) = *R. aquatilis*
var. *caespitosus* Salis in *Flora* XVII, Beibl. II, 83 (1834, nomen nudum)
= *R. aquatilis* var. *submersus* Gr. et Godr. *Fl. Fr.* I, 23 (1847) = *R.
peltatus* var. *submersus* Hiern in *Journ. of Bot.* IX, 47 et 102 (1871);
Freyn in Willk. et Lange *Prodr. fl. hisp.* III, 908 = *R. heleophilus* Arv.-
Touv. ap. Freyn in Kerner *Sched. fl. exsicc. austro-hung.* V, 38 (1888)
= *R. diversifolius* var. *submersus* et *succulentus* Rouy et Fouc. *Fl. Fr.* I,
63 (1893) = *R. aquatilis* subsp. *heleophilus* Rikli in Schinz et Keller
Fl. Schw. ed. 2, II, 80 (1905).

Hab. — Pont du Golo (Salis in *Flora* XVII, Beibl. II, 83), mais Salis
ne paraît pas avoir nettement distingué le *R. aquatilis* du *R. capillaceus*.

Feuilles homomorphes, toutes multiséquées, à lanières fines et divariquées dans les eaux tranquilles, plus courtes dans les plantes émergées,
moins écartées et se ramassant en pinceaux dans les eaux courantes, à
fleurs émergées normales. Réceptacle très hérissé.

La priorité exigerait que l'on conservât pour cette variété le nom de
submersus qui lui a été donné par Grenier et Godron, mais le fait que
ce nom a été tiré d'un des états biologiques est de nature à produire
des erreurs. Nous pensons dans ces conditions qu'il est préférable d'éliminer ce nom et de lui préférer celui plus récent d'*heleophilus* (*Règl.
nomencl.* art. 51, 4°).

β. Var. **heterophyllus** DC. *Prodr.* I, 26 (1824) p. p.; Wimm. et Grab.
Fl. Sil. II, 1, 122 (1829) p. maj. p. = *R. heterophyllus* Hoffm. *Deutschl.
Fl.* 197 (1791) = *Batrachium heterophyllum* S. F. Gray *Nat. arr. brit. pl.*

II, 721 (1821) = *R. aquatilis* var. *fluitans* Gr. et Godr. *Fl. Fr.* I, 23
(1847) = *R. aquatilis* var. *typicus* Beck *Fl. Nieder-Öst.* 415 (1890) =
R. aquatilis subsp. *heterophyllus* Rikli in Schinz et Keller *Fl. Schw.* ed.
2, II, 80 (1905). — Exsicc. Req. sub : *S. aquatilis*?!

Hab. — Route de la Parata (Wilczek ex Rouy et Camus *Fl. Fr.* VI,
440); Ajaccio (Req. exsicc. cit. et ap. Bert. *Fl. it.* X, 502; Mars. *Cat.* 10;
Boullu in *Bull. soc. bot. Fr.* XXIV, sess. extr. XCVIII; Coste ibid. XLVIII,
sess. extr. CV); cours de la Gravona (Petit in *Bot. Tidsskr.* XIV, 244);
bords du Rizzanèse entre Propriano et Sartène (Lutz in *Bull. soc. bot.
Fr.* XLVIII, sess. extr. CXLII); Figari (Seraf. ex Bert. *Fl. it.* V, 573);
Bonifacio (R. Maire in Rouy *Rev. bot. syst.* II, 65) ; et localités ci-dessous.

1907. — Mares profondes à Ostriconi, 20 avril fl. fr.! (subvar. *truncatus*
et subvar. *radiatus*)!; eaux tranquilles au Pont d'Arena, 20 m., 1 mai fl.
fr. (subvar. *truncatus*)!

Feuilles hétéromorphes, les unes submergées multiséquées, les autres
flottantes, à segments ou lobes laminiformes, à fleurs émergées normales. Réceptacle très hérissé. — Dans les formes terrestres, il peut se
produire aussi des feuilles du « type » flottant, mais plus petites [*R. aquatilis* var. *coenosus* Moris *Fl. sard.* I, 26 (1837)].

Il n'est pas exact de citer sans restriction comme synonyme de cette
race le *R. aquatilis* α *heterophyllus* Neilr. [*Fl. Nieder-Öst.* 682 (1859)],
ainsi que l'a fait M. Beck, suivi de M. M. Rikli. En effet, Neilreich ne distinguait pas les *R. capillaceus* et *aquatilis*, ses *R. aquatilis* var. *heterophyllus*
et var. *homophyllus* comprenaient donc les formes hétérophylles et
homoeophylles de l'une comme de l'autre espèce. — On peut distinguer
les sous-variétés suivantes :

β¹ subvar. **radiatus** Briq. = *R. aquatilis* var. *radiatus* Bor. *Fl. Centre*
éd. 3, II, 11 (1857) = *R. radians* Hiern in *Journ. of Bot.* IX, 47 et 99 (1871);
non Revel. = *R. peltatus* var. *radiatus* Freyn in Willk. et Lange *Prodr.
fl. hisp.* III, 908 (1880) = *R. diversifolius* forme *R. radiatus* Rouy et Fouc.
Fl. Fr. I, 65 (1893). — Feuilles flottantes découpées en segments ou en
lobes obcunéiformes, rayonnants, à sinus basilaire très étroit.

β² subvar. **truncatus** Briq. = *R. aquatilis* var. *truncatus* Koch *Syn.* ed. 2,
13 (1843); Bor. *Fl. Centre* éd. 3, II, 11 = *R. peltatus* var. *truncatus* Hiern
in *Journ. of Bot.* IX, 46 et 98 (1871); Freyn in Willk. et Lange *Prodr. fl.
hisp.* III, 908 = *R. rhipiphyllus* Bast. ap. Bor. *Fl. Centre* éd. 3, II, 11 (1857)
= *R. diversifolius* formes *R. truncatus* et *R. rhipiphyllus* Rouy et Fouc.
Fl. Fr. I, 64 (1893). — Feuilles flottantes à limbe de contour réniforme, à
sinus basilaire très ouvert, presque tronquées, à 3-5 lobes peu crénelés
ou entiers.

†† γ. Var. **triphyllus** Briq. = *R. triphyllus* Wallr. in *Linnaea* XIV,

39

584 (1840); Bor. *Fl. Centre* éd. 3, 10 ; Hiern in *Journ. of Bot.* IX, 46 et 94; Freyn in Willk. et Lange *Prodr. fl. hisp.* III, 909 = *R. diversifolius* forme *R. triphyllus* Rouy et Fouc. *Fl. Fr.* I, 64 (1893).

Hab. — Cours de l'Ostriconi près d'Urtaca (Fouc. et Sim. *Trois sem. herb. Corse* 125) ; Corté (Fouc. et Sim. l. c.).

Feuilles hétéromorphes, les flottantes réniformes très profondément tri-partites, à segments cunéiformes entiers ou subentiers. Réceptacle faiblement cilié. Carpelles plus petits que dans les variétés précédentes.

†† 693. **R. fluitans** Lamk *Fl. fr.* III, 184 (1778) ; Gr. et Godr. *Fl. Fr.* I, 25 ; Rouy et Fouc. *Fl. Fr.* I, 7 ; Coste *Fl. Fr.* I, 21 = *R. peucedanoides* Desf. *Fl. atl.* I, 444 (1798) = *R. fluviatilis* Web. ap. Wigg. *Prim. fl. hols.* 42 (1780).

Hab. — Eaux courantes de l'étage inférieur. Avril-juin. ♃. Espèce non encore signalée par nos prédécesseurs.

Feuilles toutes homomorphes, multiséquées, de pourtour oblong, à lanières allongées, linéaires presque parallèles. Pédoncules généralement plus courts que les feuilles. Fleur relativement grande, à pétales largement obovés de dimensions d'ailleurs variables. Réceptacle glabrescent ou brièvement ciliolé.

Les formes à feuilles du type « flottant » sont excessivement rares chez le *R. fluitans* (voy. Rossmann *Beitr.* 39-41), et il n'est pas sûr que leur indication ne provienne de confusions avec l'espèce précédente. La forme terrestre à segments plus courts, plus raides et à structure dorsiventrale (normalement centrique dans le *R. fluitans*) a été décrite en détail par M. Gœbel (*Pflanzenbiol. Schilderungen* II, 315-317). — En Corse les deux races suivantes :

†† α. Var. **Bachii** Wirtg. *Fl. preuss. Rheinprov.* 15 (1857) = *R. Bachii* Wirtg. in *Verh. naturh. Ver. Rheinl. und Westf.* II, 22 (1846) = *R. fluitans* forma *parviflora* Freyn in Willk. et Lange *Prodr. fl. hisp.* III, 912 (1880) = *R. fluitans* forme *R. Bachii* Rouy et Fouc. *Fl. Fr.* I, 72 (1893).

1907. — Pont du Regino, eau courante, 20 avril fl.!

Fleurs relativement petites, mesurant 1,2-1,8 cm. de diamètre, à pétales au nombre de 5-7, longs de 6-8 mm.

†† β. Var. **Lamarckii** Wirtg. *Fl. preuss. Rheinprov.* 15 (1857) = *R. fluitans* forma *grandiflora* Freyn in Willk. et Lange *Prodr. fl. hisp.* III, 912 (1880).

1907. — Eau courante à Ostriconi, 20 avril fl. !

Fleurs grandes, mesurant 2-3 cm. de diamètre, à pétales au nombre de 7-12, longs de 1-1,5 cm.

694. **R. platanifolius** L. *Mant.* 1, 79 (1767) ; Gr. et Godr. *Fl. Fr.* 1, 27 ; Briq. *Fl. M¹ Soudine* 16 ; Fritsch in *Verhandl. zool.-bot. Ges. Wien* XLIV, 121-129 = *R. aconitifolius* var. *platanifolius* DC. *Syst.* 1, 241 (1818) = *R. aconitifolius* forme *R. platanifolius* Rouy et Fouc. *Fl. Fr.* 1, 74 (1893) = *R. aconitifolius* subsp. *platanifolius* Rikli in Schinz et Keller *Fl. Schw.* ed. 2, II, 80 (1905). — Exsicc. Reverch. ann. 1878, n. 114 !

Hab. — Forêts et vernaies des étages subalpin et alpin, 1500-2200 m. Juin-juill. ⚥. Assez rare et localisé dans les grands massifs du centre. « Mont Canogyhia » près de Corté (Burnouf ex Rouy et Fouc. *Fl. Fr.* 1, 75, localité à nous inconnue) ; arêtes entre le Monte d'Oro et la Punta Muratello (Lit. in *Bull. acad. géogr. bot.* XVIII, 117) ; forêt de Casamente près Ghisoni (Rotgès in lit.) ; forêt de Marmano (Mars. *Cat.* 11 ; Rotgès in lit.) ; Monte Renoso (Revel. ex Mars. l. c. ; Reverch. exsicc. cit. ; Lit. *Voy.* 11, 28 et 31) ; M¹ Incudine et Coscione (Lutz in *Bull. soc. bot. Fr.* XLVIII, sess. extr. CXLIX ; R. Maire ibid. CXLVI et in Rouy *Rev. bot. syst.* II, 25) ; et localités ci-dessous.

1906. — Vernaies sur le versant N. du col de la Cagnone, 1700 m., 21 juill. fl. fr.! ; vernaies sur le versant W. des Pointes de Monte et de Bocca d'Oro, 1700-1950 m., 20 juill. fl. fr.!

Le *R. platanifolius* L. a été souvent réuni au *R. aconitifolius* L. (lequel manque à la Corse), à titre de variété ou même à titre de simple synonyme. Après un nouvel examen d'abondants matériaux, nous devons conclure au maintien de ces deux espèces : nous avons cherché en vain les variations réellement intermédiaires signalées par divers auteurs, et récemment encore par M. Brunotte [in Bonnier *Rev. gén. bot.* XIII, 427 (1901)]. Le *R. platanifolius* se distingue dans tous les cas du *R. aconitifolius* par les pédoncules grêles, à la fin allongés au point de dépasser 4-5 fois les feuilles axillantes, et glabres sous la fleur (épais, atteignant 1-3 fois la longueur des feuilles axillantes, et couverts sous la fleur d'une pubescence dense formée de poils courts, les uns ascendants-étalés, les autres appliqués, dans le *R. aconitifolius*). En outre, dans le *R. platanifolius*, les segments foliaires oblongs-lancéolés atteignent leur plus grande largeur vers le milieu, le médian est conné à la base avec les latéraux, les divisions des feuilles supérieures sont prolongées en une pointe entière, et les carpelles plus gros (*R. aconitifolius* : segments foliaires ovés-rhomboïdaux, atteignant leur plus grande largeur au-dessus du milieu, le médian complètement séparé des latéraux et même « pétiolulé », les divisions des feuilles supérieures ± dentées jusque vers le sommet). Le port seul suffit dans la majorité des cas à

reconnaître les deux Renoncules. Voy. pour plus de détails l'étude
détaillée de M. Fritsch (l. c.), qui traite des caractères, des variations et
de l'aire des deux espèces. — M. Brunotte a émis l'opinion (l. c.) que le
R. platanifolius serait une forme vicariante des basses altitudes du *R.
aconitifolius*. Cette opinion pourrait peut-être s'expliquer par le fait que
l'on a souvent confondu des grands échant. luxuriants du *R. aconitifolius*
avec le *R. platanifolius*, et ne cadre pas avec l'observation des faits,
point sur lequel M. Burnat (*Fl. Alp. mar.* III, 278) a déjà attiré l'attention. En réalité, le *R. aconitifolius* sous ses diverses formes descend
plus bas, et monte plus haut dans les Alpes que le *R. platanifolius*. Nos
observations en Savoie donnent pour le *R. aconitifolius* : 400-2400 m.,
pour le *R. platanifolius* : 800-2000 m. Les limites absolues varient naturellement suivant les territoires considérés, mais, cette réserve faite,
nos observations sont confirmées par les données de Jaccard, Verlot et
Marcailhou citées par M. Burnat (l. c.). — En Corse le *R. platanifolius*
manque absolument dans les pozzines, de même que dans les Alpes cette
espèce manque entièrement dans les prairies marécageuses où foisonne
le *R. aconitifolius*.

†† 695. **R. pyrenaeus** L. *Mant.* I, 248 (1767) ; Gr. et Godr. *Fl.
Fr.* I, 29 ; Rouy et Fouc. *Fl. Fr.* I, 80 ; Coste *Fl. Fr.* I, 23. — En Corse
seulement la variété suivante :

Var. **bupleurifolius** Lap. *Hist. abr. pl. Pyr.* I, 314 (1813) = *R. pyrenaeus* et *R. pyrenaeus* var. *bupleurifolius* DC. *Syst.* I, 243 (1818) ; Gr. et
Godr. l. c. ; Rouy et Fouc. l. c.

Hab. — Replats des rochers de l'étage alpin. Juin-juill. ♃. Très rare.
Vallon de l'Erco dans le Niolo (Audigier ap. Fouc. in *Bull. soc. bot. Fr.*
XLVII. 85) ; montagnes de Nino (Romagnoli ex Fouc. l. c.).

Feuilles étroitement lancéolées ou sublinéaires-lancéolées ; tige généralement 1-pauciflore.

696. **R. bullatus** L. *Sp.* ed. 1, 550 (1753) ; Gr. et Godr. *Fl. Fr.* I,
35 ; Rouy et Fouc. *Fl. Fr.* I, 85 ; Coste *Fl. Fr.* I, 24.

Hab. — Garigues de l'étage inférieur. Sept.-oct. ♃. Assez rare. — En
Corse les deux races suivantes :

α. Var. **rhombifolius** Briq. = *R. rhombifolius* Jord. et Fourr. *Brev.*
I, 1 (1866) et *Ic.* I, 11, t. XXIV = *Ionosmanthus rhombifolius* Jord. et
Fourr. *Ic.* II, 14, t. CCXLIII (1869) = *R. bullatus* forme *R. bullatus* Rouy
et Fouc. *Fl. Fr.* I, 86 (1893).

Hab. — Porto-Vecchio (Revel. ex Mars. *Cat.* 12) ; Bonifacio (Seraf. ex
Bert. *Fl. it.* V, 507 ; Req. in herb. Deless.! ; Reverch.! ; Revel. ex Rouy
et Fouc. *Fl. Fr.* I, 86.

Feuilles rhombiformes-orbiculaires, couvertes sur les deux faces de poils lâches et longs.

Cette variété paraît localisée dans l'extrème sud ; la localité de St-Florent donnée par Mabille (in Mars. *Cat.* 11) se rapporte à la variété suivante d'après les originaux de cet auteur ; celle du Coscione (Soleirol ex Rouy et Fouc. l. c.) est invraisemblable, le *R. bullatus* ne sortant pas des garigues du littoral.

β. Var. **semicalvus** Bicknell in Dörfl. *Sched. herb. eur. norm.* XLV, 127 (1903) = *R. semicalvus* Jord. et Fourr. *Brev.* 1, 2 (1866) = *Ionosmanthus semicalvus* Jord. et Fourr. *Ic.* II, 14, t. CCXLIII (1869) = *R. bullatus* forme *R. semicalvus* Rouy et Fouc. *Fl. Fr.* 1, 86 (1893). — Exsicc. Soleirol n. 230 ! ; Req. sub : *R. bullatus* ! ; Mab. n. 101 et 101 bis ! ; Dörfl. herb. eur. norm. n. 4434 !

Hab. — Bastia (ex Gr. et Godr. l. c.) ; St-Florent (Mab. exsicc. cit. n. 101 ! ; et in Mars. *Cat.* 11 sub : *R. rhombifolius*) ; env. d'Ajaccio (Salis in *Flora* XVII, Beibl. II, 83 ; Soleirol exsicc. cit. et ap. Bert. *Fl. it.* V, 507 ; Req. exsicc. cit. et ap. Bert. l. c. X, 501 ; Mab. exsicc. cit. n. 101 bis sub : *R. rhombifolius* ! ; Bicknell in Dörfl. exsicc. cit.), en particulier à Vignola, et d'Ajaccio à la plaine des Cannes et au pénitencier de St-Antoine, près de la chapelle de N.-D.-de-Lorette (Mars. *Cat.* 12) ; Bonifacio (Req. ex Rouy et Fouc. l. c. ; Revel. et Mab. ex Mars. l. c.).

Feuilles de même forme que dans la variété précédente, mais glabres en dessus, longuement ciliées-velues sur les marges et à la face inférieure.

697. **R. monspeliacus** L. *Sp.* ed. 1, 553 (1753) ; Gr. et Godr. *Fl. Fr.* I, 35 ; Rouy et Fouc. *Fl. Fr.* 1, 86 ; Coste *Fl. Fr.* 1, 28.

Hab. — Garigues de l'étage inférieur. Mai-juin. ⚥ . « Fiumorbo in arvis arenosis » (Salis in *Flora* XVII, Beibl. II, 84).

Le *R. monspeliacus* L. n'a été rencontré en Corse par aucun observateur depuis l'époque de Salis, car l'indication très vague de Grenier et Godron (*Fl. Fr.* 1, 35) « la Corse » est sans doute basée sur les notes antérieures de Salis. C'est le cas pour plusieurs autres espèces qui ont pourtant été incontestablement recueillies dans l'île, et cela tient sans doute à l'exploration botanique encore insuffisante de la Corse. La description de Salis ne permet pas une identification exacte avec l'une des variétés du *R. monspeliacus*, et malheureusement la plante n'est plus représentée actuellement dans l'herb. de Salis (communication de M. le prof. Rikli). L'aire du *R. monspeliacus*, qui embrasse, outre le sud de la France, la Ligurie et la Sicile, rend d'ailleurs sa présence en Corse plausible. — Salis (l. c.) a rapporté à son *R. monspeliacus* deux espèces de Viviani un peu douteuses, les *R. pedunculatus* Viv. [*Fl. cors. diagn.* 8 (1824)] et *R. insularis* Viv. [*App. fl. cors. prodr.* 2 (1825)], le premier indiqué « in pratis Monaccia », le second « in montibus Corsicae et Sardiniae borealis Tempio ». Grenier et Godron (*Fl. Fr.* 1, 35) ont rapporté ces deux espèces de Viviani au *R. chaerophyllos* (= *R. flabellatus*). D'après les localités citées et les diagnoses (très insuffisantes) de Viviani, l'opinion des auteurs de la *Flore de France* paraît la plus vraisemblable. L'interprétation de ces deux plantes de Viviani devrait être confirmée par l'examen des originaux.

698. **R. flabellatus** Desf. *Fl. atl.* 1, 438, tab. 114 (1798); Freyn in *Oesterr. bot. Zeitschr.* XXVI, 128 et 129; id. in *Verhandl. zool.-bot. Ges. Wien* XXVII, 266; id. in Willk. et Lange *Prodr. fl. hisp.* III, 923; id. in *Flora* LXIII, 188; Rouy et Fouc. *Fl. Fr.* 1, 88; Coste *Fl. Fr.* I, 28 = *R. chaerophyllos* DC. *Syst.* 1, 254 (1818); Gr. et Godr. *Fl. Fr.* 1, 35; Burn. *Fl. Alp. mar.* 1, 36 = *R. peduncularis* Viv. *Fl. cors. diagn.* 8 (1824) = *R. insularis* Viv. *App. fl. cors. prodr.* 2 (1825) = *R. peduncularis* Nym. *Consp. fl. eur.* 8 (1878).

Hab. — Prairies maritimes, points herbeux des garigues, clairières des maquis, 1-1000 m. Avril-mai. ♃. Répandu.

Le *R. chaerophyllos* L. [*Sp.* ed. 1, 555 (1753)] est une espèce composite dont la diagnose présente des caractères contradictoires avec ceux du *R. flabellatus*, bien que certains synonymes s'appliquent à cette dernière espèce. Nous pensons donc qu'il est prudent de faire abstraction du terme linnéen qui donnera toujours lieu à des contestations (*Règles nomencl.* art. 51, 4°). — En Corse les deux variétés suivantes :

α. Var. **acutilobus** Freyn in Willk. et Lange *Prodr. fl. hisp.* III, 924 (1880) = *R. dimorphorrhizus* Brot. *Phyt. lus.* II, 227 (1827) = *R. chaerophylloides* Jord. *Obs.* VI, 5 (1847) = *R. flabellatus* var. *ovatus* Freyn ap. Willk. et Lange l. c. (1880) = *R. flabellatus* formes *R. dimorphorrhizus* et *R. ovalifolius* Rouy et Fouc. *Fl. Fr.* I, 89 (1893). — Exsicc. Soleirol n. 231 !; Reverch. ann. 1879, n. 220 !

Hab. — Env. de Bastia (Salis in *Flora* XVII, Beibl. II, 83; Shuttl. *Enum.* 5); entre Ostriconi et St-Florent (Mars. *Cat.* 12); Calvi (Soleirol exsicc. cit.); Ajaccio (Boullu in *Bull. soc. bot. Fr.* XXIV, sess. extr. XCVIII); Afa (Mars. l. c.); vallée de la Solenzara (R. Maire in Rouy *Rev. bot. syst.* II, 65); Serra di Scopamène (Reverch. exsicc. cit.); Quenza (Soleirol ex Bert. *Fl. it.* V, 526); l'Ospedale (Revel. in Bor. *Not.* II, 2); Porto-Vecchio (Revel. in Bor. l. c.; Mars. l. c.; R. Maire in Rouy l. c.); sur Sartène (Fliche in *Bull. soc. bot. Fr.* XXXVI, 357); la Monaccia (Seraf. ex Viv. *Fl. cors. diagn.* 8 et ap. Bert. l. c.); et localités ci-dessous.

1907. — Cap Corse : maquis de la Pointe de Golfidoni, 500 m., 27 avril fl.! — Garigues entre Alistro et Bravone, 45 m., 30 avril fl.! : Cateraggio prairie humide, 10 m., 1 mai fl.!

Tige à poils ascendants. Feuilles à poils ascendants ou glabriuscules, les primordiales autumnales (souvent détruites au moment de l'anthèse) petites, orbiculaires et faiblement subcordées à la base, les vernales obovées-orrondies. un peu rétrécies ou arrondies à la base, incisées-subtrilobées, les suivantes tripartites, à divisions étroites, oblongues-linéaires, ± aiguës. Fleurs solitaires ou peu nombreuses (1,8-2,5 cm. de diamètre). Carpelles à bec droit ou à peine recourbé.

†† β. Var. **uncinatus** Freyn in Willk. et Lange *Prodr. fl. hisp.* III, 925 (1880) = *R. flabellatus* forme *R. uncinatus* Rouy et Fouc. *Fr. Fr.* I, 90 (1893).

Hab. — Col de S. Leonardo au-dessus de S. Martino di Lota (Rotgès ex Fouc. in *Bull. soc. bot. Fr.* XLVII, 85) ; Corté (Fouc. et Sim. *Trois sem. herb. Corse* 125) ; vallée de la Restonica (Fouc. et Sim. l. c.) ; bords du Fiumorbo près Ghisonaccia (Rotgès in litt.).

Variété très voisine de la précédente, dont elle a le port et l'appareil végétatif, mais différente par le bec des carpelles recourbé dès le milieu et onciné. — La var. *uncinatus* est souvent confondue avec la var. *acutilobus* (par ex. Billot Fl. Gall. et Germ. exsicc. n. 3304 sub : *R. chaerophylloides*!). Elle doit être rapprochée du *R. collinus* Jord. (*Obs.* VI, 7) à fleurs plus nombreuses, à lobes foliaires plus courts et plus obtus. Ce dernier, signalé à Hyères (Var) par Jordan, est omis dans les plus récentes flores françaises.

699. **R. Flammula** L. *Sp.* ed. 1, 548 (1753) ; Gr. et Godr. *Fl. Fr.* I, 29 ; Rouy et Fouc. *Fl. Fr.* I, 82 ; Coste *Fl. Fr.* I, 25.

Hab. — Marécages, berges des ruisseaux, 1-1600 m. Mai-août suivant l'alt. ♃. Répandu. — Deux variétés :

α. Var. **erectus** Neilr. *Fl. Nied.-Öst.* 686 (1859) = *R. Flammula* var. *typicus* Beck *Fl. Nied.-Öst.* 416 (1890). — Exsicc. Reverch. ann. 1885, n. 5! ; Burn. ann. 1900, n. 339! et ann. 1900, n. 2 et 3!

Hab. — Sisco (Fouc. et Sim. *Trois sem. herb. Corse* 125) ; env. de Bastia (Salis in *Flora* XVII, Beibl. II, 84) ; Monte S. Pietro (Lit. *Voy.* I, 8) ; pont d'Ascia dans la haute vallée de l'Erco (Lit. in *Bull. acad. géogr. bot.* XVIII, 117) ; forêt d'Aitone (Reverch. exsicc. cit. ; Briq. *Spic.* 23 et Burn. exsicc. cit. ann. 1904, n. 2) ; forêt de Melo (Lit. in *Bull. acad. géogr. bot.* l. c.) ; entre Vizzavona et la vallée de Cascapietrone (Briq. l. c. et Burn. exsicc.

cit. ann. 1904, n. 3); entre le col de Sorba et Ghisoni (Mand. et Fouc. in *Bull. soc. bot. Fr.* XLVII, 85 ; Burn. exsicc. cit. ann. 1900); Ghisoni (Rotgès in litt.) ; Bocognano (Mars. *Cat.* 11) ; Palneca, aux sources du Travo (Rotgès in litt.) ; plaine de Cannes près Ajaccio (Boullu in *Bull. soc. bot. Fr.* XXIV, sess. extr. XCVI) ; et localités ci-dessous.

1906. — Lieux humides dans la vallée inférieure de Manganello près de Vivario, 800-1000 m., 18 juill. fl.!; terrains humides sur le versant E. du Monte d'Oro, 1500 m., 20 juill. fl. fr.!; torrents sur le versant S. du col de Verde, 1000 m., 19 juill. fl. fr.!; pozzines près des bergeries d'Aluccia, 1500 m., 18 juill. fl.!; sources sur le versant N. du col de Granacce, 700 m., 17 juill. fl. fr.!; sources au col de S. Giorgio, 750 m., 17 juill. fl. fr.!

1907. — Marécages entre Santa Lucia et Santa Trinita, 50 m., 7 mai fl.!

1908. — Berges tourbeuses du lac de Creno, 298 m., 27 juin fl.!; vallée inf. du Tavignano, sources, 500-700 m., 26 juin fl. fr.!

Tige ascendante ou érigée, glabre. Feuilles basilaires ovées-elliptiques ou ovées-oblongues, les suivantes oblongues-lancéolées, entières, subentières ou faiblement crénelées-dentées, à dents distantes, glabres.

†† β. Var. **ovatus** Pers. *Syn.* II, 102 (1805); DC. *Syst.* I, 247 ; Rouy et Fouc. *Fl. Fr.* I, 83 = *R. Flammula* var. *latifolius* Wallr. *Sched. crit.* 289 (1822) = *R. Flammula* var. *major* Rikli in Schinz et Kell. *Fl. Schw.* ed. 2, II, 77 (1905).

Hab. — Porto-Vecchio (Fliche in *Bull. soc. bot. Fr.* XXXVI, 357).

Tige ascendante ou érigée, très vigoureuse, glabre. Feuilles basilaires largement ovées, presque cordiformes à la base, rappelant celles de l'*Alisma Plantago aquatica* L., les suivantes ovées, médiocrement dentées ou subentières. Fleurs plus nombreuses et plus rapprochées. — Ces deux variétés α et β n'ont peut-être que la valeur de sous-variétés.

700. R. ophioglossifolius Vill. *Hist. pl. Dauph.* III, 731 (1789) et IV, tab. 49 ; Gr. et Godr. *Fl. Fr.* I, 37 ; Rouy et Fouc. *Fl. Fr.* I, 83; Coste *Fl. Fr.* I, 25.

Hab. — Marais et berges des ruisseaux. Mai-juin. ♃. Répandu. — Deux races :

α. Var. **genuinus** Rouy et Fouc., emend. = *R. ophioglossifolius* var. *genuinus, intermedius* et *dentatus* Rouy et Fouc. *Fl. Fr.* I, 84 (1893). — Exsicc. Soleirol n. 232 !; Req. sub : *R. ophioglossifolius* !; Kralik n. 459!; Burn. ann. 1904, n. 13 !

Hab. — Etage inférieur, 1-400 m. Sisco (Gillot in *Bull. soc. bot. Fr.*

XXIV, sess. extr. XLVIII) ; de Bastia (Bernard ex Gr. et Godr. *Fl. Fr.* I, 57) à Biguglia (Salis in *Flora* XVII, Beibl. II, 85) ; Calvi (Soleirol exsicc. cit. et ex Bert. *Fl. it.* V, 500 ; Fouc. et Sim. *Trois sem. herb. Corse* 125) ; entre Piana et Evisa (Lutz in *Bull. soc. bot. Fr.* XLVIII, sess. extr. CXXXI ; Gysperger in Rouy *Rev. bot. syst.* II, 114 ; Lit. *Voy.* II, 20) ; estuaire du Chioni près Cargèse (Briq. *Spic.* 13 et Burn. exsicc. cit.) ; Sagone (Mars. *Cat.* 12 ; N. Roux in *Bull. soc. bot. Fr.* XLVIII, sess. extr. CXXXIV) ; plaine du Liamone (Mars. l. c.) ; Ajaccio et env. (Req. exsicc. cit. et ex Bert. l. c. X, 500 ; Mars. l. c. ; Boullu in *Bull. soc. bot. Fr.* XXIV, sess. extr. XCVI ; Coste ibid. XLVIII, sess. extr. CV ; et autres observateurs) ; Campo di Loro (Sargnon in *Ann. soc. bot. Lyon* VI, 85 ; Boullu op. cit. XCVI ; mare de Ratajo près Ghisoni (Rotgès in litt.) ; Porto-Vecchio (Revel. ex Mars. l. c.) ; Bonifacio (Kralik exsicc. cit. ; Revel. ex Mars. l. c. ; Boy. *Fl. Sud Corse* 57) ; et localités ci-dessous.

1907. — Cap Corse : Marine de Pietra Corbara, bords des fossés, 27 avril fl.! — Marais à Ostriconi, 20 avril fl.! ; aulnaies du Fiumorbo près de Ghisonaccia, 8 m., 8 mai fl. fr.!

Plante de dimensions très variables, à feuilles ± dentées ou ± entières (les deux formes souvent sur le même échant.!), à carpelles pourvus sur les faces de nombreux petits tubercules hyalins.

†† β. Var. **laevis** Chabert in *Bull. soc. bot. Fr.* XXIX, sess. extr. LII (1882) = *R. fontanus* Presl *Del. prag.* 6 (1822) = *R. ophioglossifolius* var. *fontanus* Rouy et Fouc. *Fl. Fr.* I, 84 (1893).

Hab. — Etage montagnard (vers 1000 m.). Cap Corse : mares de la région montagneuse à la Cima di Cagnolo (Chabert l. c.).

Varie comme la variété précédente, mais en général de petite taille et à fleurs plus petites, à carpelles lisses sur les faces.

701. **R. Revelierii** [1] Boreau *Not. pl. Corse* I, 3 (1857) et II, 3 (1858) et in *Bull. soc. bot. Fr.* IV, 964 ; Mab. *Rech. pl. Corse* I, 8 et 9 ; Mars. *Cat.* 12 ; Rouy et Fouc. *Fl. Fr.* I, 84 ; Coste *Fl. Fr.* I, 26. — Exsicc. Mab. n. 36!

Hab. — Mares et fossés humides de l'étage inférieur. Avril-mai. ♃. Localisé dans le sud-est : Porto-Vecchio (Revel. in Bor. l. c. ; Mab. l. c. et exsicc. cit.) ; Bonifacio (Revel. ex Mab. l. c. et ap. Mars. l. c.).

---

[1] Boreau a d'abord écrit (*Not.* I, 3) : *R. Revellierii*, d'après Revellière (ibid. I, 1), mais cet auteur a expliqué (*Not.* II, 3) : « C'est par erreur que, dans la première notice, on a imprimé *Revellierii* et Revellière, il faut lire Revelière. » L'auteur a corrigé sa première graphie en *R. Revelierii*.

Espèce remarquable, endémique en Corse, intermédiaire entre les *ophioglossifolius* Vill. et *R. nodiflorus* L., mais très distincte. Elle s'écarte du *R. ophioglossifolius* par les feuilles basilaires premières ovées-orbiculaires, non tronquées ni cordées à la base, les suivantes à limbe oblong-lancéolé, allongé, relativement étroit, à la fin plus court que le pétiole, les sépales plus fortement velus, les pétales très petits, plus courts que les sépales et les carpelles ovoïdes, moins comprimés. Elle diffère du *R. nodiflorus* par les fleurs longuement pédonculées (et non pas sessiles ou subsessiles), les pétales plus courts et les carpelles obovoïdes à bec très court (et non pas à bec égalant le quart ou le tiers de leur longueur). Le *R. Revelierii* présente aussi des affinités avec le *R. uliginosus* Willd. des îles Canaries, mais chez ce dernier les feuilles basilaires sont profondément incisées et les pétales atteignent la longueur du calice. Une autre espèce voisine est le *R. longipes* Lange [ex Cut. *Fl. Madr.* 103 (1861)]; Amo *Fl. ib.* VI, 725 = *R. pedunculatus* Lange *Descr. pl.* 1, 4, t. 5 A (1864); non Viv. = *R. dichotomiflorus* Lag. ex Willk. et Lange *Prodr. fl. hisp.* III, 927 (1880)] du centre et du nord-ouest de l'Espagne, mais cette dernière nous en paraît bien distincte par la tige généralement rameuse-dichotome dès la base, les feuilles basilaires de forme plus allongée, plus elleptique, les pédoncules bien plus courts que les feuilles, les pétales égalant presque le calice, les carpelles plus gros à bec égalant env. le quart de leur longueur.

702. **R. bulbosus** L. *Sp.* ed. 1, 554 (1753); Gr. et Godr. *Fl. Fr.* 1, 34; Rouy et Fouc. *Fl. Fr.* 1, 105; Coste *Fl. Fr.* I, 31.

Hab. — Prairies maritimes, garigues, rocailles, 1-1600 m. Avril-juill. suivant l'alt. ♃. — Espèce très polymorphe. Nous avons vu de Corse les sous-espèces et variétés suivantes :

†† 1. Subsp. **eu-bulbosus** Briq. = *R. bulbosus* Rouy et Fouc. l. c., sensu stricto.

Base des tiges renflée en corme globuleux, à racines fibreuses, rarement l'une ou l'autre un peu épaissie. Pédoncules généralement sillonnés.

†† α. Var. **bulbifer** Briq. *Le Mt Vuache* 48 (1894) = *R. bulbifer* Jord. *Diagn.* 80 (1864) — *R. bulbosus* forme *R. bulbifer* Rouy et Fouc. *Fl. Fr.* 1, 105 (1893). — Exsicc. Burn. ann. 1904, n. 10 et 11 (formae ad subsp. *Aleae* vergentes) !

Hab. — Erbalunga (Gillot in *Bull. soc. bot. Fr.* XXIV, sess. extr. L); env. de Bastia (Salis in *Flora* XVII, Beibl. II, 85; Mab. ex Mars. *Cat.* 11); le Pigno (Billiet in *Bull. soc. bot. Fr.* XXIV, sess. extr. LIX); col de Teghime (Sargnon in *Ann. soc. bot. Lyon* VI, 68); montagne de Caporalino (Briq. *Spic.* 24 et Burn. exsicc. cit.); forêt de Vizzavona (Lutz in

Bull. soc. bot. Fr. XLVIII, sess. extr. CXXV) ; env. d'Ajaccio (Req. ex Bert. *Fl. it.* V, 502 ; Boullu in *Bull. soc. bot. Fr.* XXIV, sess. extr. XCVIII) ; Pozzo di Borgo (Coste in *Bull. soc. bot. Fr.* XLVVIII, sess. extr. CXII) ; Bonifacio (Boy. *Fl. Sud Corse* 57) ; et localités ci-dessous.

1906. — Rocailles près des bergeries de Spasimata, 12 juill. fl. fr.! ; fougeraies sur le versant E. du Monte d'Oro, 1000-1100 m., 15 juill. fr.!

Tige glabrescente ou faiblement velue à poils étalés peu nombreux et courts. Feuilles peu velues, ternées ou pinnatipartites à 5 segments, ceux-ci amples, trilobés, à lobes obtusément et grossièrement crénelés. Carpelles arrondis, à bec très court.

†† β. **Var. valdepubens** Briq. *Le Mt Vuache* 48 (1894) ; Rikli in Schinz et Kell. *Fl. Schw.* ed. 2, II, 77 = *R. valdepubens* Jord. *Diagn.* 82 (1864) = *R. bulbosus* forme *R. valdepubens* Rouy et Fouc. *Fl. Fr.* 1, 105 (1893).

Hab. — Belgodère (Fouc. et Sim. *Trois sem. herb. Corse* 126) ; Monte S. Pietro (Gillot in *Bull. soc. bot. Fr.* XXIV, sess. extr. LXXX ; Lit. *Voy.* 1, 8) ; montagne de Caporalino (Fouc. et Sim. l. c.) ; Ghisoni (Rotgès in litt.) ; et localité ci-dessous.

1908. — Vallée inf. du Tavignano, lit desséché du torrent, 900 m., 26 juin fr.!

Tige densément et mollement velue, à poils étalés et ascendants-étalés. Feuilles mollement velues, ternées ou pinnatipartites à 5 segments, ceux-ci moins larges, trilobés, à lobes souvent plus étroits, à denteure moins obtuse. Carpelles plus petits à bec souvent plus atténué. — Il est probable qu'une partie des localités citées pour la variété précédente se rapporte en réalité à la var. β, que beaucoup d'auteurs n'ont pas distinguée.

Nous rattachons ici aussi le *R. albonaevus* Jord. [*Diagn.* 81 (1864) = *R. bulbosus* forme *R. albonaevus* Rouy et Fouc. *Fl. Fr.* 1, 105 (1893) = *R. bulbosus* var. *albonaevus* Briq. *Le Mt Vuache* 48 (1894)] à peine différent par des feuilles maculées de blanc et des carpelles (?) un peu plus grands. Cette dernière forme est indiquée à Vezzani (Rotgès in litt., det. Foucaud).

†† γ. **Var. petiolulatus** Briq. = *R. petiolulatus* Fouc. et Sim. *Trois sem. herb. Corse* 170 (1898) = *R. petiolatus* Boullu in *Ann. soc. bot. Lyon* IV, 66 (1899) = *R. macrophyllus* Briq. *Spic. cors.* 24 (1905) ; non Desf. — Exsicc. Burn. ann. 1904, n. 9!

Hab. — Montagne de Caporalino (Fouc. et Sim. *Trois sem. herb. Corse* 126 ; Burn. exsicc. cit.).

Tige densément et mollement velue, à poils étalés, épaisse, un peu fistuleuse. Feuilles pourvues de longs pétioles mollement hérissés, à limbe terné, à segments amples, le terminal longuement petiolulé, les latéraux en partie sessiles, en partie assez longuement pétiolulés, tous mollement velus, d'un vert cendré, trilobés, à lobes grossièrement crénelés. Carpelles assez gros, à bec court, recourbé.

Plante un peu critique, que Foucaud et Simon interprétaient comme une hybride de la formule *R. bulbosus* × *velutinus*, d'après des échant. en fleurs. La tige principale épaisse et un peu fistuleuse est au fond le seul caractère qui puisse motiver cette interprétation. Les feuilles à segments en partie remarquablement petiolulés, le réceptacle velu, les carpelles à bords non creusés, à bec crochu sont bien ceux du *R. bulbosus*, dont certaines formes (var. *valdepubens*) ont une villosité aussi marquée. Nous avions rattaché jadis (*Spic.* 24) cette plante au *R. macrophyllus* Desf. à cause du réceptacle hérissé, mais l'organisation des feuilles, les sépales se réfléchissant nettement, et la forme des carpelles ne permettent pas de maintenir cette détermination. En résumé, et sous réserve d'observations ultérieures, nous ne croyons pas devoir faire du *R. petiolulatus* Fouc. et Sim. autre chose qu'une remarquable variété du *R. bulbosus* L. Notre échant. possède un corme bien développé, à racines toutes fibreuses ou à peine épaissies. MM. Foucaud et Simon ont dit : « racines les unes fibreuses, les autres épaissies ». Ces caractères ambigus font précisément que l'on ne peut séparer spécifiquement le *R. Aleae* Willk. du *R. bulbosus*.

†† II. Subsp. **Aleae** Rouy et Fouc. *Fl. Fr.* 1, 106 (1893) = *R. neapolitanus* Gr. et Godr. *Fl. Fr.* I, 34 (1847); non Ten. = *R. bulbosus* var. *neapolitanus* Coss. *Notes pl. crit.* 1, 3 (1849) = *R. Aleae* Willk. in *Linnaea* XXX, 84 (1859); Freyn in Willk. et Lange *Prodr. fl. hisp.* 931 ; Rouy *Suites fl. Fr.* I, 14 = *R. bulbosus* var. *meridionalis* Malinv. in *Bull. soc. bot. Fr.* XXX, sess. extr. CXCII (1883) = *R. bulbosus* var. *Aleae* Burn. *Fl. Alp. mar.* I, 33 (1890).

Base des tiges renflée en corme globuleux ± apparent, à racines toutes ou la plupart épaissies en fibres brièvement atténuées vers le point d'attache, longuement atténuées vers l'extrémité. Pédoncules généralement non ou à peine striés.

†† *δ*. Var. **genuinus** Rouy et Fouc. *Fl. Fr.* I, 106 (1893) = *R. neapolitanus* Gr. et Godr. l. c., sensu stricto = *R. Aleae* var. *genuinus* Freyn in Willk. et Lange *Prodr. fl. hisp.* III, 931 (1880).

Hab. — Ajaccio (Maire ex Gr. et Godr. *Fl. Fr.* I, 34 ; Boullu in *Bull. soc. bot. Fr.* XXIV, sess. extr. XCVIII) ; Porto-Vecchio (Revel. in Bor. *Not.* II, 3).

1907. — Cime de la Chapelle de S. Angelo, rocailles calcaires, 1100 m., 13 mai fl. !

Tige densément velue, presque tomenteuse, ainsi que les pétioles, à poils ascendants. Feuilles à limbe terné, à segments assez amples, trilobés, à lobes grossièrement ou obtusément dentés, densément velus et presque soyeux sur les deux pages, le médian médiocrement pétiolulé. Plante peu élevée.

†† ε. Var. **corsicus** Briq., var. nov. — Exsicc. Reverch. ann. 1878 et 1879 sub : *R. bulbosus* !

Hab. — Bastelica (Reverch. exsicc. cit. ann. 1878) ; Serra di Scopamène (Reverch. exsicc. cit. ann. 1879) ; et localité ci-dessous. Probablement répandue.

1907. — Cap Corse : talus entre le col de Santa Lucia et Luri, 100 m., 26 avril fl. !

Caulis adpresse vel adpressissime pubescens, ut et petioli, pilis prorsus versis. Foliorum lamina ternata, segmentis mediocribus, 3lobis, lobis quam in var. praecedente minus amplis, grosse ± obtuse dentatis, parce adpresse pubentibus vel glabrescentibus, virentibus, segmento medio distinctius petiolato. Planta mediocris vel elata.

†† ζ. Var. **hirtus** Briq., var. nov.

1907. — Talus rocheux à Solenzara, 5 m., 3 mai fl. !

Caulis pilis patentibus longis, ut et petioli, conspersus. Foliorum lamina ternata vel 5pinnatipartita, segmentis angustius lobato-subdissectis, virentibus, pilis patulis conspersis, lobulis obtusis vel subacutis, segmento terminali in foliis ternatis longius petiolulato, segmentis inferioribus in foliis pinnatipartitis internodio longiore separatis. Planta saepe robustior.

†† κ. Var. **leiopodus** Briq., var. nov.

1907. — Prairies à Ostriconi, 20 avril fl. !

Caulis inferne glaber, laevis, ut et petioli, superne parce pilis adscendentibus prorsus versis praeditus. Foliorum lamina ternata, segmentis mediocribus profunde trilobis, lobis grosse et obtuse pauci-crenatis, parce adpresse pubentibus, segmento medio pulchre petiolulato. Planta elata, floribunda.

Ce n'est pas sans hésitation que nous avons attribué la valeur de races aux 6 groupes ci-dessus énumérés. Peut-être s'agit-il seulement de sous-variétés. Une opinion motivée à ce sujet ne pourra être basée que sur des observations ultérieures plus abondantes.

703. **R. velutinus** Ten. *Ind. sem. hort. neap.* ann. 1825, 11 ; Ten. *Fl. nap.* IV, 350, tab. 147 ; Jord. *Obs.* VI, 22 ; Gr. et Godr. *Fl. Fr.* 1, 33 ; Freyn in *Verh. zool.-bot. Ges. Wien* XXVII, 267 ; Burn. *Fl. Alp.*

mar. I, 32 ; Rouy et Fouc. *Fl. Fr.* I, 107 ; Coste *Fl. Fr.* I, 30. — Exsicc.
Sieber sub : *R. tuberosus* ! ; Req. sub : *R. velutinus* ! ; Kralik n. 456 !
(sub : *R. palustris* β *corsicus*) ; Mab. n. 205 ! ; Burn. ann. 1904, n. 8 !

Hab. — Prairies maritimes, points herbeux humides de l'étage inférieur. Avril-mai. ♃. Répandu. Env. de Bastia (Salis in *Flora* XVII,
Beibl. II, 84 ; Mars. *Cat.* 11 ; Gysperger in Rouy *Rev. bot. syst.* II, 110) ;
le Pigno (Mars. l. c.) ; Biguglia (Mab. exsicc. cit. et ap. Mars. l. c.; Sargnon in *Ann. soc. bot. Lyon* VI, 66) ; St Florent (Mars. l. c. ; Fouc. et
Sim. *Trois sem. herb. Corse* 126) ; Calvi (Mab. ex Mars. l. c.) ; Caporalino (Briq. *Spic.* 24 et Burn. exsicc. cit.) ; entre Piana et Evisa (Lutz in
Bull. soc. bot. Fr. XLVIII, sess. extr. CXXXI) ; env. d'Ajaccio (Sieber
exsicc. cit. ; Req. exsicc. cit. et ap. Bert. *Fl. it.* X, 501 ; de Forestier
ex Jord. *Obs.* VI, 23 ; Mab. ex Mars. l. c. ; et divers autres observateurs) ;
Campo di Loro (Boullu in *Bull. soc. bot. Fr.* XXIV, sess. extr. XCIV) ;
Togna près de Sari (Fouc. et Sim. l. c.) ; Sartène (ex Rouy et Fouc. *Fl.
Fr.* III, 321) ; Porto-Vecchio (Revel. in Bor. *Not.* II, 2) ; Bonifacio (Kra-
lik exsicc. cit. ; Revel. ex Mars. l. c.) ; et localités ci-dessous.

1907. — Cap Corse : lieux humides sous les oliviers à Pino, 150 m.,
26 avril fl. ! ; prairies humides sur le versant W. du col de Teghime,
300 m., 23 avril fl. ! — Cateraggio, prairie humide, 6 m., 1 mai fl. !

Espèce voisine de la précédente, dont elle rappelle les variétés fortement et mollement velues, mais facile à distinguer par les tiges plus
épaisses et fistuleuses dans la partie inférieure, les segments foliaires
confluents, les pédoncules grêles et arrondis, le réceptacle glabre (hérissé
dans le *R. bulbosus*), les carpelles dépourvus de sillon le long du bord, à
bec très court et droit (± crochu dans le *R. bulbosus*).

704. **R. macrophyllus** Desf. *Fl. atl.* I, 437 (1798) ; Freyn in
Willk. et Lange *Prodr. fl. hisp.* III, 935 et in *Flora* LXIII, 237-240 ; Burn.
Fl. Alp. mar. I, 31 ; Rouy et Fouc. *Fl. Fr.* I, 99 ; Coste *Fl. Fr.* I, 30 =
R. corsicus DC. *Fl. fr.* V, 637 (1815) ; Viv. *Fl. cors. diagn.* 8 = *R. pa-
lustris* var. *corsicus* DC. *Syst.* I, 295 (1818) ; Salis in *Flora* XVII, Beibl.
II, 85 = *R. palustris* Moris *Fl. sard.* I, 44 (1837) ; Bert. *Fl. it.* V, 548 ;
Gr. et Godr. *Fl. Fr.* I, 33 ; non L. = *R. balearicus* Freyn in *Oesterr. bot.
Zeitschr.* XXVI, 158 (1876) = *R. palustris* var. *macrophyllus* Coss.
Comp. fl. atl. II, 28 (1883).

Hab. — Prairies maritimes, points humides de l'étage inférieur.
Avril-mai. ♃. Disséminé.

Les éléments de cette espèce, ainsi que leur histoire, ont été étudiés à fond par Freyn l. c. : nous ne pouvons qu'y renvoyer le lecteur. Le *R. palustris* L. ex Sm. [in Rees *Cyclop.* XXIX, art. *Ranunculus* n. 52 (1819)], qui a été identifié avec divers type, de la section *Ranunculastrum*, est une espèce orientale douteuse, et non retrouvée ou non identifiée depuis la fin du XVIIIe siècle (voy. Freyn l.c. 220-226 et 234-237). — Le *R. macrophyllus* diffère des *R. velutinus* Ten. et *R. bulbosus* L. par les sépales étalés sous les pétales et non pas réfléchis-pliés et les carpelles à bord épaissi, à bec plus long : il s'écarte en outre du premier par les pédoncules plus gros et le réceptacle hérissé, du second par les tiges épaisses et fistuleuses à la base, les feuilles à segments confluents, et les fleurs plus grandes. En Corse les deux variétés suivantes :

α. Var. **corsicus** Briq. = *R. corsicus* DC., sensu stricto = *R. palustris* β Bert. *Fl. it.* V, 548 (1842) = *R. macrophyllus* Rouy et Fouc. *Fl. Fr.* I, 99 (1893). — Exsicc. Soleirol n. 261 ! ; Mabille n. 202 !

Hab. — Calvi (Soleirol exsicc. cit. et ap. Bert. *Fl. it.* V, 548 ; Shuttl. *Enum.* 5 ; Mars. *Cat.* 11) ; Ajaccio (ex Gr. et Godr. *Fl. Fr.* 1, 33 ; Mars. l. c. ; Boullu in *Ann. soc. bot. Lyon* XXIV, 66 ; Wilczek in herb. Burn. !) ; Pozzo di Borgo (Coste in *Bull. soc. bot. Fr.* XLVIII, sess. extr. CX et CXII) ; Campo di Loro (Boullu in *Bull. soc. bot. Fr.* XXIV, sess. extr. CX et CXII) ; Bonifacio (Salis in *Flora* XVII, Beibl. II, 85 et ap. Bert. *Fl. it.* V, 548) ; et localité ci-dessous.

1907. — Ostriconi, berges des mares, 20 avril fl. !

La localité de la Foce de Vizzavona, signalée par M. Lutz (in *Bull. soc. bot. Fr.* XLVIII, sess. extr. CXXV) doit provenir d'une confusion avec une autre espèce, probablement avec le *R. lanuginosus* var. *umbrosus*. — La var. *corsicus* est caractérisée par des carpelles lisses ; on peut distinguer en outre les deux sous-variétés suivantes :

α¹ subvar. **patulipila** Briq. — Pétioles et base des tiges sensiblement velus, à poils étalés ; feuilles à segments souvent plus amples et plus largement confluents.

α² subvar. **adpressipila** Briq. — Pétioles et base des tiges moins velus, à poils appliqués-ascendants ; feuilles à segments moins amples et moins confluents.

β. Var. **procerus** Freyn in *Flora* LXIII, 240 (1880) ; Coss. *Comp. fl. atl.* II, 29 = *R. procerus* Mor. *Fl. sard.* 1, 45 (1837) = *R. palustris* Jord. *Obs.* VI, 23 (1847) = *R. macrophyllus* forme *R. procerus* Rouy et Fouc. *Fl. Fr.* 1, 100 (1893), excl. syn.

Hab. — Porto-Vecchio (Revel. ex Mars. *Cat.* 11) ; Santa-Manza (Jord. *Obs.* VI, 23 ; Revel. in Bor. *Not.* 1, 3 et III, 2).

Carpelles à faces hérissées de petites verrucosités sétigères.

R. pratensis Presl *Del. prag.* 9 (1822), sensu ampliato ; Guss. *Fl. sic. prodr.* II, 61 et *Fl. sic. syn.* 11, 47 = *R. heucherifolius* Freyn in *Flora* LXIII, 216 (1880) = ? *R. macrophyllus* forma *R. heucherifolius* Rouy et et Fouc. *Fl. Fr.* 1, 99 (1893).

Hab. — « La forme *heucherifolius*, dans les montagnes de la Corse : Bas Cagna, Zicavo, Spice (Kralik in herb. Rouy) » (Rouy et Fouc. *Fl. Fr.* 1, 100).

Espèce bien élucidée par Freyn (l. c.). Cet auteur l'a comparée au *R. neapolitanus* Ten., dont elle se distingue par la tige feuillée (feuilles caulinaires bractéiformes dans le *R. neapolitanus*), et les carpelles à bec plus long. Il se borne très brièvement à dire, qu'elle est incontestablement voisine du *R. macrophyllus* Desf., mais sans indiquer quels sont ses caractères distinctifs. L'examen d'une grande série d'échantillons montre que ceux-ci se réduisent à un seul qui est très saillant. Dans le *R. pratensis*, les sépales sont rapidement et complètement pliés-réfléchis, à bords parfois un peu enroulés, d'ailleurs presque plans comme dans le *R. bulbosus* ; dans le *R. macrophyllus* ils sont concaves et étalés sous les pétales, tout au plus l'un ou l'autre s'abaisse-t-il sans plicature à la fin de l'anthèse avant de se détacher complètement. On peut ajouter à ces caractères une corolle en général plus petite, un indument extérieur des sépales plus fin et plus appliqué et un bec carpellaire souvent plus long, mais aucun de ces critères n'est parfaitement constant. Le *R. pratensis* se distingue du *R. bulbosus* L. par les feuilles à segments confluents, la tige plus fistuleuse, les fleurs plus grandes, les carpelles à bord très épaissi et à bec très net ; du *R. velutinus* Ten. par le réceptacle hérissé et les carpelles à marges très épaissies et à bec très net. Le *R. pratensis* comprend deux variétés :

α. Var. **heucherifolius** Briq. = *R. heucherifolius* Presl *Fl. sic.* 1, 15 (1826) ; Boiss. *Fl. or.* 1, 38 ; Freyn in *Oesterr. bot. Zeitschr.* XXV, 121 ; Strobl in *Oesterr. bot. Zeitschr.* XXVIII, 113 = *R. heucherifolius* subsp. *R. heucherifolius* Freyn in *Flora* LXIII, 216 (1880). — Carpelles lisses.

β. Var. **verruculosus** Briq. = *R. pratensis* Presl *Del. prag.* 9 (1822) = *R. heucherifolius* var. *verruculosus* Guss. *Prodr. fl. sic.* Suppl. II, 185 (1843) = *R. panormitanus* Tod. in *Att. acc. sc. Palermo*, nuov. ser. 1, 15 (1845) = *R. heucherifolius* subsp. *R. pratensis* Freyn in *Flora* LXIII, 217 (1880). — Carpelles verruqueux-hérissés.

Ainsi qu'il a été dit plus haut, le *R. heucherifolius* Presl a été indiqué dans le sud de la Corse par MM. Rouy et Foucaud. Les renseignements donnés à l'appui de cette indication sont toutefois insuffisants pour entraîner la conviction. Un des exsiccata cités par les auteurs (Reverch. pl. de Sard. ann. 1882, n. 295) appartient au *R. macrophyllus* var. *corsicus* (ce n'est pas le *R. procerus* Moris, comme le dit l'étiquette du collecteur, détermination erronée passée dans Schultz herb. norm. nov. ser. n. 1506 !). D'autre part, nous relevons dans la description la présence de « sépales très étalés, à la fin subréfléchis (paraissant réfléchis sur les exemplaires secs) », mais le *R. heucherifolius* possède des sépales réfléchis-pliés dès l'ouverture de la corolle comme dans le *R. bulbosus* (« calyce reflexo », « calyx reflexus », « calyx semper deflexus post delapsum petalorum persistens », Presl l. c.). Nous n'avons jamais vu le *R. heucherifolius* Presl ni de Corse, ni de Sardaigne : nous ne le connaissons à l'état spontané (ainsi que Freyn) que de Malte, de la Sicile et des îles Lipariennes. En revanche, nous l'avons vu subspontané provenant de décombres à Marseille (aux Martigaux), récolté par H. Roux (13 mai fl., 21 juin fr., ann. 1860, in herb. Delessert !). — En résumé, nous n'osons pas, jusqu'à plus ample informé, admettre le *R. pratensis* (*heucherifolius*) au nombre des espèces corses.

705. R. lanuginosus L. *Sp.* ed. 1, 554 (1753) ; Gr. et Godr. *Fl. Fr.* I, 33 ; Rouy et Fouc. *Fl. Fr.* I, 104 ; Coste *Fl. Fr.* I, 29.

Hab. — Différent dans les deux races ci-dessous, ainsi que l'époque de floraison. ⚥.

α. Var. **genuinus** Briq. = *R. lanuginosus* L. sensu stricto. — Exsicc. Bourg. n. 13 ! ; Mab. n. 203 et 204 ! ; Debeaux ann. 1869 sub : *R. lanuginosus* et *R. palustris* ! ; Reverch. ann. 1885 n. 115 ! ; Burn. ann. 1904, n. 7 !

Hab. — Points humides des étages inférieur et montagnard. Avril-juin suivant l'alt. Répandue. Ruisseau de Toga (Mab. n. 203 ; Deb. exsicc. cit. sub : *R. lanug.*) ; Bastia (Salis in *Flora* XVII, Beibl. II, 84 ; Soleirol ex Bert. *Fl. it.* V, 547 ; Shuttl. *Enum.* 5 ; Mab. ex Mars. *Cat.* 11) ; le Pigno (Mab. exsicc. cit. n. 204 et sub : *R. palustris* ; Billiet in *Bull. soc. bot. Fr.* XXIV, sess. extr. LXIX) ; col de Teghime (Fouc. et Sim. *Trois sem. herb. Corse* 125) ; Belgodère (Fouc. et Sim. l. c.) ; « Saint-Pierre » (Kralik ex Rouy et Fouc. *Fl. Fr.* I, 104) ; forêt de Valdoniello (Lit. in *Bull. acad. géogr. bot.* XVIII, 147) ; forêt d'Aitone (Reverch. exsicc. cit. ; Briq. *Spic.* 24 et Burn. exsicc. cit.) ; entre Porto et Evisa (Lit. l. c.) ; env. d'Ajaccio (Req. ex Bert. *Fl. it.* X, 501 ; Bourg. exsicc. cit. ; Mars. l. c. ; Boullu in *Ann. soc. bot. Lyon* XXIV, 66) ; route de Quenza à Aullène ? (Revel. ex Mars. l. c.) ; env. de Sartène (Bernard ex Gr. et Godr. *Fl. Fr.* I, 35 ; Mars. l. c.) ; Bonifacio (ex Gr. et Godr. l. c.) ; et localités ci-dessous.

1907. — Cap Corse : cluse des Stretti de St-Florent, pré humide, 23 avril fl. ! — Ostriconi, berges des mares, 20 avril fl. !

Fleurs mesurant env. 2-3 cm. de diamètre. Carpelles assez grands, hauts de 3-4 mm. à la maturité, à bec (développé) long d'env. 1,5 mm.

†† *β*. Var. **umbrosus** Ten. et Guss. in Ten. *Syll. fl. neap.*, app. V, 15 (1842) ; Guss. *Fl. sic. syn.* II, 45 = *R. lanuginosus* forme *R. umbro-*

40.

sus Rouy et Fouc. *Fl. Fr.* 1, 104 (1893) = *R. acris* var. *Steveni* Briq.
Spic. cors. 24 (1904) ; non *R. Steveni* Andrz. — Exsicc. : Reverch. ann.
1878, n. 115 ! ; Burn. ann. 1904, n. 5 et 6 !

Hab. — Maquis, forêts, vernaies, gorges ombragées, surtout au voisinage des torrents, 600-1700 m. Juin-juill. Répandue. Montagnes de Bastia
(Kesselmeyer in herb. Deless. !) ; près de Calacuccia (Lit. in *Bull. acad.*
géogr. bot. XVIII, 117) ; env. d'Evisa (Reverch. ex Rouy et Fouc. *Fl. Fr.*
1, 104) ; col de Vergio (Lit. *Voy.* II, 11) ; Bocognano (Briq. *Spic.* 24 et
Burn. exsicc. cit.) ; Ghisoni au hameau de Rosse (Rotgès in litt.) ; de
Bastelica au lac de Vitelaca (Reverch. exsicc. cit. et ap. Rouy et Fouc.
l. c.) ; Coscione (Kralik ex Rouy et Fouc. l. c.) ; et localités ci-dessous.

1908. — Monte Asto, couloirs humides tournés au N., 1500 m., 1 juill.
fl. fr. ! ; vallée de la Melaja, bords des eaux, 900 m., 5 juill. fr. ! ; vallée
de Tartagine, clairières humides des pineraies, 1000 m., 4 juill. fr. ! ; vallée
inférieure du Tavignano, pineraies, 700-1100 m., 26 juin fl. fr. !

Fleurs mesurant env. 1,5-1,8 cm. de diamètre. Carpelles plus petits,
hauts de 2,5 mm. à la maturité, à bec (développé) long d'env. 1 mm. —
Plante souvent plus réduite.

Le *R. lanuginosus* L. ressemble comme port au *R. macrophyllus* Desf.,
mais s'en distingue très facilement par la forme des carpelles bien plus
faiblement marginés et par les styles et becs capillaires recourbés-con-
volutés, ainsi que par le réceptacle glabre. Les auteurs attribuent au
bec carpellaire du *R. lanuginosus* L. la demi-hauteur des carpelles, mais
il s'en faut de beaucoup que ces dimensions soient toujours atteintes :
le bec carpellaire (supposé développé) n'atteint très souvent que le tiers
de la hauteur du carpelle mûr. Il y a alors une ressemblance très grande
avec certaines formes à bec carpellaire onciné et à segments foliaires
élargis du *R. acris* L., laquelle nous a induit en erreur en 1905 (*Spic.* l.
c.). Cependant dans ces dernières formes, les segments foliaires restent
toujours relativement plus larges, les carpelles sont plus petits (*R. lanu-*
ginosus 2,5-4 mm. ; *R. acris* moins de 2 mm.) à becs plus courts (*R. lanu-*
ginosus 1-1,5 mm., *R. acris* 0,2-0,8 mm.). — La ressemblance est encore
beaucoup plus grande avec certaines formes du *R. breyninus* Cr. (*R. nemo-*
rosus DC.), en particulier avec la var. *Amansii* Briq. (= *R. Amansii* Jord.).
Dans cette dernière, les carpelles ont à peu près la même forme, avec un
bec onciné (convoluté au début) de mêmes dimensions, les tiges sont à
peine plus nettement ou ne sont pas plus nettement sillonnées, l'indument
et la forme des feuilles sont les mêmes. Cependant on distingue facilement
les deux espèces à la maturité par le réceptacle constamment glabre
chez le *R. lanuginosus* var. *umbrosus*, constamment poilu-hérissé chez
le *R. breyninus*. — Quant au degré de profondeur des sinus entre les
segments foliaires et au degré d'incision des segments eux-mêmes et de
leurs lobes, il varie beaucoup dans les deux variétés et cela aussi bien
sur le continent qu'en Corse. Ce sont là des caractères très fallacieux.

†† 706. **R. acris** L. *Sp.* ed. 1, 554 (1753) ; Gr. et Godr. *Fl. Fr.* 1, 102 ; Coste *Fl. Fr.* 1, 29.

Hab. — Forêts de l'étage montagnard. Mai-juill. ♃. Très rare. Forêt de Vizzavona, à la fontaine de l'Acquabullita près la Foce (Lit. in *Bull. acad. géogr. bot.* XVIII, 117) ; env. de Vico (Fliche in *Bull. soc. bot. Fr.* XXXVI, 357).

Il existe des formes fortement velues du *R. acris* à becs carpellaires fortement oncinés, et à feuilles basilaires pourvues de segments amples, qui ont donné lieu à des confusions avec des échant. réduits du *R. lanuginosus* (voy. la note donnée à propos de l'espèce précédente). Bien qu'elles ne soient pas invraisemblables, les indications de Fliche et de M. de Litardière méritent donc confirmation. M. de Litardière a rapporté ses échant. à la sous-espèce **Boraeanus** Rouy et Fouc. [*Fl. Fr.* 1, 102 (1893) = *R. acris* var. *multifidus* DC. *Syst.* 1, 278 (1818) = *R. Boraeanus* Jord. *Obs.* VI, 19 (1847)], à tige pourvue de poils appliqués, à feuilles très profondément divisées, à segments de premier ordre allongés, à lobes et à lobules étroits.

†† 707. **R. geraniifolius** Pourr. in *Mém. acad. Toul.* III, 326 (1784) ; Timb. *Reliq. Pourr.* 138 ; Gren. *Rev. fl. Monts Jura* 26 (1876) ; Rouy et Fouc. *Fl. Fr.* 1, 93 = *R. montanus* Willd. *Sp. pl.* II, 1321 (1800) ; Coste *Fl. Fr.* 1, 30 = *R. breyninus* Kern. in *Sched. fl. exsicc. austro-hung.* I, 24 (1881) ; Briq. *Fl. M¹ Soudine* 17 ; non Crantz [voy. Chabert in *Bull. herb. Boiss.* VI, 250 (1898) ; Fritsch in *Verhandl. zool.-bot. Ges. Wien* XLIX, 233 ; Briq. in *Ann. Cons. et Jard. bot. Genève* III, 68)].

Espèce voisine du *R. nemorosus* DC. — avec lequel elle possède en commun un réceptacle hérissé — par ses pédoncules non sillonnés et les feuilles glabrescentes. — M. Fritsch a récemment (l. c.) rejeté l'épithète spécifique due à Pourret, à cause de la diagnose insuffisante. Mais les quelques mots employés par Pourret (espèce à fleur jaune, présentant les caractères du *R. alpestris* L.), s'ils ne suffisent pas pour désigner avec précision une des nombreuses formes du groupe que Willdenow a appelé plus tard *R. montanus*, en disent cependant assez pour reconnaître ce groupe spécifique. La diagnose donnée par Willdenow pour son *R. montanus* n'est pas beaucoup plus éloquente que celle fournie par Linné pour le *R. alpestris* et à laquelle se réfère Pourret. — En Corse seulement la race suivante :

†† Var. **aurimontanus** Briq. *Spic. cors.* 23 (1905) = *R. geraniifolius* forme *R. gracilis* β *aurimontanus* Rouy *Fl. Fr.* X, 372 (1908) = *R. clethraphilus* Lit. in *Bull. acad. géogr. bot.* XVIII, 93 [(1909), gallice, non rite descriptus]. — Exsicc. Burn. ann. 1904, n. 4 !

Hab. — Points humides des étages subalpin et alpin. Juin-août. ♃.

Jusqu'ici seulement au Monte d'Oro, sur le versant W., vers 2200 m. (Briq.
l. c. et Burn. exsicc. cit.) et près d'une cascade de l'Agnone au-dessus des
bergeries de Tortetto (ou Trotetta) (Jacquet ex Lit. op. cit. 94), puis
sur le versant N. de l'arête entre le Monte d'Oro et la Punta Muratello
vers 1950 m. (Lit. l. c.). A rechercher dans les autres massifs du centre.

1906. — Monte d'Oro, rochers ombragés du versant W., 1800-1900 m.,
12 juill. fl. fr. !

Plante haute de 10-18 cm., à tige uniflore, grêle, souvent sinueuse,
glabrescente dans le bas, brièvement pubescente à poils appliqués-
ascendants dans le haut. Feuilles basilaires petites, glabres ou presque
glabres, pentagonales dans leur pourtour, 3-5palmatilobées ou -partites,
à segments larges, obovés, ne se recouvrant pas, à dents obtuses ou
subobtuses séparées par des sinus peu profonds ; les caulinaires au
nombre de 1-2, 3-5partites, très réduites, à segments linéaires-oblongs.
Sépales étalés, longs de 5-7 mm., faiblement pubescents sur le dos, à
pubescence réduite sur certains échant. à quelques rares poils dans la
partie inf. du sépale. Corolle relat. grande (2-3 cm. de diamètre), à pétales
d'un jaune d'or largement obovés, se recouvrant par les bords. Carpelles
peu nombreux, glabres, comprimés, et ovoïdes-ventrus, hauts d'env.
2-2,5 mm., surmontés d'un bec long d'env. 1,8 mm., recourbé au sommet.
Cette curieuse race, découverte en 1904 par notre ami M. Cavillier,
diffère de la var. **typicus** Beck [*Fl. Nied.-Öst.* 1, 422 (1890) = *R. breyninus* var. *montanus* Briq. *Fl. M¹ Soud.* 17 (1893) = *R. geraniifolius* forme
R. montanus Rouy et Fouc. *Fl. Fr.* 1, 93 (1893) = *R. geraniifolius* var.
montanus Briq. *Spic.* 24 (1905)] par les feuilles basilaires plus petites, à
segments moins profondément divisés, les caulinaires notablement plus
réduites et les tiges grêles. Ces caractères rappellent la var. **tenuifolius**
Briq. [=*R. gracilis* Schleich. *Cat. pl. in Helv. nasc.* 24 (1815), nomen solum
= *R. montanus* var. *tenuifolius* DC. *Syst.* 1, 276 (1818) = *R. carinthiacus*
Hoppe in Sturm *Deutschl. Fl.* XIII. Cl., 7. Ordn., c tab. (1826) = *R. montanus* var. *gracilis* Greml. *Exkursionsfl. Schw.* ed. 3, 5 (1878) = *R. breyninus* var. *gracilis* Briq. *Fl. M¹ Soudine* 21 (1893) = *R. geraniifolius* forme
R. gracilis Rouy et Fouc. *Fl. Fr.* 1, 93 (1893) = *R. geraniifolius* var. *gracilis*
Briq. *Spic.* 24 (1905)], dont la var. *aurimontanus* s'écarte fortement par le
port plus robuste, les fleurs bien plus grandes, les feuilles bien moins
divisées à segments plus amples. Le port de la var. *aurimontanus* se rapproche de celui de la var. **Hornschuchii** Briq. [= *R. Hornschuchii* Hoppe in
Sturm *Deutschl. Fl.* Heft 46, t. 11 (1826) ; Beck *Fl. Nied.-Öst.* 422 ; Hayek
Fl. Steierm. 1, 399 = *R. Villarsii* Koch *Syn.* ed. 1, 17 (1837) = *R. pseudo-
Villarsii* Schur *Enum. pl. Transs.* 19 (1866) = *R. breyninus* Kern. *Sched.
fl. exsicc. austro-hung.* 1, 24 (1884), sensu stricto ; non Crantz = *R. venetus*
Huter exsicc. ab ann. 1872], mais cette dernière s'en écarte par l'indument étalé lâche de la partie inférieure des tiges et les fleurs plus petites.
M. de Litardière a eu l'amabilité de nous communiquer les originaux
de son *R. clethraphilus*. Des deux échant. qui représentent cette espèce,
l'un haut d'env. 20 cm. est parfaitement identique avec plusieurs de nos

exemplaires du *R. geraniifolius* var. *aurimontanus*, mais il est malheureusement dépourvu de sépales. L'autre est un échant. réduit qui ne se
distingue de la var. *aurimontanus* que par la glabrescence très marquée
des sépales. L'auteur dit ces derniers parfaitement glabres, cependant
ils portent dans leur partie inférieure quelques poils facilement visibles
à la loupe. Plusieurs de nos échant. du Monte d'Oro ont aussi une tendance à réduire leur indument calicinal. Cette tendance est parfois aussi
marquée dans certains échant. du *R. geraniifolius* var. *tenuifolius* (*R.
carinthiacus* Hoppe): nous avons sous les yeux des exemplaires de cette
dernière race des Alpes orientales, où l'indument nul sur la plus grande
partie des sépales est réduit à quelques trichomes situés vers la base et
décelables seulement à la loupe. On trouve d'ailleurs tous les passages
entre les stades extrêmes.

708. **R. Marschlinsii** Steud. *Nom. bot.* ed. 2, II, 434 (1841); Boiss.
Fl. or. I, 44 ; Rouy in *Le Naturaliste* ann. 1881, 501 et *Suites fl. Fr.* I,
15; Rouy et Fouc. *Fl. Fr.* I, 92 ; Coste *Fl. Fr.* I, 29 = *R. nivalis* Lois.
Not. 89 (1810) ; non L. = *R. lapponicus* Lois. *Fl. gall.* ed. 2, I, 395
(1828); non L. = *R. montanus* var. *tenellus* Dub. *Bot. gall.* 1022 (1830)
= *R. tenellus* Salis in *Flora* XVII, Beibl. II, 84 (1834) ; non Viv. (1824,
espèce non identifiée !) = *R. gracilis* var. b Mut. *Fl. fr.* I, 20 (1834) =
R. montanus δ Bert. *Fl. it.* V, 544 (1842) = *R. demissus* Gr. et Godr.
Fl. Fr. I, 30 (1847); non DC. (1818) = *R. polyrrhizus* Soleirol ex Rouy
et Fouc. l.c. (1893); non Stev. = *R. geraniifolius* var. *Marschlinsii* Fiori
et Paol. *Fl. anal. It.* I, 512 (1898), sensu stricto. — Exsicc. Soleirol
n. 71 !; Req. sub : *R. demissus* !; Kralik n. 454 et 454 bis !; Debeaux
ann. 1869 sub : *R. demissus* !; Reverch. ann. 1878, n. 113 !; Burn. ann.
1900, n. 124, 272, 361 et 394 !

Hab. — Berges des torrents, pozzines, rocailles près des neiges fondantes des étages subalpin et alpin, entraîné parfois plus bas le long
des torrents, (1300-)1500-2600 m. Juin-août suivant l'alt. ⚥. Seulement
dans les grands massifs du centre, où il est répandu et abondant. Lac
de Lancone soprano (Lit. in *Bull. acad. géogr. bot.* XVIII, 117) ; Monte
Cinto (Gr. et Godr. *Fl. Fr.* I, 31 ; Briq. *Rech. Corse* 15 et Burn. exsicc.
cit. n. 124); au-dessus du lac de Capo Falo (Lit. l. c.) ; forêt de Valdoniello (Fliche in *Bull. soc. bot. Fr.* XXXVI, 357) ; lac de Nino (R. Maire
in Rouy *Rev. bot. syst.* II, 51) ; forêt de Melo (Gr. et Godr. l. c.) ;
Monte Rotondo (Soleirol exsicc. cit. et ap. Bert. *Fl. it.* V, 542 ; Kralik
exsicc. cit. n. 454 ; Mars. *Cat.* 11 ; Burnouf ex Rouy et Fouc. *Fl. Fr.* I,
93 ; Briq. op. cit. 20 et Burn. exsicc. cit. n. 272 ; Lit. l. c. ; et autres

observateurs); Monte d'Oro (Soulié ex Coste in *Bull. soc. bot. Fr.* XLVIII,
sess. extr. CXVII; Lit. l.c.); Monte Renoso (Req. exsicc. cit.; Kralik exsicc.
cit. n. 454 bis; Revel. in Bor. *Not.* III, 2 et ap. Deb. exsicc. cit.; Reverch.
exsicc. cit.; (Briq. *Rech. Corse* 24 et 26 et Burn. exsicc. cit. n. 361 et 394;
Lit. *Voy.* II, 30 et 31 ; et autres observateurs) ; la Cagnone (Kralik ex
Rouy et Fouc. l. c.); Coscione (Gr. et Godr. l. c.; Lutz in *Bull. soc.
bot. Fr.* XLVIII, sess. extr. CXLIX ; R. Maire in Rouy *Rev. bot. syst.* II,
24 et 26 ; Gysperger ibid. 119; Lit. *Voy.* I, 16); et localités ci-dessous.

1906. — Rocailles de la Cima di Muffrella, 2000 m., 12 juill. ; berges
des ruisseaux en montant des bergeries de Tula au col de Bocca di Tula,
1900 m., 26 juill. ; rocailles humides sur le versant N. du Capo Ladroncello, 2000 m.; berges du Lago Maggiore, sous le Capo al Berdato,
2300 m., 7 août fl.!; arétes entre le Capo Largina et le Monte Cinto,
2500-2700 m., 20 juill. fr.!; rocailles du Monte Paglia Orba, 2000-2500 m.,
9 août ; neiges fondantes sur le versant E. du Capo al Chiostro, 2100 m.,
3 août fl.!; berges des ruisselets en montant des bergeries de Grotello
au lac Melo, 1700 m., 4 août fr.!; pozzines au bord du lac Cavaccioli
dans le massif du Monte Rotondo, 2000 m., 6 août fr.!; rocailles humides
sur le versant N. de la Punta de Porte, 2200 m, 4 août ; rocailles humides
sur le versant E. du Monte d'Oro, 2000-2200 m., 9 août fl.! et sur le versant W., 1700-1800 m., 12 août fr.!; pozzines sur le versant S. du col
Bocca della Calle, 1700 m., 21 juill. fr.!; berges des sources sur le versant N.W. du Mt Incudine, 1700 m., remonte dans les rocailles humides
à 2100 m., 18 juill. fl. fr.!

Remarquable espèce, endémique en Corse, et qui a été longtemps confondue avec diverses autres Renoncules à fleurs jaunes, ainsi qu'il ressort de la synonymie donnée ci-dessus. Le *R. Marschlinsii* s'écarte de
toutes les formes du *R. geraniifolius* par son mode de végétation (tiges
très grêles, toujours décombantes), les pédoncules presque glabres (couverts d'un indument appliqué dense dans le *R. geraniifolius* var. *aurimontanus*), les sépales glabres, le réceptacle à côtés glabres, très faiblement pubescent au sommet, les carpelles petits, plus également renflés,
longs de 1-1,5 mm., à bec long d'env. 0,5 mm. Il est voisin du *R. demissus* DC., en particulier de la var. *hispanicus* Boiss. de la Sierra Nevada,
qui possède un port analogue, mais en diffère très nettement par les
feuilles basilaires réniformes, tripartites, à segments confluents à la
base, obovés, trifides (et non pas triséquées, à segments «subpétiolulés»
divisés en lanières courtes, linéaires-oblongues) et par les sépales glabres
(toujours nettement velus sur le dos dans le *R. demissus*).— Le *R. Marschlinsii* est une des plantes hygrophiles les plus caractéristiques des étages
supérieurs en Corse.

Grenier et Godron ont décrit un *R. demissus* var. *grandiflorus* Gr. et
Godr. [*Fl. Fr.* I, 31 (1847) = *R. Marschlinsii* var. *grandiflorus* Rouy et
Fouc. *Fl. Fr.* I, 93 (1893)] auquel ils attribuent : « Fleurs du double plus
grandes que dans le type, dépassant deux centimètres ». MM. Rouy et

Foucaud ajoutent : « feuilles plus profondément palmatipartites, à lobes plus découpés et à dents subaiguës ». Nous ne connaissons pas cette forme [Monte d'Oro (Bernard ex Gr. et Godr. l.c.) ; Monte Renoso (Reverch. ex Rouy et Fouc. l. c.)], qui est insuffisamment décrite. Peut-être s'agit-il du *R. geraniifolius* var. *aurimontanus*?

709. R. repens L. *Sp.* ed. 1, 554 (1753) ; Gr. et Godr.*Fl. Fr.* I, 34 ; Rouy et Fouc. *Fl. Fr.* I, 100 ; Coste *Fl. Fr.* I, 91.

Hab. — Mares, fossés et prairies maritimes de l'étage inférieur, points humides des forêts de l'étage montagnard. Avril-juin. ♃. Très répandu et assez abondant dans l'île entière.

1907. — Cap Corse : col de Teghime, fossés humides sur le versant E., 400 m., 23 avril fl.! — Cateraggio, prairie humide, 6 m., 1 mai fl.!

Nous n'avons vu de Corse que la var. **typicus** Beck [*Fl. Nied.-Öst.* 447 (1890)], dépourvue de rejets rampants, à feuilles ternées, à segments amples, à fleurs relat. grandes (1,5-2,5 cm. de diamètre).

710. R. sardous Crantz *Stirp. austr.* ed. 1, II, 84 (1763) ; Retz. *Obs.* VI, 31 (1791) ; Burn. *Fl. Alp. mar.* I, 38 ; Rouy et Fouc. *Fl. Fr.* I, 107, emend. ; Coste *Fl. Fr.* I, 27, emend. = *R. Philonotis* Ehrh. *Beitr.* II, 145 (1788) ; Coss. *Comp. fl. atl.* II, 34.

Hab. — Mares, fossés, points humides des étages inférieur et montagnard. Mai-juill. ①. — En Corse les sous-espèces et variétés suivantes :

I. Subsp. **Philonotis** Briq. = *R. Philonotis* Crantz, sensu stricto ; Gr. et Godr. *Fl. Fr.* I, 36 = *R. Philonotis* var. *Philonotis* Coss. *Comp. fl. atl.* II, 34 (1887) = *R. sardous* var. α Burn. *Fl. Alp. mar.* I, 38.

Feuilles basilaires primaires ovées-subarrondies à la base, les suivantes ternées ou 5pinnatipartites, les caulinaires pinnatiséquées. Fleurs relat. grandes, à corolle mesurant 1,5-2,3 cm. de diamètre, à pétales longs de 6-10 mm., largement obovés, pourvus d'env. 15 nervures au-dessus de l'onglet.

α. Var. **tuberculatus** Celak. *Prodr. Fl. Böhm.* 418 (1867) ; Freyn in Willk. et Lange *Prodr. fl. hisp.* III, 940 = *R. hirsutus* Beck *Fl. Nied.-Öst.* 421 (1890) = *R. sardous* var. *genuinus* et var. *hirsutus* Rouy et Fouc. *Fl. Fr.* I, 107 (1893). — Exsicc. Kralik n. 457 ! ; Mab. n. 335 ! (sub : *R. trilobus*) ; Reverch. ann. 1878 sub : *R. Philonotis* !

Hab. — Répandue. Sisco (Fouc. et Sim. *Trois sem. herb. Corse* 126) ; de Bastia à Biguglia (Salis in *Flora* XVII, Beibl. II, 85) ; St-Florent (Mab.

exsicc. cit.) ; Ghisoni (Rotgès in litt.) ; Ajaccio (Req. ex Bert. *Fl. it.* X, 502 ; Kralik exsicc. cit.; Coste in *Bull. soc. bot. Fr.* XLVIII, sess. extr. CIV) ; Campo di Loro (Mars. *Cat.* 12 ; Boullu in *Bull. soc. bot. Fr.* XXIV, sess. extr. XCV) ; Bastelica (Reverch. exsicc. cit.) ; Bonifacio (Soleirol et Seraf. ex Bert. *Fl. it.* V, 561) ; et localités ci-dessous.

1907. — Entre Alistro et Bravone, mares des maquis, 10 m., 30 avril fl.; prairie humide à Solenzara, 5 m. 3 mai fl.!

Plante généralement robuste, ± hérissée ou glabrescente (les deux états souvent pêle-mêle), pluriflore. Corolle mesurant jusqu'à 2 cm. de diamètre et plus, à pétales longs de 7-10 mm. Carpelles verruqueux.

††β. Var. **parvulus** Lange *Pug.* 253 (1860-65); Freyn in Willk. et Lange *Prodr. fl. hisp.* III, 940 ; Rouy et Fouc. *Fl. Fr.* 1, 108 =? *R. parvulus* L. *Mant.* 1, 79 (1767) =? *R. Philonotis* var. *gracilis* Bab. *Fl. jurass.* 1, 41 (1845).

Hab. — Campo di Loro (Boullu in *Bull. soc. bot. Fr.* XXIV, sess. extr. XCIII) ; et localité ci-dessous.

1907. — Cateraggio, prairie humide, 5 m., 1 mai fl.!

Plante réduite, très glabrescente ou glabre, uniflore ou très pauci-flore. Corolle mesurant 1,5-1,8 cm. de diamètre, à pétales longs de 5-7 mm. Carpelles verruqueux. — Peut-être seulement une forme de la variété précédente?

Le *R. Philonotis* var. *gracilis* Bab. a été à peine décrit. Le *R. parvulus* est une plante très douteuse. Linné ne mentionne pas même le carac-tère des sépales réfléchis, comme il le fait pour les autres espèces à calice renversé (*R. bulbosus, R. chaerophyllos*).

II. Subsp. **trilobus** Rouy et Fouc. *Fl. Fr.* 1, 109 (1893) = *R. tri-lobus* Desf. *Fl. atl.* 1, 437, tab. 113 (1798) ; Gr. et Godr. *Fl. Fr.* 1, 37 = *R. Philonotis* var. *trilobus* Lois. *Fl. gall.* ed. 2, 1, 398 (1828) ; Coss. *Comp. fl. atl.* II, 34 = *R. sardous* var. *trilobus* Burn. *Fl. Alp. mar.* 1, 39 (1892).

Feuilles inférieures et surtout les supérieures beaucoup plus divisées que dans la sous-espèce précédente. Fleurs petites, à corolle mesurant 0,7-1,3 cm. de diamètre, à pétales longs de 3-5 mm., à env. 7 nervures serrées au-dessus de l'onglet, étroitement obovées. Carpelles en général un peu plus petits.

L'indication des pétales dépassant à peine les sépales, telle que la donnent les auteurs, se révèle inexacte dans une foule de cas. Nous avons sous les yeux une grande série d'échantillons ibériques et algé-riens, d'ailleurs typiques, dans lesquels la proportion des pétales une fois plus longs que les sépales est beaucoup plus forte que celle des échant. à pétales plus courts. Les échant. relativement macranthes ont

·été distingués par Cosson sous le nom de *R. Philonotis* var. *intermedius*
Ball [*Spic. fl. marocc.* 307 (1878) ; Coss. *Comp. fl. atl.* II, 34 (1883) ; non DC.
= *R. sardous* subsp. *Xatartii* Rouy et Fouc. *Fl. Fr.* I, 108 (1893)]. Mais
les fleurs varient considérablement dans leurs dimensions absolues sur
un seul et même individu, de sorte que nous ne pouvons voir là matière
à la distinction d'une variété et encore bien moins d'une sous-espèce.
Quant au *R. Xatardi* Lap., il appartient sans doute au groupe spécifique du *R. sardous*, mais nous restons dans le doute sur l'attribution
précise de ce nom à une quelconque de nos variétés. Lapeyrouse [*Hist.
abr. Pyr. Suppl.* 77 (1818) donne à son *R. Xatardi* des « fleurs jaunes,
grandes, brillantes ». Est-ce seulement par comparaison avec le *R. parviflorus*? Il s'agirait alors d'un synonyme de la sous-esp. *trilobus*. Dans le
cas contraire, encore qu'un peu vagues, ces termes s'appliqueraient bien
à la sous-esp. *Philonotis*.

†† 7. Var. **littoralis** Rouy et Fouc. *Fl. Fr.* I, 108 (1893).

Hab. — Iles Lavezzi (Kralik ex Rouy et Fouc. l. c.).

« Plante presque naine (2-12 centimètres), pubescente ; tige simple ou
rameuse souvent dès la base, à rameaux allongés, étalés ou ascendants ;
carpelles petits, lisses, peu nombreux, en capitules subglobuleux. »

D'après cette diagnose, il s'agit d'une forme différant de toutes celles
que nous avons vues en Corse par les carpelles non verruqueux. Les
auteurs ne parlent pas de la fleur, mais ils rattachent la var. *littoralis* au
R. sardous subsp. *Xatartii* Rouy et Fouc. Il est vrai que, dans une note,
nos confrères ont aussi placé ici, à titre de variété, le *R. humilis* Huet,
des Abruzzes, lequel d'après nos originaux (Huet pl. neap. n. 253 et Levier
in F. Sch. herb. norm. nov. ser. n. 1505) possède des pétales très multi-
nerviés, largement obovés, 2-3 fois plus longs que les sépales et appartient à la sous-esp. *Philonotis*. Il reste donc quelques lacunes dans la
connaissance de la var. *littoralis*, dont la description mériterait d'être
développée.

δ. Var. **trilobus** Burn. *Fl. Alp. mar.* I, 38 (1892), sensu stricto. —
Exsicc. Billot n. 306 ! Mab. n. 335 bis !

Hab. — Répandue. De Bastia à Biguglia (Salis in *Flora* XVII, Beibl. II,
85 ; Mab. exsicc. cit. et ap. Mars. *Cat.* 12 ; Boullu in *Bull. soc. bot. Fr.*
XXIV, sess. extr. LXVII) ; Sagone (Coste in *Bull. soc. bot. Fr.* XLVIII,
sess. extr. CXIII) ; Chapelle des Grecs (Mars. l. c.) ; Ajaccio (Req. ap.
Billot exsicc. cit. ; Coste in *Bull. soc. bot. Fr.* XLVIII, sess. extr. CV) ;
Campo di Loro (Boullu ibid. XXIV, sess. extr. XCIV) ; Zicavo (Kralik ex
Rouy et Fouc. *Fl. Fr.* I, 108) ; Propriano (Petit in *Bot. Tidsskr.* XIV, 244) ;
Bonifacio (Req. ex Berl. *Fl. it.* X, 502 ; Kralik ex Rouy et Fouc. l. c.).

Plante en général robuste, dressée, présentant les caractères indiqués
pour la sous-esp. *trilobus*. Carpelles à faces verruqueuses.

Le *R. Philonotis* var. *patens* Soleirol [ex Dub. *Bot. gall.* 1022 (1830)], de
Bonifacio, a été trop sommairement décrit pour pouvoir être identifié.
Le *R. Philonotis* var. *pedunculatus* Soleirol (ex Dub. l. c.), des marécages
de la Monaccia, paraît appartenir à la sous-esp. *trilobus*. Le synonyme
de Viviani cité par Duby (*R. pedunculatus* Viv.) est sûrement erroné.

711. R. cordigerus Viv. *Fl. cors. diagn.* 8 (1824) et *App. fl. cors.
prodr.* 2; Gr. et Godr. *Fl. Fr.* 1, 36 = *R. Philonotis* var. *cordigerus* So-
leirol ap. Dub. *Bot. gall.* 1022 (1830); Mut. *Fl. fr.* 1, 24 = *R. montanus*
Salis in *Flora* XVII, Beibl. II, 85 (1834); non Willd. = *R. Philonotis* β
Bert. *Fl. it.* V, 561 (1842) = *R. Pouzolzii* («*Puzolzii*») Soleirol ex Bert.
l. c. = *R. sardous* subsp. *cordigera* Rouy et Fouc. *Fl. Fr.* 1, 109 (1893)
— *R. sardous* var. *cordiger* Fiori et Paol. *Fl. anal. It.* 1, 515 (1898).
— Exsicc. Soleirol n. 24!; Debeaux ann. 1868 sub : *R. cordigerus*!;
Reverch. ann. 1879, n. 72!

Hab. — Berges des torrents et pozzines des étages montagnard et
subalpin, 700-1600 m. Juin-juill. ⚥. Localisé au sud du Monte Renoso.
Pozzi du Renoso, rare (Revel. in Bor. *Not.* III, 2); abonde dans le
massif du Coscione (Seraf. ex Viv. *Fl. cors. diagn.* I, 8; Salis in *Flora*
XVII, Beibl. II, 85; Soleirol exsicc. cit. et ap. Bert. *Fl. it.* V, 562 et
Duby *Bot. gall.* 1022; Bernard ex Gr. et Godr. *Fl. Fr.* 1, 36; Revel. ap.
Debeaux exsicc. cit.; Reverch. exsicc. cit.; R. Maire in Rouy *Rev. bot.
syst.* II, 24, 26 et 50; Gysperger ibid. 119; Lit. *Voy.* 1, 16; et nombreux
autres observateurs), d'où il descend le long des torrents jusqu'à Aullène (Revel. in Bor. *Not.* II, 2) et à Quenza (Mars. *Cat.* 12); montagne
de Cagna (de Pouzolz exsicc. et ap. Rouy et Fouc. *Fl. Fr.* 1, 109).

1906. — Berges du torrent entre la Chapelle de S. Pietro et les bergeries d'Aluccia, 1400 m., 18 juill. fl. fr.!

On a encore indiqué le *R. cordigerus* dans les marais de Sagone (N.
Roux in *Bull. soc. bot. Fr.* XLVIII, sess. extr. CXXXIV) par confusion
avec une forme de l'espèce précédente. Il en est de même pour la localité des îles Lavezzi (Clément ex Rouy et Fouc. *Fl. Fr.* 1, 109), à moins
qu'il ne s'agisse d'une confusion d'étiquette. Le *R. cordigerus* est une
plante exclusivement montagnarde et subalpine, qui manque entièrement dans l'étage inférieur.

On a souvent rattaché le *R. cordigerus* au *R. sardous*, mais il est très
distinct par les caractères suivants, la plupart déjà mis en évidence
par Grenier et Godron : plante vivace, à tiges sortant latéralement des
feuilles d'une rosette centrale à axe indéterminé, à entrenœuds basilaires
très courts (parfois subacaule), toutes couchées à la base, pourvues de
poils raides couchés en avant: feuilles basilaires à pétiole largement

ailé-aplati, à limbe suborbiculaire-cordiforme, épais, ± profondément incisé-crénelé, à dents grossières, obtuses ou acutiuscules, ± pourvu de poils appliqués ; pédoncules bien plus longs que les feuilles, ± pourvus de poils appliqués, parfois soyeux, très épais à la base, amincis dans le haut. Les caractères de la fleur et des carpelles sont très analogues à ceux du *R. sardous* subsp. *Philonotis*, sauf que ces derniers sont moins nombreux et en capitules plus sphériques. Le *R. cordigerus* a aussi des affinités avec le *R. angulatus* Presl [*Del. praq.* 7 (1822) et *Fl. sic.* I, 16 (excl. syn. Bocc. !) ; Bert. *Fl. it.* V, 558], espèce sicilienne vivace, souvent confondue à tort avec le *R. sardous* subsp. *Philonotis*. Le *R. angulatus* possède comme le *R. cordigerus* des feuilles à pétioles élargis-membraneux, mais le limbe en est glabre et luisant ; il s'écarte d'ailleurs tant du *R. sardous* que du *R. cordigerus* par des carpelles au moins deux fois plus volumineux, lisses ou ± verruqueux, à nervation carinale très saillante, surmontés d'un bec bien plus développé à base élargie.

La découverte du *R. cordigerus* Viv. en Corse remonte à Boccone : « *R. alpinus*, Tribuli aquatici foliis » [Bocc. *Mus. di piant.* 162 (1697)] et « *R. Tribuli aquatici foliis* » (Bocc. ibid. tab. 124). Ce serait une espèce endémique en Corse, si elle n'avait été signalée en Sardaigne par Moris (ex Bert. *Fl. it.* V, 562), d'où cependant nous ne l'avons pas vue.

712. **R. parviflorus** L. *Syst.* ed. 10, 1087 (1759) ; Gr. et Godr. *Fl. Fr.* I, 37 ; Rouy et Fouc. *Fl. Fr.* I, 110 ; Coste *Fl. Fr.* I. 27. — Exsicc. Req. sub : *R. parviflorus* ! ; Kralik sub : *R. parviflorus* ! ; Bourg. n. 11 ! ; Reverch. ann. 1878, n. 116 ! ; Burn. ann. 1904, n. 12 !

Hab. — Mares, fossés, berges des ruisseaux des étages inférieur et montagnard. Avril-juin. ①. Répandu. Erbalunga (Gillot in *Bull. soc. bot. Fr.* XXIV, sess. extr. XLIX) ; de Bastia à Biguglia (Salis in *Flora* XVII, Beibl. II, 85 ; Mab. ex Mars. *Cat.* 12 ; Gillot in *Bull. soc. bot. Fr.* XXIV, sess. extr. XLIII ; Gysperger in Rouy *Rev. bot. syst.* II, 110 ; et autres observateurs) ; Calvi (Soleirol ex Bert. *Fl. it.* V, 569 ; Fouc. et Sim. *Trois sem. herb. Corse* 126) ; entre Piana et Evisa (Lit. *Voy.* II, 20) ; entre Corté et S. Pietro-di-Venaco (Gillot *Souv.* 3) ; Bocognano (Briq. *Spic.* 25 et Burn. exsicc. cit.) ; Ajaccio (Req. exsicc. cit. et ex Bert. op. cit. X, 502 ; Kralik et Bourg. exsicc. cit. ; Mars. l. c. ; Coste in *Bull. soc. bot. Fr.* XLVIII, sess. extr. CIV, CV et CVIII ; et autres observateurs) ; Campo di Loro (Mars. l. c.) ; Bastelica (Reverch. exsicc. cit.) ; Sartène (Fliche in *Bull. soc. bot. Fr.* XXXVI, 357) ; et localité ci-dessous.

1907. — Vallée inf. de la Solenzara, replats ombragés et humides des maquis, 50 m., 3 mai fl. !

Le développement des pétales est très variable. Des échant. à pétales réduits ont été distingués sous le nom de *R. subapetalus* Auger [in *Ann.*

soc. linn. 1, 193 ex Duby *Bot. gall.* 13 (1828) = *R. parviflorus* var. *subapetalus* Gr. et Godr. *Fl. Fr.* 1, 37 (1847); Rouy et Fouc. *Fl. Fr.* 110 = *R. apetalus* Gren. l. c. ; Rouy et Fouc. l. c.] : c'est là plutôt un simple état individuel.

†† 713. **R. chius** DC. *Syst.* 1, 299 (1818) ; Freyn in *Verh. zool.-bot. Ges. Wien* XXVII, 268 ; Rouy et Fouc. *Fl. Fr.* 1, 111 ; Ross *Sui R. parviflorus* L. *e R. chius* DC. *della Sicilia* (*Natur. sicil.*, nuov. ser., 1, n. 4-7, ann. 1896) = *R. Schraderianus* Fisch. et Mey. *Ind. sem. hort. petrop.* IV, 44 (1837) = *R. incrassatus* Guss. *Fl. sic. syn.* II, 50 (1844) ; Chabert in *Bull. soc. bot. Fr.* XXIX, sess. extr. LII.

Hab. — Points humides de l'étage inférieur. Avril-mai. ①. Rare et localisé au Cap Corse. Oletta (Chabert l. c.) ; St-Florent (Fouc. et Sim. *Trois sem. herb. Corse* 126) ; et localité ci-dessous.

1907. — Prairies humides entre Luri et la Marine de Luri, 27 avril fl. fr. !

Voisin du *R. parviflorus*, dont il se distingue par les pédoncules fructifères relativement courts, très épaissis, ± renflés en massue et fistuleux à la fin, les pétales plus étroits, les carpelles à bec plus large, plus développé, recourbés et oncinés.

714. **R. muricatus** L. *Sp.* ed. 1, 555 (1753); Gr. et Godr. *Fl. Fr.* 1, 38 ; Rouy et Fouc. *Fl. Fr.* 1, 111 ; Coste *Fl. Fr.* 1, 27. — Exsicc. Kralik n. 458 ! ; Reverch. ann. 1880, n. 323 ! ; Burn. ann. 1904, n. 14 !

Hab. — Mares, fossés, prairies maritimes, points humides de l'étage inférieur, remontant çà et là dans l'étage montagnard. Avril-mai. ①. Répandu et commun dans l'île entière.

1907. — Cap Corse : Marine d'Albo, alluvions sablonneuses, 26 avril fl. fr. ! — Ile Rousse, fossés, 20 avril fl. fr. ! ; rocailles calcaires humides à Francardo, 260 m., 14 mai fl. fr. !

715. **R. arvensis** L. *Sp.* ed. 1, 555 (1753) ; Gr. et Godr. *Fl. Fr.* 1, 38 ; Rouy et Fouc. *Fl. Fr.* 1, 112 ; Coste *Fl. Fr.* 1, 27.

Hab. — Moissons, cultures, friches des étages inférieur et montagnard. Avril-mai. ①. Peu observé. Erbalunga (Gillot in *Bull. soc. bot. Fr.* XXII, sess. extr. LI) ; Bastia (Salis in *Flora* XVII, Beibl. II, 85 ; Mab. ex Mars. *Cat.* 13) ; St-Florent (Mab. ex Mars. l. c.) ; Olmi-Capella (Mars. l. c.) ; Calvi (Soleirol ex Bert. *Fl. it.* V, 565) ; Ghisoni (Rotgès in litt.).

À notre connaissance, cette espèce n'est représentée en Corse que par la var. *spinosus* Neilr. *Fl. Nied-Öst.* 691 (1859) = *R. arvensis* var. *typicus* Beck *Fl. Nied-Öst.* 420 (1890)], à carpelles aiguillonnés.

716. **R. sceleratus** L. *Sp.* ed. 1, 551 (1753); Gr. et Godr. *Fl. Fr.* 1, 112; Rouy et Fouc. *Fl. Fr.* 1, 113; Coste *Fl. Fr.* 1, 26.

Hab. — Mares, fossés, points humides de l'étage inférieur. Avril-juin. ①. Très rare ou peu observé. Jusqu'ici seulement aux env. de Bastia (Soleirol ex Bert. *Fl. it.* V, 534).

ADONIS L.

717. **A. aestivalis** L. *Sp.* ed. 2, 771 (1763); Gr. et Godr. *Fl. Fr.* 1, 16; Huth in *Helios* III, 63; Rouy et Fouc. *Fl. Fr.* 1, 52; Coste *Fl. Fr.* 1, 34.

Hab. — Moissons de l'étage inférieur. Calcicole. Avril-mai. ①. Rare. Jusqu'ici seulement aux env. de Bonifacio (Req. ap. Gr. et Godr. *Fl. Fr.* 1, 16; Revel. ex Mars. *Cat.* 10; Kralik in herb. Delessert).

Se présente avec des fleurs rouges (subvar. **miniata** Rouy et Fouc. *Fl. Fr.* 1, 52 (1893) = *A. miniata* Jacq. *Fl. austr.* IV, tab. 354 (1776) = *A. aestivalis* var. *miniata* Gr. et Godr. *Fl. Fr.* 1, 16 (1847); Huth l. c. 63; ou à fleurs jaunes : subvar. **flava** Rouy et Fouc. l. c. (1893) = *A. flava* Vill. *Cat. Strasb.* 274 (1807) = *A. citrina* Hoffm. *Deutschl. Fl.* ed. 2, 1, 251 (1800); non DC. = *A. aestivalis* var. *flava* Gr. et Godr. *Fl. Fr.* 1, 16 (1847) = *A. aestivalis* var. *pallida* Koch *Syn.* ed. 3, 9 (1857) = *A. aestivalis* var. *citrina* Huth l. c. (1890).

718. **A. autumnalis** L. *Sp.* ed. 2, 771 (1763); Gr. et Godr. *Fl. Fr.* 1, 15; Huth in *Helios* III, 65; Rouy et Fouc. *Fl. Fr.* 1, 53; Coste *Fl. Fr.* 1, 33.

Hab. — Moissons, friches de l'étage inférieur. Calcicole. Avril-mai. ①. Rare. Santa Manza (R. Maire in Rouy *Rev. bot. syst.* II, 65); Bonifacio (Req. ap. Gr. et Godr. *Fl. Fr.* 1, 15; Boy. *Fl. Sud Corse* 57).

Diffère de l'espèce précédente, dont elle est très voisine, par les sépales étalés et surtout par les carpelles à arète supérieure non dentée.

THALICTRUM L.

† 719. **T. minus** L. *Sp.* ed. 1, 546 (1753); Lecoy. *Mon. Thal.* 124; Burn. *Fl. Alp. mar.* 1, 4; Rouy et Fouc. *Fl. Fr.* 1, 11; Coste *Fl. Fr.* 1, 38 = *T. majus* Salis in *Flora* XVII, Beibl. II, 83 (1834).

Hab. — Rochers de l'étage montagnard. Juill. ♃. Très rare. Jusqu'ici seulement : Cap Corse au Pigno (Salis l. c.; N. Roux, 10 juin 1894, ex Fouc. in *Bull. soc. bot. Fr.* XLVII, 84 et 85).

Foucaud rapporte ce pigamon au « *T. minus* subsp. *silvaticum* forme *T. brachycarpum* Rouy et Fouc. » (*Fl. Fr.* I, 23), mais avec doute, l'échant. n'étant pas assez avancé. Salis ne l'avait vu lui aussi qu'en feuilles. Plante à rechercher et à soumettre à un nouvel examen.

720. **T. mediterraneum** Jord. *Cat. Dij.* ann. 1848 et *Diagn.* I, 52 ; Coste *Fl. Fr.* I, 39 = *T. nigricans* DC. *Fl. fr.* V, 634 (1815) ; non Jacq. = *T. flavum* var. *angustifolium* Gr. et Godr. *Fl. Fr.* I, 9 (1847) = *T. fulgidum* Gren. *Fl. jurass.* 9 (1865) ; Burn. *Fl. Alp. mar.* I, 5 = *T. exaltatum* subsp. *mediterraneum* Rouy et Fouc. *Fl. Fr.* I, 25 (1893). — Exsicc. Kralik n. 452 ! ; Mab. n. 201 ! ; Debeaux ann. 1868 sub : *T. mediterraneum* !

Hab. — Marécages littoraux. Juin-août. ♃. Entre Luri et Brando (Rikli *Bot. Reisest.* 59) ; Sisco (Fouc. et Sim. *Trois sem. herb. Corse* 125) ; de Bastia à Biguglia (Salis in *Flora* XVII, Beibl. II, 85 ; Kralik exsicc. cit. ; Mab. exsicc. cit. et ap. Mars. *Cat.* 10 ; Deb. exsicc. cit. ; Boullu in *Bull. soc. bot. Fr.* XXIV, sess. extr. LXIV ; Sargnon in *Ann. soc. bot. Lyon* VI, 64 et 65 ; Gysperger in Rouy *Rev. bot. syst.* II, 121) ; et localité ci-dessous ; se retrouvera sans doute le long des lagunes de la côte orientale.

1906. — Cap Corse : lieux herbeux près de Santa Maria di Pietra Corbara, non loin des rives de la mer, 4 juill. fl. !

Cette espèce, à appareil végétatif pubescent-glanduleux, à segments foliaires étroits, paraît être en Corse le seul représentant du groupe du *T. flavum* L. Sa valeur systématique ne pourrait être définie qu'après une étude approfondie de tout le groupe, lequel est exceptionnellement difficile.

BERBERIDACEAE

BERBERIS L.

721. **B. vulgaris** L. *Sp.* ed. 1, 330 (1753) ; Rouy et Fouc. *Fl. Fr.* I, 147 ; Fior. et Paol. *Fl. anal. It.* I, 528. — En Corse seulement la sous-espèce suivante :

Subsp. **aetnensis** Rouy et Fouc. *Fl. Fr.* I, 148 (1893) ; Rikli in *Atti*

soc. elvet. sc. nat., sess. Locarno ann. 1903, 300 et seq. = *B. cretica*
Viv. *Fl. cors. diagn.* 5 (1824); non L. = *B. aetnensis* Presl *Fl. sic.* I,
28 (1826); Roem. et Schult. *Syst.* VII, 1, 2 (1829) = *B. vulgaris* var.
macroacantha Guss. *Fl. sic. prodr.* I, 439 (1827) et *Suppl.* 108 = *B. vulgaris* var. *aetnensis* Reg. *Descr. pl. nov.* I, 14 (1873) = *B. Boissieri* C.
K. Schneid. in *Bull. herb. Boiss.*, 2ᵉ sér., V, 660 (1905) et *Handb. Laubholzk.* 308. — Exsicc. Soleirol n. 308!; Kralik n. 464!; Mab. n. 206!;
Debeaux ann. 1868 sub : *B. aetnensis*!; Reverch. ann. 1878 et 1879, n.
26!; Burn. ann. 1900, n. 100, 209 et 412! et ann. 1904, n. 19!

Hab. — Constitue des peuplements étendus, tantôt purs, tantôt en
mélange avec le *Juniperus communis* subsp. *nana*, dans les étages subalpin et alpin, s'élevant à 2300 m., descendant çà et là jusqu'à 1200 m.,
parfois même plus bas [Casamaccioli, 850 m. (Req. *Cat.* 12; Fliche in
Bull. soc. bot. Fr. XXXVI, 357)]. Mai-juill. suivant l'alt. ⅃. Non signalé
dans la chaîne du Cap Corse. Rare sur les hautes cimes des massifs
de Tende et du S. Pietro. Très abondant dans tous les massifs du
centre, depuis les contreforts sept. du massif du Cinto jusqu'aux cimes
du Bavella au sud. À rechercher sur les sommets du massif de Cagna.

Diffère du *B. vulgaris* subsp. **eu-vulgaris** Briq. (= *B. vulgaris* L. sensu
stricto) par la taille réduite, les rameaux très nombreux et enchevêtrés,
les feuilles petites ovées-arrondies, ovées, ovées-oblongues ou oblongues-elliptiques, à épines très fortes, souvent aussi longues ou plus longues
que les feuilles axillaires, les grappes pauciflores courtes.

Dans un récent mémoire [*Die Gattung Berberis (Euberberis), Vorarbeiten für eine Monographie* in *Bull. Herb. Boiss.* l. c.], M. Schneider a
cru devoir distinguer la spinelle corse du *B. aetnensis* sous le nom de *B.
Boissieri*. L'auteur différencie les deux espèces comme suit : *B. aetnensis* :
Feuilles d'un vert grisâtre, mesurant 1,5-4,5×0,6-1,7 cm. de surface ;
nervures à aréoles étroites formant un réseau saillant sur la face foliaire inférieure ; serrature consistant en dents fines et serrées. Grappes
8-14 flores, longues de 2-3 cm. Aire : Sicile et Calabre. — *B. Boissieri* :
Feuilles d'un vert clair, mesurant 1,5-2,2×0,6-1,8 cm. de surface ; nervures à aréoles plutôt arrondies, formant un réseau peu brillant sur la
face foliaire inférieure ; serrature consistant en dents plus courtes et
plus éloignées. Grappes env. 3-4 flores, à peine longues de 2-2,5 cm. Aire :
Sardaigne et Corse [1].

Ces caractères distinctifs ne résistent pas à l'examen du *B. aetnensis*
sur le vif et sont souvent contredits d'une façon absolue par l'examen
d'un matériel de comparaison un peu étendu. Nous ne voyons aucune
différence positive et générale dans la couleur des feuilles pour les pro-

[1] Les trois localités citées par M. Schneider sont toutes corses !

venances siciliennes et corses. Les feuilles varient en Corse, comme en
Sicile, de la forme presque orbiculaire jusqu'à la forme oblongue, avec
un sommet obtus (la pointe non comprise) ou aigu. Les dimensions sont
en Corse très variables ; dans les stations peu élevées et plus fraîches,
la grandeur du limbe peut atteindre jusqu'à 3,5 × 2 cm. ! (rocailles le
long du torrent au-dessus de la bergerie de Spasimata, 1700 m., 12 juill.
fl. !). La nervation est en moyenne aussi saillante à la face foliaire inférieure dans les provenances corses que dans celles de Sicile ; la forme
des aréoles est la même. Les dents qui doivent être plus courtes dans la
plante corse atteignent parfois (échant. cités) jusqu'à 2 mm. de hauteur,
dimensions rarement atteintes sur les échant. siciliens. Le degré d'écar-
tement des dents foliaires varie faiblement d'un échant. à l'autre tant en
Corse qu'en Sicile et ne fournit pas de critère distinctif positif. Les
grappes, loin de compter seulement 3-4 fleurs dans les échant. corses,
portent parfois jusqu'à 8 fleurs (Reverchon Pl. de la Corse ann. 1878, n.
26, du Monte Renoso, cité aussi par M. Schneider !) et même 12 fleurs
(Reverchon même n°, provenance du Coscione !). Plusieurs de nos
échant. siciliens (par ex. Lo Jacono pl. ital. select. n. 244 des Nébrodes !)
portent des grappes de 2, 3, 4 et 5 fleurs. La différence de longueur
(2-3 cm. et « à peine » 2-2,5 cm.) signalée par l'auteur dans les grappes
ne mérite pas d'être discutée : les grappes de la spinelle corse peuvent
atteindre 3-4 cm. — En résumé, pour nous, le *B. Boissieri* Schn. est un
synonyme du *B. aetnensis* Presl.

Dans un récent et très intéressant mémoire (in *Atti soc. elvet. sc. nat.*
sess. de Locarno 1903, p. 293-304), M. Rikli a décrit une forme curieuse
du *B. vulgaris* (*B. vulgaris* var. **alpestris** Rikli) qui se rapproche du *B.
aetnensis* par la petitesse de ses feuilles, le développement de ses épines
et le raccourcissement de ses grappes. Cette variété ne diffère plus
guère que quantitativement du *B. aetnensis* chez lequel le nanisme et la
petitesse relative des organes végétatifs et des grappes, la validité des
épines, sont encore plus exagérés. Il ne resterait guère en fait de caractères *qualitatifs* propres au *B. aetnensis* que la présence de stomates sur
l'épiderme foliaire supérieur, selon M. Köhne [*Ueber anatomische Merk-
male bei Berberis-Arten* (*Gartenflora* XLVIII, 19 (1899)] et selon M. Schneider (l. c.), ainsi que les baies d'un noir bleuâtre et non rouges (selon Gr. et
Godr. l. c. et MM. Rouy et Foucaud l. c.). Or, les stomates sont parfois extrêmement rares et manquent même complètement à la face supérieure
des feuilles du *B. aetnensis* (échant. cités du vallon de Spasimata !). Quant
à la couleur bleuâtre des fruits, l'indication en repose sur une erreur.
Les matériaux d'herbier auxquels cette indication a sans doute été
empruntée, montrent toujours des fruits noirâtres, comme dans le *B.
vulgaris* subsp. *eu-vulgaris*. Mais cette couleur est due à la dessication.
Salis (in *Flora* XVII, Beibl. II, 83), qui était très exact, a dit : « Fructus,
non bene maturi quidem, *rubri*, quamobrem potius *B. vulgarem* credo ».
Cette correction, passée inaperçue des auteurs subséquents, est confirmée par M. de Litardière (in *Bull. acad. géogr. bot.* XVIII, 61, note), qui
a écrit à ce sujet : « Tous les auteurs disent que les fruits du *Berberis
aetnensis* Roem. et Schult. sont bleus à la maturité : au-dessus de Lozzi
j'ai vu des fruits presque mûrs qui étaient rouges et on m'a affirmé à

Calacuccia qu'ils restaient toujours rouges... Le *Berberis* corse est-il bien le même que celui de Sicile ? ». De notre côté, nous n'avons observé dans le *B. aetnensis* subsp. *aetnensis* que des fruits *rouges*. En ce qui concerne la plante de Sicile, il convient de remarquer que ni Presl (l. c.) ni Gussone (l. c.) ne lui ont donné des fruits bleuâtres ou noirâtres. Bertoloni (*Fl. it.* IV, 224) a attribué au dit *B. aetnensis* : « *Baccae... rubrocorallinae, in sicco tantum nigrescentes* [1] ». En résumé, il ne reste aucun caractère distinctif pour séparer la plante de Corse et de Sardaigne, de celle de la Sicile, de la Calabre et de l'Istrie.

En ce qui concerne la valeur systématique du *B. aetnensis*, il est certain qu'il y a là plus qu'une simple race du *B. vulgaris* : le port, l'écologie, l'ensemble des caractères et la distribution géographique particulière le démontrent. Mais d'autre part, l'existence de formes intermédiaires (*B. vulgaris* var. *alpestris* Rikli) [2] dans les chaudes vallées de la Suisse (Valais ! Grisons !) et le sud de la France (Aveyron), ainsi que la présence de variations douteuses en Sicile selon Gussone (op. cit. *Suppl.* 108) nous amènent à partager l'opinion, déjà émise en 1834 par Salis, que le *B. aetnensis* doit être rattaché au groupe spécifique du *B. vulgaris*. Le rang de sous-espèce qui lui a été attribué par MM. Rouy et Foucaud, puis par M. Rikli, nous parait donner une idée correcte de sa valeur systématique.

Il est extrêmement intéressant de constater le parallélisme dans le développement du *Juniperus communis* et du *Berberis vulgaris*, dont les sous-espèces types manquent toutes deux en Corse, et qui sont représentées dans les montagnes de notre île par des sous-espèces vicariantes étroitement associées au point de vue formationnel.

LAURACEAE

LAURUS L.

†† **722. L. nobilis** L. *Sp.* ed. 1, 369 (1753) ; Nees *Syst. Laur.* 579 ; Gr. et Godr. *Fl. Fr.* III, 64 ; Meissn. in DC. *Prodr.* XV, I, 233 ; Coste *Fl. Fr.* III, 215.

Hab. — Forêts de chênes-verts, 200-600 m. Fl. mars-avril ; fruct. oct.-nov. ♄. Env. de Vico (Versini ex Rotgès in litt.) ; défilé de l'Inzecca

---

[1] Plus récemment MM. Fiori et Paoletti (*Fl. anal. It.* I, 529) ont cru devoir concilier les deux opinions adverses en attribuant au *B. aetnensis* : « Bacca matura rossa o nero-azzurognola ».

[2] M. le professeur Rikli a eu la grande amabilité de nous communiquer les précieux matériaux du *B. vulgaris* var. *alpestris* que renferme le Musée botanique de l'Ecole polytechnique de Zurich. D'autre part, nous pouvons mentionner une nouvelle localité des Grisons (Suisse) pour la variété *alpestris* savoir : « entre Thusis et Reichenau » (Ramu in herb. Delessert, sept. 1861 !). L'échantillon, en fruit, est beaucoup plus caractérisé que les ex. à l'état de maturité que nous avons vus de cette région.

(Rotgès in litt.); forêt fabriciale de S. Andrea-di-Tallano (dite Valdo Grosso) au-dessus des bains de Caldane dans la vallée de Fiumicicoli (Rotgès in litt.!). — En outre, fréquemment cultivé dans l'étage inférieur.

Le laurier avait été indiqué en Corse déjà par Burmann (*Fl. Cors.* 232), indication redonnée tout récemment pour Bonifacio par M. Boyer (*Fl. Sud Corse* 64). Mais déjà Requien (*Cat.* 6) avait placé cet arbre parmi les essences seulement cultivées en Corse, point de vue admis avec raison par Marsilly (*Cat.* 125). Toutefois, les stations qui ont été découvertes par M. Rotgès sont bien différentes de celles visées par les auteurs précédents. La localité de l'Inzecca est d'un accès difficile, mais elle est connue depuis longtemps des habitants de Ghisoni qui vont de temps à autre « y faire leur provision de feuilles pour aromatiser les sauces » (Rotgès in litt.). Les deux autres localités ont été fortuitement découvertes par M. Rotgès et M. Versini au cours de martelages effectués dans les forêts des env. de Vico et de Sartène, et dans lesquelles la spontanéité du laurier ne fait aucun doute. Si l'on tient compte du fait que cet arbre croît spontanément dans les îles de Gorgone, d'Elbe, de Giglio et en Sardaigne, sa présence en Corse devient très naturelle.

ADDITIONS ET CORRECTIONS
au tome I

P. 9. **Dryopteris Filix mas** Schott. — Ajouter la localité : Forêt d'Aitone (Sagorski in *Mitt. thür. bot. Ver.* XXVII, 46).

P. 24. **Allosorus.** — Ligne 18. Au lieu de : La graphie *Allosorus*, lire : La graphie *Allosurus*.

P. 49. **Typha angustifolia** L. — Les échant. corses appartiennent à la sous-espèce suivante :

Subsp. **angustata** Briq. = *T. angustata* Bory et Chaub. *Expl. scient. Morée* II, 1, 338 (1832) ; Boiss. *Fl. or.* V, 50 ; Kronf. in *Verh. zool.-bot. Ges. Wien* XXXIV, 159 ; Graebner *Typhac.* 14 (Engler *Pflanzenreich* IV, 8) ; Gèze in *Bull. soc. bot. Fr.* LVII, 87, 88 et 211-216 = *T. media* Bory et Chaub. op. cit. II, 2, 29 (1832) ; non alior. = *T. aequalis* Schnizl. *Typh.* 25 (1845) = *T. damiattica* Ehrenb. ex Kronf. l. c. = *T. angustifolia* var. *tenuispicata* Deb. *Rech. fl. Pyr.-Or.* II, 245 (1880) = *T. angustifolia* var. *Saulseana* Le Grand in *Bull. soc. bot. rochel.* XXIII, 19 (1901).

Nos notes relatives aux *Typha* corses étaient imprimées depuis longtemps lorsque parurent les intéressants articles de M. Gèze signalés ci-dessus. Nous n'avons pas eu de peine à constater sur nos échant. les caractères indiqués par M. Gèze, après Schnizlein, Rohrbach, Kronfeld et Graebner, pour le *T. angustata* (feuilles d'un vert glauque, épi femelle d'un brun plus pâle, à pédicelles plus volumineux ; bractéole égalant env. le style, et tous deux dépassant les poils) et en particulier le curieux caractère mis en évidence par l'auteur français : tête de la bractéole rétrécie en une pointe filiforme allongée.

Quelque distinct que paraisse le *T. angustata* lorsqu'on compare des échant. bien caractérisés avec les formes typiques du *T. angustifolia*, nous ne croyons pas que sa valeur systématique soit supérieure à celle d'une simple sous-espèce. Il est en effet relié au *T. angustifolia* subsp. *eu-angustifolia* Graebner (op. cit. 12) par des formes intermédiaires, parmi lesquelles il convient de citer le *T. australis* Schum. et Thonn. M. Gèze a montré (op. cit. 215 et 216) que les échant. d'Algérie et de Tunisie rapportés au *T. australis* par MM. Kronfeld et Graebner offrent en réalité tous les caractères du *T. angustata*, et que les poils des épis ♂ qui doivent, chez le *T. australis*, posséder une ramification en forme de bois de cerf présentent souvent aussi cette forme chez le *T. angustata*. Enfin cet auteur a signalé la ressemblance du *T. angustata* avec les *T. angustifolia* var. *Brownii* Kronf., *T. javanica* Schnizl. et *T. Muelleri* Rohrb., que MM. Kronfeld et Graebner regardent comme des sous-espèces du *T. angustifolia*, et même avec le *T. domingensis* Pers. : « Leurs descriptions ne diffèrent d'ailleurs que par des détails bien minimes ». Nous partageons aussi cet avis. Lorsqu'on étudie la série des *Typha* qui constituent le groupe du *T. angustifolia* L. (sensu lato), on constate des variations multiples dans la forme de la tête de la bractéole, de sorte qu'il nous paraît difficile de tirer de cet organe des caractères *spécifiques* nets. La teinte glaucescente des feuilles et la coloration pâle des épis ♀ ne sont pas exclusivement caractéristiques pour le *T. angustata*, puisqu'on les retrouve dans les *T. javanica* et *australis*. Il ne resterait en fait de caractère spécial au *T. angustata* que les bractéoles égalant les styles, ces organes étant tous deux plus longs que les poils. Or, dans le *T. australis*, les bractéoles sont décrites comme un peu plus longues que les poils et un peu plus courtes que les styles. Ce sont là des différences bien subtiles, et prêtant souvent au doute, ainsi que cela ressort des divergences des auteurs qui rapportent les mêmes échant. les uns au *T. angustata*, les autres au *T. angustifolia* subsp. *australis*.

Ajouter aux localités : Cap Corse à San Severa (Fouc. ex Gèze in *Bull. soc. bot. Fr.* LVII, 214), et aux citations, pour Bastia : Bernard ex Gèze l. c. ; pour Ajaccio : Le Grand ex Gèze l. c. ; et pour Bonifacio : Kralik ex Gèze l. c.

P. 52. **Zostera nana** Roth. — Ligne 5, après Bonifacio et avant Boy., insérer : Req. ex Parl. *Fl. it.* III, 658.

P. 53. **Potamogeton coloratum** Vahl. — Ajouter aux localités : Bonifacio (Req. ex Parl. *Fl. it.* III, 631).

P. 54. **P. mucronatum** Schrad. — A été retrouvé aux env. de Bastia après Salis par Req. ex Parl. *Fl. it.* III, 635.

P. 54. **P. pusillum** L. — Ajouter aux localités : Corté (Req. ex Parl. *Fl. it.* III, 638).

P. 56. **Ruppia maritima** L. subsp. **spiralis** Asch. et Graebn. — Trouvée d'abord à Porto-Vecchio et à Bonifacio par Req. ex Parl. *Fl. it.* III, 651.

— — subsp. **rostellata** Asch. et Graebn. — Ajouter la localité : Bonifacio (Req. ex Parl. *Fl. it.* III, 652).

P. 57. — subsp. **brevirostris** Briq. — Ajouter la diagnose suivante : Plante aussi grêle ou plus grêle que la sous-espèce précédente, à pédoncule généralement encore plus court, et non enroulé en spirale après la fécondation. Anthères à sacs ovoïdes-arrondis. Gynopodes atteignant à peine la longueur des carpelles.

P. 58. **Zannichellia palustris** L. var. **pedicellata** Wahlb. et Rosen. — Ajouter la localité : Bonifacio (Req. ex Parl. *Fl. it.* III, 646).

P. 59. **Triglochin bulbosum** L. — Ajouter la localité : Bonifacio (Req. ex Parl. *Fl. it.* 616).

P. 60. **T. laxiflorum** Guss. — A d'abord été trouvé à Bonifacio par Req. ex Parl. *Fl. it.* III, 614.

P. 61. **Echinodorus ranunculoides** L. — A d'abord été trouvé à Bonifacio par Req. ex Parl. *Fl. it.* III, 597.

P. 96. **Aira provincialis** Jord. — Ligne 3. Ajouter la localité : col de Vizzavona (Gillot *Souv.* 5).

P. 98. **A. Cupaniana** Guss. var. **genuina** Briq. — Ajouter après la localité des env. de Corté la citation : Gillot *Souv.* 3.

— — Au lieu de : Var. **biaristata**, lire :

β. Var. **incerta** Ces. Pass. et Gib. *Comp. fl. it.* 59 (1868) = *A. Cupaniana* var. *biaristata* Asch. et Graebn. *Syn.* II, 284 (1899).

Parlatore [*Fl. it.* I, 252 (1848)] a signalé une var. *b* flosculis utrisque aristatis, et non pas une var. *biaristata*.

P. 100. **A. flexuosa** L. var. **montana** Asch. et Graebn. *Syn.* II, 287 (1899). — Supprimer la citation erronée : Parl. *Fl. it.* I, 241.

P. 105. † 142 bis. **Corynephorus canescens** Beauv. *Ess. agrost.* 159 (1812) ; Gr. et Godr. *Fl. Fr.* III, 501 ; Husnot *Gram.* 31 ; Coste *Fl. Fr.* III, 585 = *Aira canescens* L. *Sp.* ed. 1, 65 (1753) = *Weingaertneria canescens* Bernh. *Syst. Verz. Erf.* 54 (1800) ; Asch. et Graebn. *Syn.* II, 299.

Hab. — Sables maritimes. Juin-juill. ♃ . Signalé seulement aux env. d'Ajaccio (ex Parl. *Fl. it.* I, 248).

Cette espèce n'a, en dehors de l'indication de Parlatore, été observée en Corse par aucun botaniste, mais comme elle est indiquée dans le nord de l'Italie, en Sardaigne et sur les côtes de la Provence, sa présence en Corse n'a rien d'invraisemblable. C'est donc une Graminée à rechercher.

P. 103. **Trisetum flavescens** Beauv. var. **corsicum** Briq. — Après le synonyme *T. Burnoufii* Fouc., intercaler la citation : in *Bull. soc. bot. rochel.* XXI, 22-28 (1899).

P. 110. **Sesleria coerulea** Ard. var. **corsica** Hack. — Supprimer la localité : « rochers des Stretti de St-Florent » attribuée à Salis et la remplacer par : Montagnes au-dessus de Furiani (Salis in *Flora* XVI,

473). L'indication donnée par Salis n'est pas en opposition avec les notes de son herbier, comme nous l'avions d'abord pensé, et cadre, au contraire, fort bien avec la présence exceptionnelle de calcaire (probablement triasique) dans la région des schistes lustrés qui domine Furiani. Le *S. coerulea* var. *corsica* n'est d'ailleurs pas la seule espèce calcicole qui croisse dans cette localité. Au total, on connaît donc quatre localités corses pour cette espèce. Nous venons (25 juill. 1910!) d'en découvrir une cinquième dans le sud de l'île sur le lapié culminal (prob. calcaire crétacique) du Monte Fornello (1900-1930 m.), point sur lequel nous reviendrons dans le tome II.

P. 110. **Ampelodesma mauritanica** Dur. et Schinz. — Nous venons (commencement de juillet 1910) d'observer cette espèce sur le littoral du Napolitain (de Sorrente à Amalfi). Elle s'y comporte comme une rupicole calciphile. Il y aura donc lieu de rechercher plutôt cette espèce sur les rochers calcaires du bassin de St-Florent, à la Pointe de l'Aquella, ou dans l'extrême-sud.

P. 117. † 162 bis. **Koeleria cristata** Pers. *Syn.* I, 97 (1805) ampl. DC. *Cat. hort. monsp.* 116 (1813) ; Gr. et Godr. *Fl. Fr.* III, 525 ; Husnot *Gram.* 46 ; Asch. et Graebn. *Syn.* II, 357 ; Coste *Fl. Fr.* III, 604 = *Aira cristata* L. *Sp.* ed. 1, 63 (1753), sensu amplo = *Poa pyramidata* Lamck *Ill.* I, 183 (1791) = *Koeleria pyramidata*, *K. eriostachya*, *K. gracilis* Domin *Mon. Koeler.* 141, 157 et 176 (1907).

Hab. — Indiqué aux env. de Calvi par Parlatore (*Fl. it.* I, 324).

Le *K. cristata* Pers. est représenté par diverses sous-espèces et variétés dans le bassin méditerranéen. L'indication de Parlatore est rendue ainsi vraisemblable, bien qu'aucun autre botaniste n'ait, à notre connaissance, rencontré le *K. cristata* en Corse. Nous nous bornons à consigner l'affirmation du botaniste italien, en recommandant les *Koeleria* aux recherches de nos successeurs.

P. 136. **Poa cenisia** All. — Cette espèce a d'abord été récoltée au Monte Rotondo et au Monte d'Oro par Req. ex Parl. *Fl it.* I, 346.

P. 137. **P. nemoralis** L. subsp. **Balbisii** Hack. — Ligne 5. Lire *Fl. it.* I, 360, et non pas 361.

P. 144. **P. trivialis** L. var. **silvicola** Hack. — Modifier la synonymie comme suit :

β. Var. **silvicola** Sommier *L'isola di Pianosa* 147 (févr. 1910) ; Hack. ap. Briq. *Prodr. fl. cors.* I, 144 (1910) = *P. silvicola* Guss. *Fl. inar.* 271 (1854) ; Hack. ap. Briq. *Spic.* 8 = *P. attica* Freyn in *Verh. zool.-bot. Ges. Wien* XXVII, 469 (1878) ; Husnot *Gram.* 88 ; Asch. et Graebn. *Syn.* II, 427 ; non Boiss. et Heldr. !

M. le prof. Hackel nous communique à ce sujet les deux notes suivantes :

« Le *Poa attica* Boiss. et Heldr. [ap. Boiss. *Diagn. pl. or.* ser. 1, n. 13, 57 (1853)] est basé sur un échantillon récolté par Heldreich en 1848 « in oliveto Athenarum », dont j'ai pu étudier l'original à l'herbier Boissier. Ce *P. attica* est une variété du *P. pratensis* L. à glumelle inférieure faiblement pubescente sur la nervure carinale, tandis que les nervilles latérales restent presque glabres. C'est donc avec raison que Boissier a fait plus tard de cette graminée un *P. pratensis* var. *attica* Boiss. [*Fl. or.* V, 601 (1884)]. Mais en réduisant le *P. attica* au rang de variété, l'auteur a cité une seconde localité « ad Kephissum (Heldr.) ». Or, l'échantillon du Kephissos, communiqué postérieurement par Heldreich à Boissier, et conservé dans son herbier, est un *P. trivialis* ordinaire. Ce qui a embrouillé l'interprétation du *P. attica*, c'est que la variété à rejets pourvus d'entrenœuds renflés, que Gussone a décrite sous le nom de *P. silvicola*, croît aussi près du Kephissos. C'est cette forme que Heldreich a principalement distribuée dans la suite sous le nom de *P. attica*, ce qui a induit en erreur Freyn, Haussknecht, Ascherson et Graebner et d'autres encore.

Les rapports qui existent entre le *P. silvicola* et le *P. trivialis* var. *vulgaris* Reichb. sont du même ordre que ceux existant entre les *Arrhenatherum elatius* var. *bulbosum* Koch et var. *vulgare* Koch, ou encore entre les *Phleum pratense* var. *nodosum* Schreb. et var. *vulgare* Celak., je ne puis donc pas donner au *P. silvicola* une valeur supérieure à celle de variété ». (Hackel in litt. 8 apr. 1910).

« L'ouvrage de M. Sommier [*L'isola di Pianosa*, Firenze 1909-10 (reçu fin mai 1910)] renferme (p. 147) la combinaison de noms *P. trivialis* var. *attica*, laquelle doit par conséquent être attribuée à notre confrère de Florence. En outre, l'auteur remarque que cette variété a été identifiée à tort par divers botanistes avec le *P. attica* Boiss. et Heldr. Ce dernier est une variété du *P. pratensis* L. M. Sommier se réfère à un article de M. Béguinot [in *Ann. di Bot.* III, 317 (1905)], lequel a effectivement montré le premier l'interprétation erronée qui a été généralement faite du *P. attica* Boiss. Cette publication m'avait échappé lorsque je vous ai adressé ma première note ». (Hackel in litt. 4 juni 1910).

P. 148. **Glyceria fluitans** R. Br. var. **spicata** Fiori et Paol. — Ligne 4. Insérer la localité : versant S. du col de Vizzavona (Gillot *Souv.* 7).

P. 162. **Festuca Lachenalii** Spenn. — Ligne 3. Au lieu de *Triticum Halleri* Vis., lire : Viv.

P. 163. **F. Lachenalii** Spenn. var. **mutica** Asch. et Graebn. — Ajouter la localité : Corté (Req. ex Parl. *Fl. it.* 1, 484).

P. 163. — var. **aristata** Koch. — Ajouter les localités : Corté (Req. ex Parl. *Fl. it.* I, 484) ; bains de Guagno (Req. ex Parl. l. c.).

P. 181. **Lolium multiflorum** Lamk. — Ligne 11. Après : Ajaccio, intercaler la citation : Req. ex Parl. *Fl. it.* I, 532.

P. 199. **Carex leporina** L. — Cette espèce a d'abord été trouvée au Monte Renoso par Req. ex Parl. *Fl. it.* II, 140.

P. 200. **C. echinata** Murr. var. **grypos** Parl. *Fl. it.* II, 148 (1852). — Parlatore a la priorité sur Gremli (1867) pour ce nom de variété.

P. 201. **C. remota** L. — Ligne 13. Après : forêt de Vizzavona, insérer la citation : Gillot *Souv.* 7.

P. 202. **C. rigida** Good. var. **intricata** Briq. — Ajouter à la bibliographie du *C. intricata* Tin. (ligne 2) : Rouy *Suites fl. Fr.* 1, 174.

P. 203. — Ajouter les indications suivantes à la suite des localités du *C. rigida* Good. var. *intricata* Briq.; pour le Monte Rotondo : Levier ex Rouy *Suites* 175 ; et pour le Monte Renoso : Req. ex Parl. *Fl. it.* II, 185.

P. 213. **C. frigida** All. — Ligne 13. Après la localité du col de Vizzavona, insérer la citation : Gillot *Souv.* 6. — Descend jusqu'entre Porto et Evisa selon Sagorski in *Mitt. thür. bot. Ver.* XXVII, 46.

P. 217. **C. punctata** Gaud. — Ligne 7. Insérer la localité : versant S. du col de Vizzavona (Gillot *Souv.* 7). — Cette espèce a été d'abord trouvée aux Bains de Guagno, à Corté et à Bonifacio par Req. ex Parl. *Fl. it.* II, 208.

P. 238. **Helicodiceros muscivorus** Engl. — Ligne 15. Vallée inf. du Tavignano, ajouter à la liste des collecteurs : Gillot *Souv.* 2.

P. 242. **Luzula pedemontana** Boiss. et Reut. — Ligne 12. Ajouter pour la localité de la forêt de Vizzavona la citation : Gillot *Souv.* 5.

P. 248. **L. campestris** DC. var. **alpina** Gaud. — Ligne 14. Ajouter la localité : col de Vizzavona (Gillot *Souv.* 5).

P. 257. **Juncus acutus** L. var. **decompositus** Guss. — Ajouter la citation : Fouc. in *Bull. soc. bot. rochel.* XXI, 47.

P. 268. **Narthecium Reverchoni** Celak. — Ligne 1. Après la localité du col de Vizzavona, insérer la citation : Gillot *Souv.* 6.

P. 271. **N. Balansae** Briq. — Ajouter à la bibliographie de cette espèce : Handel-Mazzetti *Ergebn. einer bot. Reise in das Pont. Randgeb. Sandschak Trapezunt* 201 et 202 [*Ann. k. k. naturf. Hofmus. Wien* XXIII (1909). Insérer après le synonyme : *N. ossifragum* Boiss., la citation : Sommier et Levier *Enum. pl. ann. 1890 in Caucaso lectarum* 430 [*Act. hort. petrop.* XVI (1900)].

La feuille 17 du présent volume était déjà tirée lorsque nous avons reçu le beau mémoire de M. de Handel-Mazzetti, auquel nous renvoyons le lecteur pour de nouveaux détails relatifs au *N. Balansae*. Cette espèce est maintenant connue, non seulement de plusieurs localités des montagnes du Pont et du Lazistan, mais encore d'Abchasie, sur le côté opposé de la mer Noire.

P. 299. **Allium Chamaemoly** L. — Ajouter les synonymes : *Saturnia viridula* Jord. et Fourr. *Brev.* 1, 60 (1866) ; *Ic.* II, 21, t. CCLXVIII, f. 354 et *S. rubrinerris* Jord. et Fourr. *Ic.* II, 22, t. CCLXIX, f. 356 (1870).

P. 322. **Smilax aspera** L. var. **genuina** Gr. et Godr. — Ajouter les synonymes : *S. brevipes* Jord. *Ic.* III, 42, t. CCCCLXXXIV (1903), *S. peduncularis* Jord. l. c. et t. CCCCLXXXIV, f. 589, *S. platyphylla* Jord. op. cit. 43, t. CCCCLXXXVI, f. 591, *S. conferta* Jord. l. et t. c. f. 593, *S. oxycarpa* Jord. l. c. et t. CCCCLXXXVII. — Les *Smilax* décrits par Jordan, provenant tous de Bonifacio, ne représentent pour nous que des formes individuelles, dont l'énumération pourrait être rendue encore beaucoup plus longue.

— — var. **altissima** Mor. et de Not. — Ajouter à la synonymie : *S. inermis* Jord. *Ic.* III, 43, t. CCCCLXXXV (1903).

P. 323. **Leucoium aestivum** subsp. **pulchellum** Briq. — Ajouter aux localités : env. de Bastia [probablement de Bastia à Biguglia (Huon ex Rouy in *Bull. soc. bot. Fr.* XXXIII, 505)].

P. 323. **L. longifolium** Gay. — Ajouter le synonyme : *Acis rosea* Jord. et Fourr. *Ic.* 1, 26, tab. LXV f. 106 ; et la localité : Porto-Vecchio (ex Jord. et Fourr. l. c.).

P. 324. **L. roseum** Mart. — Ajouter le synonyme : *Acis longifolia* Jord. et Fourr. *Ic.* 1, 26, tab. LXV f. 107 ; et la localité : au-dessus de Girolata (Jord. et Fourr. l. c.).

P. 326. **Narcissus serotinus** L. — Cette espèce a d'abord été trouvée dans la localité de Pietracorbara par Mouillefarine (in *Bull. soc. bot. Fr.* XIII, 364).

P. 337. **Romulea Requienii** Parl. var. **macrantha** Briq. — Ajouter, après : *R. Requienii* Parl., sensu stricto, la citation : Jord. et Fourr. *Ic.* 1, 40, t. CIX, f. 166 ; et ajouter le synonyme : *R. atroviolacea* Jord. *Ic.* II, 44, t. CCCXXXVI, f. 433 (1903). — Ligne 8. Au lieu de : Legrand, lire : Le Grand.

P. 338. **R. Revelieri** Jord. et Fourr. — Ligne 1. Au lieu de : *Ic.* 41, t. CIX, lire : *Ic.* I, 41, t. CIX.

P. 339. **R. corsica** Jord. et Fourr. — Ajouter la citation : Jord. et Fourr. *Ic.* II, 43, t. CCCXXXIV, fig. 431.

P. 342. **R. Columnae** Seb. et Mauri. — Ligne 16 de la note annexée à cette espèce, ajouter les synonymes et citations suivants au *R. modesta* Jord. et Fourr. : = *R. erythropoda* Jord. *Ic.* II, 42, t. CCCXXXIII, f. 429 (1903) = *R. affinis* Jord. ibid. f. 429 bis = *R. modesta* Jord. et Fourr. ibid. t. CCCXXXIV, f. 430. — Les échantillons sur lesquels a été basé le *R. erythropoda* se distinguent à peine du *R. modesta* par les pièces extérieures du périgone de coloration moins foncée et par les pédoncules fructifères violacés à la fin.

P. 344. **Iris Sisyrinchium** L. — Ajouter le synonyme : *Gynandriris littorea* Jord. *Ic.* II, 27, t. CCXCIII (1903).

P. 374. **Serapias parviflora** Parl. — Ligne 8. Citation du *Serapiastrum parviflorum* Eat., au lieu de 68, lire 67.

P. 406. **Alnus cordata** Desf. var. **rotundifolia** Dipp. — Ligne 21. Ajouter pour la localité de la forêt de Vizzavona la citation : Gillot *Souv.* 5.

P. 421. **Urtica atrovirens** Req. — Ligne 19. Ajouter la localité : entre Corté et S. Pietro-di-Venaco (Gillot *Souv.* 3).

P. 430. **Viscum album** L. var. **microphyllum** Casp. — Ligne 14. Ajouter la localité : forêt de Vizzavona (Gillot *Souv.* 4).

P. 434. **Thesium ramosum** Hayne var. **italicum** Briq. — Ligne 2. Ajouter : à la bibliographie du *T. italicum* DC. : Gillot in *Bull. soc. bot. Fr.* XXX, sess. extr. XIII ; et aux localités : Monte Stello (Mab. ex Gillot l. c.) ; montagnes de Furiani (Mab. ex Gillot l. c.) ; la Fassetta près Corté (Gillot l. c.) ; Monte Rotondo (Gillot l. c.).

P. 437. **Aristolochia longa** L. — Ligne 9. Au lieu de : Legrand, lire : Le Grand. — Ajouter la localité : entre Corté et S. Pietro-di-Venaco (Gillot *Souv.* 3).

P. 439. **Cytinus Hypocystis** L. var. **kermesinus** Guss. — Ajouter la localité : Pozzo di Borgo (Sagorski in *Mitt. thür. bot. Ver.* XXVII, 46).

P. 470. **Amaranthus patulus** Bert. — L'indication de cette espèce à Ajaccio nous est confirmée par M. Thellung (in litt.).

P. 486. **Polycarpon tetraphyllum** L. var. **alsinefolium** Arc. — M. Rouy [in *Bull. soc. bot. Fr.* XXXVIII, 262 (1891) et in Rouy et Fouc. *Fl. Fr.* III, 313] a décrit un *P. rotundifolium* Rouy basé sur des échant. récoltés aux env. de Bonifacio par Requien (in herb. Rouy). Nous ne trouvons pas les éléments d'une distinction spécifique dans la description donnée, attendu qu'elle s'applique fort bien à diverses provenances du *P. tetraphyllum* var. *alsinefolium* de nos collections [en particulier à nos échant. de l'îlot de St-Ferreol (Alpes marit.), leg. M. Micheli et Shuttleworth in h. Deless.] à port réduit, à feuilles petites, plus orbiculaires et plus charnues, à cymes très compactes. Or, ces échant. passent par tous les intermédiaires possibles aux formes habituelles de la var. *alsinefolium*. Le seul point qui pourrait faire hésiter est l'indication que la plante est vivace, tandis que nous avons dit — à la suite de tous nos prédécesseurs — que le *P. tetraphyllum* était annuel. Après examen d'une très grande série d'échantillons, nous croyons que ce caractère devrait être formulé d'une façon moins absolue.

Dans plusieurs de nos provenances, la racine devient assez épaisse et la présence de rejets stériles au collet semble indiquer que la plante peut être au moins bisannuelle. Ce caractère ne suffit donc pas non plus pour distinguer spécifiquement le *P. rotundifolium*. Quant au *P. peploides* DC., il possède non pas seulement une racine vivace, mais un rhizome rameux induré, et ne saurait, pour cette raison, même en l'absence des fleurs, être confondu avec les formes du *P. tetraphyllum* dont il vient d'être question.

P. 489. **Spergularia rubra** Pers. subsp. **campestris** Rouy et Fouc. — Ligne 11 d'en bas. Ajouter à la bibliographie du *S. rubra* var. *virescens* Fouc. et Mand. : et in *Bull. soc. bot. rochel.* XX, 23.

P. 511. **Cerastium stenopetalum** Fenzl var. **polyadenum** Briq. — Ligne 7. Après la citation : Gillot !, ajouter : *Souv.* 6.

P. 525. **Sagina saginoides** Dalla Torre. — Ligne 10. Au lieu de : Thivirian, lire : Thévenon.

P. 543. **Mœhringia trinervia** Clairv. subsp. **pentandra** Rouy et Fouc. — Ligne 5. Ajouter la localité : forêt de Vizzavona (Gillot *Souv.* 4).

P. 549. **Silene gallica** L. — Ligne 8. Au lieu de : *semi-glabrata* Jord. et Fourr., lire : *semiglabra* Jord. et Fourr.

P. 565. **Lychnis Flos Cuculi** L. — Ligne 8. Ajouter la localité : entre Corté et S. Pietro-di-Venaco (Gillot *Souv.* 3).

P. 571. **Tunica saxifraga** Scop. var. **bicolor** Will. — Les pétales sont uniformément blancs, à nervures parfois un peu rosées en dessus. Biffer l'indication : « souvent tachés de rose à la base du limbe ». Ligne 2. Ajouter au *T. bicolor* Jord. et Fourr. la citation : *Ic.* 1, 19, tab. XLIV, f. 80.

P. 580. **Paeonia corallina** Retz. var. **pubescens** Moris. — Ajouter à la synonymie : *P. Revelieri* Jord. *Ic.* II, 38, t. CCCXII et *P. glabrescens* Jord. l. c. 38, t. CCCXXIII (1903), ces « espèces » indiquées aux env. de Corté et de Zonza par l'auteur.

P. 592. **Delphinium pictum** Willd. var. **muscodorum** Briq. — Ajouter le synonyme : *Staphysagria moschata* Jord. *Ic.* III, 39. t. CCCCLXXV (1903), et la localité : Zicavo (Jord. l. c.). Il y a lieu toutefois de se demander si cette variété est bien spontanée dans la localité indiquée.

P. 611. **Ranunculus platanifolius** L. — Ligne 10. Ajouter la localité : forêt de Vizzavona (Gillot *Souv.* 6).

TABLE DES FAMILLES ET DES GENRES[1]

	Pages			Pages
Abies.	37	ARISTOLOCHIACEAE		436
Aceras	380	Arrhenatherum		107
Aconitum	593	Arthrocnemum.		465
Adiantum	25	Arum.		235
Adonis	637	Arundo		113
Aegopogon	65	Asarum		436
Aeluropus	124	Asparagus		318
Agave	331	Asphodelus.		278
Agropyrum	184	Asplenium		17
Agrostemma	543	Athyrium		1
Agrostis.	85	Atriplex.		459
Aira	93 645	Atropis		148
AIZOACEAE	473	Avellinia.		116
Alisma	60	Avena		105
ALISMATACEAE.	60	Bassia		465
Allium	286 649	BERBERIDACEAE		638
Allosurus	24 643	Berberis.		638
Alnus.	403 650	Beta		453
Alopecurus	82	Betula		402
Althenia.	58	BETULACEAE		400
AMARANTHACEAE	470	Blechnum		15
Amaranthus.	470 650	Brachypodium		174
AMARYLLIDACEAE	323	Briza.		123
Ambrosinia.	238	Bromus		166
Ammophila.	91	Broussonetia		419
Ampelodesma	110 646	Buffonia.		529
Anacamptis.	382	Bulbocodium		273
Andropogon	63	BUTOMACEAE		62
Anemone	600	Butomus.		62
Anthericum	281	Calamagrostis		90
Anthoxanthum.	72	Camphorosma		464
Antinoria	100	Cannabis		420
Aquilegia	583	Carex.	194	648
ARACEAE.	235	CARYOPHYLLACEAE		477
Arenaria.	536	Castanea.		411
Arisarum	235	Catabrosa		118
Aristolochia.	437 650	Catapodium.		164

[1] Un index général comprenant les espèces et leurs subdivisions, ainsi que leurs synonymes, accompagnera le dernier volume.

	Pages			Pages
Celtis	418	Fuirena	225
Cephalanthera	386	Gagea	282
Cerastium . . . 502	651	Gastridium	90
CERATOPHYLLACEAE . . .	579	Gaudinia	108
Ceratophyllum	579	Gladiolus	345
Ceterach	17	Glyceria 146	647
Chamaerops	235	GNETACEAE	47
Cheilanthes	26	GRAMINEAE	62
CHENOPODIACEAE . . .	452	Gymnogramme	27
Chenopodium . . .	455	Haynaldia	189
Cladium	234	Heleochloa	78
Clematis	594	Helicodiceros . . . 238	648
Colchicum	274	Helleborine	385
Convallaria	321	Helleborus	581
Corrigiola	480	Helxine	427
Corylus	401	Hemerocallis	281
Corynephorus . . 101	645	Hermodactylus . . .	343
Crocus	332	Herniaria	484
Crypsis	78	Holcus	92
Cucubalus	568	Hordeum	191
Cupressus	42	Humulus	420
Cutandia	118	Hyacinthus	314
Cymodocea	57	HYMENOPHYLLACEAE . .	1
Cynodon	108	Hymenophyllum . . .	1
Cynosurus	126	Illecebrum	485
CYPERACEAE	194	Imperata	62
Cyperus	221	IRIDACEAE	332
Cystopteris	3	Iris 343	650
Cytinus . . . 438	650	ISOETACEAE	33
Dactylis	124	Isoetes	33
Delphinium . . . 591	651	JUGLANDACEAE . . .	399
Dianthus	571	Juglans	399
DIOSCOREACEAE . . .	332	JUNCACEAE	240
Dracunculus	237	JUNCAGINACEAE . . .	59
Dryopteris . . . 5	643	Juncus . . . 249	648
Echinaria	109	Juniperus	43
Echinodorus . . 61	645	Koeleria . . . 117	646
Emex	439	Lagurus	92
Ephedra	47	Lamarckia	130
EQUISETACEAE	31	Larix	39
Equisetum	31	LAURACEAE	641
Eragrostis	115	Laurus	641
Erianthus	63	Leersia	68
FAGACEAE	410	Lemna	239
Fagopyrum	451	LEMNACEAE	239
Fagus	410	Lepturus	183
Festuca . . . 150	647	Leucoium . . . 323	649
Ficus	419	LILIACEAE	267

	Pages			Pages
Lilium	304	Paronychia		481
Limodorum	389	Periballia		100
Listera	391	Phalaris		69
Lolium	178 648	Phleum		79
LORANTHACEAE	428	Phœnix		234
Loroglossum	381	Phragmites		111
Luzula	240 648	Phyllitis		16
Lychnis	565 651	Phytolacca		472
Melandryum	566	PHYTOLACCACEAE		472
Melica	119	Picea		39
Mesembryanthemum	473	PINACEAE		37
Milium	77	Pinus		40
Minuartia	529	Platanthera		382
Moehringia	542 651	Poa	131	646
Moenchia	519	Polycarpon	485	650
Molinia	115	Polycnemum		452
Monerma	182	POLYGONACEAE		439
Montia	474	Polygonatum		321
MORACEAE	419	Polygonum		447
Morus	419	POLYPODIACEAE		1
Muscari	315	Polypodium		27
Myosurus	603	Polypogon		83
Narcissus	325 649	Populus		392
Nardus	177	Portulaca		477
Narthecium	267 648	PORTULACACEAE		474
Neottia	391	Posidonia		52
Nigella	583	Potamogeton	52	644
Notholaena	26	POTAMOGETONACEAE		51
NYMPHAEACEAE	577	Pteridium		23
Nymphaea	577	Pteris		23
OPHIOGLOSSACEAE	30	Psilurus		184
Ophioglossum	30	Pulsatilla		597
Ophrys	347	Quercus		411
ORCHIDACEAE	347	RAFFLESIACEAE		438
Orchis	354	RANUNCULACEAE		580
Ornithogalum	309	Ranunculus	604	651
Oryzopsis	75	Romulea	336	649
Osmunda	30	Rumex		439
OSMUNDACEAE	30	Ruppia	56	644
Ostrya	400	Ruscus		320
Osyris	431	Sagina	520	651
Oxyria	446	Sagittaria		62
Paeonia	580 651	SALICACEAE		392
PALMAE	234	Salicornia		466
Pancratium	330	Salix		393
Panicum	65	Salsola		468
Parietaria	424	SANTALACEAE		431
Paris	321	Saponaria		575

	Pages			Pages
Schismus	131	Tamus		332
Schoenus	233	TAXACEAE		37
Scilla	307	Taxus		37
Scirpus	226	Thalictrum		637
Scleranthus	477	THELIGONACEAE		473
Scleropoa	165	Theligonum		473
Secale	189	Thesium	431	650
Selaginella	33	Tinea		383
SELAGINELLACEAE	33	Triglochin	59	645
Serapias	373 650	Trisetum	102	645
Sesleria	109 645	Triticum		190
Setaria	66	Tulipa		306
Sieglingia	114	Tunica	569	651
Silene	543 651	Typha	49	643
Simethis	281	TYPHACEAE		49
Smilax	322 649	ULMACEAE		416
SPARGANIACEAE	50	Ulmus		416
Sparganium	50	Urginea		306
Spartina	109	Urtica	421	650
Spergula	493	URTICACEAE		421
Spergularia	487 651	Vaccaria		571
Spinacia	459	Velezia		577
Spiranthes	390	Veratrum		273
Sporobolus	83	Viscum	428	650
Stellaria	496	Wolffia		239
Stipa	75	Zannichellia	57	645
Streptopus	320	Zea		62
Suaeda	468	Zostera	51	644